NOUVEAU

DICTIONNAIRE

D'HISTOIRE NATURELLE.

PAS—PHO.

Liste alphabétique des noms des Auteurs, avec l'indication des matières qu'ils ont traitées.

MM.

BIOT .... *Membre de l'Institut.* — La Physique.

BOSC .... *Membre de l'Institut.* — L'Histoire des Reptiles, des Poissons, des Vers, des Coquilles, et la partie Botanique proprement dite.

CHAPTAL .... *Membre de l'Institut.* — La Chimie et son application aux Arts.

DE BLAINVILLE, *Professeur adjoint a la Faculté des Sciences de Paris, Membre de la Société philomathique, etc.* (BLV.) — Articles d'Anatomie comparée

DE BONNARD.. .. *Ing. en chef des Mines, Secr. du Conseil gén. etc.* (BN.) — Art de Géologie

DESMAREST ... *Professeur de Zoologie a l'École vétérinaire d'Alfort, Membre de la Société Philomathique, etc.* — Les Quadrupèdes, les Cétacés et les Animaux fossiles.

DU TOUR .... — L'Application de la Botanique à l'Agriculture et aux Arts.

HUZARD .... *Membre de l'Institut.* — La partie Vétérinaire. Les Animaux domestiques.

Le Chev. DE LAMARCK, *Membre de l'Institut.* — Conchyologie, Coquilles, Météorologie, et plusieurs autres articles généraux.

LATREILLE ..... *Membre de l'Institut.* — L'Hist. des Crustacés, des Arachnides, des Insectes.

LLMAN .... *Membre de la Société Philomathique, etc.* — Des articles de Minéralogie et de botanique (LN.)

LUCAS FILS ..... *Professeur de Minéralogie, Auteur du Tableau Méthodique des Espèces minérales.* — La Minéralogie, son application aux Arts, aux Manufact.

OLIVIER .... *Membre de l'Institut.* — Particulièrement les Insectes coléoptères.

PALISOT DE BEAUVOIS, *Membre de l'Institut.* — Divers articles de Botanique et de Physiologie végétale.

PARMENTIER... *Membre de l'Institut.* — L'Application de l'Économie rurale et domestique a l'Histoire naturelle des Animaux et des Végétaux.

PATRIN .... *Membre associé de l'Institut.* — La Géologie et la Minéralogie en général.

SONNINI .... — Partie de l'histoire des Mammifères, des Oiseaux, les diverses chasses.

TESSIER ...... *Membre de l'Institut.* — L'article Mouton (Économie rurale.)

THOUIN .... *Membre de l'Institut.* — L'Application de la Botanique a la culture, au jardinage et à l'Économie rurale, l'Hist. des différ. espèces de Greffes.

TOLLARD Aîné... *Professeur de Botanique et de Physiologie végétale.* — Des articles de Physiologie végétale et de grande culture.

VIEILLOT ...... *Auteur de divers ouvrages d'Ornithologie.* — L'Histoire générale et particulière des Oiseaux, leurs mœurs, habitudes, etc.

VIREY .... *Docteur en Médecine, Prof. d'Hist. Nat., Auteur de plusieurs ouvrages.* — Les articles généraux de l'Hist. nat., particulièrement de l'Homme, des Animaux, de leur structure, de leur physiologie et de leurs facultés

YVART .... *Membre de l'Institut.* — L'Économie rurale et domestique.

CET OUVRAGE SE TROUVE AUSSI.

A Paris, chez C.-T.-L. PANCKOUCKE, Imp. et Édit. du Dict. des Sc. Méd., rue Serpente, n.° 16.

A Angers, chez FOURIER-MAME, Libraire.

A Bruges, chez BOGAERT-DUMORTIER, Imprimeur-libraire.

A Bruxelles, chez LECHARLIER, DE MAT et BERTHOT, Imprimeurs-libraires.

A Dôle, chez JOLY, Imprimeur-Libraire.

A Gand, chez H. DUJARDIN et DE BUSSCHER, Imprimeurs-libraires.

A Genève, chez PASCHOUD, Imprimeur-libraire.

A Liège, chez DESOER, Imprimeur-libraire.

A Lille, chez VANACKERE et LELEUX, Imprimeurs-libraires.

A Lyon, chez BOHAIRE et MAIRE, Libraires.

A Manheim, chez FONTAINE, Libraire.

A Marseille, chez MASVERT et MOSSY, Libraires.

A Mons, chez LE ROUX, Libraire.

A Rouen, chez FRÈRE aîné, et RENAULT, Libraires.

A Toulouse, chez SENS aîné, Libraire.

A Turin, chez PIC et BOCCA, Libraires.

A Verdun, chez BRAITJEUNE, Libraire

NOUVEAU DICTIONNAIRE D'HISTOIRE NATURELLE,

APPLIQUÉE AUX ARTS,

A l'Agriculture, à l'Économie rurale et domestique, à la Médecine, etc.

PAR UNE SOCIÉTÉ DE NATURALISTES ET D'AGRICULTEURS.

Nouvelle Édition presqu'entièrement refondue et considérablement augmentée ;

AVEC DES FIGURES TIRÉES DES TROIS RÈGNES DE LA NATURE.

TOME XXV.

DE L'IMPRIMERIE D'ABEL LANOE, RUE DE LA HARPE.

A PARIS,

Chez DETERVILLE, LIBRAIRE, RUE HAUTE FEUILLE, N° 8.

————

M DCCC XVII.

Indication pour placer les Planches *du* Tome XXV.

G 10 Zoophytes, *pag.* 61.

Madrépore porpite. — Madrépore fungite. — Madrépore gobelet. — Madrépore rame. — Madrépore cespiteux — Madrépore méandrite. — Madrepore capuchon. — Madrepore laitue. — Isis pesse. — Orbitolithe.

M 12 Coquilles *pag,* 123.

Pandore striée. — Patelle trou de serrure. — Patelle bonnet de dragon. — Patelle voutée. — Patelle bouclier. — Patelle vulgaire. — Peigne vulgaire. — Peigne noueux. — Peigne ratissoire. — Perne isogone. — Pholade dactyle.

M 31. Oiseaux, *pag.* 138.

Pelican blanc. — Peintade. — Gallinule.

M 3 Plantes, *pag.* 268.

Paspale stolonifère. — Pavette de l'Inde. — Paullinie cururu. — Pergulaire glabre.

G 5 Oiseaux. *pag.* 339.

Perroquet Lori à collier. — Perroquet Lori-Perruche de la mer du sud. — Canard Macreuse.

M 35 Quadrupèdes Mammifères. *pag.* 472.

Perouasca (Matte). — Petit-gris (Écureuil). — Phalanger tacheté.

G 44 Quadrupèdes Mammifères. *pag.* 583.

Phascolome brun. — Phoque à trompe ou éléphant marin. — Phoque vulgaire ou veau-marin.

Nota. Il s'est glissé dans plusieurs exemplaires du tome 24e, une faute typographique qu'il est nécessaire de réparer pour l'intelligence de la phrase.

Page 97, ligne 6, au lieu de *Pinnalipèdes*, lisez *Pinantipèdes.*

NOUVEAU
DICTIONNAIRE
D'HISTOIRE NATURELLE.

PASSERINA. Ce nom, qui derive du latin *passer*, *passereau*, a été donné anciennement a une plante, à cause que ses graines ressembloient, pour la forme, a une tête de moineau. On croit que c'etoit la même plante que le *leucoium* bulbeux de Dioscoride, qui est rapporté au genre *Leucoion*. Quoi qu'il en soit, ce nom a été appliqué *au linum strictum*, Linn., au *lysimachia linum-stellatum*, L, et surtout a la STELLERE PASSERINE, qui s'appelle vulgairement *langue d'oiseau*, parce qu'on a comparé ses feuilles a la langue d'un oiseau. Enfin, Linnæus a donné le nom de *passerina* à un genre dans lequel aucune des plantes ci-dessus ne rentre Thunberg y rapportoit le genre *lachnæa*. *V.* PASSERINE, page 30. (LN)

PASSERINA. Nom italien de la RENOULE. (LN.)

PASSERINA SOULITARIA ROUSSA. Les Piémontais appellent ainsi le MERLE DE ROCHE. (V.)

PASSERINE, *Passerina*, Vieill.: *Fringilla* et *Emberiza*, Linn., Lath. Genre de l'ordre des oiseaux SYLVAINS et de la famille des CHANTEURS *V.* ces mots *Caractères*: Bec entier, conique, moins large que la tête, un peu robuste, droit, rétréci vers le bout, à bords inférieurs, quelquefois les supérieurs, courbes en dedans: a ouvertures dirigées obliquement et en en bas: mandibule superieure couvrant au moins à sa base les bords de l'inferieure: palais aplati, epais et lisse; narines ouvertes, arrondies, glabres chez les uns, cachées sous de petites plumes dirigées en avant chez les autres, langue épaisse, un peu échancrée à la pointe; quatre doigts, trois devant, un derrière: les antérieurs soudes à leur origine: les 2.e et 3.e rémiges très-souvent les plus longues de toutes. Ce groupe est divisé en trois sections, d'après la conformation. de l'ongle postérieur : dans la première se trouvent les espèces qui ont cet ongle arqué et plus court que le pouce: dans la deuxième , celles qui l'ont arqué aussi long que ce doigt. Cette section comprend les PASSERINES ROUSSÂTRE et ACUTIPENNE ; et la troisième contient celles dont le même ongle est plus long que le pouce, presque droit et subulé. Tel est l'ongle du GRAND-MONTAIN et de l'ORTOLAN DE NEIGE ; j'indique ces quatre espèces pour ne pas déranger l'ordre alphabétique. Les *passerines* tiennent aux *bruans*, comme je l'ai déjà dit à l'article de ces derniers , par plusieurs caractères ; mais elles en diffèrent principalement en ce qu'elles n'ont point de tubercule osseux à l'intérieur de leur bec supérieur. Ce ne seront pas moins des *bruans* pour les méthodistes qui n'attachent aucune importance à cet attribut, ou qui ne l'indiquent pas. Linnæus n'en fait pas mention dans son *Systema naturæ*; aussi la plupart de mes *passerines* sont pour lui des *Emberiza ;* comme Latham signale ce tubercule et en fait un caractère générique pour les siens, il n'auroit pas dû alors le généraliser à tous , puisqu'il manque au plus grand nombre. Il y a encore d'autres différences dans la conformation du bec de la *passerine* et du *bruant* , mais moins tranchées, qu'on saisit néanmoins assez facilement quand on voit ces oiseaux en nature ; d'autres *passerines* ont été classées dans le genre *fringilla ;* en effet, au premier aperçu, leur bec se présente à peu près sous les mêmes formes ; mais en l'examinant avec une certaine attention, l'on s'aperçoit que ses bords , surtout ceux de sa partie inférieure , rentrent en dedans, que le palais de la partie supérieure est lisse et presque de niveau avec ses bords, et que son ouverture se dirige en en bas ; tandis que les *fringilla* ont les bords du bec droits et la mandibule supérieure creusée en dedans et comme striée. Il résulte , à ce qu'il me semble, de cet exposé, que la division de mes *passerines* lie le genre de mes *fringilles* à celui de mes *bruans.*

Les espèces de cette nouvelle division sont nombreuses dans l'Amérique septentrionale ; mais nous n'en possédons que deux en France, encore n'y sont-elles que de passage , savoir : l'*ortolan de neige* et le *grand-montain* qu'on n'y voit que très-rarement ; ces deux oiseaux se rapprochent de nos alouettes par leur ongle postérieur et par leur genre de vie: en effet, ils se perchent rarement et semblent le faire avec difficulté , ce que j'attribue à la forme de cet ongle qui ne leur permet pas de s'en servir pour cercler le juchoir ; aussi se tiennent-ils presque toujours à terre, y passent la nuit et y nichent : les *passerines agripennes* , qui composent la deuxième

section, se perchent plus facilement, ayant l'ongle postérieur
plus arqué ; cependant on les trouve plus souvent à terre
que perchées, et elles y restent toujours pendant la nuit; toutes
les autres *passerines* se perchent nuit et jour, soit sur les arbres , soit dans les buissons , d'où elles descendent à terre
pour chercher leur nourriture qui consiste , pour tous ces
oiseaux, en insectes et menues graines dépouillées du péricarpe ; les unes nichent sur les arbres , d'autres dans les
buissons, les halliers et dans l'herbe ; le nombre de leurs pontes
dépend de la température des pays qu'elles habitent. Les
premiers alimens qu'elles apportent a leurs petits sont toujours
des insectes, des chenilles et des vermisseaux. On trouve des
passerines dans les quatre parties du monde.

La PASSERINE AGRIPENNE , *Passerina oryzivora* , Vieill. ;
Emberiza oryzivora, Lath. ; pl. enl. de Buffon, n.º 388 , fig. 1 ,
(le mâle en été). Cette *passerine* est une vraie habitante des
herbes , puisqu'elle se tient sans cesse dans les prés humides.
Si on la suit dans son genre de vie, on voit qu'elle chante ,
couche et niche à terre , et que si elle se perche sur une branche d'arbre ou sur un buisson, ce qui lui arrive rarement ,
son maintien indique aussitôt qu'elle est dans une position
forcée. Son assiette est plus ferme sur les clôtures en bois
des prés et des champs , parce qu'elle y trouve une surface
plus large pour s'appuyer. D'un instinct très-social, les *agripennes* vivent toujours en bandes nombreuses , hors le temps
des amours. Elles arrivent au centre des États-Unis à la fin
d'avril ou dans les premiers jours de mai, et y restent jusqu'au
mois de septembre , époque à laquelle elles commencent
leurs courses erratiques. Ces bandes sont, à l'automne, composées de mâles et de femelles ; mais à leur retour, au printemps , les sexes s'isolent l'un de l'autre , et forment des troupes particulières. La maturité du riz leur sert de guide à la
fin de l'été. Les jeunes se mettent en route les premiers , et
ensuite les vieux, auxquels se joignent les couvées tardives et
les individus qui nichent dans le Nord des États-Unis; tous se
transportent dans les lieux où les attire cette graine céréale ,
leur nourriture favorite. Tous voyagent pendant la nuit ; et
comme leurs cris continuels décèlent leur passage, on peut
les apercevoir au clair de la lune , quoiqu'ils se tiennent
alors à une grande élévation. Ils se reposent le jour dans les
champs où les graines de certaines plantes indigènes au pays
qu'ils parcourent leur fournissent des alimens abondans. Le
mot *thuit*, prononcé d'un ton bref et aigu, est leur cri de ralliement pour le départ, et leur cri d'alarme quand ils ont de
l'inquiétude. Les individus de cette espèce qui habitent l'île
de Cuba , la quittent en août, au moment de la récolte du

riz, car ils n'en mangent guère lorsqu'il est en pleine maturité; ils se rendent alors à la Géorgie et aux Carolines, où cette graine est encore tendre ; et en se joignant à ceux qui arrivent du Nord , ils s'y trouvent en si grand nombre qu'ils dévastent en peu de temps le champ qu'ils attaquent. Guéneau-de-Montbeillard leur trace une route plus longue , en disant : qu'après avoir resté trois semaines à la Caroline , ils continuent leur voyage du côté du Nord , cherchant des graines moins dures , et vont ainsi, de station en station , jusqu'au Canada, et peut-être plus loin; mais c'est une erreur, car à leur départ des Carolines, ces oiseaux, au lieu de pénétrer dans des régions plus septentrionales, se transportent toujours dans le sud pour y passer l'hiver : les uns se retirent au Mexique, les autres dans les Grandes-Antilles, et aucun ne se montre au Canada avant la belle saison. Ils y arrivent en mai, y nichent, et quittent cette région en août pour se porter dans les Carolines et la Géorgie, contrées dont tous font leur point de réunion, afin de s'y gorger de riz, soit qu'ils habitent le sud ou le nord pendant l'été ; ils 'en mangent avec tant de voracité que de maigres qu'ils étoient à leur arrivée , ils deviennent si gras qu'à peine peuvent-ils voler ; et c'est alors un mets délicieux. J'ai remarqué qu'à l'époque de leurs courses périodiques ils ne dorment pas plus en captivité qu'en liberté, qu'ils jettent souvent leur cri de ralliement pendant la nuit, surtout si on les tient en dehors d'un appartement.

Nous venons de voir qu'à la fin de l'été et en automne leur marche est réglée sur la maturité du riz ; la naissance des insectes détermine celle qu'ils font au printemps ; ils arrivent dans les Florides, en bandes nombreuses, au commencement d'avril, y séjournent plus ou moins de temps, jusqu'à ce que la grande éphémère jaune, appelée *mouche de mai*, et une espèce de sauterelle dont ils se nourrissent de préférence, soient totalement épuisées. Les agripennes étant susceptibles de prendre beaucoup de graisse, dans quelque saison que ce soit, pourvu qu'elles aient des alimens en abondance, sont alors aussi grasses qu'à l'automne; mais elles perdent cet embonpoint à mesure qu'elles pénètrent dans le Nord.

J'ai dit précédemment, qu'au printemps les mâles et les femelles voyagent séparément : cette remarque n'a point échappé à Catesby ; mais il se trompe lorsqu'il prétend qu'à l'automne les troupes que forment ces oiseaux ne sont composées que de femelles, car j'y ai toujours trouvé des individus des deux sexes, il est vrai qu'alors les mâles et les femelles portent la même livrée. Cette *passerine* se tient de préférence dans les prairies et les marais dont les herbes sont d'une certaine hauteur, au pied desquelles elle construit son nid avec des feuilles et des herbes grossières à l'extérieur, des herbes plus fines et en abondance à l'intérieur. Sa ponte est de quatre ou cinq œufs, d'un blanc bleuâtre, tachetés de brun, et de la grosseur de ceux de notre *bruant proyer*. Elle ne se perche point pour dormir; elle reste à terre, ordinairement posée sur un seul pied sans s'accroupir, et elle met sa tête sous l'aile qui est du côté où l'autre pied est caché dans les plumes du bas-ventre. C'étoit toujours dans cette position que les individus que j'avois dans une volière se tenoient pendant la nuit. Les Mexicains nomment *elotototl* le mâle sous son plumage d'été, et *elototl* sous celui d'hiver, ainsi que la femelle. Les Américains les appellent *boblincoln* ou *conquelde*, d'autres *white backed*, *maize thief*, voleur de maïs, à dos blanc. Cette dernière dénomination indique que ces oiseaux mangent aussi ce blé, sans doute lorsqu'il est tendre, puisque leur bec n'est pas assez fort pour le concasser, ni leur gosier assez large pour l'avaler en entier; aussi le refusent-ils, en captivité, s'il n'est broyé.

Le ramage du mâle est sonore, pénétrant, et si varié, qu'on ne peut guère en faire la description; il m'a paru composé de cris aigus, d'éclats gradués, tantôt lents, tantôt vifs, et de sons exprimés d'un ton si brusque que l'on croiroit ce petit musicien continuellement en colère; néanmoins son chant ne manque pas d'agrément et plaît par sa singularité.

L'agripenne subit deux mues par an, la première au printemps, et la deuxième aux mois de septembre et d'octobre; il en est d'elle comme de plusieurs autres oiseaux à double mue, tous les individus n'éprouvent pas cette maladie à la même époque, les uns plus tôt, les autres plus tard; c'est au point qu'elle existe encore chez quelques-uns à la fin de juin, tandis que chez d'autres elle est passée au mois de mai. C'est à la première que les mâles se couvrent de leur habit de noce; et ils diffèrent si peu, à l'automne, des femelles, qu'on ne peut guère les distinguer; j'ai seulement remarqué que leurs couleurs sont plus prononcées.

Le mâle a, dans le temps des amours, le bec, la tête, la gorge, toutes les parties postérieures, le haut du dos, les ailes et la queue d'un beau noir; les pennes primaires frangées de blanc jaunâtre à l'extérieur; les secondaires bordées de roussâtre; quelques plumes du bas-ventre et les couvertures inférieures de la queue terminées d'un roux presque blanc; le dessus du cou d'un jaune pâle; les scapulaires, le bas du dos, le croupion et les couvertures supérieures de la queue blancs; les pieds noirâtres. Longueur totale, six pouces huit lignes.

Le même, sous son plumage d'hiver, a trois raies longitudinales sur le sommet de la tête ; celle du milieu est d'un jaune verdâtre foncé , et les deux autres sont noirâtres ; une autre , pareille à la première , s'étend sur chaque côté de la tête et passe au-dessus de l'œil, qui est séparé du bec par une tache blanche ; une autre noire part de son angle postérieur ; les joues, la gorge , les parties postérieures , le bord externe des moyennes et des grandes couvertures de l'aile sont d'un jaune verdâtre ; cette teinte est plus obscure sur les pennes caudales , le dessus du cou et du corps, et est coupée en longueur par des taches noirâtres sur les plumes du manteau, du croupion, de la poitrine, des flancs et des couvertures supérieures de l'aile ; elle règne encore, mais sous une nuance grise, sur les pennes et sur celles de la queue qui sont liserées de blanc en dehors ; le tarse est d'un brun clair, et le bec d'un brun roussâtre. La femelle du mâle ne diffère que par des couleurs plus ternes.

Le jeune a un pouce de moins ; le bec brun , plus clair en dessous ; des trois bandes qu'il porte sur le sommet de la tête , celle du milieu est d'un jaune rembruni , et les deux autres brunes ; les sourcils sont d'un jaune terne ; le dessus du cou est roussâtre ; le dos varié de brun jaunâtre et de noirâtre ; le croupion et les couvertures supérieures de la queue sont d'un brun roux ; les pennes et celles de la queue , brunes et bordées de jaunâtre ; la gorge et toutes les parties postérieures, de cette dernière teinte , mais plus claire ; les flancs tachetés de brun ; un trait derrière l'œil, et les pieds de cette couleur. Le plumage des mâles varie tellement après les premières mues, que très-peu se ressemblent parfaitement ; d'où il résulte que les auteurs ne s'accordent pas dans leurs descriptions ; cependant à l'âge de trois ans , les vieux portent la même livrée qui est celle de l'individu décrit le premier ; celui de Montbeillard est dans sa deuxième année , et son *agripenne de la Louisiane* est, ainsi que celle de Mauduyt, moins avancée dans sa mue du printemps.

La PASSERINE AURÉOLE, *Emberiza aureola*, Lath. Elle est de la grosseur de l'*ortolan de roseaux*, et son cri est le même que celui de cet oiseau. On la trouve communément en Sibérie et au Kamtschatka ; elle y vit en troupes dans les cantons plantés de pins, de peupliers et de saules. Son plumage est agréablement varié de roux sur la tête et le dos ; de jaune citron sur le devant du cou et sous le corps ; de noir sur le front, la tête et la gorge ; de noirâtre sur les ailes, et de blanchâtre sur les couvertures inférieures de la queue ; il y a une espèce de collier roux au haut du cou, des raies brunes aux flancs, une bande blanchâtre sur les plumes scapulaires, et une autre de la même couleur, qui s'étend obliquement sur le bord intérieur des deux premières pennes de la queue, qui est un peu fourchue. Le plumage de la femelle est plus foible en couleur que celui du mâle.

Nota. J'ai placé cet oiseau dans le genre *passerine*, parce qu'on ne fait pas mention du tubercule osseux qui caractérise les vrais Bruans. C'est au naturaliste qui le verra en nature, à juger si j'ai tort ou raison.

La Passerine a bec rouge, *Passerina pusilla*, Vieill.; *Fringilla pusilla*, Wilson, *Amer. Ornith.*, pl. 16, fig. 2. Je n'ai rencontré cette espèce que dans les taillis et les bosquets. Son ramage est à peu près semblable à celui de la *passerine des vergers*; mais sa phrase est plus longue, sans être plus agréable, et son cri ressemble à celui du criquet. Elle s'éloigne du nord des Etats-Unis, à l'automne, et y revient au printemps. Elle construit son nid à terre, généralement au pied d'un buisson de ronces, et fait entrer dans sa composition beaucoup de crin. Sa ponte est de six œufs blancs nuancés de ferrugineux, tellement qu'ils paroissent totalement de cette couleur, lorsqu'on les voit à une certaine distance. Elle fait deux ou trois pontes par an.

Elle a le dessus de la tête d'un marron clair, coupé dans le milieu par une raie grise longitudinale; une bande de cette teinte, sur le front, laquelle entoure l'œil, et se perd sur les tempes; le cou est en dessus pareil au sinciput, et roux en devant, ainsi que la gorge, la poitrine et les flancs; le menton est gris; le dos varié de gris et de noirâtre; le croupion mélangé de brun; les pennes des ailes sont brunes et bordées du même gris-blanc qui termine leurs couvertures supérieures; la queue est d'un brun clair en dessus, grise en dessous, et frangée d'une nuance plus claire; le ventre et les parties postérieures sont d'un blanc sale, les pieds d'un rouge jaunâtre: le bec est d'un rouge de brique. Longueur totale, quatre pouces neuf lignes.

La Passerine bleue ou le Ministre, *Passerina cyanea*, Vieill., *Emberiza cyanea*, Lath., pl. 273 des Oiseaux d'Edwards. Cette espèce est répandue en Amérique, depuis le Mexique jusqu'à la Nouvelle-Ecosse, mais elle ne passe que l'été dans le nord des Etats-Unis. Elle paroît à New-Yorck vers la fin d'avril, et fréquente alors les vergers en fleurs. Le chant du mâle n'est composé que d'une phrase assez courte; ses accens sont hauts, vifs, et diminuent par gradations presque imperceptibles pendant six ou huit secondes, de manière que l'oiseau ne semble plus rien articuler; il se tait alors pendant une minute, et recommence sa chansonnette. Quand on approche de son nid, il jette un cri qui semble exprimer *sharp chip*.

La femelle le place dans un buisson peu élevé et entouré de grandes herbes, le suspend à deux rameaux par les côtés, le compose de lin à l'extérieur et d'herbes fines à l'intérieur. Sa ponte est de quatre œufs bleus et pourprés vers le gros bout. Le mâle et la femelle les couvent alternativement. Ces oiseaux se nourrissent d'insectes et de différentes petites graines. Le millet et l'alpiste sont sur-tout celles qui leur conviennent en captivité; mais il faut les mettre à la diète pendant l'hiver : car, dans cette saison, ils ont une telle disposition à s'engraisser qu'ils périssent de gras-fondu si l'on n'a pas cette précaution.

Le mâle pendant l'hiver, et la femelle pendant toute l'année, ont un plumage varié de brun, de noirâtre, de gris et de verdâtre, avec un peu de bleu à l'extérieur des pennes des ailes et à la poitrine.

Lorsque le premier a pris son habit de noce, ce qui est ordinairement au mois d'avril ou de mai, il a une tache noire entre le bec et l'œil; la tête, le cou, la gorge, d'un bleu d'outremer, qui prend une nuance verdâtre sur les parties postérieures du dessus et du dessous du corps; les couvertures des ailes, les pennes et celles de la queue sont noires et bordées de bleu verdâtre; le bec est brun en dessous, et en dessus du même noir que les pieds. Les jeunes ressemblent à la femelle; taille du *serin* : longueur, quatre pouces sept à huit lignes. Le mâle et la femelle sont figurés dans Sparmann, *fascic.* 2, pl. 42 et 43, sous le nom d'*emberiza cyanella*, et l'*azuroux* (*emberiza cœrulea*), donné pour une espèce distincte, est un mâle en mue. Cette *Passerine* porte, au Mexique, le nom d'*azul lexos* (oiseau bleu qui vient de loin), et à New-York celui d'*indigo-bird* (oiseau bleu d'indigo). On l'appelle aussi *parson* (ministre), et *bishop* (évêque). C'est sous cette dernière dénomination française qu'elle est connue à la Louisiane, et qu'elle a été signalée par le Page Dupratz; c'est pourquoi on doit appliquer à cet oiseau ce que dit cet historien de l'*évêque de la Louisiane*, et non pas à l'*organiste-tangara*, ainsi que l'a fait Buffon, ni au *bluet*, comme le dit Pennant : ces deux oiseaux ne se trouvant point dans cette contrée.

La PASSERINE BORÉALE, *Passerina borealis*, Vieill., a le dessus de la tête, les joues, la gorge et la poitrine noirs : les sourcils d'un blanc roussâtre; les flancs blancs et marqués de noir; le dessus du cou d'un roux vif; les plumes du dos, les couvertures des ailes et les pennes secondaires noires dans le milieu et brunes sur leurs bords, à l'exception des petites couvertures qui sont bordées de blanc; les pennes primaires des ailes et celles de la queue brunes et liserées de blanc; cette couleur occupe le milieu des deux pennes caudales les plus extérieures. Le ventre et les couvertures inférieures de la queue sont d'un blanc sale ; le bec est noir à sa pointe et blanc dans le reste ; les pieds sont bruns.

La femelle diffère du mâle en ce que le noir de la tête est mélangé de roux ; que le dessus du cou est d'un roux pâle ; que la gorge est blanche ; que le plastron noir de la poitrine est mêlé de blanc ; et qu'enfin les couleurs du dos, des ailes et de la queue sont plus foibles. Ces deux oiseaux, qui ont été apportés du nord de l'Europe par M. Paykull, et qui sont au Muséum d'Histoire naturelle, ayant de grands rapports non-seulement dans leur taille, mais encore dans leurs couleurs, avec *l'ortolan de roseaux*, appartiennent peut-être au même genre ; mais c'est ce que je ne puis décider, attendu que je n'ai pu examiner l'intérieur de leur bec pour m'assurer s'ils avoient ou n'avoient pas le tubercule osseux qu'a celui-ci, et qui distingue particulièrement les *bruans*.

La PASSERINE DES BROUSSAILLES, *Passerina dumetorum*, Vieill. Je n'ai rencontré cette *passerine* au centre des Etats-Unis, qu'au printemps et à l'automne, époques où elle fréquente les taillis et où elle se tient dans l'épaisseur des halliers, et cherche à terre les petites graines et les insectes dont elle se nourrit. Elle se plaît tellement dans les broussailles et les petits buissons les plus fourrés, qu'elle se montre très-rarement sur les arbres, et même les arbrisseaux. Je ne puis mieux comparer son genre de vie qu'à celui de notre *fauvette de haie*, avec laquelle elle a encore une certaine analogie dans le plumage.

Sa longueur totale est de quatre pouces trois quarts ; le bec est brun en dessus, et d'une nuance un peu plus claire en dessous ; une petite raie blanche passe au dessus de l'œil et se perd dans le gris-brun de l'occiput ; cette dernière teinte est tachetée de noir sur le sommet de la tête, sur le dos, le croupion, les couvertures supérieures, et sur plusieurs pennes secondaires des ailes ; elle est pure sur les primaires et sur les pennes de la queue, qui sont noirâtres à l'intérieur ; la gorge et le devant du cou sont d'un gris clair ; la poitrine est d'un ton plus prononcé, et variée de brun sur les côtés ; le ventre blanc dans le milieu ; les flancs et les tempes sont roux, et les pieds bruns.

La PASSERINE DU CAP DE BONNE-ESPERANCE. Cet oiseau, que j'ai décrit sous le nom de BRUANT DU CAP DE BONNE-ESPERANCE, avec un astérisque, appartient à ce genre, fait dont je me suis assuré sur des individus en nature, depuis l'impression de son article.

La PASSERINE A COLLIER, *Passerina collaris*, Vieill. Elle a le front, les joues et le menton d'un brun-noir foncé ; le dessus de la tête et du cou, le dos, le croupion, les grandes et moyennes couvertures des ailes, d'une couleur marron vive; les petites, d'un blanc mêlé de jaunâtre : les moyennes, terminées de blanc, ce qui donne lieu à deux bandelettes transversales sur les ailes, qui sont brunes de même que la queue; la gorge, la poitrine et l'abdomen sont d'un beau jaune; le devant du cou est couvert d'un collier large de deux lignes à peu près, et d'un brun-noir; les flancs ont des taches longitudinales brunes; les couvertures inférieures de la queue sont d'un blanc foiblement nuancé de jaune de soufre : taille du *bruant commun* La femelle ou une variété d'âge du mâle, diffère du précédent, par des couleurs moins vives et moins pures; la teinte marron des parties supérieures est mélangée d'un brun cendré qui se trouve à l'extrémité des plumes; il en est de même du collier. Ces oiseaux se trouvent dans l'Amérique méridionale, et sont au Muséum d'Histoire naturelle.

La Passerine a cou noir, *Passerina nigricollis*, Vieill.; *Emberiza americana*, Lath., *pl. 44* du Synopsis de cet auteur. Le mâle a le bec grisâtre; le dessus de la tête, d'un gris nuancé de vert; les sourcils et la poitrine jaunes, de même qu'une tache oblongue vers l'angle de la mandibule inférieure; le *lorum*, la gorge et les côtés blancs; le bas du cou couvert d'une grande tache noire, triangulaire; les joues, le ventre et les parties postérieures gris; le manteau de cette teinte, mais rembrunie et tachetée de noir sur le dos et sur les scapulaires; les petites couvertures supérieures des ailes, d'un brun roussâtre; les autres et les pennes, noirâtres, avec une bordure rousse en dehors; la queue pareille; les pieds bruns. Longueur totale, cinq pouces sept lignes.

La femelle diffère du mâle en ce qu'elle n'a point de marque noire sur le devant du cou, ni les sourcils jaunes; en ce que la poitrine est d'une nuance plus claire, et qu'elle porte au-dessous des yeux une strie brune, dans la direction des joues. Je soupçonne que le *fringilla flavicollis* que Pennant dit se trouver dans l'Amérique septentrionale, est une variété d'âge. Cette espèce arrive en Pensylvanie et dans l'Etat de New-Yorck, vers le milieu de mai, et n'y passe que la belle saison. Elle se tient de préférence dans les plaines couvertes de plantes céréales et dans les trèfles, où elle construit son nid à terre, et le compose d'herbes sèches et fines. Sa ponte est de cinq œufs blancs, parsemés de taches et de lignes noires. Le chant du mâle semble exprimer les syllabes *chip*, *ché*; il répète la première deux fois de suite et lentement; la deuxième, trois fois et très-vivement.

La Passerine couronnée de noir, *Passerina atricapilla*,

Vieill. ; *Emberiza atricapilla*, Lath. , *pl.* 45 du Synopsis de cet auteur. On trouve cette espèce dans les îles Sandwick , à la baie de Nootka , et dans l'intérieur de l'Amérique septentrionale. Elle a le bec noirâtre ; le dessus de la tête , d'un jaune éclatant , et entouré d'une bande noire ; le dessus du cou cendré ; les plumes du manteau , d'un brun rougeâtre sur leurs bords , et d'un brun sombre sur leur milieu ; les moyennes et les grandes couvertures des ailes terminées de blanc ; les pennes bordées de brun clair , sur un fond noirâtre ; le croupion nuancé d'olivâtre ; la gorge d'un blanc salé à son origine , et ensuite cendrée , de même que le devant du cou, les côtés de la poitrine et du ventre, qui dans le reste sont d'un jaune pâle ; la queue et les pieds sont d'une teinte brune. La femelle diffère du mâle en ce qu'elle n'a point de jaune sur la tête ni en dessous du corps. Longueur totale, six pouces un quart.

On voit , dans les mêmes contrées , des oiseaux que Latham présente comme des variétés de l'espèce précédente ; ils ont , selon cet auteur, le sommet de la tête noir ; le front jaune ; une double bande blanche sur les ailes , et le ventre de cette couleur. Ces différences n'indiqueroient-elles pas plutôt une espèce particulière ?

La Passerine cuschisch , *Passerina leucophrys* , Vieill. ; *Emberiza leucophrys* , Lath. , pl. 31 , fig. 4 , de l'*Améric. ornith.*

Les naturels de la baie d'Hudson donnent le nom de *Cusabutaschcish* à cet oiseau, dont par abréviation l'on a fait celui sous lequel il est décrit. Ainsi que tous ses congénères de l'Amérique septentrionale , il quitte son pays natal à l'automne , et y revient avec les beaux jours. On le rencontre dans l'État de New-Yorck et les contrées voisines, aux mois de mai et de septembre ; il a un chant agréable , et se tient seul dans les saussaies , où il se plaît de préférence. Le pied d'un saule ou d'un groseillier sauvage est l'endroit dont la femelle fait choix pour y placer son nid. Sa ponte est de quatre ou cinq œufs d'un rouge-bai.

Le mâle a le dessus de la tête couvert d'une calotte blanche bordée de noir ; deux traits de la première couleur, sur ses côtés , l'un à travers l'œil , l'autre au dessous ; la gorge, le cou et la poitrine cendrés ; le dos , d'un brun ferrugineux , varié de noir ; le croupion et les couvertures supérieures de la queue, d'un cendré jaunâtre ; les couvertures de l'aile pareilles au dos et terminées de blanc ; l'extrémité des pennes secondaires , le ventre et les parties postérieures , de la dernière couleur ; les pennes alaires et caudales, d'un brun-noir ; les pieds couleur de chair ; longueur totale , cinq pouces dix lignes. L'individu décrit par Latham , d'après Forster (*Phil. Trans.*) , diffère du précédent par plus de longueur et par la couleur jaune qui est répandue sur les couvertures inférieures de sa queue et sur les plumes de ses jambes.

Chez la femelle, un gris-blanc occupe le dessus de la tête; une bande noire part des narines, et se prolonge sur l'occiput, en passant au-dessus des yeux, qui se trouvent au milieu d'un gris cendré. Une autre bande, de couleur noire lui succède; elle naît à l'angle postérieur de l'œil, et se perd sur la nuque; la gorge et le cou sont gris; cette teinte prend un ton cendré sur la poitrine, et est remplacée par du blanc sale sur le ventre et du blanc roussâtre sur les couvertures inférieures de la queue; le dos et le croupion sont bruns; les couvertures des ailes pareilles à celles du mâle; leurs pennes, et celles de la queue, brunes et bordées de fauve en dehors; les pieds et les ongles, d'un brun clair.

La Passerine dite le Grand-Montain, *Passerina lapponica*, Vieill.; *Fringilla lapponica*, Lath., a six pouces et demi de longueur totale; le sommet de la tête noirâtre; le dessus du cou et du corps roussâtre et tacheté de brun; une raie blanche qui part du bec passe sur les yeux et descend en se courbant sur les côtés du cou; la gorge, le devant du cou et le haut de la poitrine d'un roux clair, chez les deux seuls individus que j'ai été à portée de voir pendant l'hiver de 1776 et qui avoient été pris avec des *ortolans de neige* (ces parties sont noirs, selon Temminck); le bas de la poitrine et les parties postérieures blanches; les petites couvertures des ailes d'un brun clair; les moyennes bordées en dehors de jaunâtre et terminées de blanc; ce qui donne lieu à une bande transversale sur l'aile dont les pennes sont noires et frangées, à l'extérieur, d'un jaune verdâtre; les pennes de la queue sont noires; les deux plus extérieures terminées par une tache blanche cunéiforme; le bec est couleur de corne avec sa pointe noire; les pieds et les ongles sont de cette couleur. La femelle diffère du mâle en ce qu'elle a, selon M. Meyer, le sommet de la tête, le dessus du cou, les scapulaires et le dos gris et roux avec des taches noirâtres; la raie des côtés de la tête d'un blanc roussâtre, laquelle se joint à un trait blanc qui part du bec; la gorge d'une couleur blanche bordée sur les côtés par une ligne brune; le haut de la poitrine varié de gris et de noir; les flancs roux et tachetés longitudinalement de brun foncé.

Cette espèce se montre très-rarement en France, encore n'est-ce que dans les hivers rigoureux; elle se rapproche des *alouettes*, par l'ongle du doigt postérieur, presque deux fois plus long que le doigt, par l'habitude de courir à terre, et de ne chanter qu'en se soutenant dans les airs. Sa ponte est de cinq à six œufs, un peu allongés, et d'un gris léger. On trouve les *grands-montains* dans la Laponie, en Sibérie et au Groënland. Latham rapproche de cette espèce, comme variété, l'oiseau que les naturels de la baie d'Hudson appellent *Tecuma shish*; en effet ces deux oiseaux présentent de très-grands rapports dans leur plumage et dans leurs habitudes. Le *Tecuma shish* ne se montre à la baie d'Hudson que pendant l'hiver, y fréquente les environs de la rivière Severn, et se tient dans les genévriers, dont la graine est alors sa seule nourriture. Il a un pouce et demi de moins que le *grand montain*, la tête noire; une lunule de cette couleur derrière l'œil; la poitrine rayée longitudinalement de noir sur un fond blanchâtre; le reste de plumage ne présente que très-peu de différence; quelques mâles ont le dessus de la tête ferrugineux. Forster a décrit cet oiseau dans les *Phil. Trans.*, vol. 62, p. 404.

, La Passerine guirnegat, *Passerina flava*, Vieill.; *Emberiza brasiliensis*, Lath.; pl. enl. 321, fig. 1 de l'Hist. nat. de Buffon, sous le nom de *Bruant du Brésil*. Cet oiseau porte au Paraguay les noms de *chuchuy* et de *gilguerot*; c'est sous celui de *chuy*, que M. de Azara l'a décrit. Il n'est point rare dans les terres cultivées, et même dans les lieux habités du Paraguay. Il se perche sans se cacher sur les arbres et les buissons; son vol, ses mouvemens et ses formes sont pareils à ceux du *chipiu* (*V.* l'article *Fringille*, pag...); il hausse et baisse vivement sa queue. On le trouve communément par paires et quelquefois par petites troupes. Il niche au pied des arbres, ou dans des trous, ou dans des halliers. De petites pailles desséchées et quelques plumes sont à l'extérieur du nid, et des crins à l'intérieur; la ponte est de trois œufs blanchâtres, couverts de taches d'un brun foncé, plus nombreuses vers le bout.

Longueur totale, quatre pouces dix lignes; bec d'un brun clair en dessus, blanchâtre en dessous, presque droit, large et épais d'environ trois lignes; toupet d'une belle couleur dorée; plumes des parties supérieures brunes dans le milieu et d'un vert mêlé de jaune dans le reste; ailes et queue pareilles; côtés de la tête et toutes les parties inférieures d'un jaune doré, un peu ombré à la gorge et aux côtés du corps; tarses olivâtres; iris brun. La femelle a les côtés de la tête bruns, avec une petite raie blanchâtre; les plumes du dessus du corps, les pennes des ailes et de la queue noirâtres, avec une bordure de brun clair aux plumes, et verdâtre aux pennes; la gorge, le devant du cou et le haut de la poitrine avec des taches noirâtres sur un fond blanchâtre; les parties postérieures blanches; les couvertures inférieures et une grande partie des pennes alaires, jaunes. Les jeunes lui ressemblent. On trouve aussi ces oiseaux au Brésil. J'en ai vu plusieurs vivans en

France, qui nous viennent du Portugal, et j'ai gardé pendant plusieurs années un individu mâle dans mes volières. Les oiseleurs de Paris l'appellent *moineau-paille*, d'après sa couleur principale.

La Passerine jacobine, *Passerina hyemalis*, Vieill. ; *Emberiza hyemalis*, Lath.; pl. 36 des Oiseaux de Catesby; c'est une méprise de Guencau de Montbeillard d'avoir présenté cet oiseau comme une variété de *de l'ortolan de neige*, avec lequel il n'a de commun que de quitter les contrées boréales de l'Amérique septentrionale pour se transporter pendant l'hiver au centre des Etats-Unis jusqu'à la Caroline du Sud, et de quitter ces contrées aux mois de février et de mars. La couleur principale du mâle est beaucoup plus foncée et plus pure en été qu'en hiver; mais elle n'est jamais noire, comme le disent les auteurs qui l'ont décrit une seconde fois sous la dénomination de *fringilla hudsonia*, quoiqu'elle le paroisse au premier aperçu et à une certaine distance ; c'est un ardoisé très-foncé sur la tête, le cou, le dessus du corps, la gorge, le devant du cou et sur le haut de la poitrine; un beau blanc succède sur les parties postérieures et sur les trois premières pennes de chaque côté de la queue, dont une est bordée de noir en dehors; les autres et les pennes des ailes sont d'un brun-noir ; les primaires frangées de gris-blanc à l'intérieur et d'un noir pur à leur pointe ; le bec est blanc ; les pieds sont d'un jaune brunâtre, et les ongles noirs. Longueur totale cinq pouces six lignes. La femelle, qui est un peu plus petite que le mâle, a le bec d'un blanc sale et noir à la pointe; la tête, le cou, le manteau, la gorge et la poitrine d'un gris un peu bleuâtre et mélangé de roux ; les mâles et surtout les jeunes lui ressemblent pendant l'hiver; mais leurs couleurs s'épurent au printemps.

La Passerine jacarini, *Passerina jacarini*, Vieill.; *Tanagra jacarina*, Lath. , pl. 33 des Oiseaux chanteurs, *Jacarini* est le nom brasilien de cet oiseau, qui se trouve aussi à Cayenne et au Paraguay. M. de Azara le décrit sous la dénomination de *volatin* (sauteur); il fréquente de préférence les terrains défrichés, les champs entourés de haies , dans lesquelles il se cache , et jamais les grands bois ; il se tient aussi sur les petits arbres, et particulièrement sur ceux du café; le mâle a l'habitude très-singulière de s'élever verticalement à une petite hauteur au-dessus de la branche sur laquelle il est perché, et de se laisser tomber au même endroit pour sauter de même toujours verticalement plusieurs fois de suite ; chacun de ces sauts est accompagné d'un petit cri de plaisir ; sa queue s'épanouit en même temps ; ce cri, selon M. de Azara, est aigu et exprime *chi-chi*. Il n'y a que le mâle qui se donne ce mouvement dont sa compagne est témoin, parce qu'ils sont toujours par paires, et qu'elle suit toujours le mâle quand il change de canton; et si celui-ci en rencontre un autre, ils se poursuivent avec acharnement. Le cri de la femelle est *chiu-chiu-chiu*. Ces oiseaux ne sont que de passage au Paraguay, où l'on ne les voit que depuis le commencement de novembre jusqu'à la fin de mars. Leur nid est composé d'herbes sèches de couleur grise ; il est hémisphérique sur deux pouces de diamètre; la femelle y dépose deux œufs elliptiques, longs de sept à huit lignes et d'un blanc verdâtre, semé de petites taches rouges qui sont en grand nombre et plus foncées vers le gros bout, qui en est presque entièrement couvert.

Le mâle, sous son habit de noces, est généralement d'un bleu noir et à reflets violets, si ce n'est sur les pennes des ailes et de la queue; il a vers la base de l'aile une tache blanche qui quelquefois n'est pas apparente sur des individus ; mais les couvertures subalaires sont de cette couleur chez les *Jacarinis* que j'ai eu occasion de voir en nature ; le bec et les pieds sont noirs.

Son plumage d'hiver est très-analogue à celui de la femelle; seulement ses teintes sont plus nettes et plus prononcées. Celle-ci a le bec brun, le dessus de la tête, du cou et du corps d'un verdâtre rembruni ; les couvertures supérieures des ailes, leurs pennes et celles de la queue noires; et toutes, à l'exception des primaires, bordées en dehors de brun verdâtre ; les oreilles d'un brun clair ; la gorge grise ; le dessous du corps de la même teinte, variée de brun sur le devant du cou et sur la poitrine, et tirant au blanc sur le ventre; les couvertures inférieures de la queue sont noirâtres dans le milieu, verdâtres sur les bords et à l'extrémité ; les flancs roux et tachetés de brun. Longueur totale, quatre pouces trois ou quatre lignes.

La PASSERINE DES MARAIS, *Passerina palustris*, Vieill. ; *Fringilla palustris*, Wilson, pl. 22, f. 1 de l'Amer. Ornith. Elle arrive en Pensylvanie au mois d'avril, et fréquente les marais et le bord des rivières. Elle place son nid à terre, quelquefois dans une grosse touffe d'herbes entourée d'eau. Sa ponte est de quatre œufs d'un blanc sale, et tachetés de rouge. Son cri semble exprimer *shirp*.

Le mâle a cinq pouces et demi de longueur totale ; le dos, le cou et le front noirs; le sommet de la tête d'un brun bai, bordé de noir; une tache jaune entre l'œil et les narines ; les côtés du cou et toute la poitrine, d'un cendré obscur ; le menton blanc ; deux bandelettes noires, dont l'une part de la mandibule inférieure, et l'autre de l'angle postérieur de l'œil ; le dos de la même couleur, et légèrement marqué de couleur baie; les grandes couvertures des ailes, noires, et bordées d'un rouge-brun; les pennes alaires et caudales, d'un brun uniforme; le ventre et les parties postérieures, d'un blanc brunâtre; le bec noirâtre en dessus, bleuâtre en dessous; l'œil couleur de noisette; les pieds bruns; les ongles robustes, très-aigus et propres à grimper sur les roseaux. La femelle n'a point le dessus de la tête bai, et ses sourcils sont d'un blanc terne.

La PASSERINE MARITIME, *Passerina maritima*, Vieill.; *Fringilla maritima*, Wils., Americ. Ornith., pl. 34, f. 2, se trouve dans l'Amérique septentrionale, sur les îles couvertes de joncs des bords de la mer Atlantique. Elle a cinq pouces trois quarts de longueur totale; le menton d'un blanc pur, bordé sur chaque côté d'un cendré sombre qui naît à la base de la mandibule inférieure; une ligne étroite blanche est en dessus, et une autre sur l'œil; le *lorum* d'un très-beau jaune, bordé de blanc, et terminé d'un jaune-olive; le dessus de la tête d'un olive brunâtre, divisé latéralement par une strie de couleur d'ardoise; la poitrine cendrée et rayée de fauve; le ventre blanc; le bas-ventre roussâtre et rayé de noir; le dos, les ailes et la queue sont d'une couleur olive terne, mélangée de bleu pâle; les grandes et les petites couvertures des ailes terminées de blanc terne; le bord de l'aile est d'un beau jaune; les pennes primaires sont frangées de la même couleur immédiatement au-dessous des couvertures; la queue est uniforme, d'un brun d'olive et terminée de noir; le bec noirâtre en-dessus, d'un bleu pâle en-dessous. Le mâle et la femelle se ressemblent.

La PASSERINE MUSICIENNE, *Passerina musica*, Vieill.; pl. 14, f. 4, de l'Americ. Ornith. Le ramage de cet oiseau a de la ressemblance avec celui du *serin de Canarie*; mais il est composé d'une seule phrase répétée fréquemment, et le mâle chante quelquefois pendant une heure entière perché sur une branche d'arbrisseau. On rencontre cette passerine au centre des États-Unis, en toutes saisons; mais beaucoup d'individus se transportent dans le sud aux approches des froids. Elle se tient ordinairement dans les buissons qui bordent les rivières et les marais. Elle niche à terre dans une touffe d'herbes, et compose son nid de crins et d'herbes sèches. Sa ponte est de quatre ou cinq œufs, couverts de taches d'un brun rougeâtre, sur un fond blanc bleuâtre.

Elle a six pouces un quart de longueur totale: le dessus de la tête d'une couleur marron sombre, et divisé latéralement par un trait d'un blanc sale; une tache d'un jaune d'ocre près des narines; une ligne inclinant au cendré au-dessus de l'œil; la gorge blanche; une bandelette d'un marron sombre qui part de la mandibule inférieure, et s'étend jusqu'à l'angle intérieur de l'œil; la poitrine et ses côtés avec des taches d'un rougeâtre obscur entourées de noir; le ventre est blanc; les couvertures inférieures de la queue sont de couleur d'ocre et striées de brun; le dos est rayé de noir, de jaunâtre et de rougeâtre; les couvertures des ailes sont noires, largement bordées de bai, et terminées de blanc jaunâtre; les pennes alaires d'un brun sombre; la queue est brune, arrondie, avec des stries noires sur le milieu de ses deux pennes intermédiaires; le bec est couleur de corne, et les pieds sont couleur de chair.

La PASSERINE NONPAREIL, ou le PAPE, *Passerina ciris*, Vieill.; *Emberiza ciris*, Lath., pl. M, 33 de ce Dictionnaire, et pl. enl. de l'Hist. nat. de Buffon, n.° 159, f. 1 et 2, sous le nom de *Verdier de la Louisiane.*

Le nom de *pape* qu'on a donné à cet oiseau, vient de l'espèce de camail violet qui couvre le dessus de sa tête jusqu'au dessous de ses yeux, descend sur les parties supérieures et latérales du cou, et revient sous la gorge; un beau rouge est répandu sur le devant du corps, le croupion et les couvertures supérieures de la queue; le dos est varié de vert tendre et d'olivâtre obscur; les grandes couvertures des ailes sont vertes, les petites d'un bleu violet; les pennes et celles de la queue d'un brun rougeâtre; les pieds bruns. Le bec est de cette couleur en dessus et blanchâtre en dessous.

La femelle a la tête et le dessus du corps d'un vert foncé; le dessous d'un vert olive, plus chargé sur la poitrine; les ailes et la queue d'un vert brun, et bordées d'un vert clair; le bec et les pieds bruns. Les jeunes mâles lui ressemblent dans leur premier âge. Ils sont dans le second, c'est-à-dire après leur première mue, bleus sur la tête et le cou; d'un vert foncé sur le corps; variés de gris et de jaune sur la gorge; d'un jaune pur sur le ventre; verts sur les flancs; bruns sur les couvertures des ailes, leurs pennes et celles de la queue, dont les bords extérieurs sont verts. Longueur, cinq pouces un quart.

On ne peut pas statuer sur les couleurs de ces oiseaux, puisqu'outre les variétés qu'ils offrent dans leurs premières années, il en est beaucoup qui diffèrent dans l'âge avancé; de plus, ils muent deux fois par an, et prennent chaque fois un habit différent; en hiver, le jaunâtre remplace les teintes rouges, et le violet perd son éclat; sur d'autres, le vert est mélangé de jaune; généralement, les couleurs sont beaucoup plus ternes dans cette saison que lorsqu'ils sont parés de leur robe d'été.

Ces oiseaux, d'un caractère doux et familier, vivent en captivité des mêmes graines que les *serins*, mais il sont plus

délicats ; cependant , avec des soins et des précautions pendant la première année , il seroit facile de les acclimater en
France , et même de les faire nicher Ils aiment à placer leur
nid sur les orangers. Les mâles réunissent, ce qui se rencontre rarement , un riche plumage et un chant agréable , qui
m'a paru avoir de très-grands rapports avec celui de notre
fauvette à tête noire, surtout avec la dernière partie de son
ramage; il est presque aussi sonore, mais un peu moins moel-
leux.

Les *papes* sont communs dans les Florides et à la Louisiane,
plus rares dans la Caroline méridionale , où ils se tiennent à
vingt , trente milles et plus des rivages de la mer ; mais ils ne
s'avancent pas plus au nord. Les Espagnols les appellent
mariposa, et les Anglais *nonpareil*.

La Passerine olive , *Passerina olivacea* , Vieill.; *Emberiza
olivacea*, Lath. Le mâle a les sourcils et le haut de la gorge
jaunes; le bas de cette dernière partie et le devant du cou noirs;
ses côtés , la poitrine , le ventre et les couvertures inférieures
de la queue d'un gris verdâtre; la tête , le cou , le dos , le
croupion , les pennes des ailes et de la queue d'un vert-olive ;
le bec noir ; les pieds noirâtres , et trois pouces quatre lignes
de longueur.

Le femelle diffère en ce qu'elle n'a pas de noir à la gorge ,
et que le jaune est peu apparent : la teinte verte des parties
supérieures tire au brun, et le dessous du corps est d'un blanc
sale ; le bec et les pieds sont bruns. Ces oiseaux sont nombreux à Saint-Domingue , fréquentent les cannes à sucre , ce
qui leur a fait donner le nom d'*oiseau-canne*. Ils s'approchent
des habitations , nichent dans les buissons qui sont dans les
savanes , donnent à leur nid la forme d'un petit melon , et
placent l'entrée sur le côté ; les œufs, au nombre de quatre à
cinq , sont pointillés de roux sur un fond blanc.

La Passerine, dite Ortolan de neige, *Passerina nivalis*,
Vieill. ; *Emberiza nivalis* , Lath. , pl. B 19, fig. 4 de ce Dictionnaire ; pl. enl. de Buffon , n.° 497 , fig. 1.

Le mâle de cette espèce a , dans son plumage d'hiver , la
tête , le cou , les couvertures des ailes et tout le dessous du
corps d'un blanc de neige; cette couleur n'est qu'à l'extrémité des plumes ; elles sont noirâtres dans le reste de leur
longueur, de manière que lorsqu'elles ne sont pas bien couchées les unes sur les autres, le blanc paroît piqueté de noir,
une teinte légèrement roussâtre est répandue sur le blanc de
la tête ; le dos est noir; les pennes des ailes et de la queue
sont mi-parties noires et blanches; le bec et les pieds noirâtres. En été, la tête , le cou , le dessous du corps, le dos,
ont des ondes transversales , jaunâtres , plus ou moins fon-

ées. D'autres individus ont du cendré, varié de brun sur le dos; une teinte de pourpre autour des yeux, du rougeâtre sur la tête, etc.; la couleur du bec est aussi variable; tantôt il est jaune, tantôt cendré à la base, et assez constamment noir à la pointe. La femelle a pour couleur dominante, du roussâtre plus ou moins foncé sur son plumage. Quelques - unes sont noirâtres où le mâle est noir, excepté sur la poitrine et le ventre; le blanc est sale où celui-ci l'a pur; les pieds sont noirs ou noirâtres; longueur totale, six pouces et demi.

Les descriptions de ces oiseaux quant aux couleurs et à leur distribution, doivent nécessairement différer entre elles, puisque en hiver il est rare d'en rencontrer deux pareils. Les individus de cette même espèce, qui se répandent aussi dans l'Amérique septentrionale, offrent les mêmes dissemblances. On ne peut donc statuer, pour les reconnoître, que sur les caractères généraux; aussi est-il très-incertain que les ortolans de neige, décrits comme variétés, et même comme races distinctes, le soient rarement : tels sont ceux mentionnés ci-après, dont les uns ont été donnés par Latham et Gmelin comme espèces particulières, et réunis par Buffon et Brisson aux individus décrits ci-dessus comme variétés. Il faut cependant en excepter l'*ortolan de neige noir* de Brisson, ou l'*ortolan jacobin* de Buffon, qui est une espèce très-distincte, comme je l'ai déjà dit

Variétés des Ornithologistes français.

L'*ortolan de neige à collier.* Il a la tête, la gorge et le cou blancs; trois espèces de colliers en bas du cou; le premier de couleur plombée, le second blanc et le troisième bleu; le dos, le croupion, les scapulaires, la poitrine, le ventre, les flancs et les couvertures du dessous de la queue d'un brun rougeâtre tacheté de jaune verdâtre; les couvertures supérieures et les pennes des ailes, blanches, légèrement nuancées de jaune verdâtre, et entremêlées de quelques plumes noires; les huit pennes du milieu de la queue, blanches, ainsi que les plus extérieures, les deux autres noires; la prunelle de cette dernière couleur; l'iris d'un beau blanc; le bec rouge, avec une raie bleuâtre vers la moitié de sa longueur; les pieds et les ongles d'une couleur de chair rougeâtre; cette variété est extrêmement rare.

L'*ortolan de neige tacheté.* Il diffère du premier en ce que tout ce qui est blanc est teint de jaune : en ce que la gorge et le devant du cou sont variés de très-petites taches brunes.

L'*ortolan de neige à poitrine noire.* Il a presque toute la tête, le dessus du cou, le dos, le croupion, les scapulaires, les couvertures supérieures des ailes et la queue, d'un blanc jaunâtre; la base du bec entourée de plumes noirâtres, ainsi que celles de la gorge et des parties postérieures; les ailes et la queue variées de blanc et de noirâtre.

Les deux qui suivent ont été donnés comme espèces distincte par Latham et Gmelin.

Le premier (*Emberiza mustelina*) a le bec jaune avec la pointe noire; le dessus de la tête d'une couleur de tan, plus foncée sur le front, et plus pâle sur le cou; la gorge blanche, teinte de jaune près la poitrine, qui est, ainsi que les parties postérieures, d'un blanc, tacheté de jaunâtre sur des individus, pur sur d'autres; les plumes scapulaires et du dos, noires et bordées d'un brun rougeâtre; le croupion et les couvertures de la queue mi-partis de blanc et de jaune; les pennes des ailes noires et blanches; les quatre intermédiaires de la queue, noirâtres et frangées de blanc; les autres de cette dernière couleur sur les côtés avec une tache noirâtre à l'extérieur vers leur extrémité; les pieds noirs. Cet oiseau a été tué dans le nord de l'Angleterre, et est rare.

Le second (*Emberiza montana*) a le bec pareil à celui du précédent, la tête de couleur marron, foncée sur le front, et plus claire sur l'occiput et les joues; le dessus du cou et du dos cendré, ce dernier tacheté de noir; la gorge blanche; la poitrine et le ventre ondés d'une couleur de feu, et gris proche les ailes dont les pennes sont blanches et d'un brun noirâtre; les pieds noirs. La femelle a la poitrine d'une teinte plus foncée que le mâle. Linnæus a réuni ces deux oiseaux à l'*ortolan de neige* proprement dit, comme étant revêtus de leur habit d'été; Pennant et Latham les regardent comme des espèces différente.

Les montagnes du Spitzberg, les alpes lapones, le Groënland, les côtes du détroit d'Hudson, enfin les contrées du Nord les plus reculées, sont les lieux où se plaît l'*ortolan de neige* pendant la belle saison; c'est là où il niche et chante; il fait son nid en mai dans des crevasses de rochers, en compose l'extérieur d'herbes sèches, le milieu de plumes, et l'intérieur de poils d'*isatis*. La ponte est de cinq œufs, à peu près ronds, tachetés de brun et de noir sur un fond blanc.

Le mâle partage l'incubation avec sa femelle; il se tient aux environs du nid lorsqu'elle couve, voltigeant çà et là, et faisant entendre un ramage doux et foible; mais il se tait dès que les petits sont éclos.

Ces oiseaux dorment peu pendant l'été, se couchent en tout temps plus volontiers à terre, et n'aiment pas à se percher; ils se nourrissent de diverses graines, d'avoine, de millet, de chènevis, etc.; mais le chènevis les engraisse trop vite en cage, et les fait mourir de gras fondu ; ils vivent aussi de petites graines, et paroissent les préférer, surtout celle des polygonum (*polygonum viviparum*, Linn.). Ils quittent les montagnes du nord lorsque la gelée et les neiges suppriment leur nourriture ; ils se répandent alors en Allemagne, en Angleterre et en France ; mais dans cette dernière contrée ils ne paroissent que dans les grands hivers, et ne s'avancent que très-rarement en Italie : ceux qui étendent leur course dans la partie tempérée de l'Amérique septentrionale, ne dépassent guère la Virginie ; ils sont connus à la baie d'Hudson sous le nom de *wapathecusish*.

J'ai conservé vivans pendant plusieurs années, tant en Europe qu'en Amérique, plusieurs *ortolans de neige*, mâles et femelles, afin de connoître par moi-même leur chant, leurs cris, la manière dont ils passoient la nuit, et leurs habitudes journalières ; c'est toujours de cette manière que je me suis conduit pour les petits oiseaux du nord qui ne nichent point dans nos contrées, tels que le *sizerin*, le *cabaret*, la *linote de montagne*, etc., et c'est par ce moyen que je suis parvenu à bien distinguer ces trois espèces. Il résulte de mes observations sur les *ortolans de neige*, que le mâle n'a point, comme le disent les voyageurs, un ramage fort agréable ; cependant, il peut le paroître dans des contrées où les oiseaux chanteurs sont très-rares. Au reste, il m'a paru court, très-foible et sans nul agrément. Le cri d'appel de ces oiseaux est doux et assez agréable ; mais celui de la frayeur ou de l'inquiétude est, au contraire, aigre et fort. Ils chantent depuis la fin de mai jusque vers la mi-juillet, et souvent pendant la nuit, qu'ils passent constamment à terre ; ils courent fort vite, et ne dorment point ou très-peu pendant le mois de juin et une partie du mois de juillet.

La PASSERINE OUTATAPASEU, *Passerina flavifrons*, Vieill.

Quoique Latham rapporte cet oiseau à la *passerine à cou noir*, il me semble, d'après sa description, que c'est une espèce particulière qui en diffère non-seulement dans son plumage, mais encore dans son genre de vie. On le trouve à la baie d'Hudson, où il est connu des naturels sous la dénomination que je lui ai conservée.

Les *outatapaseus* ne quittent point la terre de Labrador, chantent dans toutes les saisons, vivent en petites troupes, se mêlent avec les *oies* et les *ortolans de neige* pour chercher leur nourriture ; ils nichent à terre, et leur ponte est de quatre ou cinq œufs tachetés de noir. Ils ont sept pouces environ de longueur totale ; le bec noir ; le front jaunâtre ; une strie de la même couleur à travers l'œil ; une tache noire sur le *lorum*, laquelle s'étend sur le haut des joues et s'élargit sur les oreilles ; un croissant de la même couleur, dont la convexité est tournée vers le bec, se fait remarquer sur le sinciput ; le reste de la tête, le dessus du cou, le manteau et les pennes intermédiaires de la queue sont bruns ; les trois pennes, les plus proches de celles-ci, noires sur leurs bords, brunes dans leur milieu et à leur extrémité ; la paire suivante est blanche en dehors, et la plus extérieure totalement de cette couleur ; la gorge est jaune, avec une tache noire sur son milieu ; le ventre et les parties postérieures sont d'un blanc bleuâtre, et les pieds sont noirs.

La PASSERINE DES PATURAGES, *passerina pecoris* ; *Emberiza pecoris*, Wilson, Amer. Ornith., pl. 18, fig. 1, 2, 3 (mâle, femelle et jeune); *Sturnus junceti* ; Lath. ; *Sturnus obscurus*, Gm. ; *Oriolus fuscus*, Gm. (mâle) ; *Fringilla pecoris*, Lath., Gm. (mâle). Le nom de *Troupiale bruantin*, que Daudin a imposé à cet oiseau, vient de ce qu'il a le bec épais et fort comme le *troupiale*, et à bords rentrans en dedans comme le *bruant*. C'est d'après ce dernier caractère, que je me suis décidé à en faire une *passerine*, attendu qu'il n'a pas de tubercule osseux au palais de la mandibule supérieure ; cependant ce sera un *emberiza* pour le naturaliste qui n'a point égard à cet attribut, ainsi que l'a fait Wilson.

Peu d'oiseaux ont été aussi ballottés que celui-ci : 1.º le mâle a été donné par Montbeillard comme la femelle de son *petit troupiale noir* ; par Pennant (*Arct. Zool.*), pour une espèce distincte, sous la dénomination de *brown headed oriole*, et par Gmelin, sous celle d'*oriolus fuscus* ; 2.º Gmelin en fait encore un *sturnus obscurus* ; Montbeillard le décrit une seconde fois sous le nom de *tolcana*, et le présente comme un *étourneau*, ainsi que Latham, qui l'appelle *sturnus junceti* ; 3.º la femelle est présentée, par ces auteurs, comme une espèce particulière ; Montbeillard l'appelle *brunet*, Latham et Gmelin *fringilla pecoris*, Pennant, *cow-pen-finch*, et Brisson, *pinson de Virginie*, et tous, d'après Catesby qui n'a pas connu le mâle. Ces oiseaux se plaisent avec les *troupiales commandeurs*, et habitent comme eux les marécages ; mais ils font souvent bande à part, et se tiennent, après les couvées, d'abord par petites troupes de huit à dix ; et ensuite tous les individus du même canton se réunissent pour voyager, et se transporter dans les contrées méridionales des États-Unis ; néanmoins il n'est pas rare de rencontrer des individus isolés des autres sur la lisière des bois. Je les ai souvent vus dans les pâturages, au milieu des bestiaux, parmi lesquels ils semblent se plaire ; en effet, c'est sur leurs pas qu'ils cherchent les insectes et les vers dont ils se nourrissent ; et c'est souvent entre leurs pieds qu'ils se réfugient pour échapper aux poursuites du chasseur. Ils arrivent dans les Etats de New-Yorck, de Pensylvanie, etc., au mois d'avril, et je les ai toujours vus, à cette époque, avec les *troupiales commandeurs*; mais ce qui est digne de remarque pour cette espèce, c'est, dit Wilson, de disperser, comme le *coucou d'Europe*, ses œufs dans les nids des autres oiseaux, et d'abandonner à des étrangers les soins de l'incubation et de l'éducation de leurs petits. Ce fait, un des fruits des observations de ce savant ornithologiste, est confirmé par d'autres Américains qui s'en sont assurés dans diverses parties des Etats-Unis; l'œuf, le seul que Wilson ait vu, est d'une grosseur proportionnée à celle de l'oiseau, d'un blanc sale et couvert de très-petits points bruns.

Les noms de *cow-pen bird* et *cow-blackbird*, viennent de l'habitude qu'ont ces oiseaux de se tenir dans les pâturages, au milieu des troupeaux de vaches.

Le mâle a la tête et la nuque couleur de bistre; tout le corps d'un noir changeant en violet, en bleu et en verdâtre; les pennes des ailes et de la queue, le bec et les pieds d'un noir mat; l'iris grisâtre, et six pouces dix lignes de longueur totale. La femelle est moins forte dans toutes ses proportions, et porte un plumage généralement d'un gris-brun, clair sur les parties inférieures, particulièrement sur la gorge, et foncé sur le manteau; les ailes et la queue; les jeunes lui ressemblent, mais leurs teintes sont beaucoup plus claires, et ils ont la poitrine variée de brun clair et de stries foncées.

La PASSERINE, dite le PETIT CHANTEUR DE CUBA, *Passerina lepida*, Vieill.; *Fringilla lepida*, Lath. J'ai eu occasion d'observer ce charmant petit oiseau, puisque je l'ai possédé vivant; il plaît autant par sa taille mignone et son aimable familiarité, que par la douceur de sa voix, dont les sons déliés ne s'entendent distinctement que lorsqu'on est près de lui. Il vivifie les bois de l'île de Cuba, où se rencontrent très-rarement des oiseaux chanteurs; aussi les habitans de la Havane l'élèvent en cage; ils le nourrissent de graine de millet et d'alpiste. Je l'ai vu aussi dans l'île Saint-Domingue.

Le mâle a le menton et le haut de la poitrine noirs; la gorge, les côtés du cou et de la tête jaunes; le noir se dégrade tellement sur le bas de la poitrine, que le ventre n'offre plus qu'une couleur grise, ainsi que les parties postérieures; le dessus du corps, les ailes et la queue sont d'un vert olive, et un vert jaune borde leurs pennes; le bec est noir et les pieds sont couleur de chair; longueur, trois pouces six lignes.

Sur la femelle (c'est l'individu décrit dans les ornithologistes qui ont fait connoître cette espèce), le jaune est remplacé par une teinte fauve ; le vert olive par un brun verdâtre ; et le noir, par un brun noirâtre.

Les jeunes lui ressemblent, mais les couleurs sont plus ternes.

La PASSERINE DES PRÉS, *Passerina pratensis*, Vieill. Cette *passerine*, que j'ai observée dans l'Etat de New-Yorck, se plaît dans les savanes découvertes, surtout les prairies artificielles, particulièrement celles qui sont situées sur les collines. On la trouve presque toujours à terre, où elle court comme les *alouettes* et avec la même vitesse ; mais lorsqu'elle est inquiétée, elle prend son vol, s'élève peu et s'abat très-près du point de son départ. Son cri ressemble à celui de la *farlouse*. Elle place son nid à terre, dans une touffe d'herbes ; ses œufs sont grisâtres et marqués de brun.

Le mâle a quatre pouces deux lignes de longueur totale, le bec brun en dessus et couleur de corne en dessous ; le sommet de la tête noirâtre et gris dans le milieu : ces deux teintes forment trois raies longitudinales ; les sourcils et le pli de l'aile sont jaunes ; le dessus du cou et du corps est gris et varié de taches noires, plus larges sur le dos que sur les autres parties ; les petites couvertures des ailes ont leur bord extérieur vert ; les pennes alaires et caudales l'ont d'un gris-blanc et sont noirâtres en dedans ; la gorge et toutes les parties postérieures sont rousses ; les pieds d'un brun-clair, et les pennes de la queue un peu terminées en pointe. La femelle se distingue du mâle par des sourcils roux, par la bordure des plumes du manteau, qui est de cette couleur, sur un fond brun ; en outre, elle n'a point de jaune au pli de l'aile, ni de vert à l'extérieur des petites couvertures. Cette espèce quitte le Nord des Etats-Unis à l'automne, et passe l'hiver dans le Sud.

L'*Oiseau des Savanes*, de Sloane (Jam., pag. 300), que Brisson appelle *moineau de la Jamaïque*, et que Latham et Gmelin nomment *fringilla savanarum*, présente une très-grande analogie avec le mâle de l'espèce précédente, dans ses formes, ses couleurs, ses habitudes et sa queue à pennes pointues ; il n'en diffère guère qu'en ce que son plumage a plus d'éclat, et que les teintes sont plus tranchées.

Je soupçonne que le *sharp tailled finch* de Latham (*fringilla caudacuta* de son Index), que l'on trouve en Géorgie, et que Sonnini a décrit dans son édition de Buffon, sous le nom de *linote à queue pointue*, est une femelle de cette même espèce ; en effet, elle a, selon cet auteur, le plumage supérieur brun et roux, cette dernière couleur sur le bord des plumes ; une strie pareille au-dessus de l'œil ; la gorge d'une nuance plus pâle ; le dessous du corps roux et les pennes caudales pointues à leur extrémité.

La Passerine quadricolore, *Passerina quadricolor*, Vieill. ; *Emberiza quadricolor*, Lath. — Pl. enlum., n.º 110, fig. 2 de l'Hist. nat. de Buffon, sous le nom de *gros-bec de Java*. La tête et le cou sont bleus ; le dos, les ailes et le bout de la queue verts ; une large bande rouge est sur le milieu du ventre, la queue est de cette couleur ; le reste du ventre et la poitrine sont d'un brun clair, ou couleur de noisette ; taille du *pape* ; bec d'un cendré brun ; pieds couleur de chair. Je soupçonne que cet oiseau appartient à ce genre.

La Passerine a queue étagée, *Passerina sphenura*, Vieill., se trouve à Cayenne. Elle a les plumes du dessus de la tête et du cou, brunes dans le milieu en entourées de gris un peu mélangé de vert ; le dos verdâtre et tacheté longitudinalement de brun ; le croupion avec des taches plus rares sur un fond varié de roux et d'un peu de vert ; les ailes brunes et bordées, à l'extérieur, de vert, de sorte qu'elles paroissent totalement de cette couleur, quand elles sont en repos ; les pennes de la queue étagées, pointues, brunes, bordées de vert et comme moirées par des stries transversales ; la gorge est cendrée, de même que le ventre, et cette teinte se présente, sur les flancs, sous une nuance rembrunie ; les couvertures inférieures de la queue sont légèrement teintes de roussâtre ; le bec est brun, et le tarse blanc ; taille svelte, et un peu au-dessous de celle du *bruant* proprement dit.

La Passerine a queue pointue, *Passerina caudacuta*, Vieill. ; *Fringilla caudacuta*, Wils., Americ. Ornithol., pl. 34, f. 3, a cinq pouces de longueur totale ; le bec noirâtre : les oreilles cendrées ; l'œil entre deux bandes, d'un orangé brunâtre ; le menton blanchâtre ; la poitrine d'un fauve pâle, varié de petites taches noires ; le ventre blanc ; le bas-ventre d'un fauve rougeâtre ; une bande d'un cendré pâle à la base de la mandibule inférieure ; le sommet de la tête et l'occiput bordés, sur chaque côté, par un brun noirâtre ; le dos d'un olive jaunâtre, et chaque plume entourée d'un demi-cercle de blanc ; les côtés et le dessous des ailes fauves et tachetés de noir ; les couvertures de cette couleur et bordées de fauve rougeâtre ; la queue cunéiforme et courte ; le ventre blanc ; le bas-ventre d'un fauve sombre ; les pieds jaunes et l'iris noir.

La Passerine roussâtre, *Passerina rufescens*, Vieill. Si l'on n'avoit pour guide que la dépouille de cet oiseau, on le confondroit facilement avec la femelle de la *passe-rine agripenne*, tant leur ensemble extérieur présente de rapports, c'est au point que je les ai long-temps confondus, et que je n'en ai été desabusé qu'en observant un mâle et une femelle, au moment que l'un et l'autre portoient la becquée à leurs petits. J'ai, de plus, remarqué qu'ils avoient un cri et quelques habitudes différentes de celles de l'*agripenne*. Cette espèce habite les prés hauts, porte en tout temps la même livrée, et le mâle n'a point de ramage remarquable ; tandis que l'*agripenne* se tient dans les prairies basses et humides, et que le mâle a un chant très-fort, et se revêt, dans la même année, de deux vêtemens très-dissemblables. Les *passerines roussâtres* voyagent en familles, se perchent volontiers et très-facilement sur les arbres, ou sur les buissons lorsqu'elles sont inquiétées à terre où elles sont ordinairement ; elles annoncent, par la manière aisée avec laquelle elles le font, que cette position leur est familière ; c'est le contraire chez les autres ; enfin, elles ont le bec un peu moins gros, plus effilé, et une taille plus svelte, que ceux-ci. La femelle ne diffère du mâle qu'en ce qu'elle n'a pas la tache noirâtre que celui-ci porte immédiatement au-dessous de la base de la mandibule inférieure. Tous deux ont six pouces environ de longueur totale ; le bec brun, mais d'une nuance plus claire en dessous ; le bord du front noir, ainsi que deux raies, qui s'étendent en long sur le sommet de la tête, et qui servent de bordure à la bandelette grise qui en parcourt le milieu dans la même direction ; un trait noir se fait remarquer près de l'angle postérieur de l'œil ; les plumes des joues et des oreilles sont grises ; cette teinte prend un ton roux sur le corps, et est tachetée de noirâtre sur quelques parties et sur les couvertures supérieures des ailes ; ces taches sont très-étendues sur le dos, rares sur les côtés de la poitrine et sur les flancs ; les pennes alaires et caudales sont d'un brun-noir, et bordées en dehors d'un gris roussâtre ; les pieds d'un brun clair ; les onglés pareils et longs ; enfin, les pennes de la queue ont leur extrémité très-pointue.

Ces *passerines* habitent l'état de New-Yorck pendant l'été, s'en éloignent à l'automne, y reviennent au printemps par troupes de vingt à trente, et s'isolent ensuite par paires.

La Passerine savanna, *Passerina savanna*, Vieill. ; *Fringilla savanna*, Wils., Am. Ornith., pl. 34, fig. 4, le mâle ; et pl. 22, fig. 3, la femelle. Le mâle de cette espèce, dont la longueur totale est de cinq pouces un quart, a le bec d'un brun pâle ; l'iris d'un iaune rembruni ; la poitrine et les parties inférieures d'un blanc pur, varié de petites taches d'un brun

rougeâtre sur l'estomac ; les parties supérieures d'un blanc
pâle , tacheté de bai ; chaque plume porte une nuance jau‑
nâtre ; les petites et moyennes couvertures supérieures des
ailes bordées et terminées de blanc ; les autres frangées de
blanc et de brun rougeâtre ; les pieds d'un jaune pâle.

La femelle a le dos tacheté de noir , de bai et de blanchâ‑
tre ; le menton blanc ; la poitrine couverte de petites taches
pointues , noires et bordées de bai ; une longue strie de cette
couleur à la base et sur les côtés de la mandibule inférieure ;
une tache d'un jaune foible sur les tempes ; le ventre blanc
et un peu strié ; l'intérieur des scapulaires d'un jaunâtre
pâle ; les petites couvertures des ailes terminées de blan‑
châtre ; les secondaires près du corps pointues , très-noires ,
et bordées de bai ; la queue un peu fourchue , sans aucune
plume blanche ; les pieds couleur de chair ; l'ongle posté‑
rieur assez long. On trouve cette espèce dans l'Amérique
septentrionale.

La PASSERINE SOULCIET, *Passerina monticola* , Vieill. ; *Frin‑
gilla canadensis* , *hyemalis* , Lath. ; *Fringilla monticola* , *hyemalis* ,
Gm. pl. enl. de Buffon , n.° 223 , fig. 2 ; inexacte. Cet oiseau
a cinq pouces et demi de longueur ; le bec noir en dessus ,
jaunâtre en dessous ; le sommet de la tête marron ; le derrière
du cou et le dos d'un brun-roux tacheté de noir ; le croupion
fauve ; les petites couvertures des ailes d'un gris foncé et les
autres de la couleur du dos ; toutes sont terminées de blanc ,
ce qui forme deux bandes transversales sur les ailes , dont les
pennes sont noirâtres et bordées de gris-blanc ; celles de la
queue sont pareilles ; le devant du cou et la poitrine gris ;
cette couleur ne couvre le ventre que dans son milieu ; les
côtés sont roux ; les joues marron ; le tour des yeux est gris.
Cette teinte blanchit sur les petites plumes qui s'avancent
vers les narines ; les pieds sont noirâtres ; l'iris est noir , et
la queue un peu fourchue. Tel est le plumage parfait du mâle ;
mais en hiver ses couleurs sont moins pures , et le dessus de
la tête est varié de gris ; le blanc des couvertures est terne ;
alors il ressemble assez à la femelle.

Le mâle a une très-grande ressemblance avec l'individu
figuré dans les Oiseaux d'Edwards , sur la planche 269 , qui
certainement n'est pas la femelle de notre *moineau friquet* ,
comme on l'a cru, puisque la femelle du *friquet* ressemble à
son mâle , qui ne se trouve point à la baie d'Hudson , d'où
a été rapporté l'individu d'Edwards ; enfin , je donne le *frin‑
gilla hyemalis* comme un oiseau de l'espèce du *soulciet* , mais
sous l'habit d'hiver , tel enfin que j'ai vu les *soulciets* dans
l'Amérique septentrionale, et surtout à New-Yorck, où ils ar‑

rivent en bandes nombreuses au mois de décembre. Ils fréquentent alors les terres en jachère et les coteaux, où ils se nourrissent de petites graines que le soleil met à découvert en fondant la neige qui les recèle. Ils se retirent au mois de mars sur la lisière des taillis entourés de terres incultes, et, peu de temps après, ils quittent ces contrées, pour retourner à la baie d'Hudson, leur pays natal ; ils y arrivent à la fin d'avril ou au commencement de mai, y nichent et s'en éloignent en septembre. On les y appelle *nepiu apethusich.* Cette espèce construit son nid à terre, dans une touffe d'herbes, avec des pailles, du crin et des plumes ; le tout lié avec de la terre gâchée. Sa ponte est de cinq œufs d'un brun pâle et tachetés d'une nuance plus foncée.

La Passerine a tête noire, *Passerina melanocephala,* Vieill. ; *Emberiza menalocephala,* Lath. Le mâle a la tête noire ; toutes les parties inférieures, depuis le bec jusqu'à la queue, d'un beau jaune ; cette couleur forme un demi-collier sur le dessus du cou ; le dos est d'une teinte de marron, tirant un peu au vert olive sur le croupion ; les pennes des ailes et de la queue sont brunes ; les premières, bordées à l'extérieur de gris-blanc, et les dernières d'une teinte plus claire que le fond ; le bec est assez épais, noir en dessus, couleur de corne en dessous ; les pieds sont couleur de chair, et les ongles bruns. Longueur totale, six pouces. La femelle, qui n'a pas encore été décrite, est un peu plus petite que le mâle, et en diffère aussi en ce qu'elle est grise sur toutes les parties supérieures, avec un trait noirâtre sur le milieu de la plume, blanche sur la gorge, roussâtre sur le devant du cou et sur la poitrine ; cette teinte s'éclaircit sur les parties postérieures, et est remplacée par du jaune sur les couvertures inférieures de la queue ; le bec est en dessus d'un gris rembruni.

Cette espèce se trouve en Dalmatie et dans les contrées voisines. Elle niche dans les vignes et les buissons, à trois ou quatre pieds de terre. Jusqu'à présent, on n'a pas de notions sur la couleur et le nombre de ses œufs.

La Passerine a tête rousse, *Passerina ruficapilla,* Vieill. ; *Emberiza ludoviciana,* Lath., pl. enl. de Buff. n.° 158, fig., sous le nom d'*Ortolan de la Louisiane.* On remarque sur le sommet de la tête de cet oiseau une sorte de fer-à-cheval noir, dont la convexité est tournée vers l'occiput, et dont les branches s'étendent vers le bec en passant au-dessus des yeux ; quelques taches irrégulières sont au-dessous ; la tête, la gorge et le devant du cou sont roussâtres ; cette teinte est plus foncée sur la poitrine, et peu apparente sur le fond blanc des autres parties postérieures ; le dessus du cou, le haut du dos et les plumes scapulaires sont variés de roux et de noir ; cette dernière couleur est seule répandue sur le bas du dos, le croupion, les couvertures supérieures, les pennes de la queue et celles des ailes; les petites couvertures alaires présentent cette même teinte, mais les autres sont bordées de roux; le bec est roussâtre et varié de taches noirâtres; la queue un peu étagée; enfin les pieds sont cendrés. Longueur, cinq pouces deux lignes; grosseur de notre *bruant*.

La **Passerine verdinère**, *Passerina bicolor*, Vieill.; *Fringilla bicolor*, Lath., pl. des Oiseaux de Catesby. Le *bahama sparrow* de cet auteur étant un mâle de cette espèce, je le décris sous la dénomination que Buffon lui a imposée; mais ce n'est ni une *fringille* ni un *moineau*, comme on l'a dit jusqu'à ce jour, erreur bien excusable, puisque la figure publiée par Catesby, la seule que l'on connoisse, pour cet oiseau, est défectueuse, quant à la forme du bec et au ton des couleurs; cependant je ne doute nullement de son identité avec cette *passerine* que l'on trouve non-seulement à Bahama, mais encore dans toutes les grandes îles Antilles. Elle est décrite dans l'édition de Buffon, par Sonnini, sous le nom de *bruant noir*. Cette espèce, que j'ai observée à Saint-Domingue, se tient de préférence dans les buissons isolés des lieux incultes et sur la lisière des bois, où l'on voit souvent le mâle à la cime d'un arbuste, position qu'il prend toujours quand il veut faire entendre un chant monotone, répétant toujours la même phrase sur le même ton. Le nid est composé d'herbes sèches, de feuilles et de filamens de racines. La ponte est de trois ou quatre œufs blancs, tachetés de roux.

Le bec, le front, une partie des joues, la gorge, le devant du cou et la poitrine du mâle sont noirs; le ventre et les parties postérieures grisâtres; le manteau, les ailes et la queue d'un vert rembruni, plus clair sur le bord externe des pennes alaires et caudales; les pieds jaunâtres. Longueur totale, trois pouces huit lignes environ. La femelle a le bec et les pieds bruns, le plumage assez généralement d'un gris olivâtre, rembruni en dessus et plus clair en dessous; le jeune est cendré sur le dos et sur les parties inférieures; l'un et l'autre n'ont nulle trace de noir dans leur livrée. Outre ces variétés d'âge et de sexe, on en voit qui ont le ventre cendré et les couvertures inférieures de la queue rouges; ces individus se trouvent à la Jamaïque.

La **Passerine des vergers** ou le **titit**, *Passerina socialis*, Vieill.; *Fringilla socialis*, Wilson, *Amer. Ornith.*, pl. 16, fig. 5. Cette espèce est une des premières qui, à leur retour du Sud, se montrent, au printemps, au centre des Etats-Unis; elle y fréquente les jardins, les savanes et les vergers; c'est aussi dans ces lieux, sa demeure habituelle pendant toute la belle saison, qu'il faut chercher son nid, et on le trouve à l'extrémité des branches d'un arbre fruitier. Il n'est composé que de tiges d'herbes très-grêles, négligemment arrangées et placées de manière que ce très-petit berceau paroît être à claire-voie de presque tous les côtés ; la ponte est de quatre ou cinq œufs d'un vert bleuâtre, foiblement pointillés de gris-roux au gros bout. Le chant du mâle m'a semblé exprimer les syllabes *ti*, *ri*, *ri*, *ri*, *ri*, *ti*, répétées plusieurs fois de suite avec gradation de force et de vivacité ; il ne se fait entendre qu'au printemps. Toutes les familles du même arrondissement se réunissent après les couvées, et forment à l'automne des bandes assez nombreuses, qui, pour se rendre dans le Sud, se joignent quelquefois à d'autres espèces.

Le mâle a le dessus de la tête couleur marron ; une bandelette blanche au-dessus des yeux, laquelle se prolonge jusqu'à l'occiput, où elle se termine par une marque noire ; une raie de cette couleur passe à travers l'œil et couvre le front, où elle est coupée dans le milieu par un trait blanc ; les joues et les côtés du cou sont d'un joli gris qui est tacheté de noir sur la nuque ; le même gris domine aussi sur la poitrine, les flancs, le croupion, et s'éclaircit presque jusqu'au blanc sur la gorge, le devant du cou, le milieu du ventre et les parties postérieures ; les scapulaires et le dos sont variés de brun roux et de noirâtre ; les moyennes couvertures des ailes brunes, et d'un blanc terne à leur extrémité ; les grandes, les pennes alaires et caudales du même brun en dedans, d'une nuance plus claire en dehors, et terminées de gris sale : le bec et les pieds sont noirs. Longueur totale, quatre pouces neuf lignes. La femelle ne diffère du mâle qu'en ce qu'elle n'a point de noir sur le front ; que sa couleur marron est plus terne, et que son bec et ses pieds sont bruns. (v.)

PASSERINE, *Passerina*. Genre de plantes de l'octandrie monogynie et de la famille des daphnoïdes, qui présente pour caractères : calice coloré ventru dans son milieu, et à quatre divisions ouvertes en son limbe ; huit étamines ; ovaire supérieur oblong, à style filiforme latéral, et à stigmate capité, hispide ; semence ovale, pointue, oblique à son sommet, et recouverte par la corolle, qui persiste.

Ce genre, fort voisin des Lauréoles, renferme des plantes fruticuleuses à feuilles entières, alternes ou opposées, ordinairement petites et velues, et à fleurs axillaires ou terminales. On en compte plus de vingt espèces, dont deux d'Europe et le reste du Cap de Bonne-Espérance.

La plus commune de toutes est la **PASSERINE VELUE**, *Pas-*

serina hirsuta, Linn., qui a les feuilles charnues, glabres en dessus, couvertes d'une laine blanche en dessous, ainsi que sur les rameaux. Elle se trouve dans quelques cantons des provinces méridionales de la France, en Italie et en Syrie. C'est un arbuste de deux à trois pieds de haut, qui feroit un bon effet dans les jardins, mais qui se prête difficilement à la culture.

La PASSERINE DES TEINTURIERS a les feuilles linéaires, obtuses, velües, des fleurs sessiles et axillaires. On la trouve en Catalogne, où elle sert à teindre en jaune. C'est un arbrisseau de deux à trois pieds de haut.

La PASSERINE ORIENTALE, qui a les feuilles lancéolées, presque charnues, obtuses, presque glabres, les fleurs axillaires et la tige velue. Elle se trouve en Espagne et en Syrie.

La PASSERINE EN TÊTE a les feuilles linéaires glabres, et les fleurs disposées en tête pédonculée et velue. Elle vient au Cap de Bonne-Espérance, et se cultive dans quelques jardins.

La PASSERINE A GRANDES FLEURS est très-glabre, a les feuilles oblongues, aiguës, concaves, rugueuses extérieurement; les fleurs terminales, solitaires et sessiles. Elle vient du Cap de Bonne-Espérance, et est remarquable par la grandeur de ses fleurs. (B.)

PASSERINETTE. *V.* FAUVETTE ÆDONIE. (V.)

PASSERNICES. Selon Pline, on donnoit ce nom celtique, au-delà des Alpes, c'est-à-dire en France, à une sorte de pierre à l'eau ou à aiguiser. (LN.)

PASSERO. *V.* MERLE ROUKIÉ. (DESM.)

PASSERON. C'est, à Marseille, le nom du MOUCHET, ou FAUVETTE DE HAIE. (V.)

PASSERON DE MURAILLE. Nom du MOINEAU FRIQUET, en Provence. (V.)

PASSEROUN. C'est, en Provence, le MOINEAU FRANC.

PASSETEAU. Nom vulgaire du MOINEAU FRIQUET. (V.)

PASSETIER. Nom vulgaire du FAUCON ÉMERILLON. (V.)

PASSI. Nom italien des RAISINS SECS, appelés *pasa* en Espagne. (LN.)

PASSIÈRE FOLLE. C'est, dans la Saintonge, le FRIQUET. (V.)

PASSIFLORE. *V.* GRENADILLE. (B.)

PASSIFLORÉES. Jussieu, Annales du Muséum, a proposé d'établir une famille qui auroit le genre PASSIFLORE pour type. (B.)

PASSIONEI. Nom italien de la GRANDE CAPUCINE. (B.)

PASSIONIS FLOS. *V.* GRENADILLE. (LN.)

PASSIONNÉ. On a donné ce nom à l'AGARIC TRISTE de

Scopoli, à raison de la passion avec laquelle les Italiens le recherchent. Il ne paroît pas se trouver en France. (B.)

PASSIS ou PACIS. Dans le midi de la France, on donne ce nom aux vers à soie qui sont languissans et plus courts que les autres. (DESM.)

PASSOURE. Aublet a appelé ainsi le CONORI. (B.)

PASSRA D'LESCA. Dénomination de l'ORTOLAN DE ROSEAUX, à Turin. (V.)

PASSRA, PASSERA D'MURAJA, PASSARAT. Noms piémontais du MOINEAU D'ITALIE. (V.)

PASSRA D'MOUNTAGNA. C'est le PINSON DE NEIGE, à Turin. (V.)

PASSRA D'SALES. Nom piémontais du FRIQUET. PASSARA MARENGO. C'est, en Piémont, la SOULCIE. (V)

PASSRA NEIRA. Nom du ROUGE-QUEUE sur quelques montagnes du Piémont. (V.)

PASSRA SOULITARIA BLEU. C'est, en Piémont, le MERLE BLEU. (V.)

PASTAS. Nom de pays du CÉRÉOXYLE ANDICOLE. (B.)

PASTÉ. On donne ce nom à la TANAISIE BAUME. (B.)

PASTEL, GUÈDE, *Isatis tinctoria*, Linn. (*tétradynamie siliqueuse.*) Plante bisannuelle, de la famille des crucifères, dont les feuilles donnent un bleu qui remplace l'indigo pour la teinture. Elle croit naturellement en Europe, sur les bords de la mer Baltique et de l'Océan. On la cultive en grand dans le Languedoc, la Provence, la Thuringe et en Calabre. Sa racine est grosse, fibreuse, et s'enfonce profondement dans la terre. Elle pousse des tiges herbacées, très-lisses, hautes de deux à cinq pieds, qui se divisent en beaucoup de rameaux chargés de feuilles simples, alternes, sessiles, amplexicaules, faites en fer de flèche, et d'un vert bleuâtre. Les feuilles radicales sont ovales, crénelées, et marquées au milieu d'une forte nervure. Les fleurs naissent au haut des tiges disposées en grappe et en corymbe, soutenues chacune par un pédoncule. Elles offrent: un calice formé de quatre folioles ovales, colorées et caduques; une corolle de quatre pétales jaunes, oblongs, étroits à leur base, obtus à leur extrémité; six étamines, dont quatre aussi longues que les pétales, et les deux autres plus courtes; un ovaire oblong, aplati, de la longueur des deux courtes étamines, et couronné par un stigmate obtus. Le fruit est presque semblable à celui du frêne. C'est une silicule elliptique ou ovale-oblongue, plane, oblique, tronquée au sommet, et dont les valves se séparent difficilement; elle est uniloculaire et ne contient qu'une semence.

Comme la bonté du pastel consiste dans la grandeur de ses feuilles, pour les obtenir telles et en avoir un grand nombre, il faut semer cette plante dans un terrain et dans une saison convenables, en espacer assez les pieds, et les débarrasser de toute mauvaise herbe. On sème communément le pastel en février ou mars. Miller conseille de le semer à la fin de l'été. Quelque époque qu'on choisisse, la terre doit avoir été précédemment ameublie par des labours profonds et fréquens. La racine du pastel étant pivotante et très-fibreuse, elle exige un sol qui ne soit ni trop léger, ni trop sablonneux, ni trop fort, ni trop humide.

On fait ordinairement quatre récoltes de pastel par an, quelquefois cinq. La première a lieu vers le milieu de juin, plus tôt ou plus tard, suivant le climat. On reconnoît que les feuilles sont mûres, quand elles ont acquis toute leur grandeur, et qu'au lieu de rester vertes et droites, elles s'affaissent et prennent une couleur jaunâtre. C'est le moment de les cueillir, en choisissant un temps sec; s'il pleuvoit, il faudroit différer. Quoique la première récolte semble devoir être meilleure que la seconde, et ainsi des autres, cependant le contraire arrive lorsque le printemps se trouve humide ou pluvieux, et que les autres saisons sont plus tempérées ou plus sèches. La trop grande humidité, en rendant la feuille plus grande et plus grosse, en diminue aussi la force et la substance. On ne doit couper qu'une ou deux fois, tout au plus, le pastel destiné à donner de la graine pour les semis des années suivantes. Ces graines conservent pendant deux ans la faculté de germer; mais les plus fraîches sont toujours préférables. Il faut avoir soin de faire la dernière récolte du pastel avant les gelées. Celle-ci, et même la troisième et la quatrième récoltes, ne doivent pas ordinairement être mêlées aux deux premières; les cultivateurs de bonne foi ont l'attention de les séparer.

Aussitôt après la récolte, les feuilles légèrement fanées sont portées à un moulin à huile, où on les réduit en pâte. Cette pâte est mise en piles, à l'air libre, au-dehors du moulin. On la presse avec les pieds et les mains; on la bat et on l'unit. Elle se revêt d'une croûte noirâtre qui s'entr'ouvre souvent. Toutes les fois que cela arrive, on lie la pâte et on l'unit de nouveau avec le plus grand soin; autrement elle s'éventeroit, et il se formeroit dans les crevasses de petits vers qui la gâteroient. Elle est laissée dans cet état pendant dix ou quinze jours. Après ce terme, on ouvre la pile de pastel, on le broye entre les mains, mêlant la croûte avec le dedans, et on en forme des pelotes, qui sont allongées par les bouts opposés, dans un moule de bois fait exprès. C'est ce qu'on appelle le *pastel en coque*. Lorsqu'il est bien desséché, on l'emballe, et il peut alors être employé dans la teinture. Pour en faire usage, il vaut pourtant mieux attendre qu'il soit vieux; car le pastel augmente toujours de force et de substance pendant six, sept et même dix ans, s'il est de la meilleure qualité. Les coques deviennent fort dures; elles sont vendues dans le commerce sous les noms de *Pastel*, *Cocagne*, *Florée* et *Vouède*. Pour en faire ce que les teinturiers nomment la cuve, il faut les mettre long-temps tremper dans l'eau. Le pastel fournit une bonne teinture bleue très-solide, dont on peut varier les nuances. Il rend les autres couleurs plus pénétrantes, et leur sert de pied. Les teinturiers l'unissent souvent avec l'INDIGO. *V.* ce mot.

Dans le midi de la France, des nuées de sauterelles se jettent quelquefois sur le pastel, et en dévorent un champ entier dans une soirée. Quand on en est menacé, on doit se hâter de couper toutes les feuilles, afin que les pieds en repoussent de nouvelles.

Cette plante n'est pas seulement précieuse pour les arts, elle offre encore une ressource pour la nourriture du bétail, en été comme en hiver.

Il y a trois ou quatre autres espèces de pastel, qui, n'étant d'aucun usage, ne sont cultivées que dans les jardins de botanique. Elles forment avec celle que je viens de décrire un genre du même nom.

Giobert, de Turin, auquel on doit le travail le plus complet de tous ceux qui ont été publiés sur le pastel, dans ces dernières années, a prouvé, par des expériences positives, qu'il étoit bien plus avantageux de retirer un pur indigo de ses feuilles, que de les mettre en coques; et que des deux manières d'opérer, c'est-à-dire celle de la fermentation et celle de la décoction, la dernière étoit de beaucoup préférable, soit relativement à l'économie, soit relativement à la rapidité de l'opération, à la certitude de la réussite, et à la bonté des résultats. *V.* au mot INDIGO.

Le PASTEL d'ARMÉNIE, de Linnæus, constitue aujourd'hui le genre SAMÉRARIE de Desvaux. (D.)

PASTEL D'ÉCARLATE. *V.* KERMÈS. (L.)

PASTELLUS HERBA. C'est sous ce nom que le voyageur Linschott indique l'indigo. (LN.)

PASTELMENKRAUT. La SCABIEUSE DES CHAMPS est ainsi appelée en Allemagne. (LN.)

PASTENADE. Nom du PANAIS dans le Midi. (B.)

PASTENAGUE, *Trygon.* Sous-genre indiqué par Adanson, dans le genre des RAIES, et qui a pour type celle de ce nom. Il se reconnoît principalement à l'aiguillon dentelé des deux côtés, dont sa queue est armée. (B.)

PASTENAIGO. A Nice, c'est la RAIE PASTENAGUE. (DESM.)

PASTENARGO. Nom languedocien de la CAROTTE, selon l'abbé Sauvage. (LN.)

PASTENEY. Nom du PANAIS, en Allemagne. (LN.)

PASTÈQUE. C'est la même chose que le MELON D'EAU. *V.* COURGE.

Dans quelques parties de l'Afrique, on fait une sorte de vin en mettant fermenter des pastèques grossièrement pilées. (B.)

PASTERNAK et **PUSTARNAK.** Noms du PANAIS en Pologne, Russie, etc. (LN.)

PASTEUR, *Nomeus.* Sous-genre établi par Cuvier, parmi les SCOMBRES, aux dépens des GOBIOMORES de Lacepede. Il diffère des SÉRIOLES par les nageoires ventrales, qui sont extrêmement grandes, larges et attachées au ventre par leur bord interne.

Le GOBIOMORE GRONOVIEN sert de type à ce genre, qui renferme six à sept espèces. (B.)

PASTILLES DU LEVANT. On donne ce nom, dans quelques pharmacopées, aux *terres bolaires* qu'on apporte des îles de l'Archipel, sous la forme de pastilles, qui ont l'empreinte d'un cachet. On les nomme aussi *terres sigillées* et *terres bolaires.* Elles sont employées comme remèdes astringens et absorbans. *V.* ARGILE. (PAT.)

PASTINACA. Ce nom dérive d'un verbe latin, qui signifie *repaître.* Il fut donné par les Latins à plusieurs végétaux dont la racine étoit nourrissante. D'après ce que Pline dit de ces plantes, liv. 19, ch. 5, il est aisé de voir qu'il en distingue quatre espèces, savoir :

Le *pastinaca sylvestris* ou sauvage, que les Grecs nommoient *staphylinos ;*

Le *pastinaca* cultivé, et sur lequel il donne des détails de culture ;

Le *hibiscus,* qui ne vaut rien à manger et qui néanmoins est semblable en tout au panais, hormis qu'il est plus grêle ;

Le *pastinaca gallica* des Latins, que les Grecs appelloient *daucos,* et qu'ils subdivisoient en quatre autres espèces.

Pline revient, liv. 20, chap. 5, sur les *pastinaca* sauvage et *cultivé* ou *domestique,* et s'étend sur leurs propriétés, beaucoup plus efficaces dans le *p. sylvestris,* surtout lorsqu'il a crû dans des lieux secs. Les graines de ces plantes étoient en usage comme stomachiques , diurétiques, échauffantes; les racines jouissoient des mêmes vertus , et en outre de celles de guérir les morsures des serpens , et de faciliter la respiration aux personnes oppressées.

Pline ne donne aucune description botanique de ses *pastinaca*; mais comme il les rapporte au *staphylinos* et au *daucos* des Grecs , on voit par ce que Dioscoride et Théophraste en disent, que ce sont des ombellifères, et très-certainement nos carottes, plantes si communes et si abondantes dans toute l'Europe , qu'elles n'ont pu échapper à l'attention des anciens; aussi, presque tous les botanistes modernes ont-ils nommé les carottes sauvages et cultivées , *pastinaca sylvestris* et *sativa* , *staphylinus* et *daucus*.

Quant à l'*hibiscus* , il est probable que Pline a entendu parler de la guimauve, dont la racine a quelque ressemblance de forme avec celle des carottes et des panais.

Le *pastinaca gallica* seroit , selon quelques auteurs , notre panais actuel sauvage; mais le grand nombre croit qu'il s'agit encore des carottes sauvages. Notre panais, celui que les botanistes nomment à présent *pastinaca sativa*, auroit été l'*elaphoboscon* de Dioscoride et de Pline.

Dans cette confusion , C. Bauhin divise quelques-unes des plantes nommées *pastinaca*, jusqu'à lui , en deux groupes : 1°. les *pastinaca* proprement dits , où sont placés les *daucus carotta*, et *mauritanicus*, et l'*echinophora tenuifolia*; 2°. les *pastinaca latifolia*, qui ne comprennent que le *pastinaca sativa* et sa variété sauvage. Après lui, les botanistes ont continué, jusqu'à Tournefort , à donner ce nom à des ombellifères parmi lesquelles sont encore les *daucus lucidus* et *gingidium* , et l'*hasselquistia ægyptiaca*, L. Le *sium angustifolium*, le *peucedanum silaüs* , le *pastinaca dissecta*, Vent., et l'*echinophora spinosa*, L., sont des *pastinaca* pour Lobel, Cordus, Rauwolfius, etc.

Tournefort fixa le nom de *pastinaca* au genre des panais , et depuis lui, il lui est resté affecté. L'*Heracleum sibiricum* avoit été regardé comme une espèce de ce genre par Gmelin, l'auteur de la *Flore de Sibérie*. Sprengel y ramène l'*angelica triquinata* de Michaux, et renvoie au *Ferula* le *pastinaca opopanax*.

PASTINACA ou PASTINAGA. Noms du PANAIS , en Portugal et en Italie. (LN.)

PASTISSON. Espèce du genre des COURGES. (B.)

PASTORALE. Grosse poire d'automne , assez longue , cendrée et distinctement tachée de roux. (LN.)

PASYTHÉE, *Pasythea*. Genre de polypiers établi par Lamouroux, aux dépens des CELLULAIRES. Ses caractères sont: polypier phytoïde, peu rameux, articulé, cartilagino-calcaire ; cellules, ternées ou sessiles, ou pédiculées sur chaque articulation. Ce genre ne rassemble que deux espèces , toutes deux des mers de l'Amérique, et figurées par Solander et Ellis, pl. 5, a. A. et g. G., ainsi que dans l'histoire des polypiers coralligènes flexibles, pl. 3. Dans la Pasythée tulipier, les cellules sont ternées, et dans la Pasythée a quatre dents, elles sont verticillées, quatre par quatre. (b.)

PAT ou PAX. Nom languedocien de la Tique des brebis. (desm.)

PATABÉE, *Patabea*. Genre de plantes de la tétrandrie monogynie, et de la famille des rubiacées, dont les caractères consistent en un calice à quatre dents; une corolle monopétale, infundibuliforme, à tube long et à limbe divisé en quatre lobes pointus; quatre étamines attachées au sommet du tube; un ovaire inférieur, surmonté d'un style filiforme à stigmate bifide. Le fruit n'est pas connu.

Ce genre ne renferme qu'une espèce; c'est un arbrisseau à feuilles opposées et à fleurs ramassées en têtes écailleuses à l'extrémité des rameaux, qui croît à la Guyane, où il a été observé par Aublet. Il a été depuis peu réuni aux Topogomes du même auteur. (b.)

PATABELCLUM. L'un des noms du Leontopetalon, chez les anciens Romains. (l.n.)

PATACHE. Le Topinambour porte ce nom en Italie. (ln.)

PATACHE. Espèce de Varec dont on fait de la soude. (b.)

PATADE. Nom vulgaire de la Pomme-de-terre, aux environs d'Angers. (b.)

PATAGAU ou PATAGU. C'est la Mye des sables. (b.)

PATAGNANE, *Patagnana*. Genre établi par Gmelin, mais qui rentre dans celui appelé Smithie par Aiton. (b.)

PATAGON. C'est une plante que Plumier a désignée sous le nom de *Valeriana humilis*. (b.)

PATAGONS. Ce sont des hommes d'une haute taille qui habitent le Cap de l'Amérique méridionale vers le pôle sud, au détroit de Magellan. Ils ont été regardés comme de véritables géans, et sont ainsi devenus célèbres par les merveilles qu'on a débitées sur leur compte. Selon les premiers voyageurs, tels que Pigafetta, Magellan, etc., c'étoient des peuples d'une stature énorme et d'une force épouvantable; ils étoient anthropophages, et l'on n'osoit pas les approcher crainte d'en être dévorés; car on ne supposoit pas qu'il fût possible de les vaincre par la force, ou prudent de les poursuivre dans leurs rochers sauvages et leurs froides retraites. L'imagination, compagne inséparable de l'ignorance, grossissoit les objets aux yeux des premiers navigateurs, et cet amour du merveilleux, inné peut-être dans le cœur de l'homme, aimoit à perpétuer ces relations prodigieuses qui rappeloient l'histoire d'Ulysse et du cyclope Polyphème. Les hommes aiment mieux être émus ou étonnés qu'instruits ; et si la science enseigne la simple vérité, elle flétrit les charmes de l'imagination.

Des voyageurs plus philosophes et plus observateurs virent les *Patagons*, rabaissèrent leur taille, et ne les représentèrent plus que comme des sauvages ordinaires, ou d'une stature tout au plus supérieure à la nôtre ; de là quelques écrivains prirent occasion, par cette manie commune de prendre le contre-pied de toutes choses, d'assurer que les Patagons étoient même plus petits que les Européens, et de *géans*, en firent presque des *pygmées*. *Voyez* l'article GÉANT et le mot HOMME.

Depuis les voyages des navigateurs anglais et français autour du monde, on ne parle plus guère des Patagons; car en leur rendant leur véritable stature, on les a fait rentrer dans l'obscurité ; le monde admirant toujours moins le vrai que le faux. Le capitaine anglais Wallis nous a donné surtout les renseignemens les plus exacts sur ce peuple. Les Patagons que vit ce navigateur, avoient, tant les hommes que les femmes, chacun un cheval sellé et bridé. Les hommes portoient des éperons en bois ; ils avoient aussi un grand nombre de chiens qui paroissoient, de même que les chevaux, originaires de race espagnole. Après avoir distribué à chaque homme et femme de menus présens ; le capitaine qui avoit apporté des chaînettes de fer pour prendre au juste leur hauteur, choisit d'abord les plus grands individus, et on les mesura. On leur trouva six pieds sept pouces (mesure anglaise) de haut ; quelques-uns avoient un ou deux pouces de moins, et la plupart d'entre eux n'avoient pas tout-à-fait six pieds de taille. Or, en réduisant ces mesures au pied français, on trouve que la plus haute équivaut à six pieds deux pouces environ, et que la plus petite fait environ cinq pieds huit pouces. Ces tailles sont certainement très - avantageuses elles surpassent de toute la tête la plupart des nôtres ; et un régiment de Patagons, bien équipé, bien tenu, feroit sans doute un fort bel effet dans une revue ; il surpasseroit même ces beaux grenadiers gardes que le roi de Prusse, le Grand Frédéric, entretenoit avec soin à Postdam. Mais si l'on s'en étoit rapporté à la relation des voyageurs précédens, les Patagons n'auroient pas eu moins de douze, ou même quatorze pieds de hauteur; et le commodore Byron lui-même leur donnoit encore huit à neuf pieds.

Au reste, les Patagons ont une peau brune, cuivrée, les cheveux noirs, roides et hérissés comme des soies de cochon, ou liés derrière la nuque, ou toujours nu-tête, tant hommes que femmes; ils sont peu jaloux de celles-ci. Leur stature est régulière, bien proportionnée. Leur ossature est vigoureuse, grosse, et leur corps bien membré, carré comme celui d'Hercule, à l'exception des pieds et des mains qui sont fort pètits et minces à proportion de la taille. Leur vêtement est formé de simples peaux de *llamas* (espèce de *vigognes*), cousues avec des boyaux et attachées autour du corps, le poil tourné en dedans, au moyen d'une ceinture. Ils portent à cette ceinture une fronde faite en cuir, longue de huit pieds, et dont ils se servent avec une adresse extraordinaire pour lancer des cailloux. Ils la font tourner rapidement autour de leur tête, et lancent la pierre avec tant d'habileté, qu'ils frappent un petit objet à plus de cinquante pieds de distance, quoiqu'ils paroissent n'avoir pas fixé leurs yeux sur lui. S'ils veulent arrêter un *guanaco* (autre espèce de *vigogne*) ou une *autruche d'Amérique*, et les prendre tout vivans, ils attachent la pierre à la fronde, et lançant le tout ensemble, cette courroie se roule autour des jambes de ces animaux, les empêtre, et donne au chasseur le temps de les saisir.

Ils vivent de chair crue de *cheval*, de *llama*, de coquillages que la marée dépose sur les rivages, des *veaux-marins* qui abordent sur les grèves, ou que les flots de la tempête y jettent. Et c'est probablement ce régime tout carnivore, dans leur climat froid, qui leur donne cette taille et cette force. Quoiqu'ils soient peu craintifs, et même assez courageux, comme tous les naturels américains des pays froids, ils redoutent les armes à feu des Européens; néanmoins ils s'aguerrissent contre les Espagnols, et ont appris qu'ils n'étoient pas invincibles, quoique mieux armés qu'eux. Sans lois, sans coutumes réglées, sans autres sociétés que des familles éparses, vivant sous des huttes, tantôt dans un canton, tantôt dans l'autre, selon que le besoin ou la volonté les conduit, les Patagons se trouvent contens de leur sort. Ils connoissent peu de choses, n'ont pour culte religieux que la crainte des mauvais esprits, et ne rendent hommage qu'à des fétiches, qu'à des objets physiques. Lorsqu'ils auront multiplié parmi eux les chevaux, ils prendront sans doute la vie errante des Tartares, et se déborderont au vaste sein des contrées américaines; réunis aux Chiliens, grossis des autres peuples indomptés de l'Amérique méridionale, leurs intrépides escadrons briseront les indignes fers que les Espagnols ont portés au Nouveau-Monde; un autre Genséric, fatal à la grandeur espagnole, vengera les crimes commis par les compagnons de Cortez, d'Almagro et de Pizarre, et rétablira l'antique liberté dans ces contrées depuis si long-temps dévouées à l'oppression et à l'insatiable cupidité de ses vainqueurs. (VIREY.)

PATAGONE. Synonyme de TASSOLE. (B.)

PATAGONICA. C'est ainsi qu'Adanson nomme, avec Dillen, le genre *patagonule* de Linnæus. (LN.)

PATAGONULE, *Patagonula*. Arbrisseau de l'Amérique méridionale, à feuilles alternes, ovales, allongées, en partie dentées, et à fleurs petites et disposées en panicules terminales, qui fait partie du genre des SÉBESTENIERS de quelques auteurs, mais que Lamarck croit devoir former un genre particulier.

Ce genre a, selon lui, pour caractères : un calice très-petit, à cinq dents, persistant; une corolle monopétale, en roue, à tube presque nul et à limbe à cinq divisions, ovales pointues; cinq étamines, un ovaire supérieur ovale pointu, surmonté d'un style persistant, à stigmate deux fois bifide; une capsule ovale, acuminée, posée sur un calice devenu très-grand. (B.)

PATAGUA, *Crinodendron*. Arbre à feuilles opposées, pétiolées, lancéolées, dentées, toujours vertes, et à fleurs pedonculées et éparses, qui forme, d'après Molina, un genre dans la monadelphie décandrie.

Ce genre a pour caractères : une corolle campanulée, composée de six pétales droits; point de calice; dix étamines réunies par leur base; un ovaire ovale, surmonté d'un style subulé; une capsule trigone, à trois semences.

Le *patagua* croît au Chili; ses fleurs ont une odeur de lis des plus suave. Il devient très-gros. Cavanilles en a donné une figure.

Le véritable *patagua*, selon Ruiz et Pavon, forme leur genre TRICUSPIDAIRE. *V.* ce mot. (B.)

PATAOUA. Nom d'un *palmier* de Cayenne. Il est probable que c'est une espèce d'AVOIRA. (*Voyez* ce mot.) On en mange les fruits, et on en tire une huile qui remplace celle d'olive. (B.)

PATAROLA. Nom brame du TSIERU-PŒAM des Malabares. *V.* TSIEMTANI. (LN.)

PATAS, *Simia rubra*, Linn. Beau singe d'Afrique, du genre des GUENONS. *V.* ce mot. (DESM.)

PATAS A BANDEAU, variété du PATAS. (DESM.)

PATAS A QUEUE COURTE. C'est le MACAQUE MAIMON (*Simia nemestrina*, Linn.). (DESM.)

PATAS et PATACAS. Noms espagnols du TOPINAMBOUR. (LN.)

PATATAS BLANCAS. Le TOPINAMBOUR reçoit ce nom

des Espagnols, ainsi que ceux de *patatas cana* et *patatas canarias*. (LN.)

PATATAS DE MALAGA. La BATATE (*convolv. batatas*) porte ce nom en Espagne. (LN.)

PATATAS DE LA MANCHE. L'un des noms de la POMME-DE-TERRE, en Espagne. (LN.)

PATATE. Nom de la racine du LISERON BATATE, qu'on mange généralement dans le continent et les îles de l'Asie, l'Afrique et de l'Amérique méridionale.

Par suite, on a donné le même nom à la POMME-DE-TERRE, qui lui ressemble beaucoup.

La première se distingue par l'épithète de PATATE DOUCE, parce qu'elle est la plus sucrée. (B.)

PATATE A DURAND. On donne ce nom, à l'île de la Réunion, au LISERON PIED DE CHÈVRE, dont les rameaux entrelacés servent quelquefois aux Noirs, de seine pour prendre du poisson. (B.)

PATATOS. Nom languedocien de la POMME-DE-TERRE et du TOPINAMBOUR. (LN.)

PA-TAU. Nom chinois d'une espèce de CROTON, *Croton congestum*, Lour. (LN.)

PA-TAU-YONG. Aux environs de Canton, en Chine, on nomme ainsi une espèce de CROTON, *Croton aromaticum*, L. (LN.)

PATE ou PATTE. *Voyez* PIED. (VIREY.)

PATÉ. C'est la CAME GAUCHE de Bruguières. (B.)

PATECAS. *Voyez* PASTÈQUE. (LN.)

PATELLAIRE, *Patellaria*. Genre établi par Hoffmann aux dépens des LICHENS CRUSTACÉS. Il rentre dans le genre LÉPRONQUE de Ventenat, dans ceux appelés LÉCIDÉE, PSORE, RHIZOCARPE, LÉCANORE, PLACODION et SQUAMAIRE. (B.)

PATELLARIUS. *Voyez* PATELLIER. (DESM.)

PATELLE, *Patella*. Genre de coquilles de la classe des UNIVALVES, dont le caractère consiste à être conique et sans spire.

Les *patelles*, appelées LEPAS par la plupart des auteurs français, forment un genre très nombreux, qui se rapproche un peu des *oreilles de mer* ou HALIOTIDES. Il est fort naturel, mais il n'en varie pas moins extrêmement, soit par les rapports de la hauteur à la largeur, par la forme de l'évasement, la place du sommet, la nature de la surface, même la disposition de l'intérieur des espèces qui le composent.

Linnæus et la plupart des autres naturalistes ont divisé les patelles en cinq sections, et Lamarck les a partagées en cinq genres, qui sont les PATELLES proprement dites, les CRÉPIDULES, les CALYPTRÉES, les FISSURELLES et les ÉMAR-

GINULES. Depuis, Denys-de-Montfort a encore établi à leurs dépens, ou des genres de Lamarck, ceux qu'il a appelés CABOCHON, PAVOIS, HELCION et CAMBRY. *Voyez* aussi le mot OSCANE. Cependant je les considérerai ici comme si elles n'avoient pas été divisées, parce que les mœurs de leurs espèces diffèrent trop peu ou sont trop imparfaitement connues pour être mentionnées en détail.

La coquille des patelles est plus ou moins épaisse, mais en général cette épaisseur est peu considérable. Il en est même qui sont si minces, qu'on ne peut les toucher sans les briser. Leurs couleurs varient à l'infini. Les unes sont nacrées dans l'intérieur, d'autres ne le sont pas ; mais en général cet intérieur est aussi poli que leur extérieur est rugueux.

L'animal des patelles est un *gastéropode* qui s'attache aux rochers par plusieurs muscles fort bien décrits, et figurés par Cuvier dans le second volume du *Journal d'Histoire Naturelle.*

Le pied est ovale, formé de deux muscles très-épais, qui, par la différence de leur organisation, permettent une contraction très-forte, ou un mouvement très-lent, à la volonté de l'animal. Le pied est attaché à la coquille par une rangée circulaire de fibres verticales, qui laissent en avant un espace libre pour le passage de la tête.

La tête est faite en forme de poire. Elle a une bouche garnie de lèvres, de mâchoires et de dents, plus deux cornes coniques qui portent les yeux à leur base extérieure.

Le manteau double toute la coquille, sans lui être adhérent autre part qu'autour du pied. Dans quelques espèces, il présente de légères différences. La *patelle dasan*, par exemple, figurée dans Adanson, *Histoire des Coquilles du Sénégal*, a le bord du manteau frangé par des filets rameux.

En général, on peut dire que l'organisation des patelles se rapproche davantage de celle des *bivalves* que de celle des *univalves*, ce qui est très-digne de remarque.

On trouve des patelles dans toutes les mers, et sur toutes les côtes où il y a des roches nues. L'Europe n'en possède qu'un petit nombre d'espèces, mais l'espèce vulgaire y est extrêmement commune. Les côtes occidentales de l'Espagne surtout, en sont couvertes au point que dans quelques places on ne voit pas le rocher sur lequel elles se reposent.

On mange les patelles presque partout, mais on ne les regarde nulle part comme un mets friand. Elles sont abandonnées à la plus pauvre classe du peuple.

Dans quelques unes des îles qui bordent nos côtes, comme celle de Batz, on nourrit les cochons avec l'animal des patelles, et on fait de la chaux avec sa coquille.

Il se trouve dans les eaux douces trois ou quatre espèces de patelles, l'une desquelles Geoffroy a décrite sous le nom d'*ancille*. Ces espèces sont toutes très-petites. *Voyez au mot* ANCILLE.

On compte plus de deux cents espèces de patelles décrites dans les auteurs, et leurs caractères distinctifs sont si peu saillans, que, sans le secours des figures, il est presque impossible de les déterminer.

La première section des patelles, dans Linnæus, comprend les *labiées*, c'est-à-dire celles que ont dans l'intérieur une appendice testacée qui semble le diviser en deux pièces : elle répond aux *crépidules* et aux *calyptrées* de Lamarck.

Les espèces les plus communes de cette section sont :

La PATELLE CABOCHON, qui est orbiculaire, presque transparente, irrégulière en dehors avec la lèvre intérieure en languette perpendiculaire. On la trouve dans les mers des Indes et de l'Amérique.

La PATELLE BONNET CHINOIS est presque conique, glabre, blanche, rayée de brun avec la lèvre en languette latérale. On la trouve dans la Méditerranée et dans la mer des Indes.

La PATELLE PORCELAINE, qui est ovale, blanche, tachetée de rouge et ondulée de bleu avec le sommet recourbé et la lèvre postérieurement aplatie. On la trouve dans la mer des Indes et en Afrique.

La PATELLE VOUTÉE, qui est ovale, avec des rayons sur le dos, et des taches latérales d'un jaune fauve ; le sommet étant recourbé obliquement ; la lèvre concave et postérieure. *Voyez* pl. M. 12 où elle est figurée. On la trouve dans la Méditerranée et aux Antilles.

La PATELLE GARNOT, *Patella crepidula*, qui est ovale, aplatie, unie, presque transparente avec la lèvre plane. On la trouve dans la Méditerranée et sur les côtes d'Afrique.

La seconde section des patelles dans Linnæus, comprend celles qui sont dentées, c'est-à-dire celles qui ont le bord anguleux. Elle répond aux patelles proprement dites de Lamarck.

Les espèces les plus communes de cette division sont :

La PATELLE ŒIL DE BOUC, *Patella granularis*, qui est brune et est garnie de stries armées d'épines blanches imbriquées. Elle habite sur les côtes d'Espagne et d'Afrique.

La PATELLE ŒIL DE RUBIS, *Patella granatina*, qui est blanche, avec des bords tachetés de brun en zigzag, le sommet brun, entouré de cercles de diverses couleurs, les stries nombreuses et épineuses. On la trouve dans les mers de l'Europe méridionale et dans celles de l'Amérique.

La Patelle vulgaire, qui est peu anguleuse, dont les stries, au nombre de quatorze, sont peu marquées; le bord dilaté, la couleur grise, avec des taches ou des fascies bru-nes. *Voyez* pl. M. 12 où elle est figurée. Elle se trouve dans toutes les mers de l Europe et dans l'Inde. On la mange, et on s'en sert comme appât pour prendre les poissons à la ligne. Beudant, en procédant avec précaution, est parvenu à la faire vivre dans l'eau douce.

La Patelle crénelée, qui est très-mince, striée, radiée, et d'un noir olivâtre, le sommet aigu avec le fond blanc. Elle se trouve dans la Méditerranée et sur les côtes d'Afrique.

La troisième section des patelles de Linnæus, renferme celles qui ont le sommet ou la pointe aignë et recourbée. On y remarque :

La Patelle bonnet de dragon, *Patella ungarica*, qui est entière, conique, aiguë, striée, blanche, tachetée de rouge, avec le fond rose en dedans. On la trouve dans les mers entre les tropiques. *Voyez* pl. M. 12, où elle est figurée.

M. de France a lu à l'Institut des observations qui tendent à faire croire que les patelles de cette division, dont la plupart entrent dans le genre Cabochon de Denys-de-Montfort, sont véritablement bivalves et se rapprochent beaucoup des Huî-tres, leur valve inférieure étant plate et fixe. Ce fait con-firme ce que j'ai dit plus haut du rapport de la formation des coquilles des patelles avec celle des coquilles des bivalves.

La Patelle mamillaire, qui est entière, conique, striée, presque diaphane, dont le sommet est uni, blanc, avec des fascies transverses, jaunâtres. Elle se trouve dans la Méditer-ranée et sur les côtes d'Afrique.

La Patelle ancille, *Patella lacustris*, est ovale, mem-braneuse, entière, blanche, a le sommet très-petit et aigu. Elle se trouve dans les eaux douces: on la rencontre très-fré-quemment aux environs de Paris, adhérente aux plantes aquatiques.

La Patelle des rivières est ovale, mince, entière, et a le sommet obtus. On la trouve dans les rivières, sur les pier-res et contre les plantes.

La quatrième section des patelles de Linnæus, renferme celles qui sont entières, et qui ont le bord sans angles et le sommet obtus. Elle correspond aussi aux patelles proprement dites de Lamarck. Ses espèces les plus remarquables sont :

La Patelle portugaise, qui est conique, blanche, a le sommet entouré d'un anneau fauve, radié, des stries granu-leuses, un peu brunes, distinctes. On la rencontre sur les côtes d'Espagne et de Portugal.

La Patelle bouclier, *Patella testitudinaria*, qui est unie, très-glabre , et marbrée de brun de diverses nuances. *Voyez* pl. M. 12 , où elle est figurée. Elle habite les mers d'Europe et celles de l'Inde.

La PATELLE TESTUDINALE , qui est ovale, striée. Elle se trouve dans la mer du Nord.

La PATELLE NOTÉE , qui est striée , a le sommet droit, un peu aigu , avec une tache noire en cœur , dont le milieu est blanc. Elle se trouve dans la Méditerranée.

La PATELLE MOURET , *Patella grisea*, qui est ovale , avec des sillons bruns très-rapprochés , et le sommet presque central. Elle se trouve sur la côte d'Afrique. L'animal de cette espèce s'éloigne de ses congénères : il n'a presque point de cornes , et sa tête est fendue.

Enfin la cinquième division des patelles de Linnæus réunit celles dont le sommet est percé d'un trou. Elle correspond aux *fissurelles* de Lamarck. Il faut y distinguer :

La PATELLE ENTAILLÉE, *Patella fissura*, qui est ovale, striée, réticulée , dont le sommet est recourbé et fendu en devant. Elle se trouve dans les mers d'Europe.

La PATELLE TROU DE SERRURE , *Patella nimbosa*, qui est ovale , striée , rugueuse , brune , et a le trou oblong. *Voyez* pl. M. 12, où elle est figurée. On la trouve dans la Méditerranée.

La PATELLE TREILLIS , *Patella græca*, est ovale , convexe, striée en sautoir , a le bord crénelé en dedans , et le trou près du bord postérieur. On la trouve dans la Méditerranée et sur les côtes d'Afrique.

La PATELLE BORBONIQUE, décrite et figurée par Bory Saint-Vincent, dans son Voyage aux îles d'Afrique, a le test brun, lisse, ovale, recourbé postérieurement et couvert de taches blanches presque triangulaires. Elle se trouve dans les eaux douces à l'île de la Réunion. C'est la plus grande espèce connue parmi celles d'eau douce ayant un pouce de diamètre ; son intérieur est bleuâtre, avec une demi-cloison postérieure ; son animal est gris. Elle sert de type au genre CAMBRY (B.)

PATELLE ALLONGÉE, *Patella elongata*, Lamarck. C'est le PAVOIS de Denys-de-Montfort. (DESM.)

PATELLE AMBIGUË, *Patella ambigua* , Chemnitz. C'est le genre PAVOIS de Denys-de-Montfort. (DESM.)

PATELLE DE BOURBON , *Patella borbonica* , Bory Saint-Vincent, *Voyage aux quatre principales îles des mers d'Afrique* , planche 37 , fig. 2. Coquille dont Denys-de-Montfort a formé son genre CAMBRY, *Cimber.* (DESM.)

PATELLE A CRÊTE , *Patella cristata* , Linn. C'est la CARINAIRE. (DESM.)

PATELLE EQUESTRE , *Patella equestris* , Linn. C'est la CALYPTRÉE. (DESM.)

PATELLE FENDUE , *Patella fissura* , Linn. C'est l'EMARGINULE. (DESM.)

PATELLE LABIÉE. Linnæus désigne, par cette dénomination, les espèces de PATELLES qui ont été placées par M. de Lamarck dans son genre CRÉPIDULE. (DESM.)

PATELLE PECTINÉE, *Patella pectinata.* C'est une coquille de la Méditerranée, dont Denys-de-Montfort fait son genre HELCION. (DESM.)

PATELLE PEINTE. *Voyez* FISSURELLE. (DESM.)

PATELLE SAUVAGE , *Patella fera.* On a donné ce nom à l'HATIOLIDE. (DESM.)

PATELLE VOUTÉE , *Patella fornicata* , Linn. C'est la CRÉPIDULE. (DESM.)

PATELLIER. Animal des PATELLES. Il est de la famille des DERMOBRANCHES, et a deux tentacules. (B.)

PATELLITES. Ce sont les PATELLES FOSSILES. (DESM.)

PATELLUZE. Sorte de CUPULE ou de CONCEPTACLE dans les LICHENS. Acharius l'avoit appelé *glomérule.* C'est un disque plus ou moins large , plus ou moins saillant , entouré d'un fort bourrelet formé par le renflement de ses bords. Les VARIOLAIRES offrent de ces sortes de cupules.(B.)

PATENIGE. L'un des noms allemands de la BÉTOINE OFFICINALE. (LN.)

PATENOTIER. Synonyme de STAPHYLIER. (B.)

PATENOTRE DES ITALIENS. C'est l'AZÉDARACH. (LN.)

PATERNOSTER. Les Espagnols donnent ce nom au BALISIER DES INDES , parce que les graines de cette plante servent à faire des chapelets. (LN.)

PATER NOSTER DE SAINT-DOMINIQUE. *Voyez* CORINDE , *Cardiospermum halicacabum.* (LN.)

PATERNOSTRERA. Les Espagnols donnent ce nom à une espèce de COQUERET , *Physalis suberosa* , L. (LN.)

PATERSONE, *Patersonia.* Genre de plantes de la triandrie monogynie , et de la famille des iridées , qui renferme six espèces originaires de la Nouvelle-Hollande. Ses caractères sont : corolle hypocratériforme , régulière , à limbe à six découpures ; les intérieures très-petites ; trois étamines à filamens connivens ; style renflé à son sommet , et terminé par trois stigmates en lanières ; capsule prismatique ; semences nombreuses.

La PATERSONE SÉRICÉE est figurée planche 1041 du *Botanical magazine* de Curtis.

Ce genre se rapproche si fort du GENOSIRE de Labillardière, que R. Brown, auquel on doit son établissement, l'y a réuni. (E.)

PATERSONIE, *Patersonia*. Genre de plantes établi par Walter sur une CRUSTOLE. (B.)

PATÈTES. Les Grecs et les Romains donnoient ce nom à une variété de dattes tellement juteuses qu'elles crevoient sur l'arbre même. (LN.)

PA-TEU. C'est, en Chine, le nom que porte une espèce de CROTON, *Croton tiglium*, L. (LN.)

PATHECA. *Voyez* PASTÈQUE. (LN.)

PATHENWINDE. Le LISERON DES CHAMPS reçoit ce nom en Allemagne. (LN)

PATHOLOGIE (*Végétale*). *Voyez* ARBRE. (LOT.)

PATICH. Nom de la PATIENCE, *Rumex patientia*, en Hollande. (LN.)

PATIENCE, *Lapathum*, Tourn. ; *Rumex*, Linn. (*hexandrie trigynie*) Genre de plantes de la famille des polygonées, que Linnæus a réuni, sous le nom de *rumex*, au genre OSEILLE de Tournefort, et qui offre pour caractères : un calice sans corolle, découpé en six segmens obtus et réfléchis, trois extérieurs, trois intérieurs, ceux-ci plus grands et rapprochés ; six étamines ; trois styles ; des stigmates multifides ; une semence à trois côtes, nue ou recouverte par le calice qui est glanduleux, et à valvules entières ou dentées.

On compte environ quarante espèces dans ce genre. La plupart sont indigènes d'Europe ; quelques-unes sont cultivées pour l'usage de la medecine.

Les espèces qui méritent d'être citées, sont :

La PATIENCE DES JARDINS ou RHUBARBE DES MOINES, *Rumex patientia*, Linn. Elle a une racine longue et épaisse ; une tige cannelée et roussâtre ; des feuilles en cœur, oblongues, larges, roides, lisses, et placées sur un long pétiole ; des valvules entières, à l'une desquelles est un petit grain ou point glanduleux. Cette plante croît en Allemagne et dans les Alpes de l'Italie. Elle est vivace et cultivée dans les jardins.

La PATIENCE SAUVAGE, *Rumex acutus*, Linn., à valvules dentées, portant des grains ; à feuilles en cœur, oblongues et pointues. Elle croît sur les bords des ruisseaux et des rivières.

La PATIENCE VULGAIRE, *Rumex obtusifolius*, Linn., à peine distinguée de la précédente ; elle en diffère par ses feuilles obtuses et crénelées. Elle vient sur les bords des chemins.

La PATIENCE DES ALPES, *Rumex alpinus*, Linn., a des fleurs hermaphrodites, stériles, et des fleurs femelles fertiles ; les valvules entières et nues ; les feuilles obtuses, en cœur et rondes. Elle est bisannuelle, et croît dans les Alpes et sur les autres montagnes elevées de l'Europe.

C'est sa racine qu'on récolte au Mont-d'Or, pour être employée en médecine, en guise de rhubarbe, sous le nom de RAPONTIQUE.

La PATIENCE ROUGE ou SANG DE DRAGON, *Rumex sanguineus*, Linn., à racine rameuse et rougeâtre; à tige élevée; à feuilles radicales ou alternes, en cœur, lancéolées, très-pointues, avec des nervures d'un rouge de sang; à valvules très-entières, dont une porte un gros grain rouge. Elle est bisannuelle et originaire de la Virginie; on la cultive dans es jardins.

La PATIENCE DES MARAIS ou PAREILLE, *Rumex aquaticus*, Linn.; à feuilles en cœur, lisses et aiguës; à valvules très-entières et nues. Elle est vivace, et se plaît au bord des ruisseaux et des rivières.

La PATIENCE FRISÉE, *Rumex crispus*, Linn., à valvules très-entières, portant chacune un grain; à feuilles ondulées, les inférieures ovales, les supérieures lancéolées. Elle croît dans les prés.

La PATIENCE MARITIME, *Rumex maritimus*, Linn. On la trouve au bord de la mer et des rivières. Elle a des feuilles entières et linéaires; des valvules granifères, à dents longues et sétacées. C'est le *lapathum aquaticum luteolæfolio* de Tournefort.

La PATIENCE VIOLON ou la BELLE PATIENCE, *Rumex pulcher*, Linn.; plante bisannuelle, à feuilles radicales échancrées de chaque côté comme un violon, et obtuses: celles de la tige lancéolées et pointues; à valvules à réseaux et ciliées; à fleurs verticillées et sessiles. Elle aime les bords des fossés et des chemins.

Toutes les *patiences* décrites ci-dessus croissent naturellement en Europe et en France, à l'exception de la *patience rouge*, qui est pourtant devenue spontanée en Allemagne. On les multiplie par leurs graines, qui doivent être semées en automne aussitôt qu'elles sont mûres.

Il y a encore la PATIENCE ANNUELLE D'ÉGYPTE, *Rumex ægyptiacus*, Linn., Miller., dont les valvules ont de longues barbes.

La PATIENCE DE NAPLES, *Rumex bucephalophorus*, Linn., Miller.; à feuilles de basilic, dont les valvules sont dentelées et nues, et les pédoncules petits, réfléchis, planes et épais. On la trouve aussi en Espagne, dans les endroits marécageux. Elle est annuelle.

La PATIENCE OSEILLE EN ARBRE DES ÎLES CANARIES, *Ru-*

mex *lunaria*, Linn., Mill.; à feuilles rondes, ou presque en cœur, avec des valvules lisses.

La PATIENCE VÉSICULEUSE, *Rumex vesicarius*, Linn., Mill.; annuelle; à feuilles indivises, très-longues; à fleurs réunies deux à deux, et de couleur herbacée; à valvules très-grandes, membraneuses et réfléchies.

La PATIENCE ROSE, *Rumex roseus*, Linn., Mill.; à feuilles déchiquetées, et dont les semences ont une enveloppe couleur de rose. Elle est annuelle et d'Égypte.

On peut voir les noms des autres espèces dans les livres de botanique. (D.)

PATIME, *Patima*. Plante de la Guyane, à tige creuse, haute de deux à trois pieds, à feuilles opposées, ovales, molles, vertes, lisses, longues d'un pied, accompagnées de stipules opposées, aiguës, charnues et persistantes.

Cette plante, dont on ne connoît pas les fleurs, porte pour fruit une baie verte, couronnée par le calice qui est entier, et contenant de quatre à six loges renfermant un grand nombre de semences logées dans une pulpe.

Aublet pense qu'elle doit faire un genre dans la pentandrie monogynie. (B.)

PATINE. Espèce de *vernis naturel* qui se forme à la surface des médailles, des statues et autres monumens de bronze d'une haute antiquité. Ce *vernis*, d'une couleur noirâtre, tirant sur le vert, n'a pas plus d'un centième de ligne d'épaisseur; mais il est d'une si grande dureté, qu'il résiste quelquefois à la pointe du burin. Comme il est très-difficile de l'imiter, les antiquaires en font un très-grand cas, et le regardent comme la meilleure preuve de l'antiquité des monumens qui en sont revêtus. C'est un fait remarquable que le temps et l'action de l'air et de l'humidité donnent aux oxydes de cuivre, de zinc et d'étain qui forment la *patine*, une dureté aussi considérable. *V.* CUIVRE. (PAT.)

PATIRA. Quadrupède pachyderme du genre PÉCARI, décrit par d'Azara (*Essai sur l'Hist. nat. des quadr. du Paraguay*, tome I, page 31). *Voyez* l'article PÉCARI. (DESM.)

PATIRAJA. Nom du *pedalium murex*, à Ceylan. (LN.)

PATIRICH. *V.* GUÊPIER. (V.)

PATIRICH TERICH. Nom madagascarien d'un MARTIN-PÊCHEUR. (V.)

PATILA. Adanson a donné ce nom aux AGARICS gélatineux, à surface unie. (B.)

PATJE-TUREMALI. Nom que les Malabares donnent à la TOURMALINE NOIRE. (LN.)

PATNEY-BARLEY. Nom anglais d'une espèce d'ORGE, *Hordæum zeocriton*, L. (LN.)

PATOLE. C'est l'ANGUINE. (B.)

PATOS. C'est sous ce nom que les Espagnols du Paraguay désiguent les CANARDS. (V.)

PA-TOUC-SAN. Nom donné, en Chine, à une espèce d'ORPIN, qui paroît différente du *sedum anacampseros* auquel on l'a rapporté. (LN.)

PATRAQUE. C'est le nom d'une variété de POMME DE TERRE. (DESM.)

PATRIDGE-BERRY. Nom du MITCHELLA REPENS aux États-Unis. (LN.)

PATRINIE, *Patrinia*. Deux genres de plantes ont porté ce nom, mais ils n'ont pas été conservés : l'un a été établi sur une plante qui s'appelle aujourd'hui ELSHOLTZIE EN CRÊTE, et l'autre pour séparer quelques espèces des VALÉRIANES. Ce dernier rentre dans celui appelé FÉDIE. (B.)

PATRISIE, *Patrisia*. Nom donné par Richard (*Actes de la Société d'Histoire naturelle de Paris*), au genre que Willdenow a appelé RIANIE ou RYANIE. (B.)

PATROCLE, *Patrocles*. Genre de coquilles établi par Denys-de-Montfort. Ses caractères s'expriment ainsi : coquille libre, univalve, cloisonnée, en disque et contournée en spirale, mamelonnée sur les deux centres ; le dernier tour de spire renfermant tous les autres ; dos obtus, mais caréné ; ouverture triangulaire, recouverte par un diaphragme qui reçoit dans son milieu le retour de la spire, percée à l'angle extérieur par une rimule étoilée et ovale ; cloisons unies.

L'espèce qui sert de type à ce genre n'a guère que deux lignes de diamètre. Elle se trouve vivante dans la Méditerranée, et fossile en Toscane. (B.)

PATRON DES MARÉCHAUX. Nom vulgaire de la MÉSANGE CHARBONNIÈRE. (V.)

PATSIRTA-VIRAG. Nom du LAITIER (*polygala vulgaris*, Linn.), en Hongrie. (LN.)

PATSJOTTI. C'est ainsi qu'Adanson nomme le genre *strumpfia* de Jacquin, auquel il rapporte le *patsjotti* des Malabares, qui ne paroît point devoir lui appartenir. Ce *patsjotti* est le *sameno* des Brames; il est figuré tab. 5 du vol. 5 de l'ouvrage de Rhéede, et est rapporté à l'*acalyha spiciflora*, L. Adanson y ramène encore l'*idumulli* (Rhéed. Mal. 4, t. 18), qui est l'*elaticanto* des Brames ; mais cette plante ne nous paroît pas assez bien décrite, pour affirmer qu'elle doive appartenir au genre *strumpfia*, Jacq. Il en est de même du *cambai*, de Pison. (LN.)

PATTAL. Espèce d'ACACIE, dont les feuilles s'emploient, dans l'Inde, à l'amélioration de l'ARACK qui s'y fabrique.

PATTARA. Adanson donne ce nom à un genre qu'il a établi dans la famille des cistes, et qu'il caractérise ainsi : calice à cinq folioles persistantes et caduques ; corolle à cinq pétales ; cinq étamines ; un style à un stigmate conique : une baie à une loge monosperme ; un osselet, sphérique ; fleurs en épi axillaire ; feuilles alternes. Adanson y rapporte 1.º le *tjeram-cottam* (Rhéed. Mal. 5, tab. 11) des Malabares, ou *pattaru* des Bramés ; 2.º le *basaal* (Rhéed. 5, tab. 12), aussi des Malabares, qui est le *velengi* des Brames. Les Portugais nomment la première de ces plantes *rami-soli*, et la seconde *fruta perdrica* : celle-ci a des fleurs odorantes.

Cette réunion a été reproduite par Lamarck, dans l'Encyclopédie méthodique, au mot *basaal*. M. Jussieu semble vouloir la détruire, lorsqu'il fait observer que le *basaal* proprement dit n'est peut-être qu'une espèce du genre *ardisia*, et que le *tsjeramcottam*, qui n'a point de corolle, semble plus voisin des cansjères et à des thymélées. (LN.)

PATTE (*Botanique*). Nom donné, par les fleuristes, à la racine de l'ANÉMONE. *V.* ce mot. (D.)

PATTE D'ARAIGNÉE. On appelle vulgairement ainsi la NIGELLE DES JARDINS. (B).

PATTE DE CRAPAUD. Coquille du genre des ROCHERS, le *murex ramosus* de Linnæus. (B.)

PATTE DE LAPIN. On donne ce nom à l'ORPIN VELU. (B.)

PATTE DE LION. C'est le nom vulgaire de l'ANTENAIRE LÉONTOPODE, *Filago leontopodium*, Linn. L'ALCHMILLE COMMUNE, les LÉONTICES, et le MICROPE, portent aussi le même nom. (LN.)

PATTE DE LOUP. Synonyme de LYCOPODE. (B.)

PATTE D'OIE ou AILE DE CHAUVE-SOURIS. Coquille du genre STROMBE. (DESM.)

PATTE D'OIE. Nom de l'ANSERINE DES MURS. (B.)

PATTE D'OURS. *V.* ACANTHE. (B.)

PATTE D'OURS. C'est encore un des noms vulgaires de l'hellébore fétide, ou PIED DE GRIFFON. (LN.)

PATTE PELUE. L'un des noms vulgaires des *charansons*, ou plutôt des CALANDRES DES BLES. (DESM.)

PATTES, *Pedes* (*Entomologie*). Organes des crustacés, des arachnides et des insectes, propres à l'ambulation. *V.* les articles : ENTOMOLOGIE, CRUSTACÉS, ARACHNIDES et INSECTES. (L.)

PATTESECHE. L'un des noms allemands du TREMBLE. (LN.)

PATURAGE , PACAGE , *Pascuum.* Lieu dont on ne fauche point l'herbe, pour pouvoir y faire paître en tout temps le gros et le menu bétail. Les pâturages appartiennent à une communauté ou à un particulier ; quand ils sont communs à tout un canton ou à tout un village, ils sont ordinairement en mauvais état, l'herbe y est maigre, sèche et toujours rase. Lorsqu'ils sont la propriété d'un seul, leur bonté ou leur fertilité dépend des soins et de l'intelligence du possesseur ou du fermier. Tout domaine un peu considérable doit avoir un pâturage consacré à son bétail, divisé en plusieurs portions, afin que l'herbe déjà broutée ait le temps de repousser, et ne soit point foulée par l'animal à mesure qu'elle croît. De cette manière, le bétail trouve toujours une pâture nouvelle et abondante. On doit planter au milieu de chaque division un certain nombre d'arbres, qui puissent prêter leur ombre aux animaux pendant la chaleur du jour. La nuit on peut les laisser dans le pâturage s'il est bien clos, ou les y parquer, en y mettant un gardien. Il faut avoir soin d'arracher de temps en temps des pâturages, toutes les herbes inutiles ou nuisibles; et si l'on a à sa portée l'eau d'une rivière ou de quelque ruisseau, il sera bon de les arroser dans les grandes sécheresses. *Voyez* le mot PRAIRIE. (D.)

PATURE DE CHAMEAU. Nom donné par les Arabes au BARBON ODORANT, *Andropogon schœnanthus*, Linn., parce que cette plante est la nourriture la plus ordinaire des chameaux. Les CORISPERMES portent également ce nom. (B.)

PATURIN , *Poa.* Genre de plantes de la triandrie digynie, et de la famille des graminées, qui a pour caractères : une balle calicinale de deux valves obtuses, scarieuses en leurs bords, renfermant plusieurs fleurs disposées en un épillet distique ; une balle florale de deux valves un peu pointues et scarieuses en leurs bords; trois étamines à anthères fourchues ; un ovaire supérieur, arrondi, surmonté de deux styles à stigmates velus ; une semence oblongue, qui adhère à la balle florale.

Ce genre, que Palisot-de-Beauvois a restreint aux espèces dont la valve florale supérieure est terminée par deux dents, en renferme ici plus de cent, parce qu'on n'en a pas séparé les KOELERES, les CHILOCHLOÉS, les MAGASTACHYES, les ÉRAGROSTIS, les CATABROSES et les SCLEROCHLOÉ, autres genres établis à ses dépens par l'auteur précité. On trouve des pâturins dans toutes les parties du monde ; la plupart fournissent un excellent fourrage aux bestiaux, et d'abondantes graines aux oiseaux. Elles font, dans quelques cantons, la base des prairies, que leur présence améliore toujours. *Voy.* au mot PRAIRIES.

Les espèces les plus communes parmi celles qui ont de deux à cinq fleurs dans chaque épillet, sont :

Le PATURIN DES PRÉS, qui a la panicule diffuse, ouverte ; les épillets un peu larges, à quatre ou cinq fleurs ; les feuilles planes, et la tige droite. On le trouve dans les prés, et il annonce, par sa présence, la fertilité de la terre, comme par son abondance la bonne qualité du foin. Il s'élève jusqu'à deux pieds.

Le PATURIN A FEUILLES ÉTROITES a la panicule diffuse, un peu étroite, les épillets triflores, et les feuilles étroites, roulées en leurs bords. Il se trouve dans les prés secs. Beaucoup de botanistes le regardent comme une variété du précédent.

Le PATURIN ANNUEL a la panicule diffuse, ouverte, les épillets ordinairement quadriflores, la tige oblique et comprimée. Il est annuel, et se trouve dans les chemins, les jardins, les cours. Il semble se multiplier d'autant plus qu'on le tourmente davantage. C'est le plus commun dans les villes et le plus rare dans les campagnes. Son fourrage est excellent pour tous les animaux, et principalement pour les moutons. Il ne s'élève pas à plus de trois à quatre pouces.

Le PATURIN BULBEUX a la panicule ouverte, presque unilatérale ; les épillets ovales, quadriflores, et les balles membraneuses sur leurs bords. On le trouve sur les rochers, les vieux murs, dans les terrains les plus arides. Il est très-remarquable par sa racine bulbeuse et par ses balles, qui deviennent quelquefois vivipares, c'est-à-dire, qu'au lieu d'une graine, elles donnent naissance à un bulbe, lequel, planté, devient un nouveau pied. Les anciens ont été émerveillés de la manière d'être de cette graminée, et ont fait de nombreuses dissertations à son sujet. Les bestiaux ne la recherchent point.

Le PATURIN À CRÊTE a la panicule en épis ; les balles calicinales un peu velues, ordinairement à quatre fleurs, dont les balles sont aristées. Il se trouve dans les endroits sablonneux et arides, où il fait des touffes considérables d'un à deux pieds de haut. Les bestiaux ne le recherchent point.

Le PATURIN D'ABYSSINIE a la panicule lâche, capillaire, penchée ; la balle calicinale lisse, à quatre ou cinq fleurs ; les feuilles étroites et un peu roulées. Il est annuel et croît en Abyssinie, où il est cultivé sous le nom de *tef*. Il s'élève à deux ou trois pieds, et ses graines sont si nombreuses, qu'elles équivalent au double et au triple de celles d'un pied de blé, malgré leur ténuité. On mange cette graine, soit entière comme le riz, soit moulue comme la farine. Elle se récolte en moins de deux mois après les semailles, et permet ainsi, lorsque l'année est favorable, trois ou quatre récoltes par an. On a tenté de multiplier cette espèce dans les parties méridionales de la France, des graines que Bruce avoit rapportées de l'Abyssinie ; mais ces essais n'ont pas eu de suite.

Parmi les pâturins qui ont plus de cinq fleurs dans leur épillet, il faut distinguer,

Le PATURIN AQUATIQUE, qui a la panicule diffuse ; les épillets à six ou sept fleurs ; les balles florales striées. Il se trouve sur le bord des eaux, et s'élève à cinq ou six pieds. C'est une plante d'un très-bel aspect, mais qui est d'une très-médiocre utilité, les bestiaux ne la recherchant pas.

Le PATURIN COMPRIMÉ a la panicule resserrée ; les épillets un peu roides, presque à six fleurs ; la tige comprimée et montante. On le trouve sur les rochers, les vieux murs, dans les terrains les plus arides. Il est annuel.

Le PATURIN AMOURETTE a la panicule oblongue, lâche ; les pédoncules filiformes ; les épillets dentés, à environ neuf fleurs. Il est annuel, ressemble beaucoup aux amourettes, et se trouve dans les parties méridionales de l'Europe.

Le PATURIN COUCHÉ a été établi en titre de genre, sous le nom de SIÉGLINGIE. (B.)

PATURON BLANC. Nom vulgaire d'une espèce d'AGARIC (*agaricus edulis*, Linn.), qui croît sur les friches, et qu'on confond fréquemment avec le CHAMPIGNON DES COUCHES et le CHAMPIGNON DE BRUYÈRES, auxquels elle ressemble au premier coup d'œil. Elle a le chapeau plus épais, plus irrégulier, moins sujet à s'écailler, et les lames constamment blanches. C'est peut-être le champignon le meilleur, le plus délicat et le plus léger qu'on connoisse ; aussi en fait-on une énorme consommation. (B).

PAULETIE, *Pauletia*. Genre de plantes de la décandrie monogynie, établi par Cavanilles, et dont le caractère consiste : en un calice monophylle, oblong, coriace, à tube cylindrique, persistant, à cinq découpures linéaires, très-longues, recourbées et caduques ; en une corolle de cinq pétales, lancéolés, très-aigus, ondulés, attachés par des onglets capillaires aux divisions du calice ; en dix étamines alternativement grandes et petites, réunies à leur base en un tube attaché au calice ; en un ovaire pédicellé surmonté d'un style courbé en arc, et terminé par un stigmate ovale et comprimé ; en un légume allongé, linéaire, comprimé, bivalve et polysperme.

Ce genre a de très-grands rapports avec les Bauhinies, et même a été réuni avec elles. Il renferme deux espèces.

L'une, la Paulétie sans épines, a la tige arborescente, les feuilles ovales, bilobées, les lobes aigus et les fleurs en grappes terminales. On la trouve au Pérou.

L'autre, la Paulétie épineuse, a la tige frutescente, épineuse, les feuilles ovales, bilobées ; les lobes obtus, et les fleurs géminées dans l'aisselle des feuilles. On la trouve sur la presqu'île de Panama. (B.)

PAULITE. Werner a substitué ce nom à celui de *Labradorisch hornblende*, pour désigner l'hyperstène qu'on trouve dans la petite île Saint-Paul sur la côte de Labrador. (LN.)

PAULLINIA. Ce genre, établi par Linnæus, et consacré à la mémoire d'un botaniste danois qui vivoit vers le milieu du dix-septième siècle, est maintenant divisé en trois : *paullinia*, *serjana* et *scopolia*. Adanson l'avoit réuni au *cardiospermum*, et il avoit nommé cette réunion *corindon*. Voyez PAULLINIE. (LN.)

PAULLINIE, *Paullinia*. Genre de plantes de l'octandrie trigynie et de la famille des saponacées, qui offre pour caractères : un calice de quatre à cinq folioles, une corolle de quatre pétales glanduleux à leur base, ou accompagnés de quatre écailles inégales ; huit étamines ; un ovaire supérieur pédicellé, en cône renversé, surmonté de trois styles à stigmate simple ; une capsule turbinée, trigone, triloculaire et à loges monospermes.

D'un côté les genres Sériane et Todallie ont été établis aux dépens de celui-ci ; de l'autre, le genre Sémarillarie de la Flore du Pérou lui a été réuni.

Près de trente espèces se réunissent sous ce genre ; ce sont des arbrisseaux grimpans ou sarmenteux, à feuilles ternées ou ailées, avec impaire ou surcomposées, et à fleurs disposées en grappes sur des pédoncules axillaires, munis de deux vrilles dans leur milieu.

Les plus remarquables de ces espèces sont :

La Paullinie cururu, dont les capsules sont pyriformes, obtuses, les feuilles ternées, les folioles oblongues, un peu aiguës, dentées, et les pétioles ailés. Elle se trouve dans l'Amérique méridionale. La Condamine rapporte que les Brasiliens emploient sa décoction pour se procurer une ivresse de vingt-quatre heures, pendant lesquelles ils ont des songes agréables, et qu'ils s'en servent aussi, piléc, pour enivrer le poisson. *V*. pl. M, 3, où elle est figurée.

La Paullinie de Curaçao a les capsules des valves en demi-cœur ; les feuilles deux fois ternées, les folioles crénelées, l'impaire cunéiforme, et le pétiole marginé.

Elle croît dans l'Amérique méridionale. Ses tiges sont si
flexibles, qu'on en fait des paniers , des cordes et autres objets analogues.

La Paullinie pinnée a les capsules pyriformes, tricornes ,
les feuilles pinnées , les folioles oblongues , obtusément dentées , et les pétioles marginés. Elle se trouve dans l'Amérique méridionale et aux Antilles. Ses fruits écrasés servent à
empoisonner les poissons, et à procurer aux hommes une
ivresse de vingt-quatre heures, pendant lesquelles ils ont
des songes agréables ; ses feuilles fraîches sont un excellent
vulnéraire. Schilling en a fait un genre sous le nom de
Tondin.

Jussieu a publié une dissertation sur ce genre , dans les
Annales du Muséum, et en décrit deux nouvelles espèces. (B.)

PAUL'S-BETONY. Nom anglais de la Véronique a
feuilles de serpolet. (LN.)

PAULSBLUME. Nom allemand de la Primevère prin-
tanière(*Primula veris* , Linn.). (LN.)

-AU ʁ ELLʁ. C'est l'Orge à deux rangs. (LN.)

AU P AKA-PATESSEW. Nom sous lequel les natu-
rels de la baie d'Hudson connoissent le Ralewedgeon. *V.* ce
mot. (V.)

PAUPASTAOW. Nom sous lequel l'Épeiche de Virginie est connu à la baie d'Hudson. (V.)

PAUPERRIMA. Ce nom est donné par Miller à une
espèce de Fromager (*Bombax pentandrum,* Linn.). (LN.)

PAUPIÈRE. Nom d'un Bodian , le *Bodianus palpebratus.*
(R.)

PAUPIÈRES , *Palpebræ.* On donne ce nom à des replis de la peau destinés à recouvrir le globe de l'œil et à le
protéger. Parmi les animaux vertébrés, les quadrupèdes , les
oiseaux et les reptiles seulement ont des paupières bien développées et mobiles. Tantôt il n'y en a que deux, la supérieure
et l'inférieure , et quelquefois il en existe une troisième qui
se meut de dedans en dehors , et qui a reçu la dénomination
particulière de membrane clignotante, *membrana nictitans :*
ce sont les animaux qui ont la vue la plus délicate, comme les
chats , les aigles, etc., qui en sont pourvus. Les poissons et
aucun des animaux invertébrés , chez lesquels il existe des
yeux, ne présentent de paupières

Les paupières des reptiles sont moins mobiles que celles
des oiseaux et des quadrupèdes : celles des caméléons surtout
se font remarquer par leur épaisseur et par la manière dont
elles entourent le globe de l'œil.

Dans les animaux des deux premières classes, l'ouverture
des glandes lacrymales se remarque à la commissure in-
erne des paupières supérieures et inférieures. Souvent ces

paupières sont garnies de cils qui contribuent aussi à défendre l'œil de l'approche des corps étrangers. (DESM.)

PAUSIAS. L'une des trois espèces d'OLIVES les plus estimées chez les anciens. (LN.)

PAUSSILES, *Paussilü*. Latr. Tribu (auparavant famille) d'insectes, coléoptères, section des tétramères,
famille des xylophages, ayant pour caractères : tous les
tarses à quatre articles et tous entiers ; palpes coniques ;
antennes de deux articles dans les uns, et dont le dernier
très-grand ; de dix dans les autres, et formant une massue
cylindrique, presque entièrement perfoliée, corps oblong et
déprimé ; élytres tronquées au bout.

Cette tribu se compose des genres PAUSSUS et CÉRAP-
TÈRE. *V.* ces mots. (L.)

PAUSSUS, *Paussus*, Linn., Fab., Herbst. Genre d'insectes, de l'ordre des coléoptères, section des tétramères,
famille des xylophages, tribu des paussiles, ayant pour caractères : antennes composées seulement de deux articles,
et dont le dernier, très-grand, tantôt irrégulier, denté ou
crochu ; tantôt régulier, presque ovale ou orbiculaire. Vainement chercherions-nous dans tout l'ordre des coléoptères
un genre qui nous offre des caractères aussi bizarres et aussi
insolites que les paussus. Leurs antennes sont insérées et
rapprochées au-dessus de la bouche, un peu plus courtes
que la tête et le corselet, et composées seulement de deux
articles ; le premier ou le radical, est très-petit et presque
globuleux ; le second et dernier est très-grand, le plus souvent comprimé, tantôt en forme de triangle irrégulier ou de
massue, denté ou crochu ; tantôt presque ovale ou orbiculaire.
Le labre est presque coriace, petit, en carré transversal.
les mandibules sont petites, cornées, allongées, comprimées, avec leur extrémité pointue et un peu lunulée. Les
palpes, au nombre de quatre, sont coniques ou en alêne,
courts et épais ; les maxillaires, un peu plus longs que les
labiaux, se prolongent jusqu'à l'origine des antennes et sont
composés de quatre articles : le premier est petit, en forme
de tubercule ; le second est fort grand, en carré long ; le
troisième est beaucoup plus étroit, des deux tiers plus court
que le précédent et presque cylindrique ; le dernier est très-
petit, cylindricoconique. Les palpes labiaux sont insérés à
la base antérieure de la languette, la recouvrant ; ils sont
formés de trois articles, dont les deux premiers très-petits,
et le dernier grand, ovoïde ou presque cylindrique, finissant en pointe. Les mâchoires se terminent en manière
de dent arquée, pointue, et ayant une denteture sous l'extrémité. La languette est cornée, presque ovale, un peu plus

étroite inférieurement, avec une carène longitudinale au
milieu et le bord supérieur presque tridenté. Je n'ai point vu
de menton proprement dit. Les tarses sont courts, presque
cylindriques, à quatre articles entiers, velus en dessous, et
dont le dernier, une fois plus long que les précédens réunis,
se termine par deux crochets assez forts et simples. Le corps
est oblong et aplati. La tête et le corselet sont presque de la
même largeur et plus étroits que le corps. La tête est presque
carrée, déprimée, et distinguée postérieurement du corselet par une sorte de petit col. Le corselet est presque carré,
brusquement plus élevé, et comme en manière d'article, à
sa partie antérieure, et dilaté sur les côtés. L'écusson est
petit, triangulaire et plongé dans le pédicule de l'abdomen.
Les élytres forment un carré long, et laissent à découvert
l'extrémité postérieure de l'abdomen; elles sont unies, planes et sans rebords. L'abdomen est carré. Les pieds sont
courts, comprimés; les jambes antérieures n'ont point d'é-
perons sensibles; les postérieures sont assez larges. Ces insectes sont ailés.

Si l'on compare ces caractères avec ceux que nous offrent
les bostriches, les scolites de Geoffroy, et plusieurs genres
de la famille des xylophages, on jugera que les paussus, malgré leur anomalie apparente, ont une grande affinité avec ces
insectes, et doivent ainsi être_placés dans leur voisinage. Il est
donc probable qu'ils vivent dans le vieux bois ou sous les
écorces des arbres; l'on soupçonne même que quelques espèces se tiennent suspendues au moyen des dents ou des crochets du dernier article de leurs antennes. Ces insectes sont
de petite taille; ils habitent l'Afrique méridionale et les Indes
orientales. M. Gattoire en a même trouvé une espèce à l'Ile-
de France. Fabricius en a décrit quatre; mais la dernière
paroît devoir former un genre propre. J'en ai figuré une autre
dans mon *Genera crustaceorum et insectorum*; c'est le *paussus
thoracicus* de Donovan.

Ces coléoptères sont rares dans les collections. M. Alex.
Mac-Leay, secrétaire de la Société linnéenne, en possède
une belle suite, qu'il se propose de faire connoître par une
monographie.

Le PAUSSUS PETITE TÊTE, *Paussus microcephalus*, Linn.,
Fab., Alz., *Act. Soc. linn*, tom. 4, pag. 18, tab. 22, est
une espèce d'Afrique qui a servi à l'établissement du genre.
Son corps est d'un brun noirâtre. Le dernier article des antennes est irrégulier, rétréci à sa base, en manière de pédoncule, avec le côté extérieur quadridenté, et prolongé en
dessous en un crochet unidenté. Le milieu du corselet a

un enfoncement profond. Les jambes postérieures sont plus larges que les autres et un peu rétrécies vers leur extrémité. (L.)

PAU-TSAU. C'est le *Stylidium chinense*, de Loureiro, arbrisseau qui croît naturellement dans les lieux incultes, et dans les faubourgs de Canton, à la Chine. On a proposé de changer son nom générique en celui de PAUTSIA. (LN.)

PAUVRE HOMME. On donne quelquefois ce nom au PAGURE BERNARD-L'HERMITE, *pagurus eremitus*. (DESM.)

PAUXI. *V.* le genre HOCCO. (V.)

PAVAME. C'est le BOIS DE CANNELLE. *Voyez* au mot DRYMIS. (B.)

PAVANA. C'est ainsi que les Portugais de l'Inde nomment le CROTON CATHARTIQUE (*croton tiglium*). (LN.)

PAVANEUR. *V.* l'art. FAUVETTE, tom. XI, p. 206. (V.)

PAVARELLA. Nom italien du GALLIET-BLANC (*gal-molugo*). (LN.)

PAVARINA et PAVAREZZA. La MORGELINE, *alsine media*, reçoit ces noms en Italie. (LN.)

PAVATE et PAVETTA. Noms malabares du *pavetta indica* Linn., qui en a tiré son nom générique. Le *pavetta* figuré par P. Brown, dans son *Hist. nat.* de la Jamaïque, table 6, fig. 1, est le *coffea occidentalis*, W.; d'un autre côté, le *crinita capensis* d'Houttuyne, rentre dans le genre *pavetta*, L.; ainsi que l'*ixora occidentalis* de Forskaël. *V.* PAVETTE. (LN.)

PAVÉ. On donne ce nom aux *pierres* dont on se sert pour paver les rues. On choisit pour cet usage autant qu'il est possible, des pierres dures et grenues. La meilleure que l'on connoisse est le *grès* de Fontainebleau, qu'on emploie à Paris et dans les villes voisines. Dans la plupart des villes d'Italie, et notamment à Rome et à Naples, ce sont des laves dont on fait le *pavé*. Les anciennes villes de Stabia, d'Herculanum et de Pompéia, qui furent ensevelies sous les cendres du Vésuve, et qu'on a déterrées de nos jours, étoient aussi construites et pavées de laves. *V.* GRÈS et LAVES. (PAT.)

PAVE. Nom arabe de la Garance. (LN.)

PAVÉ. Nom marchand d'un CÔNE; le *conus eburneus*, Linn. (DESM.)

PAVÉ DES GÉANS ou CHAUSSÉE DES GÉANS. Assemblage prodigieux de colonnes basaltiques qu'on voit dans le comté d'Antrim, sur la côte septentrionale de l'Irlande. *V.* BASALTE. (PAT.)

PAVÉ D'ITALIE ou NATTES D'ITALIE. C'est le CÔNE MOSAÏQUE. (DESM.)

PAVÉE. Nom de la DIGITALE POURPRÉE, aux environs d'Angers. (LN.)

PAVEL. Nom malabare d'une espèce de MOMORDIQUE (*Mom. charantia*, L.) (LN.)

PAVERA C'est, en Italie, le nom du SCIRPE DES ÉTANGS (*Scirpus lacustris*, L.). (LN.)

PAVERACCIA On donne ce nom à la VÉNUS CLONISSE. (B.)

PAVERELA. Nom italien de la NIGELLE DES CHAMPS. (LN.)

PAVERT. *V.* TANGARA SEPTICOLOR. (V.)

PAVETTE, *Pavetta*. Nom que Linnæus et quelques autres botanistes ont donné à des plantes du genre IXORE, dont ils ont fait un genre particulier, parce qu'elles ont une baie à deux semences. *V.* au mot IXORE.

Ce genre renferme cinq espèces, dont la manière d'être diffère peu de celle des IXORES. La plus connue de ces espèces est la PAVETTE DE L'INDE, qui est glabre, qui a les feuilles lancéolées, elliptiques, les stipules glabres en dedans, le calice à cinq petites dents, et les fleurs ramassées en tête. C'est un arbrisseau dont les fleurs sont odorantes. Le bois de son tronc et celui de sa racine sont connus sous les noms de *bois de Cranganor*, et employés pour guérir les érysipèles, les fièvres ardentes, le flux de ventre, et les inflammations du foie. *V.* sa figure, pl. M. 3 de ce *Dictionnaire*. (B.)

PAVIE, *Pavia*. Nom spécifique de plusieurs arbres du genre MARRONIER, dont quelques botanistes ont fait un genre particulier.

On appelle aussi de ce nom une variété de PÊCHE. (B.)

PAVILLON (*Botanique*), *Vexillum*. Synonyme d'ÉTENTARD. *V.* ce mot. (D.)

PAVILLON D'HOLLANDE. C'est ainsi que les marchands appellent le BULIME DE VIRGINIE. (B.)

PAVILLON D'ORANGE. Le BULIME FASCIÉ porte ce nom. *Voyez* BULIME. (B.)

PAVILLON DU PRINCE. Coquille du genre BULIME, le BULIME PERVERS. (B.)

PAVO. Nom générique du PAON dans Linnæus. (V.)

PAVOIS, *Scutus*. Genre de COQUILLES établi par Denys-de-Montfort, pour placer la PATELLE ALLONGÉE, de Lamarck, *patella ambigua*, Chemnitz; et deux espèces qui s'écartent des autres. Ses caractères sont: coquille libre, univalve, en bouclier allongé et aplati; à sommet placé au tiers du dos et en arrière; à bord postérieur rond, et antérieur tronqué; tous unis. *V.* PATELLE.

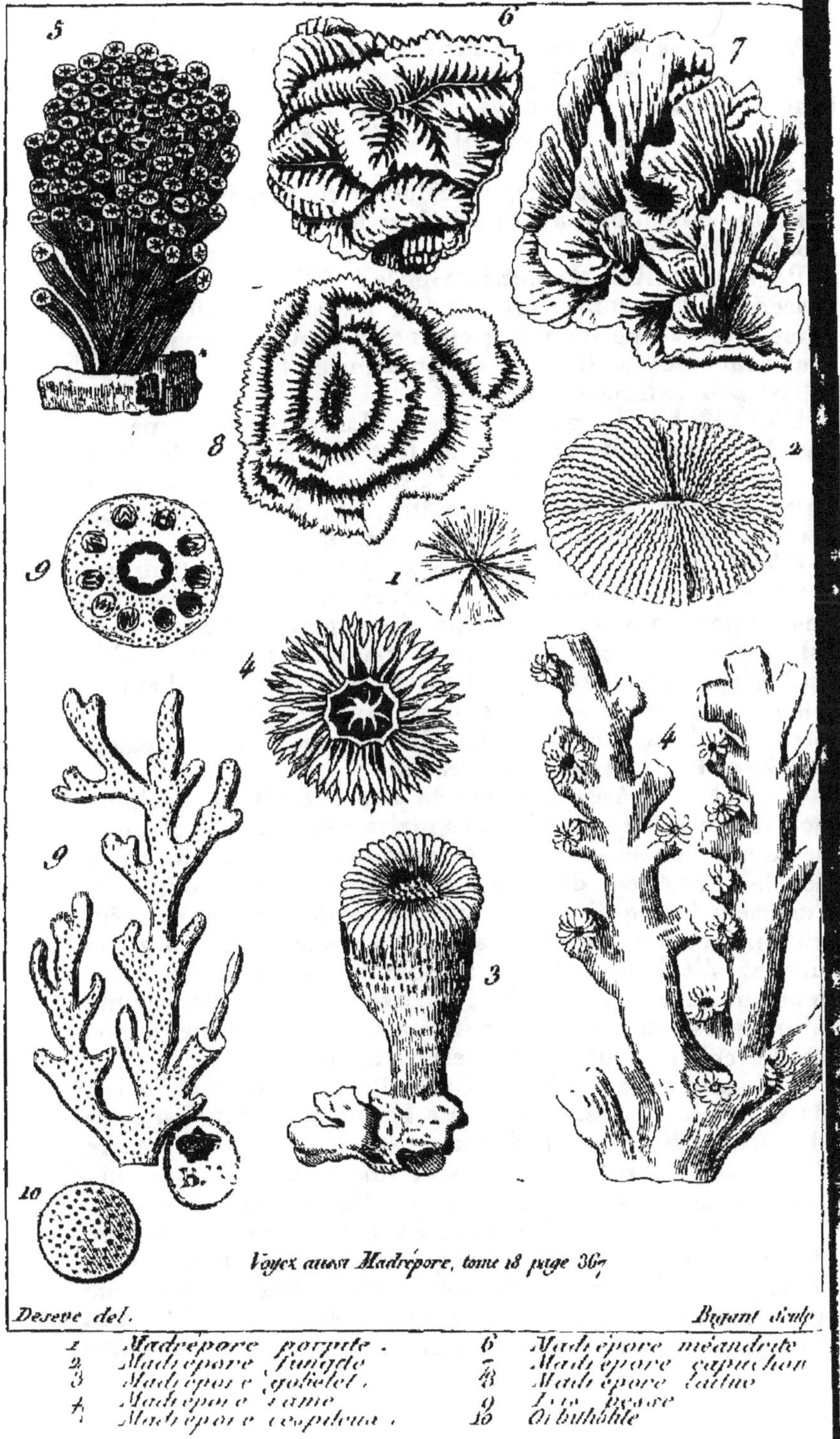

Desève del. Bigant sculp.

1	Madrépore porpite.	6	Madrépore méandrite
2	Madrépore fungite	7	Madrépore capuchon
3	Madrépore gobelet.	8	Madrépore laitue
4	Madrépore rame	9	Iris pesse
5	Madrépore cespiteux.	10	Orbulithôlite

Les Pavois se trouvent sur les côtes de la Nouvelle-Zélande ; l'un a trois pouces de long sur un de large, et l'autre, deux tiers de moins en tous sens.

Les deux autres se rencontrent très-fréquemment fossiles à Grignon, près Versailles. (b.)

PAVOIS. On appelle quelquefois de ce nom les Oursins aplatis, ou qui ont la forme du bouclier des anciens. *V.* au mot Oursin. (b.)

PAVONAIRE, *Pavonaria.* Genre établi par Cuvier, pour placer la Pennatule antennine de Boatsch. Il offre pour caractères : stirpé allongé, grêle, ne portant des polypes que d'un seul côté, où ils sont en quinconce et rapprochés. Il diffère peu du Scirpéaire. (b.)

PAVONAZZO des Italiens. Marbre antique panaché de rouge et de blanc. Il ne faut pas le confondre avec le marbre dit *Fori di persico* et *Persichino*, qui est bariolé de rose, de pourpre, de brun verdâtre, de gris et de blanc. Le Pavonazzo a la contexture lamellaire. (ln.)

PAVONE, *Pavonia.* Genre de *polypiers* pierreux établi par Lamarck, aux dépens des madrépores de Linnæus. Ce genre a pour caractères : des expansions aplaties, lobées, subfoliacées ou en crête, ayant les deux surfaces munies de stries ou de rides irrégulières, lamelleuses, formant entre elles des sillons garnis de trous lamelleux en étoiles plus ou moins parfaites. Il a pour type le Madrépore laitue, figuré pl. G 10, fig. 8 de cet ouvrage. (b.)

PAVONE, *Pavonia.* Genre de plantes de la monadelphie polyandrie et de la famille des malvacées, selon R. Brown, des monimiées, dont les caractères consistent à avoir : un calice double, l'extérieur de cinq à vingt folioles ou multipartite, l'intérieur à cinq divisions ; une corolle de cinq pétales réunis par leur base et adnés au tube des étamines ; un grand nombre d'étamines placées au sommet et à la surface d'un tube qui enveloppe l'ovaire ; un ovaire supérieur surmonté d'un style portant huit à dix stigmates ; cinq capsules disposées circulairement, monospermes et bivalves.

Ce genre a été établi par Cavanilles, et fait un des objets de sa troisième dissertation. Il est principalement formé aux dépens des Ketmies de Linnæus, et se rapproche infiniment des Urènes. Il renferme une vingtaine de plantes, les unes frutescentes, les autres herbacées, dont les feuilles sont alternes, et les fleurs axillaires ou disposées en épis terminaux. Ces plantes qui ne se trouvent qu'entre les tropiques, soit en Asie, soit en Amérique. Plusieurs d'entre elles ont été ou sont encore cultivées dans le jardin du Muséum de Paris ; mais aucune ne présente de particularités qui méritent une mention spéciale. La PAVONE ÉCARLATE est figurée pl. G. 4t de ce Dictionnaire.

Les auteurs de la *Flore du Pérou* ont donné le même nom à un arbre de ce pays, qui forme un genre dans la monoécie icosandrie, et qui depuis a été appelé LAURÉLIE.

Il offre un calice campanulé, à tube très-court, à limbe divisé de sept à treize parties ovales et égales; point de corolle; des écailles ovales, aiguës au centre ; dans les fleurs mâles, de sept à quatorze étamines, ayant chacune deux glandes à leur base, occupant le disque; dans les fleurs femelles, des ovaires nombreux oblongs, velus, surmontés d'un style velu et d'un stigmate aigu ; un péricarpe formé par le calice extérieurement écailleux, intérieurement velu, couronné par les stigmates, s'ouvrant en quatre, et contenant autant de semences subulées et velues. (B.)

PAVONITES. Ce sont les polypiers fossiles du genre PAVONE. *V.* ce mot. (LN.)

PAVOT, *Papaver*, Linn., (*polyandrie monogynie.*) Genre de plantes de la famille des papavéracées, qui comprend des herbes, la plupart annuelles et d'Europe, dont le caractère est d'avoir : un calice à deux folioles concaves, elliptiques et caduques ; une corolle à quatre pétales, rarement cinq, arrondis au sommet; des étamines en nombre indéterminé ; avec des anthères adnées aux filets ; point de style ; un stigmate orbiculaire, étoilé, persistant; une capsule sphérique ou oblongue, lisse ou hérissée, uniloculaire au centre, à plusieurs loges près des parois, ayant autant de placentas qu'il y a de rayons au stigmate, et remplie de petites semences dont le nombre est quelquefois prodigieux.

Dans les *pavots*, les feuilles sont découpées, et les fleurs grandes, belles et très-apparentes, viennent au sommet des tiges, tantôt solitaires, tantôt réunies plusieurs ensemble sur la même tige; leurs pétales tombent très-aisément. Ces plantes ont un suc propre de couleur de lait, et sont, en général, plus ou moins narcotiques. La capsule des pavots, hérissée ou lisse, donne lieu à deux divisions des espèces peu nombreuses de ce genre.

Dans la première, renfermant les espèces à fruits hérissés, on trouve :

Le PAVOT HYBRIDE, *Papaver hybridum*, Linn. Il est annuel, croît parmi les blés et sur les bords des chemins, a une tige mince, haute d'un peu plus d'un pied, branchue, portant plusieurs fleurs ; des feuilles trois fois pinnées, à folioles linéaires ; des fleurs d'un pourpre foncé, qui paroissent en juin, et ne durent qu'un jour ; des capsules arrondies et sillonnées, remplies de petites semences noires.

Le PAVOT À MASSUE, le PAVOT ARGEMONE, *Papaver arge-*

mone, Linn. On le trouve parmi les moissons; il est annuel ; fleurit en mai et juin. Sa tige est très-garnie de feuilles. Ses feuilles sont hérissées et pinnées ; ses fleurs rougeâtres , ses capsules rudes, cannelées, faites en massue, et pleines de semences ridées.

Le PAVOT A TIGE NUE , *Papaver nudicaule*, Linn., originaire de Sibérie, à tige mince, nue, velue, uniflore, haute d'environ deux pieds ; à feuilles simples, pinnées et sinuées; à fleurs blanches ou d'un jaune pâle ; à capsules rondes. Cette plante est bisannuelle.

Le PAVOT DES ALPES , *Papaver alpinum*, Linn. Son nom indique le lieu où il croît; on le trouve parmi les rochers. Il ressemble beaucoup au précédent. Ses feuilles sont doublement ailées; sa tige nue, hérissée, uniflore et haute d'un pied ; ses fleurs petites, jaunes ou de couleur de cuivre ; ses capsules rondes. Il est vivace ou bisannuel , et fleurit au commencement de l'été.

Dans la seconde division, qui comprend les espèces à capsule lisse, on compte :

Le PAVOT DOUTEUX , *Papaver dubium*, Linn., à capsules allongées; à tiges portant plusieurs fleurs ; à poils appliqués contre la tige. Il croît dans les champs cultivés de l'Europe septentrionale , est annuel, et fleurit en mai et juin ; ses fleurs sont d'un rouge pâle , et ses feuilles pinnatifides et incisées.

Le PAVOT JAUNE ou des PYRÉNÉES, ou du PAYS DE GALLES, *Papaver cambricum*, Linn., à tige lisse et multiflore ; à feuilles découpées en forme d'ailes ; à fleurs jaunes; à capsules allongées ; à semences de couleur tirant sur le pourpre. Il croît sur les montagnes sous-alpines du Lyonnais , et sur celles des Pyrénées. Sa fleur paroît en juin. Comme dans cette espèce la capsule s'ouvre par des valves et non par des pores, Gærtner la rapporte au genre ARGEMONE , et Vignier en a fait un genre particulier sous le nom de MÉCONOPSIS.

Le PAVOT D'ORIENT, *Papaver orientale* , Linn. Il a été rapporté du Levant par Tournefort. C'est un très - beau *pavot*, dont la fleur est grosse, ordinairement rouge et solitaire sur sa tige, qui est rude , velue et haute de deux à deux pieds et demi. Les racines sont vivaces , les feuilles sont ailées , ciliées sur leur bord , et fort longues; les capsules ovales et remplies de semences pourpres.

Le PAVOT ROUGE ou le COQUELICOT, *Papaver rhœas*, Linn. Cette espèce est annuelle et croît partout, dans les jardins , dans les champs, parmi les blés. Si elle étoit moins commune, on l'estimeroit beaucoup plus. Sa fleur est grande, et devient double par la culture ; elle a une couleur superbe qui lui est propre, connue de tout le monde, et qui porte le nom de la plante ; c'est un rouge ponceau très-vif ; l'onglet des pétales est marqué d'une tache noire. Dans cette plante, la racine est simple et faite en fuseau ; la tige ronde, solide, rameuse, haute d'un pied et demi, et couverte de poils ; les feuilles sont ailées et découpées profondément ; les fleurs portées en petit nombre au sommet des tiges ; les calices velus ; les capsules lisses et rondes, et les semences de couleur pourpre.

On se sert très-fréquemment des fleurs de *coquelicot*, dont on tire une eau distillée inutile, et dont on fait une conserve très-bonne et un sirop fort usité. Ces fleurs passent pour sudorifiques, béchiques et légèrement calmantes. Le grand nombre de variétés qu'il offre fait qu'on le cultive dans les parterres.

On emploie quelquefois ces mêmes fleurs pour teindre le vin ; cette teinture lui ôte sa force, et en diminue la qualité.

Les vaches, les chèvres et les moutons mangent impunément le *coquelicot*; mais il est nuisible aux chevaux, auxquels il cause la dyssenterie. Ainsi, cette plante est inutile à conserver dans les prairies. Sa fleur plaît aux abeilles.

Le PAVOT SOMNIFÈRE ou DES JARDINS, *Papaver somniferum*, Linn. C'est une plante célèbre, et, de tous les *pavots*, c'est le plus utile et le plus agréable à cultiver. Voici ses caractères spécifiques : une racine noirâtre faite en fuseau, et qui périt chaque année ; une tige herbacée, forte, solide, noueuse, lisse et cylindrique ; des feuilles découpées, amplexicaules, charnues, dentées, sinuées à leurs bords, lisses en dessus, un peu velues en dessous ; des calices unis ; des capsules rondes et très-grosses ; des semences brunes ou blanches.

Le *pavot des jardins* est ainsi nommé, parce qu'on l'y cultive comme plante d'ornement. Il est aussi cultivé en grand dans certains pays, soit pour sa graine dont on exprime une très-bonne huile, connue dans le commerce sous le nom d'huile d'*œillette* ou de *pavot*, soit pour ses têtes ou fruits dont on extrait l'opium. C'est principalement en Perse et dans plusieurs contrées de l'Asie mineure, qu'on fait la récolte de ce suc si estimé des Orientaux, et qui produit des effets si différens selon la dose prise, et suivant le pays, les habitudes, la force et la constitution de ceux qui en font usage.

Cette plante aime la terre la plus douce et la plus substantielle. Comme elle craint peu le froid, on peut la semer en deux saisons : en septembre et octobre, ou en février et mars ; les fleurs produites du semis d'automne sont plus belles. La graine du *pavot* étant extrêmement fine, ne demande pas à être enterrée, mais simplement recouverte. Les insectes et les oiseaux en sont très-friands ; on doit donc semer un peu épais, sauf à éclaircir après les jeunes plantes. Il faut aussi semer en place, parce que les pavots ne souffrent pas la transplantation. L'espace à laisser entre les pieds est de quinze à vingt-quatre pouces. On les bine fréquemment, et on les arrose au besoin. L'amateur qui veut avoir toujours de beaux pavots, les visite lorsqu'ils sont en fleur ; il marque ceux dont les formes sont agréables et les couleurs belles, pour en recueillir la graine, dont la maturité s'annonce par le desséchement des capsules et des tiges qui prennent une couleur jaune. C'est le moment de la cueillir. Il penche alors les têtes de pavots sur une feuille de papier, et les secoue. La graine qui tombe est la plus parfaite ; celle qui reste attachée aux parois du fruit doit être négligée, comme n'étant pas aussi mûre. La première est bonne à semer pendant trois ans.

En France, la culture du pavot a deux motifs : l'un de produire la graine dont on tire l'huile, l'autre de fournir les têtes de pavot employées en médecine. Dans l'Orient, elle a pour objet d'obtenir l'opium. L'huile de pavot, vulgairement appelée *huile d'œilette* à Paris, est blonde, belle, et d'une saveur agréable. C'est une des meilleures de toutes celles qu'on tire des graines. Elle est très-propre à assaisonner ou préparer les alimens cuits ou crus. Bien faite et conservée en lieu frais, sans l'agiter, elle peut se garder au moins autant que l'huile d'olive, sans contracter de rancidité. Si on désire trouver en elle le léger goût de noisette qu'elle a plus sensiblement dans sa nouveauté, il faut conserver sainement les semences, et en faire tirer l'huile deux ou trois fois par an, suivant le besoin qu'on en a. On doit éviter de la transporter dans les temps chauds, et il faut la tirer à clair avant de la déplacer. (*Instruction sur la culture du Pavot simple, par la Comin. d'Agric. et des Arts*). Elle ne se coagule pas, même aux degrés 10 et 15 de froid, thermomètre de Réaumur. De toutes les huiles connues, c'est celle qui adoucit le mieux l'huile d'olive lorsqu'elle a une saveur forte et piquante ; et après l'huile d'olive fine, elle est la meilleure et la plus agréable pour la cuisine et la table. Son seul défaut est de ne pouvoir servir à brûler dans la lampe.

L'opium est l'objet d'un commerce de quelque importance. C'est une erreur de croire qu'on ne puisse en obtenir du pavot que dans l'Orient. Beaucoup de personnes en ont retiré dans le midi de la France, et même aux environs de Paris, qui, il est vrai, étoit un peu moins énergique que celui de l'Orient.

La tête du pavot s'emploie sèche et dépouillée de ses semences, depuis six grains jusqu'à une once, en macération au bain marie dans six onces d'eau. On peut faire usage du *sirop de pavot* ou *sirop de diacode*, depuis deux onces jusqu'à trois onces. Ce sirop est jaunâtre, transparent, inodore, d'une saveur douce et fade. On le compose avec une livre de têtes de pavot sèches, qu'on fait macérer au bain marie pendant douze heures, dans six livres d'eau de rivière filtrée. On passe, on exprime légèrement, on filtre au travers du papier gris, et on fait fondre au bain marie, dans cinq livres de colature, dix livres de sucre blanc. (D.)

PAVOT CORNU (PETIT). C'est l'HYPÉCOON. (B.)

PAVOT ÉPINEUX. C'est l'ARGÉMONE DU MEXIQUE. (B.)

PAVOUANE. *V.* l'art. PERRICHE, au mot PERROQUET. (V.)

PAVOUN. Nom patois du PAON, dans les provinces méridionales de la France. (DESM.)

PAWILIZA. Nom de la CUSCUTE, en Russie. (LN.)

PAWUN. Nom russe du MÉNYANTHE FLOTTANT (*Menyanthes nymphoïdes*, Linn.). (LN.)

PAX. *V.* PAT. (DESM.)

PAXEPNI. Nom que les Tartares kourils donnent à une petite variété du PIN-CEMBRO. (LN.)

PAXYLOMME, *Paxylomma*. M. de Brébisson, naturaliste du département du Calvados, et que j'ai quelquefois cité dans cet ouvrage, m'a communiqué un très-petit hyménoptère qu'il a découvert dans les environs de Falaise, et qui lui a paru devoir former un genre nouveau. Il lui a donné le nom de PAXYLOMME, *Paxylomma*. Par sa forme générale et ses ailes, cet insecte semble appartenir à la famille des *ichneumonides* plutôt qu'à celle des *évaniales*, où je l'avois placé ; mais les antennes n'ont que treize ou quatorze articles.

M. de Brébisson nous fera sans doute connoître les caractères naturels de ce genre, et nous pourrons alors déterminer sa place. (L.)

PAY, que l'on prononce PAIG. Les naturels du Paraguay appellent ainsi le PACA. *V.* ce mot. (S.)

PAYANE CHINA. C'est l'ANSERINE, à Java. (B.)

PAYEO. Espèce de plante du genre HERNIAIRE. (B.)

PAYROLE, *Wibelia*. Arbrisseau à feuilles alternes, ovales, entières, lisses, accompagnées de deux stipules et à fleurs jaunes, disposées en épis axillaires ou terminaux, et accompagnées de trois glandes, qui forme un genre dans la pentandrie monogynie.

Ce genre a pour caractères : un calice monophylle à cinq divisions pointues et conniventes ; une corolle de cinq pétales longs, étroits et adhérens dans presque toute leur longueur, c'est-à-dire, formant un tube dont un des lobes est plus long et échancré ; cinq étamines à filets insérés sur un disque qui entoure l'ovaire, et à anthères sagittées ; un germe arrondi, surmonté d'un style à stigmates bilamellés.

Le *payrole* croît dans les forêts de la Guyane. Son fruit n'est pas connu ; mais, d'après l'examen du germe, il y a lieu de croire qu'il est à deux loges.

Ce genre est le même que celui appelé Lignoné par Scopoli. (B.)

PAYSELBEÈRE. *V.* Paselbeere. (LN.)

PAZIENZIA. Le Figuier sycomore porte ce nom en Italie. (LN.)

PEA et PEASE. Noms anglais des Pois (*pisum sativum*). (LN.)

PEACH ou PEACHY. En Cornouailles, c'est le nom d'une *pierre chloriteuse poreuse* d'un vert-olivâtre, dans laquelle on trouve, mais en petite quantité, du cuivre et de l'étain. (LN.)

PEACH. Nom anglais de la Pêche. (LN.)

PEA-COCK. Nom anglais du Paon. (V.)

PÉANITES. Quelques anciens oryctographes ont donné ce nom à des *géodes* dont les parois étoient tapissées de cristaux. Il a pu également être appliqué à des *coquilles bivalves* ou à des *oursins*, qu'on trouve quelquefois creux dans le sein de la terre, et changées en *géodes cristallines*. (DESM.)

PEANTIDES, *Pœantides*. Pierres classées par Pline au rang de ses pierres gemmes, et qu'on nommoit aussi *gémonides*, c'est-à-dire enceintes, parce qu'elles contenoient une matière qui en sortoit à un temps donné ; on leur supposoit d'après cela la vertu de faciliter les accouchemens. On en trouvoit en Macédoine, vers le tombeau de Tirésias, qui ressembloient à de la glace. Ne seroient-ce pas des quarzærohydres ? Wallerius les range au nombre des Aetites ou pierres d'aigles. Je ne crois pas qu'on puisse les regarder comme des calcédoines contenant des cristaux de quarz. (LN.)

PEA-ORE, *Mine de pois*. Les minéralogistes anglais appliquent ce nom au fer hydraté pisiforme ou granuliforme. (LN.)

PEAR et PEARTRÉE. Noms anglais de la Poire et du Poirier. (LN.)

PEASE. *V.* Pea. (LN.)

PEASE-EARTH-NUT. Nom anglais de la Gesse tubéreuse. (LN.)

PEA-STONE. C'est la Chaux carbonatée globuliforme, testacée, ou Pisolithe, en anglais. (LN.)

PEAT. Nom anglais, synonyme de Houille et de Tourbe. (LN.)

PEA-TREE. C'est le nom que, dans les colonies anglaises, on donne à une espèce d'AGATI(*œschynomene grundiflora*).

(LN.)

PEAU, *Cutis* ou *Cuticula*. On peut regarder la peau, prise
dans son acception générale, comme une enveloppe universelle, extérieure, et même intérieure ou intestinale, pour
tous les corps organisés. Toute plante, depuis la moisissure
jusqu'au chêne, a une sorte de peau, d'écorce ou d'épiderme
qui varie dans chaque espèce. Ainsi que les végétaux, tous
les animaux sont recouverts d'une robe ou d'un tissu plus
dense que la plupart de leurs parties intérieures. Il est bien
vrai que l'épiderme est peu visible dans les zoophytes et
les radiaires (*méduses*, *actinies*, *hydres*, etc.). Cependant
l'analogie en indique l'existence, et la transparence de ces
animaux est probablement la cause du peu d'apparence de
cet organe. Le toucher est d'ailleurs très-parfait dans cette
classe d'êtres, ce qui fournit un nouvel indice de l'existence
d'une peau délicate et nerveuse.

Mais dans les espèces plus parfaites, c'est-à-dire, plus
compliquées, la peau est composée de quatre substances qui
ont une organisation fort différente entre elles. La première,
qui est la plus extérieure, s'appelle *épiderme*, c'est-à-dire,
surpeau ; la seconde est le *tissu muqueux* ou *réticulaire* ; la
troisième, plus profonde, est le *corps papillaire* ou *nerveux* ;
et enfin la dernière, qui est, à proprement parler, la *peau*,
est le *cuir*, le *chorion* ou le *derme*, qui est sous les précédentes.
Cependant ces couches successives sont plus ou moins fines,
minces, et ne se trouvent pas toutes dans chaque classe des
animaux.

L'épiderme paroît être la partie des couvertures des êtres
organisés qui est la plus générale, et qui se dément le moins
de son organisation dans les diverses classes de la nature.
On le trouve sur l'écorce des arbres, sur la tige des herbes,
sur les pétales des fleurs, sur la pellicule des fruits, de
même qu'à la surface de tous les animaux. La mue des êtres
vivans dont nous avons parlé à la suite du mot MÉTAMOR-
PHOSE, n'est que la chute de leur épiderme. Elle est si gé-
nerale qu'on retrouve même dans les dépouilles des serpens
et des lézards, la portion de leur épiderme qui recouvroit
leurs yeux.

Dans tous les animaux à sang rouge, à deux ordres de
nerfs et à squelette articulé, l'épiderme s'enfonce même dans
les replis de la peau qui tapissent l'intérieur du nez, de la
bouche, de l'anus, et de tout le canal intestinal, de la vulve,
de l'oreille, etc. Cette pellicule est transparente; elle n'est pas
sensible ; au contraire, elle empêche le contact immédiat

des corps extérieurs avec les nerfs de l'animal ; contact qui
seroit douloureux, parce que la sensibilité seroit trop vive.
Voyez les articles Toucher et Sens.

Dans les animaux qui vivent à l'air, l'épiderme est sec ;
il est muqueux et ramolli chez les espèces aquatiques. Son
épaisseur est plus considérable dans les parties qui éprouvent
un frottement perpétuel, comme sous la plante des pieds, etc.;
il se durcit même comme la corne, et forme des callosités ou
durillons dans les mains des hommes de peine, les manœuvres, forgerons, la queue des quadrupèdes qui s'en servent
pour s'attacher, comme les sapajous, etc. Il s'épaissit également en tubercules dans l'estomac des ruminans, dans le
gésier interne des oiseaux, dans celui des crustacés, etc.

Dans les autres lieux de la peau qui ne sont jamais exposés
aux mêmes frottemens, il est très-mince, et principalement
lorsque la peau est recouverte de poils très-serrés, comme
chez les quadrupèdes bien fourrés, et chez les oiseaux, etc.
Il est écailleux sur les queues du castor et des rats ; dense et
hérissé de lamelles dans le rhinocéros, l'éléphant, l'hippopotame, le tapir, etc. ; très-lisse, oléagineux et gluant sur
les cétacés. Sur les pattes des oiseaux, l'épiderme se montre
en plaques cornées ; il recouvre aussi les écailles des lézards
et des serpens. Celui des grenouilles, des salamandres, des
poissons chondroptérygiens et des poissons épineux, ressemble
à une membrane visqueuse. En général, l'épiderme de tous
ces animaux se renouvelle chaque année, et celui de l'année
précédente se détache par écailles, soit en détail, comme chez
l'homme, les quadrupèdes, les cétacés et les oiseaux, soit
par lambeaux et en une seule fois, comme dans les animaux
à sang rouge et froid, ou les reptiles et les poissons.

Les animaux dépourvus de squelette, et nommés improprement *à sang blanc*, ont aussi un épiderme qui est mou
et visqueux chez les mollusques, qui recouvre aussi la coquille des espèces univalves et bivalves, sous la forme d'une
pellicule unie le plus souvent, quelquefois raboteuse et
velue ; c'est ce qu'on nomme le drap marin ; ainsi leur coquille est placée sous l'épiderme.

L'épiderme des crustacés, des insectes, se durcit et se
sèche de manière qu'il n'est plus capable de s'étendre en raison de l'accroissement graduel de l'animal; aussi tombe-t-il,
non-seulement chaque année, mais encore l'animal est
forcé de muer fort souvent, selon la grandeur qu'il acquiert.
On sait que la plupart des chenilles qui produisent des papillons et des phalènes, renouvellent six à sept fois leur peau
avant de s'enfermer sous l'état de chrysalide ; on prétend
même que la *bombyx caja*, Linn., ou *écaille martre*, perd

encore un plus grand nombre de peaux successives. Il ne paroît pas que cette mue soit aussi fréquente dans les autres ordres d'animaux. D'ailleurs, la pellicule qui recouvre les zoophytes ou animaux formés en rayons, est très-délicate et même transparente; son tissu muqueux se décompose facilement, et il n'est pas facile de reconnoître la mue de ces animaux.

Sous l'épiderme règne une matière muqueuse et réticulaire, qui donne communément la couleur à l'épiderme. C'est elle qui est noire dans le Nègre, blanche dans l'Européen, cendrée et livide dans le Siamois, etc.; épaisse et brune sur le dos du dauphin, noire sur les pieds des cygnes, des corbeaux, cendrée dans ceux des gallinacés, jaune dans l'aigle, rouge dans la cigogne et l'ibis; de diverses nuances sous l'épiderme des grenouilles, des lézards; d'un éclat métallique fort brillant sous celui des poissons, etc.; c'est la matière nacrée qu'on peut retirer de l'ablette et d'autres poissons blancs et argentés; cette même substance colore leurs écailles, tout comme le tissu muqueux des autres animaux donne la couleur à leurs poils, plumes, et aux coquilles, etc.

La peau qui revêt la base du bec de plusieurs oiseaux, a un tissu muqueux coloré en blanc dans l'ara bleu, vert chez l'épervier, jaune chez les faucons, rouge dans la crête des coqs, etc. Les couleurs de l'écaille de la tortue, des anneaux cornés des serpens, sont aussi dues au tissu muqueux. C'est encore lui qui brille sur les coquillages et les insectes; mais il est mélangé avec la substance crétacée des premiers et cornée des seconds.

Il est essentiel de remarquer que la diverse coloration du tissu muqueux est principalement produite par l'action de la lumière solaire; car les parties du corps de tous les animaux sur lesquels le soleil donne rarement, sont toujours pâles et ternes, tandis que les teintes les plus vives, les couleurs les plus éclatantes resplendissent sur les corps vivans bien exposés aux rayons du jour. Les oiseaux de la Torride sont ornés des plus riches nuances; les fleurs brillent des plus riantes peintures à l'aspect de l'astre du jour; mais les sombres demeures, les asiles ténébreux où sa lumière ne porte jamais la vie et la beauté, ne recèlent que de tristes et livides teintes. Ainsi, dans toutes les espèces, les parties supérieures du corps sont toujours plus vivement colorées que les parties inférieures. De même dans l'homme, les organes toujours à découvert sont moins blancs que les régions du corps toujours cachées par l'habillement. *Voyez* au mot Dé-

GÉNÉRATION, ce qui est exposé sur la *melanose* et la *leucose* des animaux.

Sous le tissu muqueux, on observe des fibrilles nerveuses, des houppes nombreuses en mamelons coniques, qui y sont comme cachées mollement, pour empêcher le contact trop rude et douloureux des corps extérieurs qui viennent ébranler ces rameaux nerveux. Ces papilles forment des spires, des mamelons rangés en lignes, comme nous l'apercevons sur la peau de nos mains. Ces fibrilles nerveuses se voient aussi sous les pattes des oiseaux et des quadrupèdes ovipares; mais elles ne sont pas visibles chez les autres animaux. Elles sont plus ou moins développées en éminences spongieuses avec un réseau vasculaire sanguin ; on sait, par l'exemple de celles qui tapissent la langue et le gland de quelques animaux, qu'elles sont très-susceptibles d'entrer en érection, ou de se gonfler, pour sentir avec plus d'intensité.

Enfin, sous ces couches successives, on rencontre le derme ou cuir, le chorion proprement dit. C'est une sorte de tissu feutré de fibres blanches, formées de gélatine concrète, qui peut se dissoudre en colle dans l'eau bouillante. Ces fibres sont mêlées en tout sens, de sorte qu'elles peuvent s'étendre par tous les côtés, se mouler à la surface de l'individu, et permettre l'accroissement des membres.

Le derme ou cuir est très-extensible, comme on le remarque chez les hydropiques et les individus très-gras, ou dans le scrotum, etc.

Sous la peau repose une couche mollette de tissu cellulaire plus ou moins abondant engraisse; c'est ce qu'on nomme la *pannicule graisseuse;* on sait qu'il est très-abondant chez les cétacés et les cochons, dans lesquels il forme un matelas de lard, qui empêche ces animaux d'avoir une sensibilité vive.

En outre, la peau de tous les quadrupèdes est immédiatement soutenue par un tissu fibreux placé sous elle comme un tapis, mais destiné à la mouvoir. Aussi, quand un insecte pique la peau du cheval ou du chien en une partie, cette peau se fronce et s'ébranle à la volonté de l'animal, au moyen du large muscle peaussier qui la double en dessous; c'est ce qu'on désigne sous le nom de *pannicule charnue.* L'homme n'en a pas une aussi complète ou étendue que les autres mammifères ; cependant le muscle occipito-frontal, au moyen duquel nous opérons la corrugation du front et le mouvement de tout le cuir chevelu de la tête, est analogue au peaussier de tous les autres animaux, ainsi que le peaussier du cou, les sourcillers, et d'autres muscles de la face, le palmaire cutané à la main, le crémaster même au scrotum, etc. Ce muscle peaussier est grand et général chez les hérissons, les porc-épics ; et c'est par son moyen que ces animaux hérissent leurs épines et se roulent en boule pour se défendre de leurs ennemis. La tunique charnue qui suit toute la longueur des intestins ou du tube digestif chez l'homme et les animaux, est encore le représentant du muscle peaussier, par rapport à la peau interne qui compose les parois intestinales.

La peau est comme le terrain général dans lequel sont plantés et nourris une foule d'appendices divers ; tels sont les poils, les plumes, les écailles, les ongles, les aiguillons, les griffes, les piquans, les durillons, les dents mêmes, etc. (*Voy.* ces articles.) Toutes ces productions paroissent être des modifications de l'épiderme, que la nature a travaillées selon les besoins de l'animal, et les destinations qu'elle lui attribuoit dans le monde.

Mais, indépendamment de ces moyens de protection générale, soit contre les intempéries de l'atmosphère ou les chocs et les blessures, soit des diverses armes offensives ou défensives qui en résultent pour les animaux et les plantes piquantes, etc., la peau est, en outre, très-importante par ses fonctions; elle est l'organe universel du tact chez tous les animaux, quoiqu'avec divers degrés d'énergie. Nous parlerons, à l'article TOUCHER, de ce sens dont elle est l'organe.

Les peaux des oiseaux sont minces, de même que celles des poissons à larges écailles. Celles des lézards, serpens, grenouilles, sont très-dures et tenaces, mais peu épaisses. En général, la peau est plus épaisse sur le dos que sur le ventre des animaux. Les rhinocéros, l'éléphant, l'hippopotame, le tapir, ont des peaux d'une épaisseur et d'une dureté très-considérables. La peau du chamois sert pour les baudriers, etc. Les espèces d'animaux à sang blanc n'ont pas de véritables peaux, excepté les sèches et les poulpes. *Consultez* les articles des animaux dont les peaux sont d'usage dans le commerce et les arts.

Beaucoup de causes influent sur la couleur, la consistance, la solidité et l'épaisseur des peaux, parce qu'étant placées à l'extérieur du corps, elles sont plus exposées à en éprouver toutes les vicissitudes. D'ailleurs, les tempéramens changent aussi les couleurs de la peau. Par exemple, les hommes bilieux sont plus bruns, les flegmatiques plus blancs, les sanguins plus rougeâtres que les autres individus. Dans les pays froids, la couleur de la peau humaine est plus blanche que dans les climats brunit par une lumière éternelle. Cependant le froid extrême noircit la peau des Lapons, des Samoïèdes, des Koriakes, des Jakutes et des Kamtschadales. On connoît la

peau noire et brunâtre des Nègres, la teinte olivâtre des
Abyssins, des Malais, la couleur de marron cuivré des na-
turels d'Amérique, etc. *Voyez* l'article HOMME et le mot
NÈGRE, où nous traitons cet objet.

Dans presque tous les animaux, la peau a plus d'épaisseur
sur le dos que sur le ventre ; elle est très-fine sur les lèvres,
le mamelon et le gland; son épiderme se durcit, devient
épais, écailleux, plein de durillons, de tubercules dans les
endroits du corps qu'on fatigue par beaucoup d'exercices, ou
qui éprouvent des froissemens continuels, comme la peau
du dedans des mains et de la semelle du pied ; néanmoins,
cette peau est déjà plus épaisse et plus dure dès la naissance, que dans les autres parties du corps, comme si la
nature avoit prévu la nécessité de rendre la peau plus épaisse
dans ces endroits. Les cors aux pieds sont des espèces de callosités produites par l'épaississement des lames de l'épiderme.
Lorsqu'on veut couper ces tubercules, il faut les ramollir
auparavant.

Des fonctions de la peau par rapport à la respiration, à l'exhalation et à l'absorption.

La peau ne sert pas seulement à recouvrir les corps ani-
més, et à leur donner, par le tact, des impressions fidèles
des corps environnans ; elle est, par elle-même, un organe
important des autres fonctions, telles que la respiration,
d'abord.

En effet, Spallanzani et d'autres expérimentateurs ont
remarqué, qu'elle absorboit le gaz oxygène de l'air, et rendoit de l'acide carbonique comme les poumons. (*Voyez* cet
article.) Ils ont éprouvé qu'elle étoit mal à l'aise dans les
gaz non respirables chez tous les animaux; comme elle se
continue avec les voies bronchiques et pulmonaires, elle
entre en communauté de fonctions, et respire avec les poumons par sa surface. Ceci est surtout évident chez les végétaux, puisque les surfaces ou la peau même des feuilles,
sont les organes respiratoires de ces êtres organisés. La con-
tinuité de la peau avec le canal intestinal, rend aussi ce
dernier un suppléant de l'organe cutané et pulmonaire. On
sait que des animaux, notamment les astéries et oursins, res-
pirent l'eau, non par des branchies, comme les poissons,
mais par des sacs ramifiés attenans à leurs organes digestifs.
Enfin, des poissons, comme la loche d'étang, *cobitis fossilis*,
suivant M. Ehrman, avalent de l'air qui passe dans leur canal intestinal, et est rendu en acide carbonique par l'anus,
comme celui qu'on a respiré.

De plus, la peau étant traversée d'une infinité de vaisseaux sanguins , veineux et artériels, et de radicules de vaisseaux absorbans , ou lymphatiques , dont les orifices aboutissent à la surface du chorion , sous les écailles de l'épiderme, ces absorbans peuvent servir à la nutrition. En effet , des bains de substances animales, de lait, des décoctions de viandes, nourrissent ; les vapeurs animalisées rendent les bouchers, les charcutiers gros et gras. On voit donc que la peau a les mêmes facultés absorbantes que les intestins , et qu'elle peut être considérée comme de la même nature. Aussi l'on connoît la singulière expérience de Trembley, qui, ayant retourné comme un doigt de gant les polypes d'eau douce, ou hydres, les vit également se nourrir et manger à l'ordinaire par leur peau extérieure, devenue sac stomacal, tandis que l'estomac renversé étoit devenu peau. Les feuilles de plusieurs végétaux se nourrissent de même par imbibition.

On sait que la transpiration est l'une des plus importantes fonctions de la peau. Elle se distingue en sensible, qui est la sueur, et en insensible. Elle exhale aussi diverses odeurs, comme vers les glandes inguinales , les aisselles , les orteils , etc. Chez les animaux, c'est principalement vers l'anus ou aux aisselles qu'elle exhale les odeurs les plus actives, parce qu'il existe en ces régions divers cryptes qui sécrètent un fluide oléagineux. Quand on considère à la lumière du jour une grande quantité d'hommes rassemblés, il s'en élève des vapeurs très-considérables , qui se mêlent à l'air. Dans l'individu, la transpiration de la peau est non-seulement en rapport avec celle des poumons, mais encore avec la quantité de l'urine. Quand on transpire beaucoup, on urine peu , et le contraire a lieu de même. Dans les flux de ventre, on transpire peu , toute l'excrétion de la matière transpirable se faisant dans les intestins. Les plantes transpirent aussi comme les animaux, et , comme eux, elles deviennent hydropiques lorsque la transpiration ne s'opère pas. Un soleil (*helianthus annuus* , Linn.) transpire dix-sept fois plus à proportion que l'homme, qui exhale ordinairement trente-une onces par jour ; mais quelques individus exhalent plus que les autres ; la chaleur de l'air, la sécheresse , la quantité de nourritures et de boissons, la veille, le repos, le mouvement, le sommeil , les passions , font extrêmement varier les résultats. Cependant , sur huit livres de nourriture et de boisson, Sanctorius a trouvé qu'on en exhaloit environ cinq par la transpiration.

Non-seulement la peau est susceptible d'exhalation, mais aussi elle a une inhalation, c'est-à-dire qu'elle peut absorber, sucer les corpuscules qui l'environnent, et s'en imprégner. On en voit la preuve dans le bain ; car la peau y prend de l'eau : si l'on touche de l'essence de térébenthine , l'urine en sera imprégnée. Dans les lieux humides, les corps absorbent des vapeurs aqueuses. Ainsi la peau est un organe rempli d'une foule de pores qui laissent entrer et sortir toutes sortes de fluides, suivant la perméabilité extérieure du corps , qui influe également sur l'inhalation et sur l'exhalation.

On prépare les peaux de diverses manières pour l'usage économique ; c'est sur leur utilité que sont fondés les arts des tanneurs, des corroyeurs , hongroyeurs , mégissiers, parcheminiers , pelletiers , maroquiniers , chamoiseurs , etc. Avec les peaux des squales , des raies, qui sont couvertes d'une multitude de tubercules épineux , on fait du *sagri*, improprement nommé *chagrin ;* on débourre les peaux des quadrupèdes par la chaux , on y combine la matière tannante ; on en enduit d'autres d'huile, de graisse ; les unes sont mises en couleur , les autres sont ratissées , etc. Tous ces détails appartiennent à ces arts.

Les arts de la tannerie , de la corroyerie , de la mégisserie, etc., sont très-nécessaires dans la société, par les grands avantages qu'ils procurent. D'abord on fait débourrer les peaux en les mettant dans l'eau avec de la chaux ; ensuite on les râcle , on leur fait dégorger la chaux dont elles sont imprégnées , ensuite on les combine avec la matière du tan ou le tannin. Le chimiste Séguin a trouvé une méthode plus expéditive pour tanner. Il plonge les peaux apprêtées dans une forte infusion de tan , et les en laisse parfaitement pénétrer. Au bout de quinze jours ou trois semaines , le cuir est fait. On préfère , pour les semelles de souliers , les cuirs forts de Bourgogne , de Coulommiers, de Sedan, de Paris. On fait des escarpins avec le cuir de vache. On corroie les peaux de chien , de chèvre, de cheval , avec l'huile de poisson, dont on les imbibe ; ensuite on les noircit d'un côté avec une dissolution de couperose verte (*sulfate de fer* ou *vitriol vert*), qui se décompose en noir par la matière astringente du tan. On passe en mégie la peau de veau , de mouton , c'est-à-dire on les met dans la chaux ; ensuite on les plonge dans une eau rendue acide avec de l'huile de vitriol (*acide sulfurique*) en petite quantité, puis on les passe au lait. Ces peaux sont blanches, c'est ce qu'on nomme de la basane. On peut colorer ensuite ces peaux en manière de maroquin; mais celui-ci se prépare avec du veau. La peau de veau sert aussi à faire de bonnes empeignes de souliers. Après les avoir passées au tan , on les trempe dans de la bière aigrie avec de la vieille ferraille qu'on y fait macérer ; ensuite on les nourrit (imprègne) de dégras (huile de poisson). On emploie aussi le suif en quelques cas. On a passé en mégie la peau humaine, et on en a fait d'excellente basane. On l'a trempée dans une eau chargée d'alun, de sel commun et de vitriol romain (sulfate de fer); on l'a retirée, on l'a séchée à l'ombre, ensuite on l'a passée en mégie ; on peut aussi la tanner et en faire des souliers, comme on l'a éprouvé. Le *chagrin* des gaîniers se fait avec la peau d'âne ou celle de mouton, que l'on granule avec de la semence de moutarde. On se sert aussi d'une foule de végétaux astringens, du myrte, du *sumac*, pour tanner ; car leur écorce est plus astringente que celle du chêne. Le tannage, considéré sous un point de vue chimique, n'est rien autre chose que la combinaison du tannin (ou de la matière dissoluble du tan dans l'eau), avec l'albumine et la gélatine de la peau. S'il y reste quelque portion de chaux, le cuir devient cassant. On peut voir à chaque article des animaux, l'usage qu'on retire de leurs peaux. Le papier vélin se prépare avec du jeune veau, et le parchemin avec du mouton ou d'autres peaux minces. On a trouvé, depuis peu, l'art de fendre le parchemin en plusieurs feuillets sur son épaisseur. (VIREY.)

PEAUCIERS. Famille de champignons établie par Paulet aux dépens des AGARICS de Linnæus. Elle se distingue par un pédicule en fuseau, par un chapeau hémisphérique dépourvu d'épaisseur. Il y a les PEAUCIERS PARASOLS qui sont, le PARASOL RAYÉ, le PARASOL AQUEUX, le PARASOL VISQUEUX, le PARASOL FRISÉ, le PARASOL OLIVÂTRE et le petit ANDROSACÉ. Il y a les PEAUCIERS QUENOUILLE, qui sont la QUENOUILLE MONTÉE, la QUENOUILLE EN DOME À FOSSETTE, la QUENOUILLE A NOMBRIL, grande et petite. (B.)

PEAU D'ANE. C'est la *Cypræa caurica* de Linnæus. *V.* au mot PORCELAINE. (B.)

PEAU DE CHAGRIN. Les marchands donnent ce nom à une coquille du genre CÔNE, *Conus leucostrictus* de Linnæus. (B.)

PEAU DE CHAT. Nom vulgaire d'une coquille du genre PORCELAINE (*Cypræa*). (DESM.)

PEAU DE CIVETTE. Nom vulgaire d'une coquille du genre CÔNE (*Conus obesus*). (DESM.)

PEAU DE LION. C'est le nom d'une coquille du genre ROCHER (*Murex*). (DESM.)

PEAU DE MORILLE. Paulet appelle ainsi des champignons du genre PEZIZE. Il y a les *peaux de morille assises*, c'est-à-dire sans pédicules, et les *peaux de morille montées*, c'est-à-dire pourvues d'un pédicule.

Les premières réunissent quatre espèces, savoir :

La PEAU DE MORILLE BRUNE, qui est la PEZIZE NOIRE de Bulliard.

La Peau de morille en écu, qui est peut-être la Pezize orangée de Bulliard.

La Peau de morille fleur de capucine. C'est la Pezize scarlatine de Bulliard.

La Peau de morille en saucière Elle est grise en dehors, et d'un roux foncé en dedans.

Ces quatre espèces croissent sur la terre et ne sont point dangereuses. Bulliard les a figurées pl. 188 de son Traité de champignons.

Les secondes offrent trois espèces.

La Peau de morille drapeau. C'est l'Helvelle mona-celle de Schæffer, qui est également une Pezize dans Linnæus.

La Peau de morille à piliers. C'est la Pezize rhizo-phore de Willdenow.

La Cupule de gland. V. ce mot.

Ces espèces sont figurées pl. 188 du Traité des champignons de l'auteur précité. (B.)

PEAU DE SERPENT. C'est le *turbo cochlus* de Linnæus. *Voyez* au mot SABOT. (B.)

PEAU DE SERPENT. C'est aussi le nom d'un Cône (*conus testiduneus*, L.). (DESM.)

PEAU DE TIGRE. Nom d'une coquille du genre Por-celaine (*cypræa tigris*, L.). C'est la *cypræa guttata* de Rumphius. Elle est figurée par Gualtieri, tab. 14, lettre L et L. (DESM.)

PEAU DE TIGRE (PETITE) à taches rares. C'est encore une coquille du genre des porcelaines. Elle est figurée par Gualtieri, tab. 14 G. Linnæus ne la distingue pas de la précédente, qu'il nomme *cypræa tigris*. (DESM.)

PEAUX. Les gens qui élèvent des vers à soie en grand, donnent ce nom aux *cocons* commencés, mais dont les vers sont morts avant de les avoir achevés. (DESM.)

PEAUX DOUCES. Famille de Champignons, établie par Paulet dans le genre Agaric de Linnæus. Il lui donne pour caractères : la *peau* sèche et douce au toucher ; le chapeau bombé en oreiller ; les lames minces et serrées.

Quatre espèces se réunissent sous cette dénomination, savoir : le Rousselet marron, le rousselet noir, le Char-treux et l'Œil de corneille. (B.)

PEBER. Nom du poivre en Danemarck. (LN.).

PÉBÉRON. C'est, en Languedoc, le nom du Poivre long ou Piment de Guinée. Les Languedociens donnent aussi ce nom et celui de *pevereto* ou *lach de puto*, à l'Epurge, espèce d'Euphorbe. (LN.)

PEBRIE. C'est, en Languedoc, le nom du GATILIER ; *vilex ugnus-castus.* (LN.)

PEC. On donne ce nom aux *harengs* préparés dans le Nord, et qui sont regardés comme supérieurs à ceux des côtes de France. *V.* au mot HARENG. (B.)

PECAH. Nom de pays du *Tacca Pinnatifida.* (LN.)

PECAN. *Voyez* PACANIER et NOYER. (LN.)

PECARI, *Dicotyles,* Fréd. Cuv.; *Sus,* Linn., Erxl., Schreb., Lac., Cuv., Geoff., Illig. Genre de mammifères de l'ordre des pachydermes, et de la famille des pachydermes proprement dits.

Les pécaris sont très-voisins des cochons par leurs formes générales; cependant ils s'en distinguent facilement, 1.º par le nombre des doigts aux pieds de derrière ; 2.º par la présence, sur la région des lombes, d'un organe singulier, qu'on ne retrouve dans aucun autre mammifère connu : 3.º par le manque de queue, etc.

Ils ont quatre incisives à la mâchoire supérieure, et six à l'inférieure ; des canines triangulaires peu prononcées, dirigées à peu près comme celles des sangliers, mais ne sortant pas de la bouche; elles sont creuses à leur base, et paroissent pousser, pendant toute la vie de l'animal, comme cela est pour toutes les dents sans véritables racines. Les molaires sont au nombre de six dé chaque côté, tant en haut qu'en bas, et tuberculeuses. La tête est longue, pointue ; le chanfrein droit, le museau terminé par un groin, soutenu par un os du *boutoir.* Le corps est trapu, raccourci, et couvert de soies très-fortes et très-roides. Sur la région des lombes est une ouverture glanduleuse, qui laisse continuellement couler une humeur fétide. Les pieds de devant ont quatre doigts distincts, dont les deux intermédiaires les plus grands, comme dans les cochons ; ceux de derrière n'en ont que trois, parce que l'externe manque : du reste, il n'y en a que deux qui posent à terre, et l'interne est beaucoup plus petit et relevé; la queue est rudimentaire.

M. Cuvier (*Règne animal*) donne quelques détails sur l'organisation interne de ces animaux, tels que ceux-ci : les os du métacarpe et du métatarse de leurs deux grands doigts, sont soudés en une espèce de canon, comme dans les ruminans, avec lesquels leur estomac, divisé en plusieurs poches, leur donne aussi un rapport très-direct. Une chose singulière, ajoute-t-il, c'est que l'on trouve souvent leur aorte très-renflée, mais sans que le lieu du renflement soit fixe, comme s'ils étoient sujets à une sorte d'anévrisme. A cela, nous ajouterons qu'ils ont un cœcum, que leur foie est divisé en trois lobes ; que, dans les femelles, la vulve est grande et fort large, la matrice petite, avec ses cornes très-développées, les ovaires petits, etc.

Les pécaris n'ont encore été rencontrés que dans les forêts de l'Amérique méridionale. Linnæus les comprenoit, dans son *Systema naturæ*, sous le nom spécifique de *sus tajassu*, et Buffon les confondoit aussi sous le nom commun de pécari; mais d'Azara a prouvé, dans son *Essai sur l'Hist. naturelle des quadrupèdes du Paraguay*, qu'il en existoit deux espèces distinctes. Ces deux espèces ont été admises par M. Frédéric Cuvier, sous les noms de *dicotyles torquatus* et de *dicotyles labiatus*.

Le nom de genre *dicotyles*, attribué aux pécaris par ce naturaliste, est tiré du grec, et signifie *double-nombril*, parce qu'on a comparé à un nombril l'ouverture qui est située sous la région des lombes.

Les pécaris vivent dans les bois, à la manière des cochons; pris jeunes et apprivoisés, ils deviennent très-familiers. (DESM.)

Première Espèce. — Le PÉCARI TAJASSU, *Dicotyles labiatus*, Fréd. Cuv., *Dict. des Sc. nat.*, tom. 9, p. 519. — TAGNICATI, d'Azara, *Essai sur l'Hist. nat. des Quadr. du Paraguay*, tom. 1, pl. 25. — Cuv. *Règne animal*, tom. 1, pag. 238. — *Sus tajassu*, Linn.

Les naturalistes n'ont point distingué le *tajassu* du *pécari à collier*, dont il diffère néanmoins par quelques traits de dissemblance, et surtout pour les habitudes. L'animal que Daubenton a décrit dans l'*Histoire générale et particulière*, sous le nom de *pécari*, est le *pécari à collier* ou *patira*. Buffon y a mêlé plusieurs détails, qui appartiennent au *pécari tajassu*; et la nomenclature qu'il y a jointe, a rapport à l'une et a l'autre espèce.

Les *Essais* de Don Félix de Azara, sur l'*Histoire naturelle des Quadrupèdes de la province du Paraguay*, contiennent de fort bonnes observations au sujet de ces deux animaux, que l'auteur a très-bien connus et séparés. Aidé du travail de ce savant Espagnol, éclairé par ma propre expérience, durant près de quatre années de voyages dans l'intérieur des terres de la Guyane, où j'ai vu fréquemment les *tajassus* et les *patiras*, qui sont les hôtes les plus nombreux des forêts immenses et solitaires, je vais tracer l'histoire des premiers.

Buffon applique à cette espèce les noms de *pecari* et de *tajacu*. Le premier de ces noms est vraisemblablement du langage galibi, et adopté par les Français dans quelques parties méridionales de l'Amérique; le second est brasilien, et a été écrit diversement. Pison, Marcgrave, et Buffon, d'après eux, écrivent *tajacu*. De Léry emploie le mot *tajassou*, et Coréal celui de *tajoussou*. Ces mots, suivant la remarque de M. d'Azara, doivent être remplacés par ceux de *tayazou* ou *tayassou*; mais c'est mal à propos qu'ils ont été attribués exclusivement au *pécari*, puisque ce sont les dénominations génériques, non-seulement du *tajassu* et du *patira*, mais encore du *cochon*. Le nom particulier de l'espèce qui nous occupe, au Brésil, est *caaïgouara*, qui signifie *ressemblant à une montagne*, parce qu'apparemment les Américains ont cru voir quelque analogie entre un monticule et le dos de cet animal. Au Paraguay, on l'appelle *couré* ou *tayazou*, noms que les Guaranis donnent aux deux espèces, ainsi qu'au *porc* d'Europe; mais la dénomination spécifique est *tagnicati*, c'est-à-dire *mâchoire blanche*. Quelques Espagnols du Paraguay le nomment *sanglier*, et les Français, comme les Créoles de la Guyane, ne le connoissent pas autrement que par la désignation de *cochon des bois* : ils conservent à l'autre espèce la dénomination américaine de *patira*.

Le *tajassu* est, avec le *patira*, le représentant du *sanglier* d'Europe dans le Nouveau-Monde. Mais, quoiqu'au premier aspect ils semblent ne point différer du *sanglier*, l'on ne tarde pas à se convaincre qu'il s'en faut bien que cette ressemblance soit exacte. Ces deux animaux ont la tête plus courte et plus grosse, proportion gardée, que notre *sanglier*; un plus petit nombre de dents aux mâchoires; le rebord du boutoir plus saillant; le corps, le cou, les oreilles et les jambes plus courtes; les soies plus grosses, plus longues, plus rudes et en même temps plus rares; trois doigts seulement aux pieds de derrière; une queue si courte qu'on l'aperçoit à peine, large, aplatie, tombante, et dont l'extrémité a la forme du bout de la langue de l'homme; l'ouverture de l'anus paroissaut s'étendre jusqu'au bout de cette petite queue; quatre, et quelquefois six mamelles placées sous le ventre, et jamais sur la poitrine. Mais l'attribut le plus saillant de leur organisation, et qui les sépare plus distinctement du *sanglier* de nos climats, est la grosse glande, ronde et aussi large que la paume de la main, qu'ils portent sur le milieu du dos; il en sort continuellement, par une large ouverture, une liqueur fort épaisse, blanchâtre, et de très-mauvaise odeur. Si, lorsqu'on a tué un de ces animaux, l'on n'a pas l'attention d'enlever sur-le-champ avec un couteau cette sorte de fistule naturelle, la chair contracte un goût si désagréable, qu'il n'est presque plus possible d'en manger.

Plusieurs auteurs ont prétendu que la liqueur du *pécari* et du *patira*, qui suinte par l'ouverture de leur dos, est une espèce de musc, un parfum agréable, même au sortir du corps de ces animaux: c'est aussi la sensation qu'elle a fait éprouver à M. d'Azara. Quant à moi, j'en ai été affecté tout différemment, et j'ai vu qu'à la Guyane l'impression étoit la même, non-seulement chez les colons, mais encore parmi les naturels et les nègres, qui s'empressent de couper la poche du dos des *tajassus* et des *patiras* dès qu'ils en ont tué, pour éviter que la viande ne soit infectée d'une odeur qui répugne, et qu'on ne peut mieux comparer qu'à celle du *castoreum*.

Outre ces différences qu'on observe dans la structure des *pécaris* et des *cochons*, il en est d'aussi frappantes dans leurs habitudes. Les *pécaris* aiment moins que le *sanglier* à se vautrer et se coucher dans la fange ; quand ils blessent, ce n'est pas du bas en haut, comme le *sanglier*, mais par le mouvement contraire ; leur fécondité est moins grande, car ils ne produisent qu'une fois par an, et que deux petits à chaque portée. « On rapporte, dit M. d'Azara, que les petits naissent unis par le cordon ombilical, et qu'ils vont collés derrière la mère jusqu'à ce que le cordon pourrisse ; particularité que je ne suis point enclin à adopter. » Ces espèces se sont conservées sans altération et ne se sont point mêlées avec les *cochons* d'Europe devenus sauvages en Amérique, ou *cochons marrons*. Ils sont fort nombreux dans l'intérieur des terres, mais la chasse qu'on leur a faite les a rendus rares dans le voisinage des lieux habités.

Il ne reste que peu de chose à ajouter au sujet de la description du *tajassu*. Sa longueur est communément de près de trois pieds et demi ; sa queue n'a que vingt lignes de long, et ses oreilles, qui sont droites, ont trois pouces. Ses défenses sortent à peine hors de la bouche. Les soies de l'espace compris entre les oreilles et les épaules sont verticales, aplaties, d'un blanc pâle à leur racine, et noires jusqu'à leur pointe ; les lèvres et toute la mâchoire inférieure sont blanches (1) ; le reste de la robe est noir ; il a seulement une tache blanche, peu apparente, sur les soies des flancs, du ventre et des côtés de la tête. Ces teintes ne varient point ; elles sont communes aux deux sexes ; mais dans le jeune âge, les *tajassus* portent la *livrée* de même que nos *marcassins* ; ce sont des bandes blanchâtres, pâles et noires qui couvrent le corps, et qui disparoissent peu à peu avec l'âge. Quoique d'un naturel grossier et farouche, ces jeunes animaux se privent en peu de temps,

____

(1) D'où M. Cuvier a tiré le nom de *Dicotyles labiatus* qu'il a donné à cette espece.

et au point de reconnoître, de suivre leur maître, et de lui donner des marques d'attachement. Les *tajassus*, aussi bien que les *patiras*, ont le museau si sensible, qu'en leur donnant un coup de bâton sur le nez, on les fait tomber morts à l'instant.

Les *tajassus* parcourent les solitudes que couvrent de vastes forêts, en bandes très-considérables, quelquefois de plus de mille, dans lesquelles il y a des individus de tout âge, et souvent de fort petits, qui suivent leur mère. Leur manière de marcher est la même que celle des *sangliers*. Ces grands attroupemens, qui occupent quelquefois une lieue de long, paroissent dirigés par un chef, qui tient la tête de la marche. S'il se rencontre une rivière, ce chef s'arrête un instant, se jette à la nage, et toute la bande le suit. Quelque larges et rapides que soient les rivières, ils les traversent très-aisément. Lorsqu'ils sont parvenus au bord opposé, ils continuent leur route sans qu'aucun obstacle les dérange ; l'on en a vu quelquefois traverser les plantations et les cours des habitations, quand elles se rencontroient sur leur direction. Ils se nourrissent de fruits sauvages et de racines, qu'ils cherchent en fouillant la terre comme les cochons. Ils mangent aussi les reptiles et les poissons.

On entend de très-loin le grognement de ces animaux; mais l'odeur pénétrante de la liqueur qui suinte de leur dos, les décèle encore plus sûrement; les lieux qu'ils habitent ou qu'ils traversent en sont empestés ; elle dirige vers eux avec certitude, et donne la facilité de les suivre et de les atteindre. Quand quelque objet les étonne, ils font craquer leurs dents d'une manière effrayante, s'arrêtent et examinent ce qui les inquiète. S'ils reconnoissent qu'il n'y a point de danger, ils se remettent à marcher et n'attaquent point ; mais s'ils sont eux-mêmes attaqués, et s'ils sont en grand nombre, car les petites troupes prennent la fuite, ils viennent sur le chasseur, l'entourent, et le mettent bientôt en pièces, s'il ne se hâte de monter sur un arbre. Je me suis souvent vu au milieu d'un troupeau de *pécaris*, que des coups de fusil tirés sur eux avoient mis en fureur ; les uns se pressoient au pied des arbres sur lesquels j'étois placé, ainsi que mes compagnons de voyage, à peu de distance de terre ; les autres sembloient vouloir ranimer, par leur grognement et les frottemens de leur boutoir, ceux d'entre eux que nos balles avoient atteints ; tous, les soies hérissées et les yeux étincelans, menaçoient de nous déchirer ; et ce n'étoit quelquefois qu'au bout de deux ou trois heures, et à la suite d'un feu continuel, que nous parvenions à leur faire abandonner le champ de bataille, qu'ils

laissoient jonché de cadavres. Ces jours de victoire remportée
sur les *pécaris*, étoient aussi pour nous des jours d'abondance
dans ces immenses et silencieux déserts de la Guyane , où
le voyageur n'a de ressource que la chasse. Un énorme gril,
construit à la hâte, avec des piquets fichés en terre et hauts
de trois pieds, sur lesquels posoient , en travers , de petites
branches , suffisoit pour la cuisson et la conservation de
notre gibier. Les *pécaris*, dépecés , y étoient étendus ; un
feu doux, que l'on alimentoit pendant une nuit entière , les
faisoit cuire doucement , sans qu'une goutte de graisse ou de
jus s'échappât , et sans que la fumée pût communiquer une
mauvaise odeur. La viande ainsi préparée , que l'on nomme,
en Amérique, *viande boucanée*, est de très-bon goût ; et se
conserve pendant plusieurs jours. Combien de fois n'aï-je
pas regretté ces repas simples et sauvages ! Je me trouvois
au sein du domaine de la nature ; les chagrins et les soucis
n'osoient y pénétrer ; ils m'ont accablé depuis , et la per-
versité des hommes civilisés m'a fait souvent désirer de retourner dans ces forêts antiques que le temps seul exploite ,
et où les *pécaris* sont à peu près les seuls ennemis que l'on
ait à redouter. (s.)

Seconde Espèce. — Le PÉCARI A COLLIER , *Dicotyles torqua-*
tus , Fred. Cuv., Dict. des Sc. nat. , tom. 9 , pag. 518.—
PATIRA de la Guyane, selon La Borde. — PÉCARI, Buff.,
tom. x, fig. 3 et 4. —*Taytetou*, d'Azar., Ess. sur l'Hist. nat.
des quadrupèdes du Paraguay, tom. 1 , page 31. — *Ta-*
jassus, Linn. *V*. pl. M, 27 de ce Dictionnaire.

. Le *pécari à collier* est plus petit que le *pécari tajassu* ; il
n'a guère que trente - cinq pouces de longueur , et son
poids va rarement au-delà de cinquante livres , au lieu que
le tajassu en pèse plus de cent. Les soies sont plus épaisses ,
plus longues et plus rudes ; elles sont en général rayées de
noir et de blanc , mais terminées de noir, en sorte que le
pelage paroît tiqueté de ces deux couleurs. Les petits naissent avec une couleur rougeâtre uniforme. Une raie blanche , large d'un pouce, passe par le garrot , et va se terminer en se courbant de chaque côté du cou. La ligne dorsale
est plus noire que le reste. Les jambes sont noires et couvertes d'un poil très-court, ainsi que le museau. Buffon dit,
d'après La Borde, que la bande blanche est en long ; mais
ce n'est pas la seule erreur que contienne le passage des ma-
nuscrits de La Borde, cité par Buffon ; aussi ne l'a-t-il pre-
sentée qu'avec une certaine défiance. D'Azara relève avec
beaucoup de justesse les méprises échappées aux naturalistes

qui l'ont précédé, au sujet du *patira*, dont le nom guarani est *taytétou* ; il discute avec méthode et clarté la nomenclature qu'ils en ont donnée ; cet article est sans contredit l'un des meilleurs et des plus savans de son ouvrage *sur les quadrupèdes du Paraguay* , et nous ne pouvons mieux faire que d'engager à y avoir recours.

L'on ne rencontre point dans les bois, des troupes de *pécaris à collier*, aussi nombreuses que celles des *pécaris tajassus;* les premiers ne voyagent point, se tiennent en petites bandes ou familles dans les cantons où ils ont pris naissance, et c'est toujours sur les lieux élevés. Les creux d'arbres, les cavités formées en terre par d'autres animaux, leur servent de demeure ; ils s'y retirent dès qu'ils sont poursuivis, et les femelles y déposent leurs petits. « Les *patiras*, dit La Borde, entrent dans leurs retraites à reculons autant qu'ils peuvent y tenir, et si peu qu'on les agace, ils sortent tout de suite. Et pour les prendre à leur sortie, on commence par faire une enceinte avec du branchage ; ensuite un des chasseurs se poste sur le trou, une fourche à la main, pour les saisir par le cou à mesure qu'un autre chasseur les fait sortir, et les tue avec un sabre. S'il n'y en a qu'un dans un trou, et que le chasseur n'ait pas le temps de le prendre , il en bouche la sortie, et est sûr de retrouver le lendemain son gibier. » (*Hist. nat.* de Buffon.) La chair de cet animal est tendre et de fort bon goût. C'est un des meilleurs gibiers de l'Amérique méridionale.

Deux animaux de cette espèce vivoient récemment à la Ménagerie du Jardin des Plantes. La femelle, qui étoit en tout semblable au mâle, ne tarda pas à périr. Le mâle vit peut-être encore, et c'est d'après lui qu'a été fait le dessin de la gravure qui accompagne cet article. Ces pécaris étoient on ne peut pas plus familiers et caressans ; ils aimoient surtout à se frotter contre les jambes de ceux qui venoient les visiter. Ils étoient très-dociles à la voix de leur gardien ; mais ils aimoient à être libres , et cherchoient à échapper lorsqu'on vouloit les faire rentrer de force ; ils tentoient alors quelquefois de mordre. L'humeur distillée par leur glande des lombes devenoit surtout abondante lorsqu'ils étoient irrités. M. Frédéric Cuvier dit qu'elle avoit l'odeur d'ail , et il s'étonne que d'Azara lui ait attribué celle du musc. Ils étoient silencieux, et leur voix se bornoit à un cri aigu lorsqu'ils étoient effrayés , et à un petit grognement lorsqu'ils étoient satisfaits. (DESM.)

PÉCARIS FOSSILES. M. Cuvier, dans un supplément à ses mémoires sur les ossemens fossiles, trouvés dans les environs de Paris, décrit une portion de mâchoire rencontrée dans le même gisement, laquelle annonce un quadrupède pachyderme d'un genre différent de ceux appelés par lui ANOPLOTHERIUM et PALÆOTHERIUM, et qui paroît au contraire se rapprocher de celui des PÉCARIS.

Cette pièce, figurée pl. 23, fig. 3, A, B et C, du supplément en question (Rech. sur les oss. foss. , tom. 3), présente une canine inférieure pointue et de grandeur médiocre, et il n'y a en effet que les pécaris qui aient, parmi les pachydermes, des dents semblables, et d'aussi petite dimension.

Entre cette canine et la première molaire il y a un espace vide, qu'on ne trouve dans aucun *anoplotherium.*

Cette même pièce présente encore les deux premières molaires. L'antérieure est conique, arrondie, pointue, non tranchante, et portée sur deux grosses racines qui vont en s'écartant. On ne sauroit la confondre avec la première molaire des cochons, qui est comprimée et tranchante, ni avec celle des palæotheriums et des anoplotheriums, qui est en double croissant. La seconde dent est aussi anomale à celles des genres que nous venons de nommer, car elle est comprimée, portée sur deux racines, et sa pointe est mousse et divisée en deux par une échancrure, de manière que le lobe postérieur est le plus court.

De nouvelles recherches procureront, il faut l'espérer, d'autres ossemens de cette espèce, bien certainement différente de celles dont les débris ont été trouvés dans les mêmes lieux, et alors il sera facile de déterminer positivement si elle appartenoit au genre des pécaris. Quoi qu'il en soit, par les dimensions de la portion de mâchoire dont il vient d'être parlé, on peut déjà affirmer que l'individu auquel elle a appartenu, étoit de plus forte taille que les pécaris. (DESM.)

PECE. Nom italien de la POIX. (LN.)

PECE. *V.* PESSE. (LN.)

PECEGUEIRO. Nom portugais du PÊCHER. (LN.)

PECH. Nom allemand de la POIX. (LN.)

PECH-BLENDE et PECHERZ. Les minéralogistes allemands nomment ainsi L'URANE OXYDULÉ noir. (LN.)

PÊCHE BICOUT et PÊCHE MADAME. Poissons très-délicats de la mer des Indes, qui appartiennent au genre SILLAGO. (B.)

PECHEISENSTEIN. Variété de *fer hydraté* brun massif, qui se trouve au Kalt-Wasser, dans la vallée du Mein. Il est à un pied de profondeur sous des galets de quarz, en une infinité de morceaux; sa cassure est conchoïde, et son éclat flotte entre le vitreux et celui de la cire. (LN.)

PECHE-KE-SHISCH. *V.* Mésange. (v.)

.PÈCHE-MARTIN. Nom vulgaire du Martin-pêcheur, dans les environs de Niort. (v.)

PÈCHE-VERON. Nom du Martin-pêcheur, dans divers cantons. (v.)

PÊCHER ; *Amygdalus persica*, Linn. Petit arbre du genre Amandier, qu'on croit originaire de Perse, et qui s'est acclimaté en Europe, où on le cultive dans les jardins, et même dans les champs. Il varie suivant la culture. Sa tige est naturellement droite, son écorce blanchâtre et son bois dur. Il se garnit de feuilles alternes, simples, entières, longues, terminées en pointe, dentelées à leurs bords et portées sur de courts pétioles. Les fleurs sont solitaires, presque sessiles et distribuées le long des jeunes tiges. Leur couleur est colombine (on appelle ainsi une couleur qui tient du rouge et du violet.) Chacune d'elles est composée d'un calice à cinq divisions, qui tombent aussitôt que le fruit est noué ; d'une corolle à quatre pétales ; d'environ trente étamines, et d'un pistil auquel succède un drupe ou fruit à noyau, connu sous le nom de pêche. Ce fruit varie beaucoup ; il est communément obrond, velu, marqué d'un sillon longitudinal ; sa chair est succulente ; et il renferme un noyau ligneux, creusé, sillonné, rustiqué à sa surface, dans lequel se trouve une amande à deux lobes, ayant une légère amertume. Le pédoncule du fruit est très-court, et s'implante dans une cavité plus ou moins profonde suivant la variété.

La pêche est un des meilleurs fruits de nos vergers ; elle est agréable à la vue, au toucher, à l'odorat et au goût. Sa grosseur présente depuis un pouce jusqu'à quatre pouces de diamètre. Sa peau est fine ou épaisse, velue ou lisse, blanche, jaune, violette, rouge ou marbrée, souvent de deux couleurs fondues ensemble, l'une plus intense que l'autre du côté où le soleil a frappé. Sa chair est plus ou moins succulente et fondante, de couleur blanche, rouge ou jaune, ordinairement plus foncée près du noyau, tantôt y adhérant, tantôt s'en séparant facilement.

On comprend toutes les variétés de ce fruit sous quatre divisions, qui sont : 1.º *les pêches communes à fruit velu*, quittant le noyau; 2.º les *pavies à fruit velu* tenant au noyau; 3.º les *pêches violettes à fruit lisse* quittant le noyau ; 4.º les *brugnons à fruit lisse* tenant au noyau. Les *pavies* et *brugnons* ont la chair plus ferme et moins succulente que les pêches proprement dites ; ce sont les espèces les plus communes dans le midi de la France.

Dans la nomenclature et description que je donne des principales variétés de pêches, je n'ai pas suivi les divisions ci-dessus, par les raisons que je dirai bientôt. Il m'a paru plus convenable d'adopter l'ordre établi par Duhamel et Rozier. Reconnoître et énoncer en termes précis les véritables caractères distinctifs de chaque variété, n'est pas une chose facile. Parmi ceux que chacune d'elles présente, j'ai choisi les plus tranchans, pour être à la fois court et clair.

1. *Avant-pêche blanche.* La plus hâtive de toutes ; très-petit fruit blanc, peu succulent, sucré, musqué ; noyau presque blanc, adhérent ordinairement à la chair. Mi-juillet.

2. *Avant-pêche rouge.* Fruit moins petit, rouge vif, sucré ; petit noyau. Fin de juillet. Les fourmis et les perce-oreilles en sont très-avides.

3.* *Petite mignonne* ou *Double de Troyes.* Fruit plus gros que les précédens, restant long-temps sur l'arbre, blanc et rouge foncé ; chair fine, blanche, vineuse, agréable ; très-petit noyau, se détachant difficilement de la chair. Fin d'août.

4. *Avant-pêche jaune.* Fruit moins gros que la double de Troyes ; peau couverte d'un duvet fauve ; chair fine, fondante, d'un jaune doré, teinte de rouge près du noyau ; noyau rouge, terminé en pointe obtuse. Fin d'août.

5. *Alberge jaune* ou *pêche jaune.* Chair fine et fondante, d'un jaune vif, rouge près du noyau ; eau sucrée et vineuse ; petit noyau brun ou rouge foncé, terminé par une très-petite pointe. Fin d'août.

6. *Rossane* ou *Rosane.* Variété de l'*Alberge jaune.*

7.* *Pavie albergé*, *Persais d'Angoumois et des provinces méridionales.* Peau d'un rouge très-foncé du côté du soleil ; chair un peu jaune, très-fondante, rouge auprès du noyau. Fruit excellent dans l'Angoumois. Fin de septembre.

8.* *Madeleine blanche.* Fruit d'une belle grosseur ; peau fine, quittant aisément la chair, et d'un blanc jaune ; chair délicate, fine, fondante, succulente, blanche, mêlée de quelques traits jaunâtres ; eau abondante, sucrée, musquée ; petit noyau rond et d'un gris clair. Mi-août. Les fourmis en sont très friandes.

9. *Pavie blanc*, *Pavie Madeleine.* Fruit à peu près de même grosseur et figure que la *Madeleine blanche* ; peau toute blanche, excepté du côté du soleil ; chair ferme, blanche, succulente, adhérente au noyau, qui est petit ; eau abondante et très-vineuse. Très-bon confit tant au sucre qu'au vinaigre.

10.* *Madeleine rouge*, *Madeleine de Courson.* Fruit rond ; peau d'un beau rouge du côté du soleil ; chair blanche, excepté près du noyau ; eau sucrée et d'un goût relevé ; noyau rouge et assez petit. C'est une de nos meilleures pêches. Mi-septembre. Elle a une variété tardive qui mûrit à la fin d'octobre.

11. *Pêche Malte.* Fruit assez rond, un peu aplati de la tête à la queue ; peau rouge d'un côté , d'un vert clair de l'autre, s'enlevant facilement ; chair blanche et fine ; eau un peu musquée et très-agréable ; noyau très-renflé du côté de la pointe. Mi-septembre.

12.* *Pourprée hâtive.* Gros fruit, rouge foncé, fin, fondant, très-bon ; noyau rouge , sillonné profondément, non adhérent à la chair. Commencement d'août.

13. *Pourprée tardive.* Grosse pêche, bien arrondie, jaune et rouge pourpre ; eau très-relevée. Commencement d'octobre.

14.* *Grosse Mignonne* ou *Mignonne veloutée.* Grosse, jaune et rouge très-foncé, fine, fondante, délicate, sucrée, vineuse. Mi-septembre.

15. *Pourprée hâtive vineuse.* Fruit d'une belle grosseur; peau fine, partout d'un rouge foncé , quittant facilement la chair, et couverte d'un duvet fauve ; chair fine, succulente, blanche ; eau abondante, vineuse , quelquefois aigrelette. Variété de la *Grosse Mignonne.*

16.* *Bourdin, Narbonne.* Belle pêche, couleur, forme et goût de la *grosse mignonne* ; quand le fruit est bien mûr , il reste de grands filamens attachés au noyau. Mi-septembre.

17.* *Chevreuse hâtive.* Gros fruit, un peu allongé, jaune et rouge vif ; chair blanche , fine, très-fondante ; eau douce , sucrée et de fort bon goût ; noyau brun , médiocrement gros. Fin d'août. La pêche d'Italie est une variété de la *Chevreuse hâtive.*

18. *Belle chevreuse.* Peau jaune , presque partout couverte d'un duvet qui s'enlève en l'essuyant; chair jaunâtre ordinairement, peu fondante, peu délicate. et qui tient à la peau ; eau sucrée , assez agréable ; gros noyau brun, très-profondément rustiqué , et terminé par une pointe fort aiguë. Commencement de septembre.

19. *Chancelière à grande fleur* Fruit d'une belle grosseur , un peu moins allongée que la *chevreuse hâtive;* peau très-fine ; eau sucrée et excellente.

20. *Chevreuse tardive , pourprée.* Peau verdâtre et d'un très-beau rouge ; chair jaunâtre; eau excellente; noyau médiocrement gros; il y demeure beaucoup de lambeaux de chair attachés quand on ouvre le fruit. Mi-septembre. Il y a des *chevreuses tardives* qui méritent peu d'être cultivées, parce qu'elles mûrissent rarement.

21. *Pêche-cerise.* Fruit petit, bien arrondi, ressemblant par les couleurs à une pomme d'api ; chair blanche, un peu citrine , même auprès du noyau , assez fine et fondante; eau

un peu insipide. Commencement de septembre. Cette pêche orne bien un dessert ; c'est son principal mérite.

22.* *Petite violette hâtive.* Petit fruit violet clair et jaune pâle, lisse, sucré, vineux, très-bon. Commencement de septembre. Pour manger cette pêche bonne, il faut la laisser sur l'arbre jusqu'à ce qu'elle commence à se faner auprès de la queue.

23. *Grosse violette hâtive.* Gros fruit, moins vineux, plus tardif ; ordinairement plus il est gros, plus il a de qualité. Commencement de septembre.

24. *Violette tardive* ou *Violette marbrée.* Fruit et noyau de moyenne grosseur ; chair blanche tirant sur le jaune ; eau très-vineuse, dans les automnes secs et chauds ; mais dans les automnes froids, cette pêche ne mûrit point, elle se fend et n'est bonne qu'en compote. Mi-octobre.

25. *Violette très-tardive* ou *Pêche-noix.* Fruit rouge du côté du soleil comme une pomme d'api, verte du côté de l'ombre comme le brou d'une noix ; chair un peu verdâtre. Fin d'octobre. Souvent cette pêche ne mûrit point, et par conséquent mérite peu d'être cultivée.

26. *Brugnon violet musqué.* Fruit moyen, violet ; chair adhérente au noyau, vineuse, musquée, sucrée, si le fruit est parfaitement mûr. Fin de septembre. Pour que sa chair soit plus délicate, il faut planter l'arbre à la meilleure exposition, ne cueillir le fruit que lorsqu'il commence à se faner, et même lui laisser faire son eau quelque temps dans la fruiterie.

27. *Jaune-lisse.* Fruit petit, jaune et un peu rouge, sans duvet ; chair jaune, goût d'abricot. Mi-octobre. On peut le conserver quinze jours dans la fruiterie, où il acquiert sa parfaite maturité ; on en mange jusqu'au commencement de novembre.

28.* *Bellegarde* ou *Galande.* Gros fruit rond, ressemblant beaucoup à l'*admirable* ; peau presque partout d'un rouge pourpre, tirant sur le noir du côté du soleil, dure, très-adhérente à la chair, couverte d'un duvet très-fin ; chair de couleur rose près du noyau, ferme, comme cassante, cependant fine et pleine d'une eau sucrée et de très-bon goût ; noyau de médiocre grosseur, aplati, terminé en pointe assez longue. Fin d'août.

29.* *Admirable.* Très-gros fruit rond, jaune clair et rouge vif ; chair ferme, fine, douce, sucrée, vineuse, d'une extrême bonté. C'est la meilleure des pêches. Mi-septembre.

30. *Abricotée, Admirable jaune,* ou *grosse pêche jaune tardive.* Gros fruit rond, aplati, et d'un diamètre beaucoup moindre vers la tête ; chair jaune de couleur de l'abricot, ferme,

quelquefois un peu sèche, et même pâteuse. quand les automnes sont froids ; eau assez agréable, ayant du parfum de l'abricot ; noyau petit, rouge, tenant un peu à la chair. Cette pêche mûrit vers la mi-octobre. Elle est excellente dans les provinces du midi. Les fruits qui restent les derniers sur l'arbre sont les meilleurs. Cette espèce s'élève bien de noyau et en plein vent ; son fruit est alors beaucoup meilleur et plus coloré, mais considérablement moins gros qu'en espalier.

31. *Pavie jaune.* Fort bon fruit, quelquefois plus gros que le *Pavie de Pomponne*, aplati sur les côtés comme l'abricot, ressemblant beaucoup à l'*admirable jaune*, et mûrissant dans le même temps. Sa chair est un peu sèche et adhère au noyau.

32.* *Téton de Vénus.* Fruit quelquefois plus gros que l'*admirable*, terminé par un gros mamelon ; chair fine, fondante, blanche, rose près du noyau ; eau d'un parfum très-agréable ; noyau d'une grosseur médiocre, auquel il reste des morceaux de chair. Fin de septembre.

33.* *Royale.* Variété de l'*admirable.* Fruit moins arrondi, un peu moindre en grosseur, couleur et qualité. Fin de septembre.

34. *Belle de Vitry*, *Admirable tardive.* Fruit gros, plus rond que la *nivette* (n.º 37) ; son grand diamètre est ordinairement du côté de la tête : peau assez ferme et adhérente à la chair, d'une couleur verdâtre d'un côté, d'un rouge clair de l'autre ; chair ferme, succulente, fine, blanche, tirant un peu sur le vert, et devenant jaune en mûrissant ; noyau long, large, plat, rustiqué grossièrement ; beaucoup de vide entre lui et la chair. Fin de septembre.

35.* *Pavie rouge de Pomponne*, *Pavie monstrueux* ou *Pavie ramus.* C'est la plus grosse des pêches. Elle est blanche et d'un beau rouge, musquée, sucrée, vineuse. Commencement d'octobre.

36. *Teindou* ou *Tein-doux.* Gros fruit, ayant plus de diamètre que de longueur ; peau fine, d'un rouge tendre ; chair fine et blanche ; eau sucrée et d'un goût délicat. Fin de septembre.

37.* *Nivette* ou *Veloutée tardive.* Gros fruit vert et rouge foncé, velu, ferme, sucré, d'un goût relevé, quelquefois un peu âcre. Cette pêche, pour être bonne, doit être mûre, et passer quelques jours dans la fruiterie. Fin de septembre.

38.* *Persique.* Très-fécond, même en plein vent. Fruit allongé, anguleux, semé de petites bosses, d'un beau rouge, excellent. Octobre et novembre. C'est la plus tardive des bonnes pêches. La plupart des jardiniers la confondent avec la nivette.

39. *Pêche de Pau.* Gros fruit bien arrondi; chair d'un blanc vert et fondante; eau d'un goût relevé et assez agréable. Cette variété est si tardive, qu'elle ne peut mûrir que dans les automnes secs et chauds.

40. *Sanguinole, Betterave, Druselle.* Fruit assez rond et petit; peau teinte d'un rouge obscur, et chargée d'un duvet roux; toute la chair rouge comme une betterave et très-sèche; eau âcre et amère; noyau petit et d'un rouge foncé. Cette pêche curieuse est aussi bonne en compote qu'elle est peu agréable crue. Elle mûrit après la mi-octobre.

41. *Cardinale.* C'est à peu près la même pêche que la précédente, mais beaucoup plus grosse, meilleure et moins chargée de duvet.

42. *Pêcher a fleur semi-double.* Assez bel arbre, d'un coup-d'œil charmant quand il est en pleine fleur. Ses fleurs sont grandes, composées de quinze à trente pétales de couleur de rose vif. Il noue des fruits simples, jumeaux, triples et quadruples, d'une forme rarement régulière et agréable. La peau en est velue et d'un vert jaunâtre, la chair blanche, l'eau d'un assez bon goût, le noyau plat d'un côté, convexe de l'autre. Fin de septembre.

43. *Pêcher nain.* Il ne devient pas plus grand qu'un pommier greffé sur paradis; de sorte qu'on l'élève quelquefois dans un pot pour le servir avec son fruit sur la table. Ce fruit est rond, assez abondant, et gros relativement à la taille de l'arbre. Il a la peau peu colorée, la chair succulente, l'eau ordinairement sûre et amère, le noyau petit et blanc. Ce joli arbrisseau est très-propre à décorer de grandes plate-bandes, au premier printemps, par la masse de ses fleurs.

44. *Pêcher nain à fleurs doubles.* Cet arbrisseau ne donnant point de fruits, on ne sait si on doit le ranger parmi les pêchers ou les amandiers, ou s'il ne doit pas être regardé comme un prunier; il demeure très-nain, produit beaucoup de fleurs très-doubles, de couleur de rose, et d'une forme très-approchante de celle du pêcher. Il ne doit être cultivé que dans les jardins d'ornement.

Le pêcher s'élève peu; il se charge de beaucoup de feuilles, et chaque feuille nourrit un bouton. Livré à lui-même, il se défeuille par le bas, et il subsiste pendant peu d'années. Plus on approche des provinces méridionales de la France, et plus ses fruits sont parfumés. Ils sont moins juteux, il est vrai, que dans les autres provinces plus tempérées; mais si on a la facilité d'arroser les arbres une fois ou deux pendant la grande chaleur, et surtout au moment où le fruit se dispose à mûrir, il réunit alors, au suprême degré, et la qualité fondante et la qualité aromatique. Il y a plusieurs espèces de pêches qui, quoique mûrissant au midi de la France, ne parviennent jamais à une maturité complète dans les provinces du Nord, malgré les meilleurs abris et les soins les plus assidus. Ainsi, en supposant que les pêches sont, généralement parlant, plus fondantes dans le climat de Paris, elles sont plus aromatisées en Provence, en Languedoc, dans la Guienne ; et outre les espèces propres au pays, on a l'avantage d'y cultiver les espèces du Nord.

Le pêcher étant originaire des pays chauds, exige un certain degré de chaleur. Il faut donc le placer à une bonne exposition ; celle du Midi d'abord, et ensuite celle du Levant et du Couchant, sont les seules qui lui conviennent. Il aime un fonds de terre doux, substantiel, et qui ait une certaine profondeur. On le cultive en espalier ou à plein vent. Dans le Nord, les fruits n'éprouvant pas la chaleur nécessaire à leur maturité, très-peu d'espèces réussissent à plein vent. On y a recours à l'art, c'est-à-dire, à l'espalier; et alors les fruits mûrissent d'autant mieux que les murs sont plus unis et mieux recrépis, parce qu'ils réfléchissent mieux les rayons du soleil. Dans le Midi, l'espalier est presque inutile, et les fruits que l'on y cueille n'ont ni la saveur, ni le parfum des fruits à plein vent.

Plusieurs pavies et quelques pêches se reproduisent par les noyaux, sans avoir besoin de greffe ; mais la plupart des pêchers ne peuvent s'en passer. Aussi, les pépiniéristes font-ils rarement des semis de noyaux de pêche, afin de greffer dans la suite les sujets qui en proviennent. De tels arbres sont, disent-ils, trop sujets à la gomme. Ce sont les amandes et les noyaux de prunes qu'ils emploient pour les semis destinés à la greffe du pêcher. Parmi les espèces de prunes, on choisit le damas noir, la cerisette et le saint-julien. On en plante à cet effet les noyaux à la fin de l'automne ou de l'hiver, soit à demeure, soit en pépinière. Dans les terres froides, par leur humidité naturelle ou à cause de celle qu'ils retiennent, et dans les terrains forts, on greffe communément les pêchers sur pruniers ; dans les autres sols, on les greffe sur amandier, sur abricotier, ou même sur franc. Beaucoup de cultivateurs ne suivent point cette règle. « Je « m'embarrasse fort peu, dit Laville-Hervé, de la distinc- « tion des terres fortes ou légères, de celles qui ont du fond « ou qui n'en ont pas, j'ai toujours préféré de greffer sur un « amandier, dans quelque terrain que ce soit. » La végétation du pêcher a en effet plus d'analogie avec celle de l'amandier et de l'abricotier, qu'avec celle du prunier. Les trois premiers fleurissent presque à la même époque, tandis qu'alors la séve du prunier est à peine en mouvement. Il doit en résulter, pour les pêchers greffés sur prunier, une suspension ou intermittence de séve qui est peut-être la cause des maladies auxquelles ces sortes de pêchers sont plus sujets que les autres. On greffe en écusson et à œil dormant, depuis juillet jusqu'en septembre ; vers la fin de juillet sur le prunier, un peu plus tard sur l'abricotier et le vieux amandier, et vers la mi-septembre sur le jeune amandier. Le sujet qui reçoit la greffe doit être fort, sain, vigoureux, et avoir au moins un pouce de grosseur ; autrement la greffe formera bourrelet, et l'arbre ne prospérera pas. A la fin de l'hiver on supprime au-dessus de l'œil dormant, l'excédant de la tige : l'œil pousse et prend sa place.

Il faut défoncer la terre destinée à recevoir le pêcher qui sort de la pépinière, et donner à la fosse une profondeur au moins de trois à quatre pieds sur cinq à six de largeur. Si le sol est pauvre et maigre, on l'enrichit par des gazonnées de prairies, par des fumiers bien consommés, par des terres bien substantielles et qui aient du corps ; s'il est trop compacte, on l'ameublit avec du sable, des plâtras, des balles de blé, d'orge, d'avoine, etc. Avant de placer l'arbre en terre, on en sonde toutes les racines, on supprime celles qui sont défectueuses, ou mortes, ou rongées par les vers, ou attaquées de chancres ; celles qu'on trouve cassées ou fendues sont raccourcies ; et l'on couvre et guérit avec l'onguent de Saint-Fiacre les racines endommagées par les plaies ou par des contusions, et dont le retranchement feroit tort à l'arbre. Toutes les bonnes sont conservées et rafraîchies seulement d'une ligne, à l'endroit où elles sont le plus menues ; on fait toujours sa coupe par-dessous, nette et en bec de flûte. On doit surtout ménager soigneusement les pivots, et ne toucher en aucune manière au chevelu, observer aussi la position des racines et une juste proportion entre elles, de manière que les fortes et les foibles soient distribuées dans une sorte d'égalité. Enfin il est de la dernière importance que la greffe ne soit jamais enterrée ; et cependant l'arbre doit être planté plus profondément dans les terres légères que dans les terres fortes, parce qu'elles se dessèchent plus vite. La profondeur doit aussi être proportionnée à la nature du sujet qui a reçu la greffe. Le prunier trace et l'amandier pivote ; ainsi celui-ci veut être plus chargé de terre que le premier.

Il est essentiel de planter le pêcher-espalier à un pied de la muraille. On remplit les trous à dix-huit pouces près ; on laisse un pied franc depuis le mur jusqu'à l'ouverture du trou, et on cambre l'arbre de façon que sa tête touche au mur, tandis que sa tige est à un pied de distance. L'usage de planter ces arbres perpendiculairement à la muraille et trop près d'elle, a été reconnu nuisible ; il présente en effet une foule d'inconvéniens. Leurs racines alors ne trouvent point au-dessous assez de terre pour s'étendre, et celle qui les recouvre, non-seulement est bientôt desséchée par le soleil, qui darde à plomb sur elle, mais elle reçoit difficilement les in-fluences du ciel ; les pluies et les rosées y parviennent peu. D'ailleurs, les mulots et les souris des champs établissent leur demeure à travers ces racines, dans le pied des murs ; et lorsque ces murs ont besoin d'une réparation, il est impossi-ble de la faire sans endommager, et même sans abattre quelquefois les espaliers.

Le pêcher planté est taillé sur deux ou trois yeux, puis il est abandonné à lui-même jusqu'au mois d'août, qu'on sup-prime tous ses bourgeons, excepté les deux latéraux opposés, les plus vigoureux. Au printemps de l'année suivante, on fait la même opération sur les branches latérales ; on obtient par-là ce qu'on appelle les *bras* et les *montans*. L'arbre n'est formé qu'à cinq ans, mais il commence à donner du fruit à trois. Cette forme, qu'on appelle en V *ouvert* ou à la *Montreuil*, parce que c'est dans ce village qu'elle a été d'abord prati-quée, est la plus avantageuse pour le pêcher. Tous les ans, lorsque les pêchers entrent en fleurs, il faut les tailler, c'est-à-dire, raccourcir les bras, les montans, et toutes les bran-ches conservées, supprimer toutes les branches secondaires qui ont poussé dessus ou dessous ces dernières, toutes celles qui sont rapprochées, celles qui sont chiffonnées, celles qui ont des blessures graves, etc. Par une taille bien en-tendue, on conserve les arbres également garnis du bas comme du haut ; on les fait durer dix fois plus que lorsqu'ils sont abandonnés à eux-mêmes, on leur fait porter plus ré-gulièrement du fruit et de plus belle qualité.

Dès que la taille est finie, on donne un fort labour au pied des arbres, et si l'on a fumé, on enterre l'engrais. Viennent ensuite l'ébourgeonnement et le palissage. L'é-bourgeonnement se fait au mois de mai. Après le palissage, on supprime les fruits surabondans, relativement à la vi-gueur de l'arbre, surtout ceux qui sont venus par paquets. Les autres fruits en deviennent plus beaux, et la séve se distribue mieux dans toutes les parties de l'arbre, qui n'est point ainsi épaisé, et présente un coup d'œil plus agréable. Tant que les fruits sont jeunes, ils ont besoin d'être proté-gés et couverts de feuilles ; mais dès qu'ils se disposent à mûrir, il faut les faire jouir de toute l'influence du soleil. On les découvre alors peu à peu, en supprimant de temps en

temps quelques feuilles, ou plutôt en les coupant par le milieu de leur longueur ou de leur largeur, afin que ce qui en
reste puisse achever de nourrir le bouton placé à la base de
chacune; car il ne faut pas s'occuper seulement de la récolte de l'année, mais de celle des années suivantes.

Les gelées du printemps font quelquefois beaucoup de
tort aux pêchers. C'est pour les en garantir qu'on scelle au
haut des murs des bâtons, sur lesquels on met des planches
en saillie; comme les gelées tombent perpendiculairement,
ainsi que les pluies froides, cet abri est suffisant. On peut
aussi employer des toiles et des paillassons.

Une petite chenille verte ronge les bourgeons de cet arbre, et nuit quelquefois à sa croissance. Les cultivateurs
de Montreuil la nomment VERDAU; elle se change en une
ALUCITE, qui est figurée page 401 du 59.ᵉ volume des *Annales de l'Agriculture française*.

Les feuilles de pêchers sont sujettes à une maladie appelée *cloque*; elles jaunissent alors, deviennent épaisses, rouges et galeuses. On doit non-seulement supprimer toutes ces
feuilles, mais couper jusqu'au-dessous du mal les branches
qui en sont infectées. Les fourmis et les pucerons nuisent
aussi très-souvent aux pêchers. Ces derniers se nichent dans
les feuilles des bouts des branches qu'ils entortillent, et
de là se répandent après sur toutes les parties de l'arbre. Dès
qu'on s'en aperçoit, on enlève et on brûle toutes les feuilles
entortillées. Pour se débarrasser des fourmis, on suspend à
l'arbre des vases à large ouverture, remplis à moitié d'eau
miellée, qui les attire.

La pêche se mange crue, séchée, cuite, confite à l'eau-de-
vie, au vinaigre, au sucre: on en fait du vin, et par suite de la
très-bonne eau-de-vie. Quand elle est bien mûre et fondante,
et qu'on en mange modérément, elle est saine. elle humecte et
rafraîchit, mais nourrit peu. Elle a un goût acidule, vineux et
sucré, très-agréable. Quand on y mêle du vin ou du sucre,
c'est plutôt par sensualité que pour corriger ses prétendues
mauvaises qualités. Les coliques dont on se plaint quelquefois
après en avoir mangé, sont l'effet ou de la disposition de l'estomac, ou du mauvais choix du fruit. Si on veut que la pêche
n'incommode jamais, il faut la laisser quelques jours dans la
fruiterie avant de la servir. La pavie rouge de Pompoune est
bonne confite au vinaigre, la petite mignonne à l'eau-de-vie,
la sanguinole en compote.

Les fleurs récentes de pêcher sont purgatives et vermi-
fuges. Le sirop fait avec ces fleurs est purgatif également: la dose
est depuis une once jusqu'à trois. On emploie aussi, pour le
même objet, les fleurs en infusion, ainsi que les feuilles,

surtout celles du printemps. Une demi-once des unes ou des autres, infusées dans un demi-setier d'eau, et édulcorées avec du miel, fournit une purgation agréable. L'amande est plus ou moins amère, suivant les espèces. L'huile qu'on en extrait, dit Rozier, ne diffère pas de l'huile d'olive. Selon Bomare, elle est amère.

« Lorsque le pêcher, dit Fenille, a crû en plein vent,
« son bois est l'un des plus beaux que l'ébéniste puisse em-
« ployer en placage. Le contact de l'air, loin d'altérer sa
« couleur, ajoute encore à sa beauté. Ses veines sont larges,
« bien prononcées, d'un beau rouge brun, approchant de
« la couleur de tabac d'Espagne ; elles sont entremêlées de
« veines d'un brun plus clair ; son grain est fin, et prend un
« beau poli. Il faut le débiter en feuilles pendant qu'il est
« vert, sans quoi il y auroit beaucoup de perte pour l'ébé-
« niste, car il est sujet à se gercer ; par la même raison, on
« ne doit l'employer pour le tour que très-sec. » (D.)

PECHERZ. Mine de poix, ou qui ressemble à la poix. Dénomination par laquelle les Allemands désignent quelques minéraux, qui sont noirs ou bruns, et qui ont l'aspect de la poix. L'Urane oxydulé est principalement dans ce cas, ainsi qu'une variété de *cuivre sulfuré ferrifère*, dite ZIEGELERS. Le EISENPECHERZ est le *fer piciforme*. *Voyez* FER HYDRATOSULFATÉ RESINOÏDE. Ce nom a été encore donné au MANGANÈSE PHOSPHATÉ. (LN.)

PECHERZ FERRUGINEUX, Lametherie, *V.* MANGANÈSE PHOSPHATÉ. (LN.)

PECHETEAU. Nom de la LOPHIE BAUDROIE. (B.)

PÊCHEUR. *V.* MARTIN-PÊCHEUR. (S.)

PÊCHEUR MARIN. On donne vulgairement ce nom à la *lophie baudroie*, parce qu'elle attire le poisson par le moyen d'une espèce d'amorce. *V.* au mot LOPHIE. (B.)

PÊCHEUR DU ROI. *Voyez* MARTIN-PÊCHEUR. (V.)

PÊCHEUR DU SÉNÉGAL. Selon plusieurs voyageurs, qui le nomment *kurbatos*, c'est un oiseau de la taille d'un moineau, et dont le plumage est varié. (V.)

PECH-GRANAT. C'est ainsi que Karsten avoit nommé le GRENAT-RÉSINITE. *V.* au mot GRENAT. (LN.)

PE-CHI. En Chine, c'est le nom du *Dorstenia chinensis*, de Loureiro. (LN.)

PECHICHE. Nom que donnent les habitans de Guayaquil au GATILIER GIGANTESQUE, qui croît dans leur pays. (B.)

PE-CHI-LY. Les Chinois donnent ce nom à une race de *chats à longs poils* et à *oreilles pendantes*. (DESM.)

PECH-KOHLE des Allemands. *V.* HOUILLE et JAYET, vol. 15, p. 315. (LN.)

PECH-KUPFERERZ ou ZIEGELERZ endurci. Les Allemands donnent ce nom au cuivre oxydulé ferrifère. La première dénomination, qui signifie *mine cuivreuse piciforme*, rappelle que cette pierre contient du cuivre, et qu'elle a l'apparence de la poix, ce qui arrive à quelques-unes de ses variétés ; mais je crois aussi que dans ce cas on la confond avec les cuivres phosphatés bruns. La seconde dénomination veut dire *cuivre couleur de tuile*, et effectivement ce mineral a toujours une couleur plus ou moins approchante de celle de la tuile rouge, qu'il soit terreux, ou qu'il soit compacte. *V.* CUIVRE OXYDULÉ. (LN.)

PECHNELKE. Nom allemand commun au *Lychnis flos cuculis*, au *silene armeria* et au *dianthus armeria*. *V.* LYCHNIDE, SILÈNE et ŒILLET. (LN.)

PECHOPAL. On donne ce nom, en Allemagne, à diverses variétés du QUARZ *résinite*, telles qu'à la *menilite*, à des variétés d'*hydrophane*, etc. (LN)

PECHSTEIN (*Lapis piceus*, pierre de poix). Ce nom, très-anciennement employé en Allemagne , désignoit des pierres qui ont le coup d'œil luisant et gras de la poix. Il devint général chez les minéralogistes de l'Europe ; mais lorsque l'on commença à étudier la minéralogie méthodiquement, on s'aperçut que sous cette dénomination on comprenoit plusieurs pierres de nature très-différente. L'on fit la remarque que les pechsteins étoient ou fusibles ou infusibles, et cette première distinction ne fut que le prélude de celle qu'on devoit établir ensuite. Lorsque l'analyse chimique vint au secours des minéralogistes, ceux-ci rapprocherent les pechsteins fusibles des feldspath compactes, et par conséquent du pétrosilex. Dolomieu, je crois, est celui qui contribua, plus que tout autre, à faire sentir l'exactitude de ce rapprochement. L'école wernérienne persiste à les regarder comme une espèce distincte à laquelle Werner fixe décidément le nom de *pechstein :* ces pechsteins, outre leur fusibilité, ont cela de distinctif, qu'ils sont généralement porphyritiques. Quant à leur gisement, il est variable. Nous reviendrons sur ce sujet aux articles PÉTROSILEX et RÉTINITE.

Quant aux pechsteins infusibles, qui paroissent réellement avoir été les premières pierres ainsi nommées, elles se trouvent maintenant rejetées dans les quarz par M. Haüy , sous le nom de quarz resinite ; dans les silex par M. Brongniart. Quelques auteurs leur ont laissé le nom de pechstein. Ces pechsteins, outre leur infusibilité, ont un

caractère dans leur structure en **aucun cas porphyritique,**
et en ce que dans la nature ils ne forment pas à eux seuls
ni des couches, ni des bancs. Leur gisement, du reste, est variable. *V.* QUARZ RÉSINITE.

L'aspect gras et résineux des pechsteins semble indiquer
qu'un principe commun à tous leur communique cet aspect.
La comparaison des diverses analyses de ces pierres ne nous
donne aucun résultat satisfaisant à cet égard. Ne seroit-il
pas possible que ce principe nous eût échappé jusqu'ici ? Ne
seroit-ce pas, par exemple le *lithion*, ce nouvel alcali qui paroît
donner à la pétalite son aspect gras ? Des recherches sur ce
sujet ne pourroient être qu'utiles. Les chimistes qui les entre-
prendroient, pourroient aussi les étendre aux autres pierres
d'apparence grasse, comme sur certains quarz hyalins. (LN.)

PECHSTEIN BLEU. On a donné ce nom à la MÉNI-
LITE , sorte de *silex* qui se trouve à Ménil-Montant. (LN.)

PECHSTEIN CRISTALLISÊ ou EISENKIESEL. Variété
de quarz cristallisé à petits cristaux réunis et entrelacés ,
jaunes , bruns , ou rouges, et qui ont l'apparence de la poix.
On en trouve en Saxe et dans les Vosges. *V.* QUARZ HYALIN
RUBIGINEUX. (LN.)

PECHSTEIN-KOHLE. *V.* **PECHKOHLE.** (LN.)

PECHSTEIN-PORPHYR des Allemands. Ce sont des
roches à base de feldspath compacte, qui ont l'apparence
d'une résine et qui renferment des cristaux disséminés. Ces
cristaux sont toujours du feldspath. Celui-ci s'associe communément le mica. Les Pechsteins porphytiques paroissent
appartenir à plusieurs formations , à celles de transition et
volcaniques. *V.* LAVES et RÉSINITE.

PECHSTEINS FELS (*roche de pechstein*). *V.* PECHSTEIN
PORPHYR. (LN.)

PECHSTEIN vitreux, *V.* OBSIDIENNE résinoïde. (LN.)

PECHTORF des Allemands. Variété bitumineuse de
la TOURBE. *V.* ce mot. (LN.)

PECHURAN de Hausmann. *V.* URANE OXYDULÉ.
(LN.)

PECHURIN. Fruit aromatique de l'Amérique méridionale, qu'on emploie en médecine et dans la fabrication du
chocolat. Il paroît , d'après le rapport de Richard , qu'il
appartient à une espèce du genre LAURIER. (B.)

PECKSCHO. Nom du TILLEUL, chez les Mordwins,
en Russie. (LN.)

PECO-AULIVO. Nom provençal du GROS-BEC. (V.)

PECORA. En italien , c'est la BREBIS. (DESM.)

PECORA. Linnæus donne ce nom à l'ordre de ses *mam-
malia*, qui comprend les RUMINANS. *Voyez* ce mot. (DESM.)

PECOU ROUGE. Nom provençal d'une variété du
MURIER BLANC. (LN.)

PECTEN. Nom latin des coquilles du genre PEIGNE.
(DESM.)

PECTEN VENERIS. Ce nom a été donné, par Lobel,
à une espèce de CERFEUIL SAUVAGE (*scandix pecten veneris*),
remarquable par la longueur de son fruit, qu'on a comparé
aux dents d'un peigne. On l'a ensuite appliqué à plusieurs
autres ombellifères voisines de celle-ci. Les Grecs et les
Latins donnoient ce même nom à une plante qui pourroit
bien être le cerfeuil ci-dessus. Elle est citée par Plaute.
(LN.)

PECTINAIRE, *Pectinaria*. Genre établi par Lamarck,
dans son ouvrage intitulé *Histoire Naturelle des animaux invertébrés*, pour placer des annelides dont Pallas faisoit des NÉ-
RÉIDES; Gmelin, des SABELLES, et Muller, des AMPHITRITES.
Le vrai, est qu'ils appartiennent à la famille de ces dernières.

Les caractères de ce genre sont : corps tubiculaire, sub-
cylindrique, atténué postérieurement ; ayant de chaque côté
une rangée de mamelons sétifères ; les soies courtes, fasciculées ; partie antérieure large, rétuse, oblique, offrant deux
peignes de paillettes dorées très-brillantes, transverses ; bouche allongée, bilabiée, entourée de tentacules courts et
nombreux ; quatre branchies en peigne, situées en dehors
sur le second et le troisième segmens du corps ; le tube en
cône renversé, membraneux ou papyracé, arénacé, non
fixé.

Trois espèces entrent dans ce genre : l'une habite les mers
d'Europe ; les autres, au Cap de Bonne-Espérance et dans
la mer Rouge. Les deux premières ont été figurées par Pallas, *Miscell. Zool.*, tab. 9, sous les noms de NÉRÉIDE BEL-
GIQUE et NÉRÉIDE DU CAP. (B.)

PECTINE, *Pectinea*. Genre de plantes établi par Gærtner, sur un fruit venu de Ceylan. Ce fruit est une capsule
bacciforme, uniloculaire, renfermant une semence osseuse,
dont l'embryon et la radicule sont recourbés vers le centre. (B.)

PECTINIBRANCHES. Ordre des mollusques gastéro-
podes, qui rentre dans celui appelé ADELOBRANCHE par
Duméril. (B.)

PECTINIER, *Pectinarius*. Animal des PEIGNES. Il a le
devant du manteau ouvert ; point de pied et point de tube
respiratoire. (B.)

PECTINITES. Ce sont les Peignes fossiles. Jusqu'à présent elles caractérisent des formations marines de divers âges. (l.n.)

PECTIS, *Pectis.* Genre de plantes, de la syngénésie polygamie superflue et de la famille des corymbifères, dont les cacactères consistent à avoir : un calice très-simple, pentaphylle et connivent ; un réceptacle nu, garni d'un petit nombre de fleurons hermaphrodites au centre, et d'un à six demi-fleurons femelles fertiles, à languette entière ; une à six semences ovales, oblongues, surmontées d'aigrettes formées par un petit nombre d'arêtes.

Ce genre renferme sept plantes à feuilles opposées, entières, ovales ou linéaires, et à fleurs axillaires ou terminales, qui viennent toutes des Antilles et de l'Amérique méridionale, mais qui ne présentent rien de remarquable.

Roth et H. Cassini ont établi à ses dépens ceux qu'ils ont appelés Schkurie et Chthonie. (b.)

Pectis. D'un mot grec qui signifie Peigne. Linnæus a donné ce nom à ce genre, parce que la première espèce connue, *Pectis pectinata*, a les feuilles ailées et les découpures disposées comme des dents de peigne. Ce genre est le *seala* d'Adanson, différent de celui de Curtis. Le genre *schkuria* de Willdenow, ou *tetracarpum* de Moench et Schkure, a pour type l'espèce citée plus haut. (ln.)

PECTON. Synonyme de Symphyton, chez les Grecs. (l.n.)

PECTONCLE. *V.* au mot Pétoncle. (b.)

PECTONCULITES ou **PECTINITES.** *Voyez* Peigne. (pat.)

PECTORAUX. Nom d'une des divisions de la classe des *poissons.* Cette division renferme ceux qui sont osseux, et qui ont les nageoires ventrales placées sous les nageoires pectorales. On appelle plus communément les poissons de cette division, Thoraciques. Voyez les mots Poisson et Ichtyologie. (b.)

PECTUNCULUS. Nom latin des *coquilles* du genre Pétoncle. (desm.)

PEDALINÉES. Famille de plantes, établie par R. Brown entre les verbénacées et les myoporinées. Ses caractères sont : calice à cinq divisions presque égales ; corolle monopétale, hypogyne, irrégulière, à gorge ventrue, à limbe bilabié ; quatre étamines didynamiques, avec le rudiment d'une cinquième, ovaire entouré d'un disque glanduleux, à un style et à deux stigmates ; un drupe sec, hérissé, à plusieurs loges ; semence couverte d'une enveloppe coriace ; albumen nul ; embryon droit. *V.* BIGNONÉES et PÉDALION. Jussieu n'adopte pas cette famille. (B.)

PÉDALION, *Pedalium*. Plante annuelle, à tige simple, à feuilles opposées, ovales, obtuses, dentées, tronquées, nues, avec une glande de chaque côté de leur pétiole ; à fleurs petites, solitaires et axillaires, qui forme un genre dans la didynamie angiospermie, et dans la famille des bignonées ou des pédalinées.

Ce genre a pour caractères : un calice divisé en cinq parties ; une corolle tubuleuse, à limbe campanulé, divisé en cinq lobes inégaux ; quatre étamines, dont deux plus courtes, à filamens velus à leur base, et à anthères rapprochées par paire, en forme de croix ; un rudiment d'une cinquième étamine ; un ovaire supérieur surmonté d'un style à stigmate bifide ; un drupe à quatre côtés, armé, à la base de chaque angle, d'une epine horizontale, et contenant un noyau triloculaire, à loges supérieures fertiles et dispermes, et à loge inférieure stérile ; semences à arille bivalve.

Le *pédalion* croît dans l'Inde et à Ceylan. Ses fleurs ont une forte odeur de musc. (B.)

PEDALION. La plante que les Grecs appeloient ainsi, auroit été, selon Adanson, le *polygonum frutescens*, Linn. ; d'après lui, c'auroit été aussi le *stemphis* des Egyptiens. Les botanistes qui l'ont précédé confondoient le *pedalion* avec le polygonon mâle de Dioscoride. Adanson réunit le *polygonum frutescens* et l'*atraphaxis spinosa*, en un seul genre qu'il nomme *pedalion*. Il le caractérise ainsi : fleurs axillaires géminées ou ternées ; calice à cinq divisions ; huit étamines ; trois stigmates en tête, triangulaires ; graine triangulaire. Dans cet exposé, il faut entendre par calice à cinq divisions, que la fleur offre un calice de deux parties et une corolle de trois parties. Plusieurs botanistes, après Adanson, ont rapproché ces deux espèces, et même ont dit qu'elles n'en faisoient qu'une ; cependant l'*atraphaxis spinosa* a une division de moins à la corolle. Royen et Linnæus ont donné ensuite le nom de *pedalium* à un autre genre, au *kakatolle* d'Adanson.

Ce genre et le *Josephinia* constituent la famille des pédalinées de R. Brown. *V.* PÉDALION ci-dessus. (I.N.)

PÉDANE. Nom vulgaire de l'ONOPORDE ACANTHIN. (B.)

PEDÈ-BIOOU. Nom qu'on donne, en Languedoc, à une sorte de FIGUE grosse, et peu délicate. (LN.)

PE-DE-MORTO. Nom portugais du TAPIER (*cratæva tapia*), Linn. (LN.)

PEDEN et PEIER. On donne ces noms, en Allemagne, au CHIENDENT. (I.N.)

PÉDÈRE. Genre d'insectes. *V.* **Pædère. (l.)**

PEDERNAL. Nom espagnol de la **Pierre a fusil** ou **Silex pyromaque**, qui, dans la méthode de M. Haüy, s'appelle **Quarz-agathe-pyromaque. (ln.)**

PÉDEROTA de Pline. *V.* **Pæderota. (ln.)**

PEDESTRES, *Pedestria*. C'est le nom que Scopoli donne aux insectes **Dipteres.** *V.* ce mot. **(o.)**

PEDESTRES. Gravenhorst appelle de ce nom les **Ichneumons aptères**, dont il a publié une monographie. **(desm.)**

PÉDÈTES, *Pedetes*, Illig.; *Helamys*, Fréd. Cuv.; *Dipus*, Gmel, Shaw.; *Gerbo*, Allam. ; *Mus*, Pall. Genre de mammifères, de l'ordre des **Rongeurs**, et de la section de ceux qui sont pourvus de clavicules.

Ce genre ne comprend qu'une seule espèce, qui a été placée pendant long-temps parmi les gerboises, mais qui en diffère non-seulement par la forme de ses pieds, mais encore par celle de ses dents et par leur nombre. Les deux incisives, tant supérieures qu'inférieures, ont leur face antérieure plane et lisse ; les inférieures sont tronquées obliquement et non pointues ; les molaires sont au nombre de quatre de chaque côté, aux deux mâchoires; leur couronne est divisée en deux parties presque égales, par un sillon large et profond formé par un repli de l'émail, interne aux supérieures, externe aux inférieures, et qui est rempli de matière cementeuse ; ces molaires forment deux lignes presque parallèles à chaque mâchoire , déjetées en dehors ou en dedans, suivant celle à laquelle elles appartiennent. La tête est assez large; les oreilles sont de la longueur de la tête; les yeux gros; la queue est très-longue et touffue ; les mamelles sont au nombre de quatre , et placées sur la poitrine. Le gland de la verge du mâle est réticulaire et couvert de papilles qui ont la forme de verrues ; les pieds antérieurs sont pentadactyles, à doigts égaux et armés d'ongles très-longs et pointus; ceux de derrière sont trois fois plus longs, très-robustes , tétradactyles, avec le second doigt beaucoup plus grand que les autres, et le plus extérieur le plus petit de tous. Tous ces doigts sont terminés par des ongles larges, à dos élevé, concaves en dessous, et presque semblables à des sabots.

La forme des incisives inférieures diffère de celle qu'on remarque aux mêmes dents chez les gerboises, où elles sont pointues comme dans les rats ; et, ainsi que le remarque M. Cuvier, cette forme ne se retrouve parmi les rongeurs, que chez les seuls rat-taupes. Un autre caractère anatomique fort important, c'est que les pédètes, au lieu d'avoir un seul os métatarsien pour trois des doigts des pieds de derrière, comme les gerboises, en ont cinq bien séparés, comme les autres animaux. Enfin la combinaison des doigts, cinq devant et quatre derrière, est, comme le remarque encore M. Cuvier, tout-à-fait l'inverse de ce qu'on remarque dans la plupart des autres rongeurs.

On n'a encore distingué qu'une seule espèce dans ce genre. Elle habite au Cap de Bonne-Espérance, dans des terriers qu'elle se creuse ; ses habitudes sont fort imparfaitement connues.

Espèce unique. — Le PÉDÈTES DU CAP , *Pedetes capensis*, Illig.; — *Gerbo major*, Allamand, Monog. 1776 ; — *Mus cafer*, Pall., *Nov. sp. quadr. e glir. ord.*, p. 87 ; — *Yerbua capensis*, Forst. et Sparm., *Act. Stochkolm.*, 1778 ; — GRAND GERBO, Buff., *Suppl.*, tom. IV, pl. 42 ; — Schreb., *Saeugth.*, pl. 230. ; — *Dipus cafer*, Linn., *Syst. nat.* ; — Oliv., *Bull. soc. phil.*, n.° 40; — Shaw., *Gen. zool.*, tom. 2, part. 1, pl. 159. — Vulgairement LIÈVRE SAUTEUR (*sprengende haas* des Hollandais).

Cet animal est de la grandeur d'un *lièvre* ou d'un *lapin ;* son pelage est de couleur fauve par le haut, mais de couleur cendrée sur la peau, et entremêlé de quelques poils plus longs, dont la pointe est noire; sa tête est fort courte, mais large et plate entre les oreilles, et elle se termine par un museau obtus qui a un très-petit nez; sa mâchoire supérieure est fort ample et cache l'inférieure qui est courte et petite. Les oreilles sont d'un tiers moins longues que celles du *lapin ;* elles sont fort minces et transparentes au grand jour; les yeux sont grands et à fleur de tête, d'un brun tirant sur le noir; la lèvre supérieure est garnie d'une moustache composée de longs poils. La queue est aussi longue que le corps, les deux premiers tiers en sont couverts de longs poils fauves, et l'autre tiers, de poils noirs.

Le pédètes se trouve dans les montagnes qui environnent le Cap de Bonne-Espérance, et principalement sur celle nommée Snenwberg , ainsi que sur toutes celles des cantons de Stellenbosh et de Camdebo. On ne sait rien de positif sur ses habitudes. Allamand, qui communiqua à Buffon les notes d'après lesquelles nous avons rédigé cet article , ne parle de sa manière de vivre que lorsqu'il est en captivité. « Son cri est, dit-il, une espèce de grognement ; pour manger, il s'assied en étendant horizontalement ses grandes jambes et en courbant son dos; il se sert de ses pieds de devant comme de mains , pour porter sa nourriture à sa gueule : il s'en sert aussi pour creuser la terre , ce qu'il fait avec tant de promptitude, qu'en peu de minutes il peut s'enfoncer tout-à-fait. Sa nourriture ordinaire est du pain, des racines, du blé, etc.

Quand il dort, il prend une attitude singulière ; il est assis avec les genoux étendus ; il met sa tête à peu près entre ses jambes de derrière, et avec ses deux pieds de devant, il tient ses oreilles appliquées sur ses yeux ; il semble ainsi protéger sa tête par ses mains ; c'est pendant le jour qu'il dort, et pendant la nuit, il est ordinairement éveillé. »

Forster et Sparmann disent que cet animal se creuse des terriers comme tous les quadrupèdes du genre des *gerboises;* qu'il y reste caché et qu'il y dort pendant le jour, n'en sortant que le soir et rôdant pendant la nuit, pour chercher sa nourriture. (DLSM.)

PÉDICELLAIRE, *Pedicellaria.* Genre de polypes nus, qui a pour caractères : corps fixé, pédonculé, à pédoncule grêle, roide, et terminé supérieurement en massue ou en tête, soit nue, soit écailleuse, soit garnie de lobes aristés.

Muller, qui a établi ce genre, est le seul, jusqu'à présent, qui en ait observé les especes. C'est sur un *oursin*, propre aux côtes de Norwége, entre ses piquans, qu'il les a trouvés quelquefois en très-grand nombre. Ce naturaliste n'a pas été à portée d'étudier leur histoire ; de sorte que nous ne savons presque rien à cet égard ; mais les grands rapports qui existent entre ce genre, les CORYNES, les HYDRES, etc., doivent faire présumer qu'elle ne s'éloigne pas beaucoup de la leur.

Muller a décrit trois espéces de ce genre. La première la GLOBIFÈRE, a la tête sphérique ; la seconde, la TRIPHYLLE, l'a à trois lobes ; et la troisième, la TRIDENT, l'a à trois pointes. *V* la figure de cette dernière, *pl.* G 25. (B.)

PÉDICELLAIRE, *Pedicellaria.* Petit arbre à feuilles opposées, pétiolées, lancéolées, très-entières, glabres, à fleurs pâles, portées sur de longues grappes terminales, qui, selon Loureiro, forme un genre dans la polygamie dioécie.

Ce genre présente pour caractères : un calice divisé en cinq parties aiguës ; point de corolle, mais, en place, cinq glandes réunies a leur base ; huit étamines ; un ovaire supérieur pédicellé, à trois stigmates sessiles, aigus et recourbés ; les fleurs mâles ne diffèrent des hermaphrodites que par le défaut d'ovaire ; une capsule pédicellée, presque ronde, à trois valves, et contenant une seule semence arillée.

Le *pédicellaire* se trouve dans les forêts de la Cochinchine. Il a quelques rapports avec les GOMARTS. (B.)

PÉDICELLE. Lorsqu'un PÉDONCULE est ramifié, ses rameaux portent ce nom. (B.)

PÉDICELLES. Ordre établi par Cuvier parmi les ÉCHI-

NODERMES. Il comprend ceux qui ont des tentacules rétractiles propres au mouvement, comme les ASTÉRIES, les OUR-SINS, les HOLOTHURIES et les genres établis à leurs dépens. (B.)

PÉDICELLIE, *Pedicellia*. Arbre de la Cochinchine, à feuilles opposées et à fleurs en grappes terminales, qui, selon Loureiro, constitue seul un genre dans la polygamie octandrie, et dans les familles des Rhamnoïdes. Les caractères de ce genre sont : calice à cinq divisions aiguës; point de corolle ; un disque charnu à cinq crénelures ; huit étamines; trois stigmates presque sessiles ; une capsule pédicellée, à trois valves, renfermant une semence arillée. (B.)

PÉDICIE, *Pedicia*, Lat.; *Tipula*, Linn., Deg., Fab.; *Limonia*, Meigen. Genre d'insectes, de l'ordre des diptères, famille des némocères, tribu des tipulaires.

La méthode de M. Meigen, relative aux insectes de l'ordre des diptères, n'étant point fondée sur la considération de leur trompe, quelques-uns de ses genres sont artificiels; tel est principalement celui qu'il nomme *limonia*, et qui est un démembrement de celui des *tipules*, de Linnæus. L'espece appelée *rivosa* par celui-ci, Degéer et Fabricius, est une *limonie* pour M. Meigen, et le type de mon genre *pedicia;* elle a, comme les grandes *tipules* ou celles qu'on distingue sous le nom de *couturières*, telles que l'*ocracea*, la *sinuata*, etc., le corps allongé, les ailes écartées, les pattes longues, la tête ovale, prolongée antérieurement en forme de museau cylindrique, armé d'une pointe, et à l'extrémité duquel est une trompe courte, terminée par deux grosses lèvres, portant deux palpes courbés, dont le dernier article, beaucoup plus long et plus menu, est noueux et articulé ; les yeux lisses manquent, ainsi que dans les *tipules* précitées; mais les antennes des pédicies diffèrent de celles de ces derniers diptères ; elles sont composées de seize articles, et non de douze, et à peine plus longues que la tête. Les deux premiers sont beaucoup plus grands que les autres ; celui de la base est cylindrique, et le plus long de tous ; le second est en forme de cœur renversé ; les sept suivans sont beaucoup plus petits, et presque grenus ; enfin, les sept derniers sont plus grêles que les précédens et presque cylindriques, de sorte que les antennes se terminent assez brusquement en pointe ; elles sont un peu velues.

La PÉDICIE A BANDES, *Pedicia rivosa; Tipule à bandes*, Deg. *Insect.*, VI, pag. 341, pl. 19, fig 1, est une des plus grandes espèces de la tribu des tipulaires ; elle est d'une couleur cendrée, mêlée de rougeâtre, avec trois lignes noirâtres tout le long de l'abdomen, deux en dessus et l'autre en dessous : celle-ci est plus large, et occupe le milieu du ventre. Les

ailes sont blanches , avec une bande brune et anguleuse inférieurement , le long de la côte ; le milieu de l'aile est
parcouru longitudinalement par une ligne de cette couleur,
et qui , à peu de distance du bord postérieur , se réunit
avec la bande de la côte , au moyen d'une autre bande ,
mais petite, d'égale largeur, presque droite , transverse , et
coupée dans son milieu par une veine plus claire ; les pattes
sont brunâtres. Cet insecte est rare aux environs de Paris. Il
m'a été envoyé du département du Calvados par M. de Ba-
soches. (L.)

PÉDICULAIRE. *Pedicularis.* Genre de plantes de la didynamie angiospermie et de la famille des rhinantoïdes ,
qui offre pour caractères : un calice ventru à cinq divisions;
une corolle tubuleuse , bilabiée , à lèvre supérieure en casque , échancrée , comprimée , très-étroite; à lèvre inférieure
plane , ouverte , presque à trois lobes , le moyen plus étroit;
quatre étamines , dont deux plus longues et courbées sous la
lèvre supérieure ; un ovaire supérieur surmonté d'un style à
stigmate en tête ; une capsule biloculaire , arrondie , mucro-
née par le style qui persiste , comprimée , souvent oblique ,
renfermant un bon nombre de semences tuniquées.

Ce genre renferme des plantes annuelles , bisannuelles ou
vivaces , à feuilles opposées ou alternes , le plus souvent profondément découpées ou ailées , à fleurs disposées en épis
terminaux , rouges , blanches , jaunâtres, ou variées de ces
couleurs. On en compte une quarantaine d'espèces , presque
toutes d'Europe ou de Sibérie. Toutes, excepté deux, se trouvent dans les montagnes, et en général au-dessus d'une élévation de mille toises. Elles sont fort difficiles à déterminer,
même sur le vivant.

Les deux espèces qu'on trouve dans les plaines sont :

La PÉDICULAIRE DES MARAIS , qui a la tige rameuse ; les
feuilles pinnées ; les pinnules pinnatifides , dentées ; le calice
ovale , enflé , divisé en deux et crêté ; la lèvre supérieure de
la corolle obtuse et tronquée. Elle est annuelle et se trouve
par toute l'Europe dans les lieux aquatiques : sa corolle est
rouge. Elle passe pour vulnéraire et astringente , pour propre
à arrêter toute espèce de flux , à guérir les fistules et les
ulcères sanieux. On ne sait pourquoi elle étoit autrefois regardée comme fournissant aux bestiaux les poux qui les ron-
gent pendant l'été.

La PÉDICULAIRE DES BOIS a la tige rameuse à sa base ; les
feuilles pinnées ; les pinnules armées de dents pointues ; le
calice oblong, renflé inégalement, divisé en cinq et crêté ;
la lèvre supérieure de la corolle obtuse, tronquée, avec deux
dents aiguës. Elle est annuelle et se trouve dans les bois un

peu humides : elle diffère fort peu de la précédente à la première vue ; cependant elle en est bien distincte.

Parmi les autres espèces, les plus remarquables sont :

La Pédiculaire sceptre de Charles, qui a la tige simple ; les feuilles pinnatifides ; les pinnules plissées, crénelées ;
le calice à cinq divisions crêtées, et la corolle fermée. Elle
vient dans les Alpes de la Suisse, de la Prusse et de la Hongrie : c'est une très-belle plante qui s'élève à deux ou trois
pieds, et dont l'épi est très-garni de fleurs.

La Pédiculaire feuillée a la tige simple ; les feuilles
caulinaires, profondément pinnatifides ; les pinnules lancéolées, aiguës, pinnatifides, dentées ; l'épi feuillé ; le calice à cinq dents ; la dent supérieure très-grande ; la lèvre
supérieure de la corolle très-obtuse. Elle est bisannuelle et
se trouve dans les Alpes de Suisse, d'Italie, des Pyrénées.
Sa corolle est d'un jaune rouge. C'est aussi une belle plante,
qui s'élève à un pied et plus.

La Pédiculaire du Canada, qui a la tige simple ; l'épi à
demi feuillé ; la lèvre supérieure de la corolle bidentée par
des filamens ; la partie supérieure du calice tronquée. Elle
est vivace et se trouve dans l'Amérique septentrionale. Je
l'ai observée en Caroline, dans les lieux ombragés et exposés
au nord.

La Pédiculaire sans tiges Elle est sans tige, a les feuilles pinnées, ovales, obtusément dentées ; les pédoncules uniflores ; le calice à cinq dents et crêté ; la lèvre supérieure de
la corolle allongée et obtuse. Elle se trouve sur les Alpes de
l'Allemagne.

La Pédiculaire tubéreuse. Elle a la tige simple et droite ;
les feuilles pinnées ; les pinnules profondément pinnatifides et
dentées ; le calice à cinq divisions légèrement crêtées ; la
lèvre supérieure de la corolle pointue, recourbée et bifide.
Elle se trouve dans les Alpes, et a sa racine épaisse et divisée :
elle est vivace. (B.)

PEDICULAIRES ou PEDICULARIÉES. Famille de
plantes, autrement appelées Rhinantoïdes et Personnées.
(B.)

PEDICULARIS ou *Pedicularia*. Noms donnés anciennement au *pedicularis sylvatica*, parce qu'on croyoit que les troupeaux de moutons et les chevaux qui en mangeoient ne tar-
doient pas à être couverts d'un grand nombre de poux. C'est
dans une acception toute contraire que ces mêmes dénominations ont été données à la Staphisaigre (*delphinium staphisa-
gria*). Toutefois les noms de *pedicularis* ou de *pedicularia* ont
été spécialement affectés aux *rhinanthus*, à nos *pedicularis*, au
bartsia et aux *euphrasia*, plantes toutes de la même famille,

et qui noircissent en se desséchant. Cependant l'*helleborus fœtidus* est un *pedicularia* pour Tragus. C'est bien évidemment une plante labiée, et non pas le *salsola polyclonos* qui est figuré et appelé *pedicularis minima*, par Barrelier, *Ic.*, pl. 275. Gronovius et J. Burmann ont décrit sous le nom de *pedicularis*, le *gerardia pedicularia*, Linn., et l'*hebenstreitia dentata*.

Le genre actuel *pedicularis* a été établi par Linnæus, et n'est qu'un démembrement de celui ainsi nommé par Tournefort; il comprenoit le *Rhinanthus*. (LN.)

PEDICULE. Ce mot s'applique, en botanique, à toute partie de plante qui en supporte une autre, et qui est plus mince ou plus grêle qu'elle, mais plus particulièrement à celle qui soutient le CHAPEAU DES CHAMPIGNONS. *V.* ces mots. (B.)

PEDICULIDÉES, *Pediculidea*. Nom donné par M. Léach à une famille d'insectes de son ordre des anopeures, celui que j'appelle *parasite*. Elle comprend les espèces du genre *pou* (*pediculus*) de Linnæus, qui n'ont qu'un simple suçoir, sans mandibules, ou le genre *pou* proprement dit de Degéer. C'est notre famille des *parasites édentulés*. (*V.* ENTOMOLOGIE.)

Les pédiculidées se composent des genres *phthirus, hæmatopinus* et *pediculus. V.* l'article POU. (L.)

PEDICULUS. Nom latin des POUX. (DESM.)

PEDILANTHE, *Pedilanthus*. Genre de plantes établi par Necker, pour placer l'EUPHORBE TITHYMALOÏDE qui, avec deux autres, avoit constitué le genre TITHYMALOÏDE de Tournefort.

Poiteau, qui a observé de nouveau les espèces de ce genre, négligé par les botanistes, l'a fixé dans les Annales du Muséum. Il le caractérise ainsi : calice en forme de soulier rétréci au sommet, constitué par une grande cavité contenant quatre glandes, et recouverte d'un opercule triangulaire ; corolle nulle ; douze à vingt étamines insérées sous l'ovaire, articulées, inégales, à anthères didymes ; ovaire supérieur stipité, trigone ; style court ; stigmate bifide ; capsule ovale, trigone.

Les trois espèces qui composent ce genre sont des plantes frutescentes et lactescentes, qui croissent dans les Antilles.

(B.)

PEDIMANES. Ordre de mamifères, formé par M. Geoffroy et adopté par plusieurs naturalistes, lequel correspond à celui des *boursons*, de *Vicq d'Azyr* et à celui des MARSUPIAUX de M. Cuvier, ou des animaux à bourse. Le nom de *pédimanes* a été donné à ces mammifères par opposition à ceux de *quadrumanes* et de *bimanes*, parce que plusieurs d'entre eux ont un pouce séparé et opposable aux autres doigts , aux pieds de derrière seulement. *V.* MARSUPIAUX. (DESM.)

PÉDINE , *Pedinus*, Latr. Genre d'insectes , de l'ordre des coléoptères , section des hétéromères , famille des mélasomes.

Ces coléoptères nous présentent des caractères mixtes, et il n'est pas surprenant que les naturalistes aient singulièrement varié d'opinion à leur égard. Ils ont été successivement disséminés dans les genres *ténébrion* , *blaps* , *opatre* , *platynote* et *hélops* ; mais quoiqu'ils aient avec ces autres hétéromères des points de contact, ils m'ont cependant paru en être distingués par la masse de leurs rapports, et devoir former une coupe générique particulière. Je l ai établie sous la dénomination de pédine , généralement admise. Dans le troisième volume du *Règne animal* par M. Cuvier, j'ai détaché de ce groupe des espèces qui ont des ailes et quelques autres différences ; elles composent le genre *cryptique*. J'ai fait depuis une nouvelle étude de ces insectes , et j'ai découvert des caractères qui m'avoient échappé, et qui nécessitent l'établissement d'un autre genre , celui de *platyscèle*. J'espère que par ce moyen les difficultés dont cette partie de la méthode étoit entravée seront aplanies.

Les *pédines* , les *cryptiques* et les *platyscèles* ont une dent cornée au côté interne de leurs mâchoires , ce qui les éloigne des *hélops* ; leur menton est petit, et laisse à découvert une grande partie de la bouche : ce caractère les distingue des *asides* ou de plusieurs *platynotes* de Fabricius.

Leurs organes de la manducation sont d'ailleurs essentiellement les mêmes que ceux des *opatres* et des *blaps*. Les palpes maxillaires sont seulement un peu plus saillans, et leur dernier article est souvent un peu plus dilaté, mais toujours en forme de triangle renversé ou de hache ; leurs antennes sont un peu plus longues que celles des *opatres* et filiformes, ou de la même grosseur, tandis que celles de ces derniers insectes sont sensiblement plus épaisses ou plus larges vers leur extrémité ; la longueur de leur troisième article égale au plus celle des deux suivans réunis ; ces deux derniers articles et ceux qui viennent après jusqu'au huitième inclusivement, sont obconiques ; les neuvième et dixième ont la forme d'une toupie ou celle d'un demi-globe ; le dernier est ovoïde ou globuleux. Dans les *blaps*, avec lesquels on avoit confondu plusieurs pédines ; le troisième article des antennes est beaucoup plus allongé , les huitième , neuvième et dixième articles sont plus courts que les précédens et globulaires ; le onzième ou dernier est presque pyriforme et terminé en pointe. Les *blaps* ont d'ailleurs le corps plus oblong, propor-

tionnellement plus étroit, surtout en devant, avec l'extrémité
postérieure des élytres prolongée en pointe ou en manière
de queue ; leurs tarses antérieurs ne sont jamais plus dilatés
que les autres , et leurs jambes sont longues , grêles et presque cylindriques. Mais dans les *pédines* et les *platyscèles* les
deux ou quatre jambes antérieures ont la figure d'un triangle
renversé , et les tarses de ces jambes (*platyscèle*) ou ceux des
deux antérieures seulement (*pédine*) sont dilatés dans les
mâles. Les insectes de ces deux genres ne peuvent être confondus , à raison de ce dernier caractère , avec les *opatres*,
qui ont d'ailleurs des ailes.

Si les *cryptiques*, par la présence de ces organes et la
conformité sexuelle des tarses, ressemblent aux *opatres* , ils
en diffèrent à raison de leurs antennes, de leur chaperon plus
court et sans échancrure , et de leur labre situé en avant et
transversal; d'ailleurs, leurs palpes maxillaires sont plus
grands et terminés par un article en forme de hache ; leur
corps est plus oblong et plus convexe. Si ces insectes ressemblent aux *blaps* sous quelques-uns de ces rapports, ils en sont
séparés génériquement par quelques autres , comme la présence des ailes et la forme des derniers articles des antennes.
Enfin les *pédines* , les *platyscèles* et les *cryptiques* ne vivent
que dans les terrains chauds et sablonneux , tandis que les
blaps font exclusivement leur séjour dans les caves et dans
les autres parties basses et obscures de nos habitations. Tous
ces hétéromères ont le corps d'un noir très-foncé, et ne ressemblent point, à cet égard, aux *opatres* quoiqu'ils en aient
les habitudes.

Les insectes de ces deux premiers genres appartiennent à
notre sous-famille des *blapsides*, qui a pour caractères : point
d'ailes ; élytres soudées ou ne pouvant s'écarter ; palpes
maxillaires terminés par un article beaucoup plus grand,
triangulaire ou en forme de hache. Les *platyscèles*, très-rapprochés des *blaps* , sont remarquables en ce que les second,
troisième et quatrième articles des quatre tarses antérieurs
s'élargissent latéralement et presque en manière de cœur,
dans les mâles ; ils forment, réunis, une sorte de palette.
C'est ce que l'on voit dans le *blaps polita* de M. Sturm
(*Deutsch. faun.*, tab. 45), et dans une autre espèce de la
Russie méridionale qui m'a été envoyée par M. Tauscher,
sous le nom de *pedinus melas*.

Dans les pédines mâles, les deux tarses antérieurs présentent seuls ce caractère; encore le troisième article n'est-
il point ou très-peu dilaté. Ces insectes sont plus voisins des
opatres, soit quant à la forme générale du corps , soit parce
que l'écusson est plus distinct que dans le *blaps* et les *platy-*

srèles ; que le chaperon est plus avancé, et qu'il offre, au milieu de son bord antérieur, une échancrure, recevant le labre. Le dessous des quatre premiers tarses est garni, dans les pédines et les *platyscèles* mâles, de poils très-nombreux, courts et serrés, formant une brosse ; quelquefois même dans les pédines du même sexe, le côté intérieur des quatre jambes postérieures ou des deux dernières cuisses offre aussi un duvet.

I. *Bords latéraux du corselet presque droits postérieurement, sans rétrécissement brusque, et formant de chaque côté, avec le bord postérieur, un angle presque droit, plus ou moins prolongé, et de niveau avec celui de la base extérieure des élytres.*

PÉDINE FÉMORAL, *Pedinus femoralis*, Latr., Duft. ; *Blaps femoralis*, Fab.; Panz. *Faun. insect. Germ.*, *pag.* 35 , *tab.* 5 , le mâle. — *Blaps dermestoides*, Fab. ; Panz. , *ibid.* , *fasc. id.* , *tab.*, la femelle. — *Pédine dermestoide*, pl. M 29 , 3 de cet ouvrage; *Pédine femoral*, ibid., pl. G. 43 , 4 (lithograph.) Corps long d'environ quatre lignes, très-noir, ovale, arqué en dessus, très-finement pointillé ; bord postérieur du corselet concave ; des points enfoncés formant des lignes longitudinales sur les élytres ; bord inférieur des deux dernières cuisses concave et garni de duvet, dans le mâle. .

Dans les lieux sablonneux de la France et de l'Allemagne. On rapporte à cette espèce le *ténébrion à stries jumelles* de Geoffroy.

Les *blaps ruficornis*, *laticollis* et *pusilla* d'Herbst , ceux que Schonherr a décrits et figurés sous les noms d'*exarata*, *tibideus*, peut-être aussi son *platynotus striatus*, et les *platynotus* que Fabricius nomme *dentipes*, *dilatatus*, paroissent appartenir à cette division. J'y rapporterai encore les blaps suivans du dernier : *tibialis*, *punctata* et *clathrata*.

II. *Bords latéraux du corselet arqués, avec un rétrécissement brusque ou très-marqué, avant l'angle postérieur ou la dent terminale.*

Je place ici : 1.º les *platynotus*, *excavatus*, *crenatus* de Fabricius; son *blaps striata* (*Spec. insect.*), grandes espèces des Indes orientales; 2.º ses *blaps*, *tristis*, *emarginata*, qui se trouvent dans les départemens méridionaux de la France, et son *opatrum gibbum* ou le *tenebrio pilipes* d'Herbst. , Col., *tab.* 112 , *fig.* 3 et B. Cette espèce est longue d'environ trois lignes, d'un noir luisant, convexe, très-pointillée, avec de petits sillons, ayant chacun une rangée de points enfoncés, sur les élytres ; le bord intérieur des quatre jambes postérieures est garni de poils courts ou de duvet dans le mâle.

On la trouve dans toute l'Europe, et particulièrement près des bords de la mer.

Le pédine que j'ai nommé *hybride* (*hybridus*), et qui paroît avoir de grands rapports avec le *tenebrio lusitanicus* d'Herbst, tab. 1, fig. 4, ressemble beaucoup au précédent, et présente les mêmes différences sexuelles ; mais il est une fois plus grand ; ses élytres sont plus unies ou sans sillons ; elles ont d'ailleurs des lignes longitudinales de points, mais plus petits que ceux de l'espèce précédente. Cette espèce se trouve aux environs de Montpellier et de Bordeaux.

III. *Bords latéraux du corselet arrondis postérieurement, sans saillie en forme d'angle ou de dent.*

Cette division se compose de quelques espèces inédites qui habitent l'Espagne et le Portugal. Je rapporte au genre *silpha* le *platynotus variolosus* de Fabricius, et à celui d *aside* les *platynotus, lœvigatus, undatus, serratus, morbillosus,* et *rugosus* du même. Son *blaps buprestoïdes* est un *hegetre.* Celui qu'il nomme *glabra* appartient au genre *cryptique.* Voy. ce mot et celui de PLATYSCÈLE. (L.)

PEDINON. L'un des noms anciens de l'*oreoselinum.* (LN.)

PEDIONITES. La pierre à laquelle Scopoli a donné ce nom (*Delic. insubr.* 3, *p.* 75), est la *pierre de lune,* c'est-à-dire, le feldspath adulaire. *V.* ce mot. (LN.)

PÉDIONOMES, *Pedionomi,* Vieill. Famille des OI-SEAUX ÉCHASSIERS, et de la tribu des DITRIDACTYLES. *Voyez* ces mots. *Caractères :* pieds robustes, allongés ; bas des jambes dénué de plumes ; tarses réticulés ; trois doigts devant, réunis à la base par une membrane ; pouce nul ; bec droit, médiocre, un peu voûté ; ailes propres au vol ; rectrices, dix-huit ou vingt. Cette famille ne contient que le genre OU-TARDE. *V.* ce mot. (V.)

PEDIPALPES, *Pedipalpi,* Latr. Famille d'arachnides pulmonaires, ayant pour caractères : mandibules terminées, simplement par un article en forme de griffe ou de crochet ; tronc d'un seul segment ; abdomen pédicule, avec deux ou quatre stigmates à sa base inférieure et recouverts ; point de lames pectinées vers son origine, ni d'aiguillon à son extrémité ; abdomen annelé, sans filières au bout ; pieds-palpes très-grands, en forme de serres, terminés par une pince ou en griffe, sans organes sexuels ; les deux pieds antérieurs à tarse fort long, formé d'un grand nombre de petits articles, sans crochets au bout.

Cette famille est composée d'animaux qui font le passage des *aranéides* aux *scorpions.* Elle comprend les genres THELY-PHONE et PHRYNE. Je leur associois, dans le troisième volune du *Règne animal* de M. Cuvier, le genre *scorpion*. Mais les dernières arachnides présentent une organisation si différente, qu'elles doivent former une famille particulière. *V.* l'article ENTOMOLOGIE. (L.)

PEDIPALPUS, *Pied-palpe*. M. Léach désigne ainsi, à l'égard des crustacés, les parties de leur bouche que j'ai appelées *pieds-mâchoires extérieurs*, ou ceux de la dernière paire, et qui précèdent immédiatement les deux pieds antérieurs. Dans mon *Genera crust. et insect.*, j'avois nommé les mêmes parties *palpes doubles extérieurs* (*palpi gemini externi*), et je les avois employées avec avantage dans les caractères génériques. M. Léach en a fait aussi usage, et pour un but semblable.

Les parties de la bouche des arachnides, qu'on a coutume de nommer *palpes* ou *antennules*, sont, d'après les observations de M. Savigny, des sortes de pieds, mais plus petits, et qui paroissent faire les fonctions de ces deux espèces d'organes. J'ai cru, pour cette raison, devoir leur consacrer la dénomination de *pieds-palpes* (*palpipes*). En continuant de suivre ces rapports, les mandibules des mêmes animaux devroient être appelées *pieds-mandibules* (*mandibulipes*). Leurs mâchoires, que M. Savigny distingue sous la dénomination de *fausses-mâchoires*, deviennent, dans ma nomenclature, des *mâchoires sciatiques* (*sciaticæ*), ce qui indique qu'elles sont formées par les hanches. (L.)

PEDIVEAU. Synonyme de CALADION. (B.)

PEDONCULE ou PÉDICULE, *Pedunculus*. Lien qui attache la fleur ou le fruit à la branche ou à la tige. *Voyez* FLEUR. Vulgairement le pédicule du fruit se nomme QUEUE. (D.)

PEDRA QUADRATA. Nom vulgaire du FER SULFURÉ CUBIQUE, en Espagne. (LN.)

PEDRENEIRA. C'est, en Portugal, la PIERRE A FUSIL. (LN.)

PEDUA - POENORUM. Guilandinus nomme ainsi l'OEILLET-D'INDE, *Tagetes patula*, L. (LN.)

PEDUM. Nom latin des *coquilles bivalves* du genre HOULETTE. (DESM.)

PEE. Diverses plantes de la côte de Malabar reçoivent ce nom : ci-après suit l'indication de plusieurs. (LN.)

PÉE - AMBALAM. Nom brame de l'AMBALAM des habitans de Malabar, Rhéede, Mal, 1, tab. 50 et 51; c'est-à-dire, d'un MONBIN. (LN.)

PÉE-AMERDU. Nom malabare d'un MÉNISPERME de cette contrée. (B.)

PEE-CAJENNEAM. Nom malabare de l'*eclipta prostrata* et du *verbesina calendulacea*. Cette dernière plante est également nommée *pée-cajoni*. (LN.)

Pée-cajoni. La Verbesine calendulacée porte ce nom dans l'Inde. (b.)

Pée-candel, Rhéede, Mal. 6, tab. 34. C'est le manglier (*Rhizophora mangle*). Le *candel* est une autre espèce du même genre, *R. gymnorhiza*, L. (ln.)

Pée-cupameni (Rhéede, Mal. 10, t. 62) est le *tragia volubilis*, Linn., qu'il ne faut pas confondre avec le *cupameni*, Rhéede, Mal. 10, t. 81, qui est la Ricinelle de l'Inde, *acalypha indica*, L. (ln.)

Pée-inota-inodien. C'est, dans l'Inde, la Physalide naine. (b.)

Pée-janga-pulpani. Synonyme de Crustole des Antipodes. (b.)

Pée-muttinga (Rhéede, Mal. 12, tab. 53). C'est le *schœnus coloratus*, L., maintenant placé dans les Kilingie. Roemer, Syst. veg., écrit *pée-matenga*, et Willdenow *pée-mattenga*. (ln.)

Pée-tandale-cotti. La Crotallaire verruqueuse se rapporte à ce nom. (b.)

Pée-tjanga-pulpam (Rhéede, Mal. 9, t. 59). C'est la Gratiole a feuilles de véronique, qui étoit le *ruellia antipoda*, Linn. (ln.)

Pée-tjera-ponniagam (Rh. 5, *tab.* 23). C'est l'*acalypha spiciflora*, Burm. Zey., 6, f. 2. (ln.)

Pée-tumba (Rh. 9. 4. 6.) est rapporté au *justicia echioides*. (ln.)

PEEN. Nom de la Carotte, en Hollande. (ln.)

PEENGRASS. C'est le Chiendent, en Hollande. (ln.)

PEEPEE. Nom que l'on donne au *jacana coudey*, dans le Bengale. (v.)

PÉE-PÉE-CHUE. Nom appliqué, par les naturels de l'Amérique septentrionale, à la Grive erratique. *V.* ce mot à l'article Merle. (v.)

PEERDIK. Nom hollandais de la Patience d'eau, *Rumex aquaticus*, L. (ln.)

PEERSALAT. Nom allemand du Phellandre aquatique. (ln.)

PE-FONG et PETONG. *V.* Pack-fong et Nickel. (ln.)

PEFU-LIN. *V.* Cay-thuong. (ln.)

PE-FU-TSU. Nom donné, en Chine, à une espèce de Médicinier, *Jatropha junipha*. (ln.)

PEGAFROL. Nom portugais de l'Oiseau-mouche rubis. (v.)

PEGAMAÇA. La Bardane porte ce nom en Portugal. (ln.)

PEGANON et PEGANION (*V.* ce mot). Ils signifient, en grec, je *coagule*, je *resserre*, et furent donnés aux *ruta* par les Grecs, à cause d'une des propriétés médicinales de ces plantes. Dans le nombre de ces *ruta*, Dioscoride place un *harmala* qui est le *peganum harmala*, Linn., genre auquel Linnæus a affecté, à tort, le nom de *peganum*, et que Tournefort, Adanson, Moench, avoient nommé, et avec raison, HAR-MALA. *V.* HARMALE, RUTA et RUTULA. (LN.)

PEGANUM. *V.* PEGANON et HARMALE. (LN.)

PÉGASE, *Pegasus.* Genre de poissons de la division des BRANCHIOSTÉGES, dont les caractères consistent à avoir le museau très-allongé, des dents aux mâchoires, le corps couvert de grandes plaques, et cuirassé.

Ce genre tire son nom des rapports qu'on a voulu trouver, entre la forme des espèces qui le composent, et ce coursier ailé, ce pégase, qui broute les herbes de l'Hélicon, qui boit les eaux de la fontaine Hippocrène, et qui porte dans tout l'univers la gloire des poëtes favorisés d'Apollon et des neuf Muses. On a aussi comparé ces espèces à ce *dragon* fabuleux, que les âges se sont plu à orner de qualités brillantes et terribles, et une en porte le nom.

On connoît trois espèces de pégases :

Le PÉGASE DRAGON, qui a le museau très-peu aplati et sans dentelures, les nageoires pectorales très-grandes. *V.* pl. M. 8, où il est figuré. On le trouve dans la mer des Indes, où il ne parvient pas à plus de trois à quatre pouces de long. Il se nourrit de petits poissons et de crustacés; sa tête n'est point distinguée du tronc; sa mâchoire supérieure est terminée en un museau plat; l'ouverture des ouïes est inférieure, devant les nageoires pectorales et en croissant, et a un opercule rayonné; ses deux mâchoires sont garnies de dents extrêmement petites, et la supérieure est saillante; ses yeux sont latéraux et saillans; ses narines sont en avant; tout son corps est couvert de pièces inégales et étendues, assez grandes, quadrangulaires ou triangulaires, dures, écailleuses, et par conséquent analogues à celles qu'on suppose sur les dragons; sa queue, qui est longue et étroite, est renfermée dans un étui composé de huit à neuf anneaux écailleux, articulés ensemble et en rapport avec ceux des SYN-GNATHES. (*Voyez* ce mot.) Cette queue offre quatre faces.

De chaque côté du corps s'avance un prolongement couvert d'écailles, et à l'extrémité duquel est attachée la nageoire pectorale. Cette nageoire est grande, arrondie, et peut être d'autant plus aisément déployée, que les rayons partent d'un seul point, et que la membrane qui les sépare est lâche. Aussi le *pégase dragon* peut-il, quand il est poursuivi par ses ennemis, s'élancer au-dessus de la surface de l'eau, voler pendant quelques instans , et échapper par-là à leur voracité.

Les nageoires ventrales ne consistent que dans une sorte de rayon très-long, très-délié et très-flexible. La dorsale est située sur la queue ; elle est très-petite , ainsi que la caudale et l'anale.

La couleur générale est bleuâtre , rayonnée de brun.

Le PEGASE VOLANT a le museau aplati et dentelé ; les nageoires pectorales très-grandes. On le trouve dans les mers de l'Inde : il se rapproche beaucoup du précédent , et vole beaucoup mieux.

Le PEGASE SPATULE, *Pegasus natans*, Linn., a le museau en forme de spatule et sans dentelures ; les nageoires pectorales médiocrement grandes. On le pêche dans les Grandes Indes. On trouve , fossile, dans les schistes du mont Bolca, près de Vérone , un poisson fort semblable. (Voyez *Ichthyolithologie de Vérone* , 2 , pl. 5. n°. 3.) Sa couleur est jaune en dessus , blanche en dessous , avec les nageoires pectorales violettes, et les autres brunes. (B.)

PEGASE. On donne ce nom à une des constellations septentrionales. Elle est située entre le petit cheval et la constellation des poissons. C'est une des quarante-huit constellations formées par *Ptolémée*. (LIB.)

PEGE-BUEY. A la rivière des Amazones , c'est le LAMANTIN. *V.* ce mot. (DESM.)

PE-GIE-HONG. Nom chinois d'une espèce de MÉLASTOME, *melastoma dodecandra* , Lour. (LN.)

PÈGLE. Espèce de goudron plus épais, et qu'on confond dans les landes de Bordeaux, avec la POIX. (B.)

PEGMATITE (*Haüy, Brong.*). *Roche primitive granitique* essentiellement composée de feldspath lamellaire et de quarz. Le *mica* s'y trouve très-fréquemment : c'est dans son sein que l'on rencontre le *kaolin* , précieuse terre avec laquelle on fabrique la porcelaine ; l'étain et plusieurs autres substances minérales intéressantes , les tourmalines, le béryl ou aigue-marine , le tantale , le schéelin ferrugineux , etc. Les élémens de ce granite sont : tantôt fort petits , tantôt extrêmement gros , quelquefois disposés entre eux d'une manière particulière qui lui a mérité le nom de granite graphique. Cette roche est très-abondante en Europe , en Sibérie et en Chine. Elle paroît moins commune en Amérique. *V.* FELDSPATH, PÉTUNT-ZÉ et ROCHE. (LN.)

PÈGO. Nom de la POIX , en Languedoc. (LN.)

PEGOLA. L'un des noms italiens de la BARDANE. (LN.)

PEGON. C'est la *Vénus dura* de Gmelin. *V.* VÉNUS. (B.)

PEGOT, *Accentor*, Meyer ; *Motacilla*, *Sturnus*, Linn.,
Gm. ; *Sturnus*, Lath. Genre de l'ordre des oiseaux SYLVAINS,
de la famille des CHANTEURS. *V.* ces mots. *Caractères :* bec
plus large que haut à la base, droit, grêle, pointu, à bords
recourbés en dedans ; mandibule supérieure échancrée et un
peu inclinée vers le bout ; l'inférieure à pointe droite ; narines
situées près du capistrum, dans une large membrane, concaves ; langue cartilagineuse, fourchue à la pointe ; quatre doigts, trois devant, un derrière ; les extérieurs soudés
à leur origine, l'interne libre, le postérieur le plus fort de
tous, articulé sur le même plan que les autres ; l'ongle
postérieur le plus robuste de tous ; ailes à penne bâtarde,
courte, arrondie à la pointe ; les deuxième et troisième rémiges les plus longues de toutes. Ce genre n'étoit d'abord
composé que d'une seule espèce qui ne se plaît que sur les
plus hautes montagnes de l'Europe et de l'Asie septentrionale, et qui niche dans des fentes de rochers et des trous de
muraille ; mais m'étant assuré depuis que la *Fauvette de haies*
ou le MOUCHET, que j'avois classé dans un genre particulier,
avoit le bec conformé comme celui du pégot, ainsi que l'a
fort bien remarqué M. Cuvier, et devoit être placée dans ce
genre, et en faire une section, parce qu'elle en diffère par
quelques autres attributs ; comme d'avoir les ailes courtes,
les rémiges autrement proportionnées, etc. Ces deux espèces
sont sédentaires en France, et diffèrent en cela des autres
fauvettes ; elles s'en éloignent encore, en ce qu'à défaut d'insectes, elles se nourrissent de graines qu'elles avalent entières ; et c'est leur principale nourriture pendant l'hiver.
Leurs petits naissent couverts de duvet.

Le PÉGOT proprement dit, ou la FAUVETTE DES ALPES,
Accentor alpinus, Mey. ; *Motacilla alpina*, Gm.—pl. enl. n°. 668,
fig. 2, de l'Hist. nat. de Buff. Quoiqu'on ait fait de cette espèce
une fauvette, elle en diffère beaucoup par ses habitudes, ses
mœurs et tout son genre de vie, sur lesquels nous trouvons
des notes précieuses dans la description qu'en fait M. Picot-
Lapeyrouse. (*Journal de Physique* du mois de juin 1779.)
« L'oiseau que Buffon a appelé *fauvette des Alpes*, dit ce savant
naturaliste, porte le nom de *pégot* dans les montagnes du
haut Comminge. *Pée*, en langue vulgaire du pays, signifie un
imbécile... Il habite les Pyrénées et les Alpes ; il choisit constamment les pointes les plus élevées et les plus solitaires des
montagnes arides ; son nid est circulaire, et formé de mousse
et de gramen ; il le place dans le creux abrité d'un rocher ;
car il paroît craindre le vent du nord, et il se tient toujours
à l'exposition du midi ; la ponte est de cinq ou six œufs verts.
Les *pégots* n'abandonnent les sommets de leurs montagnes

chéries, que lorsqu'il s'élève en hiver des tempêtes ou des
ouragans; alors ils se précipitent en troupes dans les vallées,
et se réfugient dans les anfractuosités des rochers, ou derrière
les arbrisseaux qui croissent dans les fentes; ils sont si effrayés,
ou si hébétés, qu'ils donnent dans tous les piéges; aussi ser-
vent-ils de jouet aux enfans, qui s'amusent à les tuer à coups
de pierres. « Les voyageurs rencontrent souvent des *pégots*
sur les sommets des montagnes, posés à terre deux à
deux, et quelquefois grimpant le long des rochers en s'aidant
de leurs ailes; soit confiance, soit stupidité, l'aspect de
l'homme ne les effraie pas; ils se laissent approcher de très-
près. »

Quoique l'auteur en ait pris plusieurs en vie, il n'a pu les
accoutumer à l'esclavage, et quelques recherches qu'il ait faites, personne n'a pu l'assurer d'avoir entendu leur chant; il
ne les a même jamais entendus pousser un seul cri. Ces oiseaux
sont granivores, et se nourrissent aussi d'insectes dont ils
paroissent être plus friands que de graines. Buffon dit qu'ils
se tiennent communément à terre, où ils courent vite, en
filant comme la *caille* et la *perdrix*, et non en sautillant comme
les autres *fauvettes*; qu'ils se posent aussi sur les pierres, mais
rarement sur les arbres; qu'ils vont par petites troupes, et
qu'ils ont, pour se rappeler entre eux, un cri semblable à
celui de la *lavandière*. »

Cet oiseau a six pouces huit à neuf lignes de longueur; le
bec noir et jaunâtre à la base de sa partie inférieure; le
dessus de la tête et du cou gris cendré; le dos, de plus, varié de
brun; la gorge tachetée de deux teintes différentes de brun
sur un fond blanc; la poitrine d'un gris cendré; tout le reste du
dessous du corps varié de gris plus ou moins blanchâtre et de
roux; les couvertures inférieures de la queue marquées de
noirâtre et de blanc; les supérieures des ailes noirâtres et
tachetées de blanc à la pointe; les pennes brunes, bordées
extérieurement, savoir: les primaires de blanchâtre et les
secondaires de roussâtre; les couvertures de la queue brunes,
bordées de gris verdâtre et de roussâtre; les pennes terminées
par une tache roussâtre sur leur côté intérieur; les pieds jaunâtres. La femelle diffère du mâle en ce que ses couleurs sont
plus ternes.

Cette espèce habite non-seulement nos Alpes et les Pyrénées, mais encore les hautes montagnes de la Perse. Elle
est en triple emploi dans Gmelin, sous les noms de *Motacilla alpina*, *Sturnus collaris*, *St. mauritanus*; 2.º dans le
Synopsis de Latham, sous ceux de *Collared stare*, *Persian
starling*, *Alpine Warbler*; et dans son Index, sous les dénominations de *Sturnus collaris* et de *St. mauritanicus*.

Le Mouchet ou la Fauvette d'hiver, *Accentor modularis*, Vieill. ; *Sylvia modularis*, Lath., pl. D. 22 de ce Dictionnaire. Peu d'oiseaux sont connus sous autant de noms divers que cette *fauvette*; outre les dénominations vulgaires qui sont nombreuses, les ornithologistes la décrivent sous ceux de *traîne-buisson*, parce qu'elle va de buisson en buisson, en volant toujours assez près de terre ; de *mouchet*, qui lui vient de ce qu'elle fait la chasse aux mouches ; de *fauvette* et de *rossignol d'hiver*, parce qu'elle reste près de nous et chante pendant cette saison ; enfin de *moineau de haie*, d'après quelques rapports dans les teintes de son plumage avec le moineau, surtout le *friquet*, et d'après l'habitude de se tenir dans les haies. Sa longueur est d'un peu plus de cinq pouces, et sa grosseur celle du *rossignol*; les plumes de la tête et du manteau, les pennes et les couvertures supérieures des ailes et de la queue, sont roussâtres ; les grandes couvertures des ailes, terminées par une petite marque d'un blanc roux; les plumes des oreilles sont roussâtres, avec un petit trait blanc dans le milieu ; un cendré ardoisé occupe la gorge, le devant du cou et la poitrine ; cette teinte est remplacée, sur le milieu du ventre, par du blanc, et sur les flancs par du noirâtre et du roux ; les couvertures inférieures de la queue sont blanchâtres et tachetées de brun ; les pieds d'un jaune lavé ; les ongles bruns ; le bec est jaunâtre à la base de sa partie inférieure, et noirâtre dans le reste.

La femelle diffère en ce qu'elle a moins de roux sur la tête et le cou, et en ce que les parties inférieures sont d'un cendré pâle, avec des taches plus nombreuses sur le ventre. Les jeunes, dans leur premier âge, ont la nuque et la gorge d'un gris-blanc, foiblement tacheté de noirâtre ; le devant du cou et la poitrine roussâtres, avec des taches noirâtres sur la première partie, et brunes sur l'autre ; le ventre est blanchâtre dans le milieu.

Cette *fauvette* semble s'éloigner des autres par son genre de vie et ses habitudes, par moins de gaieté, de vivacité, et par un ramage foible, plaintif et peu varié : c'est ordinairement le matin et le soir qu'elle le fait entendre plus fréquemment ; elle se perche alors sur un arbre de moyenne hauteur, ou à la cime d'un arbrisseau ; son chant fait plaisir dans une saison où tout se tait. Elle a, en outre, un petit cri doux, tremblant, *tit, tit, tit, tit*, qu'elle répète à chaque instant.

La Nature, toujours prévoyante, la destinant à passer chez nous la mauvaise saison, l'a beaucoup mieux vêtue que les autres, en lui donnant un plumage moitié plus fourni. C'est à l'automne que ces *fauvettes* paroissent en plus grand nombre près des habitations ; toutes quittent à cette époque les bois, leur domicile d'été, se répandent dans les haies et les bosquets qui avoisinent les jardins. Lorsque les froids deviennent rigoureux, elles s'approchent des maisons, et surtout des granges et des aires où l'on bat le grain, cherchent dans la paille les petits insectes et les menues graines : de là leur est venu, dans divers cantons, le nom de *gratte-paille*. Toute nourriture alors leur convient, même du grain, puisqu'on a trouvé dans leur jabot du blé; et j'en ai nourri long-temps avec du chènevis : elles l'avalent tout entier, comme font les pigeons; mais ce sont des granivores par nécessité ; car des que le froid se relâche, elles s'éloignent des maisons et des granges, et restent dans les haies et les buissons, cherchant sur les branches des chrysalides, des dépouilles de pucerons et les petits insectes engourdis sous la mousse. Aux approches des beaux jours, elles s'éloignent davantage, se retirent sur la lisière des bois, et finissent au printemps par s'enfoncer dans les endroits les plus fourrés. Tel est le genre de vie de ces oiseaux dans nos contrées méridionales; mais dans les septentrionales, surtout en Normandie, il en reste toujours quelques-unes près des habitations, s'il y a des charmilles d'arbres verts, et des fagots de branchages où elles se plaisent à nicher. Elles préfèrent, dans les bois, les buissons les plus fourrés. Cette *fauvette* est si peu sauvage, qu'elle fera son nid dans une orangerie, si elle peut s'y introduire ; elle couvera même dans une volière, si elle est garnie d'arbrisseaux touffus. C'est, parmi nos oiseaux sédentaires, le premier qui annonce le printemps par ses jeux d'amour. Dès les premiers jours de mars, on voit le mâle et la femelle s'occuper du berceau de leurs enfans ; ils le posent ordinairement à une moyenne hauteur, mais toujours dans l'endroit le plus caché ; le composent de beaucoup de mousse, surtout à sa base et sur ses côtés, et le garnissent à l'intérieur de laine, de crin et de plumes douillettement arrangées. C'est sur cette couche que la femelle dépose quatre ou cinq œufs d'un joli bleu-clair sans aucune tache; le mâle se tient aux environs, d'où il égaye sa compagne par son petit ramage, dans les momens où il ne la soulage pas dans la monotonie de l'incubation. Les petits naissent couverts de duvet, et n'abandonnent le nid que très-emplumés. Pris dans leur berceau, on les élève facilement ; pris au filet dans leur jeunesse, ils s'apprivoisent volontiers. La mère n'abandonne point ses œufs, quoiqu'on les touche, et montre beaucoup d'attachement pour ses petits; elle sait donner le change à l'ennemi qui cherche à les lui enlever; ainsi que la *perdrix* devant un chien, elle se jette au-devant d'un chat qui en approche, et voltige terre à terre jusqu'à ce qu'il se soit suffisamment éloigné. Latham dit que le *coucou* pond fréquemment dans le nid de cette *fauvette.*

Cette espèce se trouve dans toutes les parties de l'Europe, mais plus fréquemment dans les contrées septentrionales.

Elle donne dans tous les piéges dont j'ai parlé à l'article FAUVETTE. *Voyez* ce mot. (V.)

PEGOUSE. Poisson du genre PLEURONECTE. (B.)

PEGRINA. Il paroît que les Daces se servoient de ce nom pour désigner le TAMINIER, *Tamnus communis.* (LN.)

PEGYMET. Nom hongrois de la MARTE HERMINE. (DESM.)

PEHFRIÈDE. C'est le GENÈT A BALAIS, *Spartium scoparium*, en Allemagne. (LN.)

PE-HIEN. Nom que les Chinois donnent à une espèce d'amaranthe, *Amaranthus polygamus*, L., qu'ils cultivent dans leurs jardins. (LN.)

PE-HO. Nom qu'on donne, à la Chine, au LIS BLANC, *Lilium candidum.* (LN.)

PEI CAN (Poisson chien). A Nice, c'est le nom du SQUALE RONDELET. (DESM.)

PEI D'AMERICO. Nom du STROMATÉE PARU, à Nice. (DESM.)

PEI FOURCA. Le MALARMAT, *Peristedion malarmat*, est ainsi appelé sur les côtes de Nice. (DESM.)

PEI POURC. A Nice, le CALLIONYME FLECHE et les LÉPADOGASTÈRES GOUAN, RETICULÉ et WILLDENOW de Risso, portent ce nom. (DESM.)

PEI SAN PEIRE. Plusieurs *lépadogastères* et le *zée forgeron* sont ainsi appelés dans les mêmes parages. (DESM.)

PEI SPADA. L'ESPADON ou XIPHIAS, à Nice. (DESM.)

PEICH ROUGE. Dans le midi de la France, c'est le CYPRIN DORÉ de la Chine. (B.)

PEIGNE. *V.* COMBBIRD. (S.)

PEIGNE, *Pecten.* Genre de coquilles de la classe des BIVALVES RÉGULIÈRES, qui a pour caractères : des valves inégales ; la charnière sans dents, le plus souvent auriculée, avec une fossette triangulaire pour le ligament.

Ce genre faisoit partie des HUITRES de Linnæus ; mais il en avoit été distingué de tout temps par les conchyliologistes français. Il diffère des *huîtres* par la régularité des valves, et parce que toutes deux sont libres, ou pour parler plus exactement, parce qu'aucune des deux n'est attachée aux rochers par sa substance même.

Le genre PLAGIOSTOME de Sowerby s'en rapproche beaucoup.

Tantôt les valves des *peignes* sont parfaitement semblables, tantôt l'une est plus aplatie que l'autre ; quelquefois elles

sont légèrement bâillantes ; ce qui peut motiver l'établissement de genres distincts.

Des côtes plus ou moins nombreuses forment , sur la plupart des espèces , des sillons plus ou moins profonds. Leur
pourtour est généralement circulaire; leur couleur varie dans
les nuances du rouge , du brun et du blanc. Leur solidité est
médiocre.

Les peignes ont les oreilles égales ou inégales. Cette circonstance les a fait diviser en deux sections. Les coquilles qui
ressemblent à celles-ci, et qui n'ont point d'oreilles apparentes ou les ont très-petites, font partie du genre PÉTONCLE.

L'animal des *peignes à oreilles* a un manteau composé de
deux grandes membranes entourées de longs poils blancs
et d'yeux pédonculés ; quatre feuillets minces finement striés
pour ouïes, et un corps fort petit, à raison de la largeur de ces
parties. On n'a pas de notions positives sur le mode de sa reproduction; mais l'analogie peut faire penser qu'il est hermaphrodite , et qu'il n'a pas besoin du concours d'un autre individu pour concevoir. Il fait partie du genre ARGUS établi
par Poli.

Les naturalistes grecs et romains reconnoissoient, dans les
peignes, la possibilité d'un mouvement assez vif pour s'échapper, en sautant des mains des pêcheurs ; ainsi que la faculté
de pouvoir voguer sur la surface de la mer. Dargenville a
confirmé ce fait; il rapporte que lorsque le peigne est à sec
et qu'il veut regagner la mer, il ouvre ses deux valves autant
qu'il lui est possible, et les referme ensuite avec tant de
vitesse , qu'il acquiert l'élasticité nécessaire pour s'élever à
trois ou quatre pouces de haut, et avancer par ce moyen sur
le plan incliné du rivage.

La progression des peignes dans l'eau est bien différente.
Ils commencent par gagner la surface sur laquelle ils se soutiennent à demi-plongés. Ils ouvrent alors tant soit peu leurs
battans, auxquels ils communiquent un battement si prompt,
qu'ils acquièrent un mouvement de tournoiement fort vif de
droite à gauche, par le moyen duquel ils semblent courir sur
l'eau.

Il est probable que les espèces qu'on dit se fixer aux rochers par un byssus, appartiennent aux genres AVICULE ou
LIME.

Les anciens faisoient un très-grand cas des peignes, comme
on le voit dans Pline, Athénée et Horace. De nos jours on les
regarde aussi comme un des meilleurs coquillages de nos côtes.
Malheureusement ils ne sont pas très-abondans. On en trouve
davantage sur celles d'Espagne et de Portugal. Aussi les appelle-t-on , dans tous les pays catholiques , *coquilles de Saint-*

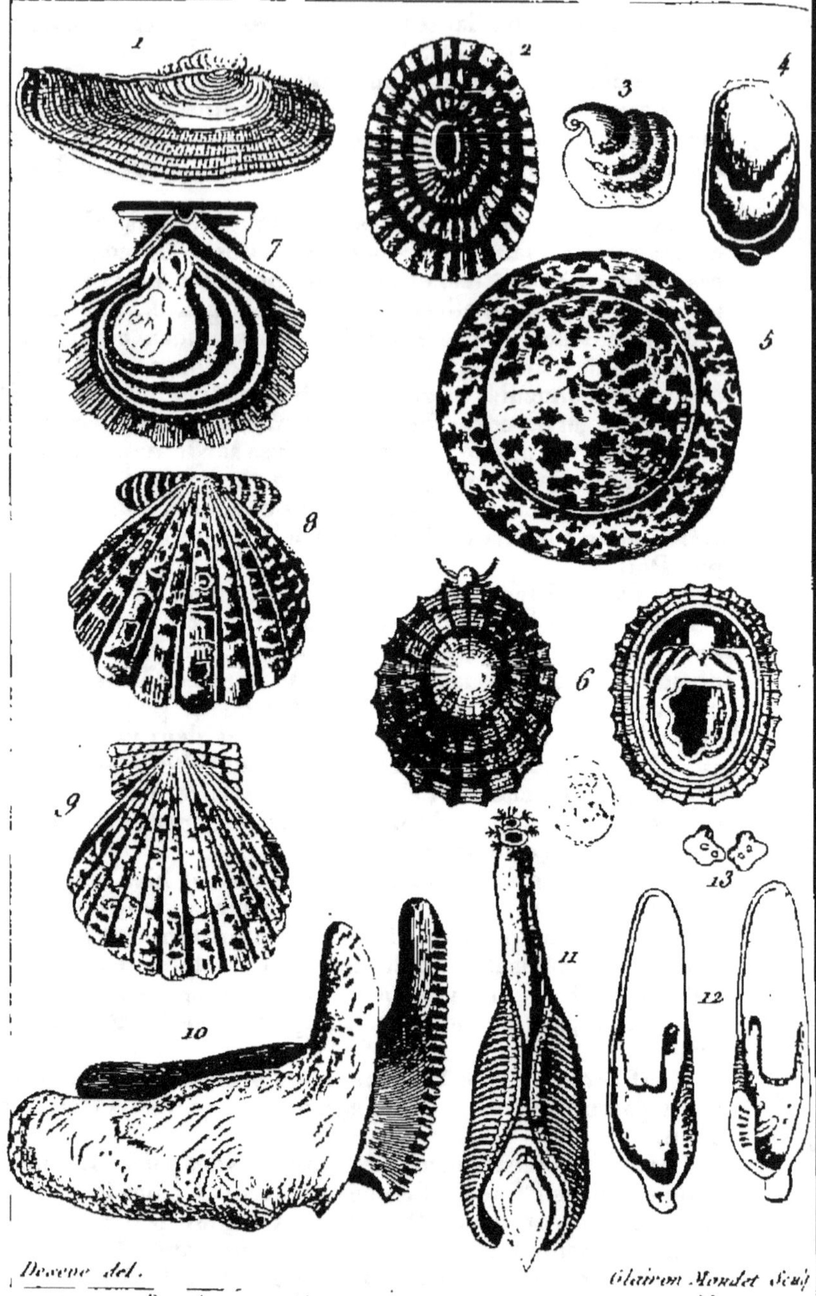

1 Pandore striée — Peigne vulgaire
2 Patelle bouche d'azur 7 Peigne noueux
3 Patelle bonnet de Japon 9 Peigne ratisseur
4 Patelle mantée 10 Pêne isocarne
5 Patelle ... 11 12 13 Pholade dactyle
6 Patelle ...

Jacques, parce que lorsque la dévotion poussoit le peuple à Saint-Jacques de Compostelle, en Galice, les pélerins avoient soin d'orner leur camail de ces coquilles, ramassées sur les bords de la mer voisine, afin de prouver la vérité de leur visite à Saint-Jacques.

On trouve très-fréquemment des peignes fossiles, soit dans les terrains secondaires, soit dans les tertiaires.

On connoît près de cent espèces de peignes, dont plusieurs appartiennent aux mers d'Europe, et qu'on divise, comme on l'a déjà observé, en *peignes à oreilles égales* et en *peignes à oreilles inégales*.

Les plus communes de la première division sont :

Le PEIGNE GIGANTESQUE, qui a les rayons arrondis et longitudinalement striés. Il se trouve dans toutes les mers d'Europe, et fossile dans quelques cantons, surtout dans les environs d'Angers, d'où Réveillère-Lépaux en a rapporté. Il a souvent plus d'un demi-pied de diamètre.

Le PEIGNE COMMUN ou PEIGNE DE SAINT-JACQUES, qui a quatorze rayons anguleux et longitudinalement striés. *V*. pl. M. 12, où il est figuré. Il se trouve dans toutes les mers d'Europe. C'est le plus commun sur nos côtes, et c'est lui qu'on mange sous le nom de *pétoncle à oreilles*. Il est de plus de moitié plus petit que le précédent.

Le PEIGNE RATISSOIRE a les valves presque égales ; douze rayons convexes ; des stries en sautoir et crénelées. *V*. pl. M. 12, où il est figuré. Il se trouve dans la mer des Indes.

Le PEIGNE SINUÉ est ovale, a des stries fines et striées, et le bord crénelé en dedans. Il se trouve dans les mers d'Europe.

Le PEIGNE ÉLÉGANT a vingt rayons unis, les intervalles striés transversalement, et le bord sinueux. Il se trouve sur les côtes d'Angleterre.

Le PEIGNE VIOLET, qui est très-aplati, brun en dehors, et violet en dedans. Il se trouve dans la Méditerranée.

Les plus remarquables de la seconde division, sont :

Le PEIGNE NOUEUX, qui a neuf rayons avec des nœuds vésiculaires. *V*. pl. M. 12, où il est figuré. On le trouve sur les côtes d'Afrique et d'Amérique.

Le PEIGNE VARIÉ a les valves égales ; trente rayons hérissés, comprimés en une seule oreille. Il se trouve dans la Méditerranée.

Le PEIGNE UNI, qui a les valves égales ; dix rayons unis, aplatis ; l'intervalle garni de deux stries élevées. Il se trouve dans la Méditerranée et sur la côte d'Afrique.

Le PEIGNE OPERCULAIRE, qui a vingt rayons arrondis, hérissés, striés en sautoir ; les valves bâillantes, avec un opercule convexe. Il se trouve dans les mers d'Europe. Cette espèce est très-remarquable.

Le PEIGNE D'ISLANDE est orbiculaire, a cent rayons, et des cercles pourpres. Il se trouve dans les mers du Nord.

Le PEIGNE SANGUIN est presque rond, a les valves égales, environ vingt-deux rayons rudes au toucher ; les oreilles peu inégales, et la charnière droite. Il se trouve très-abondamment dans la Méditerranée et dans les mers d'Afrique.

Deux espèces fossiles et nouvelles de ce genre sont figurées pl. 56 du bel ouvrage de Sowerby, intitulé *Conchyliologie générale de la Grande-Bretagne.* (B.)

PEIGNE. On a donné ce nom à la GOBIE PECTINIROSTRE et à l'HOLACANTHE CILIER. (B.)

PEIGNE, *Pecten.* Genre de plantes, depuis réuni aux CERFEUILS. (B.)

PEIGNE. On a aussi donné ce nom à une coquille du genre ROCHER, *Murex tribulus.* (DESM.)

PEIGNE DE LOUP. Nom vulgaire de l'AGARIC DU CHÈNE, *Agaricus quercinus*, Linn. C'est le STRIGLIE d'Adanson. (B.)

PEIGNE-ROUGE (*Rod-Kammen*). Les Islandais, selon M. Lacépède, donnent ce nom au CACHALOT MACROCÉPHALE. (DESM.)

PEIGNE SANS OREILLES. C'est le PÉTONCLE SOURDON, *Arca petonculus*, Linn. (B.)

PEIGNE DE VÉNUS. Nom du SCANDIX-PEIGNE ou du CERFEUIL-AIGUILLE. (B.)

PEINTADE, *Numida*, Linn., Lath. Genre de l'ordre des oiseaux GALLINACÉS, et de la famille des NUDIPÈDES. *V.* ces mots. *Caractères :* bec garni à la base d'une membrane verruqueuse, un peu épais, convexe en dessus, courbé vers le bout de sa partie supérieure; l'inférieure munie quelquefois à sa base de deux fanons caronculés et pendans ; narines situées dans la membrane, à demi-divisées par un cartilage ; langue charnue, entière ; tête casquée ou huppée ; tarses sans éperon; quatre doigts, trois devant, un derrière, les antérieurs unis à leur base par une membrane; le postérieur posant à terre seulement sur l'ongle ; ailes concaves, arrondies ; la première rémige plus courte que la septième, les troisième et quatrième les plus longues de toutes ; queue courte, inclinée, composée de quatorze ou seize rectrices.

Les *peintades* sont des oiseaux indigènes de l'Afrique. L'espèce à casque a été réduite en captivité et est d'une très-grande ressource dans les basse-cours de nos colonies, où elle est très-multipliée. On l'a aussi acclimatée en Europe ; mais elle s'y propage peu, vu que la femelle ne couve pas ses œufs assidûment, et que les petits sont difficiles à élever.

LA PEINTADE proprement dite, *Numida meleagris*, Lath. pl. M, 31, fig. 2 de ce Dictionnaire.

Qui ne connoît l'histoire touchante des sœurs de Méléagre, fils d'Œnée, roi de Calydon, qui, désespérées de la mort de leur frère, ne voulurent point abandonner sa tombe, et que Diane changea en oiseaux ? Qui ne sait qu'après cette transformation, ces tendres filles, victimes de l'amitié fraternelle, conservèrent sur leur robe emplumée, les larmes qu'il ne leur étoit plus permis de répandre, et pour accens, des cris de douleur, soulagement amer de l'infortune ?

Cette fiction de la mythologie des anciens Grecs est un abrégé de la description de leur *peintade* ou de la *méleagride*. En effet, des taches blanches, plus ou moins arrondies, sont semées sur le fond gris bleuâtre de son plumage, et représentent assez bien des larmes ; leur distribution est assez régulière pour qu'elles paroissent avoir été placées par le pinceau d'un peintre, d'où est venu le nom de *peintade* ou *d'oiseau peint*, que les modernes ont imposé à cet oiseau.

Quoique sans éclat, cette parure modeste, mais élégante, plaît et intéresse.

Les mouchetures, de même que le fond cendré bleuâtre, varient sur les différens individus, et la domesticité leur fait acquérir plus ou moins de blanc. Les anciens désignèrent la *peintade* par les épithètes de *varia* et de *guttata* ; et des modernes l'ont appelée *poule perlée*. Varron y ajoutoit la désignation de *gibbosa* (*bossue*), parce que le dos de la *peintade* semble s'élever et former une bosse, qui néanmoins n'est qu'apparente ; c'est l'effet du repli des ailes et de la queue, courte et pendante comme dans la *perdrix*.

Le cou de la *peintade* est fort menu et légerement couvert de duvet, qui laisse voir la peau d'un bleu rougeâtre. Il n'y a pas de plumes sur la tête, dont le sommet porte une crête cartilagineuse, haute de cinq à six lignes, et dont la couleur varie dans les différens sujets du blanc au rougeâtre, en passant par le jaune et le brun. Gessner compare cette espèce de casque au *corno* du bonnet ducal, dont se coiffoient les doges de Venise. L'ouverture des oreilles est très-petite et découverte ; les yeux sont grands, et de longs poils noirs dirigés en haut, bordent la paupière supérieure. Des caroncules charnues pendent de chaque côté de la partie inférieure de la tête ; elles sont bleues dans le mâle et rougeâtres dans la femelle. Cette tête, si singulièrement affublée, se termine par un bec de gallinacé , mais très-dur, pointu, rouge à sa base, et de la couleur de la corne à son bout. Les pieds sont bruns et assez élevés. La longueur totale de l'oiseau est d'environ vingt-deux pouces , et sa grosseur celle d'une *poule commune ;* l'ensemble de ses formes la rapproche beaucoup de la *perdrix.*

Comme tous les gallinacés domestiques , les *peintades* ont subi des variations dans leur plumage ; c'est pourquoi on en voit qui ont la poitrine blanche ; d'autres qui sont d'un gris presque blanc avec des taches blanches; quelques-unes ont le fond de leur vêtement d'un bleu noirâtre; enfin il s'en trouve de totalement blanches ; ces dernières sont très-rares.

La description anatomique de la *peintade* a été faite par les académiciens des sciences, en 1672. *V.* la seconde partie des *Mémoires pour servir à l'histoire des animaux.*

De même que la *perdrix,* la *peintade* dont les ailes sont extrêmement courtes , ne vole ni long-temps ni fort haut ; mais elle court avec une vitesse extraordinaire. Elle recherche néanmoins les arbres pour s'y percher, et dans l'état de domesticité, elle aime à se tenir sur le comble des maisons. Son cri aigu et perçant est d'autant plus désagréable, qu'elle le fait entendre sans cesse. C'est, du reste, un animal extrêmement vif, inquiet, turbulent. Dans nos basse-cours, il se rend le maître des autres espèces de volailles, qui redoutent son humeur querelleuse et ses violens coups de bec. Salluste compare sa manière de combattre à celle de la cavalerie numide : « Leurs charges, dit cet historien, sont brusques et précipitées ; si on leur résiste , ils tournent le dos, et un instant après font volte-face; cette perpétuelle alternative harcèle extrêmement l'ennemi. »

C'est de la Numidie et de plusieurs contrées brûlantes de l'Afrique, que les *peintades* sont originaires. Elles y volent en troupes, et passent la nuit toutes ensemble sur des arbres. On les trouve aussi en quantité dans les parcs fertiles de l'Arabie ; elles sont, au rapport de Niébuhr, si nombreuses dans les montagnes près du Tahama, que les enfans les abattent à coups de pierres, les prennent et les vendent en ville. Transportées en Amérique par les Génois, dès l'an 1508, elles s'y sont propagées et tellement acclimatées , que dans les possessions espagnoles elles errent en liberté au sein des bois et des savanes; on les y appelle *peintades marones.* La grande chaleur de leur pays natal ne les empêche pas de supporter les froids de nos climats, où elles n'existent pas, à la vérité , dans l'état sauvage, mais où elles ne paroissent pas plus souffrir du froid dans nos basse-cours que les autres volailles ; en sorte que l'on a tout lieu de présumer que placées dans les parcs, les *peintades* y vivroient comme les *fai-sans*, dont l'origine est également étrangère. Ce seroit un gibier de plus. Il faisoit chez les Romains les délices des meilleures tables ; il est, en effet, très-savoureux; les gour-mets prétendent que son goût ne ressemble à celui d'aucun autre oiseau, et que chacune de ses parties a un fumet dif-férent.

Il est difficile d'accoutumer les *peintades* domestiques à pondre dans le poulailler; elles aiment à déposer leurs œufs dans les haies et les broussailles, et elles en pondent succes-sivement jusqu'à cent, si on a la précaution, en les enlevant, d'en laisser toujours un dans le nid. L'abondance d'une nour-riture toujours prête, et que l'oiseau n'est pas obligé de cher-cher par petites portions, est la cause d'une pareille fécondité; dans l'état de nature, la *peintade* ne pond guère que huit ou dix œufs; mais elle y fait très-vraisemblablement plus d'une ponte par année. Ses œufs sont plus petits que ceux de *poule*; leur coquille est plus épaisse, tirant sur la couleur de chair, avec des taches blanches sur ceux de la *peintade* sauvage, au lieu que les œufs de la *peintade* domestique sont d'un ron-geâtre plus ou moins foncé, mais uniforme. Les uns et les autres sont très-bons à manger.

On fait ordinairement couver les œufs de *peintades* par des poules ou des dindes, qui soignent mieux les petits que les mères mêmes. A leur naissance, les *peintadeaux* sont fort jolis et ressemblent à de petits *perdreaux rouges*. Ils sont très-délicats et difficiles à élever dans nos pays ; on leur donne du millet, d'autres graines, aussi bien que des insectes et des vers, qui composent une portion de leur subsistance lorsqu'ils sont adultes.

Le *coq peintade* produit avec la poule domestique ; mais c'est une génération artificielle qui demande des précautions; la principale est de les élever ensemble de jeunesse, et les oiseaux métis qui proviennent de ce mélange forment une race bâtarde inféconde. Cette *peintade* étant d'origine africaine, il en est résulté les noms qui lui ont été donnes de *poule afri-caine, numidique*, de *Barbarie*, de *Tunis*, de *Mauritanie*, de *Lybie*, de *Guinée*, d'*Egypte*, de *Pharaon*, et même de *Jeru-salem*; elle est, disent des voyageurs, connue à Mada-gascar sous le nom d'*acanques*, au Congo sous celui de *quételè*.

La **Peintade a crête.** *V.* **Peintade huppée.**

La **Peintade d'Égypte**, *Numida ægyptiaca*, Lath., fig. *Ger. Ornith.*, tab. 232, ne paroît pas être une espèce distincte, surtout si l'on fait attention au peu d'exactitude qui caractérise en général les figures d'oiseaux publiées par Gérini.

La PEINTADE HUPPÉE, *Numida cristata*, Pall. et Lath., fig. Pallas, *Spicil. zool.*, fasc. 4, tab. 2. Cette espèce vit aux Indes orientales ; sa taille est moyenne entre celle de la *perdrix* et celle de la *peintade* commune ; elle manque des barbillons charnus qui pendent sous le bec de l'espèce ordinaire ; l'on voit seulement une sorte de pli membraneux aux angles du bec, et qui s'étend un peu sur chacune des mandibules. La tête est presque entièrement nue ; un duvet très-clair laisse à découvert la peau qui est d'un bleu obscur ; mais une huppe large, épaisse et un peu recourbée en avant s'élève sur le front. Les ouvertures des narines sont larges et bordées d'un duvet épais. Le cou, bleu en dessus, est en dessous d'un rouge de sang ; les plumes de la huppe et du corps sont noires, avec des points d'un blanc bleuâtre sur la moitié postérieure du corps ; la queue a des bandes blanches, les ailes sont brunes et les pieds noirâtres.

Latham fait venir cet oiseau d'Afrique : cependant Pallas, que cite l'ornithologiste anglais, dit positivemen qu'on envoie assez souvent en Hollande la *peintade huppée* des Indes orientales. Il seroit néanmoins possible que la méprise fût du côté de Pallas. En effet, Marcgrave parle de *peintades huppées* qui avoient été apportées de Sierra-Leona. M. Temminck nous dit que cette espèce se trouve dans le pays des Grands-Namaquois et dans l'intérieur des terres de la Guinée, où elle vit en grandes bandes de quelques centaines, composées de plusieurs couvées réunies : que son cri est discordant et sinistre, et qu'elle le fait entendre plus fréquemment au lever et au coucher du soleil. Cet auteur critique Sonnini, ou, pour parler plus correctement, Virey, d'avoir appelé cet oiseau *peintade à crête*, dénomination, dit-il, défectueuse, en ce qu'elle feroit présumer qu'il a une crête charnue comme le coq : mais il est permis à un étranger, qui a la manie d'écrire dans une langue qu'il n'entend pas, d'ignorer que *crête* s'emploie pour *huppe*, et que l'on dit en français, *la crête d'une alouette*. En conséquence de cette dénomination prétendue défectueuse, cet Hollandais la remplace par celle de *cornal* qu'il dit être le nom que cette *peintade* porte dans son pays natal, quoique composé dans les marais de la Hollande. Pas de doute qu'il convient parfaitement pour exprimer la huppe emplumée de cet oiseau.

La PEINTADE MITRÉE, *Numida mitrata*, Lath., fig. *Fasc. zool.*, Pallas, fasc. 3, n.° 1. Il est fort incertain que ce soit une espèce distincte de l'espèce commune, dont elle a la grosseur et presque toutes les formes et les couleurs. Son casque est conique et relevé en mitre d'évêque ; le dessus de la tête et le tour du bec sont rouges. Outre les caroncules de la peintade, celle-ci a sous la gorge une peau pendante comme celle du dindon. Le haut du cou est nu et bleu; les plumes qui couvrent sa partie inférieure sont rayées en ondes, et celles du corps noires et parsemées de taches plus grandes que celles de la *peintade*. Le bec est jaunâtre, et les pieds sont presque noirs.

Les contrées où l'on a trouvé la *peintade mitrée*, sont les mêmes que celles où vit la *peintade commune*, ce qui, joint au peu de dissemblance que l'on remarque entre l'une et l'autre, ne permet guère de douter que ces deux oiseaux ne soient de la même espèce.

La PEINTADE A POITRINE BLANCHE, variété de la *peintade commune* : on la trouve à la Jamaïque et à Saint-Domingue. (s. et v.)

PEINTADE. On appelle ainsi un ANGUIS. (B.)

PEINTADEAU. Nom d'une jeune PEINTADE. (s.)

PEIPOS et PEIFOS. Ces noms désignent l'ARMOISE, *Artemisia vulgaris*, Linn., en Allemagne. (LN.)

PEIS MULAR et SENEDETTE. Rondelet figure, sous ces noms, un cétacé que M. Lacépède place dans son genre DELPHINAPTÈRE, mais que M. Cuvier regarde comme douteux. (DESM.)

PEJIJERA. C'est la PERSICAIRE, en Espagne. (LN.)

PEKAN, *Mustela canadensis*. Mammifère carnassier digitigrade du genre des MARTES (*V.* ce mot), et qui est particulier à l'Amérique septentrionale. (DESM.)

PEKEA, *Pekea*. Genre de plantes établi par Aublet. Il a été appelé RHIZOBOLE par Gærtner, et réuni par Schreber et Willdenow au CARYOCAR de Linnæus. Les fruits des *pékéas* renferment une amande assez grosse, qui est bonne à manger, et dont on tire une huile qui sert à assaisonner les alimens, ou mieux, qui remplace le beurre à Cayenne, au Pérou et autres endroits de l'Amérique méridionale.

Les SAOUARIS d'Aublet se rapportent à ce genre. (B.)

PEKEK. *V.* MÉSANGE DE LA BAIE D'HUDSON. (V.)

PEKEYA. Ce nom est donné, par Scopoli, au genre COUSSAREIA d'Aublet. (B.)

PEKIA. Espèce du genre des LÉCYTHIS. (B.)

PEKIAI. *V.* KIAI-TSAI. (LN.)

PEKIAI des Chinois. *V.* CAY-BAC-THOI. (LN.)

PELA. C'est le GOYAVIER dans l'Inde, *Psidium pyriferum*. (B.)

PELA. Nom malais du MUSCADIER. (LN.)

PELA-CHU. Nom chinois du GALÉ CÉRIFÈRE. (B.)

PELAGE. C'est la peau d'un quadrupède ; *l'hermine*, la *marte*, ont le *pelage* fin et soyeux ; le *cerf* l'a de couleur fauve ; le *tigre* l'a marqué de larges bandes noires ; la *panthère* l'a parsemé d'anneaux noirs sur un fond également fauve, etc., etc. (DESM.)

PÉLAGIE, *Pelagia*. Genre établi par Péron, aux dépens des MÉDUSES, mais réuni par Lamarck aux DIANÉES du même auteur. (B.)

PÉLAGIENS, *Pelagii*, Vieill. Famille de l'ordre des OISEAUX NAGEURS, et de la tribu des TÉLÉOPODES. *V.* ces mots. *Caractères* : pieds courts, à l'équilibre du corps ; jambes dénuées de plumes sur leur partie inférieure ; tarses réticulés ; quatre doigts, trois devant, un derrière ; les antérieurs engagés dans une membrane entière ; le postérieur libre, articulé sur le tarse, plus haut que les autres, quelquefois exonguiculé ; bec ou médiocre ou long, entier, comprimé par les côtés, droit ou courbé à sa pointe, quelquefois en forme de lame et la mandibule supérieure plus courte que l'inférieure ; ailes longues. Cette famille contient les genres STERCORAIRE, MOUETTE, STERNE ou HIRONDELLE DE MER, RHYNCHOPS ou BEC-EN-CISEAU. (V.)

PÉLAGIENS. On donne le nom de poissons *pélagiens*, et de coquilles *pélagiennes*, à des poissons et à des coquilles qui restent au fond des mers, et qu'on ne rencontre jamais sur les côtes. Par opposition, on donne le nom de *littoraux* aux animaux qui ne quittent jamais les rivages. (DESM.)

PELAGOS, PELARGOS. Noms grecs de la CIGOGNE.

PELAGUSE, *Pelagus*. Genre de COQUILLES établi par Denys-de-Montfort aux dépens des NAUTILES, dont il diffère par la présence d'un ombilic, et par des cloisons lobées, dentelées ou persillées.

La coquille qui sert de type à ce genre, a été trouvée dans les roches calcaires des Vaches-Noires, en Normandie. Elle a quatre pouces de diamètre. Ses cloisons sont pyriteuses. (B.)

PELAMIDE. On donne ce nom au CENTRONOTE VADIGO.

C'est encore le nom latin d'un autre poisson du genre des SCOMBRES (*Scomber pelamides*, Linn.), c'est-à-dire de la BONITE.

Il paroît aussi que les anciens l'attribuoient aux jeunes THONS. (B.)

PELAMIDE, *Pelamis*. Genre de reptiles, de la famille des serpens, établi par Daudin, pour séparer des HYDROPHIS de Latreille les espèces qui n'ont pas de crochets à venin. Il présente pour caractères : des écailles ovales, égales, couvrant la totalité du corps et de la queue, excepté la tête, sur le sommet de laquelle il y a de grandes plaques peu nombreuses ; une queue aplatie et obtuse ; point de crochets à venin.

Ce genre renferme trois espèces qui vivent habituellement dans la mer, et qui y poursuivent facilement les poissons et les reptiles, aux dépens desquels elles vivent, par le moyen de leur queue, faisant les fonctions de rame et de gouvernail.

Une de ces espèces a été connue des anciens, et est mentionnée dans Aristote et Pline.

Le PÉLAMIDE FASCIÉ, *Anguis laticauda*, Linn.; l'*Hydrophis à longue queue*, Latreille, est pâle, avec des fascies brunes. On compte deux cents rangs d'écailles sur son corps, et cinquante sur sa queue. Il se trouve dans la mer de l'Inde et des îles voisines. Il est vif sans être prompt à mordre. (B.)

PELAMIS. *V.* PÉLAMIDE. (B.)

PELANDOR-AROË ou LAPIN D'AROË. Les Malais d'Amboine donnent ce nom à une espèce de KANGUROO. *V.* ce mot. (DESM.)

PELARGA. Synonyme de SAINFOIN. (B.)

PELARGON, *Pelargonium*. Genre de plantes nouvellement établi dans la monadelphie heptandrie et dans la famille des géranoïdes. Il renferme une partie des GÉRANIONS de Linnæus, genre devenu trop nombreux pour ne pas être divisé. Ses caractères sont : un calice divisé en cinq parties, dont la supérieure est terminée par un tube capillaire décurrent le long du pédoncule ; une corolle irrégulière de cinq pétales ; dix étamines inégales, dont trois, quelquefois cinq, stériles ; un ovaire supérieur, stipité, surmonté d'un style à cinq stigmates ; cinq coques aristées, presque toujours monospermes, à arêtes adnées au style persistant, roulées en spirale, barbues intérieurement, et s'ouvrant avec les coques de la base au sommet.

Ce genre, dont une quarantaine d'espèces sont figurées pl. 7 et suivantes de la *Géraniologie* de Lhéritier, renferme cent cinquante espèces, presque toutes du Cap de Bonne-Espérance. Il en fournit un grand nombre à la culture des fleuristes. La plupart sont frutescentes et remarquables par la vive couleur de leurs fleurs. On a mentionné à l'article GERANION, les plus communes ou les plus saillantes. (B.)

PELARGONIUM. Nom grec qui signifie cigogne. Ce nom, employé en botanique pour la première fois par J. Burmann, est devenu celui d'un genre établi par lui et Lhéritier, sur les géraniums qui croissent au Cap de Bonne-Espérance, et dont le nombre des espèces s'élève à plus de 150. *V.* GERANION. (LN.)

PELARGOS. Nom que les Grecs donnent à la CIGOGNE.

PELAS. Nom du Pécari à la baie de tous les Saints. *V*. ce mot. (DESM.)

PELECANOÏDE. Nom générique imposé par M. Lacépède à des PUFFINS, et qui correspond à une section du genre PÉTREL. (*V*. ce mot.) (v.)

PÉLÉCANTÈS. Il est question, dans Aristophane, d'un oiseau *Pelecantès* ; mais nous ne savons pas à quelle espèce ce nom doit s'appliquer. (s.)

PELECANUS. Nom grec latinisé, que Linnæus à imposé comme générique aux *pélicans*, *frégates*, *cormorans* et *fous*, et qui, dans ce Dictionnaire, n'est appliqué qu'aux *pélicans* proprement dits ; quelques-uns ont donné la même dénomination à la *spatule*. (v.)

PÉLÉCINE, *Pelecinus*, Latr., Fab. Genre d'insectes, de l'ordre des hyménoptères, section des térébrans, famille des pupivores.

Drury (Insect. tom. 2, pl. 40, fig. 4) a décrit et figuré, le premier, l'espèce d'après laquelle j'ai établi ce genre, et l'a nommée *ichneumon polyturator*. Fabricius, dans son Entomologie systématique, l'a aussi placée avec les ichneumons, et l'a désignée sous la dénomination de *polycerator*, sans citer Drury. Mais cet insecte s'éloigne évidemment de ce genre, à raison des antennes, des organes de la manducation et des ailes. Sous quelques-unes de ces considérations et par la forme des pattes postérieures, il m'a paru se rapprocher des *fœnes*, des *aulaques*, hyménoptères de ma tribu des évaniales ; et c'est effectivement à cette sous-famille que j'ai rapporté ce nouveau genre. Ayant vu depuis une autre espèce, dont l'abdomen diffère beaucoup de celui de la précédente, je suis aujourd'hui porté à croire que le genre pélécine appartient plutôt à ma division des *oxyures*, et qu'il avoisine les *hélores* et les *proctotrupes*. Par cette transposition, les caractères de la tribu des *évaniales* sont simplifiés ; tous les hyménoptères dont elle se compose, ont l'abdomen inséré à l'extrémité supérieure du métathorax, ou près de l'écusson, signalement qui leur est exclusivement propre. Leurs ailes inférieures, qui paroissent être, proportions gardées, plus petites que celles des *ichneumonides*, ne présentent qu'une ou deux nervures longitudinales, ce qui les distingue de celles des derniers *pupivores*, et leur donne plus de rapports avec les *oxyures gallicoles*, et les insectes de la même famille.

Dans les pélécines, les ailes inférieures sont pareillement très – petites, et n'offrent absolument aucune nervure. Les ailes supérieures en ont une qui part de leur base et gagne, presque en ligne droite, l'extrémité interne du bord

postérieur ; vers le tiers de la longueur de l'aile, elle forme,
au moyen d'une petite nervure transverse et de la côte, une
cellule brachiale et extérieure ; tout près de l'extrémité du
point épais part une autre nervure qui se dirige vers le bord
postérieur, sans l'atteindre tout-à-fait ; elle est coupée obliquement, et en manière de croix de Saint-André, par une
autre nervure, mais très-foible, qui commence au-dessous
du point épais et finit au bord postérieur, un peu au-dessous
de l'angle du sommet. Enfin la grande cellule, comprise entre
la grande nervure longitudinale et celle qui a son origine
près de l'extrémité du point, présente une autre nervure,
détachée ou libre à sa naissance, ainsi que la troisième de
celles dont j'ai parlé, peu prononcée comme elle, longitudinale et finissant près du milieu du bord postérieur. Ainsi
les ailes supérieures des pélécines ont une cellule radiale,
et une grande cellule cubitale ; l'une et l'autre sont fermées
par le bord postérieur de l'aile, et divisées longitudinalement
chacune par une nervure anomale ; la cellule radiale est entièrement coupée en deux, et la nervure qui forme cette séparation paroît répondre à celle qui, dans les ailes supérieures et plus composées des autres hyménoptères, distingue
les cellules cubitales des autres cellules du milieu.

N'ayant pas eu à ma disposition un assez grand nombre
d'individus de ce genre, il ne m'a pas été possible d'observer
leurs différences sexuelles. Ceux que j'ai vus m'ont paru être
des mâles. Les antennes sont filiformes, grêles, insérées
près du front, entre les yeux, droites et composées de treize
articles, la plupart longs et cylindriques. La labre est à découvert, membraneux, entier et presque demi-circulaire.
Les mandibules sont cornées, fortes, triangulaires et très-
dentées au côté interne. Les palpes maxillaires sont beaucoup
plus longs que les labiaux, presque sétacés et composés de
six articles ; les labiaux n'en ont que quatre, dont le dernier
un peu plus grand et en ovale allongé. La languette est trifide,
avec la division mitoyenne plus étroite. Par la forme générale du corps, ces insectes ont de l'affinité avec les ichneumonides. L'abdomen naît aussi de l'extrémité postérieure et
inférieure du métathorax, entre les deux dernières pattes ; il
est formé de six anneaux, et tantôt très-long, filiforme et
arqué, tantôt une demi-fois seulement plus long que le tronc,
rétréci vers sa base en un long pédicule et terminé en
massue. Les deux dernières pattes sont allongées, avec le
premier article des tarses plus court que le suivant ; leurs
jambes sont quelquefois assez grosses et en massue, comme
les mêmes jambes des *fœnes*. Je n'ai point aperçu, à l'anus,
de tarière, ni aucun autre appendice.

Les deux espèces que j'ai vues, se trouvent en Amérique. La première (*polycerator*), est toute noire, avec l'abdomen très-long, filiforme et arqué. M. Palisot de Beauvois l'a observée aux États-Unis. Il paroît qu'elle habite aussi le Brésil. La seconde espèce (*clavator*), est noire, avec le corselet d'un rougeâtre foncé ; son abdomen est en massue et tient au corselet par un long pédicule.

Elle vient au Brésil. Fabricius ne l'a pas connue. (L.)

PELECINE , *Biserrula*. Petite plante à feuilles alternes, ailées avec impaire, stipulées, à folioles ovales, en cœur renversé, à fleurs disposées en tête sur de lóngs pédoncules axillaires, qui forme un genre dans la diadelphie décandrie et dans la famille des légumineuses.

Ce genre a pour caractères : un calice tubuleux à cinq dents ; une corolle papilionacée, dont l'étendard est plus long que les ailes et la carène ; dix étamines, dont neuf sont réunies à leur base ; un ovaire supérieur oblong surmonté d'un style recourbé, à stigmate simple ; un légume oblong, plane, denté sur les bords, traversé dans le milieu par une suture longitudinale, biloculaire, quadrivalve, à cloison très-étroite, simple, opposée aux valves, et contenant dans chaque loge huit semences arrondies, réniformes, comprimées.

La *pelécine* se trouve dans les parties méridionales de l'Europe. Elle est annuelle, s'appelle vulgairement *ratcline*, et n'est remarquable que par la structure de son fruit, qui semble être composé de deux légumes unis étroitement par un de leurs bords. (B.)

PELECINON et **PELEKINOS** (Diosc.). Nom qui signifie *hache* en grec. Il étoit donné par les Grecs, selon Pline, à une plante que ce dernier nommoit *secudiraca*. (*V.* ce mot), et que Dioscoride appeloit aussi *hedysarum*. Nous avons vu à l'article *hedysarum*, que cette plante ancienne passoit pour être le *coronilla securidaca*. Tournefort emploie différemment les trois noms de *hedysarum*, *secudiraca* et *pelecinus*, parce qu'il croyoit y reconnoître ceux de trois plantes différentes. Ainsi, il appelle 1.º *hedysarum* un démembrement du genre SAINFOIN ; 2.º *secundaca*, le *coronilla* ci-dessus, dont il fait un genre ; et 3.º *pelecinus*, un genre nommé depuis *biserrula*, par Linnæus, remarquable par ses légumes longs et plats, dentés en scie des deux côtés. *V.* PÉLÉCINE. Les Grecs donnèrent encore le nom de *pelecinos* à l'*hippophaë* (LN.)

PELECOTOME, *Pelecotoma*, Fisch., Schonh. ; *Ripiphorus*, Payk. Genre d'insectes de l'ordre des coléoptères, section des hétéromères, famille des trachélides, tribu des mordellones.

Ce genre a été établi, dans les Mémoires de la Société impériale des naturalistes de Moscow, tom. 2, pag. 393, pl. 18, fig. 1, par M. Fischer, directeur du cabinet d'histoire naturelle de cette ville, sur un insecte qu'il a nommé *mosquense*, du lieu où il avoit été trouvé. M. Schonhers (*Synon. insect.*) rapporte cette espèce au *ripiphorus fennicus* de la Faune de Suède, de M. Paykull. M. Fischer dit que ce genre diffère de celui des *ripiphores* par la longueur et la forme des élytres, et principalement en ce que l'écusson est très-apparent; mais il s'en éloigne par d'autres caractères plus importans et qui ont échappé à ce naturaliste.

J'ai fait observer à l'article *myode*, que les crochets des tarses de ces insectes n'étoient point bifides à leur extrémité, et qu'ils étoient dentelés en peigne, le long de leur côté inférieur. Ce caractère se retrouve dans les pélocotomes; mais leurs antennes sont insérées au-devant des yeux, près de la bouche; leurs neuf derniers articles forment bien dans les mâles un éventail, ou un panache, ainsi que les mêmes des antennes des *myodes* et des *ripiphores* mâles; mais ce panache est simple dans les pélécotomes, ou chacun de ces articles ne jette qu'un rameau; il est double ou composé de deux rangées de filets dans les mâles des genres précédens. Enfin les organes de la manducation des pélécotomes présentent encore des différences particulières, mais que je n'exposerai point, les caractères que je viens d'indiquer étant plus que suffisans pour distinguer ce genre des deux autres. Là, comme ici, les rameaux des antennes des femelles sont beaucoup plus courts que dans les mâles.

Je connois trois espèces de ce genre, et dont deux se trouvent en Europe.

La première est le PÉLÉCOTOME DE MOSCOU, *Pelecotoma mosquense,* Fischer; *Ripiphorus fœnicus,* Payk. Elle est longue d'environ trois lignes, noire, avec un duvet soyeux, d'un gris jaunâtre, sur le corselet; les élytres et les pattes d'un brun roussâtre; les élytres sont un peu plus foncées et un peu béantes à l'extrémité, près de la suture. Au nord de l'Europe.

La seconde est le PÉLÉCOTOME DE DUFOUR, *Pelecotoma Dufourii.* Le corps est noir, avec un duvet soyeux d'un gris cendré; les élytres sont d'un brun roussâtre, et leur surface paroît être un peu inégale; les pattes sont noires. Draparnaud avoit découvert cette espèce aux environs de Montpellier. Mon ami Léon Dufour en a pris un individu près de Valence, en Espagne, et me l'a donné.

La troisième espèce, le PÉLÉCOTOME DE LÉACH, *Pelecotoma Leachii,* est propre au Brésil.

Le docteur Léach, auquel je l'ai dédié, m'en a communiqué la femelle. Son corps est long de près de huit lignes,

noirâtre , mais tout couvert d'un duvet soyeux d'un brun
jaunâtre ; les antennes sont noires; les élytres , qui m'ont
paru proportionnellementplus longues que celles de l'espèce
précédente , sont rebordées à la suture et se terminent en
pointe obtuse. (L.)

PELEDI. Poisson des rivières de la Sibérie , qui appartient au genre CYPRIN. (B.)

PELEGRINE. On a donné ce nom à l'ALSTROÉMÈRE. (B.)

PELEIAS. C'est en grec, le nom du *biset* ou *pigeon sauvage. V*. PIGEON. (S.)

PELEKAN. Le PIC en grec. (S.)

PELEKANOS ou PELEKINOS. Les anciens Grecs
appeloient ainsi le PÉLICAN. (S.)

PELEN. Nom illyrien de l'ABSINTHE (*artemisia absin-
thium*). (LN.)

PELERIN (*Fauconnerie*). C'est le *faucon passager. V*. le
mot FAUCON. (S.)

PELERIN , *Sclache*. Sous-genre établi par Cuvier, dans
le genre des SQUALES. Il a pour type le SQUALE TRÈS-GRAND,
que Blainville nous a fait si bien connoître. (B.)

PELERINE. Nom vulgaire du PEIGNE COMMUN. (B.)

PELEXIE , *Pelexia*. Genre établi par Poiteau , aux dépens des NÉOTTIES , mais dont les caractères ne sont pas
encore publiés. (B.)

PÉLIAS ou PELIE. Nom d'une COULEUVRE. (B.)

PÉLICAN, *Pelecanus*, Linn., Lath. Genre de l'ordre des
oiseaux NAGEURS et de la famille des SYNDACTYLES. *V*. ces
mots. *Caractères :* Bec très – long , aplati horizontalement,
large , à bords entiers ou dentelés en scie ; mandibule supérieure sillonnée, crochue et onguiculée à sa pointe; l'inférieure
à branches flexibles, membraneuse dans le milieu ; narines
très – étroites, longitudinales , oblitérées dans un sillon et
situées à la base du bec; langue cartilagineuse , très-courte,
obtuse et arquée à sa pointe; face nue; peau de la gorge dilatable en un sac très-volumineux ; pieds courts, à l'équilibre du corps ; bas des jambes et tarses nus ; tous les quatre
doigts réunis dans une seule membrane; la première rémige
la plus longue de toutes ; queue composée de vingt pennes.

Linnæus, Latham , etc. , ont classé dans le genre *pelecanus* des oiseaux qui diffèrent assez entre eux par les caractères génériques, pour exiger d'être isolés les uns des autres;
en effet , il ne suffit pas que les *pélicans*, proprement dits ,
les *cormorans*, les *frégates*, les *fous*, aient les doigts conformés
de même pour les réunir ; sans quoi il faudroit y joindre les
anhingas et les *phaëtons*, dont on a fait, avec raison, des

groupes particuliers. Cette conformité peut bien distinguer
et signaler une famille , mais nullement un genre , dès que
les espèces qui le composent présentent dans leur bec et
dans diverses autres parties nues des dissemblances tranchantes. Venons à l'appui de ces faits par des rapprochemens
dont il doit résulter une pleine conviction.

Les FRÉGATES ont le bec entier, suturé en dessus, un peu
comprimé latéralement ; la pointe des deux mandibules très-
crochue et acuminée ; les jambes totalement couvertes de
plumes et les tarses à demi vêtus (1) ; le premier doigt, le
plus long ; la membrane digitale , échancrée dans le milieu ,
et ne se prolongeant pas en entier jusqu'aux ongles, comme
chez les espèces suivantes.

Les CORMORANS se rapprochent de la *frégate* par la forme
du bec , si ce n'est que la mandibule inférieure est obtuse et
peu courbée en en bas, à son extrémité ; par leurs jambes totalement emplumées ; mais ils en diffèrent par leurs tarses
nus, par l'intégrité de la palme des doigts et par leur deuxième
ongle dont le bord interne est pectiné , tandis qu'il est entier
chez l'autre.

Les FOUS ont le bec conique, légèrement courbé vers le
bout ; la mandibule supérieure comme articulée et composée
de trois pièces, jointes par deux sutures ; ce qui lui donne la
faculté de se briser et de s'ouvrir en haut , en relevant sa
pointe à environ deux pouces de celle de l'inférieure. Ces
deux parties sont finement dentelées sur les bords, et seulement fléchies vers le bout ; le bas des jambes est nu , et le
deuxième ongle comme celui des *cormorans.*

Le PÉLICAN , qui a donné son nom au genre, diffère de
tous les autres par la grande largeur et la longueur de son
bec , dont la partie supérieure est aplatie en dessus, onguiculée à sa pointe, et dont l'inférieure est composée de deux
branches flexibles, auxquelles est attachée une membrane
qui se dilate en forme de poche, et qui pend alors sur la
gorge ; il s'en éloigne encore par son deuxième doigt, le plus
long de tous. Des *pélicans* ont de l'analogie avec les *fous*
dans les dentelures des mandibules ; mais comme d'autres
les ont entières , ce genre doit être divisé en deux sections ;
du reste, tous ressemblent aux *fous* par les jambes et par la
membrane des doigts.

La nature a séparé les oiseaux dont il est question, non-
seulement par divers attributs, mais encore par les mœurs,
les habitudes et l'instinct. Les *frégates* ont le vol rapide et

(1) Ce dernier caractère est étranger à tous les oiseaux aquatiques,
échassiers et nageurs , à l'exception des *Manchots*

très-élevé, ne saisissent le poisson qu'à la surface de l'eau, nagent peu et ne plongent point. Les *cormorans*, au contraire, sont d'habiles plongeurs, et d'une telle adresse à pêcher, que les Chinois ont su mettre à profit ce talent et en faire un pêcheur domestique. Ils ne volent guère plus haut que les arbres sur lesquels ils se perchent, ainsi que tous les *syndactyles* (1). Les *pélicans* ayant des ailes d'une grande envergure, se soutiennent, malgré leur grandeur et leur poids, très-aisément et très-long-temps dans l'air : ils tombent à plomb sur le poisson, ou le saisissent en rasant l'eau. Les *fous*, nommés ainsi à cause de leur grande stupidité et de leur air niais, pêchent en planant, les ailes presque immobiles, et se précipitent sur l'habitant de l'onde à l'instant qu'il paroît à la surface : leur vol est rapide et soutenu, mais moins que celui de la frégate qui souvent les attaque, les poursuit et les force à coups d'aile et de bec, à lâcher leur proie pour en faire sa pâture.

Tous ont le haut de la gorge plus ou moins susceptible de dilatation ; mais chez le *pélican*, il prend la forme d'un sac et se prête assez pour contenir de gros poissons : tous nichent à une élévation de terre plus ou moins grande, sur les arbres, dans les rochers, dans les roseaux : leurs petits sont nourris dans le nid, lorsqu'il n'est pas à une petite proximité du sol. L'Europe ne possède qu'une seule espèce de *pélican*, deux *cormorans* et plusieurs *fous*. Des ornithologistes allemands rangent la *frégate* parmi les oiseaux de leur pays ; mais un oiseau appartient-il à une contrée, parce qu'il se sera égaré momentanément ? Il me semble que sa patrie doit être la région où il se reproduit, et certainement les *frégates* ne nichent pas en Allemagne, ni même dans aucune partie de l'Europe.

Le PÉLICAN proprement dit, *Pelecanus onocrotalus*, Lath., pl. M 31 de ce Dictionnaire. Cet oiseau de mer égale le *cygne* en grosseur ; mais ses ailes ont beaucoup plus d'envergure ; aussi son vol est-il plus aisé, plus soutenu; tantôt il s'élève à une hauteur prodigieuse, tantôt il rase la surface de l'eau, ou se balance à une médiocre élévation, pour, de là, se précipiter d'aplomb sur sa proie. La chute violente d'un animal aussi puissant, le tournoiement, le bouillonnement de l'eau qu'occasione la grande étendue de ses ailes, étourdissent les poissons au point que peu lui échappent ; se relevant ensuite et retombant de même, il continue ce manége jusqu'à ce qu'il ait rempli sa poche. Telle est la manière de pêcher du *pélican* lorsqu'il est seul : « Mais en troupes, dit Buffon, ils savent

---

(1) J'appelle *syndactyles* tous les oiseaux nageurs qui ont les quatre doigts réunis dans la même membrane.

Breve del.   1.er Jardieu Sculp.

1. Pélican blanc   2. Pintade   3. Gallinule

varier leurs manœuvres et agir de concert; on les voit se disposer en ligne et nager de compagnie, en formant un grand cercle qu'ils resserrent peu à peu pour y renfermer le poisson et se partager la capture à l'aise. » Le matin et le soir sont les époques du jour où ces oiseaux font leur pêche, et ils savent choisir les lieux où le poisson est le plus abondant; quand leur sac est plein, ils se retirent sur quelque pointe de rocher; là, ils mangent, digèrent à leur aise et restent en repos jusqu'au soir, où ils recommencent le même manége. Cette poche, susceptible de s'étendre au point de contenir vingt pintes d'eau, est composée de deux peaux; l'interne est contiguë à la membrane de l'œsophage; l'externe n'est qu'un prolongement de la peau du cou; et les rides qui la plissent servent à retirer le sac, lorsqu'étant vide il devient flasque; et afin que l'oiseau ne soit point suffoqué lorsqu'il ouvre à l'eau ce sac tout entier, la trachée-artère quitte alors les vertèbres du cou, se jette en devant, et s'attachant sous cette poche, y cause un gonflement très-sensible; en même temps deux muscles en anneaux resserrent l'œsophage de manière à le fermer tout entier à l'eau. Le *pélican* presse cette poche contre sa poitrine, pour en faire regorger le poisson; c'est sans doute ce qui aura donné lieu à la fable qui le représente se déchirant le sein pour en nourrir ses petits.

Ces oiseaux sont d'une si grande voracité, qu'un seul engloutit, dans une seule pêche, autant de poissons qu'il en faudroit pour le repas de six hommes. En captivité, il mange les rats et autres petits quadrupèdes; et si on lui jette un morceau, il le happe et le mange de côté.

Cette espèce est répandue dans toutes les contrées méridionales de notre continent, mais elle est rare en France; on la retrouve dans le Nord de l'Amérique jusqu'à la baie d'Hudson, et dans le Sud jusqu'aux Terres Australes. Elle porte, dans les contrées de l'Iaïk, le nom de *baba* (vieille femme). Elle a la tête et le haut du cou couverts d'un duvet blanc et court; les plumes de la nuque étroites, longues, pendantes et blanches, ainsi que le reste du corps; les grandes pennes des ailes noires; les tempes nues et de couleur de chair; la mandibule supérieure jaunâtre, et rouge sur son arête; l'inférieure rougeâtre; la poche jaunâtre; les pieds plombés. Le jeune, dans sa première année, est généralement d'un gris cendré clair, avec le ventre blanchâtre; les ailes d'un gris verdâtre; leurs couvertures et le dos d'un vert cendré très-foncé. Cette espèce fait son nid dans les rochers, au bord des eaux, le construit à plate-terre, lui donne de la profondeur et le garnit intérieurement d'herbes molles; sa ponte est de deux à quatre œufs blancs et également arrondis sur les deux bouts; sa chair est de mauvais goût, et sa graisse huileuse.

Les anciens ont appelé cet oiseau *onocrotale*, parce qu'ils ont comparé sa voix au braiement d'un âne; c'est en plein air qu'il jette ses plus hauts cris.

Le PÉLICAN D'AMÉRIQUE, de Catesby, est le COURICACA. *Voyez* ce mot.

Le PÉLICAN A BEC DENTELÉ, *Pelecanus thagus*, Lath., diffère du premier par son bec découpé en scie sur les bords. On le trouve au Mexique et au Chili, où il niche dans les rochers entourés des eaux de la mer. Ponte de cinq œufs.

Le PÉLICAN BRUN, *Pelecanus fuscus*, Lath. — pl. enl. n.° 957, se trouve à Saint-Domingue et dans l'Amérique septentrionale; il a une taille inférieure à celle du *pélican* proprement dit; le bec verdâtre à sa base, bleuâtre dans le milieu et rouge à son extrémité; la poche d'un bleu cendré, et rayée de rougeâtre; l'iris bleuâtre; la tête et le cou blancs; le corps d'un brun cendré, marqué de blanchâtre sur le milieu de chaque plume des parties supérieures; les grandes pennes des ailes noires; les secondaires brunes; les pieds plombés.

Les ornithologistes modernes décrivent encore plusieurs *pélicans* comme espèces particulières; mais ils ont une grande analogie avec les précédens.

Le *Pélican à bec rouge*, *Pel. erythrorhynchos*, Lath. Plumage blanc; poche rayée de noir.

Le *Pélican de la Caroline*, *Pel. carolinensis*, est brun en dessus et blanc en dessous; il a deux variétés; l'une a les parties inférieures mêlées de brun; l'autre le bas du dos rayé de noir et de blanc sale.

Le *Pélican de Cayenne*, décrit par Mauduyt dans l'*Encycl. méth.*, est moitié moins gros que le premier; son plumage est brun, plus clair en dessous; le bec, les pieds et la poche sont jaunâtres.

Le *Pélican de Manille*, *Pel. manillensis*, est tout brun. Taille du *pélican* proprement dit.

Le *Pélican des Philippines*, *Pel. philippensis*. Taille du précédent; plumage varié de brun et de blanc. Ces deux derniers sont regardés comme des jeunes, plus ou moins avancés en âge, du suivant.

Le *Pélican rose*, *Pel. roseus*. Plumage rosé.

Le *Pélican roussâtre*, *Pel. rufescens*, habite l'Afrique occidentale. Tête et cou d'un blanc brunâtre; queue d'un cendré obscur; reste du plumage roussâtre; bec, poche et pieds jaunes. C'est un jeune oiseau. (v.)

PELICAN D'ALLEMAGNE. C'est un des noms vulgaires du CANARD SOUCHET. (DESM.)

PÉLIDNA. C'est, dans le Règne animal de M. Cuvier, la dénomination générique des ALOUETTES DE MER. (V.)

PELIE (*Coluber pelias*). Reptile du genre COULEUVRE. Ce serpent est noir en dessus, vert en dessous, avec du brun derrière les yeux et sur le sommet de la tête. Il y a aussi de chaque côté une ligne jaune. Les plaques abdominales sont au nombre de cent quatre-vingt-sept, et celles de la queue au nombre de cent trente-deux paires de petites.

La *Pélie* se trouve aux Indes. (DESM.)

PELIGALO. Nom que donnent les habitans de la Nouvelle-Grenade, à l'APHELANDRE CRÊTÉE de Brown, qui est la CARMENTINE TRÈS-BELLE de Linnæus. (B.)

PELIOSANTHE, *Peliosanthes.* Nom de deux plantes, l'une de l'Inde, l'autre d'Amérique, qui ont les racines vivaces, fusiformes, les feuilles pétiolées, ovales, aiguës, engaînantes, les fleurs vertes et rouges, disposées en grappes sur une hampe de six pouces de hauteur. Ces deux plantes constituent un genre dans l'hexandrie monogynie, qui ne diffère pas de l'OPHIOPOGON, du SLATÉRIE et du FLUGGEE. Il se rapproche infiniment des DIANELLES, des SANSEVIÈRES, des SCILLES et des ALOÈS.

Les caractères du *péliosanthe* sont : corolle monopétale, à six divisions, dont trois intérieures plus longues, et à tube fermé par un diaphragme percé au centre; six anthères adnées au limbe du trou du diaphragme; un ovaire inférieur à style court et strié. Le fruit n'est pas connu. Ces plantes, qu'on cultive dans nos jardins, sont figurées pl. 415 des Liliacées de Redouté ; pl. 634 du Botaniste, d'Andrews. et pl. 1802 de Curtis. (B.)

PELIOT. Synonyme de POUILLOT. (B.)

PELISTES. *V.* PELLISTES. (PAT.)

PELITRE. Nom espagnol et portugais de la PYRÉTHRE.

PELIUM ou **PELIOM.** C'est ainsique Werner a nommé le CORDIÉRITE LAMELLAIRE de Bodenmais, en Bavière, dont il faisoit une espèce distincte de son *jolith*. Il y rapportoit le SAPHIR D'EAU du commerce et un fossile bleu, qu'on trouve dans du feldspath en Sibérie; toutes ces substances pierreuses appartiennent réellement au CORDIÉRITE ; mais il ne faut pas y rapporter le *sidérite* ou quarz bleu de Golling, près de Salzbourg, et le *steinheilite*, ou quarz bleu d'Abo, en Finlande. (LN.)

PELLA, *Pella.* Genre de plantes établi par Gærtner, d'après un fruit de Ceylan. Ce fruit est une baie à calice supérieur sans dents, et renfermant dans une seule loge un grand nombre de semences luisantes. (B.)

PELLAGRA. Le SAINFOIN (*hedysarum onobrychis*, L.) porte ce nom en Italie. (LN.)

PELLE. C'est le *callionymus indicus* de Linn: *Voyez* CAL-LIOMORE. (B.)

PELLE-BOSSE. C'est l'ÉPILOBE à feuilles étroites.

PELLETERIES ou FOURRURES. C'est le nom que l'on donne à quelque peau que ce soit, garnie de son poil, qui entre dans le commerce des marchands pelletiers; telles sont celles des MARTES, des LOUTRES, des RENARDS, des LOUPS, des CHIENS, des CASTORS, des OURS, des PETIT-GRIS, de l'HERMINE, de la ZIBELINE, de l'ISATIS ou RENARD BLEU, du LAPIN, du RICHE (variété du lapin), du LIÈVRE, du CHAT, etc.

Plusieurs oiseaux fournissent aussi des pelleteries; ce sont principalement le COQ, le TOUCAN, le GRÈBE, l'EIDER, l'IMBRIM. *V.* tous ces articles, où l'on trouvera la valeur et les qualités respectives de chacune de ces fourrures. (DESM.)

PELLICULE ANIMÉE. Nom donné, par Dicquemare, dans le *Journal de Physique* de février 1781, à un ver marin du genre des PLANAIRES, d'un pouce de long, qui a douze yeux. (B.)

PELLISTES. Nom que les habitans du Pérou donnent à l'OBSIDIENNE ou verre de volcans, que les Espagnols ont appelé pierre de GALLINACE. *Voy.* OBSIDIENNE. (LN.).

PELLITORY. La PARIÉTAIRE, l'ACHILLÉE PTARMIQUE, portent ce nom en Angleterre. Le PELLITORY-TREE est le CLAVALIER (*zanthoxylum*). (LN.)

PELMATODES, *Pelmatodes*, Vieill. Famille de l'ordre des oiseaux SYLVAINS, et de la tribu des ANISODACTYLES. *Voyez* ces mots.

Caractères : pieds courts; jambes nues sur leur partie infé-rieure; tarses réticulés; quatre doigts, très-rarement trois, alors l'intérieur est nul; les extérieurs étroitement unis presque jusqu'au bout; le postérieur articulé au niveau des autres; bec allongé, triangulaire, entier, droit ou fléchi en arc. Cette famille est composée des genres GUÊPIER et MARTIN-PÊCHEUR. *V.* ces mots. (V.)

PELŒ (*Herm. Zeyl.* 24). Nom qu'on donne, à Ceylan, à un arbre dont Adanson fait un genre sous le même nom, et qui est le *Bunis terioïde*, Linn., et peut-être le *pella*, de Gærtner. Adanson lui attribue des feuilles alternes, des fleurs en grappes terminales; un calice et une corolle de cinq pièces chaque, huit à dix étamines. Il ne connoissoit pas le fruit. *V.* PELLA. (LN.)

PELOGONE, *Pelogonus*, Latr. Genre d'insectes de l'ordre des hémiptères, section des hétéroptères, famille de hydrocorises. J'ai établi ce genre sur un insecte que j'a trouvé dans quelques départemens méridionaux de la France, près des bords des ruisseaux, et qui fait le passage de nos *acanthies* (*salda zosteræ* , Fab.), aux *galgules* , aux *belostomes*, et aux *naucores*. Son port est presque le même que celui des *galgules* ; ses pattes antérieures ne sont pas ravissantes. Il est distingué des *acanthies* par ses antennes très-courtes et cachées sous les côtés de la tête.

Le PELOGONE BORDÉ , *Pelogonus marginatus* (*Acanthie bordée* , Lath., *Hist. nat. des crust. et des insect.*)), est long de deux lignes, arrondi, noirâtre, un peu cendré en dessous, avec les côtés du corselet, quelques parties de son bord postérieur, des taches sur les bords extérieurs des élytres et de l'abdomen, d'un brun roussâtre ; les élytres ont quelques points cendrés ; les pattes sont pâles. Il se trouve au midi de la France et en Espagne, où il a été observé par M. Léon Dufour. (L.)

PELON-ICHIATL-OQUITLI. Hernandez , dans son *Histoire du Mexique*, p. 660, désigne par ce nom de pays le LAMA. *V.* ce mot. (DESM.)

PELONITIS. L'un des noms du GERANION des Grecs.
(LN.)

PÉLOPÉE, *Pelopæus*, Latr., Fab.; *Sphex*, Linn. , Deg.; *Pepsis*, Fab. ; *Sceliphron* , Klüg. Genre d'insectes, de l'ordre des hyménoptères , section des porte-aiguillons , famille des fouisseurs , tribu des sphégimes.

La plupart des *sphex* de Linnæus , dont l'abdomen est rétréci à sa base , en manière de pédicule , insectes désignés anciennement dans notre langue sous le nom de *guêpe-ichneumons* , composent notre sous-famille des sphégimes. Ainsi que les autres hyménoptères fouisseurs , les femelles nourrissent leurs petits de cadavres de divers insectes ; mais toutes ne construisent pas les nids de leur postérité de la même manière, et les pélopées montrent à cet egard un instinct plus ingénieux , et qu'on peut comparer à celui des *abeilles maçonnes*. Il est naturel d'en conclure que leur organisation doit un peu différer de celle des autres sphégimes. En effet, leurs mandibules n'ont point de dents au côté interne, et sont striées sur le dos ; leur labre est vertical ; leurs mâchoires et leurs lèvres sont proportionnellement plus courtes, presque droites ou peu courbées , et ne forment point réunies de fausse trompe sensible ; le lobe terminal des mâchoires est court , ovale , et divisé en deux parties coriaces , velues , jointes transversalement , en manière de suture , au moyen d'une membrane ; les palpes maxillaires sont sétacés, beaucoup plus longs que les labiaux, avec le troisième article plus grand que ceux qui lui sont con-

tigus , et dilaté au côté interne ; les divisions de la languette
sont courtes ; et les jambes ne sont point ou presque pas épineuses le long de leur côté extérieur.

Fabricius , en admettant le genre pélopée , en a cependant éloigné quelques espèces qui lui appartiennent réellement, et en a fait des *pepsis*. Dans la méthode de M. Jurine,
les pélopées font partie de sa première famille des *sphex*,
ceux dont la seconde cellule cubitale est resserrée antérieurement, et reçoit les deux nervures récurrentes. Mais, d'après ces
considérations, il faudroit rapprocher les *sphex* de Fabr., et
son *pepsis arenaria*, des pélopées, dont ils diffèrent par leurs
habitudes. En suivant ces principes, les *chlorion lobatum* et
compressum de Fabr., ne pourroient plus, malgré la convenance
générale de leurs autres rapports, trouver place dans la même
coupe. Je remarquerai cependant que les ailes supérieures
des *chlorions*, des *podies* et des *pélopées*, hyménoptères très-
analogues par leurs mœurs , présentent un caractère propre
qui les distingue des autres sphégimes. Les cellules terminales
sont beaucoup plus rapprochées du bord postérieur , et les
deux petites nervures qui s'échappent de ces deux cellules
(la dernière cubitale et la dernière de celles qui sont placées
immédiatement au – dessous) atteignent presque ce bord;
l'extrémité postérieure de ces ailes présente dans les autres
sphégimes , un espace assez étendu dépourvu de nervures,
et simplement ponctué.

Les *pélopées* ont le corps allongé. Leur tête est comprimée,
avec le devant plane , uni , soyeux. Leurs antennes sont
courtes , filiformes, roulées en spirale à leur extrémité , de
treize articles dans les mâles , et de douze dans les femelles.
Leur corselet est légèrement rétréci en devant ; le premier
segment est court et transversal; le second est obtus postérieurement. L'abdomen est porté sur un pédicule formé
brusquement et long. Les jambes postérieures n'ont pas
d'épines ou de dentelures sensibles ; les tarses postérieurs
sont légèrement ciliés. *V*. pour leurs autres caractères ce que
j'ai dit plus haut, et l'article *sphégimes*.

Les espèces connues de ce genre sont toutes propres aux
pays chauds. Le midi de la France nous en offre quatre ,
mais qui se ressemblent beaucoup. Linnæus en avoit nommé
une *spirifex*, ou *faiseur de spirales*. Réaumur a désigné ces insectes sous la dénomination de *guêpes maçonnes*, parce qu'ils
bâtissent avec de la terre des nids de plusieurs cellules , dans
lesquelles ils élèvent leurs petits. Ce grand observateur avoit
reçu d'Avignon des fragmens du nid de l'espèce que nous
avons indiquée plus haut; mais c'est sur des nids bien con-
ditionnés , venus de Saint Domingue , qu'il a mieux connu

part de leur construction. Ils sont composés chacun d'un
grand nombre de tuyaux, tous parallèles les uns aux autres,
et dont la masse est souvent attachée au plancher d'une
chambre; car ces insectes entrent et bâtissent hardiment
dans les maisons. Toutes les cellules ont leur ouverture en
bas, et leur arrangement donne au corps qu'elles composent
ne ressemblance avec l'instrument connu, dit Réaumur,
sous le nom de *sifflet de chaudronnier*; seulement les nids ont
une, deux, et même trois rangées de plusieurs trous. L'ouverture de chacun de ces trous est l'entrée d'une cellule en
tuyau. L'insecte construit ces cellules les unes après les autres, avec de la terre qu'il pétrit de manière à former un
cordon qu'il prolonge, et dont il applique successivement les
portions les unes sur les autres en une sorte de spirale.

Bernard de Jussieu assura à Réaumur qu'on avoit trouvé
des nids de pélopées attachés à des habits. Il falloit sans
doute que ces habits eussent resté quelque temps en place,
afin que l'insecte eût eu le temps de faire sa maçonnerie.

Cossigni écrivoit à Réaumur que l'espèce de pelopée qui
se trouve à l'Ile - de - France (*hemipterus*), bâtissoit dans les
chambres les plus habitées; qu'à la façon des *hirondelles*,
elle appliquoit son nid contre une solive, dans le coin d'une
fenêtre, dans l'angle de deux murs. Elle donne à chaque nid
la figure d'une boule, de la grosseur du poing. Ils sont faits
de terre, que l'insecte pétrit peu à peu, et à bien des reprises,
entre ses mandibules. Les boules sont chacune un assemblage de douze à quinze cellules, tantôt plus, tantôt moins.
A mesure qu'une cellule est construite, le pélopée y porte
une certaine quantité d'araignées vivantes, qu'il y renferme
ensuite avec l'œuf d'où sortira sa larve. Il bouche l'ouverture
avec de la terre. Cossigni ayant détaché de ces nids, et brisé à
dessein plusieurs de leurs cellules, trouva que la plupart des
araignées qui y avoient été renfermées, étoient vivantes.
Les coques qui enveloppent les nymphes, consistent en une
pellicule brune, fine et cassante.

J'ai vu quelquefois, dans des greniers, le nid du *pélopée
spirailler*.

PÉLOPÉE SPIRAILLER, *Pelopæus spirifex*, Fab.; *Sphex spirifex*,
Linn., Fab. Il est noir, avec le corselet pubescent, sans
taches, strié finement et transversalement à son extrémité
postérieure. Le pédicule de l'abdomen, le devant du premier article des antennes et la plus grande partie des pattes
sont jaunes.

On a cité pour synonymie de cette espèce, la fig. 5, pl. 28,
du tome 6 de Réaumur; mais il est bien clair que cette
figure se rapporte au *pélopée à croissant*. Voyez, pour les trois

espèces qu'on avoit confondues avec le *spirifex*, le 4.ᵉ vol. de mon *Genera crust. et insect.*, pag. 60.

PÉLOPÉE A CROISSANT, *Pelopœus lunatus*, **Fab.**; *Sphex lunata*, Linn. Il est noir, avec différentes taches jaunes. Le premier anneau de l'abdomen a une raie arquée ou en croissant jaune.

C'est de cette espèce que Réaumur a figuré le nid. Elle se trouve aux Antilles et dans l'Amérique méridionale.

Le même naturaliste représente, tom. 6, pl. 28, fig. 7, une espèce de *pélopée* qui est toute noire ; c'est l'*hemipterus* de Fabricius, qui se trouve à l'Ile-de-France, et dont j'ai parlé précédemment.

On rapportera au même genre les *pepsis violacea, cyanea, femorata, tibialis*, de Fabricius. M. le baron Dejean a découvert en Dalmatie un pélopée qui est très-voisin du premier de ces *pepsis*, de Fabricius. (L.)

PÉLORE, *Pelorus*. Genre de COQUILLES établi par Denys-de-Montfort, dans le voisinage des NAUTILES, dont il diffère parce que sa bouche est triangulaire, fermée par un diaphragme, percée sur deux côtés de trois trous ronds, et sur le troisième, celui du retour de la spire, de dix trous triangulaires.

La singulière coquille qui sert de type à ce genre, a été découverte par Fichtel et Mol dans des sables apportés du golfe Persique ; sa grosseur surpasse à peine celle d'un grain de moutarde. (B.)

PÉLORE, *Peloria*. Nom que les botanistes de Suède ont donné, en 1742, à un nouveau genre de plantes qu'ils supposoient le produit de la fécondation du germe d'une linaire commune, par le pollen d'une autre plante. Dans ce genre, la corolle, au lieu d'être à deux lèvres, a le limbe divisé en cinq parties ouvertes, obtuses et presque égales. Cette plante est toujours stérile, et ne se multiplie que par boutures.

Depuis on a trouvé non-seulement d'autres espèces de linaires dont la corolle avoit également pris cette forme, mais encore des cocrètes, des dracocéphales ; d'où l'on peut conclure que le pélore est une altération produite par une maladie de la fleur, altération que toutes les plantes anomales peuvent éprouver.

Il est possible cependant que l'opinion de Linnæus soit fondée, quoique les essais qui ont été faits pour rendre artificiellement pélores différentes plantes, n'aient pas réussi. Loin que la théorie s'oppose à l'admettre, elle semble, au contraire, forcer à l'adopter. *V.* au mot PLANTE. (B.)

PELORIDE. Nom qu'on donnoit anciennement, et qu'on donne peut-être encore, sur les bords de la Mediterranée, à une coquille du genre CAME, qui est bâillante, et dont la chair est estimée. Il est probable que c'est le TRIDACNE. (B.)

PELORIDE. On s'est encore servi de ce nom pour désigner la PHOLADE (*pholas dactylus*). (DESM.)

PELORIS, *Peloris*. Genre de vers mollusques établi par Poli, dans son ouvrage sur les testacés des mers des Deux-Siciles. Ses caractères consistent : à manquer de siphon et de pied ; un abdomen proéminent ; des branchies écartées en leurs bords, réunies en leur limbe, et unies légèrement par leurs sommets avec les bords du manteau ; le muscle adducteur unique et central.

Les animaux des huîtres forment ce genre, qui est figuré pl. 3o de l'ouvrage précité, avec des détails anatomiques très-étendus. *V.* au mot HUÎTRE. Ils sont hermaphrodites et vivipares. (B.)

PELOT. Nom qu'on donne, dans la Sénégambie, aux racines de RONDIER choisies pour être mangées. (B.)

PELOTE DE BEURRE. Coquillage du genre des CÔNES (*conus betulinus*, Linn). (DESM.)

PELOTE DE MER. *V.* aux mots EGAGROPILE DE MER et ZOOSTERE MARINE. (B.)

PELOTE DE NEIGE. Nom vulgaire d'une NERITE (*nerita radula*, L). (DESM.)

PELOTE DE NEIGE. On donne ce nom aux fleurs doubles de l'OBIER CULTIVÉ. (B.)

PELOTE DE POIL *V.* EGAGROPILE. (DESM.)

PELOU, PELOUARTA et PELOUCA. Divers noms des GOYAVIERS, au Malabar. (LN.)

PELOURDE. *V.* PALOURDE. (S.)

PELOUSE. Terrain couvert d'une herbe épaisse, courte et fine. *V.* GAZON. (D.)

PELOUSTIOU. Dans le midi de la France, on nomme ainsi une petite huître qui tient à une plus grosse. (DESM.)

PELTA. Sorte de CUPULE ou de CONCEPTACLE, dans les LICHENS ; elle se développe au bord de l'expansion ; une membrane mince et gélatineuse la recouvre, mais disparoît bientôt. On n'y reconnoît point de bordure très-apparente.

Les PHYSCIES en offrent des exemples. (B.)

PELTAIRE, *Peltaria*. Genre de plantes de la tétradynamie siliculeuse et de la famille des crucifères, dont les caractères consistent à avoir : un calice de quatre pétales oblongs et entiers : six étamines, dont deux plus courtes ; un ovaire supérieur, surmonté d'un style persistant à

stigmate capité; une silicule entière, presque ronde, comprimée, ne s'ouvrant point, et contenant une à trois semences.

Ce genre a été appelé BOADCHIE. Il renferme trois espèces, qui ont été réunies par quelques botanistes français
avec les CLYPÉOLES.

La seule connue de ces espèces est la PELTAIRE ALLIACÉE,
qui a les feuilles amplexicaules, oblongues et entières. Elle
est vivace, et se trouve dans les Alpes et en Allemagne. Elle
répand, lorsqu'on la froisse, une odeur d'ail très-prononcée.
La PELTAIRE DU CAP, de Linnæus, entre aujourd'hui dans
le genre AURINIE, de Desvaux. (B.)

PELTASTES, *Peltastes.* Nom donné, par Illiger, à un
genre d'insectes hyménoptères, de la sous-famille des *ichneumonides. Voyez* ce mot et l'article ICHNEUMON. (L.)

PELTATÉES. Famille de plantes qui a été établie aux
dépens des EQUISÉTACÉES. (B.)

PELTIDÉE, *Peltidea.* Genre de plantes cryptogames,
de la famille des ALGUES, établi aux dépens des LICHENS de
Linnæus. Il offre des scutelles marginales sessiles sur les
lobes qui sont le plus souvent redressées, situées à la surface
supérieure ou inférieure de la feuille, rarement éparses, latérales et enfoncées; des feuilles coriaces, non imbriquées,
à lobes plus ou moins arrondis, lisses en dessous ou veinées,
et comme cotonneuses.

Les types de ce genre sont les LICHENS VEINÉ, CANIN,
APHTHEUX, RÉSUPINÉ, ARCTIQUE, etc.

Quelques dermatodées, de Ventenat, en font partie. *V.*
aux mots LICHEN et DERMATODÉE. (B.)

PELTIGÈRE, *Peltigera.* Genre de lichen, aux dépens
duquel Acharius a établi ceux qu'il appelle PELTIDÉE, NÉ-
PHROME et SOLORINE. Il rentre dans celui qui est nommé
DERMATODÉE par Ventenat. (B.)

PELTIS, *Bouclier.* Geoffroy a donné ce nom à un genre
d'insectes coléoptères, que Linnæus avoit d'abord confondus
avec les *cassides,* mais qu'il a transportés ensuite dans son
genre *silpha.* Fabricius, en divisant ce genre en plusieurs autres, a conservé la détermination précédente à celle de ces
coupes qui embrasse les *boucliers* (*peltis*) du naturaliste français; mais il y a laissé quelques espèces, qui ont paru à Illiger
devoir former un genre particulier, qu'il a nommé *peltis.*
Fabricius l'a adopté dans son Système des éleuthérates, et
l'y a présenté sous la même désignation. Il en résulte une
confusion dans la nomenclature, et tel est le motif qui m'a
déterminé à substituer au mot *peltis,* qu'il vaut mieux abandonner, celui de THYMALE, *thymalus. V.* ce mot. (L.)

PELTOÏDES, *Peltoidea,* Latr. Tribu d'insectes coléoptères, de la famille des clavicornes, distinguée des autres divisions analogues par les caractères suivans : antennes plus longues que la tête, droites ou peu coudées, de dix à onze articles distincts, tantôt insensiblement plus grosses vers leur extrémité, tantôt en massue, soit perfoliée ou en scie, soit solide ; palpes maxillaires plus grands que les labiaux, courts ou de longueur moyenne ; corps ovale ou arrondi dans les uns, oblong dans les autres, avec le corselet de la largeur de l'abdomen, du moins à sa base ; mandibules plus courtes que la tête, comprimées, oblongues et arquées à leur extrémité ; pattes séparées, à leur naissance, par des intervalles égaux et non contractiles.

I. *Pointe des mandibules entière ou sans échancrure ni dent particulière.*

Les genres : NÉCROPHORE, BOUCLIER, AGYRTE.

II. *Extremité des mandibules échancrée ou bidentée.*

A   Massue des antennes plus ou moins ronde ou ovale.

* Les trois premiers articles des tarses, ou ceux du moins des antérieurs courts et larges ou dilatés.

Les genres : NITIDULE, BYTURE, CERQUE.

** Tarses point dilatés ; leurs quatre premiers articles presque cylindriques et peu différens en formes et en proportions.

Les genres : THYMALE, COLOBIQUE, MICROPÈPLE, DACNÉ, IPS, SPHÆRITE.

B. Massue des antennes oblongue, composée de cinq à six articles, ou formée insensiblement.

Les genres : SCAPHIDIE, CHOLÈVE et MYLŒQUE. (L.)

PELTOPHORE, *Peltophorus.* Genre établi par Palisot-de-Beauvois, pour placer le MANISURE QUEUE DE RAT, qui a la valve inférieure du calice presque plane et membraneuse en ses bords. (B.)

PELTRAM. Nom que l'on donne à la PYRÈTHRE (*anthemis pyrethrum*, L.), en Bohème et en Servie. (LN.)

PELTSCHEN. Nom allemand des CORONILLES, dans Willdenow. (LN.)

PELURE D'OGNON. Petit AGARIC qu'on trouve, en automne, sous les châtaigniers aux environs de Paris, et dont la couleur est celle de la peau de l'ognon. On peut le manger. Paulet l'a figuré planche 93 de son *Traité des champignons*. (B.)

PELURE D'OGNON. Variété de POMME-DE-TERRE.

C'est aussi l'*anomia ephippium*, Linn. *V.* au mot ANOMIE. (B.)

PELURE D'OIGNON TONNE. C'est une coquille des Indes, et du genre TONNE. (DESM.)

PELYNEK, PELYNKA et PELUNKA. Noms de l'ABSINTHE, en Bohème. (LN.)

PELYOSANTHE, *Pelyosanthes.* Plante originaire de l'Inde, cultivée dans nos jardins, et figurée pl. 415 des Liliacées de Redouté. Elle est vivace, a les feuilles lancéolées, les fleurs vertes en dehors, et rougeâtres en dedans, disposées en grappes, accompagnées de bractées, sur une hampe peu élevée.

Le genre qu'elle forme est de l'hexandrie monogynie. Ses caractères sont : corolle (*calice* Jussieu) infundibuliforme, très-évasée, à six divisions inégales et arrondies, à gorge pourvue d'une cloison transversale, percée, au milieu, d'un petit trou ; six étamines à deux loges sessiles et insérées sur le bord du trou, contenant un pollen liquide ; ovaire semi-inférieur, surmonté d'un style à trois stigmates : le fruit n'est pas connu.

On ne pourra fixer la famille de cette singulière plante que lorsque son fruit aura été étudié. (B.)

PEMINA. Nom de l'OBIER DU CANADA, *viburnum edulis*, Mich. (B.)

PEMPEDULA. Nom que Galien donne au QUINQUE-FOLIUM. *Voy.* ce mot. (LN.)

PEMPHIS, *Pemphis.* Arbrisseau à feuilles rapprochées à l'extrémité des rameaux, opposées, oblongues, entières, à fleurs axillaires et solitaires, qui forme un genre, selon quelques botanistes, ou qui fait partie du genre des SALICAIRES, selon quelques autres.

Ce genre a pour caractères : un calice turbiné, sillonné, à douze dents alternativement grandes et petites ; une corolle de six pétales ; douze étamines, dont six alternes plus courtes ; un ovaire supérieur, terminé par un style à stigmate large et étranglé ; une capsule presque sphérique, acuminée par le style persistant, uniloculaire, s'ouvrant transversalement à la base, et contenant un grand nombre de semences anguleuses, portées sur un placenta central denté et peu saillant. *V.* au mot SALICAIRE.

Le *pemphis* croît dans les îles de la mer du Sud et des Moluques. Ses feuilles et ses fruits sont acides. (B.)

PEMPHREDON, *Pemphredon*, Latr., Fab. ; *Cemonus*, Jurine. Genre d'insectes, de l'ordre des hyménoptères, section des porte-aiguillons, famille des fouisseurs, tribu des crabronites.

Fabricius et Panzer avoient d'abord réuni aux *crabrons*

(*Voyez* ce mot), des hyménoptères qui en ont, en effet, le port, mais qui en différent par les organes de la manducation, les ailes, etc.; tels sont les *pemphredons*, les *stigmes* de M. Jurine, et les *mellines*. L'article radical de leurs antennes est moins allongé, et plutôt en forme de cône renversé que cylindrique ; leurs mandibules ont des dentelures plus nombreuses ; leur languette est trifide ; les palpes maxillaires sont beaucoup plus longs que les labiaux, avec les derniers articles plus menus que les précédens, et leurs ailes supérieures ont au moins deux cellules cubitales complètes ; leurs yeux sont entiers ou sans échancrure, et leurs antennes sont filiformes, caractères qui distinguent ces insectes des *trypoxylons*, genre voisin de la même tribu. Les *mellines* ont les antennes écartées à leur base, et trois cellules cubitales complètes, ce qui convient aussi aux *alysons*. La troisième de ces cellules manque dans les *stigmes*; elle existe du moins en ébauche, et n'est fermée que par le bord postérieur de l'aile dans les pemphredons. Ici encore il y a toujours deux nervures récurrentes, mais dont les insertions respectives varient selon les espèces. Leurs antennes, ainsi que celles des *stigmes*, sont en outre rapprochées à leur naissance ; les mandibules, dans le dernier genre, sont très-étroites, et simplement dentées à leur extrémité ; celles des pemphredons sont plus fortes, et dentées presque tout le long de leur côté interne.

Ces hyménoptères ont d'ailleurs, ainsi que je l'ai dit plus haut, la physionomie des *crabrons*; le pédicule de leur abdomen est simplement mieux prononcé, et leur corps est d'un noir uniforme. On les trouve, en été, sur les fleurs. M. Jurine partage ce genre, qu'il nomme *cemonus*, en deux familles. Dans les espèces de la première, les deux premières cellules cubitales reçoivent chacune une nervure récurrente ; mais ces deux nervures s'insèrent sous la première cellule, dans les espèces de la seconde famille.

Fabricius, en adoptant ce genre, y a placé des insectes qui doivent en être exclus, et rester avec les *crabrons*, ou former une autre coupe générique ; tels sont les pemphredons. *leucostoma*, *crassipes*, *tibialis*, *varicornis*, *geniculatus*, *4-punctatus*, *albilabris*. Il paroît n'avoir pas eu d'idées bien arrêtées sur les caractères de ce genre. (*Voyez* l'ouvrage de M. Jurine sur les hyménoptères, et mon *Gen. crust. et insect.*)

Le PEMPHREDON LUGUBRE, *Pemphredon lugubris; Cemonus unicolor*, Jur., *Hymén.* pl. 11, genr. 28, est long de trois à quatre lignes, un peu pubescent, et entièrement d'un noir luisant. Il appartient à la première famille des *cémones* de M. Jurine. La femelle dépose ses œufs dans les cavités des vieux arbres, les saules particulièrement, et approvisionne ses petits de cadavres de *pucerons*.

Une autre espèce très voisine, mais plus petite, fait son nid dans les murs dégradés. (L.)

PEMPSEMPTE. Les anciens Egyptiens nommoient ainsi le *verbena* des Latins. *V.* VERBENA. (LN.)

PENÆA. Le genre que Plumier avoit désigné par ce nom, avoit pour type un arbrisseau qui maintenant est rangé parmi les POLYGALA. C'est le *polygala penoca*, L. Linnæus a donné depuis ce nom à un autre genre, décrit dans ce Dictionnaire au mot SARCOCOLLIER, et qu'Adanson nomme SARKOKOLLA. (LN.)

PENAR-VALLI. Le ZANONE de l'Inde porte ce nom dans Rhéede. (B.)

PENARD ou PENNARD. Nom picard du CANARD A LONGUE QUEUE. (V.)

PENCA DE ALEXIS. Nom d'un LENTISQUE qui croît au Pérou, et dont la résine est employée en médecine. (B.)

PENCHINADO. Synonyme de l'AGARIC ÉLEVÉ, ou COULEMELLE. (B.)

PENCHINADO. Nom languedocien de la CARDÈRE, *Dipsacus fullonum*, L. (LN.)

PENCHINILLO. Dans le Midi de la France, c'est un des noms vulgaires du HÉRISSON. (DESM.)

PENDARD A TÊTE ROUSSE. Nom vulgaire de la PIE-GRIÈCHE ROUSSE. (V.)

PENDEJERA. Nom qu'à l'île de Cuba on donne à une espèce de MORELLE (*Solanum toroum*, Sw.). (LN.)

PENDEUR. Nom imposé par M. Levaillant à une PIE-GRIÈCHE. (V.)

PENDRILLE. Nom vulgaire de la PRENANTHE des MURAILLES. (B.)

PENDULINE. Ce nom, donné par Buffon, à une *mésange du Languedoc*, ne qualifie point, comme il le dit, une espèce particulière; cette *penduline* est la femelle du REMITZ, ou un jeune mâle avant sa première mue. *V.* le genre MÉSANGE. (V.)

PENDULINUS. Nom générique que j'ai consacré aux *carouges*, parce qu'ils suspendent leur nid aux arbres. (V).

PÉNÉ. *Voyez* PRÊLE. (DESM.)

PÉNÉE, *Penæus*, Fab., Bosc, Lam., Latr., Léach., Riss.; *Palæmon*, Oliv.; *Alpheus*, Risso. Genre de crustacés, de l'ordre des décapodes, famille des macroures, tribu des salicoques, ayant pour caractères: antennes latérales ou extérieures, situées au-dessous des mitoyennes, recouvertes inférieurement par une grande écaille annexée à la base de leur pédoncule, sétacées et fort longues ; antennes mitoyennes beaucoup plus courtes que les précédentes, terminées par deux pièces plus ou moins sétacées, multiarticulées ; pédoncule cilié sur les bords, avec le premier article fort grand, profondément creusé en dessus, pour recevoir l'œil correspondant ; palpes mandibulaires saillans, couvrant le front, velus, terminés par un article très-grand et foliacé ; pieds-mâchoires extérieurs s'avançant jusque sous les écailles des antennes latérales, en forme de pieds proprement dits, velus et terminés en pointe ; les quatre appendices flagelliformes inférieurs grands, en forme de lames ciliées sur leurs bords ou pennacées ; pieds peu allongés, grêles, avec un petit appendice à leur base ; les six premiers coudés, terminés en pince didactyle et à carpe simple ; ceux de la troisième paire les plus longs de tous ; les quatre premiers armés de dents ou d'épines à leurs base inférieure ; yeux gros, presque globuleux, portés sur un court pédicule, et situés aux extrémités latérales et antérieures du tronc, aux côtés d'un rostre pointu, long, avancé, comprimé, dentelé et cilié en dessous, et formé par le prolongement antérieur du test ; derniers anneaux de la queue fortement carénés le long du milieu du dos ; le dernier terminé en pointe très-aiguë.

Ayant fait une étude particulière du pénée *monodon* de Fabricius, que M. Leschenaut a envoyé au Jardin du Roi avec d'autres crustacés des Indes orientales, je n'ai plus d'incertitude sur les caractères du génre précité de cet auteur. Parmi ceux qu'il lui assigne, il en est un qui me paroît le distinguer éminemment : c'est celui qu'il tire de la forme des palpes mandibulaires, et que j'ai vérifié : *palpus foliaceus, articulo tertio maximo, plano, foliaceo, magnitudine totius mandibulæ* (*Supplem. entom. system.*, pag. 386). Je l'ai fortifié par d'autres, dont il n'a point fait mention, et dont l'exposition étoit d'autant plus nécessaire que M. Léach a établi, dans cette famille de crustacés, plusieurs genres que l'on auroit pu confondre avec le précédent.

Les pénées ont de grands rapports avec les *palémons*, genre de la même tribu, et sont répandus dans toutes les mers ; mais il paroît qu'on ne commence à les trouver dans l'Océan européen que vers le 50.e degré de latitude nord. On les mange sur les côtes qu'ils fréquentent. Une espèce de la Méditerranée, la *caramote* de Rondelet, et qui pourroit être la *caride bossue* d'Aristote, est l'objet d'un commerce assez étendu. On la sale afin de la conserver, et on l'envoie dans la Grèce, dans toute l'Asie mineure et dans la Perse. Les Grecs et les Arméniens en font une assez grande consommation. Il paroît, d'après les observations de M. Risso, que les femelles font leur ponte en été, et que leurs œufs sont généralement de couleur rouge ou aurore.

Plusieurs espèces ont les deux divisions terminales des antennes supérieures très-petites et beaucoup plus courtes que leur pédoncule; la division supérieure est plus grosse, presque conique, canaliculée en dessous, avec un petit filet au bout. Tels sont les pénées suivans.

Le PÉNÉE CARAMOTE, *Peneus caramote; Alpheus caramote,* Riss., *Hist. nat. des crust. de Nice;* la *Caramote,* Rondel., *Hist. des poiss.*, liv. 18, chap. 7. Rondelet en a donné une figure très-reconnoissable, et qui nous fait voir que ce crustacé a les six premières pattes en forme de serres didactyles. L'auteur mentionne aussi ce caractère dans sa description, qui est assez étendue et aussi complète que l'exigeoit alors l'état de la science. C'est donc à tort que M. Risso dit que Rondelet annonça plutôt qu'il ne décrivit cet animal, et je ne conçois pas pourquoi M. Risso ne lui suppose, en le plaçant dans le genre *alphée,* que quatre pattes didactyles. Son corps est long d'environ neuf pouces, d'un blanc jaunâtre, mêlé de rose tendre dans les individus vivans. Le milieu du test offre deux sillons profonds et longitudinaux, séparés par une carène qui est elle-même divisée, jusqu'à l'origine du rostre, par un sillon, mais plus étroit, de sorte que cette carène est ici formée de deux lignes élevées; le rostre est comprimé et se termine en pointe aiguë, un peu au-delà des yeux; il a, selon M. Risso, onze dents en dessus et une seule en dessous. Je présume, d'après ce dernier caractère et quelques autres, que ce crustacé est identique avec le *cancer keruthurus* de Forskaël, regardé par Olivier (*Encycl. méthod.*) comme synonyme de son *palœmon sillonné* et de la *caramote* de Rondelet. Mais dans l'espèce décrite par Olivier, le rostre est tridenté en dessous, et ce naturaliste ne parle point des épines latérales du dernier segment de la queue, ou de celui qui occupe le milieu de la nageoire terminale. Quoi qu'il en soit, l'extrémité antérieure du test du *pénée caramote* a, de chaque côté, une arête longitudinale, forte, un peu oblique, terminée en une pointe très-acérée; au côté interne de cette arête est un canal dirigé obliquement, s'élargissant en devant, et dont le bord interne et supérieur est aigu; l'on voit encore, entre le canal et le rostre, une petite ligne élevée, terminée en manière de dent, et précédée extérieurement d'une dépression; de chaque côté du test, au-dessous du canal, est une ligne enfoncée qui, près du milieu de sa longueur, s'embranche avec une autre ligne enfoncée partant près des sillons latéraux du dos, et se rendant ensuite, par une direction oblique, à l'origine du canal ; au point de réunion de ces deux lignes, la portion du test comprise entre elles est armée d'une dent. Les cinquième et sixième segmens de la queue ont une carène très-aiguë le long du milieu du dos, et qui se termine à l'extrémité du sixième par une petite dent ; le même anneau a, de chaque côté, trois petites lignes un peu obliques, en forme de boutonnières, disposées en une serie longitudinale ; le septième ou dernier segment de la queue a, le long du milieu du dos, un sillon profond, partageant sa carène en deux arêtes aiguës, jusque près de l'extrémité postérieure, qui finit en pointe ; les côtés de ce segment ont, près de la base, une ligne élevée et oblique, avec un petit enfoncement strié en dessous ; les bords sont ensuite ciliés et ont chacun trois épines mobiles. Les deux premiers articles des quatre serres antérieures, ceux qui forment la hanche, sont armés, chacun, en dessous, d'une dent fort allongée, très-pointue, et dirigée en avant. M. Risso dit que les feuilles de la nageoire terminale sont rougeâtres et bordées de bleu. Cette espèce vit dans les rochers de la Méditerranée. Elle est très-voisine du *palæmon cannelé* d'Olivier, qui fait partie de la belle collection de crustacés du Jardin du Roi, ainsi que du *pénée à trois sillons* (*trisulcatus*) de M. Léach, qui se trouve sur les côtes de la province de Galles.

Le docteur d'Orbigny m'a envoyé, des côtes maritimes du département de la Vendée, une autre espèce de pénée, qui me paroît inédite, et à laquelle je donnerai, comme un témoignage de mon estime particulière et de ma gratitude, le nom de cet habile observateur.

Le PENÉE D'ORBIGNY, *Pœneus orbignyanus*, est presque de la taille du *pénée caramote*. Son rostre s'avance jusques un peu au-delà du pédoncule des antennes intermédiaires, a huit dents en dessus et deux en dessous ; la carène du dos, dont il n'est que le prolongement n'est point sillonnée, on ne voit de chaque côté d'elle qu'une simple dépression. Le milieu de l'extrémité postérieure et dorsale du test est rebordé ; la ligne enfoncée qui, dans le *pénée caramote*, traverse toute la largeur antérieure du test pour gagner les impressions latérales, est ici très-courte, et ne commence qu'à peu de distance d'elles. Le sixième segment de la queue n'offre point sur les côtes de petites lignes enfoncées : les bords latéraux du suivant ou du dernier n'ont point d'épines ; celles des hanches des quatre serres antérieures sont plus petites ; ces serres, ainsi que les deux autres, paroissent être proportionnellement plus grêles et un peu plus allongées ; le bord supérieur de la carène du test et des derniers anneaux de la queue est verdâtre. Cette espèce ressemble d'ailleurs à la précédente par les caractères généraux et essentiels.

M. Delalande fils a recueilli, sur les côtes du Brésil, un autre pénée (*brasiliensis*) semblable au pénée d'*Orbigny* à l'égard du dernier segment de la queue, mais voisin du *pénée caramote* par rapport aux sillons du test ; ils sont simplement plus étroits. Le rostre a neuf ou dix dents en dessus, et trois en dessous. La carène du sixième segment de la queue a, de chaque côté, un petit sillon longitudinal. L'extrémité de cette queue est d'un rouge plus vif que le reste du corps. Le second article des hanches des quatre premières serres est seul muni d'une épine.

Les autres espèces de pénées ont les deux divisions des antennes supérieures plus longues, presque égales et en forme de filets grêles, sétacés. Cette division comprend le PÉNÉE MONODON, *pœneus monodon* de Fabricius. Il est long d'environ cinq pouces. Son rostre a sept dents en dessus et cinq en dessous ; il se termine en une pointe très - aiguë, un peu plus loin que l'extrémité du pédoncule des antennes intermédiaires ; le milieu du test est caréné longitudinalement, mais sans sillons ; on voit une autre carène de couleur verdâtre sur les derniers segmens de la queue ; elle est divisée longitudinalement en deux par un sillon, sur le segment terminal ; les bords latéraux de ce segment n'ont point d'épines. Il habite la côte de Coromandel.

Les PÉNÉES A LONGUES ANTENNES et les MARS de M. Risso, paroissent appartenir à la même division. Il en a décrit un troisième qu'il appelle MEMBRANEUX. Ces espèces me sont inconnues, ainsi que le PÉNÉE TRÈS-PONCTUÉ, *penœus punctatissimus* de M. Bosc, représenté ici, pl. G, 115, 8, ainsi que dans son *Hist. nat. des crustacés*, faisant suite à l'édition de Buffon, donnée par M. Deterville. Suivant M. Bosc, ce pénée est remarquable en ce qu'il n'a que trois paires de pattes, y compris les pinces qui sont filiformes et de la longueur du corps ; son corselet est très-allongé, cylindrique et terminé par un rostre court et denté ; les yeux sont placés très en arrière, gros et longuement pédiculés ; la queue est composée de quatre articles, dont le premier plus long, et renflé postérieurement, ce qui forme une bosse sur cette partie de l'animal ; son corps est gris et ponctué de rouge. Ce crustacé a été recueilli par M. Bosc dans cette partie de l'Océan atlantique qui sépare la France des Etats - Unis. Il devroit être l'objet d'un examen plus détaillé. (L.)

PÉNÉES FOSSILES. *V·* CRUSTACÉS FOSSILES. (DESM.)

PE-NÈGRE. Une BERGERONNETTE et le CUL-BLANC, en Languedoc. (DESM.)

PÉNÉLOPE. C'est, dans Merrem et Linnæus, le nom

générique des MARAILS, GUANS et YACOUS. Ce nom désignoit, chez les Grecs, une espèce de *canard* qui, disoit-on, avoit sauvé des eaux la femme d'Ulysse, dans son enfance. Aldrovande, Jonston et Charleton l'ont appliqué au *miloui*. (v.)

PENEPOPS. Nom grec', qui paroît avoir été donné par les anciens au *canard siffleur*. (s.)

PENEROPLE, *Peneroplis*. Genre de COQUILLES, établi par Denys-de-Montfort. Ses caractères sont : coquille libre, univalve, cloisonnée, cellulée, aplatie, droite, à sommet spiré; ouverture de toute la longueur de la base, et percée latéralement par une file de pores; dos arrondi; cloisons unies.

La seule espèce qui appartienne à ce genre, atteint rarement à plus d'une demi-ligne de diamètre. On la trouve en grande quantité sur les côtes voisines de Livourne. Elle fait le passage entre les coquilles contournées et les coquilles droites. (B).

PENFEU, PENSACRE. Noms vulgaires de la PEUCÉDANE CROCATE, aux environs d'Angers. (B.)

PENGEGBAESS et PENINGAGRAESS. La COCRÈTE (*Rhinanthus cristagalli*) porte ces noms en Islande. (LN.)

PEGGUIN, PINGUIN. *V.* PENGOUIN. (v.)

PENGUIN AUX PIEDS NOIRS d'Édwards. C'est un MANCHOT. (v.)

PENGUIN et PINGUIN. Noms de pays d'une espèce *d'ananas*. (LN.)

PENICILLAIRE, *Penicillaria*. Genre de plantes établi par Swartz, pour placer quelques espèces de HOUQUES et de PENSIÈTE qui s'écartent des autres.

Ses caractères sont: épillets pédicellés, pourvus d'un involucre de soies égales et barbues; balle calicinale de deux valves membraneuses, contenant deux fleurs, l'une inférieure mâle, l'autre supérieure hermaphrodite; balle florale de deux valves cartilagineuses entières; la place des anthères garnie de poils fasciculés; des écailles.

Ce genre contient deux espèces, la P. CYLINDRIQUE et la P. EN ÉPI. *V.* PENNISÈTE. (B.)

PENICILLION, *Penicillium*. Genre de plantes de la classe des anandres, 2.ᵉ ordre ou section, les moisissures; il a pour caractères : un thallus composé de filamens réunis en gazon, cloisonnés, simples ou rameux; les fertiles, droits en forme de pinceaux, et souvent fermés par les sporidies.

M. Link en décrit trois espèces. (P.B.)

PENICILLUS. Nom latin de l'ARROSOIR. (DESM.)

PENINSULE ou PRESQU'ÎLE. Terre environnée

d'eau de tous côtés, excepté par un point où elle est jointe au continent. (PAT.)

PENIRKI. Nom de la Mauve à feuilles rondes, en Perse. (LN.)

PENIS. *V.* Verge et Sexe. (VIREY.)

PENIZEK et **PAGACEK.** Noms qu'on donne, en Bohème, à la Nummulaire. Cette plante est appelée *Pieniez- nik* par les Polonais. (LN.)

PENNACHE DE MER. Nom donné, par Rondelet, aux différentes espèces de Pennatules. (B.)

PENNAGE. Se dit des plumes qui recouvrent tout le corps d'un oiseau ; et l'on s'en sert plus particulièrement pour désigner le plumage des oiseaux de proie. *Voyez* Plumage. (VIREY.)

PENNAIRE. *V.* Pheruse. (B.)

PENNANTIE, *Pennantia.* Plante trouvée par Forster dans les îles de la mer du Sud, qui forme un genre dans la polygamie monogynie, et dont on ne connoît encore que les parties de la fructification.

Ce genre a pour caractères : une corolle de cinq pétales ouverts ; cinq étamines dans les fleurs mâles ; cinq étamines et un ovaire supérieur à stigmate sessile, pelté et à trois lobes, dans les fleurs hermaphrodites. (B.)

PENNA-PAVONIS (*Plume de paon*). Portion de coquillage bivalve fossile, décrit par Linnæus. (Mus. tesin., n.° 24), qui prend un très-beau poli, et qui réfléchit alors des couleurs variées très-vives, vertes et bleuâtres. Linnæus la regardoit comme la partie qui porte la charnière du *mytilus margaritifer* à charnière verte. (LN.)

PENNARD. Nom vulgaire du Pilet, en Picardie. *V.* ce mot. (S.)

PENNATULAIRES. M. de Blainville donne ce nom à un ordre d'animaux radiaires, qui a pour type le genre Pennatule. (DESM.)

PENNATULE, *Pennatula.* Genre de polypiers libres, qui présente pour caractères : une tige non-articulée, cartilagineuse, recouverte d'une membrane charnue, simple ou nue inférieurement, et ailée dans sa partie supérieure ; ailerons aplatis, en crête et subimbriqués, ayant leur bord supérieur denté et polypifère.

Les genres Virgulaire, Rénille, Scirpéatre, Pavonaire et Ombellulaire, ont été établis à ses depens par Lamarck et Cuvier.

Les *pennatules* sont communes, et par conséquent connues depuis long-temps ; mais, quoique non fixées, elles avoient été prises pour des plantes. Aujourd'hui, on sait que ce sont des composés d'animaux ; mais on se demande encore, malgré les recherches faites par les Ellis, les Muller, les Pallas, comment elles peuvent croître, comment elles peuvent se mouvoir. Ce qui est encore plus difficile à concevoir, c'est comment elles peuvent avoir en même temps une vie particulière et une vie commune, telle qu'une douleur éprouvée par un seul des animaux, se fait sentir à tous les autres, comme si elle agissoit sur la tige qui les porte.

Les pennatules ont toujours pour base une souche charnue à l'extérieur, cartilagineuse à l'intérieur, ordinairement cylindrique, quelquefois quadrangulaire, plus ou moins longue, plus ou moins grosse, selon les espèces, mais fort allongée comparativement à la grosseur. A une des extrémités, qu'on appelle et qu'on doit appeler l'extrémité antérieure, sont ordinairement deux rangs opposés de petites souches de même nature que la grande, mais plus aplaties, tantôt simples, tantôt en crête, tantôt imbriquées, etc., qui portent, dans leur côté supérieur, un grand nombre de polypes. Le tout représente ce que le mot de pennatule indique, c'est-à-dire, une plume garnie de ses barbes.

Les polypes des pennatules se contractent dès qu'on les touche, et sont, par conséquent, fort difficiles à observer ; aussi en voit-on fort peu de figurés. Il paroît, par les observations d'Ellis, qu'elles se reproduisent par des vésicules ovifères, semblables à celles des CORALINES (*V.* ce dernier mot et le mot POLYPE), qui paroissent en été, et disparoissent dès qu'elles ont rempli leur objet.

On trouve des pennatules dans toutes les mers. Souvent elles nagent à la surface de l'eau, et répandent, pendant la nuit, une lumière phosphorique du plus grand éclat. Pendant l'hiver, elles se tiennent au fond de l'eau, cachées entre les fucus ou dans les fentes des rochers. Elles sont rares dans la haute mer.

On connoît neuf à dix espèces dans ce genre, dont les plus communes sont :

La PENNATULE GRISE, dont la souche est unie, les pinnules imbriquées, plissées et épineuses. Elle se trouve dans la Méditerranée.

La PENNATULE PHOSPHORIQUE qui a la souche granuleuse, les pinnules simplement imbriquées. *V.* pl. G. 25, où elle est figurée. Elle se trouve dans toutes les mers. (B.)

PENNENHOUT. C'est l'IF, en Hollande. (LN.)

PENNE MARINE ou PLUME MARINE. *V.* PENNATULE. (DESM.)

PENNES (*fauconnerie*). Ce sont les grandes plumes des ailes et de la queue. Buffon a employé cette expression dans son *Hist. des Ois.*, ce qui l'a fait admettre généralement par tous ceux qui ont à cœur d'être clairs dans leurs écrits.

Les fauconniers regardent comme un signe de la bonté d'un oiseau de vol, d'avoir les *pennes* croisées; ils appellent aussi celles de la queue, le *balai*. (s.)

PENNISÈTE, *Pennisetum.* Genre de GRAMINÉES établi par Persoon, aux dépens des PANICS et des RACLES. Ses caractères sont : épillets sessiles, entourés d'un involucre double, formé par des soies inégales, glabres, dont une, deux fois plus longue que les autres, est pourvue de poils en dedans; balle calicinale de deux valves inégales, contenant trois ou cinq fleurs, les inférieures mâles, les supérieures hermaphrodites; balle florale composée de deux valves cartilagineuses; des écailles. *V.* PÉNICILLAIRE.

Ce genre réunit huit espèces, dont on a pris quelques-unes pour former les genres SÉTAIRE et PÉNICELLAIRE. (B.)

PENNY-CRESS. Nom anglais du THLASPI DES CHAMPS (*Th. arvense*, L.). (LN.)

PENNY-EARTH. Les Anglais donnent ce nom à un sable terreux et limoneux, qui contient une très-grande quantité de fragmens de coquilles marines roulées, et qui ressemblent alors à de petites pièces de monnoie. (LN.)

PENNY-ROYAL. La MENTHE POULIOT et la SARRIETTE portent ce nom en Angleterre. (LN.)

PENNY-WORT. L'HYDROCOTYLE vulgaire et le COTYLET ombiliqué sont ainsi nommés par les Anglais. (LN.)

PENO-ABSOU. *V.* PINÉ-ABSOU. (s.)

PENOMBRE. On nomme ainsi la demi-clarté que conserve la lune dans le temps d'une éclipse, lors même qu'elle commence à être plongée dans l'ombre de la terre. (PAT.)

PENRITH-OUZEL. *V.* MERLE PENRITH. (V.)

PENRU. C'est ainsi que les Bas-Bretons nomment le *canard siffleur*; ce mot, dans leur langage, signifie *tête rouge*. (s.)

PENSÉE. Espèce de plante du genre VIOLETTE. (B.)

PENTACÉRATON, *Quinque cornis.* C'est l'un des noms que les Grecs donnoient aux PIVOINES. *V.* PÆONIA. (LN.)

PENTACHONDRE, *Pentachondra.* Genre établi aux dépens des ÉPACRIS, par R. Brown. Ses caractères sont : calice environné de quatre bractées et plus; corolle à limbe étalé longitudinalement, barbu; huit étamines; un ovaire à cinq lobes; un style; une baie à cinq semences osseuses.

Ce genre renferme deux espèces. (B.)

PENTACRINITES. Nom donné, par quelques naturalistes, aux ENCRINES FOSSILES A CINQ RAYONS. *V.* ENCRINE et ENTROQUE. (PAT.)

PENTADACTYLE. Poisson du genre POLYNÈME. (B.)

PENTADACTYLON, *Pentadactylon.* Ce genre de plantes est le même que celui appelé PERSOONIE par Smith, et LIN-KIE par Cavanilles. (B.)

PENTADACTYLON. Autre Synonyme de PÉNTA-PHYLLUM, chez les Grecs. *V.* QUINQUEFOLIUM. On donnoit encore le même nom au RICIN ou PALMA-CHRISTI. (LN.)

PENTADO. Nom que porte le PÉTREL DAMIER, au Cap de Bonne-Espérance. (V.)

PENTADRYON. C'étoit, chez les Grecs, l'un des noms de la BELLADONE, *Atropa belladona*, L. (LN.)

PENTAGLOSSE, *Pentaglossum.* Genre de plantes établi par Forskaël dans la diandrie monogynie, sur une plante qui n'est autre que la SALICAIRE A FEUILLES DE THYM. (B.)

PENTAGONIUM. On a donné ce nom aux CAMPANULES dont la capsule est pentagone, et qui croissent en Europe. Elles rentrent dans le genre PRISMATOCARPE de Lhéritier. (LN.)

PENTAGONOTHEKA. C'est ainsi que Levaillant nommoit le genre PISONIA de Plumier. (LN.)

PENTAGRUELION. Nom que portoit le CHANVRE anciennement. (LN.)

PENTAKLASIT, Haussman. C'est une variété de PY-ROXÈNE, voisine du DIOPSIDE. *V.* PYROXÈNE. (LN.)

PENTAKOINON. Synonyme de PENTAPHYLLUM, chez les Grecs. *V.* QUINQUEFOLIUM. (LN.)

PENTALASME, *Pentalasmis.* Hill a donné ce nom au genre ANATIF de Lamarck. (B.)

PENTALENA. Nom vénitien des PATELLES. (DESM.)

PENTALOBE, *Pentaloba.* Genre de plantes établi par Loureiro dans la pentandrie monogynie, et qui paroît ne pas différer du VANGUIER de Jussieu, quoique son expression caractéristique ne soit pas exactement la même.

Ce genre ne contient qu'une espèce, qui est un arbre médiocre à feuilles alternes, lancéolées, dentées et glabres, et à fleurs pâles, sessiles et ramassées en tête. Il croît dans les montagnes de la Cochinchine. (B.)

PENTAMÈRE, *Pentamerus.* Genre de coquilles établi par Sowerby, dans son bel ouvrage intitulé, *Conchyliologie minérale de la Grande-Bretagne*, pour placer deux fossiles du Héréfordshire qu'il a figurés pl. 28 et 29 de cet ouvrage. Ses caractères sont : coquille bivalve, inéquivalve; l'une des valves divisée en deux par une suture longitudinale, et l'autre en trois par deux pareilles sutures ; le sommet recourbé et imperforé.

Ce genre se rapproche de celui des TÉRÉBRATULES ; mais la non-perforation du sommet des coquilless qui y entrent, suppose une manière de vivre différente dans l'animal qui les habite. (B.)

PENTAMÈRES. MM. Duméril et Latreille donnent ce nom à la section de l'ordre des insectes coléoptères, qui renferme ceux dont tous les tarses sont formés de cinq articles distincts. (DESM.)

PENTAMÉRIS, *Pentameris.* Plante de l'Ile-de-France ou de Madagascar, qui seule, selon Palisot-de-Beauvois, constitue un genre dans la famille des GRAMINÉES.

Les caractères de ce genre sont : balle calicinale de deux valves assez longues, renfermant deux fleurs, chacune composée de deux valves, dont l'inférieure est large, émarginée, pourvue de quatre soies à son sommet, et d'une arête tortillée à sa partie moyenne ; la supérieure légèrement tronquée et émarginée. (B.)

PENTANDRIE. C'est la cinquième classe du système de botanique établi par Linnæus, c'est-à-dire, celle qui renferme les plantes pourvues de cinq étamines. Elle est la plus nombreuse de toutes, et celle où il est le plus difficile de faire des coupures naturelles. On y trouve des plantes monogynes, digynes, trigynes, tétragynes, pentagynes, décagynes et polygynes. On y remarque une famille fort naturelle, celle des *ombellifères.* Voyez le mot BOTANIQUE. (B.)

PENTANÈME, *Pentanema.* Plante dont le pays natal est inconnu. Toutes ses parties sont hérissées de longs poils ; ses feuilles sont alternes, ovales, entières ; ses fleurs sont jaunes et solitaires sur de courts pédoncules opposés aux feuilles.

Cette plante constitue, suivant H. Cassini, dans la syngénésie superflue et dans la famille des synanthérées, un genre qui offre pour caractères : un calice commun, composé d'écailles, dont les extérieures sont étalées, appendiculées ; les intermédiaires ciliées, appliquées, linéaires, appendiculées, et les intérieures égales en longueur aux fleurs, et non appendiculées ; demi-fleurons tridentés, hérissés de poils à l'extérieur. (B.)

PENTANEUROS. C'étoit, chez les Grecs, le nom d'une espèce de plante dont les feuilles avoient cinq nervures. (LN.)

PENTAOMIOS. L'un des noms de la RÉGLISSE, chez les anciens Grecs. (LN.)

PENTAPÈTE, *Pentapetes.* Plante très-élevée, à feuilles alternes, pétiolées, hastées, très-longues, dentées supérieurement, crénelées inférieurement, accompagnées de stipules lancéolées et caduques ; à fleurs axillaires, solitaires, pédonculées, jaunes, qui, selon quelques auteurs, fait partie du genre des DOMBEYS, et selon d'autres, forme un genre particulier, appelé VALKUFFE, genre qui diffère de ce dernier, parce que sa capsule est simple, à cinq loges remplies de semences disposées sur deux rangs, au bord central des cloisons. *V.* au mot DOMBEY.

Le *pentapète* est annuel, vient des Indes orientales, et se cultive dans les jardins de Paris.

Le MELHANIA de Forskaël se rapporte à ce genre. (B.)

PENTAPÈTES. *V.* PENTAPETON, PTÉROSPERME et VELAGA. (LN.)

PENTAPETON. Ce nom et les suivans, *pentapteron*, *pentapètes* et *pentatomon* sont grecs, et synonymes de *pentaphyllon*. Voyez ce mot et QUINQUEFOLIUM. (LN.)

PENTAPHYLLE, *Pentaphyllum*. Genre de plantes établi par Gærtner avec la POTENTILLE DE NORWÉGE de Linnæus. Il lui donne pour caractères : un calice à dix divisions ; une corolle de cinq pétales ; un grand nombre d'étamines insérées au calice ; plusieurs ovaires surmontés de styles simples ; un réceptacle commun, fongueux, tuberculeux, portant des semences nues et rugueuses. (B.)

PENTAPHYLLOÏDES. Les POTENTILLES à feuilles ailées avec impaires, et le COMARET, ont reçu ce nom anciennement, et forment le genre de ce nom de Tournefort, adopté par Buxbaume et Boerhaave. Ce nom a été appliqué encore aux espèces du genre SIEBALDIA. (LN.)

PENTAPHYLLON (Théoph. et Dios.). Les Grecs donnoient ce nom et beaucoup d'autres, rapportés à l'article QUINQUEFOLIUM, à une plante qui avoit cinq feuilles (folioles) sur le même pétiole. Pline lui donne le nom de QUINQUEFOLIUM, et nous apprend qu'elle étoit connue de tout le monde. Il se peut très-bien que les Grecs et les Latins aient donné ce nom à la POTENTILLE RAMPANTE. Les botanistes, en n'attachant à ce nom de *pentaphyllon* que sa valeur propre, l'ont appliqué aux POTENTILLES, aux TORMENTILLES, au COMARET, à l'ALCHIMILLE des Alpes, parce que, dans toutes ces plantes, les folioles sont quinées. Tragus l'a donné au mozambé, *Cleome pentaphylla*. Voyez PENTAPHYLLE. (LN.)

PENTAPHYLLON, *Pentaphyllum*. Nom donné, par Persoon, au LUPINASTRE de Moench. (B.)

PENTAPOGON, *Pentapogon*. Genre de plantes établi par R. Brown aux dépens des ARISTIDES, dont il diffère par la valve florale inférieure, qui est roulée dans sa longueur et terminée par quatre dents, quatre soies et une arête au milieu. Les espèces de ce genre sont originaires de la Nouvelle-Hollande. (B.)

PENTAPTERIS. Nom donné par Haller au genre *myriophyllum*, Linn. (LN.)

PENTAPTEROPHYLLUM. L'un des noms grecs du **MYRIOPHYLLUM.** *V.* ce mot. (LN.)

PENTARRAPHIS, *Pentarraphis.* Plante vivace des hautes montagnes du Mexique, qui seule, selon Kunth, constitue un genre dans la triandrie digynie et dans la famille des graminées.

Les caractères de ce genre sont : épillets à trois fleurs, l'une hermaphrodite et sessile ; l'autre mâle et pédiculée, la troisième stérile et en forme d'arête ; balle calicinale de deux valves, l'inférieure portant cinq arêtes presque réunies à leur base, la supérieure bidentée et aristée ; balle florale de deux valves, l'inférieure dans la fleur hermaphrodite à cinq, et dans la fleur mâle à sept dents, dont les extérieures et les intermédiaires sont aristées.

Le PENTARRAPHIS RUDE est figuré pl. 60 du bel ouvrage de MM. Humboldt, Bonpland et Kunth, sur les plantes de l'Amérique méridionale. (B.)

PENTATOME, *Pentatoma,* Oliv., Latr., Lam.; *Cimex,* Linn., Geoff., Degéer. Genre d'insectes, de l'ordre des hémiptères, famille des géocorises, tribu des longilabres.

Geoffroy avoit divisé le genre punaise, *cimex* de Linnæus, en deux familles, ayant pour caractères le nombre des articles des antennes, savoir : quatre et cinq. Olivier (*Encyclop. méthod.*) a fait de cette seconde famille, ou des punaises dont les antennes ont cinq articles, un genre, qu'il a nommé, d'après cette considération, *pentatome* (*pentatoma*), d'un mot grec composé, qui signifie cinq pièces.

Ce genre est le même que celui auquel Fabricius, dans son Entomologie systématique, avoit conservé la dénomination de *cimex.* M. de Lamarck a depuis séparé des pentatomes les espèces dont l'écusson recouvre le dessus de l'abdomen ; elles forment le genre *scutellère,* que Fabricius a nommé *tetyra* dans son système des rhyngotes.

Les pentatomes ont le corps ovale ou arrondi, déprimé en dessus ; la tête est généralement petite, comparativement au corselet, beaucoup plus étroite que lui, en le considérant dans son plus grand diamètre transversal, reçue postérieurement dans une échancrure de son bord antérieur, et d'une forme ordinairement triangulaire ou presque demi-circulaire, vue en dessus : elle porte deux antennes filiformes, plus courtes que le corps, insérées de chaque côté au devant des yeux, de cinq articles (le tubercule radical non compté), et dont les longueurs respectives varient selon les espèces ; deux yeux situés latéralement, saillans et globuleux ; deux petits yeux lisses, placés sur la partie postérieure de la tête, un de chaque côté, à peu de distance du bord interne des yeux ; un bec cylindrique, terminé en pointe,

partant du front, dirigé en ligne droite vers l'extrémité postérieure du corps, le long du dessous de la tête et de la poitrine,
entre les pattes, de moitié environ plus court que le corps.
Ce bec est composé d'une gaîne de quatre articles, renfermant un suçoir de quatre soies, ainsi qu'un labre prenant
naissance à l'extrémité antérieure du chaperon, ou sous le
front, long, très-étroit, presque aciculaire, finement strié
transversalement, et recouvrant la base du suçoir ; les
deux soies inférieures se réunissent en une, un peu au-delà de
leur origine, de sorte que le nombre total des pièces du suçoir ne paroît être que de trois ; le premier article de la gaîne
est, en grande partie, logé dans une coulisse longitudinale
du dessous de la tête, et dont les bords latéraux sont plus ou
moins élevés. Le premier segment du tronc est le seul qui
soit découvert en dessus ; il est beaucoup plus grand que les
deux autres, et a reçu, ainsi que dans les coléoptères, le
nom de corselet ; les deux derniers segmens du tronc se réunissent aussi avec l'abdomen ; mais l'union de toutes ces parties est plus intime que dans les insectes de ce dernier
ordre. Le corselet est beaucoup plus large que long, rétréci
en avant, dilaté en arrière, souvent même prolongé en forme d'épines ou d'ailerons aux angles postérieurs et latéraux ;
il a la forme d'une sorte de trapèze irrégulier, ou même
d'un hexagone inéquilatéral ; l'écusson est triangulaire,
grand, et se prolonge le plus souvent jusques un peu au-
delà de la moitié de la longueur de l'abdomen. Toutes les
espèces ont des ailes et des élytres composées à la manière de
celles des autres hémiptères de la même section. Les pattes
n'offrent des épines que dans un très-petit nombre d'espèces,
et l'extrémité postérieure de leurs jambes est dépourvue
d'éperons. Les tarses sont courts, presque cylindriques, et
composés de trois articles, dont le second plus court que les
autres ; le dernier est terminé à l'ordinaire par deux crochets.
Le milieu du dessous du corps, du ventre principalement,
est caréné longitudinalement dans plusieurs ; quelquefois
même le milieu de l'arrière-sternum ou de la base du ventre,
se dilate et se prolonge en avant, sous la figure d'un
dard. L'abdomen paroît formé à l'extérieur de six anneaux,
qui tous, à l'exception du dernier, ont en dessous, de chaque côté, un petit stigmate, en forme de pointe ; le dessous
de l'abdomen est plat, et souvent autrement coloré que le
ventre ; les bords latéraux sont aigus, et présentent souvent
des dents formées par les angles postérieurs et saillans des
anneaux ; le cinquième anneau est fortement échancré, et le
sixième ou dernier s'engage dans cette échancrure ; celui-ci
a souvent des incisions et des dentelures dans les mâles.

Ces insectes se trouvent sur les plantes, et se nourrissent de leur suc. Bien souvent aussi les trouve-t-on, et quelquefois en troupe, ayant leur bec avancé, enfoncé par le bout dans le corps d'une chenille ou celui d'un autre insecte. Ils répandent souvent une odeur forte et désagréable, qu'ils communiquent aux corps sur lesquels ils se promènent. Les larves et les nymphes des *pentatomes* ne diffèrent de l'insecte parfait qu'en ce que les premières n'ont ni élytres ni ailes, et que les secondes en ont les rudimens.

Le genre des pentatomes, tel que nous l'avons circonscrit, est composé d'un nombre considérable d'espèces, dont l'étude, par cela même, est souvent difficile; et c'est ici le cas d'établir de nouvelles coupes génériques. Fabricius en a formé plusieurs dans son système des rhyngotes ou celui des hémiptères; mais la manière dont il les signale ne sauroit plaire au naturaliste qui désire des caractères exacts, rigoureux et comparatifs. Tantôt, comme dans les genres *cimex*, *halys*, *cydnus*, *œlia*, il emploie le nombre des articles des antennes; tantôt, comme dans le genre *edessa* (*Syst. rhyng.* pag. 146), il ne fait plus usage de cette considération. Mécontent de ce travail, et n'ayant encore pu, au moyen de nouvelles recherches, lui en substituer un meilleur, j'ai conservé le genre pentatome dans son étendue primitive, sauf le retranchement qu'y a fait M. de Lamarck.

M. Fallen, naturaliste suédois, a essayé, dans une nouvelle distribution méthodique des hémiptères, d'éclaircir, par des caractères pris des différentes parties du corps, ces genres de Fabricius. Il me paroît restreindre celui d'*edessa* aux espèces dont les antennes n'ont que quatre articles; et telle est notamment celle qu'on a nommée *papillosa*; les autres rentreroient dans le genre *cimex*. Ce naturaliste auroit pu cependant employer quelques considérations de valeur plus importante, et que je vais présenter.

Le genre *edessa*, à l'exception de l'espèce précitée et de quelques autres toutes exotiques, et devant former un genre propre, et ceux de *cimex*, d'*halys*, de *cydnus*, d'*œlia*, de Fabricius, composent, réunis, celui de pentatome de notre méthode.

Les *édesses* ont la tête très-petite, triangulaire, aussi large ou plus large que longue; les yeux se trouvent ainsi situés à peu de distance de l'origine du bec, et l'intervalle qui les sépare est rempli par l'insertion des antennes; l'extrémité du bec, à raison de sa brièveté, ne dépasse guère les premieres pattes; la coulisse qui reçoit son premier article est très-courte; elle s'élève, de chaque côté, en façon de petite écaille presque demi circulaire. Toutes les espèces

connues jusqu'à ce jour sont des pays étrangers ; celle que
Fabricius nomme *marginata*, et qui se trouve en Europe,
paroît être le type d'un genre particulier.

Dans les *cimex* du même auteur, et dont nous avons beaucoup d'espèces en Europe, la tête forme un triangle plus allongé, tantôt pointu, tantôt mousse ou arrondi antérieurement ;
le bec est plus long que celui des *édesses*, mais ne dépasse
guère les deux dernières pattes ; les bords élevés de la gaîne
se prolongent davantage inférieurement ; ils sont linéaires,
et ne font point de saillie sensible, de chaque côté, au-dessus du premier article, comme dans les *édesses*.

Les *halys* ne diffèrent guère des *cimex* qu'en ce que leur
tête est plus prolongée en avant, et que le bec s'étend aussi
au-delà des pattes postérieures ; il s'ensuit que son premier
article et les valvules de sa coulisse sont plus longs ; le
museau, formé par l'avancement de la tête, est droit et
aplati.

La tête des *œlies* se termine pareillement en forme de
museau ; mais ce museau est plus épais, convexe et incliné
en dessus ; le caractère le plus distinctif de ce genre, est
que le milieu du bord antérieur et inférieur du corselet
ou de l'avant – sternum, est divisé en deux pièces, relevées
en forme d'écailles membraneuses, et entre lesquelles se
logent les portions inférieures du bec et des antennes. Ces
insectes ont l'écusson proportionnellement plus grand que
les autres pentatomes, et se rapprochent, sous plusieurs rapports, des *scutellères*.

Les *cydnus* ont généralement une forme plus ronde que les
autres pentatomes, ou presque orbiculaire, avec l'extrémité
antérieure du corselet plus échancrée et moins étroite proportionnellement. Le contour de leur tête forme presque
le demi-cercle ; les antennes, le bec et la gaîne, sont plus
longs que dans les *cimex* et autres genres suivans de Fabricius ;
les jambes sont très-épineuses.

On pourra consulter, à l'égard des divisions qu'on peut
établir dans le genre pentatome, le troisième volume de
mon *Genera crust. et insectorum*. Ne pouvant citer ici qu'un
petit nombre d'espèces, je suivrai une marche plus simple,
celle que j'avois déjà exposée dans la première édition de
ce Dictionnaire.

I. *Pentatomes à corps ovale.*

PENTATOME DU BOULEAU, *Pentatoma betulæ ; Cimex betulæ,*
Degéer, Linn. Il est d'un gris verdâtre ou rougeâtre ; les
antennes sont grises, avec l'extrémité noire ; l'écusson est
marqué d'une tâche noire : le dessus du ventre est noir, avec

des taches d'un jaune-clair ou couleur de chair et des taches noires, disposées alternativement sur les bords.

Cette espèce vit sur le bouleau, dont les feuilles lui servent de nourriture. Degéer trouva, au commencement de juillet, plusieurs femelles accompagnées de leurs petits. Chacune en avoit autour d'elle vingt, trente et même quarante, et se tenoit constamment auprès d'eux, le plus souvent sur les chatons du bouleau, quelquefois sur une feuille. Dès qu'une de ces mères quittoit sa place et marchoit, tous ses petits la suivoient, et faisoient halte si elle s'arrêtoit. Elle les promenoit ainsi d'un endroit à un autre, les conduisant comme une poule mène ses poussins, et en faisant la garde pour les garantir. Le même observateur a vu une fois une de ces mères battre sans cesse des ailes avec un mouvement très-rapide, sans cependant changer de place, comme pour éloigner l'ennemi qui l'approchoit. Modéer observe que c'est spécialement contre le mâle que cette mère inquiète est obligée de se mettre en défense, parce qu'il cherche à détruire sa postérité. Les petits sortent de la tutelle de leurs mères lorsqu'ils sont assez forts pour n'avoir plus besoin de ses secours.

« Il m'est arrivé, dit Degéer, de voir sur une de ces jeunes *punaises*, placée sous le microscope, que sa trompe s'étoit entièrement dégagée hors de la coulisse du fourreau : elle pendoit alors au bout de la languette, comme un fort long filet : je vis encore qu'au bout du filet, les trois pièces dont il est composé étoient séparées l'une de l'autre. Le lendemain, j'observai sur la même *punaise*, que tout étoit remis à sa place; que sa trompe étoit placée comme auparavant dans la coulisse du fourreau. Il paroît donc que la *punaise* peut tirer sa trompe hors du fourreau, et l'y remettre quand elle veut. Je tirai la trompe encore une fois hors de son fourreau ; je vis alors comment la partie intermédiaire de la trompe et de l'aiguillon jouoit ; comment la *punaise* l'allongeoit et la raccourcissoit alternativement : je vis des gouttes de liqueur sortir et rentrer dans la trompe : les deux demi-fourreaux qui l'accompagnent, jouoient aussi alternativement en avant et en arrière. J'étois attentif à voir comment la *punaise* feroit rentrer sa trompe dans la coulisse du fourreau, et j'y parvins enfin, après l'avoir observée, sans discontinuation, plus d'un quart d'heure. Elle met d'abord sa trompe dans une ligne parallèle avec le fourreau, ou bien elle la tient étendue tout le long du fourreau ; ensuite elle fait une inflexion au fourreau, environ au milieu de son étendue ; elle le plie comme un genou : elle applique alors ce genou contre le milieu de sa trompe ou contre la partie de la trompe qui se trouve vis-àris du genou. Les pattes antérieures viennent alors à l'aide ; la *punaise* presse la trompe avec ses pattes contre le fourreau, de sorte que cette portion de sa trompe est alors arrêtée dans la coulisse ; ensuite elle presse le reste de la trompe contre le fourreau avec les mêmes pattes, et la fait ainsi glisser dans la coulisse ; dès que la trompe y est une fois rentrée, elle y reste. »

Pentatome gris, *Pentatoma grisea* ; *Cimex griseus*, Linn., Fab. Il a environ six lignes de longueur ; le dessus du corps est d'un gris jaunâtre obscur, pointillé et lavé de brun. Les deux premiers articles des antennes sont noirs, et les deux derniers entrecoupés de noir et de blanc ; le chaperon est arrondi et entier en devant ; le bout de l'écusson est jaunâtre ; les angles du corselet sont mousses ; les appendices membraneux de ses ailes sont blancs, transparens, avec des points bruns ; les bords de l'abdomen sont dentés et tachetés alternativement de noir et de jaunâtre ; le dessous du corps est jaunâtre-pâle, pointillé de noir ; la base de l'abdomen a au milieu une pointe conique qui s'avance entre les pattes ; l'anus est échancré, et a, dans l'un des sexes, quatre divisions, dont les latérales plus fortes et aiguës. Wolff l'a bien figurée dans son *second Fascicule des Punaises*, pl. VI, fig. 56.

Pentatome des baies, *Pentatoma baccarum* ; *Cimex baccarum*, Linn., Fab. ; Wolf, *Icon. Cim.*, Fascic. 2, pl. VI, n.º 57. Cette espèce est d'un tiers plus petite que la précédente, à laquelle elle ressemble beaucoup ; mais ses antennes sont presque entièrement panachées de noir et de blanc ; la saillie sur laquelle elles sont insérées est terminée en pointe ; le chaperon est échancré ; les appendices des ailes ne sont pas ponctués de brun ; le dessous du corps n'a pas d'avancement en forme d'épine ; le corps est velu ; les bords de l'abdomen ne sont pas dentés. Degéer l'a trouvée sur le bouillon blanc ; elle vient aussi sur différens arbres à fruits en baie, les groseilliers surtout. Elle pat très-fort, et perce avec sa trompe les elytres des coléoptères qu'elle veut sucer.

Geoffroy me paroît avoir confondu cette espèce avec la précédente, sous la dénomination de *punaise brune à antennes et bords panachés*.

Pentatome des genévriers, *Pentatoma juniperina* ; *Cimex juniperinus*, Linn., Fab. ; Wolff. *Ibid. fasc.* 2, tab. 6, fig. 51. Son corps est d'un beau vert en dessus, bordé de jaune, et d'un vert jaunâtre en dessous ; les angles postérieurs du corselet sont obtus ; le dernier article des antennes est un peu fauve.

Une autre espèce, et très-commune aux environs de Paris, sur les arbres, est le Pentatome a pattes fauves, *Pentatoma rufipes* ; *Cimex rufipes*, Linn. ; Fab. ; Wolff. *Ibid. fasc.* 1, tab. 1, fig. 9. *V.* pl. lithographiée, G. 42. Son corps est d'un brun foncé et très-ponctué en dessus; l'extrémité postérieure de l'écusson, le dessous du corps et les pattes sont rougeâtres; les angles du corselet forment des ailerons arrondis en devant et unis par derrière.

PENTATOME DU CHOU, *Pentatoma ornata; Cimex ornatus,* Linn., Fab.; la *Punaise rouge du chou,* Geoff.; Wolff. *Cimic. fasc.* 1, tab. 2, fig. 15. Cet insecte est noir, avec quatre taches rouges sur le corselet, et une autre de la même couleur et fourchue sur l'écusson; les étuis sont rouges, avec trois taches noires; les bords du ventre sont entrecoupés des deux couleurs.

Il se trouve en abondance sur le chou et plusieurs plantes crucifères. Ses œufs sont nombreux et rangés en lignes très-serrées; ils ont la forme d'un petit baril gris et pointillé de brun au milieu, et fascié de brun aux deux bouts; ils sont collés par l'extrémité inférieure; la supérieure est brune, avec un cercle gris étroit, et un point de la même couleur au milieu: cette extrémité s'ouvre comme un couvercle lorsque la larve éclôt.

II. *Pentatomes à corps presque orbiculaire.*

A. Jambes sans épines.

PENTATOME DES POTAGERS, *Pentatoma oleracea; Cimex oleraceus,* Linn., Fab.; Wolff. *Ibid. fasc.* 1, tab. 2, fig. 16. Il est d'un vert bleuâtre luisant, avec une ligne sur le corselet, une tache sur l'écusson et une autre sur chaque élytre, blanches ou rouges.

PENTATOME BLEU, *Pentatoma cærulea; Cimex cæruleus,* Linn., Fab.; la *Punaise verte-bleuâtre,* Geoff.; Wolff. *Ibid. fasc. id.,* tab. ead., fig. 18. Il est entièrement d'un bleu verdâtre.

B. Jambes épineuses.

PENTATOME BICOLOR, *Pentatoma bicolor; Cimex bicolor,* Linn., Fab.; la *Punaise noire à quatre taches blanches,* Geoff.; Wolff. *Ibid. fasc.* 2, tab. 7, fig. 60. Il est d'un noir-violet luisant, avec des taches blanches sur le corselet, les étuis et les jambes.

PENTATOME MORIO, *Pentatoma morio; Cimex morio,* Linn.; *Cydnus morio,* Fab.; Wolff. *Ibid. fasc. id.,* tab. ead., fig. 64. Il est noir, avec les tarses d'un rouge-brun et les ailes blanches: c'est la *punaise noire* de Geoffroy. Voyez, pour le PENTATOME SIAMOIS, représenté pl. M. 29, 4, de cet ouvrage, l'article SCUTELLÈRE. (L.)

PENTATOMON. *V.* PENTAPETON. (LN.)

PENTAUREA. Pierre qui, disoient les anciens, avoit été découverte par Apollonius de Thyane, et qui, comme l'aimant, attiroit le fer. C'étoit probablement une mine de fer magnétique : elle défendoit de tout péril quiconque la portoit sur soi ; fait ridicule que les anciens rapportoient de beaucoup de pierres. (LN.)

PENTHÉTRIE, *Penthetria.* Genre d'insectes de Meigen, de notre tribu des tipulaires, et voisin de celui des *scatopses.* Voyez ce mot. (L.)

PENTHORE, *Penthorum.* Plante herbacée à tige anguleuse, rameuse, rude au toucher, à feuilles alternes oblongues ou lancéolées, dentées, à peine charnues, à fleurs disposées en épis terminaux, recourbés, presque unilatéraux, qui forme un genre dans la décandrie pentagynie et dans la famille des succulentes.

Ce genre a pour caractères : un calice divisé en cinq parties ; une corolle de cinq pétales très-petits, alternes, avec les divisions du calice, et manquant quelquefois ; dix étamines ; cinq ovaires supérieurs adhérens intérieurement à leur base, à stigmate sessile et aigu ; une capsule à cinq pointes et à cinq loges, renfermant des semences nombreuses, très-petites, insérées sur les cloisons.

La *penthore* est une plante vivace qui croît dans les marais de l'Amérique septentrionale. J'en ai observé d'immenses quantités en Caroline, où elle fleurit pendant l'été. Ses fleurs en masse ont une légère odeur qui n'est pas désagréable. Les bestiaux ne la mangent pas. (B.)

PENTISULCE. Dénomination générique des quadrupèdes dont les pieds sont divisés en cinq doigts. (S.)

PENTOBORON, et PENTOROBON. Deux noms des PIVOINES chez les Grecs. *V.* PÆONIA. (LN.)

PENTON DE MER. Nom du TÉTRODON SPENGLERIEN. (B.)

PENTOROBON. *V.* PENTOBORON. (LN.)

PENTORUM. C'est ainsi que devoit être écrit le nom de *penthorum,* donné, par Gronovius, à une plante de l'Amérique septentrionale, dont les capsules sont terminées par *cinq pointes.* PENTORUM signifie cinq bornes, en grec. *Voyez* PENTHORE. (LN.)

PENTSTEMON, *Pentstemon.* Genre de plantes établi pour placer quelques espèces de GALANES, dont le cinquième filament des étamines est velu à sa partie supérieure, et dont la corolle est bilabiée. (B.)

PENTZIE, *Pentzia.* Genre de plantes établi par Thunberg, sur l'IMMORTELLE FLABELLIFORME de Linnæus, mais

qui a été réunie aux Tanaisies par Lhéritier, et aux Atha-
nasies par Persoon. (b.)

PENVISH. Les Hollandais, selon M. Lacépède, donnent
ce nom à la Baleine noueuse. (desm.)

PEONIE, des Anglais. *V.* Pivoine. (ln.)

PEONITIS des anciens. *V.* Péantide. (ln.)

PEPAIOS. Végétal d'Amérique, mentionné par le voyageur Linschott. Ses feuilles étoient grandes et larges; le fruit
ressembloit à un petit melon de la grosseur du poing. Cet
arbre ne produisoit de fruits qu'autant qu'il avoit été marié à
un autre arbre de même espèce. C'étoit donc un arbre dioïque,
peut-être, un Papayer. (ln.)

PEPATZCA. Les Mexicains nomment ainsi la Petite
Sarcelle. (s.)

PEPE. Nom italien du Poivre. (ln.)

PEPENE. Nom du Melon, en Walachie. (ln.)

PÉPÉRINO. Tuf volcanique, argileux, de couleur grise,
composé de cendres volcaniques et de pouzzolane, et tout
parsemé d'amphigène, de mica, de pyroxène, etc., de la
grosseur d'un grain de poivre; c'est ce qui lui a fait donner le
nom de *pépérino.* Comme cette pierre est aussi solide que légère, elle est fort employée à Rome dans les constructions;
on la fait entrer aussi dans l'espèce de maçonnerie dont on
revêt les statues et les tables de marbre qu'on envoie au loin,
comme on l'a pratiqué pour préserver de la fracture les chefs-
d'œuvre de l'antiquité qui ont été transportés d'Italie à Paris.

Il y a de grandes carrières de pépérino au mont Albano, à
six lieues au S. E. de Rome, et dans les collines des environs.
Les anciens mêmes en faisoient usage; et le temple de Ju-
piter-Latial en est construit. Il est en forme de rotonde, sur
le sommet du mont Albano, aujourd'hui *monte Cavo.* Le mont-
Aldige dont parle Horace, est attenant à cette montagne: il
est aussi composé de lave et de pépérino.

Il ne faut pas confondre cette pierre avec le *pépérino* de
Naples, qui n'est point un tuf, mais une vraie lave. (pat.)

PÉPÉRITE. Tuf volcanique d'un rouge vif, d'un rouge
brun, d'un brun foncé, ou d'un vert grisâtre très-foncé, composé de grains vitreux, souvent entremêlés de cristaux, les
uns et les autres microscopiques, d'un volume très-inégal,
non entrelacés, en partie terreux, très-foiblement adhérens,
ou cimentés imperceptiblement par des substances étrangères.

La *pépérite* est friable ou consistante, et endurcie ou compacte. Ses variétés peuvent être classées dans ces trois divisions. M. Cordier y ramène les cendres volcaniques pyroxéniques altérées, qui sont la base des pouzzolanes terreuses, en

partie friables, et la base de quelques pépérinos. *V.* LAVES, vol. XVIII, pag. 413. (LN.)

PEPERLE et PEPERLEIN. Noms du CERFEUIL BULBEUX (*Chærophyllum bulbosum*, L.) en Allemagne. (LN.)

PÉPÉROMIE, *Peperomia.* Genre de plantes de la diandie monogynie, qui offre pour caractères : une spathe très-courte, ovale et caduque un spadix cylindrique, couvert de fleurs très-rapprochées, sans calice ni corolle, et placées sur de petites saillies ; deux étamines insérées sous un ovaire ovale, à stigmate sessile, à peine visible ; une baie sèche et monosperme.

Ce genre, qui a été établi dans la *Flore du Pérou*, diffère à peine des POIVRES par la fructification; mais comme il est nombreux en espèces, et que ces espèces sont d'une contexture fort différente de celle du poivre, il est bon de saisir les petits caractères qui l'en séparent.

Les *pépéromies*, appelées *saururus* par Plumier, sont des plantes herbacées, charnues, plus ou moins odorantes, à tiges sans nœuds, à feuilles opposées ou verticillées, très-entières, à spadix axillaires ou terminaux. Vingt-quatre espèces avoient d'abord été figurées dans Plumier, et dans la *Flore du Pérou*, et MM. Humboldt, Bonpland et Kunth, viennent d'en faire connoître quarante-quatre autres dans leur superbe ouvrage sur les plantes de l'Amérique méridionale.

Parmi elles on doit distinguer :

La PÉPÉROMIE CRISTALLINE, qui a les feuilles oblongues, ponctuées en dessous par des excavations, et dont les épis sont comprimés et opposés aux feuilles. Elle se trouve dans les lieux pierreux, et son odeur suave, semblable à celle de l'ANIS, la fait rechercher pour faire des liqueurs.

La PÉPÉROMIE RÉTICULÉE a les feuilles en cœur à sept nervures réticulées. C'est un arbrisseau des îles de l'Amérique, dont la décoction de la racine passe pour guérir la maladie appelée *mal d'estomac* dans ces îles, et qui est regardée comme la suite d'une suppression de transpiration.

La PÉPÉROMIE A FEUILLES INÉGALES, dont les feuilles sont verticillées, presque ovales, les florales plus grandes ; les épis souvent quatre par quatre, terminaux et inégaux. Elle se trouve dans les lieux pierreux, et même sur les arbres. Elle fleurit toute l'année. Elle a l'odeur encore plus agréable que celle de la précédente. Elle est employée dans les maux d'oreille et de tête, en cataplasme, et en infusion dans les coliques venteuses et dans les foiblesses d'estomac. (B.)

PEPERONE. Nom italien du PIMENT (*capsicum longum*).
(LN.)

PEPERWORTEL. C'est le RAIFORT (*cochlearia armoracia*) en Hollande. (LN.)

PÉPIE (*Économie rurale et fauconnerie*). Maladie des volailles et des oiseaux de vol ; le manque d'eau , l'eau sale ou bourbeuse , la chair corrompue , en sont la cause ordinaire. Cette maladie se manifeste par une petite peau blanche qui couvre le bout de la langue des oiseaux , et elle se guérit en arrachant cette peau ; on lave ensuite la langue avec du vin ou avec un peu d'eau et de sel. (s.)

PE-PIEN-TEU. Nom que les Chinois donnent à une espèce de DOLIC (*dolichos albus* , Lour.). On la cultive en Chine et dans différentes parties de l'Asie. C'est le *cacara alba* de Rumphius (Amb. 9 , t. 137). (LN.)

PÉPIN , *Granum.* Semence recouverte d'une enveloppe coriace , propre à certains fruits. Telles sont les semences de *pommes* , de *poires* , de *raisin* , de *melon* , de *courge* , etc. On dit pourtant *graine de melon , graine de courge ;* mais c'est parce que l'usage a prévalu , car ces graines sont de véritables *pepins* , et en ont tous les caractères. (B.)

PÉPINATÉ. Nom vulgaire de l'ELATÉRIE DE CARTHAGÈNE , à Caracas. (B.)

PEPINERA , **PÉPINEIRO** et **PEPINO.** Noms espagnol et portugais du CONCOMBRE CULTIVÉ. (B.)

PÉPINIÈRE. On donne ordinairement ce nom à un terrain clos, ou non clos, dans lequel on élève des arbres fruitiers, forestiers ou d'agrément, soit de graines , soit de marcottes , soit de boutures, pour , après qu'ils ont acquis une certaine grosseur, et qu'ils ont été greffés , pour ceux qui le demandent, être transplantés à demeure dans un autre endroit.

Les anciens ont connu les *pépinières* , dont l'utilité n'a jamais été contestée ; cependant ce n'est que depuis peu d'années que leur nombre s'est accru en Europe, et encore, en ce moment , il n'est en rapport avec les besoins de l'agriculture que dans quelques cantons et autour des grandes villes.

Les avantages qu'un pays retire des *pépinières publiques* sont si considérables, qu'on en a vu changer de face par l'établissement d'une seule. En effet , les fruits fournissent aux habitans des campagnes des ressources telles, qu'on a évalué à plus de moitié le pain qu'ils économisent pendant le cours d'un été, et qu'on peut citer plusieurs endroits en France où leur vente paye seule la totalité des impositions. Qu'est-ce qui doutera aujourd'hui, que les bois de chauffage, de bâtisse et de charronnage sont devenus si rares, de la nécessité de multiplier les arbres isolés , sur les routes, dans les haies , etc.? Eh bien , c'est sur les pépinières que les amis de leur patrie doivent fonder leur espoir. Là, et là seulement, on trouve des

jeunes arbres forestiers d'une belle venue, d'une transplantation assurée, en assez grand nombre, et d'un prix modique.
On ne peut trop engager les riches propriétaires, pères de famille, à former auprès de leur demeure des pépinières, où
ils puissent prendre annuellement des plants des meilleurs
arbres fruitiers, des plus utiles espèces d'arbres forestiers,
pour planter sur leurs terres. On ne peut trop conseiller aux
cultivateurs pauvres, mais actifs et industrieux, d'en établir
de semblables pour en vendre le produit à leurs concitoyens ;
car l'expérience prouve que si les entreprises de ce genre languissent d'abord par l'effet de l'ignorance et de l'insouciance,
elles finissent toujours par prospérer lorsque l'expérience a
ouvert les yeux sur les profits qu'on peut espérer des plantations qu'elles favorisent.

Une pépinière peut être établie dans toute espèce de terrain;
mais il faut cependant éviter, autant que possible, de la placer
dans celui qui est trop mauvais, et dans celui qui est trop
bon : dans un mauvais, parce que les arbres végètent trop
lentement, se rabougrissent avant l'âge ; dans un trop bon,
parce qu'ils poussent avec trop de vigueur, et que lorsqu'on
les transplante dans un terrain inférieur en qualité, ils s'y
accoutument difficilement, languissent, et périssent même
souvent. Cette dernière cause a indisposé beaucoup de personnes contre les arbres tirés des pépinières, parce que la
plupart des entrepreneurs de ces établissemens s'inquiètent
fort peu de ce que deviendra ce qui sort de chez eux, et qu'un
arbre crû dans un terrain gras et humide, ayant à trois ans
plus d'apparence que n'en aura à six celui cultivé dans un
sol maigre et sec, leur coûte moins, et se vend davantage à
l'acquéreur ignorant.

Pour être bien placée, il faut donc qu'une pépinière soit
dans un terrain de moyenne bonté, à l'exposition du levant,
en plaine plutôt que sur un coteau. Le sol doit être défoncé à
trois ou quatre pieds de profondeur, débarrassé de toutes les
grosses pierres, et préservé, par une clôture quelconque, de
la dent des bestiaux. On la divise ordinairement en planches
de huit à dix pieds de large, entre lesquelles on laisse un sentier
suffisant pour qu'au moins deux personnes de front puissent y
passer. Quelques-unes de ces planches sont destinées aux semis,
soit des arbres fruitiers qui doivent recevoir la greffe, soit des
arbres forestiers, soit aux souches ou mères qui par marcottes
fournissent les sujets pour ces deux objets. Il faut choisir les
planches où l'on doit planter telle ou telle espèce, de manière
que l'ombre de celles de ces espèces qui acquièrent une certaine
grandeur avant d'être replantées, comme les cerisiers, les
noyers, les ormes, les tilleuls, etc., ne nuisent pas à celles qui

restent toujours naines, ou qui se vendent la troisième année au plus, et éviter de mettre la même nature d'arbre dans la même planche, lorsqu'on a enlevé la totalité de ceux qu'elle contenoit.

Dans quelques cas, on disperse assez les graines sur les planches, pour que les jeunes plants qui en proviennent puissent rester dans la même place jusqu'à l'âge où ils sont enlevés; dans d'autres, on les répand très-serrés, et lorsqu'ils ont acquis assez de force, on les lève pour les placer en quinconce dans un autre lieu de la pépinière. Ce sont principalement les plants d'arbres fruitiers destinés à être greffés, qui exigent cette première transplantation.

L'époque de la transplantation des arbres de pépinière varie selon les espèces; mais en général elle se fait la seconde ou la troisième année, et en automne. Celle de l'enlèvement pour être planté à demeure hors de la pépinière, varie encore plus, puisque, outre les causes qui tiennent à la nature de chaque arbre, elle est soumise aux besoins ou aux demandes du consommateur. Aussi est-il difficile de donner des préceptes généraux.

La distance qui doit se trouver entre chaque arbre dans la pépinière, varie également selon les espèces et le temps présumé qu'elles doivent y rester. Ainsi, le *noyer* sera plus espacé que le *cerisier*, le *chêne* plus que le *tilleul*, etc. Il est bon en général de garder un terme moyen dans ce cas; car les arbres serrés dans la pépinière filent mieux, produisent une plus belle tige que ceux qui sont trop écartés; mais ces derniers sont moins sensibles à la transplantation et aux effets des météores, etc.

L'entretien d'une pépinière exige de continuels travaux. Il faut labourer profondément une fois dans l'année, et sarcler à la houe deux ou trois fois au moins. Au premier printemps on fait les semis, les boutures, on transplante les marcottes, etc. Ensuite vient la greffe, objet de première importance pour un pépiniériste, et qui l'occupe presque exclusivement à différentes époques. L'automne, il fait ses marcottes, débarrasse ses arbres des branches nuisibles, transplante ceux qui demandent à l'être, etc., etc.

On trouvera au mot ARBRE une partie des principes d'après lesquels on doit diriger les travaux d'une pépinière, et à l'article de chaque espèce d'arbre, ce qu'il convient de pratiquer plus particulièrement pour elle. *Voyez* les mots JARDIN et VERGER. (B.)

PEPITA. Au Chili, ce nom est donné au culot de métal pur que l'on obtient en fondant des mines. (LN.)

PÉPITES. Morceaux d'or natif, détachés de leur gangue

et roulés par les eaux ; on leur donne ce nom dès qu'ils ont à peu près la grosseur d'une lentille : au-dessous, ce sont des *paillettes* ou des *grains d'or*. On a souvent trouvé, au Mexique et au Pérou des *pépites* du poids de plusieurs marcs. On en a même vu qui passoient , dit-on , soixante marcs, ce qui feroit une valeur d'environ cinquante mille francs : mais on conçoit bien que de semblables morceaux sont infiniment rares. *Voyez* OR. (PAT.)

PÉPLIDE , *Peplis*. Petite plante rampante , à feuilles ovales, opposées, et à fleurs axillaires , solitaires , qui forme un genre dans l'hexandrie monogynie et dans la famille des calycanthèmes.

Ce genre a pour caractères : un calice campanulé à douze dents , dont six alternes plus courtes ; une corolle de six pétales , qui manquent quelquefois ; six étamines à anthères arrondies ; un ovaire supérieur , surmonté d'un style à stigmate capité ; une capsule recouverte par le calice , biloculaire , évalve , renfermant un grand nombre de semences attachées à un placenta charnu , adné aux deux côtés de la cloison.

Le *péplide* est annuel et croît dans les terrains argileux où l'eau séjourne une partie de l'année, souvent même dans l'eau; mais on ne le trouve pas dans les marais proprement dits. Il ressemble au *pourpier* par ses feuilles et même par ses fleurs. (B.)

PÉPLIDIE , *Peplidium*. Genre de plantes intermédiaire entre les GRATIOLES et les LINDERNES. Il ne renferme qu'une espèce, figurée pl. 4 de la partie botanique du grand ouvrage de la Commission de l'Institut d'Égypte , contrée où elle se trouve. (B.)

PÉPLION et PÉPLIUM. Ces noms sont employés , par Césalpin et par Daléchamps , pour indiquer l'*euphorbia peplis*, L. Chez les Grecs , ils étoient synonymes de *peplis*. *V.* ce mot. Dodonée les avoit appliqués au *frankenia pulverulenta*, de même que celui de *peplis*. Dioscoride , à l'article *chamædaphne*, dit qu'on nomme aussi cette plante *peplion*. Cette dénomination est celle dont se servoit Hippocrate pour indiquer le *peplis* des Grecs. *V.* ce mot. (LN.)

PÉPLIOS. Dans le Pinax de C. Bauhin, c'est une espèce d'euphorbe (*Euphorbia epithymoides*). Pierre Quith , pharmacien de Paris, cultivoit sous ce nom , en 1579 , le *zygophyllum fabago* que quelques auteurs ont cru être le *peplos* de Dioscoride. (LN.)

PÉPLIS et PÉPLION ou PÉPLIUM. Le *peplis* , que quelques personnes appellent aussi *andrachne agria* (pourpier sauvage), croît sur les bords de la mer; il est feuillu et plein d'un suc blanc. Ses feuilles sont semblables à celles du pour-

pier cultivé, rondes et rouges par-dessous. Sa graine est cachée sous les feuilles, ronde comme celle du *peplos*, d'un
goût fervent; sa racine n'a aucune valeur (Dios. 4, ch. 169).
On recueilloit et on employoit cette plante comme le *peplos*,
dont elle avoit les propriétés. Chez Pline, c'est une plante
toute différente qu'il décrit sous le nom de *peplis*, et, d'après
ce qu'il en dit, il paroît qu'il a décrit le pourpier sauvage.
Cette confusion tient à ce que l'on donnoit les noms de *peplion*
ou *peplium* aux deux plantes, et surtout celui de pourpier sauvage. Hippocrate nomme le *peplion*, *peplis*.

Il n'est pas douteux que le *peplis* de Dioscoride ne soit une
espèce d'Euphorbe, l'*euph. chamœsyce*, ou plutôt l'*eup. peplis*.
Il n'est pas croyable que c'eût été une espèce de *zygophyllum*
ou le *frankenia pulverulenta*, comme quelques auteurs l'ont dit.
Il est vrai que ces plantes ont le même port que les euphorbes
ci-dessus, et le nom seul de *peplis* leur auroit convenu, car
il signifie *robe* en grec; et en effet elles croissent tellement appliquées contre terre, qu'elles semblent la revêtir.

Quelques espèces d'euphorbes ont été décrites par les auteurs sous le nom de *peplis*. Linnæus l'a fixé ensuite à un genre
très - différent, confondu avec le *glaux* par Tournefort, et
distingué par Micheli et par Adanson. Le premier le nommoit
glaucoïdes, et le second *chabrœa*. Voy. Péplide.-(L.N.)

PEPLOS, *Peplus*. Dioscoride décrit ainsi cette plante.
C'est un petit végétal plein de lait, à petites feuilles semblables à celles de la rue, mais plus larges. Elle se développe
étalée par terre, et forme une chevelure ronde de six à huit
pouces (*dodrantalis*) de diamètre. Sa graine est plus petite
que celle du pavot, et située sous les feuilles; elle a beaucoup de vertu; sa racine n'a aucune valeur: elle naît entre
les vignes et dans les jardins. On la cueille dans le temps des
moissons. On la sèche à l'ombre, en la remuant continuellement. Sa graine pilée et arrosée avec de l'eau bouillante se
garde à part. Elle appaise la colère, elle lâche l'estomac
quand on en saupoudre la viande. On la confit, etc. (*Dios.*,
lib. 4, *cap.* 168). Cette plante est la même que celle qui,
selon Pline (*liv.* 27, *cap.* 12), étoit appelée, chez les Romains, *esula rotunda*, et chez les Grecs, *peplos, syce*, et *meco-
nion apurodes* (*papaver spumeum*); il s'accorde avec Dioscoride en tous points. Les botanistes pensent que cette plante est
une espèce de tithymale ou euphorbe (*euph. peplis*, L.). (L.N.)

PEPLUS, *V.* Peplos. Castor Durante et Tabernæ-Mon-
tanus désignoient par *peplus*, l'*euphorbia peplis*, L., mais à
tort, car le *peplus* des anciens étoit une autre espèce d'euphorbe. (L.N.)

PEPO et PEPON. Dioscoride donne ce nom à une espèce de concombre que les Grecs mangeoient avec la viande. Elle provoquoit l'urine, résolvoit les inflammations des yeux. Son suc mêlé avec sa graine et avec la farine, et puis séché au soleil, étoit d'usage pour nettoyer et embellir la peau du visage. Sa racine étoit vomitive à très-petite dose, et guérissoit les ulcères qui jettent une humeur semblable au miel. Suivant Pline et Dioscoride, le *pepo* ou *popo* se faisoit remarquer par sa grandeur. Ces naturalistes parlent d'une manière si embrouillée des espèces de concombres, que les commentateurs ont été bien embarrassés pour expliquer leurs textes. Il est probable que sous ces noms de *pepo* ou *popo*, et *pepon* ou *popon*, les anciens comprenoient le pepon, le potiron et les melons sauvages. C. Bauhin fait dériver ce nom d'un mot grec, *mûrir*, parce que les *pepons* deviennent jaunes lorsqu'ils mûrissent, et qu'alors ils sont bons à manger. Le *melopepo*, outre cette qualité, avoit encore celle de rappeler la forme ronde de la pomme; c'étoit, sans doute, le *potiron*. Le *melo* est notre *melon;* et il devoit son nom à sa forme ou à son odeur voisine de celles de la pomme. Les botanistes n'ont employé le nom de *pepo* que pour désigner des plantes des genres *cucumis*, *cucurbita* (où se trouvent les fruits les plus gros qui soient connus), et *momordica.* (LN.)

PÉPOAZA (aile traversée). Dénomination que les Guaranis, peuples du Paraguay, appliquent à tout oiseau dont les ailes sont traversées par une bande d'une autre couleur que le fond. M. d'Azara a généralisé ce nom à une petite famille d'oiseaux qui ont paru avoir de grands rapports avec les *tyrans;* c'est pourquoi je les ai placés à leur suite. *V.* l'article TYRAN. (V.)

PEPOLINA de Césalpin. C'est le THYM commun à petites feuilles. (LN.)

PEPON, PÉPONIDE ou PEPONION. Sorte de FRUIT. *V.* ce mot: le MELON en offre un exemple. *V.* PEPPO. (B.)

PÉPON. Espèce de COURGE. (B.)

PEPONESSA de Césalpin. C'est le PEPON. (LN.)

PEPOSACA. Nom que les naturels du Paraguay ont imposé à un CANARD. *V.* CANARD PEPOSACA. (V.)

PEPPER. Nom anglais du poivre. (LN.)

PEPPER BUSCH (*white*). C'est, aux Etats-Unis, l'*andromeda arborea*; le SWEET PEPER BUSH est le CLETHRA. (LN.)

PEPPER CROP. La VERMICULAIRE BRULANTE, espèce d'ORPIN (*sedum acre*) est ainsi appelée en Angleterre. (LN.)

PEPPER WORT. C'est le PASSERAGE, en Angleterre. (LN.)

PEPPO et PEPPINO DE LA TIERRA. Ce sont, au

Pérou, les fruits du *solanum muricatum*, qu'on y mange avec délices. (LN.)

PEPSIS , *Pepsis*. Genre d'insectes, de l'ordre des hyménoptères, établi par Fabricius, et qui n'est qu'un démembrement du genre *sphex* de Linnæus. Il se divise en deux sections: abdomen pétiolé, abdomen sessile. Les espèces de la première appartiennent à divers genres de ma tribu des *sphégimes*. Quelques-unes de la seconde ne me paroissent pas s'éloigner des *pompiles* ; mais les autres, comme celles que cet auteur nomme : *cærulea, stellata, ruficornis, amethystina, atripennis, dimidiata* , et qui sont de l'Amérique méridionale, peuvent former un genre propre, distingué de celui des *pompiles* en ce que les palpes sont presque de longueur égale, et que les deux derniers articles des maxillaires et le dernier des labiaux sont beaucoup plus courts que les précédens ; la languette se rapproche aussi beaucoup plus, par sa forme, de celle des *sphégimes*. Les antennes des mâles sont composées d'articles plus serrés et presque droits. Mon genre *pepsis* ne comprend que ces espèces. (L.)

PÉPU, PIPU, PUPE. En différens endroits, c'est la HUPPE. (V.)

PE-PU-TSAO. Nom donné, en Chine, à une plante qui paroît être une IGNAME. Loureiro en a fait un genre (*stemona tuberosa*). On trouve sa figure tab. 129, vol. 9, de l'Herbier d'Amboine, *Ubium polypoides*. C'est le *cay-bach-bo* de la Cochinchine. Elle est utile dans les maladies du poumon, la phthisie, et la toux. (LN.)

PERA , *Pera*. Genre de plantes établi par Mutis. Il est de la dioécie polyandrie, et a pour caractères : un calice de deux folioles caduques ; un pétale concave, et même demi-globuleux et pendant; un grand nombre de découpures linéaires, plissées et droites autour de l'ovaire ; dans les fleurs mâles, vingt-quatre à trente étamines sur deux rangs ; dans les fleurs femelles, un pistil surmonté de trois stigmates; une capsule à trois loges, à trois valves bifides, et contenant une seule semence dans chaque loge.

Ce genre ne contient qu'une espèce. C'est un arbre de l'Amérique méridionale. Schreber l'a appelé PERULA. (B.)

PERA. Nom brame du GOYAVIER. (LN.)

PERAGU , *Clerodendron*. Genre de plantes de la didynamie angiospermie et de la famille des pyrénacées, dont les caractères consistent en un calice turbiné, à cinq dents ; une corolle infundibuliforme, à tube grêle, cylindrique, à limbe divisé en cinq parties presque égales, mais d'un seul côté ; quatre étamines très-saillantes, dont deux plus courtes ; un ovaire supérieur, ovale, surmonté d'un style à stigmate simple; une baie recouverte par le calice uniloculaire, contenant quatre osselets monospermes , s'ouvrant souvent en quatre parties dans la maturité.

Ce genre , qui se rapproche infiniment des VOLKAMÈRES, renferme des arbrisseaux à feuilles opposées , et à fleurs disposées en panicules axillaires ou terminales. On en compte une vingtaine d'espèces , toutes appartenantes aux Indes et contrées voisines , et parmi lesquelles il faut distinguer :

Le PÉRAGU INFORTUNÉ, qui a les feuilles en cœur et velues. Il se trouve dans l'Inde. On le cultive depuis peu dans les serres du Muséum d'Histoire Naturelle de Paris, et il s'y fait remarquer par l'excellente odeur de ses fleurs, qui sont doubles. On le multiplie facilement de boutures, de sorte qu'il sera bientôt commun. *Voyez* pl. G , 41, où il est figuré.

Le PÉRAGU FORTUNÉ, qui a les feuilles lancéolées, tantôt entières, tantôt lobées , et la panicule trichotome. Il croît au Japon. Il naît sur ses branches une larve d'insecte qui passe pour spécifique contre les vers des enfans. (B.)

PERAGU. *V.* PINNA. (LN.)

PERALU. C'est, dans Rhéede , le FIGUIER DU BENGALE, *ficus bengalensis*, L. (B.)

PERAME, *Mattuschkea.* Petite plante annuelle de la Guyane , à feuilles opposées, ovales, sessiles, hérissées de poils , à fleurs disposées en tête , et reposant sur quatre larges bractées, velues, et sur des pédoncules axillaires et dichotomes.

Cette plante, qui forme un genre dans la tétrandrie monogynie, et dans la famille des gatiliers, offre pour caractères : un calice divisé en quatre parties ; une corolle infundibuliforme, à quatre divisions ; quatre étamines ; un ovaire supérieur , à style filiforme et à stigmate aigu ; deux ou quatre semences nues, très-petites. (B.)

PERAMÈLE , *Perameles*, Geoffroy ; *Thylacis*, Illiger ; *Didelphis*, Shaw. Genre de quadrupèdes de l'ordre des carnassiers et de la famille des MARSUPIAUX.

Le genre établi en 1804, par M. Geoffroy, sous le nom de *Peramèle*, qui signifie, *Blaireau à poche*, renfermoit d'abord deux espèces, dont une avoit été décrite antérieurement par Shaw, sous le nom de *Didelphis obesula*, et la seconde avoit été rapportée du voyage aux terres australes, par feu Péron et M. Lesueur. Illiger, en 1811, avoit adopté ce genre tel que M. Geoffroy l'avoit composé ; mais il en avoit changé le nom en celui de *thylacis* (mot tiré de θυλαξ, *saccus, marsupium*). Enfin , en 1817, M. Geoffroy l'a démembré, en ne laissant dans son genre *peramèle* que l'espèce nouvelle rapportée par les naturalistes français , et en formant un genre particulier du *Didelphis obesula* de Shaw, sous le nom d'Isoodon. *V.* ce mot. (1)

Le peramèle et l'isoodon sont des animaux qui, sous la considération du nombre des dents et des doigts, font le passage des dasyures aux phalangers, et aussi aux potoroos, qui, eux-mêmes composent le chaînon qui les lie aux kanguroos.

Le *Peramèle* a : six dents incisives supérieures, dont la dernière de chaque côté est fort écartée, tant de ses congénères en avant, que de la dent canine en arrière, et cette incisive a de plus la forme, et fait la fonction d'une seconde canine ; six incisives inférieures, dont la dernière de chaque côté est un peu plus large que les autres, et à demi partagée par un sillon ; deux canines fortes et pointues, tant en haut qu'en bas ; sept molaires de chaque côté, en haut et en bas ; à couronne hérissée de pointes aiguës, comme celles des didelphes et des dasyures, séparées des canines par un espace interdentaire peu considérable ; la tête allongée ; le museau pointu ; les yeux latéraux ; les oreilles médiocres, obtuses ; la queue assez courte, peu épaisse à la base, pointue, un peu dégarnie de poil en dessous, mais sans écailles, non prenante ; cinq doigts aux pieds de devant, dont les trois du milieu beaucoup plus long que les latéraux, armés d'ongles longs et robustes propres à fouir, le pouce étant presque rudimentaire ; quatre doigts seulement aux pieds de derrière, dont la disposition a beaucoup d'analogie, avec ce qui existe dans les kanguroos, c'est-à-dire, que le troisième est le plus long et le plus gros ; le premier et le deuxième sont réunis et enveloppés sous des tegumens communs.

L'isoodon diffère du peramèle par le nombre des incisives inférieures, qui est de huit au lieu de six ; par une molaire de plus de chaque côté à la mâchoire supérieure, et une de moins à l'inférieure ; ce qui porte le nombre total de ses dents à cinquante, tandis que dans le peramèle ce nombre ne s'élève qu'à quarante-huit. De plus, les molaires ont une forme différente, ainsi que l'a fait connoître M. de Blainville, qui a décrit à Londres le crâne d'un isoodon. Les quatre molaires antérieures d'en haut, et les trois d'en bas, de chaque côté, sont tranchantes comme celles des carnassiers, tandis que dans le peramèle les dents sont simplement pointues et longues, comme dans les quadrupèdes insectivores, et notamment les didelphes et les dasyures.

---

(1) Dans la synonymie de l'isoodon, nous avons involontairement omis de rapporter que M. Geoffroy avoit d'abord placé cet animal avec les peramèles sous le nom de *perameles obesula*. Ann. du Mus., tom. VI, pag 64, pl. 45.

Du reste, ces animaux se ressemblent beaucoup par toutes leurs formes extérieures, et habitent les mêmes contrées ; c'est-à-dire, les côtes de la Nouvelle-Hollande. Leurs mœurs sont inconnues ; mais la forme de leurs dents molaires indique que leur nourriture consiste en insectes, crustacés, chair morte, comme celle des dasyures ; et la force de leurs ongles postérieurs, qu'ils fouissent la terre pour se pratiquer des retraites ; enfin, la longueur disproportionnée de leurs extrémités antérieures nécessite une marche sautillante, mais sans analogie avec celle des kanguroos, qui se servent de leur queue robuste à cet effet ; car, la leur est assez courte et très-grêle.

Espèce unique. —PÉRAMÈLE NEZ POINTU, *Perameles nasuta*, Geoffr., Ann. du Mus. d'Hist. nat., tom. 4, p. 62, pl. 44.

Cet animal, dont la taille est double de celle des plus grands surmulots, a le corps allongé, plus large à sa partie postérieure qu'à l'antérieure ; la tête très-longue, le museau fort effilé, avec le nez prolongé au-delà de la mâchoire. Sa longueur mesurée depuis l'extrémité des lèvres jusqu'à l'origine de la queue, est de 16 pouces ; celle de sa tête est de 4 pouces ; celle de sa queue, de 6 pouces ; ses extrémités antérieures ont 3 pouces, et celles de derrière, le double ; ses oreilles sont droites, oblongues, couvertes de poils, et ses yeux très-petits. Son poil est médiocrement fourni, plus abondant et plus roide sur le garrot, mélangé d'un peu de feutre et de beaucoup de soies, cendré à son origine, et fauve ou noir à la pointe, d'où il résulte une teinte générale, d'un brun clair qui a beaucoup de ressemblance avec celle du pelage du rat surmulot de notre pays. Le dessous est blanc, et les ongles jaunâtres. La queue est d'un brun plus décidé que le corps, tirant sur le marron en dessus, et sur le châtain en dessous.

Il n'existe qu'un seul individu mâle de cette espèce, en bon état de conservation, dans la collection publique du Muséum d'Histoire naturelle. Il provient, ainsi que nous avons déjà eu l'occasion de le dire, de l'expédition aux Terres-Australes, et a été rapporté par feu Péron et M. Lesueur. (DESM.)

PERAPETALE. Genre qui doit être réuni à celui appelé LIMACIE. *Voyez* ÉPIBAT. (B.)

PÉRANITES. Il paroît que ce nom est corrompu de *Peantides*, et désigne la pierre de ce nom; du moins les fables d'Albert le grand, attribuées aux *Péranites*, sont les mêmes.(LN.)

PÉRARO et PÉRO. Noms du POIRIER et de son fruit, en Italie. (LN.)

PÉRAS et PERASSO. Noms languedociens du POIRIER et de la POIRE. (LN.)

PERAS DE MALACCA. Les Portugais de l'Inde appel·
lent ainsi une espèce de GOYAVIER (*Psidium pyriferum.*)

PERAT. Nom qu'on donne, dans le Lyonnais, à la
HOUILLE en gros morceaux. (LN.)

PERCA. Nom latin de la PERCHE. (DESM.)

PERCE. Dans quelques endroits on nomme ainsi la
LOCHE. (DESM.)

PERCE-BOIS ou TÉRÉDILES. Famille d'insectes de
l'ordre des COLÉOPTÈRES, établie par M. Duméril, ayant
pour caractères : cinq articles à tous les tarses ; élytres
dures, couvrant tout le ventre; antennes filiformes; corps
arrondi, allongé, convexe : ce sont les *vrillettes*, les *panaches*,
les *ptines*, les *mélasis*, les *tilles* et les *limexylons*. (L.)

PERCE-BOIS. Nom d'insecte qui répond au *ligniperda*
de quelques auteurs latins, et primitivement au *xylophtoros*
d'Aristote. « Le petit ver qu'on nomme *perce-bois*, n'est pas
moins singulier qu'aucun des précédens ; il montre hors d'un
étui une tête tachetée ; ses pieds sont près de la tête comme
dans les autres vers. Le surplus de son corps est enveloppé
d'une tunique de la nature de la toile d'araignée, couverte
de brins de bois qu'on croiroit que le ver a rassemblés en
marchant; mais ces brins de bois sont tissus avec la tunique
même, et le tout ensemble est au ver ce que la coquille est
au limaçon. Cet étui ne tombe point de lui-même; pour
l'ôter, il faut l'arracher comme s'il étoit adhérent à son corps.
Dépouiller ce ver, c'est le faire mourir ; il n'est plus, après
cela, capable de rien, comme le limaçon auquel on a enlevé
sa coquille. Avec le temps, ce ver devient chrysalide, de
même que les chenilles ; il vit sans mouvement ; mais on
n'a pas encore observé quel est l'animal ailé que donne cette
métamorphose. » Camus, *traduct. de l'Hist. des Animaux
d'Aristote, tom. 1, pag.* 313. Pline met cet insecte avec les
teignes, et ne fait que rapporter la substance de ce que dit
Aristote. Charleton et Réaumur ont pensé qu'il s'agit ici
d'une larve de frigane ; mais quelques chenilles de *bombyx*
vivent aussi dans des fourreaux recouverts de matières végétales, disposées de même. Aristote ne disant point que les
insectes *perce-bois* (*xylophtoros*), soient aquatiques, et comparant leurs métamorphoses] à celles des chenilles, peut-être
vaudroit-il mieux appliquer ce passage à ces chenilles de
bombyx.

Réaumur désigne encore sous le nom de *perce-bois*,
l'abeille violette de Linnæus. *Voyez* XYLOCOPE.

Les *ligniperdes* de Pallas sont pour nous des *bostriches*.
(L.)

PERCE-BOSSE. Nom vulgaire de la LYSIMAQUE. (B.)

PERCE-FEUILLE. On donne ce nom au **Buplèvre perfolié** et au **Buplèvre en faux.** (B.)

PERCE-MOUSSE. C'est le **Polytric commun.** (B.)

PERCE-MURAILLE. Nom vulgaire de la **Pariétaire.**

PERCE-NEIGE. Nom de la **Galanthine.** (B.)

PERCE-OREILLE. *Voyez* **Forficule.** (L.)

PERCE-PIER, *Aphanes.* Genre de plantes qu'on a réuni depuis peu aux **Alchimilles.** Gmelin le place dans la monandrie. (B.)

PERCE-PIERRE. Nom de la **Blennie baveuse.** (B.)

PERCE-PIERRE. Nom vulgaire de la **Bacille maritime.** (B.)

PERCE-POT. Un des noms vulgaires de la **Sittelle.**

PERCERAT. On donne ce nom, dans quelques cantons, à la *raie pastenague* et à la *raie aigle. V.* **Raie.** (B.)

PERCE-ROCHE. C'est la **Térébelle.** *V.* ce mot. (DESM.)

PERCHAQUEUE. C'est, dans l'Orléanais, le nom de la **Mésange a longue queue.** (V.)

PERCHE (terme de *vénerie.*) On appelle ainsi la tige du *bois* ou de la *tête* du *cerf*, et des autres quadrupèdes ruminans du même genre. (DESM.).

PERCHE, *Perca.* Genre de poissons de la division des **Thoraciques**, auquel Linnæus avoit donné pour caractères : d'avoir les mandibules inégales, armées de dents aiguës et recourbées ; un opercule de trois lames écailleuses, dont la supérieure est dentée en ses bords ; six rayons à la membrane branchiostége ; la ligne latérale suivant la courbure du dos ; les écailles dures ; les nageoires épineuses ; l'ouverture de l'anus plus proche de la queue que de la tête.

Ce genre ainsi établi, contenoit dans Gmelin une cinquantaine d'espèces qui, la plupart, s'éloignent autant les unes des autres que des genres voisins, principalement des **Sciènes**, des **Scares**, des **Gastérostées**, ce qui autorisoit à beaucoup d'arbitraire dans le placement de ces espèces, et jetoit par conséquent une grande confusion dans leur nomenclature.

Cet état de choses appeloit un réformateur. Lacépède, plus qu'aucun autre ichthyologiste, avant pu observer et comparer un grand nombre d'espèces de ces trois genres, s'aperçut de leur hétérogénéité, et du peu de précision des caractères qui avoient servi à les réunir, et a dû le réformer. Profitant des travaux de ses prédécesseurs, et surtout de Bloch, après avoir passé en revue tous les *thoracins* des genres voisins, en avoir ôté les espèces qui ne concordoient pas avec les autres, il a formé dans le voisinage du genre *perche*, une famille composée de dix-huit genres, dont il a

précisé les caractères d'une manière positive, et auxquels il
a rapporté des espèces qui se conviennent, avec autant d'exactitude que possible. Ces genres sont: Labre, Chéiline, Ché-
lodiptère, Ophicéphale, Hologymnose, Scare, Osto-
rhinque, Spare, Diptérodon, Tænianote, Microptère,
Sciène, Lutjan, Centropome, Bodian, Pomacentre et
Holocentre, parmi lesquels les cinq derniers sont principalement établis aux dépens des perches de Linnæus, dont
des espèces entrent dans quelques autres.

Aujourd'hui donc le genre des perches, que Lacépède, à
l'imitation de Daubenton, appelle Persègue, ne renferme
plus que quatorze espèces, qui ont pour caractères communs:
un ou plusieurs aiguillons, et une dentelure aux opercules;
un barbillon ou point de barbillon aux mâchoires; deux nageoires dorsales.

Les especes dont la nageoire de la queue est échancrée,
sont :

La Perche fluviatile, qui a quinze rayons à la première
nageoire du dos, quatorze rayons à la seconde, deux rayons
aiguillonnés, et neuf rayons articulés à la nageoire de l'anus;
les deux mâchoires également avancées; les thoracines rouges.
On la trouve en Europe et en Asie septentrionale, dans les
eaux douces, vives ou tranquilles. Elle parvient souvent à la
longueur de deux pieds, et au poids de trois à quatre livres;
mais on en cite de beaucoup plus grosses. C'est un des plus
beaux poissons de nos contrées, surtout lorsqu'il vit dans les
eaux vives et pures; alors une couleur d'or interrompue par
des bandes noires, brille sur son corps, et est relevée par le
beau rouge de feu des nageoires. Dans les eaux stagnantes
et boueuses, cette couleur s'obscurcit au point de devenir
d'un gris légèrement jaune.

L'ouverture de la bouche de la perche est large; ses deux
mâchoires sont d'égale longueur et armées de petites dents
pointues ; son palais en a dans trois endroits différens, et son
œsophage dans quatre ; sa langue est courte et unie ; ses narines sont doubles et peu éloignées des yeux; ses yeux sont
grands; l'opercule de ses ouïes est garni de très – petites
écailles, et sa lame supérieure est dentelée en ses bords ; ses
écailles sont dures et fortement attachées à la peau; son anus
est plus près de la queue que de la tête ; la première de ses
nageoires dorsales a ses rayons épineux, et une tache noire à
sa partie postérieure.

Cette perche fraye au commencement du printemps, sur le
bord des rivières, des lacs ou des étangs. Elle peut peupler
beaucoup, car une perche du lac de Genève a été trouvée
avoir 992,000 œufs, et elle produit dès sa troisieme année ;

mais son frai, ses petits et elle-même sont exposés à la voracité d'un nombre considérable d'ennemis, de sorte que, de ce grand nombre, à peine en arrive-t-il à bien la centième partie. La manière dont elle se défait de ses œufs est remarquable. Elle cherche un morceau de bois ou tout autre corps solide terminé en pointe, et s'en frotte le trou ombilical ; les œufs sortent par l'effet de la compression, s'attachent à ce corps, et ensuite la perche les file pour ainsi dire, en passant et repassant autour jusqu'à ce qu'ils soient tous sortis. Ces œufs sont renfermés, quatre ou cinq ensemble, dans une membrane commune, ce qui donne à l'ensemble l'apparence d'un réseau à mailles hexagones.

Les lacs d'eau pure sont les lieux où les perches se plaisent le plus ; elles les quittent cependant lorsqu'elles le peuvent, pour remonter les rivières dans le temps du frai. Elles nagent avec beaucoup de rapidité, et se tiennent habituellement assez près de la surface de l'eau, ce à quoi elles sont sans doute déterminées par la grande capacité de leur vessie natatoire ; elles nagent avec une grande vélocité, vivent de petits poissons, de reptiles, d'insectes, etc. On les voit souvent, pendant l'été, s'élancer hors de l'eau, pour saisir au vol les insectes qui passent à leur portée. Elles sont si voraces, qu'elles mordent aux hameçons seulement garnis de plumes, et qu'elles ne craignent point de se jeter sur le GASTÉROSTÉE ÉPINOCHE (*V.* ce mot) ; mais ce dernier poisson, en relevant les rayons épineux de sa nageoire dorsale, les fait mourir de faim, en les mettant dans l'impossibilité de fermer la bouche et de se débarrasser d'eux. Les pêcheurs ont observé que lorsqu'ils prenoient une perche dans cet état, qu'ils lui ôtoient l'*épinoche* et la remettoient dans l'eau, elle reprenoit son embonpoint, mais ne pouvoit refermer sa bouche. Sans doute ce cas n'arrive que lorsque l'épinoche est déjà depuis long-temps cloué au palais de ce poisson, à raison de la formation d'une ankylose aux points de réunion des mâchoires.

Les perches elles-mêmes n'ont d'autre moyen d'échapper à leurs ennemis, que celui qu'emploient les épinoches à leur égard ; du moins les rayons épineux de leur première dorsale empêchent les brochets et autres poissons voraces de vivre à leurs dépens.

Les Grecs et les Romains ont connu les perches, et faisoient le même cas que nous de leur chair. Ausone, dans son Élégie sur la Moselle, dit :

> Nec te delicias mensarum, perca, silebo
> Amnigenos inter pisces dignande, marinis
> Solus puniceis facilis contendere mullis.

En effet, la chair de ce poisson est blanche, ferme et d'un goût exquis, surtout lorsqu'il a vécu dans une eau pure comme celle de la Moselle, du Rhin, et surtout des lacs de la Suisse. On peut, sans inconvénient, la donner aux convalescens et aux personnes dont l'estomac est affoibli.

L'art du cuisinier sait varier ce mets de beaucoup de manières : la plus en usage est celle-ci. On écaille la perche, on la vide de ses ouïes et de ses intestins, on la lave dans deux eaux, on la fait cuire dans un court-bouillon avec du vin blanc, et ensuite on la sert entière avec une sauce blanche aux câpres ou toute autre, maigre ou grasse. On les fait aussi fréquemment entrer dans les matelottes, dont elles relèvent le goût. On vante beaucoup un mets qu'on fait à Genève avec de très-petites perches qu'on pêche dans le lac, sous le nom de *mille cantons*.

Les Lapons préparent avec la peau des perches, qui sont fort grosses et fort abondantes dans les lacs de leur pays, une colle identique pour la nature et la qualité, avec celle que produit l'*acipensère esturgeon*. Voy. au mot COLLE DE POISSON et au mot ESTURGEON.

La perche a la vie dure; on peut la transporter facilement, dans de l'herbe fraîche, d'un étang à un autre, pourvu que la distance et la chaleur de l'atmosphère ne soient pas trop considérables. Elle varie beaucoup en couleur et en saveur, selon les temps et les lieux. On la prend avec des filets et à l'hameçon, que l'on garnit d'un très-petit poisson, d'un lombric ou d'une patte d'écrevisse. On la saisit fort aisément à la main, sur le bord des trous qu'on fait à la glace des étangs où elle est abondante. Cette abondance est quelquefois un grand mal pour les étangs, parce qu'elle s'oppose à la multiplication des poissons qui croissent plus vite et sont d'une nourriture moins dispendieuse, tels que les carpes, les tanches, etc. Aussi ceux qui possèdent des étangs n'en mettent-ils que très-peu dans ceux qui sont destinés à ces sortes de poissons; ils préfèrent, lorsqu'il leur est avantageux d'en avoir beaucoup, d'en mettre exclusivement dans un étang particulier avec les petites espèces de cyprins, qui multiplient prodigieusement et qui n'ont aucune valeur commerciale.

Il est probable que c'est par erreur qu'on a dit que la perche se trouvoit dans la mer Caspienne.

La PERCHE AMÉRICAINE a neuf rayons à la première dorsale, treize à la seconde, trois rayons aiguillonnés et neuf articulés à la nageoire de l'anus ; le corps allongé : point de bandes transversales ni de raies longitudinales. On la trouve à l'embouchure des rivières de l'Amérique.

La PERCHE DE BRUNICH, *Perca pusilla*, Linn., a neuf

rayons à la première dorsale, vingt-trois à la seconde , trois rayons aiguillonnés et vingt-un articulés à la nageoire de l'anus ; la mâchoire inférieure un peu plus avancée que la supérieure ; le rayon aiguillonné de chaque thoracine dentelé sur son bord antérieur. On la pêche dans la Méditerranée. Elle brille de l'éclat de l'argent et du rubis.

La PERCHE UMBRE, *Sciæna cirrhosa* , Linn. , a dix rayons à la première nageoire du dos, vingt-six à la seconde , deux rayons aiguillonnés et sept rayons articulés à celle de l'anus ; un barbillon au bout de la mâchoire inférieure. *V.* pl. M 8 où elle est figurée. On la pêche dans la Méditerranée et dans les mers d'Amérique. Elle est connue sur nos côtes sous le nom d'*ombre*, de *maigre*, de *daine sciène-barbue* et de *sciène-corps*. Elle a été confondue très-fréquemment avec la *sciène-ombre* , quoiqu'elle en diffère considérablement. Elle a été connue d'Aristote et de Pline, qui vantent la bonté de sa chair , et surtout de celle de sa tête ; on l'estime encore beaucoup aujourd'hui. Elle parvient à environ deux pieds.

La PERCHE DIACANTHE , qui a neuf rayons à la première dorsale , treize à la seconde , trois rayons aiguillonnés et onze articulés à l'anale ; deux orifices à chaque narine ; deux aiguillons à chaque opercule : un grand nombre de raies longitudinales , étroites et dorées. Elle est figurée dans Bloch , pl. 3o5 , et dans le *Buffon* de Deterville, vol. 4 , pag. 39 , sous le nom de *sciène diacanthe*. On la trouve dans la Méditerranée.

La PERCHE POINTILLÉE a neuf rayons à la première nageoire du dos, douze à la seconde , trois rayons aiguillonnés et onze articulés à l'anale ; deux orifices à chaque narine ; deux aiguillons à chaque opercule ; un grand nombre de raies longitudinales , étroites et dorées. Elle est figurée dans Bloch , pl. 3o5 , et dans le *Buffon* de Deterville, vol. 4 , pag. 55 , sous le nom de *sciène pointée*. On la trouve dans la Méditerranée.

La PERCHE MURDJAN a dix rayons à la première dorsale , quinze à la seconde , quatre rayons aiguillonnés et huit articulés à l'anale ; le sommet de la tête déprimé et marqué par quatre raies saillantes et longitudinales ; la lèvre supérieure extensible et moins avancée que l'inférieure ; un aiguillon à chaque opercule ; les nageoires rouges. Elle vit dans la mer Rouge.

La PERCHE PORTE-ÉPINE a dix rayons à la première nageoire du dos, quinze à la seconde , quatre rayons aiguillonnés et huit articulés à la nageoire de l'anus ; une fossette allongée et profonde , et deux petits faisceaux de stries saillantes sur le sommet de la tête ; un aiguillon blanc , fort et très-long à la première pièce de chaque opercule ; la nuque relevée en bosse. On la trouve avec la précédente.

La Perche kirker a onze rayons à la première dorsale, quinze à la seconde, trois rayons aiguillonnés et huit articulés à l'anale ; la couleur générale d'un bleu argenté ; trois, quatre ou cinq raies longitudinales, brunes, de chaque côté du corps et de la queue. Elle se trouve encore avec les précédentes dans la mer Rouge, et a été décrite ainsi qu'elles par Forskaël, sous le nom de *sciœna*.

La Perche loubine a huit rayons à la première nageoire du dos, onze à la seconde, trois rayons aiguillonnés et six articulés à la nageoire de l'anus ; les deux mâchoires arrondies par-devant et échancrées ; l'inférieure beaucoup plus avancée que la supérieure ; deux aiguillons à la première pièce de chaque opercule ; les écailles rhomboïdales et ciliées ; la ligne latérale s'étendant sur la caudale jusqu'à l'angle rentrant de cette nageoire. Leblond l'a envoyée de Cayenne au Muséum d'Histoire naturelle de Paris.

La Perche praslin a dix rayons à la première dorsale, treize à la seconde, trois rayons aiguillonnés et neuf articulés à l'anale ; un rayon aiguillonné et sept articulés à chaque thoracine ; deux aiguillons à la seconde pièce de chaque opercule ; quatorze raies longitudinales alternativement brunes et blanchâtres de chaque côté de l'animal. Elle a été observée par Commerson autour de l'île de Praslin.

Les espèces dont la nageoire de la queue est entière, sont :

La Perche triacanthe, qui a six rayons à la première nageoire du dos, quatorze à la seconde, neuf rayons à la nageoire de l'anus, trois aiguillons à chaque pièce de chaque opercule ; la mâchoire inférieure plus avancée que la supérieure ; les écailles petites et relevées par une arête ; la caudale arrondie ; huit raies longitudinales blanches. On ignore sa patrie.

La Perche pentacanthe a cinq rayons à la première dorsale, quatorze à la seconde, dix rayons à l'anale, deux ou trois aiguillons à la dernière pièce de chaque opercule ; la mâchoire inférieure beaucoup plus avancée que la supérieure ; les écailles très-petites ; la caudale arrondie ; la ligne latérale courbée vers le bas, ensuite vers le haut, et de nouveau vers le bas ; quatre raies longitudinales blanches de chaque côté. Son pays natal est inconnu.

La Perche fourcroy a dix rayons à la première nageoire du dos, vingt-huit à la seconde, deux rayons aiguillonnés et six articulés à l'anale, un aiguillon à la seconde pièce de chaque opercule : les écailles arrondies et dentelées ; la caudale en forme de fer de lance ; de petites écailles sur la base de cette nageoire, ainsi que sur celle des pectorales et de la nageoire du dos. On ignore également quelle est sa patrie,

La Perche vanloo est une espèce nouvelle, décrite et figurée dans l'Ichthyologie de Nice, par Risso. (B.)

PERCHE (PETITE). *V.* Holocentre. (B.)

PERCHE DORÉE. C'est l'Holocentre post. (B.)

PERCHE GOUJONNIÈRE. C'est le même poisson. *V.* Gremille. (B.)

PERCHE DE MER. *V.* Holocentre marin, *Perca marina*, Linn. (B.)

PERCHE OEILLÉE. Ce nom est commun à beaucoup d'espèces de poissons, et principalement, sur les bords de la Méditerranée, aux Serrans. *V.* au mot Centropome. (B.)

PERCHEPIER ou PERCEPIERRE. *V.* Percepierre, *Iphanes arvensis*, Linn. *V.* aussi Saxifraga. (LN.)

PERCHES PIVOTANS. Sorte de Champignon, synonyme de Cotonneux tors. (B.)

PERCHES ou PLIANS (*Chasse*). C'est ainsi qu'on nomme les branches qu'on élague et qu'on plie dans les *avenues des pipées* pour y tendre les gluaux. (v.)

PERCHEUSE. Dénomination sous laquelle on connoît la *farlouse* dans quelques parties de la France, à cause de l'habitude qu'a cet oiseau de se percher, quoique difficilement, sur les arbres. *V.* Pipi des arbres. (s.)

PERCIDI. Genre de poissons établi par Scopoli, mais réuni aux Cottes par Pallas. Il a pour type le *cotte du Japon.* (B.)

PERCIS, *Percis.* Genre de poissons établi par Schneider aux dépens des Sciènes de Bloch. Ses caractéres sont : corps allongé; tête déprimée; dents en crochet; la première nageoire dorsale a peu de rayons, tandis que la seconde, qui la touche, garnit le reste du dos; nageoire anale sans aiguillons; préopercule légèrement dentelé, et opercule muni d'épines.

La Sciène cylindrique, qui vient de la mer des Indes, appartient à ce genre, qui rassemble trois ou quatre espèces. (B.)

PERCNOPTÈRE. C'est le Vautour fauve dans Buffon, le petit Vautour dans Linnæus, dans les oiseaux d'Egypte et de la Syrie, et dans le *Règne animal* de M. Cuvier. (v.)

PERCNOPTEROS. C'est, en grec, le *percnoptère*, espèce de Vautour. *V.* ce mot. (s.)

PERCO. C'est, à Nice, le nom vulgaire du Lutjan écriture. (DESM.)

PERCO DE MAR. Les pêcheurs de Nice donnent ce nom à l'Holocentre a bandes. (DESM.)

PERÇOIR ou FORÈT. C'est le *murex strigillatum* de Linnæus, qui est placé maintenant dans le genre Vis. (DESM.)

PERDELIES. L'un des noms russes du *cristal de roche*, c'est-à-dire du Quarz hyalin cristallisé. (LN.)

PERDICIE, *Perdicium*. Gènre de plantes de la syngénésie polygamie superflue, et de la famille des corymbifères, dont les caractères consistent : en un calice commun, oblong, imbriqué ; un réceptacle nu qui supporte à sa circonférence des demi-fleurons linéaires, lingulés, tridentés à leur pointe, bidentés à leur base, et femelles, et dans son disque des fleurons tubuleux, hermaphrodites, semi-trifides, à lèvre inférieure divisée en deux parties, et à lèvre extérieure divisée en trois parties ; plusieurs semences ovales, surmontées d'une aigrette sessile, capillaire et très-garnie.

Ce genre renferme une quinzaine de plantes à feuilles alternes et à fleurs disposées en corymbes axillaires ou terminaux, dont la plus commune est :

La Perdicie radiale, qui a les fleurs radiées accompagnées de quatre bractées. Elle se trouve à la Jamaïque, et est figurée dans l'ouvrage de Brown sur les plantes de cette île.

Walter avoit placé dans ce genre une plante de la Caroline, que Michaux regarde comme un Tussilage dans sa *Flore de la Caroline*, et dont Ventenat a fait un genre sous le nom de Chaptalie.

Les genres Trixis, Lasiorrhize, Lérie et Pérézie lui enlèvent encore des espèces, de sorte qu'il ne reste composé que d'une ou deux dans les ouvrages modernes. (B.)

PERDICION. L'un des noms que les anciens donnoient à la Pariétaire. Il paroît néanmoins que le *perdicion* de Théophraste étoit une autre plante, et l'un des *chondrilla* de Dioscoride, c'est-à-dire, une plante chicoracée. *V.* Parietaria, Perdicie et Chaptalie. (LN.)

PERDICITES. Chez les Latins, ce nom se donnoit à des pierres de la couleur des *perdrix*. On ignore de quelle nature elles étoient. (LN.)

PERDIGAL. Dans le Languedoc, c'est le nom des Perdreaux. (DESM.)

PERDIX. Nom latin des perdrix, et générique dans l'*Index* de Latham. (V.)

PERDREAU. Nom que l'on donne aux *perdrix* dans leur premier âge. (V.)

PERDRIGON. Variété de Prunes. Il y en a trois, le *perdrigon blanc*, le *rouge* et le *violet*. Voy. Prunier. (LN.)

PERDRIX, *Perdix*, Lath. ; *Tetrao*, Linn. Genre de l'ordre des oiseaux Gallinacés et de la famille des Nudipèdes. *V.* ces mots. *Caractères* : bec nu à sa base, épais ou grêle, convexe en dessus ; mandibule supérieure voûtée, couvrant les bords de l'inférieure et courbée à la pointe ; narines à

demi-closes par une membrane renflée; langue charnue, entière ; orbites , ou seulement une place nue derrière l'œil chez
la plupart des *perdrix* et des *francolins*; tarses du mâle munis
d'un tubercule calleux et obtus chez les premières , d'un éperon pointu et corné chez les autres; lisses chez les *colins*
et les *cailles;* quatre doigts, trois devant, un derrière; les
antérieurs réunis à leur base par une membrane; le postérieur
ne portant à terre que sur le bout; ailes concaves, pointues,
et les deux premières rémiges les plus longues de toutes chez
les *cailles*; ailes arrondies et les deux premières rémiges plus
courtes que les troisième, quatrième et cinquième chez tous
les autres; queue composée de douze à dix-huit pennes, courtes et inclinées. Ce genre est divisé en quatre paragraphes ,
sous les dénominations de PERDRIX proprement dites, FRAN-
COLINS, COLINS et CAILLES.

Tous ces oiseaux courent plus souvent qu'ils ne volent, s'é-
lèvent avec effort et font du bruit en fendant l'air; ils nichent
à terre; leur ponte est nombreuse , et les petits , dès qu'ils
sont éclos , quittent leur berceau, courent et prennent eux-
mêmes la nourriture que leur indique la mère ; comme tous
les *gallinacés* , ils naissent couverts d'un duvet très-épais, qui
tombe à mesure que les plumes se développent, et qui présente quelquefois dans ses teintes une sorte d'analogie avec
celles du plumage qui doit lui succéder. Le mâle ne soulage
point la femelle dans le travail du nid ni dans les soins qu'exige
l'incubation; mais, chez le plus grand nombre , il se joint à
elle pour soigner les petits. Quoique tous ces oiseaux se rapprochent par des rapports superficiels; ils diffèrent plus ou
moins dans leur instinct et leur vie; les *perdrix* et les *cailles*
se tiennent toujours à terre ; les *francolins*, dit-on , se perchent le jour et la nuit; les *colins* , s'ils sont trop inquiétés,
cherchent une retraite sur les grosses branches des arbres;
mais ils couchent à terre, les uns près des autres ; du moins
c'est ainsi que se conduisent les *colins ha-oui*, la seule espèce
de cette petite tribu que j'aie pu observer dans la nature vivante. Outre ces différences dans la principale habitude de
tous ces oiseaux, on remarque encore dans leur histoire
des faits qui ne peuvent entrer dans une généralité.

§ I. PERDRIX. — *Tarses du mâle adulte munis d'un tubercule
calleux et obtus ; ailes arrondies ; place nue derrière l'œil chez
la plupart; pennes de la queue dépassant leurs couvertures supérieures.*

La PERDRIX D'AMÉRIQUE. *V.* ci-après COLIN HO-OUI ,
page 242.

La Perdrix des Antilles. *V.* Pigeon violet de la Martinique.

La Perdrix d'Aragon. *V.* Ganga des sables, et *lisez* à cet article, page 424, ligne 27, *aragonica*, au lieu de *calcarata*.

La Perdrix de la baie d'Hudson. *V.* Gélinotte tachetée, article Tetras.

La Perdrix bartavelle, *Perdix rufa*, Lath.; *Perdix saxatilis*, Meyer; pl. enl. de Buffon, n.° 230. On l'appelle aussi *perdrix grecque*, parce qu'elle est fort commune dans la Grèce. Elle a de grands rapports avec la *perdrix rouge*; elle s'en distingue néanmoins par le double de grosseur. Le mâle a quinze pouces de longueur totale; la gorge et le devant du cou blancs, un cercle noir qui part du front, passe au-dessus des yeux, s'étend au-delà et descend sur le devant du cou, dont les côtes sont d'un gris cendré, de même que le dessus de la tête, la poitrine, toutes les parties supérieures et les pennes du milieu de la queue; cette teinte prend un ton rougeâtre sur le dos; un jaunâtre clair termine les scapulaires et les grandes couvertures des ailes; les plumes des flancs sont grises et traversées par trois bandes, dont deux noires et une blanchâtre, qui se trouvent au milieu de deux autres; les extrémités de ces plumes sont d'un brun rougeâtre; le milieu du ventre et sa partie postérieure sont jaunâtres; la queue est composée de quatorze pennes cendrées, mais sur les cinq premières de chaque côté, cette teinte est à la base, et remplacée par du roux sur le reste de la longueur; l'orbite est rouge, l'iris d'un brun-gris; le bec rouge, ainsi que les pieds. La femelle est un peu plus petite que le mâle, et sa couleur cendrée est moins pure, le blanc de sa gorge moins large, et les bandes noires des flancs sont plus étroites. Des ornithologistes, et Latham en particulier, ont mal à propos réuni la *bartavelle* et la *perdrix rouge* dans une même espèce, quoiqu'il soit à peu près constant qu'elles ne se mêlent point ensemble.

La *bartavelle* demeure plus constamment sur les lieux élevés que la *perdrix rouge*; elle ne descend guère dans les plaines que pour y nicher, afin que ses petits naissent au milieu d'une plus grande abondance; elle dépose ses œufs, sans construire de nid, sur de l'herbe ou des feuilles négligemment arrangées; ils ont la grosseur d'un petit œuf de *poule*, et des points rougeâtres sur un fond blanc; leur nombre varie de huit à seize par ponte. Belon dit que le jaune ne se durcit point par la cuisson. La *bartavelle* est très-ardente en amour, et plus qu'aucun autre oiseau; les mâles de cette espèce se battent avec un acharnement singulier pour se disputer les femelles, et celles-ci ressentent aussi vivement que les mâles le besoin de jouir. Tout cela avoit été dit par Aristote, avec des particularités qui prouvent combien l'amour a de pétulance et de transports dans cette espèce (*Hist. animal.*, *lib.* 9, *cap.* 8). Tout cela a été confirmé par des observations postérieures, et principalement par celles de Belon (*Nature des oiseaux*, pag. 255); et cependant il a fallu que Gueneau de Montbeillard vengeât la gloire du philosophe grec, en prouvant que ce qu'il rapporte au sujet de la *bartavelle*, ne contient rien que de conforme à la vérité, et que si l'on a cherché à répandre du ridicule sur cette partie de son livre, c'est qu'on ne ne l'a pas entendu. (*V.* ces particularités et leur explication, dans *l'Hist. nat.* de Buffon, *loco citato*.) Mais, en tout temps, il n'a pas manqué de gens qui, du fond de leur cabinet, ont prétendu tracer, en quelque sorte, des règlemens à la nature, et rejeter sans examen, et sans vérification, ce qui n'entroit pas dans leurs vues, quelquefois rétrécies comme le lieu d'où émanent des décisions souvent aussi erronées que légèrement prononcées.

Belon a observé que la bartavelle chante au temps de l'amour, et qu'elle prononce à peu près le mot *chavabis*, d'où les Latins ont fait sans doute le mot *cacabare*, pour exprimer ce cri. Aristote le rend pas les syllabes *cac, cac*, et un observateur moderne par *cok-cok-cuhrra* (M. l'abbé Ducros, dans le Traité de la chasse au fusil, pag. 326). Hors la saison des amours, l'oiseau fait entendre un autre son, *tri, tri,* suivant Aristote, et *tit tit*, selon Théophraste, dans Athénée (*Deipnos, lib.* 9, *cap.* 10). Les anciens ont encore remarqué que ces grosses *perdrix* se mêloient avec la *poule* ordinaire; qu'il résultoit de ce mélange des individus féconds, et que, comme la *poule*, elles couvent des œufs étrangers à défaut des leurs.

On trouve aussi fréquemment des *bartavelles* dans les îles de la Grèce que sur le continent; l'île de Candie, celles de Rhodes et de Chypre en nourrissent une grande quantité. C'est vraisemblablement de cette dernière île qu'elles passent sur les côtes de l'Egypte, où Sonnini en a vu plusieurs ; mais elles n'y restent pas toute l'année; elles se trouvent encore en Syrie et dans les contrées montueuses de l'Italie ; l'espèce est distinguée par le nom de *cothurno*. Elles deviennent plus rares au midi de la France ; elles s'y tiennent sur les montagnes, même au-dessus des bois, et elles n'en descendent que vers l'automne, pour chercher un abri dans les boqueteaux, les bruyères et les broussailles. Tous les lieux ne leur conviennent pas, et l'on a plus d'une fois tenté en vain de les transporter dans differens cantons où vivoient des *perdrix rouges*, et d'en peupler des parcs; elles y périssoient, ou si elles avoient la liberté, elles alloient chercher au loin des retraites de leur choix. C'est un excellent gibier, beaucoup plus recherché et meilleur, en effet, que la *perdrix rouge*

Malgré le naturel sauvage de cette espèce, les mâles sont
tellement transportés et tellement enivrés de désirs dans le
temps des amours, lorsqu'ils entendent le cri de leurs femelles, qu'ils ne voient ni ne fuient l'oiseleur, et viennent quelquefois se poser sur lui. On profite des transports de l'ivresse
que les désirs amoureux causent aux mâles de cette espèce,
pour les attirer dans le piége, soit en leur présentant une
femelle, vers laquelle ils accourent avec empressement, soit
en leur présentant un mâle, sur léquel ils fondent pour le
combattre. On prend aussi ces oiseaux avec différens piéges,
et on les chasse au fusil.

La Perdrix blanche. Belon appelle ainsi le *lagopède* sous
son habit d'hiver. *V.* Lagopède.

Dans l'*Histoire naturelle des Oiseaux*, par Edwards, c'est
le Lagopède de la baie d'Hudson. *V.* cet article.

La Perdrix de bois. Nom de la Gélinotte tachetée,
à la baie d'Hudson.

La Perdrix du Brésil. *V.* Yambou, à l'article Temou.

La Perdrix (grande) du Brésil. *V.* Tinamou magoua.

La Perdrix du Cap de Bonne-Espérance. *Voyez*, ci-
après, Francolin a gorge nue, page 236.

La Perdrix cendrée de Cayenne. *V.* Tinamou cendré

La Perdrix des champs. C'est, dans Belon, la Perdrix
grise.

La Perdrix de la Chine. *V.* Francolin perlé.

La Perdrix de Chitygong. *V.* Francolin de Ceylan.

La Perdrix des coteaux. Nom que l'on donne à la Perdrix rouge, dans les environs de Niort.

La Perdrix de grau. Nom que le Ganga cata porte aux
environs d'Arles. *V.* ce mot.

La Perdrix cul-rond. C'est, dans la France équinoxiale
de Barrère, le nom du petit Tinamou. *V.* ce mot.

La Perdrix de Damas ou de Syrie. Dans Belon, c'est le
Ganga cata. On a encore appliqué cette dénomination à la
petite Perdrix grise. *V.* ces mots.

La Perdrix a double éperon. C'est, dans l'Encyclopédie
méthodique, le Francolin de Ceylan, *V.* ci-après, p. 235.

La Perdrix ferrugineuse, *Perdix ferruginea*, Lath, pl
64 de son *general Synopsis*. Cette perdrix de la Chine porte au-
dessus du cou une espèce de fraise, composée de plumes
longues de près d'un pouce et demi; terminées en pointe, d'un
brun-noir dans leur milieu, jaunâtres dans leur contour, et
diminuant de longueur et de largeur à mesure qu'elles approchent de la tête. Cet ornement que l'oiseau relève lorsqu'il
est agité, le rapproche de la *caille* du même pays, désignée

par le nom de *fraise* ; mais il est beaucoup plus grand , ayant douze pouces de longueur , et cette *caille* étant à peine longue de six pouces. Outre cela, celle-ci porte sa fraise sur le devant du cou, et cette *perdrix* la porte en arrière; une teinte sombre, foiblement mélangée de ferrugineux, couvre la tête; cette dernière couleur légèrement nuée de noir, se rembrunit sur les parties supérieures du corps; le dos et les couvertures des ailes ont des stries d'un fauve jaunâtre ; les pennes sont brunes et frangées de noir; la queue est d'un brun profond sans aucun mélange sur les trois premières pennes latérales de chaque côté ; les autres ont à l'extérieur une frange noire; le devant du cou est ferrugineux et un peu nuancé d'une teinte pâle ; un rouge-brun colore la poitrine et le ventre, mais il s'éclaircit sur cette dernière partie, et s'obscurcit sur le bas-ventre; les pieds et le bec sont bruns.

Sonnerat a fait connoître un individu du même genre, qu'il appelle *grande caille* ; ses couleurs sont plus vives et plus brillantes ; ce qui paroît indiquer un mâle de la même espèce : il a l'iris rouge , les plumes du dos et du croupion assez longues pour s'étendre sur la queue ; les ailes ont à leur extrémité des taches rondes , noires , ainsi que les côtés du ventre ; du reste, cet oiseau diffère très-peu du précédent.

M Temminck appelle cet oiseau *perdrix à camail* ; mais comme nous l'avions décrit avant lui, dans la première édition de ce dictionnaire , sous le nom que nous lui conservons , ce ne sera pas nous que ce grand ennemi des changemens dans la nomenclature, accusera d'avoir changé celui de cette *perdrix* ; et il ne pourra prétexter cause d'ignorance , car il a pris dans cette édition tous les détails économiques sur les *pigeons*, les *poules* , etc., pour les insérer dans ses ouvrages.

La PERDRIX FRANCHE, GAILLE, GAYE ou GAULE. C'est, dans Belon , la PERDRIX ROUGE.

La PERDRIX DE LA GAMBRA. *V.* PERDRIX DE ROCHE.

La PERDRIX DE GARRIVA. Les Catalans connoissent sous ce nom , suivant Barrere, le GANGA CATA.

La PERDRIX DE GINGI , *Perdix gingira* , Lath. Sonnerat a rencontré cette espèce de *perdrix* auprès de Gingi , sur la côte de Coromandel ; taille inférieure à celle de la *perdrix grise* ; bec noir ; iris jaune; dessus de la tête d'un brun foncé ; ligne blanche qui part du bec , passe au-dessus des yeux et se perd à l'occiput; gorge d'un roux pâle; cou et joues pareils, avec une strie longitudinale noire sur chaque plume ; deux taches sur la poitrine , l'une noire et l'autre marron, séparées sur chaque côté par une marque blanche; plumes du ventre de cette dernière couleur, avec une double raie roussâtre ; dos d'un gris roux sale ; petites couvertures des ailes de couleur marron et bordées de gris-roux sale, avec une tache de cette teinte près de l'extrémité de chaque plume ; couvertures moyennes, bordées de jaune sale, avec une tache noire à leur pointe, pennes secondaires pareilles ; pennes primaires d'un brun noirâtre ; croupion et queue d'un gris-roux, avec des taches noires ; pieds d'un jaune-roux. La femelle est plus petite que le mâle ; elle porte des lignes noires sur les pennes de la queue ; son ventre est roussâtre, et ses pieds sont d'un gris sale.

La PERDRIX GOACHE ou GOUACHE. Nos aïeux donnoient ce nom à la PERDRIX GRISE.

La PERDRIX A GORGE ROUSSE, *Perdix gularis*, Temm. Elle a la tête et le haut du cou d'un brun olive ; l'œil entre deux bandes blanches ; la gorge d'une couleur de rouille roussâtre ; les plumes de la poitrine ont le long de leur tige une bande d'un blanc pur, entouré d'un brun olivâtre ; l'abdomen est couvert d'un duvet soyeux d'un blanc roussâtre ; les plumes du dos, du croupion et des ailes sont blanches sur la tige, ont trois ou quatre bandes transversales d'un blanc jaunâtre, et sont bordées de noir ; les pennes primaires rouges à leur origine, grises à leur extrémité et blanches sur leur tige ; les moyennes de la première couleur à l'intérieur, et brunes à l'extérieur, avec des raies transversales rousses ; les pennes caudales d'un roux foncé ; mais les deux intermédiaires sont d'un brun olivâtre et rayées transversalement d'un roux clair ; les autres ont une bande étroite d'un blanc roussâtre vers leur extrémité ; les pieds sont d'un roux rougeâtre, et les ongles bruns ; le bec est noir. On dit que cette *perdrix* se trouve aux Indes, dans les environs de Calcutta.

La PERDRIX DE GRÈCE. *V.* PERDRIX BARTAVELLE.

La PERDRIX GRECQUE. *V. Ibid.*

La PERDRIX GRIECHE. Dans Belon, c'est la PERDRIX GRISE.

La PERDRIX GRINETTE. Belon appelle ainsi la PERDRIX GRISE.

La PERDRIX GRISE, *Perdix cinerea*, Lath., pl. enl., n.º 27, de l'*Hist. des oiseaux*, de Buffon. Quoique cet oiseau soit très connu, nous ne pouvons nous dispenser d'en donner la description, puisqu'il y a des pays où il ne l'est pas ; de plus, nous écrivons l'histoire naturelle pour les étrangers comme pour les habitans de nos contrées. Il a de douze à treize pouces de longueur ; le front, les côtés de la tête et la gorge d'un roux clair ; le dessus de la tête d'un brun roussâtre, varié de lignes jaunâtres ; le dessus du corps parsemé de traits cendrés, noirs et roux ; ainsi que les autres parties supérieures du corps, le dessous varie de même sur un fond bleuâtre ; une large tache de couleur marron en forme de croissant sur la poitrine. (Les femelles, quand elles sont adultes, portent un fer a cheval de même couleur, mais moins grand ; le bas-ventre est blanc, sale et jaunâtre ; les grandes pennes des ailes brunes et rayées transversalement de blanc roussâtre ; les moyennes variées de brun, de roux et de blanc sale ; la queue est composée de dix-huit pennes, dont les six intermédiaires sont pareilles au dos ; les autres sont d'un beau roux, et terminées de cendré ; le bec et les pieds, d'un cendré bleuâtre. Le mâle a un tubercule calleux lorsqu'il est vieux. Cette description convient au plus grand nombre ; mais il en est qui diffèrent plus ou moins dans les nuances et la distribution des couleurs.

On voit dans cette espèce plusieurs variétés, dont la plupart sont accidentelles. Telles sont les *perdrix* couleur de crème, à collier blanc, brunes, à menton et collier roux, variées de blanc, et totalement blanches. J'observerai que les *perdrix blanches* peuvent devenir race constante, quoique ce ne soit pas l'opinion de Mauduyt et de plusieurs chasseurs, parce qu'elles se mêlent, disent-ils, avec les *perdrix grises* au temps de la pariade, observation qu'on s'est trop pressé de généraliser, puisqu'il a existé dans le pays de Caux, et ce, pendant plus de vingt ans, mais avant la révolution, plusieurs paires de *perdrix blanches*, qui ne s'alloient jamais qu'entre elles, et vivoient, pendant l'hiver, par compagnies particulières, sans jamais se réunir avec les grises. J'ajouterai à cela qu'elles étoient d'un blanc pur, et nullement variées de lignes sombres et en zigzag, ainsi qu'on le voit sur les autres.

La *perdrix grise* diffère, à bien des égards, de la rouge : elles ne se mêlent point l'une avec l'autre, quoiqu'elles se tiennent quelquefois dans les mêmes endroits ; on ne les a jamais vues s'accoupler ensemble, quoiqu'un mâle venant de l'une des deux espèces se soit quelquefois attaché à une paire de l'autre espèce. La *perdrix grise* est d'un naturel plus doux, s'apprivoise plus facilement, se familiarise aisément avec l'homme ; cependant on n'en a jamais formé de troupeaux qui sussent se laisser conduire comme le font les *perdrix bartavelles*. *V.* Olina.

Ces oiseaux sont d'un instinct social, vivent toujours réunis en familles jusqu'au temps des amours ; ceux même dont les pontes n'ont pas réussi, se rejoignent avec les autres sur la fin de l'été, et restent dans leur compagnie jusqu'à la pariade de l'année suivante. Si l'on disperse la volée, ils savent se réunir, ce qu'ils font en se rappelant par un cri connu de tout le monde ; ce cri ou chant est aigre, et imite assez bien le bruit d'une scie. Le chant du mâle ne diffère de celui de la femelle qu'en ce qu'il est plus fort et plus traînant.

Les *perdrix grises* se plaisent dans les pays à blé, aiment la pleine campagne, ne se réfugient dans les taillis et les vignes, que lorsqu'elles sont poursuivies par le chasseur ou l'oiseau de proie ; mais elles ne s'enfoncent jamais dans les forêts. Ces gallinacés sédentaires passent assez constamment leur vie dans les cantons où ils sont nés ; s'ils s'en écartent, ils y reviennent toujours. Pour les y conserver, on y établit des remises auxquelles il ne faut pas donner une étendue moindre que d'un arpent, planté de buissons fourrés d'épines, etc.

L'homme n'est pas le seul ennemi des *perdrix* ; elles sont souvent les victimes des oiseaux de rapine ; aussi les craignent-elles beaucoup. Dès qu'elles les ont aperçus, elles se mettent en tas les unes contre les autres, s'accroupissent contre terre et s'y tiennent immobiles, quoique l'oiseau de proie les approche de très-près en rasant la terre, pour tâcher d'en faire lever quelqu'une et de la prendre au vol. Avec autant d'ennemis et de dangers, peu de *perdrix* parviennent à un âge avancé ; quelques auteurs fixent la durée de leur vie à sept ans, et prétendent que la force de l'âge et le temps de la pleine ponte est de deux à trois ans, et qu'à six elles ne pondent plus. Olina dit qu'elles vivent douze à quinze ans.

Aussitôt que les grands froids sont passés, et que quelques beaux jours, avant-coureurs du printemps, paroissent, cette espèce commence à entrer en amour. L'époque est ordinairement le milieu de février ; néanmoins on a vu des appariades en janvier, mais c'est une chose rare. Lorsdoncque ces *perdrix* entrent en amour, les compagnies commencent à se désunir ; alors les mâles se font une guerre cruelle ; les victorieux s'emparent des femelles, qu'ils ne quittent plus, et même le chasseur les distingue, parce qu'ils ne partent qu'après elles : ceci n'a lieu environ que jusqu'au commencement d'avril ; mais dès que le mâle a joui jusqu'à satiété (si l'on peut s'exprimer ainsi, vu que ces oiseaux sont extrêmement chauds et prolifiques), c'est le contraire, c'est-à-dire qu'il part toujours le premier. La ponte a lieu au commencement de mai ; tant qu'elle dure, la femelle ne couve pas : elle se tient toujours aux environs de son nid, cependant à une certaine distance. Le nombre des œufs est ordinairement de dix huit, il ne va jamais au-delà de vingt-six ; quelquefois il n'y en a que quinze, et on a trouvé des nids où il n'y en avoit que huit à dix ; cela provient de ce que, ayant été dérangée ou forcée d'abandonner son nid, elle

fait une seconde ponte : l'incubation est de vingt ou vingt-un
jours. Quand les petits sont nés, ils peuvent rester sous leur
mère trente-six heures sans manger ; ils s'en écartent ordinairement dans les premiers jours de leur naissance. (Observations communiquées par M. Walckenaër.)

Ces oiseaux placent leur nid dans les blés ou les prairies,
se contentent, pour le construire, d'un peu de paille ou
d'herbe grossièrement arrangée ; les vieilles, dit-on, prennent plus de précaution pour le garantir des eaux qui pourroient le submerger, en choisissant un endroit un peu élevé
et défendu naturellement par des broussailles. Les œufs
sont de la grosseur de ceux du *pigeon*, et d'un gris verdâtre. La
femelle se charge seule de couver, et pendant ce temps
elle éprouve une mue considérable, car presque toutes les
plumes du ventre lui tombent : elle couve avec beaucoup
d'assiduité. Le mâle se tient constamment aux environs du
nid, et suit sa compagne lorsqu'elle se lève pour chercher
sa nourriture. L'on prétend qu'avant de s'éloigner de ses
œufs, elle les couvre de feuilles ; mais ce fait paroît douteux.
Les petits courent aussitôt qu'ils sont éclos ; le mâle partage
alors avec la mère le soin d'elever les petits ; ils les menent en
commun, les réchauffent, les appellent sans cesse, et
leur montrent la nourriture qui leur convient. Un de leurs mets
favoris, sont les chrysalides des fourmis, qu'on nomme vulgairement *œufs de fourmis*. A cette époque on détermine difficilement le mâle et la femelle à partir ; mais, lorsqu'ils y
sont forcés, c'est toujours le mâle qui part le premier, en
poussant des cris qu'il ne fait entendre que dans cette circonstance ; il ne fuit pas, il n'abandonne pas sa famille, il
ne cherche qu'à tromper son ennemi ; il vole pesamment en
traînant l'aile, se pose à une petite distance, et ne s'éloigne
qu'à pas lents. La femelle, qui part un instant après lui,
s'éloigne beaucoup plus, et toujours dans une autre direction.
A peine s'est-elle abattue, qu'elle revient en courant le
long des sillons, et s'approche de ses petits, qui se sont
blottis dans les herbes chacun de leur côté, les rassemble
promptement, et s'enfuit avec eux.

La première nourriture de la jeune famille, sont les petits
insectes, les œufs de fourmis et des vermisseaux, que les père
et mère lui découvrent en grattant la terre ; et ce n'est que
plusieurs mois après sa naissance qu'elle vit de grains et pâture l'herbe tendre. C'est principalement de la pointe verte
du blé, dont ces *perdrix* se nourrissent pendant l'hiver ; et
elles savent bien l'aller chercher sous la neige dans les grands
froids.

Les *perdreaux* ont les pieds jaunes en naissant ; cette

couleur s'éclaircit ensuite, et devient blanchâtre, puis elle brunit, et enfin devient tout-à-fait noire dans les *perdrix* de trois ou quatre ans. On connoît encore les jeunes à la forme de la première penne de l'aile; elle finit en pointe après sa première mue, et est arrondie à son extrémité après la seconde. Ce n'est qu'après trois mois passés que les *per-dreaux* commencent à se parer des plumes rousses qui sont à côté des tempes, entre l'œil et l'oreille; le moment où cette couleur commence à paroître, est pour eux un temps de crise; et ils ne deviennent robustes qu'après qu'il est passé. Dans cette espèce, il naît plus de mâles que de femelles, et il importe, pour la réussite des couvées, de détruire les mâles surnuméraires. On les prend au filet, en les faisant rappeler, au temps de la pariade, par une femelle apprivoisée, qu'on appelle *chanterelle*. (*Voyez* ci-après la **Chasse.**) La *perdrix grise* n'est point connue en Orient; on commence à la rencontrer dans le nord de la Turquie, aux environs de Constantinople et de Salonique, où elle se tient dans les plaines, ainsi qu'ailleurs : on n'en voit point en Afrique et en Laponie, selon Montbeillard ; elle se trouve aussi en Suède, où, dit Linnæus, elle passe l'hiver, enfin les lieux où l'on en voit le plus, sont les plus tempérés de la France et de l'Allemagne.

Ceux qui veulent peupler les terres qui sont dénuées de *perdrix*, les élèvent à peu près comme on élève des *faisans*. Il ne faut pas compter sur les œufs des *perdrix* domestiques, quoiqu'elles s'apparient, s'accouplent, et pondent quelquefois dans cet état; mais on ne les a jamais vues couver en prison, c'est-à-dire, renfermées dans un endroit quelconque. Pour se procurer des œufs, il faut les faire chercher par la campagne, les faire couver par des *poules*; chaque poule peut en faire éclore au moins deux douzaines, et mener pareil nombre de petits après qu'ils sont éclos. Ils suivront cette étrangère comme ils auroient suivi leur mère ; mais ils ne reconnoissent sa voix que jusqu'à un certain point, et l'on a vu des *perdrix* ainsi élevées, conserver toute leur vie l'habitude de chanter aussitôt qu'elles entendoient des *poules*. On tient la couveuse enfermée dans une chambre ou autre endroit sec et clos, afin que les petits s'accoutument avec elle. On doit avoir soin de les remettre sur leurs jambes, quand ils tombent, les trois ou quatre premiers jours. Il n'est pas nécessaire de leur donner des œufs de fourmis; cependant, si l'on peut s'en procurer facilement, c'est pour eux la meilleure nourriture, puisqu'elle leur est naturelle ; à défaut, on les nourrit comme les *poulets* ordinaires, et ils s'accommodent bien de mie de pain, d'œufs durs hachés et de millet. Lorsqu'ils sont un peu forts, on leur donne du froment jusqu'à ce qu'ils soient maillés ; et, quand ils commencent à trouver eux-mêmes leur subsistance, on les lâche dans l'endroit que l'on veut peupler, et dont ils ne s'éloignent jamais beaucoup, si c'est celui où ils ont été élevés.

Les personnes qui veulent se procurer le plaisir de les retenir dans la basse-cour, et les apprivoiser chez eux, doivent, avant qu'ils soient maillés, les faire mener de temps en temps, avec leur mère couveuse, parmi les autres poules, pour les y accoutumer peu à peu, et les tenir même quelque temps enfermés tous ensemble ; les *perdreaux* en essuieront d'abord quelques coups de bec, mais bientôt ils vivront et mangeront en société sans se battre. On doit avoir la précaution de leur arracher de bonne heure les deux plus fortes plumes de chaque aile, et de leur couper un peu l'extrémité des autres.

Afin de les habituer plus aisément, il faut, 1.º ne pas prendre des œufs qui aient été trouvés auprès de l'habitation où l'on veut les faire couver, parce que les *perdreaux* qui en viennent connoissent, par un instinct particulier, le cri de leur vraie mère, quoiqu'ils ne l'aient jamais vue, et y volent sur-le-champ pour ne plus la quitter ; 2.º il faut les accoutumer avec la *poule*, en les tenant dans un jardin ou verger, clos et bien fermé, garni de broussailles et de bosquets, et où on leur donne à manger à des heures réglées. Ils s'y plairont tellement, que, quoiqu'ils s'envolent au-dehors, ils y reviendront aux heures du repas, y passeront la nuit, et même y pondront et couveront. On a rendu des compagnies de *perdrix* ainsi élevées si familières, qu'elles revenoient au son du tambour et au premier coup de sifflet de celui qui en prenoit soin.

Pour donner à la chair des perdrix plus de délicatesse et la rendre plus succulente, on les tient dans un petit endroit clos de murs de tous côtés, couvert de tuiles ou de bardeaux, qui n'a de jour que par une fenêtre formée d'un réseau à grandes mailles ; ils ne doivent avoir de jour qu'autant qu'il en faut pour voir et prendre leur nourriture. On les laisse ainsi enfermées durant un mois, temps suffisant pour les engraisser. La *perdrix*, pour être bonne à manger, doit être mortifiée, et se gardera long-temps si, après lui avoir tiré le gros-boyau, qui se corrompt promptement, on la laisse à la cave ou dans un tas de blé, sans y toucher ; mais l'on aura soin de ne pas l'y mettre toute chaude, ni après un dégel, ni dans un endroit trop humide, parce que sa chair prendroit un goût de relan

Chasse. — La chair de ces oiseaux, surtout lorsqu'ils sont jeunes, offrant une nourriture aussi succulente que délicate, et par sa qualité et par son fumet, on a multiplié les maniè-res de les chasser et de s'en procurer. *Fusils, lacets, piéges, filets, appeaux,* tout est employé par les chasseurs ; et il est peu de gibier auquel ils fassent une guerre aussi vive et aussi continue. On va donner une idée suffisante de toutes les mé-thodes usitées dans cette chasse, en distinguant celles qui reussissent contre les *perdrix grises,* d'avec celles qui convien-nent contre les *rouges.*

Temps de la chasse aux perdrix. Dans les terres bien gardées, on cesse, dans les premiers jours de mars, de chasser la *per-drix,* et on ne recommence à la tirer que vers la fin de juin, d'où s'est établi le proverbe : *A la Saint-Jean, perdreaux vo-luns.* Cependant il est arrivé qu'elles ne sont véritablement bonnes à tirer et à paroître sur les tables, que dans le milieu du mois suivant, temps auquel elles commencent à perdre leur première queue, et à s'appeler *brechos,* pour pousser du *revenu,* c'est-à-dire les plumes de la nouvelle.

A mesure que cette seconde queue revient et s'allonge, les premières plumes du dessous de la gorge et du jabot, jusque-là d'un blanc sale et jaunâtre, se trouvent renforcées par des plumes mouchetées de gris, et à la mi-septem-bre, lorsque toutes ces nouvelles plumes ont paru, on dit que les *perdreaux* sont maillés.

Les plumes rousses sur la tête, ainsi que le rouge des tempes, entre l'œil et l'oreille, ne tardent pas alors à se montrer ; c'est ce qu'on appelle *pousser le rouge.*

Enfin, sur l'estomac des mâles commence à se dessiner fortement, et d'une manière plus foible sur celui des femelles, un fer à cheval ; la nature donne ce dernier trait du plumage des *perdrix* au commencement d'octobre, et alors, comme on dit, *à la Saint-Remi, tous les perdreaux sont perdrix.*

A cette dernière époque, on ne peut plus distinguer les vieilles d'avec les jeunes qu'à l'inspection de la première plume ou fouet de l'aile. Dans les premières, elle est arrondie à son extrémité ; au lieu que chez les autres, elle s'aiguise en pointe comme une lancette ; et cette dissemblance continue jusqu'à la première mue, en juillet de l'année suivante : on peut encore remarquer que les jeunes ont les pieds jaunâtres, et les vieilles, gris.

Quant aux différences essentielles qui, à l'extérieur, caractérisent le mâle d'avec la femelle, lorsque ces oiseaux ont pris toute leur consistance, elles consistent dans le fer à cheval dont je viens de parler, et dans un ergot obtus au derrière du pied, qu'on voit au mâle, et dont la femelle est privée ; d'ailleurs, le premier est un peu plus gros.

Le fusil. Cette première espèce de chasse aux *perdrix* est, sans contredit, la plus agréable, la plus prompte et la plus sûre, lorsque le chasseur, accompagné d'un bon chien d'arrêt, est sage, adroit, ne se presse pas, et sait habilement manier son arme.

Les heures les plus convenables pour cette chasse, sont, dans l'automne, depuis dix heures jusqu'à midi, et depuis deux heures jusqu'à quatre. Le matin, à midi, et le soir, les *perdrix* relèvent pour manger, et alors elles sont presque toujours en mouvement.

On sait que, pour faire réussir cette chasse, le chasseur, l'arme au bras et l'œil au guet, suit doucement, et presque pas à pas, le chien, qui, ayant éventé une compagnie, la rassemble en un centre commun, en décrivant continuellement autour une spirale, qui les enferme précisément comme le limier par rapport à la bête fauve. Dès que le chien voit les *perdrix* entassées et immobiles, il s'arrête, les fixe imperturbablement, tient une patte levée, et indique le gibier au chasseur, qui arrivant aussitôt, l'arme en joue, et assurant le chien de la voix, approche le plus que possible, tire à vue, ou au moment où la compagnie prend vol, à la hauteur du fusil.

Un point essentiel et difficile à obtenir constamment, à moins que le chien ne soit très-sage et parfaitement dressé, c'est qu'après le coup de feu, il ne se livre pas à son ardeur; ne poursuive pas, de toute l'impulsion de l'instinct, le gibier, qui fuit à tire-d'aile; ne l'oblige pas à se remiser fort loin, et ne donne pas au chasseur la peine, quelquefois infructueuse alors, d'aller le rejoindre, pour le tirer de nouveau.

Lorsque l'on veut chasser aux *perdrix*, dans une contrée où elles n'abondent pas, et qu'on ne veut point se fatiguer inutilement, il faut user de la préparation suivante. La veille de la chasse, depuis la chute du jour jusqu'à la nuit, on s'arrête au milieu d'une plaine, au pied d'un arbre ou d'une haie, et là on attend, immobile, l'heure où les *perdrix* font retentir la campagne de leur chant, ce qu'elles ne manquent jamais de faire à cette époque de la journée, ou pour s'égayer, ou pour rassembler en compagnie les individus dispersés. Ce chant est toujours suivi d'un premier vol plus ou moins long, dont la chute indique sûrement le lieu où elles passent la nuit, à moins que quelque bruit ou quelque accident extraordinaire ne trouble et ne fasse décamper le paisible ménage.

Le lendemain, à la pointe du jour, le chasseur, de retour au pied de l'arbre ou de la haie, auxquels il attache son chien, à moins qu'il ne soit bien à commandement, entend le même chant, et voit le même vol que la veille, c'est-à-dire qu'il aperçoit les *perdrix* se poser à quelque distance, et quelquefois, au second chant, tenter un second vol. Alors, dès que le jour le permet, on peut commencer la chasse, bien assuré de trouver le gibier et de ne pas perdre ses pas.

Comme dans les *perdrix* il naît beaucoup plus de coqs que de femelles, et qu'au temps de la pariade les mâles, en se disputant une poule, la fatiguent, et souvent l'obligent de quitter le canton, on a soin de tuer une partie des coqs dans la saison où ces oiseaux commencent à s'apparier, c'est-à-dire depuis le commencement de mars jusqu'au milieu d'avril.

Mais il est bien important alors de ne point se tromper, et de savoir, comme nous l'avons déjà dit, que le coq part toujours le dernier, si c'est au commencement de la pariade, au lieu qu'à la fin d'avril c'est le contraire. Si on découvre le couple à terre, en y faisant bien attention, on verra que la poule a la tête rase, et que celle du coq est haute et relevée.

Quoique les *perdrix rouges* se trouvent souvent dans les plaines, comme les *grises*, cependant on remarque qu'en général elles préfèrent les coteaux, les lieux élevés, secs et pierreux, les jeunes taillis, les bruyères, de même que les endroits couverts de genêts et de broussailles. Elles sont plus paresseuses à partir, volent pesamment, et, en s'abattant, courent beaucoup plus que les *grises*. Elles se tiennent plus écartées les unes des autres, et bien rarement la compagnie se lève à la fois, même au premier vol; ainsi, lorsqu'une *perdrix rouge* part seule, il faut avoir, sur-le-champ, grand soin de battre le terrain aux environs de l'endroit d'où elle s'est élevée: faute de cette précaution, on risqueroit de laisser derrière soi le reste entier de la compagnie.

L'habitude des *perdrix rouges* de ne point se réunir en pelotons comme les *grises*, de partir en détail et de tenir davantage, fait que cette chasse est bien plus sûre, plus agréable et moins pénible pendant l'hiver, si ce n'est dans les pays de montagnes, où elles volent d'un coteau à un autre, et obligent le chasseur, pour les joindre, de descendre et de remonter par des escarpemens très-difficiles, et souvent de franchir de dangereux précipices.

En temps de neige, il est fort aisé de tuer les *perdrix* à terre devant un chien d'arrêt; leur couleur, qui tranche avec le blanc de la neige, les faisant apercevoir au premier coup d'œil. Ce temps est celui des braconniers, surtout lorsqu'il se rencontre avec un clair de lune. Ainsi, debout toute la nuit dans les plaines , une chemise sur l'habit et un bonnet blanc à la tête, faisant feu sur le gibier, qui alors se rassemble en pelotons , souvent d'un seul coup ils détruisent la moitié d'une compagnie.

Aussi la neige , en général , est-elle regardée comme le temps le plus funeste pour la *perdrix* ; pour peu qu'elle dure, elle donne lieu à ce braconnage destructeur. Si elle reste long-temps , elle les fait périr de faim , comme dans l'hiver de 1783 à 1784 , où la neige ayant couvert la terre pendant plus de six semaines, on a vu les *perdrix* si exténuées, faute de nourriture , qu'on pouvoit les prendre à la main , après un premier vol , et que les *corneilles* , qui en tout autre temps ne les attaquent point , tomboient dessus et les dévoroient.

La *bartavelle* , qui ne descend des montagnes et des bois du Dauphiné que vers le temps des neiges, y trouve la mort, par la facilité qu'on a de la trouver dans les petits bois, les bruyères , les lavandes et les broussailles , où elle se tient cachée. On n'en tue guère dans la belle saison ; les pays déserts , les montagnes coupées de torrens , de ravins et de précipices, qu'habite alors ce gibier, en rendent la chasse aussi pénible que dangereuse ; en sorte que celles que l'on peut avoir à cette époque, sont apportées par les paysans , qui les ont prises à quelques-uns des piéges dont je parlerai dans la suite de cet article.

La tonnelle de Sardaigne. En Espagne , en Corse et en Sardaigne , on ne connoît que les *perdrix rouges* ; elles sont si abondantes dans cette dernière île , elles s'y sont tellement multipliées, que , quoique la chasse y soit absolument libre, un chasseur peut aisément en tuer cinquante ou soixante par jour, et qu'en peu de temps, un habitant de la campagne peut en prendre jusqu'à cinq cents avec un filet assez semblable à celui que nous appelons tonnelle ; on s'en sert egalement avec succès en Corse, et voici la description de cette chasse, qui se fait de nuit.

Deux hommes se réunissent ; l'un a soin de remarquer , à la chute du jour, une compagnie de *perdrix* , et , suivant leur appel, l'endroit où elle doit passer la nuit. Alors il revient dans les ténèbres au même lieu , et s'approche du gibier , armé d'un tison de sapin résineux et enflammé ; son compagnon , qui le suit à quelques pas de distance , porte au bout d'une perche de huit à dix pieds, un filet monté sur un cerceau de trois à quatre pieds de diamètre, en forme de poche.

Le porteur du flambeau s'approche peu à peu et sans bruit de la compagnie livrée au sommeil, qui, bientôt réveillée , tremblante à cette lueur, se tapit et demeure immobile. Approché à la distance convenable, il s'arrête; l'autre chasseur arrive, aperçoit les *perdrix*, et pendant que le premier se baisse pour le laisser opérer, il jette son filet sur elles, dont à peine, sur dix ou douze, il s'en peut échapper deux ou trois.

Cette espèce de chasse, au reste, n'est point particulière à la Corse et à la Sardaigne; on la pratique en Italie, surtout dans la campagne de Rome et dans la Toscane; mais là, au lieu d'un tison brûlant, les chasseurs portent une espèce de lanterne de fer-blanc, bien étamée à l'intérieur, pour mieux réfléchir la lumière d'une forte mèche dont elle est garnie.

La lanterne est appelée en italien *frugnuolo*, et le filet *lanciatoja*; ce qui a fait donner à cette chasse l'un ou l'autre de ces deux noms dans le pays.

La tonnelle française. On ne fait usage de ce filet pour prendre des *perdrix*, que dans les blés verts, dans les terres en friche et dans les plaines d'où l'on peut découvrir des compagnies : les blés élevés, les broussailles et les vignes ne serviroient qu'à dérouter les chasseurs.

Cette chasse a lieu pendant tout le jour, lorsqu'on a un chien d'arrêt pour quêter les *perdrix*; sans chien, on n'y va qu'à la pointe du jour. Quand le tonneleur a trouvé le gibier, il dresse son équipage, et il déploie surtout sa *vache artificielle*, dont l'*Aviceptologie française* donne l'exacte construction.

La vache. On commence par faire une cage ou châssis de bois léger, de la longueur d'une vache, en la mesurant des épaules à la queue; au derrière de la cage et en dedans, doivent être attachés des morceaux de bois de la longueur et de la tournure des jambes de cet animal; les quatre membres principaux de la cage ont deux pouces d'équarrissage, et les traverses sont proportionnées. Tout doit être à tenons solidement emmanchés et collés, afin qu'en le portant on n'entende pas le moindre criaillement.

On attache sur le châssis quatre cercles, dont le diamètre est égal à la grosseur d'une vache; le premier doit être fort, et on le garnit de bourre pour que le porteur n'en soit point incommodé. On couvre d'une toile légère tout le corps de la vache, et on la coud après chaque cercle, ou bien on la colle seulement ; les cuisses et les jambes se garnissent de mousse ou de paille, et la queue se fait d'une corde effilée par un bout. Toute la machine est peinte à l'huile; car à la colle, les brouillards et les rosées, auxquels on est souvent obligé de s'exposer, enleveroient bientôt la couleur.

Le chasseur doit avoir une grande culotte ou pantalon de toile de même couleur, sur la ceinture duquel doivent tomber les barbes du *domino*, c'est-à-dire de la tête et du cou de la vache qui se portent comme un *domino*.

Il est fait de carton, excepté les côtés qui doivent être souples et flexibles, pour que le chasseur puisse ajuster le gibier sans trouver aucun obstacle. Il est nécessaire, lorsqu'on a revêtu le *domino*, qu'on puisse découvrir, au premier coup d'œil, le canon du fusil horizontalement d'un bout à l'autre.

Toute la tête se recouvre d'une toile peinte comme le reste de la vache ; le cou, également de toile, doit être assez long pour pouvoir s'étendre de quelques pouces sur le dos, et les barbes sous lesquelles les bras du chasseur sont cachés doivent passer la ceinture du pantalon. On peut y attacher des cornes naturelles, sans prendre la peine d'en faire d'artificielles.

Quoique, en suivant toutes ces indications, la vache soit assez bien imitée pour faire illusion même aux hommes, elle ne serviroit point encore à approcher du gibier, si on alloit à grands pas et en direction de son côté ; il faut, tout au contraire, ne l'approcher que doucement, en tournant, s'arrêtant et baissant souvent la tête pour imiter la vache qui prend la pâture ; et surtout, à mesure qu'on approche, il faut ralentir la marche, s'éloigner, revenir, toujours en faisant semblant de brouter, et en tournant le flanc plus souvent au gibier que la tête, parce que les grands yeux qu'on est obligé de laisser à la figure pourroient faire soupçonner quelque mystère.

Arrivé à portée du coup, on sort du corps de la vache le fusil, qu'il est prudent d'avoir à double batterie, et, tout en se retournant, sans marquer trop d'empressement et de précipitation, on fait feu à coup sûr, au vol ou à terre.

Il y a des chasseurs qui, pour mieux réussir encore au moyen de la vache factice, s'attachent au cou une sonnette pareille à celle dont on se sert pour le bétail ; et ils ont soin d'en faire entendre le son de temps à autre.

La tonnelle proprement dite. Quelquefois, en mettant en usage le piége de la vache, au lieu de l'arme à feu, on se sert d'une espèce de filet appelé *tonnelle.*

Il a quinze pieds de queue ou de longueur, dix-huit pouces de largeur ou d'ouverture par l'entrée. Il est construit de fil retors en trois brins, qui ne doivent pas être trop gros et teint en vert ou jaune. Les mailles sont d'un pouce et demi ou deux pouces de largeur. On peut lui en donner trente de hauteur, plus ou moins, selon la largeur des mailles.

Lorsque ce filet est achevé, on passe, dans les dernières mailles du bout le plus large, une baguette bien unie, grosse comme celle d'un fusil, ployée en rond comme un cercle de tonneau; puis on attache ces deux bouts ensemble l'un sur l'autre, pour tenir le cercle en état. On en met d'autres plus petites par degrés, éloignées les unes des autres à proportion de la longueur de la *tonnelle*, et jusqu'au bout de la queue terminée en pointe.

Pour joindre ou attacher ces cercles au filet, il faut les faire passer dans le rang des mailles du tour, puis lier avec du fil les deux bouts de la baguette ensemble, afin qu'ils ne s'ouvrent pas plus qu'il ne faut, et qu'ils restent toujours dans le même état. On attache aux deux côtés du cercle de l'entrée, deux piquets longs d'environ un pied et demi, qui serviront à tenir la *tonnelle* droite et bien tendue. On en met un autre, long d'un pied, à la queue du filet, pour la fixer invariablement.

Cette *tonnelle* est accompagnée de deux halliers simples, qui seront de mailles à losanges ou carrées, d'un pied de haut; chaque hallier aura sept ou huit toises de long. Quand ils seront faits, on attachera, de deux en deux pieds, des piquets gros comme le petit doigt, longs d'un pied et demi, afin de les pouvoir tendre aux deux côtés de la tonnelle lorsqu'on voudra s'en servir.

A la première lueur du jour, le chasseur qui doit *tonneler* étant assuré du lieu où les *perdrix* ont chanté la dernière fois, charge ses épaules de la *tonnelle* et des halliers, ayant la vache à la main. Aussitôt il s'y enferme, et regardant par les deux trous des yeux, il s'avance doucement dans le champ, jusqu'à ce qu'il ait découvert les *perdrix*. Dès qu'il les aperçoit, il s'approche et recule en tournant alentour. Lorsqu'il les voit en assurance, il tâche de conjecturer de quel côté elles ont plus d'inclination à se porter.

L'ayant reconnu, il sort de la vache, fait le tour bien loin, et déploie son filet, c'est-à-dire la *tonnelle* et les deux halliers qui sont attachés à son ouverture.

Tout étant en état, le tonneleur rentre dans la vache, s'écarte, fait le tour derrière les *perdrix*, et regardant par les deux trous, il approche peu à peu, non en droiture, mais en allant de coté et d'autre. S'il voit qu'elles s'arrêtent et lèvent la tête, ce qui est un signe de peur, il se recule de côté, se couche à la renverse, se remuant comme une vache qui se vautre; puis en se relevant, il se met en marche lentement, et fait semblant de brouter.

Si les *perdrix* rassurées se remettent et cherchent à manger, le chasseur approche peu à peu, et les conduit vers le filet. S'il en voit quelqu'une qui s'écarte, il la détourne et la ramène à la compagnie.

Quand elles sont proche des halliers, elles y donnent de la tête et de l'estomac ; et comme le chasseur les presse , elles veulent avancer ; de cette manière , suivant la direction de biais des pans du hallier, elles arrivent nécessairement à l'entrée de la tonnelle ; et pendant que le bourdon ou chef de la compagnie délibère s'il la laissera entrer, les plus crain- tives , poussées par le chasseur , se pressent , entrent , pénètrent jusqu'à la queue du filet , et bientôt y attirent tou- tes les autres.

Alors le tonneleur, se débarrassant promptement de la va- che , court à l'entrée de la tonnelle pour la fermer et s'assu- rer du gibier. Si la campagne en est bien fournie , rien n'em- pêche le chasseur de recommencer sa chasse dans le même jour.

La hutte ambulante. L'usage de la *hutte ambulante* est aussi connu et aussi ancien que celui de la *vache.* C'est la chasse favorite des braconniers, par rapport aux *perdrix.* Lorsqu'ils ont découvert que quelques pelouses ou friches sont le pas- sage ordinaire des *perdrix grises*, à la sortie des vignes ou du bois où elles ne couchent jamais, ils y portent la hutte, et quand le gibier passe , ils ne manquent pas de faire feu pres- que à coup sûr, et d'en abattre beaucoup.

Cette hutte, appelée *ambulante,* parce que le chasseur peut la transporter à son gré , doit être de six pieds et demi de hauteur ; on y laisse un jour par lequel on puisse découvrir le gibier et le tirer aisément.

Pour la construire, on prend quatre bâtons longs de six pieds, qu'on attache solidement à deux ou trois cercles as- sez forts pour qu'on y puisse lier tous les branchages qui couvrent cette loge, et s'en servir comme d'anses pour la transporter d'un lieu dans un autre. Il faut bien entrelacer toutes ces branches , et imiter le plus que possible un buis- son naturel , en évitant la rondeur et la régularité , qui ne manqueroient pas de devenir suspectes au gibier.

Le traîneau. Le chasseur, d'après les méthodes ci-dessus expliquées , ayant , à l'arrivée de la nuit, aperçu le lieu où s'est couchée une compagnie de *perdrix* ; dans un endroit qui est assez près , il fait une marque avec une branche piquée en terre, pour pouvoir la nuit le retrouver. Il s'en retourne en- suite chez lui , prépare deux perches légères , longues de trois toises , aussi fortes à un bout qu'à l'autre ; il prend son filet, ses perches et un compagnon, et au moment où la nuit est la plus noire, ils vont droit au champ où sont les *perdrix*, et commencent à déployer le filet.

Ils l'étendent sur la terre , dans un lieu où il n'y a ni her- bes ni buisson ; en couchant une perche , ils y attachent le traîneau tout au long par des bouts de fil qui y sont préparés; puis ils mettent des ficelles dans le bas du filet, qu'ils attachent tout au bord. Ces ficelles doivent avoir environ deux pieds et demi ou trois de longueur, et tenir par l'autre bout chacune une petite branche de quatre ou cinq feuilles, pour faire lever les *perdrix* qui pourroient peut-être laisser passer le traîneau par-dessus elles, sans le bruit de ces petites branches, qui les épouvante lorsque le filet tombe sur elles. Cette attention doit avoir lieu surtout à l'égard des *rouges*, plus paresseuses à partir que les *grises*.

Dès que le filet est tendu et garni aux deux perches, comme on vient de l'expliquer par rapport à une, chaque chasseur prend la sienne par le milieu, la lève inclinée, et la tire à lui; en sorte que rien ne traîne que les feuilles dont on a parlé. Dans cet état, ils marchent droit aux *perdrix*, lentement et sans bruit, tenant le filet en l'air, le devant élevé de quatre ou cinq pieds de terre, le derrière d'un demi-pied seulement. Quand les *perdrix* se lèvent, en ouvrant tous deux les mains, ils laissent tomber le traîneau, et courent prendre ce qui s'y trouve.

Si les *perdrix* volent avant d'être couvertes par le traîneau, comme il arrive assez souvent, les chasseurs se reposent une heure ou deux, pour laisser rendormir le gibier; puis ils battent toute la pièce de terre avec le filet, et il est rare qu'ils ne prennent pas quelques *perdrix*.

Lorsque, ayant passé le lieu de leur coucher, elles ne sont point parties, les chasseurs reviennent sur leurs pas, laissant un peu toucher le filet à terre, par derrière seulement, afin de les obliger de se lever, si elles y sont; et si elles ne s'y rencontrent point, c'est parce qu'elles ont encore couru après le dernier chant. Dans ce cas, les chasseurs, comme ci-dessus, parcourent le voisinage de l'endroit où elles ont chanté la dernière fois, et ils sont assurés de les y rencontrer.

Quelques paysans, pour mieux assurer cette chasse, y portent du feu pour découvrir les *perdrix*; ces oiseaux, croyant vraisemblablement que c'est le retour de la lumière, étendent les ailes et commencent à se remuer comme à leur réveil : alors celui qui porte le feu le détourne un peu à côté pour n'être pas vu des *perdrix*; et quand le traîneau est dessus, on le laisse tomber et l'on s'empare du gibier.

Le feu dont on vient de parler pour cette chasse, n'est autre chose qu'une lampe de fer-blanc garnie d'une assez grosse mèche, et posée au fond d'un boisseau attaché à la boutonnière du chasseur, qui, de cette manière, voit tout ce qui se passe devant lui, sans pouvoir être aperçu.

Souvent un paysan, qui craint d'être vendu par un compagnon, ou qui ne veut partager avec personne, entreprend
seul cette chasse nocturne.

Dans cette hypothèse, cet homme ayant fait à la campagne ses remarques, prépare en secret chez lui deux perches
de saule ou d'autre bois, bien droites, légères, plus grosses
à un bout qu'à l'autre, longues de douze ou quinze pieds, et
il y attache son filet.

Les perches doivent être attachées bien fermes le long des
deux côtés avec des ficelles, en sorte que leur extremité la
plus grosse soit du côté le plus étroit du filet. Le traîneau étant
ajusté, le chasseur va au lieu de ses remarques, portant le
filet de manière que le bord étant contre son ventre, les bouts
des perches lui froissent les côtés. En allongeant les bras, il
prend des deux mains les deux perches le plus loin qu'il peut,
afin que, pressant la corde contre son ventre, il en ait plus
de force. Tenant ainsi le haut du filet élevé de terre de quatre ou cinq pieds, il s'avance le long d'un sillon de blé, posant contre terre, à droite et à gauche, le bord inférieur du
filet, sans le quitter, si ce n'est que les *perdrix* se trouvent au-
dessous : alors il laisse tomber les perches, de même que le
filet, et il se hâte de prendre tout ce qui s'y trouve.

Si les *perdrix* ne sont pas levées quand le chasseur est au
bout de la raie, il bat le reste du champ, s'écartant du lieu
où il a déjà passé, de deux fois la longueur du filet, afin d'aller toujours en le posant à droite ou à gauche, comme il a
fait la première fois.

Les halliers. Quand un chien dressé à la quête a fait partir
une compagnie de *perdrix*, on va tendre des halliers à deux
ou trois cents pas de la remise ; ensuite les chasseurs font un
grand tour, et vont se placer derrière le gibier dans une distance égale à celle des halliers. Arrivés à l'endroit désigné,
ils marchent en silence et en serpentant pour chasser le gibier contre le piége, ayant grand soin de ne point le presser ;
car alors, au lieu de piéter vers le hallier, il prendroit le vol,
et la chasse seroit finie.

L'appât. Dans un lieu où l'on veut attirer les *perdrix*, on
met en monceaux cinq ou six poignées de froment, d'avoine
ou d'orge, au milieu de quatre bâtons hauts d'un pied, de la
grosseur du doigt, distans de quatre pieds les uns des autres.
On prend ensuite le chemin d'une vigne éloignée de trente
ou quarante pas, en laissant tomber du grain le long de la
route, et, ce jour, on se retire chez soi.

Lorsqu'on s'aperçoit que les *perdrix* viennent souvent à
l'appât, on attache à chaque bâton une branche de genêt, pour
les accoutumer au piége, et on se retire.

Retourné une troisième fois vers l'appât, si on s'aperçoit qu'elles y sont venues, on attache des ficelles au haut des piquets et en travers; on arrange au-dessus de la paille en forme de filet.

Si, après toutes ces épreuves, les *perdrix* pleinement rassurées continuent à venir manger le grain, on prend un filet à mailles carrées, et on l'étend fortement sur les bâtons. Les bords en étant relevés, on fait passer une ficelle dans toutes les mailles de ces bords, ainsi que dans les boucles placées au bas de chaque piquet, et on la noue à une autre un peu plus forte, qui aboutit à un buisson derrière lequel le chasseur est caché le mieux qu'il lui est possible; au moment où les *perdrix*, familiarisées avec le piége, accourent de nouveau, le filet s'abat, et le gibier ne peut s'échapper.

Le trébuchet. Ce piége, qui demande du chasseur beaucoup moins de patience que le précédent, se tend indifféremment dans les bois, les vignes, ou tous autres endroits fréquentés par les *perdrix*, en observant néanmoins que dans un champ il faut trouver un buisson ou une haie pour cacher le trébuchet : dans une vigne, on choisit un endroit près d'un buisson, d'une haie ou d'une touffe d'osier, afin de cacher à tous les yeux le piége, et de pouvoir seul en recueillir le fruit, et en même temps pour ne point épouvanter le gibier à l'aspect d'un objet auquel il n'est point accoutumé.

Ce piége se compose de quatre morceaux de bois ou bâtons, longs chacun de deux pieds et demi ou trois pieds, percés à deux pouces près de chaque bout d'un trou assez grand pour y passer le doigt. On les pose à terre les uns sur les autres en forme d'un carré. Il est aussi nécessaire qu'ils soient entaillés autour des trous jusqu'à la moitié de l'épaisseur du bois pour les faire tenir ensemble, les bouts l'un dans l'autre, de manière qu'ils fassent quatre angles droits. Dans le coin d'un angle où se trouve un trou, il faut mettre le bout d'une verge de bois, de la grosseur du doigt, de quatre à cinq pieds de longueur, laquelle entrée dedans comme une cheville, passe d'un bout à l'autre, d'angle en angle opposés; et on met ensuite une autre verge de la même façon dans les deux angles restans, et celle-ci croise la première.

On prend alors plusieurs bâtons bien droits, de la grosseur du doigt, et par degrés un peu plus courts les uns que les autres; on les place tout autour des verges, de manière qu'ils se croisent du bout les uns sur les autres jusqu'au sommet du trébuchet. Il faut en cet endroit ménager une ouverture de façon à pouvoir en tirer les *perdrix*, et observer, en posant ces bâtons, de mettre les plus longs les premiers, afin que la cage aille en diminuant et en s'arrondissant par le haut.

Tous ces bâtons étant ainsi disposés et ajustés , on les fixera, en les liant autour des verges ou arçons avec des liens ou cordes. Alors prenant une verge ou bâton gros comme le petit doigt , de trois pieds de longueur , et aplati en dessus et en dessous , on l'attache au moyen d'une ficelle , d'un bout, au milieu du bâton. Cette verge mouvante aura une petite entaille éloignée d'un pouce ou deux du bout.

Pour tendre le piége , il faut avoir un piquet long d'un pied et demi, avec une ficelle attachée au bout d'en haut , pour y placer un petit bâton de la longueur d'un demi-pied , ayant un bout coupé comme un coin à fendre le bois. On fiche en terre le piquet , de manière que le trébuchet qu'il tient levé le froisse en tombant. Lorsque ce piquet est suffi-samment enfoncé pour être solide , on lève le côté supérieur de la cage, on met dessous le bout du petit bâton pour le sou-tenir en cet état , et l'autre bout façonné en forme de coin, se place dans l'entaille qui est au bout de la marchette. Dans cette situation du piége , laissant bien doucement peser le trébuchet, il demeure tendu et élevé en l'air d'un côté, environ un pied de haut, et la marchette de trois pouces seu-lement , afin que les *perdrix* mangeant le grain de l'intérieur de la cage , puissent se poser sur cette marchette , et fassent ainsi tomber le trébuchet qui les enferme.

Afin de placer ce piége d'une manière utile , il est néces-saire, comme dans l'usage des précédens, de s'assurer que l'endroit est fréquenté par le gibier. Cette connoissance ac-quise , on prépare quelques poignées d'orge ou de froment frit à sec dans la poêle , et on en fait, de distance à autre, et d'assez loin, une espèce de traînée pour attirer insensi-blement les *perdrix* au monceau.

Lorsque les fientes prouvent qu'elles y sont venues , on tend le trébuchet au lieu même où elles ont mangé , avec la précaution de le couvrir de feuillage , de genêt ou de feuilles de vigne , et après avoir mis dessous sept à huit poignées de grains qui se lient à une longue traînée.

Les *perdrix* , affriandées par l'appât des jours précédens, ne manquent pas de revenir , et se jettent précipitamment en foule sous la cage pour manger. Naturellement gourmandes , et sautant les unes sur les autres pour prendre le grain , elles marchent nécessairement sur le bâton ou la marchette qui tient la machine suspendue , font détendre le trébuchet , et s'enferment elles-mêmes.

Il paroît essentiel, pour ne point être frustré du fruit de ses peines , que le chasseur, en tendant ce piege , si la cage est légère et la compagnie de *perdrix* nombreuse , munisse le haut du trébuchet d'une pierre assez forte , afin que la charge empêche qu'une seule *perdrix* ne la fasse détendre ; car sans cela on risqueroit de n'en prendre qu'une ou deux.

D'autres experts n'emploient qu'un panier d'osier, au haut duquel ils pratiquent une ouverture formée de quelque chose qui leur laisse la liberté de l'ouvrir pour en tirer le gibier. Ce panier se tend comme le trébuchet, avec les mêmes bâtons. A mesure qu'on en tire les perdrix, on les met dans des cages préparées pour les transporter vives, si le dessein du chasseur est d'en peupler un autre canton.

On peut, sans inconvénient, tendre plusieurs fois de suite le trébuchet ou le panier au même endroit ; car si la compagnie de perdrix est fort nombreuse, et que toutes n'aient pu entrer avant le jeu de la machine, celles qui ont échappé, attirées par la traînée et l'appât, ne manqueront pas de revenir au piége.

Cette métho'e peut aussi servir à conserver ce gibier dans une terre, en ne mangeant l'hiver que les mâles, nourrissant les femelles jusqu'au carême, et alors leur rendant leur liberté.

Le leurre. Après avoir remarqué l'endroit où repose une compagnie de perdrix, on tend dans le champ un filet à trente ou quarante pas. Alors le chasseur, couvert de ramée et portant devant lui une espèce de bouclier formé de petites baguettes, au milieu duquel est un morceau de drap rouge, gagne le derrière des perdrix et s'en approche lentement. Loin de s'épouvanter, le gibier regarde toujours fixement, recule et donne dans le filet.

Les collets ou lacets. Quand on a reconnu un de ces endroits où les perdrix se plaisent beaucoup, et où elles reviennent souvent, on y tend des lacets. Si c'est dans un bois, on fait un grand cercle ou circuit, de vingt ou trente pas de rayon. Entre les souches des taillis qui forment cette enceinte, on pratique de petites haies d'un demi-pied de haut, avec des genêts et de petites branches piquées en terre, ne laissant au milieu, de distance en distance, que l'espace où une perdrix peut passer.

Aux deux côtés de ces petites ouvertures, on plante un piquet gros comme le doigt, auquel est attaché un collet de crin de cheval, qui demeure ouvert et qui est placé à la hauteur du cou de la perdrix. En se promenant pour chercher la nourriture, elle veut passer ; la tête s'avance, et en tentant de poursuivre sa route, elle serre le lacet et se trouve prise.

S'il est question de tendre ce piége dans une bruyère, et qu'il y ait de petits sentiers ou des clairières par où les perdrix ont coutume de courir, on pratique une petite haie, comme dans le bois, et on y laisse des passées garnies de collets , qu'il faut visiter régulièrement à une heure après-midi, et le soir au coucher du soleil, pour ne point laisser enlever le gibier. Peut-être seroit-il à propos, en toute hypothèse, de garnir ces passées et les alentours, de quelques poignées de froment ou d'autre grain.

Cette chasse paroît encore plus sûre dans un temps où la terre est couverte de neige ; car alors le gibier affamé cherche partout les endroits découverts, au pied des arbres touffus , et même autour des maisons où la neige est plutôt fondue ou débarrassée qu'ailleurs.

Dans cette saison, le chasseur ayant remarqué quelques perdrix dans un champ couvert de neige , va le soir dans cet endroit, découvre une place de trois ou quatre toises en carré. Quand la neige est bien rangée, il fait au milieu de la place une petite haie d'un pied et demi de haut, qui la traverse toute entière ; il laisse au milieu du fond de chaque raie du champ dans la partie déblayée, la passée d'une perdrix, et y place un collet de crin à la hauteur du cou ; puis il jette du grain des deux côtés de la haie , pour attirer le gibier et l'engager à la passer. Le matin , voyant cet endroit découvert, il ne manque pas d'accourir et de se prendre au piége.

Ce qui assure le succès de cette espèce de chasse , c'est que les perdrix ayant mangé le grain d'un côté de la haie , et découvrant par les passées celui qui est de l'autre côté , se prennent nécessairement aux lacets ; car ces oiseaux ne volent pas en mangeant, si quelque chose ne les y force absolument, et en prenant la nourriture ils courent et piètent toujours, comme les poules dans les basse-cours.

Les lacets réussissent encore fort souvent dans la saison où les perdrix s'adonnent ou s'accouplent, c'est-à-dire au premier dégel. Alors on les voit courir les unes après les autres le soir et le matin, surtout lorsqu'une gelée blanche a rendu le terrain un peu plus ferme ; pour courir plus vite et plus librement, elles suivent les sentiers qui se rencontrent autour des blés verts.

Le chasseur qui, pendant la journée, a distingué un endroit où ce gibier a beaucoup couru, se rend le soir aux environs , et de vingt ou vingt-cinq pas , il forme de petites haies , dans le milieu desquelles il place des lacets aux endroits où il a laissé des passées. Ces lacets ne se placent pas tout droits comme ceux dont on vient de parler , mais en sorte que le bout d'en haut penche à moitié sur la passée ; sans cette précaution, on ne prendroit rien ; car alors les perdrix courant les unes après les autres , elles vont tête levée , et en passant elles rangeroient le collet avec l'estomac ; au lieu que de la manière dont on vient de dire, le piquet avançant dans la passée, la perdrix est obligée de baisser la tête pour passer par-dessous, et alors elle se prend au collet.

Pour bien faire les collets ou lacets dont on parle ici, on prend quatre crins blancs, à peu près d'un pied et demi; on met les extrémités supérieures de deux crins avec les inférieures des deux autres, noués dans le milieu d'un simple nœud. Ces crins doivent être tors comme des cordes, de façon que quand le nœud est fait, ils ne puissent plus se détordre. Le bon moyen de réussir à les bien tordre, est de prendre de la main gauche, les quatre crins séparés par un nœud dans le milieu, de sorte que les doigts de la même main fassent la séparation de ces crins, que la main droite tord jusqu'à ce qu'on ait rencontré quelque extrémité, qu'on arrête d'un nœud fixe; après cela on coupe les extrémités des crins qu'on n'a pas mises en œuvre.

Les Collets traînans. Cette chasse se fait dans les mois de mars et d'avril. Lorsque l'on a remarqué un champ où les perdrix commencent à se rassembler, on attache de deux en deux pouces, sur une ficelle longue de vingt à trente pieds, des collets faits de deux crins de cheval seulement, avec un certain nombre de ficelles de la même longueur; on en garnit les raies des champs frequentées par les perdrix, après les avoir semées d'un peu de grain répandu de loin en loin: bientôt elles arrivent attirées et conduites par ces petites traînées, piètent et se prennent au piege.

De peur qu'une perdrix prise n'entraîne la ficelle en se débattant, on a soin de mettre, à la distance de deux pieds, de petits crochets fichés en terre, et qui assujettissent la ficelle.

La Chanterelle. On chasse avec la chanterelle ou perdrix femelle, dont le chant appelle les mâles, depuis le milieu de janvier jusqu'au mois d'août; et pour le faire avec succès, on choisit le temps des deux crépuscules. Les pièces de blé vert et les chaumes sont les endroits les plus propres pour cette chasse, et ceux où les perdrix abondent: il est à propos qu'il y ait une haie ou quelque lisière de bois, derrière lesquelles le chasseur puisse être couvert et retiré.

On pose la chanterelle près de cette haie; on pique des halliers tout autour, à trois toises de rayon de la cage, et on regagne la haie. La femelle, entendant chanter un mâle, ne manquera pas de l'appeler, ni lui d'accourir. Quelquefois même ils arrivent trois ou quatre ensemble, qui se battent autour des halliers, à qui restera la femelle dont la voix les a frappés. Le plus pressé se prend bien vite: mais gardez-vous de courir pour vous en emparer; attendez que les autres aillent le joindre et partager sa captivité ; ce moment de patience vous en fera prendre plusieurs autres.

Afin de ne point perdre son temps et ses peines en entreprenant cette chasse, il est à propos, si quelque mâle n'a pas encore chanté, d'attendre que l'on en entende un ; et c'est le cri qui doit déterminer l'emplacement des halliers ; car il faut faire en sorte que la chanterelle que vous allez établir ne se trouve qu'à cinquante pas du mâle, afin que s'entendant bien ils puissent se répondre, et que celle-ci attire le coq.

Il arrive néanmoins quelquefois que des mâles naturellement fort défians, qui ont vu en prendre d'autres, et le chasseur poser sa cage à terre, refusent obstinément d'en approcher ; pour parer à cet inconvénient, il est indispensable d'avoir de ces cages de plus d'une sorte, d'après les indications suivantes :

1.º Une cage peut se faire de deux morceaux de fond de tonneau, taillés en rond par le haut, de neuf pouces d'élévation et d'un pied de large ; ils sont attachés par le bas à un autre morceau de bois de la même largeur, long de quinze ou dix-huit pouces ; dessus est une tringle de bois de même longueur, d'un demi-pouce carré, clouée aux deux ais ronds.

On couvre le vide de cette cage avec de la toile verte ou tirant sur le brun, que l'on fixe avec de petits clous, en y faisant trois ou quatre petits trous au travers desquels la perdrix passe la tête pour chanter ou écouter. On fera aussi une petite porte à un des bouts, pour pouvoir mettre ou retirer à volonté l'oiseau : on pratique encore deux ouvertures à l'autre ais, longues et étroites, pour que la perdrix puisse boire et manger ; aux deux bouts de la tringle supérieure on attache une courroie pour pendre la cage au cou, lorsqu'on voudra la transporter.

2.º Lorsque la *chanterelle* est sauvage, et qu'elle se débat vivement dans sa prison, il arrive que, posée sur le lieu de la chasse, elle est si fatiguée, qu'elle refuse absolument de chanter ; alors voici l'espèce de cage qu'il faut lui donner.

On prend deux ais d'environ quinze pouces en carré, et deux arçons de gros fil de fer faits comme une porte : ces deux arçons se clouent aux deux ais carrés, et par-dessus on attache un ais de même largeur que les deux autres, et long d'un pied et demi, de manière que le côté des arçons qui est carré soit au niveau du grand ais ; après quoi on coud une toile par-dessus les deux arçons, pour former entre les deux ais une cage pareille à la précédente, de manière que les trois ais débordent tout alentour d'environ trois à quatre doigts.

Lorsque l'on aura mis à tous les coins des morceaux de bois pour tenir les côtés en état, et faire roidir la toile du milieu, on couvrira le tout de fil de laiton ou de fer, de la grosseur d'une épingle commune. Pour donner à manger à la *chanterelle*, il y a un petit auget avec un abreuvoir qui se met par un des côtés entre la cage et le fil de fer ; c'est pourquoi il est nécessaire que le côté de la cage de toile qui joint cette mangeoire, soit ouvert avec des barreaux espacés entre eux, pour que la perdrix puisse facilement passer la tête entre deux, et boire et manger.

3.º On emploie aussi une cage de fil de fer assez grande pour renfermer la précédente, dans laquelle sera la perdrix; et si pendant le jour elle a refusé de chanter, laissez-la coucher ainsi dans le champ, sans craindre le renard, et sûrement le matin elle chantera.

4.º On fait aussi la cage de la *chanterelle sauvage* avec un vieux chapeau dont le bord est coupé ; le dessous est une planche légère qui s'ouvre et se ferme pour mettre et ôter la perdrix ; vers le fond du chapeau est un trou par où l'oiseau passe la tête pour chanter ; on y ménage aussi une ou deux ouvertures pour qu'il puisse prendre la nourriture.

5.º On fait construire quelquefois la cage de ficelle ; elle est composée de trois arçons de gros fil de fer façonnés en porte ronde, haute d'un pied, et large de neuf pouces : ces arçons sont éloignés les uns des autres de huit à neuf pouces, et couverts d'un filet assez fort et fait à grandes mailles; cette cage est fermée par un bout, au haut duquel il y a une ficelle attachée, ainsi que dans le bas, pour la faire tenir au piquet.

L'autre bout de la cage est fait de manière qu'on puisse l'ouvrir ou la fermer au moyen d'une ficelle qui passera dans les dernières mailles, pour mettre et ôter les perdrix quand on voudra, et en même temps pour pouvoir la fermer comme une bourse, et la fixer au piquet, en sorte que la cage soit tendue fortement, et élevée sur le haut d'une planche de blé. Dès que la *chanterelle* a chanté, les mâles accourent, et n'apercevant point la cage, ils approchent, et se mettent dans le filet.

Si, au lieu d'être farouche et sauvage, la *chanterelle* est douce et privée, on peut se servir de la méthode suivante, si simple que le mâle pourroit venir couvrir la femelle, si on le laissoit faire.

Attachez au dos de la *chanterelle* une boucle de rideau, avec un ruban de soie étroit ou quelque cordon, dont on passe deux brins sous les ailes, et deux par-dessus les côtés du cou, et qu'on rejoint ensemble sous le ventre : à cette boucle est attachée une ficelle de deux pieds de longueur, garnie à son autre bout d'une boucle pareille, et dans laquelle passe une autre ficelle longue de deux ou trois toises, fixée à deux piquets, élevés de terre d'un pied ou d'un pied et demi.

On attache à cette ficelle deux petites boucles qui sont arrêtées à deux pieds près de chacun des deux piquets, après avoir fait passer la première boucle entre ces deux nouvelles bouclettes, afin que la perdrix puisse se promener tout au long de la ficelle, sans pouvoir tourner autour des piquets; ce qu'elle feroit si les bouclettes ne l'en empêchoient pas ; ce piége paroît le plus sûr, et aucun mâle ne fera difficulté d'en approcher.

Appeau des perdrix grises. L'*appeau des perdrix grises* est plat des deux côtés, excepté que du centre il s'élève un petit bouton assez ressemblant à un mamelon : ce bouton doit se trouver par-devant quand l'appeau est entre les dents et les lèvres; le cri de la perdrix est d'autant plus difficile à imiter, qu'il contient un roulement que doit faire la langue sur le passage de l'air, de l'extérieur à l'intérieur; et ce n'est qu'après bien de l'étude et des tentatives qu'on réussit à contrefaire parfaitement la *perdrix grise*, qui vient facilement à l'appeau.

Il faut bien observer en construisant cet instrument, qui peut avoir un pouce et quelques lignes de diamètre, de faire les deux tables parallèles parfaitement égales en tout ; la convexité du bouton qui se trouve à chacune doit être la même, et il faut que son épaisseur soit bien moindre que celle du reste de la table.

De tous les appeaux de *perdrix grises*, il n'en est point de préférable à celui qui, plat d'un côté, convexe de l'autre, s'accommode très-aisément à la forme interne des lèvres, et réunit d'ailleurs tous les avantages des autres. La calotte ou table convexe doit être de moitié moins épaisse que la table de dessous ; on retire également à soi l'air extérieur pour former le cri des perdrix.

Appeau des perdrix rouges. Il se fait d'un morceau de bois creusé en rond. A une de ses extrémités on place une plume ou un tuyau de cuivre ou de fer-blanc, dont l'autre extrémité aboutit à un tuyau de rencontre plus gros, également de fer-blanc, de cuivre ou de l'os de la cuisse d'un lièvre. Cette description est empruntée de l'*Aviceptologie française.* On peut l'éclaircir par la suivante, donnée par le *Dictionnaire économique.*

L'*appeau des perdrix rouges* est de bois de cormier ou de noyer, en forme de navette, et presque aussi gros qu'un œuf de poule.

Imaginez un œuf commun qui ait comme deux queues à ses deux bouts, et qui, dans son ventre, ait une ouverture grande comme un écu. Il doit être creux en dedans jusqu'au fond. Il faut avoir un os de pied de chat qui soit ouvert par un bout, et que vous ferez entrer dans un trou pratiqué à l'une des extrémité de l'instrument. On le pousse jusqu'à ce qu'il soit environ au milieu de l'ouverture dans le fond ; l'autre bout de l'os reste bouché.

On prend ensuite un tuyau de plume à écrire, percé aux deux bouts, que l'on introduit par l'autre extrémité de l'instrument jusqu'à ce que le bout intérieur approche le bord de l'os, et que, soufflant par le bout extérieur de la plume, on imite le ton de la *perdrix rouge ;* ce à quoi vous atteindrez en approchant ou reculant le bout intérieur de la plume du bout également intérieur de l'os.

Usage de l'appeau pour les perdrix rouges. Outre l'appeau, il faut avoir un petit filet ; le matin, à la pointe du jour, ou le soir, au soleil couché, et même quelquefois en plein midi ; lorsqu'on entend chanter le mâle dans une vigne ou dans un taillis, on se place dans quelque petit chemin ou sentier, où il y ait un endroit pour se cacher.

Alors on tend le filet en travers du chemin ou sentier que l'on a choisi, de manière que rien ne puisse passer sans donner dedans ; on se place à côté, couché sur le ventre, la tête sur le bord du chemin, à deux ou trois toises du filet, du côté opposé à celui par où le gibier doit arriver, immobile, et caché de manière que la perdrix ne puisse rien découvrir.

Dès qu'elle chantera, on donnera deux ou trois coups d'appeau foibles, lents, et précisément pour être entendus ; la perdrix volera sur-le-champ à vingt pas du chasseur, et se jettera dans le chemin pour écouter ; puis elle chantera un peu. On lui répond d'un petit coup d'appeau seulement ; à ce cri elle accourt le long du chemin jusqu'auprès du filet, qu'elle considère d'abord, chante de nouveau, puis donnant dans le milieu du filet, elle s'y enferme elle-même ; vous l'en retirerez pour le retendre, s'il y a d'autres perdrix.

Cette chasse ne se fait qu'aux mois d'avril, mai, juin et juillet, à l'époque où les femelles s'accouplent ou couvent ; car on n'y prend que les mâles qui sont sans compagnie, en contrefaisant avec l'appeau le cri de la femelle.

Usage de l'appeau pour les perdrix grises. On pourroit quelquefois prendre de la même façon les *perdrix grises ;* mais elles ne se jettent guère dans les chemins, accoutumées qu'elles sont à traverser les sillons de blés ; les *rouges,* au contraire, n'aiment pas à courir dans les lieux mal unis et embarrassés ; c'est pourquoi leur mâle se pose toujours dans le

premier sentier, afin de courir plus vite vers la femelle qu'il
a entendue.

Le vol. En parlant des différentes manières de faire la *chasse
aux perdrix*, je ne parle point de celle du *vol*, parce que cet
article appartient à celui de la *fauconnerie*, et que d'ailleurs,
par rapport à la perdrix, il n'offre rien de particulier.

Olivier rapporte en ces termes la manière dont les Grecs
des Dardanelles font la chasse aux perdrix, moins dans la
vue de se procurer un gibier excellent, que pour diminuer le
nombre des ennemis de leur récolte. Cette chasse consiste à
porter un fusil et une espèce de bannière roulée, bariolée de
couleurs très-vives, à peu près semblable à un habit d'ar-
lequin. Dès qu'on aperçoit de loin une compagnie de perdrix, on déroule la bannière, et on s'approche peu à peu de
ces oiseaux, jusqu'à ce qu'on soit parvenu à la portée du fusil.
Le chasseur enfonce dans la terre le bâton de la bannière,
et par une ouverture pratiquée exprès, il tire sur les perdrix,
qui sont tellement épouvantées, qu'elles se tapissent et se
laissent tuer les unes après les autres, plutôt que de s'envoler. La plus grande difficulté qu'éprouve le chasseur, c'est de
les apercevoir; pour cela, il tourne autour d'elles, toujours
caché derrière la bannière, et dès qu'il en découvre une, il
la tire, et il continue de même jusqu'à ce qu'il ait détruit la
compagnie entière. Cette chasse n'est praticable, comme on
voit, que dans les plaines cultivées et sur les terrains peu
couverts d'herbes et de broussailles. (*Voyage dans l'Empire
Ottoman.*)

Les Grecs de l'Archipel ne tirent presque jamais au vol
les nombreuses perdrix qui peuplent les montagnes incultes
de leurs îles; ils les attendent le long des ruisseaux où elles
vont boire par compagnies comme des *alouettes*, et ils en
tuent sept à huit, et quelquefois jusqu'à quinze ou vingt d'un
seul coup de fusil. (s.)

PERDRIX. Anderson a désigné par cette dénomination
le *lagopède de la baie d'Hudson.* (s.)

La PERDRIX GRISE DE PASSAGE, *Perdix damascena*, Lath.,
ressemble à la *perdrix commune* par la couleur de son plumage;
mais elle en diffère par un tiers moins de grosseur; par une
taille moins longue, un bec plus court, mais aussi fort, des
pieds et des doigts plus courts, et généralement par des
dimensions et proportions moindres; ce dont je me suis
assuré sur un grand nombre d'individus, et encore présente-
ment que j'ai sous les yeux un mâle et une femelle en vie.
Ces dissemblances sont plus sensibles lorsqu'on les voit vivantes avec les autres perdrix grises dans une même volière. Montbeillard en fait une variété de la précédente; ce-

pendant il paroît certain que d'autres ornithologistes ont
eu raison d'en faire une espèce distincte, puisqu'elle a un
genre de vie très-opposé ; notre *perdrix grise* est sédentaire ;
celle-ci, au contraire, est très-voyageuse. Sonnini l'a vue en
Orient ; « mais, dit-il, elle ne suit pas constamment les
mêmes routes ; elle est de passage dans plusieurs contrées
de la France ; elle y paroît en grandes troupes, mais de loin
en loin, non pas régulièrement chaque année, et seulement
pendant quelques jours ; en sorte que le passage de ces oiseaux très-vagabonds ne peut être fixé, ni le chemin qu'ils
tiennent bien connu, non plus que le motif de cette vie errante. Il paroît même que ni la saison ni la nature du climat
n'influent en rien sur les courses de cette espèce de perdrix.
Ce savant voyageur l'a souvent trouvée, et en grand nombre, sur les sables échauffés de l'Égypte, où on l'appelle
katta. « D'un autre côté, ajoute-t-il, elle paroît aussi souvent
pendant les mois froids de décembre et de janvier au nord
de la Turquie, où elle arrive en automne ; et j'en ai vu des
bandes très-nombreuses, qui ne se montroient que pendant
quelques jours dans un canton de la Lorraine, pendant l'hiver de 1783 ». (*V.* son *Voyage en Grèce*, tom. 2.) Il en passe
quelquefois dans la Brie ; Montbeillard dit qu'on en a vu,
aux environs de Montbard, une volée de cent cinquante à
deux cents, qui ne firent que passer ; elle est aussi connue
dans la Normandie, aux environs de Rouen ; mais, là
comme ailleurs, son passage n'a rien de constant ni de réglé.
Ces petites perdrix ne se mêlent jamais avec les autres quand
elles cherchent leur nourriture dans le même champ ; elles
font toujours bande à part, soit à terre, soit en l'air ; c'est
ainsi que je les ai vues se comporter, toutes les fois que je
les ai rencontrées ; et les chasseurs à qui j'ai fait part de mes
observations, les ont confirmées. Elles sont très-farouches,
et partent de très-loin, et leur vol est plus élevé et beaucoup
plus soutenu que celui de nos perdrix grises. En effet,
M. Walckenaer, observateur très-judicieux que j'ai déjà eu
lieu de citer, fit partir en plaine une compagnie composée
au moins de trente individus ; elle fut se remettre à une
demi-lieue, dans une remise où il parvint à les approcher
assez près pour en détacher une ; mais depuis, il eut beau
les rechercher, il ne put les retrouver.

Les proportions et les dimensions, l'humeur voyageuse,
les mœurs, et tout le genre de vie connu de cette petite
perdrix grise qui, en automne, parcourt une étendue considérable de la France, qui s'arrête peu de temps dans le
même lieu, et dont on ne connoît pas le pays natal, me la
font regarder comme une race distincte de notre perdrix grise,

de ces races constantes qui , comme le dit Buffon, se perpé-
tuent et se conservent pures par la génération , les causes
qui les déterminent étant toujours subsistantes ; de ces races
que le Pline français appelle espèces très-voisines, qui diffèrent seulement par une taille plus ou moins grosse ,
plus ou moins étendue, mais qui tiennent à la même souche
par un grand nombre de ressemblances communes; je suis
persuadé que si on parvenoit à découvrir la contrée où ces
petites perdrix se propagent, on remarqueroit à cette époque
dans leurs mœurs, leurs habitudes, leurs amours, les couleurs de leurs œufs, d'autres dissemblances que celles indiquées ci-dessus. J'observerai encore que sur trente individus
au moins que j'ai vus à l'automne de 1816, et sur à peu près
un pareil nombre au mois de novembre 1817, je n'ai trouvé
aucune différence entre eux, si ce n'est celles qui caractérisent les mâles, les femelles et les jeunes, après leur première
mue ; mais aucun mâle n'avoit aux tarses le tubercule calleux
qu'on remarque dans les vieux mâles de l'espèce de notre perdrix grise. Ainsi, je ne puis croire que toutes les variétés indiquées par M. Temminck, comme faisant partie de la petite race,
lui appartiennent réellement ; enfin, Mauduyt me semble avoir
plus approché de la vérité que ces faiseurs de *variétés* , mot
qu'il leur seroit difficile de définir pour lui donner une juste application, quand il dit : « malgré cette ressemblance parfaite ,
à la grandeur près, avec la perdrix grise , le sentiment de
M. le comte Buffon , qui regarde ces petites perdrix comme
une race constante , paroît infiniment mieux fondé que l'opinion des naturalistes , suivant lesquels ce n'est qu'une simple
variété. L'habitude de voyager, si opposée au naturel sédentaire de la perdrix commune , en éloigne plus celle–ci que
le rapport du plumage ne l'en rapproche , et des mœurs si
disparates ne peuvent être que celles de deux races ou de
deux espèces distinctes. »

La Perdrix de la Guyane. *V.* Tocro.

La Grosse perdrix de la Guyane. C'est, dans les Mémoires de Bajon, le Tinamou Magoua. *V.* ce mot.

La Perdrix des Indes , qui , suivant Strabon , n'est
pas moins grosse que des *oies.* Il y a tout lieu de croire que
ces prétendues *perdrix* sont des *outardes.*

La Perdrix de Java , *Perdix javanica*, Lath. Cet oiseau
est figuré dans les *Illustr. zoolog.* de Brown , pl. 17. Il a le
front orangé ; une tache de cette couleur à l'occiput; le sommet de la tête cendré ; les joues noires, bordées d'un trait
orangé qui descend de chaque côté jusqu'au haut de la gorge;
le dos et la poitrine cendrés , avec des taches demi–circulai-
res noires ; les scapulaires, les couvertures et les pennes se-

condaires des ailes, variées de noir, de cendré, et bordées
de jaune ; les primaires grises et frangées de noir ; la queue
cendrée , avec des marques noires en forme de croissant ; le
ventre d'un orangé terne ; le bas-ventre rouge et rayé en travers de cendré et de noir ; les pieds couleur de chair et
sans ergot ni tubercule. Cette privation a fait ranger cet oiseau parmi les perdrix ; mais ne seroit-ce pas une femelle?car
l'individu qni est au Muséum, a dans son ensemble de grands
rapports avec les *francolins;* aussi M. Cuvier l'indique comme
tel dans son Règne animal.

* La PERDRIX KAKELIK *Perdix kakelik,* Lath., Falk, Voyage
3, pag. 390. Sa taille est celle du *pigeon à grosse gorge ;* le bec,
l'iris et les pieds sont rouges; la poitrine est cendrée, et le dos
ondulé de blanc et de gris. Elle est nombreuse dans les déserts de la Bucharie. M. Temminck en fait une variété de
la *perdrix rouge ;* mais, comme il ne la juge pas d'après nature,
nous la laisserons isolée, ainsi que l'ont fait tous les ornithologistes, jusqu'à ce qu'on ait sur cet oiseau des renseignemens plus positifs que la décision très-hasardeuse de cet Hollandais, qui dans son cabinet invente des variétés, sans même
avoir vu les individus dont il parle. *Kakelik* exprime le cri
de cet oiseau, et non pas celui de la *perdrix rouge.*

La PERDRIX DE LA MARTINIQUE. *V.* PIGEON ROUX.

La PERDRIX DE MER. *V.* GLARÉOLE.

La PERDRIX DE MONTAGNE, *Perdix montana,* Lath., pl.
enl. de Buff. n.º 136. Cette perdrix est plus rare que les autres:
on la trouve sur les montagnes, d'où elle descend quelquefois
dans la plaine, et se mêle avec les perdrix grises. Sa taille est
un peu au-dessous de celle de ces dernières; une teinte fauve
est répandue sur la tête, la gorge, le haut du cou; et un
marron clair sur le bas du cou, la poitrine, le haut du ventre,
les côtés et les couvertures inférieures de la queue ; cette
couleur domine sur les parties supérieures, et se rembrunit
sur le contour de chaque plume; un gris-brun colore les grandes pennes des ailes, et est nué de roussâtre sur leur bord extérieur; les moyennes sont pareilles à la poitrine, et variées
sur leurs franges de quelques traits gris et blancs ; les six pennes intermédiaires de la queue sont d'un marron brun, et
ont leur extrémité grise et blanchâtre; les latérales sont
d'un maron clair; le bec et les pieds d'un gris-brun.

Les couleurs du mâle sont plus vives et plus belles que
celles de la femelle. Je dis mâle et femelle, parce que je me
suis assuré de leur sexe par la dissection. Montbeillard n'a-t-il pas fait une méprise en donnant à ces
perdrix un bec et des pieds rouges? car des vingt à vingt-
quatre que j'ai eu occasion de voir, aucune ne les avoit de

vette couleur. Des auteurs présentent cette perdrix pour une espèce particulière; d'autres, pour une variété de la perdrix grise. Cette variété est donc constante; car, à quelques diffé-rences près, qui indiquent les sexes et l'âge, toutes portent un même plumage. La rareté et le petit nombre des perdrix de montagne contribuent à faire croire que ce n'est point une espèce distincte; d'un autre côté, peut-on appeler *variétés*, des oiseaux qui en tout temps portent un vêtement et une taille pareils, et toujours différens de ceux de la *perdrix grise*, avec laquelle on les associe ? Ce n'est point dans un cabinet et d'après des dépouilles qu'on doit se permettre de don-ner son opinion comme une vérité incontestable, ainsi que le fait M. Temminck ; mais c'est après avoir suivi les oi-seaux dans la nature vivante, et s'être assuré, par des obser-vations réitérées, de leurs mœurs, de leurs habitudes et de tout leur genre de vie, qu'alors on peut prendre le ton d'assu-rance qu'affecte presque toujours cet ornithologiste hollandais, qui, parce qu'il a visité quelques collections, se croit fondé à contredire les autres et à présenter ses rêveries comme des faits qu'on ne doit pas révoquer en doute. Quant à nous, nous suspendrons toute décision à l'égard de la *perdrix de mon-tagne*, parce que nous n'avons pour guide que sa dépouille. Il est étonnant qu'on ne connoisse pas même au juste la con-trée où elle réside, et qu'on ne la voie jamais qu'en hiver. Nous savons seulement que les individus que nous avons vus à Paris, y avoient été apportés des Vosges.

La Perdrix de montagne du Mexique. *V.* Ococolin.

La Perdrix naine. C'est ainsi que Théophraste a désigné la *caille*, à cause de sa ressemblance avec les perdrix.

La Perdrix noire. Nom que porte, au Canada, la Gélinotte noire, ou tachetée.

La Perdrix de la Nouvelle-Angleterre. *V.* ci-après, Colin ho-oui, pag. 242.

* La Perdrix oculée, *Perdix oculea*, Temm. Le pays de cette perdrix est inconnu, puisque M. Temminck, qui le pre-mier l'a décrite, n'en fait pas mention. Sa longueur est de dix pouces ; la tête, le cou, la poitrine et le ventre sont d'un roux mordoré, varié de bandes transversales noires sur les côtés de la poitrine et les flancs ; les plumes des cuisses d'un roux marron et terminées par une grande tache noire et ronde; celles du haut du dos, rayées transversalement de blanc sur un fond noir ; le reste de cette partie, le croupion et les couvertures supérieures de la queue noirs, avec des taches en forme de fer de lance et d'un mordoré vif; les pennes caudales d'un brun noirâtre, bordé d'une nuance plus claire ; toutes les couvertures des ailes d'un cendré olivâtre, foncé et ta-

cheté de noir ; les pennes d'un brun foncé, et les secondaires bordées d'une couleur marron ; le bec et les pieds bruns ; l'abdomen est blanc. La femelle n'est pas connue, et le mâle a sur le tarse un tubercule calleux.

La Perdrix ordinaire. *V.* Perdrix grise.

La Perdrix de passage. *V.* Perdrix grise de passage.

* La Perdrix du pays des Marattes, *Perdix asiatica*, Lath., a six pouces de longueur ; le bec brun ; la tête et la gorge d'un jaune rembruni ; le dessus du corps varié de roux, de jaune et de brun, mélangé çà et là de noir ; le dessous blanchâtre ; chaque plume marquée de deux bandes noires, les pennes d'un roux jaunâtre varié de brun ; les pieds rougeâtres, et armés d'un ergot obtus.

La Perdrix peintade. *V.* Tinamou varié.

La Perdrix peintadée. *V.* ci-après Francolin perlé, page 238.

La Perdrix perlée de la Chine. *V.* ibid.

* La Perdrix de Perse, *Perdix caspia*, Latham. ; Voyag. de S. G. Gmel. 4, p. 67, tab. 10. Le bec de cet individu est d'un brun olive ; les narines, les paupières et les tempes sont nues et jaunes ; cette teinte est celle des pieds, qui sont privés d'ergots ; le reste du plumage, à l'exception de l'extrémité des ailes et d'une partie de la queue qui sont blanches, est d'un gris cendré tacheté de brun ; sa taille, selon Latham, égale celle de l'oie commune. Si cet oiseau appartient réellement à la famille des Cailles ou à celle des Perdrix, c'est bien la plus grande et la plus grosse de toutes celles qui sont connues. Malgré cette grande taille et d'autres différences très-prononcées, M. Temminck ne balance pas à présenter cet oiseau comme une variété de la *perdrix rouge*. C'est agir avec cette légèreté, pour ne pas dire plus, qu'on ne remarque que trop souvent dans ses ouvrages.

La Perdrix aux pieds rouges. *V.* Perdrix rouge.

La Perdrix des plaines. Nom que porte la Perdrix grise dans les environs de Niort.

La Perdrix de Pondichéry. *V.* ci-après Francolin de Pondichery, pag. 239.

La Perdrix des prairies. Les habitans de l'île de Samos, au rapport de Tournefort, nomment ainsi le Francolin. *Voyez* ce mot.

La Perdrix de roche, *Perdix petrosa*, Lath., est moins grosse que la *perdrix grise* ; elle a le dessus de la tête d'un brun marron ; les côtés et la gorge d'un cendré clair et bleuâtre ; le dessus du cou et le dos d'un cendré brun ; le croupion et les couvertures du dessus de la queue cendrés ; les plumes

qui recouvrent les ailes et les scapulaires, d'un beau bleu et
bordées de marron ; un collier brun , composé de points
blancs , au haut du cou , dont le devant est d'un cendré qui,
s'affoiblissant vers la poitrine, prend une teinte de couleur de
rose pâle ; le ventre et les parties postérieures d'un brun clair;
les plumes des flancs ont du cendré à leur origine , et trois
bandes transversales dans le reste de leur longueur , la première blanche , la seconde noire , et la troisième orangée ;
les pennes des ailes sont d'un brun qui s'éclaircit vers leur
extrémité ; des seize de la queue, les deux intermédiaires
sont d'un cendré foncé , avec des raies transversales
brunes; les autres cendrées dans leur première moitié, et d'une
teinte orangée terne dans l'autre ; le bec, les pieds , le tour
des yeux, sont d'un rouge écarlate, et les ongles bruns. Le mâle
se distingue de la femelle par le tubercule très - prononcé de
ses pieds. Les couleurs, leur distribution , et la taille de cette
perdrix, la distinguent de la *perdrix rouge*, et ne permettent
pas d'adopter l'opinion de Latham , qui en fait une variété,
sous la dénomination de *perdix rufa barbarica.* On la
voit en Barbarie, près de Santa-Cruz, où elle habite
les montagnes et se tient dans les broussailles. Ces perdrix se réunissent souvent en troupes nombreuses et descendent rarement dans la plaine. Elles se trouvent aussi
aux environs de la Gambie en Afrique, car on les reconnoît
facilement par la description qu'on en fait dans les voyages de
F. Moore, de Leyard et Lucas. M. Temminck ajoute « qu'on
la rencontre encore sur les bords du Niger au Sénégal ».

La **Perdrix rouge d'Afrique.** *V.* ci-après, **Francolin
a gorge nue** , pag. 236.

La **Perdrix rouge de Barbarie.** *V.* **Perdrix de roche.**

La **Perdrix rouge d'Europe,** *Perdix rufa,* Lath., pl. enl. de
Buff., n.º 150, est un peu plus petite que la *bartavelle,* et a douze
pouces de longueur ; le bec, l'iris et les pieds rouges ; le front
d'un gris-brun ; la tête d'un brun-roux ; une bande blanche
au-dessus des yeux, qui descend jusqu'au bas de l'occiput ; une
autre qui part du bec, passe à travers l'œil et encadre le blanc
qui couvre la gorge ; les côtés et le devant du cou parsemés
de taches noires , plus ou moins petites ; la poitrine d'un
cendré bleuâtre, le ventre et les parties postérieures, roux;
les flancs couverts de larges plumes d'un bleuâtre clair , ensuite traversées par trois bandes blanche, noire et rousse ;
toutes les parties supérieures d'un brun verdâtre ; les pennes des ailes d'un gris rembruni et bordées d'un jaune d'ocre
pâle ; la queue composée de seize pennes, dont les quatre intermédiaires sont pareilles aux pennes alaires ; les plus pro-

ches ont leur bord extérieur roux, et les autres sont entièrement de cette couleur.

Le mâle se distingue particulièrement de la femelle par un
tubercule sur chaque pied. On reconnoît les jeunes de l'année
à la forme pointue de la première penne de l'aile, et à la
teinte blanchâtre de son extrémité.

Cette espèce est répandue dans les pays montagneux de
l'Europe, de l'Asie et de l'Afrique; elle est très-commune
dans divers cantons de la France, et est très-rare dans d'autres; elle fréquente les îles Madère, de Guernesey et de Jer-
sey; mais elle ne niche point en Angleterre.

Les perdrix rouges se plaisent sur les terrains élevés, sur
le penchant des collines et des montagnes; on les trouve
quelquefois en plaine, sur la lisière et dans les clairières des
bois, où elles se cachent dans les bruyères et les broussailles. Elles se nourrissent de grains, d'herbes, de limaces, d'œufs
de fourmis et d'autres insectes. Leur vol, quoique pesant, est
roide; si on les surprend sur les lieux escarpés, elles plongent dans les précipices; si on les poursuit dans la plaine,
elles gagnent le sommet des montagnes; lorsquelles sont
suivies de trop près et poussées vivement, elles se réfugient
dans les bois, à portée desquels elles ont coutume de se tenir; elles s'enfoncent dans les halliers, se perchent même
sur les arbres, et se terrent quelquefois, habitude que n'ont
pas les perdrix grises. Elles en diffèrent encore par leurs
mœurs et leur naturel; elles sont moins sociables, quoiqu'elles se réunissent aussi par compagnies; elles se tiennent
plus éloignées les unes des autres, ne partent pas toutes à la
fois, prennent souvent leur essor de différens côtés, et montrent beaucoup moins d'empressement à se rappeler. Elles
fréquentent, pendant l'hiver, les coteaux exposés au midi,
et se réfugient la nuit sous des avances de rochers ou
parmi les broussailles. Chaque couple s'isole au printemps;
mais lorsque les mâles ont satisfait à la loi de la nature, et
que les femelles couvent, ils les laissent seules chargées du
soin de la famille, et se réunissent par compagnies fort nombreuses; on peut donc tirer sur ces bandes sans crainte de
détruire l'espèce, et s'il s'y trouve quelques femelles, qui
sont plus petites, ce sont celles qui ont passé l'âge de se reproduire. Le temps de cette chasse est depuis la fin de juin
jusqu'à la fin de septembre; après cette époque elles se mêlent aux nouvelles couvées. Les femelles construisent leur nid
dans les bruyères, les broussailles et les blés qui sont à la
proximité des bois; la ponte est de quinze à vingt œufs blancs,
semblables à ceux du pigeon.

Ces oiseaux ont généralement les habitudes moins douces que les perdrix grises, et sont d'un naturel plus sauvage ; aussi celles que l'on tâche de multiplier dans les parcs, et que l'on soigne à peu près comme les *faisans*, sont encore plus difficiles à élever, exigent plus de soins et de précautions pour les accoutumer à la captivité ; et rarement elles s'y accoutument, puisque les *perdreaux rouges* qui sont éclos dans la faisanderie, et qui n'ont jamais connu la liberté, languissent dans cette prison, et, malgré tous les agrémens qu'on leur procure, meurent bientôt d'ennui ou de maladie, si on ne les lâche dans le temps où ils commencent à avoir la tête garnie de plumes. Quant aux perdrix rouges qu'on prend déjà formées et adultes, elles sont si sensibles à la perte de leur liberté, elles s'agitent si brusquement et avec une telle impétuosité, qu'elles périssent des coups qu'elles se donnent : cependant on peut parvenir à la longue à les apprivoiser ; mais il faut les tenir dans une volière entourée de toile, les abandonner à elles-mêmes dans un lieu solitaire, et ne les accoutumer qu'insensiblement aux objets qui les troublent et qui les agitent. Quant aux perdreaux rouges, il paroît plus aisé d'adoucir leur caractère : mais ils demandent plus de soin que les gris, et on les fait élever de même par une poule, qu'on choisit la plus douce et la plus familière. Si l'on en croit Tournefort, on en voit dans l'île de Scio et en Provence, des troupes nombreuses tellement apprivoisées, qu'elles obéissent a la voix de leur conducteur avec une docilité singulière. Mais ne seroient-ce pas des *bartavelles* que l'on a si souvent confondues avec les perdrix rouges? (Voyez son *Voyage au Levant*, tom. I.)

Comme cette espèce ne se plaît pas partout, et qu'elle veut choisir elle-même le lieu qui lui convient, ce seroit en vain qu'on transporteroit ces oiseaux sur une terre où il n'y en a pas, s'ils n'y trouvent une habitation qui réunisse ce qui les fixe ailleurs, enfin, elles ne multiplient pas également partout, et ne sont pas d'une grosseur égale dans tous les pays : elles sont moins grosses en général dans les cantons montueux que dans les plaines, sur les terrains secs que sur ceux qui sont humides, dans les contrées méridionales que dans les septentrionales.

Leur chair est sujète à participer du goût des alimens dont elles se nourrissent; c'est pourquoi il est des cantons où elles sont d'un goût exquis, et dans d'autres un très-mauvais gibier.

Comme dans l'espèce de la perdrix grise, il y a dans celle-ci des variétés accidentelles ; les unes totalement blanches, avec une nuance roussâtre sur quelques parties du corps, et d'autres dont le plumage est varié de blanc par plaques plus ou moins grandes.

La Perdrix rouge de Madagascar. *V*. ci-après, Francolin rouge-brun, pag. 240

La Perdrix rousse. C'est, dans Dutertre, le Pigeon violet de la Martinique, et le nom que le Colin booui porte au Canada.

La Perdrix du Sénégal. *V*. ci-après, Francolin bisergot, pag. 235.

La Perdrix de Syrie. *V*. Ganga cata.

La Perdrix des terres neuves. C'est, dans Belon, la Peintade.

Perdrix (petites). Les créoles de la colonie de Cayenne appellent ainsi les oiseaux Fourmiliers.

§ II. Francolins. — *Bec robuste, allongé ; tarse du mâle, seul, armé d'un ou de deux éperons cornés et aigus ; ailes arrondies ; orbites le plus souvent dénuées de plumes ; queue de la plupart plus développée que chez les perdrix.*

« Le nom de Francolin, dit Buffon, est encore un de ceux qui ont été appliqués à des oiseaux fort différens ; on l'a donné à l'*attagas*, et il paroît, par un passage de Gesner, que l'oiseau connu à Venise sous le nom de *francolin*, est une espèce de gélinotte (*hazel-huha*). Le *francolin de Naples* est plus gros qu'une poule ordinaire, et, à vrai dire, la longueur de ses pieds, celle de son bec et de son cou, ne permettent point d'en faire ni une gélinotte ni un francolin. Tout ce qu'on dit du francolin de Ferrare, c'est qu'il a les pieds rouges et vit de poissons. L'oiseau de Spitzberg auquel on a donné le nom de *francolin*, s'appelle aussi *coureur de rivage*, parce qu'il ne s'éloigne jamais de la côte où il trouve la nourriture qui lui convient, savoir des vers gris et des chevrettes ; mais il n'est pas plus gros qu'une alouette. » Il résulte de ces détails, qu'aucun de ces oiseaux n'est un vrai *francolin* ; mais il en est autrement des francolins dont Olivier donne la description et la figure, de celui d'Edwards et de celui de Brisson, qui, malgré quelques différences dans la couleur du plumage et même du bec, dans les dimensions et le port de la queue, appartiennent tous à l'espèce du francolin proprement dit ; du moins, c'est l'opinion de Buffon, « attendu, dit-il, qu'ils ont beaucoup de choses communes, et que ces petites différences qu'on a observées entre eux, ne sont pas assez caractérisées pour constituer des espèces diverses, et peuvent d'ailleurs être relatives à l'âge, au sexe, au climat et à d'autres causes particulières. »

Les *francolins* ont beaucoup de rapports avec les perdrix ;

aussi les auteurs n'ont pas balancé à les réunir. En effet, ils n'en diffèrent guère qu'en ce que les mâles ont des éperons, tandis que chez les perdrix mâles il n'y a qu'un tubercule calleux au lieu d'éperon ; mais comme les femelles francolins et perdrix n'ont ni ergot, ni tubercule calleux, il en résulte que la division qu'on fait de ces oiseaux, d'après les éperons, ne peut être admise que pour les mâles, ainsi que dans tous les gallinacés éperonnés, dont les femelles ont les tarses lisses. Selon M. Cuvier, les francolins se distinguent par leur bec plus long, plus fort; par leur queue plus développée ; par leurs éperons plus forts. En effet, les francolins ont un bec long et fort ; mais, comme le remarque M. Temminck, on retrouve cet attribut dans des perdrix d'Afrique. La queue plus développée ne peut se généraliser à tous les francolins, et caractérise aussi quelques perdrix. Quant aux éperons plus forts, nous avons donné ci-dessus les motifs qui nous les ont fait rejeter pour une généralité. D'autres ont observé que les francolins, proportion gardée, sont plus haut montés que les perdrix, et que presque tous ont au moins les orbites nues ; mais ce dernier attribut n'est pas exclusif pour toutes les perdrix ; d'après cet exposé, on ne peut donc l'isoler ; de plus, comme l'observe fort bien M. Temminck, le méthodiste ne voit point, à l'extérieur des francolins, d'autres dissemblances assez prononcées, assez distinctes et assez importantes pour les séparer des perdrix. Cependant la nature a placé entre eux une démarcation très-sensible, en leur donnant des mœurs et des habitudes différentes de celles des perdrix. En effet, tous les francolins, dont on connoît le genre de vie, se tiennent dans les forêts le long des rivières, fréquentent les marais et les lieux humides, se nourrissent principalement de végétaux, se perchent souvent sur les arbres pendant le jour, et y passent toujours la nuit.

Le FRANCOLIN proprement dit, *Perdix francolinus*. Lath., fig. pl. enlum. de *Buffon*, n.ᵒˢ 147 et 148. Espèce fort renommée par sa chair exquise : on la confond souvent avec des perdrix, et même avec la *gélinotte*. Il est donc nécessaire de la décrire avec assez de détails, pour qu'on puisse la reconnoître.

La grosseur du mâle est à peu près celle de la *perdrix rouge*, mais plutôt au-dessus, et il a douze pouces de longueur totale. Chaque pied est armé d'un ergot ou éperon. Une espèce de coiffe noire et imitant le velours, enveloppe la tête, la gorge et le cou. Une ligne blanche, qui est au-dessous de l'œil, semble être, de chaque côté, l'attache de ce petit capuchon, dont la partie qui couvre le derrière de la tête, aussi bien que le dessus du cou, est pointillée de blanc : le tout est retenu par un large ruban bai-brun, qui entoure le haut du cou. Le dessus du corps est nuancé de fauve et de brun noirâtre ; des raies noires et grises traversent les plumes du croupion et les couvertures supérieures de la queue. Tout le dessous du corps est d'un très-beau noir ; les flancs sont tachés de blanc et de fauve clair. Les ailes et la queue sont variées de roux et de brun noirâtre ; le bec est noir, et les pieds sont rouges.

La femelle est un peu plus petite que le mâle, et son plumage assez généralement d'un blanc jaunâtre sale ; la tête brune ; les sourcils larges et d'un blanc roussâtre ; le cou et la poitrine sont tachetés de brun ; les parties postérieures ont des bandes de cette même couleur ; les plumes du dos et des couvertures supérieures de l'aile sont bordées de blanc jaunâtre, sur un fond gris rembruni et terne ; les pennes secondaires rayées de roux et de brun ; les primaires ont des taches rousses sur le même fond ; deux couleurs de brun règnent sur le croupion, et les deux pennes intermédiaires de la queue, munies de ces teintes, y forment des raies transversales ; les autres pennes sont noires, avec quelques raies blanches vers leur origine ; le tarse est sans ergot.

La voix de cet oiseau, selon Olina, est forte, et semble être un sifflement qui s'entend de fort loin. Les francolins vivent de grains ; on peut les élever dans des volières, mais il faut avoir l'attention de leur donner à chacun une petite loge où ils puissent se tapir et se cacher, et de répandre, dans la volière, du sable et quelques pierres de tuf (*Buffon*). La rareté de ces oiseaux en Europe, jointe au bon goût de leur chair, a donné lieu aux défenses rigoureuses qui ont été faites en plusieurs pays, de les tuer ; et de là on prétend qu'ils ont eu le nom de *francolin*, comme jouissant d'une sorte de franchise, sous la sauve-garde de ces défenses (*Ibidem*). On applique aussi, en Italie, le nom de *francolino*, à plusiers espèces réputées bon gibier, telles que les gélinottes, etc. (*Cuvier*).

On ne trouve point le francolin en France, ni dans les pays plus septentrionaux ; il est même fort rare en Italie, mais il est assez commun en Espagne, en Sicile, dans quelques îles de l'Archipel de la Grèce, dans celle de Chypre, en Syrie, dans la Basse-Egypte, et en Barbarie. Les insulaires de l'île de Samos l'appellent *perdrix des prairies*. En effet, cet oiseau a toutes les habitudes des perdrix, et il se tient plus volontiers dans les plaines que sur les lieux élevés.

L'on croit assez généralement que le francolin est l'oiseau que les Romains appeloient *attagen ionicus*, et qu'ils estimoient plus que tout autre gibier. (s.)

> Inter sapores fertur alitum primus
> Ionicarum gustus attagenarum.
>
>   MARTIAL

Le Francolin d'Adanson ou du Sénégal, *Perdix Adansonii*, Temm.; *Perdix bicalcarata*, Lath. pl. enl. de Buff., n.° 137. Buffon a appelé cet oiseau *bisergot*, à cause du double éperon dont chacun de ses pieds est armé; cependant cet attribut n'est point particulier à cette espèce, puisqu'on en connoît d'autres qui ont pareillement un double ergot; motif suffisant pour que nous adoptions les nomenclatures française et latine que lui a imposées M. Temminck. Ce *francolin*, dont on doit la connoissance au savant naturaliste Adanson, se trouve au Sénégal, où il se tient dans les bois. Le mâle a douze pouces huit lignes de longueur totale; le dessus de la tête roux; le front et les sourcils noirs; un trait blanc au-dessous de l'œil; la gorge, les joues et le haut du cou en devant, de cette même couleur, avec de petites lignes longitudinales noires, sur les deux dernières parties; les plumes de la nuque, de la partie inférieure du cou et des parties postérieures, blanches sur leur tige, avec des taches longitudinales noires, sur lesquelles on remarque quelques petites marques blanches; le noir est, sur chaque côté, bordé de blanc, et une teinte roussâtre frange les plumes; le haut du dos, les scapulaires et les couvertures des ailes portent des zigzags d'un brun clair, sur un fond noirâtre, et une bande blanche borde chaque plume; les pennes des ailes sont brunes et variées de zigzags; le dos, le croupion, les couvertures supérieures et les pennes de la queue, d'un brun cendré, vermiculé de brun noirâtre; le bec et les pieds bruns. La femelle diffère du mâle en ce qu'elle n'a point d'éperons, et que ses couleurs sont plus ternes.

Le Francolin de Ceylan, *Perdix ceylanensis*, Lath., pl. 14 de la *Zoologie indienne*. Les habitans de Ceylan l'appellent *haban-kukella*. Le mâle a la tête variée de noir et de blanc; le cou, la poitrine et le haut du dos, aussi bien que les couvertures des ailes, de couleur noire, avec une tache blanche, en fer de flèche, sur chacune des plumes; le bas du dos et le croupion, couleur de rouille; la queue brune; une peau rouge et nue autour des yeux; le bec, les pieds et les doigts, pareillement rouges. Les teintes du plumage de la femelle sont moins foncées; les plumes de son dos ont des taches brunes sur leur milieu, et celles de la poitrine, un liseré jaune; cette femelle manque des doubles éperons qui caractérisent le mâle.

* Le Francolin criard, *Perdix clamator*, Temm. Cet oiseau, que M. Temminck a décrit le premier, habite la pointe méridionale de l'Afrique, depuis la colonie du Cap de Bonne-Espérance jusqu'au centre de la Cafrerie, et se plaît dans les forêts. Son cri, très-sonore et glapissant, sem-

ble exprimer les syllabes *crohá-crohá-crohahach*. Il le fait entendre au coucher et au lever du soleil. Ces francolins vivent
en familles, et se perchent ordinairement sur les arbres qui
bordent les rivières.

Le mâle a seize pouces six lignes de longueur totale; deux
éperons sur chaque tarse, et à peu près la taille d'une peintade. Le bec est de couleur de corne en dessous et rougeâtre en
dessus; le plumage assez généralement d'un gris-brun terne,
avec des raies et des taches grises de diverses formes sur différentes parties; mais cette couleur est uniforme sur le dessus de la tête et sur l'occiput; les plumes des joues et du haut
du cou sont bordées de blanchâtre; cette teinte règne sur
celles de la gorge, tandis que le brun n'occupe que leur origine; un plastron d'un brun noirâtre couvre la poitrine,
avec une large bande blanche et longitudinale, sur le milieu
de chaque plume; des zigzags se font remarquer sur les autres parties, tant supérieures qu'inférieures, et sont roussâtres
sur les pennes secondaires des ailes et sur la queue; les
pennes primaires présentent un gris-brun clair; les pieds
sont jaunâtres et les ongles bruns. La femelle ne diffère du
mâle qu'en ce qu'elle n'a point d'éperons, et par une taille
plus petite; elle niche à terre, et sa ponte est de douze à
dix-huit œufs, dont la couleur n'est pas connue. Les colons
hollandais donnent à ce francolin le nom de *faisan*, ce qui a
induit Kolbe en erreur, quand il dit que le *faisan vulgaire* de
nos climats habite la partie méridionale de l'Afrique.

Le FRANCOLIN A GORGE NUE, *Perdix nudicollis*, Lath., se
trouve en Afrique. Une peau nue et rouge couvre les côtés
de la tête, la gorge et le devant du cou; les plumes du *vertex*
sont d'un gris-brun et tachetées de noir sur leur milieu; celles
d'une partie du cou, brunes, avec deux petites raies blanches et longitudinales vers leur extrémité; les plumes des
flancs, d'un brun marron, avec deux raies, l'une noire le long
de leur tige, et l'autre blanche qui lui sert de bordure, et qui,
elle-même, est frangée de noir; le dos, les couvertures supérieures des ailes et le croupion sont bruns sur leur milieu, et
d'un gris foncé dans le reste; quelques raies longitudinales,
brunes et blanchâtres se font remarquer sur le fond gris
foncé du ventre et des parties postérieures; les pennes alaires
et caudales sont d'un gris rembruni: le bec et les pieds
rouges; longueur totale, quinze pouces. La femelle se distingue du mâle particulièrement en ce qu'elle n'a point
d'éperons ni de tubercule calleux, en ce qu'elle a la gorge
couverte de plumes blanches, et que l'orbite des yeux seule
est couverte d'une peau nue; de plus, elle en diffère encore
par les plumes de la poitrine et des flancs qui ne sont point d'un

brun marron; par celles des parties supérieures sur lesquelles le brun et le gris sont plus étendus.

Le jeune a toutes les parties supérieures d'un gris-brun foncé, parsemé de petites taches noires ; la poitrine, les flancs et le ventre rayés transversalement de brun , de jaunâtre et de blanc. Cet oiseau se trouve dans la Cafrerie. M. Temminck me paroît fondé à rapprocher de cette espèce la *perdrix du Cap de Bonne-Espérance*, et la *perdrix rouge d'Afrique*. La première (*perdix capensis*, Lath.), a 19 pouces anglais de longueur; (Il y a probablement erreur dans cette mesure); le bec rougeâtre ; le plumage en général d'un cendré sombre, varié de lignes grises, irrégulières et en forme de croissant, si ce n'est sur la tête, qui est d'une teinte uniforme ; les plumes de la poitrine ont un trait blanc dans leur milieu ; les pieds sont rouges; un ergot assez court, est à un pouce au-dessus du doigt postérieur, ainsi que le commencement d'un autre ; les ongles sont noirs.

Cette espèce se plaît dans les lieux sablonneux du Cap de Bonne-Espérance ; quoiqu'elle ne fuie point à l'aspect de l'homme, elle ne s'approche pas des habitations. La seconde (*perdix rubricollis*, Lath.) est figurée sur la pl. enl. de Buff., n.º 180. Elle a douze pouces de longueur ; le bec court et rouge ; l'œil placé dans un espace dénué de plumes; la gorge nue et rouge ; le plumage en dessus généralement brun et tacheté d'un brun plus sombre; les sourcils blancs ; une raie de même couleur passe au-dessous des yeux et entoure la peau nue de la gorge ; deux autres raies naissent à la base du bec; les côtes du cou et le dessous du corps sont blancs et marqués de brun, particulièrement sur le milieu de la poitrine et du ventre ; la queue est très-courte, ayant tout au plus un pouce, et l'oiseau la porte épanouie. Les pieds sont rouges, et l'ergot dont ils sont armés est courbé et aussi long que l'ongle du doigt postérieur.

*Le FRANCOLIN A LONG BEC, *Perdix longirostris*, Temm. Cette espèce, qu'a fait connoître M. Temminck, se trouve dans l'île de Sumatra. Elle est remarquable par son bec plus long et aussi fort que celui du paon : cependant sa grosseur ne surpasse pas de beaucoup celle de la perdrix bartavelle. Le mâle a douze pouces et demi de longueur totale ; les côtés de la tête, la gorge, le haut du cou ; le ventre et les flancs d'un ferrugineux jaunâtre ; le dessus de la tête, l'occiput, le haut du dos et les scapulaires d'un brun marron , varié de raies et de grandes taches d'un noir velouté ; quelques plumes de ces diverses parties, ont une bordure d'un jaune d'ocre et une raie longitudinale étroite et de la même teinte sur leur milieu ; le bas du cou, en devant, et la poitrine d'un gris plombé ; les plumes du dos et des parties postérieures ferrugineuses, avec des zigzags très-étroits, d'une teinte plus sombre, et une tache d'un jaune d'ocre pur sur leur milieu; les couvertures des ailes de couleur marron et tachetées de noir à l'intérieur, ferrugineuses à l'extérieur et variées de brun; les pennes secondaires des ailes et la queue ferrugineuses, ondées et tachetées de brun; le bec noir; l'orbite rouge les pieds et les ongles de couleur de corne; tel est le plumage du mâle qui n'a qu'un éperon à chaque tarse. La femelle n'en diffère qu'en ce qu'elle a la poitrine d'un roux ferrugineux et les pieds sans éperons.

Le Francolin de Madagascar. *V.* Francolin perlé.

Le Francolin perlé, *Perdix perlata* et *Perdix madagascariensis*, Lath., pl. G 37 de ce Dictionnaire. Il est un peu plus gros que la *perdrix rouge*, et a dix à onze pouces de longueur totale; le dessus de la tête d'un jaune roussâtre, à l'exception du sommet qui est noir et bordé de roux; deux traits noirs, sur un fond blanc, de chaque côté de la tête; le dos mordoré; le croupion et la queue d'un roux clair, rayé de noir en travers; la gorge blanche; le devant du cou, la poitrine, le ventre et le bec noirs; il y a des taches blanches sur les deux premières parties, et des points roussâtres sur la troisième, c'est-à-dire, sur le ventre. Les pennes des ailes sont noires et rayées de blanc; les pieds sont d'un roux clair et armés d'un fort éperon. La femelle, que M. Temminck a décrite le premier, diffère du mâle en ce qu'elle a une raie noire derrière l'œil; les côtés du bec et l'espace entre les deux bandes noires, d'un blanc légèrement teint de roussâtre; les plumes du dos bordées de brun clair, avec des taches blanches irrégulières; les plumes des parties inférieures rayées transversalement de blanc et de noir; les flancs et le bas-ventre roussâtres; les scapulaires, les couvertures supérieures des ailes et de la queue, le dos et le croupion, d'un gris-brun, avec des lignes blanches et de grandes taches noires; le tarse sans éperon ni tubercule. Le francolin de Madagascar appartient à cette espèce; en effet, elle en est originaire, d'où on l'a apportée à l'Ile-de-France. On l'appelle *perdrix peintadée*, à cause de son cri approchant de celui de la *peintade*: ne seroit-ce pas plutôt à cause des taches rondes dont son plumage est parsemé sur plusieurs parties? Au reste, on connoît très-peu son genre de vie; tout se borne à dire qu'elle se perche sur les arbres, habitude commune à tous les francolins. Cette espèce a les orbites emplumées. On la trouve encore au Bengale, et on l'a décrite une seconde fois sous le nom de *perdrix perlée de la Chine*, où elle porte le nom de *tche-cou*.

Si on en croit Osbeck, les Chinois se servent de cet oiseau comme de la *caille* pour s'échauffer les mains pendant l'hiver.

Latham lui donne, dans son *Synopsis*, pour variété, un individu qui a été apporté du Cap de Bonne-Espérance; il a le bec brun; le dessus de la tête d'un brun foncé, et chaque plume bordée et terminée de jaunâtre; les côtés du cou d'un jaune ferrugineux, tachetés d'une teinte sombre; au-dessus de l'œil, une strie noire et blanche; la gorge et le devant du cou marqués de ces deux couleurs; le dessus du corps brun et traversé de lignes étroites, d'un jaunâtre sombre, et marqué le long de la tige de chaque plume, comme la caille; la poitrine et les côtés variés de ferrugineux, de brun rougeâtre, sombre, et de blanc sale; le milieu du ventre varié seulement des deux dernières couleurs; les pennes alaires noirâtres; la queue d'une teinte plus foncée et traversée par des lignes blanches; le tarse brun, avec un éperon court et gros. Latham a décrit, dans son *Index*, cet individu comme une espèce particulière, sous la dénomination de *Perdix afra*. M. Temminck demande d'abord, dans son *Index*, si ce *Perdix afra*, n'est pas un *francolin perlé* jeune mâle, et le décrit ensuite comme espèce distincte, sous le nom de *francolin ourikinas*. Nous lui demandons à notre tour si cet oiseau peut appartenir en même temps à deux espèces distinctes?

*Le FRANCOLIN A PLASTRON, *Perdix thoracica*, Temm. C'est une nouvelle espèce dont on doit la description à M. Temminck. Le mâle a onze pouces de longueur totale; la poitrine couverte d'un plastron arrondi, d'un gris verdâtre, varié de zigzags noirs, très-étroits; la gorge et les côtés du cou roux; les parties inférieures d'un jaune roussâtre, avec une marque noire, arrondie, sur chaque plume; le dos d'un gris brun, varié de grandes taches d'un brun noirâtre; les scapulaires parsemées de petits croissans blancs; l'orbite couverte de papilles rouges; le bec, les pieds et les éperons, d'un blanc argenté. La femelle n'est point connue. Cette espèce se trouve dans l'Inde; mais on ignore son pays natal.

Le FRANCOLIN DE PONDICHÉRY, *Perdix pondiceriana*, Lath. Sonnerat, qui a fait connoître cette espèce, lui donne la taille de la *perdrix commune*; le bec noirâtre; l'iris rouge; le dessus de la tête d'un roussâtre terreux; les plumes de la base du bec et le haut de la gorge jaunâtres, avec des marques noires sur cette dernière partie; le dessus du cou grisâtre et ondulé de noir; le dos roux avec des bandes blanches en zigzag; la poitrine d'un roux pâle, ondé de noir; le ventre blanc, avec des lignes demi-circulaires noires; ses côtés, avec des taches mordorées; les deux pennes intermédiaires de la queue rousses, avec de nombreuses lignes brunes anguleuses, et traversées de quatre bandes d'un blanc jaunâtre; les autres mordorées et bordées de noir; le croupion gris, varié de raies blanchâtres et noires; les pennes moyennes des ailes rousses et frangées de blanc; les plus grandes d'un gris sale foncé; et les pieds rouges; longueur totale, dix pouces. Le mâle a un fort éperon, et la femelle un simple tubercule. Latham l'a décrite ainsi dans le premier supplément de son Synopsis, page 251; elle a le bec noir; le menton et le tour de l'œil fauves; le reste de la tête, le cou et la poitrine d'un blanc brunâtre, marqué de grandes taches noires et arrondies; une bande composée de lignes noires et blanches divise le milieu de la poitrine, qui est blanche en dessous; le ventre est brun et traversé par des bandelettes noires; le dos d'un blanchâtre rembruni, barré de noir; les pennes primaires sont noirès à la pointe; celles de la queue d'un brun rougeâtre, traversées par neuf ou dix bandes obliques, noires et terminées de blanc. Ce francolin, dit cet auteur d'après Middelton, est peu commun dans l'Inde, et y est connu sous le nom de *ghoori tetur*, ou *pigeon de roche*; d'autres le nomment *perdrix*, parce que son cri est pareil à celui de cet oiseau. Il est difficile de le tuer, car il est très-défiant et vole haut. Ces *perdrix* se réunissent rarement par compagnies, comme font les nôtres; chaque couple vit presque toujours isolé.

Le **Francolin rouge-brun**, *Perdix spadicea*, Lath. Le mâle de cette espèce, que nous a fait connoître Sonnerat, sous le nom de *perdrix rouge de Madagascar*, a douze pouces de longueur totale; deux éperons à chaque pied, grêles, longs et très-aigus; la peau nue qui entoure les yeux, d'un rouge couleur de peau d'ognon; le dessus de la tête et la gorge d'un brun de terre d'ombre; le reste du plumage d'un rouge-brun terne, varié de gris olivâtre; les pennes de la queue ondulées de noir; les pieds rouges et le bec jaune. La femelle n'est pas connue. *Spadicé* est le nom prétendu français que M. Temminck a imposé à ce francolin; mais, afin de ne pas exciter cet académicien hollandais, nous nous abstiendrons de donner les motifs qui nous l'ont fait rejeter.

§ III. **Colins.** — *Bec court, gros, plus haut que large; tête parfaitement emplumée; tarses lisses dans les deux sexes; ailes arrondies; les pennes de la queue outre-passant leurs couvertures supérieures.*

Les *colins* ne se trouvent qu'en Amérique, et une espèce

est répandue dans les États-Unis jusqu'au Canada. Ils font partie du genre *tetrao* de Linnæus; Latham les en a distraits pour les classer dans son genre *perdrix*. Buffon nous paroît très-fondé à les séparer des perdrix et des cailles pour former une petite famille particulière qui participe des unes et des autres; en effet, ils tiennent aux premières par leur port, leurs ailes, la forme de leur queue, leurs amours et leur genre de vie; mais ils en diffèrent en ce que leur bec est plus court, plus gros à proportion, et plus arqué; que leur tête est parfaitement emplumée, et que le mâle a les tarses lisses, c'est-à-dire, sans tubercule ni éperon; ils se rapprochent de la *caille* par leur tête nullement dénuée de plumes, leurs tarses et leur cri; mais ils s'en éloignent en ce que chez eux les deux premières pennes de l'aile sont plus courtes que les troisième et quatrième, les plus prolongées de toutes; que la queue n'est point totalement cachée sous ses couvertures supérieures; tandis que chez les cailles ce sont les deux premières remiges qui sont les plus longues, et que leur queue ne dépasse point les plumes qui les recouvrent en dessous; ils en diffèrent encore par tous les caractères extérieurs et habituels qui les rapprochent des perdrix. Il résulte de ces faits qu'en les laissant dans le genre des perdrix, ils doivent constituer une section intermédiaire entre celles-ci et les cailles. Parmi les oiseaux qu'on a nommés *colins*, on distingue facilement aujourd'hui deux ou trois espèces, dont une habite l'Amérique septentrionale: c'est bien la seule dont les mœurs et tout le genre de vie soient totalement connus. *V.* COLIN HO-OUI. Les femelles étant plus petites que les mâles, il en est résulté la dénomination de perdrix appliquée à ceux-ci, et celle de caille aux premières. Ce sont des gallinacés monogames; le mâle veille à la sûreté de sa femelle pendant l'incubation, guide les petits dans leur premier âge, et en marchant en avant, la tête haute, l'œil aux aguets, il les avertit du danger par un cri particulier. Ceux-ci restent en famille comme nos perdrix grises jusqu'au temps où l'amour les divise pour les unir plus étroitement deux à deux: alors chaque paire s'isole pour s'occuper d'une nouvelle génération. Ces oiseaux vivent de graines, et dans les temps de disette ils joignent à ces alimens les boutons et les premières pousses de divers végétaux.

* Le COLIN CACOLIN. Cet oiseau, appelé *cacolin* par Fernandez, est, selon lui, une espèce de caille (*Cothurnicis vocatæ species*, Fern., cap. 134), c'est à-dire, de colin, de même grandeur, de même forme, ayant le même chant, se nourrissant de même, et ayant le plumage peint presque des mêmes couleurs que les *cailles mexicaines* (Buffon.)

* Le COLIN COYOLCOS, *Tetrao coyolcos*, Lath. Cet oiseau a

le chant, les mœurs, la manière de vivre, et la grosseur des
autres colins. Son nom mexicain est *coyolcozque*. Le sommet
de la tête est noir et blanc ; deux bandes des mêmes couleurs
descendent des yeux sur le cou ; le dessus du corps est mélangé de fauve et de blanc ; le dessous et les pieds sont
fauves. Cet oiseau est décrit trop succinctement pour le déterminer.

　　* Le Grand Colin, *Perdix Novæ Hispaniæ*, Lath. Espèce
très-suspecte, décrite par Brisson sous le nom de *grande caille
du Mexique*, et indiquée par Fernandez sans dénomination
(*Colin genus omnium maximum*). Cet oiseau a, selon Brisson,
une taille beaucoup plus grande que notre caille ; la tête et le
cou variés de noir et de blanc ; le dos blanchâtre ; tout le
reste du corps couvert de plumes fauves ; celles des ailes de
la même couleur, excepté leur extrémité qui est blanchâtre ; le bec et les pieds sont noirs.

　　Le Colin ho-oui, *Perdix borealis*, Vieill.; *Perdix mexicanus,
marylandus, virginianus*, Lath. ; pl. G 39, fig. 2 de ce Dictionnaire. On a fait de ce colin trois espèces distinctes, d'après les
foibles dissemblances qu'on remarque ordinairement chez les
mâles plus ou moins avancés en âge, et on l'a présenté pour
une *caille* d'après le langage vulgaire des Américains qui
ne connoissent les *gélinottes* que sous le nom de *perdrix*.
Comme cette espèce n'habite pas exclusivement la Louisiane
ou le Maryland, ou la Virginie, ou la Nouvelle-Angleterre,
et qu'on la trouve dans toute l'Amérique septentrionale, depuis le Mexique jusqu'au Canada inclusivement, on ne peut
lui conserver une des dénominations locales que lui ont appliquées les auteurs ; en conséquence je l'ai signalée de même
que les Natkes par le nom de *ho-oui*; mot que le mâle articule
souvent plusieurs fois de suite à l'époque de ses amours, en
traînant sur la première syllabe, et en prononçant l'autre
d'un ton bref. Les habitans du Massachusset l'appellent *bob-
white* d'après le même cri, mais différemment entendu par
eux que par les Natkes. Ces colins sont plus nombreux au
centre et dans le Sud des Etats-Unis qu'à la Nouvelle-
Ecosse et que dans le Canada, dont la plupart émigrent à
l'automne. Il est très-probable qu'ils habitent aussi le Mexique, surtout sa partie septentrionale ; mais je n'ai pu les
reconnoître dans l'ouvrage de Fernandez, tant les descriptions des oiseaux y sont succinctes et incorrectes. Le *co-
lenicuiltic* est celui qui s'en rapproche le plus ; mais il a,
selon cet auteur, les pieds bleus, tandis que le *ho-oui* les a
rouges ; de plus, Fernandez dit qu'il ressemble par sa grosseur,
son chant, ses mœurs, et par tout le reste, à l'oiseau du chapitre XXIV ; or, l'oiseau de ce chapitre est le coyolcozqu

dont il est question ci-dessus ; mais tous ces rapprochemens ne me paroissent pas des motifs suffisans pour réunir ces deux colins et celui des Etats-Unis, ainsi que l'a fait un peu légèrement notre ornithologue hollandais, qui ne connoît les deux premiers que d'après Fernandez. Je me bornerai donc à présenter le colin de cet article tel que je l'ai sous les yeux, sans me permettre de lui appliquer un des noms indiqués par Fernandez, pour les cailles ou perdrix d'Amérique, ainsi que l'ont fait et le font encore des ornithologistes de cabinet.

Les individus de cette espèce sont si nombreux dans le Sud des Etats-Unis, que l'on m'a assuré à New-Yorck qu'en un seul hiver il en a été tué, dans un arrondissement de cinq à six lieues, plus de six mille, et qu'il en a été pris la même quantité sous des trappes ; cependant, au printemps suivant, on s'aperçut à peine qu'on les avoit chassés plus qu'à l'ordinaire. Ils sont aussi très-communs au centre des Etats-Unis ; car il n'est pas rare d'en voir au marché de New-Yorck deux à trois cents vivans et morts, à l'époque où la terre est entièrement couverte de neige. Comme ces oiseaux sont peu méfians, et qu'ils éprouvent alors beaucoup de difficulté à trouver leur nourriture, on dépeuple quelquefois tout un canton en les prenant au piége, dont je parlerai à l'article de la *gélinotte à fraise*, décrite sous le mot *tétras*. Les habitans qui veulent repeupler leur terre après la mauvaise saison, gardent en volière plusieurs paires, et les mettent en liberté au printemps ; par ce moyen ils sont certains de ne jamais en manquer, car cette espèce multiplie considérablement, et s'éloigne très-peu du lieu où elle s'est fixée.

La chasse au fusil de ces colins exige un tireur plus adroit que celle de nos perdrix grises ; car ils ont le vol plus vif et plus inégal ; tantôt toute la compagnie s'élève, en masse, de terre, perpendiculairement, à quinze ou vingt pieds de haut, se disperse de tous les côtés, tellement que deux individus suivent rarement la même direction ; les uns se réfugient dans les broussailles les plus épaisses, et s'y retranchent de manière qu'il n'est pas aisé de les faire lever une seconde fois, si l'on n'a un bon chien de chasse ; d'autres, et c'est le plus grand nombre, cherchent leur sûreté sur les arbres, où ils se blottissent, et restent immobiles sur les plus grosses branches ; ils s'y croient tellement à l'abri de tout danger, qu'on peut, si on les voit, les tuer tous, sans qu'un seul fasse le moindre mouvement pour s'échapper ; tantôt ils s'envolent les uns après les autres, surtout quand les petits commencent à voleter ; alors les vieux partent les premiers, ne jettent point de cri et filent droit.

Le vêtement et les habitudes de ces colins participent du plumage et des allures de nos perdrix. Le mâle a dans son ensemble quelque chose de la *perdrix rouge*, et la femelle tient de la *perdrix grise*. Comme la première, ils habitent de préférence les buissons et les taillis, et se perchent sur les arbres de moyenne hauteur et sur les clôtures des champs. C'est souvent dans cette dernière position que le mâle fait entendre son chant d'amour, et son cri de rappel, quand les petits sont dispersés. Ces oiseaux ne fréquentent guère les terres cultivées, si ce n'est après la récolte. De même que la perdrix grise mâle, le *ho-oui* est très-attaché à sa femelle et à ses petits; il s'éloigne très-peu de l'endroit où elle niche; ne quitte jamais sa jeune famille, veille à sa sûreté et lui sert de guide, lorsque sa compagne est occupée de la deuxième couvée qui, dès qu'elle sort du nid, se joint à la première. Cette espèce place son nid à terre, dans le milieu d'une touffe de plantes assez épaisses et assez hautes pour le cacher et le mettre à l'abri; elle le compose d'une grande quantité de tiges d'herbes, arrangées de manière qu'elle ne laisse qu'une petite entrée sur le côté. Sa ponte est de 23 à 24 œufs, d'un blanc pur. Elle en fait une au mois de mai, et l'autre en juillet.

Il seroit facile d'acclimater ces colins en France, parce qu'ils sont d'un naturel doux et peu sauvage, qu'ils ne craignent point le froid, même rigoureux, et qu'ils mangent volontiers toutes sortes de graines; mais pour les faire multiplier, on ne doit point les tenir renfermés dans une volière, si vaste qu'elle soit; il faut, au contraire, qu'ils jouissent d'une pleine liberté. Comme ils s'éloignent peu de l'endroit où leur nourriture est abondante, il suffit de mettre plusieurs couples dans un grand parc où ils puissent trouver des buissons, des halliers et des bosquets pour se mettre à couvert, et des terres ensemencées à proximité. Par ce moyen, on peut être certain, surtout si on les laisse tranquilles, de les rendre en peu d'années aussi communs que nos perdrix grises C'est de cette manière qu'on les a acclimatés dans l'île de la Jamaïque, où ils sont aujourd'hui assez nombreux, et où ils font aussi deux couvées annuelles, et quelquefois trois. L'on n'a pas remarqué qu'il soit résulté du climat de la zone torride le plus petit changement sur leur extérieur. Ces gallinacés sont recherchés pour la délicatesse et la blancheur de leur chair; mais elle est rarement grasse et toujours sans fumet, comme celle de presque tous les oiseaux terrestres de l'Amérique septentrionale.

La longueur et la grosseur des mâles n'est pas la même chez tous les individus; les uns n'ont que six pouces et demi de longueur, tandis que d'autres ont huit à douze lignes de plus; ce qui me fait soupçonner que cette espèce est composée de deux races, dont la plus grande est plus nombreuse dans le Nord des Etats-Unis, et l'autre dans le Sud. Le bec est noir;

l'iris et les pieds sont rouges ; le sommet de la tête et le dos
bruns ; cette couleur prend une nuance marron, et est bordée de noir sur le sinciput ; le dessus du cou est marqué de
noir et de blanc ; des lignes vermiculées parcourent les couvertures supérieures de l'aile et les pennes secondaires, qui
sont frangées d'un roussâtre très-clair sur leur bord intérieur ;
le croupion, les couvertures supérieures et les deux pennes
intermédiaires de la queue ont des taches et des zigzags noirs
et blancs ; les pennes latérales sont d'un gris cendré bleuâtre ;
les premières rémiges brunes et bordées de gris en dehors ;
deux bandes se font remarquer sur les côtés de la tête ; l'une
blanche, qui couvre le *capistrum*, passe ensuite au-dessus de
l'œil et se prolonge jusqu'à la nuque ; l'autre est noire, part
des angles de la bouche, s'étend sur les joues, descend sur
les côtés de la gorge, et encadre la couleur blanche qui domine seule sur le milieu de cette partie, tandis qu'elle est variée de brun et de noir sur le devant du cou et sur le haut de
la poitrine ; des raies étroites, noires et transversales, parcourent le ventre, dont les côtés sont bruns et parsemés de
taches ovales, blanches et bordées de noir.

La femelle, constamment plus petite que le mâle, en diffère principalement par la couleur rousse qui occupe le front,
les sourcils et la gorge ; de plus, elle a, sur le devant du cou,
une sorte de collier composé de petites taches ; la poitrine
brune ; le milieu du ventre et les parties postérieures d'un
blanc uniforme ; enfin le noir ne fait point partie des couleurs
de son plumage. Le jeune mâle, avant sa première mue, lui
ressemble ; cependant il a sur le dessus du corps des raies
vermiculées en plus grand nombre, et ses pieds sont d'un
rouge rembruni. Comme la situation et la forme des taches
varient chez des mâles adultes, et que d'autres ont des couleurs
plus ou moins vives, ce qui me paroît dépendre de leur âge
plus ou moins avancé, on ne doit pas s'étonner qu'ils soient
différemment décrits dans les auteurs. Cependant je remarquerai que Brisson donne à sa *caille de la Louisiane* un bec
rouge ; et quoique j'aie vu un très-grand nombre d'individus
morts ou vivans, je n'en connois point qui aient le bec de
cette couleur. Si la *perdrix d'Amérique*, figurée dans Catesby,
est décrite différemment que les autres, on doit l'attribuer à
la défectuosité de son image.

Je regarde encore la *caille à gorge blanche*, décrite par Mauduyt dans l'*Encyclopédie méthodique*, comme un individu mâle
de la petite race dont j'ai parlé ci-dessus ; il sera facile de se
convaincre que ce n'est pas une espèce particulière, en comparant la description que je transcris ici, d'après ce naturaliste, à celle du mâle décrit ci-dessus : cet individu n'est pas,

dit-il , tout-à-fait aussi gros que notre caille ; la gorge est d'un
beau blanc ; le sommet de la tête noirâtre ; les joues sont d'un
noir foncé qui s'étend sur les côtés et le devant du cou au-dessous de la gorge qu'il entoure ; une raie blanche naît de la
racine du bec en dessus , passe sur l'œil et se propage en arrière sur les côtés du cou, presque à leur extrémité ; le derrière de la tête est brun ; le derrière du cou est noirâtre et
rayé longitudinalement de blanc sale ; le dos est brun , ondé
de petites raies transversales noirâtres ; le croupion et les couvertures supérieures de la queue sont d'un gris varié de brun ;
les couvertures des ailes sont brunâtres ; les plumes scapulaires , les petites pennes des ailes sont brunes , variées de
gris sur le bord extérieur , de rougeâtre sur le bord interne , et
coupées de noir dans leur milieu ; le dessous du corps est
rayé de noir en zigzag , sur un fond d'un blanc sale ; il y a,
sur les côtés , de larges bandes longitudinales brunes , bordées , du côté extérieur , de points ronds d'un blanc sale , entouré de noir ; les pennes des ailes sont brunâtres , et celles
de la queue brunes ; le bec est noir ; les pieds sont jaunâtres ;
les ongles noirs. Mauduyt lui trouve , ainsi que moi, des rapprochemens avec la caille de la Louisiane ; et le cri aigu, haut et
perçant qu'il indique, est bien celui du *colin ho-oui* mâle quand
il est en amour. A l'époque où Mauduyt a eu cet oiseau vivant, on voyoit dans le parc de Rambouillet plusieurs compagnies de ces colins , qui tous ont été détruits pendant la révolution.

Le Colin Sonnini , *Perdix Sonnini* , Temm. Cet oiseau
est figuré dans le Journal de Physique , par l'abbé Rozier,
an 1772 , tom. 2, part. 1, pag. 217, pl. 11. Sonnini a trouvé,
dans diverses contrées de la Guyane , ce colin, qui vit toute
l'année dans le même pays ; son vol a beaucoup de ressemblance avec celui de la caille ordinaire, et fait ses remises à
peu près de même. Il commence sa ponte en novembre, ou
décembre, et il est très-probable qu'il en fait plusieurs par
an ; car M. de Laborde a trouvé des jeunes dans toutes les
saisons. Ces colins vont par compagnies de sept à seize ; ils
se tiennent de préférence sur les petits mornes , sur la lisière
des bois, et ils ne sont pas assez sauvages , pour qu'on n'en
rencontre pas plusieurs troupes dans le voisinage des habitations ; les jeunes ne se lèvent pas facilement, et se cachent fort
bien dans les grandes herbes entrelacées, dans les buissons et
les petits palmiers épineux où ils se retranchent. Quand ces
oiseaux partent, ils ne poussent point de cri et filent droit
tout de suite. Leur vol n'est pas élevé de plus de cinq ou six
pieds ; les petits éparpillés se rappellent entre eux par un
petit sifflement assez semblable à celui de nos perdreaux.

Le mâle porte sur la tête une huppe roussâtre dont les
plus longues plumes ont un pouce de hauteur ; le sommet de
la tête est blanchâtre ; la gorge fauve ; au-dessous de cette
partie se trouve un demi-collier d'un blanc sale , avec un trait
noir et longitudinal au milieu de chaque plume, et un trait de
la même couleur à leur extrémité ; le devant du cou et le haut
de la poitrine présentent un mélange confus de gris et de noirâtre ; le bas de la poitrine et le reste du dessous du corps
sont mouchetés de blanc et de noir , chaque plume étant noire
et terminée par une tache blanche ; celles du milieu du ventre ont une bordure fauve ; l'occiput, la nuque et les côtés
du cou sont variés de noir et de blanchâtre, avec des traits ver-
miculés et fauves ; le dos est gris et noirâtre ; les couvertures
supérieures des ailes ont des taches noires dans leur milieu
sur un fond gris , et les plus grandes un peu de blanc sur les
bords ; les pennes primaires sont d'un gris rembruni , celles
de la queue brunes et couvertes de zigzags noirs ; les pieds
d'un gris jaunâtre ; le bec est noirâtre. Longueur totale , sept
pouces deux ou trois lignes. La femelle diffère du mâle en ce
qu'elle n'a point de plumes allongées sur la tête , et que ses
couleurs sont plus ternes. Cette espèce est décrite dans l'é-
dition de Buffon, par Sonnini, sous la dénomination de *caille
de Cayenne*.

Le COLIN ZONÉCOLIN , *Perdix cristata* , Lath. ; pl. enl. 126 ,
de Buffon, fig. 1. Le nom mexicain de cet oiseau est *quanht-
zonecolin*, dont Buffon a fait par abréviation celui sous lequel
nous le décrivons. Le mâle porte une huppe comme le *colin
Sonnini*, mais dont les longues plumes partent plus près du
bec que chez celui-ci, selon M. Temminck , c'est-à-dire
qu'elles sont fixées sur le front en avant des yeux, tandis que
chez le *colin Sonnini*, ces mêmes plumes prennent naissance
entre les yeux ; ces différences peuvent exister chez ces oiseaux empaillés , les seuls que l'on connoisse ; mais est-il
certain qu'il en soit de même lorsqu'ils sont vivans ? car la
distance de ces deux positions est bien foible pour ne pas
être les effets de l'empaillement ? Au reste , ce colin a six
pouces de longueur totale ; la huppe, le dessus de la tête et
la gorge fauves ; les joues, le cou, le croupion, la poitrine ,
le ventre, les côtés, les plumes des jambes , toutes les couvertures de la queue et celles des ailes, variées de taches rousses , brunes, noires , jaunâtres et d'un blanc sale ; le noir domine sur les joues et sur le cou , et le roux sur le ventre et la
poitrine ; les pennes primaires de l'aile sont brunes ; celles
de la queue variées de gris et de blanc ; le bec est de la dernière couleur, ainsi que les pieds.

Telle est la description que Brisson fait de cet oiseau. Celle

faite par Temminck diffère en beaucoup de points; car
il donne à ce *colin* sept pouces et demi de longueur; la
huppe, le front, les sourcils et la gorge d'un blanc légèrement teint de jaunâtre, qui prend une nuance roussâtre sur
le bas de la gorge, dont toutes les plumes ont un liseré noir;
le dessus de la tête et l'occiput couverts de plumes noirâtres,
bordées de blanc et de roux clair; celles de la nuque et des
côtés du cou blanches, avec une tache noire en forme de fer
de lance; les plumes du dos cendrées, avec de grandes taches
noires en zig-zags très-étroits, bruns et blancs; les couvertures
alaires des mêmes teintes, et terminées par une grande tache
noire, entourée d'un blanc jaunâtre; la poitrine rayée et
traversée de noir et de blanc; le milieu du ventre d'un brun
roux; les plumes des flancs tachetées de noir le long de leur
tige, et bordées d'un blanc pur; les pennes alaires cendrées;
la queue d'un brun cendré, avec des lignes vermiculées d'un
blanc jaunâtre; les pieds de la dernière teinte. La femelle n'est
point huppée; elle a le front, les sourcils et la gorge blancs,
et variés de taches noires et roussâtres; toutes les parties supérieures d'un cendré rembruni, avec des taches noires et
des zigzags roux; les couvertures des ailes pareilles; les plumes des parties inférieures rayées de noir et de blanc, avec
deux grandes taches ovales, de la dernière couleur, à leur
extrémité. Cette espèce se trouve non-seulement au Mexique, mais encore à la Guyane, suivant Brisson et Mauduyt.

§ IV. CAILLES. *Bec court, le plus souvent grêle, aussi large que
haut; tarses lisses dans les deux sexes; tête parfaitement emplumée; ailes pointues; les deux premières rémiges les plus longues
de toutes; pennes caudales n'outre-passant pas leurs couvertures
supérieures.*

Les cailles se distinguent spécialement de tous les précédens par la forme des ailes et de la queue, ainsi que par quelques habitudes, comme on le verra ci-après.

La CAILLE proprement dite, *Perdix coturnix*, Lath.: pl.
enl. de Buffon, n.° 170. Cette espèce se trouve dans toute
l'Europe, une partie de l'Asie et en Afrique. Le mâle a le
dessus de la tête varié de noir et de roussâtre, avec trois bandes longitudinales étroites et blanchâtres; l'une est sur le sommet de la tête; les deux autres sont sur les côtés, et passent
au-dessus des yeux; la gorge est rousse et porte deux bandelettes
d'un brun roussâtre: le cou, le dos, le croupion et les scapulaires offrent un mélange de jaunâtre, de noir, de roux et de
gris; le jaunâtre tient le milieu de la plume, et les autres teintes
sont sur les bords et à l'extrémité; le devant du cou, la poitrine
et les flancs sont d'un roux clair avec des lignes blanches le long

la tige; le ventre est d'un blanc sale; les couvertures des ailes sont d'un brun roux, et chaque plume a dans son milieu une petite ligne longitudinale jaunâtre; les pennes des ailes sont d'un gris brun, et variées de bandes transversales roussâtres vers leur extrémité; ces mêmes bandes se trouvent aussi sur la queue, dont le fond est noirâtre; le bec est cendré; les pieds sont couleur de chair. Longueur, sept pouces six lignes environ. D'autres mâles ont une tache brune sur la gorge, sans être accompagnée de bandelettes. Les vieux mâles portent des couleurs plus chargées sur la tête, et ont les joues et le milieu de la gorge noirs ou d'un brun noirâtre.

La femelle a la gorge blanche, la poitrine blanchâtre et parsemée de taches noires, presque rondes.

Il existe certainement beaucoup de rapports entre nos *cailles* et nos *perdrix grises;* aussi les appelle-t-on *perdrix naines*, *petites perdrix.* Comme celles-ci, les *cailles* sont des oiseaux pulvérateurs; elles se nourrissent des mêmes alimens, construisent leurs nids dans les mêmes endroits, mènent leurs petits à peu près de la même manière; les mâles, aussi querelleurs, aussi disposés à se battre, sont peut-être encore plus lascifs. Mais il y a entre eux des dissemblances qui les caractérisent particulièrement; les *cailles* mâles ne font entendre leur cri de colère qu'en se battant, et les *perdrix* avant le combat. Elles ont des mœurs moins douces, un naturel plus rétif; elles ne se réunissent point par compagnies; ne se rassemblent qu'après leur départ et à leur retour, encore cette réunion n'est point un acte social. Ayant toutes, à la même époque, le même but, voyageant dans la même direction, elles se trouvent en même temps dans les mêmes cantons, sans cependant s'être attroupées comme les autres oiseaux: dans tout autre temps, elles vivent isolément. Le mâle est, dit-on, un des oiseaux qui recherchent la femelle avec le plus d'ardeur, et n'en préfère aucune; une fois ses désirs satisfaits, toute société est rompue: il ne la recherche, ou une autre, que lorsque ses désirs renaissent. Mais le temps que la nature a fixé pour ses jouissances est-il passé; il les quitte, les fuit, les repousse même à coups de bec, et ne s'occupe nullement du soin de sa progéniture. Cette antipathie pour ses semblables est tellement naturelle aux cailles, que les jeunes, à peine adultes, se séparent; et si on les met dans un lieu fermé, ils se battent entre eux, ne connoissent point de sexe, et finissent souvent par se détruire les uns les autres. Pour empêcher cette destruction, l'on pose debout des bottes de paille longue; les plus foibles y trouvent leur retraite contre les plus forts; et tous, la solitude qui leur est nécessaire: d'après ce tableau, l'amour seroit le seul lien qui réunit les cail-

les, et ce lien seroit sans consistance pendant une très-petite durée. Cette assertion paroît adoptée par la plus grande partie des naturalistes et des chasseurs : d'autres la rejettent. Lottinger (*Mémoire sur le coucou d'Europe*, page 17) pense qu'il est plus naturel de croire que les mâles, auxquels on donne de pareilles mœurs, ne les ont que parce qu'ils ne sont pas appareillés, mais que ceux qui le sont restent fidèles à leur compagne ; et il cite des faits pour fortifier son opinion. « Une personne, dit-il, avoit placé une caille femelle, qui lui servoit d'appeau, à côté d'un mâle qui s'é-
« toit souvent fait entendre. L'oiseau prisonnier fit de son
« mieux ; mais ses invitations, quoique réitérées, n'eurent
« aucun succès : le chasseur, étonné d'une indifférence à la-
« quelle il ne s'étoit point attendu, en trouva bientôt la
« cause, en découvrant une femelle qui avoit son nid dans le
« voisinage, et qui couvoit. Les oiseleurs, ajoute-t-il, qui
« prennent des cailles à l'appeau, ont souvent occasion de
« remarquer qu'il est des mâles qui se tiennent constamment
« dans le même canton, et qui résistent à tous les efforts
« qu'ils font pour les attirer dans leurs filets : ce qui étant,
« n'y a-t-il pas lieu de croire que ces mâles ne sont insensi-
« bles que parce qu'ils sont appariés ? » Cette insensibilité n'est qu'apparente, selon d'autres chasseurs ; ce sont, disent-ils, des mâles qui se sont échappés après avoir été pris.

Je dois à M. le comte de Riocourt des observations réitérées, qui viennent à l'appui de l'opinion de M. Lottinger. « Je crois, m'écrit-il, que le nombre des mâles est plus grand que celui des femelles ; car je rencontre souvent les premiers seuls, et toujours les dernières accouplées. Une fois apparié, le mâle, après avoir avoir écarté ses rivaux, reste en possession de la femelle dont il a fait choix, et ne la quitte plus jusqu'à la couvaison. Je ne suis pas certain que tous partagent avec leurs compagnes les soins qu'exige l'incubation ; mais j'ai vu un mâle, privé de sa femelle, couvrir les œufs le lendemain du jour où elle avoit été prise. Il est certain que, malgré toutes mes recherches, je n'ai jamais vu, comme chez les perdrix, le mâle protéger et défendre sa famille et sa femelle : l'abandonnoit-il au bout de quelques jours, pour s'occuper de nouvelles amours ? On entend et on rencontre toujours des mâles dans les environs du lieu où l'on trouve une pariade de cailles. Comme il y a beaucoup plus de mâles que de femelles, ne seroit-ce pas plutôt celles-ci qui seroient polygames, et non pas les mâles, ainsi que l'assurent des naturalistes et des chasseurs ? »

Les cailles se distinguent encore des perdrix qui, dans le temps des amours, se recherchent et ne peuvent être long-

temps séparées sans se rappeler. Ils en diffèrent encore sur
la qualité de la chair. Celle des cailles est assez susceptible
d'une charge de graisse considérable, et est d'une texture
différente. De plus, les perdrix sont sédentaires ; au contraire, une des affections les plus fortes des autres, c'est de
voyager, de changer de climat deux fois dans l'année. Au
moment où le voyage s'effectue, une caille tenue en captivité, n'ayant aucune communication avec ses semblables,
éprouve une inquiétude et des agitations singulières, n'a plus
de repos pendant la nuit, s'agite de toute manière, s'élève
dans sa cage avec une telle violence contre le couvercle,
qu'elle retombe étourdie, et s'y brisera même la tête, si
cette cage n'est couverte d'une toile : c'est ainsi qu'elle passe
les nuits à l'automne et dans les premiers jours du printemps ;
et ce désir lui dure environ trente jours. Il se fait sentir non-
seulement à celles que l'on a prises adultes, mais encore aux
jeunes qui, prises à leur naissance, ne peuvent connoître ni
regretter une liberté dont elles n'ont jamais joui. Quelle est
la cause de ce désir inné de changer de pays ? Le motif ne
peut être tiré de la nourriture, puisque vivant des mêmes
alimens que les perdrix, elles peuvent, comme elles, trouver de quoi satisfaire leurs besoins. Ce ne seroit donc que la
crainte de l'excès des températures, puisqu'elles quittent les
contrées méridionales au printemps, et s'éloignent constamment des septentrionales aux approches de l'hiver, et même
dès le mois de septembre, époque bien antérieure à celle des
gelées, et au moment où elles trouvent plus facilement à vivre;
mais elles résistent tellement au froid que le feu n'est pas nécessaire dans une chambre pour les y conserver, quelque
rigoureux qu'il soit. Tout ce qu'on peut alléguer pour décider
ce qui peut donner lieu à cette vie errante, n'est que spé-
cieux: c'est encore un de ces innombrables secrets que la nature couvre d'un rideau impénétrable. Quoi qu'il en soit, les
cailles n'arrivent ni ne partent à la même époque du lieu de
leur naissance et de leur retraite hibernale. Les jeunes mâles
reviennent les premiers dans nos provinces méridionales environ quinze jours avant les vieux; et comme leur plumage
présente quelque différence, surtout à la gorge, on a cru qu'il
existoit deux races dans cette espèce. Tous y arrivent, et en Italie dès les premiers jours du mois d'avril, et dans ce mois et au
commencement de mai dans nos provinces septentrionales. A
l'automne, elles quittent le Nord dès le mois d'août, et le Midi
en septembre : cependant ces époques ne sont pas invariables ; car l'on a remarqué que la chaleur ou le froid avançoit
ou retardoit dans le même pays le départ ou l'arrivée. Leur
passage sur les côtes d'Égypte, dit Sonnini, témoin oculaire,

se fait en septembre, où l'on peut en prendre alors une très-
grande quantité le long de la mer; quelques-unes restent
dans le pays; en effet, on en a tiré en novembre, et entendu
chanter en janvier. Il faut qu'au passage elles y soient très-
nombreuses et à très-bon marché, puisque les capitaines de
navire, qui sont très-économes, en nourrissent pendant ce
temps leur équipage. Enfin, dans diverses îles de la Méditerranée, on les confit dans le vinaigre, ou on les sale. *Voyez*
les *Voyages en Égypte et en Grèce* de ce savant.

Il est peu d'oiseaux voyageurs sur lesquels on ait fait tant
de contes absurdes, et auxquels l'on ait contesté avec plus
d'opiniâtreté les moyens de voyager, qu'aux cailles, surtout
la faculté de traverser la mer, et ce, malgré les témoignages
incontestables de tous les marins et voyageurs qui se sont
trouvés dans les parages que ces oiseaux sont forcés de passer
pour aborder en Afrique, où ils restent pendant l'hiver. Ce
qu'il y a d'étonnant, c'est que les modernes seuls ont révoqué en doute ce passage; tandis que les anciens, qui n'igno-
roient pas plus qu'eux que cet oiseau qui a le corps lourd, le
vol court, pesant et difficile, l'entreprenoit deux fois par an:
ils savoient, comme eux, que la caille aime mieux courir que
voler; que même l'ardeur excessive dont le mâle brûle pour
les femelles, le décide difficilement à se servir de ses ailes;
qu'accourant à la voix qui l'appelle au plaisir, il fera souvent
un quart de lieue à travers les grains et les herbes, pour venir trouver sa compagne. Il vient alors avec un grand empressement, sans précaution, et prend son vol si l'herbe
est mouillée ou trop touffue.

Dans le temps des amours, ce ne peut être une sur-
charge de graisse qui empêche les cailles de voler, car elles
sont très-maigres alors; mais à l'automne, cette abondance
de graisse en fait périr un grand nombre, si elles traversent
une grande étendue de mer, et si leur vol n'a pas pour aide
un vent favorable. Le vent du nord est celui dont elles profi-
tent lorsqu'elles quittent l'Europe pour gagner la côte d'A-
frique; celui du sud, pour fuir les grandes chaleurs de la Barbarie, et revenir jouir de la douce température de nos climats; enfin, le rumb de vent qui leur est favorable pour
l'un et l'autre passage, dépend de la situation du point de départ et de retour. Probablement qu'elles voyagent pendant
la nuit, ainsi que le dit Gueneau-de-Montbeillard; car M. de
Riocourt a souvent entendu les mâles rappeler en volant,
pendant les belles nuits du mois de mai, et ils lui ont paru
être alors à une grande élévation.

Pour entreprendre ces voyages, on leur assigne un chef,
et ce chef est un oiseau d'une autre espèce, auquel on donne

le nom de *roi des cailles* (le *râle de terre*); mais ce râle paye de sa vie un si beau titre, car les cailles, auxquelles l'on accorde dans ce choix une grande sagacité et un profond discernement, le destinent à être une victime qui doit sauver leur tête de la voracité d'un certain oiseau de proie qui, à leur arrivée, dévore la première qui paroît à terre. Telle est une des fables innombrables et données comme des vérités dans l'histoire de ces oiseaux.

On a remarqué qu'en automne il en reste quelquefois dans nos contrées, soit qu'elles n'aient pas eu la force de suivre les autres, soit qu'elles soient blessees, ou que, provenant d'une ponte tardive, elles soient trop jeunes au temps du départ. Ces cailles cherchent alors les expositions qui leur sont les plus favorables, et les cantons où elles puissent trouver leur nourriture : toutes se tiennent au printemps dans les prés, les blés en herbes (on les désigne à cette époque sous le nom de *cailles vertes*); en été, elles se retirent dans les blés mûrs, et quand ils sont coupés, dans les chaumes ou les broussailles. La femelle, pour faire son nid, creuse la terre avec ses ongles, soit dans un champ de blé, soit dans un pré, ou profite d'un pas de cheval ou de vache; elle le garnit d'herbes et de feuilles. La ponte est ordinairement de douze à quinze œufs, assez gros relativement au volume de l'oiseau, mouchetés de brun, sur un fond gris-verdâtre ; l'incubation dure vingt-un jours. Les *cailleteaux* naissent couverts de duvet, courent aussitôt qu'ils sortent de la coque, et se suffisent à eux-mêmes beaucoup plus tôt que les perdreaux. A cet âge, les temps secs leur sont très – nuisibles dans les terres fortes, qui, en se fendant, leur offrent à chaque pas des précipices d'où ils se tirent difficilement, et où il en périt un grand nombre. Leur mère ne les quitte plus avant le départ, et pendant le passage d'automne, époque à laquelle on ne trouve que rarement des cailles solitaires; car elles sont toujours trois ou quatre réunies: on en rencontre ordinairement un grand nombre dans le même champ et aux environs ; elles ne partent pas ensemble et ne se suivent pas en volant, comme les perdrix grises. Lorsqu'on les fait lever, elles se séparent pour se réunir bientôt et se rendre au même endroit. Les cailleteaux ont, pour se rappeler, un petit cri plaintif, et les vieux mâles jettent le même que celui des femelles (*tritri*, *tritri*). Les uns et les autres le font entendre à l'automne; mais il est plus prolongé et plus flûté, lorsqu'on les fait lever. La mère accompagnée de ses petits en a encore un autre (*nac*, *nac*), qu'elle répète en volant et en s'éloignant d'eux; elle se pose alors à une grande distance, et s'en rapproche ensuite à pied. *Note de* M. de Riocourt.

On peut élever les petits au bout de huit jours, sans le secours de la mère; ils prennent leur accroissement promptement, et il ne leur faut que trois mois pour être en état de
voyager. Le mâle est tellement ardent, qu'on en a vu un réité-
rer, dans un jour, jusqu'à douze fois ses approches avec plusieurs femelles indistinctement : il court à leur voix avec une
telle précipitation et une telle insouciance de lui-même, qu'il
vient les chercher jusque dans la main du chasseur ; mais la
femelle ne court point à la voix du mâle. Il n'est pas certain
que les cailles fassent deux couvées dans nos contrées ; cependant, M. Walckenaër a tué, le six septembre, une femelle qui avoit encore un œuf dans le ventre, et il a très-
souvent rencontré des cailleteaux de l'âge de quinze jours,
ce qui est l'indice d'une deuxième couvée; peut-être aussi la
première aura-t-elle été interrompue ou détruite. Il est très-
douteux qu'à leur arrivée en Afrique elles en recommencent
une autre, et qu'elles fassent deux mues par an, comme le dit
Montbeillard, l'une au printemps, et l'autre à l'automne, et
que ce ne soit qu'après chaque mue qu'elles se mettent en
voyage. L'on a remarqué que celles qui sont en cage ne ma-
nifestent leur inquiétude périodique qu'aux mêmes époques.

Tout le monde connoît le cri sonore du mâle : l'on prétend
que lorsqu'il le fait entendre, il est toujours éloigné des femelles ; et qu'au contraire, lorsqu'il fait *ouan*, *ouan*, *ouan*,
il en est proche. C'est le seul qu'il emploie, si la femelle lui
a répondu ; et pour se faire entendre d'elle ou pour voir de
plus loin, il monte sur une taupière ou une fourmilière, s'il
s'en trouve sur son chemin, et s'élève sur ses pieds, en allongeant le cou. J'ai cependant entendu souvent l'un et l'autre
en même temps; mais le dernier précédoit le premier. Celui
de la femelle ne lui sert que pour rappeler le mâle ; quoiqu'il
soit foible au point qu'on ne l'entende qu'à une petite distance, ceux-ci y accourent, dit-on, de près d'une demi-
lieue.

La caille ne produit point en captivité ; la femelle n'y fait
point de nid et ne prend aucun soin des œufs qui lui échappent. Elle se nourrit de blé, de millet, de chènevis, d'herbes vertes, d'insectes et de toutes sortes de graines ; elle boit
peu en liberté : cependant elle boit assez fréquemment en captivité, lorsqu'elle a de l'eau à sa disposition. On sait que ces
oiseaux se tiennent toujours à terre, et ne se perchent jamais.
On attribue la facilité qu'ils ont à s'engraisser, au long repos qu'ils prennent pendant le jour, restant quatre heures de
suite dans la même place, couchés sur le côté et les jambes
étendues. Leur vie est courte ; cinq années en sont ordinairement le terme.

Les mâles étant d'un caractère très-querelleur, on en a profité pour les dresser à se battre à volonté les uns contre les autres. Pour ce combat, on prend deux cailles à qui on donne à manger largement; on les met ensuite vis-à-vis l'une de l'autre, chacune au bout opposé d'une longue table, et on jette entre deux quelques grains de millet : d'abord elles se lancent des regards menaçans, puis, partant comme un éclair, elles se joignent, s'attaquent à coups de bec, et ne cessent de se battre en dressant la tête et s'élevant sur leurs ergots, jusqu'à ce que l'une cède à l'autre le champ de bataille; mais il est à remarquer que ces oiseaux ne se battent ainsi que contre ceux de leur espèce.

On sait que la caille est un de nos meilleurs gibiers, que sa chair et sa graisse sont d'un goût exquis ; c'est pourquoi on a cherché les moyens d'engraisser celles que l'on prend maigres. On a, pour cela, des *mues* faites exprès, de six à douze pouces, où on leur donne en abondance du millet, du chènevis et du grain ; on change souvent leur eau, et on tient toujours leur abreuvoir très-propre. Pour jouir du chant de ces oiseaux dans la saison où ordinairement ils se taisent, on les met en *mue*; pour cet effet, on en met quinze à vingt de ceux que l'on prend à leur arrivée, dans une cage d'osier, que l'on place dans une petite chambre retirée, ou dans un grand coffre, selon la commodité que l'on a; on leur ôte peu à peu le jour, de manière qu'ils en soient privés totalement dans l'espace de douze à quinze jours ; vers les premiers jours d'août, on le leur rend avec la même progression, dans le même espace de temps; et afin de les exciter davantage, on leur donne quelques petites cigales.

Chasse. — On prend les cailles avec un filet, que l'on nomme *hallier* et encore *tramail*, parce qu'en l'étendant on en forme une espèce de haie, et qu'il est composé de trois nappes dont les deux extérieures s'appellent *aumées*, et celles du milieu, simplement *nappe* ou *toile*. Lorsque cette espèce de filet est destiné à la chasse des cailles, il ne doit pas avoir moins de dix pieds de long sur dix pouces de hauteur ; il doit être fait de soie d'un vert pâle; les piquets qui le tiennent doivent être longs de quatorze ou quinze pouces, et attachés au filet, à deux pieds de distance les uns des autres. Pour y attirer les cailles dans le courant de mai, époque de leur arrivée dans nos pays, on se sert d'un *appeau*. C'est une petite bourse de cuir, large de deux doigts, longue de quatre, et en forme de poire, au petit bout de laquelle on adapte un sifflet fait de l'os d'un jarret de chat, de lièvre, ou mieux encore, du grand os de l'aile d'un vieux héron. Cet os doit être long de trois doigts et fait en flûte, par le moyen d'un peu de cire

molle ; on bouche de même le bout extérieur, qu'on
perce avec une épingle pour lui donner un son plus clair ; on
lie ce sifflet avec la bourse, par le moyen d'un gros fil de
cordonnier ou de petite ficelle. Pour faire jouer ce sifflet et
lui faire imiter le chant de la caille, on le tient dans la paume
de la main gauche ; et tenant un des doigts sur le haut du
cuir, on frappe dessus ce doigt avec le dos du pouce de la
main droite, et on contrefait ainsi le chant de la femelle.
Cette chasse se fait au soleil levé, à neuf heures du matin, à
midi, à trois heures, et au coucher du soleil. On se promène
autour des campagnes couvertes de blé, et sitôt qu'on entend chanter une caille, on donne deux coups d'appeau ; si
ce n'est point une femelle, elle vole tout d'un coup à vingt
pas de l'appelant, principalement le matin et le soir ; et aux
autres heures, elle ne fait qu'y courir. On connoît par-là si
c'est un mâle seul ; car s'il est avec une femelle, encore qu'il
chante et qu'il entende l'appeau, il n'approche pas. Si le mâle
est seul, on approche à quinze pas de lui, et on plante le
hallier sur le haut d'un sillon, en sorte que l'oiseau qui court
au travers du blé, se jette dans le filet sans l'apercevoir ; ensuite, on va se cacher dans le fond de la troisième ou quatrième raie en arrière, vis-à-vis le milieu du filet, et là, on
appelle la caille, chaque fois qu'elle a chanté ; alors elle se
prend dans le hallier. Mais s'il arrivoit que la caille eût déjà
passé le hallier, et qu'elle fût près du chasseur, il ne doit
pas remuer, afin de lui donner le temps de s'écarter, et lorsqu'elle est assez loin pour ne plus entendre remuer, il faut
changer de place, et aller de l'autre côté du filet pour répéter le manége de l'appel. Le meilleur moyen pour attirer les
cailles mâles dans le hallier, est de se servir d'une femelle
qui chante, et qu'on nomme *chanterelle*. Pour lui apprendre
à chanter utilement pour la chasse, le moyen est de
l'enfermer dans une cage placée dans un lieu obscur, où, soir
et matin, à la lumière, on lui donne à manger du millet, et
l'on continue ainsi jusqu'à ce qu'à l'aide de l'appeau on lui
ait appris sa chanson. Quand elle est instruite, on la porte à
la chasse, dans sa cage ; et lorsqu'on entend le mâle chanter,
on tend le hallier, entre lequel et l'oiseau on place la cage à
deux ou trois enjambées du filet ; tandis que la chanterelle
fait son devoir, l'oiseleur se tient sans remuer, et caché derrière le hallier, dans lequel les mâles viennent se prendre,
croyant se rendre à la voix de la femelle. Voilà pour la
chasse des *cailles vertes*, à leur arrivée. Mais la manière de s'y
prendre en août et septembre est toute différente, et se nomme
bourrée, parce qu'on bourre le gibier pour le forcer de se jeter dans le hallier qu'on oppose à son passage, près de quel-

ques sillons qui restent à moissonner, on tend les haliers en travers les sillons récoltés, près de ceux qui ne le sont pas; ensuite on se rend aux deux extrémités, qu'on traque à pas lents, en jetant de la terre à droite et à gauche; par cette manœuvre, on conduit au piége tout le gibier qui se trouve dans le champ, et cela d'autant plus sûrement, que les cailles sont alors très-grasses, et sont peu disposées à voler.

A la tirasse. — Depuis l'arrivée des cailles en mai, jusqu'à leur départ en septembre, on les prend à la *tirasse*, grand filet, long de quarante à cinquante pieds, dont les mailles, à losanges, n'ont qu'un pouce et demi de large. Pour faire cette chasse, qui est plus pénible que la précédente, mais qui est aussi plus récréative et plus profitable, il faut avoir un chien d'arrêt dressé pour cela. On se rend avec lui sur le terrain (et les prés sont les endroits qui sont tout à la fois les plus commodes et les plus agréables); quand le chien est en arrêt, on déploie la tirasse; deux chasseurs tiennent chacun un des bouts du cordeau qui sert à la traîner; ils en couvrent le chien et tout le terrain où l'on pense que l'arrêt est formé.

On prend aussi des cailles à la tirasse, sans chien, et pour cela, il faut être deux; l'un tient la tirasse, et l'autre l'appeau. Quand on est sur le terrain, on écoute, et lorsqu'on a entendu chanter la caille, on va doucement à elle; on attend qu'elle ait encore chanté, pour s'assurer mieux de l'endroit où elle est; alors on déploie la tirasse et l'on appelle, avec l'appeau, la caille qui va droit au filet, derrière lequel les chasseurs ont eu le soin de se coucher de manière à n'être pas aperçus; et quand l'oiseau est ainsi attiré, on va à sa rencontre avec la tirasse, qu'on jette sur le terrain où il est présumé se trouver, ce dont on s'assure en jetant le chapeau sur le filet pour le faire partir : s'il n'est pas dessous, on traîne la tirasse plus loin, avec le même procédé, jusqu'à ce que l'oiseau soit pris.

Une personne seule peut, avec un chien, se servir de la tirasse; pour cela, on prend un bâton gros comme un manche de fourche, et long de trois ou quatre pieds, ferré en pointe par un des bouts, afin qu'il puisse facilement se ficher en terre et y tenir ferme; à neuf pouces de la pointe ferrée, on attache un des bouts de la corde du filet; le filet plié sur le bras gauche, et le bâton à la main, on fait chasser le chien. Aussitôt qu'il a formé son arrêt, on va à côté de lui à la distance de deux toises, on y pique le bâton; alors on s'éloigne du chien, par-devant, en laissant couler le filet à bas, en l'étendant suivant sa forme carrée; et lorsque le chasseur est arrivé à l'autre extrémité de la corde, qu'il tire bien fort, il ramène le filet en traînant, jusque devant le nez du chien :

alors les cailles arrêtées sont sous le filet, et on les fait lever en frappant le halier avec le chapeau.

On peut aussi, seul et avec un chien, se servir d'une autre espèce de tirasse, plus commode et aussi profitable pour la chasse aux cailles grasses, qui tiennent davantage à l'arrêt. Ce filet est triangulaire ; à l'extrémité d'un des angles est attaché un poids quelconque ; à une autre extrémité est un bâton ferré, comme il est dit plus haut. Lorsque le chien a formé son arrêt, le chasseur s'avance à côté de lui, à une distance à peu près égale à la moitié d'un des côtés du filet ; il y plante le bâton, passe de l'autre côté du chien, et là, en tirant la corde de la tirasse, il en place l'extrémité sous ses pieds, et l'y tient bien ferme ; alors il jette, dans la direction convenable, la troisième extrémité du filet, au bout de laquelle est le poids, et ce qui se trouve dessous est pris. Il renouvelle ce manége à tous les autres endroits du terrain où son chien fait arrêt.

Au fusil. Lorsque le temps du passage des cailles, pour retourner en Afrique, est arrivé, c'est-à-dire du quinze août aux premiers jours d'octobre, il se fait, aux environs de Marseille, une chasse très-agréable, pour laquelle on se sert d'appeaux vivans. Ce sont les jeunes mâles de l'année, pris au filet lors de leur arrivée, et qui se conservent d'une année à l'autre, dans des chambres ou des volières, où ils sont nourris avec la précaution de ne pas leur donner du millet, qui les engraisse trop. Au mois d'avril, on les aveugle, en leur passant légèrement sur les yeux un fil de fer rouge ; au mois de mai, on les plume en partie sur le dos, aux ailes et à la queue, sans trop les déshabiller, pour avancer leur mue, parce que s'ils muoient dans le temps du passage, cela les empêcheroit de chanter ; au commencement du mois d'août, on les met en cage, pour les y accoutumer ; et, lorsque le temps de la chasse est arrivé, on place dans les vignes, de distance en distance, des pieux de huit à dix pieds, auxquels on attache transversalement, de l'un à l'autre, deux rangs de planches garnies de clous à crochets, pour y suspendre les cages. Lorsqu'on a peu d'appeaux, on se contente de clouer longitudinalement, sur chaque pieu, une planche d'environ trois pieds de longueur, et de huit à dix pouces de large, dans laquelle on fiche trois clous pour recevoir autant de cages ; on multiplie les pieux et les cages à proportion de l'étendue des vignes. Les cages restent ainsi suspendues, tant que dure la saison du passage, et elles sont gardées, pendant la nuit, par un homme qui est aussi chargé de donner à manger aux appeaux ; mais lorsque les vignes sont enfermées de murs, on les dispense de la garde de nuit. Les cailles appelantes, au nombre de trente, quarante, cinquante, et jusqu'à cent, suivant que le terrain est plus ou moins grand, chantent dès l'aube du jour, et attirent autour des cages non-seulement les cailles qui passent, mais encore celles qui se trouvent repandues dans les environs. Deux heures après le lever du soleil, et quand la rosée est passée, le chasseur se rend sur des lieux sans chien, et bat des vignes doucement et sans bruit, pour ne pas effaroucher les cailles qui sont autour des cages. Cette première battue faite, on amène un chien qui les fait lever ; de cette manière, un seul chasseur peut tuer cinquante ou soixante cailles dans une matinée, si la mer est calme ; car si elle est agitée, la chasse n'est pas bonne : elle est bien abondante lorsqu'on enferme un terrain, ainsi garni d'appeaux, avec des filets suspendus à des pieux disposés autour de l'enceinte, filets qu'on tend le matin, et dans lesquels les cailles se jettent à mesure qu'on bat les vignes, ce qui n'empêche pas d'en tirer beaucoup au fusil. (s.)

*La CAILLE DE LA BAIE D'HUDSON, *Perdix hudsonica*, Lath. Cette caille, une des plus petites de cette espece, n'a guère que quatre pouces et demi de longueur ; le bec est noir, et la couleur générale du plumage, d'un blanc jaunâtre obscur, marqué de taches blanches irrégulières sur le cou et les cuisses ; rayé de blanc et de noir sur les ailes, le dos et la queue ; d'une nuance plus claire et uniforme sur les parties inférieures du corps ; les pieds sont d'un brun noirâtre.

La CAILLE BLANCHE. Cette couleur ne caractérise pas une race particulière, mais une de ces variétés qu'on rencontre souvent dans les autres oiseaux ; l'on en conserve une autre au Muséum d'Histoire naturelle, qui est d'un gris-blanc.

*La CAILLE BRUNE DE MADAGASCAR, *Perdix grisea*, Lath. Cette seconde espèce de caille de Madagascar, est de la taille de celle d'Europe. La tête est mélangée de noir et de roux ; la gorge d'un grisâtre terreux fort sale ; toutes les plumes de la partie inférieure du corps ont chacune deux bandes noires ; celles du dessus sont d'un gris sale, avec des bandes noirâtres ; les ailes sont brunes ; le bec et les pieds noirs ; d'iris est jaune : taille de celle d'Europe.

La CAILLE DE LA CALIFORNIE, *Perdix californica*, Lath. Cette caille, un peu plus grande que la nôtre, a sur le sommet de la tête une huppe composée de six plumes longues et noirâtres, que l'oiseau redresse à volonté ; le front est ferrugineux ; le reste de la tête, le menton et la gorge sont d'un noir foncé, et bordé sur celle-ci d'un cercle blanc jaunâtre, qui naît derrière l'œil ; le ventre est d'un jaune ferrugineux, mélangé de petits croissans noirs ; l'on voit sur les flancs

plusieurs plumes longues et noirâtres ; sur le milieu de chaque il y a une raie jaune ; le brun cendré qui domine sur
les parties supérieures du corps, les ailes et la queue, est
varié de taches d'un brun jaunâtre sur le cou et sur les
côtés de la poitrine, où il prend un ton bleuâtre ; la queue
est assez longue et arrondie à son extrémité ; les pieds sont
pareils au bec. La femelle est privée de noir sur la tête, et
a généralement des couleurs plus claires.

Il est fait mention de cette espèce dans le Voyage de Lapeyrouse, tom. 1, pag. 201, sous le nom de *perdrix huppée
de la Nouvelle Californie.* Comme je ne connois que la figure du
mâle, publiée par Shaw, Nat. Misc., pl. 345, je laisse cet
oiseau sous les dénominations qu'on lui a imposées; peut-être
est-ce un *colin.* Cependant, si on s'en rapporte à la figure
indiquée ci-dessus, son bec est plus long que celui des vrais
colins.

La Caille de Cayenne. *V.* Colin Sonnini, p. 246.

La Caille de la Chine. *V.* Caille fraise.

La Caille chrokiel, *Coturnix major*, Lath. Cette caille,
que l'on trouve en Pologne, a la même forme et le même
instinct que la caille ordinaire, et n'en diffère que par la
grandeur. M. F. P. de Jarocki, docteur ès-sciences, correspondant de la société minéralogique de Zena, que j'ai con-
sulté au sujet de cette caille, m'a assuré que c'étoit la même
que la nôtre, et qu'il n'existoit pas en Pologne une espèce
particulière à laquelle on puisse appliquer l'épithète *major.*
　　　　　　　　　　　　　　　　　　　　　　　　(V.)

La Caille de la côte de Coromandel, *Perdix coroman-
delica*, Lath. Cette petite espèce, que l'on rencontre dans le
territoire de Gingi, a un tiers moins de grosseur que la caille
ordinaire. Sa tête est noire et roussâtre sur la partie antérieure ; une raie jaunâtre part des coins de la bouche, passe
sur les yeux et se perd sur l'occiput; la gorge est blanche,
avec une tache triangulaire noire; les plumes du cou sont jaunâtres et bordées de noir ; le dessous du corps a une bande
longitudinale noire, en forme de zigzag; le dos, le croupion et
les petites couvertures des ailes sont d'un roux châtain, et
rayes longitudinalement de jaunâtre ; les grandes pennes
des ailes sont brunes. La femelle diffère par ses couleurs
plus ternes et par la gorge, qui est blanche avec une raie
noire sur sa partie inférieure.

La Caille fraise, *Perdix chinensis*, Lath.; pl. enl. n.° 126
de l'*Hist. nat. de Buffon.* Le nom de cette caille vient de
l'espèce de fraise blanche qu'elle a sous la gorge. On trouve
ces oiseaux à la Chine ; les Chinois les emploient pour s'é-
chauffer les mains en hiver, et les dressent pour les faire

battre les uns contre les autres. La planche enluminée de
Buffon représente la femelle ; le mâle est figuré dans les
Oiseaux d'Edwards, pl. 247. Cette espèce n'est pas plus
grosse que l'alouette ; tout le dessus du corps est varié de
brun clair et de noirâtre ; la gorge noire ; les joues et le
devant du cou sont blancs ; une ligne noire part de la base
de la mandibule inférieure, traverse les joues, et se termine sur le bord de la gorge ; une petite bande transversale
sépare le blanc du devant du cou du cendré foncé qui colore
la poitrine, sur laquelle on remarque quelques taches d'un
brun marron ; le ventre, les couvertures inférieures et les
pennes de la queue sont de cette dernière couleur ; celles
des ailes sont d'un brun clair ; les pieds jaunâtres ; le bec est
noir : longueur totale, quatre pouces.

Le mâle est un peu plus gros ; ses couleurs sont plus vives,
plus variées, et ses pieds plus forts. Il paroît que ces oiseaux
se trouvent non-seulement à la Chine, mais encore aux
Philippines et à Nankin, d'où celui d'Edwards a été rapporté.

La GRANDE CAILLE DE LA CHINE. *Voy.* PERDRIX FERRUGI-
NEUSE.

La GRANDE CAILLE DE MADAGASCAR, *Perdix striata*, Lath.,
pl. 98 du *Voyage aux Indes et à la Chine de Sonnerat*. Cette caille
a neuf pouces de longueur totale ; les sourcils blancs ; une
ligne de cette couleur au-dessus de l'œil ; la gorge, la poitrine, le ventre, noirs ; le dessus de la tête, du cou et du corps
d'un brun fauve, strié de blanc, et traversé de noir sur le
dos et la nuque ; une plaque de couleur marron sur la poitrine, dont les côtés sont d'un cendré bleuâtre ; des taches
rondes et blanches sont sur le ventre ; de larges bandes de cette
couleur et bordées de noir, sur le fond rouge brun des flancs ;
les couvertures des ailes rayées transversalement de noir et
de blanc roussâtre ; les pennes primaires des ailes d'un brun
terreux ; les autres noires, avec des bandes blanches ; celles
de la queue, avec des lignes jaunâtres ; le bec est noir ; les
pieds sont roussâtres.

La GRANDE CAILLE DU MEXIQUE. *Voyez* ci-dessus GRAND
COLIN, pag. 242.

La GRANDE CAILLE DE POLOGNE. *Voyez* CAILLE CHRO-
KIEL.

La CAILLE DE GINGI (PETITE). *Voyez* CAILLE DE LA CÔTE
DE COROMANDEL.

La CAILLE A GORGE BLANCHE. *Voyez* ci-dessus COLIN
HO-OUI, pag. 242.

La CAILLE HUPPÉE DU MEXIQUE. *Voyez* COLIN ZONÉ-
COLIN, page 247.

La CAILLE DES ÎLES MALOUINES, *Perdix falklandica*, Lath.,

pl. enl. n.º 222 de *l'Hist. nat. de Buffon* Une caille qui se trouve dans un pays séparé de notre continent par une grande étendue de mer, ne peut être regardée comme une variété de la nôtre, quoiqu'on lui trouve de l'analogie dans les couleurs, et des rapports dans la taille. Celle-ci, qui habite des îles qui sont à l'extrémité méridionale de l'Amérique, a le bec couleur de plomb; les plumes du dessus du corps d'un brun pâle, plus foncé sur les bords de la tige, avec quelques lignes en demi-cercles; les côtés de la tête bigarrés de blanc; le dessous du corps, y compris le haut de la poitrine, d'un jaune brunâtre, mélangé de taches et de lignes brunes; la poitrine, le ventre et les couvertures inférieures de la queue blanches; les pennes des ailes noirâtres; celles de la queue brunes, ainsi que les pieds.

M. Temminck a décidé que cet oiseau est un colin; cependant il ne le juge que d'après la figure publiée par Buffon, puisqu'il veut bien avouer qu'il ne l'a jamais vu en nature; mais nous aimons mieux rester dans le doute, que d'adopter une décision aussi hasardée.

La CAILLE DE JAVA. *Voyez* CAILLE RÉVEIL-MATIN.

La CAILLE DE LA LOUISIANE. *Voyez*, ci-dessus, COLIN HO-OUI, pag. 242.

La CAILLE DE MADAGASCAR. *Voyez* TURNIX A COU NOIR.

La CAILLE (PETITE) DE MANILLE, *Perdix manillensis*, Lath. *Voyez* CAILLE FRAISE.

La CAILLE DU MEXIQUE. *Voy.* COLIN COYOLCOS, pag. 241.

*La CAILLE DE LA NOUVELLE GUINÉE, *Perdix Novæ Guineæ* Lath. Cet oiseau, un tiers moins gros que la caille d'Europe, a l'iris grisâtre : les petites pennes des ailes frangées de jaunâtre, les grandes noires, et le reste du plumage d'un brun plus ou moins foncé, mais plus éclatant sur la tête et le ventre, tirant au noirâtre sur les couvertures des ailes et sur le dos.

La CAILLE DE LA NOUVELLE HOLLANDE, *Perdix australis*, Lath. Le bec, le front, le lorum et la gorge sont d'un blanc terne; les plumes du sommet de la tête et de la nuque, blanchâtres et noirâtres; le reste des parties inférieures est parsemé de bandes noires et de zigzags roux, avec du jaunâtre le long de leur tige; les parties supérieures ont des lunules noires sur un fond roussâtre; les pennes des ailes sont brunes et frangées de roussâtre à l'extérieur; celles de la queue brunes et variées de zigzags; le corps est d'un brun noirâtre et le tarse brun. Longueur totale, six pouces et demi à sept pouces.

La femelle diffère du mâle en ce qu'elle porte un plumage plus terne, avec des taches rousses et irrégulières, et des lignes blanches sur le dessus du corps, dont le dessous est d'un roux cendré, varié de zigzags bruns.

La CAILLE DES PHILIPPINES. *Voyez* CAILLE FRAISE.

* La CAILLE RÉVEIL-MATIN, *Perdix suscitator*, Lath.; *Tetrao suscitator*, Gm., n'est pas beaucoup plus grosse que la nôtre, lui ressemblant par les couleurs du plumage, c'est-à-dire qu'elle est, comme celle-ci, variée de jaunâtre, de roux, de noir et de gris; mais elle en diffère par son bec plus allongé. Elle chante par intervalles, et le son de sa voix est très-grave, très-fort et assez semblable à cette espèce de mugissement que pousse le *butor* en enfonçant son bec dans la vase. D'un naturel doux, le *réveil-matin* s'apprivoise aisément; d'un tempérament frileux, il se retire au coucher du soleil dans quelque trou, où il s'enveloppe, pour ainsi dire, de ses ailes, pour s'échauffer pendant la nuit; et il n'en sort qu'au lever de cet astre, dont il célèbre le retour par des cris qui réveillent tout ce qui repose autour de lui. Cette caille, d'un instinct fort social, va par compagnie; mais les mâles sont d'un caractère jaloux, se disputent les femelles avec opiniâtreté, et se battent avec un tel acharnement, que souvent la mort s'ensuit. C'est dans les bois de l'île de Java qu'on la rencontre. Bontius, à qui l'on doit ces détails, nous assure encore que lorsqu'on la tient en cage, si elle n'a pas continuellement le soleil, et si l'on n'a pas l'attention de couvrir sa cage avec une couche de sable sur du linge pour conserver la chaleur, elle languit, dépérit et meurt bientôt; enfin il ajoute qu'il tenoit de ces oiseaux en cage exprès pour servir de réveil matin. *Voyez Hist. nat. et medic. Indiæ orientalis*, p. 64. C'est encore une de ces prétendues espèces qu'il faut voir en nature pour s'assurer de leur réalité; car les figures qu'en donnent Bontius et Willughby, d'après lui, ne sont point assez soignées pour pouvoir la déterminer.

La CAILLE A TROIS DOIGTS. *Voyez* TURNIX.

La CAILLE DE VIRGINIE. *V.* ci-dessus, COLIN HO-OUI. (v.)

PERDRIX. Les amateurs de coquilles ont donné ce nom à diverses espèces appartenant à des genres différens, notamment à un BUCCIN (*Buccinum perdix*), à un BULIME (*Bulla achatina*, Linn.), à une PORCELAINE (*Cypræa erosa*), et à une NÉRITE (*Nerita canrena*).

Denys-de-Montfort fait, sous le nom de PERDRIX, un genre particulier, dont le *buccinum perdix* est le type. *Vóy.* l'article suivant. (DESM.)

PERDRIX, *Perdix*. Espèce de coquille du genre des BUCCINS de Linnæus, et des TONNES de Lamarck. Denys-de-Montfort l'a fait servir de type à un genre nouveau, dont les caractères sont : coquille libre, univalve, globuleuse, à spire émoussée, le dernier tour excédant l'ensemble des autres ; ouverture très-évasée ; columelle lisse et en partie tranchante et ombiliquée ; lèvre extérieure ondulée et tranchante ; base échancrée.

La Perdrix maillée, qui sert de type à ce genre, ne diffère des tonnes que par l'ombilic de sa columelle ; mais ce caractère est saillant. C'est une coquille quelquefois de cinq à six pouces de diamètre, cerclée, blanchâtre, tachetée de fauve, qui vit dans les mers intertropicales des deux mondes. On la trouve fossile à Grignon. (b.)

PERDRIX et PERDRIX BLANCHE. Anderson et Edwards ont désigné, sous ces noms, le Lagopède de la baie d'Hudson. (s.)

PERDRIX DES CHAMPS. C'est, selon Belon, la Perdrix grise. (s.)

PERDRIX DE DAMAS ou de SYRIE. Belon appelle ainsi le Ganga. *V.* ce mot. (s.)

PERDRIX D'EAU DOUCE. On a donné ce nom à la Perche commune. (b.)

PERDRIX DE GARRIBA. Suivant Barrère, les Catalans connoissent, sous ce nom, le Ganga. (s.)

PERDRIX GOUACHE. Nos aïeux donnoient ce nom à la Perdrix grise. (s.)

PERDRIX DES INDES, qui, suivant Strabon, ne sont pas moins grosses que des *oies.* Il y a tout lieu de croire que ces prétendues *perdrix* sont des Outardes. (s.)

PERDRIX-DE-MER. *V.* Glaréole. (v.)

PERDRIX-DE-MER. On a appelé ainsi le Pleuronecte sole. (b.)

PERDRIX DE MONTAGNE DU MEXIQUE *Voyez* Ococolin. (v.)

PERDRIX NAINE. C'est ainsi que Théophraste a désigné la Caille, à cause de sa ressemblance avec les *perdrix.* (s.)

PERDRIX ORDINAIRE. C'est la Perdrix grise. (s.)

PERDRIX (petite). Nom des Fourmiliers, à la Guyane française. (s.)

PERDRIX DES PRAIRIES. Au rapport de Tournefort, les habitans de l'île de Samos nomment ainsi le Francolin. (s.)

PERDRIX ROUGE. Coquille du genre Buline (*Bulla achatina*, Linn.). (b.)

PERD-SA-QUEUE. L'une des dénominations par lesquelles Belon a désigné la *Mésange à longue queue. V.* l'article des Mésanges. (s.)

PÈRE AUX BŒUFS. Les naturels du Canada désignent par cette dénomination un grand quadrupède inconnu, qui pourroit bien être le MASTODONTE DE L'OHIO, selon M. Cuvier. *V.* cet article. (DESM.)

PÈRE-BLANC des Turcs. C'est le PETIT VAUTOUR. *V.* ACHBOBBA et l'art. VAUTOUR. (V.)

PÈRE NOIR. C'est un passereau du genre FRINGILLE, *fringilla noctis. V.* l'art. BOUVREUIL. (DESM.)

PÈRE NOIR A LONGUE QUEUE. *V.* VEUVE CHRYSOPTÈRE, art. FRINGILLE, tom. 12, page 214. (V.)

PÉRÉBIER, *Perebea.* Arbre à rameaux striés, à feuilles alternes, presque sessiles, ovales–oblongues, ondulées en leurs bords, criblées de points transpareus, et accompagnées d'une longue stipule membraneuse et caduque, à fleurs portées sur un placenta axillaire, au nombre de trente ou environ.

Cet arbre forme un genre qui n'est connu que dans sa fructification femelle. Il a pour caractères : un calice tubuleux à quatre divisions ; un ovaire supérieur arrondi, surmonté d'un style charnu, velu, terminé par un stigmate à deux lobes ; une baie molle, légèrement velue, rouge de corail, ne contenant qu'une seule semence, formée par le calice qui s'est épaissi à la base. Le placenta qui les supporte a crû également.

Le *pérébier* se trouve à la Guyane. Il rend un suc laiteux lorsqu'on entame son écorce.

Cavanilles a, dans le second volume des *Annales d'Histoire naturelle de Madrid,* décrit, sous le nom de CASTÉLIE, un nouveau genre qui se rapproche de celui-ci. L'arbre sur lequel il est établi croît au Mexique, et fournit une gomme résine élastique fort ressemblante à celle de l'HÉVÉ; Jussieu l'a réuni aux PRIVAS. (B.)

PÉRÉGOUZINA. Vrai nom de la MARTE PEROUASKA, en Russie. (DESM.)

PEREGRINA DE LIMA. Les Espagnols nomment ainsi une espèce d'ALSTROEMÉRIE (*alst. peregrina,* Linn.). (LN.)

PEREGUSNA. *V.* MARTE PEROUASKA. (DESM.)

PEREGUSNE. Vicq-d'Azyr se sert de ce nom pour désigner une *marte,* connue sous celui de PEROUASKA. (DESM.)

PEREIBA. Bois de charpente très-dur et très-bon, du Brésil. *V.* PÉRÉBIER. (B.)

PEREIRA-BRAVA. C'est le POIRIER SAUVAGE, en Portugal. (LN.)

PEREIRO et **PERO.** Noms du POIRIER et de son fruit, en Portugal. (LN.)

PEREJIL. Nom espagnol du Persil. (ln.)

PERELLE. *V.* au mot Parelle. (b.)

PERENGO. Dans plusieurs parties du midi de la France, c'est le nom des Pigeons Bisets. (v.)

PERENOPTÈRE. Quelques auteurs ont écrit ainsi, mais faussement, le nom du *percnoptère*, espèce de Vautour. *V.* ce mot. (s.)

PEREPERE. C'est le Clusier. (b.)

PERER. Nom de la Stellaire holostée, en Scanie, province de Suède. (ln.)

PERESCHNAJA-TRAWA. L'un des noms russes de la Mille-feuille commune (*achillea millefolium*, L.). (ln.)

PERESKIE, *Pereskia.* Genre de plantes établi aux dépens des Raquettes (*cactus*, Linn.), mais qui n'a pas été adopté. (b.)

PERESZLEN-FU. Nom du Clinopode commun, en Hongrie. (ln.)

PERETA ou **PERETTA.** C'est, en Italie et à Nice, le nom d'une variété de Lime aigre (*citrus limetta peretta*, Risso, *Ess. orang.*, p. 29.) La *peretta* ou *pomme perette*, comme on l'appelle aussi, est un citron très-odorant, ovale, ayant des côtes longitudinales peu sensibles, avec un petit mamelon aigu au bout. Il est d'un beau jaune serin ; sa pulpe est acide. L'arbre a ses rameaux élevés droits, garnis d'épines assez longues et couverts de feuilles ovales, arrondies, finement dentelées, portées sur de longs pétioles ailés. Ses fleurs sont purpurines en dehors. (ln.)

PEREWIAZKA, en Russie. *Voyez* Marte perouaska. (desm.)

PEREWOESKA. Nom russe du Géranion des pres. (ln.)

PEREXIL. C'est le Persil, en Portugal. (ln.)

PEREXIL-DO-MAR. C'est, au Brésil, le nom du *gomphræna vermicularis*, L. On en fait usage comme plante potagère. (ln.)

PEREZ. Nom russe du Piment annuel, *Capsicum annuum*, Linn. (ln.)

PEREZIE, *Perezia.* Genre de plantes établi par Lagasca aux dépens des Perdicies. Ses caractères sont : calice allongé, imbriqué d'écailles scarieuses à leur base ; des fleurons, tous hermaphrodites, radiés, à deux lèvres ; réceptacle nu, plane, ponctué ; aigrette sessile, à poils sétacés ou denticulés.

Les Perdicies de Magellan, lactucoïde, rude, recourbée, etc., entrent dans ce genre. (b.)

PERFOLIATA, en latin (Percefeuille). Les botanistes, avant Tournefort, ont appliqué ce nom à plusieurs plantes dont les feuilles semblent percées par la tige ; ce sont : le *smyrnium perfoliatum*, l'*ophrys ovata*, les *brassica orientalis* et *campestris*, le *chlora perfoliata*, surtout le *buplevrum rotundifolium*, et nombre d'espèces du même genre. (LN.)

PERFORATA de Césalpin. C'est le MILLEPERTUIS. (LN.)

PERGALIA. L'un des noms de l'ARGEMONE, chez les Grecs. *V.* HOMONIA. (LN.)

PERGE. L'un des noms allemands du PIN SAUVAGE. (LN.)

PERGUE, *Perga.* Genre d'insectes de l'ordre des hyménoptères, section des térébrans, famille des porte-scies, tribu des tenthrédines, établi par M. Léach, et composé de cinq espèces, toutes propres à l'Australasie.

Ce naturaliste divise sa famille des *tenthrédinées* (*tenthredinea*), ou notre tribu des tenthrédines, un peu restreinte, en cinq races. Le genre pergue forme seul la troisième; il a pour caractères : antennes très-courtes, en massue ; quatre cellules sous-marginales (cubitales), et une cellule marginale (radiale); angles antérieurs du corselet ayant une écaille ; écusson grand, presque carré, avec un avancement, en forme de dent, de chaque côté de son extrémité postérieure.

Les pergues ont les antennes composées de six articles, dont le dernier forme la massue ; les mandibules arquées, larges, pointues au bout, avec une dent obtuse et interne vers leur base; le labre transversal, presque demi-circulaire ; les palpes filiformes; une épine au côté interne des quatre jambes postérieures, et les éperons (les épines terminales des jambes) de grandeur moyenne et pointus ; la cellule radiale est allongée et rétrécie en pointe aux deux bouts; la seconde et la troisième cellules cubitales reçoivent chacune une nervure récurrente ; la quatrième ou la dernière de ces cellules est fermée par le bord postérieur de l'aile. Quelques espèces présentent, sous le rapport de la disposition des nervures des ailes, et quant aux longueurs respectives des articles intermédiaires des antennes, de légères différences.

M. Léach dit que ce genre est artificiel, et qu'il se propose de le travailler un jour avec soin.

D'après la manière dont il divise sa famille des *tenthrédinées*, nos *hylotomes* ou les *cryptes* de M. Jurine composent la cinquième race de cette famille, et sont ainsi très-éloignés des pergues. Cet arrangement ne me semble pas naturel, et je crois que ce genre doit être placé entre ceux de *cimbex* et d'*hylotome*. Il se rapproche du premier par les antennes, et du second par les ailes et quelques autres rapports. Peut-être remplace-t-il, dans les contrées reculées de l'ancien continent, le premier ; car l'Australasie ne nous a offert jusqu'ici aucune espèce de *cimbex*.

Des cinq espèces de pergues, décrites par M. Léach, et qu'on ne voit que dans quelques collections de l'Angleterre, je ne mentionnerai que la suivante, et dont il a donné la figure (*Zool. miscell.*, tom. 3, pl. 148, fig. 1), la PERGUE DORSALE, *Perga dorsalis.* Le mâle a environ dix lignes de longueur ; il est d'un bleu d'acier, avec les antennes, le chaperon, le labre, quelques parties du corselet, et les pattes d'un jaune fauve ; le troisième article des antennes est plus long que les deux suivans ; l'abdomen a en dessus une grande tache carrée, jaunâtre, soyeuse, dentée en scie sur les bords latéraux. Les ailes sont roussâtres, avec la côte des supérieures, jusqu'au stigmate inclusivement, d'une couleur ferrugineuse. La femelle est inconnue. (L.)

PERGULAIRE, *Pergularia.* Genre de plantes de la pentandrie digynie, et de la famille des apocinées, dont les caractères consistent : en un calice à cinq divisions persistantes, en une corolle hypocratériforme à tube cylindrique et à limbe a cinq découpures obtuses et planes ; en cinq petites écailles (*nectaires*, Linn.) demi-sagittées, mucronées à leur sommet, dentées à leur base ; en cinq étamines à anthères sessiles ; en un ovaire supérieur oblong à stigmate grand, tronque et sans style ; en deux follicules droits, ventrus, amincis vers le sommet, renfermant un grand nombre de semences imbriquées et chevelues.

Ce genre renferme des arbrisseaux ou des herbes à tiges volubles, à feuilles opposées et à fleurs disposées en corymbes axillaires, qui donnent du lait lorsqu'on les blesse. On en compte huit especes, parmi lesquelles on peut particulièrement citer :

La PERGULAIRE GLABRE, qui a les feuilles ovales aiguës, glabres, et la tige frutescente. Elle se trouve dans l'Inde, où on la cultive autour des maisons, à raison de la bonne odeur de ses fleurs. *V.* pl. M. 3, où elle est figurée.

La PERGULAIRE COMESTIBLE, qui a les feuilles ovales aiguës, glabres, et la tige herbacée. On la trouve au Cap de Bonne-Espérance, où elle sert à la nourriture des naturels.

La PERGULAIRE ODORANTE, qui a les feuilles en cœur, velues ; la corolle verte, linéaire, contournée. Elle croît à la Chine, et répand une odeur fort agréable. On la possède dans les jardins d'Angleterre.

La PERGULAIRE VELUE, qui a les feuilles en cœur et velues. Elle a été trouvée par Desfontaines sur les côtes de Barbarie.

Ce genre a été appelé VALLARIS par Burmann. (B.)

1 Paspale stolonifère
2 Penète de l'Inde
3 Paulline curura
4 Pergulaire glabre

PERGULARIA. Le nom de ce genre établi par Linnæus, dérive du mot latin *pergula*, qui signifie treille. En effet, les espèces de *pergularia* ont la tige grimpante. *V.* PERGULAIRE et VALLARIS. (LN.)

PERIA-NJARA (Rhéed. Mal. 5 , f. 29). C'est le *Calypranthes caryophyllifolia*, Willd. que Lamarck plaçoit dans le genre *eugenia* (JAMBOSIER). (LN.)

PÉRIANTHE. Enveloppe des parties de la génération, dans les plantes. Elle est simple ou double.

Le *périanthe* simple s'appelle tantôt CALICE, tantôt COROLLE, selon qu'il est coloré et qu'il est caduc. Dans le *périanthe* double, l'extérieur est toujours le *calice*, et l'intérieur la *corolle*. *Voyez* ces mots.

La difficulté qu'on trouve souvent de décider si un *périanthe* est un calice ou une corolle, a déterminé quelques botanistes à supprimer ces deux derniers mots de leurs descriptions ; mais ils n'ont pas été imités par le plus grand nombre. *Voyez* FLEUR et PÉRIGONE. (B.)

PÉRIBOLE, *Peribolus.* Nom d'un genre de coquille établi par Adanson sur une espèce qui a été reconnue depuis n'être qu'une PORCELAINE incomplete. (B.)

PÉRICALLES, *Pericalles*, Vieill. Famille de l'ordre des oiseaux SYLVAINS, de la tribu des ANISODACTYLES. *Voyez* ces mots. *Caractères :* pieds médiocres , grêles ; tarses annelés , nus ; quatre doigts, trois devant, un derrière ; les externes joints seulement à leur base, l'interne libre, le postérieur mince , articulé au niveau des autres ; bec conico-convexe , court ou médiocre , plus ou moins épais , échancré , courbé ou seulement incliné vers le bout de sa partie supérieure. Cette famille est composée des genres PHIBALURE, VIREON, NÉMOSIE , TANGARA , HABIA , ARREMON , TOUIT , JACAPA , PYRANGA , TACHYPHONÉ. *V.* ces mots. (V.)

PÉRICARPE, *Pericarpium.* Tous les botanistes, depuis Linnæus, donnent ce nom à la partie du fruit qui enveloppe et contient les semences à l'époque de leur maturité. Ainsi la CAPSULE, la COQUE, la SILIQUE, la GOUSSE, la BAIE, la POMME, le DRUPE et le CÔNE (*V.* ces mots), sont regardés comme autant de *péricarpes.* Ce nom est mauvais et peu exact ; il est formé de deux mots grecs , *peri* et *carpos*, qui veulent dire autour du fruit, et par conséquent ne devroit pas être employé à désigner ce qui en fait partie. *V.* le mot FRUIT , où on trouve les développemens nécessaires sur cet objet. (D.)

PÉRICLYMENON. *V.* PERICLYMENUM et CLYMENON. C'est à tort que les auteurs ont cru que le *clymenon* de Pline étoit le *periclymenon* de Dioscoride. (LN.)

PERICHET ou **PERICHER.** Espèce d'involucre, composé de plusieurs petites folioles imbriquées, qui se trouve au-dessous des fleurs de quelques MOUSSES. *Voyez* ce mot. (B.)

PERICLYMENUM et **PERICLYMENON.** C'est un genre dans lequel Tournefort plaçoit les chèvrefeuilles à corolle presque régulière. Adanson le supprime et le réunit au *xylosteum* de Tournefort. Jussieu en fait, avec le *caprifolium* de Tournefort, un genre distinct. Linnæus les réunit tous à son genre *lonicera*.

Le nom de *periclymenon* est fort ancien : il étoit employé par les Grecs et les Latins, pour désigner des herbes grimpantes et des arbustes sarmenteux.

Le *periclymenon*, selon Pline, avoit plusieurs branches garnies de feuilles blanchâtres et molles, disposées deux par deux et par intervalles. A l'extrémité des branches, on voyoit entre les feuilles une graine dure, difficile à arracher ; il croissoit dans les champs et les haies, s'agrippant à tout ce qu'il rencontroit. On employoit ses graines dans les maladies de la rate, et ses feuilles en décoction, comme dyssentériques. Dioscoride donne la même idée de cette plante, et il ajoute que la racine est ronde et épaisse ; que la graine est difficile à cueillir, et semblable à celle du lierre ; que les fleurs sont blanches, semblables à celles de la fève, mais plus rondes, et presque couchées sur la feuille. Il dit aussi, comme Pline, que la décoction de la graine facilite la respiration aux personnes oppressées, et qu'elle hâte l'accouchement. J. Ruellius prétend que le *periclymenum* portoit aussi les noms suivans : *carpathon*, *sepenion*, *eluitilis*, *uxina*, *clematitis*, *myrcina*, *calycanthemon*, *polion-aphrodites* et *splenion*, chez les Grecs ; chez les Egyptiens, le *periclymenum* s'appeloit *turcan* ; chez les Africains, *lanath* ; chez les Romains, *volucrum majus*.

La plupart des anciens botanistes s'accordent à regarder cette plante comme étant notre chèvrefeuille des jardins ou celui des bois (*lonicera caprifolium* et *periclymenum*). C. Bauhin en doute, parce que Dioscoride attribue au *periclymenon* une racine ronde et épaisse, ce qui ne convient pas au chèvrefeuille. De là, il soupçonne que notre chèvrefeuille est peut-être le *cyclaminos hetera* de Dioscoride. Le *cyclaminos* de Pline, appelé également *cissanthemon* et *cyssophyllon*, selon la description de Dioscoride, s'y rapporteroit mieux ; il se rapprochoit aussi du lierre, par ses feuilles, ses fruits et ses fleurs blanches odorantes.

C. Bauhin fait observer cependant que le *cyclaminos*, le *periclymenum* et le *vitis sylvestris* (pris aussi pour le chèvrefeuille), sont considérés comme trois plantes différentes.

C. Bauhin classé sous le nom de periclymenon, les chèvrefeuilles d'Europe à tige voluble, dont il ne connût que deux espèces, et le cornouiller de Suède (*cornus suecica*, L.). Les chèvrefeuilles biflores d'Europe forment, dans son *Pinax*, le groupe qu'il indique par *Chamæcerasus-spuria*. Toutes ces plantes ont été décrites par les botanistes de la même époque, sous les noms de *periclymenum* et de *periclymenum volubile* ou *rectum*, selon qu'elles sont ou ne sont pas volubles.

Les botanistes qui suivirent C. Bauhin jusqu'à Linnæus, ont continué d'indiquer par les mêmes noms, des plantes volubles ou non volubles, que la plupart croyoient appartenir au génre *periclymenum* de Tournefort, mais qui, pour la plus grande partie, n'y rentrent pas, et sont des plantes différentes: par exemple, le *chiococca racemosa*, L.; les *hamellia patens* et *chrysantha*, L.; le *commellina zanonia*, L.; le *varronia curassavica*, L.; le *drymis Winteri*; diverses espèces de *lantana* de la Jamaïque, le *loranthus loniceroïdes*, etc. *Voyez* CHÈVREFEUILLE. (LN.)

PERICONIE, *Periconia*. Genre de plantes cryptogames de la famille des CHAMPIGNONS, établi par Tode. Il a pour caractéres d'être globuleux et d'avoir le chapeau et le pédicule couverts de semences sessiles et caduques. Ce genre ne contient qu'une espèce, qui a été trouvée dans le duché de Mecklembourg. (B.)

PERICOS-LIGEROS. Cieza, auteur espagnol, qui a écrit sur l'histoire naturelle du Pérou, donne ce nom, qui signifie *pierrot coureur*, à l'Aï, espèce de quadrupède du genre BRADYPE, et de l'ordre des EDENTÉS. (DESM.)

PERIDIOLITHE. Espèce de coquille fossile à valves closes, dont le genre n'est pas connu, et laquelle se trouve près de Munstereifeld en Westphalie. (LN.)

PÉRIDION. Partie des CHAMPIGNONS qui contient les bourgeons séminiformes, et qui varie beaucoup dans sa forme et dans ses accompagnemens. On l'appelle CHAPEAU dans les AGARICS, les BOLETS, les MÉRULES, etc. La manière dont elle s'ouvre pour laisser sortir ses bourgeons séminiformes varie encore plus. *V.* CHAMPIGNONS. (B.)

PERIDONIUS ou PIRITHE. Pierre fauve ou d'un vert chrysolite. Quand on la pressoit un peu fort dans les doigts, elle y occasionoit des brûlures : je suppose des taches ; et je suppose alors aussi que le *peridonius* auroit été du FER SULFATÉ. (LN.)

PÉRIDOT (Dolom. Haüy , et des minéralogistes français.) La couleur vert-poireau, ou vert-olive, de diverses nuances, et l'infusibilité, sont deux caractères qui

font reconnoître aisément les pierres que nous allons décrire sous la dénomination de *péridot*, dont l'origine m'est
inconnue.

Le péridot se rencontre sous trois états : en grains, en
masses granulaires, et en cristaux roulés, ou plus ou moins
parfaitement bien conservés. Ses formes sont prismatiques,
un peu aplaties, à sommets facettés et le plus souvent cunéiformes. Ces cristaux sont rarement d'un volume plus fort
que celui d'une noisette; quelquefois, et principalement dans
les pièces qui ont subi le frottement, la surface est finement
satinée, ce qui est dû à la structure lamelleuse des cristaux
lorsqu'ils sont usés obliquement. M. Haüy est parvenu à obtenir pour la forme primitive le prisme droit à base rectangle,
dont deux des faces opposées du prisme sont plus nettes; la
largeur, l'épaisseur et la hauteur de ce prisme sont dans les
rapports des nombres 25, 14 et 11.

La cassure est vitreuse et conchoïde ; l'aspect est celui
du verre, mais luisant.

Le péridot est transparent ou demi-transparent ; il n'est
opaque que lorsqu'il est altéré. Il jouit de la réfraction double à un haut degré ; il raye le verre et le feldspath, mais
il est rayé par le quarz et par la tourmaline. Sa pesanteur
spécifique varie entre 3,22 et 3,43. Il est infusible au chalumeau sans addition ; avec le borax il donne un verre transparent, d'une couleur verte plus ou moins foncée.

Ses principes sont indiqués par les analyses que voici :

	Péridot chrysolithe			*Péridot olivine.*	
	Chenevix.	Klaproth.	Vauquelin.	Klaproth.	
				d'Uukel.	Karlsberg.
Silice...........	39	39	38	38	50	52
Magnésie.......	53	43	39	50	38,50	37,75
Fer oxydé.......	7.5	19	19	19	12	10,75
Chaux..........	0,0	00	00	00	0,25	0,12

Nous diviserons cette espèce en deux sous-espèces principales ; le *péridot chrysolithe* et le *péridot pyrogène* ou *olivine*.

1.º Péridot chrisolythe, ou Péridot proprement dit.
(*Chrysolith.* Cronst. Waller., Widenm., Wern., etc.) Il est
transparent, cristallisé ou roulé et en morceaux assez gros.
Il est vert-poirreau ou d'olive, ou tendant à la couleur du
verre coloré par le chrome. Il y a du péridot pâle et du péridot foncé. Sa pesanteur spécifique est plus forte que celle
de l'olivine ; elle varie entre 3,3 et 3,47.

Nous avons rapporté ses analyses plus haut, et l'on voit

par elles qu'il diffère de l'olivine par des proportions inverses de silice et de magnésie, et par l'absence de la chaux.

Il offre un assez grand nombre de formes cristallines difficiles à faire concevoir sans figure : voici les principales, d'après M. Haüy....

1. *Triunitaire.* — Prisme à huit pans ; sommet à six faces obliques et tronqué par une septième face horizontale. Les deux faces opposées du prisme qui répondent aux deux faces les plus larges de la forme primitive, sont dans cette variété, comme dans les autres, communément striées.

2. *Monostique.* — La même dont le sommet offre deux facettes de plus.

3. *Subdistique.* — La précédente dont la facette terminale et horizontale a, à chacune de ses extrémités, une nouvelle facette.

4. *Doublant.* — Prisme à douze pans ; sommet du n.º 2.

5. *Quadruplant.* — Prisme à douze pans ; sommet du n.º 3.

L'on ignore le gisement du péridot ; celui que l'on connoît vient du Levant par la voie du commerce. On a cité plusieurs localités en Europe ; mais il paroît qu'elles ne doivent pas être celles du péridot, et que l'erreur vient de ce que les minéralogistes allemands ont nommé chrysolithe cette pierre et beaucoup d'autres, par exemple, des obsidiennes, des chaux phosphatées et des quarz, qui avoient la couleur vert-doré. Les prétendus péridots de la Bohème sont très-probablement dans ce cas ; du moins c'est certain pour la chrysolithe de Maldontheim qui, d'après Klaproth, ne contient point les principes propres au péridot, et que pour cela il nomma *pseudo-chrysolithe*, et que d'autres minéralogistes rapportent à l'obsidienne. Ayant eu occasion de voir souvent des péridots taillés, les propriétaires, interrogés, ont répondu qu'ils les recevoient par Constantinople, et par l'Autriche. Nous n'en avons jamais pu rencontrer un dans les pacotilles de pierres fines qu'on nous apporte de l'Inde. Lorsque Delamétherie a dit qu'on le trouvoit en abondance dans l'île de Chypre, n'a-t-il pas confondu le péridot avec une autre pierre indiquée dans cette île par Pline, qui y place aussi plusieurs de ses pierres gemmes ?

L'on a dit, d'après Deborn, qu'on trouvoit le péridot dans la serpentine, à l'Eutschau, en Hongrie. Ce ne seroit pas impossible, puisque ces deux pierres sont magnésiennes, que la serpentine n'est souvent qu'un pyroxène en masse, et que l'olivine, qui n'est qu'une légère modification du péridot, se rencontre presque exclusivement dans les laves pyroxéniques (*truppéennes de Dolomieu*). Nous ne pouvons admettre que le péridot soit volcanique, il n'a pas l'aspect propre aux substances qui ont subi l'atteinte de la chaleur volcanique ; mais Deborn n'auroit-il pas voulu parler d'un quarz vert, puisque c'est dans le quarz qu'il place son *chrysolithus* de Turnau, en Bohème? On voit, dans les galeries du Muséum d'Histoire naturelle de Paris, plusieurs cristaux de péridot qui viennent, dit-on, du Pégu et des Indes orientales.

Le péridot est employé dans la joaillerie ; mais il n'y est pas très-estimé. Il est passé en usage de dire : qui a *deux péridots en a un de trop*. On lui reproche de ressembler à du verre, de paroître terne à côté des autres pierres fines, de ne pas avoir une grande dureté, et de se laisser polir difficilement. Les lapidaires ont l'habitude de travailler cette gemme constamment humectée d'huile ; ils prétendent qu'on ne sauroit lui donner de poli sans cette précaution.

Le péridot taillé joue bien avec le diamant. La taille qui seule lui convient est celle dite *à degrée:* c'est celle du brillant.

La multiplicité des petites facettes lui nuit ; le soir, à la lumière, il ne donne pas de reflets rembrunis, ce qui est une bonne qualité dans les pierres fines ; et nuit aux tourmalines et au quarz vert, avec lequel on pourroit le confondre.

Le péridot a quelquefois un très-gros volume. Il en existe un cristal parfait de la grandeur du pouce dans la collection de M. Heuland, à Londres. Nous en avons vu de taillés qui avoient encore un plus fort volume. Un péridot de onze lignes de long sur neuf de large, se vend de 100 à 120 fr. C'est la pierre qu'il est le plus aisé d'avoir pure. Lorsqu'elle a des glaces, elles sont dans le sens des lames, comme cela a lieu pour l'euclase.

II. Péridot pyrogène ou Olivine, *Chrysolithe des volcans*, Faujas; *Péridot granuliforme*, Haüy; *Olivin*, Wern., James.

L'olivine est en petits grains, ou en noyaux, ou en masse granulaire, et rarement en cristaux, et ces cristaux son tordinairement très-petits ; sa couleur est dans les teintes du vert olive, du vert pistache, du vert jaunâtre ; il y en a de jaune verdâtre, et même de brune. On voit, par les analyses que nous avons rapportées, en quoi elle diffère du péridot proprement dit.

Nous distinguerons les variétés suivantes :

1. *P. P. cristallisé;* en très-petits cristaux ; ordinairement des formes les plus simples. Nous en avons observé de parfaits dans le sable hyacinthifère d'Expailly, dans les sables d'Albano, Braciano et Nemi, dans l'Etat Romain ; dans le sable d'Amalfi, derrière le Vésuve, dans le golfe de Salerne ; et dans la fameuse lave de Capo-di-Bove, à Rome. On en

trouve aussi dans les laves de l'Etna , de l'île de Bourbon
et du Vésuve , selon les témoignages de Dolomieu et de
MM. Berth et de Bournon.

Les cristaux qu'on trouve dans les sables sont remarquables
quelquefois par leur transparence.

2. *P. P. graniforme.* Il est en petits grains disséminés
dans les laves, et associé avec les autres cristaux qui s'y rencontrent , et plus habituellement avec le feldspath et le pyroxène. Son éclat vitreux et son infusibilité le distinguent du
pyroxène vert-jaunâtre, lorsqu'ils se rencontrent ensemble. Les
laves de l'Etna , de Ténériffe et de Bourbon, abondent en
cette sorte de péridot.

3. *P. P. amygdaloïde,* en gros noyaux granulaires , disséminés dans les laves il se trouve presque partout où existent des basaltes. Je citerai cependant les basaltes ou laves
compactes de Chanat, près de Clermont ; d'Arde-de-Rentiers
au Cantal, de Francfort, etc. Les noyaux ont quelquefois
plus d'un pied de diamètre. Les coulées actuelles du Vésuve,
de l'Etna , et autres volcans en activité, n'offrent point de
pareilles masses dans leurs courans.

4. *P. P. lamellaire ,* en gros grains ou petits noyaux, dans
les laves pyroxéniques à Ténériffe , à l'île de Bourbon.

5. *P. P. arénacé* dans presque tous les sables volcaniques.

6. *P. P. irisé.* Il reflète les couleurs de l'iris en conservant
un aspect luisant dû à un premier commencement d'altération. On en trouve principalement à Ténériffe et à Bourbon.

7. *P. P. altéré,* brunâtre ou jaunâtre , et plus ou moins terreux selon que la décomposition est plus ou moins complète.
il se rencontre presque dans tous les volcans éteints où se
trouvent les basaltes. L'olivine granulaire altérée est ce que
M. de Saussure fils a nommé *limbilite* et *sidéroclepte.*

Voilà les principales variétés de cette substance qui ne se
trouve presque exclusivement que dans les laves pyroxéniques,
et dans tous les basaltes de même nature. Les laves de l'Etna,
d'Espagne , de France , d'Allemagne , d'Irlande ; celles du
Vésuve , d'Islande , du Groënland, d'Amérique, des Indes
orientales , etc. , abondent en cette substance , de même
que tous les basaltes de la Saxe, de la Bohème, etc., etc.
Comment se fait-il que cette pierre , si commune dans
les laves, n'y entre pas comme principe constituant , ainsi
que l'a remarqué M. Cordier ? Nous avons fait voir à l'article LAVES, que la présence de ce péridot étoit un des caractères des laves lithoïdes très-compactes (*Voyez* vol. XVII ,
page 404) ; ce qui nous avoit engagé à les désigner par le
nom de *lithoïdes péridotiques.*

Le *péridot pyrogène* nous a paru mériter l'épithète que nous lui donnons, parce que ce n'est que dans les éjections volcaniques qu'il est produit à nos yeux par la puissance du feu. (*V.* à l'article LAVES, p. 409, ce que nous disons sur les laves qu'on a cru renfermer des grains de péridot altéré). La couleur rougeâtre et jaunâtre que prend le péridot en s'altérant est due au fer oxydé qui, comme on a pu le juger par les analyses, est le principe colorant de cette espèce minérale.

C'est ici le lieu de faire remarquer que la substance vitreuse qui accompagne le fer météorique de Sibérie, a le plus grand rapport avec le péridot pyrogène, et qu'il offre à l'analyse les mêmes principes presque dans les mêmes proportions. (*V.* PIERRES MÉTÉORIQUES, à l'article FER NATIF).

Leonhard, Reuss, et plusieurs autres minéralogistes, ont indiqué une variété feuilletée de l'olivine; mais d'après Karsten, ils auroient pris pour tel du pyroxène qui effectivement se présente dans certaines laves avec toutes les apparences du péridot. Cependant nous avons vu, dans les laves des îles de Ténériffe et de Bourbon, de gros grains lamelleux d'olivine, ornés de couleurs irisées assez vives. (LN.)

PÉRIDOT DU BRÉSIL. C'est la TOURMALINE VERTE. *V.* TOURMALINE. (LN.)

PÉRIDOT ORIENTAL. C'est le corindon vitreux de la couleur du péridot. *V.* CORINDON. (LN.)

PÉRIFOLLO. C'est le CERFEUIL en Espagne. (LN.)

PERIGONE. Ehrhard a donné ce nom, qui signifie *autour des organes sexuels*, soit à la réunion du calice et de la corolle, soit au calice ou à la corolle seule. Decandolle, et quelques autres botanistes, ont adopté cette dénomination, qui permet d'éviter le reproche fait à Jussieu, d'avoir appelé calice la corolle des liliacées. Lorsque le périgone est double, on joint à ce nom le mot extérieur ou intérieur. *Voyez* BOTANIQUE, PLANTE, FLEUR, PÉRIANTHE, CALICE et COROLLE.

PERIGUEUX ou PIERRE DE PÉRIGORD. C'est le manganèse oxydé terne qui se trouve au Suquet près de Périgueux. *V.* MANGANÈSE OXYDÉ. (LN.)

PÉRILAMPE, *Perilampus,* Latr. Genre d'insectes hyménoptères, sous-famille des chalcidites, ayant pour type le *diplolepis violacea* de Fabricius, mâle de son *D. ruficornis.* Ce genre diffère de ceux de la même division par ses mandibules fortement dentées, et par ses antennes qui sont très-courtes et terminées en une massue épaisse. (L.)

PERILEUCOS. Pierre citée par Pline, et qui paroît avoir été une agate à deux couches, l'une blanche et l'autre brune, dont les couleurs se fondoient par des nuances insensibles. (LN.)

PÉRILLE, *Perilla*. Plante à tige simple, quadrangulaire, hérissée de poils ; à feuilles opposées , pétiolées ; à fleurs petites, blanches, solitaires , ou ternées , disposées en épis et accompagnées de bractées.

Cette plante forme , dans la didynamie gymnospermie et dans la famille des labiées, un genre , dont le caractère consiste en un calice à cinq divisions, la supérieure très-courte ; une corolle à tube courbé , bilabié, à lèvre supérieure droite et à lèvre inférieure trilobée ; le lobe moyen entier ; quatre étamines distantes, dont deux plus courtes ; un ovaire supérieur surmonté d'un style très-profondément bifide : quatre semences renfermées au fond du calice qui persiste.

La pérille est annuelle , et se trouve dans les Indes. On la cultive dans les jardins de Paris. Elle répand , lorsqu'il fait chaud , ou qu'on la froisse, une odeur forte, mais suave , qu'on peut comparer à celle de quelques espèces de basilics. (B.)

PERILLO. L'un des noms espagnols des Chiens bassets. Le Bichon , dans la même langue , est appelé Perillo de falda. (DESM.)

PÉRILOMIE, *Perilomia.* Genre de plantes de la didynamie gymnospermie et de la famille des labiées, établi par Humboldt , Bonpland et Kunth, dans leur grand ouvrage sur les plantes de l'Amérique méridionale. Ses caractères sont : calice campanulé , bilabié , bossu sur le dos ; corolle à tube recourbé , à lèvre supérieure émarginée , et à lèvre inférieure à trois lobes , dont l'intermédiaire est plus grand. Le fruit est entouré d'une membrane.

Ce genre, intermédiaire entre les Basilics et les Toques, renferme deux espèces originaires du Pérou et figurées dans l'ouvrage précité. Ce sont des plantes herbacées , à feuilles opposées , à fleurs écarlates, en grappes axillaires. accompagnées de deux bractées. (B.)

PÉRIMARAM DES MALABARES. *V.* Pongelion. (LN.)

PERIM – CURIGIL (Rhéede, Mal. 6, tab. 24). C'est le *connarus pinnatus*, Linn. Les Brachmanes nomment cet arbre Tali, dénomination sous laquelle Adanson en a fait un genre. (LN.)

PERIM-KARA. *Voyez* Ganitre. (B.)

PERIM – KARA-VALLI. C'est, dans l'Inde, l'Acacie grimpante (*Mimosa scandens*, Linn.). *V.* Entada. (B.)

PERIM – TODDAL. Le Jujubier (*Zyziphus jujuba*, Linn.) porte ce nom dans l'Inde. (B.)

PERIM-TOLASSI. Suivant Rhéede, ce seroit, sur la

côte Malabare , le nom d'un arbuste qui paroît être un Basilic (*Ocymum polystachium*). (LN.)

PERIN-KAIDA-TADDI. Nom Malabare d'une espèce de bacquois. Il en existe un grand nombre d'espèces dans l'Inde, qui nous sont inconnues. La plupart de celles mentionnées par Rhéede, sont dans ce cas. (LN.)

PERIN-PANEL. *V.* Cunto et Kœlpinia. (LN.)

PERIN-TEREGAN. Rhéede figure sous ce nom (Mal. 3, tab. 61) un arbre qui se rapproche beaucoup du *Ficus oppositifolia* , Willd. (LN.)

PÉRINE VIERGE. Nom qu'on donne , dans les parties méridionales de la France, à la résine qui découle naturellement du *Pin* , et qui est la plus pure. *V.* au mot Pin. (B.)

PERINGLEO. C'est , dans nos provinces méridionales, le nom de la *bergeronnette* et de la *lavandière.* (V.)

PERINKARA. Genre établi par Adanson , et qui est le même que l'*elæocarpus* , Linn. *V.* Ganitre; l'un et l'autre ayant pour type le *perin-kara* des habitans du Malabar, (Rhéed., Mal. t. 4, 24.) Cet arbre est le *galidousa* des Brachmanes , et le *veralu* de Ceylan , si toutefois plusieurs espèces ne sont pas confondues sous le nom d'*elæocarpus serratus* , L. (LN.)

PERIOPHTALME, *Periophtalmus.* Genre de poissons établi par Schneider, aux dépens des Gobies , et qui rentre en partie dans les Gobiomores et les Gobiomoroïdes de Lacépède.

Les espèces de ce genre ont la tête toute couverte d'écailles ; les yeux tres-rapprochés et pourvus d'une paupière ; les ouïes à ouvertures très-étroites ; les nageoires pectorales couvertes en partie d'écailles ; les nageoires ventrales réunies complétement ou seulement à la base. Elles vivent toutes dans la mer des Indes, et peuvent sortir de l'eau pendant quelques momens, pour échapper à leurs ennemis, ou chercher les crevettes dont elles se nourrissent. (B.)

PÉRIPE , *Peripea.* Genre de plantes établi par Aublet et conservé par Jussieu , mais qui depuis a été réuni aux Buchnères. (B.)

PERIPHRAGMOS , *Periphragmos.* Genre établi dans la Flore du Pérou. Il ne paroît pas différer de celui appelé Cantu et Vestie. (B.)

PERIPLE , *Periples.* Genre de Coquilles établi par Denys-de-Montfort , aux dépens des polythalames de Soldani. Ses caractères sont : coquille libre , univalve , cloisonnée , recourbée au sommet , droite en s'avançant vers sa base ; ouverture lancéolée , recouverte par un diaphragme bombé ; test arrondi ; dos caréné et armé ; cloisons unies ; siphon inconnu.

Une seule espèce de ce genre est citée dans les écrits des conchyliologistes : elle se trouve dans la mer des Indes et dans la Méditerranée , et fossile près de Sienne; sa longueur n'est qu'une demi-ligne. (B.)

PERIPLOCA. De deux mots grecs qui expriment *autour* et *lien.* Un genre de plantes est ainsi nommé par Tournefort, parce que la tige de l'espèce la plus connue se roule autour des plantes et des corps qu'elle rencontre. Le *periploca* de Tournefort, réuni au genre *asclepias* , comprenoit des espèces des genres *periploca* et *cynanchum* , Linn. Ce nom étoit autrefois l'un de ceux donnés à l'*apocinon* des anciens, que Matthiole, Lobel , etc. , rapportent au *cynanchum erectum.* Césalpin appelle cette plante *periploca repens* , et Lobel, *periploca graeca ;* mais ce n'est point le *periploca graeca* , Linn. : celui-ci est le *periploca* de Césalpin, et le *periploca serpens* de Lobel. Le *cynanchum acutum* , L. , est le *periploca prior* de Dodonée.

Plumier, Dillen, etc. , ont continué, après Tournefort, à donner ce nom à diverses plantes asclépiadées, et surtout à des *cynanchum* et à des *échites.* Le *ceropegia tenuiflora* , L. , fut d'abord placé par lui dans son genre *periploca*, qui comprend des espèces des genres *periploca* et *apocynum* de Tournefort, et qui a fourni à R. Brown les moyens de former les genres OXYSTELMA , SECAMONÉ et HEMIDESMUS. *Voyez* PÉRIPLOQUE. (L.N.)

PERIPLOKADA. Nom que les Grecs modernes donnent au LISERON DES CHAMPS (*Convolvulus arvensis* , Linn.).

PÉRIPLOQUE , *Periploca.* Genre de plantes de la pentandrie digynie, et de la famille des apocinées, dont les caractères consistent : en un calice très-petit et à cinq divisions persistantes ; une corolle en roue, plane, à cinq divisions, et à orifice entouré d'une corolle urcéolée , à cinq divisions (*nectaire* , Linn.), surmontées de cinq soies ; cinq étamines à filamens connivens et velus ; un ovaire supérieur, surmonté d'un style à stigmate à cinq côtes, et muni de cinq petites glandes stipitées ; deux follicules oblongs, ventrus , renfermant un grand nombre de semences imbriquées, aigrettées et attachées à un placenta filiforme.

Ce genre renferme des arbrisseaux laiteux , ordinairement volubles ou grimpans, à feuilles opposées et à fleurs presque disposées en corymbes axillaires ou terminaux. On en compte une quinzaine d'espèces , dont les plus importantes sont :

La **Périploque grecque**, qui a les fleurs terminales et hérissées en dedans. Elle vient de Syrie et de Sibérie. On la cultive dans les jardins de Paris; elle pousse un très-grand nombre de rameaux très-flexibles, garnis de feuilles lancéolées d'un vert luisant, et terminés par des fleurs d'une couleur sombre. Elle est très-propre à couvrir des tonnelles; mais l'odeur seule de ses fleurs, pendant la chaleur, fait soupçonner qu'on ne doit pas rester long-temps dans l'atmosphère de ses émanations.

La **Périploque de l'Inde** a les fleurs en épis imbriqués, les feuilles elliptiques, obtuses, mucronées, la tige glabre; elle croît dans l'Inde et à Ceylan. R. Brown en a fait un genre qu'il a nommé **Hemidesme**.

La **Périploque émétique** a les fleurs paniculées, intérieurement hérissées de poils, et les feuilles lancéolées elliptiques. Elle croît en Egypte et dans l'Arabie. On en tire une gomme-résine presque semblable à la *scammonée*, et qui sert, comme celle que fournissent le **Liseron scammonée** et le **Cynanque de Montpellier**, à purger les humeurs bilieuses; mais depuis que la *scammonée du liseron*, qu'on appelle *scammonée d'Alep*, a pris la prépondérance dans le commerce, on n'en apporte plus guère de celle d'Egypte. R. Brown fait servir cette espèce de type à son genre **Scammonée**.

La **Périploque esculente** a les fleurs glabres, en grappes axillaires, et les feuilles linéaires-lancéolées et veinées. Elle se trouve dans l'Inde. On en mange les feuilles en guise de potage, quoique celles des autres espèces paroissent vénéneuses. Elle constitue, suivant R. Brown, un nouveau genre qu'il a appelé **Oxystelme**. (B.)

PERIPER. C'est, dans Rhéede, le **Delime sarmenteux**. (B.)

PERISPERME. Partie différente du reste de la graine, et qui, comme le nom l'indique, entoure le germe.

Les botanistes modernes mettent une très-grande importance à l'étude du *périsperme* pour l'établissement des familles de plantes; et, en effet, il paroît peu varier dans les plantes qui se rapprochent par l'ensemble de leurs autres caractères; et sa nature, sa forme, sa position, diffèrent beaucoup dans celles qui s'éloignent le plus. Il est, par exemple, corné dans les **Rubiacées**, farineux dans les **Graminées**; mucilagineux dans les **Convolvulacées**. On reconnoît, généralement, qu'il sert, comme le jaune de l'œuf, à la nourriture du germe de la plante qui se développe: cependant il est des observations qui constatent qu'il ne peut remplir cet objet dans certaines familles. Correa de Serra croit qu'il n'est que le superflu de la matière qui a servi à former l'**Embryon**. (B).

PERISSON. C'étoit, chez les Grecs, l'un des noms de la BELLADONE (*Atropa belladona* , Linn.). (LN.)

PÉRISTÉDION , *Peristedion*. Genre de poissons, établi par Lacépède, dans la division des THORACIQUES, pour placer deux espèces du genre des TRIGLES de Linnæus , qui ne convenoient pas complétement avec les autres.

Ce nouveau genre offre pour caractères : des rayons articulés, et non réunis par une membrane auprès des nageoires pectorales; une seule nageoire dorsale ; point d'aiguillon dentelé sur le dos; une ou plusieurs plaques osseuses au-dessous du corps.

La première espèce est le PÉRISTÉDION-MALARMAT, *Trigla cataphracta*, Linn., qui a le corps octogone et entièrement cuirassé. (*Voy*. pl. M, où elle est figurée). On la trouve dans la Méditerranée et dans la mer des Indes. Sa plus grande longueur est d'environ deux pieds. Elle se nourrit de vers et de plantes marines. Sa chair est dure et sèche.

La tête du *péristédion malarmat* est entourée en dessus d'une seule écaille armée d'aiguillons ; sa mâchoire supérieure est rugueuse, et se termine par une fourche composée de deux appendices osseux, larges et plats, ce qui lui a valu le nom de *fourche marine*. Sa bouche est grande et dépourvue de dents ; le menton est muni de beaucoup de barbillons courts et de deux longs ramifiés ; les opercules ne sont formés que d'une lame terminée en pointe ; le ventre est large sur le devant, et l'anus très-près de la tête ; le corps est d'un rouge pâle, ainsi que les nageoires anales et dorsales; les autres sont grises.

Le PÉRISTÉDION CHABRONTÈRE a deux plaques osseuses sous le ventre. Il se trouve dans la Méditerranée ; sa couleur est rouge. Il n'est pas renfermé, comme le précédent, dans une gaîne octogone. (B.)

PÉRISTÉRÉON ou PERISTERION. L'HERBE SACRÉE ou la VERVEINE, et la FUMETERRE, recevoient ces noms chez les Grecs, mais spécialement la première de ces plantes. *Voyez* HIÉROBOTANE et VERBENA. (LN.)

PÉRISTÈRES. Nom de la famille des *pigeons* dans la Zoologie analytique de M. Duméril. (V.)

PÉRISTERONA. Anguillara prétend que cette plante, mentionnée par Crateva, médecin grec, est le *chamæpitys* (*Teucrium chamæpitys*, Linn.). (LN.)

PÉRISTHERA, PÉRISÉHEROS. Noms grecs du PIGEON. (V.)

PÉRISTOMION , *Peristomium*. Genre établi par Robert Brown dans la famille des mousses. Il offre pour caractères : une capsule oblongue sillonnée; un opercule he-

misphérique, sans pointe ; un péristome simple , membraneux , entier.

Trois espèces originaires de la Nouvelle-Hollande , et
une de l'Amérique septentrionale, sont rapportées à ce genre
par son auteur. (B.)

PÉRITOINE. Membrane séreuse dans laquelle sont
contenus les viscères abdominaux , où tout le tube intestinal,
ainsi que les organes de la génération , puisque les testicules,
dans l'appendice scrotal , sont aussi contenus dans le sac
péritonéal. *Voyez* au mot MEMBRANE. (V.)

PERITRESA. L'un des anciens noms grecs de l'ASARUM
ou CABARET. (LN.)

PERJE-AITTYO. Nom d'une espèce de JONCS, (*Juncus
pilosus* , Linn.), en Hongrie. (LN.)

PERISTOME. Nom de la bordure qui se remarque autour de l'ouverture des URNES de la plupart des MOUSSES ,
et qui est composée par des DENTS, lorsqu'elle est extérieure,
et par des CILS, lorsqu'elle est intérieure. Quelquefois cette
bordure est double, et alors est , par conséquent, composée
de dents et de cils.

Les considérations tirées du *péristome* servent beaucoup
à la formation des genres des MOUSSES , et à la détermination de leurs espèces. *Voy.* ce mot. (B.)

PERLAIRE. *V.* OBSIDIENNE PERLÉE. (LN.)

PERLAIRES , *Perlariæ* , Lat. Famille d'insectes. *Voyez*
PERLIDES. (L.)

PERLARIA. Ce genre, établi par Heister , est rapporté
à l'*ægylops* par Adanson. (LN.)

PERLARIUS. Dans le volume IV de l'Herbier d'Am-
boine, pl. 56 et 57, on trouve incomplètement figurés , sous
le nom de *Perlarius* , deux arbrisseaux qui croissent dans les
Indes orientales. L'un d'eux est rapporté par Loureiro à son
Dartus perlarius : c'est celui de la pl. 57 (*Perlarius alter* ,
Rumph.). (LN.)

PERLARO. Le MICOCOULIER austral reçoit ce nom en
Italie. (LN.)

PERLBOHNEN. Les Allemands connoissent, sous ce
nom, les graines du HARICOT NAIN (*Phaseolus nanus* , L.).
(LN.)

PERLE , *Perla.* Ce mot rappelle ces globules plus ou
moins gros, plus ou moins réguliers , d'un blanc argentin ,
que la beauté recherche dans tous les pays , même chez les
peuples les plus sauvages, comme objet de parure, et que
parmi nous le luxe paye souvent des prix considérables.

Les perles se trouvent toujours dans des coquilles bivalves, et ne diffèrent point, quant à leur composition, de la substance même de la coquille. Elles ne sont donc composées que de terre calcaire unie à une certaine portion de gluten animal. *V.* au mot COQUILLE.

Dans les temps où l'on cherchoit à expliquer la nature sans l'étudier, on a enfanté des systèmes plus absurdes les uns que les autres, pour rendre raison de la formation des perles. Il est inutile de rappeler les erreurs de nos pères à ce sujet. Aujourd'hui on sait, par expérience, qu'elles ne sont qu'une extravasation contre nature du suc lapidifique contenu dans les organes de l'animal, et filtré par ses glandes (*V.* au mot COQUILLAGE); que ce sont des globules formés par couches peu épaisses, concentriques, avec plus ou moins de régularité. Aussi, pour une perle que l'on trouve parfaitement ronde et libre entre les membranes du manteau de l'animal, on en rencontre mille d'irrégulières, semblables à des verrues attachées à la nacre. Elles deviennent quelquefois si grosses et si nombreuses, que l'animal ne peut plus fermer sa coquille et périt. Les plus petites s'appellent *semence de perle.*

Toutes les coquilles bivalves, dont l'intérieur est nacré, peuvent donc produire et produisent en effet des perles ; mais celles qui en fournissent le plus communément sont, dans l'ordre de leur importance, l'AVICULE PERLIÈRE, l'AVICULE HIRONDE, et autres espèces de ce genre ; la PINNE MARINE et la MULETTE MARGARITIFÈRE. *V.* ces mots.

La couleur des perles dépend absolument des sucs qui les ont formées. Elles sont en conséquence d'un blanc argentin brillant dans les AVICULES PERLIÈRES, brunâtres dans les PINNES, verdâtres dans les MULETTES ; mais il arrive quelquefois qu'elles sont jaunes, enfumées, et même noires. Ces dernières, comme plus rares, se vendent beaucoup plus cher, quoique réellement moins belles que les communes.

Réaumur a donné, dans les *Mémoires de l'Académie des Sciences*, année 1717, la théorie de la formation des perles, appuyée d'expériences qui laissent peu de chose à desirer à cet égard.

Les perles se trouvent dans toutes les mers et dans les eaux douces ; mais les plus belles se pêchent dans les parties les plus chaudes de l'Inde et de l'Amérique, lieux qu'habite exclusivement l'AVICULE PERLIÈRE, *Mytilus margaritiferus* de Linnæus. (*V.* au mot AVICULE.) Quant à la pêche de cette même coquille sur les côtes d'Amérique, on ne la connoît que de nom ; personne ne l'a décrite.

Les anciens croyoient, et les Arabes croient encore, que

plus il pleut, plus la récolte des perles est abondante. Il paroît constant, au rapport de Morier, *Voyage en Perse*, que les environs de l'île de Bahrein, dans le Golfe Persique, offrent le banc d'huîtres à perles le plus abondant du monde. Au rapport de Kempfer, l'AVICULE, dont on retire les perles au Japon, est plus petite et moins épaisse que celle du Golfe Persique, et cependant les perles qu'elle fournit sont plus grosses. Aujourd'hui, c'est autour de l'île de Ceylan que se font les plus importantes pêches de perles. Mais comme elles ne sont retirées de la coquille que lorsque l'animal est pourri, elles sont sujettes à s'écailler; celles provenant du Golfe Persique n'ont pas cet inconvénient. Toutes perdent, jusqu'à cinquante ans, et de leur couleur et de leur poids, les perles de Ceylan plus que celles du Golfe Persique; après quoi elles restent stationnaires.

Plus les huîtres à perles sont pêchées à une grande profondeur, et plus elles sont grosses; ce qui s'explique, parce qu'elles sont plus vieilles. Les plongeurs craignent les dangers de leur pêche à plus de cinq à six brasses.

Il a été dit plus haut qu'on trouvoit fréquemment des perles dans la *mulette margaritifère;* mais ces perles sont presque toujours adhérentes à la coquille. Linnæus, qui avoit remarqué que l'animal formoit ces tubercules pour mettre obstacle à la perforation de sa coquille, par les vers qui vivent aux dépens de sa chair, avoit imaginé, pour leur en faire produire à volonté, de les percer avec une tarière. Ce moyen, dont le gouvernement de Suède a fait long-temps un secret, a réussi jusqu'à un certain point; mais le nombre des perles marchandes qu'il fournissoit étoit si peu considérable; que la dépense l'emportoit sur la recette; et le projet a été abandonné.

Pour qu'une perle soit d'une grande valeur, il faut qu'à une grosseur considérable et une rondeur parfaite, elle joigne un poli fin, une blancheur éclatante, et un luisant qui la fasse paroître transparente sans l'être. Quand elle réunit ces qualités, on dit qu'elle est d'*une belle eau*, qu'elle a *un bel orient*.

On appelle *loupe* ou *coque de perle*, un tubercule nacré, composé de plusieurs autres. Les perles irrégulières sont appelées *baroques*, et les très-grosses *parangonnes*.

Les perles les plus grosses qu'on ait remarquées, sont : celle qui fut présentée à Philippe II, en 1579; elle étoit de la grosseur d'un œuf de pigeon, et venoit de Panama. Sa forme étoit celle d'une poire. On l'estimoit à cette époque 100,000 francs, ce qui équivaudroit aujourd'hui à près d'un

million. Tavernier a vu, en 1633, entre les mains de l'empe-
reur de Perse, une perle qui avoit été achetée, dit-il, 110,400
liv. sterlings somme si énorme, qu'on n'ose la croire vraie.
Pline évalue la fameuse perle que Cléopâtre but par vanité,
après l'avoir fait dissoudre dans du vinaigre, a un repas
qu'elle donnoit à Antoine, à une somme encore plus exagé-
rée, puisqu'elle se porte à 250,000 livres sterling, qui, à
22 francs la livre sterling, feroit 5 millions 500,000 livres de
notre monnoie.

Les perles se montent en pendans d'oreilles. On les perce
pour en faire des colliers, des bracelets, et autres ornemens
de parure recherchés par les femmes. Les plus petites servent à broder des robes, des bonnets, etc. Il est vrai de
dire qu'elles parent beaucoup mieux la beauté que les pier-
reries, qui, par leur éclat, lui nuisent presque toujours.
L'art du joaillier sait tirer parti des plus difformes et des
plus petites.

On se sert des plus petites perles en médecine. Je dis *on
se sert*, mais j'aurois dû dire *on se servoit*, car le progrès des
lumières a appris qu'elles n'avoient pas plus de vertu que la
craie la plus commune, ç'est-à-dire qu'elles ne sont qu'absorbantes.

On les employoit aussi autrefois à faire du fard ; aujour-
d'hui on leur substitue la craie de Briançon et autres substances terreuses moins chères, et aussi appropriées à cet objet.

(B.)

PERLE. Nom vulgaire d'une PORCELAINE (*Cypræa glo-
bulus*, L.). (DESM.)

PERLE, *Perla*, Geoff., Deg., Oliv.; *Phrygunea*, Linn.;
Semblis, Fab. Genre d'insectes, de l'ordre des névroptères,
famille des planipennes, tribu des perlides, ayant pour
caractères : tous les tarses à trois articles ; ailes couchées
horizontalement sur le corps ; premier segment du tronc
grand, sous la forme de corselet ; antennes sétacées, multiarticulées ; mandibules presque membraneuses ; labre peu
apparent ; deux longs filets à l'anus.

Les *perles* ont le corps étroit, allongé, déprimé ; la tête
aplatie partout, avec les antennes sétacées ; trois petits
yeux lisses, écartés ; le corselet carré ; les ailes longues, un
peu obscures, couchées horizontalement sur le corps ; les
pattes courtes et l'abdomen terminé par deux filets.

Plusieurs naturalistes ont confondu les *perles* avec les *fri-
ganes* auxquelles elles ressemblent par les antennes, et par
la manière dont elles vivent sous la forme de larve ; mais leur
corselet aplati et les filets de leur abdomen les distinguent au

premier coup d'œil de ces insectes ; les *perles* ont d'ailleurs des mandibules perceptibles, et leurs tarses ne sont que de trois articles ; les deux premiers articles de ces tarses sont courts, et la lèvre supérieure est presque nulle ; ce qui les sépare des *némoures*, genre de la même famille, et que Degéer nomme *fausse-frigane*.

Leurs larves, comme celles des *frigapes*, vivent dans l'eau, où elles se nourrissent de petits insectes aquatiques. Elles ont le corps allongé, composé de plusieurs anneaux ; la tête écailleuse, et six pattes. Elles s'enferment dans un fourreau de soie, ouvert aux deux bouts, qu'elles recouvrent de différentes matières, et le transportent partout avec elles. C'est dans ce fourreau qu'elles subissent leur métamorphose. Avant de se changer en nymphe, la larve ferme les ouvertures des deux extrémités de son habitation, avec plusieurs brins de soie qui forment une espèce de grille à chaque bout. Cette grille, d'un tissu peu serré, donne passage à l'eau que la nymphe a besoin de respirer, et la met à l'abri des insectes voraces auxquels elle ne pourroit échapper sans cette précaution. Elle reste peu de temps sous cette forme. Avant sa dernière métamorphose, elle brise une des grilles de son fourreau, afin d'en sortir facilement quand elle sera devenue insecte parfait. En quittant leur dépouille de nymphe, les *perles* deviennent habitantes de l'air ; elles s'éloignent peu des eaux, parce que les femelles y déposent leurs œufs après qu'elles se sont accouplées.

Ces insectes forment un genre peu nombreux en espèces ; on les trouve presque toutes aux environs de Paris. Les deux espèces suivantes sont les plus remarquables par le fourreau que font leurs larves.

PERLE JAUNE, *Perla lutea*, Geoff. ; *Semblis viridis*, Fab. Cette *perle* est une des plus petites de ce genre ; elle a les antennes jaunes avec l'extrémité brune, les yeux noirs, la tête et le corselet jaune ; les ailes pâles, une fois plus longues que le corps. Sa larve recouvre son fourreau avec les feuilles de la lentille d'eau, qui se trouve à la surface des eaux dormantes : elle coupe ses feuilles en petits carrés, et les arrange de manière que son fourreau ressemble à un petit cylindre sur lequel seroit roulé un ruban vert. On la trouve au bord des eaux.

PERLE BRUNE, *Perla bicaudata*, Geoff. ; *Phryganea* (*Semblis*, Fab.) *bicaudata*, Linn. (pl. G, 43, 5, de cet ouvrage). Elle est beaucoup plus grande que la précédente, entièrement de couleur brune, avec quelques lignes jaunes sur la tête et le corselet ; les deux filets de son abdomen sont de la longueur de son corps. Sa larve fait un fourreau semblable à celui de la larve de la *perle jaune*. On la trouve au printemps au bord des eaux. (L.)

PERLE-ROUX. On appelle ainsi, en Italie, un petit agaric d'un très-bon goût. C'est celui qui est décrit dans Michelli sous le n.° 16, pag. 156. (B.)

PERLENKUPFER (CUIVRE PERLÉ). On donne, en Allemagne, ce nom au CUIVRE natif granuliforme et éclatant. (LN.)

PERLENMUTTERSPATH. On nomme ainsi, au Hartz, une variété de chaux carbonatée en section de prisme hexaèdre très-mince, avec des reflets perlés. (LN.)

PERLENMUTTERSTEIN des Allemands. Variété de chaux carbonatée concrétionnée ou *albâtre*, qui a l'aspect nacré ou perlé. (LN.)

PERLIC. Nom languedocien de la PERDRIX. (DESM.)

PERLIDES , *Perlides*. Tribu d'insectes de l'ordre des névroptères , que j'avois désignée sous le nom de *perlaires*. Elle est distinguée des autres tribus de la famille des planipennes (*voyez* ce mot) par les caractères suivans: premier segment du tronc grand, sous la forme de corselet, les autres recouverts ; ailes couchées horizontalement sur le corps : les inférieures repliées ou courbées au côté interne ; leur réseau, ainsi que celui des supérieures , formé de mailles grandes et peu serrées ; palpes maxillaires ou moins avancés, terminés par un ou deux articles plus grêles que les précédens , et dont le dernier souvent plus court ; tous les tarses à cinq articles (deux filets à l'anus, dans le plus grand nombre).

Ces insectes sont aquatiques dans leur enfance, et composent les genres PERLE et NEMOURE. (L.)

PERLIÈRE (MOULE) *Voyez* AVICULE. (DESM.)

PERLIÈRE. C'est le GNAPHALE MARITIME. (B.)

PERLIÈRE. Le GRÉMIL et le GNAPHALE des jardins portent aussi ce nom. (LN.)

PERLITE. *V.* OBSIDIENNE PERLÉE. (LN.)

PERLIU. Nom catalan de la PERDRIX BARTAVELLE, selon Barrère. (V.)

PERLKRAUT. Nom allemand du SCLÉRANTE VIVACE. (LN.)

PERLLAUCH. C'est le POIREAU, en Allemagne. (LN.)

PERLMUTTEROPAL. Chez les Allemands, c'est le nom du QUARZ AGATHE CACHOLONG. (LN.)

PERLON. Poisson du genre des SQUALES. — On donne aussi ce nom aux TRIGLES GRONDIN et HIRONDELLE. (B.)

PERLSALZ. Dans les mines de sel gemme de la Galicie, on donne ce nom à une variété de muriate de soude, formée par des petits grains globuliformes ou arrondis, qui ont l'aspect luisant des perles. (LN.)

PERLSAND (*sable perlé*). C'est ainsi que les Allemands désignent un GRÉS sans consistance, ou plutôt une simple agglutination de sable par pression dont les grains se detachent très-aisement et brillent comme de petites perles. (LN.)

PERLSCHLACKE. Ce nom est appliqué par Gmelin à une OBSIDIENNE GRANULIFORME; et, par Suckow, au QUARZ HYALIN CONCRÉTIONNÉ, ou *hyalite*. (LN.)

PERLSINTER, QUARZ HYALIN CONCRÉTIONNÉ. Il est réniforme, d'un blanc jaunâtre ou grisâtre et perlé. Il se trouve dans l'île Féroë. (LN.)

PERLSPATH des Allemands. C'est le SPATH PERLÉ ou la chaux carbonatée ferro-manganésifère. (LN.)

PERLSTEIN. C'est le nom que les minéralogistes allemands donnent à l'*Obsidienne perlée* (voyez cet article). Le *Perlstein porphyr* est le même minéral lorsqu'il offre des cristaux de feldspath ou de mica. Il s'appelle PERLITE lorsqu'il est formé de petits grains ronds vitreux; SPHÉRULITE lorsque ces grains sont ternes, presque opaques et décomposables en petites écailles. (LN.)

PERLSTEIN DU HARTZ. M. Beurard nous apprend que c'est une espèce de *roche amygdaloïde* secondaire, dont la base est un trapp brun, et les globules de la chaux carbonatée lamellaire transparente. (LN.)

PERLSTEIN PUMICIFORME. C'est une variété d'OBSIDIENNE PERLÉE passant à la ponce. (LN.)

PERLSTONE, Jameson. *Voyez* OBSIDIENNE PERLÉE. (LN.)

PERLURES. Les chasseurs donnent ce nom aux inégalités que l'on remarque dans le long du merrain et des andouillers de la tête des ruminans du genre des cerfs, tels que le cerf proprement dit, le chevreuil, le daim, etc. (DESM.)

PERMENTON et REALGORA. Selon Plukenet et Ventenat, on donne ces noms, aux îles Canaries, à une espèce de MORELLE (*solanum vespertilio*, Wild.). (LN.)

PERNAK. Au Groënland, c'est le CACHALOT A DENTS PLATES de Brisson.. (DESM.)

PERNE, *Perna*. Genre de coquilles de la classe des BIVALVES IRRÉGULIÈRES, qui renferme des coquilles aplaties, à charnière composée de plusieurs dents linéaires parallèles, non articulées, rangées sur une ligne droite transverse.

Ce genre, qu'il ne faut pas confondre avec celui auquel Adanson a donné le même nom, et qui est composé de MOULES, de PINNES et de CAMES de Linnæus, avoit été placé parmi les HUÎTRES par ce dernier naturaliste, à raison de sa charnière sans dents. Bruguières, et après lui Lamarck, l'en ont, avec raison, séparé, puisque les sillons perpendiculaires et très-prononcés qu'il montre à sa charnière, n'existent pas dans les HUÎTRES. *V.* ces mots.

Les pernes sont donc des coquilles minces, plates, à surface inégale, ordinairement allongées et de forme bizarre, dont les valves sont irrégulières ou varient dans tous les individus. Leur charnière est fermée par un ligament qui s'attache dans les intervalles des dents, et qui ne permet pas, par sa grosseur, qu'elles s'articulent les unes dans les autres. Ces dents sont plus ou moins nombreuses, plus ou moins longues, plus ou moins grosses, mais toujours parallèles. Un peu au-dessus de la charnière, la coquille est d'un côté légèrement baillante, pour laisser passage à un byssus qui sert à la fixer aux rochers.

Ce genre contient des coquilles assez rares, qu'on ne trouve que dans les mers des parties les plus chaudes de l'Asie et de l'Amérique. Leur animal n'est pas connu : il doit se rapprocher beaucoup de celui des marteaux et des pinnes, avec lesquelles les pernes ont beaucoup de rapports.

On trouve une douzaine de pernes décrites ou figurées dans les auteurs. Les plus remarquables d'entre elles sont :

La PERNE OVALE, dont les valves sont égales, presque ovales, lamellées, avec un prolongement court, droit et ouvert. Elle se trouve dans la mer des Indes, ainsi que dans celle de l'Amérique.

La PERNE ISOGONE a les valves égales et le lobe latéral plus long que l'autre. (*Voy.* pl. M. 12, où elle est figurée.) Elle se trouve dans la mer des Indes et dans celle d'Amérique.

La PERNE DE TRANQUEBAR est figurée pl. 114 des Mélanges de Zoologie de Léach.

La PERNE SELLE DE CHEVAL, *Perna epiphium*, a les valves égales, orbiculaires, comprimées et membraneuses. Elle se trouve dans la mer des Indes et au Cap de Bonne-Espérance. (B.)

PERNES. Nom grec d'une sorte d'oiseau de proie, selon Aristote, et que M. Cuvier a imposé à sa division des BONDRÉES. (V.)

PERNETYA. Scopoli donne ce nom au genre *canorína de* Linnæus, que Tournefort avoit confondu avec le *campanula*, dont il diffère par la présence en plus d'une sixième partie dans les organes de la fructification. (LN.)

PERNIS. C'est, en Piémont, la PERDRIX GRISE. (V.)

PERNIS BIANCA. Un des noms piémontais du LAGO-PÈDE. (V.)

PERNIS D'MAR. Les Piémontais donnent ce nom à la PERDRIX DE MER. (V.)

PERNISSE. Un des anciens noms de la PERDRIX ROUGE. (V.)

PÉRODELL. L'un des noms de la TOPAZE JAUNE DU BRÉSIL. (LN.)

PEROJOA, *Perojoa*. Arbrisseau de deux pieds de haut, à feuilles nombreuses, très-petites, imbriquées sur la tige, à fleurs rougeâtres disposées en têtes terminales, qui forme un genre dans la pentandrie monogynie, et dans la famille des bicornes.

Ce genre, qui a été établi par Cavanilles, offre pour caractères : un calice double persistant, l'extérieur de trois folioles aiguës, concaves et très-petites, l'intérieur de cinq folioles carinées en alène et plus longues ; une corolle monopétale évasée, à limbe à cinq divisions velues ; cinq étamines très-courtes ; un ovaire supérieur ovale, à style court et à stigmate simple ; une capsule ovale, uniloculaire, contenant une seule semence oblongue.

Le *pérojoa* croît à la Nouvelle-Hollande. Il se rapproche des EPACRIS et des STYPHÉLIES. Il entre dans le genre LEUCOPOGON de R. Brown. (B.)

PÉROLA. Plante figurée par Rumphius, pl. 148, tom. 5, de l'*Herbier d'Amboine*. C'est la MOMORDIQUE ANGULEUSE. (B.)

PÉROLE. Synonyme de BLUET. (B.)

PERONÉE, *Peronæa*. Genre de vers mollusques établi par Poli, dans son ouvrage sur les testacés des mers des Deux-Siciles. Ses caractères consistent à avoir : deux siphons très-longs ; les branchies écartées ; le bord du manteau garni de cils, se changeant, sous les siphons, en deux lèvres épaisses, musculeuses, réunies ; un pied lancéolé.

Il a pour type les animaux des TELLINES et des DONACES, qui sont figurés, avec leur anatomie complète, pl. 14 et 15 de l'ouvrage cité plus haut. (B.)

PÉRONIE, *Peronia*. Plante vivace à feuilles ovales aiguës, engaînantes par la base de leur pétiole, à fleurs bleues, disposées en épi composé, qui, seule, constitue un genre dans la monandrie monogynie, et dans la famille des balisiers.

Les caractères de ce genre sont : calice à trois folioles ; corolle de six pétales, dont trois inférieurs réunis par leur base ; nectaire campanulé, fendu en son bord supérieur et pourvu d'un anthère sur le bord de la fente ; style en spirale se recourbant dans le nectaire.

On ignore le lieu natal de cette plante, qu'on cultive au jardin du Muséum de Paris, et qui est figurée pl. 341 de l'ouvrage de Redouté sur les *liliacées*. (B.)

PEROT. Nom que le peuple donne aux PERROQUETS. (S.)

PEROT. *V.* PARROT. (B.)

PÉROTE., *Perotis.* Genre de plantes de la triandrie digynie et de la famille des graminées ; qui présente pour caractères : une balle florale de deux valves égales, aristées et enveloppées de longs poils ; point de corolle ; trois étamines ; un ovaire surmonté de deux styles ; une semence enveloppée dans la balle florale.

Ce genre est composé de deux espèces qui faisoient ci-devant partie du genre CANAMELLE, et qui viennent de l'Inde : l'une est le *saccharum spicatum*, et l'autre le *saccharum paniceum*. *V.* CANAMELLE. (B.)

PÉROTRICHE , *Perotriche.* Plante dont la patrie est inconnue, et qui sert de type à un nouveau genre de la syngénésie agrégée, et de la famille des synanthérées, selon H. Cassini. Ce botaniste lui attribue pour caractères : calice composé de huit écailles inégales, scariuculées en leurs bords, spinescentes à leur sommet, et renfermant une seule fleur régulière et androgyne ; des étamines à anthères appendiculées ; point d'aigrette.

La PÉROTRICHE TORTILE a la tige ligneuse, cotonneuse ; les feuilles alternes, rapprochées, linéaires, tordues en spirale, spinescentes au sommet ; les fleurs jaunes, rapprochées en tête terminale, entourées de feuilles. Elle se rapproche du STŒBÉ et des SERIPHIONS. (B.)

PEROUASCA , *Mustela sarmatica* , Linn. Mammifère carnassier, digitigrade, du genre des MARTES , qui se trouve en Sibérie , et qui fournit une fourrure très-agréablement variée de brun, de fauve et de blanchâtre. Il est figuré pl. M. 14 de ce Dictionnaire. (DESM.)

PERPEIRE. Dans le midi de la France , on appelle de ce nom un poisson du genre PLEURONECTE. (DESM.)

PERPENSA. L'un *des anciens noms* de l'ASARUM ou CABARET, chez les Grecs. (LN.)

PERPENSUM. Genre établi par Burmann (*Prod. Fl. cap.* 26) et qui est appelé *gunnera* par Linnæus. Depuis, on y a joint le genre *misandra* de Commerson, et le *pahke* de Feuillée qui s'y rapportoit. (LN.)

PERREGIL et PERREXIL. Noms portugais du PER-SIL. (LN.)

PERRICHE. *V.* l'article PERROQUET. (V.)

PERRIQUE. Nom ancien des PERRUCHES. (V.)

PERRIERE. Nom trivial qu'on donne, dans quelques contrées de la France, aux *carrières de pierre*, et même aux MINES DE HOUILLE. (PAT.)

PERRO. Nom espagnol du CHIEN. (DESM.)

PERROCKEET. Nom anglais des PERRUCHES. (V.)

PERRON A ÉTAGES. Nom vulgaire de l'AQUILLE CUTACÉ, *Murex cutaceus.* (B.)

PERROQUET. Un ALOÈS porte vulgairement ce nom.

PERROQUETS ou **PSITTACINS**, *Psittacini.* De tous les animaux que nourrit la terre, il n'en est point qui aient autant frappé d'admiration l'esprit humain, que ceux qui paroissent s'approcher de plus près de sa nature, et se comparer en quelque sorte au roi de la terre par leurs attributs. Les *singes* parmi les mammifères, et les *perroquets* dans la classe des oiseaux, ces deux familles si analogues entre elles, et si voisines de l'homme corporel, ont tant de rapports avec lui, qu'il semble avoir de tout temps admis cette espèce d'alliance.

Le *singe*, par sa forme presque humaine, par ses gestes, sa démarche, la grossière ressemblance de sa face, de ses parties sexuelles, par la situation analogue de tous ses organes avec les nôtres, par l'écoulement périodique des femelles, et surtout par l'usage des mains, un certain air d'intelligence et par des actions imitatrices des nôtres, a été regardé comme une espèce d'homme imparfait et sauvage. S'il eût reçu le don de la parole comme le *perroquet*, il eût passé pour un véritable homme aux yeux de la multitude, qui juge plutôt d'après l'extérieur que d'après un examen réfléchi. *Voyez* ORANG-OUTANG et SINGES. Le *perroquet* est dans l'ordre des oiseaux ce que le *singe* est dans celui des quadrupèdes vivipares. Il semble même se lier davantage avec nous que le *singe*, parce que les communications de la parole sont encore plus intimes que celles des gestes seuls.

D'ailleurs, la parole est l'expression de la pensée, tandis que le geste n'est souvent que la démonstration des besoins ; celui-ci est tout physique, l'autre appartient à l'esprit.

Il ne faut pas supposer cependant que la voix articulée du *perroquet* soit une preuve de la supériorité de son intelligence sur celle des autres animaux, et de son analogie avec celle de l'homme. Nous avons toutefois observé que, dans la classe des oiseaux, les *perroquets* montrent le cerveau le plus perfectionné ; ainsi les lobes antérieurs de ses hémisphères sont plus prolongés que dans les rapaces ; leur encéphale est plus large et plus aplati que long. Il y a seulement un point de contact entre les intelligences, mais non pas une ressemblance : c'est en quelque sorte une imitation machinale. Le *perroquet* articule des mots, mais ce n'est pas un vrai langage. De même qu'on apprend un air à une *linote* avec une serinette, on apprend au *perroquet* un mot qu'il répète sans savoir pourquoi ; il n'en comprend pas la signification : s'il sait le répéter dans certaines occasions, parce qu'on le lui a enseigné, il n'en voit pas la raison comme l'homme. Il dit indifféremment une prière et une injure, et ses *quiproquo* involontaires prouvant son défaut d'intelligence, passent chez des personnes irréfléchies pour un trait d'esprit, une marque d'ironie, ou toute autre chose dont il est très-incapable.

Car il y a deux sortes d'imitations, l'une qui est toute physique, et qui dépend de la similitude de l'organisation ; l'autre qui est le fruit de la réflexion, de la volonté et de l'intelligence. Le *singe*, le *perroquet*, ont la première espèce d'imitation ; l'homme seul a la seconde. L'une n'exige que de la mémoire et une aptitude de fonctions organiques ; l'autre demande une étude approfondie, comme celle des comédiens et des tragédiens. Il ne suffit pas, en effet, de copier l'extérieur, comme fait la bête ; il faut de plus mouler son âme sur celle de son modèle ; or, quel animal peut jamais élever son intelligence à la hauteur de celle de l'homme ?

Cette imitation diffère encore en un point bien essentiel : c'est qu'étant toute physique chez les animaux, elle périt avec les individus, et ne se transmet point par l'éducation, ou plutôt il n'y a pas de véritable transmission dans l'animal. Un *chien* bien élevé n'apprend pas de lui-même à ses petits tout ce qu'il a reçu de la main et de l'intelligence de l'homme ; il meurt, et tout périt avec lui : les seules qualités inhérentes à l'espèce persistent. Mais il en est tout autrement dans l'homme. Son existence morale est agrandie de toute celle des siècles passés et des âges contemporains. Il ne vit pas isolé et individuellement ; il coexiste par ses connoissances, par ses relations multipliées avec l'espèce entière. Les races ne périssent pas toutes entières , la postérité est héritière de leurs travaux. L'instruction de l'espèce devient celle de l'individu ; notre vie morale s'enfle, pour ainsi dire, de toutes les vies antérieures. C'est surtout à notre longue enfance qu'est due cette perfection morale ; car l'animal, à peine doué de forces suffisantes, abandonne sa famille ; il s'isole et ne se réunit que par des attroupemens, où chacun ne tient à personne. Dans l'espèce humaine, au contraire, les besoins, multipliés par une longue impuissance de vivre solitaire, augmentent les rapports moraux et les lumières de l'intelligence de chaque individu.

Ce ne sont pas les seuls *perroquets* qui peuvent articuler des voix (*Voy.* les articles Voix et Chant) ; les *pies*, les *geais*, le *merles*, les *choucas*, le *sansonnets*, et même de petits oiseaux, peuvent imiter plus ou moins la parole humaine, parce que leurs organes s'y prêtent assez facilement. Ils ont un larynx inférieur compliqué, et muni en outre de trois muscles particuliers de chaque côté, pour en varier les tons. L'oreille de ces animaux, quoique différente de la nôtre, a pourtant une certaine justesse musicale et une appréhension délicate des sons ; mais souvent les espèces qui articulent le mieux les paroles ont moins d'aptitude pour rendre les sons modulés.

La famille des *perroquets* se distingue de toutes les autres familles d'oiseaux par ses facultés imitatrices, par la beauté de son plumage et sa conformation. Dans toutes ses espèces, on observe un bec fort crochu ; la mandibule supérieure, qui est mobile, emboîte l'inférieure, communément arrondie ; une langue épaisse et analogue à celle de l'homme, excepté aux *loris*, aux *perroquets à huppe* de la Nouvelle-Hollande, qui ont une langue terminée en pinceau ; des pattes dont les doigts sont formés pour grimper, c'est-à-dire deux doigts antérieurs à moitié réunis, et le doigt externe toujours tourné en arrière avec le pouce ; une queue plus ou moins longue, employée au même usage ; des habitudes sociales, l'instinct de vivre en famille, le choix des nourritures de fruits, l'ardeur en amour, la gaîté, la joie bruyante, la gentillesse, les éclatantes couleurs du plumage, tout est digne de remarque dans ces charmans oiseaux. Ils portent leurs alimens à leur bec avec leurs pieds, et ils s'aident toujours de ce bec pour grimper. S'ils tiennent quelque fruit dans leur bec, ils s'appuient contre les branches au moyen de la mandibule inférieure. Les espèces à queue longue et roide, taillée en coin, comme les *aras*, appuient aussi cette queue contre les troncs d'arbres pour se soutenir. Leur sternum est fort long et sans échancrure ; la carène en est plus relevée en haut que dans les rapaces ; leur os tarsien et métarsien est aussi plus court. Leur vol est borné et tournoyant ; ils posent leur nid dans des trous d'arbres, et ne peuvent guère se reproduire que dans des contrées ou des températures chaudes. Aussi tous les *perroquets* sont habitans des tropiques, et ils les dépassent rarement, excepté dans quelques émigrations pendant l'été ; car ils vont par troupes recueillir, de contrées en contrées, les tributs du règne végétal. Ils vivent de baies, de fruits, et surtout d'amandes, dont ils savent briser les enveloppes aussi bien que les *singes*. C'est une remarque singulière, que les *singes* et les *perroquets* habitent toujours dans les mêmes pays et sous les zones chaudes de la terre ; ils forment autour du globe une ceinture de vie. Les mêmes forêts, les mêmes espèces de fruits servent également de retraites et de nourritures aux *singes* et aux *perroquets*. Ceux-ci étant essentiellement frugivores, ils ont aussi des intestins très-longs, quoiqu'ils manquent de cœcum. Ils semblent former une société commune entre eux ; ils s'agacent et s'imitent mutuellement. Les clameurs des uns sont répétées par les autres ; ce sont deux nations rivales et toujours voisines, qui grimpent toutes deux sur les mêmes arbres, placent leurs nids à proximité, gesticulent entre elles, ont la même constitution sociale, les mêmes mœurs, les mêmes coutumes, le même cercle d'idées et d'affections.

De même que les *singes* du nouveau continent ne se trouvent point dans l'ancien, les *perroquets* américains n'habitent point l'ancien monde. On observe encore que chaque espèce de *perroquets* se tient dans certains cantons sans se mêler avec les autres espèces ; et il en est de même dans le genre des *singes*. Chacun reconnoît sa livrée, se réunit à ses compatriotes, et ne souffre pas d'étrangers dans leur république. Non plus qu'à Lacédémone, on ne peut usurper les droits de citoyen dans leur société ; souvent chacune d'elles parcourt les contrées adjacentes pour y lever leur tribut, semblables à ces hordes nomades de Tartares qui parcourent successivement les déserts pour y faire paître leurs troupeaux.

On divise la famille des *perroquets*, 1.º en ceux de l'ancien continent, et 2.º en ceux du Nouveau-Monde. La première division se partage en espèces à queue longue ou courte. On fait la même séparation entre celles de l'Amérique. Voici le tableau de cette division :

PERROQUETS *de l'ancien continent.*

1.º Les KAKATOÈS, à queue courte et carrée, et pourvus d'une huppe mobile.

2.º Les PERROQUETS (proprement dits) sans huppe, à queue courte et égale.

3.º Les LORIS à queue moyenne en forme de coin, à plumage rouge. Ils habitent tous dans les îles de l'Océan indien.

4.º Les LORIS - PERRUCHES à plumage moins chargé de rouge, à queue un peu plus longue que les loris.

5.º Les PERRUCHES à queue longue et également étagée.

6.º Les PERRUCHES, à queue longue et inégale; les deux pennes intermédiaires plus longues. Corps plus petit que celui des précédentes.

7.º Les PERRUCHES à queue courte.

PERROQUETS *du nouveau continent.*

1.º Les ARAS, à joues nues, à queue aussi longue que le corps, et à grande taille.

2.º Les AMAZONES à queue moyenne. Du jaune dans le plumage; une tache rouge au pli de l'aile.

3.º Les CRICKS. Queue moyenne; plumage d'un vert mat; taille plus petite que celle des amazones; point de rouge au fouet de l'aile, mais seulement sur ses couvertures.

4.º Les PAPEGAIS, plus petits que les amazones; queue moyenne; point de rouge aux ailes.

5.º Les PERRICHES à queue longue, également étagée.

6.º Les PERRICHES à queue longue inégalement étagée.

7.º Les TOUÏS ou perriches à queue courte. Taille petite.

Nous avons suivi la division que Buffon a faite dans la grande famille des *perroquets*, parce qu'elle nous a paru la meilleure. Nous renvoyons à chacun de ces articles pour la description des espèces.

Les anciens connoissoient peu de *perroquets*, et Alexandre en envoya le premier en Europe pendant son expédition dans les Indes. Avant ses conquêtes, l'Europe et l'Asie avoient peu de communications. Onésicrite, amiral de la flotte d'Alexandre, apporta en Grèce la *perruche à collier*, qui fut peut-être le seul *perroquet* connu anciennement des Grecs et des Romains.

Au reste, les *perroquets* sont très-nombreux sur toutes les terres des tropiques, ce qui annonce leur grande fécondité; quelques îles en sont remplies.

Les perroquets jouissent, comme les singes et l'homme, d'une vie plus longue à proportion que les autres espèces voisines. M. Vieillot nous apprend qu'il a vu un perroquet âgé de 80 ans au moins, et ayant tous les signes de la décrépitude; on a cité, dans les Mémoires de l'Académie, des Sciences, un perroquet qui vécut plus de cent dix ans, et qui avoit été apporté d'Italie en 1633; il mourut en 1743. (*Hist. Acad* 1747, p. 57). On l'avoit gardé dans la même famille pendant plusieurs générations.

On appelle *perroquets tapirés* ceux dont le plumage est très-diversifié, et comme panaché de rouge et de jaune. On prétend que les Indiens ont appris à occasioner dans les *perroquets* ce changement de couleur, en arrachant quelques plumes à l'animal, et en infusant dans les pores de sa peau le sang d'une grenouille d'arbre, ou rainette. Les plumes qui renaissent ensuite prennent une couleur rouge. Mais ce fait me paroît faux, parce que jamais le sang d'un animal dont la peau reste imprégnée, ne peut colorer en beau rouge de feu des plumes qui croissent dans cette peau. Nous voyons au contraire que tous les *perroquets* prétendus *tapirés* sont des individus foibles, maladifs, comme les plantes à feuilles panachées. Ces variations de couleurs me paroissent plutôt dépendre de la même cause qui modifie les teintes du poil ou des plumes des autres espèces d'animaux. De même que dans la seule espèce de *chevaux*, il y en a de pommelés, de blancs, de cendrés, etc., de même, dans chaque espèce de *perroquets*, il doit se trouver des modifications de plumage qui dépendent de la constitution de chaque individu. Ordinairement ces animaux grivelés, tachetés, panachés ou tapirés, sont d'une complexion foible, délicate, maladive, comme les blafards le sont dans l'espèce humaine.

On assure que certaines espèces de *perroquets* forment leurs nids de rameaux et de bûchettes entrelacés, et les suspendent au bout des branches d'arbres. Il est plutôt prouvé qu'ils placent leur nid dans des trous d'arbres. Les femelles arrachent de leurs plumes pour en faire un lit chaud et mollet à leurs petits. La femelle couve seule dans la plupart des espèces ; mais le mâle est fort assidu près d'elle, et apporte de la nourriture qu'il lui dégorge en lui donnant de petits baisers. Leur ponte est communément de deux à quatre œufs blancs, et se répète deux fois par an. On a plusieurs exemples de ponte de *perroquets* en Europe, et plusieurs œufs y sont même éclos. Nous avons parlé de ceux qui sont nés à Rome en 1801. On connoissoit déjà d'autres exemples semblables en 1740 et en 1774.

Ces oiseaux, réunis en troupes sur les arbres et au milieu des forêts américaines ou indiennes, font un grand ravage dans les fruits, dévorent les bourgeons et détruisent un grand nombre de graines. Quelques Indiens savent les frapper avec des flèches dont l'extrémité est couverte d'un bourrelet de coton ; de sorte qu'ils sont seulement étourdis du coup et tombent à terre ; ils reviennent facilement à eux, et peuvent s'apprivoiser alors. Lorsque la bande aperçoit un de leurs camarades qui tombe, tous jettent ensemble des cris de douleur très-forts. On les prend encore en les cuivrant de la fumée de quelque plante qu'on brûle au pied de l'arbre où ils se perchent. Les *perroquets criards* ou ceux qui *cancanent*, se corrigent en leur donnant des camouflets ; ce sont des bouffées de fumée de tabac dont on les couvre lorsqu'ils jettent leur caquet discordant. Leur chair est dure en général, sent quelquefois l'odeur des fruits dont ils se nourrissent. La graine de carthame est une bonne nourriture pour eux, mais un violent purgatif pour l'homme. Les fruits du bananier, la goyave, la muscade, la baie du café, les fruits des palmiers, sont pour ces oiseaux des nourritures agréables. La graine de cotonnier en arbre les enivre si fort, qu'on peut ensuite les saisir à la main ; mais ces animaux pincent et égratignent vigoureusement. Ceux qu'on prend vieux n'apprennent jamais bien à parler. Les femelles des *perroquets* peuvent parler aussi bien que les mâles; leur douceur, leur docilité, sont même plus grandes. Les arbres sur lesquels se rendent les *perroquets* sont une propriété pour les sauvages, et il passent en héritage comme des arbres fruitiers.

Le persil, les amandes amères sont fort dangereux pour les perroquets, et les font mourir, quoiqu'ils paroissent aimer beaucoup ces alimens. Ils ne refusent pas la chair, le poisson cuit, la pâtisserie ; le sucre leur plaît beaucoup ; ils sucent les fruits tendres.

Ces animaux sont souvent jaloux, capricieux, et prennent des personnes en amitié, d'autres en aversion. Ils ont souvent de l'impatience et de la méchanceté à peu près comme les singes, et haïssent quelquefois les enfans. Le mal caduc est pour toutes les espèces une affection fréquente et dangereuse. On la prévient en leur tirant un peu de sang à la patte. Cette maladie est une sorte de *tétanos* ou de convulsion musculaire. Les mots *ara*, *lori*, *kakatoës*, *cricks*, dérivent de leurs différens cris, de même que le mot grec *psittaké*, d'où vient le terme de *perroquet*. Lorsqu'on découvrit certaines îles inhabitées d'Amérique, les perroquets non intimidés s'y laissoient prendre à la main. (Petr. d'Angleria, *liv.* 10, *décad.* 3.) Il en étoit de même des autres oiseaux. Plusieurs perroquets se tiennent accrochés en dormant, et ont la tête en bas, les pieds en haut ; telles sont les *perruches à queue courte ;* elles jasent beaucoup aussi. On a remarqué que les perroquets rêvent quelquefois. Aristote ne connoissoit pas ce fait, puisqu'il demande si les oiseaux peuvent rêver.

Tous les *loris* habitent les îles de l'Océan indien ; les perruches se trouvent en Asie et en Afrique, de même que les *perroquets* et les *kakatoës*. Les *perriches*, les *amazones*, les *cricks*, les *aras*, les *louis* sont tous américains.

Les *perroquets* aiment à se baigner; on les voit quelquefois bâiller d'ennui. Ils craignent les coups, apprennent à chanter et même à danser, a contrefaire différens gestes. Les vins doux leur plaisent beaucoup; ils s'enivrent, et sont alors d'une gaîté folle et très-babillarde.

On a pu apercevoir, dans le cours de cet article, de nombreuses ressemblances avec les mœurs de la famille des singes; et nous invitons le lecteur à en faire la comparaison lui-même. Ce ne sont pas seulement les perroquets et les singes qui se ressemblent; on observe encore une foule d'autres analogies entre les quadrupèdes vivipares et les oiseaux; nous en donnons des exemples en divers lieux de cet ouvrage. *V.* l'article OISEAU.

Nous renvoyons aux mots ARAS, KAKATOÈS et PERROQUET, pour les diverses espèces. (VIRLY.)

PERROQUET, *Psittacus*, Lath. Genre de l'ordre des oiseaux SYLVAINS, de la tribu des ZYGODACTYLES, de la famille des PSITTACINS. (*V.* ces mots.) *Caractères* : bec entouré d'une membrane à sa base, entier, robuste, comprimé par les côtés, à bords tranchans, convexe dessus et dessous, incliné dès l'origine; mandibule supérieure munie, vers le bout d'un rebord intérieur et transversale, à bords plus ou moins anguleux, crochue et aigüe vers le bout; l'inférieure plus courte, obtuse et retroussée à son extrémité; narines glabres, orbiculaires, ouvertes, situées dans la membrane; langue charnue, épaisse, entière, arrondie à sa pointe, quelquefois terminée en pinceau; joues nues ou emplumées; les trois premières pennes de l'aile à peu près égales, et les plus longues de toutes; quatre doigts, deux devant, deux derrière; les antérieurs réunis seulement à leur base; les postérieurs totalement séparés.

Buffon a divisé les *perroquets* en deux grandes classes : la première contient tous les perroquets de l'ancien continent, et la seconde tous ceux du nouveau; ensuite il subdivise la première en cinq familles; savoir: les *kakatoës*, les *perroquets* proprement dits, les *loris*, les *perruches à queue longue* et les *perruches à queue courte;* la seconde est subdivisée en six autres familles, savoir : les *aras*, les *amazones*, les *cricks*, les *popegais*, les *perriches à queue longue* et les *perriches à queue courte ou louis*. Chacune de ces onze divisions est désignée par des caractères distinctifs, ou du moins chacune porte quelque livrée particulière qui la rend reconnoissable.

La première classe renferme, 1.º les KAKATOÈS. *Voyez* ce mot.

2.º Les *perroquets* proprement dits: ce sont ceux qui ont la

queue courte et composée de plumes à peu près d'égale longueur. On les appeloit autrefois *papegaut*, et le nom de *perroquet* s'appliquoit aux *perruches*.

3.º Les *loris*. Ils ont en général pour couleur dominante:
un rouge plus ou moins foncé, le bec plus petit, moins
courbé et plus aigu que les autres *perroquets*, la voix plus perçante, le regard vif et les mouvemens prompts.

4.º Les *perruches à queue longue*. Elles sont divisées en deux
sections: la première est composée de celles qui ont la queue
également étagée, et la seconde de celles qui l'ont inégalement, c'est-à-dire qui ont les deux pennes du milieu beaucoup plus longues que les autres, qui toutes paroissent en
même temps séparées l'une de l'autre. On peut objecter que
cette règle ne peut être générale, puisque l'âge et l'état de
domesticité y apportent des changemens; mais Buffon ne
parle que des *perruches* dans l'état de nature, et dont le plumage est dans toute sa perfection.

5.º Les *perruches à queue courte*. La dénomination de ces
oiseaux indique leur dissemblance.

La seconde classe contient, 1.º les ARAS (*Voy.* ce mot).

2.º Les *amazones*, dont les attributs sont d'avoir du rouge
sur le fouet de l'aile, le plumage d'un vert brillant, la tête
couverte d'un beau jaune très-vif; on ne les trouve guère
qu'au Para et dans quelques contrées voisines de la rivière
des Amazones.

3.º Les *cricks*. Ils ont du rouge dans les ailes, caractère qui
les rapproche des *amazones;* aussi Buffon les regarde comme
faisant le chaînon qui lie une famille à l'autre. Les véritables
cricks n'ont point de rouge sur le fouet de l'aile; leur teinte
verte est mate et jaunâtre, la couleur jaune de la tête est obscure et mêlée d'autre teinte, et ils sont un peu plus petits
que les *amazones*, les plus communs et les moins beaux des
perroquets.

4.º Les *papegais*. Ils diffèrent des *amazones* et des *cricks*
par une taille inférieure, et n'ont aucune marque rouge dans
les ailes.

5.º Enfin, les *perriches à queue longue* et à *queue courte* sont
divisées par les mêmes caractères que celles de l'ancien continent.

Buffon a établi le fondement de cette nomenclature, parce
qu'il a remarqué qu'aucun des perroquets de l'Afrique et des
Grandes-Indes n'habite dans l'Amérique méridionale, et
réciproquement aucun de ceux de cette partie du Nouveau-
Monde n'est fixé dans l'ancien continent; et s'il eût connu

ceux qu'on rencontre dans l'Australasie, il les auroit réunis aux premiers; car pas un ne se trouve en Amérique. Mais l'on a été un peu trop loin, lorsqu'on a prétendu que chacune des îles où l'on trouve des perroquets, nourrit plusieurs espèces de ce genre qui lui sont propres, et qu'on ne voit point dans les autres îles du même archipel, quelque peu de distance qu'il y ait des unes aux autres: car l'*amazone à front blanc* se trouve à Saint-Domingue, à la Jamaïque et à Cuba; il en est de même de la *perruche pavouane*, dont l'espèce est la plus répandue sur le continent de l'Amérique méridionale jusqu'au Paraguay et au-delà.

Latham a partagé ce genre en deux grandes sections : la 1.re se compose des espèces dont les pennes de la queue sont d'égale longueur ou à peu près, et la seconde de celles qui ont ces mêmes pennes inégales ou régulièrement étagées. Comme les ouvrages de Buffon sont les plus répandus et les plus souvent consultés, nous décrirons tous les oiseaux de ce genre, indiqués par ce naturaliste, sous les dénominations qu'il leur a appliquées. En nous conduisant ainsi, nous cherchons à éviter la confusion qu'entraînent toujours après eux les changemens de nomenclature, changemens dont aucun genre n'offre autant d'exemples que celui-ci. Aussi nous ne garantissons pas d'avoir évité des doubles emplois, attendu qu'outre cela le plumage de ces oiseaux n'est pas toujours le même pour tous les individus de la même espèce, et que les descriptions des auteurs présentent souvent des dissemblances suffisantes pour s'y méprendre. Nous divisons cette famille en trois sections : la première contient, comme dans l'Index de Latham, les espèces à queue égale, savoir : les *perroquets* proprement dits, les *amazones*, les *cricks*, les *papegais*, les *loris*; la seconde, celles qui ont les pennes caudales inégalement ou régulièrement étagées : tel est le reste des *loris*, les *perruches* de l'ancien continent, et les *perriches* du nouveau; enfin, la troisième se compose des *perruches* et des *loris à queue courte.*

La langue de ces oiseaux n'est pas, chez tous, conformée de même; car quelques-uns, qui se trouvent dans l'Australasie et dans des îles de la mer du Sud, l'ont terminée en pinceau, fait dont je me suis assuré dans la *perruche omnicolore* et le *lori perruche noir* et *rouge*, que j'ai vus vivans. Latham indique le même caractère pour la *perruche d'Otaïti*, ou l'*arimanon*. Je crois que cette conformation de la langue influe sur le son de leur voix; car j'ai remarqué que le cri des deux premiers n'est pas aussi fort ni aussi désagréable que celui des autres perroquets ou perruches; je le compare à un sifflement perçant et sans aigreur. Il seroit intéressant de s'assurer si,

avec une langue aussi dissemblable, ils peuvent s'appro-
prier des accens étrangers, et les imiter avec la même précision que la plupart des perroquets des autres continens;
toujours est-il certain que l'*omnicolore* et le *lori* n'ont rien appris pendant les trois ou quatre années que je les ai vus vivans
à Paris. Tous ces oiseaux se nourrissent de baies et de fruits,
après les avoir déchirés par lambeaux; ils joignent à cette
nourriture les amandes, les graines et les pepins, qu'il dépouillent de leur péricarpe avant de les avaler; ils s'abstien-
nent, dans l'état de liberté, de toute substance animale; mais
en captivité, ils deviennent omnivores, et il en est alors qui
préfèrent la viande à tout autre aliment; mais l'on assure
qu'elle leur cause des maladies de peau, et des démangeaisons
qui les excitent à se gratter sans cesse et à s'arracher les plumes à mesure qu'elles croissent, de maniere qu'ils restent
couverts d'un simple duvet. Cependant, cette maladie n'est
pas toujours occasionée par cet aliment; car on voit des
perroquets qui en sont attaqués, et qui n'ont jamais mangé
de viande: les autres oiseaux qui en mangent, ne l'ont pas.

Tandis que les perroquets ont, de même que tous les granivores, un jabot dans lequel les alimens sont macérés avant
de descendre dans l'estomac, c'est de ce jabot qu'ils les font
remonter pour les distribuer à leurs petits; c'est aussi en se les
dégorgeant mutuellement que le mâle et la femelle se donnent des marques de leur affection; et, de même que les
pigeons, c'est par des caresses et des baisers qu'ils avancent
le moment de jouir.

Ces oiseaux ont les deux mandibules mobiles; ils se servent
de leur bec pour monter, sans quoi ils ne peuvent grimper;
car ils ne se servent pas de leurs pieds, comme les *pics*,
quoiqu'ils les aient conformés de même. Pour parvenir à une
hauteur quelconque, ils saisissent d'abord avec leur bec une
partie de la branche sur laquelle ils veulent s'élever, et y posent
ensuite les pieds l'un après l'autre; si leur bec est embar-
rassé par un objet qu'ils désirent emporter avec eux, sans
avoir recours à leurs ailes, ils posent le dessous de la mandibule inférieure sur le juchoir, et s'en servent comme d'un
crochet, en inclinant fortement la tête. Mais quand ils veulent descendre, ils s'appuient sur l'extrémité de la supérieure.
Un de leurs pieds leur tient lieu de main pour porter à leur
bouche un aliment ou tout autre objet qu'ils ont dans leurs
doigts, ce qu'ils font avec adresse et avec grâce: posés alors
sur un pied, ils tiennent l'autre en l'air, l'avancent à proximité du bec, ramènent presque en avant le doigt externe
postérieur, et présentent l'objet de côté pour le saisir et le

déchirer plus facilement. Ils ne mangent pas d'abord ce qu'on leur offre , surtout si c'est une substance nouvelle pour eux , sans l'avoir auparavant touché de la langue , probablement pour en connoître le goût ou la qualité ; car ils rejettent ce qui ne leur convient pas.

Les perroquets ne sautent point ; ils marchent avec lenteur et balancement, et portent leur talon en dehors ; dans le vol, leurs ailes ne sont pas bien étendues, et ils les battent fréquemment ; mais non pas , dit M. de Azara , toutes les deux à la fois, seulement l'une après l'autre, comme par un mouvement tremblottant. Le vol, dans les plus petites espèces, est très-rapide, et dans les plus grandes il est assez vif. Soit qu'ils volent ou qu'ils restent en repos, ils sont très-criards , particulièrement au coucher du soleil, et ils se réunissent en bandes et en familles pour passer constamment les nuits dans les bois les plus fourrés, et presque toujours d'un accès difficile. Ils recommencent leurs criailleries au lever de l'aurore, et ensuite chaque bande se dirige vers les cantons où elle a coutume de passer la journée. Ils sont moins farouches lorsqu'ils sont réunis en troupes, parce qu'il y en a toujours un qui fait sentinelle et qui avertit ses compagnons du danger. Lorsqu'ils dirigent leur vol vers un canton plein d'orangers ou ensemencé, d'où on a coutume de les éloigner, ils arrivent sans jeter aucun cri, et ils gardent le même silence en mangeant. Toutes les espèces s'apprivoisent plus ou moins, même quand les individus sont pris adultes ; mais on ne se soucie pas d'élever ces derniers, et encore moins de leur apprendre à parler. Ces oiseaux sont ordinairement sédentaires, et tous aiment la compagnie de leurs semblables. Ils nichent dans des trous d'arbres, sans y arranger aucune matière ; cependant j'ai trouvé, à Saint-Domingue, de la sciure de bois qui me paroissoit provenir du trou qu'ils avoient agrandi avec leur bec. Quelques-uns nichent sur les arbres, à la bifurcation des grosses branches, souvent près du tronc, et toujours à une certaine élévation ; leur nid est alors composé d'une quantité assez considérable de petits rameaux. Leur ponte est de deux à quatre œufs, ordinairement d'une seule couleur blanche.

Il n'est peut-être pas inutile de prévenir ceux qui arrachent les pennes des ailes, pour empêcher ces oiseaux de s'échapper, qu'elles repoussent rarement dans nos climats, si leur chute n'est pas occasionée par la mue, ou qu'elles ne reviennent que déformées. On peut parvenir au même but et éviter le désagrément de ne pas les conserver avec toute leur parure, en coupant, après chaque mue, les barbes intérieures des cinq ou six premières pennes primaires, dans les trois quarts de leur longueur, en partant de leur origine ; l'air ne trouvant plus alors d'opposition, c'est en vain que l'oiseau déploie ses ailes pour s'enfuir, il ne peut s'envoler qu'à une très-petite distance ; mais il se soutient assez pour ne passe blesser quand il vient a tomber, comme il arrive très-souvent à celui qui a les plumes de l'aile arrachées ou coupées.

Les naturels du Paraguay, dit M. de Azara, prennent les perroquets d'une manière qui peut-être paroîtra peu croyable : ils attachent un ou deux morceaux de bois à un arbre dont les fruits plaisent à ces oiseaux ; ils mettent un bâton ou deux en travers, depuis ces morceaux de bois jusqu'à l'arbre, et ils forment, avec des feuilles de palmier, une cabane assez grande pour qu'un chasseur puisse s'y cacher ; celui-ci a un perroquet privé qui par ses cris, appelle ceux des forêts, qui ne manquent pas d'arriver à la voix du prisonnier. Alors le chasseur, sans perdre de temps, leur passe au cou un nœud coulant attaché au bout d'une longue baguette qu'il fait mouvoir, depuis sa cabane ; et s'il a quatre ou six de ces baguettes, il prend autant de perroquets, parce qu'il ne les retire pas sans que chacune d'elles n'ait saisi un oiseau, et que ces oiseaux ne cherchent pas à s'évader avant d'être serrés par le lacet. Les mêmes Indiens font aussi la chasse aux perroquets avec des flèches ; et lorsqu'ils veulent les avoir vivans, ils mettent à la pointe de leurs flèches un bouton, afin de les étourdir sans les tuer.

Tous les oiseaux de cette famille ne peuvent supporter la rigueur des climats froids, et ne vivent en état de liberté que dans des régions chaudes. Buffon étoit mal informé en disant qu'ils n'occupent qu'une zone de vingt-cinq degrés sur chaque côté de l'équateur ; car la *perruche à front jaune* vit et niche sous le 32.e degré de latitude nord, et le dépasse de plusieurs degrés pour aller chercher une sorte de nourriture dont elle est très-friande. De plus, M. Levaillant a trouvé des perroquets sous le 32.e degré sud, de l'Afrique, où ils se tiennent toute l'année. Enfin, M. de Azara nous assure que, dans l'Amérique méridionale, quelques espèces vont plus loin vers le sud que le 36.e degré. On pourroit encore citer la *perriche émeraude* ou des *Terres Magellaniques*, si l'on étoit certain qu'elle appartienne à cette contrée, où cependant les savans voyageurs qui ont accompagné le célèbre capitaine Cook, dans son second voyage, disent avoir vu des perroquets, ainsi qu'à la Nouvelle-Zelande.

La très-grande chaleur n'est pas nécessaire pour faciliter la ponte des perroquets ou perruches, car nous avons plusieurs exemples du contraire en France et en Suisse ; mais, sans un excès de chaleur, les femelles ne couvent point leurs œufs et quelquefois la ponte devient pour elles une maladie mortelle. Si l'on désiroit les faire propager en Europe, il leur faudroit donc une chaleur artificielle qui s'éleveroit à peu près à la température de la contrée que l'espèce habite dans son pays natal. Néanmoins, on a quelquefois réussi sans le secours d'une chaleur extraordinaire, puisqu'on cite des *perroquets amazones* qui ont eu des petits en Italie; l'on m'a aussi présenté deux jeunes *perruches* de l'espèce *à tête rouge*, dite *moineaux de Guinée*, comme des individus nés en France; mais ces exemples sont fort rares.

Tout le monde sait que des perroquets et des perruches apprennent aisément à parler, imitent tous les bruits qu'ils entendent, le miaulement du chat, l'aboiement du chien et les cris des oiseaux, et qu'ils saisissent les inflexions de la parole. Cependant ce ne sont que de purs imitateurs privés d'une véritable intelligence, de l'idée de la relation entre le mot qu'ils prononcent, le geste qu'ils font et la chose que la parole ou le geste représente. « Ce talent, selon Buffon, ne suppose dans le perroquet aucune supériorité sur les autres oiseaux, sinon qu'ayant plus éminemment qu'aucun d'eux cette facilité d'imiter la parole, il doit avoir le sens de l'ouie et les organes de la voix plus analogues à ceux de l'homme; et ce rapport de conformité, qui dans le perroquet est au plus haut degré, se trouve, à quelque nuance près, dans plusieurs autres oiseaux dont la langue est épaisse, arrondie et de la même forme à peu près que celle du perroquet. »

La nature a refusé la faculté de l'imitation à beaucoup d'espèces, et d'autres apprennent difficilement à parler; les *kakatoës* sont de ce nombre. « Mais, comme dit le Pline français, on en est dédommagé par la facilité de leur éducation; on les apprivoise aisément; et cette facilité d'éducation vient du degré de leur intelligence, qui paroît supérieur à celle des autres perroquets : ils écoutent, entendent et obéissent mieux; mais c'est vainement qu'il font les mêmes efforts pour répéter ce qu'on leur dit : ils semblent vouloir y suppléer par d'autres expressions de sentiment et par des caresses affectueuses. » (*Voy.* l'article KAKATOÈS, tom. 17, pag. 7 et 8.) Parmi les perroquets proprement dits, de l'ancien continent, on distingue le *perroquet cendré*, ou *jaco*, qui se fait le plus aimer, tant par la douceur de ses mœurs que par son talent et sa docilité; il a de plus l'avantage sur les autres, et particulièrement sur les *perroquets amazones* et les *perroquets verts*, de ne pasfaire entendre des cris désagréables. (*Voyez* PERROQUET CENDRÉ.) On remarque, dans les espèces du nouveaucontinent, que le *Papegai Tavoua* estcelui qui pos sède le plus de talens. De toutes les *perruches;* celle *à collier rose* est une des plus dociles et des plus intelligentes. En effet, il y a quelques années, on en a vu une, à Paris, qui saluoit et parloit à commandement.

Si les perroquets sont susceptibles d'attachement, ils donnent aussi souvent des marques d'une grande antipathie. L'on a dit que les mâles s'attachent aux femmes de préférence, que, doux pour elles, ils sont méchans pour les hommes, et que c'est le contraire pour les femelles. Cette assertion est fondée; car j'en ai eu la preuve dans un *perroquet cendré* mâle, que je ne pouvois toucher sans m'être muni de gros gants de cuir, et qui obéissoit, en tout point, à ma femme et l'accabloit de caresses, tandis qu'une femelle de la même espèce avoit pour moi le plus grand attachement; mais ce sont des faits qu'on ne doit point généraliser; car d'autres ont observé le contraire. Des espèces sont capricieuses, et des individus, doux pour quelques personnes, sont méchans pour toutes les autres. En tout cas, ce sont des oiseaux dont il faut se méfier, et l'on ne doit pas s'y livrer sans les connoître; le moyen le plus sûr pour les dompter, c'est de les prendre avec hardiesse et leur parler d'un ton haut et ferme, car l'audace leur en impose; mais, pour se garantir de leur morsure, il faut se servir de gants de peau très-forts et couverts de poils; enfin, comme ils redoutent l'eau froide, on leur fait prendre un bain, et, en le réitérant plusieurs fois, on en vient à bout: c'est aussi un moyen qui m'a toujours réussi pour apprivoiser un oiseau sauvage. Ensuite, on adoucit les perroquets par des caresses et en leur donnant les friandises qu'ils aiment le plus; peu à peu ils deviennent dociles pour ceux qu'ils craignent et dont ils reçoivent de bons traitemens.

Tous ces oiseaux, pris adultes, sont très-farouches et très-méchans, et cependant les Sauvages les apprivoisent en fort peu de temps, par le moyen de la fumée de tabac qu'ils leur soufflent par petites bouffées, ce qu'on appelle donner des *camouflets de tabac.* Cette vapeur les étourdit et les enivre; alors on les touche sans risque, et lorsque l'effet de la fumée n'a plus lieu, ils ne sont déjà plus aussi violens; mais si leur humeur ne s'adoucit pas assez, on recommence la même opération, et on la réitère, s'il est nécessaire: car ils finissent par être toujours traitables plus ou moins.

Les perroquets vivent fort long-temps, et l'on porte la durée de leur existence à quarante ans; il en est qui vont encore plus loin; j'en ai vu un à la Bastide, près de Bordeaux, qui, m'a-t-on assuré, avoit quatre-vingts ans. Il étoit hideux et seulement couvert de duvet depuis plusieurs années. La vie des perruches est beaucoup moins longue que celle des perroquets. J'ai possédé un mâle de l'espèce à *collier rose*, qui a vécu chez moi pendant vingt-quatre ans; il devoit être plus âgé, car, lorsque mon fils l'a rapporté du Sénégal, il avoit la marque distinctive de son sexe; et l'on sait qu'il ne la porte qu'après sa seconde année.

En général, tous ces oiseaux *aras*, *kakatoès*, *perroquets* et *perruches* sont des oiseaux destructeurs; il semble que se servir de leur bec pour rompre et pour briser est pour eux un besoin inné; et ce besoin a plus d'étendue dans les grandes espèces. En liberté, ils dévastent les arbres, coupent leurs rameaux, les dépouillent de leurs feuilles et de leurs fruits; dans l'état de domesticité, ils endommagent les meubles et tout ce qui se trouve à leur portée; si on les enferme, si on les tient enchaînés sur leur juchoir, pour empêcher leurs dégâts, il semble que l'inaction et l'ennui redoublent leurs cris, et ils se dédommagent de la contrainte où on les tient en brisant leur cage et en mettant leur juchoir en pièces avec leur bec; on en a même vu s'arracher les plumes pour les hacher.

PERROQUETS PROPREMENT DITS.

Le Perroquet Amazone. *Voy.* ci-après, page 319, Amazone aourou-couraou.

Le Perroquet Amazone a bec bariolé, est rapporté par Buffon, comme variété à l'Amazone a tête jaune. *Voyez* ci-après, page 324.

Le Perroquet Amazone du Brésil. *V.* ci-après, Amazone a tête jaune, *ibid.*

Le Perroquet Amazone a front jaune, de Brisson, *Psittacus amazonicus*, Linn., est rapporté par Buffon comme la cinquième variété de l'Amazone aourou-couraou. *Voy.* ci-après, page 319.

Le Perroquet Amazone a gorge bleue. *V.* ci-après, Crick a face bleue, page 325.

Le Perroquet Amazone a gorge jaune, *Voyez* ci-après, Crick a tête et gorge jaunes, page 327.

Le Perroquet Amazone de la Jamaïque, de Brisson. C'est la deuxième variété de l'Amazone aourou-couraou. *V.* ci-après, page 319.

Le Perroquet Amazone varié, de Brisson, est rapporté a la quatrième variété de l'Amazone aourou-couraou. *V.* ci-après, *ibid.*

Le Perroquet d'Amboine. *V.* Grand Perroquet vert a tête bleue.

Le Perroquet d'Amérique est donné, par Latham, comme une variété du Crick a tête bleue. *Voy.* ci-après, page 326.

Le Perroquet d'Angola. C'est, dans Albin, la Perruche jaune.

Le Perroquet des Barbades est la quatrième variété de l'Amazone aourou-couraou. *V.* ci-après, page 319.

Le Perroquet a bec bariolé. C'est, dans Salerne, le Perroquet Amazone a bec varié.

* Perroquet a bec couleur de sang, *Psittacus macrorhynchos*, Lath., pl. enl. de Buffon, n.° 713. Ce perroquet de la Nouvelle-Guinée a quatorze pouces de long; le bec plus large et plus épais à proportion que celui de tous ses congénères, et même que celui des *aras* d'Amérique. La tête et le cou, d'un vert brillant à reflets dorés; le devant du corps d'un jaune ombré de vert; la queue de cette dernière couleur en dessus et jaune en dessous; le dos bleu d'aiguemarine; l'aile mélangée de bleu d'azur et de vert, suivant divers aspects; ses couvertures noires, bordées et chamarrées de traits jaunes dorés; le bec couleur de sang.

Le Perroquet blanchatre. *V.* ci-après, page 326, Crick poudré.

Le Perroquet bleu de la Guyane. *V.* ci-après, page 326, Crick rouge et bleu.

Le Perroquet de Bontius. *Voyez* ci-après, Perruche huppée, page 349.

* Le Perroquet brun, *Psittacus fuscus*, Lath. Longueur, treize pouces et demi; plumage entièrement d'un brun cendré; longueur, treize pouces six lignes.

Le Perroquet brunatre, d'Edwards, est le Perroquet de la Nouvelle-Espagne, ou le Papegai brun. *V.* ci-après, page 329.

Le Perroquet bouquet. *V.* Crick a tête bleue, p. 326.

Le Perroquet a camail bleu. *V.* ci-après, Papegai a tête et gorge bleues, page 331.

Le Perroquet de la Caroline est la Perriche a tête jaune. *V.* ci-après, page 369.

Le Perroquet de Cayenne. *V.* ci-après, Crick proprement dit, page 324.

Le Perroquet cendré, *Psittacus erithacus*, Lath., pl. enl. n.° 311 de l'*Hist. nat. de Buffon.* Il a un pied de longueur; le bec noir; l'iris des yeux de couleur d'or; une peau nue, blanche et farineuse, autour de l'œil et sur la joue; tout le plumage d'un gris de perle, plus foncé sur le manteau, plus clair au-dessous du corps et blanchissant au ventre : le plumage est moiré et comme couvert d'une poudre blanche qui le conserve frais; la queue est d'un rouge de vermillon, et les pieds sont gris.

Des perroquets, celui-ci est le plus recherché tant par la douceur de ses mœurs que par sa docilité et qu'il a la facilité d'imiter les sons, même les mouvemens, les gestes, et d'articuler des mots. *Jaco* est le mot qu'il paroît prononcer plus naturellement, et le nom qu'on lui donne ordinairement. Non-seulement, comme le dit Buffon, et ce qui est une très-grande vérité, cet oiseau a la facilité d'imiter la voix de l'homme, il semble encore en avoir le désir ; il le manifeste par son attention à écouter, par l'effort qu'il fait pour répéter ; et cet effort se réitère à chaque instant, car il gazouille sans cesse quelques-unes des syllabes qu'il vient d'entendre ; il cherche à prendre le dessus de toutes les voix qui frappent son oreille, en faisant éclater la sienne ; souvent on est étonné de lui entendre répéter des mots ou des sons que l'on n'avoit pas pris la peine de lui apprendre, et qu'on ne le soupçonnoit pas même d'avoir écouté. Il semble se faire des tâches, et chercher à retenir sa leçon chaque jour et Marcgrave a raison de dire qu'il jase encore en rêvant. Ce n'est que dans les trois premières années qu'il montre le plus d'intelligence et de docilité ; mais, plus âgé, il n'apprend que difficilement à parler; il est susceptible d'une mémoire étonnante ; car, entre autres, on fait mention de deux, dont l'un récitoit correctement le Symbole des Apôtres, et l'autre, dit M. de Laborde, cité par Buffon, servoit d'aumônier dans un vaisseau, il récitoit la prière aux matelots, et ensuite le rosaire.

Cette espèce se trouve en Guinée ; elle vit, dans son pays natal, de presque toutes les sortes de fruits et de graines ; en domesticité, elle mange presque tous nos alimens ; mais l'on prétend que la viande lui est contraire, et lui donne une espèce de maladie qui est une sorte de pica ou d'appétit contre nature, qui la force à sucer, à ronger ses plumes, et à les arracher brin à brin partout où elle a la faculté de les saisir. Cette maladie ne l'attaque donc que dans l'âge avancé; car j'ai conservé, pendant vingt-quatre ans, un individu qui mangeoit plus de viande que de tout autre aliment; malgré cela son plumage s'est toujours conservé intact. Si l'on en croit Grandpré, ce perroquet, dans l'état de liberté, attaque les autres oiseaux, les combat et les déchire. Il niche en terre, et préfère les lieux où croissent les pistaches terrestres, dont il est très-friand. Les nègres prennent les petits avec un long bâton garni de bourre par le bout; l'oiseau, pour se défendre, présente la serre et s'empêtre dans cette filasse, au moyen de quoi on le retire de son trou. *Voyage sur la côte occidentale de l'Afrique*, tom. 1, p. 84.

Là femelle se distingue difficilement du mâle ; cependant j'ai cru remarquer qu'elle étoit d'un cendré plus clair.

Le plumage de ces oiseaux est sujet à varier en captivité ; j'en ai vu un presque noir, ou plutôt d'un cendré noir ; cet individu étoit très-vieux et paroissoit si différent des autres, que peut-être un jour le verrons-nous figurer comme race nouvelle avec une dénomination particulière. Quoi qu'il en soit, on doit le regarder comme une variété accidentelle, ainsi que le *perroquet de Guinée à ailes rouges*, et le *perroquet de Guinée varié de rouge*, décrits par Brisson. Le premier ne diffère qu'en ce qu'il a les ailes marquées de rouge, et le second qu'en ce qu'il est tapiré de cette couleur; enfin Buffon rapporte à cette espèce le *perroquet cendré du Brésil* (*Psittacus cinereus*, Lath.), que Marcgrave décrit sous le nom de *Maracana brasilicubus prima*. Il diffère par plus de grandeur, et en ce que le cendré est bleuâtre ; mais l'on croit que cet oiseau n'est pas natif du Brésil , et qu'il y a été apporté d'Afrique.

Le Perroquet de la Chine. *V*. Perroquet vert.

* Le Perroquet de la Cochinchine, *Psittacus cochinchinensis*, a le bec jaune ; le dessus de la tête, une partie du cou , la poitrine , le dos , les cuisses, le bas-ventre d'un beau bleu ; la nuque rouge, bordée de bleu en dessous ; le front, la gorge, le milieu du ventre , les couvertures des ailes , rouges ; une bande noire traverse ces dernières ; le reste des ailes, les pennes caudales et les pieds sont de cette même teinte ; la queue est carrée à son extrémité.

Le Perroquet cocho. *V*. ci-après, la première variété du Crick a tête bleue, page 326. ✱

Le Perroquet a collier, des Indes orientales. C'est, dans Albin, la dénomination de la Perruche a collier, des Indes.

Le Perroquet couleur de frêne, est, dans Albin, le Perroquet cendré.

Le Perroquet a crête blanche, est, dans Albin, le nom du Kakatoès a huppe jaune.

Le Perroquet de Cuba. *V*. ci-après, Papegai de paradis, page 330.

Le Perroquet demi-amazone est regardé comme une variété de l'Amazone tarabé, ou a tête rouge. *V*. ci-après, l'article des Perroquets Amazones, page 321.

Le Perroquet de la Dominique. *V*. Perroquet a front rouge du Brésil.

Le Perroquet a flancs rouges, pl. 132 des Perroquets de Levaillant. C'est le Perroquet vert. *V*. ce mot.

Le PERROQUET A FRANGES BLEUES. *V.* ci-après, LORI A FRANGES BLEUES, page 334.

Le PERROQUET A FRANGES SOUCI. *Voy.* PERROQUET LEVAILLANT.

Le PERROQUET A FRONT BLANC DU SÉNÉGAL, de la pl. enl. de Buffon, n.° 335, est l'AMAZONE A TÊTE BLANCHE, qui ne se trouve point en Afrique. *Voyez* ci-après l'article des PERROQUETS AMAZONES, page 322.

Le PERROQUET A FRONT ROUGE DU BRÉSIL. *V.* ci-après la troisième variété du CRICK A TÊTE BLEUE, page 326.

Le PERROQUET GEOFFROY, *Psittacus Geoffroyanus*, Vieill.— pl. 112 et 113 des *Perroquets* de Levaillant, qui a consacré cet oiseau au savant professeur du Muséum d'Histoire naturelle, M. Geoffroy St.-Hilaire. Ce perroquet a une taille au-dessous de la moyenne; la queue fort courte; le plumage d'un vert-pré; le dessus de la tête d'un bleu violâtre; le front, les joues et la gorge d'un rouge orangé; le bec rougeâtre; les pieds d'un gris-brun. La femelle diffère du mâle en ce qu'elle est un peu plus petite, qu'une foible teinte rougeâtre est sur ses joues, et qu'un vert moins foncé est sur le reste du plumage.

* Le PERROQUET GERINI, *Psittacus gerini*, Lath. Cet oiseau, dont Latham fait une espèce distincte, a de grands rapports avec l'*amazone à tête blanche*; il en a le plumage et la taille; son bec et ses pieds sont d'une teinte pâle; la tête est entièrement blanche; le corps vert; les petites couvertures des ailes, quelques-unes du milieu de l'aile et la queue sont rouges.

Le PERROQUET A GORGE ROUGE, DE LA JAMAÏQUE. *Voy.* ci-après, PAPEGAI SASSEBÉ, page 330.

Le GRAND PERROQUET BLEU. *V.* ARA BLEU.

Le GRAND PERROQUET DE MACAO. C'est ainsi qu'Albin désigne l'ARA ROUGE. *V.* ce mot.

Le GRAND PERROQUET VERT DES INDES ORIENTALES, d'Edwards, est le PERROQUET VARIÉ. *V.* ci-après page 317.

* Le GRAND PERROQUET VERT DE LA NOUVELLE-GUINÉE, *Psittacus magnus*, Lath., a douze pouces de longueur; le dessus du bec couleur d'orpiment, le dessous noir; l'iris couleur de feu, le plumage vert-pré; les grandes pennes des ailes d'un bleu d'indigo; les secondaires d'un rouge de carmin.

Le GRAND PERROQUET VERT A TÊTE BLEUE, *Psittacus gramineus*, Lath., pl. enl. de Buffon, n.° 862. Ce perroquet, l'un des plus grands de cette famille, a près de seize pouces de long; le front et le sommet de la tête bleus; les autres parties supérieures d'un vert-pré, mélangé de bleu sur les grandes pennes; tout le dessous du corps d'un vert olivâtre;

la queue verte en dessus et d'un jaune terne en dessous ; les pieds couleur de plomb. On le trouve à Amboine.

Le PERROQUET GRIS. *V.* PERROQUET CENDRÉ.

Le PERROQUET DE LA GUADELOUPE. *V.* ci-après, CRICK A TETE VIOLETTE, page 3a8.

Le PERROQUET DE GUINÉE A AILES ROUGES, est donné pour une variété du PERROQUET CENDRÉ.

Le PERROQUET DE GUINÉE VARIÉ DE ROUGE, est regardé comme une variété du PERROQUET CENDRÉ.

Le PERROQUET DE LA HAVANE. *Voy.* ci-après, CRICK A FACE BLEUE, page 3a5.

Le PERROQUET INDIEN, VERT ET ROUGE, d'Edwards, est la PETITE PERRUCHE DES INDES, de Brisson.

Le PERROQUET DE LA JAMAÏQUE. Dans Albin, c'est le nom de l'ARA DE LA JAMAÏQUE.

Le PERROQUET JAUNE. *V.* ci-après, AMAZONE JAUNE, page 3a1.

Le PERROQUET JAUNE, du Voyage de la Condamine, est la PERRICHE JAUNE DU BRESIL.

Le PERROQUET JAUNE DE CUBA. *Voy.* ci-après, PAPEGAI DE PARADIS, page 33o.

* Le PERROQUET JAUNE ET ROUGE, *Psittacus guineensis*, Lath., se trouve à la côte de Guinée. Il a dix pouces de longueur ; le bec noir ; la gorge et le tour de l'œil blancs ; une marque jaune au-dessous de celui-ci ; la poitrine de cette couleur ; le reste de la tête et le cou rouges ; les couvertures des ailes vertes ; les pennes bleues et bordées de jaune ; le dessous des ailes, le ventre, les jambes, le bas-ventre et les couvertures de la queue, blancs ; l'extrémité des pennes caudales rouge ; les pieds noirâtres, et les ongles noirs.

Le PERROQUET A JOUES BLEUES. *Voy.* ci-après, CRICK A FACE ROUGE OU A JOUES BLEUES, page 3a5.

Le PERROQUET A JOUES ORANGÉES. *V.* ci-après, CRICK A JOUES ORANGÉES, page 3a5.

Le PERROQUET LANGLOIS, *Psittacus Langloisi*, Vieill., pl. 136 des *Perroquets* de Levaillant, qui le premier l'a décrit. Le front, la poitrine et un collier sur la nuque sont rouges ; le reste du plumage est d'un vert éclatant, plus vif et plus foncé en dessus qu'en dessous ; le bec est rosé ; le tarse gris ; la queue arrondie, et la taille moins que médiocre.

Le PERROQUET LEVAILLANT, *Psittacus Levaillanti*, Lath., planche 13o des *Perroquets* de Levaillant, sous la dénomination de *perroquet à franges souci*. Ce perroquet a été observé par ce naturaliste dans les bois qui bordent la rivière Koks Kraal, dans les contrées intérieures du Cap de

Bonne-Espérance, sous le 32.e degré de latitude sud. Il a une taille moyenne ; la queue courte, un peu étagée ; la tête, le cou et la poitrine d'un gris-brun olivâtre ; l'estomac, le ventre, le croupion et les jambes d'un vert de mer brillant et lustré ; le manteau et les couvertures supérieures des ailes d'un vert rembruni ; les grandes pennes alaires et caudales brunes avec des bordures vertes ; le bord de l'aile frangé d'une couleur de souci ; des jarretières de la même teinte au bas des jambes ; le bec fort et blanc ; les pieds grisâtres.

Le PERROQUET DE LUÇON. *V.* ci-après, PERRUCHE AUX AILES CHAMARRÉES, page 341.

Le PERROQUET DE MACAO. *V.* ARA ROUGE.

Le PERROQUET MAILLE. *Voy.* ci-après, PAPEGAI MAILLÉ, page 329, et PERROQUET VARIÉ.

Le PERROQUET MASCARIN, *Psittacus mascarinus*, Lath., pl. enl., n.º 35 de l'*Hist. nat. de Buffon.* On le trouve, selon Querhoent, dans l'île Bourbon. Il a treize pouces de longueur totale ; le bec petit et rouge ; le derrière de la tête et du cou gris ; le front et la gorge noirs ; tout le corps brun, de même que les deux tiers des pennes caudales qui sont blanches à leur origine. On l'appelle *mascarin*, parce qu'il a autour du bec une espèce de masque noir.

Le PERROQUET DE LA MARTINIQUE. *Voy.* ci-après, AMAZONE A TÊTE BLANCHE, page 322.

Le PERROQUET MEUNIER DE CAYENNE. *V.* ci-après, CRICK POUDRÉ, page 326.

Le PERROQUET NOIR. *V.* PERROQUET VASA et ANI DES PALETUVIERS.

Le PERROQUET DE LA NOUVELLE-ESPAGNE. *V.* ci-après, PAPEGAI BRUN, page 329.

Le PERROQUET DE LA NOUVELLE-GUINÉE. *Voy.* PERROQUET A BEC COULEUR DE SANG.

Le PERROQUET D'OR. *V.* ci-après AMAZONE JAUNE, p. 321.

Le PERROQUET DE PARADIS, de Catesby. *V.* ci-après PAPEGAI DE PARADIS, page 330.

* Le PERROQUET PARAGUA, *Psittacus paraguanus*, Lath. Quoiqu'on ait donné le Brésil pour le pays de ce perroquet, on n'en est pas certain. Son plumage indique qu'il appartient à la famille des *loris*. Il a douze pouces de longueur ; le bec cendré ; l'iris rouge ; la tête, le derrière du cou, le bas-ventre, les couvertures inférieures et les pennes de la queue, celles des ailes et leurs couvertures, d'une couleur noire ; le dos, le croupion, les plumes qui recouvrent le dessus de la queue, toutes les parties inférieures jusqu'au bas-

ventre, d'une teinte rouge; les jambes et les pieds d'un cendré foncé.

Le PETIT PERROQUET VERT de Levaillant, pl. 105 de ses *Perroquets*. Ce naturaliste nous assure que cet oiseau est une espèce distincte du *petit perroquet vert* d'Edwards; il a une taille moyenne, le dessous du corps d'un vert gai, nuancé de bleu; le dessus d'un vert jaunâtre; les grandes pennes alaires bleues à l'extérieur, noirâtres à l'intérieur et en dessous; les grandes couvertures des pennes primaires, rouges à leur base; tout le haut des revers de la queue rouge; le bec et les pieds gris; les yeux d'un brun-rouge. Il se trouve dans l'Amérique méridionale.

Le PETIT PERROQUET VERT DES INDES-ORIENTALES. C'est, dans Albin, le nom de la PETITE PERRUCHE DE GUINÉE.

Le PERROQUET A POITRINE BLANCHE DU MEXIQUE. *V.* ci-après PERRICHE MAÏPOURI, pag. 366.

* Le PERROQUET A RAQUETTES, *Psittacus platurus*, Temm. Cette espèce habite, dit-on, la Nouvelle-Calédonie; elle a l'occiput et les couvertures des ailes d'un gris-bleu; le dos d'un vert grisâtre, sur lequel se trouve un large collier jaune doré; les pennes des ailes d'un vert foncé; la queue de cette couleur à l'origine, et d'un bleu foncé à son extrémité; le reste du plumage vert jaunâtre; le bec et les pieds gris. Ce perroquet est remarquable, en ce que deux pennes de sa queue dépassent les autres, qui sont d'égale longueur, d'environ deux pouces, et que dans cette partie elles n'ont point de barbes jusqu'à leur extrémité, où celles-ci présentent la forme d'une raquette. Longueur totale, douze pouces et demi.

Le PERROQUET DE LA RIVIÈRE DES AMAZONES. C'est, dans le Voyage de Labat, l'AMAZONE A TÊTE JAUNE. *V.* ci-après page 324.

* Le PERROQUET ROBUSTE, *Psittacus robustus*, Lath. Grosseur d'un gros pigeon; taille robuste; longueur, douze pouces; bec fort, grand et blanc; plumes qui bordent la mandibule supérieure, noirâtres; tête d'un gris verdâtre, avec une strie sur le milieu de chaque plume; cou vert, ainsi que le corps, mais plus pâle en dessous, sur le croupion et les couvertures de la queue; couvertures des ailes noirâtres et bordées de vert; pennes brunes; bord de l'aile tacheté de rouge; queue brune; pieds noirâtres. Le pays de cet oiseau n'est pas connu.

Le PERROQUET ROUGE ET VERT d'Edwards, est le PERROQUET VERT, OU DE LA CHINE.

Le PERROQUET DE ST.-DOMINGUE. *V.* ci-après, PAPEGAI A BANDEAU ROUGE, page 328.

Le Perroquet tavoua. *V.* Papegai tavoua, page 33r.

Le Perroquet tapiré n'est point une espèce ni même un perroquet dans l'état de nature, mais un individu, soit *amazone* ou *crick*, dont les sauvages, dit-on, ont changé les teintes, en lui arrachant des plumes dans sa jeunesse, et frottant la partie déppouillée avec le sang d'une raine bleue à raies longitudinales jaunes, qui est très-commune à la Guyane.

Ce fait est révoqué en doute par Levaillant : il prétend que ces perroquets tapirés et variés sont des individus malades ; et il a remarqué de plus qu'ils ne prenoient jamais d'autres couleurs que celles dont ils avoient déjà quelque nuance dans leur plumage. Les perroquets cendrés ou gris tapirent plus ou moins en rouge, et ne prennent pas d'autres teintes ; tels sont les perroquets de Guinée, à ailes rouges et variées de rouge, donnés comme variétés, dont la race primitive a toujours la queue de cette couleur. Les amazones tapirent en jaune et rouge, et ils ont ces deux teintes dans leur plumage naturel ; les criks en jaune. « Un oiseau à plumage varié, dit-il, doit nécessairement être organisé de manière à ce qu'il y ait en lui une sécrétion de diverses substances destinées à former les différentes couleurs de son plumage ; or, chacune de ces substances doit avoir un cours particulier qui la fasse aboutir à l'endroit du corps où elle doit produire les plumes qui lui sont propres ; mais lorsqu'il survient un dérangement physique, une maladie, toute cette organisation intérieure doit s'en ressentir ; alors telle matière qui devroit former des plumes rouges, par exemple, ne suit plus son cours ordinaire, et reflue dans une autre partie du corps. » « Il paroît que cette action morbifique, dit Virey, depend des différens états du réseau muqueux qui règne sous la peau, et qui donne la couleur aux productions de l'épiderme, comme poils, plumes, écailles, etc. Il en est de même de la panachure des feuilles de quelques arbres ou de quelques fleurs ; c'est une sorte de dégénération qui dépend de la foiblesse individuelle des constitutions. »

D'après cette exposition, l'état de *tapiré* est, selon ces auteurs, naturel et non produit par l'homme : cependant on ne doit pas légèrement rejeter ce qui a été dit auparavant, puisqu'il est attesté par des voyageurs dignes de foi, et depuis peu par M. de Azara, que les Indiens *tapirent* les perroquets ; mais c'est du rocou et non pas du sang de cette raine, que se servent les naturels des contrées septentrionales du Paraguay, et ils l'emploient de la même manière. Ne seroit-il pas possible, en adoptant les causes que ces naturalistes indiquent, que le sang de cette raine, ou la couleur rouge du rocou, versé dans la plaie ou le vide que laisse la plume au moment qu'elle vient d'être arrachée, fût le type d'une maladie quelconque? Alors le résultat seroit le même. L'erreur ne seroit donc que dans la faculté attribuée au sang de cette *raine*, ou au *rocou*, de changer la couleur de la plume et de la teindre, soit en rouge, soit en jaune. Ce qui me confirme dans l'opinion que ce changement de couleur est l'effet d'une action morbifique, c'est qu'il est certain que les perroquets dont le plumage est dénaturé, sont silencieux, tristes, et si délicats, qu'ils exigent beaucoup de soin pour les conserver ; en outre, on trouve très-rarement, dans l'état de nature, des oiseaux tapirés ; au contraire, presque tous ceux que nous connoissons plus ou moins variés, sont des individus tenus en captivité.

Le Perroquet de terre. C'est ainsi qu'à St.-Domingue on appelle le Todier vert, d'après sa couleur. *V.* ce mot.

Le Perroquet a tête blanche. *V.* ci-après, Amazone a tête blanche, page 322.

Le Perroquet a tête bleue, d'Edwards, est la Perruche a tête bleue. *V.* ci-après, page 356.

Le Perroquet a tête bleue, *du Brésil.* Brisson appelle ainsi la troisième variété de l'Amazone aourou-couraou. *V.* ci-apres., page 319.

Le Perroquet a tête bleue, de Cayenne. *V.* ci-après, Papegai a tête et gorge bleues, page 331.

Le Perroquet a tête bleue, de la Martinique. *V.* ci-après, Papegai à ventre pourpré, page 332.

Le Perroquet a tête brune, *Psittacus fuscicapillus*, Vieill. Ce perroquet, de l'île de Java, a la tête brune, le dessous du pli de l'aile et le bord extérieur des premières pennes de l'aile, d'un bleu clair ; la queue jaune en dessous ; le reste du plumage vert, mais tirant au jaune sur les parties inférieures ; les pieds gris ; le bec rougeâtre, et à peu près la taille du perroquet à tête grise.

Le Perroquet a tête grise, *Psittacus senegalus*, pl. enluminée de Buffon, n.° 288. Ces perroquets sont communs au Sénégal ; on les y voit par petites bandes de cinq à six, souvent perchés à la cime des arbres épars dans les plaines sablonneuses de cette contrée ; ils se tiennent tellement serrés l'un contre l'autre, qu'on tue quelquefois la petite bande entière d'un seul coup de fusil. Leur cri est aigu et désagréable. L'on assure qu'ils n'apprennent point à parler. Taille du *merle :* longueur, huit pouces un quart ; tête et face d'un gris lustré bleuâtre ; cire et orbites blanchâtres ; iris jaune ; dessus du corps et poitrine verts ; pennes des ailes bordées de cette couleur sur un fond gris brun ; dessous du corps d'un gros jaune souci, mêlé de rouge aurore sur des individus ; queue d'un cendré foncé, bordée de verdâtre ; pieds d'un cendré rougeâtre ; quelques individus ont la tête d'un cendré brun, et le dos varié de jaune.

* Le Perroquet a tête grise de la Nouvelle-Zélande, *Psittacus nestor*, Lath. ; *Psittacus meridionalis*, Linn., édit. 13. Il a quinze pouces de longueur ; le bec d'un noir bleu, la peau nue, qui enveloppe les yeux, de couleur cendrée ; tout le dessus de la tête d'un cendré pâle ; les plumes de la base de la mandibule supérieure, la gorge, le devant et les côtés du cou, d'un rouge brun, ainsi que les parties postérieures du corps au-dessous de la poitrine ; un trait couleur de rouille au-dessus de l'œil ; l'occiput et le dessus du cou d'une teinte cendrée pâle ; le dos, les ailes et la queue d'un cendré verdâtre, avec quelques reflets cuivreux ; les pennes caudales d'égale longueur entre elles, terminées en pointe et brunes dans cette partie ; les pieds noirs. Cette espèce habite la Nouvelle-Zélande.

Le Perroquet a tête jaune de la Jamaïque, de Brisson. C'est la première variété de l'Amazone aouroucouraou. *V.* ci-après, page 319.

Le Perroquet a tête rouge. *Voyez* Kakatoès a tête rouge.

Le Perroquet a tête rouge du Brésil. *V.* ci-après, Amazone tarabé, page 321.

* Le Perroquet varié, *Psittacus accipitrinus*, Lath. Il a la grosseur d'un petit *pigeon* ; treize pouces et demi de longueur ; le bec et la cire noirâtres ; le tour des yeux dénué de plumes et de la même couleur ; l'iris noisette ; la tête, les joues et la gorge brunes, chaque plume ayant une strie plus pâle dans le milieu ; celles de la poitrine et du ventre pourpres et bordées de bleu ; le dos, le croupion, les scapulaires et les couvertures de la queue d'un beau vert ; les inférieures des ailes d'un vert jaune ; les plus grandes d'un noir bleu ; les pennes noires, frangées à l'extérieur et terminées de bleu ; les secondaires vertes, ainsi que la queue, qui est un peu arrondie, et dont toutes les pennes, excepté les deux intermédiaires, ont leur extrémité bleue ; les pieds et les ongles de couleur de plomb foncée. On trouve cette espèce aux Indes orientales.

Le Perroquet varié de Cayenne. *V.* ci-après, Papegai violet, page 332.

Le Perroquet vasa, *Psittacus niger*, Lath., pl. enl. de Buffon, n.º 500. Suivant Flaccourt, *vasa* est le nom que ce perroquet porte à l'île de Madagascar ; il a treize pouces et demi de longueur totale, et un peu moins de grosseur que le perroquet cendré ; la tête, le cou et tout le corps d'un noir lavé d'une légère teinte de bleuâtre ; les grandes couvertures des ailes d'un cendré rembruni, tirant au vert ; les pennes des ailes des mêmes teintes à l'extérieur, et d'un gris-brun a l'intérieur et en dessous ; celles de la queue d'un noir bleuâtre en dessus et d'un noir pur en dessous ; l'œil entouré d'une peau blanchâtre ; le bec très-petit et d'un blanc légèrement teint de couleur de chair ; les pieds rougeâtres et les ongles noirs. Ce perroquet, qui imite la voix de l'homme, est, dit Edwards, en domesticité, fort familier et très-aimable. Buffon dit que c'est le même que François Cauche appelle *Wouresmeinte*, ce qui veut dire oiseau noir ; le nom de Wourou, en langue madagasse, signifiant oiseau en général.

Le PERROQUET VERT, *Psittacus sinensis*, Lath. ; pl. enl. de Buffon, n.° 51, fig. fort mauvaise. Il est de la grosseur d'une poule moyenne ; la mandibule supérieure est rouge à la base et jaunâtre dans le reste de sa longueur ; l'inférieure noire ; l'iris orangé ; tout le corps d'un vert vif ; les couvertures inférieures des ailes rouges ; quelques-unes des grandes couvertures et les épaules bleues ; les pennes et celles de la queue doublées de brun ; les pieds et les ongles noirs. On trouve cette espèce à la Chine, mais elle n'y est pas commune, et on ne la voit que dans les provinces méridionales ; elle vit aussi aux Moluques et à la Nouvelle-Guinée.

Latham et Gmelin ayant, dans la *Synonymie*, rapporté à cette espèce le *grand perroquet vert de la Nouvelle-Guinée*, décrit par Sonnerat, se sont mépris en la donnant une seconde fois sous le nom de *Psittacus magnus*.

Le PETIT PERROQUET VERT d'Edwards. *Voyez* ci-après la deuxième variété du CRICK A TÊTE BLEUE, page 326.

M. Levaillant le donne pour une espèce distincte, sous la dénomination de *perroquet à joues orangées*.

Le PERROQUET A AILES ROUGEATRES de Salerne, est la deuxième variété de l'AMAZONE AOUROU-COURAOU. *V.* ci-après, page 319.

Le PERROQUET VERT DU BRÉSIL, d'Edwards, est donné par Buffon pour une variété du CRICK A TÊTE BLEUE. *V.* ci-après, page 326. M. Levaillant le regarde comme une espèce distincte qu'il a décrite sous la dénomination de *perroquet à joues bleues*.

Le PERROQUET VERT FACÉ DE BLEU. *V.* ci-après, CRICK A TÊTE BLEUE, page 327.

Le PERROQUET VERT ET ROUGE DE CAYENNE, est rapporté comme variété à l'AMAZONE A TÊTE JAUNE. *Voyez* ci-après, page. 324.

Le **Perroquet violet**. *V.* ci-après, **Papegai violet**,
page 332.

PERROQUETS-AMAZONES,

Buffon a réuni sous ce nom les perroquets du nouveau continent, qui ont du rouge sur le fouet de l'aile, ce qui les distingue des *cricks* qui en ont seulement sur l'aile; et en ce que le reste de leur plumage est brillant et même éblouissant; que leur tête est couverte d'un beau jaune très-vif; que leur taille est supérieure à celle des *criks*. Les uns et les autres ont les mêmes habitudes naturelles: ils volent également en troupes nombreuses, se perchent en grand nombre dans les mêmes endroits, et jettent tous ensemble des cris qui se font entendre fort loin; ils vont aussi dans les bois, soit sur les hauteurs, soit dans les lieux bas, et jusque dans les savanes noyées, plantées de palmiers communs et d'*avouuras*, dont ils aiment beaucoup les fruits, Buff.

L'**Amazone aourou-couraou**, *Psittacus æstivus*, Lath., pl. enl. de Buffon, n° 547, sous la dénomination de *perroquet amazone*. Le nom de ce perroquet est celui sous lequel Marcgrave l'a fait connoître. On le trouve à la Guyane et au Brésil. Il a le front et les sourcils bleuâtres; le reste de la tête jaune, ainsi que la gorge, dont les plumes ont une bordure de vert bleuâtre; le reste du corps est d'un vert clair, qui prend une teinte jaunâtre sur le dos et le ventre; le fouet de l'aile est rouge; ses couvertures supérieures sont vertes, et ses pennes variées de noir, de jaune, de bleu-violet et de rouge; les pennes de la queue vertes et frangées de noir, de rouge et de bleu; l'on n'aperçoit ces trois couleurs que quand elle est ouverte: les pieds sont cendrés; l'iris est couleur d'or et le bec noirâtre. Longueur totale, douze pouces. On rapporte a cette espèce plusieurs variétés. La première est l'oiseau indiqué par Aldrovande, sous la dénomination de *psittacus viridis melanorhynchos*.

La seconde variété est encore un perroquet indiqué par Aldrovande, qui a le front d'un bleu d'aigue-marine, avec une bande de cette couleur au-dessus des yeux; le sommet de la tête d'un jaune pâle; la mandibule supérieure du bec rouge à sa base, bleuâtre dans son milieu et noire à son extrémité; l'inférieure est blanchâtre; du reste il ne diffère pas de l'*aourou-couraou*. Il se trouve dans les mêmes contrées que celui-ci, et en outre à la Jamaïque et au Mexique, où les Espagnols l'appellent *Catherina*.

La troisième variété est l'*aiuru-curica* de Marcgrave. Sa tête est couverte d'une espèce de bonnet bleu mêlé d'un peu de noir, au milieu duquel il y a une tache jaune; le bec est cendré à sa base et noir à son extrémité. Voilà la seule petite différence qu'il y ait entre ces deux perroquets.

La quatrième variété, indiquée de même par Marcgrave, n'en diffère qu'en ce que le jaune s'étend un peu plus sur le cou.

La cinquième variété est donnée par Brisson à une espèce particullère, sous la dénomination de *perroquet amazone à front jaune*. Linnæus a adopté l'opinion du méthodiste français, et l'appelle *psittacus amazonicus*; mais Latham a suivi le sentiment de Buffon. Elle ne diffère de l'*amazone aourou-couraou* qu'en ce qu'elle a le front blanchâtre ou d'un jaune pâle, tandis que l'autre l'a bleuâtre.

Je rapproche encore de cette espèce le *loro cabeza amarilla* de M. de Azara, que Sonnini rapporte, dans la traduction française, au *perroquet amazone à tête jaune*; mais c'est une méprise, car celui-ci n'a point de bleu sur le front, tandis que l'autre a cette partie bleue comme l'*amazone aourou-couraou*; il présente encore, dans le reste de son plumage, d'autres traits d'analogie avec celui-ci.

La couleur jaune, dit M. de Azara, s'étend suivant l'âge ou le sexe, les femelles en ayant moins que les mâles, et les jeunes moins que les adultes. Il fait encore mention de deux individus dont l'un paroissoit doré lorsqu'on le regardoit contre le jour; l'autre étoit un *albinos*, et présentoit l'ensemble d'un *perroquet couleur de paille*, sans qu'il perdît la distribution des couleurs de son espèce, à l'exception du vert, qui avoit dégénéré en jaune; l'œil avoit deux iris, l'extérieur orangé et l'intérieur vert; le bec et sa membrane, la bouche, la langue, les tarses, les doigts et les ongles étoient blancs, de même que les pennes des ailes, mais les cinq du milieu et toutes celles de la queue avoient des taches rouges et jaunes; les couvertures supérieures, le haut du dos et des plumes scapulaires avoient une teinte de blanc jaunâtre; un jaune vif coloroit les couvertures inférieures, et le reste du plumage étoit couleur de paille, différences qui indiquent très-bien une variété accidentelle.

Le nom du *loro cabeza amarilla*, dans la langue des Guaranis, est *paracauquereu*; *paracau* est la dénomination générique de la famille, et *quereu* ou *creu* exprime le cri de l'oiseau que les Espagnols entendent bien différemment: car ils prononcent *loro*, nom qu'ils donnent, avec celui du *lorito*, au perroquet de cet article.

Ces perroquets sont très-communs au Paraguay; ils vivent en sociétés nombreuses, qui ne se séparent jamais entièrement, et ils crient sans cesse; néanmoins, lorsqu'ils s'abattent dans les plantations pour manger les oranges, ils se taisent, afin que personne ne vienne les inquiéter. Leur ponte est de trois œufs blancs. On les trouve dans tous les bois, jusqu'à la rivière de la Plata.

* L'AMAZONE A CALOTTE ROUGE, *Psittacus pileatus*, Lath. Cet auteur a décrit cet oiseau d'après Scopoli (Ann. Hist. nat., 1 page et n.º 32), et M. Virey (édit. de l'Hist. nat. de Buff.; par Sonnini) l'a placé dans cette famille; cependant, la description n'indique pas qu'il y ait du rouge dans l'aile; au reste, il a la taille de la *grive draine*; le bec brun à sa base et ensuite couleur de corne; le front et le sommet de la tête rouges; les joues nues; le plumage généralement vert; les pennes alaires bleues à l'extérieur, celles de la queue pareilles, et de plus, jaunes à leur extrémité; le croupion d'un vert-jaune. Scopoli soupçonne que c'est une variété de la *perriche couronnée d'or*; mais il ne fait pas mention de la forme de la queue.

* L'AMAZONE A CAPUCHON JAUNATRE, *Psittacus luteolus*, Lath.; *Psittacus luteus*, Gm. On le trouve dans l'Amérique méridionale. Sa longueur totale est de dix pouces environ; le bec est noirâtre et noir à sa pointe; le dessus de la tête d'un bleu clair, qui descend jusqu'aux yeux; le *lorum*, le menton et les ailes sont verts; les épaules jaunes; les pennes primaires des ailes noirâtres; leurs plus grandes couvertures ont une grande marque orangée; le reste du plumage est vert, mais d'une nuance très-pâle sur le ventre; quelques pennes de la queue sont rouges à leur base, du côté intérieur; les pieds sont noirâtres.

L'AMAZONE JAUNE, *Psittacus aurora*, Lath., pl. 10, f. 1 de ce Dictionnaire; pl. enl. de Buffon, n.º 13. Il a tout le corps et la tête d'un beau jaune, du rouge sur le fouet de l'aile, ainsi que sur les grandes pennes et sur les pennes latérales de la queue; l'iris est rouge; le bec et les pieds sont blancs. N'est-ce pas une variété accidentelle?

* L'AMAZONE TARABÉ ou A TÊTE ROUGE, *Psittacus tarabe*, Lath. C'est d'après Marcgrave que l'on a décrit ce perroquet, qui ne se trouve qu'au Brésil. Il a la tête, la poitrine, le fouet et le haut des ailes rouges; le reste du plumage vert; le bec et les pieds d'un cendré obscur. M. de Azara, qui l'a observé au Paraguay, et qui l'appelle *mararaua garganta roxa*, le décrit d'une manière plus satisfaisante. Cet oiseau a, dit-il, treize pouces et demi de longueur totale; le front écarlate, les plumes de la tête vertes et bordées de noirâtre; la nuque, le derrière et les côtés du cou couverts de plumes vertes à leur base, bordées de noirâtre et de couleur de rouille sur le reste; toutes les autres parties supérieures d'un vert jaunâtre avec du bleu de ciel sur la dernière moitié des pennes exté-

rieures de l'aile, et du rouge sur les quatre pennes de son milieu, de même que sur les trois ou quatre latérales de la
queue; le devant du cou et le dessous du corps rouges, mais les
plumes de cette dernière partie ont à leur extrémité un mélange
de vert, de jaune et de bleu les côtés du corps et les couvertures
inférieures des ailes sont d'un vert foncé, et leurs pennes
d'un vert bleuâtre en dessous; le bas-ventre est presque jaune;
le tarse d'un brun noirâtre; l'iris d'un orangé vif; le bec
moitié rouge et moitié de couleur de corne blanche.

Ce perroquet, que M. de Azara n'a pas rencontré plus
au midi que le 25.ᵉ degré de latitude, et au Paraguay,
n'habite que les déserts, et est d'un naturel triste et silencieux
lorsqu'on l'élève en domesticité. Il a, du reste, les mêmes
habitudes et le même cri que l'*amazone aourou couraou*; cependant ces deux espèces ne se réunissent jamais.

L'AMAZONE A TÊTE BLANCHE, *Psittacus leucocephalus*, Lath.;
pl. enl. de Buff., n.º 549, sous la dénomination de *perroquet
de la Martinique*, et n.º 335, sous celle de *perroquet à front
blanc* du Sénégal. Il a l'iris brun, le bec d'une couleur de
chair très-claire, le front et la peau nue qui entoure les yeux,
blancs; les joues, la gorge et le devant du cou d'un rouge
vif: cette couleur perce encore sur le milieu du ventre et
sous l'aile vers le pli; les plumes des oreilles sont d'un
gris noir; le dessus de la tête et du cou, le dos et les couvertures supérieures des ailes, les pennes secondaires et tout
le dessous du corps, d'un vert brillant, entouré sur chaque
plume du corps, d'un demi-cercle noir; les pennes primaires des ailes sont d'un bleu changeant en violet sur leur côté
extérieur; le croupion et les couvertures supérieures de la
queue, d'un vert-jaune; les pennes intermédiaires vertes;
toutes les autres de la même teinte en dehors, rouges à l'intérieur, depuis leur origine jusqu'à leur moitié, et ensuite
jaunes, à l'exception de la plus extérieure de chaque côté,
qui est d'un bleu-violet; les pieds sont d'un gris jaunâtre.
Longueur totale, onze pouces.

La femelle ne diffère du mâle adulte qu'en ce qu'elle n'a
pas de rouge aux ailes; cette couleur est chez celui-ci, tantôt
sur le bord externe, tantôt en dessous, tantôt sur l'aile bâtarde, et une partie de la deuxième penne primaire, comme
dans le *White crowned parrot* de Latham, ou seulement sur le
bord de l'aile, vers le pli, comme chez le perroquet de la
Martinique, ou le *White headed parrot* d'Edwards, et chez
le *psittacus albifrons* de Sparrman. Les jeunes mâles, avant
leur première mue, n'ont point de rouge aux ailes, ni sur
la gorge, ni sur le ventre; leur front est blanc comme celui des adultes et des vieux; le sinciput d'un gris cendré,

et les plumes du corps sont bordées de brun. L'individu in-diqué par M. Levaillant, pl. 108 *bis* de son Histoire des per-roquets, pour un jeune dans son premier âge, est un jeune de l'espèce du *papegai à bandeau rouge*; et celui qu'il donne pour la femelle appartient aussi à cette même espèce : ce que je peux certifier, puisqu'à Saint-Domingue j'ai eu en ma possession le mâle, la femelle et leurs petits encore au nid.

Le plumage des *perroquets à tête blanche* n'est pas tout-à-fait le même chez les individus qui habitent les petites An-tilles, que chez ceux qui se trouvent dans les grandes. Le *per-roquet à front blanc* de Sparrman a le sinciput d'un blanc-vio-let et la gorge verte; celui de la Martinique a le bord de l'œil blanc, et le sommet de la tête d'un beau bleu qui des-cend jusqu'aux yeux; au contraire, cette partie est verte chez celui que j'ai décrit, et d'un gris cendré chez d'autres; la couleur blanche ne s'étend chez les uns que sur le front; chez d'autres, elle couvre encore le sinciput et le tour des yeux; chez quelques-uns, la teinte rouge du ventre se prolonge jusqu'à la nuque; enfin, le *White crowned parrot* de Latham a le dessus de la tête d'un bleu pâle; mais tous, quels que soient leur âge et leur sexe, ont le devant de la tête blanc, attribut qui distingue très-bien ces perroquets de tous les autres. Ils sont nombreux à Saint-Domingue, à Porto-Rico, à la Ja-maïque, à Cuba et au Mexique; mais ils n'habitent pas le Sénégal, comme l'indique la pl. enl. n.º 355, erreur qu'a re-connue Buffon lui-même.

Cette espèce fréquente de préférence les cantons incultes; c'est pourquoi on la rencontre plus fréquemment dans la partie espagnole de Saint Domingue que dans la partie fran-çaise. L'intérieur des forêts est le lieu où elle se retire pour nicher, ce qu'elle fait dans un arbre creux ou près du tronc, sur la fourche des plus grosses branches; sa ponte est de deux à quatre œufs blancs, et elle fait plusieurs couvées dans l'année.

Ces oiseaux, naturellement très-criards, ne font jamais autant de bruit que lorsqu'ils sont réunis en bande, surtout vers le soir; ils annoncent leur présence sur les arbres quand ils se rendent d'une fo rêt dans une autre, non-seulement par plusieurs cris aigus, mais encore par les débris des jeunes rameaux qu'ils se plaisent à tailler. Aussi défians que mé-chans, on les approche difficilement; ils ne peuvent s'ac-coutumer à l'esclavage; mais, pris dans le nid, ils s'apprivoi-sent facilement et deviennent très-familiers. Ils ont une grande aptitude à rendre d'un ton doux et agréable les accens de la voix articulée; les petits ont un cri semblable à celui des jeunes *corneilles*, et leur chair est très-bonne à manger, et même celle des vieux n'est pas à dédaigner quand ils sont gras.

L'Amazone a tête jaune, *Psittacus ocrocephalus*, Gm.; *Psittacus amazoninus*, Lath. Cet oiseau a dix-huit pouces de longueur totale ; le sommet de la tête d'un beau jaune vif ; la gorge, le cou, le dessus du dos et les couvertures supérieures des ailes d'un vert brillant ; la poitrine et le ventre d'un vert jaunâtre ; le fouet des ailes d'un rouge vif ; leurs pennes variées de vert, de noir, de bleu violet et de rouge ; les deux pennes extérieures de chaque côté de la queue, rouges à l'origine de leur côté extérieur, et ensuite d'un vert foncé qui se change en vert jaunâtre à leur extrémité ; le bec est rouge à sa base et cendré sur le reste de son étendue ; l'iris jaune ; les pieds sont gris et les ongles noirs.

On donne à cette espèce deux variétés ; la première est, selon Buffon, le *perroquet vert et rouge de Cayenne* (pl. enl. n.º 312), lequel est connu à la Guyane sous le nom de *bâtard amazone* ou de *demi - amazone*. Il a un peu de jaunâtre sur le front, près la racine du bec ; le plumage d'un vert jaunâtre ; une nuance de cette teinte sous la queue ; le bec rougeâtre et les pieds gris. On prétend qu'il vient du mélange d'un perroquet amazone avec un autre perroquet.

La seconde variété est le *perroquet amazone à bec bariolé* ; il ne diffère de l'*amazone à tête jaune* qu'en ce qu'il a le bec d'un jaune doré sur les côtés de sa mandibule supérieure, dont le sommet est bleuâtre sur sa longueur, avec une petite bande blanche vers son extrémité ; la mandibule inférieure jaunâtre dans son milieu, et d'une couleur plombée dans le reste.

PERROQUETS - CRICKS.

Crick est un nom imposé par Buffon à des perroquets de l'Amérique qui, dit-il, se distinguent des *amazones* en ce qu'ils n'ont pas de rouge dans le fouet de l'aile, mais seulement sur les couvertures ; en ce que le vert de leur plumage est mat et jaunâtre, que leur tête est d'un jaune obscur et mêlé d'autres couleurs, et qu'enfin ils sont plus petits. Cependant les *cricks* ayant du rouge dans l'aile, doivent être rapprochés des *amazones*, dont ce rouge fait le caractère principal. De plus, ils ont le même genre de vie. *V.* ci-dessus, à l'article des *amazones*, page 319.

Le Crick proprement dit, *Psittacus agilis*, Lath., pl. enl. de Buffon, n.º 839. C'est ainsi qu'on appelle ce perroquet à Cayenne, où il est si connu, qu'on a donné son nom à tous les autres *cricks*. Marcgrave les nomme *aura catinga*, et donne la dénomination d'*aiuru apara* à une variété qui n'en diffère que par un peu moins de grandeur. Le *crick* de cet article a près d'un pied de longueur, et est d'un vert assez clair, tant en dessus qu'en dessous, très-beau, particulièrement sur le ventre, le cou, le front et le sommet de la tête ; les joues sont d'un jaune verdâtre ; une tache rouge est sur les ailes, dont les pennes sont noires et terminées de bleu ; les deux pennes intermédiaires de la queue sont du même vert que le dos, et toutes les pennes latérales ont une grande tache oblongue rouge sur leurs barbes intérieures ; cette tache s'élargit de plus en plus de la penne extérieure à la penne intérieure ; l'iris est rouge ; le bec et les pieds sont blanchâtres. Barrère et Brisson ont confondu ce perroquet avec le *papegai tavoua*, qui en diffère par un grand nombre de caractères, et particulièrement en ce qu'il n'a pas de rouge dans l'aile.

Le CRICK A FACE BLEUE, *Psittacus cyanopis*, Vieill. ; *Psittacus havanensis*, Lath., pl. enl. de Buffon, n.º 360, sous la dénomination de *perroquet de la Havane*, se trouve à la Havane et est commun au Mexique. Il a douze pouces de longueur totale ; parmi les pennes des ailes, les unes sont d'un bleu d'indigo et les autres rouges ; la poitrine et l'estomac d'un petit rouge sont tendre ou lilas, ondé de vert ; la face est bleue ; le reste du corps vert, avec une tache jaune au bas du ventre ; les quatre pennes intermédiaires de la queue sont à moitié rouges ; les orbites cendrées et les pieds gris.

Le CRICK A FACE ROUGE ou A JOUES BLEUES, *Psittacus erithropis*, Vieill. ; pl. 106 des *perroquets* de Lev., sous la dénomination de *perroquet à joues bleues*, se trouve au Brésil et est donné par Buff pour une variété du *crick à tête bleue*. Il a les côtés de la tête et toute la face encadrée dans un bandeau rouge vermillon ; les joues bleues ; le dessus du corps d'un vert brillant ; le dessous d'un vert lustré de jaune ; les grandes pennes alaires bleues ; la penne la plus extérieure de la queue de cette couleur, la suivante rouge, les autres vertes et toutes terminées de jaune jonquille ; le bec d'un blanc rosé, les pieds gris. On le trouve au Pérou.

Le CRICK A JOUES ORANGÉES, *Psittacus aurantius*, Vieill. ; *Psittacus autumnalis*, var., Lath. ; pl. 109 des *Perroquets* de Levaillant. Buffon a donné le *petit perroquet vert* d'Edwards, pl. 164, qui est le même que ce *crick*, pour une variété de son *crick à tête bleue*. M. Levaillant en fait une espèce distincte, et je le crois plus fondé. Au reste, ce perroquet de l'Amérique méridionale a le plumage d'un vert gai, tirant plus au jaune dessous le crps ; le front rouge, la queue de cette couleur dans le milieu, verte à sa naissance et à sa pointe, et bordée de jaune sur les deux pennes les plus extérieures ; le bec est d'un blanc jaunâtre et le tarse gris.

Le CRICK MOINEAU *V.* ci-après TOUI FRINGILLAIRE, p. 379.

Le CRICK POUDRÉ ou le MEUNIER , *Psittacus pulverulentus ;* Lath. ; pl. enl. de Buff., n.º 861, sous le nom de *Meunier de Cayenne.* Le nom de *Meunier* a été imposé à ce *crick* par les habitans de Cayenne, parce que son plumage, dont le fond est vert, paroît saupoudré de farine. Il a une tache jaune sur la tête ; les plumes de la face supérieure du cou légèrement bordées de brun ; le dessous du corps d'un vert moins foncé que le dessus, et il n'est point saupoudré de blanc ; les pennes extérieures des ailes noires, avec du blanc sur une partie de leurs barbes extérieures ; une grande tache rouge sur les ailes ; les pennes de la queue vertes depuis leur origine jusqu'aux trois quarts de leur longueur, et d'un vert jaunâtre sur le reste ; le bec couleur de corne blanchâtre ; les pieds gris. Cet oiseau, qui est le plus grand de tous les perroquets du Nouveau-Monde, à l'exception des *aras*, est un des plus estimés, tant par la singularité de son plumage que par la facilité qu'il a d'apprendre à parler, et par la douceur de son naturel.

Le CRICK ROBUSTE. *V.* ci-dessus PERROQUET ROBUSTE.

*Le CRICK ROUGE ET BLEU ; *Psittacus cœruleocephalus,* Lath. Ce n'est que d'après Aldrovande qu'on a donné la description de ce perroquet, dont le pays est inconnu ; mais comme il a du rouge dans l'aile, et d'ailleurs une tache jaune sur la tête, Buffon a cru devoir le mettre au nombre des *cricks* d'Amérique. Le nom de *varié (poikillou)* lui conviendroit fort, dit Aldrovande, eu égard à la diversité et à la richesse de ses couleurs ; le bleu colore le cou, la poitrine et la tête, dont le sommet porte une tache jaune ; le croupion est de même couleur ; le ventre vert ; le haut du dos bleu clair ; les pennes de l'aile et de la queue sont toutes couleur de rose ; les couvertures des premières sont mélangées de vert, de jaune et de rose ; celles de la queue vertes ; le bec est noirâtre, et le tarse d'un gris rougeâtre.

Le CRICK A TÊTE BLEUE , *Psittacus autumnalis,* Var., Lath.: pl. 43 des *Glanures* d'Edwards, se trouve à la Guyane. Il a tout le devant de la tête , la gorge et le devant du cou d'une couleur bleue, qui est terminée sur la poitrine par une tache rouge ; le reste du corps d'un vert plus foncé sur le dos qu'en dessous ; les couvertures supérieures des ailes de cette teinte ; leurs pennes primaires bleues, les suivantes rouges , avec du bleu à leur extrémité, et les plus proches du corps vertes ; les pennes de la queue de cette couleur en dessus jusqu'à la moitié de leur longueur, et d'un vert jaunâtre en dessous ; les latérales rouges à l'extérieur ; l'iris orangé : le bec d'un cendré noirâtre, avec une tache rougeâtre sur les côtés de sa partie supérieure ; les pieds couleur de chair, et les ongles noirâtres.

On donne à cette espèce plusieurs variétés : la première indiquée par Fernandez, diffère du précédent en ce qu'elle a la tête variée de rouge et de bleuâtre. Les Espagnols d'Amérique lui donnent, ainsi qu'à l'*aourou-couraou*, le nom de *catherina*.

Les habitans de la Nouvelle-Espagne distinguent plusieurs espèces de *perroquets* : ils appellent *catherinillas* ceux dont le plumage est entièrement vert ; *loros* ceux qui ont, outre cette couleur, la tête et l'extrémité des ailes d'un beau jaune ; et *pericos* ceux qui sont de la même couleur, et n'ont que la grosseur d'une grive.

La seconde, que Latham et Gmelin donnent pour le type de l'espèce, est figurée dans les Oiseaux d'Edwards. pl. 164. Elle a le front rouge et les joues orangées, ce sont les seules différences qui la distinguent. *V.* CRICK A JOUES ORANGÉES.

La troisième variété, suivant Buffon et Latham, est figurée dans les oiseaux d'Edwards, pl. 161, et donnée par Gmelin pour une espèce particulière, sous la dénomination de *psittacus brasiliensis*. Brisson est aussi de ce sentiment. Cet oiseau ne diffère du *crick à tête bleue*, qu'en ce qu'il a le front et le haut de la gorge d'un assez beau rouge.

LE CRICK A TÊTE ET GORGE JAUNES, *Psittacus ocropterus*, Lath., pl. 48 des Oiseaux de Frisch, se trouve dans l'Amérique australe. Il a la tête entière, la gorge et le devant du cou d'un très-beau jaune ; le dessous du corps d'un vert brillant, et le dessus d'un vert jaunâtre ; le fouet de l'aile jaune ; le premier rang des couvertures supérieures de l'aile, rouge et jaune, les autres rangs d'un beau vert ; les pennes alaires et caudales variées de vert, de noir, de bleu, de violet, de jaunâtre et de rouge ; l'iris jaune ; le bec et les pieds blanchâtres. Longueur, treize pouces.

Ce perroquet est très-capable d'attachement pour son maître ; mais il veut être souvent caressé, et semble être fâché si on le néglige, et vindicatif si on le chagrine. Il est capricieux et mord alors, et rit ensuite avec éclats, comme pour s'applaudir de sa méchanceté. Les châtimens ou la rigueur des traitemens ne font que le révolter, l'endurcir et le rendre plus opiniâtre ; on ne le ramène que par la douceur. Il rachète ses mauvaises qualités par des agrémens ; il retient aisément tout ce qu'on veut lui faire dire, et dans ses jours de gaîté il est affectueux, il reçoit et rend les caresses ; la cage l'attriste et le rend muet, et il ne paroît bien qu'en liberté. Du reste, il cause moins en hiver que dans la belle saison, où du matin au soir il ne cesse de jaser, tellement qu'il oublie de prendre sa nourriture. Il semble être affecté du changement de temps; il devient alors silencieux; le moyen de le ranimer est de chanter près de lui; il s'éveille alors et s'efforce de surpasser par ses éclats et ses cris la voix qui l'excite. Il aime les enfans, et en cela il diffère du naturel des autres perroquets; il en affectionne quelques-uns de préférence; ceux-là ont droit de le prendre et de le transporter impunément; il les caresse, et si quelque grande personne le touche dans ce moment, il la mord très-fort; lorsque ses amis enfans le quittent, il s'afflige, les suit et les rappelle à haute voix. (*Buffon.*)

Le CRICK A TÊTE VIOLETTE, *Psittacus violaceus*, Lath. Ce perroquet, autrefois commun à la Guadeloupe et à la Martinique, y est très-rare aujourd'hui: Le seul que j'aie vu en nature est un des plus beaux perroquets. Sa grosseur est celle d'un poulet; il a le bec et les yeux bordés d'incarnat; toutes les plumes de la tête, du cou et du ventre, de couleur violette, un peu mêlée de vert et de noir, et changeante comme la gorge d'un pigeon; le manteau d'un vert fort rembruni; les grandes pennes des ailes noires; toutes les autres jaunes, vertes et rouges; deux taches en forme de rose des mêmes couleurs sur les couvertures supérieures de l'aile. Quand il hérisse, dit le P. Dutertre qui a vu ce perroquet vivant, les plumes de son cou, il s'en fait une belle fraise autour de la tête, dans laquelle il semble se mirer comme le paon le fait dans sa queue. Il a la voix forte, parle très-distinctement et apprend promptement, pourvu qu'on le prenne jeune. Cette espèce, presque totalement détruite, semble s'être fixée à la Guadeloupe et à la Martinique; car on ne la rencontre pas dans d'autres parties de l'Amérique.

Le CRICK A VENTRE BLEU, *Psittacus cyanogaster*, Vieill., se trouve dans l'Amérique méridionale. Il est totalement vert, avec une grande plaque bleue sur le ventre; les pieds sont gris, et le bec est couleur de chair.

PERROQUETS - PAPEGAIS.

PAPEGAI est le nom imposé par Buffon à une famille de perroquets qui, ainsi que les perroquets amazones et cricks, ne se trouvent qu'en Amérique. Ils diffèrent de ceux-ci en ce qu'ils n'ont point de rouge dans l'aile.

Le PAPEGAI A BANDEAU ROUGE, *Psittacus dominicensis*, Lath.; Buff., pl. enl. n.º 792, porte sur le front, d'un œil à l'autre, un petit bandeau rouge; son plumage est généralement d'un vert sombre, comme écaillé de noirâtre sur le cou et le dos, et de rougeâtre sur l'estomac; les pennes des ailes sont bleues; les pieds cendrés; le bec est d'une couleur de chair pâle. Longueur, neuf pouces et demi. On trouve ce perroquet à Saint-Domingue, où il est rare. Cette rareté est une preuve suffisante pour ne pas l'indiquer, ainsi que l'a fait M. Levaillant, pour la femelle du *perroquet amazone à front blanc*, qui est très-commun dans cette île.

Le PAPEGAI BRUN, *Psittacus sordidus*, Lath.; pl. 67 des *Oiseaux* d'Edwards, a le bec noir en dessus, jaune à la base et rouge sur les côtés; l'iris d'un brun couleur de noisette; le dessus de la tête noirâtre; les joues, le dessus du cou et le croupion verdâtres; le dos brun obscur; la queue verte en dessus, bleue en dessous; la gorge de cette dernière couleur, sur environ un pouce de large; la poitrine, le ventre et les jambes d'un brun cendré; les ailes vertes; les pennes les plus proches du corps, bordées de jaune; les couvertures du dessous de la queue rouges; les latérales bordées de bleu; les pieds couleur de plomb et les ongles noirâtres. Grosseur d'un pigeon commun. Ce perroquet se trouve dans la Nouvelle-Espagne, et c'est un des plus rares.

* Le PAPEGAI DU CHILI, *Psittacus choræus*, Lath. La teinte générale de son plumage est un beau vert sur les parties supérieures; le dessous du corps est d'un cendré gris; l'orbite couleur de chair; la queue assez longue et carrée à son extrémité.

* Le PAPEGAI A COLLIER BLEU, *Psittacus cyanolyseos*, Lath. Selon Molina, ce perroquet du Chili, plus grand qu'un pigeon, y est connu sous le nom de *thécau*. Il a la tête, les ailes, la queue d'un vert tacheté de jaune; le dos, la gorge et le ventre de cette dernière couleur; les pennes de la queue d'égale longueur; un collier bleu, et le croupion rouge.

Le GRAND PAPEGAI. C'est, dans Belon, le PERROQUET CENDRÉ.

Le PAPEGAI MAILLÉ, *Psittacus accipitrinus*, Var., Lath., pl. enl. de Buffon, n.° 516. Cet oiseau est regardé par les naturalistes comme une variété du *perroquet varié*, quoique celui-ci habite dans l'Asie, tandis que l'autre se trouve en Amérique; mais Buffon présume que le perroquet varié avoit été transporté dans le nouveau continent, et que si on en trouve dans l'intérieur des terres de la Guyane, c'est qu'ils s'y sont naturalisés, comme d'autres animaux que les navigateurs ont transportés de l'ancien continent dans le nouveau; d'ailleurs il a la voix différente de celle de tous les autres perroquets d'Amérique; elle est aiguë et perçante. Les plumes du haut de la tête et qui entourent la face, sont longues, étroites, blanches et rayées de noirâtre; l'oiseau les relève lorsqu'il est agité de quelque passion, ce qui lui forme une espèce de crinière; celles de la nuque et des cô-

tés du cou sont d'un beau rouge-brun et bordées de bleu
vif ; celles de la poitrine nuées, mais foiblement, des mêmes couleurs , avec un mélange de vert ; le dessus du corps
est d'un vert soyeux et luisant , ainsi que les pennes de la
queue ; cependant quelques-unes des latérales ont leur bord
extérieur d'un bleu-violet, et sont en dessous brunes ; cette
dernière teinte est celle des ailes.

Le Papegai de paradis, *Psittacus paradisi*, Lath.; pl. enl.
de Buffon , n.º 336. Ce perroquet qui, dit-on , se trouve
dans l'île de Cuba , n'est pas décrit d'une manière uniforme
par les auteurs. L'individu de Buffon a toutes les plumes de la
tête et du corps jaunes et bordées de rouge mordoré; les pennes primaires des ailes, blanches. Celui dont M. Levaillant
a publié l'image , ressemble beaucoup au précédent ; mais
il en diffère en ce qu'il a le front et toutes les grandes pennes
alaires d'un gris bleuâtre , et les intermédiaires rouges dans
le milieu. Le *Parrot of paradise of Cuba* de Catesby, pl. 10, que
je crois être l'unique figuré d'après nature, et dont les autres
me paroissent n'être que des copies inexactes quant aux couleurs, diffère des précédens, en ce qu'il a la gorge, le devant
du cou et le ventre d'un beau rouge, et , de même que celui
de Buffon , les grandes pennes des ailes blanches. J'ajouterai,
pour compléter sa description, d'après Catesby, que toutes
les pennes latérales de la queue sont rouges à leur origine et
jaunes dans le reste ; que les plumes de la tête , de la partie
supérieure du cou et du corps sont bordées de rouge ; que
cette bordure rouge n'existe point sur celles de la poitrine,
des flancs et du bas-ventre ; l'iris est de cette couleur ; l'orbite, le bec , les pieds et les ongles sont blancs. Longueur
totale , douze pouces et demi environ.

Je demanderai, avec M. Levaillant, si tous les naturalistes qui ont décrit et fait figurer ce perroquet, l'ont
réellement vu en nature, il n'y a pas de doute que Catesby n'est pas de ce nombre, et c'est probablement
d'après cet auteur, que tous les autres en ont parlé. M.
Levaillant a raison de croire que cet oiseau constitue plutôt
une variété accidentelle qu'une espèce particulière ; mais ,
nous différons d'opinion sur celle à laquelle il appartient
comme variété ; car je présume que c'est plutôt un perroquet
à front blanc, dégénéré, que le *perroquet amazone* dans le
même état, et je me fonde sur ce qu'outre des rapports dans la
couleur rouge de la gorge et du ventre, dont ce dernier ne
porte aucun indice sur ces parties, le premier habite dans
l'île de Cuba , tandis que l'autre ne s'y voit qu'en captivité.

* Le Perroquet sassebé , *Psittacus collarius*, Lath. Ce
papegai , indiqué pour la première fois par Oviédo , sous le

nom de *taxbés*, est, suivant Sloane, naturel à la Jamaïque.
Il a la tête, le dessus et le dessous du corps, verts ; la gorge
et la partie inférieure du cou d'un beau rouge ; les pennes des
ailes sont, les unes noirâtres, les autres vertes. Cette description n'est pas assez détaillée pour bien déterminer l'espèce de cet oiseau.

Le PAPEGAI TAVOUA, *Psittacus festivus*, Lath. ; pl. enl. de
Buffon, n.º 840. Cet oiseau, connu à la Guyane et de nos
oiseleurs, sous le nom que Buffon lui a conservé, est recherché, parce que c'est de tous les perroquets celui qui parle
le mieux. Il a aussi plus de vivacité et d'agilité ; mais il a un
défaut bien essentiel ; d'un naturel traître et méchant, il
mord cruellement lorsqu'il fait semblant de caresser.

Le *tavoua* a le front, le dos et le croupion d'un très-beau
rouge ; le dessus de la tête d'un bleu clair ; le reste du corps
d'un vert foncé en dessus et clair en dessous ; les grandes
pennes des ailes d'un noir changeant et à reflets d'un bleu
profond ; celles de la queue vertes ; le bec couleur de corne,
marqué de noirâtre sur le milieu de la mandibule supérieure ;
les pieds d'un gris-brun. Sa grosseur est un peu inférieure à
celle du *perroquet cendré*.

Le PAPEGAI A TÊTE AURORE, *Psittacus carolinensis*, Var.
Lath. ; *Psitt. ludovisianus*, Linn., éd. 13. Ce papegai, dont parle
Lepage-Dupratz dans son *Voyage à la Louisiane*, a été rapporté avec raison, par Latham, à la *perriche à tête jaune*. C'est
le même oiseau, mais décrit par Dupratz si succinctement,
qu'il n'est pas surprenant qu'on en ait fait une espèce distincte, surtout ne faisant aucune mention de la forme de
la queue. *V.* ci-après PERRICHE A TÊTE JAUNE, page 369.

Le PAPEGAI A TÊTE ET GORGE BLEUES, *Psittacus menstruus*,
Lath. ; pl. enl. de Buffon, n.º 38. Taille du *perroquet cendré ;* bec noirâtre, avec une tache rouge sur chaque côté de
la mandibule supérieure ; tête, cou, gorge et poitrine d'un
beau bleu, qui prend une teinte de pourpre sur la poitrine ;
yeux entourés d'une membrane couleur de chair ; une tache noire de chaque côté de la tête ; ventre, dos et pennes
des ailes d'un vert qui prend une nuance jaunâtre sur les couvertures supérieures des ailes ; celles du dessous de la queue
d'un beau rouge ; pennes intermédiaires entièrement vertes ;
les latérales de cette couleur, avec une tache bleue, qui s'é-
tend d'autant plus que les pennes deviennent plus extérieures ; les pieds sont gris.

Ce perroquet, qui habite la Guyane, est assez rare et peu
recherché, parce qu'il n'apprend point à parler. On le trouve
aussi au Paraguay, où il est commun et se tient en bandes
nombreuses ; il y porte le nom de *sÿ*, qui est l'expression de

son cri aigu. Il ne recherche pas les oranges, mais il fait de
grands dégâts dans les champs de maïs.

*Le Papegai a ventre pourpré de la Martinique, *Psit-
tacus leucocephalus*, var. , Lath. Les méthodistes modernes
sont-ils fondés à faire de cet oiseau une variété de l'amazone à
tête blanche ? Sa taille est celle du pigeon ; sa longueur,
d'onze pouces et demi ; le bec est blanc, ainsi que le front ; le
sommet et les côtés de la tête sont d'un cendré blanc ; le ventre est varié de pourpre et de vert , mais la première de ces
deux couleurs domine ; le fouet de l'aile est semblable au
front ; tout le corps, dessus et dessous, vert ; les pennes
alaires sont variées de bleu et de noir; celles de la queue ,
de vert , de rouge et de jaune ; les pieds sont gris et les ongles bruns. Ce perroquet vit à la Martinique.

Le Papegai violet , *Psittacus purpureus* , Lath. ; pl. enl.
de Buffon , n.° 408. Quoique cet oiseau soit d'un joli plumage , il est peu recherché , parce qu'il n'apprend point à
parler. L'espèce est assez commune à la Guyane. Une tache
orangée est sur chaque côté du bec , dont le fond est noirâtre ; le dessus de la tête et le tour de la face sont noirs et à
reflets bleus ; un petit trait rouge borde le bec ; les ailes et
la queue sont d'un beau bleu-violet, ondé sur la gorge et
comme fondu par nuances dans du blanc et du lilas; le dessous du corps est nué de violet–bleu et de violet-pourpre ; le
dessus d'un brun obscurément teint de violet ; les couvertures
inférieures de la queue sont couleur de rose; les pennes
extérieures ont leur bord interne de cette teinte dans leur
première moitié , et l'extrémité bleue ; toutes sont en dessus d'un bleu foncé, et les pennes des ailes d'un beau bleu;
les pieds sont noirâtres.

Latham fait mention d'un individu qui n'est pas encore
parvenu à son plumage parfait, et dont le plumage est irrégulièrement mélangé de bleu-violet, de noir et de brun ; la
teinte violette domine sur la tête, et la couleur brune sur les
parties inférieures.

PERROQUETS-LORIS.

Le nom de *lori* est tiré du cri d'un petit perroquet des îles
des Papous, et donné par Buffon à une des divisions de la famille des perroquets.

On distingue les loris par la couleur rouge plus ou moins
foncée qui domine sur leur plumage ; ils ont, en général, le
bec plus petit, moins courbé et plus aigu que les autres ;
ils sont, selon Edwards, les plus agiles des perroquets , et
les seuls qui sautent sur leurs bâtons jusqu'à un pied de hauteur. Leur regard est vif et leur voix perçante ; ils s'appri-

voisent fort aisément, conservent leur gaîté dans la captivité, sont doux et caressans. Ils apprennent, dit Buffon, très-facilement à siffler et à articuler des paroles. C'est aussi l'opinion d'Argensola, puisqu'il assure que les petits perroquets rouges de Ternate, qui sont des loris, apprennent bien mieux à parler que ceux des Indes occidentales. (*Conquête des Moluques*, tom. 3, pag. 21.) *V.* encore divers articles des loris, spécialement le Lori a collier. Malgré ces autorités, l'abbé Ray et Mauduyt disent le contraire.

Les loris sont très-délicats et très-difficiles à transporter en Europe, n'y vivent pas long-temps et périssent ordinairement d'épilepsie : on peut calmer les mouvemens convulsifs dont ils sont attaqués, avec de l'éther vitriolique ; mais il est très-rare de les guérir. Cette maladie les attaque même dans leur pays natal, ainsi que les aras et les autres perroquets ; mais l'on croit que là ils n'en sont frappés que dans l'état de captivité.

Si l'on s'en rapporte à un de nos meilleurs observateurs, Sonnerat, on ne trouve aucune espèce de loris à la Chine, aux Indes orientales, ni même aux Philippines, excepté celles qu'on y transporte ; toutes habitent les îles Moluques, celles de la mer du Sud et la Nouvelle-Guinée. Ainsi donc c'est improprement que l'on a désigné des loris par la dénomination de *loris des Philippines, des Indes orientales* et *de la Chine* ; il doit en être de même pour ceux que l'on dit originaires d'Amérique. Le même naturaliste nous assure qu'il a trouvé des espèces de loris constamment différentes, d'une île à l'autre, quoique à peu de distance. Des voyageurs ont fait une observation semblable en Amérique, en disant que chaque île de cette partie du monde avoit son espèce de perroquet ; mais c'est ce qu'on ne doit pas généraliser, puisque plusieurs ont les mêmes espèces, et que des espèces dites propres à une seule île, se trouvent aussi sur le continent.

Le Lori d'Amboine. *V.* Lori cramoisi.

* Le Lori de Céram, *Psittacus garrulus*, Lath. Buffon fait de cet oiseau une variété du *lori-noira* ; les ornithologistes modernes en font le type de l'espèce, puisqu'ils lui rapportent le noira comme variété. Celui de Céram est un peu plus grand et n'en diffère qu'en ce que ses jambes sont vertes, et en ce qu'il n'a point de tache jaune sur le dos. *Voyez* Lori-Noira.

Le Lori de la Chine. *V.* Lori rouge.

Le Lori a collier, *Psittacus domicella*, Lath., pl. G. 5, de ce Dictionnaire. Cet oiseau a tout le corps et la queue d'un rouge foncé de sang ; l'aile verte ; le haut de la tête noir ; la nuque violette ; le pli de l'aile d'un beau bleu, un demi-collier jaune au bas du cou ; les couvertures des ailes d'un vert mêlé de jaune ; le bec jaunâtre ; le tour de l'œil noir ; l'iris jaune ; les pieds cendrés, et les ongles noirs; sa grosseur est celle du lori – noira ; sa longueur de près d'onze pouces.

Le *lori des Indes orientales*, pl. enl. de Buffon, n.° 84, est donné par cet auteur comme la femelle du précédent ; il est privé du collier jaune ; sa taille est plus petite, et la tache bleue du sommet de l'aile n'est pas si grande.

Ce lori est fort estimé. Albin dit qu'il l'a vu vendre vingt guinées ; cela cesse d'étonner, lorsqu'on sait combien il est difficile de transporter et de conserver en Europe la plus belle famille des perroquets, et qui réunit toutes les qualités que l'on peut désirer dans les oiseaux. Un lori de cette espèce, apporté en France par le comte d'Estaing, répétoit tout ce qu'il entendoit dire à la première fois, dit Aublet qui l'a vu. Les Hollandais parlent d'un autre qui contrefaisoit sur-le-champ tous les cris des autres animaux. Enfin tous les voyageurs parlent avec admiration de la facilité que les perroquets des Moluques ont à répéter ce qu'ils entendent. *Voyages des Hollandais ; Histoire générale des Voyages*, tome 8, pag. 377.

Le LORI A COLLIER DES INDES, de Brisson, est donné, par les ornithologistes, comme une variété du LORI A COLLIER de Buffon, *V.* ce mot.

Le LORI CRAMOISI, *Psittacus puniceus*, Lath., pl. enl. de Buffon, n.° 518. Il a près de onze pouces de longueur ; le bec rouge sombre ; le tour des yeux noirâtre ; l'iris orange; la poitrine, le ventre, les jambes, les couvertures inférieures des ailes et de la queue d'un bleu qui tire au violet sur l'estomac, qui est vif et azuré au pli de l'aile et aux bords extérieurs des grandes pennes, dont l'intérieur est noirâtre; le reste du plumage est d'un rouge terne, bruni sur les ailes, tuilé sur le dos et en dessus de la queue ; les pieds sont bruns et les ongles noirs. Dans l'individu qu'a fait figurer Brown (*Illust.*, tab. 6), le bec est noir ; les plus grandes pennes et une des secondaires sont bleues, et l'extrémité de la queue est d'un jaune orangé.

Cette espèce se trouve à Amboine.

Le LORI ÉCAILLÉ. *V.* LORI ROUGE ET VIOLET.

Le LORI A FRANGES BLEUES, *Psittacus cyanonothus*, Vieill.; pl. 93 des *Perroquets* de Levaillant. Cet auteur est le premier à qui nous devons la description de cet oiseau. La queue est arrondie et d'un rouge cramoisi : un large feston bleu se fait remarquer sur les scapulaires et sur le haut d

dos ; les premières pennes alaires et l'extrémité de l'aile bâtarde sont d'un noir violâtre ; le reste du plumage est rouge ;
le bec jaune et le tarse d'un noir-brun. On le trouve aux
Moluques.

Le GRAND LORI, *Psittacus grandis*, Lath.; pl. enl. de Buffon,
n.° 683. C'est le plus grand des loris connus ; il a treize
pouces de longueur ; la tête et le cou d'un beau rouge ; le
dessus du cou, dans sa partie inférieure, d'un bleu-violet ;
la poitrine nuée de rouge, de bleu, de violet et de vert ; le
ventre mélangé de vert et de rouge ; les grandes pennes, et
le bord de l'aile depuis l'épaule, d'un bleu d'azur ; le reste
du manteau d'un rouge sombre; la moitié de la queue rouge,
et son extrémité jaune ; le bec noir et les pieds cendrés.

Le LORI DES INDES ORIENTALES. *V.* LORI A COLLIER.

Le LORI DES MOLUQUES, *Psittacus moluccensis*, Lath.; pl.
enl. de Buffon, n.° 216. Gmelin fait de cet oiseau une variété du lori rouge ; Latham en a fait de même dans son *Gen.
Synop.*; mais il le donne pour une espèce distincte dans son *Syts.
ornith.* Ce lori a neuf pouces anglais de long ; le bec rouge ;
l'orbite des yeux bleuâtre ; le corps d'un rouge foncé ; les
plumes scapulaires d'un bleu clair éclatant ; le bas-ventre et
les couvertures inférieures de la queue de la même couleur ;
quelques plumes des jambes d'un bleu pâle ; les grandes couvertures des ailes terminées de bleu ; les pennes rouges ; mais
les primaires sont terminées d'un noir verdâtre, et les secondaires de bleu foncé ; la queue est d'un rouge sale et bordée de noirâtre.

Le LORI DES MOLUQUES, de Brisson. *Voyez* LORI NOIRA.

Le LORI NOIR DE LA NOUVELLE GUINÉE, *Psittacus Novæ-
Guineæ*, Lath.; *Perroquets* de Levaillant, pl. 49. Ce lori,
décrit pour la première fois par Sonnerat dans son *Voyage à
la Nouvelle-Guinée*, a le plumage d'un noir teint de bleu,
avec des reflets métalliques, soyeux et veloutés ; la queue
d'un rouge sale en dessous ; le bec et les pieds noirâtres ; le
tour des yeux dénué de plumes et brun ; l'iris a deux cercles;
l'extérieur est brun, et l'intérieur d'un roux-brun ; sa taille
est celle d'un perroquet commun.

Le LORI NOIRA, *Psittacus garrulus*, Var., Lath ; pl. enl. de
Buffon, n.° 216. Il est un peu plus gros qu'une *tourterelle* ;
son plumage est d'un rouge brillant tirant au cramoisi ; on
remarque une large tache jaune sur le dos ; les jambes sont du
même rouge; l'aile paroît verte lorsqu'elle est pliée, mais développée, elle est variée de jaune, de rouge, de noir velouté
et de vert ; la queue offre un mélange de vert foncé, de rouge
et de violet ; le bec est orangé ; le tour de l'œil cendré ; les

pieds sont bruns, et les ongles noirâtres. Longueur, dix pouces. Ce lori se trouve à Ternate, à Céram, et à Java, où il est connu sous le nom de *noira*, que les Hollandais lui donnent. Les Portugais l'appellent *noyras*.

Ce bel oiseau, paré d'un plumage éclatant, est d'une douceur et d'une familiarité étonnantes ; aussi est-il très-recherché dans l'Inde, et l'on a réussi à le transporter en Europe ; c'est à Amsterdam où l'on en voit plus fréquemment.

Buffon rapporte à cette espèce, comme variété, le perroquet de Java, dont parle Aldrovande (*Psittacus aurora*, Linn., édit. 10) ; il a tout le corps d'un rouge foncé ; les ailes et la queue d'un vert aussi foncé ; une tache jaune sur le dos, et un petit bord de cette couleur à l'épaule ; les couvertures des ailes, et les petites pennes de la même couleur ; les grandes, brunes à l'intérieur ; le bec et l'iris jaunes ; les jambes vertes ; la queue jaune dans sa première moitié, et d'un vert-jaune dans l'autre ; les pieds noirs. Taille du merle.

Le LORI DE LA NOUVELLE-GUINÉE. *V.* Le GRAND LORI.

Le PETIT LORI DE GUEBY. *V.* LORI ROUGE ET VIOLET.

Le PETIT LORI PAPOU, *Psittacus papuensis*, Lath., pl. 111 du *Voyage à la Nouvelle-Guinée*, de Sonnerat. Ce naturaliste a trouvé cette jolie espèce dans les îles des Papoux ; elle est moitié moins grosse qu'une perruche commune ; la tête, le cou et la poitrine sont d'un rouge carmin très-vif, coupé vers l'occiput par une tache d'un bleu éclatant, et deux croissans d'un noir-violet ; les ailes sont vertes ; cette couleur forme une large tache sur le milieu du dos ; le reste du dessus du corps est d'un rouge brillant, avec une strie bleue sur le croupion ; les ailes ont des taches jaunes, une à leur base et une au-dessus de chaque penne ; le ventre est bleu dans son milieu, et rouge sur les côtés, ainsi que les couvertures inférieures de la queue. Celle-ci est verte dans moitié de sa longueur, jaune dans le reste ; le bec et les pieds sont rougeâtres.

Latham décrit trois variétés de cette espèce. La première diffère par une bande transversale noire sur le ventre, et bordée de vert dans sa partie supérieure. La seconde a le dessus du corps d'un bleu-noir ; une petite tache jaune sur le milieu du dos ; le croupion mélangé de bleu et de vert ; les côtés du corps et les jambes jaunes ; les ailes vertes et la queue noirâtre. Enfin la troisième se distingue par un croissant jaune sur la poitrine, et une marque verte sur le ventre.

Le LORI DES PHILIPPINES. *Voyez* ci-après, LORI TRICOLOR.

Le LORI A QUEUE BLEUE, *Psittacus cyanurus*, Vieill., pl.

97 des *Perroquets* de M. Levaillant). Il se trouve à l'île de Bornéo, suivant cet auteur, qui le premier l'a décrit. Il a la queue, les scapulaires et le bas-ventre bleus ; les dernières plumes de l'aile et quelques-unes de ses grandes couvertures et ses pennes d'un noir-brun ; le reste du plumage d'un rouge foncé ; le bec d'un jaune d'ocre, et les pieds noirs.

Le Lori radhea, *Psittacus radhea*, Vieill., pl. 94 des *Perroquets* de M. Levaillant. Le nom que ce naturaliste a conservé à cet oiseau, est celui qu'il porte aux Moluques ; il signifie, à ce que l'on dit, *roi des loris*. Il a le derrière de la tête et les ailes en entier, d'un jaune citron ; les plumes du bas des jambes de la même couleur, avec une jarretière violâtre ; une sorte de collier, sur le bas du devant du cou, de cette teinte ; le reste du plumage est rouge, la queue arrondie, le bec jaune et le tarse noirâtre.

Le Lori rouge, *Psittacus ruber*, Lath.; pl. enl. de Buffon, n° 519. Cet oiseau est décrit par Sonnerat, dans son *Voyage à la Nouvelle-Guinée*, sous le nom de *lori de Gilola*. Il a dix pouces de longueur ; tout le plumage presque entièrement rouge ; le bec et l'iris de couleur d'orpiment ; le tour de l'œil noir ; la pointe de l'aile noirâtre ; deux taches bleues sur le dos, et une de la même teinte aux couvertures du dessous de la queue ; les pennes alaires noires à l'extérieur, et les pennes caudales terminées de marron.

Cette belle espèce habite les Moluques et la Nouvelle-Guinée.

Le Lori rouge et violet, *Psittacus guebiensis*, Lath.; pl. enl. de Buffon, n° 684. Ce lori, que l'on trouve dans la petite île de Gueby, située entre Gilolo et la Nouvelle-Guinée, a tout le corps d'un rouge éclatant, régulièrement écaillé de brun-violet sur les côtés du cou et sur les parties inférieures du corps, jusqu'au ventre ; l'aile noire, avec une bande transversale rouge sur toute sa longueur ; la queue d'un rouge de cuivre ; le bec et l'iris de couleur de feu ; huit pouces de longueur.

Latham fait mention d'un individu qu'il rapporte à la même espèce, mais il est un peu plus grand ; la bande transversale est de la même couleur que le corps, avec une large ceinture qui commence sur la partie inférieure du dessus du cou, et descend sur la poitrine qu'elle couvre en grande partie ; le ventre a dans son milieu une tache d'un pourpre noirâtre ; la queue est cunéiforme, et ses deux pennes intérieures sont plus courtes de près d'un pouce que les intermédiaires.

Le Lori tricolor, *Psittacus lory*, Lath. ; pl. enl. de Buffon, n° 168. Ce lori, que Sonnerat a trouvé dans l'île d'Yolo, l'une des Moluques, est un des plus beaux de cette famille. Les trois couleurs éclatantes de son plumage qui frappent au premier coup d'œil, ont déterminé Buffon à lui donner le nom de *tricolor;* un beau rouge domine sur le devant et les côtés du cou, sur les flancs, la partie inférieure du dos, le croupion et la moitié de la queue ; un bleu d'azur colore le dessous du corps, les jambes et le haut du dos ; l'aile est verte ainsi que le milieu de la queue, dont l'extrémité est bleue et les bords violets ; une calotte noire à reflets bleus couvre le sommet de la tête ; le bec et les yeux sont d'un bel orangé, et les pieds noirâtres. Longueur, près de dix pouces.

La gentillesse de ce lori égale sa beauté ; celui qu'a vu Edwards siffloit joliment, prononçoit distinctement différens mots, jouoit avec la main qu'on lui présentoit, couroit après les personnes, en sautillant comme un *moineau.* Cette faculté de sauter en marchant, de sauter sur un juchoir ou sur le doigt, est un caractère particulier qui distingue très-bien les loris des autres perroquets ; certainement ceux-ci ne sautent pas en marchant, ni sur le doigt, ni sur leur juchoir; Buffon n'a donc point fait une distinction inconvenante et ridicule, comme le dit M. Levaillant dans son *Histoire des Perroquets.*

Le Lori UNICOLOR, *Psittacus unicolor*, Vieill.; pl. 125 des *Perroquets* de M. Levaillant, sous la dénomination que nous lui avons conservée. Ce naturaliste est le premier qui l'ait fait connoître. Il a une taille moyenne, la queue courte, le plumage rouge, d'une nuance inclinant davantage au cramoisi sur le dos, le croupion et la queue ; les grandes pennes des ailes sont d'un noir-brun; les pieds sont brunâtres, et le bec est rouge.

* Le Lori VARIÉ, *Psittacus variegatus*, Lath. Ce lori, d'une taille de neuf à dix pouces, a le bec brun ; le dessus du cou, le haut du dos, la poitrine, le ventre, et le bas-ventre d'un bleu pourpré, inclinant au noir verdâtre sur le ventre ; les pennes des ailes jaunes à l'intérieur, et noirâtres à leur extrémité ; le reste du corps rouge; les pennes de la queue presque égales entre elles, rougeâtres à leur origine, bleues vers la pointe, et vertes dans le milieu.

LORIS – PERRUCHES.

Ces *loris* diffèrent des précédens en ce qu'ils ont la queue longue et étagée.

* Le Lori-Perruche ÉLÉGANT, *Psittacus elegans*, Lath. Il a près de quatorze pouces de longueur totale ; le bec d'un brun jaunâtre et entouré de plumes bleues ; la tête, le cou, le croupion et les parties inférieures du corps rouges ; les

1 Perroquet Lori à collier
2 Perroquet Lori-Perruche de la Mer du Sud
3 Canard Macreuse

plumes du dos brunes, bordées de vert et de rouge; les épaules d'un bleu pâle, mélangé d'un peu de rouge ; le dos de cette couleur ; les couvertures des ailes brunes ; les pennes variées de rouge, de bleu et de vert ; celles de la queue d'un brun verdâtre ; toutes les latérales bordées de bleu et terminées de blanchâtre ; les pieds noirâtres.

Latham présente comme une variété un individu qui n'a que onze pouces de longueur totale; le bec couleur de plomb; la tête, le cou et la poitrine d'un rouge terne ; le dessus du corps, les ailes et la queue de couleur verte ; les pennes bordées de bleu, et les pieds noirs.

Le LORI-PERRUCHE (GRAND) A COLLIER ET CROUPION BLEUS, *Psittacus cyanopygius*; Vieill., pl. 55, 56 des *Perroquets* de Levaillant, sous la dénomination de *grande perruche à collier et croupion bleus*. Cette perruche des îles de la mer du Sud a la tête, le cou et le dessous du corps d'un beau rouge; un collier bleu sur le dessus du cou, près du dos ; le croupion de cette couleur; les ailes et le manteau d'un vert foncé; la mandibule supérieure rouge ; l'inférieure, les pieds et les ongles noirs. La femelle n'a du bleu que sur le croupion.

Le LORI-PERRUCHE DE LA MER DU SUD, pl. G. 5., fig. 2 de ce Dictionnaire. C'est la PERRUCHE OMNICOLORE. *V.* ci-après, page 354. Elle est en double emploi dans l'édition de Buffon par Sonnini.

Le LORI-PERRUCHE NOIR ET ROUGE, *Psittacus Pennantii*, Lath., *Nat. Misc.*, pl. 53. Le mâle de cette belle espèce a près de quatorze pouces de longueur; la tête, la partie supérieure du dos et tout le dessous du corps d'un rouge écarlate ; le haut de la gorge bleu; le bas du dos et les scapulaires de couleur noire et bordés de rouge ; les petites couvertures des ailes d'un vert bleuâtre ; l'extrémité et le bord des pennes alaires noirâtres avec quelques taches; leur bord extérieur d'un bleu foncé ; la queue très-longue, variée de noir, de vert, de bleu, et terminée de blanc.

La femelle diffère du mâle en ce que le dessus du cou et du corps est verdâtre ; le sommet de la tête, le dessous des yeux, le devant du cou, la poitrine, le bas-ventre et le croupion sont rouges ; la gorge, les épaules, une partie des ailes et la queue, bleues; cette teinte est plus foncée sur les pennes alaires et caudales, et bordée d'une couleur marron sur celles de la queue.

Latham indique pour une variété de cette espèce, un individu qui a le bec couleur de corne; la tête, le cou, le dessus du corps et le croupion rouges ; les couvertures inférieures des ailes ainsi que les plumes du dos, noires et bordées de rouge; les couvertures inférieures frangées d'un bleu pâle; les pennes noirâtres; celles de la queue de la même teinte et bordées de bleu; les pieds gris. Cet ornithologiste soupçonne que le *Psittacus elegans* appartient encore à cette espèce. *V.* LORI-PERRUCHE ÉLÉGANT.

Le LORI-PERRUCHE ROUGE, *Psittacus borneus*, Lath.; pl. 44 des *Perroquets* de Levaillant, sous la dénomination de *perroquet écarlate*. Il a huit pouces et demi de longueur; la tête, le dessus du cou et du corps, toutes les parties inférieures et les scapulaires, d'un rouge vif, plus clair et bordé de jaune sur chaque plume de la gorge, du devant du cou, de la poitrine; d'une nuance sale, et frangée de bleu sur les couvertures du dessous de la queue; les petites couvertures des ailes vertes; les moyennes et les grandes d'un rouge vif et bordées de vert; les pennes des ailes de la même teinte et terminées de vert, excepté les trois plus proches du corps, qui sont d'un beau bleu; celles de la queue d'un rouge sale, avec une teinte verdâtre à leur extrémité, à l'exception de la plus extérieure de chaque côté, qui est de cette dernière couleur en dessus et d'un rouge sale en dessous; ces pennes sont terminées en pointe; le tour des yeux est brunâtre; le bec orangé; les pieds sont noirâtres, ainsi que les ongles.

On croit que cette espèce se trouve dans l'île de Bornéo.

Le LORI-PERRUCHE DE TONGATABOO, *Psittacus tabuensis*, Lath., pl. 7 de son *Synopsis*. Cet oiseau a dix-sept pouces et demi de longueur; le bec noir; le front d'un noir pourpre très-foncé; la gorge d'un pourpre noirâtre; les plumes de la base de la mandibule inférieure vertes, ainsi que le dos, le croupion et les couvertures des ailes; un croissant bleu entre le cou et la tête; les pennes primaires des ailes, le bord des secondaires et les pennes de la queue de cette même couleur, avec une teinte verte sur leur côté extérieur; le reste du plumage est d'un rouge foncé, et les pieds sont noirâtres.

On trouve cette espèce à Tongataboo et dans les autres îles des Amis.

La femelle diffère du mâle en ce qu'elle a la tête, le cou et le dessus du corps d'un brun-olive; le croupion bleu; le dessous du corps vert, excepté le ventre; la queue verte en dessus et noirâtre en dessous.

Latham décrit deux variétés qui se trouvent à la Nouvelle-Hollande, mais qui ne diffèrent pas essentiellement; la première a toute la tête rouge, une bande étroite verte sur les ailes, et le croupion bleu; la seconde diffère de celle-ci en ce qu'elle est privée du collier bleu, et que la bande des ailes est moins vive.

Le Lori - Perruche tricolor, *Psittacus amboinensis*, Lath.; pl. enl. de Buffon, n.° 240. Il a quinze pouces et demi de longueur. Le dessous du corps et de la tête est d'un rouge vif éclatant ; le dessus du corps, le pli et les petites couvertures de l'aile, ainsi que celles qui recouvrent la queue en dessus, sont d'un bleu-violet ; les autres couvertures des ailes et les scapulaires d'un vert foncé ; les pennes, de cette couleur en dessus et noirâtres en dessous ; celles de la queue d'un violet foncé en dessus ; les pieds, les ongles rouges, ainsi que le bec, dont l'extrémité est noire.

Cette espèce se trouve à l'île d'Amboine.

Le Lori-Perruche violet et rouge, *Psittacus indicus*, Lath.; pl. enl. de Buffon, n.° 143. Cet oiseau est plus gros que le *lori - perruche rouge*. Sa longueur totale est de dix pouces ; la queue, les flancs, l'estomac, le haut du dos et de la tête sont d'un gros bleu ; le reste du plumage est d'un beau rouge, bordé de noir sur les ailes, varié de brun et de violet sur la partie inférieure du cou, sur le ventre et sur les couvertures inférieures de la queue ; le bec est rougeâtre, et les pieds sont bruns.

PERRUCHES A QUEUE LONGUE DE L'ANCIEN CONTINENT.

La Perruche aux ailes chamarrées, *Psittacus olivaceus*, Lath. ; pl. enl. de Buff. , n.° 287, sous le nom de *perroquet de Luçon*. Cet oiseau a un peu plus de douze pouces de longueur ; le bec rouge ; une tache bleuâtre derrière la tête ; le plumage généralement brun olivâtre ; les ailes chamarrées de bleu, de jaune et d'orangé ; la première couleur occupe le milieu des pennes, et les autres, les côtés ; les pieds sont noirâtres. Cette espèce habite l'île de Luçon.

*La Perruche aux ailes rayées, *Psittacus lineatus*, Lath. Taille de la *tourterelle*; plumage vert; pennes des ailes brunes en dessus, avec de petites lignes longitudinales d'une teinte plus pâle ; queue étagée, un peu plus longue que le corps. Pays inconnu.

La Perruche d'Amboine. *Voyez* Perruche a face bleue.

La Perruche arimanon, *Psittacus taitianus*, Lath. ; pl. enl. de Buffon, n.° 455. Cette jolie perruche d'Otaïti, se trouve toujours sur les cocotiers, ce qu'exprime sa dénomination dans la langue des Otaïtiens. Sa langue est pointue et terminée par un pinceau de poils courts et blancs ; son plumage est d'un bleu vif, à l'exception de la gorge et du dessous du cou, qui sont de couleur blanche; le bec et les pieds sont rouges.

Ce petit animal, toujours en mouvement, babillant sans

cesse, voltigeant de fruits en fruits, dont il ne suce que le suc, ne prend jamais de nourriture solide, même dans l'état de domesticité. D'ailleurs, il meurt d'ennui, surtout s'il est seul.

Sparrman en décrit une variété entièrement d'un bleu très-brillant.

La PERRUCHE ARA A BANDEAU ROUGE. *Voyez*, ci-après, PERRICHE A BANDEAU ROUGE, page 351.

La PERRUCHE BANKS, *Psittacus banksianus*, Vieill. ; pl. 50 des *Perroquets* de Levaillant. Elle habite les terres australes ; un beau rouge carmin couvre le front, et un bleu d'azur le sommet de la tête ; le rouge de la gorge forme des taches sur les joues et sur les flancs ; le poignet de l'aile est de la même teinte ; l'occiput, le dessus du cou, les joues et les parties supérieures sont d'un beau vert-pré ; toutes les inférieures, d'un vert jaunâtre, qui prend un ton jaune décidé sur les flancs ; des taches rouges se font remarquer sur le fond du *lorum* ; les pennes alaires sont brunâtres et bordées, à l'extérieur, d'un vert jaunâtre ; les couvertures d'un bleu foncé ; les pennes intermédiaires de la queue, d'un rouge cramoisi, et terminées de bleu ; les autres liserées de rouge en dehors, sur un fond bleu-violet ; jaunâtres à la pointe, et d'un pourpre violâtre en dessous ; les grandes couvertures subalaires, vertes ; les moyennes, d'un vert-jaune, et les autres rouges ; le bec est petit, et d'un gris-brun, de même que les pieds.

La PERRUCHE A BAS-VENTRE JAUNE. *V.* PERRUCHE LEVERIANE.

La PERRUCHE DU BENGALE. *Voy.* PERRUCHE (PETITE) A TÊTE COULEUR DE ROSE et A LONGS BRINS.

La PERRUCHE DU BRÉSIL. *V.* ci après PERRICHE COURONNÉE D'OR, pag. 363.

* La PERRUCHE BRUNE, *Psittacus obscurus*, Lath. Elle a la taille du *geai* ; le bec noir, ainsi que les plumes de sa base, le dessus du cou et les ailes ; l'iris est jaune ; le sommet de la tête varié de cendré et de noir ; le ventre et les cuisses sont de cette dernière couleur, avec des lignes transversales d'un gris-blanc ; les pieds noirs. On trouve cette perruche en Afrique.

La PERRUCHE BRUNE DU BRÉSIL. *V.* ci-après PERRICHE ANACA, pag. 360.

* La PERRUCHE BRUNE A FRONT ROUGE, *Psittacus australis*, Lath., a huit pouces de long ; le bec brun et terminé de rouge ; le plumage généralement d'un brun foncé ; le front et les plumes, qui entourent le bec, d'un beau rouge, avec une tache de cette couleur sur les côtés ; le reste de la tête et la moitié

du cou, en dessus, d'un bleu varié de stries jaunes; les épaules et les ailes sont de cette dernière couleur, et les piéds noirâtres.

Cette perruche, qui se trouve à la Nouvelle-Galles, a de l'analogie avec la *perruche à taches rouges* : elle offre plusieurs variétés; une, entre autres, qui a le dessous du cou d'un rouge jaune; les épaules et les côtés de la poitrine teints de rouge; la nuque d'un brun-olive, et les plumes de la queue rouges à leur base.

La PERRUCHE DE LA CAROLINE. *V.* ci-après PERRICHE A TÊTE JAUNE, pag. 369.

La PERRUCHE DE CAYENNE. *V.* ci-après PERRICHE PA-VOUANE, pag. 367.

* La PERRUCHE A COLLIER BLANC; *Psittacus semicollaris*, Lath.; *Psittacus multicolor*, Linn., édit. 13. Cette perruche est fort remarquable par un demi-collier blanc, qui separe le cou de la gorge; le bec est rouge; la tête, les joues et le menton sont bleus; le cou, le dos et les ailes verts; la poitrine est d'un brun-rouge à sa partie supérieure, et jaune à l'inférieure; le ventre bleu; les cuisses sont de ces deux couleurs; les pennes de la queue jaunes en dessous. Cette perruche, qui se trouve dans les Indes orientales, a un plumage assez analogue à celui de la *perruche à face bleue*; mais elle en diffère par son collier.

La PERRUCHE A COLLIER COULEUR DE ROSE, *Psittacus docilis*, Vieill.; *Psittacus Alexandri*, var., Lath.; pl. enl. de Buffon, n.° 551 (très-inexacte). Il paroît que le plumage de cette perruche est difficile à peindre; car les figures qu'en donnent Buffon et Levaillant, offrent bien l'ensemble de l'oiseau, mais non pas ses teintes naturelles, particulièrement sur les parties supérieures; le vert de pré qui les couvre est mélangé de violet au-dessus du collier rose, plus foncé sur le dos, le croupion, les couvertures du dessus de la queue, les scapulaires et les couvertures des ailes, et tire au jaune dessous le corps; un petit collier rose ceint le derrière du cou, et se rejoint au noir de la gorge; le bec est rouge en dessus et noirâtre en dessous; un vert-jaune couvre toutes les pennes de la queue, excepté les deux longs brins qui sont d'un vert foncé en dessous et d'un bleu d'aigue-marine en dessus; les primaires des ailes sont d'un gris bleuâtre. Elle a quatorze pouces, dont les deux longs brins font près des deux tiers; les pieds gris; l'iris d'un jaune rougeâtre. Dans le jeune âge, le mâle ressemble totalement à la femelle, qui est privée du collier et de la marque noire sur la gorge; ce n'est qu'après sa deuxième ou troisième mue qu'il prend ce caractère distinctif. Cependant, après la première, on aperçoit, en posant l'oiseau entre la lumière et l'observateur, une sorte de reflet violet sur la partie du cou où doit être le collier; mais il est si peu apparent, qu'il faut un œil très-exercé pour l'apercevoir. En comparant les figures que Levaillant a publiées du mâle, pris dans les deux âges, l'on voit que dans sa première année il a une taille plus grande, une tête plus grosse et des proportions plus fortes; c'est, sans doute, une erreur du peintre; car un jeune oiseau ne peut avoir des dimensions plus fortes que l'adulte.

Dans la première année, ces oiseaux ont tout le plumage d'un vert-jaune peu brillant, excepté les pennes primaires des ailes et les deux pennes intermédiaires de la queue, qui sont d'un bleuâtre sale.

Cette espèce, très-commune au Sénégal, ne se trouve point en Amérique, comme l'a pensé Brisson; elle n'y vit qu'en domesticité. C'est une des perruches les plus recherchées, à cause de sa beauté, sa docilité et la facilité qu'elle a à parler.

Ayant conservé vivantes, pendant plusieurs années, cette perruche et la *grande perruche à collier d'un rouge vif*, je me suis assuré que ce sont deux espèces distinctes, qu'on ne rencontre point dans les mêmes contrées.

De toutes les perruches, celle-ci est la plus intelligente et la plus docile; elle s'apprivoise facilement, si on l'élève jeune, et apprend bientôt à parler. Je crois que si on tenoit cette espèce dans un local dont la chaleur fût de vingt-cinq degrés, on pourroit la faire propager en France; car j'ai possédé un mâle et une femelle, auxquels il ne manquoit qu'un climat chaud pour multiplier. Pleins d'affection l'un pour l'autre, ils ne cessoient de se caresser, de se prodiguer des baisers, et ils s'accouploient souvent. La femelle paroissoit plus ardente que le mâle, et poussoit la jalousie au point qu'elle cherchoit à me mordre cruellement lorsque je voulois le toucher. Le mâle a vécu vingt-quatre ans chez moi, et il étoit probablement plus âgé, car il portoit son collier, la marque distinctive de son sexe, lorsqu'il m'a été apporté du Sénégal. Cette perruche, qui parle fort bien, à la voix douce et agréable; comme elle est très-commune et très-nombreuse dans l'intérieur du Sénégal, ne seroit-ce pas la même que les émissaires de Néron trouvèrent dans une île du Nil, entre Syène et Méroé?

La Perruche à collier de l'île de Bourbon. *V*. Perruche a double collier.

La Perruche a collier des îles Maldives. *V*. Grande Perruche a collier d'un rouge vif.

La Perruche a collier-jaune, *Psittacus flavicollis*, Vieill.; pl. 75 et 76 des *Perroquets* de M. Levaillant. Cet ornithologiste nous a fait connoître cette perruche que l'on trouve à Chandernagor. Elle a la tête d'un bleu tendre (grise dans la femelle); un collier jaune; le dessus du corps d'un vert brillant; le dessous d'un vert très-jaune; les pennes intermédiaires de la queue bleues, et terminées de blanc jaunâtre et à peu près du double plus longues que les deux latérales suivantes; une taille moyenne; le corps dégagé, et la queue plus longue que le corps.

La Perruche a collier lilas, *Psittacus Sonneratii*, Lath. Cette perruche, observée par Sonnerat à l'île de Luçon, et qu'il a fait figurer sur la pl. 43 de son Voyage, a le bec et l'iris rouges; la tête, le cou et le ventre d'un vert grisâtre; un collier lilas, l'aile et le dos d'un vert-pré; une tache assez large d'un rouge foncé sur le commencement de l'aile; les deux pennes intermédiaires de la queue pareilles au dos, et les autres au ventre; les pieds d'un gris-noirâtre.

La Perruche a collier et a tête couleur de rose. C'est dans Edwards la Perruche du Bengale.

La Perruche commune. C'est sous cette dénomination que la Perriche a ailes variées est connue à Cayenne. *V.* ci-après, page 360.

La Perruche a double collier, *Psittacus Alexandri*, var., Lath.; pl. enl. de Buffon, n.° 215. Un vert jaunissant sous le corps, plus foncé sur le dos et rembruni d'un trait sombre sur le milieu de chaque plume, colore le plumage de cet oiseau, qui est de la grosseur d'une *tourterelle;* le dessous des pennes de la queue est d'un gris-brun frangé de jaunâtre; deux petits rubans, l'un rose et l'autre bleu, entourent le cou en entier; une strie noire étroite est sur les côtés du cou au-dessus du collier, et s'avance vers la mandibule inférieure qui est brune; la supérieure est d'un beau rouge; longueur, treize pouces et demi.

Cette *perruche* a été aportée de l'île Bourbon, comme une espèce distincte.

La Perruche a double tache noire, *Psittacus bimaculatus*, Lath., *Mus. Carlson.*, *Fasc.* 2, tab. 30. On ne connoît pas le pays de cet oiseau, qu'a fait figurer Sparrmann. Le front, la gorge, les joues et le cou sont d'une couleur orangée pâle, avec une bande noire qui du bec descend jusqu'à la poitrine, en passant sur les côtés du cou; une marque d'un jaune pâle est sur chaque aile; le reste du corps est vert, et le bec couleur de chair; longueur, onze pouces.

La Perruche écarlate. *V.* ci-dessus Lori-Perruche rouge, page 340.

La Perruche a épaulettes jaunes, *Psittacus ternatensis*, Vieill.; pl. 61 de *l'Histoire des perroquets* de Levaillant. On la trouve à Ternate; les couvertures du milieu des ailes sont d'un jaune citron; la tête, les premières pennes des ailes et celles de la queue d'un bleu de turquoise; tout le reste du plumage est d'un beau vert; le bec rouge; le tarse d'un brun noir.

La Perruche a épaulettes rouges, *Psittacus discolor*, Lath.; *White's journ.* pl. page 263. Elle habite la Nouvelle-Galles du sud. Taille du *perroquet cendré*; longueur, dix pouces; corps généralement vert; face et gorge d'une teinte rouge, mélangée de jaune autour des yeux; sommet de la tête, bord et milieu des ailes d'un bleu foncé; épaulettes sanguines; pennes primaires noirâtres et frangées de jaune; queue très-étagée, d'un rouge marron à la base, et d'un bleu terne à l'extrémité; bec et pieds bruns.

La Perruche a estomac rouge, d'Edwards, est la Perruche d'Amboine.

La Perruche a face bleue, *Psittacus hæmatodus*, Lath. Peu d'espèces ont autant de variétés que celle-ci, et toutes offrent les plus belles *perruches*. Buffon a décrit et fait figurer deux individus sous les n.ᵒˢ 61 et 743 des planches enluminées; Edwards nous en présente un sur la planche 232 de ses Oiseaux. Levaillant donne les figures d'un mâle adulte, de la femelle et du jeune oiseau, et nous assure être le seul qui les décrive d'après des êtres parfaits. Quoi qu'il en soit, cette superbe *perruche* a la tête, sur sa partie antérieure, et le haut de la gorge d'un bleu foncé; l'occiput vert, brun et jaune; le dessus du cou et du corps, vert; le devant du cou et la poitrine d'un bel orangé rouge, bordé de bleu foncé; le ventre et la queue verts; le bas-ventre mêlé de jaune et de vert; le bord de l'aile jaune; ses couvertures inférieures rouges; la queue verte en dessus, d'un vert jaune en-dessous; le bec d'un blanc jaunâtre, et les pieds noirâtres; longueur, onze pouces. Cet individu est un jeune, selon Levaillant. L'oiseau mâle parfait a la tête, la face et la gorge d'un beau bleu d'azur violacé qui se termine sur le devant du cou par un rouge vif; ce rouge se dégrade sur les côtés de la poitrine et prend une teinte jaunâtre; il se change en jaune jonquille sur les flancs; le bleu de la tête se termine sur le derrière par un collier jaune pâle; une belle tache de bleu violet est entre les cuisses et descend jusqu'au bas-ventre; les jambes ont une jarretière rouge par-devant et verte par-derrière, avec quelques traits jaunes; les côtés et le bas-ventre sont mélangés de vert, de bleu et de jaune; tout le dessus du corps, des ailes et des couvertures supérieures de la queue, d'un vert lustré, relevé de bleu ; les grandes couvertures des ailes mélangées de vert , de rouge et de jaune ; le bec de cette dernière couleur en dessus et jaunâtre en dessous.

La femelle diffère en ce que le bleu de la face est moins lustré de violet ; le jaune du collier plus verdâtre ; les plumes de la poitrine d'un rouge cramoisi et bordées de vert ; les parties postérieures d'un vert jaunâtre, et le bec d'un brun rougeâtre.

Le jeune , dans son premier âge , a la tête et la face d'un bleu d'azur foncé ; le vert des parties supérieures moins gai ; le dessous du corps d'un vert jaunâtre ; le bec d'un gris-brun clair. La *perruche des Moluques*, pl. enl. 743 , est regardée par Buffon comme une variété de cette espèce : elle a la tête bleue ; une tache de cette couleur sur le ventre ; la poitrine rouge , mélangée de jaune et de bleu. Latham décrit encore deux variétés, dont l'une se trouve à la Nouvelle-Hollande ; celle-ci est d'une taille plus grande ; elle a quinze pouces de long ; le bec rougeâtre ; les orbites noires ; la tête et la gorge d'un bleu mélangé d'une teinte plus claire ; l'occiput vert ; les pennes des ailes noirâtres et rayées transversalement de jaune ; la poitrine mélangée de rouge et de jaune ; le ventre d'un beau bleu ; les deux plumes intermédiaires de la queue vertes en entier , et les autres bordées d'un jaune brillant ; les pieds noirâtres.

La PERRUCHE FACÉE DE JAUNE. C'est, dans Edwards , le nom de la PERRUCHE ILLINOISE.

* La PERRUCHE A FRONT ROUGE, *Psittacus pacificus* , Lath. Longueur, douze pouces ; bec d'un bleu argenté, mais noir à la pointe ; front et moitié du sommet de la tête, dans les unes, et seulement le front, dans d'autres , d'un rouge foncé ; deux taches de cette même couleur, l'une derrière l'œil et l'autre sur chaque côté du bas - ventre ; plumage généralement d'un vert sombre , plus pâle sur les parties inférieures ; pennes de la queue cendrées en dessous ; bord des ailes et le milieu des pennes d'un bleu foncé ; pieds bruns.

Cette perruche se trouve à Otaïti. Une variété qu'on voit à la Nouvelle-Zélande , diffère en ce qu'elle n'a point de rouge sur les côtés du croupion , et n'a pas la queue aussi longue. On lui donne dans cette île , sa patrie , le nom de *kugha arecku.* Une autre diffère en ce qu'elle a les côtés et le croupion rouges. Une autre, qui se trouve à la Nouvelle-Calédonie , a seulement le front rouge et le dessus de la tête jaune. M. Levaillant a fait figurer sur la pl. 63 de ses *perroquets*, une *perruche à front rouge*, qui me paroît appartenir à cette espèce.

La Perruche de Gingi, *Voyez* Grande Perruche a ailes rougeatres.

La Perruche a gorge-rouge, *Psittacus incarnatus*, Lath. ; pl. 236 des Oiseaux d'Edwards, sous la dénomination de *petite perruche à tête rouge*. Longueur, huit pouces et demi ; bec couleur de chair ; cire et peau nue du tour des yeux blanchâtres ; iris de couleur de noisette foncée ; plumage généralement vert, plus pâle en-dessous du corps ; menton d'un beau rouge ; couvertures des ailes d'une teinte rougeâtre ; queue longue de quatre pouces et demi et très-étagée ; pieds et ongles de couleur de chair.

Cette espèce se trouve dans les Indes orientales.

La Perruche a gorge tachetée de Cayenne. *V.* ci-après Perriche a gorge variée, page 365.

La grande Perruche a ailes rougeatres, *Psittacus eupatria*, Lath. ; pl. enl. de Buff., n.º 239. Vingt pouces font la longueur de cette perruche de Gingi ; elle a le bec rouge ; la peau nue, qui entoure les yeux, rougeâtre ; tout le corps d'un vert d'olive, foncé en dessus, d'un vert pâle mêlé de jaunâtre en dessous ; la gorge et le devant du cou inclinant au cendré ; les couvertures des ailes, près du corps, d'un rouge foncé, les autres vertes ; ses pennes bordées de noir ; les deux intermédiaires de la queue ayant du bleu dans leur milieu ; les pieds rouges et les ongles noirs.

*La grande Perruche a bandeau noir, *Psittacus atricapillus*, Lath. Brisson présente cet oiseau sous le nom d'*ara des Moluques* ; Buffon assure que c'est bien certainement une perruche ; mais que peut-on certifier, lorsqu'on n'a pour guide que des figures infidèles, telles que celles de Séba d'après lequel on a décrit cet oiseau, et qui en fait lui-même un *lori*? Buffon le décrit aussi. La longueur totale est de quatorze pouces, sur quoi la queue en a sept ; la tête porte un bandeau noir, et le cou un collier rouge et vert ; la poitrine est d'un beau rouge clair ; les ailes et le dos sont d'un riche bleu turquin ; le ventre est vert foncé, et parsemé de plumes rouges ; la queue, dont les pennes du milieu sont les plus grandes, est colorée de vert et de rouge, avec des bords noirs. Cette perruche venoit, dit Séba, des îles Papoë.

La grande Perruche a collier d'un rouge vif, *Psittacus Alexandri*, Lath. ; pl. enl., n.º 642. Cette belle perruche a été le premier perroquet connu des anciens. Son plumage est généralement vert gai et clair sur la tête, plus foncé sur les ailes et le dos, tendre et nué de jaune sur le dessous du corps ; un demi-collier d'un rose très-vif entoure le derrière du cou, et se rejoint sur les côtés à la bande noire qui enveloppe la gorge ; une tache pourprée est au haut de l'aile ; le bec est d'un rouge vermeil ; la queue qui est plus longue que le corps, présente un mélange de vert et de bleu d'aigue-marine en dessus, et un jaune tendre en dessous ; les pieds sont noirâtres.

Cette espèce se trouve non-seulement dans les terres du continent de l'Asie méridionale, mais aussi dans les îles voisines, et particulièrement à Ceylan. Elle est souvent confondue avec celle dénommée *perruche à collier couleur de rose*; mais c'est une espece distincte.

Levaillant désigne la femelle par une queue moins longue et une taille inférieure ; du reste elle est absolument semblable au mâle. Cette ressemblance dans le plumage des deux sexes est encore un caractère qui distingue cette espèce de celle citée ci-dessus ; puisque la femelle de cette dernière est toujours privée du collier; néanmoins les jeunes mâles de la *perruche à collier d'un rouge vif* ne prennent cette parure, ainsi que ceux de la précédente, qu'au bout de deux ans.

Cette perruche est nommée par les Arabes, *doutra*, et se trouve dans les contrées qui sont entre la Nubie et le Caire. (Sonnini, *Voyage en Egypte.*)

La GRANDE PERRUCHE, A LONGS BRINS, *Psittacus genginianus*, Var. C., Lath.; *Psittacus malaccensis*, Var. Gm.; pl. enl. de Buff., n.º 887. Cette perruche a assez de rapports dans les couleurs avec la *petite perruche couleur de rose, à longs brins*, pour qu'on puisse la regarder comme de la même espèce ; mais elle a quatre pouces de plus, et les autres dimensions sont plus grandes à proportion. Elle diffère encore en ce que la nuance des pennes latérales de la queue est plus foncée; il y a un peu de bleu dans le milieu de l'aile ; le vert du corps est plus jaunâtre, le rose n'occupe sur la tête que la région des yeux et l'occiput; le reste est vert ; enfin, elle est privée du noir qui dans l'autre borde la coiffe rose.

Latham soupçonne que ce n'est qu'une variété d'âge. Les Chinois l'appellent *singsie*.

La PERRUCHE DE LA GUYANE. *V.* ci-après, PERRUCHE-PAVOUANE, page 367.

* La PERRUCHE HUPPÉE, *Psittacus Bontii*, Lath.; *Psittacus javanicus*, Linn., édit. 13. Le plumage de cet oiseau, exposé au soleil, présente, dit Willughby, une variété de couleurs si éclatantes, que le pinceau ne pourroit en rendre le brillant et la beauté. Il ajoute que ces petites *perruches* se trouvent à Java dans l'intérieur des terres, se tiennent et nichent sur les arbres les plus élevés, volent en troupes en faisant grand bruit, sont jaseuses et apprennent à parler en très-peu de temps.

Taille de l'*alouette*; bec gris ; iris blanchâtre ; yeux noirs et entourés d'une peau nue et d'un blanc argenté ; tête hup-

pée ; plumage généralement rouge ; gorge grise ; devant du
cou et poitrine roses ; scapulaires et couvertures des ailes
rouges et mélangées de vert; pennes pareilles; queue longue,
dépassant les ailes en repos, de dix pouces ; les deux pennes intermédiaires rouges ; les autres roses, terminées de
bleu et mélangées de vert.

    * La Perruche a huppe jaune, *Psittacus Novœ-Hollandiœ*,
Lath. Cette *perruche*, que l'on trouve à la Nouvelle-Hollande,
a onze pouces de longueur ; le cou d'une teinte pâle ; la tête
et la gorge jaunes ; une tache rouge au-dessus de l'œil, et une
autre plus pâle au-dessous ; du sommet de la tête s'élève une
huppe composée de six plumes déliées, dont deux ont près
de trois pouces de longueur ; les autres sont plus courtes ; un
brun-olive règne sur le corps, mais il est plus pâle sur les
parties inférieures ; on remarque aux ailes une raie oblique
qui est formée par l'extrémité blanche des pennes secondaires ; la queue est pareille au corps, assez longue et étagée ;
les pieds sont noirâtres.

    La femelle est de la taille du mâle ; sa tête est de la couleur
du corps, d'une nuance un peu plus pâle sur les côtés, inclinant à la teinte marron, et huppée ; des lignes étroites
et grises se font remarquer sur le croupion ; la queue a des
raies transversales très-nombreuses ; ses pennes extérieures
sont blanches en dehors sur toute leur longueur : du reste,
cette femelle ressemble au mâle.

    La Perruche des Indes. *V.* Perruche a gorge rouge.

    La Perruche des Indes orientales. *V.* ci-dessus Lori-
perruche violet et rouge, page 341.

    La Perruche de l'île de Luçon, *Psittacus marginatus*,
Lath; pl. 44 du *Voyage à la Nouvelle-Guinée* de Sonnerat. C'est à
ce naturaliste que l'on doit la connoissance de cette *perruche*,
qui a le bec très-grand et rougeâtre ; les plumes qui l'entourent,
d'un vert brillant ; les yeux très-petits à proportion ; l'iris
blanchâtre ; le dessus de la tête bleu ; le dessus du corps, vert-
pré ; le dessous, d'un vert jaunâtre ; la queue doublée de vert-
gris ; les couvertures des ailes noires ; les petites, bordées de
brun jaunâtre ; les grandes, de bleu, et terminées d'un brun
jaunâtre qui forme une grande tache sur les ailes ; les pennes
de la queue très-longues et étagées ; les pieds noirâtres.

    La Perruche illinoise. *V.* ci-après Perriche aputé
juba, page 360.

    La Perruche ingambe, *Psittacus formosus*, Lath. ; pl. 32
de l'*Histoire des Perroquets* de Levaillant. Cette élégante *perruche* se trouve en assez grand nombre à la Nouvelle-Galles
du Sud et dans d'autres contrées de la Nouvelle-Hollande,
où elle est connue sous le nom de *goolingnang* ; elle se tient

rarement ailleurs qu'à terre, et spécialement dans les lieux
humides; ses pieds et ses doigts ne paroissent point destinés
au même usage que ceux des autres perroquets. Aussi, ne l'a-
t-on jamais vue perchée; elle reste constamment à terre. Si
on la fait lever, ce n'est point sur les arbres qu'elle se réfu-
gie, mais toujours dans les herbes. Sa longueur est de quatorze pouces; le bec et les pieds sont noirs; le plumage en
dessus est généralement vert, et chaque plume rayée de noir
et de jaune; de nombreuses lignes longitudinales de la première teinte sont sur la tête et la nuque; une belle couleur
orangée, presque écarlate, couvre le front; le dessous du
corps est jaune et ondé transversalement de noirâtre; le dessous des ailes d'un gris cendré, avec de larges stries jaunes; les
deux pennes intermédiaires de la queue sont vertes et marquées de quelques barres obliques, noires; les autres jaunes,
avec de pareilles raies; cette teinte jaune se dégrade insensiblement jusqu'à leur extrémité.

Dans Illiger, cette perruche est le type d'un genre particulier, sous la dénomination grecque de *pezoporus* (*pedester*). Son
caractère distinctif consiste dans la longueur du tarse qui est
aussi long que le doigt antérieur externe, tandis que chez les
autres perroquets, le tarse égale à peine la moitié de ce
doigt.

La Perruche du Japon. *V.* Perruche verte et rouge.

La Perruche jaune, *Psittacus solstitialis*, Lath. J. F.
Miller, *Illust.*, pl. 5; A. Elle a onze pouces et demi de longueur; la taille de la *tourterelle;* le bec d'un cendré verdâtre;
les yeux et la base du bec entourés d'une peau nue, de couleur
cendrée; l'iris d'un jaune sombre; le plumage, en général,
d'un jaune orangé; le dos et les couvertures des ailes tachetés de vert; le croupion et les couvertures de la queue, d'un
vert-jaune; les flancs et les jambes rouges; les couvertures
des ailes près le corps, pareilles au croupion et frangées de
jaune orangé; les plus éloignées bleues; les pennes de cette
couleur à l'extérieur, et d'un jaune verdâtre du côté interne;
les pennes de la queue d'un vert jaunâtre; les trois plus extérieures bleues en dehors; les pieds et les ongles rougeâtres.

M. Levaillant me paroît très-fondé à regarder cette perruche comme la même que la *perriche gouarouba*, qui se trouve
au Brésil. Brisson la donne, d'après Albin, pour un oiseau
d'Angola; mais c'est une méprise de ce dernier, puisqu'a-
près l'avoir appelée *perroquet d'Angola*, il dit qu'elle vient des
Indes occidentales.

La Perruche jaune du Brésil. *V.* ci-après, Perriche
Jendaya, page 365.

La Perruche jaune de Cayenne. *V.* ci-après, Perriche jaune ou le Gouarouba , page 365.

La Perruche jonquille, *Psittacus jonquillaceus*, Vieill. Cette belle perruche se trouve à la Nouvelle-Hollande. Un très-beau jaune jonquille colore la tête , le cou en entier , la gorge , la poitrine et toutes les parties postérieures ; le haut du dos ; les scapulaires , les couvertures supérieures des ailes sont d'un vert foncé ; les pennes alaires et caudales , d'un vert plus clair , et les dernières terminées par une grande tache jaune ; on remarque quelques plumes rouges sur le bord extérieur de l'aile ; le bas du dos et le croupion sont d'un bleu de ciel ; le bec est rouge en dessus ; les pieds sont gris. Longueur totale , quatorze pouces environ.

La Perruche a large queue. *V.* ci-dessus, Lori-perruche noir et rouge , page 339.

La Perruche Latham , pl. 62 de l'*Hist. des perroquets* de Levaillant. *V.* Perruche a épaulettes-rouges. Cette perruche a été présentée comme nouvelle , par M. Levaillant ; cependant elle a déjà été décrite et figurée dans le *White's journ.* ; dans Philipp's , pl. pag. 269, et dans le deuxième Supplément du *general Synopsis* de Lath. , sous la dénomination de *Red shouldered parakeet.*

* La Perruche leveriane , *Psittacus erytropygius*, Lath. ; *Ps. leverianus* , Linn. , édit. 13 , a le bec noirâtre ; la tête et le cou jaunes ; le reste du corps d'un vert pâle ; la queue étagée ; le bas-ventre rouge ; les pennes alaires et caudales bleues ; la taille du *perroquet amazone.* Latham , qui a décrit cet oiseau , dans le Muséum Leverian , soupçonne qu'il habite les Indes orientales ou la Chine.

La Perruche lori , *Psittacus ornatus* , Lath. ; pl. enl. de Buffon , n.° 552 , sous la dénomination de *Perruche variée des Indes orientales.* L'éclat et l'assortiment des couleurs présentent dans cette *perruche* une des plus jolies de la famille. Le haut de la tête est pourpré (bleu dans Edwards, qui le premier a décrit cette espèce) ; un rouge traversé de petites ondes brunes , teint les côtés de la face , entoure l'occiput , couvre la gorge et le devant du cou ; le dessus de cette dernière partie , le dos , le croupion , les couvertures des ailes , l'estomac , le ventre , sont d'un vert d'émeraude ; les côtés du cou et les flancs ont des taches irrégulières , d'un jaune orangé ; les pennes alaires sont vertes , frangées de jaune en dehors , noirâtres à l'intérieur ; celles de la queue sont vertes en dessus , rougeâtres en dessous , et terminées de jaunâtre ; le bec et les pieds , gris-blancs ; grosseur moyenne ; longueur , sept pouces et demi. Cette espèce vit aux Indes orientales.

La Perruche lori a chaperon bleu , pl. 54 *des Perroquets de Levaillant*. *V.* Perruche a face bleue.

La Perruche de Mahé. *V.* Perruche (petite) a tête couleur de rose et a longs brins.

La Perruche de Malaca. *V.* Grande Perruche a longs brins.

La Perruche de la Martinique. *V.* ci-après Perriche a gorge brune , page 364.

La Perruche des Moluques. *V.* Perruche a face bleue.

La Perruche a moustaches , *Psittacus pondicerianus* , Lath. ; pl. enl. de Buffon , n.º 517. Levaillant a décrit et fait figurer cette espèce dans son *Histoire des Perroquets* , sous la dénomination de *perruche à poitrine rose* , trouvant que celle que lui donne Buffon ne la particularise pas assez.

Cette perruche , que l'on trouve à Pondichéry, a onze pouces de longueur ; le front noir , d'un œil à l'autre ; deux grosses moustaches de la même couleur, qui partent du bord de la mandibule inférieure et s'élargissent sur les côtés de la gorge ; le reste de la face, blanc et bleuâtre; la tête gris de perle (qui prend un ton bleuâtre ou lilas tendre , selon Levaillant); le dessus du cou, le dos, les scapulaires, d'un vert foncé; les pennes des ailes, d'un vert d'eau, et les couvertures, marquées de jaune ; la queue verte en dessus, jaune paille en dessous ; la première teinte prend un ton bleu sur les pennes intermédiaires ; l'estomac et la poitrine sont de couleur lilas (rose, selon l'ornithologiste ci-dessus cité); le bec est rouge et les pieds sont gris.

La Perruche narcisse, *Psittacus narcissus* , Lath. ; pl. M 16, n.º 2 de ce Dictionnaire, sous le nom de *perruche jonquille*. Cette *perruche* du Bengale a dix pouces de longueur ; le plumage d'un beau jaune, plus pâle sous le corps ; la tête rouge ; le cou, dans sa partie supérieure, entouré d'un collier blanc, qui se change en vert près de l'occiput ; une grande tache de cette couleur sur le bord de l'aile près les épaules; la queue moitié plus longue que le corps , très-étagée ; ses deux pennes intermédiaires d'une couleur de buffle ; les autres jaunes; le bec et les pieds couleur de chair.

La Perruche noire de Madagascar. *Voy.* Perroquet vasa.

La Perruche nonpareille *V.* Perruche omnicolore.

* La Perruche de la Nouvelle- Calédonie, *Psittacus caledonicus* , Lath. Quoique Latham ait donné cette perruche pour une espèce distincte, il soupçonne que c'est la femelle de celle à *tête rouge* , qui habite la même contrée ; mais comme ce n'est de sa part qu'une conjecture, il a préféré l'isoler. Elle a deux pouces de plus de longueur ; le bec bleuâ-

tre, plus pâle à sa pointe ; les plumes de l'origine de la mandibule supérieure rouges ; celles de l'inférieure et le menton bleus ; le sommet de la tête, d'un jaune verdâtre ; le plumage, sur le dessus du corps, d'un vert olive, et sur le dessous, d'un jaune olivâtre; le bord extérieur des pennes de la queue, bleu ; les deux pennes intermédiaires, longues de six pouces, et la plus extérieure de chaque côté, longue seulement de trois. Toutes sont blanchâtres à leur extrémité, et les pieds sont d'un bleu sombre. Du reste, elle ressemble à la perruche à tête rouge, si ce n'est qu'elle n'a point d'aigrettes sur la tête.

La PERRUCHE OMNICOLORE. *Psittacus eximius*, Shaw ; pl. 28 et 29 des *Perroquets* de Levaillant. Cette jolie espèce a la tête et le cou d'un beau rouge écarlate ; le menton d'un jaune clair ; le dos olivâtre ; les scapulaires et les couvertures supérieures des ailes, bleues et bordées d'un vert tendre ; les pennes alaires, d'un bleu vif et éclatant ; les pennes latérales de la queue de la même couleur, et ses intermédiaires, d'un vert-jaune, de même que la poitrine et le ventre ; les parties postérieures rouges ; l'iris de couleur noisette ; les pieds cendrés et le bec d'un gris bleuâtre. Les jeunes diffèrent particulièrement des adultes, en ce qu'ils ont toutes les parties inférieures grises. On trouve ces perruches dans la mer du Sud.

Je rapproche de cette espèce, comme variété d'âge, le *psittacus eximius* de Latham. Les Anglais de Botany-Bay l'appellent *Nonpanrille*.

La PETITE PERRUCHE A L'AILE ROUGE, d'Edwards, est la PERRUCHE A GORGE ROUGE.

La PETITE PERRUCHE DE BATAVIA. *V.* ci-après, PERRUCHE AUX AILES VARIÉES, à l'article des PERRUCHES A QUEUE COURTE, page 373.

La PETITE PERRUCHE DU BRÉSIL. *V.* ci-après, TOUI TIRICA, page 380.

La PETITE PERRUCHE brune DU BRÉSIL. *V.* ci-après, PERRICHE ANACA, page 360.

La PETITE PERRUCHE DE CAYENNE. *V.* ci-après, PERRICHE MAÏPOURI, page 366.

La PETITE PERRUCHE A GORGE JAUNE D'AMÉRIQUE. *V.* ci-après, TOUI A GORGE JAUNE, page 379.

La PETITE PERRUCHE DU SÉNÉGAL. *Voy.* PERROQUET A TÊTE GRISE.

La PETITE PERRUCHE A TÊTE COULEUR DE ROSE et A LONGS BRINS. *V.* PERRUCHE (PETITE) A TÊTE COULEUR DE ROSE, etc., page 356.

La PETITE PERRUCHE A TÊTE ROUGE DU BRÉSIL. *V.* TOUI PARA, page 381.

La PETITE PERRUCHE VERTE DE CAYENNE. *V.* ci-après, PERRICHE A AILES VARIÉES, page 360.

La Perruche Phigy, *Psittacus coccineus*, Shaw; pl. 64 des *Perroquets* de Levaillant, a la taille petite, le corps épais, la queue étagée ; le dessus de la tête, le bas-ventre et les plumes des jambes, d'un bleu de roi ; le dessus des ailes et la queue verts ; le dessous du corps entièrement rouge ; le bec d'un brun jaunâtre. Elle se trouve dans les îles de la mer du Sud.

* La Perruche a pieds rouges, *Psittacus peregrinus*, Lath. Longueur, huit pouces ; bec et pieds rouges ; plumage généralement vert, inclinant au jaune sur les parties inférieures ; couvertures des ailes avec une large tache longitudinale et brune.

On rencontre cette espèce dans les îles de la mer du Sud.

La Perruche a pieds grêles. *V.* Perruche ingambe.

La Perruche a poitrine grise. *V.* Perruche souris.

La Perruche a poitrine rose. *V.* Perruche a moustaches.

La Perruche de Pondichéry. *V.* Perruche a moustaches.

La Perruche poux de bois. Telle est, à Cayenne, la dénomination de la Perriche Aputé-juba. *Voyez* ci-après, page 360.

La Perruche rouge huppée de Java. *V.* Perruche huppée.

La Perruche des savanes. *V.* ci-après, Perriche couronnée d'or, page 363.

La Perruche soufrée, pl. 43 des *Perroquets* de Levaillant. Cet ornithologiste soupçonne que c'est une variété de la *perruche à collier couleur de rose*. Son plumage est généralement d'un jaune de soufre, plus foncé sur le dos qu'en dessous du corps ; le bec et les pieds sont d'un jaune foncé.

La Perruche a tête rouge et bleue d'Edwards, est la Perruche a front rouge.

La Perruche-souris, *Psittacus murinus*, Lath. ; pl. enl. n.º 768 de Buff. On est incertain sur le pays qu'habite cette *perruche*. Selon Pernetty (*Voyages aux îles Malouines*), elle se trouve à Monte-Video ; Buffon lui rapporte une indication tirée d'un *Voyage à l'Ile-de-France*, mais trop succincte pour lui être justement appliquée.

Pernetty lui donne la taille d'une *grive* ; le bec fort, très-crochu, et couleur de chair ; le plumage entièrement vert, excepté le cou, la poitrine et une partie du ventre qui sont d'un gris argenté ; et la queue très-longue.

Buffon lui a appliqué le nom de *souris*, d'après la couleur *gris-de-souris* qui couvre une partie du devant du corps ; les pieds sont gris.

La Perruche des Terres magellaniques. *V.* ci-après Perriche émeraude, page 364.

La Perruche a tête d'azur, *Psittacus indicus*, Lath. Les méthodistes font de cette *perruche* une variété de· la *grande perruche à collier*. Il en est ainsi de plusieurs autres, qui n'ont pas plus de rapport avec elle. Quoi qu'il en soit, elle a toute la tête, la face et la gorge d'un beau bleu céleste; le reste du corps vert, plus pâle sur ses parties inférieures; les pennes des ailes sont cendrées et bordées de bleu; une tache jaune est sur les couvertures supérieures; la queue est bleue en dessus, d'un jaune sombre en dessous; les pieds et les ongles sont cendrés. Grosseur d'un *pigeon*.

Cette *perruche* est, selon Levaillant, un jeune oiseau de l'espèce de la *perruche à face bleue*.

La Perruche a tête bleue, *Psittacus cyanocephalus*, Lath.; pl. enl. de Buff., n.º 192. Longueur, onze pouces et demi; mandibule supérieure jaune, l'inférieure cendrée; peau nue du tour des yeux jaunâtre; corps vert en dessus, vert-jaune en dessous; front inclinant au rouge; tête bleue; gorge d'un violet cendré; devant du cou jaune; pennes des ailes vertes en dehors, et cendrées du côté interne; pennes intermédiaires de la queue, d'un verdâtre nuancé de bleu vers le bout, qui est jaune; les autres vertes à l'extérieur et jaunes à l'intérieur; les pieds sont bleuâtres et les ongles gris. Cet individu est, selon Levaillant, un jeune de la *perruche à face bleue*.

La Perruche (petite) a tête couleur de rose, a longs brins, *psittacus ginginianus*, Lath.; pl. M. 19, fig. 3 de ce Dictionn., et pl. enl. de Buff., n.º 888. Les méthodistes modernes font de cet oiseau une variété de la *perruche à tête rouge de Gingi*. Sa queue, prise jusqu'à l'extrémité des deux longs brins, fait près des deux tiers de sa longueur, qui est de douze pouces. Latham ne lui donne que dix pouces, parce qu'il décrit la perruche figurée par Edwards, pl. 233; ses longues plumes sont bleues, et les autres d'un vert d'olive ainsi que tout le corps; mais la teinte est plus forte en dessus; la tête est d'un rose mêlé de lilas et bordée d'un cordon noir qui, descendant sur la gorge, fait tout le tour du cou; on remarque quelques plumes rouges sur le haut de l'aile; le bec est jaune-pâle en dessus, d'un brun-noir en dessous; l'iris jaune; les pieds sont cendrés.

Cette jolie *perruche* se trouve au Bengale et dans d'autres parties de l'Inde.

M. Levaillant nous assure que la *perruche* de cet article et celle d'Edwards sont deux espèces différentes; il se fonde sur ce que les diverses pennes intermédiaires de la queue sont moins longues, et que les pennes latérales sont bleues dans la dernière.

La Perruche a tête orangée. *V.* ci-après Perriche a tête jaune, page 369.

* La Perruche a tête pourpre et noire, *Psittacus zeelandicus,* Lath. ; *Ps. Novœ Zeelandiœ,* Linn., édit. 13. Cette espèce de la Nouvelle-Zélande a quinze pouces anglais de longueur ; le bec fort, modérément courbé ; la mandibule supérieure nullement anguleuse, d'un bleu foncé à la base et noire à la partie supérieure de sa pointe ; le front d'un pourpre noir ; le sommet de la tête d'une couleur marron verdâtre ; les côtés d'un vert pâle ; une strie rouge naît à la base du bec, passe à travers l'œil, et s'étend un peu au-delà ; l'occiput, la nuque, le dessus du corps et des couvertures des ailes, sont d'un vert sombre, mélangé de brun ferrugineux sur le milieu du dos, et de jaune sur le dessus du cou, vers sa partie inférieure ; le croupion est d'un rouge nuancé de marron ; le dessous du corps d'un vert cendré ; les grandes pennes alaires sont brunes et bordées de bleuâtre ; les secondaires et l'aile bâtarde, noirâtres et frangées de vert, avec leur extrémité d'un brun rouillé ; la queue a ses deux pennes intermédiaires longues de sept pouces, ses deux plus extérieures longues de trois ; les premières sont marginées de vert, les autres entièrement bleuâtres, et toutes ont leur tige d'un marron foncé ; enfin les pieds sont noirs.

La Perruche a tête rouge, *Psittacus cornutus,* Gm. ; *psittacus bisetis,* Lath. ; pl. 8 du *Gen. Synops.* Deux plumes en forme d'aigrette distinguent cette belle *perruche* de la Nouvelle-Calédonie ; ces plumes, longues de près d'un pouce et demi, imberbes, noirâtres dans une partie de leur longueur, et terminées par une palette rouge, prennent naissance sur le sommet de la tête qui est, ainsi que le front et la nuque, d'un rouge foncé mêlé de noir ; les côtés sont d'un orangé jaunâtre ; la mandibule inférieure est bordée de plumes d'un noir brillant, qui s'étendent en avant ; le cou, dans sa partie supérieure, et le croupion, sont jaunâtres ; le reste du corps est vert ; cette couleur borde les couvertures des ailes qui sont noires du côté interne, ainsi que les grandes pennes, dont l'extérieur est frangé de bleu ; ces trois couleurs se rencontrent aussi sur les pennes de la queue, qui est étagée et longue de six pouces ; le noir les couvre en dessous, le bleu en occupe le dessus ; le vert est à l'extérieur vers leur origine, et à leur extrémité où il se dégrade en blanchâtre ; le bec est bleuâtre à l'origine et noir à la pointe ; l'iris d'un jaune doré ; les pieds sont d'un bleu sombre ; longueur totale, dix pouces et demi environ.

Les habitans de la Nouvelle-Calédonie l'appellent *keré* ou *keghe*.

La PERRUCHE A TÊTE ROUGE ET BLEUE, d'Edwards, est la PERRICHE A FRONT ROUGE, page 364.

La PERRUCHE A TÊTE ROUGE DE GINGI, *Psittacus ginginianus*, Lath. ; *psittacus erythrocephalus*, Gm. ; pl. enl. de Buff. n.º 264. Elle a onze pouces de longueur; le bec rougeâtre; la tête rouge; cette couleur se fond dans du bleu sur son sommet, et est coupée sur la nuque par un trait prolongé du noir qui couvre la gorge; au-dessous de ce trait en est un autre d'un vert très-pâle et formant une espèce de collier; le reste du plumage est vert sombre en dessus, et prend une teinte jaune terne en dessous; on remarque une tache d'un rouge sombre sur les couvertures supérieures des ailes; la queue, longue de six pouces, est verte en dessus, et frangée de jaune à l'intérieur de ses pennes latérales; les pieds et les ongles sont gris.

Cette espèce se trouve à Gingi.

La PERRUCHE A TÊTE ROUGE DE L'ÎLE DE LUÇON. *V.* PERRUCHE A TÊTE COULEUR DE ROSE, A LONGS BRINS, page 356.

La PERRUCHE TURCOSINE, *Psittacus pulchellus*, Lath. Cette *perruche*, assez rare à la Nouvelle-Galles sa patrie, a le vol court, vit par paire, et se tient plus souvent à terre que sur les arbres; elle a dix pouces de longueur; le bec noir; la tête d'un bleu pâle, brunissant sur le sommet et inclinant au marron sur l'occiput; les ailes d'une couleur bleue, plus brillante et plus claire sur leur couverture; le bord interne de l'aile, rouge; le dessus du corps et les deux plumes intermédiaires de la queue, verts; le dessous du corps jaune, ainsi que toutes les pennes latérales; mais cette teinte ne couvre en entier que les deux plus extérieures; les pieds bruns.

M. Levaillant a fait figurer, pl. 68 de l'*Histoire des Perroquets*, un individu qu'il appelle *perruche Edwards*, qui appartient à cette espèce déjà décrite par Latham sous le nom de *turcosine*.

* La PERRUCHE D'ULIETEA, *Psittacus ulietanus*, Lath., a dix pouces de longueur; le bec d'un bleu profond; la tête d'un brun noir; le dessus du corps vert-olive foncé; le croupion d'un rouge terne; chaque plume bordée de noirâtre, ce qui rend tout le plumage ondé de cette couleur; le haut de la gorge, les pennes des ailes et de la queue, d'un brun sombre; le dessous du corps jaune olivâtre; chaque plume bordée comme celles des parties supérieures, mais d'une teinte plus pâle; les pieds noirs.

Cette *perruche* se trouve à Ulietea, une des îles des Amis, dans la mer du Sud.

La Perruche variée des Indes. *V.* Perroquet varié.

La Perruche variée des Indes orientales. *Voyez* Perruche lori, page 352.

* La Perruche a ventre orangé, *Psittacus chrysogaster*, Lath. L'on ignore le pays qu'habite cette *perruche*, décrite pour la première fois par Latham; sa longueur est de près de sept pouces; le bec et les pieds sont verdâtres; la tête, la poitrine, le dessus du corps et les petites couvertures des ailes, d'un vert foncé; les grandes couvertures d'un riche bleu à l'extérieur, et noirâtres du côté interne, avec une tache blanche; la partie inférieure du ventre est d'une couleur orangée; la queue verte avec ses quatre pennes extérieures d'un brun-jaune.

*La Perruche verte a bec bleu, *Psittacus verticulis*, Lath., se trouve au port Jackson; sa longueur est de seize pouces et demi; le bec est très-grand, bleu, avec sa pointe noire; le plumage d'un vert sombre, plus pâle sur les parties inférieures; le front et le milieu du sommet de la tête rouges; les pennes des ailes d'un bleu foncé; celles de la queue d'un brun verdâtre en dessus et brunes en dessous; les pieds sont de cette dernière couleur. Cet oiseau a dans ses couleurs de l'analogie avec le *psittacus pacificus*; mais il est près d'un tiers plus grand.

* La Perruche verte et rouge, *Psittacus japonicus*, Lath. Cette *perruche*, décrite d'après Aldrovande, qui n'en a vu que la figure, paroît très-suspecte à Willughby, ainsi que sa description : il en est de même pour son pays, qu'on dit être le Japon. Quoi qu'il en soit, le plumage de cet oiseau est, dit Aldrovande, un mélange de vert, de rouge et d'un peu de bleu; la première de ces couleurs domine au-dessus du corps; la seconde sur le dessous de la queue, excepté ses deux longs brins qui sont verts; le bleu colore les épaules et les pennes de l'aile, et il y a deux taches de cette même teinte de chaque côté de l'œil.

PERRICHES.

Tel est le nom adopté par Buffon, pour distinguer les *perruches à longue queue*, de l'Amérique, de celles de l'ancien continent.

* La Perriche aux ailes jaunes, *Psittacus chiriri*, Vieill. Cette perriche est rare au Paraguay ; quelques personnes l'appellent *tuí chiriri*. Elle niche dans un tronc d'arbre, et sa ponte est de trois œufs. Tout le plumage est d'un vert plus mélangé de jaune sur les parties inférieures, à l'exception des grandes couvertures supérieures de la partie extérieure, et du fouet de l'aile dont la couleur est

bleuâtre et des mêmes couvertures du milieu de l'aile qui sont d'un jaune pur. Longueur totale, sept pouces, dont la queue en tient deux et deux tiers. Ses pennes sont aiguës et également étagées. M. de Azara nous assure que cette perriche, quoiqu'élevée en domesticité, est toujours hardie, violente et farouche. Dès qu'on l'approche, elle menace de son bec, et mord cruellement, non-seulement la main, mais tout ce qu'on lui présente; et si elle ne trouve pas à satisfaire sa colère, elle mord de rage son bâton et sa cage. Je n'ai point vu, dit ce naturaliste, de perroquet aussi colère et aussi emporté. Sonnini la rapproche de la *perriche à ailes variées;* cependant celle - ci est douce et caressante en captivité; du moins tels étoient deux individus que j'ai conservés vivans pendant plusieurs années. De plus, elle en diffère en ce que chez elle ce ne sont point les couvertures des ailes qui sont bleuâtres et d'un jaune pur, mais les pennes, qui sont, de plus, variées de blanc et de vert. L'autre est le *maracana ala amarilla* de M. de Azara.

* La PERRICHE A AILES ORANGÉES, *Psittacus pyrrhopterus,* Lath. Longueur, sept pouces; parties supérieures d'un vert très-foncé, inclinant au bleu sur le sommet de la tête; joues et dessous des yeux cendrés; pennes des ailes pareilles au dos; épaules et dessous du corps orangés; bec d'une teinte pâle; pieds rouges. On trouve cette espèce au Brésil.

La PERRICHE A AILES VARIÉES, *Psittacus virescens,* Lath.; pl. enl. de Buff., n.º 359, sous la dénomination de *petite perruche verte de Cayenne.* Elle est commune dans cette île, vole en grandes troupes, fréquente les lieux habités, et apprend assez facilement à parler. Longueur, huit pouces et demi; bec blanchâtre; tête, corps entier, queue et couvertures supérieures des ailes d'un beau vert, plus pâle sur les parties inférieures du corps; pennes des ailes variées de jaune, de vert bleuâtre, de blanc et de vert; pennes de la queue bordées de jaunâtre à l'intérieur; pieds gris. La femelle diffère par des couleurs moins vives.

* La PERRICHE ANACA, *Psittacus anaca,* Lath. Cette *perriche* du Brésil n'est pas plus grosse que l'*alouette commune.* Elle a le dessus de la tête couleur de marron; ses côtés et le bec bruns; la gorge cendrée; une tache sur le dos d'un brun pâle, de même que les pennes de la queue; une autre tache rouge sur le haut des ailes, et du bleu à leur pointe; le ventre d'un brun roussâtre; du vert sur tout le reste du plumage, et les pieds cendrés.

La PERRUCHE APUTÉ-JUBA, *Psittacus pertinax,* Lath.; pl. enl. de Buff., n.º 528, sous la dénomination de *perruche illinoise.* Un bel orangé colore le front, les côtés de la tête et la gorge de cette *perriche* ; l'occiput, le dessus du cou et du corps, les ailés et la queue sont d'un beau vert, inclinant au bleuâtre sur le sommet de la tête ; les grandes couvertures supérieures des ailes et les pennes sont bordées de bleu à l'extérieur, et noirâtres du côté intérieur ; le devant du cou est d'un vert cendré ; une tache orangée est sur le ventre ; la queue a ses deux pennes intermédiaires vertes, et parmi les latérales, les unes ont le bord cendré et les autres jaunâtre ; le bec et les pieds sont de cette dernière teinte, et l'iris est d'un orangé foncé.

Cette *perriche* ne se trouve point chez les Illinois, comme l'indique la dénomination qu'on lui donne dans les planches enluminées de Buffon ; elle habite la Guyane ; on l'appelle à Cayenne *perruche pou-de-bois*, parce qu'elle choisit ordinairement les ruches de ces insectes pour y faire son nid.

PERRICHE ARA, *Psittacus maka-vouanna*, Lath. ; pl. enl. de Buff., n.° 864. Les naturels de la Guyane l'appellent *maka-vouanna* ; elle a dix-huit pouces de longueur, dont la queue prend la moitié ; le dessus et les côtés de la tête d'un vert mêlé de bleu foncé ; le dessus du corps, des ailes et de la queue d'un vert rembruni ; les grandes pennes bleues, bordées de vert, et terminées de brun à l'extérieur ; la gorge, la partie inférieure du cou et le haut de la poitrine, teints de roussâtre ; le ventre d'un vert plus pâle que le dos ; le bas-ventre et quelques-unes des couvertures inférieures de la queue, d'un brun-rouge ; le dessous des ailes et des pennes caudales, d'un vert jaunâtre.

La PERRICHE A BANDEAU ROUGE, *Psittacus frontalis*, Vieill., pl. 17 de l'*Hist. des Perroquets* de Levaillant, sous la dénomination de *perruche-ara à bandeau rouge*. Le bandeau que cette perriche a sur le front, est d'un brun pourpré, tacheté de rouge ; la tête et le cou sont mélangés de vert et de jaune terne ; la gorge et la poitrine sont d'un vert olivâtre, avec une bordure d'un jaune sale sur chaque plume ; les jambes nuancées de jaune et de vert ; les pennes caudales de la dernière couleur, et d'un brun-rougeâtre à l'intérieur. On la trouve à Cayenne. Elle a des rapports avec la *perriche à gorge variée* de Cayenne ; mais elle en diffère par une taille plus svelte, un bec plus fort, et surtout plus long. Elle a dix pouces de longueur totale. (*Levaillant.*)

* La PERRICHE CHIRIPEPÉ, *Psittacus chiripepe*, Vieill. C'est le nom qu'au Paraguay l'on donne assez généralement à cet oiseau, à cause de son cri ; d'autres l'appellent *aribaya*. Les *chiripepés*, dit M. de Azara, ont le vol d'une rapidité extraordinaire, vivent en troupes et en familles ; ce naturaliste ne croit pas qu'ils se trouvent au-delà du vingt-septième degré de

latitude australe. Leur ponte se compose de trois œufs que la femelle dépose dans un tronc d'arbre. Celle-ci ne diffère en rien du mâle, qui a neuf pouces trois quarts de longueur totale ; le devant du cou, l'oreille et le bas-ventre, de couleur carmelite ; deux taches rouges sur le bas de la poitrine et sur le ventre ; la queue presque rouge en dessous, et d'un rouge mêlé de jaune en dessus ; un bandeau étroit, couleur de chocolat, sur le front ; le reste du plumage d'un vert foncé, à l'exception de la partie extérieure de l'aile qui est bleu de ciel, et le dessous des pennes qui est brun ; le tarse et le bec sont noirâtres ; l'iris est roux ; le tour de l'œil blanchâtre, et le bord de la paupière brun.

* La PERRICHE COTORRA ou la JEUNE VEUVE, *Psittacus cotorra*, Vieill. Ce nom est celui que cet oiseau porte à Buenos-Ayres ; mais quelques-uns le nomment au Paraguay *viudita* (jeune veuve), à cause de l'espèce de coiffe dont son front et son cou sont enveloppés. C'est, dit M. de Azara, la seule perriche qui fasse sa ponte en état de domesticité ; elle n'est point délicate, apprend facilement à parler, et prononce les mots très-distinctement. Je n'ai point vu, dit cet observateur, d'oiseau aussi coquet que la *maracana viudita* ; dès qu'elle arrive dans quelques maisons, si elle n'y rencontre pas un compagnon de son espèce, elle en cherche un autre, et elle s'efforce de le rendre amoureux. Pour y parvenir, elle met en œuvre toutes sortes de caresses et d'agaceries ; elle le baise, le gratte, le provoque sans cesse par ses cris, ses soupirs et ses mouvemens, jusqu'à ce qu'au bout de quinze jours l'oiseau prenne le flux de sang et périsse. La *jeune veuve* ne paroît point attristée d'une mort dont elle est la cause ; car elle ne condescend jamais aux désirs violens de celui qu'elle a enflammé d'amour. Il en est autrement, si le mâle et la femelle de cette espèce sont nourris ensemble ; ils se cochent, et quelquefois la femelle dépose des œufs qu'elle ne couve point.

Ces perriches construisent leur nid sur les arbres, et le composent d'une grande quantité de rameaux épineux. C'est un globe hérissé de piquans, de trois pieds et demi de diamètre ; son entrée est sur le côté, et l'intérieur est garni d'herbes vertes. Souvent elles nichent en grand nombre sur le même arbre, et placent leurs nids de manière qu'ils se touchent : on assure même qu'un seul sert à la ponte de plusieurs femelles ; cette ponte est de trois ou quatre œufs.

La *jeune veuve* a dix pouces de longueur totale, la tête arrondie, le bec très-crochu et noirâtre ; les plumes du front d'un gris de perle, et bordées d'une teinte plus claire ; celles de la poitrine pareilles, mais il y a du vert mêlé au gris ; les jambes, le ventre, le bas du dos et le croupion, d'un vert jaunâtre; le dessus de la tête, du cou, et les couvertures supérieures des ailes, d'un vert qui prend un ton brun sur le haut du dos; les quatre pennes latérales de la queue jaunes à l'extrémité et sur leur côté intérieur; les quatre du milieu d'un vert bleuâtre en dessus; les pennes et les couvertures supérieures de l'aile d'un bleu tirant sur le violet; les couvertures inférieures d'un vert jaunâtre, excepté les grandes qui sont d'un violet luisant, ainsi que les pennes en dessous. On rencontre quelquefois des variétés accidentelles qui sont entièrement jaunes, et qui ont les yeux rougeâtres.

* La PERRICHE A COU NOIR, *Psittacus nigricollis*, Lath. Taille de la *perruche à collier rose*; front et orbites d'un jaune citron; gorge et poitrine noires; un trait blanc sur les côtés du cou, avec une bordure noire d'un côté, et verte de l'autre; ventre d'un vert sombre; ailes et queue noires; toutes les petites pennes et le bord des autres, bleues; reste du plumage vert. Cette espèce habite le Brésil.

La PERRICHE COURONNÉE D'OR, *Psittacus brasiliensis*, Lath.; *Ps. aureus*, Linn., édit. 13; Edwards, Glan. pl. 5o. Une grande tache orangée est sur le devant de la tête de cette *perriche;* le reste de cette partie, tout le dessus du corps, les ailes et la queue sont d'un vert foncé; la gorge et la partie inférieure du cou, d'un vert jaunâtre, avec une légère teinte de rouge terne; le reste du dessous du corps est d'un vert pâle; quelques-unes des pennes des ailes sont d'un beau bleu, et les grandes couvertures ont leur côté extérieur de la même couleur; le bec est noir; l'iris d'un noir bleuâtre; les pieds sont rougeâtres.

Cette espèce se trouve, dit Buffon, à Cayenne; on l'y appelle *perruche des savanes;* elle parle très bien, et est très-caressante. Elle se trouve aussi au Paraguay; les Espagnols de cette contrée l'appellent *cotorra* et *cotorrita;* ils donnent les mêmes noms à la *perriche chiripepé,* et les Guaranis les nomment *tuis;* celle que M. de Azara décrit sous la dénomination de *maracanu fronte naranjada,* eu diffère très-peu.

Cette perriche n'est pas fort rare au Paraguay, et jusqu'au vingt-huitième degré de latitude. Elle vit en troupes, quelquefois nombreuses, dans les plantations, et ses habitudes ne diffèrent pas de celles de la *perriche nenday.*

* La PERRICHE ÉCAILLÉE, *Psittacus squammosus*, Lath. Elle a huit pouces de longueur; le bec et les pieds noirâtres; le tour des yeux nu et d'un blanc pâle; le plumage vert; les plumes de la tête, du cou et de la poitrine bordées d'orangé,

ce qui la fait paroître couverte d'écailles ; le fouet de l'aile, le croupion et le milieu du ventre, d'un rouge de sang.

Cette perriche se trouve à Cayenne.

La PERRICHE ÉMERAUDE, *Psittacus smaragdinus*, Lath. ; pl. enl. de Buff., n.º 85, sous la dénomination de *perruche des Terres Magellaniques*. Le plumage de cette *perriche* est un vert plein qui couvre tout son corps, excepté le ventre, les parties inférieures et la queue qui sont d'un marron ferrugineux; la queue est d'un brun marron, mais verte à son extrémité ; le bec et les pieds sont d'un brun sombre ; longueur, treize pouces.

Le pays de cette espèce est indiqué par la dénomination de *perruche des Terres Magellaniques*, dans les planches enluminées. Buffon l'a rejetée, persuadé qu'il ne pouvoit se trouver de *perroquets* à une latitude de 43 degrés; mais il est prouvé aujourd'hui (*V.* le *Voyage de Forster*) qu'on trouve des *perroquets* à la baie Dusky, dans la Nouvelle-Zélande, qui est à 46 degrés de latitude sud. Latham ajoute qu'il est avéré que des troupes nombreuses de petits *perroquets* ont été vues au port de Famine, par la latitude de 53° 44 m. (*Suppl. to gen. Syn.*). Enfin, M. de Azara a fait connoître une perriche qui se trouve dans l'Amérique australe, depuis le 23.e degré de latitude jusqu'à la côte des Patagons. *Voyez* PERRICHE PATAGONE.

La PERRICHE A FRONT ROUGE, *Psittacus canicularis*, Lath. ; pl. enl. de Buffon, n.º 767. Le front est d'un rouge vif ; le sommet de la tête d'un beau bleu ; l'occiput, le dessus du cou, les couvertures supérieures des ailes et de la queue sont d'un vert foncé ; la gorge et tout le dessous du corps d'un vert un peu jaunâtre ; quelques-unes des grandes couvertures des ailes bleues ; les grandes pennes d'un cendré obscur sur leur côté intérieur, bleues sur leur côté extérieur et à leur extrémité; l'iris est orangé ; le bec cendré ; les pieds sont rougeâtres. Longueur, dix pouces ; grosseur de la *grive*.

Cette espèce se trouve dans les climats chauds de l'Amérique.

La PERRICHE A GORGE BRUNE, *Psittacus æruginosus*, Lath. ; pl. 177 des Oiseaux d'Edwards. Elle a dix pouces un quart de longueur ; le bec cendré ; l'iris couleur de noisette ; le front, les côtés de la tête, la gorge et la partie inférieure du cou d'un gris-brun ; le sommet de la tête d'un vert bleuâtre ; le dessus du corps d'un vert jaunâtre ; les grandes couvertures supérieures des ailes, bleues; les pennes de cette couleur en dessus, doublées et bordées de noirâtre sur leur côté interne; la queue verte en dessus et jaunâtre en dessous ; les pieds cendrés. Cette espèce se trouve à la Martinique.

Bancroft fait mention d'une variété qu'il a vue à la Guyane. Une teinte bleue colore le dessus de sa tête et une partie de ses pennes alaires. Une autre variété qu'on trouve à la Jamaïque, a toute la tête de la couleur du corps; les pennes secondaires les plus proches du corps bleues, et les primaires de cette couleur à l'extérieur.

Enfin, Latham en décrit une troisième, dont Gmelin fait une espèce distincte (*Psittacus plumbeus*); elle diffère très-peu des autres.

La PERRICHE A GORGE VARIÉE, *Psittacus versicolor*, Lath.; pl. enl. de Buff., n.° 144, sous la dénomination de *perruche à gorge tachetée de Cayenne*. Cette jolie perriche, qu'on voit rarement à Cayenne, n'est pas si grosse qu'un *merle*; un beau vert couvre la plus grande partie de son plumage; le bec est noir; l'iris d'un jaune aurore; les plumes qui bordent le bec en dessus, sont d'un vert d'eau; une petite zone de cette couleur se voit derrière le cou; la tête est brune, ainsi que la gorge et le devant du cou; mais chaque plume est bordée et terminée d'un jaune aurore, ce qui fait paroître ces parties comme écaillées; une couleur de feu couvre le pli de l'aile, et une teinte bleue domine sur ses grandes pennes; le ventre est dans son milieu d'un lilas veiné de brun; la première teinte forme une bande longitudinale sur la queue, qui est en dessus verte et d'un rouge-brun, et en dessous de cette dernière couleur; les pieds sont noirs.

La PERRICHE GOUAROUBA. *V.* ci-après, PERRICHE JAUNE.

* La PERRICHE JAGUILMA, *Psittacus jaguilma*, Lath. *Jaguilma* est le nom que porte cette perriche, au Chili. Elle a la taille de la *tourterelle*; tout le plumage vert; l'extrémité des pennes brune; l'orbite des yeux fauve; la queue très-longue et étagée.

Cette espèce est très-nombreuse dans l'Amérique méridionale, sous les 33.ᵉ et 34.ᵉ degrés de latitude.

La PERRICHE JAUNE ou le GOUAROUBA, *Psittacus luteus*, Lath.; *Psittacus gouarouba*, Gm.; pl. enl. de Buff., n.° 525. Onze pouces font la longueur de cette perriche; le bec est gris; l'œil noir; tout le plumage d'un jaune vif de safran et orangé; cependant il y a quelques taches vertes sur les ailes, dont les petites pennes sont de cette couleur, et les grandes, violettes et frangées de bleu; la queue offre le même mélange; sa pointe est d'un violet-bleu, son milieu d'un vert bordé de jaune, ainsi que le croupion. Cette perriche habite le Brésil, où elle porte le nom de *gouarouba*; on la voit quelquefois au pays des Amazones, mais jamais, dit Buffon, aux environs de Cayenne.

La PERRICHE A JOUES ET GORGE GRISES, *Psittacus cinereicollis*, Vieill.; pl. 67 des *Perroquets* de Levaillant, a les petites plumes du front grises , ainsi que celles de la gorge et des joues ; les grandes couvertures du haut des pennes alaires bleues ; tout le dessus du corps d'un vert de pré ; le dessous d'un vert jaunâtre , glacé de gris sur la poitrine ; le bec et les pieds d'un gris-blanc. On la trouve à Cayenne.

* La PERRICHE JENDAYA, *Psittacus jendaya*, Lath. Elle a la grosseur d'un *merle* ; tout le dessus du corps d'un vert d'aigue-marine ; la tête , le cou, et la poitrine d'un jaune orangé ; le bout des ailes noirâtre ; l'iris d'une belle couleur d'or ; le bec et les pieds noirs. Cette description est d'après Marcgrave.

La PERRICHE MAÏPOURI , *Psittacus melanocephalus* , Lath. , pl. enl. , n.° 527 de l'*Hist. nat. de Buffon.* Cette perriche a le dessus de la tête noir ; une tache verte au-dessous des yeux ; les côtés de la tête , la gorge et la partie inférieure du cou d'un beau jaune ; le dessus du cou, le bas-ventre et les jambes orangés ; le dos, le croupion, les couvertures supérieures des ailes et les pennes de la queue d'un beau vert ; la poitrine et le ventre jaunâtres, mais blanchâtres dans la jeunesse ; les grandes pennes des ailes bleues en dessus et à l'extérieur ; noires en dessous et à l'intérieur ; les secondaires vertes et bordées extérieurement de jaunâtre ; l'iris de couleur de noisette foncée ; le bec de couleur de chair ; les pieds d'un brun cendré , et les ongles noirâtres. Grosseur et taille d'un petit *papegai.*

Le nom de *maïpouri* a été donné à cet oiseau, d'après son sifflet, pareil au cri du *tapir,* qu'on nomme à Cayenne *mïapouri.* Quoiqu'on voie ordinairement ces oiseaux en petites troupes , ils n'en sont pas plus sociables, car ils se battent cruellement. Naturellement fiers et presque toujours de mauvaise humeur, on ne peut les apprivoiser, lorsqu'on les prend adultes ; ils préfèrent la mort à l'esclavage, en refusant toute nourriture ; les camouflets de fumée de tabac, dont on se sert pour rendre doux les perroquets les plus revêches, ne peuvent les adoucir. Il faut donc les prendre dans leur premier âge si on veut en élever , ce qu'on ne fait guère que pour jouir de leur beauté.

Cette espèce se trouve à la Guyane et au Mexique ; elle n'approche point des habitations, et ne se plaît que dans les bois entourés d'eau , ou sur les arbres des savanes noyées.

* La PERRICHE NENDAY , *Psittacus melanocephalus* , Vieill. Cette perriche , l'une des plus communes du Paraguay, y est très-connue sous le nom de *nenday.* Elle niche dans des trous d'arbres et cause d'assez grands ravages dans les champs de grains et de maïs. Ces oiseaux s'y rassemblent en troupes très-nombreuses, et tandis qu'ils sont à terre occupés à manger et à boire , l'un d'eux reste en sentinelle pour veiller à

leur sûreté et les avertir du danger. Ils se tiennent ordinairement dans les plantations et à la lisière des bois. Leurs cris aigus, perçans et continuels, les rendent fort incommodes; le mâle, la femelle et le jeune se ressemblent. Ils ont treize pouces quatre lignes de longueur totale; la tête d'un noir qui se change en rouge noirâtre sur la suture coronale; la queue noirâtre en dessous, et en dessus mi-partie de vert jaunâtre et de bleu; les pennes de l'aile noirâtres à leur extrémité, et d'un vert qui se change en bleu vers leur bout et sur une partie de leurs couvertures supérieures; le devant du cou d'un bleu foible; les plumes du bas de la jambe écarlates; les moyennes et petites couvertures des ailes, ainsi que tout le corps d'un vert jaunâtre; les pieds olivâtres; le bec, le tour de l'œil et l'iris noirs.

M. de Azara, à qui on doit la connoissance de cette espèce, décrit ensuite deux perriches qui étoient dans une bande de *nendays*, qui se rapprochoient de celles-ci, en ce qu'elles avoient les jambes écarlates, les mêmes formes, les mêmes dimensions et le même cri; mais elles en différoient en ce que leur tête étoit rouge, le reste du plumage jaune, le bec, les orbites, le tarse et les doigts d'un olivâtre clair, enfin les yeux rouges comme ceux des albinos. M. de Azara ne doute pas que ces individus ne constituent une espèce distincte de la précédente, et Sonnini pense que ce sont des variétés accidentelles.

La Perriche patagone, Psittacus patagonus, Vieill. Elle se trouve, selon M. de Azara, depuis les 32 degrés de latitude australe jusqu'à la côte des Patagons. Elle vit en famille, se nourrit de graines de chardon, de maïs, etc., niche et passe la nuit dans des trous qu'elle pratique à la partie antérieure des fours à briques abandonnés. Elle a dix-sept pouces un quart de longueur totale, dont la queue en tient huit trois quarts; le dos, le croupion, l'estomac, le ventre et les jambes sont d'un jaune un peu verdâtre; une grande tache rouge est au milieu du ventre; les pennes des ailes et les couvertures supérieures de la partie externe sont d'un bleu foncé; les autres et les petites couvertures inférieures, d'un jaune verdâtre; les grandes d'un noirâtre brillant, de même que le dessous des pennes alaires et caudales; les dernières sont en dessus d'un vert foncé, et bleues vers la pointe; le dessus et les côtés de la tête d'un vert-brun; le dessus du cou et les scapulaires d'un brun verdâtre; le devant du cou et le haut de la poitrine bruns; le front est d'un violet obscur; le tarse olivâtre; le bec noirâtre; le tour de l'œil nu et blanchâtre; la queue étagée comme celle des *aras*.

La Perriche pavouane, *Psittacus guianensis*, Lath.; pl.

enl. de Buffon , n.º 497 , sous la dénomination de *perruche de Cayenne*, et n.º 167 sous celle de *perruche de la Guyane*. Le nom que l'on a conservé à cet oiseau est celui qu'il porte à la Guyane ; il y est très-nombreux, ainsi qu'à Saint-Domingue où il se plaît dans la partie espagnole , sans doute parce qu'il y vit avec plus de sécurité que dans la partie française , dont les forêts , sa demeure habituelle , sont en grande partie défrichées. Ces perriches se tiennent en grandes bandes, et font sans cesse retentir les airs de leurs cris aigus et perçans. Etant d'un naturel farouche, elles supportent difficilement la captivité, et deviennent rarement familières. On prétend néanmoins qu'elles apprennent aisément à parler ; mais toutes n'usent pas de cette facilité au même degré , car j'en ai élevé plusieurs que j'ai conservées long-temps, qui ont à peine répété quelques mots, malgré les soins de leur instituteur. Il en est tout autrement de l'individu dont parle M. Levaillant. Cette perriche récitoit entièrement le *Pater noster* en hollandais ; de plus , elle étoit d'une docilité bien extraordinaire dans une espèce qui conserve presque toujours son caractère sauvage , puisqu'il ajoute que cette *pacouane* se couchoit sur le dos et joignoit les pattes pendant qu'elle récitoit l'oraison dominicale. Elle a un appétit de préférence pour le fruit de l'arbre immortel (*Erithrina corallodendron*). Elle fait encore de grands dégâts dans les plantations de café, en mangeant la pulpe de ce fruit ; mais , ainsi que tous les perroquets , elle ne touche jamais aux fèves du café qu'elle laisse tomber à terre.

Son plumage est, en général , d'un vert-pré foncé, plus clair sur les parties inférieures que sur les supérieures , et qui est varié de rouge sur les côtés de la tête des vieux. Des individus portent une espèce de bracelet de cette couleur au-dessus du genou ; d'autres ont des plumes rouges sur les épaules, sur le ventre et sur les côtés du croupion ; chez d'autres enfin, cette teinte n'est apparente que sur une partie des couvertures subalaires, dont l'autre est verte ou jaune. Les plumes du *capistrum* sont brunes ; les pennes des ailes d'un jaune obscur en dessous ; celles de la queue pareilles du côté intérieur , bleues en dessus, vers le bout , et terminées en pointe arrondie. La place nue qui entoure l'œil est couleur de chair ou d'un rose pâle ; l'iris d'un gris rembruni ; le bec olivâtre, avec son extrémité noirâtre ; les pieds sont d'un gris obscur. Longueur totale, douze pouces environ. Cette espèce est répandue dans l'Amérique , depuis le 20.e degré nord jusqu'au 25.e degré sud. C'est le *maracana verde* de M. de Azara. Il paroît qu'au Paraguay elle fait sa demeure habituelle indifféremment dans les bois et les plantations.

La **Petite Perriche a gorge jaune d'Amérique.** *V.* ci-
après **Toui a gorge jaune**, page 379.

La **Perriche sincialo,** *Psittacus rufirostris*, Lath. ; pl. enl.
de Buffon, n.° 550. Tel est le nom que porte cette perriche
à Saint-Domingue. Elle est, dit-on, fort causeuse ; elle apprend facilement à parler, à siffler et à contrefaire la voix
ou le cri de tous les animaux qu'elle entend. Tout son plumage est d'un vert jaunâtre ; les couvertures inférieures des
ailes et de la queue sont presque jaunes ; les deux pennes intermédiaires sont plus longues d'un pouce neuf lignes que
celles qui les suivent immédiatement de chaque côté, et les
autres pennes latérales vont également en diminuant de longueur par degrés, jusqu'à la plus extérieure, qui est plus
courte de cinq pouces que les deux du milieu ; les yeux sont
entourés d'une peau couleur de chair ; l'iris est d'un bel
orangé ; le bec noir, avec un peu de rouge à la base de la
mandibule supérieure ; les pieds et les ongles sont couleur
de chair : grosseur du *merle*.

Cette perruche, dit-on, est répandue dans presque tous
les climats chauds de l'Amérique ; cependant je ne l'ai jamais
vue à Saint-Domingue dans l'état de nature, et toute son histoire appartient à la *perriche paouane*.

La **Perriche a taches soucis,** *Psitt. calthopticus*, Vieill.,
pl. 58, 59 des *Perroquets* de Levaillant. Cette perruche, que
nous a fait connoître cet ornithologiste, se trouve à Cayenne.
Elle est d'une petite taille, et remarquable par une tache
couleur de souci, sur le bord du milieu des grandes plumes
alaires ; son plumage est d'un gros vert ; les pennes jaunâtres
de ses ailes sont mêlées de bleu dans leur partie inférieure ;
les pennes caudales pointues ; le bec et les ongles d'un brun
jaunâtre ; les pieds gris.

* La **Perriche a tête bleue du Paraguay,** *Psittacus acu-
ticaudatus*, Vieill. C'est le *maracana cabeza azuluda* de
M. de Azara. Tout son plumage est vert, mais plus clair en
dessous qu'en dessus, à l'exception du haut de la tête, qui
est d'un bleu foible, et des pennes latérales de la queue, qui
ont leur côté intérieur et leur extrémité incarnats ; le tarse
est olivâtre ; le bec pâle et noirâtre à la pointe ; la langue
noire ; l'iris rouge ; le tour de l'œil nu et presque blanc.
Longueur totale, douze pouces un quart, dont la queue en
tient cinq trois quarts. Toutes ses pennes sont pointues et
également étagées. M. de Azara n'a vu qu'un seul individu de
cette espèce ; il avoit été pris sous le 24.° degré de latitude
australe.

La **Perriche a tête jaune,** *Psittacus carolinensis*, *Psittacus*

ludovicianus, Lath.; pl. enl. de Buffon, n.º 499 , sous le nom
de *perruche de la Caroline*. La dénomination spécifique que
Buffon a imposée à cette espèce, ne peut convenir qu'à la femelle ou au jeune ; car le mâle adulte a le front d'un rouge
de cerise, et le reste de la tête orangé. Ces couleurs deviennent plus éclatantes à mesure qu'il avance en âge. La teinte
orangée brille aussi sur le cou, la gorge, le pli et le bord de
l'aile ; le dessus du corps est vert ; cette couleur prend un
ton olivâtre sur les petites couvertures alaires, et est plus
foncée sur les autres, qui ont leur bord extérieur jaune ; les
pennes de l'aile sont vertes, d'un noir changeant en bleu à
leur extrémité, et en violet du côté interne ; elles ont en outre
une frange jaune en dehors, laquelle s'étend sur les deux tiers
de leur longueur ; celles de la queue , dont le fond est vert,
portent une tige brune et une bordure jaune ; le dessous du
corps est d'un vert-jaune ; les plumes des jambes sont orangées proche le genou ; le bec et les pieds de la même teinte,
mais très-claire et très-foible sur la première partie ; les paupières blanches ; l'iris est couleur de noisette foncée. Longueur totale, douze pouces et demi. Tel est le plumage parfait du mâle. La planche enluminée de Buffon représente une
femelle ou un jeune mâle, dont la queue est étagée d'une
manière très-défectueuse.

La femelle en diffère , non pas en ce que les pennes de la
queue sont courtes , comme le dit M. Levaillant, car elles
sont aussi longues que celles du mâle, mais en ce que le jaune
de la tête ne descend pas si bas ; que les barbes intérieures des
primaires sont d'un brunâtre tendant au noir, et que la couleur
orangée des bords de l'aile ne s'étend pas tant. Le jeune mâle,
dans son premier âge, n'a point de jaune à la tête ni au cou jusqu'en mars; toutes ces parties sont vertes, avec du rouge orangé sur le front et les joues : ce n'est que vers le milieu de ce
mois que le jaune commence à paroître sur chaque plume,
et est mélangé de vert. Le jaune domine chez les uns et le
vert chez les autres, et cette couleur change sans que l'oiseau
change de plumes.

Ces perriches habitent les parties sud des Etats-Unis, et
ne s'y rencontrent pas du côté du nord au-delà des Carolines ; elles s'y montrent par bandes nombreuses à l'époque
de la maturité des fruits, qui tous leur conviennent, à l'exception des fraises. Leur nourriture ordinaire se compose des
graines du cyprès , des bourgeons du bouleau, et même des
noix à coque tendre d'une sorte de noyer, quoique ces noix
soient d'une grande amertume. Elles mangent aussi les pa-
caras, les pignons du laurier tulipier et les amandes de la

graine d'appeman. On prétend que quand elles se nourrissent de ces amandes, leurs entrailles empoisonnent les chats.
Les graines du grand cyprès (*cupressus distica*) dont elles ouvrent les balles avec adresse, sont leur aliment favori ; enfin
elles font du dégât dans les vergers, en coupant et en ha-
chant les pommes pour avoir les pepins, que ces oiseaux préfèrent ordinairement à la pulpe ; ce goût est aussi celui de la
perruche à collier rose et de plusieurs autres. En hiver, on ne
voit point ces perriches dans les Carolines.

Des Américains ont renouvelé, à leur égard, la fable de
l'engourdissement des oiseaux, en disant qu'elles se cachent
dans des cyprès creux où elles restent durant la mauvaise
saison, attachées les unes aux autres comme les abeilles
dans une ruche. Très-peu restent aux Carolines pendant
l'été ; celles qui s'y trouvent, choisissent, pour nicher, les
arbres creux qui sont dans les marais, ou des trous de pic
qu'elles agrandissent avec leur bec. Mais elles se conduisent
différemment aux Florides. La cime des grands cyprès est
l'endroit qu'elles préfèrent pour y construire leur nid. Leur
ponte est de deux œufs blancs, presque ronds. Il est étonnant que ces oiseaux qui, dans l'intérieur de l'Amérique septentrionale, pénètrent à deux ou trois degrés plus au nord
que la Pensylvanie, ne se rencontrent jamais dans cette province du côté de la mer ; cependant leur vol est si rapide
qu'ils pourroient y venir de la Caroline en douze heures,
et ils y trouveroient en abondance les fruits dont ils sont
très friands.

Cette perriche s'apprivoise et apprend difficilement à parler ; et lorsqu'elle le sait, elle se fait rarement entendre ; au
contraire, elle est très-babillarde dans l'état de nature.

Le *papegai à tête aurore* n'étant autre que cette perriche,
doit être retiré de la nomenclature. Cette méprise de Buffon,
copiée par d'autres, mais reconnue par Mauduyt, provient
de la description trop succincte que Lepage-Dupratz en fait
sous le nom de *perroquet de la Louisiane.* Quoique tous les
auteurs aient répété, les uns après les autres, que la *perriche
à tête jaune* voyage de la Guyane à la Caroline ou à la Louisiane, j'ai peine à le croire, attendu qu'on ne la voit jamais
dans les nombreuses collections d'oiseaux qu'on apporte de
Cayenne. Cette erreur ne proviendroit-elle pas de ce qu'on
lui a mal à propos rapporté deux phrases latines de Barrère,
lesquelles indiquent un tout autre oiseau. *Psittacus minor ver-
tice maculato*, Fr. équin., p. 145, et *psittacus pumilio, viridis, fulvo
capite maculoso*, Ornith., p. 26. Mais ces phrases doivent
s'appliquer à l'*aputé-juba*, improprement appelé *perruche illi-*

noise, car il ne se trouve point dans le pays des Illinois; on l'aura, sans doute, confondu avec la perriche de cet article, qu'on y rencontre en grand nombre. C'est encore de celle-ci dont parle Charlevoix, quand il dit qu'il a vu, pour la première fois, des perroquets à la Louisiane; qu'il y en a le long de la rivière Chéakiki, qui court au sud du lac Michigana vers le 40.ᵉ ou 41.ᵉ degré nord; et que ces oiseaux émigrent avant l'hiver. C'est encore ces mêmes perriches que l'on voit sur les bords de l'Ohio, sur la rive méridionale du lac Eryé, et non pas, comme l'a pensé Latham, l'*aputé juba* qui n'habite que les climats les plus chauds de l'Amérique, et qui porte à Cayenne le nom de *perruche poux de bois*.

* La PERRICHE A TÈTE ROUGE DU PARAGUAY, *Psittacus erythrocephalus*, Vieill. Cette espèce, que M. de Azara appelle *mara cana cabeza roxa*, est, en domesticité, extrèmement stupide et apathique; à peine change-t-elle de place, et c'est toujours avec beaucoup de lenteur; elle ne parle point, crie rarement et ne montre de gaîté envers personne. Elle a huit pouces un quart de longueur totale; les plumes des oreilles rudes; l'œil entouré d'une bandelette rouge, qui remonte, en s'élargissant, pour couvrir le dessus de la tête, dont les côtés sont d'un brun foncé, de même que le dessus du cou et du corps, les couvertures supérieures des parties internes de l'aile et la queue jusqu'aux trois quarts de sa longueur; le dernier quart est violet, aussi bien que le bord des ailes, leurs couvertures du milieu et le côté supérieur des pennes entre la cinquième et la douzième inclusivement; les autres pennes sont vertes, et toutes, de couleur d'aigue-marine en dessous; toutes les parties inférieures d'un vert mêlé de jaune; le tarse est d'un vert noirâtre; le bec noirâtre, mais blanchâtre à sa pointe.

La femelle diffère du mâle en ce que les plumes de la base du bec sont d'un vert rougeâtre; le côté supérieur des septième, huitième, neuvième et dixième pennes de l'aile, d'un beau bleu jusque vers leur bout qui est vert; le bord de l'aile et les couvertures supérieures de sa partie externe, de couleur bleue; la tête verte; la queue mi-partie verte et bleue; le bec blanchâtre, avec une tache noirâtre vers sa pointe. On trouve aussi cette espèce au Brésil.

PERRUCHES A QUEUE COURTE DE L'ANCIEN CONTINENT.

La PERRUCHE AUX AILES BLEUES, *Psittacus capensis*, Lath.; pl. enl. de Buff. n.º 455, fig. 1, sous le nom de *petite perruche du Cap-de-Bonne-Espérance*, est totalement verte, excepté quelques pennes des ailes qui sont bleues; le bec et les pieds sont rougeâtres ; longueur, quatre pouces et demi. Cette petite *perruche* a été apportée du Cap de Bonne-Espérance.

La PERRUCHE AUX AILES D'OR, *Psittacus chrysopterus*, Lath.; pl. 293, fig. 2 des Oiseaux d'Edwards, a la tête, les petites couvertures supérieures des ailes et le corps en entier, verts ; les grandes couvertures des ailes, orangées ; les quatre premières pennes d'un bleu foncé à l'extérieur, les quatre suivantes orangées, les plus proches du corps entièrement vertes, ainsi que la queue ; le bec blanchâtre ; les pieds et les ongles, couleur de chair ; grosseur de l'*alouette*. Cette espèce se trouve aux Indes orientales, selon Edwards qui le premier l'a fait connoître.

* La PERRUCHE AUX AILES ÉCARLATES, *Psittacus erythropterus*, Lath. Longueur, dix pouces; tour des yeux noirâtre; tête, cou et dessous du corps, verts, ainsi que le croupion ; milieu du dos, noir ; bas du dos, bleu ; couvertures des ailes, d'un rouge plein ; aile bâtarde et pennes secondaires, d'un vert foncé ; queue égale à son extrémité, et de cette même couleur ; pieds noirâtres. La femelle diffère du mâle en ce que la teinte verte est plus foncée, et couvre les couvertures des ailes, excepté quelques-unes des grandes. Cette *perruche* habite la Nouvelle-Galles méridionale.

La PERRUCHE AUX AILES NOIRES, *Psittacus minor*, Lath. ; planche 4 du *Voyage à la Nouvelle-Guinée*, de Sonnerat. Cette petite *perruche* se trouve à l'île de Luçon ; elle a le sommet de la tête d'un rouge très-vif ; la gorge bleue ; le dessus du cou, le dos, les couvertures des ailes et la queue d'un vert foncé, qui jaunit sur le ventre ; la poitrine bleue ; les grandes pennes des ailes, noires; les couvertures supérieures de la queue, rouges; le bec, l'iris et les pieds jaunes.

La femelle n'a que les plumes du tour du bec rouges; une tache jaune est sur le dessus du cou ; la poitrine est de la première teinte; du reste, elle ressemble au mâle. Ces oiseaux sont d'une taille inférieure à celle de la *perruche à collier*.

La PERRUCHE AUX AILES VARIÉES, *Psittacus melanopterus*, Lath. ; pl. enl. de Buff. 791, f. 1, sous le nom de *petite perruche de Batavia*. Longueur, six pouces; bec et iris d'un jaune rougeâtre ; tête, cou, ventre d'un vert clair et jaunâtre; une bande jaune sur les ailes; chaque plume bordée de bleu à l'extérieur; pennes secondaires verdâtres ; primaires d'un beau noir velouté ; queue de couleur de lilas clair, avec une bande noire très-étroite vers son extrémité. Cette espèce se trouve à l'île de Luçon.

La PERRUCHE A BANDEAU ROUGE, *Psittacus velatus*, Vieill.; pl. 48 des *Perroquets* de Levaillant, se trouve à la Nouvelle

Hollande. Un bandeau rouge s'étend sur le front jusqu'aux yeux et couvre les oreilles ; le sommet de la tête est bleu ; les parties inférieures sont d'un vert tendre ; le haut des flancs et les couvertures inférieures de l'aile, d'un jaune jonquille ; le bas du dessus du cou est d'un jaune rembruni ; le dos, les scapulaires, les couvertures supérieures et les pennes des ailes sont d'un vert-pré ; ces deux dernières parties ont une frange jaune à l'extérieur ; les pennes de la queue sont du même vert en dessus, d'un brun-noir à leur base, et jaunes ou rouges à leur pointe ; les pieds sont grisâtres.

La PERRUCHE (PETITE) DU CAP DE BONNE-ESPÉRANCE. *Voyez* PERRUCHE AUX AILES BLEUES, page 372.

* La PERRUCHE A COLLIER, *Psittacus torquatus*, Lath., se trouve aux Philippines, et particulièrement dans l'île de Luçon. Elle a cinq pouces un quart de longueur ; son corps est d'un vert gai, plus foncé sur le dos, clair et nuancé de jaune sous le ventre ; un large collier d'un bleu de ciel, varié transversalement de noir, est derrière le cou au dessous de la tête; la queue est terminée en pointe ; le bec, les pieds et l'iris sont d'un gris noirâtre. La femelle ne diffère qu'en ce que son collier n'a pas de bleu.

La PERRUCHE COULACISSI, *Psittacus galgulus*, Var., Lath.; fig. pl. enl. de Buff., n.° 520, sous la dénomination de *perruche des Philippines*. M. Latham ne regarde point le *coulacissi* comme une espèce distincte, et il le donne pour une variété de la *petite perruche à tête bleue. Voy.* pag. 376.

C'est aux Philippines, et particulièrement à l'île de Luçon, que l'on trouve cette très-petite perruche, qui ne surpasse pas le *moineau* en grosseur. Son plumage est d'un vert dont l'éclat est relevé par le rouge du front, du bec, de la gorge, du croupion, des pieds et des ongles, et par le demi-collier orangé du dessus du cou. Ce demi-collier manque à la femelle, ainsi que le rouge de la gorge ; mais elle a une tache bleuâtre de chaque côté de la tête, entre le bec et l'œil.

* La PERRUCHE A COU ROUX, *Psittacus dubius*, Lath. Elle a huit pouces et demi de longueur; le bec couleur de corne ; une peau nue de la même teinte partant de sa base, entourant les yeux ; la tête et le haut de la gorge verts ; le cou d'un roux pâle ; le dessus, le dessous du corps et les ailes pareils à la tête ; l'aile bâtarde et les pennes bleues ; la queue en forme de coin, courte, et d'un vert jaunâtre; les quatre pennes intermédiaires bleues à l'extrémité, et les quatre latérales tachetées de brun sur chaque côté ; toutes sont pointues. Pays inconnu.

* La PERRUCHE COULEUR DE SOUFRE, *Psittacus pallidus*,

Lath., habite la Nouvelle-Hollande ; elle a sept pouces et demi de longueur ; la queue un peu étagée; le bec, les pieds, le plumage, en général, d'un jaune de soufre plus pâle en dessous ; les pennes des ailes plus ou moins colorées d'un rose blanchâtre et d'un vert clair.

* La PERRUCHE A CUISSES ROUGES, *Psittacus batavensis*, Lath. Batavia est la patrie de cet oiseau, qui a le bec noirâtre, le haut du cou rouge, le bas et la nuque d'un brun noir, le reste du cou vert, avec des stries jaunes, le ventre pareil, mais plus pâle; les ailes et la queue vertes; les pieds couleur de plomb.

* La PERRUCHE A GROS BEC DE LA CHINE, *Psittacus nasulus*, Lath.). Bec rouge, presque aussi gros que la tête ; iris bleuâtre ; tête et poitrine d'un gris verdâtre ; dessus du cou, dos, ailes et queue d'un vert-de-pré ; petites couvertures des ailes, jaunes; pieds gris. On la trouve à la Chine.

* La PERRUCHE HUPPÉE A VOIX GRÊLE, *Psittacus pipilans*, Lath. ; *Ps. australis*, Linn., édit. 13. Tête ornée d'une huppe d'un bleu clair et brillant ; front et côtés de la tête, au-dessus des yeux, verts ; dessous de l'œil, gorge et milieu du ventre, rouges ; dessus du corps, couvertures des ailes et de la queue, d'un vert lustré; flancs et cuisses d'un pourpre foncé ; pennes des ailes, brunes, bordées de vert; pennes intermédiaires de la queue de cette dernière couleur; les autres jaunâtres, bordées et terminées de vert; bec orangé ; pieds noirâtres ; longueur, six pouces. Cette *perruche* a un petit cri aigu : elle se trouve aux îles Sandwich.

* La PERRUCHE A JOUES BLEUES, *Psittacus adscitus*, Lath., est longue de dix pouces et demi. Elle a le bec et le dessus de la tête de couleur de paille ; les joues, les couvertures et les pennes des ailes, bleues; le haut du dos noir, strié de jaune; le bas d'un jaune pâle; les scapulaires noires ; la poitrine et le ventre verts; le bas-ventre rouge ; le bord extérieur des pennes de la queue bleu, avec des rangs de petites taches obscures près la tige, qui est d'un vert très-sombre; les pieds noirâtres. Pays natal inconnu.

* La PERRUCHE ORIENTALE, *Psittacus orientalis*, Lath., Cette espèce, que l'on trouve dans l'Inde, a le bec rouge et terminé de jaune; l'extrémité de la queue et les pieds de cette dernière couleur; le bord des ailes et les pennes primaires d'un bleu pâle; la queue bleue et noire, et le reste du plumage vert.

* La PETITE PERRUCHE AUX AILES ÉMERAUDES, *Psittacus*

vernalis, Lath. Cinq pouces un quart de longueur; bec rougeâtre; couleur générale verte, plus foncée sur les couvertures des ailes; vert-pré sur les pennes; croupion sanguin, ainsi que le dessus de la queue, qui est bleue en dessous; pieds d'une teinte pâle. Pays inconnu.

La PETITE PERRUCHE DE BATAVIA. *Voyez* PERRUCHE AUX AILES VARIÉES, page 373.

La PETITE PERRUCHE DE GUINÉE. *Voyez* PERRUCHE A TÊTE ROUGE, page 373.

La PETITE PERRUCHE DE L'ÎLE DE LUÇON. *Voyez* PERRUCHE AUX AILES VARIÉES, page 373, et ci-après PETITE PERRUCHE A TÊTE BLEUE.

La PETITE PERRUCHE DES INDES, *Psittacus asiaticus*, Lath.; *Ps. Indicus*, Linn., édit. 13; pl. .... des Oiseaux d'Edwards, sous le nom de *petit perroquet vert et rouge des Indes*. Elle est donnée par Buffon comme variété de celle *à tête rouge*, et par les méthodistes modernes, comme espèce. Elle se trouve aux Indes orientales.

Cette *perruche* a cinq pouces et demi de long; le bec d'un orangé brillant; le sommet de la tête, le bas du croupion et les couvertures supérieures de la queue, rouges; le bord des pennes caudales et le dessous de la queue d'un vert bleuâtre; le reste du corps, vert; les pieds couleur de chair.

La PETITE PERRUCHE DE MADAGASCAR. *Voyez* PERRUCHE A TÊTE GRISE, page 378.

*La PETITE PERRUCHE DE MALACCA, *Psittacus malaccensis*, Lath. Grosseur d'une *perruche* ordinaire; bec d'un gris-violet; iris rouge; front bleu; tête, cou et haut de la poitrine d'un vert de pré; bas de la poitrine et ventre d'un vert jaunâtre; croupion bleu; couvertures des ailes, vertes; pennes secondaires d'une teinte plus foncée; pennes primaires, sur les bords extérieurs, mi-parties bleues et mi-parties d'un vert foncé; couvertures inférieures de la queue, rouges; queue pareille aux ailes et jaunâtre en dessous; pieds bruns.

* La PETITE PERRUCHE DE LA NOUVELLE-GALLES DU SUD, *Psittacus pusillus*, Lath. Six pouces et demi de longueur; le bec noirâtre, entouré de plumes rouges; le corps d'un vert-olive, plus pâle en dessous; les pennes de la queue pareilles; mais on remarque que leurs barbes intérieures sont rouges; les pieds bleus; la langue terminée en pinceau. Cette espèce est très-nombreuse à Sydney-Cowe, dans la Nouvelle-Galles du Sud. Elle se nourrit de miel.

La PETITE PERRUCHE A TÊTE BLEUE, *Psittacus galgulus*, Lath.; pl. enl. de Buff., n.° 190, fig. 2, sous le nom de *petite perruche du Pérou*, a le bec et les pieds gris; le sommet de la tête d'un beau bleu ; un demi collier orangé sur le cou ; la poitrine et le croupion rouges ; le reste du plumage vert, pâle en dessous du corps , plus foncé sur le dos , les ailes et la queue ; taille inférieure à celle de la *perruche à tête rouge*.

Cette espèce se trouve à Sumatra et à l'île de Laçon. Latham fait mention de plusieurs variétés d'âge ou de sexe.

*La Perruche des palmiers, *Psittacus palmarum*, Lath., a sept pouces de long ; le plumage d'une couleur verte , plus pâle et inclinant au jaune sur le ventre et la queue ; les pennes des ailes bordées et terminées de noir sombre ; les pieds rouges. Cette espèce habite l'île de Tanna , dans la mer du Sud , où elle se tient fréquemment sur les palmiers.

La Perruche des Philippines. *Voyez* Perruche Coula-cissi, page 374.

* La Perruche pygmée , *Psittacus pygmeus* , Lath. , a le corps petit ; cinq pouces et demi de long ; le bec blanchâtre ; tout le plumage d'un vert brillant ; les bords des pennes noirâtres, la queue en forme de coin et terminée de jaune verdâtre ; les pieds couleur de plomb. Latham la regarde comme un jeune de la race de la perruche *arimanon* , qu'on trouve à l'île d'O-Taïti.

La Perruche rose-gorge , *Psittacus roseïcollis* , Vieill. La partie antérieure du sommet de la tête et les sourcils sont rouges ; les joues , la gorge et le devant du cou , d'un rose clair ; le reste de la tête , le dessus du cou, le dos , les ailes, la poitrine et les parties postérieures d'un vert jaunâtre , plus foncé en dessus du corps qu'en dessous ; le croupion est d'un bleu éclatant chez le mâle ; la queue rouge à la base, traversée par une bande noire vers son extrémité qui est d'un bleu verdâtre ; ses deux pennes intermédiaires sont vertes, de même que les bords extérieurs des latérales ; le bec et les pieds sont d'une couleur de chair, mais très-claire sur la première partie ; taille un peu plus forte que celle de la *perruche à tête rouge*. Cette espèce habite en Afrique les parties intérieures du Cap de Bonne-Espérance ; y vit en société, et chasse souvent de leurs nids les *gros-becs sociaux* ou *républicains*, pour y déposer ses œufs.

*La Perruche rouge a queue verte, *Psittacus cervicalis*, Lath. Taille petite ; front, croissant sur l'occiput , gorge , devant du cou , poitrine, rouges ; queue entièrement verte ; reste du plumage de cette même couleur. Pays inconnu.

* La Perruche solitaire , *Psittacus solitarius* , Lath. , Bec et pieds jaunâtres ; iris fauve, dessus du cou , dos , ailes et queue d'un vert très-brillant ; dessus de la tête, bas du ventre , flancs et cuisses d'un bleu pourpré ; le

reste de la tête et le devant du cou, rouges; poitrine, haut du ventre, mélangés de rouge et de fauve; queue courte, un peu arrondie à son extrémité. Taille de l'*étourneau.* Pays inconnu.

. La PERRUCHE A TÊTE ROUGE, *Psittacus pullarius*, Lath.; pl. enl. de Buff., n.° 60, le mâle; c'est le *moineau de Guinée*, le *moineau du Bresil* des oiseleurs. On voit souvent de ces oiseaux en Europe, où ils sont recherchés à cause de leur beau plumage et de leur douceur, mais ils n'apprennent point à parler. Ils sont délicats; cependant ils vivent assez long-temps dans nos climats, pourvu qu'ils soient par paires dans leur cage. Lorsqu'une de ces *perruches* appariées vient à mourir, il est rare que l'autre lui survive, si le mort n'est remplacé par un individu de son sexe. On les nourrit de millet et d'alpiste. Cette espèce est très-nombreuse et répandue dans presque tous les climats méridionaux de l'ancien continent. On la trouve en Guinée, en Ethiopie, à Java, etc.

Cette petite *perruche* a cinq pouces et demi de longueur; le bec rouge, l'iris bleuâtre, une tache d'un beau bleu sur le croupion et au bord de l'aile; le front et la gorge rouges; la queue courte et variée de trois bandes, l'une rouge, l'autre noire et la troisième verte; le reste du plumage vert. La femelle diffère en ce que le rouge est moins vif, et qu'elle n'a pas de bleu au fouet de l'aile; les pieds sont gris. Avec des soins et de la chaleur, on peut les faire couver en France.

. La PERRUCHE A TÊTE GRISE, *Psittacus canus*, Lath.; pl. enl. de Buff., n.° 791, fig. 2, sous la dénomination de *petite perruche de Madagascar.* La tête, la gorge, le devant du cou de cette perruche, sont d'un gris tirant un peu sur le vert; cette dernière teinte couvre le corps, et est plus foncée en dessus qu'en dessous; les couvertures et les pennes des ailes sont de cette même couleur à l'extérieur, et brunes à l'intérieur; elle est plus claire sur les pennes de la queue, qui ont une bande noire vers leur extrémité; le bec et les pieds sont blanchâtres. Longueur, cinq pouces trois quarts.

TOUIS, ou PERRICHES A QUEUE COURTE DU NOUVEAU CONTINENT.

Toui est le nom donné par Buffon à sa dernière division des perroquets. Ce sont les plus petits de tous ceux du nouveau continent.

Le TOUI-ÉTÉ, *Psittacus passerinus*, Lath.; pl. 35 des *Oiseaux* d'Edwards. Son plumage est en général d'un vert clair; le croupion et le haut des ailes sont d'un beau bleu; les pennes bordées de cette couleur sur leur côté extérieur, ce qui

forme une longue bande bleue lorsque les ailes sont pliées ;
le bec est incarnat, et les pieds sont cendrés ; longueur,
quatre pouces ; taille du *moineau.*

Il y a des variétés dans cette espèce ; l'individu décrit par
Linnæus avoit les ailes bleues ; celui d'Edwards avoit le bec
et les pieds orangés, les grandes couvertures supérieures des
ailes, bleues ; les grandes pennes, vertes, et le dessous des
ailes d'un cendré verdâtre.

Le *Maracana enano* (Perroquet nain) du Paraguay, décrit par M. de Azara, a de très-grands rapports avec le
Toui été ; en effet, le mâle a les premières pennes des ailes,
vertes, et les autres, avec leurs couvertures supérieures,
d'un bleu de ciel brillant, de même que le dos ; le reste du
plumage du même vert jaunâtre qui domine seul chez la femelle ; le tarse est verdâtre ; le bec d'un blanc bleuâtre, et
les pennes de la queue sont presque égales et terminées en
pointe. On l'appelle au Paraguay *mheimbi*, *viudita*, et *tui chiriri.*
Cette espèce n'est point rare, et elle forme des troupes de
huit à vingt individus, qui se nourrissent de graines qu'ils
ramassent à terre. Le cri de ces perroquets nains est vif,
aigu et perçant; ils le répètent souvent, mais ils ne parlent
point ; leur vol est rapide, et pendant l'hiver ils pénètrent
dans les places et les cours. Ils font leur ponte dans les nids
des *fourniers* abandonnés, et leur ponte est de quatre œufs.

Le Toui fringillaire, *Psittacus fringillaceus*, Lath. ; pl.
71 des *Perroquets* de Levaillant. Il a cinq pouces et demi de
longueur totale ; le bec et les pieds d'un jaune pâle ; la tête
bleue ; les joues, la gorge et une tache sur le fond violet
du ventre, d'un rouge de sang pâle ; les pennes de la
queue bordées et terminées de jaune. On le trouve dans
l'Amérique méridionale.

Le Toui a gorge jaune, *Psittacus toui*, Lath. ; pl. enl. de
Buff., n.° 190, sous la dénomination de *petite perruche à gorge
jaune d'Amérique.* Cette petite perriche à queue courte a la tête
et le dessus du corps d'un beau vert ; la gorge d'une couleur
orangée ; tout le dessous du corps d'un vert jaunâtre ; les
couvertures supérieures des ailes variées de brun, de vert et
de jaunâtre ; les inférieures, d'un beau jaune ; les pennes
variées de vert, de cendré foncé et de jaunâtre ; celles de
la queue bordées à l'intérieur de cette dernière couleur sur
un fond vert ; le bec, les pieds et les ongles gris. Taille de
l'*alouette huppée* ; longueur, six pouces trois quarts.

*Le Toui a queue pourprée, *Psittacus marginalus*, Lath. ;
psitt. purpuratus, Linn., édit. 13. Il a sept pouces et demi de
long; le bec jaune ; le dessus de la tête cendré ; le haut du cou
pareil, mais d'une nuance très-claire ; le milieu du dos et les

couvertures des ailes, verts ; le dessous du corps plus pâle ;
le bas du dos et le croupion, bleus, ainsi que le bord des
ailes et les plumes de l'aile bâtarde ; les scapulaires brunes,
les cuisses jaunâtres ; la queue à peine arrondie, avec ses
deux pennes intermédiaires vertes et terminées de noir ; les
autres frangées de cette couleur et entièrement d'un rouge
pourpré foncé ; les couvertures des ailes très-longues ; les
pieds cendrés, et les ongles jaunâtres. Cette petite espèce
se trouve à Cayenne.

Le Toui sosové, *Psittacus sosove*, Lath. ; pl. enl. de Buff.
n.º 450, fig. 2. Cette espèce, dit Montbeillard, est commune à
la Guyane, surtout vers l'Oyapoc et vers l'Amazone. On élève
aisément ces petites perruches, qui apprennent très-bien à
parler, et qui, lorsqu'elles sont instruites, ne cessent de jaser.

A l'exception d'une tache d'un jaune léger sur les pennes
des ailes et sur les couvertures supérieures de la queue, un
vert brillant colore tout le plumage de cet oiseau. Il a le
bec blanc et les pieds gris.

*Le Toui à tête d'or, *Psittacus tui*, Lath. Cet oiseau, que
l'on trouve au Brésil, a tout le plumage vert; cette teinte
incline au jaune sur les parties inférieures ; le bec est noir,
l'orbite jaune; les yeux sont grands et noirâtres. Des individus
n'ont que le front jaune ; tels étoient ceux que Mauduyt a
reçus de la Guyane. Ce naturaliste ajoute que Brisson et
les auteurs qui l'ont copié, se trompent en lui donnant la
taille de l'*étourneau* ; il n'est guère plus gros, dit-il, que le
moineau franc.

Latham a adopté l'opinion de Brisson, qui a fait deux espèces distinctes des deux petites perruches ci-après ; Buffon
n'a fait que les indiquer, leurs descriptions étant trop im-
parfaites. La première, que Buffon nomme la *petite perruche
huppée* (*psittacus erythrochlorus*, Lath.), a été désignée par
Aldrovande, qui ne parle pas du pays qu'elle habite. Grosseur du *merle*; plumage en grande partie vert; huppe composée de six plumes, trois longues et trois courtes ; couvertures, pennes des ailes et de la queue, rouges.

La seconde, qui est la *petite perruche huppée du Mexique*
(*Psittacus mexicanus*, Lath.), a été décrite par Séba, qui
dit qu'elle se trouve au Mexique. Elle a la grosseur du *merle*;
sept pouces de longueur; le sommet de la tête orné d'une huppe
pourpre; le tour des yeux, bleu; la gorge jaune; le cou rouge;
cette couleur s'étend sur tout le reste du corps, où elle est plus
vive et plus foncée : les jambes sont d'un bleu clair ; les couvertures des ailes de cette teinte ; les pennes vertes et bordées
de blanc; la queue d'un rouge vif foncé; le bec jaune; les pieds
et les ongles gris. « Cette description, dit Mauduyt (*Encycl.*

méthod.) , présente un ensemble si extraordinaire , dont les parties se rencontrent si peu liées ensemble dans les autres perroquets connus, que je crois qu'il y a quelque chose d'exagéré dans la description de celui-ci, qui paroît une merveille ». Mais c'est une description de Séba.

* Le Toui PARA , *Psittacus tuipara* , Lath. Il a la taille de *l'alouette* ; le bec couleur de chair ; le plumage généralement vert ; une tache rouge en forme de croissant sur le front; une autre jaune sur le milieu de chaque œil ; les pieds et les ongles gris. On le trouve au Brésil.

Le Toui TIRICA, *Psittacus tirica*, Lath. Ce *toui* est d'une taille un peu supérieure à celle du *gros-bec.* Il a les mandibules de couleur de chair; les yeux noirs; le plumage en entier d'un vert foncé en dessus , pâle en dessous; les pieds et les ongles bleuâtres. Buffon dit qu'il faut rapporter à ce *toui* la *perriche* figurée n.° 837 des pl. enl. de ses ouvrages , connue sous le nom de *petite jaseuse.* Cette dénomination indique qu'elle apprend à parler, ce que confirme Mauduyt, qui en a eu une vivante ; de plus, elle se prive aisément, et plaît par ses caresses et sa vivacité. On la trouve dans l'Amérique méridionale.

Sonnerat fait mention d'une *petite perruche de l'île de Luçon,* qui ne diffère que par ses pieds et son bec de couleur grise.

* Le Toui VARIÉ , *Psittacus varius* , Lath. , se trouve dans l'Amérique méridionale. Il a cinq pouces environ de longueur totale ; le bec et les pieds jaunâtres ; les joues , le menton et la gorge blanchâtres ; les pennes des ailes et de la queue d'un brun terne et bordées de bleu en dehors ; le reste du plumage varié de brun et de bleu. *Maerter, phys. arb. der eint. fr. zu wien.,* I. 2 , pag. 48. (v.)

PERROQUET. On a donné ce nom à plusieurs espèces de poissons : à un CORYPHÈNE , à un LABRE, à un TETRODON , à tout le genre des SCARES. *V.* ces mots. (B.)

PERROQUET. Geoffroy nomme ainsi une espèce de son genre *bupreste* , et que divers naturalistes prennent pour le *carabus cupreus* de Linnæus , sorte de *pœcile*, dans la méthode de M. Bonelli. Mais je soupçonne que Geoffroy a réuni à cette espèce des variétés du *carabus æneus* (*harpale*), distinguées aujourd'hui spécifiquement par des entomologistes d'Allemagne. (L.)

PERROQUET D'ALLEMAGNE. Dénomination vulgaire du ROLLIER D'EUROPE. Quelques-uns l'appliquent aussi au *bec croisé.* (S.)

PERROQUET CALAO. *V.* SCYTHROPS. (v.)

PERROQUET D'EAU. Nom donné par Geoffroy à un crustacé, la *daphnie puce. V.* DAPHNIE. (L.)

PERROQUET DE FRANCE. C'est le Bouvreuil, en quelques endroits de la France. (s.)

PERROQUET DE GROËNLAND. C'est, dans l'histoire naturelle d'Islande et du Groënland, le nom du Macareux. *V.* ce mot. (v.)

PERROQUET DE MER. Dénomination très-impropre, appliquée au *macareux*, dont le bec a un rapport imparfait avec celui des *perroquets*. *V.* Macareux. (s.)

PERROQUET DE MER. C'est un Labre (*labrus viridis*). *V.* aussi les mots Coryphène, Tetrodon et Scare. (desm.)

PERROQUET NOIR. C'est, à Saint-Domingue, une des dénominations vulgaires de l'Ani. *V.* ce mot. (v.)

PERROQUET - PLONGEON. Dans le *Recueil des Voyages du Nord*, le Macareux est désigné sous cette dénomination. (s.)

PERROQUET A TROMPE. Nom que M. Lévaillant a imposé à des Perroquets qui ont la langue cylindrique, terminée par un petit gland corné, fendu sur le bout, et susceptible d'être fort prolongée hors la bouche. *V.* l'article Kakatoès. (v.)

PERRUCHE. *V.* l'article Perroquet. (v.)

PERRUCHE VERTE. C'est le *Trochus tuber.* (desm.)

PERSA. Césalpin donne ce nom italien à la Marjolaine. (ln.)

PERSEA. Arbre toujours vert, très-cultivé autrefois en Egypte, et dont la culture est presque nulle ou même nulle actuellement. Théophraste, Dioscoride, Pline, Strabon, Diodore de Sicile, etc., ont parlé dans leurs écrits du *Persea*; mais la description la moins incomplète est celle que Théophraste nous a laissée. Le fruit du *persea*, intermédiaire pour la forme entre celles de la poire et de l'amande, avoit une saveur agréable. Le bois du *Persea*, remarquable par sa belle couleur noire, servoit à faire des statues, des meubles, etc.; l'arbre produisoit des fruits en abondance; ces fruits se mangeoient. Dioscoride les dit indigestes. Quelques auteurs croyoient le *Persea* originaire de Perse, de même que le pêcher; mais Pline refute ce dire comme une fable, et prétend que le *Persea* avoit été apporté d'Ethiopie en Egypte par Persée qui le planta à Memphis. Depuis, la culture de cet arbre, consacré à Isis, fut soutenue par la religion ou par les édits des empereurs romains. Diodore de Sicile écrit que les Perses qui suivirent Cambyse dans son expédition en Ethiopie, en rapportèrent le *Persea* qui jusques-là avoit été inconnu en Egypte. M. Delille, dans un excellent mémoire sur le *Persea* lu à l'Académie des Sciences il y a quelques mois , rapporte tout ce que les anciens auteurs et les botanistes ont écrit jusqu'ici sur le *Persea*; il résulte de ses savantes discussions, que le fameux *Persea* est le *Lebachk* des anciens Arabes (qu'on ne doit pas confondre avec le *Lebachk* des Arabes modernes, qui est une espèce d'ACACIE, *Mimosa Lebbeck*, Linn.); l'*Agihalid* de Prosper Alpin et d'Adanson; l'*Hilelgie* de Vansleb; l'*Haledj Alpini* de Lippi ; l'*Heglig* de Browne : tous noms qui ne sont que le même , diversement prononcé ; le *Myrobolan Chebule* de Vesling ; le *Ximenia ægyptiaca* de Linnæus; enfin son *Balanites ægyptiaca.*

Schreiber d'Erlang a pris à tort le *Cordia myxa* pour le *Persea*, et Clusius a eu encore plus tort de supposer que ce fût le *Laurier Persea*, qui depuis en a conservé le nom. (LN.)

PERSÉE, *Persea.* Genre de plantes etabli par Plumier , aux dépens des LAURIERS.

Il offre pour caractères : fleurs hermaphrodites ; calice à dix divisions ; douze étamines sur deux rangs , dont trois intérieures , et trois fertiles extérieures , sont opposées aux divisions du calice; anthères à quatre loges; stigmate presque en tête ; drupe en partie recouvert par le calice qui subsiste.

Le LAURIER AVOCATIER sert de type à ce genre , dont cinq espèces nouvelles sont décrites dans le bel ouvrage de MM. Humboldt, Bonpland et Kunth , sur les plantes de l'Amérique méridionale. (B.)

PERSÈGUE. *V.* au mot PERCHE. (B.)

PERSEPHONION. C'étoit anciennement , chez les Grecs , l'un des noms du *Rhamnus. V.* ce mot. (LN.)

PERSHIM. Nom du PERSIL en Esclavonie. (LN.)

PERSICA. Ce nom, qui dérive de celui de Perse , a été donné au *pêcher* , parce qu'il est originaire de cette contrée. *V.* MALUS PERSICA. Ce nom est aussi un de ceux de l'*helenium* chez les anciens. Avant Tournefort, il a été appliqué à quelques espèces de *manguiers.* Tournefort, l'avoit affecté au PÊCHER , comme nom de genre ; mais ce genre a été réuni à l'*amygdalus.* (LN.)

PERSICAIRE. Nom spécifique d'une plante du genre des RENOUÉES. Tournefort en avoit fait un genre. *V.* au mot RENOUÉE. (B.)

PERSICARIA. Le POIVRE D'EAU et la PERSICAIRE COMMUNE (*polygonum persicaria* , L.), dont les feuilles ont quelque ressemblance de forme avec celles du pêcher , ont été ainsi nommés autrefois. On rapporte ce *persicaria* à l'*hydropiper* des Anciens. *V.* ce mot.

Depuis, ce nom est devenu celui d'un grand nombre d'es—

pèces de *polygonum*, L. Tournefort en faisoit un genre très-bien caractérisé par ses graines ovales et aplaties ; ses fleurs en épis ou en panicule, rarement solitaires ; et par le nombre des étamines qui varient de cinq à neuf. Plusieurs auteurs adoptent ce genre. *V.* RENOUÉE. Le *Persicaria siliquosa*, de Lobel et autres auteurs, est la même plante que notre BAL-SAMINE DES BOIS (*impatiens noli me tangere*). (LN.)

PERSICO. Nom italien du PÊCHER. (LN.)

PERSICON. L'un des anciens noms grecs du THLASPI. *V.* ce mot. (LN.)

PERSIEN. Nom donné à l'ACANTHURE NOIRAUD. (B.)

PERSIGHETTO. Nom italien de l'EPILOBE A FEUILLES ÉTROITES. (LN.)

PERSIGUEIRA. C'est, en Portugal, le nom de la LYSI-MACHIE FLUETTE (*Lysimachia tenella*, L.). (LN.)

PERSEIA. *V.* PERSEA. (LN.)

PERSIL, ACHE, *Apium*, Linn. (*pentandrie digynie.*) Genre de plante, de la famille des ombellifères, qui offre pour caractères : un involucre ou nul, ou formé d'une à trois folioles, et latéral ; un calice entier ; une corolle de cinq pétales arrondis, égaux, courbés à leur sommet ; cinq étamines avec des sommets ronds ; un ovaire soutenant deux styles réfléchis à stigmates émoussés ; un fruit ovoïde, se divisant en deux semences nues, accolées l'une à l'autre, planes d'un côté, convexes de l'autre, et marquées de cinq petites côtes ou nervures peu saillantes.

Ce genre ne renferme que deux espèces, le *persil commun*, et l'ACHE ou le CÉLERI. *V.* ce dernier mot.

Le PERSIL COMMUN, *Apium petroselinum*, Linn., est une plante bisannuelle, potagère, originaire de Sardaigne. Sa racine est de la grosseur du pouce, faite en fuseau, fibreuse, blanchâtre et pivotante ; sa tige haute de deux ou trois pieds, herbacée, striée, sillonnée, nouée, creuse, souvent rameuse ; ses feuilles alternes et amplexicaules, les inférieures deux fois ailées, à folioles incisées, ovales ou cunéiformes ; les supérieures ou celles de la tige, linéaires ; ses fleurs jaunâtres, accompagnées d'un involucre et d'un involucelle, ayant une, deux ou trois folioles.

Il y a des variétés de *persil*, à *feuilles grandes*, *petites*, *frisées*, *panachées*, à *grosses racines*. Cette dernière, semée clair, acquiert la grosseur d'une petite carotte, et fournit un aliment sain et agréable. Les feuilles de l'espèce commune sont employées journellement dans les cuisines ; étant froissées, elles exhalent une odeur aromatique douce. On les mange crues ; cuites, elles servent d'assaisonnement ; séchées, elles se conservent pour l'hiver. Les *lièvres*, les *la-*

pins sont très-friands de *persil*. On le cultive quelquefois en grand pour l'usage des *moutons*, que cette nourriture préserve de certaines maladies. On doit leur en donner deux ou trois fois par semaine. La médecine fait aussi usage de cette plante.

La culture du *persil* est fort simple. On le sème à la volée ou par rayons, et avec le râteau on recouvre la graine d'un demi-pouce de terre ; elle est près de quarante jours à lever. On peut semer dès le mois de février, dans les provinces du Midi, et dans celles du Nord, en mars, avril, et même tout l'été. La seconde année, le *persil* monte en graine ; mais s'il est coupé à mesure qu'il monte, il durera pendant trois ans. Il n'exige d'autres soins que d'être sarclé et arrosé au besoin, comme toutes les autres plantes potagères.

Beaucoup de botanistes regardent l'ache comme une variété du céleri ; mais cependant il suffit de comparer leurs diverses parties, leur odeur et leur saveur, pour se convaincre du contraire.

La beauté des touffes de l'ache, lesquelles s'élèvent à quatre pieds et plus, le rendent propre à l'embellissement des grands jardins, où on doit le semer en place tous les ans, étant bisannuel. Il lui faut une terre profonde et un peu humide. (D.)

PERSIL D'ANE. Le CERFEUIL SAUVAGE (*Chærophyllum sylvestre*, Linn.) est ainsi nommé, parce que les ânes aiment beaucoup cette plante. (LN.)

PERSIL BATARD. C'est la petite CIGUE (*Æthusa cynapium*. (LN.)

PERSIL DE BOUC. C'est le BOUCAGE. (B.)

PERSIL DE CERF. C'est l'*Athamanta oreoselinum.* (LN.)

PERSIL DE CHAT. *V.* ÆTHUSE et CICUTAIRE. (LN.)

PERSIL DE CHIEN. C'est l'ÆTHUSE ou PETITE CIGUE. (LN.)

PERSIL DE CRAPAUD. C'est encore la même plante.

PERSIL DES FOUS. On appelle ainsi la CICUTAIRE. (B.)

.PERSIL (GROS). On donne ce nom au MACERON. (B.)

PERSIL LAITEUX. C'est le SELIN DES MARAIS et l'OE-NANTHE SAFRANÉE. (LN.)

PERSIL DE MACÉDOINE. C'est le BUBON. (B.)

PERSIL DE MARAIS. C'est l'ACHE, et quelquefois le SELIN DES MARAIS. (B.)

PERSIL MARSIGOIN. Nom vulgaire du GÉRANION ROBERTIN, aux environs d'Angers. (B.)

PERSIL DE MONTAGNE. Le Selin de montagne, l'Athamante et la Livêche portent ce nom. (LN.)

PERSIL DES ROCHERS. C'est le *Sison amomum*, et le Persil de Macédoine. (LN.)

PERSILLÉE. Nom de la Caucalide a grandes fleurs, aux environs d'Angers. (B.)

PERSIMON. Nom de pays du Plaqueminier de Virginie. (B.)

PERSION et **PERSIUM.** Noms donnés autrefois, chez les Grecs, à la Belladone (*Atropa belladona* , L.).

PERSIS. Le Lierre a reçu autrefois ce nom grec, qui rappeloit sans doute le pays d'où l'on croyoit que Bacchus avoit apporté cette plante en Europe. (LN.)

PERSOLATA et **PERSONATA.** Noms sous lesquels Pline a parlé de la Bardane (*Arctium lappa*), selon la plupart de ses commentateurs. Quant à l'*Arctium personata*, L., c'est une plante différente, placée parmi les chardons par tous les auteurs. (LN.)

PERSONA. Denys-de-Montfort donne ce nom latin au genre de coquilles univalves qu'il appelle Masque en français, et dont le type est le *murex anus* de Linnæus. (DESM.)

PERSONACIA, des Romains. *V.* Persolata. (LN.)

PERSONARIE, *Personaria.* Genre établi aux dépens des Gortères. Il a pour type celle de ce nom. Ses caractères sont : calice conique, monophylle , composé d'écailles épineuses ; réceptacle rude et sétacé dans son milieu, tubulé à sa circonférence ; les semences lanugineuses à leur sommet. *Voy.* pl. 716 des *Illustrations* de Lamarck , où il est figuré. (B.)

PERSONATA. *V.* Persolata. (LN.)

PERSONÉES, *Scrophulariæ*, Jussieu. Famille de plantes dont les caractères consistent en un calice divisé, souvent persistant ; une corolle ordinairement irrégulière et à limbe divisé ; quatre étamines, dont deux plus courtes, quelquefois seulement deux ; un ovaire supérieur à style unique, à stigmate simple ou bilobé ; une capsule biloculaire s'ouvrant ou simplement au sommet, ou presque entièrement en deux valves, quelquefois bipartites, concaves et nues intérieurement ; l'axe de cette capsule tantôt dilaté sur ses bords et constituant une cloison simple et parallèle , contiguë aux valves, qui ne s'ouvrent pas entièrement, tantôt contigu aux bords des valves, qui forment une cloison double et qui se séparent entièrement ; ses placentas adnés au milieu de chaque côté de la cloison par le moyen d'une lame entière , et saillans dans les loges ; des semences ordinairement nombreuses et très-petites ; le périsperme charnu ; l'embryon droit, et les cotylédons semi-cylindriques.

Les plantes de cette famille ont une tige communément herbacée, rarement frutescente, qui porte des feuilles opposées ou alternes, quelquefois verticillées. Leurs fleurs, munies de bractées, sont axillaires ou terminales, souvent disposées en épis, en panicule ou en corymbe.

Ventenat, de qui on a emprunté ces expressions, rapporte à cette famille, qui est la neuvième de la huitième classe de son *Tableau du règne végétal*, et dont les caractères sont figurés pl. 9, n.° 4 du même ouvrage, trente-neuf genres principaux, sous trois divisions ;

Les *personées* offrent, tantôt quatre étamines didynames, tantôt seulement deux, ce qui permet de les séparer en deux sections. Dans la première se rangent le BUDLÈJE, la SCOPAIRE, la RUSSÈLE, la CAPRAIRE, la STÉMODIE, la HALLERIE, la GALVESIE, la SCROPHULAIRE, le MATOURI, le DOBART, la GÉRARDE, la CYMBAIRE, la LINAIRE, le MUFLIER, l'HÉMIMÉRIDE, la DIGITALE. Dans la seconde se placent la PÉDÉROTE, la CALCÉOLAIRE, le BÉOLE.

Il est aussi des genres qui ont beaucoup d'affinité avec les précédens, mais qu'on n'a pas encore pu y réunir sous tous les rapports ; ce sont ceux appelés COLUMNÉ, BESLÈRE, CYRTANTHE, TORÈNE, VANDELIE, PIXIDÈLE, MIMULE, POLYPRÈME, MITRASACHMÉ, MONTIRE, SCHWALBÉ, BROWALLE, GRASSETTE, LINDERNE, LAROSELLE, ÉRINE, MANULÉE, CHELONE et TORRENIE. (B.)

PERSOONE, *Persoonia.* Genre de plantes établi par Smith dans la tétrandrie monogynie et dans la famille des protées. Il offre pour caractères : une corolle de quatre pétales ; point de calice ; quatre étamines insérées à la base des pétales ; quatre glandes à la base du germe ; un stigmate obtus ; un drupe monosperme.

Ce genre renferme vingt-deux espèces d'arbrisseaux à feuilles stipulées, souvent alternes, dont les fruits se mangent, et qui se trouvent en Australasie. Il est fort voisin des LORANTHES, et encore plus des LINCKIES. Gærtner l'avoit appelé PENTADACTYLON.

Michaux, dans sa *Flore de l'Amérique septentrionale*, a donné le même nom à un autre genre de la syngénésie polygamie égale, dont les caractères consistent à avoir : un calice commun simple, composé de folioles lancéolées, droites, presque sur deux rangs ; un réceptacle commun chargé d'écailles droites, verdâtres, de la longueur du calice ; plusieurs fleurons plus longs que le calice, infundibuliformes, à tête grêle et à limbe divisé en cinq parties linéaires ; des semences ovales oblongues, sillonnées, surmontées d'une aigrette de cinq poils membraneux et contigus.

Ce genre, qui a aussi été appelé PHYTEAMOPSIS, TRAT-TENIKIE et MARSHALLE, renferme trois espèces, qui sont des plantes vivaces à feuilles alternes, entières, et à fleurs solitaires à l'extrémité de la tige, fort voisines des ATHANASES, parmi lesquelles Walter les avoit même rangées. La plus remarquable est la PERSOONE A LARGES FEUILLES, qui a la tige simple, les feuilles lancéolées, aigües, et presque amplexicaules. On la trouve dans les montagnes de la Caroline. Elle est figurée pl. 43 de l'ouvrage de Michaux. (B.)

Le PERSOONIA de Willdenow est le *Carapa* d'Aublet et Lamarck, et le *Xylocarpus* de Kœnig et Schreber. (LN.)

PERSPECTIVE (la). L'un des noms vulgaires du CA-DRAN, *Solarium perspectivum*; Lam.; *Trochus perspectivus*, Linn. (DESM.)

PERSPICILLUM d'Heister, est rapporté, par Adanson, à son genre THLASPIDION. *V.* ce mot. (LN.)

PERTERSHART. C'est la BENOITE DE MONTAGNE (*Geum montanum*, L.), en Allemagne. (LN.)

PERTURBATEUR DES POULES. C'est ainsi qu'Albin désigne la SOUBUSE. *V.* ce mot (S.)

PERTUSAIRE, *Pertusaria*. Genre de plantes établi dans la famille des Hypoxylons. Il renferme les PORINES et les TELOTRÈMES d'Acharius. (B.)

PERU (Rhéed. Mal. 3, t. 41). C'est le *Dolichos catiang*, Linn. (LN.)

PERUISCH-CATTL. On ne sait trop, dit M. Cuvier, comment ce nom anglais (qui signifie *bétail du Pérou*) s'est glissé, en qualité de mexicain, dans l'ouvrage de Fernandez, pour désigner son *guanaco*, qui n'est autre que le LAMA. *V.* ce mot. (DESM.)

PERULA. *V.* PERA. (B.)

PERULE. On appelle ainsi l'enveloppe extérieure des BOUTONS DES PLANTES, enveloppe tantôt écailleuse, tantôt membraneuse, tantôt lanugineuse. *V.* PLANTE. (B.)

PERULE. Richard, dans ses annotations sur les orchidées d'Europe, appelle ainsi une petite cavité ou petit sac, formé, dans les fleurs de cette famille, par le prolongement de deux des divisions du calice (*Calice*, Linn.). Il est fort distinct de l'éperon, qui est le prolongement du LABELLE (*Nectaire*, Linn.). (B.)

PERUTOTOTL. Canard du Mexique, indiqué par Fernandès, et qu'il ne décrit pas, parce que, dit-il, cette espèce est déjà connue dans notre continent (*Hist. Nov. Hisp.*, *cap.* 16, pag. 47). Mais cet auteur ne désigne pas l'espèce à laquelle le *perutototl* se rapporte. (s.)

PERVENCHE, *Vinca*, Linn. (*pentandrie monogynie.*) Genre de plantes qui appartient à la famille des apocynées, et qui comprend des sous-arbrisseaux indigènes et exotiques, dont les tiges sont droites ou couchées, les feuilles opposées, et les fleurs axillaires. Chaque fleur a un calice persistant à deux divisions, et une corolle monopétale en forme de soucoupe ; le limbe de la corolle est large, ouvert et découpé en cinq segmens obliques et comme tronqués ; le tube est plus long que le calice ; son orifice est muni d'un rebord saillant, tantôt arrondi et velu, tantôt lisse et à cinq côtés. Au sommet de ce tube, sont insérées cinq étamines, dont les filets, courts et en forme d'écailles, portent des anthères droites et membraneuses. Au centre de la fleur, on voit deux ovaires ayant deux glandes à leur base : ils soutiennent un seul style couronné par un stigmate concave et rond, qu'entoure inférieurement une espèce d'anneau. Le fruit est composé de deux follicules cylindriques, pointues d'un côté, réunies de l'autre, s'ouvrant longitudinalement, et contenant des semences oblongues et nues.

Des six espèces, on en cultive trois. Les deux premières sont des plantes de nos bois ; elles ont une tige ligneuse et rampante, des branches longues et flexibles ; un feuillage d'un beau vert, et des fleurs bleues et agréables : elles se plaisent à l'ombre. De ces deux espèces, l'une a les feuilles et les fleurs grandes, c'est la GRANDE PERVENCHE, *Vinca major*, Linn. ; l'autre espèce est plus petite et variée, à feuilles panachées, à fleurs blanches, pourpres, simples, doubles ou semi-doubles ; on l'appelle PETITE PERVENCHE, *Vinca minor*, Linn., ou *pervenche à feuilles étroites*, ou *violette des sorciers*. L'une et l'autre sont toujours vertes. La grande et la petite pervenche se cultivent dans les jardins paysagers, qu'elles ornent toute l'année par leurs feuilles, aux mois de mai et de juin par leurs fleurs. La première se place contre les murs, sur les rochers, en touffes qui s'élargissent annuellement. La seconde s'emploie à couvrir la nudité du sol des massifs objet qu'elle remplit fort bien par la rapidité avec laquelle ses tiges rampantes prennent racine. Une fois plantées, elles ne demandent plus aucun soin. On les employoit en médecine.

PERVENCHE DE MADAGASCAR, *Vinca rosea*, Linn. ; originaire de cette île et de celle de Java. C'est un joli petit arbuste qui s'élève à la hauteur de trois ou quatre pieds. Sa tige est succulente, et devient ligneuse par le bas, à mesure que la plante vieillit. Ses feuilles sont oblongues, entières et assez rapprochées des branches ; leurs pétioles ont deux petites dentelures à leur base. Ses fleurs naissent à côté des rameaux, d'abord seules, et ensuite disposées deux à deux et par couples réunies : elles sont d'une belle couleur rose, quelquefois blanches, et se succèdent sur le même individu depuis le commencement du printemps jusqu'à la fin de l'été ; celles qui fleurissent de bonne heure sont remplacées par des fruits qui mûrissent en automne, et donnent des semences rondes et noires.

On multiplie cet arbuste par semences et par bouture. Au midi de la France, il souffre la pleine terre ; il suffit de le garantir des gelées en le couvrant d'un peu de paille ; ou s'il est dans un pot, de le renfermer dans une chambre : mais au nord, il exige d'être mis l'hiver en serre chaude. On sème sa graine au printemps, sur couche et sous cloche. On plante les boutures en été, sur couche aussi. On peut encore, sans serre chaude, jouir de la fleur de cette *pervenche*, en la traitant comme une plante annuelle, et en la semant tous les ans ; car elle fleurit dans la même année où elle a été semée. (D.)

PERVINCA. Tragus donne ce nom spécialement à la Pervenche des bois (*Vinca minor*, Linn.), que Brunsfelsius appelle *vinca pervinca*, parce qu'elle est toujours verte. Césalpin écrit *provinca*, et indique sous ce nom nos deux pervenches de France. Depuis, Tournefort, Adanson, Lamarck, Allioni, etc., ont voulu conserver le nom de *pervinça* au genre des Pervenches ; mais le nom de *vinca*, adopté par Linnæus, a prévalu. *V.* Vinca. (LN.)

PERXA ou PERXO. Les Menthes portoient ce nom chez les Grecs. *V.* Mentha et Hedyosmos. (LN.)

PES. Mot latin qui signifie, en botanique, tantôt *pied* et tantôt *patte*, ainsi qu'on peut en juger par les noms suivans désignant des plantes.

Pes Alaudæ. C'est la dauphinelle des champs, vulgairement nommée pied-d'alouette.

Pes Alexandri (*pied d'Alexandre*). Ce nom a été donné autrefois à la pyrèthre (*Anthemis pyrethrum*, Linn.).

Pes anserinus (*patte d'oie*). Daléchamp et Fuschius donnent ce nom à des espèces de chénopode (*chenopodium rubrum*, Linn., *murale*, Linn., et *hybridum*, Linn.)

Pes asininus (*patte d'âne*). Dodonée donne ce nom à l'Alliaire (*erysimum alliaria*, Linn.).

Pᴇꜱ ᴀᴠɪꜱ. C'est l'Oʀɴɪᴛʜᴏᴘᴏᴅᴇ.

Pᴇꜱ ᴄᴀᴛɪ. C'est le Gɴᴀᴘʜᴀʟᴇ ᴅɪᴏïꞯᴜᴇ.

Pᴇꜱ ᴄᴏʟᴜᴍʙɪɴᴜꜱ(pied de pigeon). Dodonée applique ce nom à un géranium qui l'a conservé : c'est le *geranium columbinum.*

Pᴇꜱ ᴄᴏʀɴɪᴄɪꜱ (pied de corneille). Un plantain (*plantago coronopus*) et un cochléaria (*cochlearia coronopus*) ont reçu ce nom.

Pᴇꜱ ᴄᴏʀᴠɪ ᴏᴜ ᴄᴏʀᴠɪɴᴜꜱ (*pied de corbeau*). C'est le Bᴀꜱꜱɪɴᴇᴛ (*ranunculus bulbosus* , Linn.).

Pᴇꜱ ᴄᴀᴘʀᴀ (*pied de chèvre*). Ce nom est donné à une espèce de boucage (*pimpinella*), ainsi qu'à une espèce d'*Ipomœa.*

Pᴇꜱ ᴇꞯᴜɪɴᴜꜱ, Rumph., Amb. C'est l'Hʏᴅʀᴏᴄᴏᴛʏʟᴇ d'Asie.

Pᴇꜱ ɢᴀʟʟɪɴᴀ (*pied de poule*). Les Latins donnoient ce nom aux *caucalis* , à des *thlaspi* et à la carotte sauvage.

Pᴇꜱ ʟᴇᴄᴛɪ. Traduction latine du nom grec de *clinopodium.*

Pᴇꜱ ʟᴇᴏɴɪɴᴜꜱ , Lobel. C'est le *filago leontopodium* , Linn.

Pᴇꜱ ʟᴇᴏɴɪꜱ. G. Bauhin , et plusieurs botanistes avant lui , ont nommé ainsi l'*alchimilla vulgaris.*

Pᴇꜱ ʟᴇᴘᴏʀɪꜱ et Lᴀɢᴏᴘᴜꜱ. *V.* ce mot et Tʀᴇғʟᴇ des champs.

Pᴇꜱ ʟᴏᴄᴜꜱᴛᴀ (*patte de sauterelle*). C'est la mâche (*valeriana locusta*).

Pᴇꜱ ʟᴜᴘɪ (*pied de loup*). C'est le Lʏᴄᴏᴘᴏᴅᴇ commun.

Pᴇꜱ ᴍɪʟᴠɪ (*pied de milan*). C'est la Rᴜᴇ des prés.

Pᴇꜱ ᴘᴀꜱꜱᴇʀɪɴᴜꜱ. Plante du Mexique, citée par Hernandès, et qui nous est inconnue.

Pᴇꜱ ᴘᴜʟʟɪ. Nom ancien de la Cᴀʀᴏᴛᴛᴇ.

Pᴇꜱ ᴜʀꜱɪ et ᴜʀꜱɪɴᴜꜱ (*patte d'ours*). C'est le Lʏᴄᴏᴘᴏᴅᴇ commun. *V.* Aʀᴄᴛᴏᴘᴇ. (ʟɴ.)

Pᴇꜱ ᴠɪᴛᴜʟɪ. C'est le Gᴏᴜᴇᴛ commun.

PES. L'un des noms russes du chien. (ᴅᴇꜱᴍ.)

PESALION et **PESALE.** Anciens noms égyptiens de l'*hyssopus.* (ʟɴ.)

PESANTEUR SPÉCIFIQUE. Elle est ou *absolue* ou *relative.* La *pesanteur spécifique absolue* est le poids d'un volume déterminé (comme un pouce cube ou un pied cube) d'une matière quelconque pesée dans une balance ordinaire. Par exemple , la *pesanteur spécifique absolue* de l'or est de 1,348 livres 1 once 41 grains, le pied cube.

La *pesanteur spécifique relative* est le rapport qui existe entre la *densité* ou la *pesanteur spécifique absolue* de deux corps , dont l'un est pris pour terme de comparaison. C'est l'eau pure que les physiciens ont choisie à cet effet, attendu qu'elle présente un moyen facile de connoître le rapport des *pesanteurs* des autres corps avec la sienne, qu'on sait être de 70 livres le pied cube.

Pour exprimer ce rapport d'une manière facile, on suppose qu'un volume d'eau quelconque pèse 1,000 ou 10,000. Ainsi quand on dit qu'une telle pierre pèse 3,000 ou 30,000, c'est la même chose que si l'on disoit qu'un pied cube de cette pierre pèse autant que trois pieds cubes d'eau, c'est-à-dire que sa *pesanteur absolue* est de 210 livres le pied cube.

S'il y a des fractions, comme cela est ordinaire, elles sont exprimées par les chiffres qui suivent le premier ; ainsi la *pesanteur spécifique relative* du marbre de Carrare est de 27168, c'est-à-dire qu'elle est à la *pesanteur spécifique* de l'eau comme 27168 sont à 10000 ; ce qu'on exprime plus simplement par 27,168, en supposant la *pesanteur spécifique* de l'eau représentée par l'unité 1. Et dès-lors on trouve facilement que le poids du pied cube de cette pierre est de 190 livres 2 onces 6 gros 38 grains : on n'a qu'à multiplier 2,7168 par 70 , et diviser par 1.

Pour trouver la *pesanteur spécifique* d'un corps, on se sert de la balance ordinaire et de la balance hydrostatique, c'est-à-dire qu'on pèse d'abord à l'air libre le corps dont il s'agit, et qu'on le pèse de nouveau étant plongé dans l'eau. La quantité de *pesanteur* qu'il perd dans cette seconde opération , équivaut au volume d'eau qu'il a déplacé, et fait connoître le rapport de sa *pesanteur spécifique absolue* ou de sa *densité* avec celle de l'eau ; et c'est ce rapport qu'on désigne simplement sous le nom de *pesanteur spécifique*. Ainsi un corps qui, dans l'air libre, peseroit deux livres , et qui, plongé dans l'eau, peseroit encore une livre, seroit deux fois aussi pesant que l'eau à volume égal ; sa *pesanteur spécifique* seroit exprimée par 2 , celle de l'eau étant supposée 1.

On doit toujours prendre la *pesanteur spécifique* des minéraux à une température moyenne, celle des caves, et avec de l'eau très-pure ou distillée. Quant aux détails de l'opération, il faut consulter les ouvrages des physiciens.—*Voyez* MINÉRALOGIE. (PAT. et LN.)

PESCAIROOU. C'est l'ALOUETTE DE MER, en Languedoc. (DESM.)

PESCARINS. Nom des HIRONDELLES DE MER, à Turin. (V.)

PESCHETEAU. Nom vulgaire de la LOPHIE BAUDROIE. (B.)

PESCHSTEIN DE MENIL-MONTANT. *Voyez* MÉNILITE. (LN.)

PESCI. Nom kamtchadale de l'Isatis. *V.* l'histoire de ce quadrupède, à l'article Chien. (DESM.)

PESELBEERE. L'Airelle veinée reçoit ce nom en Allemagne. (LN.)

PESER (*vénerie*). Les chasseurs disent qu'une bête pèse beaucoup, quand ses pas sont marqués profondément en terre, ce qui indique que l'animal est de grande stature. (S.)

PESETTE. C'est un des noms de la Vesce et du Chiche. (B.)

PESETZ. Les Russes donnent ce nom à l'Isatis (*canis lagopus*, Linn.). *Voyez* l'histoire de cet animal, à l'article Chien. (DESM.)

PESOL. Le Pois (*pisum sativum*), en Espagne. (LN.)

PESOU. Dans le patois de quelques provinces méridionales, c'est le nom du Pou. (DESM.)

PESSE. On donne ce nom au Sapin. (B.)

PESSE, *Hippuris.* Genre de plantes de la monandrie monogynie, et de la famille des hydrocharidées, dont les caractères présentent : un calice entier, peu apparent, bilobé sur ses bords ; point de corolle ; une étamine à filament court et à anthère oblongue, sillonnée d'un côté ; un ovaire inférieur surmonté d'un style engaîné dans le sillon de l'anthère, et terminé par un stigmate aigu ; une noix uniloculaire et à une seule semence, dont l'embryon est droit dans le centre d'un périsperme charnu.

Ce genre renferme deux plantes qui croissent dans les eaux, dont la tige est cylindrique et simple, les feuilles linéaires et verticillées, et les fleurs petites et axillaires.

La plus commune, la Pesse vulgaire, a toutes les feuilles aiguës et au nombre de plus de quatre à chaque verticille. Elle est vivace, et se trouve très-abondamment dans certains marais. Les canards sauvages la mangent, mais les bestiaux la repoussent. Elle s'élève à cinq ou six pouces.

La Pesse a quatre feuilles a les feuilles inférieures au nombre de quatre à chaque verticille, et les supérieures obtuses. Elle croît dans les marais salés du nord de l'Europe. (B.)

PESSEGUEIRA. L'un des noms portugais de la Persicaire. (LN.)

PESTILENZWURZ. Le Petasites, le Laser de Prusse et le Galega officinal reçoivent ce nom en Allemagne. (LN.)

PESTNACHEN. C'est le Panais en allemand. (ln.)

PESTWURZ. *V.* Pestilenzwurz. (ln.)

PET D'ANE. L'Onoporde porte ce nom en quelques lieux. (b.)

PET DU DIABLE. C'est un des noms du Sablier. (b.)

PET DE LÉOPARD. *V.* Doronic. (b.)

PETACCIUOLA. C'est le Plantain, en Italie. (ln.)

PETAGNANE, *Petagnana.* Nom donné par Gmelin au genre établi sous celui de Smithie. (b.)

PETALAIRE. *V.* au mot Couleuvre. (b.)

PÉTALE (*Botan.*) Nom donné à chaque pièce entière de la *corolle.* Quand la corolle est d'une seule pièce, il n'y a qu'un *pétale* ; le pétale et la corolle ne font alors qu'une seule et même chose, et cette sorte de corolle se désigne par l'épithète de monopétale. Quand la corolle est de plusieurs pièces, ces pièces sont autant de pétales, et la corolle qu'elles composent s'appelle *polypétales.* *V.* Fleurs. (d.)

PÉTALITE. Substance minérale en masse, formée de petites lames, blanche ou d'une légère teinte rose, qui se trouve dans la mine d'Uto en Suède, qui fut découverte et décrite pour la première fois par Dandrade, et qui, quoique assez abondante dans cette mine, étoit restée jusqu'ici inconnue à presque tous les minéralogistes. C'est à MM. Arfvredson, Berzélius et Swedenstierna, qu'on doit une connoissance plus exacte de cette pierre, qui est devenue très-curieuse depuis qu'on a reconnu en elle l'existence d'un nouvel alkali.

Voici les caractères du *Pétalite* :

Il se trouve en masses cristallines. Il n'a pas encore offert de cristaux réguliers.

Ses couleurs sont le blanc grisâtre, le blanc et le blanc rougeâtre.

Sa contexture, lamelleuse et confuse.

Sa cassure, polyédrique et plus aisée dans le sens des lames ; les fragmens sont angulaires, éclatans sur le plan des lames, et d'un aspect gras et vitreux dans le sens perpendiculaire.

Les lames, clivables dans trois sens, dont deux principaux, se coupent sous un angle d'environ 137°, et un troisième dans le sens de la petite diagonale d'un prisme droit rhomboïdal de 137°, présumé être la forme primitive du pétalite.

Ces lames minces, ont une transparence nébuleuse.

Le pétalite étincelle sous le choc du briquet et raye le verre. Il raye aussi le feldspath adulaire et le triphane qui le rayent également.

Sa pesanteur spécifique est de 2,4356 (Berthier), et de 2,620 (Dandrade).

Il est fusible au chalumeau en un émail blanc bulleux, souvent plus difficilement que le feldspath ; avec le borax, il donne un verre blanc et transparent. Il n'éprouve aucun changement sensible dans les acides. Selon Dandrade, il s'y dissout en partie avec le temps.

Ses analyses indiquent les principes suivans :

	Arfwedson.	Vauquelin.	Clarke et Holme.
Silice	80.	78	80.
Alumine	17.	13	15.
Manganèse	0.	0	2,50.
Lithion	3.	7	1,75.
Chaux et fer	0.	une trace.	0,00.
Eau	0.	0	0,75.
Perte	0.	2	0
	100.	100.	100,00.

D'après ces analyses, on voit que la proportion du nouvel alkali, le lithion, est très-variable dans le *Pétalite*; et on peut se demander si c'est réellement à la présence de cet alkali que cette substance doit ses caractères distinctifs.

C'est dans la mine de fer oxydulé d'Uto, en Sudermanie, province de Suède, que se rencontre le *pétalite*, en petites masses qui dépassent rarement quelques pouces cubes, associé au triphane, substance qui contient $\frac{8}{100}$ de lithion ; on le trouve encore joint au feldspath vert ou bleu, à de l'étain oxydé granuliforme, au manganèse, à la chaux carbonatée, à l'apophyllite, à l'épidote, à l'amphibole, aux tourmalines noires et bleues, au mica et à de la lépidolithe qui renferme $\frac{4}{100}$ de lithion.

Toutes ces substances composent des filons de peu de largeur (de trois à quatre pieds environ), qui traversent les couches presque verticales et épaisses de soixante à quatre-vingt-dix pieds, du minerai de fer en exploitation. La mine a quatre-vingt-dix toises de profondeur, et c'est dans une fouille accidentelle, faite à vingt toises environ du fond, que l'on a trouvé le *pétalite*.

Des minéralogistes se sont empressés de donner à cette substance le nom de *Berzelite* ; mais s'il étoit nécessaire d'abolir le nom de *pétalite*, pourquoi ne pas adopter celui d'*Arfvredsonite?* On sait que c'est à M. Arfvredson, élève de M. Berzélius, qu'on doit la première analyse du *pétalite*, et la découverte du *lithion*.

Le *pétalite* prend place dans la méthode de M. Haüy, entre le *triphane* et l'*axinite*.

Dandrade indique aussi le *pétalite* dans les mines de Sahla et de Fingrufan près de Nya-Kopparberg en Suède. C'est en voyant un échantillon de *pétalite*, conservé dans la collection de l'université d'Upsal, que M. Swenstierna fut amené à reconnoître le *pétalite d'Uto* qu'il venoit de recevoir de la mine même.

Il existoit dans la collection de M. de Drée, à Paris, un échantillon d'une substance en masse, confusément lamellaire, mélangée de lépidolite blanchâtre et rosée; elle provenoit d'Uto. Elle existoit dans cette collection, depuis plus de douze ans, avec l'étiquette de *pétalite d'Uto*; et comme le *pétalite* n'étoit pas connu, je présumois que la substance lamelleuse étoit du feldspath, ou que c'étoit la lépidolithe blanche à laquelle on avoit imposé le nom de *pétalite*.

Quant au *pétalite* de Sahla, il me semble qu'il a beaucoup de rapport avec la *léelite* de MM. Clarke et Holme, qui se trouve dans la mine de Gryphytta en Suède, qu'ils avoient d'abord prise pour le *pétalite*, et qui contient les mêmes principes, excepté le lithion, mais dont la forme primitive seroit différente. Les naturalistes suédois ont regardé ce *pétalite* comme de la silice hydratée.

PETALITES, de deux mots grecs qui signifient *pierre en feuilles*, ou *en lames.* Forster (*Onomatolog.*) donne ce nom latin aux GNEISS, roche essentiellement composée de *mica* en lamellules. (LN.)

PÉTALOCHEIRE, *Petalocheirus.* Genre d'insectes hémiptères, de la famille des géocorises, établi par M. Palisot de Beauvois, dans le premier fascicule de son bel ouvrage sur les insectes de ses voyages en Afrique et en Amérique.

Ces insectes sont très-voisins des *réduves*, et n'en diffèrent essentiellement qu'en ce que leurs deux jambes antérieures sont dilatées ou élargies transversalement, en manière de palette ou de lame ovale et un peu concave. Ayant observé que plusieurs *réduves* et *lygées* de Fabricius présentent dans les jambes, soit des deux premières, soit des deux dernières pattes, une singulière variété de formes, je n'ai pas cru devoir employer ces considérations comme caractères génériques, et je me suis borné conséquemment, dans mon *Genera crust. et insect.*, à ne former des pétalocheires qu'une division des *réduves*.

On ne connoît encore que deux espèces de pétalocheires,

el qui sont l'une et l'autre du royaume d'Oware : l'une est le PÉTALOCHEIRE VARIÉ, *variegatus;* et l'autre le PÉTALO-CHEIRE RUBIGINEUX (*couleur de rouille,* Beauv.), *rubiginosus.* Celle-ci est représentée sur la planche lithographiée, G, 42, 3, de ce Dictionnaire. Son corps est d'un brun noirâtre, avec les antennes et les pieds couleur de rouille; le corselet est épineux de chaque côté, et entouré d'une ligne jaune; l'écusson est surmonté d'une épine droite. *Voyez* l'ouvrage précité de M. Palisot de Beauvois. (L.)

PÉTALODES. D'un mot grec qui signifie semblable à une feuille. Cette dénomination a été employée par Lenz, pour désigner le *Tellure auro-plombifère.* (LN.)

PÉTALOLÈPE, *Petalolepis.* Genre de plantes établi par H. Cassini, pour placer les EUPATOIRES FERRUGINEUSE et à FEUILLES DE ROMARIN de Labillardière : il est fort voisin des CALEA. Ses caractères sont : calice commun à écailles extérieures ovales, coriaces, et à écailles intérieures longues, surmontées d'un appendice pétaloïde ; fleur flosculeuse, à anthères munies de longs appendices basilaires ; calice commun, petit, plane; semences munies d'un bourrelet et d'une longue aigrette barbellulée. (B)

PÉTALORNE. *Voyez* MOURIRI. (B.)

PÉTALOSOMES. Famille de poissons osseux – thoraciques, caractérisée par des branchies complètes et par un corps allongé, mince, en forme de lame. Les genres qui lui appartiennent sont ceux : BOSTRICHTE ou BOSTRICHE, BOSTRICHOÏDE, TŒNIOÏDE, CÉPOLE, LÉPIDOTE, GYMNÈTRE. (B.)

PÉTALOSPERME, *Petalospermum.* Nom que donne Michaux à un genre établi aux dépens des DALEA.

Ce genre offre pour caractères: un calice turbiné, strié, glanduleux, recourbé, à cinq dents subulées; cinq pétales en cœur, longuement onguiculés, insérés entre les étamines, excepté le supérieur, qui est plus grand et représente l'étendard, et qui est inséré au calice ; cinq étamines, dont une, semblable aux onglets des pétales, sert de gaîne aux autres ; un ovaire supérieur, ovale, à long style et à stigmate obtus; un légume ovale, très-petit, velu, ne s'ouvrant point, et contenant une seule semence.

Outre les espèces citées à l'article DALEA, sous les noms de *Dalea à fleurs blanches* et *Dalea à fleurs pourpres,* Michaux en mentionne deux autres. (B.)

PÉTARD. C'est le nom d'un insecte coléoptère, assez commun aux environs de Paris, et qui est remarquable par les jets de vapeur blanche très-âcre, qu'il lance avec son anus quand on l'inquiète. Il appartient au genre BRACHINE. *Voyez* ce mot. (DESM.)

PETARD. On donne ce nom au MARGRAVE A OMBELLE.
(B.)

PETASITE. Plante du genre des TUSSILAGES, dont Tournefort avoit fait un genre sous la considération que ses fleurs sont toutes flosculeuses. *Voyez* au mot TUSSILAGE. (B.)

PETASITES. Dioscoride décrit ainsi cette plante : « Elle a une tige haute de plus d'une coudée, de la grosseur du doigt, et de laquelle naît une feuille de la grandeur d'un chapeau (*petasos* en grec, *pileus* et *umbella* en latin), attachée à la manière des champignons. Cette feuille est efficace dans le traitement des ulcères corrosifs, qui sont malaisés à guérir. » La forme de la feuille avoit encore valu au *petasites*, le nom de *galerita*. Les commentateurs ne sont nullement d'accord au sujet de cette plante ; et Matthiole, après avoir fait observer que ce n'est point la BARDANE, avoue qu'il est contraint de tenir le *petasites* pour inconnu. Cependant presque tous ont figuré et nommé ainsi quelques espèces de *tussilage*, et principalement le *tuss. petasites*, dont les feuilles sont remarquables par leur excessive grandeur, mais qui sont radicales et qui ne naissent point sur la tige, celle-ci disparoissant bien avant leur développement. Ils pensèrent la plupart qu'on devoit mettre le *petasites* avec le *bechion* ou *tussilage*, et que ce pouvoit être le *chamæleuce* de Pline, ce qui est principalement l'opinion de C. Bauhin. Les modernes, à l'imitation de Tournefort, ont nommé PETASITES, un genre dans lequel rentrent les *tussilago* à fleurs flosculeuses, dont le *tussilago petasites*, mentionné plus haut, fait partie. Ce genre *petasites* et le *tussilago* de Tournefort, constituent le *tussilago* de Linnæus, et le *petasites* d'Haller.

La plante figurée par Rumphius, Amb. 4, tab. 49, est rapportée par les botanistes au PÉRAGU (*Clerodendrum infortunatum*, L.), excepté par Loureiro, qui prétend que c'est un arbrisseau d'une espèce et d'un genre différens. C'est son *Wolkameria petasites*. *V.* TUSSILAGE. (LN.)

PETAURISTA. Nom latin d'une espèce de *guenon*, le BLANC-NEZ, et d'un *rongeur* du genre *polatouche*, le TAGUAN. *Voyez* ces mots. (DESM.)

PETAURISTE, *Petaurus* et *Didelphys*, Shaw ; *Phalangista*, Geoffr., Cuv., Illig. Genre de mammifères de l'ordre des carnassiers, et de la famille des marsupiaux.

Les *petauristes* sont absolument, aux PHALANGERS à queue velue, ce que sont les POLATOUCHES aux ÉCUREUILS, c'est-à-dire, qu'ils n'en diffèrent que très-peu, par tous les points de leur organisation interne, et même par plusieurs de leurs caractères extérieurs, notamment ceux tirés du nombre des doigts et de leur disposition.

Les *pétauristes* sont d'assez petite stature, puisque les plus gros d'entre eux ont tout au plus la taille d'un chat, et que la plupart des autres égalent ou ne dépassent que de fort peu celle des écureuils. Leur tête est un peu allongée, leur physionomie fine. Ils ont les yeux assez gros, les oreilles peu longues, arrondies, velues. Leur corps est svelte, terminé par une très-longue queue, et les flancs ont, de chaque côté, un prolongement de la peau garni de poils en dessus et en dessous, s'étendant depuis les jambes de devant, jusqu'à celles de derrière, et servant comme de parachute à l'animal lorsqu'il veut sauter d'une branche à une autre. Les pieds sont assez courts, les antérieurs à cinq doigts armés d'ongles arqués, comprimés et forts, servant à s'accrocher sur les écorces des arbres. Ceux de derrière, aussi pentadactyles, ont le pouce séparé des autres doigts, très-long, épais et sans ongle, avec les deux doigts suivans les plus courts de tous, presque égaux entre eux, réunis par la peau jusqu'à la dernière phalange, et les deux doigts externes plus longs; tous étant armés d'ongles semblables à ceux des pattes antérieures. Les femelles ont une poche spacieuse sous le ventre, où les petits passent le premier temps de leur existence.

La disposition des dents des *pétauristes* est à peu près la même que dans les phalangers proprement dits, soit à queue touffue, soit à queue nue et prenante; mais le nombre des molaires et des petites dents situées derrière les canines, varie. Il y a six incisives disposées en fer à cheval, un peu comprimées, placées verticalement à la mâchoire supérieure, les deux intermédiaires étant pointues et les plus longues, écartées l'une de l'autre à leur base et convergentes vers la pointe; les deux suivantes très-larges, à couronne plate, et la dernière de chaque côté plus petite que les secondes, mais aussi longue. Cette dernière dent est contiguë à une canine plus ou moins longue, conique et crochue; ensuite, il y a un espace vide, assez grand, entre la canine et la première molaire; les molaires sont au nombre de quatre vraies, presque égales, carrées, à couronne présentant deux espèces de collines transverses, composées chacune de deux pyramides trièdres et obtuses, et en avant on en compte deux ou trois fausses, qui sont coniques, pointues, saillantes, crochues (lorsqu'il y en a trois, celle du milieu étant la plus longue), ce qui porte à vingt ou vingt-deux le nombre total des dents de cette mâchoire. A l'inférieure, on trouve en avant deux seules incisives, fortes, proclives, à bord externe tranchant et s'appuyant sur les courtes incisives d'en haut. Il n'y a point de vraies canines, mais seulement dans une espèce, deux très-petites dents obtuses, cylindriques, non saillantes, qui en occupent la place; quatre vraies molaires et deux fausses: ce qui porte à dix-huit le nombre total des dents de cette mâchoire.

Le pelage de ces animaux est très-doux au toucher et fort épais; leur queue, très-touffue dans la plupart des espèces, est fort élégante; une seule a les poils de sa queue très-exactement distiques comme les barbes d'une plume. Celle-ci offre encore des différences dans les dents, qui pourroient porter à la distinguer, pour en former un genre particulier.

Tous les pétauristes connus, sans exception, habitent le continent de la Nouvelle-Hollande, ou quelques-unes des îles qui en sont le plus rapprochées. Ils se tiennent sur les arbres, où il paroît qu'ils vivent de fruits et d'insectes. Ce sont des animaux fort innocens, qui ne voyagent guère que le soir ou la nuit.

I.ᵉʳ Sous-Genre. — Pétauristes proprement dits *Petaurus*.
Caractères: *point du tout de canines inférieures; les supérieures petites; arrières molaires à quatre pointes et à collines un peu courbées en croissant, à peu près comme dans les molaires des ruminans; queue ronde, à poils non distiques.*

Première Espèce. — Le grand Pétauriste ou Phalanger volant, *Petaurus taguanoïdes; Didelphis petaurus*, Shaw, *Gen. Zool.*, tom. 1, part. 11, pl. 112. — White, *Trav. of New. South-Galles*, p. 288; *Phalanger taguanoïdes*, Geoff., Mus. Ce mammifère est un des plus beaux que l'on ait encore observés à la Nouvelle-Hollande. John White l'avoit d'abord décrit comme un écureuil volant; puis Shaw (*Naturaliste Miscellany*) ne s'étant pas aperçu qu'il appartenoit au groupe des animaux à bourse, et le considérant comme voisin des écureuils volans, mais comme en étant évidemment différent par les caractères que fournissent les dents et les pieds, en avoit formé un genre sous le nom de *petaurus*, mais, ayant eu une connoissance plus complette de l'animal, et ayant su que la femelle étoit pourvue d'une poche ventrale, il revint sur sa détermination, et fit de ce quadrupède (*General Zoology*) un didelphe sous le nom de *didelphis petaurus*. M. Lacépède jugea ensuite que, puisque l'on avoit séparé génériquement les écureuils volans des écureuils ordinaires, à cause des membranes qui garnissent leurs flancs, il étoit convenable d'en faire autant pour les phalangers volans; mais en établissant ce nouveau genre, il lui a attribué le nom de *phalanger*, et a donné celui de *coëscoës* aux pha-

langers proprement dits. Illiger a suivi cette division, à cela
près qu'il a nommé *balantia* les *coëscoës* de M. Lacépède.
Nous avons cru devoir rétablir à ces animaux, les dénominations premières qu'ils avoient reçues, et en cela nous
conformer aux vrais principes de nomenclature en histoire
naturelle.

Le grand *pétauriste* est de la taille et a la forme générale du
Polatouhe Taguan, c'est-à-dire, qu'il a vingt pouces environ, depuis le bout du museau jusqu'à l'origine de la queue,
et que celle-ci en a près de dix-huit. Tout le dessus du corps
est d'un gris-brun assez égal partout, si ce n'est sur la face
externe des bras et des jambes, où il est plus obscur, et sur
la partie antérieure de la membrane des flancs, où il passe
un peu au gris. Sa tête est aussi d'un gris-brun assez foncé ;
elle est petite ; ses oreilles sont assez grandes et très-velues,
de forme ovale ; le menton est brun, comme tout le reste
de la tête ; le chanfrein présente des poils d'un fauve doré,
mêlés aux autres. Le dessous du cou, la gorge, la poitrine,
une ligne sur la face interne des membres antérieurs et la
base des cuisses, en dedans, sont blancs. Les quatre pieds
sont d'un brun presque noir ; les doigts des postérieurs sont
très-garnis de poils, surtout en dessus, de façon à ne laisser
voir que les ongles. La membrane des flancs est très-vaste,
très-épaisse et couverte de poils très-touffus sur le dos. La
queue, presque aussi longue que le corps, est ronde à sa
base, un peu plus touffue à l'extrémité où les poils s'apla-
tissent légèrement : elle est d'un blanc-jaune sale près de
son origine, sur la cinquième partie environ de sa longueur
totale ; sa couleur passe ensuite au brun, dont la teinte
s'obscurcit de plus en plus jusqu'à l'extrémité.

Les femelles ont une poche ouverte presque longitudinalement, de deux pouces et demi, vers le milieu du ventre. Les
mâles ont les testicules fort apparens, et renfermés dans un
scrotum qui ne tient au corps que par un léger filet ou pédoncule.

Un petit *pétauriste* qui, à n'en pas douter, est un jeune de
cette espèce, fait partie de la Collection du Muséum d'Histoire naturelle. Il est de la taille d'un écureuil ; tout le dessus de son corps est brun, un peu plus foncé seulement sur
la face externe des membres postérieurs. La tête est d'un
brun plus clair, et le tour des yeux, ainsi que le bout du museau, ont des poils fauves. Les oreilles, qui n'existent plus
dans l'individu que nous décrivons, étoient couvertes, autant qu'on peut en juger par ce qui en reste, de poils blanc-
jaunâtres à leur racine, et bruns à la pointe. Tout le dessous
du corps est d'un blanc assez pur ; la queue est ronde, tout-

fue, d'un brun foncé dans la plus grande partie de sa longueur, et nuancée de fauve à sa base. Le dessus des pieds de
derrière est couvert de poils longs. La membrane des flancs
est peu apparente, et il y a lieu de croire qu'elle a été
coupée.

La Collection du Muséum renferme aussi deux individus
de cette espèce, qui sont atteints de la maladie albine. Tous
les deux sont de la taille du premier individu que nous venons de
décrire. L'un est tout blanc, à l'exception de quelques places
sur les pieds et sur les membranes des flancs, où l'on
trouve quelques poils gris-cendrés mêlés aux autres, et l'on voit
aussi un peu de brun vers le bout de la queue, mais irrégulièrement placé ; les pieds postérieurs sont très-touffus, en
dessus principalement. Le second a le corps, les membres
et la queue généralement recouverts d'un poil laineux, blanc-
jaunâtre sale, très-épais, avec le dos seulement d'un gris-
cendré très-clair.

Selon White, les sauvages de la Nouvelle-Galles du Sud,
des environs de Botany-Bay, donnent à cet animal le nom
de *Hepoona Roo.*

Seconde Espèce. — Le PÉTAURISTE A GRANDE QUEUE, *Petaurus macrourus*, Nob. — *Didelphis macroura*, Shaw, *Gen.
Zool.*, tom. 1, part. 2, pl. 113. — *New-Hollande Zoology*,
n.º 3, pag. 33. tab. 12.

Shaw, qui fait connoître cette espèce, la décrit à peu près
dans ces termes. Elle est presque de la taille du rat noir
d'Europe. Son pelage est d'un gris obscur ou brunâtre en
dessus, et blanchâtre en dessous. Sa tête et son cou sont également blanchâtres ; mais une bande plus brune règne du
sommet de la tête jusqu'au nez ; les oreilles sont blanchâtres,
assez larges et légèrement arrondies ; l'extrémité des pattes
de devant est blanche, et la dernière moitié de la queue est
d'un noir foncé qui se dégrade jusqu'à sa base, qui est brune
comme le corps. La peau de l'individu décrit avoit été envoyée de la Nouvelle-Hollande, à Shaw, par John White.

La Collection du Muséum d'Histoire naturelle de Paris
ne nous offre aucun individu qu'on puisse rapporter à ce
pétauriste Celui qui a servi à la description de l'espèce suivante, paroît s'en rapprocher plus que tout autre, quoiqu'il
en diffère cependant d'une manière notable par sa taille,
d'un grand tiers plus considérable, et par la couleur des parties inférieures du corps.

Nous ne savons d'après quel renseignement M. Cuvier
(*Règne animal*) dit que la queue de cet animal a une fois et
demie sa longueur totale. Shaw n'en dit rien, et la figure qu'il

donne offre tout au plus une queue d'un quart plus longue que le corps.

Troisième Espèce. — Pétauriste a ventre jaune, *Petaurus flaviventer*, Nob., *Petaurista flaviventer*, Geoffr.

Cette espèce portoit anciennement, dans la Collection du Muséum, le nom spécifique que nous avons adopté, et nous avons noté que Péron lui raportoit celui d'*hepouana*, que Shaw dit appartenir au grand pétauriste de la Nouvelle-Hollande; mais qui n'est peut-être, pour les sauvages de cette contrée, que la denomination générique de tous les phalangers volans.

Elle est un peu plus grosse qu'un fort surmulot, sa tête ayant trente lignes environ de longueur; son corps a huit pouces et demi, et sa queue guère moins d'un pied. Tout le dessus du dos est d'un gris teinté de fauve, et passant au brun-marron sur la ligne dorsale, sur les bords de la membrane des flancs et sur la face externe des quatre membres. La tête est de la couleur du dos, en dessus, mais un peu plus foncée; les oreilles sont grandes, ovales, nues (ce qui dépend, vraisemblablement, du mauvais état de conservation de l'individu), le dessus et les côtés du cou, la poitrine, le ventre, la face interne des quatre membres sont d'un fauve blanchâtre. La queue est ronde, assez touffue et d'un brun-marron uniforme. La membrane des flancs a peu d'extension; elle se porte en avant jusqu'au poignet.

Ce n'est qu'à cause de la ressemblance des formes extérieures de cet animal avec celles de l'espèce précédente et de l'espèce qui suit, que nous plaçons ce pétauriste dans le premier sous-genre; car nous n'en connoissons pas les dents.

Quatrième Espèce. — Pétauriste sciurien, *Petaurus sciureus*, Nob.; *Phalangista sciurea*, Geoffr. — *Didelphis sciurea*, Shaw, *Zool. of New Holland.*, n.º 4, pag. 29, pl. 11. — *Gen. Zool.*, tom. 1, part. 2, pl. 113. — *Norfolk island squirrel?* Pennant, *Histor. of quadr.* — Philipp, *Trav.*, p. 151.

La figure de cette espèce, donnée par Shaw, ne nous paroît pas fort exacte, du moins si nous en jugeons par ce que nous connoissons des formes générales des animaux de ce genre, et surtout si nous la comparons aux individus renfermés dans nos collections, et parmi lesquels nous croyons connoître le *didelphis sciurea* de cet auteur.

Le *pétauriste sciurien* est de la taille de l'écureuil; c'est-à-dire que sa longueur, mesurée depuis le bout du museau jusqu'à l'origine de la queue, est de près de sept pouces, et que cette queue a huit pouces dix lignes. Sa taille est svelte ; tout le dessus de son dos est en entier d'un gris cendré uniforme, si ce n'est sur la ligne dorsale et sur les bords de la membrane des flancs, où il se change progressivement en brun foncé; une frange de poils blancs borde cette membrane dans toute son étendue, et cette couleur blanche est celle de toutes les parties inférieures du corps. La tête est d'un gris jaunâtre, avec une tache brune allongée sur le chanfrein, prenant naissance à la base des oreilles, et se prolongeant jusqu'en avant des yeux, qui sont fort gros et saillans, et placés chacun dans une tache brunâtre claire ; les oreilles sont peu velues et ont à leur base interne une petite tache brune ; le menton est blanc, de même que la face interne des quatre membres. Les extrémités des pattes sont grisâtres ; la face externe de celles de devant du même brun que la membrane des flancs ; les postérieures sont un peu roussâtres. La queue est un peu plus longue que le corps, ronde, très-touffue, couverte de poils très-fins, d'un gris roussâtre dans sa première moitié, et d'un brun-noir dans la dernière. La membrane des flancs s'étend jusque sur le doigt externe des pattes de devant.

Il paroît que Pennant a connu cet animal ; du moins Shaw croit devoir lui rapporter celui que ce naturaliste nomme *norfolk island squirrel* (1).

Plusieurs *pétauristes sciuriens* ont été apportés vivans en Angleterre, et y ont vécu assez long-temps.

Shaw dit avoir vu un dessin de la Collection de John Withe, qui représente un *pétauriste* analogue à celui-ci, à cela près que la queue est de la couleur du corps, excepté vers l'extrémité où elle est marquée d'une barre noire, le bout en étant ensuite d'un blanc pur. Sur cette même figure l'animal étoit représenté de moitié plus petit que le précédent ; mais il n'y avoit aucune indication écrite relativement à ses dimensions.

Le blanc de l'extrémité de la queue nous porteroit aussi à rapprocher ce *pétauriste* de celui que nous appelons *pétauriste de Péron*; mais celui-ci, qui nous paroît un jeune, est déjà plus grand que le pétauriste sciurien, au lieu d'être de moitié plus petit, et il n'a pas de barre noire sur la queue.

Cinquième Espèce.—PÉTAURISTE DE PÉRON, *Petaurus Peronii*, Nob. Espèce nouvelle de la collection publique du Muséum.

Cette espèce, que Péron distinguoit des autres, nous pa-

___
(1) L'île de Norfolk gît à l'est de la Nouvelle-Hollande par les 171.e degrés de longitude orientale, et le 30.e deg. de latitude méridionale.

roît aussi en différer sous plusieurs points ; et quoique l'individu unique, qui sert à son établissement, soit vraisemblablement un jeune, il offre des caractères assez tranchés pour qu'on puisse sans crainte le considérer comme le type d'une nouvelle espèce.

Il est de la taille d'un écureuil d'Europe ; sa tête et son corps ayant ensemble huit pouces deux lignes, et sa queue neuf pouces et demi. Son corps est généralement brun en dessus et blanc en dessous. Sa tête est brune, particulièrement autour des yeux, et le museau est teint de fauve ; les oreilles sont très-poilues, brunes en dessus, blanches à leur base en dedans, et cette couleur s'étend un peu sur les joues, en se fondant avec le brun du reste de la tête ; le menton est brun. Le manteau formé par la membrane des flancs est d'un brun grivelé de gris, à l'exception du dessus du cou, dont le brun pur se prolonge sur toute la face externe des pieds de devant, jusqu'à l'extrémité des doigts. Sur la croupe, le brun passe au fauve. Les cuisses, en dehors, et les pattes de derrière sont d'un brun foncé, comme celles de devant. La queue est ronde, un peu plus longue que le corps, brune et terminée par un demi-pouce de blanc jaunâtre bien tranché. Le dessous du cou, la gorge, la partie interne des membres, le ventre et le dessous de la membrane des flancs sont d'un blanc jaunâtre.

La membrane des flancs, au lieu de se porter jusqu'au poignet, comme dans le *grand pétauriste*, ou jusque sur le doigt extérieur, comme dans le *pétauriste sciurien*, se termine simplement au coude ; ce qui diminue son étendue.

Cette espèce provient de l'expédition aux Terres Australes, et habite la Nouvelle-Hollande.

II.ᵉ SOUS-GENRE. — VOLTIGEUR, *Acrobates*, Nob. Caractères : *de très-petites canines inférieures ; les supérieures et les trois fausses molaires, tant en haut qu'en bas, très-pointues ; arrière-molaires à quatre pointes et à collines non contournées en croissant ; queue à poils parfaitement distiques.*

Sixième Espèce. —PÉTAURISTE PYGMÉE, *Acrobates pygmæus*, Nob. — *Didelphis pygmœa*, Shaw, *New-Holland. Zoology*, n.ᵒ 1, pag. 5. *Gen. Zool.*, tom. 1, part. 1, pl. 114. —*Phalangista pygmœa*, Geoffr.

Ce joli mammifère a un port différent des espèces que nous venons de décrire. Il est, parmi le genre *pétauriste*, ce que les petits écureuils volans, tels que le sapan (*S. volucella*, L.) sont parmi les autres POLATOUCHES. Ses formes sont plus ramassées, ses membranes plus grandes à proportion, sa queue exactement distique, sont des traits principaux; mais ses dents fournissent des caractères différentiels au moins aussi importans. Aussi M. Cuvier, dans son *Règne animal*, a-t-il indiqué le groupe que nous séparons ici, pour placer ce petit animal.

Le *pétauriste pygmée* est de la taille de la souris; sa tête et son corps réunis ont trente lignes de longueur, sur quoi la tête en a huit; la queue a aussi trente lignes. Tout le dessus du dos et de la tête sont d'un gris-de-souris uniforme, légèrement lavé de roussâtre. Les yeux sont entourés de brun clair; les oreilles roussâtres en dehors et bordées de blanc; la lèvre supérieure, le dessous de la tête en entier, le ventre, le dessous de la membrane des flancs, sont d'un blanc pur. La membrane des flancs se termine au coude, comme dans la dernière espèce du premier sous-genre; mais elle a ses bords fort dilatés, ce qui augmente son étendue. La queue est très mince et porte sur chaque côté un rang peu épais de poils gris roussâtres rangés avec une symétrie parfaite. Ce petit animal fait partie de la collection du Muséum d'Histoire naturelle de Paris. (DESM.)

PETAURUS. Nom latin des PHALANGERS volans, ou PÉTAURISTES. (*V*. ce mot.) (DESM.)

PETAVENT. Nom curde ou kourde des ARAIGNÉES, selon M. Langlès. (DESM.)

PETECHIENKRAUT. Le GALÉGA OFFICINAL porte ce nom en Allemagne. (LN.)

PETELIN. Nom vulgaire du TÉRÉBINTHE. (B.)

PETERLEIN. Nom allemand du PERSIL. (LN.)

PETERLING. *V*. PETERLEIN. (LN.).

PETERMEYLANDSKKAUT. La PARIÉTAIRE est ainsi désignée dans quelques ouvrages allemands. (LN.)

PETERSBLUME des Allemands. *V*. MELAMPYRE DES CHAMPS. (LN.)

PETERSGERSTE. C'est l'ORGE-RIZ (*Hordeum zeocritum*, L.) en Allemagne. (LN.)

PETERSILIE. *V*. PETERLING. (LN.)

PETERSKORN. Le FROMENT LOCULAR s'appelle ainsi en Allemagne. Les Allemands donnent encore ce nom à l'IVRAIE VIVACE et à l'AMOURETTE (*Briza media.*). (LN)

PETERSKRAUT. Selon les cantons de l'Allemagne, ce nom désigne la PARIÉTAIRE OFFICINALE, la GENTIANE CROISETTE, la SCABIEUSE MORS-DU-DIABLE et le MILLE-PERTUIS. (LN.)

PETERS ZILCH et PETER ZIMMEL. *V*. PETERSILIE. (LN.)

PETESIA. Pierre Brown, dans son histoire naturelle de la Jamaïque, nomme ainsi un genre de plante qui a été adopté par Linnæus. D'après l'observation de Swartz, la plupart des espèces rentrent dans le genre *rondeletia*. Les botanistes ont rapporté le *lygistum* de Brown, tantôt au *petesia*, tantôt au *manettia*, et au *coccocypsyllum*. *V.* PETESIE. (LN.)

PETESIE. Genre de plante de la tétrandrie monogynie et de la famille des rubiacées, voisin des FERNELS et des TONTANES, et fort imparfaitement connu. Swartz croit que la première des deux espèces mentionnées par Linnæus doit être réunie aux RONDELETIES. (B.)

PETESIOÏDE. *Petesioides.* Jacquin avoit donné ce nom au genre de plantes qui a été appelé depuis VALLENIE. (B.)

PE-TEU-KEU. Nom qu'on donne, en Chine, au CARDAMOME, *Amomum cardamomum.* On l'y emploie dans la cuisine. (LN.)

PETEUSE. *V.* BOUVIÈRE et CYPRIN. (B.)

PETHOLE. Nom spécifique d'une COULEUVRE. (B.)

PETIANELLE. Nom vulgaire de deux variétés du FROMENT, Linn.; l'une, le *pétianelle roux*, a l'épi court, renflé et roux : l'autre, le *pétianelle blanc*, a l'épi de même forme, mais blanc. Elles se cultivent toutes deux dans les parties méridionales de la France. (B.)

PETIGRE. Nom anglais du FRAGON ÉPINEUX. (LN.)

PETILIUM. Plante mentionnée par Pline, et qui avoit été ainsi nommée par Hercule, ou qui tiroit son nom de celui d'une ville de Calabre, *Petilia (Bellicastro)*. Elle croissoit dans les buissons et fleurissoit en automne. La fleur n'avoit que cinq feuilles (pétales) fort petites; elle étoit remarquable par sa couleur qui se rapportoit à celle de la rose sauvage. Cette plante étoit encore remarquable en ce que sa fleur étoit infléchie ou repliée, et qu'elle ne produisoit point de feuilles qui ne le fussent. Ces feuilles tenoient toutes à un petit godet ou calice versicolor plein de graines jaunes.

Cette description ne convient en rien à une plante de la classe des composées, et par conséquent à l'*œillet d'Inde (tagetes)* à laquelle on l'a rapportée. Elle ne peut s'appliquer non plus à la fritillaire impériale, à laquelle ce nom est donné comme générique. On doit donc la placer au rang des plantes des anciens que nous ne pouvons reconnoître. (LN.)

PETIMBE. Nom vulgaire de la FISTULAIRE PIPE. (B.)

PETINI. Nom géorgien du PANIS. (LN.)

PÉTIOLE. Queue ou support des feuilles, qui les attache à la tige ou aux branches. (D.)

PETIT ANE. C'est le *cypræa asellus* de Linnæus. *Voyez* au mot PORCELAINE. (B.)

PETIT AURORE et BLEU. Agaric qui ne diffère presque de celui appelé Limace ou Gorge de pigeon par Paulet, que par la grandeur et l'éclat de ses couleurs. Il se trouve avec lui. (b.)

PETIT-AZUR. *V.* le genre Moucherolle. (v.)

PETIT BARBU. Nom vulgaire du *turbo delphinus* de Linnæus, qui appartient maintenant au genre Dauphinule. (desm.)

PETIT BIJOU BLANC DE LAIT. Agaric blanc, d'un pouce et demi de hauteur au plus, à chapeau relevé en ses bords, à lames décurrentes sur le pédicule, qui croît aux environs de Paris, et qui ne paroît pas dangereux. Paulet l'a figuré pl. 56 de son *Traité des champignons.* (b.)

PETIT-BLEU. Synonyme de Plateau bleu et de Turquoise. (b.)

PETIT-BŒUF. Nom vulgaire de la Mésange a longue queue. *V.* ce mot. (v.)

PETIT-BOIS. C'est le Chèvrefeuille des Alpes. (ln.)

PETIT CÈDRE. *V.* Genévrier oxycèdre. (d.)

PETIT CERISIER D'HIVER. C'est l'Amomum, espèce de Morelle, *Solanum pseudo-capsicum*, L. (ln.)

PETIT CHANTEUR DE CUBA. *V.* Passerine musicienne. (v.)

PETIT CHATEAU DE SENAR. Agaric à chapeau marron en dessus et blanc en dessous, à pédicule gris, haut de trois à quatre pouces. Il croît en automne dans la forêt de Senar, et n'est pas du nombre de ceux qu'on peut manger. Paulet l'a figuré pl. 53 de son *Traité des champignons.* (b.)

PETIT CHAT-HUANT. *V.* Chouette Fresaie. (s.)

PETIT-CHÊNE. *V.* Sizerin boréal. (v.)

PETIT-CHÊNE. Espèce de Germandrée, *Teucrium chamædrys.* (ln)

PETIT COLIBRI. Désignation de l'Oiseau-mouche, dans quelques livres de voyages. (s.)

PETIT COQ DES MONTAGNES. Nom que les Colons du Cap de Bonne-Espérance donnent au Faucon a culotte noire. C'est, au Cap, le nom générique de tous les oiseaux de proie un peu grands. (v.)

PETIT CRIARD. C'est, en Sologne, selon M. Salerne, le nom vulgaire du Pierre garin ou Grande hirondelle de mer. (s.)

PETIT CUL-JAUNE. *V.* Carouge esclave. (v.)

PETIT CUL-JAUNE DE CAYENNE. *Voy.* l'article Troupiale. (s.)

PETIT CYPRÈS. Nom vulgaire de l'AURONE. (B.)

PETIT-DEUIL. *V.* MÉSANGE PETITE DEUIL. (V.)

PETIT-DEUIL. Poisson du genre CHÉTODON, le *chétodon queue blanche.* (B.)

PETIT DEUIL. Ce nom a été donné au *phalæna evonymella* de Linnæus, qui appartient maintenant au genre YPONOMEUTE de M. Latreille. *V.* ce mot. (DESM.)

PETIT DEUIL. Une coquille fort commune, le *turbo pica* de Linnæus, dont Denys - de - Montfort a formé son genre MÉLÉAGRE, a reçu ce nom vulgaire, ainsi que ceux de *veuve* et de *pie*, à cause de ses couleurs noire et blanche. (DESM.)

PETIT DORÉ. Dénomination vulgaire du *roitelet*, dans quelques endroits de la France. (S.)

PETIT-DUC. *Voyez* l'article des CHOUETTES. (S.)

PETIT ENGOULEVENT TACHETÉ DE CAYENNE. *Voyez* l'article ENGOULEVENT. (S.)

PETIT-FOU, *Simia fatuellus.* C'est le SAJOU CORNU. (DESM.)

PETIT GOYAVIER DE MANILLE. *Voyez* l'article MOUCHEROLLE. (V.)

PETIT-GRIS. *Voyez* ECUREUIL GRIS. (DESM.)

PETIT-GRIS DE SIBÉRIE. |*V.* ECUREUIL VULGAIRE. (DESM.)

PETIT-GRIS. Geoffroy donne ce nom à une PHALÈNE des environs de Paris. (DESM.)

PETIT HIBOU. C'est la CHEVÈCHE dans Edwards. (S.)

PETIT-HOUX. C'est le nom vulgaire du FRAGON. (B.)

PETIT-LOUIS. *V.* TANGARA TÉITÉ. (V.)

PETIT MINOR ou MINO. C'est, dans Edwards, le nom du MAINATE. (S.)

PETIT-MOINE ou MOINOTON. L'un des noms vulgaires de la MÉSANGE CHARBONNIÈRE. (S.)

PETIT MOINEAU. C'est le MOINEAU FRIQUET. (S.)

PETIT-MONDE. Daubenton a ainsi appelé un poisson, du genre auquel il a imposé le nom de *quatre dents*, le *tetrodon ocellatus*, Linn. Or, quoi de plus baroque que le nom de *quatre dents petit-monde !* Voyez au mot TÉTRODON. (B.)

PETIT MOUCHET. Belon a désigné ainsi la FAUVETTE D'HIVER. (S.)

PETIT MUGUET. C'est l'aspérule odorante qui, quoique beaucoup plus grande que le muguet, a une fleur plus petite et d'une odeur plus foible. (LN.)

PETIT-NOIR-AURORE. *V.* MOUCHEROLLE DORÉ. (V.)

PETIT PAON DE MALACA. *V.* ÉPERONNIER. (v.)

PETIT PAON DES ROSES. Nom imposé au CAURALE par les habitans de Cayenne. *V.* ce mot. (v.)

PETIT-PIERROT. Nom vulgaire du PÉTREL dit l'OISEAU TEMPÊTE. (s.)

PETIT PINSON DE BOIS. Nom que l'on donne, en Lorraine, à nos GOBE-MOUCHES NOIRS. *V.* l'article MOUCHEROLLE. (v.)

PETIT-POIVRE. C'est le GATILIER D'EUROPE , *Vitex agnus-castus*, L. (LN.)

PETIT-RIC. *Voyez* TYRAN PIPIRI. (v.)

PETIT ROSSIGNOL DE MURAILLE D'AMÉRIQUE. C'est, dans Catesby, le PETIT NOIR-AURORE. *V.* MOUCHEROLLE DORÉ. (s.)

PETIT ROUGE-QUEUE NOIR. Nom que le traducteur des oiseaux de Catesby donne mal à propos au BOUVREUIL NOIR A BEC CRÉNELÉ , puisque Catesby l'appelle *little black bull-finch* (*petit gros-bec noir*). (v.)

PETIT SIMON. Nom d'un FIGUIER de l'île de Bourbon. *Voyez* l'article FAUVETTE. (v.)

PETIT SOLEIL. Nom vulgaire d'une coquille du genre sabot, *turbo calcar* , Linn., dont Denys-de-Montfort fait le type de son genre ÉPERON, *calcar.* (DESM)

PETIT-TAILLEUR. *V.* FAUVETTE COUTURIÈRE (s.)

PETIT-TOURD. En quelques parties de la France , c'est le nom de la GRIVE. (s.)

PETIT UNAU ou KOURI. *V.* BRADYPE. (DESM.)

PETITE ARDELLE BLEUE. C'est, en Sologne, le nom de la MÉSANGE BLEUE. (v.)

PETITE-BOUCHE. Nom vulgaire de l'OVULE VERRUQUEUSE de Linnæus, dont Denys-de-Montfort a fait le type de son genre CALPURNE, *Calpurnus.* (DESM.)

PETITE DIGITALE. On a donné ce nom à la GRATIOLE OFFICINALE. (LN.)

PETITE FAUVETTE ou PASSERINETTE. *Voyez* FAUVETTE ŒDONIE. (s.)

PETITE FLAMME. *V.* GRIS. (s.)

PETITE JASEUSE. *V.* PERRUCHE TIRICA. (v.)

PETITE JOUBARBE. *V.* ORPIN. (B.)

PETITE MIAULLE. Nom que l'on donne, sur les côtes de la Picardie, à la PETITE MOUETTE CENDRÉE, parce qu'elle est très-criarde. *V.* l'article MOUETTE. (v.)

PETITE OPERCULÉE AQUATIQUE. Geoffroy a ainsi nommé une coquille fluviatile que Linnæus avoit placée parmi les *hélices*, sous le nom d'*helix tentaculata*. Draparnaud en a fait un *cyclostome*, sous le nom de *cyclostome sale*, parce qu'elle est toujours incrustée de limon. *V.* au mot CYCLOSTOME. (B.)

PETITE OREILLE DE MIDAS. C'est une coquille du genre VOLUTE. (DESM.)

PETITE-ORGE. On donne quelquefois ce nom à la CÉVADILLE. *V.* ce mot et le mot DAUPHINELLE. (B.)

PETITE-OSEILLE. C'est l'OXALIDE COMMUNE, *Oxalis acetosa*, L. (LN.)

PETITE PASSE-PRIVÉE. Nom vulgaire du MOUCHET. (V.)

PETITE PIE DES INDES. C'est, dans Edwards, le nom de la PIE-GRIÈCHE NOIRE DU BENGALE. (V.)

PETITE-TÊTE. Genre de poissons appelé LEPTOCÉPHALE. (B.)

PETITE-VEROLE. C'est le *cyprœa nucleus*. Voyez au mot PORCELAINE. (B.)

PETITE-VIE. *V.* SITTELLE A HUPPE NOIRE. (V.)

PETITIE, *Petitia*. Arbrisseau de Saint-Domingue à rameaux tétragones, à feuilles opposées, ovales – oblongues, entières, et à fleurs disposées en panicule terminale, que Jacquin a figuré pl. 182 de ses *Plantæ americanæ*, et qui forme un genre dans la tétrandrie monogynie, et dans la famille des pyrénacées.

Ce genre a pour caractères : un calice à quatre dents ; une corolle divisée en quatre parties ; quatre étamines ; un ovaire inférieur, surmonté d'un style simple ; un drupe qui contient une noix à deux loges. (B.)

PETIVÈRE, *Petiveria*. Genre de plantes de l'hexandrie tétragynie et de la famille des chénopodées, dont les caractères consistent : en un calice divisé en quatre parties lancéolées ; point de corolle ; six ou huit étamines ; un ovaire supérieur surmonté de quatre styles persistans ; une semence nue, recouverte par le calice et surmontée par les quatre styles, devenus roides et spinescens.

Ce genre renferme deux plantes vivaces à feuilles alternes, ovales, acuminées, et à fleurs disposées en épis lâches, qui viennent des Antilles ou de l'Amérique méridionale, et qui s'élèvent à deux ou trois pieds.

L'une, la PÉTIVÈRE ALLIACÉE, a les fleurs hexandres. Ses feuilles froissées sentent l'ail.

L'autre, la PÉTIVÈRE OCTANDRE, porte dans son nom son caractère distinctif.

On les cultive toutes deux au Jardin des plantes. (B.)

PETOLA. Nom qui, dans les Indes orientales, indique quelques espèces de cucurbitacées. Le *petola* proprement dit (Rumph., *Amb.* 5, *tab.* 149) est le *cucumis acutangulus,* espèce de CONCOMBRE; le *petola anguina* (Rumph., *l. c. tab.* 148) est le *cucumis anguinus,* concombre long et replié comme un serpent, qu'on cultive dans l'Inde et en Italie. Le *petola tschina* (Rumph., *l. c., tab.* 147) est le *momordica luffa,* L., etc., etc. (LN.)

. **PETOLE.** Nom spécifique d'une COULEUVRE. (B.)

PÉTONCLE, *Petonculus.* Genre de coquilles qui faisoit partie des ARCHES de Linnæus. Il est composé de coquilles orbiculaires, subéquilatérales, à charnière en ligne courbe, garnie de dents nombreuses, sériales, obliques et articulées, et à ligament extérieur. Ainsi il ne diffère des ARCHES que parce que la charnière n'est pas en ligne droite, et des NUCULES, que parce qu'elle n'est pas en ligne brisée.

Les *pétoncles* changent beaucoup avec l'âge, à raison de l'inégalité de l'accroissement des bords des valves, qui y est plus marquée que dans aucune autre coquille. Ils présentent, en général, des caractères spécifiques si peu saillans, qu'ils ont été confondus entre eux, et regardés comme des variétés les uns des autres; mais lorsqu'on va chercher ces caractères dans la situation des sommets, relativement à la charnière et au ligament cardinal, on en a de fixes et d'invariables, qu'on peut reconnoître à tous les âges, et même dans l'état fossile.

Les impressions musculaires sont au nombre de deux dans les pétoncles, et elles sont accompagnées de deux saillies aiguës, qui se prolongent jusqu'au fond des sommets.

Les coquilles de ce genre ont généralement un épiderme écailleux ou velu, et des bords plissés, crénelés ou striés. Poli, dans son ouvrage sur les testacés des mers des Deux-Siciles, a décrit, sous le nom générique d'AXINAÉE, l'animal qui les habite, et il l'a figuré pl. 26, n.ᵒˢ 2, 3, avec des détails anatomiques très-étendus.

Les pétoncles s'enfoncent dans le sable, et ne filent point de byssus comme les véritables ARCHES. On les regarde partout comme un excellent manger.

Le PÉTONCLE COMMUN, *Arca petunculus,* Linn., qui est lenticulaire, presque auriculé, garni de côtes tuilées, à sommets crochus et à bords plissés. Il est aussi connu sous le nom de *peigne sans oreille.* Sa couleur roussâtre est coupée par des lignes obliques, brunes, et par des filets de même couleur qui forment des zigzags. Son diamètre est d'environ un pouce et demi.

On appelle aussi du nom de *pétoncle commun* la BUCARDE SOURDON. (B.)

Le PÉTONCLE ONDULÉ, qui est ovale, blanc, marqué de taches longitudinales ondulées, et dont les sommets sont courbés en arrière et les bords crénelés. On l'appelle la *came flamboyante* chez les marchands.

Le PÉTONCLE VELU, qui est presque orbiculaire, équilatéral, velu et brun, dont les sommets sont crochus et les bords crénelés. Il se trouve dans la Méditerranée. On le connoît sous le nom de *noix de mer*. Son diamètre est ordinairement de trois à quatre pouces. Ce qu'il a de plus remarquable, c'est que son épiderme est formé de poils bruns si serrés, qu'ils imitent le velours.

PÉTONCLE EN FAMILLE. On a donné ce nom à l'AGARIC DE L'AUNE. (B.)

PÉTOROÏ. Les insulaires des Kouriles donnent ce nom à la BÉCASSE. (S.)

PÉTOUA ou PÉTOUE. Nom provençal du ROITELET. (V.)

PETOULIER. Nom qu'on donne à l'OLIVIER SAUVAGE. (B.)

PETOULO. Espèce d'APEIBA. (B.)

PETRA. Les Grecs et les Latins désignoient par ce mot, les pierres grossières qu'on trouve en grandes masses. Leur réunion dans la nature s'appeloit RUPES, SAXA (roches). Les *lapis* étoient les pierres de moindres dimensions, non grossières et propres déjà à faire de petits objets d'agrément. Les pierres précieuses s'appeloient *gemmæ*. (LN.)

PÉTRAC ou PÉTRAT. C'est le nom que les Orléanais donnent au FRIQUET. (S.)

PETRACORIUS. Ce nom a été donné à la PIERRE de Périgueux, variété du *manganèse oxydé terne*. (LN.)

PÉTRÆA. Paul Amman mentionne sous ce nom, dans son Hortus bosianus (1686), un arbrisseau qui paroît être le *tetracera volubilis*, Linn., et qu'il ne faut pas confondre avec le PETREA de Houstone, de Linnæus, d'Adanson, etc. *V.* PÉTRÉE. (LN.)

PETRAIA. L'un des noms anciens du *capparis*, chez les Grecs. (LN.)

PETRAM. L'ACHILLÉE PTARMIQUE et la PYRÈTHRE sont ainsi nommées en Allemagne. (LN.)

PÉTRÉE, *Petrea*. Arbrisseau grimpant, à feuilles opposées, ovales, entières, presque sessiles, très-rudes au toucher, à fleurs disposées en grappes terminales et pendantes, qui forme un genre dans la didynamie angiospermie et dans la famille des pyrénacées.

Ce genre a pour caractères : un calice très-grand, divisé en cinq parties, et violet ; une corolle bleue, en roue, plus courte que le calice, divisée en cinq lobes obtus ; quatre étamines, dont deux plus courtes ; un ovaire supérieur surmonté d'un style très-court à stigmate simple ; une capsule à deux loges renfermées dans le fond du calice, et qui ne contient que deux semences.

La PÉTRÉE VOLUBLE croît dans l'Amérique méridionale, et est figurée pl. 628 du *Botanical Magazine* de Curtis. Ses feuilles sont employées à polir le bois.

Deux espèces nouvelles de ce genre sont décrites dans l'important ouvrage de Humboldt, Bonpland et Kunth, sur les plantes de l'Amérique méridionale.

Amman avoit donné le même nom à la TÉTRACÈRE VOLUBLE. (B.)

PÉTREL, *Procellaria*, Lath. Genre de l'ordre des oiseaux NAGEURS, et de la famille des SIPHORINS. *V.* ces mots. *Caractères* : bec élargi ou comprimé latéralement à sa base, composé, un peu cylindrique, à bords rarement pectinés, crochu et aigu vers le bout de ses deux parties chez les uns ; ou seulement à la pointe de la mandibule supérieure, tronqué, droit et creusé en goutière à l'extrémité de l'inférieure, chez les autres ; narines réunies dans un tube tronqué, et couché sur le dos du bec, quelquefois à ouverture distincte ; langue médiocre, entière, terminée en forme de spatule, ou conique ; pieds presque à l'équilibre du corps ; jambes dénuées de plumes sur leur partie inférieure ; trois doigts dirigés en avant, et engagés dans la même membrane ; un ongle aigu tenant lieu de pouce, très-rarement nul ; ailes longues ; les premières et deuxième rémiges, les plus prolongées de toutes.

Les oiseaux de cette famille sont distribués dans deux genres par Brisson, et dans deux tribus par Buffon. Ces naturalistes appellent *pétrels* ceux qui ont la mandibule inférieure droite et tronquée à son extrémité, et *puffins*, ceux qui l'ont crochue et aiguë. Linnæus les réunit dans un seul genre que Latham divise en deux sections, d'après la forme des narines qui sont réunies dans la première, et distinctes dans l'autre. M. de Lacépède a distrait de ce groupe quelques espèces, pour en faire deux divisions particulières. Ce savant appelle *pélécanoïdes* celles qui ont la gorge dilatable comme les *frégates*, et qui manquent d'ongle postérieur : tel est le *pétrel plongeur*. Il donne le nom de *prions* aux espèces qui, semblables d'ailleurs aux pétrels proprement dits, ont les narines à ouverture séparée, le bec élargi à sa base, et à bords pectinés à l'intérieur ; tels sont les *pétrels bleu* et *Forster*. Illiger a divisé en trois genres les *pétrels* et les *puffins* ; celui qui est connu sous le nom de *procellaria*, comprend les *procellaria gigantica*, *capensis*, *pelagica*; il ne cite que ces trois oiseaux; il a adopté les caractères indiqués par M. de Lacépède dans les deux autres, qui sont dans son *Prodromus* sous la dénomination d'*haladroma* pour les *pélécanoïdes*, qui selon lui, ont la langue terminée en forme de spatule, et ses bords dentelés à sa base; et de *pachyptila*, pour les *prions*, dont la langue est épaisse, charnue et conique. Enfin, M. Cuvier (Règne animal) a dispersé ces oiseaux dans quatre groupes; 1.° Ses *pétrels* proprement dits, sont ceux qui ont la mandibule inférieure tronquée; il indique pour ce groupe, les *pétrels de tempête, géant, damier, du Cap, gris-blanc.* 2.° Ses *puffins* ont la mandibule inférieure recourbée vers le bout, et les narines ouvertes par deux trous distincts; telles sont les espèces décrites ci-après sous les noms de *pétrels-puffins.* Ses troisième et quatrième groupes sont les *pélécanoïdes* et les *prions* de M. de Lacépède. Puisque chacune de ces divisions présente des caractères distincts, nous ne balançons pas à les adopter, mais seulement pour les espèces indiquées ci-dessus, et nous ajoutons, pour les distinguer, au nom de *pétrel*, celui de *puffin* qu'on leur a imposé. Quant aux autres, nous les appellerons simplement *pétrels*, sans assurer qu'il n'y en a pas parmi elles qui doivent en être distraites, puisqu'il en est un certain nombre que nous n'avons pas été à même de déterminer. Un astérisque les indiquera.

Les *pétrels* et les *puffins*, du moins ceux dont on connoît le genre de vie, ont le même instinct, les mêmes habitudes, n'habitent la terre que la nuit, et dans le temps des couvées, s'enfoncent dans les trous des rochers, se cachent sous terre, y placent leur nid, et font entendre du fond de ces trous des cris qui souvent sont pris pour le coassement des *grenouilles.* Tous nourrissent leurs petits en leur dégorgeant dans le bec la substance à demi-digérée et déjà réduite en huile, des poissons qui paroissent être leur unique nourriture. Si on les attaque dans leur retraite, si même on veut dénicher leurs petits, on doit agir avec précaution; car ils lancent cette huile dont leur estomac est rempli, aux yeux du chasseur; leur nid étant placé dans des rochers très-élevés et très-escarpés, l'ignorance de ce fait a coûté la vie à quelques observateurs qui, aveuglés par cette huile, se sont laissé tomber dans les précipices ou dans la mer.

De tous les oiseaux de mer, les *pétrels* et les *puffins* sont ceux qui se portent plus au loin sur le vaste Océan; mouvement des flots, agitation des vents, orages, tempêtes, rien ne peut arrêter leur audace et diminuer leur confiance. Les navigateurs en rencontrent sous toutes les zones, et à jusque près des deux pôles : ces palmipèdes bravent avec sécurité la fureur de la mer, et semblent se jouer de cet élément. Ces oiseaux, volant avec aisance, nageant avec facilité, ont encore la faculté de se soutenir sur l'onde, et même d'y courir en frappant de leurs pieds avec une extrême vitesse la surface de l'eau. C'est de cette sorte de marche sur l'eau, que vient le nom de *pétrel*; formé de *peter* ou *peterrill*, que les matelots anglais leur ont imposé en les voyant, comme S.-Pierre, marcher sur l'eau.

Le PÉTREL dit l'OISEAU TEMPÊTE, *Procellaria pelagica*, Lath.; pl. 60, fig. 6 de l'*American Ornithol.* Grosseur d'une *alouette;* longueur, cinq pouces dix lignes; plumage d'un brun noirâtre, plus pâle sur le dessous du corps, où il incline à la couleur de suie; grandes couvertures alaires d'un brun pâle, et légèrement terminées de blanc sale; côtés du bas-ventre et toutes les couvertures de la queue, dessus et dessous, d'un blanc pur; ailes jaunes; bec et iris noirs; membrane des doigts de cette couleur, avec une tache d'un jaune-paille.

Tous les navigateurs ont imposé à ce pétrel le nom d'*oiseau tempête*, parce qu'ils ont remarqué que lorsque dans un temps calme ces oiseaux arrivent en petites troupes à l'arrière du vaisseau, et volent en même temps dans le sillage, paroissant chercher un abri sous la poupe, c'est un signe de tempête; mais cela ne doit pas se généraliser, car on les voit souvent faire cette manœuvre, sans qu'elle soit suivie du mauvais temps. De toutes les espèces de ce genre, celle-ci est la plus répandue. On la rencontre sous toutes les latitudes nord et sud, mais rarement aux attérages. Ainsi que l'*hirondelle*, ce pétrel vole avec la plus grande vitesse, et semble la remplacer sur l'Océan. Il paroît et disparoît avec la même promptitude, et « sait, comme dit Buffon, trouver des points de repos au milieu des flots tumultueux et des vagues bondissantes; on le voit se mettre à couvert dans le creux profond que forment entre elles deux hautes lames de la mer agitée, et s'y tenir quelques instans, quoique la vague y roule avec une extrême rapidité. Dans ces sillons mobiles des flots, il semble courir comme l'*alouette* dans les sillons des champs. »

C'est particulièrement de cette espèce, parce qu'elle a été mieux observée qu'aucune des autres, dont il est question quand on dit que les *pétrels* nichent dans les trous et les fentes des rochers qui sont sur les bords de la mer, quittent leurs petits à la pointe du jour, et ne reviennent à leur nid que pendant la nuit, avec une très-grande abondance de nourriture dans leur estomac. Pendant tout ce temps, ils ne cessent de faire un vacarme dont le bruit ressemble au coas-

sement des grenouilles. Ils sont silencieux pendant le jour ;
alors ils se transportent à une très-grande distance sur l'O-
céan ; leur vol est si rapide qu'ils pourroient, assure-t-on,
faire un mille anglais par minute, de manière qu'en douze
heures ils auroient fait sept cent vingt milles, ce qui est très-
possible, puisqu'à l'époque des couvées j'en ai vu en mer à
plus de cent lieues de toute terre.

Il y a certainement variété dans le plumage de ces pétrels ;
ou il y a deux races, ou deux espèces particulières ; car dans
les voyages que j'ai faits à l'Amérique, j'ai toujours vu ensemble, lorsque dans le temps calme ces oiseaux se reposoient
sur la mer assez près du vaisseau, des individus qui avoient
du blanc dans leur plumage, en aussi grand nombre et en
compagnie de ceux qui n'ont aucune trace de cette couleur
sur leur vêtement. J'ai encore observé, en allant à Saint-
Domingue, qu'on ne voyoit plus de ces pétrels, lorsqu'on
étoit au tropique du cancer, même à quelques degrés avant
d'y arriver.

La figure du pétrel de la pl. enl. de Buffon, n.º 993, donne
à cet oiseau, ainsi que la description de Latham, des tarses
trop longs ; car ils n'ont, comme le dit Brisson, que dix lignes de
longueur totale. M. Temminck me paroît fondé à nous assurer que c'est une autre espèce qui a le même vêtement, mais
une taille un peu plus forte, les ailes plus allongées, et le
tarse long d'un pouce quatre lignes ; cette espèce se trouve
sur les mers Australe et Pacifique. Cet auteur propose de
l'appeler *pétrel échasse ;* mais ce nom a déjà été donné à un
autre *petrel. V.* ci-après PÉTREL ÉCHASSE.

Buffon rapporte à *l'oiseau de tempête,* comme variétés,
1.º le *petit pétrel de Kamtschatka,* qui a la pointe des ailes blanche ; 2.º celui des mers d'Italie, décrit par Salerne, qui le
sépare de notre *pétrel de tempête ;* en effet, il a la tête presque
entièrement bleue, ainsi que le jabot et les côtés, avec des
reflets de violet et de noir ; le dessus du cou, vert et pourpre,
changeant comme celui du *pigeon,* le sommet des ailes et le
croupion mouchetés de blanc ; tout le reste noir. Buffon rapporte encore au pétrel de cet article, le *rotje* du Groënland
et du Spitzberg, dont parle Anderson.

*Le PÉTREL ANTARCTIQUE, *Procellaria antarctica,* Lath. On
ne rencontre ce pétrel que sous les hautes latitudes australes.
Il ressemble au *damier,* à l'exception du plumage, où le noir
est remplacé par du brun, sur un fond blanc.

* Le PÉTREL BLANC, *Procellaria nivea,* Lath., se trouve
dans le voisinage des glaces du pôle antarctique. Son plumage
est d'un blanc de neige, excepté les tiges des pennes des ailes

et de la queue, qui sont noires ; le bec est d'un noir bleuâtre ; les pieds sont bleus ; grosseur d'un *pigeon*.

Le Pétrel blanc et noir. *V.* Pétrel damier.

Le Pétrel du Cap de Bonne-Espérance. *V.* Pétrel-puffin-brun.

Le Pétrel cendré, *Procellaria cinerea* ; Lath. Longueur, dix-neuf pouces ; bec jaunâtre et noir ; iris cendré ; toutes les parties supérieures de cette couleur, mais sombre et plus pâle sur le dessus de la tête et le front ; toutes les parties inférieures blanches ; queue arrondie à son extrémité, noire en dessus, et d'un cendré pâle en dessous ; pieds bleuâtres ; membrane des doigts, jaune ; doigts et ongles d'une nuance plus pâle.

Latham a vu une variété qui avoit le bec d'un bleu pâle ; la poitrine et le ventre, d'un noir sombre et foncé. Cette espèce habite les mers du cercle antarctique.

Cet ornithologiste parle encore d'une autre variété qui se trouve au port Jackson dans la Nouvelle-Hollande. Elle est d'un noir sombre, avec les côtés de la tête, le cou et toutes les parties inférieures, cendrés ; le bec et les pieds sont d'un jaune terne.

Le Pétrel échasse, *Procellaria grallaria*, Vieill. On le trouve à la Nouvelle-Hollande ; il a le bec, les pieds, les ailes et la queue, noirs ; la tête, le cou en entier, la gorge, le dos, les scapulaires, les couvertures supérieures des ailes, d'un gris bleuâtre sombre ; la poitrine et les parties postérieures, blanches : la taille du *pétrel marin* ; les pieds longs et grêles.

On le trouve sur les mers australes.

* Le Pétrel frégate, *Procellaria fregata*, Lath. ; pl. 135 du Voyage de Rochef., sous la dénomination d'*Hirundo americana*. Cet oiseau, un peu plus petit que le *pétrel oiseau de tempête*, est blanc en dessous, noir en dessus et sur les pieds.

* Le Pétrel fuligineux d'Otaïti, *Procellaria fuliginosa*, Lath., se trouve à l'île d'Otaïti. Il a dix pouces de longueur totale ; le bec noir ; l'iris d'un cendré pâle ; la tête et le cou, d'une couleur de suie ; le corps généralement d'un brun plus pâle en dessous qu'en dessus, et mélangé de cendré sur le haut de l'aile ; la queue est un peu fourchue, et ses pennes ont leur extrémité carrée ; elles sont, de même que les pennes alaires, d'un noir profond ; les ailes en repos excèdent un peu la queue ; les pieds sont grêles, noirs et longs d'un pouce ; la membrane des doigts a des taches jaunes çà et là.

Le Pétrel fulmar. *V.* Pétrel-puffin gris-blanc.

Le Pétrel géant, *Procellaria gigantea*, Lath., pl. 100 de son *Synopsis*. Les Espagnols ont imposé à ce grand oiseau le nom de *quebrantahuessos*, qui veut dire *briseur d'os*, peut-être d'après la force de son bec. Forster lui donne la taille de l'*albatros*. Il est, selon Latham, plus gros qu'une *oie*, et long de quarante pouces; le bec est d'un beau jaune, très-fort et très-crochu à son extrémité; le dessus de la tête noirâtre; les côtés, le devant du cou et le dessous du corps sont blancs; le dessus du cou et du corps est blanchâtre, avec des taches d'un brun obscur; les scapulaires, les couvertures, les pennes des ailes et de la queue sont de ce même brun, plus foncé sur le milieu de chaque plume; les pieds d'un gris jaunâtre; les membranes noirâtres.

Cette espèce se trouve dans les mers au sud de l'Amérique.

* Le Pétrel des glaces, *Procellaria gelida*, Lath., a près de huit pouces de longueur totale; le bec jaune; le tube des narines, le dessus de la mandibule supérieure, l'extrémité de l'inférieure et les bords de ces deux parties, noirs; le dessus de la tête, jusqu'aux yeux, et le derrière du cou, jusqu'aux épaules, d'un cendré bleuâtre pâle; le reste des parties supérieures, d'un noir sombre; la gorge, le devant du cou et la poitrine, blancs; le ventre et les parties postérieures, blancs cendrés; les pieds et les membranes bleus; les ongles noirs; le dessous du pied, blanc. On les trouve sous le cercle antarctique, avec beaucoup d'autres espèces, et ils se tiennent sur les glaces.

* Le Pétrel gris, *Procellaria grisea*, Lath., se trouve depuis le cinquantième jusqu'au quatre-vingtième degré de latitude australe. Il a treize pouces de longueur totale; le bec brun; le plumage d'un gris fuligineux; les plumes des couvertures inférieures des ailes, blanches, avec leur tige noire; le devant des pieds d'un gris bleuâtre. Un individu indiqué par Latham, diffère du précédent en ce qu'il a le menton et la gorge blanchâtres.

* Le Pétrel gris-verdâtre, *Procellaria desolata*, Lath. Ce pétrel, qu'on trouve sur les mers de l'île de la Désolation, a dix pouces de longueur totale; le bec noir, avec sa pointe jaunâtre; le plumage supérieur du corps, d'un gris-verdâtre, plus foncé sur la tête, dont les côtés jusqu'au-dessous des yeux sont blancs, de même que toutes les parties inférieures; le haut de l'aile est noir; ses pennes et celles de la queue sont noirâtres; celle-ci est arrondie à son extrémité et terminée par du brun foncé; les pieds sont bruns; les membranes des doigts jaunes, et les ongles noirs.

Le Pétrel de l'île Saint-Kilda. *V.* Pétrel cendré.

Le Pétrel marin, *Procellaria marina*, Lath., a sept pouces trois quarts de longueur; le bec menu et pas très-crochu à son extrémité; le dessus de la tête et du cou, jusqu'aux épaules, d'un cendré bleuâtre ; le dos et les couvertures des ailes, de couleur brune ; le croupion, d'un bleu grisâtre ; une marque d'un cendré bleuâtre au-dessous de l'œil ; les côtés de la tête, les sourcils et toutes les parties inférieures, blancs. La queue, lorsqu'elle est déployée, paroît un peu fourchue, et les ailes en repos s'étendent jusqu'à son extrémité ; les pieds sont noirs, grêles et longs ; la membrane des doigts a une marque jaunâtre. On rencontre ce pétrel sous le trente-septième degré de latitude sud.

* Le Pétrel mélanope, *Procellaria melanopus*, Lath. Longueur, douze pouces ; bec noir, et d'un gris d'argent pâle autour de sa base ; menton et gorge de cette teinte, avec de petites taches noirâtres ; dessus de la tête, parties supérieures, ailes et queue d'un noir sombre inclinant au gris-blanc, sur le dos ; dessous du corps, d'un gris cendré blanchâtre ; queue arrondie à son extrémité ; pieds très-pâles ; membranes des doigts, pareilles dans un tiers de leur étendue, et noires dans le reste, jusqu'à leur extrémité. On dit que cette espèce habite le nord de l'Amérique.

Le Pétrel de neige. *V.* Pétrel blanc.

Le Pétrel-pélécanoïde plongeur, *Procellaria urinatrix*, Lath. Il a huit pouces de longueur ; le bec noir, blanc vers le milieu et sur les côtés de la mandibule inférieure ; l'iris d'un bleu sombre ; le plumage, d'un brun-noir en dessus ; blanc en dessous, excepté le haut de la gorge, qui est noir ; les pieds, d'un vert bleuâtre ; les membranes noires, et point d'ongle postérieur. Il diffère des autres en ce qu'il a une poche membraneuse comme la *frégate*. Il habite les mers Pacifique et Australe ; et il est connu à la Nouvelle-Zélande sous le nom de *tee-tee*.

* Le Pétrel a poitrine blanche, *Procellaria alba*, Lath. ; a quinze pouces de longueur ; le bec crochu à sa pointe, et noir ; la tête, le cou et le dessus du corps, d'un brun sombre presque noir ; une marque blanchâtre sur la gorge ; la poitrine et le ventre blancs ; les couvertures inférieures de la queue mélangées de cendré et de blanc ; la queue arrondie à son extrémité ; les pieds d'un brun-noir, et l'ongle postérieur émoussé. On le trouve aux îles de Noël et des Tourterelles.

Latham rapproche de cette espèce un pétrel qui est figuré dans le *Voyage de Philipps*, page 16, sous la dénomination de *norfolk island petrel*, lequel a la tête, jusqu'aux yeux, et le menton ondulés de brun et de blanc ; le reste du plumage, d'un brun fuligineux en dessus, et d'un cendré foncé en dessous. Les ailes en repos dépassent la queue de près d'un pouce ; celle-ci est arrondie à son extrémité et composée de

seize pennes de la couleur du dos; les pieds sont d'un jaune
pâle ; les ongles noirs. On le trouve sur les mers de l'île
Norfolk.

Le Pétrel-prion bleu, *Procellaria cœrulea.* Cet oiseau
dont il est fait mention dans le Voyage de Forster et du capitaine Cook, a onze pouces de longueur totale; le bec bleu,
avec sa pointe noire, et le milieu jaune ; les parties supérieures d'un gris-bleu, les inférieures blanches ; une marque noirâtre au-dessous des yeux, et une bande de la même
teinte sur la poitrine ; les grandes pennes des ailes d'un
blanc cendré, un peu plus foncé que celui du manteau, et
presque blanches à l'intérieur ; la queue de la couleur du
dos, avec les pennes les plus extérieures de chaque côté,
blanches en dehors. Toutes les autres, à l'exception de la
deuxième, sont terminées de blanc ; les pieds bleus, et les
membranes des doigts d'une nuance pâle. Cette espèce est
très-nombreuse sur la mer du Sud, depuis le quarante-sep-
tième degré jusqu'au cinquante-huitième de latitude australe.

*Le Pétrel-prion Forster, *Procellaria Forsteri*, Lath.;
Procell. Vittata, Linn., édit. 13. On voit ce pétrel dans les mers
qui sont entre l'Amérique et la Nouvelle-Zélande. Taille d'un
petit *pigeon ;* longueur, treize pouces ; bec gris-bleu et très-
large ; langue fort épaisse ; dessus du corps, de la couleur du
bec, avec une bande plus foncée et transversale sur les ailes
et le bas du dos ; côtés de la tête et dessous du corps, blancs
bleuâtres; une strie noire au-dessus des yeux; pennes des ailes
et l'extrémité des six intermédiaires de la queue, d'un bleu
noirâtre ; pieds noirs.

Le Pétrel-puffin, *Procellaria puffinus*, Lath. ; pl. enl.
de Buff, n.° 962, a quinze pouces de longueur; le bec jaune
avec sa pointe noire ; les parties supérieures du corps teintes d'un gris assez clair sur la tête, plus foncé sur le dos,
tout-à-fait noirâtre sur les ailes et la queue ; chaque plume est
frangée d'une teinte plus claire ; le dessous du corps est blanc.

Cette espèce se trouve dans nos mers, et niche aux îles
Sorlingues, particulièrement sur l'île de Man, où elle abonde
au printemps. Elle commence par faire la guerre aux lapins,
et les chasse de leur trou pour s'y nicher. Sa ponte est d'un
seul œuf blanc. Dès que le petit est éclos, la mère le quitte
de grand matin pour ne revenir que le soir, et c'est pendant
la nuit qu'elle le nourrit, en le gorgeant de la substance du
poisson qu'elle a pêché.

Le Pétrel-puffin cendré, *Procellaria puffinus*, Var.,
Lath.; pl. enl. de Buffon, n.° 39, habite les mers du Nord.
Il a le front, le dessous du corps et la queue, de couleur

blanche ; les ailes noires , avec quelques taches blanches ; le reste du plumage , d'un cendré bleu ; les pieds gris-bruns ; le bec noir , fortement articulé et très-crochu ; longueur, quinze pouces.

*Le PÉTREL - PUFFIN A BEC BLEUÂTRE, *Procellaria pacifica*, Lath. Ce pétrel , selon cet ornithologiste , se trouve en Europe et aux îles de la mer Pacifique. Il a vingt-un pouces de longueur totale ; le bec couleur de plomb et très-crochu à sa pointe ; les narines distinctes, obliques , ovales, un peu élevées et situées à un pouce un quart de la base du bec. Le plumage supérieur est noir, et l'inférieur noirâtre; les pieds sont pâles, avec des taches noires à leur base ; quelques-unes de ces taches se font remarquer sur les doigts et sur leur membrane.

*Le PÉTREL-PUFFIN DU BRÉSIL,*Procellaria brasiliana*, Lath., est à peu près de la grandeur et de la grosseur d'une *oie* médiocre , et généralement d'un brun noirâtre, avec deux marques jaunâtres sur le devant du cou ; le bec est d'un blanc de corne. On dit qu'il se tient dans la mer près de l'embouchure des rivières , et qu'il fait son nid sur le rivage.

Le PÉTREL-PUFFIN BRUN , *Procellaria æquinoxialis*, Lath. ; pl. 89 des *Ois.* d'Edwards , sous la dénomination de *Great black petrel*. Ce pétrel habite les mers du Cap de Bonne-Espérance , et Forster l'a vu dans celles de la Nouvelle-Zélande. Il a la taille du *corbeau*; vingt - deux pouces de longueur totale ; le bec jaunâtre et noir ; tout le plumage d'un brun noirâtre ; les pieds bruns et les ongles noirs. On rapproche de cette espèce le pétrel figuré dans le *Voyage* de White , page 252 , qui n'en diffère essentiellement qu'en ce qu'il a sur le menton une marque blanche qui remonte sur chaque côté de la mandibule supérieure. Cet oiseau se trouve dans les mers de la Nouvelle-Galles du Sud, près du port Jackson.

Le *Kuril pétrel* de l'*Arct. zool.* est présenté par Latham comme une variété de cette espèce. Il est beaucoup plus grand que le premier , et porte un plumage uniforme , d'un noir fuligineux ; ses pieds sont de cette teinte, mais tirant au rouge. On le trouve au Kamtschatka.

Le PÉTREL-PUFFIN FULIGINEUX,*Procellaria leucorhoa*,Vieill., a sept pouces et demi de longueur totale ; la queue fourchue ; le bec , les pieds , les pennes alaires et caudales , noires; le reste du plumage couleur de suie , à l'exception des couvertures supérieures de la queue , qui sont blanches, et d'un liseré gris-blanc qui est à l'extrémité des pennes secondaires de l'aile. Ce pétrel, que M. Baillon conserve dans sa collection, et qu'il a trouvé sur les bords maritimes de la Picardie , se tient sur l'Océan, jusqu'au Brésil, et peut-être encore au-delà.

Le PÉTREL-PUFFIN GRIS-BLANC, *Procellaria glacialis*, Lath., pl. enl. de Buffon, n.º 59. Cette espèce se trouve dans les mers du Nord et du Sud, jusqu'aux deux cercles polaires. Elle est connue à l'île de Saint-Kilda sous le nom de *fulmar*; au Groënland, sous celui de *kakordluk*; et on l'appelle, au Kamtschatka, *glupisha*. Elle a dix-sept pouces de longueur; le bec d'un gris pâle, et terminé de jaunâtre; le dos et les couvertures des ailes, cendrés; le reste du plumage blanc; les pieds d'un jaune grisâtre : dans quelques individus, la queue est cendrée. Le jeune est totalement d'un gris cendré, avec les grandes pennes des ailes, noires. Cette espèce se trouve quelquefois sur les côtes de la Picardie.

Le PÉTREL-PUFFIN OBSCUR, *Procellaria obscura*, Vieill., a douze pouces de longueur totale; le bec de couleur de corne, sur les côtés, noir dans le reste; deux petites ouvertures servant de narines; le dessus du corps d'un noir sombre, le dessous blanc; les côtés du cou mélangés de brun et de blanc; les bords des couvertures intermédiaires de l'aile, blanchâtres; les pieds tout-à-fait à l'arrière du corps, noirs, avec leurs côtés d'une teinte pâle, dans toute leur longueur; les deux doigts intérieurs jaunâtres; les membranes digitales d'une couleur orangée, les ongles noirs. Il y a au Muséum d'Histoire naturelle un individu qui diffère principalement du précédent, en ce qu'il est d'un gris rembruni où l'autre est noir. Cette espèce se voit à l'île de Noël, à la baie du roi Georges, sur les côtes occidentales de l'Amérique, et même sur les côtes de la Bretagne et de la Picardie, où elle a été trouvée par M. Baillon.

*Le PÉTREL A QUEUE FOURCHUE, *Procellaria furcata*, Lath. Ce pétrel a été vu sur les glaces qui séparent l'Asie de l'Amérique. Il a le bec noir; la mandibule supérieure très-crochue à son extrémité, et le tube des narines prolongé jusqu'à sa pointe; le plumage assez généralement d'un gris d'argent foncé, plus pâle sur les parties inférieures; le bas-ventre blanc; le front et le sommet de la tête mélangés de brun; le bord interne de l'aile d'un noir sombre; les pennes d'un gris noirâtre, et les secondaires d'un gris plus pâle sur leurs bords; les couvertures de la queue assez longues et de la couleur des pennes alaires, ainsi que la queue elle-même, qui est fourchue à son extrémité, et dont les pennes extérieures de chaque côté sont bordées de blanc en dehors; les ailes, dans leur état de repos, s'étendent jusqu'à son extrémité; les pieds sont noirs.

Le PÉTREL TACHETÉ ou le DAMIER, *Procellaria capensis*,

Lath.; pl. enlum. de Buffon, n.º 964. Les navigateurs ont donné à cet oiseau le nom de *damier*, d'après son plumage marqué de noir et de blanc; d'autres l'ont appelé *pigeon de mer*, d'après son air et son port. Il habite les mers antarctiques, et s'approche peu des tropiques. Grosseur d'un *pigeon commun*; quatorze à quinze pouces de longueur; bec et pieds noirs; dessus de la tête et du cou, pennes des ailes et de la queue, de la même couleur; des taches blanches sur les ailes; queue frangée de blanc et de noir; manteau régulièrement tacheté de noir et de blanc; ventre de cette dernière couleur.

Le PÉTREL DE TEMPÊTE. *V.* PÉTREL DIT L'OISEAU DE TEMPÊTE. (V.)

PÉTRICOLE, *Petricola*. Genre de coquilles établi par Lamarck dans la classe des *bivalves*. Son expression caractéristique se rédige ainsi : coquille transverse, inéquilatérale, un peu bâillante aux deux bouts, et ayant deux impressions musculaires; deux dents cardinales sur une valve, et une dent cardinale bifide sur l'autre; ligament extérieur.

Ce genre est composé de trois espèces qui font partie du genre *venus* de Linnæus. L'une est la *venus lapicida*, tab. 172, fig. 1664 et 1660 de la *Conchyliologie* de Chemnitz. L'autre est la *venus lithophaga* de Retzius que Fleuriau-de-Bellevue a depuis rangée parmi les RUPELLAIRES. Cette dernière se trouve très-abondamment dans les rochers sous-marins calcaires des environs de la Rochelle. Sa manière de vivre se rapproche beaucoup de celle des PHOLADES; mais son trou n'est pas rond; aussi elle ne peut le creuser par un mouvement de tarière comme ces dernières. Il est probable, dit Fleuriau-de-Bellevue, dans un mémoire lu à l'Institut, qu'elle dissout la pierre par le moyen d'un acide qui transsude de son corps, opinion non prouvée, mais qui est appuyée sur l'observation faite par l'auteur de ce mémoire, que la pierre est colorée différemment autour du trou dans une petite épaisseur, et sur celle faite sur les *moules lithophages* par Fortis, qu'on ne les trouve jamais dans les pierres argileuses, les basaltes et les *briques*, quoique moins dures que la pierre calcaire voisine, qui en est garnie. (B.)

PÉTRIFICATION. Ce mot a reçu deux acceptions différentes. Selon la première, c'est le changement d'un corps organisé en matière pierreuse; suivant la seconde, c'est le corps pétrifié lui-même.

Dans le second cas, le nom de pétrification a été donné par les anciens oryctographes, non-seulement aux corps dont la substance a changé de nature, tout en conservant son organisation interne; mais encore aux moules ou con-

tre-moules, aux simples empreintes ou vestiges que les animaux ou les végétaux ont laissées au milieu des couches terrestres où on les rencontre aujourd'hui(1) Cette acception du
mot *pétrification* est encore la plus généralement adoptée.

Nous croyons néanmoins devoir la restreindre aux corps
animaux ou végétaux, qui présentent des traces de leur *organisation interne*. Ce sont, en effet, les seuls que l'on puisse
considérer comme existans encore en partie, et seulement
modifiés par les substances pétrifiantes, tandis que les moules,
les empreintes, etc., ne nous offrent que des représentations
de formes, et aucune trace des matières propres aux êtres
dont ils révèlent l'antique existence.

Le mot de *fossiles* est celui qui nous paroît mériter l'acception très-générale donnée jusqu'ici à celui de *pétrifications*,
parce qu'il apprend simplement que les corps ou les vestiges
quelconques de corps auxquels on l'applique, ont été rencontrés enfouis dans le sein de la terre, et qu'il ne donne aucune
cune notion sur la nature de ces corps ou de ces empreintes.

Ainsi, les bois changés à l'état de silice ou de chaux carbonatée ; les ossemens de mammifères, d'oiseaux, de reptiles, de poissons, le test des crustacés, les madrépores et
autres produits marins, compris dans les couches de la terre,
seront pour nous des *corps pétrifiés*, toutes les fois que ces
matières conserveront leur structure interne.

Parmi les corps pétrifiés, les uns offrent à l'analyse quelques produits que l'on retrouve dans les corps vivans, tels
que le carbone, la gélatine, etc., en petite quantité, il est
vrai ; mais le plus grand nombre n'en offre pas de traces.

A l'article Fossile, nous avons traité des différentes manières dont les *corps pétrifiés*, ou les empreintes, ou les moules des *corps organisés*, se trouvent dans le sein des couches
terrestres. Nous avons indiqué, notamment, les substances
qui viennent remplacer celle de ces corps organisés, lorsqu'ils sont à l'état de pétrification, ou celles qui composent
les moules, lorsque les corps ont totalement disparu ; nous
avons parlé des accidens que ces débris ont éprouvés,
après leur dépôt ; enfin, nous avons déterminé les classes
auxquelles ils se rapportent. En parlant des Animaux perdus, nous nous sommes attachés à faire connoître, autant
que l'état de nos connoissances nous le permet, l'ordre dans
lequel les fossiles ont été déposés dans les couches terrestres, en commençant par les plus profondes, et arrivant

-----

(1) On a aussi appelé, mais très-improprement, *pétrifications*, les
incrustations de chaux carbonatée, de chaux sulfatée, de tuf, etc.,
qui se font actuellement dans certaines eaux qui tiennent ces matières
en suspension ou en dissolution.

successivement jusqu'aux plus récentes. Nous avons donc examiné déjà plusieurs points importans de l'histoire des *corps organisés* enfouis, et il ne nous reste plus qu'à nous occuper de la première acception du mot *pétrification* ; celle qui indique le changement d'un corps organisé en matière pierreuse.

Ce point a été long-temps médité par les anciens naturalistes, et même par les théologiens, parce qu'il se lie avec l'histoire de la création du monde, et conséquemment avec les traditions qui forment la base de nos religions ; une foule d'auteurs ont divagué, à qui mieux mieux, sur ce sujet ; les uns ont prétendu que les fossiles étoient de simples jeux de la nature, qu'ils résultoient de la corruption des pierres ; d'autres qu'ils étoient produits par les astres, et notamment par les rayons de la lune *qui mangeoient les pierres*, etc. Ces erreurs, long-temps accréditées, se sont propagées jusqu'au milieu du siècle dernier, qui néanmoins nous fournit encore des explications fort singulières relativement à la formation des fossiles et à leur dépôt (1). Mais les sciences physiques prenant un essor rapide, ont bientôt écarté toutes ces rêveries, et la saine observation a bientôt prouvé que les débris enfouis ou pétrifiés l'avoient été par suite d'un nombre plus ou moins considérable de révolutions du globe, les unes en apparence générales ou presque générales, puisque des débris marins ont été déposes à une hauteur de plus de 1200 toises perpendiculaires au-dessus du niveau actuel de l'océan ; les autres partielles, telles que celles qui ont donné lieu aux *fossiles* appelés *d'eau douce* ; enfin, d'autres qui résultoient des éruptions de volcans, dont les laves avoient recouvert des espaces considérables de terrains où se trouvoient des corps organisés végétaux ou animaux.

Une question s'est élevée dans ces derniers temps :

« Se forme-t-il de nos jours de nouveaux fossiles ? » Si l'on met à part l'observation d'un M. Le Royer de la Sauvagère (2), qui assisté de ses vassaux et de ses voisins, avoit vu deux fois, en quatre-vingts ans, une partie du sol des environs de sa terre de Desplaces, en Touraine, auprès de Chinon, métamorphosée en un lit de pierre tendre ; les coquilles renaissant d'abord si petites, qu'il falloit un microscope pour les apercevoir, et croissant avec la pierre, jusqu'à prendre insensiblement dix lignes d'épaisseur » ; si, disons nous, on met à part cette observation, et si l'on a égard à

---

(1) Voyez Voltaire. édition de Deterville, tom. 19, pag. 321, Dissertation sur les *changemens arrivés dans notre globe et sur les pétrifications qu'on prétend en être le témoignage.*

(2) Citée par Voltaire.

celles des naturalistes plus exercés que M. Le Royer de la Sauvagère, on peut dire qu'aucun fait positif n'établit qu'il se forme maintenant des pétrifications, du moins dans l'intérieur de la terre, et que la simple raison doit porter à croire qu'il ne peut s'en former. Il peut néanmoins s'en opérer dans le sein des eaux; car il semble que l'immersion des corps dans un fluide, dissolvant de la matière qui pétrifie, soit une condition nécessaire pour que la pétrification ait lieu.

Un grand nombre de pétrifications étant siliceuses, il a fallu que le liquide dans lequel elles se sont formées ait eu la propriété de dissoudre la silice ; or, nous ne connoissons maintenant aucun liquide abondant dans la nature, qui soit pourvu de cette propriété (1). On en peut dire autant des dissolvans des carbonates, fluates ou phosphates qui nous sont tout aussi inconnus.

Deux faits seulement paroissent pouvoir établir que, dans certains cas, il a pu se former assez récemment des fossiles. 1.° Les divers voyageurs français qui ont exploré le contour de la Nouvelle-Hollande, ont vu, en divers points, des pétrifications des plus singulières. Riché, d'abord, dans la baie de l'Espérance, à la terre de Nuyts, s'étant enfoncé dans une vallée enfouie entre des dunes de sable, la trouva couverte de troncs d'arbres calcaires, cassés vers leur racine, et dont les tronçons debout ne s'élevoient pas à plus d'un pied de hauteur. Au niveau du terrain, on distinguoit les nœuds, les couches ligneuses, et tous les autres accidens durables de la végétation; quelques tiges avoient plus d'un pied de diamètre. Lesueur, Péron et Bailly, trouvèrent de semblables pétrifications dans l'île Decrès, dans l'île Joséphine, et sur quelques points des terres de Leuwin, d'Édels, d'Endracht et de Whit; c'étoient des feuilles, des fruits, des branches et des racines de végétaux, des ossemens de quadrupèdes, et jusqu'à leurs excrémens. Ils ont cherché à en expliquer la formation, en disant que le sable calcaire et siliceux, très-fin, qui borde les côtes de ce nouveau Continent, est enlevé par le vent, se dépose sur les corps et s'y incruste, qu'il prend ensuite une solidité, telle que si l'on brise les rameaux de ces espèces de lithophytes, lorsque l'incrustation est récente, on aperçoit le tissu ligneux engagé dans un étui solide, et sans aucune altération remarquable; mais que, à mesure que l'enveloppe calcaire augmente, le bois se désorganise, et se change insensiblement en un détri-

______

(1) On a seulement parlé d'eaux chaudes contenant de la potasse en dissolution, qui avoient la propriété de dissoudre de la silice, et qui déposoient des stalactites de calcédoine.

tus aride et noirâtre ; qu'alors, l'intérieur du tube est encore
vide, et conserve un diamètre à peu près égal à celui de la
branche qui lui a servi de moule ; qu'enfin, le tube finit par
s'obstruer et se remplir de parties quarzeuses et calcaires.
Quelques années s'écoulent, et tout est converti en une masse
de grès. A cette dernière époque, la forme arborescente peut
seule rappeler l'ancien état de végétation. Dans certains
points de la Nouvelle-Hollande il existe des dunes élevées,
formées de sable très-fin, susceptible d'une solidification plus
ou moins prompte. Au revers de ces collines mobiles, croissent
diverses espèces d'arbustes, et même de grands arbres, comme
des banksia, et des eucalyptus. Dans une telle position, tout le
sable que les pluies, les vents et les orages précipitent du
sommet des dunes, vient se déposer au pied de ces arbres ;
il s'élève insensiblement le long de leur tige, il atteint leurs
premiers rameaux, et finit, à la longue, par les ensevelir
sous ses masses toujours croissantes ; le tissu végétal s'altère
dans les troncs et dans les rameaux ; la substance des couches
ligneuses étant beaucoup plus solide que celle qui remplit
leurs intervalles, se décompose aussi plus lentement que cette
dernière ; de là des cercles concentriques qui donnent à ces
incrustations extraordinaires l'apparence de véritables pétrifications ; *mais, en les observant avec soin, il est facile de se
convaincre que ces prétendus arbres pétrifiés ne sont autre chose
que des massifs d'un grès plus ou moins dur, qui ne conservent que
la forme des végétaux qui leur servirent de moules.* (Péron et
Lesueur. *Voyage aux Terres australes*, tome 2, page 172.)

'En adoptant la manière de voir de ces naturalistes, nous
ne considérerons donc pas ces arbres comme de véritables pétrifications ; néanmoins, nous y verrons un mode d'incrustation
tout-à-fait singulier, et dont nous ne connoissons d'analogue
que ce qu'on remarque sur les racines des arbres qui pénètrent dans un sol sablonneux et ferrugineux, comme cela
a lieu par exemple sur des racines de chênes des environs de
la Sablonnière de la mare d'Auteuil, dans le bois de Bou-
logne près Paris. Ces racines sont changées en tuyaux creux
et assez solides, et l'on observe que l'oxyde de fer sert
comme de ciment pour réunir les parties quarzeuses.

Le second fait est tiré de la *Bibliothèque universelle*, du mois
de juillet 1818. M. Mackensie y décrit un arbre pétrifié hors
de terre, qu'on voit près de Pennicuilk, à dix milles d'Edimbourg. Il n'en existe que le tronc, qui sort verticalement de
terre de quelques pieds ; il a environ quatre pieds de diamètre à sa base ; ses racines s'enfoncent en terre dans des
directions différentes : en un mot, il paroît avoir crû dans
l'endroit même où on le trouve. Sa substance est maintenant

un véritable grès ; et ce qui reste de l'écorce est à l'état de houille, ainsi qu'on l'observe souvent dans les bois fossiles. (1)

Ce fait a cela d'analogue avec le premier, que la substance même de l'arbre est changée en grès ; du reste, les moyens d'expliquer cette transformation manquent entièrement.

Ainsi, n'ayant point d'exemples sous les yeux, de la manière dont la véritable pétrification s'opère, nous sommes obligés de former des hypothèses pour chercher à expliquer comment elle a pu avoir lieu. L'article *pétrification* de la première édition de cet ouvrage, par feu Patrin, a particulièrement pour objet de détruire les systèmes imaginés antérieurement, afin d'y substituer le sien qu'il croit préférable.

L'hypothèse qui est le plus généralement admise, consiste à supposer que la matière pierreuse se substitue à la substance végétale (ou animale), à mesure que celle-ci se décompose, et, selon l'opinion d'un de nos plus habiles physiciens, M. Haüy, parce que le remplacement se fait successivement, et comme de molécule à molécule, les parties pierreuses en s'arrangeant dans les places laissées vides par la retraite des parties ligneuses, et en se moulant dans les mêmes cavités, prennent l'empreinte de l'organisation végétale (ou animale), et en copient exactement les traits. (*Traité de minéralogie*, tom. 1, p. 142 et 143.) Selon le même savant, dans le bois pétrifié, l'organisation est détruite, et il n'en reste que l'apparence (tom. 2, pag. 182).

Feu Patrin, tout en reconnoissant que cette théorie est ingénieuse, et présentée d'une manière très-séduisante, propose des faits, d'après lesquels, selon lui, il ne seroit guère possible de l'admettre. Il cite, entre autres, les troncs d'arbres pétrifiés en silex, trouvés au milieu de sables mobiles, et il s'étonne que le liquide qui tenoit en dissolution la matière pierreuse, qui a pris la place des molécules du bois, n'ait pas agglutiné et converti en grès quarzeux le sable qui touche à ce bois pétrifié, cette conséquence lui semblant inévitable. Il nie que l'organisation soit détruite, parce que les fibres du bois pétrifié, à peine discernables au microscope, ont parfaitement conservé et la forme et la situation qu'elles avoient dans l'état le plus parfait du bois, et que, de plus, les couleurs n'ont point changé. Or, dit-il, si les molécules pierreuses avoient pris la place des molécules ligneuses, toute

---

(1) On en voit un, également sur pied, dans l'enclos du Moulin-Robert, commune de Gif, près Versailles ; mais il n'est pas changé en grès. (2.)

toute la masse pétrifiée seroit d'une couleur uniforme, puisque la même matière pierreuse auroit successivement rempli toutes les places restées vides par la retraite des molécules ligneuses. (On peut opposer à cette observation, qu'il est facile de concevoir que chaque fibre du bois a eu ses parties remplacées successivement, de façon que sa forme générale et sa direction n'ont été nullement altérées ; et que le nombre des fibres d'un morceau de bois pétrifié, peut se trouver égal à celui des fibres d'un morceau de bois vivant, du même volume. Quant aux couleurs, il nous paroît que l'observation dont elles sont l'objet a plus de justesse ; néanmoins, il existe beaucoup d'exemples de bois pétrifiés, dont toutes les parties ont la même teinte.) M. Patrin se refuse aussi à admettre la décomposition préalable du bois pétrifié; et à ce sujet, il cite plusieurs échantillons de bois pétrifiés, l'un provenant des environs d'Etampes, et appartenant à M. de Jussieu ; d'autres trouvés à Neaufle, près Grignon, de la collection de M. Camus ; un autre de la collection de M. Lelièvre, etc., qui renferment des trous de vers, et même des vers et des œufs changés en agate ; les pores des diverses couches de l'échantillon de M. de Jussieu étoient vides, ainsi que les trous de vers et l'intervalle des couches d'aubier. Il en conclut que si le liquide chargé de matière siliceuse avoit déposé cette matière, elle auroit aussi rempli les vides dont nous venons de parler. (On peut, il nous semble, opposer à ceci, que la matière siliceuse a pu se déposer par l'effet d'une affinité près des molécules du bois, sans se déposer ailleurs; et ainsi les vides auront été conservés.) Selon lui, la décomposition s'est opérée d'une manière subite ; car, dès l'instant où des substances aussi molles que des vers auroient éprouvé la putréfaction, elles auroient été tellement déformées, qu'il n'en seroit pas resté la moindre apparence reconnoissable. (A cela on peut dire que le liquide qui dissolvoit la matière siliceuse, pouvoit avoir une propriété conservatrice pour les vers, et qu'aussi, le changement des vers en silex a pu être plus prompt que celui du bois. D'ailleurs, il seroit bon que l'existence de ces vers fût bien constatée par des zoologistes ; car, aidé par la pensée, on a pu prendre pour tels, des corps étrangers ; au surplus, l'existence de ces vers n'auroit rien d'extraordinaire.)

Après avoir ainsi commenté les principaux motifs de feu Patrin, pour ne pas adopter l'opinion le plus généralement admise sur la pétrification, il nous reste à faire connoître la sienne en entier.

Il pense que la pétrification est une véritable transmutation des parties mêmes du corps organisé en matière siliceuse ; de sorte qu'un corps étoit d'autant moins susceptible de pétrification, qu'il étoit plus décomposé à l'époque où il a été enfoui. . . . . . La pétrification s'est opérée d'une manière presque subite. Il faut de toute nécessité la regarder comme une opération chimique et une combinaison de fluides gazeux avec les principes constituans des corps organisés : opération qui change très-rapidement ceux-ci en substance pierreuse, sans toucher en aucune manière à l'arrangement de leurs molécules ; de sorte que ni les formes ni les couleurs ne sont nullement altérées par cette modification. . . . . On pourroit se former une idée assez juste de la *pétrification*, en la comparant à la congélation : avec cette différence que la congélation ordinaire s'opère par la simple soustraction du calorique, au lieu que celle-ci est une coagulation occasionée par l'introduction d'un autre fluide. . . . . . . A l'égard de la pesanteur qu'acquièrent les corps pétrifiés, elle n'a rien qui soit contraire à cette théorie ; car on sait combien les fluides gazeux les plus subtils peuvent acquérir de densité quand ils viennent à se solidifier ; tel que l'oxygène, par exemple, quand il se combine avec les substances métalliques. On en voit un exemple frappant dans la mine d'étain vitreuse, qui est un oxyde d'étain sans mélange d'autre matière ; et il ne s'en faut que de 3 à $\frac{4}{100}$ que sa pesanteur spécifique ne soit égale à celle du métal pur, quoique l'oxygène fasse à lui seul plus des $\frac{21}{100}$ de la masse. Il est donc susceptible de se condenser au point d'acquérir une pesanteur beaucoup plus grande que celle d'aucune pierre ; et il est infiniment probable que c'est l'oxygène qui joue le principal rôle dans le phénomène de la pétrification, par sa combinaison avec le principe phosphorique qui se trouve développé dans tous les corps organisés. On n'ignore pas que les plus célèbres chimistes ont regardé les matières terreuses comme des oxydes, et tout porte à croire que cette conjecture est de la plus grande justesse. »

De petits cristaux de roche à deux pointes furent trouvés par Demeste, entre les fibres du cœur d'un arbre pétrifié ; lesquelles fibres étoient ligneuses et combustibles, tandis que celles de la circonférence étoient entièrement pétrifiées. Selon Patrin, « il paroîtroit qu'ils seroient dus aux principes élémentaires du bois, qui s'étoient dégagés sous une forme gazeuse par l'effet de la *putréfaction*, et qui, se trouvant libres dans ces interstices, avoient formé ces cristaux par l'effet des mêmes combinaisons chimiques qui avoient converti en silex les parties ligneuses qui n'étoient pas altérées.

« Il est probable que parmi ces principes du bois, et en général de tous les corps organisés, on doit compter essentiellement un principe phosphorique , comme le prouve leur phosphorescence dans le temps de leur décomposition. Or, il paroît constant que le phosphore est également un principe constituant du quarz , suivant les observations de Dolomieu.»

« Il est facile de s'apercevoir que des deux hypothèses que nous venons de rapporter , celle de Patrin n'est pas la plus simple. Il l'emploie aussi pour réfuter l'explication que donne M. Haüy, de la formation d'un noyau de silex pur, qui a souvent lieu dans l'intérieur des coquilles et des oursins fossiles , selon ce savant, par l'intromission d'un liquide chargé de molécules pierreuses dans la cavité de ces coquilles et de ces oursins. (*Traité de min.*, tom. 1, p. 140). Suivant Patrin , la théorie des gaz satisfait à tout, et n'est contredite par aucun des faits que présente la nature. En effet, l'on peut très-bien supposer, dit-il, qu'un fluide gazeux pénètre la masse entière d'une substance aussi poreuse que la craie ; et comme ce fluide ne peut produire la matière du silex que par sa combinaison avec les fluides contenus dans les corps organisés, il ne convertit en silex que la substance même du mollusque renfermé dans la coquille. Quand la partie antérieure de ce corps, qui est la plus exposée aux atteintes des agens extérieurs, s'est trouvée altérée par la *putréfaction* ou dévorée par quelque ennemi, il n'y a eu que la partie restante qui ait formé le noyau siliceux qu'on trouve vers la pointe de la coquille..... Quand l'animal s'est trouvé totalement décomposé, la coquille est demeurée vide, ou n'a été remplie que par la craie même , lorsque celle-ci se trouvoit dans un état pâteux. . . . Le test des oursins et les écailles des coquillages sont demeurés le plus souvent dans leur état naturel, ou n'ont été convertis qu'en spath calcaire, de même que les bélemnites , attendu que ces corps contiennent trop peu de matière animale, et qu'elle y est trop masquée par la terre calcaire dont ils sont composés, pour donner prise à la pétrification siliceuse ; mais ils peuvent être facilement convertis en spath calcaire par une eau chargée d'acide carbonique qui opère insensiblement la cristallisation de leurs molécules. »

Nous terminerons ici ce que nous avons à dire sur les *pétrifications*. Après avoir présenté les differentes hypothèses proposées sur la manière dont elles se sont formées, qu'il nous soit permis, sans en adopter positivement aucune, de présenter comme préférable aux autres, celle qui est la moins compliquée, qui n'admet pas *à priori* des phénomènes imaginaires dont on ne peut se former aucune idée nette, et qui au contraire offre des rapports marqués avec ce qui est bien connu des lois de la cristallisation.

Pour compléter le tableau des connoissances actuelles, sur les fossiles ou pétrifications, nous renvoyons non-seulement aux articles *animaux perdus* et *fossiles*, mais encore à ceux de MAMMIFÈRES, OISEAUX, REPTILES, POISSONS, CRUSTACÉS, INSECTES, ZOOPHYTES et FOSSILES; aux articles de détail qui dépendent de ceux-ci, ainsi qu'aux mots PHYTOLITHES, VÉGÉTAUX, FOSSILES, CONCHYLIOLOGIE et TERRAINS. (DESM.)

PÉTRILITH. Kirwan nomme ainsi le FELDSPATH commun en masse laminaire. (LN.)

PÉTRINE. Synonyme de TUSSILAGO, chez les Grecs. *Voyez* ce mot. (LN.)

PÉTRO. Nom que portent, en Picardie, les *petites alouettes de mer*. (V.)

PÉTROBION, *Petrobium.* Arbrisseau de Sainte-Hélène, à feuilles opposées entières, et à fleurs jaunâtres, disposées en panicules terminales, qui a été appelé SPILANT ARBORESCENT, et qui, selon Brown, doit constituer un genre qui auroit pour caractères : calice commun composé de deux rangées d'écailles, les extérieures plus courtes; réceptacle aplati, couvert d'écailles; fleurons dioïques à quatre divisions; anthères saillantes dans les mâles, stériles dans les femelles ; graines à deux ou trois angles, terminés par des crochets persistans et hérissés en dessous.

Ce genre peut fort bien ne pas différer du LAXMANNIE de Forster. Il se rapproche infiniment du SALMÉE. (B.)

PÉTROCALE, *Petrocalis.* Genre de plantes établi par Aiton pour la DRAVE DES PYRÉNÉES, qui se distingue des autres par une silicule ovale, entière ; par des valves presque planes; par des loges à deux semences, non bordées, adhérentes à la cloison; par l'absence des dents aux filamens. (B.)

PÉTROCARIA (*noix pierreuse*, en grec). Schreber et Willdenow ont ainsi nommé le genre *parinari* d'Aublet, dont le nom avoit été changé, avant eux, en celui de *dugortia* par Scopoli, et de *parinarium* par L. Jussieu, qui y rapporte deux plantes connues au Sénégal, et qu'Adanson y a observées , sous les dénominations de *mampata* et *neon. Voyez* PARINAIRE. (LN.)

PÉTROCHELIDON. C'est , dans quelques auteurs grecs , le nom du MARTINET NOIR. (S.)

PÉTROCOSSUPHOS. Suivant Buffon , c'est le nom du MERLE BLEU, en grec moderne. *V.* ce mot. (V.)

PÉTRODROMA. Nom tiré du grec et appliqué au PICCHION. (V.)

PÉTROGLOSSES ou LANGUES PÉTRIFIÉES. *V.* GLOSSOPÉTRES et POISSONS FOSSILES. (DESM.)

PETRO KOTSIPHO. Nom du **MERLE BLEU OU SOLI-TAIRE**, dans l'île de Scio. (**V.**)

PÉTROLE. *Voy.* **BITUME.** On donne aussi ce nom, dans quelques endroits, à la **BRUYÈRE.** (**LN.**)

PÉTROLE COMPACTE, Deborn. C'est le **JAYET.** (**LN.**)

PETROLEUM. Nom latin du **PÉTROLE**, espèce de bitume. On trouve décrites, sous ce nom, dans les anciens ouvrages, les diverses variétés de **BITUME**, et même le **SUCCIN.**
(**LN.**)

PETROMARULE, *Petromarula.* Genre de plantes établi aux dépens des **RAIPONCES.** Il n'a pas été adopté. (**B.**)

PETROMYZON, *Petromyzon.* Genre de poissons de la division des *chondroptérygiens*, dont le caractère consiste en sept ouvertures branchiales de chaque côté du cou ; un évent sur la nuque ; point de nageoires pectorales.

Ce genre, qui, dans toutes les méthodes, dans tous les systèmes, est placé à la tête ou à la queue, renferme des espèces qui, par la simplicité de leurs organes extérieurs, semblent en effet ouvrir ou fermer la classe des poissons. Il la lie très-bien avec celle des reptiles, division des *serpens*, et avec celle des *vers.*

La conformation intérieure des *pétromyzons* diffère de celle des autres poissons. L'ouverture de la bouche est susceptible de changer de forme à la volonté de l'animal ; les dents sont creuses, renfermées à leur base dans des capsules charnues, et non attachées aux mâchoires ; la langue est en forme de croissant, et garnie en ses bords de très-petites dents ; les organes de la respiration sont composés de quatorze petites bourses, sept de chaque côté, ayant chacune une ouverture en dehors et deux en dedans ; l'eau, après avoir déposé son air dans ces bourses, sort par la bouche ou par l'évent de la nuque ; plus souvent l'eau qui est entrée par la bouche ou par l'évent, sort par les trous extérieurs des bourses. Ces organes ont encore la propriété d'absorber l'air qui se trouve dans l'intérieur, de faire un vide qui permet à l'animal de se fixer, par la bouche, sur les corps solides, d'une manière extrêmement forte.

Les parties solides des *pétromyzons* se réduisent à une longue corde cartilagineuse qui renferme la moelle vertébrale sans aucune côte ; leur canal alimentaire est sans sinuosités ou appendices ; leur cœur est très-gros, et leurs ovaires sont plus gros que tous les autres organes intérieurs pris en masse.

Ces poissons sont ovipares, et pondent, au printemps, un très-grand nombre d'œufs que le mâle féconde à la manière des autres poissons. (*Voy.* au mot **POISSON.**) Ils peuvent perdre, sans mourir, de très-grandes portions de leur corps. Il n'est pas vrai, comme on l'a prétendu, qu'ils soient privés des organes de l'ouïe.

On compte neuf espèces de *pétromyzons*; savoir :

Le PÉTROMYZON LAMPROIE, *Petromyzon marinus*, Linn., qui a vingt rangées de dents ou environ; le dos verdâtre, marbré de brun, et le ventre argenté. (*V*. pl. M. 8, où il est figuré.) On le trouve dans les mers d'Europe, d'Asie et d'Amérique, d'où il remonte dans les rivières, au printemps, pour y rester tout l'été.

Ce poisson parvient à une grosseur considérable, six ou huit pieds de long, et quatre pouces de diamètre; sa bouche, le plus souvent de forme ovale, outre les dents déjà indiquées, en a deux plus grandes antérieurement, et sept postérieurement; ses yeux sont ronds et entourés de deux rangées de petits trous, qui laissent couler une humeur visqueuse propre à enduire le corps et à le rendre plus souple et plus glissant; le tronc est cylindrique, couvert d'une peau qui ne présente point d'écailles visibles pendant la vie de l'animal; il manque de nageoires pectorales et ventrales, et en a deux sur le dos; mais elles sont petites.

Les vers marins et fluviatiles, de très-petits poissons, des charognes, etc., servent de nourriture aux *pétromyzons lamproies*, ou simplement aux *lamproies*, qu'on appelle aussi *pibales* pendant leur jeunesse, dans quelques cantons de la France. Elles sont elles-mêmes la proie des brochets, des silures, des loutres, etc., contre lesquels elles n'ont d'autre défense que l'agilité de leur fuite et l'habitude de se tenir la plupart du temps cachées dans la boue, dans les trous du rivage ou sur les dunes.

Comme l'anguille, avec laquelle elle a de grands rapports, la lamproie nage par ondulations latérales, à la manière des serpens; elle rampe aussi fort bien sur terre, où elle peut rester long-temps sans inconvénient, pourvu qu'il ne fasse pas trop chaud. Elle s'attache avec tant de force aux corps solides, par le moyen de sa bouche, qu'on a enlevé, avec une lamproie de trois livres, une pierre de douze livres, contre laquelle elle étoit fixée. Il paroît, contre l'opinion des anciens, qu'elle vit long-temps, quoiqu'elle croisse assez promptement. Elle multiplie beaucoup.

La chair de la lamproie est très-délicate; mais quand elle est trop grasse, elle est difficile à digérer. Lorsqu'elle sort de la mer, elle est plus tendre et plus savoureuse que lorsqu'elle a séjourné long-temps dans les rivières.

On prend les lamproies à la louve, à la nasse ou dans les filets; on les prend aussi à la main et à la fouène, pendant la nuit, au moyen du feu. Il est certaines rivières où elles sont si abondantes, qu'on ne peut les consommer fraîches. Dans ce cas, il est avantageux, à l'exemple des pêcheurs du nord de l'Allemagne, de les faire cuire sur le gril, et de les mettre dans des barils avec une saumure composée de vinaigre, de sel, de feuilles de laurier, de thym et de poivre : elles se conservent très-bien ainsi plusieurs mois, surtout lorsqu'on les tient dans une cave.

Le PÉTROMYZON PRIKA, *Petromyzon fluviatilis*, Linn., a la seconde nageoire du dos anguleuse et réunie avec celle de la queue. Il se pêche pendant l'hiver, dans les lacs et dans les rivières, où il est remonté de la mer. Sa longueur surpasse rarement quinze pouces. Une seule rangée de dents dans la bouche, un corps noirâtre en dessus et bleu en dessous, le distinguent suffisamment des petits de l'espèce précédente. On en prend d'immenses quantités dans le nord de l'Europe et en Angleterre, où on le prépare comme le précédent, pour être envoyé au loin. On l'emploie beaucoup comme appât dans la pêche de la morue et du turbot. Il est beaucoup meilleur l'hiver que l'été. Il a la vie dure, et peut être conservé plusieurs jours hors de l'eau lorsqu'il fait froid. Il n'est pas rare en France, où il est connu sous les noms de *petite lamproie* ou de *lamproie de rivière*; mais il ne paroît pas que nulle part dans ce pays, on en tire un parti avantageux en le conservant. Duméril en a fait un genre, sous le nom d'AMMOCÈTE.

Le PÉTROMYZON LAMPROYON, *Petromyzon branchialis*, Linn., a la seconde nageoire du dos très-étroite et non anguleuse et deux appendices de chaque côté du bord postérieur de la bouche. Il se trouve dans la plupart des rivières dont les eaux sont pures, et même dans les très-petits ruisseaux des montagnes. On le connoît sous le nom de *sept-œil* et de *châtillon*, dans quelques cantons de la France. Sa longueur surpasse rarement six pouces. Il ne va pas à la mer, se nourrit de vers, d'insectes, et surtout de charogne. Il se cramponne avec force sur les corps solides. J'en ai vu un jour des milliers attachés à la vanne d'un moulin, dans le courant de l'eau, contre lequel ils sembloient vouloir remonter. J'en ai pris de grandes quantités avec des nasses serrées, dans lesquelles je plaçois des tripes de volailles. Il est très-bon à manger en friture : mais il est repoussé par beaucoup de personnes, à cause de sa ressemblance avec un LOMBRIC, et parce que dès qu'il y a une charogne dans un ruisseau, elle en est bientôt couverte. C'est un excellent appât pour la pêche du brochet, de la truite et autres poissons voraces, parce qu'il a la vie dure, se remue à l'hameçon, et est d'une grosseur convenable.

Les muscles du corps de ce poisson sont conformés de manière qu'il semble annelé. Sa couleur est verdâtre sur le dos, jaune sur les côtés et blanche sous le ventre; il n'a point de dents antérieures, ce n'est que sur le fond de la bouche qu'on en voit cinq à six; ses yeux sont très-petits et voilés par une membrane.

Le Pétromyzon de Planer a le corps annelé et la circonférence de la bouche garnie de papilles aiguës. On le trouve dans les ruisseaux d'Allemagne. Il se rapproche du précédent pour la forme et la grandeur; mais sa bouche est fort différente.

Le Pétromyzon rouge a les yeux très-petits; la partie du corps où sont placées les branchies, plus grosse; les nageoires du dos très-basses, celle de la queue lancéolée; la couleur générale rouge. Il se trouve à l'embouchure de la Seine, où il est connu sous le nom de *sept-œil rouge*. Il est de la grandeur des précédens.

Le Pétromyzon sucet a l'ouverture de la bouche très-grande et plus large que la tête; un grand nombre de dents petites et de couleur orange; neuf dents doubles auprès du gosier. Il a été pêché dans les mêmes lieux que le precedent. Il s'attache au ventre des *clupées aloses* et de quelques autres poissons à peau tendre, et suce leur sang Ce fait sert encore à lier les *pétromyzons* aux vers, par l'intermédiaire des *lernées*, qui s'attachent aussi aux poissons. *V.* au mot Lernee.

Le Pétromyzon argenté a les dents jaunes et placées très-avant dans la bouche; la mâchoire inférieure garnie de dix dents pointues, très-voisines l'une de l'autre et arrangées sur une ligne courbe; d'autres dents cartilagineuses et placées des deux côtés d'une plaque également cartilagineuse; la tête allongée; la ligne latérale très visible; la nageoire dorsale très-échancrée en demi-cercle; la caudale lancéolée; la couleur argentée. Il habite les rivières de l'Inde.

Le Pétromyzon sept-œil a le diamètre longitudinal de l'ouverture de la bouche plus long que le plus grand diamètre transversal du corps; l'ensemble du corps et de la queue presque conique; la dorsale très-peu découpée et très-arrondie dans ses deux parties; la caudale spatulée; la partie supérieure d'un gris plombé, et l'inférieure d'un blanc jaunâtre. On le pêche en abondance dans la Basse-Seine et rivières y affluentes, où il est connu sous le nom de *grosse sept-œil*. Il est de la grandeur des précédens, c'est-à-dire de six à sept pouces.

Le Pétromyzon noir a l'ouverture de la bouche très-petite; l'ensemble du corps et de la queue presque cylindrique; les deux parties de la dorsale très-arrondies et presque aussi courtes que la caudale ; cette dernière nageoire spatulée ; le dos noir , et le ventre argenté. Il se trouve avec le précédent, et est connu sous les noms de *petite sept-œil*, de *cousue* et d'*u-reteur*. Il a environ quatre pouces de long..(B.)

PETRONCIANA , PETRONCIANO. Ces noms sont donnés à l'Aubergine , dans quelques parties de l'Italie.
(LN.)

PETRONE. Adanson a proposé d'établir sous ce nom un genre dans la famille des Lichens. (B.)

PÉTROPHILE , *Petrophila*. Genre de plantes établi aux dépens des Protées, ou mieux des Atyles de Salisbury. Il présente pour caractères : fleurs en cône ovale ; calice caduc à quatre divisions ; style persistant ; stigmate fusiforme ; point d'écailles sur le réceptacle ; noix lenticulaire et barbue à sa base.

Dix espèces se réunissent à ce genre, entre autres le Protée très-beau. (B.)

PETROPHYES. L'un des noms grecs d'une des plantes grasses , classées autrefois avec les *sedum*. *Voyez* ce mot.
(LN.)

PETROSCORODON. Espèce d'Ail, ainsi nommée par Gesner. (LN.)

PETROSELCE, de Pétrini , etc. *Voyez* Pétrosilex.
(LN.)

PETROSELINON. Nom de l'une des six sortes de *selinon* indiquées par Dioscoride. Ce nom, radical de notre mot persil, signifie *selinum des rochers*, en grec; non-seulement il a été donné au persil, qui est un des anciens *selinon*, mais encore à des espèces de *seseli*, au *smyrnium olusatrum*, au *sison amomum*, à l'*œthusa cynapium*, L., à l'*œnanthe fistulosa* , L., au *ligusticum peregrinum*, à l'*athamanta oreoselinon*, au *bubon macedonicum*, L. Toutes ces plantes ont été prises pour quelques-uns des selinons de Dioscoride. Linnæus a laissé le nom de *petroselinum* au persil, et l'a placé avec Tournefort dans le genre *apium*, dénomination que le persil paroît aussi avoir portée autrefois. (LN.)

PETBOSELINE. L'un des noms anglais du Persil.
(LN.)

PETROSIL. Nom italien du Persil. On appelle aussi cette herbe , *petrosello*, *petrosemola* et *prezzemolo*. (LN.)

PETROSILEX (*Cailloux* et *silex de rochers*). Cette dénomination a été introduite en minéralogie , principalement par Wallerius et par Cronstedt, pour désigner des substances en masses compactes , qui ont l'apparence du silex, qui se rencontrent en filons et en rochers, ou qui en font partie intégrante, différant en cela du silex qui ne forme que des rognons épars dans les craies ou les sables. Les *pétrosilex*, selon les minéralogistes anciens, avoient les caractères suivans :

Substance d'une nature silicée, à contexture simple, uniforme, d'un grain moins fin, d'une pâte moins pure, moins homogène, moins translucide que celle du silex, et moins opaque que celle du jaspe ; sa cassure est moins conchoïde, souvent écailleuse ; elle fait feu au briquet et donne moins d'étincelles que le quarz : ce n'est qu'au feu le plus violent qu'on peut la fondre.

En jetant un coup d'œil sur les traités de minéralogie de Wallerius, Cronstedt, etc., on voit seulement par les localités qu'ils indiquent pour les *pétrosilex*, qu'on a confondu plusieurs espèces de pierres très-différentes et par la nature et par le gisement. Cependant on doit dire que, le plus généralement, c'étoient des pierres infusibles quarzeuses; et de Born emploie dans ce sens le nom de pétrosilex. Son pétrosilex cristallisé n'est qu'un hornstein ou quarz-agate grossier pseudomorphique.

Les minéralogistes français et ceux d'Allemagne s'aperçurent bientôt du vice de cette réunion, et cherchèrent par des réformes à faire disparoître ce qu'elle avoit de défectueux. Ainsi les Allemands en retirèrent le *hornstein* et le *kieselschiefer*, et abandonnèrent sagement le nom de *pétrosilex*, en rapportant néanmoins les variétés fusibles à leur *dichter feldspath* et à leur *klingstein*. Avant eux, Saussure, qui fut plus à même que les minéralogistes de son temps d'éprouver l'embarras de l'application du nom de pétrosilex, s'avisa de les partager en deux espèces caractérisées par leurs gisemens. La première est son pétrosilex primitif ou ancien, qu'il nomme *palaïopètre;* et la seconde, le pétrosilex secondaire ou plus nouveau, qu'il désigne par *néopètre*. Celui ci est le *hornstein pur* des Allemands. Le *neopètre* est aussi nommé actuellement, en France, kératite, quarz-agate grossier et silex corné. Il en sera question à l'article QUARZ. *Voyez* HORNSTEIN.

Quant au *palaïopètre*, c'est ce que Dolomieu nomme *pétrosilex*, et qu'il désigne comme un feldspath compacte. C'est aussi ce que les minéralogistes français entendent à présent par cette dénomination, que nous verrons être encore très-impropre.

Suivant Saussure, Dolomieu, Delamétherie, les caractères du *pétrosilex* sont ceux-ci :

Pierre primitive compacte, à contexture uniforme, susceptible de présenter les couleurs blanche, grise, verte, rouge, et toutes les nuances intermédiaires; à cassure tantôt parfaitement conchoïde, tantôt écailleuse ou feuilletée; à tissu serré, quelquefois semblable à de la cire, avec quelques petites lames brillantes, éparses, et à fragmens anguleux, translucides sur les bords. En outre, le pétrosilex a une pesanteur spécifique qui varie entre 2,609 et 2,666 : il se fond assez difficilement, au chalumeau, en un émail blanc, rempli de très-petites bulles; il est rayé par le feldspath cristallisé : mais il fait feu sous le choc de l'acier.

Ses principes constituans sont essentiellement ceux du feldspath : on doit dire néanmoins qu'il n'existe pas assez d'analyses pour assurer une pareille conclusion. Les analyses que nous pouvons citer sont les trois suivantes. La première est celle du pétrosilex rouge, de Salberg, en Norwége : elle est due à Godon de St.-Memin. La deuxième analyse est celle d'un *pétrosilex* de Pentland-Hills, près d'Edimbourg, en Ecosse, faite par M. Mackensie. Une troisième est celle du *pétrosilex* de Pissevache, par Saussure.

	Sahlberg.	Pentland-Hills.	Pissevache.
Silice	68	71,17	67,46.
Alumine	19	13,60	23,15.
Chaux	1	0,40	1,80.
Potasse	5,5	3,19	0.
Fer oxydé	4	1,40	2,06.
Manganèse	0	0,10	0
Matière volatile.	0	3,50 . Magnésie	0
Eau	2,5	0,00 carbonatée.	1,28.
Perte	0	6,64	4,25.
	100,0	100,00	100,00

Pour mieux faire connoître les variétés de pétrosilex, nous établirons les groupes suivans.

1. PÉTROSILEX CÉROÏDE (*Feldspath compacte ceroïde*, Haüy.) En masse compacte, largement conchoïde, avec des levures ou écailles comme la cire ; contexture extrêmement serrée, extrêmement difficile à fondre.

Il y en a d'un rouge semblable à l'infusion de rhubarbe ; à Salberg en Suède. Dans cette même mine et dans celle de Dannemora, on en trouve des variétés blanches, rougeâtres, brunes, verdâtres, et de veinées ou panachées de toutes ces couleurs.

Ce *pétrosilex* s'éloigne des autres en ce qu'il se trouve dans les filons métalliques ; qu'il n'est la base d'aucun porphyre, et que les lamelles qu'il renferme ne semblent pas appartenir au feldspath ; si l'on pouvoit décider, d'après un seul échantillon qui existe au Muséum d'Histoire naturelle, on seroit porté à croire que c'est de la prehnite en masse compacte ; mais l'analyse s'y refuse.

2. PÉTROSILEX SILEXIFORME, Nob. Il a complètement l'apparence du silex commun ou caillou : il est presque toujours porphyritique, et les cristaux qu'il contient sont le feldspath abondamment, le quarz et le mica. Sa cassure est inégale, raboteuse. Il est plus aisé à fondre au chalumeau. En grand, il se fend en morceaux angulaires, qui semblent des portions de prisme quadrangulaire, et quelquefois il offre cette forme. Sa couleur la plus habituelle est le brun rougeâtre. Il y en a aussi de gris, de noirâtre, de rouge indécis. Il abonde dans l'île de Corse, à l'Estrelle, dans le Forez et en Suède ; nous citerons, comme exemple, le porphyre brun d'Elfredalen, en Suède, dont on fait des vases, des flambeaux, etc.

Lorsque ce pétrosilex s'altère, il prend un aspect terreux qui pourroit le faire confondre avec le suivant.

3. PÉTROSILEX JASPOÏDE. Il a l'aspect terne et terreux du jaspe. J'en ai vu, dans la collection de Dolomieu, une assez belle suite d'échantillons recueillis dans les Vosges, aux environs de Sainte-Marie et dans la gorge de Saint-Amarin. Ils étoient verts, bruns et gris, et veinés de ces diverses couleurs ; leur contexture tantôt lâche et terreuse, tantôt serrée et uniforme. On observoit çà et là de très-petites lamelles de feldspath. Je n'y ai pas vu de mica, mais bien de petites parcelles de hornblende (*amphibole vert*). On peut rapporter ici les porphyres à base de *pétrosilex* terreux, tels que les porphyres rouge antique et vert antique ou serpentin. Nous croyons que cette variété ne peut être considérée comme un feldspath compacte pur ; car, examiné à une forte loupe, on y reconnoît un mélange intime de plusieurs substances.

4. PÉTROSILEX GLOBULIFÈRE. On a coutume de regarder ce *pétrosilex* comme une roche, et l'on s'est cru dispensé d'en parler en minéralogie. Je ne connois point d'ouvrage qui en ait fait mention, excepté un Mémoire de M. Monteiro, sur la variété la plus remarquable, qu'il a nommée *pyroméride*. Cependant ce *pétrosilex* mérite d'être signalé, car il est fort curieux par sa structure. Je n'en ai connu, jusqu'à présent, que de quatre pays différens : la Corse où de nombreuses variétés se trouvent ; la Bohème, la Suède et les

montagnes de la Daourie. On reconnoît aisément ce pétrosilex à sa structure; c'est une pâte plus ou moins homogène, qui renferme des globules ou des noyaux de même
nature, ou compactes, ou radiés en rayons simples, ou contenant eux-mêmes des noyaux épars ou placés par séries
rayonnantes. J'ai réuni plus de quatre-vingts modifications
différentes de ce *pétrosilex*, dans la collection de M. de Drée,
à Paris, et on y remarquoit les variétés principales suivantes,
toutes de Corse, où ces *pétrosilex* forment des montagnes.
Leur couleur est généralement le rouge ou le brun de brique,
rarement le blanc jaunâtre ou le gris violacé.

A. *Pétrosilex* presque gris ou brun, avec une multitude de
très-petits globules violacés et rayonnés. Du Niolo; on s'en
sert pour bâtir à Corté. Les noyaux varient de un à quatre
millimètres de diamètre, mais pas dans le même morceau.

B. *Pétrosilex* rougeâtre, formé par une multitude de globules radiés, presque imperceptibles à l'œil nu.

c. *Pétrosilex* rougeâtre, à globules semblables pour la
structure, mais plus gros, ayant de deux à huit millimètres
de diamètre.

D. *Pétrosilex* rougeâtre, à globules comme les précédens,
et à parties angulaires qu'on prendroit pour des fragmens : en
outre, des cristaux de feldspath brillans, épars à la fois dans
la pâte et les parties fragmentiformes, indice d'une formation
simultanée.

E. *Pétrosilex* blanc jaunâtre, à noyaux oblongs, de huit à
seize millimètres de diamètre; formé d'une multitude de petits
noyaux compactes, placés sans ordre, et rapprochés.

F. *Pétrosilex* rougeâtre terreux, passant à toutes les variétés ci-dessus, et enveloppant en outre des sphères de la
grosseur d'une pomme, solitaires, ou géminées, ou accolées en
série: chaque sphère est compacte; elle est formée d'une écorce
blanche de pétrosilex compacte, enveloppant une multitude
de petits noyaux ou globules de même substance, disposés en
série rayonnante autour d'un centre commun, qui est un
noyau rougeâtre et d'une nature analogue. Quand on coupe
une série de plusieurs sphères accolées, on voit que chacune
a son noyau central; et quelquefois ils se réunissent et forment un seul noyau allongé. Cette belle variété est proprement celle qu'on a nommée *roche Napoléon* et *pyroméride*.

G. *Pétrosilex* gris ou verdâtre, avec de petits globules de
même couleur, compactes ou légèrement radiés, de Bohème,
de Sibérie et d'Ecosse.

H. *Pétrosilex* brun-violet, à noyaux vermiformes blanchâtres, compactes, de Suède. Lorsqu'il est poli, on croiroit
voir un madréporite.

Nous ne pousserons pas plus loin l'examen du pétrosilex globulifère. Il faut remarquer qu'on le considère comme une roche pétrosiliceuse, amygdaloïde et glanduleuse, et que la structure radiée de ses noyaux se retrouve dans quelques produits volcaniques. *Voyez* au mot OBSIDIENNE.

5. PÉTROSILEX FEUILLETÉ. Ce pétrosilex se fend très-aisément en feuillets, quelquefois extrêmement minces, tantôt parfaitement plans, tantôt plus ou moins onduleux. C'est principalement un *pétrosilex* de cette variété, qui est le type du *palaïopètre* de Saussure. Nous allons rapporter quelques passages de l'excellent ouvrage de ce géologue, qui donneront une parfaite connoissance de cette pierre, et en même temps de ses variations, qui lui sont communes avec le *pétrosilex* silexiforme et le *pétrosilex* jaspoïde.

Saussure décrit des rochers de *pétrosilex* qui se trouvent dans la vallée du Rhône, auprès de Martigny, et qui se présentent sous différentes formes: le premier est schisteux, et fait partie d'une montagne composée d'une roche calcaire primitive, de couleur noirâtre, dont les couches minces, ondées, sont dans une situation verticale, et couvertes d'un vernis de mica. Le *pétrosilex* qui se trouve adossé à cette roche calcaire, est d'une couleur grise ; il est dur, sonore, translucide, et se divise en feuillets minces, parfaitement plans et réguliers, dont la situation est presque verticale. Ce *pétrosilex* lamelleux est employé dans le pays aux mêmes usages que l'ardoise ; il est beaucoup plus durable, et moins accessible aux impressions des fluides de l'atmosphère (§ 1046).

Ces *pétrosilex* feuilletés changent peu à peu de nature, en admettant dans les interstices de leurs feuillets des parties de feldspath. Plus loin, la pierre change encore ; son fond demeure bien toujours le même *pétrosilex*, mais son tissu est moins feuilleté ; elle prend l'apparence d'un *porphyre* à base de *pétrosilex*. Peu à peu le rocher change absolument de physionomie, il devient jaunâtre, et ses couches ne sont plus distinctes ; on n'y remarque plus que confusion (§ 1051). A quelque distance de ces *pétrosilex porphyritiques*, et en approchant de la belle cascade de la *Pissevache*, Saussure vit encore un *pétrosilex* qui paroît être une continuation des précédens. « Il se présente, dit Saussure, sous différentes formes : ici, pur, en masses solides et compactes ; là, pur encore, mais feuilleté; ailleurs, feuilleté encore, mais mêlé de lames de *mica* et de grains de *feldspath*. Auprès du village de Miville, on voit que ses couches sont verticales. »

« J'ai examiné avec soin, ajoute Saussure, cette pierre singulière, dont on trouve ici des masses parfaitement homogènes. Elle a extérieurement les apparences d'un *jade* : sa

couleur est verdâtre, demi-transparente ; elle est douce au
toucher, fort dure, et donne beaucoup d'étincelles contre
l'acier. Mais elle a un grain plus fin que le jade ; elle est plus
fragile et n'est point aussi dense ; car la pesanteur spécifique
du jade oriental, qui est plus léger que les nôtres, est d'environ 3000 ; et le poids de cette pierre n'est que de 2659.
C'est donc bien une espèce de *pétrosilex*. Elle se fond, mais
avec peine, au chalumeau, en un verre blanc transparent,
rempli de petites bulles, comme celui du *feldspath*. »
(§ 1057.)

Nous avons indiqué plus haut l'analyse que Saussure a
faite de ce *pétrosilex*. On trouve encore du *pétrosilex* feuilleté
dans les chaînes des montagnes primitives de la Sibérie, de
l'Ecosse, etc.

6. PÉTROSILEX BRÉCHIFORME. On ne sauroit nommer autrement des *pétrosilex* qu'on prendroit, au premier abord,
pour des pouddingues et pour des brèches, tels que ceux du
Mont-d'Ajou, dans le ci-devant Forez, des environs de Cus-
set (Allier), de Renaison, des Vosges, de Suède, etc., qui,
dans le même gisement, montrent à la fois le *pétrosilex* pur,
le *pétrosilex* porphyritique et le *pétrosilex* bréchiforme, dont
la pâte présente aussi des nœuds d'amphibole vert, de
quarz, de chaux carbonatée et de la pyrite ou fer sulfuré.
Ces *pétrosilex* ont quelquefois l'apparence d'un grès. Ils
sont généralement noirs ou gris - verdâtres. Lorsqu'ils
sont formés d'une pâte pure et uniforme, ils se cassent
en parallélipipèdes, ou en segmens de cette forme. Ils ont
un aspect intermédiaire entre celui du jaspe et celui du
silex, ou mieux celui du jaspe schisteux. On les a nommés
trapp, mais improprement, puisqu'ils sont fusibles en émail
très-blanc et bulleux. Lorsqu'ils sont porphyritiques ou bré-
chiformes, ils se cassent très-difficilement et inégalement.
L'altération les blanchit et les décompose ; alors plusieurs de
leurs noyaux se désagrègent. Ils forment des rochers, des
bancs et des montagnes à la manière des autres *pétrosilex*.

Les variétés de *pétrosilex* que nous venons d'indiquer, se
trouvent dans les terrains d'ancienne formation et ceux de
transition. Ils forment à eux seuls des montagnes entières,
ou des bancs puissans dont la direction est très-variable et
quelquefois verticale. Ils se rencontrent également en veines
ou rognons dans d'autres substances, par exemple, dans les
roches amphiboliques, dites *grunstein* par les Allemands, et
diabase ou *diorite* par les Français ; dans le gneiss et quelques
granites auxquels ils donnent l'aspect du porphyre. Nous
avons assez dit qu'ils formoient la pâte d'un très-grand nombre de porphyres et de roches amygdaloïdes.

Dans le Pentland-Hills et dans la montagne de Tinto, en Ecosse, le *pétrosilex* forme des couches dans des roches argileuses, *thonstein*, dans le grès rouge ancien et autres conglomérats. Il est dans des roches de transition dans le Ochil-Hills, dans l'île de Papa-stour, l'une des îles Zetland ; il existe dans les formations primitives et de transition du Pethshire, de l'Aberdeenshire, etc.

La France est riche en cette sorte de pierre ; les Vosges en offrent des montagnes entières : nous avons vu que la Corse la présentoit en quantité ; elle y forme de nombreuses montagnes ; la chaîne des Alpes présente le *pétrosilex* en plusieurs points. L'Erzgebirge, en Saxe, n'en est point dépourvu ; on trouve à Gersdorf et à Siebenlehn, et au pied de l'Erzgebirge, de beau pétrosilex vert, dans le grunstein schisteux.

Patrin a observé, en Sibérie, une montagne sous-alpine, dont le sommet est en entier composé de *pétrosilex* ; on l'appelle *Revnovaïa-Sopka*, *la montagne du Rapontic* ; elle est à douze lieues au S. E. de la fameuse mine d'or et d'argent de Zméof ou Schlangenberg, dans les monts Altaï, entre l'Ob et l'Yrtiche.

La forme de cette montagne est remarquable, et n'est point ordinaire aux montagnes primitives. Elle est isolée de toutes parts : toutes ses pentes sont douces ; un massif de rocher forme son sommet ; ce grand rocher est noirâtre ; ses faces sont aussi nues et aussi droites qu'un mur, fait singulier qui contraste avec le reste de la montagne. Il a la forme de ce qu'on appelle en fortification un *pâté* ; il s'élève brusquement à la hauteur de deux cents pieds, et paroît de toutes parts également inaccessible. On ne peut s'y guinder que par des couloirs extrêmement difficiles, et en se cramponnant des pieds et des mains dans les fentes du rocher. Le dessus présente une plate-forme à peu près horizontale, de cinq cents pas de long sur deux cents pas de large. Tout ce massif énorme paroît en entier composé de *pétrosilex* : la plate-forme est couverte de blocs et de fragmens qui présentent toutes les variétés de cette roche. On en voit qui sont lamelleux et divisibles par feuillets, comme ceux de Martigny ; d'autres sont veinés sans être feuilletés, et quelquefois ces veines sont très-onduleuses sans cesser d'être parallèles. Parmi ces blocs, Patrin en remarqua surtout un, qui étoit d'un grand volume et tout composé de fragmens de *pétrosilex*, si parfaitement agglutinés les uns avec les autres, que sans les veines qui étoient propres à chaque fragment, et qui le faisoient distinguer des fragmens voisins, on auroit eu quelque peine à reconnoître que c'étoit une brèche.

A travers ces blocs de *pétrosilex*, il y en avoit quelques

uns d'un amphibole vert noirâtre , d'une dureté remarquable, mais qui ne donnoient aucune étincelle sous le briquet. La plupart avoient la forme d'un prisme triangualaire fort court , à peu près comme la moitié d'un cube qui seroit coupé suivant une de ses diagonales. Il y avoit aussi des morceaux de *pétrosilex* qui affectoient cette forme : ceux-ci étoient presque noirs , et avoient un coup d'œil plus vitreux que les autres.

Quoique le *pétrosilex* de ce sommet de montagne se délite en grands fragmens, ainsi qu'on en peut juger par les longues traînées de débris qui environnent sa base, néanmoins il paroît peu destructible : « je n'en ai pu trouver, ajoute Patrin, que deux ou trois petits fragmens qui montrassent quelques signes de décomposition ; mes guides me dirent que les éboulemens avoient lieu dans les temps d'orage, et que chaque coup de tonnerre occasionoit un ébranlement si violent dans le rocher, qu'il s'en détachoit presque toujours quelques portions. »

« On trouve en Sibérie un assez grand nombre d'autres montagnes ou collines, qui sont en grande partie composées de *pétrosilex* ; mais elles ne s'éloignent pas de la structure ordinaire des montagnes schisteuses primitives : elles se rencontrent principalement dans la partie méridionale des monts *Oural*, aux environs d'Orenbourg. On les décore du nom de *montagnes de jaspe*. » (*Patrin*, 1.ere édit.)

Il nous reste à faire remarquer que le *pétrosilex* passe insensiblement à d'autres roches compactes, et notamment à la cornéenne et au trapp, etc., et que souvent alors il est difficile de le reconnoître. Les porphyres argileux des Allemands (*thon-porphyrs*) sont le plus souvent des porphyres à base de *pétrosilex* terreux ou altéré. L'altération qu'éprouve le *pétrosilex* par l'action de l'air , se manifeste par une croûte blanche ou rougeâtre. Les *pétrosilex* purs deviennent blancs, terreux, mais à la longue , et ne ressemblent jamais au véritable kaolin, quoique l'un et l'autre soient du feldspath altéré et décomposé.

Dans le cours de cet article, nous avons omis de parler de plusieurs sortes de pierres , que quelques minéralogistes ont placées dans les *pétrosilex*, mais qui en diffèrent par leur gisement et par d'autres caractères assez importans ; ce sont les *pétrosilex* résinoïdes ou pechstein fusible, et le *klingstein* ou phonolithe, classés l'un et l'autre par Dolomieu, et par beaucoup de géologues, dans les laves pétrosiliceuses. Nous parlerons des premiers à l'article RÉTINITE , et des seconds au mot PHONOLITHE. On peut rappeler encore que les JADES ont été rapprochés du *pétrosilex*. *Voyez* JADE et les articles

Laves, Roches, Eurite, Euphotide, Porphyre, Variolite, etc.

Pétrosilex molaire. On a donné ce nom à la lave poreuse de Niedermenig, près d'Andernach, qu'on exploite pour en faire des meules de moulin.

Pétrosilex cristallisé. Deborn a donné ce nom aux Quarz-Agate grossier, pseudomorphique, qui se trouvent à Schneeberg en Saxe.

Pétrosilex effervescent, Deborn. *Voyez* Silicicalce. (LN.)

PETROSPATHUM. Nom latin du Feldspath. (LN.)

PET-ROUS, PICIOUROUS. Noms piémontais du Rouge-gorge. (V.)

PETROW-KREST. Nom russe de la Clandestine à fleurs pendantes (*lathræa squamaria*, L.). (LN.)

PETRUSCHKA. Nom russe du Persil. Cette herbe se nomme *pietruszka* en Pologne, et *petrusel* en Bohème. (LN.)

PE-TSAI. Variété de Chou extrêmement grosse, qui se cultive à la Chine. *V.* Kiaitsay et Cay-ben. (B.)

PETSCHERBEN. C'est, en Allemagne, la Mantienne, plante du genre Viorne. (LN.)

PETSCHICULI. Nom du Myrtille (*vaccinium myrtillus*) chez les Mordwans, en Russie. (LN.)

PET-SI. Nom chinois du Ginseng. *V.* ce mot. (B.)

PETTERET. Nom anglais du Pétrel, dit l'*oiseau-tempête.* (S.)

PETTIMBROSA. On donne ce nom à la Vaillante croisette (*valantia cruciata*), en Italie. (LN.)

PETTY-WHIN. L'Arrête-bœuf et le Genet anglais, sont ainsi désignés en Angleterre. (LN.)

PETUGO. Nom provençal de la Huppe ou Puput. (V.)

PETUN. Nom anciennement donné au Tabac. (B.)

PETUNIE, *Petunia.* Genre de plantes de la pentandrie monogynie et de la famille des solanées, établi par Jussieu (Annales du Muséum). Il offre pour caractères : un calice à cinq divisions profondes ; une corolle tubuleuse à cinq lobes inégaux ; cinq étamines inégales ; un style à stigmate capité ; une capsule à deux loges et à deux valves renfermant un grand nombre de semences.

Ce genre, qui se rapproche infiniment du Tabac, renferme deux plantes à feuilles alternes, à fleurs solitaires et axillaires, qui ont été trouvées par Commerson sur les côtes du Brésil.

Elles ne présentent rien de remarquable ; leur figure se voit dans l'ouvrage précité. (**B.**)

PÉTUNT-SE des Chinois. Sorte de **FELDSPATH LAMINAIRE**, employé en Chine et en Europe dans la fabrication de la porcelaine. *V.* **FELDSPATH PÉTUNT-SE.** (**LN.**)

PÉTUVE. C'est ainsi que les Provençaux nomment le *grand-duc. V.* l'article **CHOUETTE.** (**S.**)

PEUCE et **PITYS.** Noms des **PINS**, chez les Grecs. *V.* **PINUS.** (**LN.**)

PEUCÉDANE, *Peucedanum.* Genre de plantes de la pentandrie digynie et de la famille des ombellifères, dont les caractères consistent en une ombelle à involucre polyphylle et réfléchi, et à ombellules à involucelles polyphylles, courts; à fleurs jaunâtres, composées : d'un calice très-petit, à cinq dents; d'une corolle de cinq pétales oblongs, courbés au sommet, égaux ; de cinq étamines ; d'un ovaire supérieur strié, surmonté de deux styles ; d'un fruit ovale, légèrement comprimé, strié, aminci sur les bords et presque ailé.

Ce genre, qui se rapproche des **ATHAMANTES** et des **LIVÈCHES**, renferme une douzaine de plantes à feuilles alternes, décomposées, à ombellules centrales plus courtes, et à fleurs du disque sujettes à avorter.

La plus commune et la plus importante à connoître est le **PEUCÉDANE OFFICINAL**, qui a les feuilles divisées en trois ou cinq parties filiformes ou linéaires. C'est une plante vivace, de deux à trois pieds de haut, qu'on trouve abondamment dans les prés humides ou les marais sujets à se dessécher. Sa racine est grosse et longue, noire en dehors, et rend, lorsqu'on l'incise, une liqueur jaune d'une odeur virulente ou fétide, qui porte à la tête. On en faisoit autrefois beaucoup d'usage sous le nom de *racine de queue de pourceau*, comme hystérique, apéritive et béchique. Son suc, épaissi, passe pour très-utile dans la toux opiniâtre, dans la difficulté d'uriner et dans les maladies de nerfs. Aujourd'hui on en fait fort peu d'usage. Les cochons recherchent extrêmement cette racine; et ils en ont bientôt débarrassé un pré. On dit débarrassé, parce que les tiges qu'elle donne nuisent singulièrement, par leur grandeur, à la production du fourrage, et que les bestiaux les repoussent.

Le **PEUCÉDANE DES PRÉS,** *Peucedanum silaus,* a été placé par Lamarck parmi les **LIVÈCHES.** (**B.**)

PEUCÉDANON et **PEUCÉDANOS** des Grecs, *Peucedanus* et *Peucedanum* des Latins. Plante qui croissoit sur les montagnes ombragées, qui ressembloit au fenouil, dont le feuillage étoit très-épais et radical, la fleur jaune, la racine noire, grosse, remplie d'un suc volatil d'une odeur forte, qui s'extravasoit quelquefois, et formoit alors sur la racine des grains semblables à ceux de l'encens. On récoltoit cette liqueur avec précaution, parce que son odeur causoit des assoupissemens. Pline fait remarquer que le *peucedanum* est, parmi les plantes célèbres, l'une des plus estimées. Il fait venir d'Arcadie et de Samothrace le meilleur *peucedanum*. Dioscoride cite celui de Sardaigne comme préférable à tous. La liqueur peucédanique étoit fort employée dans la léthargie, la frénésie, les vertiges, les grands maux de tête, la sciatique, les convulsions, les affections nerveuses, les douleurs d'oreilles; la toux, l'oppression, les douleurs cuisantes de la vessie, pour purger les ulcères, faire sortir des chairs les écailles d'os brisés, etc.

Il paroît que le *peucedanum* s'appeloit encore *agryophyllum*, *agatos dæmon*, *pinasgelon*, *sataria*, etc.

La description du *peucedanum* ci-dessus, donnée par Pline et par Dioscoride, convient bien à une plante ombellifère; mais laquelle ? Si l'on s'en rapporte à presque tous les commentateurs, ce seroit le *peucedanum officinale*, ou l'une de ses variétés.

Cette plante est devenue le type du genre *peucedanum* de Tournefort, adopté par Adanson. Linnæus y réunit ensuite quelques *angelica* et l'*oreoselinum* de Tournefort. Maintenant on ôte de ce genre diverses espèces pour les placer dans les genres *selinum*, *sison*, et *siler* qui est un démembrement du genre *laserpitium*.

- Avant Tournefort, on a nommé *peucedanum aquaticum*, une espèce de Renoncule; *peucedanum minus*, le Boucage dioïque, et simplement *peucedanum*, le Seseli à feuilles de chervi.

Ce nom de *peucedanum* vient du grec *peuce*, qui signifie pin; le *peucedanum* auroit été ainsi nommé, parce que les découpures de ses feuilles ressemblent aux feuilles du pin. Quelques auteurs pensent qu'il doit ce nom à la saveur âcre et amère de son suc. (LN.)

PEUME, *Peumus*. Genre de plantes de l'hexandrie monogynie et de la famille des nerpruns; il a pour caractères: un calice à six divisions oblongues; une corolle de six pétales arrondis; six étamines; un germe supérieur presque rond, surmonté d'un style à stigmate oblique; un drupe monosperme.

Ce genre, qui a été aussi appelé Ruizie, contient quatre espèces. Ce sont des arbres du Chili, à feuilles alternes ou opposées, dont les fruits se mangent, et l'écorce sert à tanner les cuirs. La pulpe intérieure des fruits est blanche et butyreuse, et le noyau contient beaucoup d'huile. (B.)

PEUPLADE. Ce mot, dans le langage des pêcheurs, est

synonyme du mot *alvin*. Il indique les petits poissons qu'on conserve, lors de la pêche des étangs, pour les repeupler lorsqu'on leur rend l'eau. *Voyez* aux mots ALVIN, ETANG et POISSON. (B.)

PEUPLIER, *Populus*, Linn. (*Dioëcie octandrie.*) Genre de plantes de la famille des amentacées, qui comprend des arbres indigènes et exotiques, à feuilles alternes et à fleurs unisexuelles. Les mâles et les femelles viennent sur des pieds différens, et ont un calice semblable, très-petit, très-entier, fait en tube et tronqué obliquement. Ces fleurs sont disposées sur des chatons couverts d'écailles uniflores, tuilées, lâches, frangées, palmées ou ciliées à leurs bords, et insérées sur le milieu du pédoncule de chaque fleur. Dans les mâles se trouvent huit étamines saillantes, à anthères oblongues et droites. Dans les femelles existe un ovaire simple, entouré à sa base par un calice, sans style, ou en ayant un très-court, avec quatre stigmates. Le fruit est une capsule à deux loges, à deux valves, contenant des semences aigrettées et laineuses.

Dans la plupart des peupliers, les feuilles sont en cœur et triangulaires, et le sommet du pétiole est comprimé, ce qui rend ces feuilles très-mobiles; le moindre zéphyr les agite, et le bruit qu'elles font en se tournant à droite et à gauche, se mêle au murmure de l'onde et au frémissement des roseaux. Peu d'arbres sont plus frais à la vue. Ils offrent différentes verdures. On les distingue généralement en *peupliers blancs* et en *peupliers noirs*. Les premiers ont la surface inférieure de leurs feuilles blanche et cotonneuse ; dans les seconds, les feuilles sont lisses des deux côtés et d'un vert plus ou moins foncé, plus ou moins clair. A la beauté des feuilles se joint celle du port.

Les peupliers ont, en général, la tige droite, et une tête ou cime tantôt élancée, tantôt étalée, et toujours suffisamment garnie de branches, qui s'éloignent plus ou moins du tronc. Presque tous ont une disposition à s'élever, beaucoup plus marquée cependant dans le *peuplier d'Italie*, dont les branches prennent, dès le bas même de l'arbre, une direction perpendiculaire, en se rassemblant autour de la tige. C'est celui-ci, sans doute, qu'Ovide avoit en vue, lorsqu'il a dit que les dieux, pour consoler les Héliades de la mort de Phaéton, leur frère, les changèrent en peupliers, et lorsqu'il représente ces femmes, levant les mains vers le ciel, étonnées de voir leurs bras se convertir en longs rameaux :

Illa dolet fieri longos sua brachia ramos.

Tous les peupliers sont originaires des pays tempérés de l'Europe, de l'Asie et de l'Amérique septentrionale ; ils croissent avec une grande rapidité, et réussissent principalement dans les lieux humides et marécageux, dans les terres grasses et fraîches, mais croissent presque partout.

« Le bois des peupliers est plus ou moins tendre, sert à la menuiserie et à plusieurs usages économiques. Leurs feuilles peuvent généralement être cueillies, surtout à la fin de l'été, pour être données aux bestiaux pendant l'hiver. Leurs semences sont surmontées d'une aigrette ou d'un duvet très-abondant, qui pourroit être employé comme la ouate. Les bourgeons du *peuplier noir*, et surtout ceux du *peuplier liard* et du *peuplier baumier*, fournissent une gomme résine d'une odeur forte, assez agréable, et qu'on regarde comme un spécifique pour les plaies et les blessures. Elle entre dans la composition du baume connu sous le nom de *populeum*. Dambourney dit que le jaune fourni par le *peuplier d'Italie*, réunit à l'économie, l'éclat, la solidité, la facilité de son extraction, et l'aptitude pour entrer dans toutes les couleurs composées. »

Ainsi, les peupliers présentent, comme on le voit, plusieurs avantages relativement aux arts, sans compter l'agrément et la fraîcheur qu'ils procurent lorsqu'ils sont disposés en allées, et l'effet pittoresque qu'ils produisent quand on les mêle avec goût à d'autres arbres dans de grandes masses de verdure. Le nombre des espèces de ce genre n'est pas considérable. Il y en a environ une vingtaine.

Le PEUPLIER BLANC, BLANC DE HOLLANDE, YPREAU, *Populus alba*, Linn. ; *Populus major*, Mill. ; a les feuilles allongées, toujours fortement anguleuses et même lobées. Il est assez rare, et partout confondu avec le suivant ; quoique fort facilement distinguable, surtout quand ils sont vieux.

Le PEUPLIER GRISAILLE, FRANC-PICARD OU ABÈLE, *Populus canescens*, Willd. Grand arbre d'Europe, dont l'écorce du tronc est grise, brune et raboteuse ; celle des jeunes tiges lisse et blanchâtre ; le bois blanc ; les chatons sont pédonculés ; les pédoncules rameux, et les feuilles alternes et portées sur des pétioles d'un pouce environ de longueur. Ces feuilles sont grandes, anguleuses, dentelées dans la jeunesse, d'une forme presque ronde et presque glabre dans la vieillesse. Leur surface supérieure est d'un vert sombre, l'inférieure couverte d'un duvet blanc. On trouve cet arbre dans toute la France. Il s'accommode de presque tous les terrains. On le multiplie par ses rejetons, dont il donne abondamment, surtout dans les terres légères, et lorsque ses racines ont été

blessées, ou qu'un pied a été coupé ou arraché. Ses boutures prennent difficilement racine.

« Le bois du *peuplier grisaille* (*Fougeroux de Bondaroy*)
est tendre ; il peut être employé en planches la deuxième
ou troisième année après qu'elles ont été débitées, et elles
forment de belles boiseries, qui durent long-temps si le
lieu n'est pas humide. Lorsqu'on a réduit cet arbre en parties
minces, on en fait de très-jolis parquets, ce qui se pratique
en Picardie, où ces parquets se conservent pendant long-
temps. Dans la Flandre et le Brabant, on construit avec ce
peuplier tous les meubles, armoires, etc., destinés à rester
à couvert. »

Fenille, en parlant du même arbre, prévient ceux qui
voudroient former de belles boiseries avec son bois, de
n'employer que des planches extrêmement sèches ; car c'est,
dit-il, l'un des bois qui font le plus de retraite, et il lui arrive
quelquefois de se fendre en séchant, même avec excès. Cependant, ajoute-t-il, ce bois se travaille bien, il n'est point
rebours ; mais il fléchit un peu sous l'outil. Il est bon pour
l'assemblage. Il est fort blanc. Son grain est homogène, ses
veines ne sont point apparentes, ses pores sont peu sensibles ;
il reçoit un beau poli, mais sans être lustré. Rozier dit qu'il
est presque le seul bois employé dans les provinces du Midi
pour les boiseries des portes, des fenêtres, des châssis et
des meubles. Il tient souvent lieu de chêne et de sapin, dont
les planches, dans ce pays, sont rares et chères ; il en fournit
d'excellentes et légères, ainsi que le *peuplier noir*, dont on
se sert avec succès pour les brouettes, les tombereaux, etc.
Lorsqu'on a la précaution de l'enduire d'une couleur à
l'huile, il dure pour le moins autant que le sapin exposé à
l'air. Selon Miller, on emploie beaucoup ce bois en Angleterre pour le tour ; on en fait des baquets, des gobelets et
autres ustensiles ; les faiseurs de soufflets le préfèrent, ainsi
que les cordonniers, qui l'emploient non-seulement pour
des talons, mais aussi pour des semelles de souliers ; on en
fait encore, dans le même pays, des charriots légers, des
perches pour soutenir le houblon ; et le bois qu'on se procure
en émondant les arbres, sert à brûler.

Il y a deux variétés du *peuplier blanc*, l'une à feuilles plus
petites et oblongues, l'autre à feuilles panachées.

PEUPLIER TREMBLE, *Populus tremula*, Linn. Il croît en Europe, et s'élève à une hauteur assez grande, sur une tige
droite, mais dont la grosseur n'est pas proportionnée à son
élévation. Son écorce est unie et grisâtre. Sa feuille est presque arrondie en cœur, crénelée sur les bords, lisse des

deux côtés et d'un vert tendre ; dans la jeunesse de l'arbre,
elle est légèrement cotonneuse en dessous ; le pétiole qui la
soutient est souple et très-comprimé. Ce peuplier fleurit
beaucoup plus tôt que les autres. Il se plaît dans les lieux
froids et humides ; il se multiplie communément par les rejetons enracinés qu'il pousse du pied. C'est lui qui succède aux
CHÊNES, aux HÊTRES, aux CHARMES, etc., dans les futaies
séculaires qu'on exploite ; ses graines se conservent long-
temps en terre en état de germination.

Le bois de ce peuplier est tendre et blanc ; il brûle rapidement et chauffe peu. Les tourneurs en tirent parti ; les
ébénistes l'emploient avec avantage pour les parties intérieures de leurs ouvrages.

PEUPLIER FAUX TREMBLE, *Populus tremuloïdes*, Mich. Il est
de l'Amérique septentrionale, et il a les feuilles plus petites,
plus arrondies et d'un vert moins foncé que notre tremble ;
elles sont finement dentées en scie et lisses des deux côtés.
On le cultive au Jardin des plantes de Paris. Son écorce
est fort employée, en Amérique, comme fébrifuge, tonique
et stomachique.

PEUPLIER D'ITALIE, *Populus fastigiata*, Linn., appelé aussi
peuplier de Lombardie. Il n'est cultivé en France que depuis
un demi-siècle. On le trouve en Crimée et dans la Mésopotamie, la Perse, etc., où il existe vraisemblablement de
toute ancienneté. Son port, sa feuille et la nature de son
bois le distinguent de tous les autres peupliers. Son aspect
est majestueux, sa taille élancée, sa forme pyramidale. Il
croît à la manière des cyprès. Depuis le bas de sa tige jusqu'au haut, il pousse des branches qui prennent une direction droite en se rapprochant toujours du tronc. Elles sont
garnies de feuilles tantôt arrondies, en cœur et pointues,
tantôt représentant comme un losange, dont deux côtés sont
crénelés et deux finement dentés en scie. Les deux surfaces
de ces feuilles sont lisses et d'un vert foncé, vif et brillant,
qui conserve son éclat jusqu'à l'arrière-saison. Cet arbre
est propre à former de belles avenues, où des rideaux de
verdure le long des prés, des rivières ou même des murs
qu'on veut cacher. Il peut contribuer à l'embellissement d'un
site ; sa croissance est très-rapide, surtout dans la première
année de sa plantation. Quoiqu'il réussisse fort bien dans
une terre profonde et fraîche, il n'est pourtant pas délicat
sur le choix du sol ; il végète assez bien partout, excepté
dans les sols crayeux, argileux et tenaces. Il n'a pas besoin
d'être taillé ; de lui-même il s'élève en pyramide, dont la
hauteur et la régularité frappent et étonnent le voyageur. Son

bois est le plus léger de tous ceux qui se trouvent en France ; aussi est-il fort recherché par les layetiers et autres ouvriers qui ont besoin de cette qualité.

On multiplie le *peuplier d'Italie* par boutures. Si on le coupe par le pied, il ne repousse plus ; défaut que n'ont pas les autres peupliers dont j'ai déjà parlé.

PEUPLIER NOIR, *Populus nigra*, Linn. C'est l'espèce la plus anciennement connue en France. Cet arbre s'élève fort haut quand il trouve un fonds qui lui convient. Il porte des chatons plus courts que ceux des espèces précédentes. Ses feuilles sont rhomboïdales, à quatre angles, dentées en scie, terminées en pointe aiguë, lisses sur les deux surfaces et d'un vert-brun ; au printemps elles sont recouvertes d'une liqueur limpide, et les yeux ou boutons sont chargés d'un baume gluant, d'une odeur très-agréable. Son écorce est unie dans les premières années ; elle se ride et se gerce ensuite.

Son bois ressemble, à l'extérieur, à celui des autres peupliers ; mais il paroît plus filandreux. On en fait de la charpente légère, des solives, des planches, de la volige, du rondeau, des meubles, des sommiers, des barres et chevilles pour retenir le fond des tonneaux. C'est lui qui, sous le nom de *Peuplier de la Vistule*, fournit les jolis nécessaires qu'on apporte de Varsovie. On emploie son écorce pour apprêter le maroquin. Ses bourgeons, macérés dans l'eau bouillante et ensuite pilés et pressés, donnent une matière grasse qui brûle comme la cire, et qui exhale une bonne odeur.

On multiplie le *peuplier noir* par plançons de sept à huit pieds de hauteur, enfoncés à la profondeur de deux ou trois, dans un trou fait exprès.

Un des plus gros arbres existans peut-être en France, appartient à cette espèce ; il se trouve à l'arquebuse de Dijon, et a près de six pieds de diamètre. C'est, dit-on, sous Henri IV qu'il a été planté.

PEUPLIER DE LA CAROLINE, *Populus angulata*, Hort. Kew. Cette espèce, qu'on trouve aussi en Virginie, a les feuilles beaucoup plus larges et plus étoffées qu'aucune autre ; elles sont en cœur, crénelées ou plutôt dentelées en scie dans leur contour, terminées en pointe, d'une consistance un peu épaisse, lisses aux deux surfaces, luisantes, et d'un vert foncé ; elles tiennent à de longs pétioles, dont le sommet est très-aplati, et dont la prolongation sur la feuille est rougeâtre. Ces feuilles tombent très-tard, seulement après les premières gelées. Les jeunes tiges, et surtout les jeunes rameaux de ce peuplier, sont anguleux. A mesure que l'arbre grossit, l'écorce prend une surface unie. C'est un des plus beaux de ce genre. Il parvient à une très-grande hauteur, a un port fort agréable., et procure un bel ombrage. Dans un an, il croît souvent de douze à quinze pieds, et grossit à proportion. Il se plaît dans les mêmes terrains où croît le *peuplier d'Italie*, c'est-à-dire dans toute terre qui, sans être noyée, est légère et humide ; mais il souffre dans les fortes gelées, et il est sujet à être brisé par la tempête ; aussi faut-il, autant qu'on le peut, le planter à l'abri des vents de l'ouest et du midi. Son bois est blanc ; il diffère très-peu de celui du *peuplier noir* ordinaire, mais il fait moins de retraite. M. de Malesherbes ayant fait scier en planches un vieux pied de ce peuplier, s'est assuré qu'elles étoient excellentes et du meilleur emploi.

PEUPLIER DE VIRGINIE, *Populus monilifera*, Aiton. Il a les feuilles en cœur, un peu plus longues que larges, également dentées, avec une grosse glande droite à chaque dent. Ses jeunes rameaux sont très-gros et très-anguleux. Il est originaire de l'Amérique septentrionale, et ne craint point les plus fortes gelées du climat de Paris. C'est un des plus propres à former des avenues, à orner des jardins paysagers. Nous n'avons que le mâle.

PEUPLIER DE MARYLAND. Il a les feuilles ovales, légèrement en cœur, peu inégalement dentées, pourvues d'une glande recourbée à chaque angle. Ses rameaux sont à peine anguleux.

PEUPLIER DE CANADA, *Populus canadensis*, H. P. Il a les feuilles presque en cœur, aussi longues que larges, inégalement dentées, pourvues de glandes recourbées, et de quelques poils à chaque dent. Ses jeunes rameaux sont peu gros et peu anguleux. Il vient du même pays que les précédens, avec lesquels il se confond généralement, quoique fort distinct. C'est le plus propre à planter pour le profit, à raison de la plus grande rapidité de sa croissance et de la meilleure qualité de son bois. Nous n'avons que la femelle. Il se multiplie par boutures, ainsi que les deux précédens.

PEUPLIER DE LA BAIE D'HUDSON, *Populus hudsonica*, Bosc. Il a les feuilles dilatées, un peu plus longues que larges, inégalement dentées, acuminées ; les pétioles aplatis, rougeâtres et velus ; les jeunes rameaux cylindriques et très-velus. Son nom indique son pays natal. Au premier aspect, il ressemble au précédent ; mais il s'en distingue fort bien. On le cultive dans nos jardins. Sa multiplication a lieu par boutures, dont les premières pousses sont toujours parallèles au sol. Sa croissance est très-rapide.

PEUPLIER D'ATHÈNES, *Populus græca*, H. Kew. Ses feuilles

sont en cœur, larges, crénelées ou comme ondées sur les bords, terminées en pointes, et lisses aux deux surfaces; la surface supérieure est d'un vert foncé, l'inférieure d'un vert glauque. On le cultive dans nos jardins. C'est par la greffe du peuplier d'Italie qu'on le multiplie généralement, ne reprenant pas facilement de bouture.

PEUPLIER GRANDE DENT, *Populus grandidentata*, Mich. Il a les feuilles velues, aiguës, largement dentées, glabres dans leur vieillesse; ses jeunes pousses sont presque rondes. Il est originaire de l'Amérique septentrionale, et se cultive dans nos jardins, où il se fait remarquer par son élégance. On le multiplie par marcottes et par greffes, sur le *peuplier d'Italie*, ou mieux sur le *peuplier grisaille*.

PEUPLIER ARGENTÉ, *Populus heterophylla*, Mich. Très belle espèce, distinguée de toutes les autres par ses feuilles, qui ont la forme d'un cœur allongé, et qui sont très-légèrement dentées sur les bords, douces au toucher, soyeuses aux deux surfaces, et marquées à celle de dessous de nervures blanches très-prononcées.

PEUPLIER BAUMIER OU TACAMAHACA, *Populus balsamifera*, Linn.; *Populus tacamahaca*, Mill. 6. Arbre de l'Amérique septentrionale, qui paroît peu s'élever; qu'on cultive en Europe, et qui réussit très-bien lorsqu'il est placé dans une terre humide et à une exposition chaude. Pallas l'a trouvé dans certaines parties de la Russie. Il a des feuilles ovales, allongées, fortement crénelées ou dentées en scie, et portées par des pétioles cylindriques; la surface inférieure est d'un blanc sale, mat et un peu jaune. Les jeunes feuilles sont gluantes; les boutons le sont beaucoup plus; ils exhalent une odeur balsamique, qu'on trouve dans les jeunes tiges et dans le bois. C'est de cet arbre qu'on retire la RÉSINE TACA-MAQUE (*Voyez* ce mot). Nous n'avons en France que l'individu femelle.

Le *tacamahaca* se multiplie aisément de boutures et de drageons enracinés; il pousse de très-bonne heure; pour la réussite des boutures, il faut les détacher de l'arbre en automne. Ce peuplier est toujours inférieur, en hauteur et en grosseur, au *peuplier liard*, dont nous allons parler. Ces deux peupliers ont tant de rapports ensemble, qu'on les confond dans les jardins.

PEUPLIER A FEUILLES VERNISSÉES, PEUPLIER LIARD, *Populus candicans*, Bosc. Ses feuilles sont ovales en cœur, assez larges et d'un blanc luisant en dessous. On le trouve, ainsi que le *tacamahaca*, à la Louisiane, à la Caroline, dans la Virginie et au Canada; il est très-commun aux environs de Québec. Son nom de *liard* lui vient de la souplesse de ses branches. Comme son bois est léger , liant et difficile à fendre, on en fait, à la Louisiane , de grandes pirogues. Nous avons en France ce peuplier depuis environ cinquante ans ; et c'est l'individu mâle. Il s'élève à cinquante pieds et plus ; les vents cassent souvent ses branches , et même son tronc. L'effet que produisent ses feuilles agitées par le vent , est très-pittoresque ; ses boutons sont résineux comme ceux du précédent , mais moins gommeux.

Le *baume focot* est produit par une espèce de peuplier qui croît au Mexique. (D.)

PEUPLIER D'AMÉRIQUE. C'est le *coccoloba uvifera.* *V.* RAISINIER. (LN.)

PEUPLIÈRE. On a donné ce nom aux champignons qui vivent sur les peupliers , et qui se mangent en Italie. (B.)

PEUTERON. Nom que les prophètes donnoient au *capparis.* (LN.)

PEUTHALIS. L'un des noms anciens du *polygonum* , chez les Grecs. *V.* ce mot. (LN.)

PÉVA. Ce nom, qui appartient à une peuplade de l'Amérique méridionale, établie sur les bords du fleuve des Amazones, a été appliqué par Nieremberg à un quadrupède de la taille d'un petit *chien*, et grand ennemi du *tigre.* Nieremberg ne décrit point ce quadrupède, et l'on ne sait à quelle espèce attribuer les contes que ce jésuite a faits au sujet du péva. (S.)

PEVERACCIA et PEVERELLA ou PEPERINA. Divers noms italiens du MOURON des champs. (LN.)

PEVERONE. *V.* PEPERONE. (LN.)

PEVETTI. C'est, dans Rhéede, la PHYSALIDE FLEXUEUSE. (B.)

PEVRAÉE, *Pevraea.* Genre établi par Commerson, et qui a pour type le CHIGOMIER DE MADAGASCAR. (B.)

PEWTER. Alliage d'ÉTAIN et de BISMUTH dont on fait de la vaisselle en Angleterre. (LN.)

PEWIE ou BLACK-CAP. Nom anglais de la MOUÉTTE RIEUSE et du MOUCHEROLLE NOIRATRE. *V.* ces mots. (V.)

PEXISPERME , *Pexispermu.* Plante marine de la famille des conferves ou des fucacées , originaire des côtes de Sicile , et qui a servi à Rafinesque pour établir un genre auquel il attribue pour caractères : substance charnue , déprimée, d'un brun rougeâtre, à bords obtus , à gongyles oblongs et inégaux. (B.)

PEXO OLIVE de Provence. C'est le GROS-BEC. (V.)

PE-XU. Nom que porte, en Chine, le Cyprès toujours vert, *cupressus sempervirens*. (LN.)

PEYER. *V.* Peden. (LN.)

PEYR. Nom du Chiendent en Bohème. (LN.)

PEYROUSIE, *Peyrousia.* Genre de plantes établi aux dépens des Glayeuls, mais qui n'a pas été adopté. *Voyez* La-peyrousie et Anomatèque. (B.)

PEZICA. Pline donne ce nom aux champignons membraneux. (B.)

PÉZIZE, *Peziza.* Genre de plantes cryptogames, de la famille des Champignons, qui offre une substance charnue plus ou moins creusée en soucoupe à sa partie supérieure.

On a retranché, en dernier lieu, quelques espèces de ce genre, pour établir celui appelé par Bulliard, Nidulaire, et, par Lamarck, Cyathe, ainsi que celui nommé Ascolie par Persoon.

Les *pézizes* proprement dites portent leurs semences, dans l'intérieur de leur cavité supérieure; ces semences sont d'une ténuité extrême; leur émission se fait par jets instantanés, et paroît précédée d'un mouvement d'irritabilité. Il ne faut souvent que souffler sur elles pour déterminer cette émission.

Il y a des *pézizes* qui sont gélatineuses; il en est dont la chair est cartilagineuse; d'autres sont coriaces; mais la plupart sont charnues, demi-transparentes, comme si elles étoient de cire et fragiles. Les unes sont sessiles, les autres ont une forme turbinée; d'autres ont leur base amincie en pédicule; quelques-unes ont un pédicule proprement dit. On en compte plus de cent espèces, seulement d'Europe, décrites dans les ouvrages de botanique, dont quarante croissent aux environs de Paris, et sont figurées dans l'ouvrage de Bulliard sur les *champignons* de la France.

Cet habile botaniste les a divisées en quatre sections; savoir :

1.º Les *pézizes* qui ne se trouvent jamais que sur les fruits coriaces de certains arbres, ou sur ceux de quelques végétaux annuels, dont la plus commune est :

La Pézize des fruits, qui est fragile et glabre, a peu de chair, est ordinairement fort petite, et se termine en un pédicule grêle, et aminci en pointe à sa base. Elle se trouve abondamment sur le gland, la châtaigne, la faîne et la noisette.

2.º Les *pézizes* qui ne viennent que sur le bois mort, parmi lesquelles il faut remarquer :

La Pézize noire, qui est gélatineuse, épaisse, sessile, glabre, et ordinairement d'une forme turbinée ; sa surface inférieure est comme égratignée et chargée de rides. Sa partie supérieure s'aplatit avec l'âge, quelquefois même devient bombée. Elle se trouve très-fréquemment sur les arbres morts, le bois à brûler et les vieilles pièces de charpente. Paulet l'appelle Peau de Morille brune.

La Pézize oreille de Judas, qui est gélatineuse, mais ferme et élastique comme un cartilage. Elle est toujours sessile, fort mince, et cependant composée de deux lames appliquées l'une contre l'autre. On lui voit ordinairement une large échancrure, qui lui donne la forme d'une oreille d'homme ; sa surface inférieure est pubescente, relevée de nervures, sa partie supérieure plissée, et ses bords lobés. Sa couleur est un brun rougeâtre. Elle a été placée parmi les *tremelles* par plusieurs naturalistes. Infusée dans du vin blanc, elle est employée contre l'hydropisie et les maux de gorge.

La Pézize papillaire est épaisse, fragile, transparente comme de la cire. Elle n'a jamais de pédicule ; sa surface inférieure est hérissée de grosses papilles courtes et entrelacées, qui laissent souvent dégoutter de l'eau. On la trouve quelquefois en abondance sur le bois pourri.

La Pézize en écusson est sessile et d'un rouge écarlate. Sa chair est fragile, rougeâtre et ordinairement assez épaisse. Sa partie inférieure est hérissée de poils noirs. Elle s'aplatit toujours avec l'âge et se courbe même souvent. On la trouve communément sur les vieilles souches.

La Pézize lactée est extrêmement petite, mince, fragile et blanche. Elle est velue à sa surface inférieure, surtout vers ses bords, qui paroissent comme frangés. Elle est commune sur le bois pourri et les feuilles mortes.

3.º Les *pézizes* qui ne se trouvent jamais que sur la fiente des animaux, parmi lesquelles on remarque :

La Pézize ciliée, qui est fort petite, épaisse, fragile, et d'un rouge orangé. Sa surface inférieure et ses bords sont garnis de poils noirs ; elle se trouve sur les matières fécales des bestiaux, et principalement sur celles du bœuf.

La Pézize ponctuée est charnue, coriace, glabre, et se termine en un gros pédicule court et noir. Sa partie supérieure est blanche, peu profondément creusée, et parsemée de points noirs, qui sont les orifices d'autant de petites loges, remplies d'un suc glaireux. Elle se trouve uniquement sur le crottin de cheval.

4.º Les *pézizes* qui ne se trouvent que sur la terre, parmi lesquelles il faut remarquer :

La Pézize laineuse, qui est mince, fragile, transparente comme de la cire. Elle est sessile; d'un brun-jaune en dehors; grise en dedans, et recouverte de longs poils. C'est une des plus grandes de ce genre; puisqu'elle atteint deux à trois pouces de diamètre. On la trouve dans les lieux humides.

La Pézize crénelée est mince, fragile, glabre, d'une couleur cendrée et transparente, comme si elle étoit de cire. C'est une des plus petites de cette division. On la trouve dans les mêmes endroits que la précédente.

La Pézize en radis est fragile, glabre, mince et transparente, comme si elle étoit de cire. Elle a un long pédicule tortueux et garni de fibres radicales. Elle est pour l'ordinaire profondément implantée dans la terre.

La Pézize en ciboire est la plus grande des espèces de ce genre; elle est mince, fragile, glabre, transparente, se termine en un pédicule court, et a ordinairement sa surface inférieure relevée de côtes ramifiées. Elle varie beaucoup selon l'âge et le lieu où elle se trouve. C'est elle qui sert de type au genre Nidulaire ou Cyathe.

La Pézize en limaçon est fort grande, mince, fragile, sessile et transparente. Elle est toujours partagée en deux lobes latéraux roulés en spirale, et sa partie supérieure est percée d'un trou qui communique à la racine. Elle se trouve sur la terre, et passe, selon l'âge, du gris au brun foncé.

La Pézize scarlatine est très-grande, mince, fragile, glabre, constamment sessile et transparente. Elle est d'un rouge orangé en dessus, jaunâtre en dessous; elle varie considérablement pour la forme. On la trouve sur la terre, soit solitaire, soit groupée. Paulet l'appelle la *peau de morille fleur de capucine.*

La Pézize vésiculeuse est très-grande, mince, fragile, glabre, sessile et transparente. Elle est d'abord creusée en grelot, et prend ensuite la forme d'une bourse. Elle est commune sur la terre, les fumiers, quelquefois solitaire, mais le plus souvent groupée. Elle varie beaucoup et dans sa forme et dans ses couleurs.

La Pézize pédiculée est mince, fragile, transparente comme de la cire, et tomenteuse à sa surface inférieure; elle est portée sur un long pédicule plein. Elle se trouve sur la terre.

La Pézize aranéeuse est mince, fragile, et d'un rouge orangé. Elle n'a que trois lignes de diamètre environ. Sa partie inférieure est en forme de toupie un peu pédiculée et garnie de fibrilles noirâtres et entrelacées; sa partie supérieure est creuse, en bateau à bords sinués.

La Pézize ombiliquées, de même grandeur, sessile, épaisse, fragile, de couleur orange, glabre ou à peine hérissée en dessous; sa partie supérieure est creusée d'une fossette en forme d'ombilique. Elle naît en touffes, et est fixée à la terre par son centre.

La Pézize tubéreuse, en forme de coupe évasée, sillonnée en dessous, pédiculée, fragile et transparente comme de la cire, d'abord d'un jaune fauve, ensuite de couleur de bistre, puis d'un rouge brun; sa racine est un tubercule charnu, noirâtre; son pédicule est court. (B.)

PEZOPORUS. Genre des oiseaux du *Prodromus* d'Illiger, lequel ne renferme qu'une espèce de *perruche* (*psittacus formosus*, Lath.). *Voyez* Perriche ingambe, à l'article Perroquet. (V.)

PEZOUL. L'un des noms patois du Pou, en France. (DESM.)

PEZOULINO. Nom languedocien des Pucerons. (DESM.)

PEZZA, PEZZO. Noms italiens des Sapins. (LN.)

PEZZE MOULLER, Pezze muger ou Poisson femme. Les Portugais donnent ces noms au Lamantin. *V.* ce mot. (DESM.)

PFAFFENBEERE. C'est un des noms allemands du Cassis (*ribes nigrum*, L.). (LN.)

PFAFFENBLUT, PFAFFENPINT. Le Gouet commun (*arum maculatum*) porte ces noms en Allemagne.

PFAFFIDEL, PFAFFENSORGE, etc. Noms allemands du Fusain. (LN.)

PFANNESTEIN. Les mineurs allemands ont désigné par cette dénomination la Pierre ollaire et la Chaux carbonatée fibreuse. (LN.)

PFEBEN. C'est le Pepon, en Allemagne. (LN.)

PFEFFER Nom allemand du Poivre. (LN.)

PFEFFERBEERE. Le Mézéréon et le Cassis reçoivent ce nom en Allemagne. (LN.)

PFEFFERBLATTER. C'est la Balsamite (*tanacetum balsamita*) en Allemagne. (LN.)

PFEFFERKRAUT. La Sarriette des jardins, le Passerage à larges feuilles et les Ibérides portent ce nom en Allemagne. (LN.)

PFEFFERSTEIN, *pierre de poivre*. Nom vulgaire allemand de quelques variétés de chaux carbonatée globuliforme. *V.* Pisolithes. (LN.)

PFEIFENBAUM. Un des noms allemands du LILAS. (LN.)

PFEIFFENERDE, PFEIFFENMERGEL et PFEIF-FENTHON. Noms de diverses variétés d'ARGILES avec lesquelles les Allemands font leurs pipes. (LN.)

PFEILESTEIN et PFEILSTEIN. Noms vulgaires allemands des BASALTES configurées en prismes. (LN.)

PFEILSTEIN. Kirwan avoit donné ce nom à l'ACTI-NOTE, maintenant placée dans l'*amphibole*. (LN.)

PFEILSTEINE. Nom allemand des BÉLEMNITES. (LN.)

PFENNIGERZ. Nom allemand d'une variété de FER HYDRATE TERREUX, composé de petites parties ou de noyaux aplatis. (LN.)

PFENNICKRAUT. Les Allemands donnent ce nom à la LISIMACHIE NUMMULAIRE et au THLASPI DES CHAMPS. (LN.)

PFENNIGSALAT. Nom de la RENONCULE FICAIRE, en Allemagne. (LN.)

PFENNIGSTEIN. Synonyme allemand de NUMMULITE. (LN.)

PFENNING et PFENG. Noms allemands du PANIS (*panicum italicum*, L.). (LN.)

PFERD. Nom allemand de toute l'espèce du CHEVAL. Le cheval entier reçoit celui de *hengst*; le cheval hongre, celui de *wallach*; le poulain, celui de *füllen*, et la jument, ceux de *stute* ou *stütte*. (DESM.)

PFERDEBLUME. C'est, en Allemagne, le nom du MÉLAMPYRE DES CHAMPS ou BLÉ DE VACHE. (LN.)

PFERDEGRAS. Nom de la HOULQUE LAINEUSE (*holcus lanatus*, L.), en Allemagne. (LN.)

PFERDEPOLÉY. L'EPIAIRE GERMANIQUE et la MENTHE SAUVAGE sont ainsi nommée en Allemagne. (LN.)

PFERDESILGE. Nom allemand du MACERON. (LN.)

PFERSICH. C'est le PÊCHER, en Allemagne. (LN.)

PFISBEERLEIN. L'un des noms allemands du SOR-BIER DES OISEAUX. (LN.)

PFLAUME. Nom allemand de la PRUNE. (LN.)

PFLINZ. Nom donné à la CHAUX CARBONATÉE FERRI-FÈRE, par J. F. Gmelin. (LN.)

PFLOCK FISCK ou PFLOKFISCH. Noms allemands de la BALEINE NOUEUSE. (DESM.)

PFLUGSTERZ. Nom allemand de l'ARRÊTE - BŒUF (*ononis arvensis*). (LN.)

PFRIEMEN. Les Genêts et l'Ajonc reçoivent ce nom en Allemagne. (LN.)

PFUFWURZ. Nom allemand de la Mauve alcée. (LN.)

PFUNDEN. C'est, en Allemagne, le nom de la Véronique beccabunga. (LN.)

PHABES. C'est, dans Aldrovande, le Pigeon biset. (V.)

PHACA. C'est, en grec moderne, le Ramier. (V.)

PHACA, *Phaca.* Genre de plantes de la diadelphie décandrie et de la famille des légumineuses, dont les caractères consistent en un calice tubuleux à cinq dents; en une corolle papilionacée, à étendard ovale et grand, à ailes oblongues et courtes, à carène courte et obtuse; en dix étamines dont neuf réunies à leur base; en un ovaire supérieur, oblong, à style relevé et à stigmate simple; en un légume semi-biloculaire, dont la cloison est formée par les bords rentrans de la suture supérieure.

Ce genre diffère à peine des Astragales et des Baguenaudiers; aussi quelques auteurs l'ont-ils supprimé, pour réunir à ces deux genres les espèces qu'il contient; mais Decandolle l'a conservé dans son travail sur les *Légumineuses biloculaires,* et il en a séparé beaucoup d'espèces, pour les faire entrer dans son genre Oxytropis (*V.* ce mot). Il en mentionne vingt-trois espèces. On renvoie à cet important travail ceux qui désireront de plus grands détails sur ce genre, qui ne présente aucune espèce d'une importance directe pour l'homme. (B.)

PHACÉ, PHACA, PHACOS. Noms de la Lentille chez les Grecs (*Voy.* au mot Lens). Linnæus a nommé *phaca* (*Voyez* ce mot) le genre *astragaloides* de Tournefort. (LN.)

PHACÉLIE, *Phacelia.* Genre de plantes établi par Jussieu dans la pentandrie monogynie et dans la famille des sebesteniers. Il a pour caractères : un calice à cinq divisions; une corolle presque campanulée, à cinq divisions, et marquée de cinq sillons à sa base interne; cinq étamines saillantes; un style à deux stigmates; une capsule à deux loges, à deux valves et à quatre semences.

Michaux, dans sa *Flore de l'Amérique septentrionale,* cite deux espèces de ce genre.

L'une, la Phacélie bipinnatifide, est droite, a les feuilles pinnatifides, à découpures lobées; les fleurs disposées en épis, ordinairement géminés; la corolle bleue et non frangée. Elle se trouve dans les Alleghanis.

L'autre, la Phacélie frangée, est rampante, a les

feuilles pinnatifides, leurs divisions entières, les épis solitaires, la corolle bleue et frangée en ses bords. Elle se
trouve dans la Haute-Caroline.

Toutes deux ont les feuilles alternes et longuement pédonculées. (B.)

PHACELLITHUS. Nom composé de deux mots grecs,
qui signifient PIERRE EN FAISCEAU ; ce nom fut donné par
J. R. Forster, pour désigner la *trémolithe* ou *grammatite*,
maintenant réunie à l'AMPHIBOLE. (LN.)

PHACITE. Quelques anciens oryctographes ont pris ce
nom grec, qui signifie *pierre lenticulaire*, pour désigner les petites *camérines* ou *numismales*. Voy. ces mots. Ce nom a été
aussi donné à quelques variétés de pisolithe et d'oolithe.
(LN.)

PHACOÏDES. Quelques auteurs croient que Oribase
a désigné par ce nom la PASSERINE VELUE (*passerina hirsuta*, L.). (LN.)

PHACON. L'un des noms de la SAUGE, dans les auteurs
grecs. *V.* SALVIA. (LN.)

PHÆLANDRIUM. *V.* PHELANDRIUM. (LN.)

PHÆNICITES. *V.* PHENICITES. (DESM.)

PHAÉNIX, *Phœnix.* Genre de graminées établi par
Haller, pour placer le BARBON PANICULÉ (*andropogon gryllus*, L.). Il n'a pas été adopté. (B.)

PHÆODES. Ce nom a été donné, par J. R. Forster,
au PLOMB PHOSPHATÉ VIOLET. (LN.)

PHÆOSIDERUM. J. R. Forster nommoit ainsi le
MANGANÈSE OXYDE TERNE, l'EISENRHAM et l'HÉMATITE
BRUNE, qu'il réunissoit en un seul groupe. (LN.)

PHAÉOTIUM. Dans les auteurs grecs et latins, c'est un
des noms des RENONCULES. (LN.)

PHAÉTHUSE, *Phaethusa.* Genre de plantes de la syngénésie polygamie superflue, et de la famille des corymbifères. Il a pour caractères : un calice presque cylindrique,
polyphylle, imbriqué d'écailles inégales, recourbées à leur
pointe ; un réceptacle couvert de paillettes, garni de plusieurs fleurons hermaphrodites au centre, et d'un ou deux
demi-fleurons femelles, lingulés, bidentés, à la circonférence ; des semences hérissées, sans aigrette.

La *phaéthuse*, que j'ai fréquemment observée en Caroline,
est une plante vivace de quatre à cinq pieds de haut, fort
rameuse à son sommet, à feuilles opposées, lancéolées,
ovales, dentées, décurrentes, rudes au toucher, et velues.
Ses fleurs sont terminales et jaunes. Les bestiaux ne la mangent pas. Elle croît principalement sur le bord des clairières
des bois, dans les lieux secs.

Cette plante se rapproche infiniment du Sigesbek oriental, et avoit même été confondue avec lui. (b.)

PHAÉTON ou PAILLE-EN-QUEUE, *Phaéton*,
Linn., Lath. Genre de l'ordre des oiseaux Nageurs, et de
la famille des Syndactyles. *V.* ces mots.

Caractères : Bec allongé, un peu robuste, comprimé par
les côtés, couvexe en dessus, droit, à bords dentelés, incliné vers le bout, pointu; narines concaves, étroites, à
demi-closes en dessus par une membranc; langue très-
courte; tête parfaitement emplumée; pieds courts, presque à l'équilibre du corps; tarses réticulés; les quatre doigts
engagés dans la même membrane; le deuxième le plus long
de tous; l'externe bordé d'une membrane en dehors;
ongles falculaires; les première et deuxième rémiges les plus
prolongées de toutes; les deux pennes intermédiaires de la
queue, étroites et très-longues.

Le nom d'*oiseaux des tropiques* a été imposé aux *paille-en-
queues*, parce que, fixés sous la zone torride, ils n'en dépassent guère les limites; aussi leur apparition indique aux
navigateurs l'entrée de cette zone et leur prochain passage
sous les tropiques, soit qu'ils arrivent par le côté nord ou
par celui du sud, dans toutes les mers du monde que ces
oiseaux fréquentent : mais elle ne doit pas toujours être un
indice de la proximité des terres; car, à la faveur d'un vol
puissant et rapide, les paille-en-queues s'avancent au large
à une prodigieuse distance, et souvent à plusieurs centaines
de lieues. Indépendamment de cette faculté, ils ont, pour
fournir ces longues traites, la facilité de se reposer sur
l'eau, au moyen de leurs pieds entièrement palmés; il est
même très-probable qu'étant trop éloignés de toute terre,
ils y passent la nuit. Ces oiseaux ayant les jambes courtes
et placées en arrière, ont la démarche pesante, et sont
aussi gênés dans leurs mouvemens qu'ils sont lestes et
agiles dans leur vol : aussi se posent-ils rarement à terre. Les
trous à la cime des rochers, les arbres les plus élevés, sont
les positions qui leur conviennent le mieux. Les poissons
volans font leur principale nourriture, et c'est en rasant la
surface de la mer qu'ils leur font la chasse. Les uns placent
leur nid dans les creux d'arbres, les autres recherchent les
rochers les plus escarpés pour y faire leur ponte, et tous
habitent de préférence les îles peu fréquentées et isolées
au milieu des mers qui baignent les deux continens.

*Le Phaéton a bec et pieds noirs, *Phaéton melanorhyncos*,
Lath. Il a dix-neuf pouces de longueur totale; le bec noir,
très-comprimé sur les côtés; le dessus du corps et les ailes
striés de blanc et de noir; un très-grand croissant au-dessus

des yeux, et un trait de cette dernière couleur au-dessous ; le front et le dessous du corps d'un blanc pur ; les pennes des ailes et de la queue rayées de noir, les premières terminées de blanc, les autres de noir ; les pieds de cette dernière teinte.

Cette espèce paroît propre aux îles Turtle et Palmerston, de la mer du Sud.

Le Phaéton a brins rouges, *Phaëton phœnicurus*, Lath. ; pl. enl. de Buff., n.º 979. On rencontre cette espèce aux Terres australes, et surtout à l'Ile-de-France, où elle niche dans les trous des petites îles qui sont dans le voisinage ; sa ponte est de deux œufs d'un blanc jaunâtre, marqués de taches rousses ; longueur, deux pieds six pouces ; bec rouge ; plumage blanc, avec une teinte d'un rouge rosé ; œil entouré d'un croissant ; scapulaires terminées de noir ; cette couleur est celle des pieds et de l'origine des deux longs brins qui, dans le reste de leur longueur, sont du même rouge que le bec.

Le Phaéton ou Paille-en-queue de Cayenne. *Voyez* Grand Phaéton.

Le Grand Phaéton, *Phaëton æthereus*, Lath., pl. enl. de Buffon, n.º 998. Il a la taille d'un *gros pigeon*, et deux pieds dix pouces de longueur, du bout du bec à l'extrémité des deux longs brins ; le bec et les pieds rouges ; la tête, le cou et le corps, blancs ; un trait noir, en fer à cheval, embrasse l'œil par l'angle intérieur ; des lignes noires et courbées sont répandues sur le dos, le croupion et les scapulaires ; elles traversent les couvertures des ailes, dont les grandes sont noires et frangées de blanc ; celles de la queue sont au nombre de quatorze, dont douze courtes qui diminuent de longueur jusqu'à la plus extérieure ; les deux autres ont jusqu'à vingt-quatre pouces, et paroissent comme une paille implantée à la queue, ce qui a fait donner à ces oiseaux le nom de *paille-en queue*, *paille-en-cul*. Ces deux longs brins sont garnis de barbes très-courtes et blanches, et les bords du bec sont découpés en petites dents de scie, rebroussées en arrière.

On trouve ce bel-oiseau sur les côtes de l'Amérique méridionale, à la Nouvelle-Hollande, à l'île de l'Ascension, aux îles des Amis, et à O-Taïti où il est appelé *hangoo* et *to-olaïee*.

Le Phaéton de l'Ile-de-France. *Voy.* Phaéton a brins rouges.

Le Petit Phaéton, *Phaëton æthereus*, var., Lath., pl. enl. de Buffon, n.º 569. Il a la taille d'un *pigeon commun*, et sa longueur est de deux pieds cinq pouces ; le bec est cendré à la base, jaunâtre dans le reste de son étendue ; un crois-

sant noir entoure l'œil ; des taches de cette couleur sont sur
les plumes de l'aile voisines du corps , et sur les grandes
pennes ; le reste du plumage est blanc ; les pieds sont jaunâtres ; la membrane des doigts et les ongles sont noirs.
- Cette espèce fait entendre , par intervalles , un petit cri ,
chiric , chiric ; elle niche dans les trous des rochers escarpés,
et pond deux œufs bleuâtres un peu plus gros que des œufs
de pigeon.

Le *paille-en-cul fauve* , de Brisson , paroît être un jenne
de cette race ; le blanc de son plumage est mélangé de noir
et de fauve ; sa taille est inférieure. (V.)

PHAGOS et PHEGOS. Noms d'une espèce de CHÊNE,
chez les Grecs. *Voy.* FAGUS. (LN.)

PHAGRE. *Voyez* PAGRE. (S.)

PHAIE, *Phaius*. Plante haute de six pieds, à tige simple ,
épaisse , droite , à feuilles grandes , amplexicaules , peu nombreuses , lancéolées , plissées et glabres , à hampe nue , cylindrique , égale à la tige , portant plusieurs fleurs inodores ,
noires en dedans , et blanches comme la neige en dehors.

Cette plante forme , selon Loureiro , dans la gynandrie octandrie , un genre qui a pour caractères : une spathe ovale-lan-
céolée , grande , persistante et uniflore ; une corolle de cinq
pétales lancéolés , striés , épais , presque égaux ; un tube bi-
partite à lèvre intérieure cymbiforme charnue , à lèvre extérieure grande , infundibuliforme , recourbée et ondulée en
son bord , émarginée et appendiculée à sa base ; une membrane oblongue , horizontale , rugueuse , colorée , adhérente
a la base du style , et portant deux rangs d'anthères sessiles ,
inégales et operculées ; un ovaire inférieur , oblong , courbé ,
garni de six sillons, à style plane , court , et à stigmate simple;
une capsule oblongue , courbe , à six lobes , uniloculaire et
polysperme.

Le *phaie* , qui fait partie des BLETIES dans quelques ouvrages, et qui se rapproche infiniment des LIMODORES , se cultive dans les jardins de la Chine et de la Cochinchine , à raison de la beauté de ses fleurs , auxquelles on peut difficilement en comparer d'autres. (B.)

PHAISAN. *Voyez* FAISAN. (S.)

PHAISAN BELLES COULEURS DE LA CHINE.
C'est , dans Edwards , le FAISAN DORÉ. (V.)

PHAISAN DE CARASOW. C'est , dans Albin , le
HOCCO DE CURASSOW. (S.)

PHAISAN DE MER. Désignation du PILET ou CANARD
A LONGUE QUEUE, dans Albin. (S.)

PHAISAN ROUGE DE LA CHINE. C'est , dans Albin , le FAISAN DORÉ. (V.)

PHALACRE, *Phalacrus*, Payk., Latr., Sturm; *Anthribus*, Geoff., Oliv. ; *Sphæridium*, Fab. ; *Anisotoma*, Illig., Fab. ; *Volvoxis*, Kugel. Genre d'insectes de l'ordre des coléoptères, section des tétramères, famille des clavipalpes, tribu des globulites, ayant pour caractères: tous les tarses à quatre articles, dont le pénultième bilobé; antennes terminées en une massue perfoliée, de trois articles ; palpes maxillaires filiformes, ou terminés par un article un peu plus gros, mais point en forme de hache ni lunulé; le corps presque hémisphérique; les pattes comprimées.

Fabricius et d'autres naturalistes avoient d'abord confondu ces insectes avec les *sphéridies*, auxquels, en effet, ils ressemblent beaucoup par la forme générale du corps. Mais ces derniers coléoptères sont pentamères et présentent des habitudes très-différentes. Les phalacres sont des *anthribes* pour Geoffroy et Olivier (*Encycl. méthod.*). Mais les *anthribes* proprement dits du premier, et que le second nomme *macrocéphales*, quoique de la section des tétramères, appartiennent à une famille bien distincte de celle des clavipalpes. Illiger réunit les *phalacres* à ses *anisotomes* ou nos *leiodes*, qui sont des hétéromères; Fabricius l'a imité dans son Système des éleuthérates. M. Paykull, qui, entraîné par l'autorité de cet auteur, avoit d'abord placé les *phalacres* avec les *sphéridies*, a fini par en former un genre propre, celui qui est l'objet de cet article. J'observerai, cependant, que je l'avois déjà établi dans mon *Précis des caractères génériques des insectes*, pag. 69, sous le nom d'*anthribe*.

Ces coléoptères sont très-petits, ont le corps bombé, lisse, luisant, et ordinairement noir ou de couleur brune. On les trouve sur les plantes, les semi-flosculeuses particulièrement, et sous les écorces des arbres. Ils courent très-vite, et souvent ils échappent des doigts, à raison de leur petitesse et du poli de leur corps. On n'a pas encore observé leurs métamorphoses.

L'espèce la plus connue, et qui est commune aux environs de Paris, est le PHALACRE BICOLOR, *Phalacrus bicolor*; l'anthribe *à deux points rouges* de Geoffroy, et l'*anisotoma bicolor* de Fabricius. Son corps n'a qu'une ligne de long ; il est d'un noir très-luisant, avec un point rougeâtre à l'extrémité de chaque élytre ; l'abdomen et les pieds sont de cette couleur; les élytres offrent quelques lignes imprimées, mais peu distinctes. On le trouve le plus souvent sur les fleurs du pissenlit, au printemps. *Voyez* le second volume de la Faune d'Allemagne, de M. Sturm. (L.)

PHALÆNA. Nom latin des PHALÈNES. (DESM.)

PHALÆNULA. Nom donné d'abord par M. Meigen, à à un genre d'insectes de l'ordre des diptères, et qu'il a ensuite changé en celui de *trichoptère*. M. Latreille l'avait établi avant lui sous la dénomination de PSYCHODE. (*V.* ce mot.) (DESM.)

PHALAKROKORAX (*Corbeau chauve*). Nom grec du CORMORAN, qu'a indiqué Pline, mais qu'Aristote n'a pas employé. C'est, dans Brisson, la dénomination générique de cet oiseau, et dans Mœhring celle du BEC-EN-CISEAUX. (S.)

PHALANGE, *Phalangium*, *phalanx*. Aristote, qu'il faut consulter avant tout, lorsqu'il s'agit des connoissances des anciens sur la zoologie, distingue ces animaux des *araignées*, mais sans assigner leur différence. Il en mentionne deux espèces qui mordent : l'une, qu'il désigne sous le nom propre de *psylle* ou de *puce*, parce qu'elle est sautillante : c'est probablement l'*aranea senica*, à en juger par sa description ; l'autre, plus grande, noire, dont les pattes antérieures sont grandes, et qui marche lentement; c'est peut-être quelque *araignée crabe*.

Pline énumère plusieurs *phalanges* : 1° celle qui est semblable à une *fourmi*, mais beaucoup plus grande ; 2.° celle que les Grecs nomment *loup* ou *phalange des champs*, suivant Nicander ; 3.° la *phalange laineuse*, lanuginosus ; 4.° le *rhagion* ; 5.° l'*asterion* ; 6.° la *phalange bleue* ; 7.° la *phalange myrmecion*; 8.° les *phalanges tétragnathiennes*, ou à quatre mâchoires, dont il y a deux sortes. Il parle d'une *phalange* dont la morsure est très-dangereuse, qui se trouve parmi les légumes au temps de la moisson ; d'une autre qui habite les arbres en Perse, et qu'on nomme *cranocolaptes*. Pline indique différens remèdes propres à empêcher l'effet du venin qu'il attribue à ces animaux. Il dit formellement que les *phalanges* sont des animaux dont la morsure est dangereuse. Il cite les deux espèces d'Aristote.

Aëtius, médecin en Mésopotamie, et qui écrivit quelques siècles après, mentionne six espèces de *phalanges*, savoir : les *rhagions*, *myrmecions*, *lycus* ou *loup*, *cranocolaptes*, *scléro-céphale* et *scolerie*.

Il est inutile de présenter ici les notes obscures et bien insuffisantes que ces auteurs nous ont données sur chacune de ces *phalanges*. Il est impossible de s'y reconnoître. Aristote n'avoit pas dit que ces *arachnides* étoient venimeuses. Il n'avoit fait qu'en indiquer deux que l'on estimoit telles. Pline les a toutes dites malfaisantes, et son autorité doit être ici d'une valeur d'autant moindre, qu'il dit que les *phalanges* sont inconnues en Italie : *Phalangium est Italiæ ignotum.*

Les auteurs modernes ont, d'après le naturaliste romain, nommé *phalanges*, les *araignées* qu'ils ont cru venimeuses.

Nous pensons qu'Aristote, celui qui doit nous servir de guide dans les recherches sur la nomenclature zoologique des anciens, a compris, sous ce nom de *phalanges*, les araignées vagabondes, ou celles qui ne filent pas des toiles pour prendre leur proie.

Les différens voyageurs ont mis avec les *phalanges* l'araignée aviculaire de Linnæus, et quelques espèces congénères. (*V.* MYGALE.) Ces mêmes animaux sont encore appelés *araignées crabes.* Celui dont a parlé, sous ce nom, Arthaud, médecin au Cap-Français, est notre *mygale crabe.* Il habite les lieux humides, dans les amas de roches et de bois, et se nourrit principalement de *blattes* ou de *ravets.* Cet observateur en ayant placé deux individus dans un bocal de verre, ils appliquèrent sur une paroi un tissu soyeux, se firent ensuite la guerre, et le vaincu servit de nourriture au vainqueur. On a dit qu'une espèce de *taon* donnoit la mort à cette *araignée crabe*, en lui enfonçant son aiguillon dans l'abdomen. Cet ennemi doit être du genre des *pompiles* ou des *sphex*, et non un *taon*. Les poils de l'*araignée crabe* occasionent, dit-on, en entrant dans la peau de ceux qui la touchent, une démangeaison urticaire. Arthaud fit piquer, par les griffes des mandibules, un poulet, sous l'aile gauche, et il donna des signes de mort. Nous croyons que cette *arachnide* est, jusqu'à un certain point, venimeuse.

On a aussi nommé *phalange* le *scarabée hercule.* (L.)

PHALANGER, *Phalangista*, Géoff., Cuv.; *Balantia*. Illig.; *Didelphis*, Gmel., Shaw.; *Cuscus*, Lacép.—Genre de mammifères, de l'ordre des CARNASSIERS, et de la famille des MARSUPIAUX.

Tous les animaux compris dans ce genre appartiennent au continent de la Nouvelle-Hollande ou aux îles de l'Archipel indien. Avant l'établissement des Anglais au port Jackson, on n'en connoissoit que deux espèces, qui avoient été mal distinguées des sarigues ou des didelphes; savoir: le *coëscoës* d'Amboine, décrit et figuré par Valentyn et par Séba; et le *phalanger* de Cook, trouvé par ce voyageur dans son dernier voyage. Depuis, on en a reconnu plusieurs autres bien distinctes.

Sous le rapport de la forme et du nombre des dents, les phalangers forment une sorte de passage des dasyures et des didelphes aux kanguroos. Parmi eux-mêmes, l'on observe aussi des différences graduées, qui établissent encore mieux cette transition. Ils ont tous, à la mâchoire supérieure, six incisives, dont les deux intermédiaires sont séparées à la base, convergentes par leurs pointes, plus longues et plus larges que les autres; les secondes, à couronne large, et les extérieures

plus petites ; à la mâchoire d'en bas, deux seules dents incisives, longues, proclives, presque horizontales; corres-
pondantes aux supérieures par le bord externe. Tantôt il y a
une canine longue, conique, crochue, à la mâchoire supérieure, immédiatement placée après l'incisive externe ;
d'autres fois cette canine est remplacée par deux petites dents
coniques, fort distinctes des incisives, dont l'antérieure est
un peu plus grande. Dans le premier cas, il y a, derrière la
canine, une barre assez longue, sur laquelle sont insérées
deux petites dents simples, dont l'antérieure est plus longue
et conique, et la postérieure cylindrique et obtuse ; dans le
second cas, les molaires viennent, à une petite distance,
après les dents pointues. A la mâchoire inférieure, il n'y a
jamais de canines proprement dites ; mais on voit une barre
plus ou moins longue, présentant tantôt trois, tantôt deux
très – petites dents égales, cylindriques, obtuses, qui
sortent à peine de la gencive. Les molaires sont, dans les
uns, au nombre de cinq de chaque côté aux deux mâchoires, dont l'antérieure est très-forte, conique et obtuse,
et les quatre autres presque égales, carrées, à couronne
marquée de deux espèces de collines transverses, composées
chacune de deux pyramides trièdres, obtuses ; dans d'autres,
les molaires supérieures sont au nombre de six, dont quatre
vraies à tubercules (en arrière), et deux fausses (en
avant) comprimées, surtout la postérieure, qui est dentelée
sur les bords ; et les molaires inférieures sont au nombre
de cinq vraies et une fausse, comprimée et dentelée comme
la seconde d'en haut.

Il suit de cette description, que certains phalangers ont
quarante dents en tout ; savoir :

Incisives $\dfrac{6}{2}$; Canines $\dfrac{1}{0}\ \dfrac{1}{0}$; Petites dents de la

barre $\begin{cases} \text{sup.} \dfrac{2}{3}\ \dfrac{2}{3} \end{cases}$; Molaires $\dfrac{5}{5}\ \dfrac{5}{5}$.

Et que les autres en ont trente-huit ; savoir :

Incisives $\dfrac{6}{2}$; Canines $\dfrac{0}{0}\ \dfrac{0}{0}$; Petites dents de la

barre $\begin{cases} \text{sup.} \dfrac{2}{2}\ \dfrac{2}{2} \end{cases}$; (les inférieures à peine visibles) ; Mo-

laires $\dfrac{6}{5}\ \dfrac{6}{5}$.

Ces dissemblances dans le nombre et la forme des dents
s'observent, non-seulement dans ce genre, mais encore dans
celui des Pétauristes, qui comprend les phalangers volans et
à queue velue. Du reste, les phalangers sont des animaux tout

au plus de la taille du chat, et une de leurs espèces est à peine de celle de la souris. Leur tête est allongée, mais moins que celle des didelphes, des dasyures, des péramèles et des isoodons, et leur gueule est moins fendue; leurs oreilles sont moyennes et arrondies; leurs pieds pentadactyles, dont les antérieurs ont tous les doigts armés d'ongles forts et crochus, non rétractiles; les postérieurs ont un grand pouce sans ongle, fort distinct des autres doigts, dont les deux internes, plus courts que le troisième et le quatrième, à peu près égaux entre eux, sont réunis par la peau jusqu'à la base de l'ongle; leur queue est tantôt nue, tantôt couverte de poil, plus ou moins prenante, et presque toujours aussi longue que le corps; les flancs n'ont point d'expansion de la peau, comme dans les pétauristes; le pelage est souvent laineux et très-doux. Les femelles ont une poche assez ample sous le ventre. Les mâles ont un scrotum pendant, et ne tenant au corps que par un filet.

Le nom de phalanger a été donné à ces mammifères par Buffon, à cause de la réunion des deux doigts de derrière, ce qui présentoit un caractère fort remarquable à l'époque où il l'appliqua, à la seule espèce dont il eût connoissance: mais depuis on l'a retrouvé dans de nouveaux genres; tels sont ceux des kanguroos, des péramèles, des potoroos et des isoodons.

Ces animaux se tiennent presque constamment sur les arbres, où ils vivent de fruits et d'insectes. Ils n'ont pas les mouvemens fort vifs, et il est assez facile de les saisir; on dit même qu'il suffit de les regarder pendant long-temps, pour les faire tomber de lassitude, parce que lorsqu'ils aperçoivent un homme, ils se suspendent par la queue, et restent sans remuer dans cette position forcée. Ils ont des glandes près de l'anus, qui sécrètent une humeur fort puante, ce qui néanmoins n'empêche pas de manger leur chair.

Premier sous-genre — Phalangers a queue nue et écailleuse.

Première Espèce.—Phalanger tacheté, *Phalangista maculata*, Geoff.; *Didelphis orientalis*, Gmel., Shaw., Schreb. — Le Phalanger mâle, Buff., tom. XIII, pl. XI. — *Coëscoès amboinensis*, Lacép. (*Voyez* pl. M. 35, fig. 3 de ce Dictionnaire.)

Cet animal, que Buffon a vu vivant, et qu'il avoit reçu sous le nom de *rat de Surinam*, a un pied environ de longueur totale, mesuré depuis le bout du nez jusqu'à l'origine de la queue, qui a près de neuf pouces; le poil dont son

1. Terouasca (Marte). 2. Petit-Gris (Ecureuil). 3. Phalanger.

corps est couvert, est fort doux au toucher, et varié de taches brunes irrégulières, à peu près en quantité égale sur le dos et sur les flancs, se détachant sur un fond gris jaunâtre clair. La queue est un peu velue à sa base et en dessus ; mais tout le reste en est nu , écailleux en dessus , et comme garni de petits mamelons ou tubercules en dessous. Les oreilles sont petites , velues en dedans et en dehors ; les ongles sont peu forts.

M. Cuvier (*Règne animal*) dit qu'il existe des phalangers bruns, avec le croupion blanc. Ils appartiennent peut-être à cette espèce, qui paroît si sujette à varier dans les couleurs de son pelage, que nous avons balancé si nous ne la réunirions pas à la suivante ; mais celle-ci nous a offert quelques caractères tirés de sa taille plus considérable, de ses oreilles plus grandes , de sa tête plus large , qui nous paroissent suffisans pour la faire distinguer.

Ce phalanger , ainsi que le suivant , est particulièrement caractérisé par le nombre de ses dents , qui est de quarante ; par ses deux canines supérieures , qui sont assez fortes et coniques , contiguës aux incisives externes; par les deux petites dents existant sur la barre de sa mâchoire d'en-haut, entre les canines et les molaires , qui sont partout au nombre de cinq ; par les trois petites dents des barres de la mâchoire inférieure , etc.

Il est des îles Moluques. *Coëscoës* est le nom qu'il porte à Java.

Seconde Espèce. —Le PHALANGER ROUX , *Phalangista rufa* , Geoff. — PHALANGER femelle , Buff. , tom. XIII, pl. X ; *Didelphis orientalis* , Gmel. , Schreb.

Buffon avoit reçu , comme femelle du précédent , et sous le même nom , un animal que Daubenton a décrit. Il est , dit-il , de couleur mêlée de roussâtre , de jaune pâle et de jaunâtre ; une bande noirâtre s'étend , depuis le derrière de la tête, sur le milieu du cou et du dos ; les côtés de la tête et le dessous du corps sont nuancés de blanc sale et de jaunâtre, de même que la partie de la queue couverte de poil ; la partie qui en est dépourvue est unie, brune et jaunâtre ; et il ajoute les caractères anatomiques suivans :

L'estomac se trouve en entier à gauche ; sa partie gauche est beaucoup plus grosse que la droite , et le grand cul-de-sac a un grand diamètre ; le foie a cinq lobes ; la vésicule du fiel est fort grande , et plus renflée dans le milieu qu'aux extrémités ; le cœcum est gros et très-long ; le poumon droit a trois lobes , et le gauche n'en a qu'un ; au-devant de la concavité du repli transversal formé par la peau du ventre ,

on aperçoit deux petits orifices de chaque côté ; en les ouvrant, on trouve un mamelon fort apparent, quoique petit ;
une poche ovoïde de chaque côté de l'anus, aboutit à une
glande de même forme, et ayant une petite cavité dans son
centre (*Description du Phalanger.*)

Le Muséum d'Histoire naturelle possède un individu
mâle, provenant de la collection du Stathouder, qui nous
a paru avoir un peu plus d'un pied de longueur depuis le
bout du museau jusqu'à l'origine de la queue, laquelle n'a
pas moins de onze pouces; sa tête est fort large aux pommettes,
mais ce caractère tient peut-être à sa préparation; son pelage est fort doux, d'un jaune roussâtre uniforme, assez
intense sur le dos, avec une ligne brunâtre commençant au
museau et se prolongeant sur le front, le vertex et tout le
long de la ligne dorsale. Les oreilles sont plus développées
comparativement que celles de l'espèce précédente, nues
en dedans et velues en dehors ; la queue est grosse à sa base
et velue dans le premier cinquième de sa longueur, le poil
formant une pointe en dessus; les ongles sont grands, arqués
et comprimés.

Les dents sont, en tout, semblables à celles de la première espèce.

Une jeune femelle fait aussi partie de la collection du
Muséum. Elle est d'un fauve très-clair, uniforme, et la
raie brune est à peine visible.

Enfin, nous croyons devoir réunir à cette espèce, comme
variété albine, le phalanger que M. Geoffroy-Saint-Hilaire
a distingué comme devant former une espèce particulière,
sous le nom de phalanger blanc (*phalangista alba*). Il nous a
paru semblable, en tout point, au phalanger roux, par sa
taille, par la longueur de sa queue, celle de ses oreilles,
la nature du poil, etc., etc. Les seules différences susceptibles d'être observées, consistent dans la couleur du pelage,
qui est partout d'un blanc teint, très-légèrement de couleur
roussâtre et uniforme, si ce n'est vers la gorge, où l'on voit
une teinte jaune plus décidée. Sa queue nous a paru plus
tuberculeuse que celle des individus roux; mais cette différence tient peut-être à la manière dont elle a été préparée.
On en pourroit dire autant de la tête, qui semble un peu
plus allongée.

M. Geoffroy a cru indiquer une différence dans le nombre
des petites dents latérales ; il en compte quatre a la mâchoire inférieure, et seulement une à la supérieure. Nous
n'avons pas reconnu cette différence.

SECOND SOUS-GENRE. —PHALANGERS A QUEUE VELUE.

Troisième Espèce. — PHALANGER RENARD , *Phalangista vul-*
pina , Nob. ; *Didelphis lemurina et vulpina* , Shaw. , Gen.
Zool. ; *Didelphis peregrinus* , Boddaert , Elench. animal ; le
BRUNO , Vicq d'Azyr. , *Syst. anat. des anim.* , p. 251 ; *Wha*
tapoa roo , John White , *Voyage* , p. 278.

Vicq d'Azyr a reçu de M. Rollin , chirurgien ordinaire
de la marine , au port Jackson , une assez bonne description de ce beau phalanger , et quelques détails sur ses
mœurs.

Un mâle de cette espèce , qui existe dans la collection
du Muséum dH'istoire naturelle , est de la taille d'un grand
chat , et a des formes beaucoup plus sveltes et plus élégantes
que les autres phalangers du premier sous-genre. Tout le dessus et les côtés de son corps , ainsi que la base de sa queue ,
sont d'un gris-brun , passant au gris fauve sur les épaules ;
les oreilles sont assez grandes , un peu pointues et droites :
elles sont nues en dedans , couvertes en dehors de poils
gris et de poils fauves ; la tête est d'un gris fauve , plus foncé
que celui du ventre ; la face extérieure des membres est d'une
couleur plus obcure que celle du dos ; le bout des pattes de
devant est brun , et le commencement du métatarse des
jambes de derrière est marqué d'une bande transverse de
cette couleur ; la queue est velue dans toute son étendue ,
excepté dans un sillon placé en dessous, qui commence vers
son milieu , et se continue jusqu'à sa pointe ; la peau qui
recouvre ce sillon est lisse et légèrement grenue ; les poils
de la queue sont longs et d'un beau noir dans presque toute
sa longueur , si ce n'est à la base , où ils sont de la couleur
du dos.

Une femelle , qui faisoit partie de la même collection ,
ressembloit beaucoup à ce mâle. Vicq d'Azyr dit , d'après
M. Rollin , que le poil de la queue , dans les femelles , étoit
plus ras et moins foncé que celui des mâles.

Un jeune mâle peut avoir un pied de longueur , et sa
queue un peu moins de dix pouces ; tout son pelage est
d'un joli gris , analogue à celui de l'écureuil gris de l'Amérique septentrionale. Cette couleur commence au milieu du
front , couvre le sommet de la tête , le dos , les flancs , la
face extérieure des membres , jusqu'aux pieds et aux mains,
qui sont roussâtres : le museau est d'une couleur claire ,
tirant sur le blanc sale ; tout le dessous du corps est d'un
blanc jaunâtre sale ; la queue est forte à sa base , ayant
d'abord en dessus la couleur grise du dos , qui devient progressivement plus foncée jusqu'à l'extrémité , qui est tout-à-

fait noire ; en dessous, il y a sur cette queue une ligne noire
étroite, longitudinale, très-marquée, qui s'étend jusqu'à
sa pointe, et qui commence à un pouce et demi de son
origine.

Dans cette espèce, il y a trente-huit dents en tout ; il
n'y a point de vraies canines supérieures, mais seulement
deux dents coniques, assez fortes, sur la barre qui sépare
les incisives des molaires ; six molaires supérieures de chaque côté, dont deux fausses ; deux très-petites dents sur la
barre de la mâchoire inférieure, avec cinq molaires, dont
une fausse.

Selon M. Rollin, ce quadrupède se trouve sur la côte
orientale de la Nouvelle-Hollande ; il habite dans des terriers, se nourrit de petit gibier ; chasse aux oiseaux,
comme les didelphes, etc.

Quatrième Espèce. — PHALANGER DE COOK, *Phalangista
Cookii*, Geoff.; Cook, *Troisième Voyage*, pl. 8.

Cet animal a été d'abord annoncé et figuré par le capitaine Cook, dans son troisième Voyage, comme appartenant à la terre de Van Diémen ; les auteurs récens n'en
parlent point, à l'exception de M. Cuvier, et de M. Geoffroy,
qui le distinguent des autres phalangers.

Péron et Lesueur ont rapporté de leur voyage aux Terres
australes, deux individus mâles de cette espèce, qui sont
conservés dans la collection du Muséum d'Histoire naturelle.

Le plus grand d'entre eux a quinze pouces environ de
longueur, mesurée depuis le bout du nez jusqu'à l'origine de
la queue, qui paroît avoir été à peu près aussi longue. Tout le
dessus du corps est d'un gris roussâtre ; le dessous est blanc,
et cette couleur s'étend en avant jusque sur le menton
et sur la lèvre supérieure ; la gorge offre une tache brunâtre ;
les oreilles sont couvertes de poils gris roussâtres en dehors ;
les joues ont une petite tache blanche, à peine visible,
derrière l'œil ; la queue, qui est mutilée, est roussâtre à sa
base, puis brune, et son bout offre des poils blancs, qui se
prolongent jusqu'à sa pointe.

Le second est seulement un peu plus gros que notre surmulot, n'ayant guère qu'un pied de longueur, avec la
queue égale ; son corps est brun supérieurement et blanc inférieurement ; sa queue, nue en dessous, est brune en dessus,
dans les trois premiers quarts de sa longueur, et blanche dans
le dernier, la partie brune s'obscurcissant graduellement
jusque vers le point où le blanc commence ; ses moustaches
sont noires et bien fournies ; le tour de l'œil, les pattes antérieures et les flancs sont teints de roux ; les oreilles sont

arrondies, rousses en dedans, blanches à la base, avec une petite tache blanche sur la joue; le menton est blanc; le scrotum est pendant, et garni de poils blancs très-fins.

Ce dernier, par sa petite taille, semble être un jeune de cette espèce.

Le phalanger de Cook paroît particulier à la terre de Van Diémen.

Cinquième Espèce. — PHALANGER NAIN, *Phalangista nana*, Geoff. Espèce nouvelle.

Péron trouva ce petit animal, qu'il prit d'abord pour un dasyure, dans l'île Maria, située sur la côte est de la terre de Van Diémen. Il l'obtint, par échange, d'un sauvage qui se disposoit à le tuer pour le manger.

Cet individu, aujourd'hui conservé dans la collection du Muséum d'Histoire naturelle, est de la taille d'une souris; c'est-à-dire qu'il a deux pouces et demi, depuis le bout du museau jusqu'à l'origine de la queue, qui est velue, et à peu près égale en longueur. Tout son pelage, en dessus, est d'un gris légèrement glacé de roussâtre, et blanc en dessous; la lèvre supérieure est garnie de poils blancs, et les yeux sont entourés de brun; les oreilles sont couvertes de poil, assez courtes et arrondies; les dents, autant qu'il est possible de les observer sur ce petit animal, nous ont paru disposées comme celles des phalangers, tachetés et roux c'est-à-dire, que la canine supérieure est saillante et contiguë à l'incisive latérale; que la barre supérieure a deux petites dents isolées, dont la première est seulement moins pointue que la dent correspondante, dans les deux espèces que nous venons de citer; enfin, que la barre inférieure supporte trois petites dents isolées. (DESM.)

PHALANGÈRE, *Phalangium*. Genre de plantes de l'hexandrie monogynie, et de la famille des liliacées, qui offrent pour caractères: une corolle de six pétales ouverts ou connivens (*calice*, Juss.); point de calice; six étamines a filamens glabres; un ovaire supérieur, trigone, à style simple et à stigmate obtus; une capsule ovale, à trois sillons, à trois valves et à trois loges.

Ce genre, dont ceux appelés TRICORYNE et ARTHROPODION par R. Brown, se rapprochent beaucoup, fait partie des ASTHÉRICS de Linnæus, et renferme les plantes comprises dans la première division de cet auteur, c'est-à-dire, celles qui ont les feuilles planes, ordinairement radicales, et les fleurs blanches ou purpurines, disposées en épi terminal, quelquefois rameux. On en compte une cinquantaine d'espèces, dont six appartiennent à l'Europe, et les autres, presque toutes, au Cap de Bonne-Espérance. Parmi ces plantes, qui sont toutes vivaces, il faut distinguer :

La PHALANGÈRE NOCTURNE , *Anthericum serotinum*, Linn., qui a la tige uniflore. Elle se trouve sur les montagnes alpines, en France, en Angleterre et en Allemagne. Elle ne fleurit qu'au déclin du jour.

La PHALANGÈRE ODORANTE, qui a les feuilles cylindriques, filiformes , et la tige simple plus haute que les feuilles. Elle vient au Cap de Bonne-Espérance , et est très-odorante.

La PHALANGÈRE RAMEUSE, qui a les feuilles planes, les tiges rameuses et le pistil droit. Elle se trouve très-abondamment dans les parties moyennes et australes de l'Europe ; dans les cantons sablonneux ou calcaires. Ses longs rameaux, écartés et garnis à leurs extrémités de quelques fleurs d'un blanc de lait, la rendent très-remarquable.

La PHALANGÈRE A FLEURS DE LIS, qui a les feuilles planes, la tige très-simple ; la corolle plane et le style incliné. Elle se trouve dans les montagnes du milieu de l'Europe.

La PHALANGÈRE LILIFORME, qui a les feuilles planes , la tige très-simple, la corolle campanulée , et les étamines déclinées. Elle se trouve dans les montagnes des Alpes , et se cultive dans quelques jardins sous le nom de *lis de saint Bruno*, à raison de la grandeur et de la blancheur éclatante de ses fleurs. Elle passe, dans son pays, natal pour carminative et diurétique. (B.)

PHALANGERS VOLANS. *V.* PÉTAURISTE (DESM.)

PHALANGIENS , *Phalangita*, Latr. Tribu d'animaux, de la famille des holètres, de l'ordre des arachnides trachéennes , et distinguée de la tribu des acarides, de la même famille , aux caractères suivans : huit pieds dans tous ; mandibules très-apparentes , soit antérieures et avancées , soit inférieures , composées , dans tous, de deux ou trois articles, dont le dernier en pince didactyle. Elle comprend les genres FAUCHEUR, SIRON et TROGULE. *V.* ces articles, et ceux d'ARACHNIDES et d'HOLÈTRES. (L.)

PHALANGISTA. Nom latin du genre PHALANGER. *V.* ce mot. (DESM.)

PHALANGISTE. Nom français, donné par Geoffroy à un insecte *coléoptère* du genre SCARABÉ de Linnæus, et de celui de GÉOTRUPE de Latreille. Le corselet de cet insecte est armé de trois longues cornes avancées , qui semblent lui avoir été données comme une arme offensive, quoiqu'elles ne puissent faire aucun mal : leur ressemblance avec les longues piques des soldats de la phalange macédonienne , a fait appeler cette espèce, le *phalangiste*. On trouve cet insecte et sa larve dans les bouses de vache , aux environs de Paris.

PHALANGITA. *V.* Phalangiens. (desm.)

PHALANGITE, *Phalangites.* Genre de poisson de Pallas, qui rentre dans les Aspidophores de Lacépède. (b.)

PHALANGITES, *Phalangita.* Famille d'animaux, de la classe des arachnides. *V.* Phalangiens. (l.)

PHALANGIUM. Linn., Fab. Genre d'arachnides. *V.* Faucheur. (l.)

PHALANGIUM. Le *phalangium*, nommé encore *phalangites* et *leucanthemum* ou *leucacantha*, est une herbe dont une description se trouve dans Pline et dans Dioscoride, qui lui attribuent : deux branches au moins, écartées, portant des fleurs blanches, semblables, pour la grandeur, à celles du lis rouge, et très-découpées ; une graine noire, plate, de la moitié de l'épaisseur d'une lentille et même moins : une racine verte. Les feuilles, les fleurs et la graine du *phalangium* étoient en usage pour guérir les morsures des serpens et des insectes venimeux, et notamment de l'espèce d'araignée appelée *phalangea* L'on a rapporté cette plante aux deux plantes suivantes, *anthericum liliago* et *liliastrum*, et surtout à la première. Ce rapprochement ne paroît pas convenable. Tabernæmontanus, Clusius, etc., ont appliqué ce nom à l'*asphodelus fistulosus*, à l'*hemerocallis fulva*, et à l'*anthericum ramosum* ; Amman au *convallaria trifolia*, Linn. En 1622, on cultivoit à Paris, chez Jean Robin (fondateur de notre jardin des Plantes) l'éphémère de Virginie, sous la dénomination de *phalangium virginianum.*

Tournefort avoit fait un genre de l'*anth. liliago*, qui diffère des autres anthérics par les filamens des étamines nues, les graines anguleuses et les racines fibreuses. Linnæus le réunit à son genre *anthericum*, mais Adanson l'en retira, et, en lui réunissant le *liliastrum*, Tourn., qui n'en diffère que par ses racines fasciculées, en fit un genre que Jussieu a adopté dans son *Genera*, en y ramenant quelques espèces *d'asphodelus* aussi de Tournefort. Enfin Haller rapporte au *phalangium* presque tous les ornithogalum d'Europe et le *scilla bifolia.* Bien avant lui, Commelin et Dillen ont figuré et nommé *phalangium* quelques espèces *d'anthericum* du Cap de Bonne-Espérance. *V.* Phalangère. (ln.)

PHALARIS ou Phaleris. Nom grec de la Foulque. (v.)

PHALARIS. Les chaumes du *phalaris*, selon Dioscoride, ressembloient à celui du *zea*; ils étoient hauts de deux palmes, géniculés, grêles mais fermes, et douceâtres, tenant à des racines menues, et terminés par un épi globuleux, contenant des semences oblongues, de la grandeur de celles du millet et de couleur blanchâtre, ce qu'exprimoit le nom de *phalaris*. Pline est moins clair dans sa description du *phalaris*, dont il compare les graines à celles du sésame. Les anciens ordonnoient ces graines dans du vin, du vinaigre, du miel et du lait, pour guérir de la pierre et calmer les douleurs de vessie. Cette plante paroît avoir été le *phalaris canariensis*, Linn., ou le *phalaris paradoxa*. En consultant le *Pinax* de C. Bauhin, on voit que les botanistes d'alors donnoient aussi le nom de *phalaris* aux *briza* et à des *panicum*. Linnæus l'a fixé à un genre de graminée qui n'a pas échappé aux réformes que les botanistes font actuellement dans tous les genres de plantes; c'est même un des premiers qui en a été atteint, car Lamarck fit à ses dépens le genre *asperella*, nommé *Leersia* par Swartz; puis l'on a pris le *pharundinacea* pour type du *typhoïdes* ou *baldingera*, confondus ensuite avec les *calamagrostis*. Savi a fait un genre *tozettia* du *phalari sutriculata*, L. Enfin, nombre d'espèces sont renvoyées aux genres suivans ou en ont été retirées: *crypsis*, *digitaria*, *alopercurus*, *pennisetum*, *phleum*, *polypogon*, *trachys* et *koeleria*. Voyez aussi ACHNODONTE, ANATHÈRE, BECKMANN, CHILOCHLOÉ et ALPISTE. Forskaël rapportoit le *cenchrus racemosus*, L., aux *phalaris*. (LN.)

PHALAROPE, *Phalaropus*, Briss., Lath.; *Tringa*, Linn. Genre de l'ordre des oiseaux ECHASSIERS et de la famille des PINNATIPÈDES. (*V.* ces mots.) *Caractères :* Bec droit, presque rond, sillonné en dessus, grêle, pointu, un peu incliné à la pointe de sa partie supérieure ; narines linéaires situées dans un sillon ; langue filiforme, pointue ; quatre doigts, trois devant, un derrière ; les antérieurs séparés à leur origine et bordés d'une membrane découpée ; le postérieur court, lisse et ne portant à terre que sur l'ongle ; les première et deuxième rémiges les plus longues de toutes. Les oiseaux de cette division se plaisent sur les mers boréales de l'Europe et de l'Amérique, et en émigrent pendant l'hiver ; c'est alors qu'on en voit quelquefois sur les côtes maritimes de nos contrées septentrionales. La variété de leur plumage, occasionée, soit par l'âge, soit par les saisons, a donné lieu à des espèces purement nominales.

Le PHALAROPE BRUN de Brisson, *Phalaropus fuscus*, Lath.; *Tringa fusca*, Gm.; pl. 46 des Oiseaux d'Edwards ; est donné pour une espèce distincte par ces auteurs. M. Temminck le présente pour un jeune de son *phalarope hyperborée*. Selon M. Cuvier, c'est probablement la femelle ou le jeune de son *lobipède haullecos;* ces deux dernières dénominations signalent le *phalarope cendré* de Buffon, décrit ci-après, lequel est encore le *phalarope de Sibérie ;* ce qui fait quatre noms français pour le même oiseau.

Le Phalarope cendré, *Phalaropus hyperboreus*, Lath.; pl. enl. de Buffon, n.º 766, a huit pouces de longueur; le bec noir; le dessus de la tête, du cou et le manteau d'un gris légèrement ondé, sur le dos, de brun et de noirâtre; un hausse-col blanc encadré d'une ligne de roux orangé, qui est elle-même bordée de gris; tout le dessous du corps, le croupion et les couvertures supérieures de la queue, blancs, avec des lignes transversales noirâtres sur les deux dernières parties; un trait de même couleur au-dessus des yeux; les pennes des ailes noirâtres; quelques-unes des secondaires terminées de blanc; les pennes de la queue pareilles à celles des ailes; les pieds couleur de plomb.

La femelle a un trait sourcilier roussâtre; le dessous du corps roux; des taches, au lieu de bandes, sur le croupion.

Le jeune a le dessus de la tête, l'occiput et la nuque d'un brun noirâtre; une tache de cette teinte derrière l'œil, ainsi que les scapulaires et les deux pennes intermédiaires de la queue, qui ont une bordure roussâtre; les couvertures et les pennes des ailes noirâtres, bordées et terminées de blanchâtre; le front, la gorge et les parties postérieures, blancs; le côté du corps, en dessous, d'un cendré clair; les côtés du cou jaunâtres; le tarse jaune à l'intérieur, d'un vert jaunâtre à l'extérieur; les doigts de cette dernière couleur. Cet oiseau est figuré pl. 46 des Oiseaux d'Edwards; c'est le Phalarope brun de Brisson (*phalaropus fuscus*, Lath.).

Cette espèce se trouve au Groënland, en Sibérie, sur les bords de la mer Caspienne et à la baie d'Hudson, où elle paroît au commencement de juin, et y niche. Elle s'avance, aux approches de l'hiver, sous un ciel moins rigoureux. Sa ponte est de quatre œufs. Les natifs l'appellent *occumushisich*.

Ne pourroit-on pas rapprocher de ce *phalarope* le *tringa cinerea* de Latham et de Gmelin, qui se trouve en Danemarck et à la baie d'Hudson? Sa tête est cendrée et tachetée de noir; le cou est rayé de noirâtre, sur un fond gris; le dos et les couvertures des ailes sont finement variés de taches demi-circulaires noires, cendrées et blanches; les couvertures de la queue rayées en travers de noir et de blanc; les pennes cendrées à bordure blanche; la poitrine et le ventre de cette dernière couleur; l'estomac est tacheté de noir; les pieds sont d'un vert sombre, et les doigts bordés d'une membrane dentelée. Cet individu est figuré pl. 172 des *Oiseaux de la Grande-Bretagne*, par Lewin, sous le nom de *vanneau cendré*. Il paroit en Angleterre, dit cet auteur, et s'y tient en troupes.

Un *phalarope*, qu'on a trouvé dans les mers glaciales qui séparent l'Asie de l'Amérique, au-delà du 66.ᵉ degré de la titude, est donné par Latham comme une variété du premier. Il a les parties supérieures nuancées de brun noirâtre, plus pâle sur la poitrine; une grande tache irrégulière rousse sur les côtés du cou; les grandes couvertures des ailes terminées de blanc; la queue cendrée; la gorge et le ventre blancs; les pieds noirâtres.

Le PHALAROPE A COU JAUNE de Sonnini, *Phalar. glacialis*, est un individu de l'espèce du CRYMOPHILE ROUX. *V.* ce mot.

Le PHALAROPE GRIS, *Tringa lobata*, Gm., est un jeune de l'espèce du CRYMOPHILE ROUX. *V.* ce mot.

Le PHALAROPE A FESTONS DENTELÉS, *Phalaropus lobatus*, Lath.; pl. 308 des Oiseaux d'Edwards, est regardé comme une variété de saison du CRYMOPHILE ROUX. *V.* ce mot.

Le PHALAROPE PLATYRHINQUE. *V.* CRYMOPHILE ROUX.

* Le PHALAROPE RAYÉ; *Phalaropus cancellatus*, Lath., a été vu à l'île de Noël. Il a le bec noir; sept pouces de longueur; les plumes des parties supérieures brunes et bordées de blanc; le dessous du corps de cette dernière couleur et rayé transversalement de noirâtre; les pennes des ailes et de la queue de cette dernière teinte; les premières bordées et terminées de brun; les dernières tachetées sur les deux côtés de blanc; les pieds bruns.

Le PHALAROPE ROUGE. *V.* PHALAROPE ROUSSATRE.

Le PHALAROPE ROUSSATRE, est un individu de l'espèce du CRYMOPHILE ROUX. *V.* ce mot. Latham le regarde comme la femelle du PHALAROPE CENDRÉ.

Le PHALAROPE DE SIBÉRIE. *V.* PHALAROPE CENDRÉ. (V.)

PHALÈNE, *Phalæna*. Genre d'insectes de l'ordre des lépidoptères, famille des nocturnes, tribu des phalénites.

Linnæus comprend sous le nom de PHALÈNE notre famille seconde des *lépidoptères*, les *nocturnes* ou les *lépidoptères* dont les antennes vont en décroissant de la base à la pointe. Il y fait les divisions suivantes : 1.º les *attacus*: ailes écartées. Ils sont *pectinicornes* ou *séticornes*. Ceux-là sont sans trompe, ou en ont une roulée en spirale. Cette division renferme des *bombyx* (*pavonia*) et des *noctuelles* (*crepuscularis*) de Fabricius. 2.º les *bombyx*: ailes en recouvrement, antennes pectinées. Les uns n'ont point de trompe, et leurs ailes sont reverses ou rabattues; les autres sont pourvus d'une trompe, avec le corselet lisse ou huppé. 3.º les *noctuelles* (*noctua*): ailes en recouvrement, antennes sétacées ou pectinées. Elles n'ont point de trompe (les *hépiales*, les *cossus* de Fabricius), ou en sont pourvues, les *noctuelles* (*noctua*) de Fabricius. 4.º les *géomètres*, ailes écartées, horizontales dans le repos. Ce sont les *phalènes* de Fabricius. Elles sont *pectinicornes* ou *séticornes*. Les quatre divisions suivantes et dernières ont les ailes arrondies. 5.º les *rouleuses* (*tortrices*) : ailes très-obtuses, comme tronquées ; bord extérieur courbe. Ce sont les *pyrales* de Fabricius. 6.º les *pyrales* (*pyralis*) : ailes formant par leur réunion une figure deltoïde fourchue (ou en queue d'hirondelle). 7.º les *teignes* (*tinea*) : ailes en rouleau presque cylindrique ; un toupet. Les *teignes* de Fabricius et la plus grande partie des nouveaux genres qu'il a publiés à la suite de celui des *phalènes*, dans le *Supplément* de son *Entomologie systématique*. 8.º les *alucites* : ailes digitées, fendues jusqu'à la base. Ce sont les *ptérophores* de Geoffroy et de Fabricius.

Geoffroy réunit sous le mot de *phalène*, les *bombyx*, les *hépiales*, les *cossus*, les *noctuelles*, les *phalènes* et les *rouleuses* ou *pyrales*.

Degéer n'a fait que retrancher du genre PHALÈNE de Linnæus, les *ptérophores*, qu'il nomme *phalène tipule*. Il partage ses phalènes en cinq familles : I.ʳᵉ FAM. : antennes à barbes, point de trompe, ou une très-petite. — *Première section* : ailes horizontales. — *Deuxième section* : ailes inférieures débordant les supérieures. — *Troisième section* : ailes rabattues, corselet uni. — *Quatrième section* : ailes rabattues, corselet huppé. — II.ᵉ FAM. : antennes à barbes, longue trompe en spirale. — *Première section* : ailes rabattues, découpées. — *Deuxième section* : ailes rabattues, égales. — *Troisième section* : ailes horizontales, découpées. — *Quatrième section* : ailes horizontales, égales. — *Cinquième section* : ailes horizontales, dont les inférieures sont angulaires. — III.ᵉ FAM. : antennes filiformes, très-courtes ; point de trompe. — IV.ᵉ FAM. : antennes sétacées, longues ; point de trompe. — V.ᵉ FAM. : antennes sétacées ; longue trompe en spirale. — *Première section* : les ailes supérieures croisées, et les inférieures plissées. — *Deuxième section* : ailes rabattues et corselet uni. — *Troisième section* : ailes rabattues et corselet huppé. — *Quatrième section* : ailes horizontales, étendues. — *Cinquième section* : ailes roulées, embrassant le corps. — *Sixième section* : ailes courtes et larges en devant. — *Septième section* : ailes pendantes aux côtés du corps. — *Huitième section* : ailes étroites, élevées en queue vers le derrière.

Dans le *Catalogue systématique des lépidoptères des environs de Vienne*, les *phalènes* proprement dites y sont désignées, comme dans Linnæus, sous le nom de *géomètres*. Elles y sont divisées en quinze petites familles, dont je ne pourrois exposer les caractères sans allonger considérablement cet article. Ces signalemens ne sont d'ailleurs ni rigoureux, ni précis, ni comparatifs.

J'ai dit plus haut, que la division des *phalènes* de Linnæus, qu'il nomme *géomètres*, formoit le genre *phalène* proprement dit, de Fabricius. Il le partage en trois sections, *pectinicornes*, *séticornes*, *ailes terminées en manière de queue d'hirondelle* (*forficatæ*). Dans le Supplément de son Entomologie systématique, il a restreint la dernière section, en réunissant plusieurs des espèces qu'elle comprenoit aux *crambus*. Presque tous les entomologistes postérieurs ont adopté, à cet égard, sa méthode. Le genre auquel j'ai conservé la dénomination de *phalène* est presque le même que le sien ; j'en retranche seulement plusieurs espèces, dans lesquelles les palpes sont à découvert, et dont les chenilles ont des habitudes particulières ; elles composent mon genre *botys* (*V.* ce mot). Quelques autres lépidoptères très-analogues aux précédens, et qu'on avoit aussi d'abord placés avec les *phalènes géomètres*, composent une autre coupe générique, celle des *aglosses*. Laspeyres, célèbre naturaliste de Berlin, a fait un genre propre, sous le nom de *Platypteryx*, des phalènes *falcataria, lacertinaria, cultraria*, etc., de Fabricius. Il a été adopté par M. de Lamarck. Schrank, dans sa Faune de Bavière, l'appelle *Drepana*. La *phalène du sureau* (*sambucaria*), et une ou deux autres espèces exotiques, forment celui d'*ourapterix* du docteur Léach.

Telle est la manière générale dont les principaux naturalistes ont considéré les lépidoptères nocturnes ; mais, il faut en convenir, le genre *phalène*, ainsi modifié ou restreint aux *phalènes géomètres* de Linnæus, est encore bien imparfaitement caractérisé. Ce n'est pas, au surplus, la faute des naturalistes ; jamais partie de l'entomologie ne présenta plus de difficultés que celle-ci. Le nombre des caractères importans dont nous pouvons faire usage, dans la famille des lépidoptères nocturnes, est extrêmement borné. Cette étude deviendroit trop pénible et rebuteroit sans doute, si on la fondoit sur des observations microscopiques ; je pense, dès lors, qu'on ne doit pas employer les organes de la bouche de ces insectes que M. Savigny nous a fait connoître, et qui, à raison de leur extrême petitesse, avoient échappé aux observateurs les plus attentifs. Les antennes, la langue et les palpes inférieurs sont donc presque les seules parties dont nous puissions tirer avantage pour signaler les genres de cette famille ; la composition et la forme de la langue ne varient point d'une manière sensible. Les antennes sont toujours sétacées. Comment distinguer la plupart des *phalènes pectinicornes*, des *arcties*, des *callimorphes* et de plusieurs *noctuelles*, puisque tous ces lépidoptères nous offrent des antennes et une langue à peu près semblables ? La comparaison des palpes inférieurs est donc notre unique ressource ; mais comme le nombre de leurs articles est le même , nous ne pourrons découvrir de différences caractéristiques que dans les formes, les proportions et les écailles de ces organes; et, combien il est difficile de saisir et d'exprimer des nuances aussi délicates!

Les *phalènes* ressemblent à de petits *bombyx*, mais dont le corps est proportionnellement plus grêle et plus allongé. Leurs antennes sont sétacées, courtes, tantôt simples, tantôt pectinées ou plumeuses, soit dans les deux sexes, soit seulement dans les mâles. Leur langue est souvent petite , et paroît être moins cornée que celle des noctuelles. Les palpes inférieurs cachent totalement les supérieurs, et sont presque cylindriques ou coniques, courts, et couverts uniformément de petites écailles. Les ailes sont grandes, étendues horizontalement, ou en toit très-écrasé , et ont souvent, soit en dessus, soit en dessous, des teintes et des dessins communs ; dans plusieurs, le bord postérieur est anguleux ou denté.

Si ces insectes, dans leur état parfait, ne sont que foiblement distingués , sous ces rapports, de plusieurs autres lépidoptères de la même famille, ils en diffèrent beaucoup si on les considère dans leur premier âge. La plupart de leurs chenilles n'ont que dix pattes, le nombre des pattes membraneuses intermédiaires étant réduit à deux. D'autres chenilles ont douze pattes , et ressemblent , à cet égard, à celles de quelques noctuelles de Fabricius ou des *campées* de M. de Lamarck. Les unes et les autres ont quatre pattes membraneuses intermédiaires ; mais les deux premières, dans les chenilles de ces *phalènes*, sont plus petites que les autres, ce qui n'a point lieu dans les chenilles des *campées*. Dans la supposition même que l'on ne séparât point les *platypteryx* des *phalènes*, leurs chenilles, pourvues de quatorze pattes, seroient distinguées de celles des *furcules* de M. de Lamarck et de quelques autres chenilles, en ce que les deux pattes membraneuses de l'extrémité postérieure du corps sont les seules qui manquent , et en ce qu'elles ne sont point remplacées par une sorte de queue fourchue, ainsi que cela se voit dans les chenilles des *furcules*.

Les chenilles des *phalènes* marchent très-différemment de celles à seize pattes; elles font des pas beaucoup plus grands; lorsqu'elles veulent changer de place , elles approchent leurs pattes intermédiaires des pattes écailleuses , en élevant la partie de leur corps qui se trouve entre ces pattes , de sorte que cette partie forme en l'air une espèce de boucle, tant que les pattes sont près les unes des autres; mais chaque fois qu'elles les éloignent pour former un autre pas , cette partie s'abaisse et s'allonge, et, comme par ce mouvement, ces chenilles semblent mesurer le terrain qu'elles parcourent, on leur a donné le nom d'*arpenteuses* ou *géomètres*.

Presque toutes ces chenilles sont lisses et ont le corps allongé, mince, cylindrique ; plusieurs ont sur le dos des éminences ou tubérosités qui ressemblent aux nœuds et bourgeons d'une petite branche, ce qui leur forme des espèces de bosses sur un ou plusieurs anneaux. Elles vivent solitaires, et se nourrissent de végétaux ; au printemps et vers la fin de l'été, ou au commencement de l'automne, les chênes, les bouleaux, les aubépines, en sont peuplés ; les unes ne mangent que les feuilles de certains arbres, d'autres en mangent de plusieurs sortes.

Les *arpenteuses* sont remarquables, non-seulement par la manière dont elles marchent, mais encore par la manière dont plusieurs se tiennent sur les branches, et qui prouve qu'elles ont une force prodigieuse dans les muscles. Les unes cramponnent leurs pattes postérieures sur une petite branche ayant le corps élevé verticalement, et restent immobiles dans cette position pendant des heures entières. Les autres prennent une infinité d'attitudes qui exigent incomparablement plus de force encore. Comme dans cet état d'immobilité, ces chenilles ressemblent à de petits morceaux de bois sec, on leur a donné le nom d'*arpenteuses en bâton*.

Quand on touche à la feuille sur laquelle est une *arpenteuse*, aussitôt elle se laisse tomber ; mais elle ne descend pas jusqu'à terre, ayant toujours une corde prête à la soutenir en l'air, et qu'elle peut allonger à volonté. Cette corde est un fil de soie très-fin qui a assez de force pour la porter ; elle ne marche jamais sans laisser sur le terrain où elle passe, un fil qu'elle y attache à chaque pas qu'elle fait. Ce fil se dévide de la filière, d'une longueur égale à celle des mouvemens qu'a faits la tête de la chenille en marchant ; il est toujours attaché près de l'endroit où elle se trouve, et tient par l'autre bout à sa filière. C'est au moyen de cette soie qu'elle descend des plus grands arbres jusqu'à terre, et qu'elle remonte sans marcher, manœuvre qu'elle exécute assez promptement ; elle saisit le brin de soie avec ses pattes intermédiaires, entre lesquelles elle le rassemble en paquet à mesure qu'elle avance ; quand elle est arrivée à l'endroit où elle vouloit aller, elle le casse et en débarrasse ses pattes ; elle file de nouveau lorsqu'elle se remet en marche.

Les chenilles qui éclosent au printemps ont acquis toute leur grosseur vers la fin de cette saison, et se changent alors en nymphes ; les unes entrent en terre pour y subir leurs métamorphoses ; les autres lient ensemble quelques feuilles, dans lesquelles elles se renferment; aucune ne fait de coque, car on ne peut donner ce nom au peu de soie qui recouvre leur nymphe. Les espèces auxquelles les pattes postérieures manquent, se suspendent par l'extrémité du corps, comme font les chenilles d'un grand nombre de papillons; les chrysalides de ces chenilles diffèrent aussi de celles des autres par leur partie antérieure, qui est anguleuse et comme coupée en cœur.

Les *phalènes* restent plus ou moins de temps sous la forme de chrysalides; un grand nombre devient insecte parfait vers la fin de l'été; alors elles s'accouplent et meurent après la ponte. Mais celles dont les chenilles ne subissent leurs métamorphoses qu'en automne, passent l'hiver sous la forme de chrysalide; d'où l'insecte parfait sort le printemps suivant.

Quelques espèces n'étant pas parvenues avant l'hiver au terme de leur grandeur, restent engourdies pendant cette saison, mangent de nouveau au retour du printemps, et subissent leur dernière métamorphose vers le milieu de l'été.

Ainsi que les autres lépidoptères nocturnes, les *phalènes* ne volent ordinairement qu'après le coucher du soleil. Il paroît que c'est le moment où les deux sexes se cherchent pour s'accoupler, restant, pendant le jour, tranquilles sur les feuilles. Elles habitent les jardins, les prairies, et surtout les bois et les forêts.

Nous observons dans les mâles et les femelles de trois à quatre espèces, une particularité assez curieuse. Les mâles paroissent avoir six ailes, les inférieures ayant près de leur naissance une espèce d'appendice plat, ovale, plié en double, et couché sur le dessus de ces ailes. La *phalène à six ailes* de Degéer nous en fournit un exemple. Sa chenille est une *arpenteuse en bâton*, d'un vert blanchâtre rayé de blanc, à tête refendue, et à deux pointes au derrière; elle vit sur le saule. La femelle de la *phalène hyémale* de Degéer, *phalæna brumata*, Linn., et celles de quelques autres, manquent d'ailes, ou n'en ont que des moignons. La *chenille* de l'espèce que nous venons de citer, se met en chrysalide au commencement de l'été, et la *phalène* en sort en décembre; les deux sexes se réunissent alors, et la femelle pond ses œufs.

Ce genre est très-nombreux, et il est bien difficile d'en déterminer les espèces sans de bonnes figures. Celles d'Hübner et de Cramer ont rempli, à cet égard, nos espérances. On consultera, quant aux divisions établies dans ce genre et propres à faciliter son étude, le quatrième volume de mon *Genera crust. et insect.*, le Catalogue systématique des lépidoptères de Vienne, et le Magasin des insectes d'Illiger, où Laspeyres a inséré plusieurs bonnes observations critiques, sur ce dernier ouvrage.

Nous ne pouvons citer qu'un très-petit nombre d'espèces, prises parmi les plus remarquables :

PHALÈNE DU BOULEAU, *Phalæna betularia*, Linn., Fab. Cette espèce est assez grande, et a le corps gros; ses antennes sont pectinées et terminées par un filet simple; les ailes sont blanches, avec un grand nombre de points noirs; le corselet a une bande noire.

La chenille est noirâtre, tuberculée, avec la tête fendue ; elle a dix pattes, et vit sur le bouleau, le saule, etc.

PHALÈNE PRINTANNIÈRE, *Phalæna vernaria* ; Linn., Fab. Elle est assez petite; a les antennes grises, pectinées, filiformes à l'extrémité ; les ailes d'un bleu pâle, avec deux lignes transversales ondées, blanches, sur les supérieures et les inférieures. On la trouve en Europe, aux environs de Paris, dans les bois, vers le milieu du printemps.

Sa chenille vit sur le chêne. Sa tête est bifide ; son corps est vert avec une tache rouge sur le milieu de chaque anneau. Elle se change en nymphe en automne, passe l'hiver sous cette forme, et devient insecte parfait le printemps suivant. Cette chenille est une de celles qui se suspendent par l'extrémité du corps, à la manière de plusieurs papillons, pour se changer en nymphe.

PHALÈNE SOUFRÉE, *Phalæna sambucaria*, Linn., Fab. ; la *Soufrée à queue*, Geoff. Cette phalène, la plus grande de celles des environs de Paris, est d'un jaune de soufre. Elle a les antennes pectinées; deux lignes transversales obscures, et le commencement d'une troisième entre ces lignes sur les ailes supérieures ; les inférieures ont un prolongement en forme de queue et deux petites taches d'un rouge-brun au bord postérieur.

Sa chenille se nourrit de feuilles de rosier et de sureau ; elle est longue et mince ; elle a sur le corps plusieurs tubercules allongés; lorsqu'elle est en repos, elle ressemble à un petit morceau de bois sec. On la trouve jeune à la fin de l'automne ; elle passe l'hiver sans prendre de nourriture, et ne mange qu'au printemps ; vers la fin de cette saison elle se change en nymphe entre deux feuilles qu'elle tapisse de soie, et devient insecte parfait dans l'été. On la trouve dans les jardins.

PHALÈNE DE L'AUNE, *Phalæna alniaria*, Linn., Fab. Elle a les antennes pectinées, jaunes ; les ailes dentées, jaunes, parsemées de petits points bruns, avec deux lignes transversales presque droites, brunes. Elle habite l'Europe ; on la trouve aux environs de Paris, dans les jardins, vers le milieu de l'été.

Sa chenille est d'un gris-brun, avec des points jaunes; elle a trois tubercules sur le dos, et quatre presque réunis sur le dernier anneau. Elle se nourrit de feuilles de pommier et d'aune.

Phalène anguleuse, *Phalœna amataria*, Linn. Ses ailes sont grises, parsemées de petits points bruns, traversées d'une raie d'un brun rougeâtre, droite, et d'une autre en dessous brune, sinuée, plus étroite, qui se réunit à la précédente vers le côté extérieur. Le mâle a les antennes pectinées.

Cette espèce est très-commune. Sa chenille vit sur le chêne.

Phalène du syringa, *Phalœna syringaria*, Linn., , Fab.: *Phal. jaspée*, Geoff.; pl. M. 17, 6, de cet ouvrage. Elle a les antennes pectinées, jaunâtres; les ailes dentées, comme marbrées de jaunâtre, de brun et de rougeâtre, d'une couleur plus foncée vers le bord extérieur que vers l'intérieur.

Sa chenille a dix pattes; ses couleurs ressemblent un peu à celles de la phalène; elle a sur le dos quatre gros tubercules élevés et plusieurs autres petits, avec une longue corne sur le huitième anneau. Elle se nourrit des feuilles du syringa et du jasmin. On trouve l'insecte parfait vers le milieu de l'été.

Phalène ailes en doloire, *Phalœna dolabraria*, Linn., Fab. Elle a les antennes pectinées, fauves; les ailes anguleuses, jaunâtres, avec un grand nombre de petites lignes transversales ferrugineuses, et une tache de couleur violette à l'angle interne. On la trouve en Allemagne, en Angleterre et aux environs de Paris, sur le chêne.

Phalène papillon, *Phalœna papilionaria*, Linn., Fab. Elle a les antennes pectinées, blanchâtres; les ailes légèrement dentées, vertes, avec deux lignes transversales, peu ondées, blanchâtres.

Sa chenille vit sur le bouleau; elle est verte et présente sur le dos dix pointes recourbées: elle ne reste que quatorze jours sous la forme de nymphe. On trouve l'insecte parfait aux environs de Paris, vers le milieu de l'été.

Phalène du groseillier, *Phalœna grossulariata*, Linn., Fab.; *Phal. mouchetée*, Geoff. Elle a les antennes filiformes, noires; le corps jaune avec des taches noires; les ailes blanches avec des taches irrégulières noires; les supérieures ont deux lignes transversales jaunes.

Sa chenille vit sur le groseillier; elle a dix pattes: elle est blanche, avec des taches dont les unes d'un jaune rougeâtre, les autres noires. On voit l'insecte parfait au milieu de l'été.

PHALÈNE DE L'ALISIER, *Phalæna cratægata*, Linn., Fab.; la *Citronnelle rouillée*, Geoff. Elle a les antennes filiformes, d'un jaune rougeâtre; le corps jaune; les ailes d'un beau jaune avec quatre lignes transversales grises, formées par des points, quatre taches ferrugineuses le long du bord externe des supérieures, et une autre d'un blanc argenté au milieu d'une des précédentes. On la trouve dans l'été, aux environs de Paris.

Sa chenille vit sur l'alisier; elle est grise avec deux tubercules sur le dos.

PHALÈNE ÉQUESTRE, *Phalæna equestrata*, Fab. Elle est de la grandeur de la précédente; les antennes sont épaisses, filiformes, noires; le corps est noir; les ailes sont arrondies, noires, avec une large bande jaune vers le bord postérieur. On la trouve en Allemagne.

PHALÈNE DE L'ORME, *Ph. ulmata*, Linn., Fab.; pl. M. 17, 5, de cet ouvrage. Les antennes sont simples; les ailes sont blanches avec deux bandes noirâtres mêlées de roussâtre, dont l'une est à la base, et l'autre à la côte et formée de taches.

PHALÈNE HASTÉE, *Phalæna hastata*, Linn., Fab.; pl. lithographiée G, 43, 7, de cet ouvrage. Les antennes sont simples; ses ailes sont noires, avec des taches blanches et deux bandes de cette couleur, ponctuées de noir et ayant des dentelures en forme de hache.

Sa chenille vit sur le bouleau; elle est d'un brun obscur, avec des taches jaunes et ondées sur les côtés. La chrysalide est brune et renfermée dans une coque.

PHALÈNE A SIX AILES, *phalæna hexaptera*, Deg. Ses antennes sont simples; ses ailes sont d'un gris blanchâtre, avec trois bandes ondées jaunâtres et un point noir: le mâle semble avoir une troisième paire de petites ailes. *V.* les Généralités. Comparez aussi les caractères de cette espèce avec ceux de la *Phalène-hexapterata* de Fabricius. Elle se trouve en Europe.

PHALÈNE HYÉMALE, *Phalæna brumata*, Linn., Fab. Ses antennes sont simples. Le mâle a les ailes jaunâtres, avec une raie noire, et l'extrémité plus pâle. La femelle est épaisse, n'a que des moignons d'ailes qui sont cendrés, avec une bande noire près du bord postérieur.

Sa chenille est une arpenteuse à dix pattes, verte, rayée longitudinalement de blanc, et qui fait un grand dégât sur les arbres fruitiers, sur l'orme, le tilleul, l'érable, le chêne, le bouleau, le rosier, etc.

La femelle pond un très-grand nombre d'œufs, qui sont d'abord verts, mais qui deviennent ensuite d'une couleur aurore claire; elle les arrange par plaques, les uns auprès des autres, sur les rameaux de ces arbres, ordinairement dans l'angle des boutons ou dans quelques inégalités de l'écorce.

La Phalène en faucille, *Phalæna falcataria*, Linn., décrite au même article de la première édition de cet ouvrage, est maintenant du genre *platypteryx*. Voyez ce mot, ainsi que celui de *Botys*, pour la Phalène de la farine, représentée pl. M. 17 ; 4. (L.)

PHALÈNE-TIPULE. *V.* Ptérophore. (L.)

PHALÉNITES, *Phalænites*, Latr. Tribu d'insectes de l'ordre des lépidoptères, famille des nocturnes, ayant pour caractères : ailes entières ou sans fissures, grandes, relativement au corps, étendues horizontalement ou en toit écrasé ; les supérieures point arquées à leur base extérieure, ou point en forme de chape ; corps grêle ; palpes inférieurs couvrant entièrement les supérieurs, presque cylindriques ou coniques, et dont l'épaisseur diminue graduellement ; la plupart des chenilles nues, arpenteuses ou géomètres, n'ayant que dix pattes ; douze ou quatorze dans les autres ; les deux premières des membraneuses intermédiaires, dans les chenilles qui n'en ont que douze, plus petites que les deux suivantes ; les deux pattes anales manquant et point remplacées par une sorte de queue fourchue, dans les chenilles qui ont quatorze pattes.

Cette tribu est composée des genres Phalène et Platyptéryx. *V.* aussi Ouraptéryx. (L.)

PHALEOS. L'un des noms que portoit la plante dite *Apocynum* chez les anciens. (LN.)

PHALÉRIE, *Phaléria*, Latr., Lam. ; *Ténébrio*, Linn., Fab., Oliv., Illig. ; *Mycelophagus*, *Trogosita*, Fab. Genre d'insectes de l'ordre des coléoptères, section des hétéromères, famille des taxicornes, tribu des diapériales.

Trompés par des similitudes générales de formes et de couleurs, les entomologistes ont confondu ces insectes avec les ténébrions. Mais une étude approfondie et comparative des antennes et des parties de la bouche de ces hétéromères, nous découvre le vice de cette réunion. Les *phaléries* n'ont point d'ongles écailleux au côté intérieur de leurs mâchoires, et leurs antennes sont plus ou moins perfoliées à leur extrémité. Ces coléoptères paroissent s'éloigner encore des *ténébrions* par leurs habitudes ; ils se tiennent sous les écorces des arbres, ou dans les sables des côtes maritimes. Ils sont bien plus voisins, dans un ordre naturel, des diapères ; ils en diffèrent néanmoins par les caractères suivans : leurs antennes, qui sont aussi un peu plus grosses vers leur extrémité, ne commencent à être perfoliées que vers le cin-

quième ou sixième article.; le dernier des palpes maxillaires
est plus grand que les précédens, et presque en forme de
triangle renversé ; les deux jambes antérieures sont ordinairement plus larges, presque triangulaires, et même dentelées
dans plusieurs; les autres sont garnies de petites épines.
Ainsi que dans le genre des *diapères*, plusieurs espèces offrent des différences sexuelles remarquables. Leurs mâles ont
tantôt deux éminences, en forme de cornes, sur la tête ; tantôt une excavation sur le corselet.

On peut diviser les phaléries en deux sections; dans les unes
le corps est ovale-oblong ; dans les autres, il est en ovale
court ou presque hémisphérique, et quelquefois très-
bombé.

Les espèces de la première division composent, dans la
Faune d'Autriche du docteur Duftschmid, la seconde famille
du genre *ténébrion*. Telles sont les suivantes, et qui sont toutes
d'Europe.

PHALÉRIE DES CUISINES, *Phaleria culinaris ; Tenebrio culinaris*, Linn., Fab., Panz., *Faun. insect. Germ.*, fasc. 9, tab. 2,
le mâle; *ibid.*, fasc. *id.*, tab. 1, la femelle. Son corps est long
d'environ quatre lignes, d'un fauve marron, luisant, pointillé, avec des stries assez profondes et cannelées sur les élytres, et les jambes antérieures dentelées. Le mâle a une dépression à la partie antérieure du corselet. M. le général Dejean a découvert cette espèce aux environs de Paris, dans la
forêt de Fontainebleau.

PHALÉRIE CHRYSOMÉLINE, *Phaleria chrysomelina ; Tenebrio
chrysomelinus*, Fab.; *ejusd. Mycetophagos glabratus*. Elle est de
moitié plus petite que la précédente, un peu moins oblongue, d'un brun fauve foncé et pointillé, avec une bande
noire et transverse au milieu des étuis; les angles postérieurs
du corselet sont prolongés. Elle se trouve en Allemagne.

PHALÉRIE DU HÊTRE, *Phaleria fagi*, Panz., *ibid.*, *fasc.* 61,
tab. 3. Son corps est long d'environ deux lignes et demie, très-
pointillé, d'un brun noirâtre ou presque noir en dessus, et
d'un brun marron en dessous; les antennes et les pattes sont
aussi de cette couleur; les élytres ont des points enfoncés disposés en stries longitudinales; les intervalles sont finement
et vaguement pointillés.

Aux environs de Paris et en Allemagne.

Je rapporte à la section des *phaléries*, dont le corps est
proportionnellement plus court et plus large, soit en ovale
court, soit presque hémisphérique, les *ténébrio cavus*, *bimu-
culatus* et *pellucidus* d'Herbst.

La seconde de ces espèces, notre PHALÉRIE A DEUX TA-
CHES, *Phaleria bimaculata*, est commune sur nos côtes mari-

times, et s'y tient dans le sable. Elle semble avoir de grands rapports avec le *tenebrio cadaverinus* de Fabricius. Son corps est long d'environ trois lignes, en forme d'ovale court ; et convexe postérieurement ; son dessous est d'un fauve pâle ; son dessus et les pattes sont d'une couleur plus claire, tirant sur le jaunâtre ; les antennes vont en grossissant, sans former de massue distincte ; les yeux sont noirs ; le corselet a de chaque côté, vers sa base, une impression fort courte et linéaire ; les élytres ont des stries longitudinales, dans chacune desquelles est une rangée de petits points enfoncés ; ces intervalles, vus à la loupe, paroissent très-finement pointillés ; le milieu de chaque élytre offre, dans plusieurs individus, une tache noirâtre ; les deux jambes antérieures sont plus larges, triangulaires, un peu ciliées au côté interne, mais sans dentelures au côté opposé.

On trouve sur les côtes de la Méditerranée le *tenebrio pallens* d'Herbst, que je place avec les *phaléries*. Il est plus petit que le précédent, presque hémisphérique, d'un fauve jaunâtre et très-luisant ; les antennes se terminent en une massue formée par les cinq derniers articles : les élytres ont des stries légères, dont le fond, ainsi que celui des stries de l'espèce précédente, est quelquefois plus obscur. Les premières jambes ont la même conformation que dans celle-ci.

Le *tenebrio pallens* de Linnæus et d'Olivier est une phalérie voisine des précédentes, mais dont les élytres sont lisses. (L.)

PHALKON. C'est le FAUCON, en grec moderne. (S.)

PHALLOÏDES. Vallérius donne ce nom à des STALAGTITES, à cause qu'elles ont la forme d'un *phallus*. (LN.)

PHALLUS. Nom latin des Champignons du genre SATYRE. *V.* ce mot. (DESM.)

PHALLUSIE, *Phallusia*. Genre établi par Savigny, dans son bel ouvrage intitulé : *Mémoires sur les animaux sans vertèbres*, aux dépens des ASCIDIES de Linnæus. Ses caractères sont : test gélatineux et sessile, orifice branchial s'ouvrant en huit rayons.

La PHALLUSIE NOIRE, figurée pl. 2 de l'ouvrage précité, sert de type à ce genre, qui se divise en trois sections, et qui renferme huit espèces, dont l'*ascidia mentula* de Muller, appelée *reclus marin* par Dicquemare, est la plus commune sur nos côtes. On y trouve encore les ASCIDIES CANINE et RIDÉE du même Muller, et MAMELONNÉE de Cuvier. Les autres appartiennent à la mer Rouge, et étoient la plupart inconnues. (B.)

PHALOÉ, *Phaloea*. Genre établi par Decandolle dans la famille des RUBIACEES, pour placer l'arbre qui fournit au

Mexique la *fève de Saint-Ignace*, différente de celle de l'IGNA-
TIA. (B.)

PHALSAMODES de Pline. Cette plante est rapportée
aux LAURIERS par Adanson. (LN.)

PHANAX. *V.* PANAX. (LN.)

PHANÈRE, *Phanera.* Arbrisseau grimpant, à feuilles
alternes, en cœur, aiguës, bifides, accompagnées de vrilles;
à fleurs rouges, disposées en grappes terminales et pendantes, que Linnæus a placé parmi les BAUHINES, sous le nom
de *Bauhine grimpante*, et dont Loureiro a fait un genre.

Ce genre offre pour caractères : un calice de quatre folioles
inégales, dont deux opposées en demi-lune ; une corolle de
cinq pétales ovales, ouverts, inégaux, insérés au calice par
de longs onglets appendiculés à leur base, les supérieurs ailés ; trois étamines déclinées ; un ovaire supérieur, oblong,
comprimé, pédicellé, surmonté d'un style court, à stigmate
obtus ; un légume aplati, contenant un petit nombre de semences.

La *phanère* croît dans les bois de la Cochinchine, et s'é-
lève au sommet des plus grands arbres. Ses fleurs sont très-
belles. (B.)

PHANTIS. Calice d'une seule pièce, à quatre divisions;
corolle à quatre pétales ; huit étamines; un style à un stigmate hémisphérique ; feuilles alternes ; fleurs en corymbes
axillaires. Cet arbre de Ceylan, dont le fruit n'est pas connu, est mentionné par Linnæus dans sa Flore de Ceylan, et
constitué genre par Adanson. (LN.)

PHAONG-LON. *V.* FUM-LAN. (LN.)

PHAONG PHUNG des Cochinchinois. *Voyez* FAM-
FUM. (LN.)

PHAOPETALIS. Le GLIMMERSCHIEFER des Allemands,
ou schiste micacé, a été ainsi nommé par J. R. Forster. (LN.)

PHAPS. C'est, suivant Gesner, le nom grec du PIGEON
BISET, et PHAPS, selon Aldrovande. (V.)

PHAR, PHAROS. Noms grecs de l'ÉTOURNEAU. (V.)

PHARAME, *Pharamum.* Genre de COQUILLES, établi par
Denys-de-Montfort, aux dépens des NAUTILES, dont il diffère
par un dos caréné, armé d'éperons ; par une bouche triangulaire; par le trou placé vers le bec.

La coquille qui sert de type à ce genre est de la grandeur
d'une lentille moyenne. On la trouve vivante dans la mer
Adriatique, et fossile près de Sienne. (B.)

PHARAONE, *Cochlæa Pharaonis.* C'est la coquille du
genre SABOT, particulièrement connue sous le nom vulgaire
de BOUTON DE CAMISOLE. *V.* SABOT. (DESM.)

PHARE ou PHARELLE, *Pharus.* Genre de plantes de la monoécie hexandrie et de la famille des graminées, qui offre pour caractères : des fleurs mâles pédonculées et des fleurs femelles sessiles, qui ont, les unes et les autres, une balle calicinale de deux valves, et une balle florale de deux valves un peu plus grandes, surtout dans les fleurs femelles ; six étamines courtes, dans les mâles ; un ovaire linéaire, à style simple et à stigmate trifide, dans les femelles ; une semence oblongue, enveloppée dans la balle florale femelle.

Ce genre renferme quatre à cinq espèces, dont la plus anciennement connue est le Phare a larges feuilles, qui se trouve à la Jamaïque.

Deux espèces nouvelles de ce genre sont décrites dans le bel ouvrage de MM. Humboldt, Bonpland et Kunth, sur les plantes de l'Amérique méridionale. (B.)

PHARIER. L'un des noms du Pigeon ramier. (Desm.)

PHARMAC. Arbre décrit et figuré dans Rumphius, mais dont on ne connoît pas encore le genre. Les habitans d'Amboine font, avec ses racines, concassées et mises dans l'eau, une liqueur vineuse assez agréable, qui se conserve comme la bière, à raison de son amertume. (B.)

PHARMACITE, *Pharmacitis.* On a donné ce nom à des *bois fossiles bitumineux.* La pharmacite terreuse de Cronsted est le Crayon noir, espèce de Schiste. *V.* ce mot. (LN.)

PHARMACOCHALZIT de Léonhard. C'est le Cuivre arseniaté terreux. *V.* à cet article. (LN.)

PHARMACOLITHE. Karsten a donné le premier ce nom, qui signifie en grec *pierre de poison*, à la *chaux arseniatée*, parce qu'elle contient de l'acide arsenic, dont les qualités délétères sont connues de tout le monde. *V.* Chaux arseniatée. (LN.)

PHARNACE, *Pharnaceum.* Genre de plantes de la pentandrie trigynie et de la famille des caryophyllées, qui offre pour caractères : un calice divisé en cinq parties intérieurement colorées ; point de corolle ; cinq étamines ; un ovaire supérieur ovale, surmonté de trois styles ; une capsule triloculaire et trivalve.

Ce genre renferme de petites plantes annuelles ou vivaces, à feuilles verticillées ou opposées, et à fleurs axillaires ou terminales. On en compte une vingtaine d'espèces, la plupart du Cap de Bonne-Espérance, qui ont en général le port des Molugines, et qui n'en diffèrent même que par le nombre de leurs étamines. Une seule est d'Europe, c'est le Pharnace ombellé, *pharnaceum cerviana*, Linn. ,qui a les pédoncules presque en ombelles latérales, et les feuilles linéaires. Il est annuel, se trouve dans plusieurs parties de l'Espagne et de la Russie, et ne présente rien de remarquable. (B.)

PHARNACES. *V.* à l'article PANAX. (LN.)

PHARNACEUM. Nom d'un roi de Pont; il fut donné par les anciens à un de leurs panax. Adanson cite un *pharnaceum* de Pline qu'il rapporte au genre *pharnaceum* de Linnæus. *V.* PHARNACE. Le *pharnaceum suffruticosum* de Pallas s'éloigne du genre PHARNACE et de celui des XYLOPHYLLES auxquels Aiton et Willdenow le rapportent. (LN.)

PHARPHARIA des anciens. *V.* TUSSILAGO. (LN.)

PHARYNX est l'orifice supérieur de l'œsophage, au fond de la bouche, sorte d'isthme par lequel passe le bol alimentaire pour descendre dans l'estomac. Cet isthme s'ouvre et se ferme au moyen de plusieurs muscles; il y a un sphincter pour le clore, des muscles stylo-pharyngiens, sphéno et céphalo-pharyngiens pour le dilater plus ou moins. Des nerfs de la huitième et neuvième paire animent ces muscles, ainsi que des rameaux émanés du ganglion cervical supérieur qui cause ces constrictions involontaires du *pharynx* dans certains cas d'hystérie et d'hypocondrie. *V.* ŒSOPHAGE. (VIREY.)

PHASA. Nom grec du RAMIER. Le mâle s'appelle, dans la même langue, PHAPS, et la femelle PHASSA. (V.)

PHASCOCHOÈRE, *Phascochœrus*, Fréd. Cuv.; *Sus*, Pall., Linn., Erxl., Schreb., Cuv., Illig. Genre de mammifères de l'ordre des PACHIDERMES.

Ce genre est ainsi caractérisé : deux grosses dents incisives supérieures, triquètres, verticales et un peu courbées; une canine énorme en forme de défense, relevées en en-haut et de chaque côté, et cinq molaires dont les deux premières sont simples, l'antérieure ne touchant même pas à la seconde, et les trois dernières composées de cylindres émailleux, joints ensemble par un cortical, à peu près comme le sont les lames transverses de celles de l'éléphant, et se poussant aussi d'avant en arrière : six incisives inférieures, dont les deux postérieures de chaque côté sont un peu plus grosses et plus rapprochées entre elles, les deux intermédiaires étant fort petites et très-écartées ; une canine inférieure semblable à celle de la mâchoire supérieure, également écartée de côté et relevée, mais plus petite ; quatre molaires dont les trois premières sont petites, mousses, séparées les unes des autres, et la dernière très-grosse, formée de plusieurs dents soudées, composées elles-mêmes de cylindres émailleux, joints entre eux par un cément comme aux molaires supérieures, et présentant sur leur couronne usée, un grand nombre de petites aréoles ovales d'émail, disposées sur trois rangs longitudinaux : toutes les incisives

et quelquefois les molaires antérieures, tombant avec l'âge ;
tête fort grande, avec le crâne très-large ; corps semblable
à celui du cochon, couvert de poils grossiers ou de *soies* ;
quatre doigts à chaque pied, deux grands d'égale longueur,
pourvus de sabots et posant seuls à terre, et deux externes
plus courts, et aussi égaux entre eux ; queue assez courte.

Les quadrupèdes compris dans ce genre ont été long-
temps placés parmi les cochons. M. Frédéric Cuvier, sur la
considération du nombre et de la forme très-remarquable
des dents, a cru devoir les en séparer, en leur appliquant la
dénomination de *phascochœres*, qui signifie *cochon à verrue*,
parce que, en effet, ce sont des cochons dont la tête est
rendue hideuse par les lobes de peaux pendans qui la garnissent.

On a cru pouvoir distinguer deux espèces différentes
d'animaux de ce genre, sous les noms de *sangliers du Cap-
Vert* et de *sangliers d'Éthiopie* ; mais on a reconnu que ces
deux espèces n'en formoient réellement qu'une ; que la
seule différence appréciable consistoit en un peu moins de
longueur dans la tête, chez la dernière. On remarque, en
général, que les individus du midi de l'Afrique manquent
d'incisives, ou qu'ils n'en ont que de très-petites cachées
sous les gencives ; tandis que ceux qui proviennent des environs du Cap-Vert, ont les mêmes dents bien conservées. (DESM.)

Espèce unique. — PHASCOCHŒRE AFRICAIN, *Phascochœrus
africanus*, F. Cuv. — *Sus africanus* et *Sus œthiopicus*, Gmel.
— *Aper œthiopicus*, Pallas, *Miscellanea zoologica*, pag. 16,
tab. 2. — *Spicilegia zool.* 11, p. 3, tom. 1, XI, p. 84, t. 5,
fig. 7.—Le SANGLIER D'AFRIQUE ou SANGLIER DU CAP-VERT,
Buff., tome 14, pag. 409 ; 15, p. 148, et *Suppl.*, tom. 3,
p. 76, tab. 11. — *Voyez* pl. P. 13, fig. 3 de ce Dictionnaire.

Cet animal est particulier au continent de l'Afrique, et
on l'y trouve depuis l'Egypte et la Barbarie jusqu'au Cap
de Bonne-Espérance, où les Hollandais le connoissent sous
le nom de *bosch varke*, c'est-à-dire, *cochon sauvage*, et les
Hottentots, sous celui de *coureur*.

Il a la physionomie singulière, mais hideuse ; sa hure,
au lieu de se terminer en pointe comme celle de notre *sanglier*, est au contraire fort large, aplatie et coupée
carrément au boutoir ; ses petits yeux sont placés à fleur de
tête, et presque au haut de son front carré. Ses oreilles appliquées contre le cou, qui est très-court, sont cachées dans
les poils ; mais une peau cartilagineuse et fort épaisse, de
trois pouces en longueur et en largeur, s'élève de chaque

côté sur ses joues, comme une seconde paire d'oreilles, et contribue à rendre son aspect effrayant. Au-dessous de ces excroissances singulières, est une protubérance osseuse, longue d'un pouce, qui sert à l'animal pour frapper de droite et de gauche; il est armé en outre de quatre longues défenses dont les deux supérieures ont jusqu'à sept à huit pouces de long; elles sont crénelées et se recourbent en haut tout en sortant des lèvres; les défenses d'en bas, beaucoup plus petites, s'appliquent si exactement contre les grandes, quand la bouche est fermée, qu'elles ne paroissent former qu'une seule dent. Une énorme crinière couvre le cou et les épaules; les soies qui la composent ont jusqu'à seize pouces de hauteur, et elles sont rousses, brunes et grisâtres. Dans le reste, cet animal ressemble assez au sanglier d'Europe.

Quoique très-massif, le sanglier d'Afrique n'est pas moins agile; il court avec beaucoup de légèreté, et la forme de son groin ne l'empêche pas de fouir très-lestement la terre pour en tirer les racines dont il se nourrit. Sa férocité égale sa laideur, et la force de ses armes le rend dangereux. (s.)

PHASCOLARCTOS. Nom donné par M. de Blainville à un quadrupède de la Nouvelle-Hollande, de la division des marsupiaux, et qu'il a regardé comme propre à former un genre distinct. *V.* KOALA. (DESM.)

PHASCOLOME, *Phascolomys*, Geoffr., Illig., Cuv.; *Didelphis*, Shaw. Genre de mammifères MARSUPIAUX.

Le nom de *phascolomys*, donné à ce genre par M. Geoffroy Saint-Hilaire, signifie *rat à poche*. Il convient parfaitement aux mammifères qui y sont contenus, parce qu'ils participent à la fois de l'organisation des rongeurs, sous le rapport des parties qui servent à la nutrition, et de celle des marsupiaux, relativement à leur génération.

Les phascolomes sont des animaux à corps épais, raccourci, terminé par une queue excessivement courte, bas sur jambes, couverts de grands poils rudes; à tête grosse et plate; a oreilles courtes; dont tous les pieds sont pentadactyles, les antérieurs ayant cinq ongles crochus et robustes, propres à fouiller la terre; les postérieurs, quatre seulement, parce que le pouce qui est rudimentaire en est dépourvu. Les dents sont, en tout, au nombre de vingt-quatre, c'est-à-dire, deux incisives et dix molaires (cinq de chaque côté) à l'une et à l'autre mâchoires, tout-à-fait disposées comme les dents des rongeurs, si ce n'est que les molaires forment des lignes parallèles entre elles, tandis que dans ces animaux ces lignes convergent plus ou moins en avant ou en arrière. Les incisives, séparées des molaires par une barre ou espace inter-

dentaire, sont très-fortes et très-épaisses, moins longues que
dans les rongeurs, surtout les inférieures; celles d'en-haut
sont coupées droit, un peu obliquement à leur extrémité,
et cette coupe est ovalaire; elles sont comme tordues vers
leur milieu, et cannelées dans toute leur superficie: celles
d'en-bas sont déprimées au lieu d'être comprimées comme
celles des rongeurs; elles sont coupées droit à leur extrémité;
leur surface antérieure est sillonnée, et leur direction est
un peu oblique, ce qui les fait converger. Les molaires supérieures sont recourbées en dehors, et profondément im-
plantées, sans racines distinctes de la couronne; la première
est simple et usée obliquement; les quatre autres sont à leur
couronne, qui est ovale, comme séparées en deux par un
sillon un peu plus profond à la face interne qu'à l'externe;
elles diminuent insensiblement de grosseur, d'avant en arrière. Les molaires inférieures sont comme déversées en dedans, semblables aux supérieures, à cela près que l'impression plus profonde du sillon transversal qu'elles présentent,
est à la face externe, au lieu de l'être à l'interne.

M. Cuvier remarque que l'articulation de la mâchoire inférieure est semblable à celle des carnassiers, c'est-à dire,
qu'elle se fait par un gynglyme assez serré, ce qui n'a pas
lieu dans les rongeurs, chez lesquels la mâchoire peut être
mue en avant et dans tous les sens, à cause du peu de profondeur de la cavité glénoïde, et de la forme de l'apophyse
articulaire. Le canal intestinal est long; l'estomac membraneux, pyriforme, à parois épaisses, ridées intérieurement, la
partie droite étant rétrécie et repliée vers le cardia, de sorte
que la petite courbure est peu ouverte, et le cul-de-sac gauche
très-profond; le cœcum est petit et sans boursouflures. Comme
dans tous les autres animaux à bourse, le prepuce ou la vulve
s'ouvrent immédiatement en avant de l'anus, et sont embras-
sés et fermés conjointement avec cet orifice, par un muscle
sphincter cutané très-fort. Le gland du mâle est cylindrique
et partagé, à l'extrémité, en quatre lobes, par deux sillons qui se
croisent, et dont le transverse est le plus profond, l'orifice
du canal de l'urètre étant placé à l'endroit de leur réunion.
Dans les femelles, les organes internes de la génération ont
surtout beaucoup de ressemblance avec ceux des femelles de
phalangers et de kanguroos, c'est-à-dire qu'il y a, pour ainsi
dire, une matrice triple, dont la moyenne s'ouvre au fond du
vagin par deux canaux étroits, en forme d'anse. *V.* l'article
MARSUPIAUX. Le squelette, dans les deux sexes, présente, à
la partie antérieure des pubis, les deux os en forme de sti-
lets, qu'on trouve dans tous les animaux de la même famille, et aussi dans les ornithorhynques et les échidnés. La

femelle a sous le ventre une poche assez spacieuse , où elle place ses petits jusqu'à ce qu'ils aient acquis assez de force pour pouvoir se passer de ses soins.

Tels sont les points principaux de l'organisation des phascolomes , ainsi que M. Cuvier a pu les décrire sur les individus vivans qui ont été envoyés au Muséum d'Histoire naturelle par Péron et Lesueur. L'ensemble des caractères extérieurs rapproche infiniment ces animaux d'un quadrupède trouvé par Bass à la terre de Van - Diémen , et qui est nommé , chez les Sauvages, *Wombat* ou *Womat;* mais les dents de ce dernier animal sont en nombre bien différent de celui des dents des phascolomes, si toutefois ce nombre a été bien observé, ce qui est douteux ; car ces contrées ayant été très-parcourues depuis une douzaine d'années, on n'a jamais rencontré le *Wombat* de Bass, mais toujours le phascolome. Au surplus, les Sauvages appellent aussi le phascolome *Wombat*, ce qui donne une présomption nouvelle qu'il n'existe qu'un seul animal sous cette dénomination.

Le Wombat (*Wombatus fossor*) , dont M. Geoffroy avoit d'abord formé un genre provisoire , a été admis et appelé *amblotis* par Illiger. Ce quadrupède , si réellement il devoit être distingué du phascolome, auroit six dents incisives en haut et en bas , des canines séparées , des molaires tuberculeuses obtuses , au nombre de huit de chaque côté , tant en haut qu'en bas : en tout , quarante-huit dents. Le pouce des pieds de derrière seroit développé, mais sans ongle , etc. ; le reste de la description du phascolome lui conviendroit d'ailleurs.

Les phascolomes sont des animaux nocturnes , fouisseurs, qui vivent de substances végétales et qui habitent à la terre de Van-Diémen , sur la côte orientale de la Nouvelle-Hollande, et dans les îles·du détroit de Bass , qui sépare ces deux contrées.

Espèce unique. — PHASCOLOME BRUN, *Phascolomys fusca*, Geoffr. ; — *Phascolomys wombat*, Péron et Lesueur , *Voyage aux Terres Australes*, Atlas, pl. 28 ; — Geoffr., *Notice sur une nouvelle espèce de mammifères*, Annales du Mus., tom. 2, pag. 364. *V.* pl. G. 44 , 1. de ce Dictionnaire.

Les phascolomes qui ont été amenés vivans à Paris, étoient jeunes ; ils avoient déjà dix-sept pouces de longueur ; mais il est vraisemblable qu'ils auroient atteint la taille du blaireau. Leur corps est court ; leur tête grosse ; les yeux sont très-écartés ; les oreilles fort courtes, presque cachées dans le poil ; le cou est peu distinct. Tout le pelage est grossier et brun ; chaque poil en particulier est brun-clair à la base, en-

suite marqué d'un petit anneau roussâtre , puis d'un large anneau blanc, après lequel vient encore un second anneau roussâtre aussi étroit que le premier ; et la pointe en est brune.
La poitrine seulement est d'une teinte moins foncée que le
reste du corps. Il paroît, au surplus, que la couleur générale
varie ; car Péron et Lesueur figurent deux individus dont l'un
est d'un gris-fauve , et l'autre d'un brun noirâtre.

On ne possède encore sur les mœurs des phascolomes, que
ce que rapporte M. Geoffroy (*Ann. du Mus.*), au sujet des
trois individus rapportés des Terres Australes par Péron et
Lesueur. « Ces animaux , dit-il , se creusent des terriers, et
ils y habitent. Leurs membres sont très-bien organisés pour
ce résultat : ils sont claviculés. Les os de l'avant-bras et ceux
de la jambe ne sont point soudés ensemble , en sorte qu'ils
exécutent très-bien les mouvemens de pronation et de supination. Cela leur donne la faculté de se gratter à la manière
des singes, ce qu'ils exécutent avec une sorte de grâce et de
prestesse. Ce sont , d'ailleurs, des animaux très-lourds ; leur
fourrure peut être de quelque utilité, et leur chair est bonne
à manger. Les poils longs et bruns dont ils sont couverts leur
donnent, au premier aperçu, une certaine ressemblance avec
de petits ours : ils marchent comme eux sur toute la plante
des pieds ; ils se ramassent en boule, et, dans cette position,
paroissent presque aussi larges que longs. Leur douceur est
bien remarquable ; on diroit qu'ils ignorent la puissance de
leurs dents incisives ; quoi qu'on fasse, ils n'y ont jamais recours. Ils paroissent doués de peu d'énergie , sommeillent
plus volontiers le jour, et, comme tous les animaux qui terrent , s'occupent la nuit de la recherche de leurs alimens.
On nourrissoit ceux de la ménagerie, de pain, de fruits, de
racines et de toute sorte d'herbages. Ils avoient surtout un
goût décidé pour le lait. »

Ces animaux ont vécu peu de temps, et l'un des trois est
mort le jour même de son arrivée à Paris. Ils étoient tour-
mentés d'une gale invétérée, et couverts de petites mites ou
acarus.

Dans le second volume de la relation du *Voyage aux Terres.
Australes* , publié en 1816 , on trouve que les wombats ou
phascolomes habitent l'île King, située dans le détroit de Bass,
entre la terre Napoléon de la Nouvelle-Hollande et la côte
septentrionale de la terre de Van-Diémen , conjointement
avec les kanguroos, qui sont de deux espèces différentes ; ils
servent de nourriture aux pêcheurs anglais qui sont en station
sur cette île, pour chasser le phoque, à trompe (*phoca proboscidea* , Péron, ou *phoca leonina* , Linn.). (DESM.)

PHASCUM. *V.* Phasque. (DESM.)

PHASELLUS. Synonyme de *phaseolus* dans les anciens auteurs. Médikus et Moench en ont fait le nom d'un genre qu'ils établissent aux dépens du *phaseolus* de Linnæus. Les caractères de ce nouveau genre sont : *calice campanulé à deux lèvres, la supérieure bidentée et l'inférieure tridentée ;* corolle papilionacée ; carène, étamines et style contournés en spirale; *ailes plus longues ; légume cylindrique,* loculamenteux et à graines cylindriques. Les caractères soulignés distinguent ce genre des *phaseolus* ou HARICOTS. On y rapporte les *phaseolus farinosus* et *lathyroïdes,* Linn., ainsi qu'une espèce figurée par Morison. (*Hist.,* tab. 5, fig. 8), qui est le *Ph. scaber* Moench. (LN.)

PHASELUS ROMANUS. M. Virgile. On le rapporte au RICIN ou PALMA-CHRISTI. *V.* PHASEOLUS. (LN.)

PHASÉOLE. Espèce de haricot qu'on cultive principalement en Italie, et qui est probablement le véritable *phaseolus* des Latins, d'où les botanistes ont donné le nom à tout le genre. *V.* au mot HARICOT. (B.)

PHASEOLOÏDES. C'est sous ce nom que plusieurs espèces de *glycines* ont été figurées ; ce sont les *glycine subterranea* et *frutescens.* Adanson sépare cette dernière plante, et en fait le type de son genre *bradlea,* où il place encore le *glycine apios.* Ces deux plantes font le genre *apios* de Boerhaave, et le *glycine* même de Linnæus. Le *phaseoloides* de Rai est le *glycine subterranea,* L., dont M. Dupetit-Thouars fait son genre *voandezia.* (LN.)

PHASEOLUS. Nom latin du haricot et du genre dans lequel cette plante se trouve placée. Il signifie, selon Ventenat, petit navire ; et le *haricot* auroit été ainsi nommé à cause de la forme de ses semences.

Les anciens Grecs donnoient aussi le nom de *phaseolos,* et ceux-ci qui en derivent, *phasilon, phaselos* et *phasiolos,* à une plante. Dioscoride n'en donne point de description; il se borne à dire que les graines se cuisent difficilement, qu'elles s'enflent, qu'elles causent des vents, qu'elles se digèrent mal, et que lorsqu'on les mange cuites (lorsqu'elles sont vertes), elles amollissent le corps; en outre, on leur attribuoit la propriéte d'arrêter les vomissemens. (Diosc. 2, c. 130.) Ailleurs Dioscoride décrit, sous le nom de *smilax* des jardins (*smilax cepæa,* 5, (176), une plante qui a des rapports de propriétés avec la précédente, et les caractères de nos *haricots.* Selon cet auteur, le smilax des jardins porte une graine que quelques personnes appellent *lobon* et *lobion.* Ses feuilles res-

semblent à celles du lierre, mais sont plus molles. Ses tiges
sont grêles et produisent des crampons ou vrilles à l'aide desquels elles croissent très-haut en s'attachant à toutes les plantes
voisines, au point qu'elles couvrent de leur ombre les pavil-
lons et les réduits pratiqués dans les jardins ; elles produisent
des siliques semblables à celles du fenu grec, mais plus longues et plus grosses, dans lesquelles sont contenues des graines semblables, pour la forme, aux reins des animaux, de
diverses couleurs, et rousses en partie. L'on mangeoit les
siliques cuites avec les graines, et comme les asperges elles
provoquoient l'urine ; mais elles causoient des songes épou-
vantables.

« Pline ne parle du *phaseolus* que par occasion, et, d'après
le peu qu'il en dit, on doit croire qu'il étoit l'objet d'une culture en grand, car on en semoit quatre boisseaux par arpent,
et les soins exigés par cette culture se bornoient au her-
sage. Il attribue au *phaseolus* des feuilles veinées.

Les botanistes rapportent le *smilax des jardins* de Dioscoride, au *dolichos* d'Hippocrate, de Dioclès et de Théophraste,
et au *lobos ou lobion ou phasiolos* d'autres auteurs. Aëtius l'af-
firme pour le *dolichos* et le *smilax* des jardins, mais le place
dans le genre des *phaseolus*, ce qui suppose qu'il regardoit
celui-ci comme une plante différente. Matthiole pense que le
smilax a les siliques beaucoup plus grosses que celles du *phaseolus* ; mais, cependant, dans son commentaire sur Dioscoride, il place à l'article *phaseolus* et à l'article du *smilax
hortensis*, la figure de notre haricot ordinaire, dont le dessin
seul est différent. L'auteur de l'Histoire des plantes, imprimée
a Lyon, met une différence entre le *phasiolus* par quatre
syllabes, et le *phaselus* par trois, qui seroient alors les noms de
deux plantes. Il met la dernière parmi les Ers et les Gesses;
c'est ce qu'on dit aussi pour le *phaseolus* de Pline. Anguillara
n'adopte pas une pareille distinction.

Dans ce désordre, l'opinion la plus générale ramène toutes
les plantes que nous venons de citer, à nos haricots vulgaires
et à leurs variétés.

Chez les modernes, à partir de Brunfelsius jusqu'aux Bauhin, les noms de *phaseolus*, de *phaselus* et *phasiolus*, ont été
donnés aux Haricots, et étendus : 1.° à une multitude de
graines presque toutes de légumineuses, dont on ne connoissoit point le plus souvent la plante, et dans le nombre desquelles sont les *fèves*, des *acacies*, des *dolichos*, des *gesses*,
l'*abrus præcatorius*, des *orobes*, le *phaca bætica*. Après les Bauhin, on a continué à le donner à des graines et à des végétaux, également divers, et encore principalement de
la famille des légumineuses, par exemple : on y plaçoit le

connarus asiaticus, Willd., des *cytisus*, des *clitoria*, des *acacia*, l'*adenanthera pavonina*, etc.

Tournefort donnoit le nom de *phaseolus* à un genre qui comprenoit les genres nommés par Linnæus, *phaseolus*, *dolichos* et partie des *glycine*. Le *phaseolus* de Linnæus, très-voisin du *dolichos*, et quoiqu'un démembrement de celui de Tournefort, voit encore un certain nombre de ses espèces former de nouveaux genres. *V*. HARICOT, PHASELLUS et PHASIOLUS. (LN.)

PHASES. On a donné ce nom aux diverses apparences que présentent la *lune* et les *planètes* éclairées par le *soleil*. *V*. les mots LUNE et PLANÈTE. (LIB.)

PHASGANON. On lit que, chez les Grecs, ce nom étoit à la fois un de ceux du *lappa*, de l'*aspalathus*, du *gladiolus* et du *xanthium*. (LN.)

PHASIANELLE, *Phasianella*. Genre de coquilles établi par Lamarck, aux dépens des BULIMES de Bruguières. *V*. ce mot. Il offre pour caractères : une coquille univalve, ovale ou conique, solide, operculée, à ouverture longitudinale ovale, entière, à lèvre simple, aiguë, et à columelle unie, plus mince à sa base.

Ce genre, peu distingué des bulimes, renferme une espèce de la mer du Sud, et deux espèces qu'on trouve fossiles à Grignon. Deux autres sont figurées pl. 175 du bel ouvrage de Sowerby, intitulé, *Conchyliologie minérale de la Grande-Bretagne*.

Cuvier a réuni les genres AMPULLAIRE, MÉLANIE et JANTHINE à celui-ci, pour former son genre CONCHYLIE. (B.)

PHASIANES ou PHASIANOS. Nom grec du FAISAN.
(V.)

PHASIANUS. Nom latin et générique du FAISAN, dans Linnæus. (V.)

PHASIAYNIS. C'est ainsi que les Grecs modernes appellent le MARTIN-PÊCHEUR. (S.)

PHASIE, *Phasia*, Latr.; *Thereva*, Fab.; *Conops.*, Linn. Genre d'insectes de l'ordre des diptères, famille des athéricères, tribu des muscides, distingué des autres genres de cette dernière division, par les caractères suivans : une trompe distincte ; cuillerons grands, couvrant la majeure partie des balanciers ; ailes grandes, écartées, un peu élevées ; antennes écartées entre elles à leur base, presque parallèles, de la longueur environ de la moitié de celle de la face antérieure de la tête, de trois articles, dont le second et le troisième plus longs ; celui-ci un peu plus grand, pres-

que carré ou presque ovoïde, avec une soie simple et distinctement biarticulée à sa base (abdomen le plus souvent
déprimé et presque demi-circulaire).

Cette coupe générique a été établie sous le nom de *the-*
reva; mais comme j'avois désigné ainsi, depuis long-temps,
un autre genre de diptères (*Voy.* THÉRÈVE et BIBION), j'ai
substitué la dénomination de phasie à la précédente. Les habitudes de ces diptères nous sont inconnues. On les trouve
dans les bois, sur les fleurs, et particulièrement sur celles
qui sont en ombelle. On distingue aisément les espèces de
notre pays des autres muscides, à la forme courte et large
de leur corps, et à la grandeur de leurs ailes. Leur abdomen
est court, aplati, souvent roussâtre, mêlé de noir, ou *vice*
versâ; les ailes offrent aussi un mélange de ces deux couleurs.
Par ces rapports et d'autres caractères, ces insectes sont naturellement rapprochés des ocyptères et des échynomyies,
genres de la même tribu. Quelques autres phasies, mais qui
paroissent être propres à l'Amérique septentrionale, s'éloignent des précédentes par la forme allongée de leur abdomen ; leurs jambes postérieures sont garnies, de chaque côté,
d'une frange de cils ou de poils, imitant les barbes d'une
plume. On trouve, dans la France méridionale, une espèce
de la division des dernières, quant à la forme de l'abdomen,
mais dont les jambes postérieures n'offrent point le caractère que je viens d'indiquer.

I. *Abdomen presque demi-circulaire ou en demi-ovale, fort déprimé.*

PHASIE COLÉOPTÉRIFORME, *Phasia subcoleoptrata; Thereva*
subcoleoptrata, Panz., *Faun. insect. Germ., fasc.* 74, tab. 13,
14 : corselet noir, un peu strié; abdomen fauve, avec le milieu noir ; ailes cendrées, avec deux bandes noirâtres, l'une
située à la côte, courte, plus large, et l'autre au milieu, et
flexueuse à son extrémité. Aux environs de Paris, en Allemagne, et au nord de l'Europe.

PHASIE HÉMIPTÈRE, *Phasia hemiptera ; Thereva hemiptera,*
Fab. ; Schœff., *Icon. insect., tab.* 71, *fig.* 6 : corselet noir,
avec le limbe et l'écusson fauves ; abdomen fauve, avec le
milieu noir ; ailes cendrées, mélangées de noir et de fauve.
En Angleterre et en Allemagne.

PHASIE AILES-ÉPAISSES, *Phasia crassipennis; Thereva crassi-*
pennis, Fab. ; Panz., 74., *fasc. id.,* tab. 15 : corselet jaunâtre ; abdomen fauve, avec le dos noirâtre ; ailes cendrées,
avec le limbe et un point au milieu, noirâtres. Aux environs
de Paris.

II. *Abdomen presque cylindrique.*

PHASIE PIEDS-PENNÉS, *Phasia pennipes* ; *Thereva pennipes*, Fab. ; corselet noir, avec les extrémités latérales et antérieures brunes et marquées d'un point noir ; écusson brun ; abdomen fauve ; ailes noires, avec des raies blanches et une tache fauve ; pieds noirs ; jambes postérieures ciliées. Dans la Caroline.

PHASIE PIEDS-HÉRISSÉS, *Phasia hirtipes* ; *thereva hirtipes*, Fab. ; corselet d'un noir foncé, avec les extrémités antérieures et latérales un peu brunes ; abdomen fauve, avec l'extrémité postérieure d'un noir foncé ; ailes de cette dernière couleur, avec le bord interne blanc ; pieds noirs ; jambes postérieures ciliées. Du même pays.

Les thérèves : *lanipes*, *plumipes* et *pilipes* de Fabricius, sont de cette division. (L.)

PHASIOLAS, PHASIOLUS. *V.* PHASEOLUS. (LN.)

PHASIOLUS. Synonyme de *Phaseolus* chez les auteurs. Moench le donne à un genre qui se distingue des *phaseolus* ou HARICOTS, par les caractères suivans : calice à deux lèvres, comme dans le genre *phasellus* ; corolle papilionacée ; étendard rond, droit, émarginé, sans callosité ; ailes linéaires obtuses, conniventes, munies de chaque côté, à leur base, d'une dent ; carène presque arrondie, bifide, de la longueur de l'étendard ; style ascendant velu à la base ou au-dessous du stigmate ; légume linéaire, cylindrique, loculamenteux, polysperme ; graines ovales oblongues, obtuses aux deux bouts.

Moench rapporte à ce genre le *phaseolus semierectus*, Linn., et une espèce nouvelle dont on lui avoit envoyé les graines sous le nom de *Dolichos Abyssinicus*. (LN.)

PHASME, *Phasma*, Fab. : *Spectrum*, Lamarck ; *Mantis*, Linn. Genre d'insectes de l'ordre des orthopthères, famille des coureurs, tribu des spectres, ayant pour caractères : toutes les pattes uniquement ambulatoires, avec les tarses de cinq articles ; corps filiforme, soit aptère, soit ailé ; élytres très-courtes ; second segment du tronc le plus long de tous.

Les *phasmes* doivent nécessairement être séparés des *mantes*, et former avec les *phyllies* une division particulière. (*Voyez* PHYLLIE et SPECTRE.) Si les *phyllies* ressemblent à des feuilles, les phasmes imitent la partie qui doit les soutenir, un rameau, une tige de plante ; leur corps est fort étroit, long, presque cylindrique, gris ou verdâtre, couvert de tubercules ou de petites aspérités qui en imposent encore davantage à l'œil, et avec les pattes longues, étroites et anguleuses ; le second segment du corselet des *phasmes* est très-long, ce qui les distingue encore des autres genres de la famille ; leurs antennes varient pour le nombre et la figure de leurs articles ; elles sont sétacées, longues et à articles très-nombreux et peu distincts dans le *phasme géant*, le *phasme nécydaloïde* ; elles sont très-courtes, presque subulées, de treize articles grenus, très-distincts, dans le *phasme rossien*. Quelques espèces sont complètement aptères ; les autres ont deux élytres très-courtes, soit presque triangulaires, soit ovales, et deux grandes ailes, plissées en éventail, avec la côte plus épaisse. Leurs œufs ne sont point renfermés sous une enveloppe commune, et ressemblent à des graines de plantes, de formes très-variées.

Les Indes orientales nous fournissent des espèces qui ont jusqu'à huit pouces de longueur, comme le Phasme géant, *Phasma gigas*, Fab. Son corps est vert, tuberculé sur le corselet ; les élytres sont très-courtes et vertes ; les ailes sont grandes, d'un gris roussâtre, réticulées d'un grand nombre de bandes ou de taches brunes, avec un assez grand espace à la côte, coriace et vert. Les pattes sont épineuses.

On trouve aussi en Amérique un assez grand nombre d'espèces de *phasmes*, dont plusieurs sont aptères. Les départemens méridionaux nous offrent le *phasme rossien*. Il est tout à fait cylindrique, vert dans sa jeunesse, couleur d'écorce d'arbre lorsqu'il est plus âgé, aptère, avec les cuisses dentées. Ses antennes sont très-courtes, presque subulées, et j'ai déjà fait remarquer la forme de ses antennes.

Le Phasme nécydaloïde, *Phasma necydaloïdes*, a le corselet rude, les élytres ovales, anguleuses, très-courtes, et les ailes oblongues. Il se trouve en Asie.

Le Phasme baton, *Phasma baculus*, que nous représentons ici, M. 29, 5, est aptère, cendré, tuberculé, avec les pattes anguleuses. Cette espèce vient des Antilles. (L.)

PHASQUE, *Phascum*. Genre de plantes cryptogames, de la famille des Mousses, qui présente pour caractères : une urne terminale, presque sessile ; un péristome cilié ; un opercule acuminé ; une coiffe lisse, très-petite ; des rosettes non apparentes.

Ce genre renferme vingt-cinq espèces, qui ne sont remarquables, pour la plupart, que par leur petitesse. On les trouve en général sur la terre ; mais quelques-unes croissent aussi sur les arbres. Parmi ces espèces, les deux plus connues sont :

Le Phasque sans tiges, dont la capsule est sessile, les feuilles ovales, aigües et conniventes. Il se trouve dans les allées des bois et des jardins, dans les terrains en friche, dans presque toute l'Europe, et forme des tapis très-serrés ; mais si courts, qu'on ne les voit qu'au printemps, époque où cette plante est en fructification.

Le Phasque subulé a la capsule sessile, les feuilles subulées et écartées. Il ressemble beaucoup au précédent, mais ses feuilles sont plus étroites et écartées. Il se trouve principalement sur les coteaux stériles exposés au midi.

Lapylaie a donné, dans le *Journal de Botanique*, un tableau de ce genre, dans lequel il décrit et figure ses espèces avec tous les détails désirables. (B.)

PHASSA ou PHATTA. Le *ramier*, en grec. (S.)

PHASSACHATHES. On a donné ce nom à quelques variétés d'Agate. (LN.)

PHASSOPHONOS IERAX. Nom grec du faucon, selon Belon. (V.)

PHATAGIN. C'est le nom du Pangolin a grande queue. *V.* ce mot. (DESM.)

PHAT-THU. Nom que les Chinois donnent à une singulière variété du Citronnier ordinaire, qu'on pourroit nommer *citronnier chirocarpe* ou *digité* ; en effet, son fruit est oblong, solide, sans loges ni pulpe, et partagé dans sa moitié supérieure en cinq longues divisions ou plus, cylindriques et un peu arquées, ce qui lui donne l'apparence d'une main d'homme. (LN.)

PHAVIER. C'est, selon Salerne, une dénomination vulgaire du *ramier*, en Picardie. (S.)

PHAXANTHA. Rafinesque-Smaltz forme, sous ce nom, un genre de Varecs, caractérisé par sa fructification en petits grains crustacés ou charnus et pleins, sans semences visibles, ni trous. Ce genre devra contenir beaucoup d'espèces de Varecs, qui ont beaucoup de ressemblance avec certains genres de lichens, particulièrement avec celui qui a reçu le nom de Rocelle.

Le Phaxantha lichenoïdes est palmé, lacinié, onduleux, élargi et aplani à l'extrémité, verdâtre, avec ses grains aplatis et de couleur fauve. Cette plante singulière a presque l'apparence d'un lichen. La base de ses expansions est presque cylindrique. Ses fructifications sont en petit nombre, attachées vers le milieu des expansions, arrondies ou elliptiques, convexes, déprimées en dessus, et planes en dessous. (DESM.)

PHAYLOPSIS, *Phaylopsis*. Genre de plantes, autrement appelé Micranthe. (B.)

PHÉ. Vicq-d'Azyr donne ce nom au *mus phæus* de Pallas ;

petit rongeur de Sibérie, qui appartient à notre genre HAMSTER. (DESM.)

PHÉBALION, *Phébalium.* Genre de plantes établi par Ventenat, dans son ouvrage intitulé *Jardin de la Malmaison.* Il est de la décandrie monogynie, et de la famille des myrtes, ou mieux des zanthoxylées. Il offre pour caractères : un calice très-petit, à limbe entier; une corolle de cinq pétales oblongs ; dix étamines ; un ovaire à demi-supérieur à cinq sillons, surmonté d'un style à stigmate obtus ; une capsule à cinq valves et à cinq loges, contenant un petit nombre de semences.

Ce genre se rapproche des BECKÉES et des LEPTOSPERMES. Il ne renferme qu'une espèce, figurée dans l'ouvrage précité. C'est un arbrisseau de la Nouvelle-Galles, dont les feuilles sont alternes, linéaires, longues d'un pouce, et écailleuses en dessous, et les fleurs jaunâtres et réunies en petits bouquets à l'extrémité des rameaux. Toutes ses parties répandent une odeur suave lorsqu'on les froisse. (B.)

PHEGOS et PHEGUS. *V.* FAGUS. (LN.)

PHELIPÆA. Ce genre de plantes établi par Thunberg, adopté par Willdenow, et nommé *hypolepis* par Persoon, doit être réuni, selon Jussieu, au *cytinus. V.* HIPOCISTE et PHELYPÉE. (LN.)

PHELLANDRE, *Phellandrium.* Genre de plantes de la pentandrie digynie et de la famille des ombellifères, dont les caractères consistent en : une ombelle sans involucre, composée de plusieurs ombellules à involucelle de sept feuilles ; à fleurs du disque plus petites, toutes composées d'un calice à cinq dents persistantes ; une corolle de cinq pétales courbés, en cœur et inégaux ; cinq étamines ; un ovaire supérieur surmonté de deux styles à stigmates obtus ; un fruit ovale, strié ou sillonné, et couronné par les dents du calice.

Ce genre se rapproche si fort des ŒNANTHES, que plusieurs botanistes l'y ont réuni. Il se rapproche aussi beaucoup des LIVÈCHES. Il renferme deux espèces ; savoir :

Le PHELLANDRE AQUATIQUE, qui a les ramifications des feuilles écartées. C'est une plante bisannuelle, qui croît dans les eaux stagnantes et corrompues, et qui s'élève souvent à cinq à six pieds. Elle est connue sous le nom de *ciguë aquatique* et passe pour un poison ; mais Linnæus croit que ce qui la rend si souvent funeste aux chevaux, est moins son suc que la larve d'un LIXE qui porte son nom. Il est difficile d'adopter, dans cette circonstance, l'opinion de ce célèbre naturaliste, la larve de cet insecte ne présentant point de ca-

ractère qui porte à la croire malfaisante. On dit cette plante
utile contre les squirrhes, les cancers et la gangrène. Il ne faut
pas la confondre avec l'ŒNANTHE SAFRANEE, ni avec la CICU-
TAIRE AQUATIQUE, qui porte aussi le nom de *ciguë aquatique*, et qui sont des poisons bien autrement dangereux.

Le PHELLANDRE MUTELLINE, qui a sa tige presque nue et
les feuilles bipinnées. Il est vivace, et se trouve dans les
pays de montagnes. Il répand une odeur de fenouil lorsqu'on
le froisse, et est recherché par les bestiaux. (B.)

PHELLANDRIUM. Pline donne ce nom à une herbe
aquatique qui, selon Dodonée, seroit notre PHELLANDRE
AQUATIQUE. Depuis, cette plante et son genre ont été appelés
de même, en latin, par Tournefort et Linnæus. Ce nom
signifie *liége mâle* en grec. On ignore à quel propos il fut
donné par les anciens. Notre phellandre se fait remarquer par
sa tige très-spongieuse et fort grosse.

D'après quelques botanistes, le genre *phellandrium* doit
être supprimé, et ses espèces dispersées dans les genres
œnanthe et *meum*. (LN.)

PHELLODRYS, c'est-à-dire, chêne-liége, en grec. Ce
nom étoit dans l'Arcadie celui d'un arbre qui participoit à la
fois de la nature du CHÊNE et de celle du LIÉGE. Cet arbre
est aussi un chêne, et Matthiole le rapporte à celui appelé,
en Toscane, *cerro-sugharo*, qui est le *quercus pseudo-suber*,
Willdenow. C. Bauhin mentionne plusieurs autres chênes
sous le nom de *phellodrys*. Il prévient que quelques auteurs
ont désigné le *quercus coccifera*, L., par *phellodrys coccifera*.
V. CHÊNE. (LN.)

PHELLOS, d'un mot grec, qui signifie *je flotte*. Les
Grecs anciens donnoient le nom de *phellos* au chêne-liége,
parce que son écorce, qui est le liége, flotte toujours sur l'eau.
Ils nommoient encore cet arbre *ipsos*, parce qu'il parvient à
une grande hauteur. Le *phelos* étoit le *suber* des Latins. Il ne
faut pas le confondre avec le *phellodrys*, qui est une autre espèce de chêne. Le *quercus phellos* de Linnæus est un chêne de
l'Amérique septentrionale. *V.* CHÊNE. (LN.)

PHELYPÉE, *Phelypæa*. Genre de plantes de la didynamie angiospermie et de la famille des orobanchoïdes, qui a
été établi par Desfontaines dans sa *Flore Atlantique*, pour des
plantes qui ne diffèrent des *orobanches* que parce que leur corolle, au lieu d'être bilabiée, est divisée en son ouverture en
cinq lobes arrondis et presque égaux. *V.* au mot OROBANCHE.

Ce genre comprend trois espèces : 1.º la PHELYPÉE VIO-
LETTE, qui a la tige charnue, sillonnée ; les bractées ternées
et la corolle courbée. C'est une très-belle plante, qu'on trouve
dans les déserts de Barbarie. 2.º La PHELYPÉE JAUNE, qui est

l'orobanche des teinturiers de Vahl, Lamarck et autres. Elle est mentionnée au mot OROBANCHE. Enfin la PHELYPÉE ÉCARLATE, originaire de Sibérie. *V.* HYPOLEPIS. (B.)

PHEMERANTHUS. Genre établi par Rafinesque Smaltz, mais dont il n'a pas encore fait connoître les caractères génériques. On sait seulement qu'il est extrêmement voisin du *talinum*, que l'espèce qui le compose se nomme *phemeranthus teretifolius*, et qu'elle croît en Pensylvanie et dans la Caroline. (LN.)

PHEMINALIS. Synonyme de PHLOMOS, chez les Grecs anciens. (LN.)

PHÈNE, *Phene*, Savigny; *Vultur*, Linn.; *Falco*, Lath. Genre de l'ordre des oiseaux ACCIPITRES, de la tribu des DIURNES, et de la famille des GYPAÈTES. *Voyez* ces mots. *Caractères :* Bec grand, droit et couvert à sa base d'une cire molle, cachée sous des plumes sétacées, couchées et dirigées en avant, très-robuste, comprimé latéralement, arrondi en dessus ; mandibule supérieure crochue et un peu renflée vers le bout ; l'inférieure plus courte, droite et obtuse à sa pointe, garnie en dessous à sa base d'un faisceau de plumes roides et longues ; narines obliques, ovales, couvertes par les plumes effilées du *capistrum* ; langue épaisse, charnue, échancrée ; bouche très-fendue ; jabot peu proéminent et couvert de duvet ; tête parfaitement emplumée ; tarses courts, épais, robustes et vêtus ; quatre doigts, trois devant, un derrière ; les extérieurs réunis à leur base par une membrane ; ongles forts et pointus ; l'interne et le postérieur plus grands et plus crochus que les autres ; ailes longues ; la première rémige plus courte que la quatrième ; la troisième la plus longue de toutes.

Les *phènes* ont une grande force, mais elles manquent de fierté et de vrai courage. C'est sur les plus hautes montagnes et les rochers les plus escarpés, qu'elles établissent leurs demeures ; elles n'y vivent pas en solitude comme les aigles, elles y déploient de même l'atrocité de la tyrannie, mais elles n'en ont pas l'audace ; ce sont de redoutables, mais de lâches brigands qui n'attaquant que des animaux foibles et sans défense, cherchent des victimes, et n'osent jamais lutter contre un rival ; elles se rassemblent en petites troupes et s'acharnent sur la même proie, qui n'est souvent qu'un amas de chair morte et corrompue.

Le GYPAÈTE D'AFRIQUE, confondu par quelques ornithologistes avec le *Gypaète des Alpes* (*Voyez* ci-après), est une espèce distincte, que M. Bruce a rencontrée en Abyssinie. Le peuple de cette contrée appelle cet oiseau *abouduchn*, c'est-à-dire, *père de la barbe*, à cause de la touffe de soie qui se divise et pend sous son bec ; on lui donne aussi le nom de *nisser*, qui, en Abyssinie, est commun aux *aigles*. L'individu de cette espèce, tué par M. Bruce, avoit huit pieds quatre pouces d'envergure, et quatre pieds sept pouces anglais de longueur ; son plumage étoit brun sur le dos, et d'une belle couleur d'or sur la gorge et le ventre. « Quand j'allai ramasser ce monstrueux oiseau, dit M. Bruce, je ne fus pas peu surpris de trouver mes mains couvertes d'une poudre jaune ; je le retournai, et je vis que les plumes de son dos rendoient aussi de la poudre brune, c'est-à-dire, de la couleur dont elles étoient ; il y avoit abondamment de cette poudre, et pour peu qu'on secouât les plumes, la poudre voloit comme si on l'avoit jetée avec la houppe d'un coiffeur ; les plumes de la gorge et du ventre étoient d'une belle couleur dorée, et ne paroissoient avoir rien d'extraordinaire en elles ; mais les grandes plumes du dessus des ailes et du haut du dos étoient formées en petits tubes, de manière que quand on les pressoit, il en sortoit de la poudre qui se répandoit sur la partie la plus fine de la plume ; et cette poudre, ainsi que je l'ai déjà observé, étoit brune. Les grosses plumes des ailes étoient aussi dégarnies de barbes que si elles avoient été usées ; mais je crois qu'elles se renouveloient.

« Il est impossible de dire avec certitude pourquoi la nature a pourvu cet oiseau d'une si grande quantité de poudre ; tout ce qu'on peut faire, c'est de conjecturer qu'elle la lui a donnée, ainsi qu'aux autres habitans ailés des hautes montagnes de l'Abyssinie, comme un moyen nécessaire de résister aux pluies abondantes qui y tombent six mois de l'année. » (*Voyage en Abyssinie*, tom. 4, *in-4.º*, de la traduction française, pag. 182.)

La PHÈNE ou le GYPAÈTE DES ALPES, *Phène ossifraga*, Savigny ; *Vultur barbatus*, Linn., édit. 12 ; *Vultur barbatus* et *Vultur barbarus*, Lath. ; *Vultur barbarus* et *Falco barbatus*, Gm. C'est l'oiseau que les Allemands nomment *lœmmer gëïer*, c'est-à-dire *vautour des agneaux* ; il est, en effet, un fléau très-redoutable pour les troupeaux qui paissent dans les vallons des Alpes ; il fait une guerre cruelle aux brebis, aux agneaux, aux chèvres, et même aux veaux ; les chamois, les lièvres, les marmottes et d'autres quadrupèdes sauvages, deviennent aussi ses victimes. Sa force répond à sa corpulence, qui, selon quelques écrivains, est vraiment prodigieuse pour un oiseau, et par laquelle il le céderoit à peine au CONDOR. (*V.* l'article ZOPILOTE.) On lui a donné quatorze et même dix-huit pieds d'envergure. Gesner rapporte que l'on découvrit en Allemagne l'aire d'un *gypaète des Alpes* (*lœmmer gëïer*), posée sur trois chênes, construite de perches et de branches

d'arbres, et si étendue qu'un char pouvoit être à l'abri dessous. Il y avoit dans ce nid trois jeunes oiseaux, déjà si grands,
que leurs ailes étendues avoient sept aunes d'envergure; leurs
jambes étoient plus grosses que celles d'un lion, leurs ongles
aussi grands et aussi gros que les doigts d'un homme; l'on y
trouva encore plusieurs peaux de veaux et de brebis. Les œufs
sont blancs et tachetés de brun.

Il paroît néanmoins que l'exagération n'a pas été écartée des récits que l'on a faits au sujet du *lœmmer geïer*, ou du
gypaëte des Alpes. Un naturaliste très-distingué, Picot la Pé-
rouse, qui a observé cette espèce dans les Pyrénées, l'a
décrite avec soin, et a réduit de beaucoup la grandeur que
d'autres lui avoient attribuée; elle est seulement de huit pieds
et demi, la longueur totale de trois pieds dix pouces, et le
poids d'environ dix livres. Son bec a quatre pouces de long; il
est recouvert en dessus à sa base, jusque vers son milieu, de
nombreux poils longs, noirs et dirigés en avant; en dessous
pend une touffe de ces mêmes poils, qui forme une vraie
barbe d'un pouce et demi de longueur; il y a encore de ces poils
épars aux coins du bec et sur la gorge, aux paupières et aux
sourcils; la queue, large de trois pouces et longue de seize, est
arrondie et composée de douze pennes; les ailes en ont
trente-deux.

Le dessus de la tête est blanc chez les adultes, principalement les vieux (il est noir chez les jeunes); l'occiput, le cou
et le dessous du corps sont d'un blanc lavé de roux ou d'o-
rangé (différence occasionée par l'âge dans les mâles), plus
foncé sur la gorge et la poitrine, et plus foible sur le ventre,
les jambes et les pieds; le dessous des ailes est gris; les plumes de la queue, des couvertures supérieures des ailes et du
croupion sont d'un gris clair et bordées de noir; le bout des
couvertures alaires est moucheté d'orangé; la tige des plumes est blanche; tout le reste du plumage est d'un brun très-
foncé. On voit quelquefois de ces oiseaux, et particulièrement des femelles, qui n'ont presque pas d'orangé sur leur
plumage; il est alors d'un brun roussâtre; l'iris des yeux est
d'un rouge vif; le bec un peu pourpré; les paupières sont
rouges; les doigts couleur de plomb; enfin la barbe est noire.

Les Alpes, les Pyrénées et les grandes montagnes les plus
inaccessibles, sont l'asile du *gypaëte* de cet article. M. l'abbé
Fortis l'a vu sur les rochers escarpés qui bordent la Cittina
en Dalmatie; et M. Pallas, sur les montagnes graniteuses
d'Odon-tschelon en Sibérie, où il niche. Il y arrive au mois
d'avril, et y passe l'été. On le trouve aussi dans la Mongolie,
où il porte le nom d'*icello*. (s.)

XXV.   33

Ce *gypaëte* a été confondu avec d'autres oiseaux de proie; on l'a tantôt classé avec les *vautours*, tantôt avec les *aigles* ou les *faucons*, et on l'a décrit sous deux dénominations différentes : les anciens l'avoient isolé ; les Grecs, sous le nom de *phinis* ou *phene* ; les Latins, sous celui d'*ossifraga* ou d'*aquila barbata*. Buffon en a parlé très-succinctement sous le nom de *lœmmergeier*, vautour des agneaux, cependant assez pour induire en erreur, puisqu'il le donne pour le même oiseau que le *condor* (*vultur gryphus*) avec lequel il n'a rien d'analogue, si ce n'est la rapacité; et de plus, en l'indiquant sous la dénomination de *vautour doré* pour une variété de son *griffon*, qui diffère de ce vautour, au moins autant que le *lœmmergeier* diffère du *condor* (1). En effet, le *griffon* et le *condor* ont un plumage très-différent de celui du *gypaëte des Alpes* et du *vautour doré*, et ne portent aucun de leurs attributs, c'est-à-dire, 1.° la mandibule supérieure couverte à sa base de plumes sétacées, couchées sur le bec, dirigées en avant et cachant totalement les narines ; 2.° le menton avec un faisceau de longs poils disposés en forme de barbe ; 3°. l'occiput et le cou garnis de plumes ; 4.° les pieds vêtus jusqu'aux doigts. Au contraire, le *condor* a la peau de la tête et du cou glabre, avec des soies semées çà et là; le *griffon* a ces mêmes parties seulement garnies d'un duvet court et laineux ; et tous les deux ont la cire , les narines et les pieds nus.

Buffon semble avoir encore confondu le *gypaëte* avec l'*orfraie*, en appelant celle-ci *ossifraga*, et en disant qu'elle a une barbe de plumes qui pend sous le menton, ce qui lui a fait donner le nom d'*aigle barbu*. Comme elle n'en a réellement point, elle ne peut être l'*ossifraga*, ni l'*aquila barbata* des Latins, qui en ont une. De plus, cette *orfraie* n'est pas une espèce particulière, mais un *pygargue* âgé d'un an ou deux, ainsi qu'on l'a déjà dit ailleurs, et ce qu'on ne peut trop répéter pour détruire une erreur répandue dans presque tous les ouvrages d'ornithologie. (*Voyez* Brisson, Buffon, Linnæus, Gmelin, Pennant et tous leurs compilateurs.)

J'ai dit précédemment que le *gypaëte des Alpes* étoit en double emploi; en effet, c'est le *vautour doré* et le *vautour barbu* de Brisson ; le *falco barbatus* et le *vultur barbarus* du Syst. nat. édit. 13 ; le *golden* et le *bearded vulture* du Synopsis de Latham; les *vultur barbarus* et *barbatus* de son Index.

Sonnini a prétendu ci-dessus que le *gypaëte d'Afrique* n'est point celui des Alpes, mais que c'est une espèce distincte qui,

---

(1) Consultez Gesner, *Hist. anim* , pag. 750, et pl 148, sur laquelle le Vautour doré (*Vultur aureus*) est figuré assez correctement pour se convaincre que c'est le *gypaete des Alpes*.

dit-il, dans son édit. de Buffon, a des particularités assez saillantes pour la considérer isolément. Il auroit dû les indiquer; car on les cherche en vain dans la description qu'il fait de cet oiseau d'après Bruce, si ce n'est dans une taille plus longue de cinq à six pouces, et dans les différences qui proviennent de l'âge ou du sexe, comme d'avoir le dessus de la tête blanc (attribut de l'adulte)(1), la gorge et les parties postérieures d'une teinte dorée, (caractère distinctif du mâle). Quant à la poudre, dont parle Bruce, laquelle sortoit du plumage de cet oiseau, lorsqu'on le secouoit, ce n'est point, ainsi que l'assure Sonnini, une singularité remarquable, ni une de ces modifications multipliées de la nature, mais simplement un effet de la mue, d'autant plus sensible que l'individu est plus gros. En effet, cette poudre provient de la pellicule qui enveloppe les plumes à leur naissance, qui d'abord suit leur progression en s'allongeant avec elles, se dessèche ensuite à mesure que les barbes s'épanouissent, et se divise par parcelles très-fines, très-légères, et dont le plus ou le moins d'abondance dépend du nombre des plumes qui se développent en même temps. Cette pellicule est ordinairement de la même couleur que la plume, comme l'a fort bien remarqué le voyageur aux sources du Nil.

Le gypaète ayant des caractères constans et distincts, Gmelin en a fait la première division du genre falco; et y a rangé les falco magnus, harpyia, Jacquini, ambustus, angolensis et albicilla. Daudin et Sonnini ont placé dans un groupe particulier, le premier sous le nom de gypaète châtain, les troisième et quatrième sous ceux de gypaètes d'Angola, basané ou des îles Falkland; mais pour faire partie de cette division ou de ce groupe, ces oiseaux de proie doivent en avoir les attributs principaux indiqués précédemment. Cependant je ne leur en trouve aucun, ou seulement un seul chez le falco magnus, qui consiste dans les pieds vêtus; car il a, d'après sa description, la cire et les narines découvertes et point de barbe; malgré cela, Gmelin et Latham en font une variété du vultur ou falco barbatus dont il diffère encore par son plumage.

Les falco harpyia et Jacquini, que j'ai vus en nature, sont dans le même cas quant à la cire, aux narines et à la barbe; en outre, ils ont le bec autrement conformé et les pieds nus. Ces deux oiseaux de rapine, qui appartiennent à la même espèce, ne sont pas non plus des vautours, comme

---

(1) Le jeune se distingue du vieux par sa tête de couleur noire; ce qui a donné lieu d'en faire deux especes dans le *Taschenbuch der deutschen Vögelkunde* de M. Meyer; mais cet auteur a reconnu depuis que c'étoit une méprise.

l'ont pensé Linnæus et Jacquin. Ailleurs on les donne pour des *aigles*; mais ils en diffèrent par leurs ailes moyennes, leurs tarses allongés et nus, distinctions qui m'ont paru suffisantes pour en faire un nouveau genre sous le nom d'*harpie*.

Le *Falco angolensis* (gypaëte d'Angola) est, sous tous les rapports, un *vautour* qui a une grande analogie avec celui de Norwége.

Le *Falco ambustus* (gypaëte basané) décrit et figuré dans les Illustr. de Brown, pl. 1, présenté pour un *vautour* par cet auteur et par Latham, a, selon la description, une touffe de longues plumes sous le menton ; mais elle n'est pas indiquée sur la figure rapportée ci-dessus ; on y voit seulement que le haut de sa gorge est garni de quelques poils, comme chez les *falco harpyia* et *Jacquini;* du reste, il s'éloigne totalement du *gypaëte* par son bec autrement conformé, ses narines rondes et découvertes, la cire de son bec à peu près glabre, ses tarses nus, grêles, allongés, et par ses ailes moyennes; tous attributs qui ne conviennent nullement à un *gypaëte*, mais bien aux *spizaëtes* (*V.* ce mot.)

Le *Falco albicilla* est un aigle pêcheur de l'espèce du *pygargue*, qui a la membrane du bec et les narines glabres, les pieds à demi vêtus, la tête parfaitement emplumée et point de barbe.

Il résulte de ces détails que la division générique du *gypaëte* n'est composée que d'une seule espèce, laquelle est répandue en Europe, en Afrique, dans une partie de l'Asie, et que toutes celles dont il vient d'être question doivent en être distraites, ainsi que du genre *vautour*, à l'exception, pour celui-ci, du *falco angolensis*. La synonymie de Gmelin et de Latham manque d'exactitude en ce que le vautour des Alpes de Brisson n'est point une variété du *falco* ou *vultur barbatus*, mais le même que le griffon et le percnoptère de Buffon. (v.)

PHENGITES. Espèce de pierre translucide de couleur blanche, avec des bandes fauves ; dont il est question seulement dans Pline. Ce naturaliste nous apprend qu'elle avoit la dureté du marbre, et qu'elle devoit son nom à sa transparance (du grec φιγγω briller). On la découvrit en Cappadoce du temps de Néron, qui s'en servit pour la reconstruction d'un temple à la Fortune, dite de Sejus, et que le roi Servius Tullus avoit érigé autrefois. Néron comprit ce temple dans l'enceinte de sa maison dorée, et quoiqu'il n'eût ni porte ni fenêtre, on voyoit dans son intérieur aussi clair qu'en plein jour. Cette dernière phrase de Pline est outrée ; car, en supposant avec les auteurs que le *phengites* fût un albâtre gypseux ou un albâtre calcaire, il auroit fallu donner bien peu d'épaisseur aux murailles, non pas pour obtenir un jour éclatant, mais une lumière douce et égale, comme à travers un verre dépoli. Or, il est probable que la solidité du temple commandoit une certaine épaisseur pour les murailles, ce qui auroit, dans cette hypothèse, singulièrement affoibli la lumière. Je reste encore à me demander ce que c'est que le *phengites* ? (BN.)

PHÉNICITES. L'un des noms des *pierres judaïques* ou pointes d'OURSINS petrifiées. (DESM.)

PHÉNICOPTÈRE ou FLAMMANT, *Phœnicopterus*, Lath. Genre de l'ordre des ÉCHASSIERS et de la famille des PALMIPÈDES. *V.* ces mots. *Caractères :* bec garni d'une membrane à sa base, épais, plus haut que large, plus long que la tête, cellulaire, étroit vers son extrémité, et à bords finement dentelés en lames; mandibule supérieure convexe à sa base, courbée en travers dans son milieu, ensuite aplatie et inclinée à sa pointe; l'inférieure plus épaisse, ovale, canaliculée en dedans; narines étroites, garnies d'une membrane en dessus, qui les couvre entièrement à la volonté de l'oiseau, longitudinales, situées dans un sillon; langue glanduleuse à sa base, épaisse, charnue, garnie de papilles recourbées en arrière, cartilagineuse et aiguë à sa pointe, chez le *flammant*, inconnue chez les deux autres espèces; quatre doigts, trois devant, engagés dans une membrane échancrée dans le milieu; un derrière, court, portant à terre sur son bout; la 2.ᵉ rémige la plus longue; seize rectrices.

A. *Surface interne de la mandibule supérieure partagée en deux, vers son milieu, par une arête assez mince, bords internes de la mandibule inférieure, étroits.*

Le PHÉNICOPTÈRE FLAMMANT, *Phœnicopterus ruber*, Lath., pl. enl de Buff., n.° 63.; Cette espèce doit son nom de *flammant* à sa couleur rouge de feu et de flamme : elle est répandue dans l'ancien et le nouveau continent; sur le premier, elle ne s'avance guère vers le nord au-delà de nos contrées méridionales; cependant on en voit quelquefois vers le Rhin; et sur le second, on ne la trouve pas au-delà de la Caroline. Partout les flammants vivent en famille, fréquentent les bords de la mer, les marais qui l'avoisinent, les lacs salés et les lagunes. Ces oiseaux sont toujours en troupes, et pour pêcher, ils se rangent en file, ce qui, de loin, les feroit prendre pour un escadron rangé en bataille; ce goût de s'aligner leur reste même lorsqu'ils se reposent sur la plage. M. de Azara en a quelquefois rencontré des bandes de plusieurs centaines d'individus dans les lagunes de la rivière de la Plata et des *pampas* de Buenos-Ayres; cependant ils ne se tiennent pas toujours en grande société, car Sonnini a vu en Égypte les flammans presque toujours isolés, surtout lorsqu'ils s'avancent dans l'intérieur des terres. Soit qu'ils se reposent, soit qu'ils pêchent, ils établissent des sentinelles, qui font alors une espèce de

garde ; et si quelque chose alarme celui qui est en vedette,
il jette un cri bruyant, qui s'entend de très-loin, et qui est assez semblable au son d'une trompette : dès-lors, il s'envole
le premier ; tous les autres le suivent, et observent dans leur
vol un ordre semblable à celui des *grues*. Ils ont l'ouïe et
l'odorat si subtils, qu'ils éventent de loin les chasseurs et
les armes à feu ; et pour éviter toute surprise, ils se posent
le plus souvent dans les lieux découverts et au milieu des marécages ; aussi nos anciens boucaniers, pour les tuer, se cou-
vroient d'une peau de bœuf, et, en prenant le dessous du
vent, les approchoient facilement. « Un homme, en se cachant, dit Catesby, de manière qu'ils ne puissent le voir, en
peut tuer un grand nombre ; car le bruit du fusil ne leur fait
pas changer de place, ni la vue de ceux qui sont tués au milieu d'eux n'est pas capable d'épouvanter les autres, ni de
les avertir du danger où ils sont ; mais ils demeurent les yeux
fixés, et pour ainsi dire étonnés, jusqu'à ce qu'ils soient tous
tués, ou du moins la plupart. » Partout ces oiseaux fuient les
lieux habités, et ne fréquentent que les rivages solitaires ;
on les voit à Cayenne et dans la Guyane, dans presque tous
les temps de l'année. Les naturels du pays leur donnent le
nom de *tococo*. On les trouve sur la vase molle que le reflux
laisse à découvert ; ils y enfoncent leur gros et singulier bec,
pour en tirer de petits poissons, que les pêcheurs du pays
appellent *appâts* ; ils se nourrissent aussi de coquillages,
d'œufs de poissons et d'insectes aquatiques qu'ils cherchent
dans la vase, en y plongeant une partie de leur tête, et en
même temps ils remuent continuellement les pieds de haut
en bas, pour porter la proie avec le limon dans leur bec,
dont la dentelure sert à la retenir ; c'est pourquoi l'on trouve
aussi dans leur estomac, de la vase et du sable fin. Lorsque
le flammant veut manger, il tourne son cou et sa tête de
façon que la partie plate de la mandibule supérieure touche
la terre, ensuite il remue la tête de côté et d'autre : c'est
ainsi qu'il saisit sa proie. Lorsqu'il dort, il ne s'accouve point ;
il retire un de ses pieds sous lui, reste debout sur l'autre,
pose son cou sur le dos, et cache sa tête entre le bout de son
aile et son corps, mais toujours du côté opposé à la jambe
qui est pliée. Ces oiseaux font leur nid à terre ; mais comme
ils ne peuvent ni s'accroupir, ni reployer leurs grandes
jambes, la nature leur a donné l'instinct de le faire de manière à pouvoir couver leurs œufs sans les endommager. Ils
le font dans les marais où il y a beaucoup de fange, qu'ils
amoncèlent avec leurs pieds, et en font de petites hauteurs
qui ressemblent à de petites îles, et qui paroissent hors de
l'eau, d'un pied et demi de hauteur ; ils donnent à la base

de ce nid beaucoup de largeur, l'élèvent toujours en diminuant jusqu'au sommet, où ils laissent un petit trou dans lequel la femelle dépose ses œufs, et qu'elle couve en se tenant debout, les jambes à terre et dans l'eau, se reposant contre le nid, et le couvrant du bas-ventre et de la queue. La ponte est de deux ou trois œufs au plus; ces œufs sont blancs, gros comme ceux de l'*oie*, et un peu plus allongés; les petits courent avec une vitesse singulière peu de jours après leur naissance, et ne commencent à voler que lorsqu'ils ont acquis presque toute leur grandeur. Leur plumage est d'abord gris clair (blanc selon d'autres); il rougit à mesure qu'ils avancent en âge; mais il leur faut dix à douze mois pour l'entier accroissement de leur corps, et c'est alors qu'ils commencent à prendre leur belle couleur. Catesby et Dutertre ont remarqué qu'elle n'acquiert toute sa vivacité qu'au bout de deux ans; elle paroît d'abord sur l'aile, où le rouge est toujours plus éclatant; elle s'étend ensuite sur le croupion, puis sur le dos et la poitrine, et jusque sur le cou. Sur les uns les nuances varient, sur d'autres elles sont plus foncées. On a remarqué que dans le *flammant du Sénégal*, il est plus ponceau, et dans celui de Cayenne, plus orangé; ce qui a donné lieu à Barrère d'en faire deux espèces.

Leur chair est un mets recherché; Catesby la compare, pour sa délicatesse, à celle de la perdrix; Dampier dit qu'elle est de fort bon goût, quoique maigre; Dutertre l'a trouvée excellente, malgré un petit goût de marais; plusieurs autres voyageurs la trouvent de même : les anciens regardoient le flammant comme un gibier exquis; mais Lapeirec dit qu'elle est mauvaise, et Sonnini l'a trouvée huileuse, et ayant presque toujours une odeur désagréable de marais. Il paroît qu'on regarde sa langue comme le morceau le plus friand qui puisse être mangé; elle est fort grosse, et il y a vers la racine un peloton de graisse qui fait un excellent morceau.

Les flammants varient en grandeur, en grosseur et en couleurs; mais toutes ces différences tiennent à l'âge. Lorsqu'ils sont dans leur état parfait, ils ont plus de quatre pieds de longueur, du bout du bec à celui de la queue, et près de six pieds jusqu'à l'extrémité des ongles. Le bec est long de quatre pouces trois lignes, et l'envergure a cinq pieds. Son plumage est entièrement d'un rouge vif, excepté la plupart des plumes de l'aile, qui sont noires. Il est figuré sous son plumage parfait, dans l'*American Ornithology*, et dans un âge moins avancé, sur la *pl. enl.* n.º 68 de Buffon, ainsi que sur celle publiée par Catesby. Les uns ont le bec rouge, d'autres, jaunes; mais chez tous, son extrémité est noire! On m'a assuré que les flammahs qui nichent dans les marais de l'embouchure dn Rhône n'ont jamais le plumage totalement rouge, à quelque âge que ce soit; ce qui indiquerait une race particulière.

*Le Phénicoptère du Chili, *Phœnicopterus ruber, remigibus albis*, Lath. Cette espèce diffère de celle des autres parties de l'Amérique méridionale, par la blancheur des grandes pennes des ailes que l'autre a noires. Sa longueur totale, de la pointe du bec au bout des ongles, est de cinq pieds; le corps seul a tout au plus un pied de long; le bec, recouvert par une pellicule rougeâtre, est de cinq pouces; la tête petite, oblongue, est couronnée par une espèce de huppe; les yeux sont petits et assez vifs; les plumes du dos, ainsi que les couvertures de l'aile, sont d'une belle couleur de feu; le reste du plumage est d'un beau blanc.

Ce *flammant* ne fréquente que les eaux douces, et on ne le voit jamais sur le rivage de la mer; il est très-farouche.

B. *Surface interne de la mandibule supérieure verticale, très-haute, aussi large à sa base que le demi-bec lui-même, et dont le bord se termine en tranchant très-acéré; bords internes de la mandibule inférieure très-larges.*

Le Phénicoptère (petit); *Phœnicopterus minor*, Geoff., pl. M 20, n.º 1 de ce Dictionnaire. Il se trouve au Sénégal; il est moitié plus petit et moitié moins gros que le *phœnicoptère flammant*. Cet oiseau, dans l'âge avancé, porte un plumage rouge; des bandes alternatives de cette couleur et noires sont sur les couvertures supérieures des ailes; leurs pennes et le bec sont de la dernière teinte; les pieds rouges.

Le jeune est blanc, avec de très-petites taches d'un gris-brun sur le cou, rares et plus grandes sur le dos et sur les couvertures des ailes; le bec est brun et les pieds sont gris. (V.)

Nota. Les différences qu'on remarque entre le bec de ce *phénicoptère* et celui du *flammant*, sont extraites d'un Mémoire de M. Geoffroy, inséré dans le Bulletin des sciences de la Société philomathique, tom. I, n.º 13, pag. 97.

PHENION, PHOENION. Noms de l'Anémone, chez les Grecs. (LN.)

PHERIA. L'un des noms grecs de la Verveine. *V.* Hiérobotane. (LN.)

PHEROSEPHONION. L'un des noms grecs donnés à l'Herbe sacrée. *V.* Hiérobotane. (LN.)

PHERUMBROS ou PHERONBRON. Chez les Grecs, on désignoit par ces noms, le *momordica elaterion*. On croit que la chicorée sauvage ou la laitue sont le *pherumbros* de Zoroastre.

PHÉRUSE, *Pherusa*. Genre de vers établi par Oken,

pour placer l'Amphitrite plumeuse de Muller. Il a été nommé
Pennaire par Blainville. Ses caractères sont : corps fort long,
articulations presque semblables, décroissantes, pourvues
d'appendices simples et peut-être de stigmates ; deux faisceaux de longues soies dorées sur le premier anneau ; bouche pourvue de tentacules fort courts, et supérieurement
pourvue de deux autres tentacules beaucoup plus longs.

La phéruse se construit un tube d'argile. (B.)

PHÉRUSE, *Pherusa*. Genre de polypes établi par Lamouroux aux dépens des Flustres. Ses caractères sont : polypier
frondescent, multifide ; cellules oblongues, saillantes sur une
seule face ; ouverture irrégulière, avec un rebord contourné
en dedans.

Une seule espèce constitue ce genre, et elle est figurée
dans Esper, dans Olivi, et dans Cavolini, sous le nom de
Flustre tubuleuse. Lamouroux l'a reproduite, pl. 2 de son
Histoire des polypiers coralligènes flexibles. On la trouve sur
les varecs, dans la Méditerranée et dans les mers intertropicales. (B.)

PHESANT-DUC. Nom que porte, à New-Yorck, le Ca-
nard-Jensen. (V.)

PHET ou FHED. C'est le nom arabe d'un grand chat à
robe mouchetée, sans doute de la Panthère, en Barbarie. (Desm.)

PHETRUOME. Cette plante mexicaine, mentionnée
par Hernandès, est rapportée par P. Brown à une variété
de l'*aristolochia indica*. (LN.)

PHEUCAGROSTIS, *Pheucagrostis*. Delisle a donné à ce
genre le nom de Cymodocée. (B.)

PHEUXASPIDIUM. Cette plante des anciens Grecs est
la même que le Polion de montagne de Dioscoride. *V.* Polion. (LN.)

PHIALITE (*fiole*, *bouteille*, en grec), et Lagénite. Noms
donnés à des concrétions pierreuses, à des cailloux, et à des
fossiles qui ont la forme d'une bouteille ou d'une fiole. (LN.)

PHIBALURE, *Phibalura*. Genre de l'ordre des oiseaux
Sylvains et de la famille des Péricalles. *V.* ces mots. *Caractères :* bec conico-convexe, très-court, épais, robuste ; mandibule supérieure un peu arquée, échancrée vers la pointe ;
narines petites, couvertes d'une membrane, situées à la base
du bec ; langue. . . . . ; les première et deuxième rémiges les
plus longues de toutes ; queue grêle, très-longue, fourchue ;
quatre doigts, trois devant, un derrière ; les extérieurs réunis
à leur base. Cette division n'est composée que d'une seule
espèce qui se trouve au Brésil, et dont je ne connois que la
dépouille.

Le **Phibalure a bec jaune**, *Phibalura flavirostris*, Vieill.; Cet oiseau a le sommet de la tête, les pennes des ailes et de la queue, noirs; l'occiput et la gorge roux; le devant du cou et de la poitrine noir et blanc; des taches de ces deux couleurs sur le haut du ventre; les parties supérieures du cou et du corps variées de roux et de noir; le bec et les pieds jaunes. Grosseur du *tangara bluet*. (v.)

PHIÉRI. Chez les anciens Romains, ce nom désignoit la plante qu'ils appeloient aussi *centaurium majus*. (LN.)

PHILADEPHÆ. Le **grand aigle** de quelques auteurs.

PHILADELPHUS. C. Bauhin rapporte cette plante, mentionnée par Athénée, à notre *syringa* des jardins, arbuste remarquable par l'odeur suave que ses fleurs exhalent. Tournefort et Adanson ont donné le nom de *syringa* au genre dans lequel cette plante rentre; mais Linnæus emploie celui de *philadelphus*, qui a été adopté par le botaniste Aiton. Usteri et Roemer placent dans ce genre quelques arbustes qui appartiennent maintenant au genre *leptospermum. V.* **Syringa** et **Philanthropos**. (LN.)

PHILANDRE et PHILANDER. Seba a nommé ainsi un animal du genre des **Didelphes**, le *quatre œils* (*Didelphis philander*, Linn.). Cette même désignation a été appliquée à divers autres animaux, notamment au **Kanguroo d'Aroé**, et paroît dérivée du nom malais de ce dernier, *pelandor*.

Le *philandre* de Surinam, de mademoiselle de Mérian, me paroît appartenir à l'espèce du *didelphe cayopollin*. (DESM.)

PHILANTHE, *Philanthus*, Fab.; *Vespa*, Geoff., Oliv.; *Crabro*, Ross.; *Simblephilus*, Jur. Genre d insectes, de l'ordre des hyménoptères, section des porte-aiguillons, famille des fouisseurs, tribu des crabronites.

Les philanthes et les *cerceris*, que Fabricius réunit avec eux, forment un groupe très-naturel, et qui fait le passage des *crabrons* et des *mellines*, aux *guêpes* de Linnæus, ou notre tribu des guêpiaires.

Plusieurs caractères les distinguent de ces derniers hyménoptères: leurs ailes supérieures ne sont point doublées; leurs antennes ne sont point coudées; leurs yeux sont entiers, ou n'offrent qu'une légère échancrure; le segment antérieur de leur tronc est très-court, et point dilaté sur les côtés du dos jusqu'à l'origine des ailes; enfin, leurs mandibules sont étroites, arquées et point ou peu dentées. Ces hyménoptères ont, ainsi que les autres crabronites, les antennes courtes et composées d'articles serrés; les pattes courtes; la tête grande et l'abdomen ovalaire ou ellipsoïde: Ils s'éloignent des crabrons et se rapprochent des mellines ainsi que des alysons, à raison de leur tête plus large, de leurs yeux plus petits et beaucoup plus écartés en dedans, et du nombre de cellules cubitales complètes de leurs ailes, qui est de trois. La seconde et la troisième de ces cellules reçoivent chacune une nervure récurrente.

Les philanthes et les cerceris sont distingués tant de ces derniers crabronites que des autres, par leurs antennes insérées au milieu de la face antérieure de la tête et plus grosses vers leur extrémité, et par leur chaperon, dont la partie supérieure est divisée, à sa suture, en trois lobes ; celui du milieu remonte jusque sous l'origine des antennes ; ce chaperon est entièrement dans le plan vertical de la face de la tête, tandis qu'il fait ordinairement un angle avec cette face dans les autres crabronites.

Considérés sous le point de vue de l'appareil masticateur, les philanthes de Fabricius n'offrent point de différences très-remarquables ; et c'est ce qui l'a, sans doute, déterminé à rejeter le genre *cerceris* (*philanthus*, Jur.), que j'en ai démembré. D'autres rapports autorisent néanmoins cette séparation. Nos philanthes, ou les *simblephiles* de M. Jurine, ont leurs antennes écartées à leur base, plus courtes que la tête et le corselet, et assez brusquement renflées ; les yeux un peu échancrés, les mandibules sans dents, et toutes les cellules cubitales sessiles ; leur abdomen, en outre, est généralement noir, allongé et moins étranglé que celui des *cerceris*.

Philanthe couronné, *Philanthus coronatus*, Fab.; Panz. *Faun. insect germ. fasc.* 84, tab. 23, fem. Il est noir tacheté de jaune ; l'abdomen a cinq bandes jaunes, dont les deux premières sont interrompues ; les ailes sont jaunâtres. On trouve assez fréquemment cette espèce dans le midi de la France et même aux environs de Paris, sur les fleurs des chardons.

Philanthe apivore, *Philanthus apivorus;* pl. M. 29, 6, de cet ouvrage ; la *Guêpe à anneaux bordés de jaune,* Geoff. ; *Philanthus pictus,* Fab.; Panz. *ibid, fasc.* 47, tab. 23, et *fasc.* 63, tab. 18, le mâle. Cette espèce étant un ennemi très-dangereux de l'*abeille domestique,* doit être décrite d'une manière qui la signale aussi bien qu'il sera possible, et qui puisse fixer sur elle l'attention de l'agriculteur. La femelle est longue de six à sept lignes. Les antennes sont noires ; la tête est noire, avec sa partie antérieure et une tache échancrée sur le front, jaunes ; derrière les yeux et en dessous est une petite ligne roussâtre ; le corselet est noir, luisant, un peu pubescent, avec le bord antérieur du premier segment, un point au-devant de chaque aile, leur attache et une ligne à l'écusson, jaunes ; l'abdomen est jaune, luisant, finement ponctué, avec la base du premier anneau, le bord antérieur des trois ou quatre autres suivans, noirs en dessus; le noir avance au milieu et forme une tache triangulaire sur les premiers; l'abdomen, dans quelques-uns, est presque entièrement jaune, avec la base du premier anneau et celle des deux suivans, noire; le dessous de l'abdomen est d'un jaune peu ou point mélangé; les pattes sont jaunes, avec les hanches et la moitié inférieure des cuisses, noires; les jambes intermédiaires, et les postérieures surtout, ont quelques épines latérales; les tarses, les antérieurs principalement, sont ciliés; les ailes supérieures ont la côté et les nervures roussâtres.

Le mâle est d'un quart environ plus petit; la tache frontale est trifide; l'écusson a deux lignes jaunes placées l'une sur l'autre, et dont la supérieure est plus grande; l'abdomen est noir en dessus, avec les côtés des anneaux et leur bord postérieur, jaunes; le dessous de l'abdomen est jaune avec quelques bandes noires; les pattes sont moins épineuses et moins ciliées que dans les femelles.

Les individus de ce dernier sexe creusent, dans les terrains légers et en pente, exposés au soleil, une galerie presque horizontale, dont la longueur va jusqu'à un pied; leurs fortes mandibules leur servent de leviers ou de pinces, et leurs pattes antérieures de pelle et de ratissoire. Ces insectes ont soin de déblayer les monticules de décombres qu'ils forment en minant. On les voit sortir à différentes reprises de leur trou, marcher à reculons, mouvoir continuellement leur abdomen, l'élevant et l'abaissant tour à tour, et rejeter en arrière, avec les pattes de devant, la terre qu'ils ont accumulée à l'ouverture de la galerie, et qui, avec les nouveaux matériaux qu'il faudra transporter hors du canal, finiroit par obstruer le passage. Le nid de leurs petits étant prêt, ces *philanthes* vont sur les fleurs, y saisissent une *abeille*, la tuent en la perçant de leur aiguillon à la jointure de la tête et du corselet, ou à celle du corselet avec l'abdomen, et la portent dans le fond de leur trou. Ils y pondent ensuite un œuf. Chaque femelle devant donner naissance à cinq ou six petits au moins, puisque j'ai trouvé ce nombre d'œufs dans son ovaire, il s'ensuit que chaque *philanthe* détruit pour le moins autant d'*abeilles*. J'ai compté sur un espace de terrain, ayant cent vingt pieds de longueur, cinquante à soixante femelles occupées à nidifier; cette étendue de terre a donc pu être le tombeau de trois cents *abeilles*. Supposons maintenant que sur une surface de pays, ayant environ deux lieues en carré, vous ayez une cinquantaine d'endroits infectés d'un pareil nombre de *philanthes apivores* femelles, ces insectes y détruiront quinze mille *abeilles*.

Les œufs de ces *philanthes* sont presque cylindriques, allongés, blancs et arrondis aux deux bouts ; leurs larves ont six à sept lignes de longueur ; elles sont d'un blanc jaunâtre , allongées, molles, rases , convexes en dessus, plates en dessous, amincies un peu vers l'anus, formées de douze anneaux séparés par des étranglemens sensibles, avec des bourrelets sur les côtés ; le premier et l'avant-dernier anneaux ont chacun, de chaque côté , un stigmate très-apparent ; leur bouche forme une espèce de bec , et offre deux petits crochets et quelques autres parties ; la coque de sa *nymphe* est ellipsoïde et composée d'une pellicule mince et d'un brun clair.

Le meilleur moyen de détruire ces insectes, consiste à observer les lieux où ils nidifient, et à ébouler fortement la terre vers la fin de l'automne, pour faire périr les larves et les *nymphes.* Voyez un Mémoire que j'ai publié à ce sujet, et que j'ai joint à mon *Histoire des Fourmis.*

Les *philanthes : diadema* et *vertilabris* de Fabricius, représentés par M. Antoine Coquebert, dans la troisième décade de ses Illustrations iconographiques des insectes , doivent être conservés dans ce genre. (L.)

PHILANTHEURS, *Philanthores.* Famille d'insectes hyménoptères, composée des genres PHILANTHE et CERCERIS, et qui fait maintenant partie de ma tribu des crabronites, famille des fouisseurs. *V.* PHILANTHE. (L.)

PHILANTHROPOS. Ce nom et les suivans, *philetœrium, philistium* et *philadelphus*, sont au nombre des anciens noms grecs du grateron (*Galium aparine*). (LN.)

PHILEDON. Nom d'une division dans l'ordre des *passereaux* du Règne animal de M. Cuvier, laquelle correspond à mes genres CRÉADION pour des espèces, et POLOCHION pour d'autres. *V.* ces deux mots. (V.)

PHILEMON. *V.* POLOCHION. (V.)

PHILÉRÈME, *Phileremus*, Latr. ; *Epeolus*, Fab. Genre d'insectes , de l'ordre des hyménoptères , section des porte-aiguillons, famille des mellifères , tribu des apiaires, très-voisin du genre des *nomades* , et des autres qui en dérivent , mais qui en diffère par la forme allongée et triangulaire du labre. Il se rapproche, par ce caractère, des *ammobates ;* mais les palpes maxillaires ne sont composés que de deux articles ; ils en ont six dans ce dernier genre. Les ailes supérieures n'offre qu'une ou deux cellules cubitales. L'*épéole ponctué* (*punctatus*) de Fabricius est une espèce de *philérème.* Son corps est noir , avec un duvet cendré ; l'abdomen est roussâtre, avec les côtés noirs et tachetés de blanc. On trouve cet insecte , vers la fin de l'été , dans les lieux sablonneux des environs de Paris. (L.)

PHILÉSIE , *Philesia.* Petit arbuste du détroit de Magel-

lan, à rameaux flexueux, à feuilles alternes, pétiolées, linéaires, elliptiques, aiguës, très-entières, et à fleurs rouges solitaires, terminales et pendantes, qui forme un genre dans
l'hexandrie monogynie et dans la famille des Asparagoïdes.

Ce genre a pour caractères : une corolle de six pétales,
dont les trois intérieurs sont trois fois plus grands et spatulés ;
point de calice ; six étamines ; un ovaire supérieur ovale,
surmonté d'un long style à stigmate trilobé ; une baie à plusieurs semences.

Le Lapagerie se rapproche beaucoup de ce genre, et le
Capia doit s'y rapporter. (B.)

PHILETAERIUM. *V.* Philanthropos et Polemonion.

PHILEURE, *Phileurus,* Latr. ; *Scarabœus,* Linn, Oliv. ;
Geotrupes, Fab. Genre d'insectes de la section des pentamères, famille des lamellicornes, tribu des scarabéïdes,
composé de quelques *géotrupes* de Fabricius, dont le corps
est déprimé, avec le corselet dilaté et arrondi latéralement,
se rapprochant de la forme orbiculaire, et les mandibules
étroites, sans dents ni échancrure au côté extérieur. Tels
sont les *géotrupes* nommés par Fabricius : *didymus, valgus,
depressus.* Ces espèces sont particulières aux contrées équi-
noxiales de l'Amérique. (L.)

PHILIDRE. *V.* Phylidre, (B.)

PHILIN. C'est ainsi qu'Adanson appelle la *volute olla* de
Linnæus, qu'il a figurée pl. 3 de son ouvrage sur les coquillages du Sénégal. *V.* au mot Volute. (B.)

PHILINTHE. Geoffroy nomme ainsi une *libellule* des
environs de Paris, qui est le mâle de la Libellule déprimée
que le même auteur appelle l'*éléonore.* V. Libellule, (desm.)

PHILISTIUM. *V.* Philanthropos. (LN.)

PHILLANTHUS. L'on a donné ce nom, et principalement Plukenet, à quelques espèces de cierges ou cactiers, à
cause que les fleurs naissent sur les feuilles. Linnæus l'a transporté à un genre tout différent, et dont les fleurs sont le plus
souvent dans les aisselles des feuilles. *V.* Phyllanthe. (LN.)

PHILLYREA de Dioscoride. « C'est un arbre de la grandeur du *ligustrum* (troëne), qui produit des feuilles semblables à celles de l'olivier, mais plus larges et plus noires, et
des fruits pareils à ceux du *lentiscus,* noirs, douceâtres et en
grappes. Le phillyrea croît dans les lieux rudes ; ses feuilles
sont astringentes et aussi utiles que celles de l'olivier sauvage, etc. (*Diosc.* 1, 126.) Cette courte description suffit pour
faire reconnoître qu'il n'est pas question ici du tilleul, qui
est le *philyra* des Grecs. Matthiole avoit fait un des premiers
cette observation. Ce célèbre botaniste italien rapportoit le
phillyrea au *phillyrea media,* Linn., de même que Pierre Bel-

lon. On peut dire que tous les botanistes, jusqu'à présent,
ont été du même avis, ou qu'ils n'ont pris pour le *phillyrea*
que des espèces du même genre, excepté Dodonée qui croit
que c'est le troëne même, et Castor le tilleul. Il paroît probable que l'un des *tilia* de Pline est un de nos *phillyrea*.

Le genre *phillyrea* de Tournefort et de Linnæus comprend
les *phillyrea* des anciens auteurs, qui sont des arbres ou arbrisseaux d'Europe et du Levant. Loureiro avoit cru découvrir
une espèce en Asie, mais, selon Vahl, il avoit pris pour telle
une espèce d'olivier (*Olea microcarpa*, Vahl.). Dillen avoit
rapporté au *phillyrea* le *cassine capensis*, Linn., et Burmann
(Afric.) un *melaleuca*.

L'on a écrit de diverses manières les noms de PHILLYREA
et PHILYRA. Nous avons suivi l'orthographe adoptée par
Schrewelius. *V.* FILARIA. (LN.)

PHILLYREASTRUM. Vaillant donnoit ce nom au genre
MORINDE. (LN.)

PHILOMACUS. Moering désigne ainsi le CÓMBATTANT.

PHILOMEDA. Ce genre, établi par Norkona et adopté
par Aubert – Dupetit – Thouars, est le même que le genre
GOMPHIE, ainsi que l'avoit soupçonné le second des deux
botanistes que nous venons de citer. (LN.)

PHILOMÈDE. *V.* PHILOMEDA. (S.)

PHILOMEDION. L'un des noms anciens de la CHÉLI-
DOINE ou HERBE A L'HIRONDELLE. (LN.)

PHILOMELA. Nom appliqué au ROSSIGNOL. (S.)

PHILONOTIS. Espèce de RENONCULE, *Ranunculus
philonotis*, très-commune en Europe, confondue avec les
ranunculus acris et *bulbosus*, c'est-à-dire, avec le BOUTON D'OR
et le BASSINET. (LN.)

PHILOPHARES. *V.* PHYLLEPHARES. (LN.)

PHILOSCIE, *Philoscia*, Latr., Leach.; *Oniscus*, Fab.
Genre de crustacés, de l'ordre des isopodes, famille des
ptérygibranches.

J'ai partagé le genre *cloportes* (*oniscus*) de Fabricius, en
quatre autres ; les *cloportes* proprement dits et les *philoscies*
ont leurs antennes extérieures composées de huit articles, ce
qui distingue ces crustacés des *porcellions* et des *armadilles*,
autres genres dérivés de celui d'*oniscus*.

Les philoscies diffèrent maintenant des cloportes, en ce
que l'insertion de ces organes est à nu ou découverte, et que
le corps se termine brusquement en queue.

Le genre *philoscie* a pour type la *cloporte des murs* de M. Cuvier, *Journ. d'Hist. nat. et de Phys.*, tom. 2, pag. 21, pl. 26,
fig. 6, 7, 8, ou l'*oniscus sylvestris* de Fabricius. Le dessus du
corps est d'un cendré brun, parsemé de petits traits et de

points gris ou jaunâtres ; le dessous du corps est blanchâtre ; les pattes ont quelques traits obscurs ; les quatre pointes de la queue sont à peu près de la même longueur. On trouve cet animal sous les mousses, sous les feuilles tombées à terre, dans les lieux humides. (L.)

PHILOSOPHE. On a donné ce nom à l'Acanthure noiraud. (DESM.)

PHILOSTEMON, *Philostemon*. Arbuste radicant, à feuilles ternées, à folioles ovales, velues, dont deux sont sessiles ; à fleurs pédonculées. Il paroît peu différer du Sumac radicant ; mais Rafinesque, *Florule de la Louisiane*, croit devoir regarder comme constituant un genre.

Les caractères de ce genre sont : calice urcéolé à cinq dents ; corolle de cinq pétales réfléchis ; cinq étamines à filamens rapprochés ; ovaire supérieur à style et à stigmate simples ; un drupe monosperme. (B.)

PHILOTHÈQUE, *Philotheca*. Arbrisseau de la Nouvelle-Hollande, à feuilles linéaires, éparses, et à fleurs solitaires et terminales, qui avoit été placé parmi les Ériostèmes par Smith, mais que E. Rudge croit devoir constituer un genre particulier qui auroit pour caractères : calice à cinq divisions ovales ; corolle de cinq pétales sessiles, ouverts, recourbés ; dix étamines monadelphes, dont cinq alternativement plus courtes, et toutes à filamens velus ; un ovaire supérieur à cinq lobes, surmonté d'un style court, à stigmate obtus ; cinq capsules, dont deux ou trois avortent, comprimées, et renfermant chacune une semence réniforme, recouverte par un arille. (B.)

PHILOXÈRE, *Philoxerus*. Genre de la pentandrie monogynie et de la famille des amaranthacées, établi par R. Brown, pour placer deux plantes de la Nouvelle-Hollande, qui ont de grands rapports avec les Amaranthines. Les caractères de ce genre sont : une corolle de cinq parties, acuminées, réunies par leur base et dépourvues de dents ; un ovaire surmonté d'un style à deux stigmates ; un utricule monosperme et évalve.

Deux nouvelles espèces de ce genre sont figurées dans l'ouvrage de Humboldt, Bonpland et Kunth, sur les plantes de l'Amérique méridionale. L'Amaranthine vermiculaire de Willdenow doit y être réunie. *Voyez* la Flore d'Oware et de Benin, de Palisot de Beauvois. (B.)

PHILTRODOTES et PHILTRODOTE ou PHILTRODOTIS. Anciens noms égyptiens de la Verveine et du Cétérach. (LN.)

PHILTRON. Plante citée par Théocrite, et qu'Adanson rapporte au genre *scorpioïdes* de Tournefort, lequel est le *piscorurus* de Linnæus. Il comprend les plantes que nous nommons vulgairement CHENILLÉES à cause de la forme de leur légume. (LN.)

PHILYCA de Théophraste. Quelques auteurs écrivent *philicè* et *phylica*. Arbrisseau sauvage , toujours vert , qui se développe au premier printemps , très-chargé de feuilles , d'une couleur blanchâtre, semblables à celles du *celastrus*. Il croissoit sur le mont Athos. Pierre Belon fait observer qu'il ne croît sur cette montagne que notre ALATERNE, et en conclut que c'est le *philyca* de Théophraste , et que l'*alaternus* de Pline , dont les feuilles tiennent le milieu entre celles de l'olivier et de l'yeuse , et l'*elæprinos* des Crétois et des Corcyréens, sont aussi le *phylica* de Théophraste, attendu que ce sont aussi notre alaterne. Cette opinion est devenue celle de C. Bauhin , Clusius , etc. Linnæus a transporté le nom de *philyca* à un genre de la même famille que l'alaterne , mais qui ne contient que des plantes inconnues aux anciens, et que, pour cette raison, Adanson avoit appelées *alaternoides* avec Commelin; et Burmann, *beckea* (*Prod.*) *Voy.* PHYLIQUE. (LN.)

PHILYDRE , *Philydrum*. Plante herbacée très - simple , spongieuse, droite, cylindrique , lanugineuse , dont les feuilles sont subulées , épaisses , droites , lanugineuses , et les fleurs disposées en longues grappes terminales , accompagnées de spathes courtes , aiguës et hérissées.

Cette plante forme, dans la monandrie monogynie et dans la famille des joncs , un genre qui a pour caractères : une spathe florale monophylle ; point de calice ; quatre pétales jaunes , dont les deux extérieurs sont plus grands et ovales ; une seule étamine à anthère géminée ; un ovaire supérieur, surmonté d'un seul style ; une capsule oblongue, obscurément trigone, laineuse, triloculaire, trivalve, à valves divisées dans leur milieu par une cloison. Les semences sont nombreuses , très-petites et tuberculeuses.

Le *philydre* croît dans les lieux humides et marécageux de la Cochinchine. Il est vivace, et s'élève à environ deux pieds. Loureiro l'a mentionné sous le nom de GARCIANE. Sa figure se voit pl. 783 du *Botanical magasine* de Curtis. (B.)

PHINGITES. *V.* PHENGITE. (LN.)

PHIOLE. Nom vulgaire de la TARIÈRE SUBULÉE , *Terebellum subulatum* , Lamarck. (DESM.)

PHISTICA et PHISTACIA. Deux noms donnés par les anciens botanistes au pistachier. *V.* PISTACIA. (LN.)

PHI-TE. Nom donné, en Cochinchine , à une espèce d'AIL à odeur et saveur fortes, dont on fait usage pour assai-

sonner les alimens. C'est, suivant Loureiro, l'*alium odorum*,
Linn. (LN.)

PHLEBOCARYE, *Phlebocarya*. Plante vivace, sans tige,
à feuilles ensiformes, distiques, ciliées; à fleurs disposées en
grappes sessiles, qui seule constitue, selon R. Brown, un
genre dans l'hexandrie monogynie et dans la famille des hæ-
modoracées.

Les caractères de ce genre sont : corolle à six divisions
persistantes; étamines insérées à la base des divisions de la
corolle; ovaire inférieur, à style filiforme et à stigmate simple;
noix monosperme, couronnée. (B.)

PHLEBOLITHIS, *Phlebolithis*. Genre de plantes, établi par Gærtner, sous la seule considération d'un fruit venant
de l'Inde. Il a pour caractères : une baie uniloculaire, contenant une seule semence pierreuse, veinée de blanc en
dedans.

Ce genre paroît devoir être réuni aux MIMUSOPES. (B.)

PHLEON de Théophraste. Il ne faut pas confondre cette
plante avec le *phleos* du même auteur, comme on l'a fait
quelquefois.

Le *phleon* est rapporté à la sagittaire par C. Bauhin. Ce
botaniste fait remarquer que le *phleos* et le *stœbe* de Théophraste ne sont qu'une même plante, et probablement une espèce de PIMPRENELLE (*poterium*). D'autres auteurs divisent le
phleos en mâle et femelle. Selon eux, le mâle seroit la grande
variété de la SAGITTAIRE, et la femelle, le RUBANIER RAMEUX
(*sparganium ramosum*, Linn.). Le *phleon* et le *phleos* crois-
soient sans doute en abondance, ou produisoient une
grande quantité de graines; car leurs noms dérivent d'un mot
grec qui exprime ces idées.

Linnæus donne le nom de *phleum* à un genre de graminée,
appelé ensuite *stelephuros* par Adanson. Les genres *crypside*
et *chilochloé* ont été faits à ses dépens. V. FLÉOLE. (LN.)

PHLEOS. V. PHLÉON. (LN.)

PHLEUM. V. PHLÉON et FLÉOLE. (LN.)

PHLOGINOS. Cette pierre, citée par Pline, ressembloit
à l'*ostracias*; on l'appeloit encore *chrysites* : elle est inconnue, ainsi qu'une autre pierre, dite *phlogitis*, parce que la lumière paroissoit concentrée dans le centre. (LN.)

PHLOGION. V. PHLOX. (LN.)

PHLOGISTIQUE, ou PRINCIPE INFLAMMA-
BLE. Suivant Stahl, le *phlogistique* étoit la matière même du
feu, combinée et fixée dans les corps combustibles, de manière à former un de leurs principes constituans; et leur

combustion, suivant lui, n'étoit autre chose que le dégagement de cette matière *ignée*. Quand les métaux, par exemple, étoient brûlés et réduits en *chaux*, l'on disoit qu'ils avoient perdu leur *principe inflammable;* et quand on les ramenoit à l'état métallique en les traitant avec des matières grasses ou du charbon, on disoit que, dans cette opération, on leur avoit rendu le principe inflammable qu'ils avoient perdu.

Les corps n'étoient combustibles qu'à raison du *feu fixé* qu'ils contenoient.

Aujourd'hui, on convient qu'en effet la *matière ignée* est combinée dans les corps combustibles, et qu'elle s'y trouve dans deux états différens, celui de *calorique* et celui de *lumière;* mais la cause immédiate de leur combustion n'est point seulement, comme le prétendoit Stahl, le *dégagement de la matière ignée*, c'est la *combinaison de l'oxygène* avec le corps combustible; combinaison qui opère le dégagement du calorique et de la lumière (tantôt ensemble, et tantôt séparément).

Cette combinaison de l'*oxygène* est prouvée d'une manière incontestable par plusieurs expériences, et notamment par l'augmentation de poids considérable qui a lieu dans les résidus des corps *brûlés*. Voyez CALORIQUE, MÉTAUX et OXY-GÈNE. (PAT.)

PHLOGISTON. Nom donné au diamant cristallisé, en Allemagne. (LN.)

PHLOÏOTRIBE, *Phloiotribus*, Latr.; *Hylesinus*, Fab.; *Scolytus*, Oliv. Genre d'insectes, de l'ordre des coléoptères, section des tétramères, famille des xylophages, tribu des scolitaires.

Les oliviers de la France sont sujets à être percés par un petit coléoptère que Bernard nous a fait connoître, et qu'il a nommé *scolyte scarabéeode*. Quoique cet insecte ait la plus grande ressemblance avec ceux du genre *scolyte* de Geoffroy, ou celui d'*hylesinus* de Fabricius, il en est neaumoins très-distingué par ses antennes; elles sont presque de la longueur de la tête et du corselet, et terminées par une massue, composée de trois feuillets très-longs, linéaires, et qui forment l'éventail, à la manière de celle des scarabéïdes; la massue des antennes des scolytes est solide et ovoïde.

J'ai cru, d'après une différence aussi grande, devoir séparer des *scolytes* l'espèce précitée, et j'en ai formé le genre *phloïotribe*. Olivier l'a conservée avec les *scolytes;* mais dès lors, le caractère qu'il assigne à ce genre, *antennes en massue solide*, n'est point exact, puisqu'il ne peut convenir à cette espèce. La même critique s'applique aussi au genre *hylesine*, de Fabricius, où cet insecte est placé.

Je connois aujourd'hui trois espèces de phloïotribes ; la plus commune, celle qui m'a servi de type , le *scolyte scara-bœoïde* (*scolytus oleœ* , Oliv., *Col.*, tom. 4, n.º 78 , pl. 2 , fig. 21) est noirâtre, avec un duvet cendré; les antennes sont fauves; les élytres sont légèrement striées, avec leur extrémité d'une couleur un peu plus claire ; les pieds sont bruns. (ʟ.)

PHLOMIS , *Phlomis.* Genre de plantes de la didynamie gymnospermie, et de la famille des labiées , dont les caractères consistent en un calice oblong, anguleux, à cinq dents ; une corolle tubuleuse , bilabiée , à tube dilaté à son orifice , à lèvre supérieure en voûte., légèrement comprimée , fendue et velue, à lèvre inférieure divisée en trois parties , dont l'intermédiaire est plus grande et bilobée ; quatre étamines , dont deux plus grandes et recourbées ; un ovaire supérieur à quatre lobes , du centre desquels s'élève un style à stigmate bifide ; quatre semences nues , droites , situées au fond du calice qui persiste, et attachées, par leur base , à un placenta commun peu saillant.

Ce genre renferme des plantes frutescentes ou herbacées, à racines quelquefois tubéreuses, à feuilles opposées, à fleurs verticillées ou axillaires , et accompagnées de bractées. On 'en compte près de trente espèces, dont la plupart appartiennent à l'Europe australe et aux parties orientales de l'Asie, parmi lesquelles plusieurs sont cultivées dans les jardins d'agrément. On doit remarquer principalement :

Le PHLOMIS FRUTIQUEUX , qui a les feuilles presque rondes, tomenteuses, les involucres lancéolés , et la tige frutescente. Il croît en Espagne et en Sicile , et se cultive fréquemment dans les jardins d'agrément. C'est un arbuste de deux à trois pieds de haut , qui forme un très-bel effet lorsqu'il est couvert de ses grandes et grosses fleurs rouges. On le multiplie de marcottes.

Le PHLOMIS HERBE DU VENT a les feuilles ovales, lancéolées , dentelées , hérissées en dessous; les bractées subulées , et la tige velue. Il est vivace et se trouve en Espagne. On le cultive dans les jardins comme le précédent. On l'appelle *herbe du vent* , parce que, ainsi que j'en ai été témoin dans les plaines du royaume de Léon , lorsqu'en hiver le collet de la racine s'est pourri, la tige est emportée par les vents, qui s'engouffrent dans ses calices persistans, et la roulent jusqu'a ce qu'elle trouve un obstacle qui l'arrête. Cette plante est extrêmement commune dans ce canton de l'Espagne, et doit considérablement nuire aux récoltes.

Le PHLOMIS TUBÉREUX a les feuilles radicales en cœur et

rudes, les florales oblongues, lancéolées ; les bractées subulées, hispides, et la tige glabre. Il se trouve en Sibérie,
et se cultive dans quelques jardins. Il y a lieu de croire que
les habitans en mangent les racines, qui sont grosses comme
des navets.

Le PHLOMIS LACINIÉ ou HERBACÉ, a les feuilles presque pennées et les folioles laciniées ; ses fleurs sont rougeâtres et en épi. C'est une plante d'Orient, qui reste fort
bien l'hiver en pleine terre dans le climat de Paris, et qui
mérite d'être cultivée pour l'ornement des parterres.

Le PHLOMIS LÉONURE a les feuilles lancéolées, dentelées;
le calice à dix angles et à dix dents mutiques, et la tige frutescente. Il croît au Cap de Bonne-Espérance, et se cultive
fréquemment dans les jardins, à raison du nombre et de
l'éclat de ses fleurs, d'un rouge de vermillon. Il se multiplie
de marcottes et craint les gelées.

Le PHLOMIS DE CEYLAN a les feuilles lancéolées, légèrement dentées ; les fleurs disposées en tête terminale, et le
calice à huit dents. Il croît à Ceylan. C'est une plante annuelle de deux à trois pieds de haut, dont les fleurs sont
d'un blanc éclatant, et d'une grosseur remarquable. On
l'appelle dans le pays, au rapport de Rumphius, l'*herbe
de l'admiration*.

Le PHLOMIS LYCHNITE a les feuilles lancéolées, velues ;
les florales ovales, sessiles ; les bractées sétacées, velues, et
de la longueur du calice. Il est vivace, et se trouve dans les
parties méridionales de la France.

Persoon et Brown ont concurremment fait un nouveau
genre aux dépens de celui-ci ; le premier, sous le nom de
LÉONITIS, et le second, sous celui de LEUCAS. (B.)

PHLOMOÏDES. Genre établi par Moench, pour placer
le *Phlomis tuberosa*, Linn., qui diffère des autres espèces de
phlomis par la lèvre supérieure de la corolle, presque droite,
concave, velue et très-dentée ; par la lèvre inférieure divisée en trois découpures, dont celle du milieu plus grande,
ovale, crénelée (entière dans le *phlomis*), et les latérales
lancéolées entières (émarginées dans le *phlomis*); par les
coques des grains oblongo-triangulaires, striées, velues au
sommet et sans membrane. (LN.)

PHLOMOS, PHLOMIS et PHLOMON. D'un mot
grec qui signifie *brûler*, parce que l'on se servoit chez les
Grecs d'une plante à laquelle ils donnoient les noms ci-
dessus, et que Dioscoride décrit à l'article *phlomos*, pour faire
des mèches de lampes. Ces plantes sont les mêmes que les
verbascum des Latins. Quelques molènes ont été classées avec

les *phlomis*. Tournefort a nommé *phlomis* un genre de labiées dans lequel rentrent quelques-uns des anciens *phlomos*. Ce genre a été adopté par Linnæus, qui y réunissoit cependant le *leonurus*, aussi de Tournefort; mais il en est ôté à présent. *V*. Leucas, Léonotis, Phlomoïdes et Phlomis. Gmelin, *Flor. sib.*, 3, tab. 54, a pris le *ballota alba* pour une espèce de *phlomis*. (ln.)

PHLOMUS-IDÆA ou PHLOMOS-IDAIOS; c'est-à-dire Phlomis des montagnes; dénominations anciennes qui désignoient l'Hélenion. *V*. ce mot. (ln.)

PHLOX ou PHLOGION. D'un mot grec qui signifie *couleur de la flamme*. Plante à fleurs rouges, citée par Théophraste, et sur laquelle ses commentateurs ne s'accordent pas. C. Bauhin la rapporte à l'Amaranthe; d'autres au Lychnide de Calcédoine; plusieurs à l'Adonide des champs. Adanson est pour le Lychnide. Il nomme *fonna* le genre *phlox* de Linnæus; car celui-ci ne renferme que des plantes inconnues aux anciens. *V*. Phlox et Tanacetum. (ln.)

PHLOX, *Phlox*. Genre de plantes de la pentandrie monogynie et de la famille des polémoniacées, qui offre pour caractères : un calice prismatique, persistant, de cinq folioles ou à cinq divisions ; une corolle infundibuliforme à tube long, à limbe plane divisé en cinq parties ; cinq étamines de grandeur inégale ; à filamens en partie adnés au tube de la corolle et à anthères sagittées; un ovaire supérieur, oblong, à style terminé par un stigmate trifide : une capsule recouverte par le calice, triloculaire, trivalve, et contenant une seule semence dans chaque loge.

Ce genre renferme une vingtaine d'espèces de plantes à feuilles opposées, simples, et à fleurs disposées en panicules terminales, toutes vivaces, la plupart propres à l'Amérique septentrionale, et dont les plus importantes à connoître sont :

Le Phlox paniculé, qui a les feuilles lancéolées, planes, rudes en leurs bords ; la tige unie, terminée par un corymbe paniculé de fleurs, dont les divisions sont arrondies. L'Amérique septentrionale est son pays natal. Il s'élève à environ deux pieds, et forme des touffes très-considérables. On le cultive dans les jardins d'ornement, à raison de la beauté de ses panicules de fleurs, d'un rouge qui varie depuis la couleur du sang le plus foncé, jusqu'à la couleur de chair la plus voisine du blanc. Il ne craint point les gelées, et se multiplie avec la plus grande facilité, soit de boutures, soit de drageons enracinés. Cette dernière manière est la plus usitée, comme la plus propre à donner promptement des fleurs. On se contente en conséquence de partager à la fin de l'hiver une touffe en deux ou trois morceaux, que l'on plante séparément. Plus les touffes sont grosses, et plus l'effet qu'elles produisent est agréable ; ainsi il ne faut pas trop les diviser. Cette plante n'est point délicate, et se prête à tous les terrains ; cependant elle vient d'autant plus belle, qu'elle est dans un terrain amélioré et un peu humide. Ses fleurs n'ont point d'odeur ou n'en ont qu'une très-foible.

Le Phlox de la Caroline a les feuilles lancéolées, unies ; la tige rude, et les corymbes de fleurs rapprochés en tête. Il se distingue à peine du précédent, et se cultive souvent sous le même nom.

Le Phlox divariqué a les feuilles lancéolées ; les supérieures alternes ; la tige bifide, et les fleurs géminées. Il se cultive également, mais il est inférieur aux précédens pour la beauté.

Le Phlox odorant, *Phlox alba*, Willd. ; a les feuilles ovales, lancéolées, unies des deux côtés ; la tige glabre, et les fleurs en panicule. Il se cultive comme les précédens. Ses fleurs sont blanches et odorantes.

Le Phlox subulé et le Phlox rampant se cultivent aussi fréquemment, et se font remarquer par leur élégance. (B.)

PHLYCTIS, *Phlyctis.* Ce genre, établi par Rafinesque Smaltz, contient toutes les espèces d'Ulves et de Varecs qui ont les fructifications solitaires, éparses à la superficie externe. Il est nombreux, et son auteur ne fait connoître que quelques unes de ses espèces qu'il a découvertes dans les mers qui baignent les côtes de Sicile. Il le caractérise ainsi : corps de forme variée, mais rameuse ou foliacée ; substance gélatineuse ou membraneuse ; fructifications visibles, solitaires, punctiformes, le plus souvent éparses à la superficie.

La forme et la nature de la substance de ces plantes les distinguent de celles du genre Spermipole du même naturaliste.

Les espèces les plus remarquables sont les suivantes :

Le Phlyctis dichotome, qui est gélatineux, rameux, cylindrique, d'un brun fauve ; les ramifications sont obtuses et touffues ; les fructifications sont roussâtres. Il forme une large touffe, mais peu élevée ou allongée, qui naît sur les écueils. Le Phlyctis cervicorne est gélatineux, diaphane, rougeâtre, rameux, planc, à rameaux larges, inégaux, presque pinnatifides et presque obtus. Ses semences sont opaques et très-petites. Sa forme est celle d'un bois de cerf ou de daim. Le Phlyctis bifurqué, qui est gélatineux, deux fois bifurqué, comprimé, très-obtus, fauve, à semences brunes. Le Phlyctis ondulé, qui est gélatineux, fauve, hyalin, presque ovale, petit, lobé, ondulé, crispé. Cette espèce ressemble beaucoup à la *spermipola effusa* ; mais elle n'est point rameuse comme elle , étant simplement lobée. (DESM.)

PHOBÈRE , *Phoberos.* Arbrisseau épineux , à feuilles éparses, opposées, pétiolées , ovales, très-entières, glabres; à fleurs pâles portées sur des pédoncules latéraux en corymbes, qui forme dans l'icosandrie monogynie et dans la famille des myrtes , un genre dont les caractères présentent :

1.º Un calice monophylle à dix divisions, dont cinq, alternes , deux fois plus grandes ; 2.º point de corolle ; 3.º une centaine d'étamines insérées au calice ; 4.º un ovaire supérieur à style épais et à stigmate encore plus épais ; 5.º pour fruit, une baie ovale , charnue , uniloculaire , presque tétrasperme.

Le *phobère* se trouve à la Cochinchine , et une seconde espèce, qui diffère fort peu de celle-ci, se trouve à la Chine. On les emploie l'une et l'autre à former des haies. (B.)

PHOCA. Nom latin des mammifères du genre PHOQUE. *V.* ce mot. (DESM.)

PHOCACÉES. Péron (*Voyage aux Terres Australes*) propose de former , sous ce nom , une famille de mammifères , comprenant les phoques. Il la subdivise en deux genres : les PHOQUES proprement dits qui sont dépourvus d'oreilles externes , et les OTARIES ou *Phoques à oreilles.* Cette division avoit été déjà proposée par plusieurs naturalistes , et notamment par Vicq-d'Azyr. Nous l'adoptons aussi ; mais nous ne considérons que comme des sous-genres, les genres formés par Péron. (DESM.)

PHOCINS , *Phocini.* C'est le genre PHOQUE , selon Vicq-d'Azyr (*Syst. anat. des Animaux*, placé dans la famille des mammifères *empêtrés* du même auteur). Il est divisé en deux sections : 1.º celle des espèces à oreilles sans conque ; et 2.º celle des espèces qui ont une conque. Cette dernière correspond exactement au genre *otarie* dont l'établissement a été proposé par Péron (*Voy. aux Terres australes*). *Voy.* l'article PHOQUE.

(DESM.)

PHOCOENA. Nom latin du MARSOUIN, dans les ouvrages des naturalistes modernes. *V.* l'histoire du MARSOUIN à l'article DAUPHIN. (DESM.)

PHOENICEA. Synonyme de *phœnix.* Nom d'une herbe, chez les Grecs. (LN.)

PHOENICITIS. Pierre mentionnée par Pline , et qui avoit la forme d'une datte. Elle nous est inconnue , à moins qu'on ne suppose que ce soit la *pierre de Judée.* (LN.)

PHŒNICOBALANUS. Selon Pline, les Grecs donnoient ce nom à des *dattes* qui, dans leur maturité, rendoient alors comme ivres les personnes qui en mangeoient. On les tiroit d'Egypte, où elles portoient le nom de *adipsos*, et on les faisoit entrer dans la composition des onguens odorans, parfums, odeurs ; pour cela, on les cueilloit un peu avant leur maturité ; elles sentoient la pomme de coing. Quelques auteurs doutent que le *phœnicobalanus* soit réellement une sorte de *datte* ; ils tendent à croire que ce seroit plutôt quelques-uns de ces fruits que nous nommons *myrobolans*. (LN.)

PHŒNICOPHAUS. C'est, dans ce Dictionnaire, la dénomination générique, tirée du grec, pour les MALKOHAS. *V.* ce mot. (V.)

PHŒNICOPTÈRE. *V.* PHÉNICOPTÈRE. (V.)

PHŒNICOPTEROS. *V.* PHŒNIX. (LN.)

PHŒNICOPTERUS. C'est, dans Linnæus, le nom générique du FLAMMANT. *V.* PHÉNICOPTÈRE. (V.)

PHŒNICURUS. Nom latin, formé du grec, appliqué par divers naturalistes au ROSSIGNOL DE MURAILLE et au ROUGE-QUEUE. (S.)

PHŒNIX. Belon appeloit ainsi l'OISEAU DE PARADIS. (S.)

PHŒNIX (*insectes*). Nom donné, dans les *Papillons d'Europe* d'Engramelle, au *sphinx celerio* de Linnæus. *V.* SPHINX. (L.)

PHŒNIX des Grecs, *Palma* des Latins. C'est le *dattier*. Ses fruits s'appeloient *phœnices* et *dactyli*. Théophraste, Pline, Dioscoride, décrivent très-bien cet arbre dioïque et ses usages. La séparation des sexes ne leur étoit pas inconnue, ainsi que la manière de fertiliser les dattiers femelles. Pline compte cinquante-neuf sortes de *palma* ; mais dans ce nombre il y en a plusieurs qui paroissent des fruits différens. Le *phœnix elate*, le *carotides*, le *caryota*, le *chamœzelon*, etc., sont des variétés du dattier, ou des noms qui leur appartiennent. Les autres palmiers, connus des anciens Grecs et Latins, sont : 1.º le *chamœrops* ou *chamœriphes*, qui est notre PALMETTE (*Chamœrops humilis*, L.) ; 2.º le *cuci* ou *curiophoron*, qui est le DOUM ou PALMIER de la Thébaïde ; 3.º peut-être le COCOTIER : il se trouveroit compris dans le genre *caryota* de Pline, ou dans celui qu'il nomme PATELON. Ce n'est qu'après l'invasion des Arabes en Europe, que l'on commença à connoître un plus grand nombre de palmiers.

Kœmpfer prétend que le fameux oiseau *phœnix* avoit reçu son nom de celui de l'arbre sur lequel il élisoit son domicile, qui, comme on sait, étoit toujours le dattier. L'on prétend aussi que l'histoire de cet oiseau extraordinaire n'est encore que celle de l'arbre merveilleux qui nous occupe.

Linnæus s'est servi du nom de *phœnix* pour désigner le genre *dattier*. Adanson a cru devoir rejeter ce nom, parce qu'il est essentiellement, chez les Grecs, le nom d'une herbe (*Voyez* ci-après). Il a préféré celui de *dachel*, employé par Prosper Alpin. (LN.)

PHŒNIX de Dioscoride et de Pline. Graminée à feuilles plus courtes et plus étroites que celles de l'orge, et à épi pareil à celui du *lolium*. La plante portoit sept à huit épis ; elle croissoit sur les murailles, dans les champs et le long des chemins. Matthiole, C. Bauhin, rapportent le *phœnix* à l'Avoine vivace ; d'autres auteurs à l'orge des murailles. Cette plante tiroit son nom de la couleur pourpre de ses graines ; elle s'appeloit encore *phœnicopteros* et *anchinops* ; c'étoit l'*athnon* des Égyptiens.

Le genre *phœnix* d'Haller a pour type l'*andropogon gryllus*, L., que ce naturaliste regardoit, sans doute avec des botanistes plus anciens, comme le *phœnix* de Dioscoride. Dans ces derniers temps, Sprengel a nommé ce genre *pollinia*. M. Palisot de Beauvois ramène l'*andropogon gryllus* à son *apluda*, mais avec doute. Le nom de *phœnix* a été employé par Rumphius (*Amb.*) pour désigner une graminée qui paroît être une espèce de paturin. Gmelin (*Syst. nat.*) le donne à une espèce de Paturin : on l'a encore donné à quelques autres graminées et à des cynarocéphales. (LN.)

PHOINIKOPTEROS. Nom grec du Flammant. (S.)

PHOINIKOYROS. Nom grec du Rossignol de muraille. (S.)

PHOIX. Les anciens Grecs appeloient ainsi le Butor, du nom d'un esclave paresseux qui fut transformé en cet oiseau.

PHOLADAIRES. Famille établie par Lamarck, parmi les conchylifères crassipèdes. Ses caractères sont : coquille sans fourreau tubuleux ; ligament extérieur ; coquille, soit munie de pièces antérieures étrangères à ses valves, soit très-bâillante antérieurement.

Les genres qui y entrent sont ceux des Pholades et des Gastrochênes. (B.)

PHOLADE, *Pholas*. Genre de coquilles de la division des Multivalves, dont les caractères consistent à avoir : deux grandes valves transverses, bâillantes, et une ou plusieurs petites valves articulées avec les grandes, et placées sur le ligament ou la charnière.

Les *pholades*, que l'on nomme aussi *dactyles*, *pitans*, *dails*, etc., et que l'on confond souvent avec les Moules litho-

PHAGES, forment un genre très-naturel, et sont fort célèbres, par la faculté qu'elles ont de percer les pierres, et de s'y loger à l'abri des attaques de leurs ennemis.

Les espèces de ce genre varient beaucoup par le nombre de leurs valves surnuméraires. On en compte depuis trois jusqu'à six, et peut-être plus ; car elles se trouvent rarement complètes dans les cabinets. Les grandes valves sont généralement minces, presque égales, plus longues que larges, bâillantes aux deux bouts ; le bout supérieur arrondi ; l'inférieur échancré sur le devant. Leur surface est presque toujours striée en long et en large, et chargée d'aspérités semblables à celles d'une lime. Le sommet est placé presque au bout inférieur ; il est peu saillant, mais il est bien indiqué par un repli des bords, et par la charnière formée par un repli plus grand, plus aplati, et supérieur au premier. Ce second repli est percé en dessous, dans toute sa longueur, de trous coniques, dont quelques-uns le traversent et se prolongent en sillons par dessous. C'est là qu'est attaché un ligament de matière charnue, peu musculeuse, qui s'étend au dehors. Outre ces parties, la charnière a encore en dedans un appendice un peu courbé, qui est quelquefois canaliculé. Il y a dans l'intérieur des valves une seule impression musculaire.

C'est sur le ligament que sont placées les valves surnuméraires, variables dans leur forme et leur position, comme dans leur nombre. Elles sont généralement petites, triangulaires, égales, deux par deux ; et l'impaire, lorsqu'il y en a une, est toujours différente des autres. Leur contexture est beaucoup plus fragile que celle des grandes valves, et elles tombent dès que l'animal est mort.

Linnæus et Lamarck ne regardent pas les pholades comme multivalves, mais comme des bivalves qui ont des valves surnuméraires. L'animal qui les habite a un manteau membraneux assez épais, semblable à un tuyau, ouvert seulement aux deux extrémités, comme celui du SOLEN. Il sort par l'ouverture supérieure de ce manteau, deux siphons réunis, dont l'antérieur est plus grand que l'autre. Ils sont légèrement dentelés sur leurs bords, et servent, l'un, à l'entrée des alimens, et l'autre, à la sortie des excrémens, et à l'absorption de l'eau qui fournit l'air aux trachées. Le pied est court et conique. Cet animal fait partie du genre HYPOGÉE de Poli, et on en voit une anatomie très-détaillée, pl. 7 et 8 de son superbe ouvrage sur les testacés des mers des Deux-Siciles.

Les *pholades* sont hermaphrodites et vivipares, ou mieux, laissent éclore leurs œufs dans les petits sacs de leurs branchiés. Elles n'ont pas besoin du concours d'un autre individu pour se reproduire. Les petits, jetés sur le rocher où vit leur mère, y creusent un trou qu'ils agrandissent journellement, et dont ils ne sortent plus que par l'effet d'une puissance extérieure. Le trou communique toujours avec l'eau, et c'est par l'ouverture que l'animal fait sortir son double siphon.

Les anciens ont beaucoup disserté sur les instrumens que la pholade employoit pour creuser son trou. Réaumur, par quelques observations faites avec sa sagacité ordinaire, a prouvé qu'elle n'employoit d'autre moyen que le mouvement de rotation des deux grandes valves qui font l'office de râpes, et usent continuellement le rocher qui les entoure.

Les pholades percent les pierres calcaires les plus dures, les autres coquilles, les madrépores, les argiles endurcies, et le bois. Mais c'est principalement dans la craie qu'elles se plaisent. Les côtes de Normandie en nourrissent des quantités prodigieuses. On voit, aux environs de Dieppe, des bandes nombreuses de femmes et d'enfans, armés chacun d'un pic, briser les rochers, et en tirer les pholades, soit pour les porter au marché, soit pour les employer comme appât, à la pêche des poissons qui mordent à la ligne. Les pêcheurs appellent *mâles*, celles qui peuvent entièrement se renfermer dans les grandes valves, et *femelles*, celles qui sont trop grosses pour cela; mais il est probable que cette différence n'est produite que par l'état de maigreur ou d'embonpoint auquel elles sont sans doute sujettes. Elles se confisent dans le vinaigre, lorsqu'on veut les envoyer au loin. Elles passent pour un manger fort délicat.

On en trouve dans toutes les mers où il y a des rochers susceptibles de les recevoir, et de fossiles dans plusieurs contrées de l'Europe.

Il est probable que le nombre des pholades est considérable, mais les caractères spécifiques dont elles sont pourvues sont si peu tranchés, qu'on n'a pas mis beaucoup d'importance à les figurer. On n'en connoît qu'une vingtaine d'espèces dans les auteurs, dont fait partie la PHOLADE DAC-TYLE, qui est oblongue, réticulée par des stries rugueuses. *V*. sa figure pl. M. 12. Elle se trouve sur les côtes des mers d'Europe. C'est la plus commune, celle qu'on a le plus étudiée, et qu'on mange. Elle est fréquemment phosphorique.

La pholade bâillante sert de type au genre GASTROCHÊNE de Spengler. (B.)

PHOLADIER, *Pholadarius*. Animal des PHOLADES. Il a

le devant du manteau ferme ; un tube respiratoire unique , mais pourvu de deux tuyaux; un pied court à base plane. *Voyez* Hypogée. (b.)

PHOLADITE. C'est la coquille fossile de la Pholade.

PHOLAS. Nom latin des Pholades. (desm.)

PHOLCUS, *Pholcus* , Walck. , Latr. ; *Aranea* , Geoff. , Scop. , Schrank. Genre d'arachnides, de l'ordre des pulmonaires, famille des aranéides ou des fileuses, tribu des inéquitèles , ayant pour caractères : huit yeux, presque égaux , placés sur un tubercule ; trois de chaque côté , contigus , formant un triangle ; les deux autres intermédiaires, mais plus antérieurs, écartés , sur une ligne transverse.

Les pholcus appartiennent à cette division du genre *araignée* de Linnæus , qu'on a distinguée sous le nom de *filandières* , et qui embrassent notre tribu des aranéides inéquitèles. Ils sont les seuls de cette sous-famille dont la seconde paire de pattes soit , après la première , la plus longue de toutes, ou du moins égale à la quatrième ; celle-ci, dans les autres genres , surpasse en longueur les deux paires intermédiaires. Mais le caractère tiré de la situation et de la disposition respective des yeux , est le plus important et le plus distinctif.

Ces aranéides , dont nous ne connoissons encore qu'une seule espèce, ont le corps allongé , peu coloré et pubescent; les mâchoires allongées, rétrécies à leur extrémité et inclinées sur la lèvre ; la lèvre grande, triangulaire et dilatée dans son milieu ; les pattes très-longues , très-fines et caduques ; l'abdomen très-mou et cylindrico-ovalaire. Les griffes qui terminent leurs mandibules sont petites, comme dans beaucoup d'autres aranéides inéquitèles. Les principales parties de l'organe sexuel du mâle , consistent en un corps globulaire, vésiculeux, accompagné de crochets inégaux, irréguliers, courbés , et d'une sorte de palette triangulaire et velue; l'extrémité supérieure de cette palette présente de petits appendices, en forme de dents , et qui sont des prolongemens terminaux de la membrane tapissant sa partie intérieure. Ces aranéides font , dans les angles de l'intérieur des maisons , une toile composée de fils lâches et peu adhérens entre eux. La femelle agglutine ses œufs en une masse ronde , qu'elle porte entre ses mandibules.

Pholcus phalangiste , *Pholcus phalangioïdes* , Walck , *Hist. des aran.*, Fasc. 5 , tab. 10 , mâle et femelle; l'*Araignée domestique à longues pattes* , Geoff. ; *Aranea Pluchii* , Scop. Son corps est long d'environ quatre lignes , d'un jaunâtre livide , avec le dessus de l'abdomen plus foncé , de couleur plombée , et marqué de taches noirâtres , disposées longitu-

dinalement. Les pattes sont hérisées de petits poils, et ont
un anneau blanchâtre à l'extrémité des cuisses et des jambes.
Cette espèce est très-commune en France. (L.)

PHOLIDIE, *Pholidia.* Arbrisseau de la Nouvelle-Hollande, à feuilles opposées, subulées; à fleurs solitaires, sur des
pédoncules axillaires, qui seul, selon R. Brown, constitue
un genre dans la didynamie angiospermie et dans la famille
des myoporinées.

Les caractères de ce genre sont: calice à cinq divisions
profondes; corolle à tube court, à limbe irrégulier, la lèvre supérieure bilobée, l'inférieure trilobée; anthères barbues; stigmate émarginé; drupe sec, à quatre loges et à
quatre semences renfermées dans le calice qui subsiste. (B.)

PHOLIDOTE, *Pholidotus.* Brisson s'est servi de ce nom
pour désigner le genre de quadrupèdes édentés, que nous
avons décrit sous celui de PANGOLIN. *V.* ce mot. (DESM.)

PHOLIS, *Pholis.* Genre établi par Artédi, et depuis réuni
aux BLENNIES. Il renfermoit les espèces qui n'ont ni panache
ni crête. (B.)

PHONÈME, *Phonemus.* Genre de coquille établi par
Denys de Montfort, aux dépens des NAUTILES de Linnæus;
dont il diffère en ce que son ouverture est triangulaire, en
partie recouverte par une lame marginale, et que le trou des
cloisons est placé près du bec.

L'espèce qui sert de type à ce genre, est de la grosseur
d'un grain de moutarde, et a été découverte par Soldani
sur les rivages de la mer Adriatique. (B.)

PHONOLITHE, *Pierre sonore*, en grec. Dénomination
créée par M. Daubuisson, pour remplacer celle moins
harmonieuse de *Klingstein*, adoptée par les Allemands pour
désigner une sorte de pierre compacte, confondue autrefois
avec les pétrosilex, et sur l'origine de laquelle l'école française et l'école allemande sont encore en discussion. Voici
la description de cette pierre, dont il a été dit deux mots à
l'article *Klingstein*.

PHONOLITHE, Daubuiss.; *klingstein*, Klapr., Wern.; *por-
phir schieffer*, Estner; *hornslate*, Kirw.; *clinkstone*, Kid.,
James; *feldsphath compacte sonore*, Haüy; *laves pétrosiliceuses*,
Dolom.; *chalcophone*, etc. Cette pierre est, le plus souvent,
d'un gris verdâtre ou olive, passant au gris bleuâtre ou jaunâtre et au brun; sa structure est généralement feuilletée,
à surface raboteuse, comme lustrée ou perlée, et à cassure
transversale, silicée ou semblable à celle de la cire, et mate;
ses fragmens sont translucides sur les bords; elle fait feu au
briquet; sa pesanteur spécifique varie de 2,427 à 2,575. Elle

fond aisément au chalumeau, en un verre grisâtre ou blanc. Son analyse par Klaproth a donné pour principes :

Silice. 57,25
Alumine 23,50
Chaux. 2,75
Soude. 8,10
Fer oxydé. 3,25
Manganèse oxydé. 0,25
Eau. 3,00
                                 ‾‾‾‾‾‾
                                 98,10

1.º *Phonolithe homogène* d'un gris bleuâtre ou blanchâtre, se trouve en morceau erratique et sans la structure feuilletée, à Ischia, aux îles Ponces, dans les monts Euganéens, etc.

2.º *Phonolithe porphyroïde*, tantôt feuilleté ou tabulaire, tantôt massif, globulaire ou prismatique, contenant des cristaux disséminés de feldspath, de pyroxène, d'amphibole, de fer oxydé titané, de haüyne, de titane silicéo-calcaire, etc.

3.º *Phonolithe tigré* gris ou verdâtre, taché de blanc ou de gris plus terne.

Le phonolithe forme des montagnes ou des couches puissantes dans les terrains dits de transition ; il accompagne la wacke, le basalte et le grunstein auxquels il passe par des nuances insensibles. Quelquefois le feldspath y est en telle quantité, que cette roche prend une structure spathique. Elle abonde, en général, dans les terrains volcanisés anciens, et dans tous ceux où se rencontre le basalte ; quelquefois le phonolithe présente des marques non équivoques de son origine ; on y voit, comme dans la roche Sanadoire, des fragmens de laves scoriacées ou boursouflées. Dans les monts Euganéens, les îles Ponces, il est en prismes à plusieurs pans, comme ceux de basalte, mais plus petits. Aux îles Ponces, il y en a de complétement boursouflé et qui, dans ses porosités, présente de petits cristaux de néphéline d'un blanc de lait. En Auvergne, en Saxe, et ailleurs, il y a des variétés feuilletées extrêmement sonores, lorsqu'on les frappe avec un corps dur, et surtout métallique.

L'Écosse, dans beaucoup de lieux, la Bohème, la Bavière, la Souabe, la Hongrie, la Lusace, la Hesse, l'Auvergne, les monts Euganéens, les îles Ponces, les champs Phlégréens présentent le *phonolithe*, ainsi que Ténériffe et plusieurs parties de l'Amérique.

On ne sauroit citer de coulée de phonolithe parmi nos

volcans en activité. Il n'en est pas de même dans les volcans éteints, si l'on admet, comme pour les basaltes, que les grands bancs et les montagnes qu'il constitue sont d'origine ignée.

Le *phonolithe* a une manière de se décomposer qui lui est propre, et qui varie selon sa contexture ; mais, dans tous les cas, l'action de l'air le blanchit et met à découvert despoints noirs imperceptibles. Le *phonolithe feuilleté* devient écailleux, et prend le lustre de la perle. Sa décomposition commence par l'extérieur des feuillets, et gagne insensiblement les autres ; elle est plus active, lorsqu'elle agit par les bords. Le *phonolithe* devient complétement terreux. Il en est de même lorsqu'il est massif, excepté que son éclat est le plus souvent terreux dans l'origine de la décomposition, ou bien n'a jamais le lustre qu'on voit dans la variété feuilletée.

Un second genre de décomposition est celui qui s'opère par le centre. Il se forme dans la roche une multitude de petites taches blanches sur lesquelles l'action décomposante a plus d'influence, et qui les fait augmenter insensiblement jusqu'à ce que la pierre soit complétement réduite en terre. On trouve de belles variétés de *phonolithe tigré* de ce genre au Cantal, à la Roche Sanadoire, à Ténériffe et à Bourbon.

L'on remarque que le mica est rare dans le *phonolithe*, et que les petits grains noirs ou couleur de rouille, dont nous avons parlé ci-dessus, s'y trouvent presque toujours. Ces deux circonstances nous paroissent offrir de bons caractères pour distinguer le phonolithe des pétrosilex qu'on ramène à la même espèce. Il faut convenir néanmoins que ces deux sortes de pierres ont les plus grands rapports, et que la différence de gisement fait leur principal caractère. *Voyez* PETROSILEX, LAVES, ROCHES. (LN.)

PHONOS des Grecs. C'est la même plante que l'A-TRACTYLIDE. (LN.)

PHOQUE, *Phoca*, Linn., Erxl., Cuv., Geoff, Illig.; *Otaria*, Péron. Genre de mammifères, de l'ordre des carnassiers et de la famille des AMPHIBIES.

Ce genre, très-nombreux en espèces, étoit autrefois réuni à ceux des MORSES et des LAMANTINS, pour former un ordre de mammifères, placé presque à l'extrémité de la série de ces animaux, entre les solipèdes et les cétacés. On croyoit surtout qu'il y avoit beaucoup d'analogie entre ces *amphibies* et les cétacés, parce qu'on avoit seulement égard au genre de vie et au mode d'habitation. Depuis quelques années, on a reconnu que cet ordre étoit factice ; que plusieurs *amphibies*, tels que les lamantins et les dugongs, avoient effectivement des rapports marqués avec les cétacés, et devoient en être rappro-

chés ; mais que les autres , c'est-à-dire , les *morses* et les *phoques* , au contraire , s'en éloignoient beaucoup par leurs caractères les plus importans, et devoient être rangés à la suite des
carnassiers. Ce sont , en effet, des carnassiers modifiés pour
nager.

Les phoques ont le corps généralement allongé , presque
cylindrique , diminuant seulement d'épaisseur vers sa partie
postérieure, sans formes musculaires apparentes ; le cou de
moyenne longueur ; la tête moyenne , ronde ; les extrémités
courtes, les antérieures bien distinctes , les postérieures dirigées dans le sens de l'axe de corps, tout-à-fait terminales,
très-rapprochées l'une de l'autre , de façon à représenter une
sorte de queue aplatie horizontalement ; la véritable queue
est très-courte.

La tête , le plus souvent semblable à celle d'un dogue ,
ou plus exactement à celle d'une loutre , est ordinairement
lisse ; cependant elle est quelquefois surmontée d'appendices
de la peau composant une crête , ou susceptibles de se renfler
en forme de trompe ; les yeux sont très-grands , situés presque antérieurement, avec leur cornée plate et leur cristallin
bombé , ce qui est en rapport avec le milieu dans lequel ces
animaux se trouvent le plus souvent. La pupille est très-dila-
table ; les paupières se rapprochent rarement ; la clignotante
est très-apparente. Les oreilles externes manquent tout-à fait
dans les uns ; dans les autres il y en a , mais de si petites,
qu'elles ne peuvent avoir aucune utilité , et que , dans
la natation, elles ne peuvent faire obstacle à la vitesse du
mouvement. Dans tous, l'ouverture du conduit de l'oreille
peut se fermer lorsqu'ils plongent. Le museau est très-renflé ,
les poils des moustaches sont très-forts et reçoivent chacun
un nerf très-gros , ce qui semble indiquer beaucoup de
sensibilité dans ces organes ; les narines se tiennent fermées
dans leur état naturel , au moyen de muscles appropriés que
M. de Blainville a décrits ; alors elles se présentent comme de
simples fentes ou sillons obliques l'un sur l'autre ; mais quand
elles s'ouvrent, aussi par l'effet de muscles particuliers, elles
deviennent rondes et larges comme celles d'un ruminant , ce
qui aura peut-être valu à ces animaux le nom de *veaux marins*
que les navigateurs leur ont généralement appliqué. La bouche est médiocrement fendue , bordée de lèvres susceptible d'extension, et armée de dents très-fortes et assez
nombreuses. Tantôt il y a six incisives supérieures, et quatre
ou deux inférieures ; d'autres fois quatre incisives à chaque mâchoire , toujours deux canines , tant en haut qu'en bas ; les
molaires sont assez constamment au nombre de cinq ou de
six à chaque côté de la mâchoire d'en haut, et de cinq à celle

d'en bas. Quant à leurs formes, les incisives varient le plus ;
tantôt elles sont coniques et semblables à de petites canines ;
tantôt elles sont sillonnées transversalement à leur tranchant
ou comme bilobées, et plus ou moins distantes entre elles ;
les canines sont plus ou moins fortes, coniques, un peu arquées,
et le plus souvent en proportion avec la tête comme le sont
celles des animaux du genre des chats ; les mâchelières sont
assez semblables aux premières molaires des carnassiers, ou
fausses molaires, tranchantes, triangulaires, mais plus coniques et plus obtuses ; quelquefois, mais rarement, avec
de très-petits tubercules à leur collet. La langue est conique,
papilleuse, mais lisse, et son extrémité est un peu échancrée.

Tous les pieds sont à cinq doigts ; les antérieurs ne laissent
voir au-dehors que les mains seulement, et les postérieurs
que les pieds ; le bras, l'avant-bras, la cuisse et la jambe
sont compris sous la peau ; les doigts sont peu apparens ; ils
sont enveloppés par la peau qui les dépasse plus ou moins,
tantôt en une seule lame découpée irrégulièrement ; tantôt
en grandes bandelettes linéaires ; les ongles sont plus ou
moins apparens ; tantôt ce n'est qu'une petite lame cornée
encroûtée dans la peau ; tantôt ils sont saillans, très-allongés
et linéaires ; quelquefois on n'en aperçoit pas du tout. Ce
qui est remarquable aux pieds de derrière, c'est l'étendue de
la membrane, qui compose comme une queue, et surtout les
proportions des doigts dont les externes sont plus longs que
les trois du milieu. Aux pattes de devant les doigts vont en
décroissant de longueur, depuis le pouce ou l'interne jusqu'à
l'externe.

Les mamelles sont au nombre de quatre, placées et disposées en carré sur la région ventrale, avec le nombril au centre. La queue est courte et grosse comme un tronçon ; les
organes de la génération sont placés fort en arrière, parce
que le bassin est terminal. Ce bassin est fort étroit et allongé
parallélement à la colonne vertébrale.

Le poil qui revêt le corps, est le plus souvent très-court
et roide ; dans une espèce seulement, le mâle a la tête et le
cou fournis de poils assez longs, qu'on a comparés à la crinière du lion.

Les Morses, qui composent le genre le plus voisin de celui des phoques, se distinguent à l'extérieur par leurs énormes
canines supérieures ou défenses, dont la direction est en dessous, ce qui est contraire à ce qu'on observe dans tous les
animaux pourvus de dents analogues. Quant à l'intérieur, les
phoques sont conformés comme les animaux carnassiers : ils
ont l'estomac simple et membraneux, le *cæcum* court et les
intestins d'un diamètre assez égal (quoique assez longs) ; le

crâne est vaste ; le front large ; les orbites sont grands ; les vertèbres du cou très-mobiles, ainsi que toutes celles du restant de la colonne vertébrale ; les os de l'avant-bras sont distincts, mais peu susceptibles de mouvement l'un sur l'autre ; ceux de la jambe, au contraire, ordinairement dans l'état de supination, peuvent se mettre dans celui de pronation ; l'humérus et le fémur sont très-courts et arqués ; les clavicules sont rudimentaires ; le bassin est très-petit ; etc.

Ces animaux étant susceptibles de rester fort-long-temps sous l'eau sans respirer l'air en nature, on avoit d'abord cru qu'ainsi que les fœtus, ils avoient une communication ouverte dans leur cœur entre l'oreillette droite et l'oreillette gauche par le *trou de Botal*, mais cela n'existe pas ; leur circulation a lieu comme dans tous les autres mammifères ; seulement o remarque que leur sang est d'une couleur plus noire, qu'il est plus abondant et surtout plus chaud. Selon M. Frédéric Cuvier, les mouvemens de la respiration ont lieu à des intervalles très-irréguliers, et il paroît qu'à chaque respiration il entre une grande quantité d'air dans les poumons.

Les phoques sont assez mal partagés sous le rapport des sens. Leurs yeux sont ceux d'animaux nocturnes ; une lumière vive les blesse ; ils ne sont point construits pour servir dans l'air, mais dans l'eau, ainsi que le prouvent l'aplatissement de la cornée et la sphéricité du cristallin. Leurs oreilles sont dépourvues de conque externe propre à rassembler les sons, ou en ont une si petite qu'elle est inutile. Leur peau est très-forte et surtout accompagnée d'une couche très-épaisse de graisse ou de lard qui anéantît toute sensibilité ; et les moustaches seules semblent être des organes un peu délicats propres au toucher. L'odorat paroît être le sens le plus parfait, si l'on en juge toutefois par le grand développement des cornets du nez ; car aucune observation directe ne prouve la délicatesse de ce sens chez les phoques. Le goût paroît ensuite assez fin ; car ceux de ces animaux que l'on garde dans les ménageries, savent parfaitement distinguer les espèces de poissons qu'on leur donne, et refusent constamment tous ceux dont ils ne font pas un usage ordinaire. Ils sont voraces, avalent les morceaux presque sans les mâcher, et après les avoir enduits d'une salive abondante et épaisse, sécrétée par des glandes fort développées. Quelques-uns d'entre eux vivent de mollusques, tels que les sèiches, et d'herbes. Presque tous lestent leur estomac de pierres assez grosses et assez nombreuses. Beaucoup ne mangent que dans l'eau, et ceux qui vivent de poissons leur déchirent le ventre et en dispersent les entrailles avant de les avaler.

Ces mammifères vivent en grandes troupes dans toutes les mers du globe ; cependant, il paroît que la plupart de leurs espèces varient, selon qu'elles appartiennent au voisinage de l'un ou de l'autre pôle ; car il est remarquable qu'ils préfèrent les pays froids ou tempérés , aux climats chauds de la zone torride. Ils nagent avec la plus grande facilité, au moyen de leurs pattes antérieures qui font l'office de rames, et des postérieures qui remplacent la queue des cétacés. Ils viennent à terre à certaines époques de l'année, pour s'accoupler ou mettre bas. Leurs mouvemens sur terre s'opèrent avec difficulté et peuvent être comparés à ceux de certaines chenilles ; néanmoins ils se servent de leurs pattes de devant pour grimper sur les rochers. Les femelles ont un grand soin de leurs petits, qu'elles allaitent à terre ; elles en font un ou deux au plus par portée, et il paroît qu'elles mettent bas une seule fois par an. Les mâles se battent entre eux pour la possession des femelles, et ils partagent ensuite les soins de l'éducation des petits. La voix de ces animaux est très-variable selon les espèces, les sexes et les âges.

Les phoques ont beaucoup d'intelligence, et l'on peut très-aisément les apprivoiser et leur faire exécuter toutes sortes de manœuvres. Ils ne craignent pas l'homme, et se laissent facilement approcher ; aussi sont-ils devenus un objet de spéculation pour lui. Leur graisse , qui fournit une huile excellente ; leur peau très-solide , qui peut être employée dans une foule d'usages, ont été recherchées par les peuples commerçans qui ont formé , à l'effet de se les procurer , divers grands établissemens de chasse sur plusieurs points du globe où ces animaux abondent.

Les espèces de phoques sont encore assez mal connues ; les descriptions des voyageurs et de beaucoup de naturalistes ne sont pas assez complètes pour qu'il soit facile de les bien distinguer. Il est vraisemblable que leur nombre est beaucoup plus considérable qu'on ne l'a cru jusqu'ici.

Nous allons passer en revue tous les phoques qui ont été décrits par les auteurs, en donnant, le plus qu'il nous sera possible, des détails précis sur la conformation de ces animaux , afin de mettre les voyageurs ou les observateurs à même de reconnoître ceux qui auront déjà été annoncés , d'en compléter le signalement , de le rectifier, et d'y joindre l'histoire des mœurs. Un astérisque indiquera les espèces dont l'existence n'est pas douteuse pour nous. En un mot , nous suivrons, dans cet article, un plan tout-à-fait analogue à celui dont nous avons fait usage pour l'article des DAUPHINS seulement. Il nous sera impossible de former un aussi grand nombre de sous-divisions, qu'il nous a été aisé d'en distinguer parmi les dauphins , parce que les phoques présentent moins que ces animaux de parties extérieures susceptibles de fournir des caractères distinctifs.

Nous suivrons la division des phoques proposée par Vicq-d'Azyr, et adoptée par Fleurieu et Péron, c'est-à-dire, celle : 1.º des phoques sans oreilles externes ou phoques proprement dits ; et 2.º des phoques pourvus de petites oreilles ou des *otaries* de Péron.

Avant de nous occuper de la description des espèces qui nous paroissent susceptibles d'être distinguées par les naturalistes, nous ferons une mention très-succincte de quelques phoques sans oreilles, qui ne nous paroissent pas encore suffisamment connus pour prendre place dans la liste de ces espèces , ou pour être rapportés avec certitude à aucune d'entre elles.

1.º Le *Phoque à long cou*, *long necked seal*, Parsons, *Phil. Trans.*, tome 47 , pl. 6; *Phoca longicollis*, Shaw., *Gen. Zool.* Celui-ci, dont la patrie est inconnue, a le corps très-élancé ; les jambes antérieures placées à égale distance de l'extrémité du museau et du bout des nageoires postérieures ; point d'ongles aux pieds de devant. D'après la mauvaise figure qu'on en trouve dans les *Transactions philosophiques*, on seroit d'abord tenté de le regarder comme une espèce factice établie sur l'observation d'une peau mal préparée ; mais on doit cependant ajourner toute décision à cet égard , attendu que Péron a rencontré des phoques qui présentoient des variétés assez remarquables dans la position des membres antérieurs. Il lui a paru « que le courage et l'activité de ces animaux sont dans un rapport assez exact avec la position relative de leurs pieds de devant : suivant que ces principaux agens de la locomotion se trouvent plus ou moins rapprochés de la poitrine, la démarche est plus ou moins facile ; et comme chez les phoques, ainsi que chez tous les autres animaux, la possibilité d'échapper aux périls est un motif de l'affronter, il s'ensuit naturellement que ces amphibies en sont encore plus ou moins timides. » (Voy. aux Terres australes, t. 2, p. 118).

Il peut donc se faire que l'espèce décrite par Parsons provienne des contrées où Péron a observé les phoques à jambes antérieures placées fort en arrière.

2.º Le *Phoque à tête de tortue*, du même auteur , *Tortoise seal* (*Phoca testudinea*, Shaw). Cette espèce, que Parsons dit exister sur plusieurs côtes de l'Europe , n'a pas été observée depuis ce naturaliste. Il dit qu'elle a la tête conformée comme celle de la tortue ; le cou allongé ; les pieds semblables à ceux du phoque commun.

3.º Le *Phoque fascié*, *Ribbon seal*, Pennant; *Phoca fasciata*, Shaw. Cette espèce n'est encore connue que par sa peau, qui a été décrite par Pallas. Elle est des îles Kouriles ; son poil est court, épais, roide et de couleur noirâtre, uniforme, mais marqué sur la partie supérieure d'une bande jaune semblable à un ruban, et tellement disposée, qu'elle représente en quelque manière le contour d'une selle occupant un large espace sur le dos. La tête et les jambes ne sont pas décrites. Le port de l'animal est inconnu. C'est une grande espèce.

4.° Le *Phoque ponctué*, *phoca punctata* de l'Encyclopédie anglaise (*Speckled seal*), qui a le corps, la tête et les membres tachetés, et qui habite les îles Kouriles.

5.° Le *Phoque moucheté*, des mêmes contrées, *Phoca maculata* ; le *Spotted seal*, de l'Encyclop. anglaise, dont le corps est moucheté de brun.

6.° Le *Phoque noir*, *Phoca nigra*, ou *Black seal*, de l'Encyclop. anglaise, des mêmes mers ; remarquable, dit-on, par la singulière conformation de ses pieds, qu'on ne décrit pas.

7.° Le *Phoque tigré*, ou de la troisième espèce de Krachenninikow, des mers du Kamtschatka. Cet auteur le dit gros comme un bœuf d'un an, et variable dans ses couleurs, mais ordinairement marqué sur le dos de taches rondes et d'égale grandeur, avec le ventre d'un blanc jaunâtre. Les petits sont blancs comme la neige.

8.° Le *Phoque grumm-selur* des Islandais, dont fait mention Olafsen, d'après les *Annales* d'Olaf Tryggesen, et le *Speculum regale*. Ce *grumm-selur* ou roi des phoques, seroit, d'une taille si monstrueuse, que quelques-uns le classeroient parmi les baleines. On dit qu'il acquiert en longueur douze à quinze aunes du pays. Il seroit fort rare en Islande ; néanmoins on en auroit vu dans la partie occidentale de cette île, sur les anses de Breedefiord. On dit qu'il a de longs poils sur la tête, et principalement autour de la queue.

PREMIER SOUS-GENRE. — PHOQUES proprement dits, *Phoca*, Péron. Caractères : *Point d'oreilles externes; incisives à tranchant simple; molaires tranchantes et à plusieurs pointes ; doigts terminés par des ongles pointus placés snr le bord de la membrane qui les unit.*

* *Première Espèce.* — PHOQUE A TROMPE, *Phoca proboscidea*, Péron et Lesueur. *Voyage aux Terres Australes*, tome II, p. 34, et Atlas, pl. 32 ; — *Phoque à museau ridé*, Dampier. — *Lion marin*, Anson. *Voyage*, trad. franç., pag 100. — Pernetty, *Voy. aux îles Malouine*, tom. 2, pl. IX. — *Phoca Leonina*, Linn., Erxleb. *Voyez* pl. G, 44. 2 de ce Dictionnaire.

Ce grand phoque, successivement observé à l'île de Juan Fernandez, sur l'île Georgia, aux îles Malouines, par Maurice de Nassau, Roggers, Anson, Pernetty, Cook, Forster,

Bernard Pendorf, Bougainville, Byron, etc. ; avoit toujours été mal décrit, et surtout mal figuré. C'est à Péron et
Lesueur que nous devons enfin la connoissance exacte de la
forme et des mœurs de cet animal, qu'ils ont rencontré en
grande abondance sur les îles du détroit de Bass, qui sépare
la terre de Van-Diémen de la Nouvelle-Hollande. Nous les
suivrons dans la description qu'ils en donnent, ne pouvant
puiser dans une meilleure source.

Ils rejettent la dénomination de lion-marin appliquée au
phoque à trompe, parce qu'elle a déjà été employée pour désigner un mammifère de la même famille auquel elle convient davantage, et d'autres auxquels elle ne convient pas du
tout. Ils rejettent ausssi celle d'*éléphant - marin* qui est
donnée au même animal par les pêcheurs anglais de la
Nouvelle-Hollande, parce qu'elle a été déjà consacrée au
morse, et ils adoptent celle de *phoca proboscidea* qui rappelle
d'abord le caractère singulier par lequel cette espèce se distingue de toutes celles que l'on a distinguées jusqu'à ce jour.
Les Sauvages de la Nouvelle - Hollande connoissent le
phoque dont il s'agit sous le nom de *miourong*.

« Des proportions énormes de vingt, vingt-cinq ou même
trente pieds de longueur, et de quinze à dix-huit pieds de circonférence ; une couleur, tantôt grisâtre, tantôt d'un gris
bleuâtre, plus rarement d'un brun noirâtre ; l'absence des
auricules, deux laniaires (*canines*) inférieures longues, fortes,
arquées et saillantes ; des moustaches formées de poils durs,
rudes, très-longs et tordus comme une espèce de vis ; d'autres
poils semblables, placés au-dessus de chaque œil, et tenant
lieu de sourcils ; des yeux extrêmement volumineux et proéminens ; des nageoires antérieures fortes et vigoureuses, présentant à leur extrémité, tout près du bord postérieur, cinq
petits ongles noirâtres ; une queue très-courte, cachée pour
ainsi dire entre deux nageoires horizontalement aplaties, et
plus larges vers leur partie postérieure, tels sont les traits qui
distinguent en général le *phoque à trompe*. Mais un caractère
plus particulier se présente dans cette espèce de prolongement du museau, ou plutôt des narines, qui a fait imposer à
cet amphibie le nom d'*éléphant marin*. Lorsque l'animal est
en repos, les narines, affaissées et pendantes, lui donnent
une face plus large ; mais toutes les fois qu'il se relève, qu'il
respire fortement, qu'il veut attaquer ou se défendre, elles
s'allongent et prennent la forme d'un tube de douze pouces de
longueur environ ; non-seulement alors la partie antérieure
de la tête présente une figure toute différente, mais la nature
de la voix en est également beaucoup modifiée. Les femelles
sont étrangères à cette organisation, elles ont même la lèvre
supérieure légèrement échancrée vers le bord. »

« Les individus de l'un et de l'autre sexe ont le poil extrêmement ras; dans tous, il est d'une qualité trop inférieure pour
que leur fourrure puisse rivaliser avec celle de la plupart des
autres Phocacées antarctiques. »

« Habitant exclusif des régions australes, le *phoque à
trompe* se complaît particulièrement sur les îles désertes, de
manière toutefois qu'il semble en affectionner quelques-unes
exclusivement aux autres. Ainsi, dans le même détroit de
Bass qui réunit les îles Furneaux, l'île Clarck, la Préserva-
tion, les Deux-Sœurs, Waterhouse, l'île Swan, le groupe
de Kent, les îlots du Promontoire, l'île King et celles du
Nouvel-An, à peine en trouve-t-on quelques individus sur les
Deux-Sœurs : ils paroissent être complétement étrangers à
l'île Maria : sur l'île Decrès on n'a pu voir qu'une seule défense de phoque à trompe ; enfin cet amphibie n'existe pas
sur le continent de la Nouvelle-Hollande, non plus que sur
la terre de Van-Diemen. Les habitans de ces deux dernières
régions ne le connoissent que par quelques individus que les
courans ou les tempêtes repoussent sur leurs rivages. On en
observe de nombreux troupeaux à la terre de Kerguelin, sur
l'île de Georgia, et à la terre des Etats, où les Anglais font
habituellement la pêche de ces animaux. Ils existent en grand
nombre sur l'île de Juan-Fernandez, et on en trouve aux îles
Malouines ; mais ils sont plus rares sur ce dernier point.
Quelle que puisse être la raison de cette préférence, qui dépend peut-être de la présence ou de l'absence de petites
mares d'eau douce, dans lesquelles les *phoques à trompe* aiment à se vautrer, il résulte de toutes les observations faites
jusqu'à ce jour sur cet objet, que ces puissans animaux sont
confinés entre les 35.ᵉ et 55.ᵉ degrés de latitude sud, et qu'ils
existent dans l'Océan atlantique et le grand Océan austral.

Ces animaux ne séjournent pas toute l'année sur le même
point. « Egalement ennemis d'une chaleur trop active ou
d'un froid trop vif, ils s'avancent avec l'hiver de ces parages
du sud vers le nord, et retournent avec l'été du nord vers le
sud. C'est à la mi-juin qu'ils exécutent leur première migra-
tion : ils abordent alors, en grande troupe, sur les rivages de
l'île King ; ces rivages en sont quelquefois couverts, disent
les pêcheurs anglais. » Ces mœurs sont analogues à celles de
plusieurs phoques du Nord, selon les remarques de Steller.

« Un mois après leur arrivée, les femelles commencent à
mettre bas ; réunies toutes ensemble sur un point du rivage,
elles sont environnées par les mâles, qui ne les laissent plus
retourner à la mer, et qui n'y retournent plus eux-mêmes,
non-seulement jusqu'à ce qu'elles se soient délivrées de leur
fruit, mais encore pendant toute la durée de l'allaitement.
Lorsque les mères cherchent à s'éloigner de leurs petits, le

mâles les repoussent en les mordant. » Ces détails avoient été anciennement observés par Roggers et par Dampier. « Le travail du part ne dure pas plus de cinq ou six minutes, pendant lesquelles les femelles paroissent beaucoup souffrir : dans certains momens elles poussent de longs cris de douleur; elles perdent peu de sang. Durant cette pénible opération, les mâles, étendus autour d'elles, les regardent avec indifférence. Les femelles n'ont jamais qu'un petit, et dans l'espace de cinq ou six ans que les pêcheurs ont observé ces phoques sur divers points des régions australes, ils n'ont vu qu'un seul exemple de portée double. L'éléphant marin, en naissant, a quatre à cinq pieds de longueur; il pèse environ soixante-dix livres ; les mâles sont déjà plus gros que les femelles : du reste, les proportions relatives des uns et des autres n'offrent pas de différence sensible d'avec celles qu'ils doivent avoir un jour. »

« Pour donner à téter à son nourrisson, la mère se tourne sur le côté en lui présentant ses mamelles. L'allaitement dure sept ou huit semaines, pendant lesquelles aucun membre de la famille ne mange ni ne descend à la mer. » Ce phénomène, d'une si longue abstinence, avoit déjà été observé par Forster dans la terre des Etats pour l'*otarie lion-marin*, et Roggers en avoit parlé d'après un nommé Selkirk, qui, abandonné sur l'île de Juan-Fernandez, avoit vécu plusieurs années au milieu des *phoques à trompe.* « L'accroissement est si prompt, que dans les huit premiers jours qui suivent la naissance, ils gagnent quatre pieds de longueur et cent livres de poids environ. La mère, qui ne mange point, maigrit à vue d'œil : on en a même vu périr pendant cet allaitement pénible ; mais il seroit difficile de décider si elles avoient succombé d'épuisement, ou si quelques maladies particulières avoient causé leur mort. »

« Au bout de quinze jours les premières dents paroissent ; à quatre mois elles sont toutes dehors. Les progressions de l'accroissement sont si rapides, qu'à la fin de la troisième année les jeunes phoques ont atteint à la longueur de dix-huit à vingt-cinq pieds, qui est le terme le plus ordinaire de leur grandeur : dès ce moment, ils ne croissent plus qu'en grosseur. »

« Lorsque les nourrissons se trouvent âgés de six à sept semaines, on les conduit à la mer : les rivages sont abandonnés pour quelque temps ; toute la troupe vogue de concert, si l'on peut s'exprimer ainsi. La manière de nager de ces mammifères est assez lente ; ils sont forcés, à des intervalles très-courts, de reparoître à la surface de l'eau pour respirer l'air dont ils ont besoin. On observe que les petits, lorsqu'ils s'é-

cartent un peu de la bande, sont poursuivis aussitôt par
quelques-uns des plus vieux, qui les obligent, par leurs morsures, à regagner le gros de la famille. Après être demeurés
trois semaines ou même un mois à la mer, les *phoques à
trompe* reviennent une seconde fois au rivage : ils y sont rame-
nés par un besoin pressant, celui de la reproduction. »

Ce n'est qu'à trois ans, lorsque les mâles ont pris toute
leur croissance, que se développe leur trompe. On peut considérer comme un indice de puberté dans ces animaux, l'apparition de ce singulier appendice.

Les mâles se disputent la jouissance des femelles ; ils se
heurtent, ils se battent avec acharnement, mais toujours
individu contre individu. Leur manière de combattre est
assez singulière. « Les deux colosses rivaux se traînent pesamment ; ils se joignent et se mettent, pour ainsi dire,
museau contre museau ; ils soulèvent toute la partie antérieure de leur corps sur leurs nageoires ; ils ouvrent une large
gueule ; leurs yeux paroissent enflammés de désirs et de fureur : puis, s'entre-choquant de toute leur masse, ils retom-
bent l'un sur l'autre, dents contre dents, mâchoire contre
mâchoire ; ils se font réciproquement de larges blessures ;
quelquefois ils ont les yeux crevés dans cette lutte ; plus
souvent encore ils y perdent leurs défenses ; le sang coule
abondamment ; mais ces opiniâtres adversaires, sans paroître
s'en apercevoir, poursuivent le combat jusqu'à l'entier épuisement de leurs forces. Toutefois il est rare d'en voir quelques-uns rester sur le champ de bataille, et les blessures
qu'ils se font, quelque profondes qu'elles soient, se cica-
trisent avec une promptitude inconcevable. »

Pendant le combat, les femelles restent tranquilles et in-
différentes. Elles deviennent la récompense du vainqueur
auquel elles se livrent de bonne volonté en se couchant sur le
côté à son approche. L'accouplement, qui se fait ventre contre ventre, dure douze ou quinze minutes, pendant lesquelles
le mâle saisit fortement la femelle avec ses nageoires antérieures. Cette union est silencieuse, et rien ne sauroit dis-
traire ces animaux.

« La durée de la gestation paroît être d'un peu plus de
neuf mois ; de sorte que les femelles fécondées vers la fin de
septembre, commencent à mettre bas, ainsi que nous venons
de le dire, vers la mi-juillet. »

« Peu après l'accouplement, la chaleur devenant trop forte
pour ces animaux, dans les îles du détroit de Bass, ils repren-
nent en troupe la route du Sud, pour y demeurer jusqu'à
l'époque où le retour des frimas doit les ramener sur les
rivages alors plus tempérés de ces mêmes îles. »

« Il reste néanmoins un certain nombre d'individus sur l'île King et sur celles du Nouvel-An ; mais il est possible qu'ils y soient retenus par quelques infirmités , par le manque des forces indispensables pour une longue navigation , ou par toute autre indisposition. »

« La plupart des phoques connus préfèrent les rochers pour leur habitation. Le *phoque à trompe* , au contraire , se trouve exclusivement sur les plages sablonneuses ; il recherche le voisinage de l'eau douce , dont il peut se passer , il est vrai , mais dans laquelle les animaux de cette espèce aiment à se plonger , et qu'ils paroissent humer avec plaisir. Ils dorment indifféremment étendus sur le sable, ou flottans à la surface des mers. Lorsqu'ils sont réunis à terre en grandes troupes pour dormir , un ou plusieurs individus veillent constamment ; en cas de danger , ceux-ci donnent l'alarme au reste de la bande ; alors tous ensemble s'efforcent de regagner le rivage , pour se jeter au milieu des flots protecteurs. Rien n'est plus singulier que leur allure ; c'est une espèce de rampement , dont les nageoires antérieures sont les seuls mobiles ; et leur corps, dans tous ses mouvemens, paroît trembloter , comme une énorme vessie pleine de gelée , tant est épaisse la couche de lard huileux qui les enveloppe. Non-seulement leur allure est lente et pénible , mais encore , tous les quinze ou vingt pas , ils sont forcés de suspendre leur marche, haletant de fatigue et succombant sous leur propre poids. Si, dans le moment de leur fuite , quelqu'un se porte au-devant d'eux, ils s'arrêtent aussitôt ; et si, par des coups répétés , on les force à se mouvoir, ils paroissent souffrir beaucoup. Ce qu'il y a de plus remarquable dans cette circonstance, c'est que la pupille de leurs yeux , qui , dans l'état ordinaire , est d'un vert légèrement bleuâtre , devient alors d'une couleur de sang très-foncée. Malgré cette lenteur et cette difficulté de leurs mouvemens progressifs , les *phoques à trompe* parviennent, sur l'île King , à franchir des dunes de sable de quinze à vingt pieds d'élévation , au-delà desquelles se trouvent de petites mares d'eau douce. Ces animaux savent suppléer , par la patience et l'obstination , à tout ce qui leur manque d'adresse et d'agilité.

« Le cri des femelles et des jeunes mâles ressemble assez bien au mugissement d'un bœuf vigoureux ; mais , dans les mâles adultes , le prolongement tubuleux des narines donne à leur voix une telle inflexion, que le cri de ces derniers a beaucoup de rapport , quant à sa nature , avec le bruit que fait un homme en se gargarisant ; ce cri rauque et singulier se fait entendre au loin : il porte avec lui quelque chose de sauvage et d'effrayant....... »

« Ces animaux sont incommodés par la trop vive ardeur du soleil ; alors on les voit soulever à diverses reprises , avec leurs larges nageoires antérieures, de grandes quantités de sable humecté par l'eau de la mer , et le jeter sur leur dos , jusqu'à ce qu'il en soit entièrement couvert. »

« Leurs yeux, conformés comme ceux des autres phoques, c'est-à-dire, pour l'habitation dans l'eau, sont peu propres à bien les guider dans un autre élément ; « aussi ne peuvent-ils, surtout en sortant de la mer , distinguer les objets qu'à de très-petites distances. D'un autre côté, le défaut d'auricule contribue peut-être à l'imperfection de leur ouïe, qui paroît être assez mauvaise. »

. « Les *phoques à trompe* sont d'un naturel extrêmement doux et facile ; on peut errer sans crainte parmi ces animaux ; on n'en vit jamais chercher à s'élancer sur l'homme, à moins qu'ils ne fussent attaqués ou provoqués de la manière la plus violente. Les femelles sont surtout très-timides ; à peine se voient-elles attaquées, qu'elles cherchent à fuir ; si la retraite leur est interdite, elles s'agitent avec violence ; leurs regards portent l'expression du désespoir : elles fondent en larmes. En mer, de jeunes phoques, d'une espèce infiniment plus petite que la leur, viennent nager au milieu de ces monstrueux amphibies , sans que ceux-ci fassent le moindre mal à ces débiles étrangers. Les hommes eux-mêmes peuvent impunément se baigner dans les eaux où les *phoques à trompe* se trouvent réunis , sans avoir rien à redouter, et les pêcheurs sont accoutumés à le faire. » Comme plusieurs autres phoques, ils paroissent susceptibles d'un véritable attachement et d'une sorte d'éducation particulière. A ce sujet , nos voyageurs rapportent qu'un matelot anglais ayant pris en affection un de ces quadrupèdes , approchoit de lui tous les jours pour le caresser , sur la plage même où l'on mettoit à mort tous les autres phoques qui l'environnoient. En peu de mois, il étoit si bien parvenu à l'apprivoiser, qu'il pouvoit impunément lui monter sur le dos, lui enfoncer son bras dans la gueule , le faire venir en l'appelant : malheureusement ce matelot ayant eu quelque altercation avec un de ses camarades , celui-ci, par une lâche et féroce vengeance , tua le phoque adoptif de son adversaire.

Pour ce qui concerne la durée de la vie de ce phoque, les pêcheurs anglais n'ont pu donner des notions bien précises à cet égard; mais ils sont portés à croire, d'après le grand nombre d'individus qu'ils voient mourir naturellement sur les rivages , que le terme moyen de leur existence ne va guère au-delà de vingt-cinq ou trente ans. Ce qu'il y a de remarquable, c'est qu'aussitôt qu'ils sont blessés ou lorsqu'ils se sentent malades, ils quittent les flots, s'avancent dans l'intérieur des terres plus loin qu'à l'ordinaire, se couchent au pied de quelque arbrisseau, et y restent jusqu'à leur mort, sans retourner à la mer.

Ces animaux ont à craindre les tempêtes, très-violentes dans ces parages; les vagues furieuses les brisent contre les rochers de granite qui forment le sol des îles qu'ils habitent. Ils paroissent avoir, au fond des eaux, des ennemis puissans; car on les voit, de temps à autre, sortir inopinément de la mer en grande hâte, et souvent couverts d'énormes blessures Mais leur ennemi le plus dangereux, c'est l'homme. Lorsque par hasard quelques-uns d'entre eux viennent à terre sur le continent ou à la terre de Van-Diemen, les sauvages de ces contrées les poursuivent avec de longs morceaux de bois enflammés, qu'ils leur enfoncent dans la gorge, et les tuent ainsi. Alors ces hommes affamés se jettent sur les cadavres de ces phoques, et ne les quittent pas qu'ils n'aient dévoré la chair en entier.

Avant l'établissement des Anglais au port Jackson, les *phoques à trompe* jouissoient d'une tranquillité parfaite dans les îles du détroit de Bass; il n'en est plus ainsi: « les Européens ont envahi ces retraites si long-temps protectrices; ils y ont organisé partout des massacres, qui ne sauroient manquer de faire éprouver bientôt un affoiblissement sensible et irréparable à la population de ces animaux. »

Des pêcheurs, en petit nombre, sont envoyés de la colonie du port Jackson sur ces îles où les phoques sont les plus communs, et y ont leur résidence habituelle. Nos voyageurs en trouvèrent dix dans l'île King. Ces hommes étoient chargés de préparer, en huile et en peaux de phoques, la cargaison de quelques navires destinés pour la Chine. Ils étoient pourvus des objets nécessaires pour subsister pendant le temps de leur séjour, qui avoit déjà duré treize mois, et de futailles, pour recueillir l'huile, qu'ils séparoient de la graisse en la faisant bouillir dans de grandes chaudières. Leur nourriture principale consistoit en viande de phascolomes, de kanguroos et de casoars. Pour chasser ces animaux, ils avoient des chiens qui, après les avoir atteints et étranglés, étoient dressés à conduire leurs maîtres aux lieux où ils avoient laissé leur proie.

« Pour tuer les phoques, il suffit de leur appliquer un seul coup de bâton sur l'extrémité du museau; mais ce moyen n'est pas celui que les pêcheurs emploient: ils font usage d'une lance de douze à quinze pieds de longueur, dont le fer, extrêmement acéré, n'a pas moins de vingt-quatre à trente pouces; ils saisissent avec adresse l'instant où l'animal, pour se porter en avant, soulève sa nageoire antérieure gauche ; c'est sous cette partie que la lance est plongée, de manière à percer le cœur ; et les hommes chargés de cette opération cruelle y sont tellement exercés, qu'il leur arrive rarement de manquer leur coup. Le malheureux amphibie tombe aussitôt, en perdant des flots de sang. »

« En ouvrant l'estomac de ceux qu'on vient de tuer, on y trouve ordinairement un grand nombre de becs de sèiches, beaucoup de fucus, de pierres et de gravier ; jamais on n'y aperçoit des débris de poissons, ou de tout autre animal osseux. Il n'est pas vrai, comme l'ont annoncé plusieurs voyageurs, que ces animaux paissent l'herbe du rivage, ou même qu'ils broutent le feuillage de certains arbres ; ce fait est absolument controuvé. »

La chair des *phoques à trompe* est non-seulement fade, huileuse, indigeste et noire ; mais encore il est impossible de la retirer des couches de graisse qui l'enveloppent. La langue seule fournit un aliment assez bon. Les pêcheurs salent les langues avec soin, et les vendent au prix des meilleures salaisons. Le foie paroît avoir quelques qualités nuisibles ; car les pêcheurs anglais ayant voulu essayer de s'en nourrir, éprouvèrent un assoupissement invincible, qui dura plusieurs heures, et qui s'est renouvelé toutes les fois qu'ils ont voulu goûter de ce perfide aliment. La graisse fraîche jouit, parmi les pêcheurs, d'une grande réputation pour la guérison des plaies. La peau est épaisse et forte ; on l'emploie à couvrir de grandes et fortes malles ; on l'estime surtout convenable pour les harnois des chevaux et des voitures : malheureusement celles des vieux individus, et dès-lors les plus précieuses par leur dimension et par leur force, sont les plus mauvaises, à cause des nombreuses et larges cicatrices dont elles sont couvertes.

L'huile que fournit la graisse du *phoque à trompe*, est l'objet immédiat des entreprises des Anglais sur les îles où ces animaux abondent ; la quantité qu'un seul phoque peut fournir est prodigieuse ; les pêcheurs l'estiment, pour les plus gros individus, à quatorze ou quinze cents livres. On la prépare à peu près comme celle de la baleine. Péron rapporte que les dix pêcheurs de l'île King en fabriquoient environ trois mille livres par jour. Elle est abondante surtout avant l'allaitement des petits. On l'emploie pour les alimens, auxquels elle ne communique aucune saveur désagréable ; elle fournit à la lampe une flamme extrêmement vive et pure, sans fumée ni odeur, et elle dure plus long-temps que l'huile ordinaire employée à cet usage. Cette huile est destinée pour l'Angleterre, où on s'en sert pour divers usages économiques, mais particulièrement dans les manufactures de draps, pour adoucir la laine. Elle s'y vend 7 livres 16 sous le gallon, c'est-à-dire les quatre pintes, mesure de Paris. (*Extrait du Mémoire de Péron, cité plus haut.*)

* *Seconde Espèce.* — PHOQUE DE L'ÎLE SAINT-PAUL, *Phoca Coxii*, Nob. — LION MARIN (*Seal lions*), John Henry Cox. *Description of the Island Called S.t-Paulo by the Dutch, and by the English* ; Fleurieu, *Voyage du capitaine* Marchand, tom. 3, pag. 17.

Cette espèce a été trouvée, en 1789, par le navigateur anglais Cox, sur les îles de Saint-Paul et d'Amsterdam, situées entre le Cap de Bonne-Espérance et la côte occidentale de la Nouvelle-Hollande, au milieu de l'Océan indien, par le 38ᵉ de lat. mérid. et le 75ᵉ de longit. orientale.

C'est une des plus grandes connues, puisque la mesure d'un de ces amphibies donnoit vingt pieds anglais de longueur, sur vingt-un de circonférence.

On ne sauroit la confondre avec celle du *phoque à trompe*, qui habite les mêmes mers, et qui seule en approche par sa taille, parce qu'on ne voit point chez elle de prolongement du nez en forme de trompe, qui fournit le caractère le plus saillant de cette dernière ; on n'y voit pas non plus la crinière que Don Pernetty attribue à son *lion marin* des îles Malouines, qui appartient a une autre grande espèce distincte. (*V.* ci-après, OTARIE A CRINIÈRE.)

Les phoques de l'île Saint-Paul ont, en général, le poil de couleur de buffle sale ; quelques-uns seulement sont d'une couleur plus brune, selon Cox, et d'un blanc sale ou de couleur de pierre, suivant le lieutenant Mortimer. Du reste, ils ressemblent beaucoup aux phoques ordinaires, qui se trouvent aussi avec eux.

Ces phoques sont si abondans dans l'île Saint-Paul, que les voyageurs anglais en tuèrent douze cents en dix jours, dont ils emportèrent les peaux, après les avoir fait sécher à terre ; et, s'il leur eût été possible de rester quelques jours de plus, il n'est pas douteux qu'ils n'en eussent tué, sans peine, plusieurs milliers. Ils en recueillirent aussi la graisse, qui donnoit une huile d'une bonté remarquable, transparente, sans odeur, et absolument exempte du goût de rance, dont il est impossible de dépouiller l'huile de baleine. Il seroit avantageux de faire la pêche de ces phoques en grand, pour en porter les produits en Chine, où ils pourroient être échangés avantageusement contre des marchandises de l'Orient.

Les phoques de l'île Saint-Paul se tiennent à terre, au milieu des joncs et des roseaux, à peu de distance de la mer, où ils se rendent souvent. Les femelles montrent le plus grand attachement pour leur petit, car elles n'en ont jamais qu'un seul; elles le conduisent à terre, le caressent, jouent avec lui, et se mettent en mesure de le défendre si elles le croient en danger. Lorsque ce petit s'écarte pour aller combattre quelque autre phoque de son âge, sa mère le suit avec précipitation, et, le saisissant par le dos avec la gueule, elle le secoue rudement par manière de correction, et pour lui apprendre à ne la plus quitter. Les mâles se battent entre eux pour se disputer les femelles, et font face, en commun, à l'ennemi qui les attaque.

- On ne sait rien sur la nourriture de ces animaux; il est vraisemblable qu'ils vivent de sèches comme les phoques à trompe, et il y a lieu de croire qu'ils ne mangent pas de poissons; car on les voit, au fond des eaux, se promener au milieu d'eux, jusqu'à les toucher; et ceux-ci ne se dérangent point et ne paroissent nullement effrayés d'un si redoutable voisinage.

* *Troisième Espèce.* — PHOQUE MOINE, *Phoca monacus*, Herm.; *Mém. de Berlin*, tom. IV, tab. 12 et 13. — Gmel., *Syst. nat.* — Le PHOQUE A VENTRE BLANC, Buff., suppl., tom. 4, fig. 44. — *Phoca bicolor*, Shaw, gen. zool. t. 1, part. 2, pl. 70. — *Phoca albiventer*, Boddaert, *Elench anim.* pag. 170. — Frédéric Cuvier, *Ann. du Mus.*, tom. 20, pag. 387.

Cette espèce, dont l'existence n'a encore été très-constatée que dans la mer Adriatique et dans la Méditerranée, a été, en général, peu observée; mais elle a été bien décrite. Un mâle apporté à Paris en 1781, a été vu par Buffon; et précédemment, en 1778, il avoit été conduit à Strasbourg, où il avoit été examiné par Hermann, qui l a fait connoître avec beaucoup de détails, dans les Mémoires des Curieux de la nature de Berlin. Depuis, plusieurs autres mâles ont été vus dans diverses collections ou sur différens points des côtes de la mer Adriatique; et une femelle, prise sur les côtes de Dalmatie, ayant été amenée à Paris, a été décrite, avec détail, par M. Frédéric Cuvier, et a fourni à ce naturaliste les moyens de comparer l'espèce du *phoque moine* à celle du *veau marin commun*, qui en est fort rapprochée. « Le *phoque moine* est, dit-il, de deux à trois pieds plus grand que le *veau marin*; la partie supérieure de son corps est d'un noir uniforme, au lieu d'être tachetée; les doigts de ses pieds de devant sont entièrement engagés dans une membrane, et non point libres en partie; ses narines ne forment point entre elles un angle

moustaches sont unies , au lieu d'être formées de nœuds ; son
oreille est entièrement dépourvue de conque externe , et
l'orifice du canal auditif est placé vis-à-vis du tympan. Chez
le *veau marin* , au contraire , on voit un rudiment de conque
externe , et le conduit auditif à son ouverture très en avant
du tympan, du côté de l'œil ; enfin , les incisives du *phoque
moine* sont au nombre de quatre aux deux mâchoires , et le
phoque commun en a six à la supérieure. »

Ce caractère important ne se trouve que dans le *phoque à
croissant.*

Le manque de conque externe aux oreilles , éloigne tout-
à-fait le *phoque moine* des espèces comprises dans le sous-
genre des OTARIES. La présence d'une crête sur le nez dans
les mâles des *phoca proboscideu* et *cristata* , et d'une crinière
de poils sur le cou de ceux du *phoca leonina* , ne peut permettre de le confondre avec ces animaux. Il diffère encore
du *phoque croissant* , du *phoque lièvre* , *du phoque gassigiak* et du
phoque neit-soak ou *phoque puant* , par les couleurs de son pelage , ainsi que par sa taille qui est plus considérable que
celle des amphibies.

Comme on ne peut trop appuyer sur les détails descriptifs
des espèces de phoques , et que faire bien connoître celles
que nous possédons, c'est préparer les moyens de distinguer
celles que l'on découvrira par la suite , ou celles qui sont
imparfaitement observées maintenant, nous croyons utile de
donner ici une traduction abrégée du mémoire sur le *phoque
moine*, de feu Hermann, qui nous a été communiquée, il y a
douze ans environ, par son gendre, M. Hammer, habile
professeur d'histoire naturelle de Strasbourg. Nous proposons cette description comme un modèle à suivre pour les
naturalistes qui seront à même d'observer des phoques vivans qui leur paroîtront appartenir à des espèces nouvelles.

Le PHOQUE MOINE est plus grand que le phoque commun ;
ses poils sont plus fins et dressés en en haut, lorsque la peau est
sèche ; il est tout noir, excepté quelques taches ; mais il se
distingue du phoque commun par la forme de la tête et du
cou , quant à l'extérieur.

Le sommet de la tête est très plat, le front peu élevé ; la
tête, soit que l'animal se dresse en haut, à cou étendu , ou
qu'il contracte le cou et reste couché tranquille, est toujours
plus petite que ce cou. L'occiput n'est pas très-bombé , et
forme un angle obtus, ou presque un angle droit avec la nuque , qui va en descendant en ligne droite et plane; la tête
n'a en général aucune autre analogie avec une tête de veau,
que peut-être dans les grandes et vastes narines, qui pourroient avoir quelque ressemblance avec celles de cet animal,

lorsqu'elles s'ouvrent. Elle pourroit d'ailleurs être comparée en gros avec la tête d'un chien, ou plutôt, par la largeur du museau, à celle d'une loutre ; la mâchoire supérieure est bien quatre fois plus grosse que l'inférieure, qu'on distingue à peine si l'animal n'ouvre pas la gueule, ou s'il ne se dresse pas en haut ; la lèvre est épaisse ; la mâchoire inférieure est en même temps très-courte, et n'a, jusqu'au pli de la gorge, qu'à peine quatre pouces. Lorsque l'animal étend avec force le cou, et qu'il se dresse en haut, la mâchoire inférieure ne forme presque pas d'angle avec le cou. Le nez est déprimé, aplati, court et large, ou plutôt il n'existe presque point de nez ; son extrémité antérieure est légèrement échancrée ; les narines se trouvent dans la surface supérieure du museau, et l'animal les contracte et les ferme entièrement dans l'eau, et ordinairement aussi hors de l'eau, si bien qu'il n'en reste à l'extérieur que deux longues rainures étroites, courbées un peu en demi-lune, et dirigées de manière l'une vers l'autre, que les arcs des courbures se rapprochent plus que la pointe postérieure de la demi-lune. Lorsque le phoque respire, ses narines s'ouvrent et prennent une forme ovale ; on peut alors voir en dedans, comme dans un entonnoir, car elles se rétrécissent à l'intérieur comme cet instrument ; en même temps une rainure oblongue, étroite et peu profonde, devient plus sensible entre les narines. Les narines s'ouvrent très-souvent avec une forte expiration, ou ronflement ou soufflement, et un éternuement, qui répand ordinairement une morve blanche, écumeuse, ramassée autour des narines.

Les yeux sont à proportion, grands et vifs, un peu oblongs et placés de biais ; l'iris est grand et d'un brun jaunâtre ; le blanc de l'œil est peu apparent ; la pupille représente un triangle isocèle renversé, dont la base peut avoir une ligne, et les côtés trois lignes ; les yeux ne sont ni saillans ni enfoncés sur la face. On n'observe pas de cils aux paupières, ni à la supérieure, ni à l'inférieure ; lorsque les yeux sont entièrement ouverts, on ne remarque pas de différence sensible entre leurs deux angles ; mais lorsqu'ils ne se ferment qu'à demi, alors la peau continuée des paupières, contractée en trois plis, forme un sinus ou un enfoncement dans l'angle intérieur. On n'a pas pu observer une membrane clignotante (*membrana nictitans*), mais bien une membrane assez épaisse et ridée, sortant de l'angle extérieur, montant peu et pochée toujours de sang ; ce qui résultoit peut-être des fatigues que l'animal observé a éprouvées dans son voyage.

Les oreilles se trouvent à la même distance des yeux que les narines. Elles ne se font remarquer que par une très-petite ouverture, à peine grande comme un pois, et ne paroissent pas

changer sensiblement de grandeur. On les voit plus distinctement lorsque l'animal est sec, que lorsqu'il est mouillé.
Dans la figure de Buffon, l'ouverture est trop rapprochée des
yeux.

Il y a au-dessus de l'angle intérieur de l'œil, deux soies,
de la longueur environ de deux pouces, et deux autres plus
petites ; les soies de la moustache sont rangées sur cinq rangs ;
les supérieures et les inférieures sont plus petites et en moindre nombre que les autres. On en a compté environ vingt-deux
des plus considérables ; celles du milieu principalement sont
très-fortes, roides comme celles du tigre, longues de six à
sept pouces, la plupart d'un beau blanc, quelques-unes aussi
noirâtres ; elles sont entièrement lisses, et non pas ondulées,
comme on les dit dans d'autres espèces.

L'ouverture de la gueule n'est pas très-grande, et la bouche ne se fend que jusqu'au-dessous de l'angle intérieur de
l'œil.

Il n'y a dans la mâchoire supérieure que quatre dents incisives, petites et écartées entre elles ; il s'en trouve le même
nombre dans la mâchoire inférieure, dont les deux du milieu
sont plus petites et plus reculées en arrière que les deux extérieures, de sorte qu'elles ne forment pas ensemble une ligne
droite ; à chaque mâchoire, il se trouve de chaque côté une
dent canine assez forte, longue environ d'un pouce. Lorsque
la bouche est fermée, les canines inférieures se rangent, comme à l'ordinaire, dans l'espace vide entre les incisives et les
canines supérieures.

Les dents molaires sont garnies de pointes ; elles sont au
nombre de cinq en haut et en bas, les antérieures plus petites
que les postérieures ; les dents ne sont pas d'une belle couleur blanche, mais d'un blanc sale.

Le gosier ou la gueule est tout lisse ou sans rides ; la langue
se rétrécit ou s'amincit tout à coup vers sa partie antérieure,
et alors n'a pas plus d'un pouce de largeur ; la pointe en est
légèrement échancrée : elle a parfaitement la forme de celle
représentée par Daubenton. Elle est lisse et sans papilles
aiguës : l'animal la tire quelquefois en convoitant un poisson, et la pliant en gouttière.

Le cou est épais, plus gros que la tête ; en l'étendant même
au plus fort, il ne devient jamais de beaucoup plus long ; ce
qui arrive, au contraire, dans le phoque commun.

Le dos forme une ligne droite, et un peu bombée seulement dans les environs des épaules, d'où le corps diminue
insensiblement de grosseur vers la queue ; le corps est, comme dans le genre entier des phoques, entièrement uni, lisse,
arrondi, et sans formes musculaires apparentes à l'extérieur ;

on n'y distingue ni vertèbres dorsales, ni côtes, ni omoplate; on n'y observe que quelques plis, lorsque l'animal se
courbe, mais cela même seulement lorsqu'il a maigri.

Les poils sont très-courts, longs de quatre lignes et couchés en arrière, très-serrés et collés sur le corps, tant que l'a-
nimal se trouve dans l'eau; on ne les sent pas alors en passant la main d'arrière en avant pour les saisir; il les faut gratter et soulever avec les ongles, sans quoi on ne les observeroit
point; mais lorsque l'animal est hors de l'eau, et que sa peau
est sèche, ces poils sont relevés et dressés tout droit en haut,
de manière cependant qu'ils sont doux en passant la main
dans le sens des poils, et qu'ils opposent une légère résistance
en la passant à contre-poil; ils ressemblent alors à une pe-
luche; et la peau à une étoffe moirée, lorsque l'animal n'est
pas encore entièrement séché, de sorte que les poils secs
sont dressés en haut dans quelques endroits, et que d'autres
encore mouillés sont couchés et plus éclatans; les poils de la
partie du dessous du cou sont un peu plus roides et plus rudes,
ce qui paroît profiter à l'animal, lorsqu'il se traîne sur les rochers. Il semble aussi que les poils bruns, un peu moins courts,
de la longueur environ de huit lignes, qui garnissent les bords
des pieds aplatis de devant, lui servent aux mêmes effets;
les poils se présentent sous le microscope tout uniformes,
sans ondulation ni autre structure particulière.

La couleur principale de l'animal est la noire; il a cependant différentes taches; c'est surtout au ventre, aux environs
du nombril, qu'il se trouve une grande tache d'un blanc sale,
ou qui a presque la couleur grise luisante du phoque commun.
Cette tache peut avoir deux pieds de long sur un demi-pied
de large; elle est en général d'une forme carrée, de façon
cependant que ses côtés sont différemment découpés et crénelés. Hermann crut d'abord cette forme régulière et constante dans l'animal; mais il a observé ensuite qu'elle se termine du côté droit en une ligne courbée en dedans, et du côté
gauche en une ligne courbée en dehors; on voit à peine
la pointe latérale de cette tache dans l'animal couché entièrement sur le ventre; elle est parsemée de quelques taches
noirâtres; un grand nombre d'autres petites taches arrondies
tirant sur le gris, se trouvent sur le sommet de la tête; la
gorge et la partie antérieure du cou sont encore plus marque-
tées et tachetées, et les taches y tirent sur le jaunâtre;
beaucoup de raies blanchâtres se croisent sur le dos; ces
raies sont semblables à celles formées sur les fourrures par
les poils qu'on a dérangés par des coups de baguette; les
pieds de derrière sont nus vers leur extrémité, dans quelques endroits; dans d'autres il se trouve des poils courts,

roides , ordinairement gris , toujours couchés en arrière ;
même si l'animal est tout sec , les deux doigts extérieurs
sont plus tachetés que les trois intérieurs.

Quant aux formes des pieds, on n'observe jamais rien de
l'omoplate à l'extérieur; le bras est court, caché sous la peau,
et ne se fait remarquer que par une légère bouffissure dans
quelques attitudes de l'animal ; l'avant-bras avec le carpe et
les doigts, sont également très-courts, aplatis et couverts
d'une peau commune ; les articulations ne s'observent tant
soit peu qu'en pliant exprès les pattes de devant, ou lorsque l'animal s'appuie dessus; les doigts ne se distinguent que
par les ongles et par des enfoncemens à peine sensibles dans
la peau , qui cependant sont plus apparens sur la paume
que sur le dos de la main ; entre le quatrième et le cinquième
doigt, il se trouve une cannelure plus distincte, longue d'un
pouce et demi , et large d'une ligne et demie. En se représentant chacun des doigts partagé dans sa largeur en trois parties, on trouve environ au premier tiers, l'ongle qui est d'une
couleur noire , large seulement de deux lignes , long d'un
pouce , peu courbé et ne dépassant pas de beaucoup l'extrémité du pied. Ces ongles sont en sillon à leur surface intérieure , non pointus , et les deux derniers sont plus rapprochés que les autres.

Le bord antérieur des pieds de notre phoque , qui porte
les cinq ongles, est assez mince et comme tranchant , et s'é-
tend sans division en ligne droite.

L'animal, en se reposant, applique ses pieds fortement
contre le corps, en arrière ; mais lorsqu'il se traîne, l'avant-
bras est en direction presque verticale , et la main en ligne
tout-à-fait perpendiculaire avec le corps ; l'angle de l'articulation devient alors sensible, comme dans une main sur
la paume de laquelle on s'appuie ; car c'est dans l'usage des
pattes de devant que consiste le principal avantage de l'animal, pour s'avancer sur la terre en s'appuyant dessus, et en
traînant après lui le corps autant qu'il le peut. Hermann a vu
aussi, à différentes reprises, que l'animal, par une flexion
tout-à-fait opposée, s'appuyoit sur le dos de la main,
tantôt d'un côté seulement, tantôt des deux côtés à la fois. Il
peut aussi porter la patte antérieure en avant, et on a vu
qu'il la passoit sur le nez, qu'il s'en frottoit et se paroit.
Steller dit dans les *Nov. Comment. Petrop.*, tome II, pag. 327,
que le phoque ours marin le fait avec les pattes de derrière, ainsi que le phoque lion, p. 365 ; ce qui seroit bien
difficile à notre phoque.

Le corps, comme dans tous les phoques, diminue de
grosseur, et se termine en pieds de derrière , sans marquer

une hanche, ou des cuisses. Dans quelques attitudes et mouvemens seulement de l'animal, on peut observer sous la peau
quelque peu de l'articulation de la cuisse. Si la figure de Steller, du phoque - ours, est exacte, ce dont on peut douter cependant, ce phoque a quelque avantage sur les autres à l'égard
de ses cuisses ; aussi l'espèce que nous décrivons ne prend jamais l'attitude assise, dans laquelle celle de Steller est représentée, et ne la peut prendre non plus ; encore moins l'a-t-
on vu jamais plier son corps de derrière vers le haut, aussi fortement que dans la figure d'Adanson. Il le tient au contraire
toujours droit et le traîne ; il le courbe surtout fortement en
haut, si quelqu'un le frappe légèrement avec une baguette le
long du dos, ce qu'il paroît aimer. Il fait ce mouvement
tant dans l'eau que dehors; mais on ne l'a jamais vu plier les
pieds de derrière sous le corps.

Ces pieds de derrière sont beaucoup plus grands et plus larges que ceux de devant, et d'une toute autre structure. Dans
l'état de repos, ils sont comme une main placée sur la paume
ou sur la surface inférieure, la pronation étant la position la
plus naturelle aussi dans la main. C'est ainsi que les deux
pieds se croisent, le droit se couchant à demi sur le gauche.
Dans cette position, on ne peut pas les étendre aisément et
leur donner la forme d'une large nageoire caudale de poisson;
il faut replier en arrière ou en dehors un pied après l'autre,
ou il faut les porter dans la supination; mais comme cette attitude est forcée, les pieds retournent pour ainsi dire d'eux-
mêmes, et vers le dedans ; le doigt, qui dans la pronation se
trouve être l'intérieur, est un peu plus gros et plus large que
l'extérieur; mais tous deux sont très-comprimés ou aplatis,
et beaucoup plus larges que les trois autres, qui sont ronds,
comme le sont ordinairement les doigts, et dont celui du milieu est le plus mince ; ces doigts sont réunis par une peau
très-souple, quoique épaisse, de sorte qu'ils se laissent beaucoup écarter entre eux et étendre ; mais en se repliant,
ils présentent une particularité qui n'a été observée nulle
part; c'est qu'on compte bien cinq doigts du côté extérieur,
mais seulement quatre à l'intérieur; qu'il y a par conséquent
au dehors quatre intervalles ou rainures, à l'intérieur, au contraire, seulement trois ; ceci vient de ce que les doigts ne se
trouvent pas tous dans le même plan, mais que le second et le
quatrième se touchent presque, et sont séparés à l'intérieur
par celle des trois rainures qui est au milieu ; que du côté
extérieur, au contraire, le doigt du milieu, qui est le plus
mince, est placé sur l'intervalle entre le second et le quatrième doigts, par conséquent hors du plan dans lequel sont
situés les autres doigts ; les trois doigts intérieurs étant d'ail-

leurs plus courts que les autres. Cette organisation et cet
arrangement donnent au bord postérieur du pied une forme
semi-lunaire ; la peau est encore déchirée irrégulièrement en
quelques lobes sur ce même bord postérieur, ce qui peut
bien être accidentel et provenir de ce que, dans des mouvemens violens , l'animal déchire cette peau sur des rochers
tranchans.

Dans notre phoque il n'y a point ces ongles, qu'expriment les figures de Daubenton , de Schreber (dans le
phoca hispida) d'Albin et de Parsons, et dont Pernetty, t. I,
p. 39 , fait mention pour le phoque à trompe. Il ne se
trouve au milieu des doigts, à la face extérieure, qu'une rainure courte, à l'extrémité de laquelle, vers la partie antérieure, est placé un petit cartilage arrondi, comme le rudiment
ou le commencement d'un ongle; ce cartilage est encore tellement confondu avec le reste , qu'on ne l'observe que difficilement, et qu'il n'existe pas sur tous les doigts.

Les pieds de derrière, en les étendant, sont plus de la moitié plus larges au bord postérieur, que lorsqu'ils sont plissés.
Dans ce dernier état, les doigts ne sont séparés entre eux que
par une cannelure ou rainure étroite , large environ de deux
lignes ; et la peau qui les réunit est cachée du côté intérieur, et roulée en plis ; les deux rainures, qui, du côté extérieur, séparent le doigt du milieu, du second et du quatrième,
montent d'un demi-pouce plus haut, vers la jambe , que
les deux autres.

Quoique l'on puisse tourner les deux pieds de derrière, comme on vient de le dire, et les placer sur le revers, de manière
que leur ensemble représente une large queue de poisson ,
telle à peu près que dans les cétacés, , il paroît cependant
que notre phoque, en nageant,ne les porte pas dans cette direction horizontale , mais plus élevés ou obliques, de manière qu'ils se touchent aux bords intérieurs ; c'est au moins
à peu près leur position, lorsque l'animal se remue dans un
réservoir , où l'eau n'a guère plus d'un pied et demi de
profondeur ; il est vrai, qu'il ne peut nager alors avec facilité et en liberté, mais qu'il rampe encore en partie , et se
traîne avec ses pattes de devant.

A la face inférieure des pieds de derrière, se trouvent encore deux plis ou bourrelets élevés,qui vont en direction oblique vers le milieu de cette surface, où ils aboutissent en un
angle aigu, et se terminent insensiblement en pointe ; l'un de
ces bourrelets descend obliquement du bord des pieds , et
s'étend un peu au-delà de la base du pli le plus extrême ;
l'autre est convergent avec le premier, et s'étend jusque vers
l'intervalle mitoyen des plis.

Entre les pieds se présente la queue, longue de moins d'un demi-pied, mais assez large, immobile et obtuse, deux plis vont de chaque côté de sa base obliquement en arrière et en dehors. Elle n'est pas entièrement séparée des pieds.

Au bas de la queue, et exactement à sa base, se trouve l'*anus* ; à la distance de quinze pouces et demi, en avant de la queue, on voit une ouverture ronde, qui a été observée aussi, par Parsons, sur une autre espèce (*Philos. Transact.*, vol. XLVII, pag. 110), de laquelle sort la verge. Le conducteur du phoque que nous décrivons, disoit l'avoir vue sortir quelquefois de la longueur d'un empan; mais Hermann n'a jamais pu que la sentir par dessous la peau, le long du ventre, et il lui a semblé qu'elle avoit la dureté d'un os. Au rapport du conducteur, on la pouvoit sentir de la longueur de deux empans : elle prendroit, par conséquent, son origine tout auprès de l'anus. On n'observoit, à l'extérieur, ni testicules, ni scrotum ; mais, selon le conducteur, on les pouvoit sentir sous la peau. Il ne fut guère possible de mesurer avec exactitude et de tâtonner long-temps les parties du ventre, puisqu'on n'a pu profiter que des momens où l'animal se tournoit.

Un peu plus avant de l'ouverture pour la verge, il se trouve deux *mamelons* de la grosseur d'une noisette, distans entre eux de sept pouces, et à cinq pouces de ladite ouverture d'où sort la verge. Un peu plus avant encore se trouve le *nombril.* Plus haut encore, on observe deux enfoncemens, que le conducteur regardoit aussi comme des mamelons, mais dont Hermann ne peut pas assurer l'existence. S'ils existent en effet, ils forment à peu près un carré avec les deux mamelons postérieurs, et le nombril est situé au milieu. On en doit douter d'autant moins, que Parsons dit aussi de son grand phoque, que les quatre mamelles, qui ne se présentent toutes que comme des enfoncemens, sont rangées en carré autour du nombril (*Philos. Transact.*, n.º 469). Daubenton a oublié de faire mention, dans sa description, des mamelles et du mamelon ; mais le nombril et l'ouverture pour la verge sont à distances égales des deux mamelons, le premier en avant et le second en arrière.

Parmi les cicatrices que l'animal portoit en grand nombre sur son corps, il y en avoit plusieurs très-grandes, et il gardoit même encore une balle dans sa tête, au-dessous de l'œil droit, qu'on pouvoit sentir, au toucher, très-distinctement. On prétendoit qu'il n'avoit pas reçu ces plaies lorsqu'on l'a pris, mais long-temps avant ; qu'on avoit tiré sur lui à différentes reprises. Elles furent peut-être aussi des suites de querelles, qu'on dit être fréquentes entre ces animaux.

Ce phoque a été vu à Strasbourg, en octobre et en novembre 1778, dans une caisse de bois, qu'on remplissoit d'eau trempée d'une bonne écuelle de sel, à la hauteur d'un à un pied et demi, vers les dix à onze heures du matin. On laissoit écouler l'eau vers la nuit, et on plaçoit dans la caisse des nattes de jonc, sur lesquelles l'animal dormoit couché sur le côté. Son sommeil étoit très-léger (Buffon dit le contraire), et le moindre sifflement du conducteur, ou une mouche qui se plaçoit sur lui, étoit capable de l'éveiller. Il dormoit environ cinq heures de suite, et ronfloit fortement: il bâilloit en se réveillant. Steller, dans sa description du Kamtschatka, dit, pag. 107, que les phoques ont le sommeil très-profond; Belon, *Aquatil.*, pag. 20, le dit aussi; et Pline, liv. IX, ch. XIII, Schreber, pag. 287, l'assurent de tous les phoques en général; mais, pag. 282, ce dernier dit cependant, d'après Steller, l. c., pag. 357, que le phoque-ours s'éveille au moindre bruit.

On ne nourrissoit notre phoque que de poissons, dont on disoit qu'il mangeoit par jour jusqu'à quatorze livres, ce qui ne paroît pas exagéré. Buffon dit qu'il lui falloit trente livres de poisson saupoudré de sel. On vouloit persuader aux spectateurs qu'il ne mangeoit que des anguilles, des truites et d'autres bons poissons, pour relever le prix et les grandes dépenses de l'animal. On lui donnoit, en effet, pendant le jour, quelques anguilles ou des carpes vivantes, lorsque les spectateurs les payoient à part; mais on lui donnait, le matin, du poisson blanc commun, et ordinairement des poissons morts et d'autres très-petits, qu'il mangeoit du meilleur appétit. Il les prenoit ou des mains de son conducteur ou des spectateurs, ou hors d'un baquet d'eau, ou très-adroitement dans l'eau de sa caisse. Il les attrapoit toujours par la tête, les écachoit et les secouoit à quelques reprises dans l'eau, en séparoit les intestins, et les avaloit ensuite en entier. Hermann a vu souvent que le poisson a été avalé en entier; mais il n'a jamais vu ce que Camus (dans ses notes à la *traduction d'Aristote*, tom. II, pag. 632) dit du même animal, qu'il a observé à Paris en 1779, qu'il jetoit en l'air, avec sa bouche, la carpe qu'on lui presentoit, et la rattrapoit ensuite. Il ne peut pas manger hors de l'eau; c'est pourquoi il a jeûné, au commencement, pendant plusieurs jours, avant qu'on eût appris à lui présenter les poissons dans une cuve remplie d'eau, parce qu'on le conduisoit toujours à sec dans une voiture particulière. Si l'on en croit les personnes qui le montroient, il n'a, une fois, rien eu à manger pendant cinq jours, et une autre fois, pendant huit jours, il a manqué de poisson ; au commencement même, lorsqu'il a été pris, il n'a rien mangé, de chagrin, pendant une quinzaine de jours. On ne lui donnoit pas de chair de quadrupèdes, parce que, selon le conducteur, un pareil animal, dont le propriétaire avoit voulu user d'économie, étoit mort à Montpellier., pour avoir mangé de la viande. Buffon dit, d'après la plupart des historiens des phoques, et encore, après lui, Pernetty, que les phoques mangent aussi des herbes. Bellon raconte qu'ils font même du tort aux fruits des vergers et des vignes ; ce qui est difficile à croire, puisque le nôtre, au moins, n'a pas pu manger hors de l'eau. Mais on ne sait où le conducteur a appris que celui-ci, dans l'état de liberté, se nourrit aussi d'une plante marine, qui, selon lui, a des feuilles semblables aux œillets, et qu'il a appelée, en italien, *garofalo* (vraisemblablement une espèce de fucus). Hermann a vu seulement qu'il n'avoit pas touché aux laitues et aux chicorées qu'on lui avoit jetées, et qu'il les laissoit flotter dans l'eau : peut-être, dit-il, en est-il autrement avec les fucus ou autres plantes marines. Cependant, les habitans des côtes de la Dalmatie assurent formellement que les phoques viennent à terre pendant la nuit, pour sucer les raisins mûrs de vignes. *Voyez* Alb. Fortis Dalmat., tom. II, ep. IV, § IV, pag. 177. Le Père Avril dit de même, dans son *Voyage en divers Etats d'Europe et d'Asie ; Paris*, 1692, *Voyage de Moldavie*, liv. V, pag. 372, qu'un phoque, au moins très-ressemblant au nôtre, fait quelquefois, de grands dégâts dans les vignes. L'*ours marin* qui, suivant Hacquet (*Oryctographia Carniolica*, tom. I, pag. 52), a été, en Istrie, poursuivi de la vigne jusque dans l'eau, ne peut avoir été rien autre qu'un tel phoque.

Notre phoque ne boit autrement, selon le rapport du conducteur, qu'en avalant avec les poissons une petite quantité d'eau. Il avoit perdu, pendant le voyage, à ce qu'on disoit, plus de 50 livres de son poids, ayant pesé auparavant neuf quintaux d'Allemagne. Mais les poids étant très-différens en Allemagne, ce nombre est assez peu précis. On n'a pu apprendre où il a été pesé ; mais, à juger par l'apparence, son poids pouvoit bien être de 540 livres. Il avoit grandi d'un pied depuis qu'on l'avoit pris, c'est-à-dire, dans l'espace d'un an.

Toutes les fois que ce phoque rendoit ses excrémens, étant hors de l'eau, ils étoient liquides, d'un brun jaunâtre ; il en rendoit peu à la fois, et ils n'ont pas paru être très-

puans. **Buffon** dit , page 314, qu'ils sont d'une odeur très-
fétide. Au rapport du conducteur , ils sont quelquefois plus
solides et semblables aux excrémens humains. L'urine , qu'il
lâchoit fréquemment, paroissoit répandre une odeur plus
forte et désagréable. D'ailleurs , l'animal ne puoit pas.
Aussi , le tenoit-on très-proprement.

Sa voix étoit courte et semblable à celle d'un chien en-
roué , sonnant à peu près comme *va* , *va ;* quelquefois elle
étoit un peu hurlante et plaintive, mais peu forte. Personne
ne pouvoit l'engager à faire entendre sa voix, si ce n'étoit
son conducteur ; et , selon lui , l'animal savoit parler ,
répétant ces mots : *papa, maman,* qu'il lui disoit ; ou il rapportoit que sa voix prononçoit le mot *oui* , lorsqu'il lui demandoit
s'il avoit faim ou s'il avoit trouvé bon le poisson. (*Jucundo
fremitu phocæ nomine vocatæ respondent,* Pline , Hist. nat. ,
l. IX, c. XIII.). Il étoit, d'ailleurs , très-attaché à son maître ;
il le cherchoit , et le suivoit partout où il l'apercevoit.
Peut-être l'habit rouge du maître y a contribué en quelque
chose ; mais il étoit aussi très-obéissant à un autre conducteur
habillé en gris, qui le commandoit quelquefois. Il étoit en
général très-apprivoisé ; il se laissoit toucher et caresser, et
Hermann pouvoit prendre sans peine la plupart de ses
dimensions avec une ficelle ou une bande de parchemin , en
se promenant tout autour de sa caisse étant alors à sec. Il
n'étoit de mauvaise humeur , que lorsqu'on prenoit quelques dimensions de sa tête , en se soulevant alors avec quelque grognement. Mais d'autres fois il supportoit facilement
qu'avec une petite bande de papier roide , on lui touchât par
derrière entre les deux yeux ; il les fermoit à demi pendant
cette opération , ou lorsqu'on tendoit un fil d'une partie de
la tête à une autre. Il a fallu sans doute que la voix et le
secours du conducteur y contribuassent pour quelque chose.
Ce qu'il supporta le moins , ce fut de lui toucher le
ventre ou les pieds de derrière , où il ne pouvoit voir ce
qui se passoit ; il prenoit alors de suite une autre attitude ,
ou il faisoit au moins un mouvement. Il se rouloit ou se tournoit sur le dos , aux paroles de son maître , tant à sec que
dans l'eau , et cela à différentes reprises ; il lui présentoit
l'une et l'autre de ses pattes de devant, étant couché même
sur le dos ; il lui prenoit de la bouche la baguette avec la
gueule ; il se laissoit arracher des poils, ouvrir la bouche, et y
mettre le poing, avec cette précaution, cependant , de la
part de l'homme , de ne mettre la main que sous la lèvre supérieure épaisse. Aussi le maître portoit-il plusieurs cicatrices des plaies reçues au commencement. Il étoit très-sensible
au froid, à ce que le conducteur disoit : Buffon le nie , et il

semble, en effet, que la grande quantité de lard doit garantir assez ces phoques du froid. Il n'aimoit pas les chiens ; si on lui en présentoit, il crioit, et les happoit avec ronflement ; il tâcha une fois d'en chasser un par un claquement des dents. Hermann a observé une autre fois ce même claquement, qui étoit une marque de faim, au dire du conducteur.

Sa manière ordinaire de se reposer, étoit de se coucher avec la tête étendue toute droite, quand il n'y avoit pas encore d'eau dans sa caisse, ou s'il n'y en avoit pas assez pour lui passer par-dessus les narines. Dans cette position, où il falloit qu'il levât les yeux pour voir ce qui se passoit autour de lui, il avoit l'air d'être plus méchant qu'il ne l'étoit en effet, surtout lorsqu'il ouvroit les narines.

En prenant ensemble ses traits et ses actions, on trouvoit en lui un animal doux, d'un air peu farouche, mais cependant pas tout-à-fait amical : qui dans son attitude ordinaire observoit ce qui se passoit autour de lui, sans soupçon et avec un regard sans crainte, et dont l'état habituel de repos, auquel le contraignoient sa corpulence et sa graisse, contrastoit fortement avec cette attitude, où il levoit la partie antérieure du corps, et présentoit une belle poitrine large, avec une tête assez bien faite, et des yeux assez vifs. Il prenoit surtout cette dernière attitude, quand on lui présentoit un poisson ; il se dressoit alors autant qu'il le pouvoit, en s'appuyant sur ses pattes de devant, et ne détournant pas les yeux du poisson. Dans cette attitude on le pouvoit certainement nommer un bel animal. La docilité et la curiosité des phoques a déjà été remarquée par d'autres. On a cité plus haut des exemples de la première, qui prouvent que notre espèce n'en manque pas ; mais elle ne manque pas non plus de la dernière. Plusieurs fois le jour, l'individu que nous décrivons, passant par-dessus le bord de sa caisse, en s'aidant avec le cou et les pattes de devant, se mettoit en observation, et regardoit ainsi les spectateurs, se laissant regarder et toucher, sans donner aucune marque de crainte. Dans cette attitude, il ne ressembloit pas mal, par derrière, à un moine vêtu en noir, en ce que sa tête, lisse et ronde, représentoit une tête d'homme affublée d'un capuchon ; et ses épaules, avec les pieds courts et tendus, imitoient deux coudes, s'avançant sous un scapulaire, d'où descendoit un froc long, noir, non plissé. Des personnes qui avoient demeuré quelque temps à Marseille, ont assuré qu'elles y ont vu de pareils animaux ; qu'on en prend parfois dans les madragues ou les filets pour la pêche du thon, et qu'on leur donne le nom de *moines*. Sur l'observation d'Hermann qu'elles parloient peut-être du marsouin ou du requin, ou d'une autre espèce de squale ou de chien de mer, elles répondirent qu'elles connoissoient bien ces deux genres, et qu'outre ceux-ci elles avoient vu ce même animal ou phoque en question. S'il en est ainsi, il est d'autant plus étonnant que cette espèce n'ait pas été plus tôt exactement décrite et déterminée.

Ce phoque avoit été pris en automne, 1777, dans la mer de la Dalmatie, sur l'île d'Osero, avec un autre de la même espèce. Il appartenoit à une société de Vénitiens, qui l'ont conduit et montré dans plusieurs pays, et qui l'ont fait voir à Strasbourg à la fin d'octobre et au commencement de novembre 1778. Sur leur route pour Paris, où ils pensoient l'offrir au Roi, ils disoient avoir gagné, dans l'espace d'un an, plus de 10,000 livres, déduction faite des frais considérables. Une autre société, associée à celle-ci, conduisoit l'autre individu par une autre route, dans une grande cuve garnie de cercles. Hermann ne l'a pas vu lors de son passage par Strasbourg pour la Suisse, le 2 novembre ; mais un des propriétaires lui a assuré que c'étoit aussi un mâle, qu'il étoit d'un pied environ plus court et de moitié moins gros de corps que l'autre ; qu'il n'avoit pas de tache blanche au ventre. Il a raconté aussi qu'un vieux pêcheur avoit observé au rivage le plus grand individu garni de la tache pendant plusieurs années, et qu'il l'avoit reconnu par la même tache, lorsqu'il avoit été pris. Il en concluoit qu'il étoit déjà vieux. Les dents noirâtres, qui paroissoient usées, le pourroient peut-être confirmer. Mais comment cela s'accorderoit-il alors avec un accroissement si considérable, qu'on disoit être d'un pied dans l'espace d'une année ? L'un ou l'autre paroît être faux.

Selon l'un des propriétaires, on voit ces phoques sur les rochers escarpés, inaccessibles, où ils dorment à l'air, en été ; mais, en hiver, ils dorment dans des cavernes, dont l'entrée est sous l'eau. Pline dit aussi quelque part (Aldrovande p. 725) : *vitulos maritimos cavernas subire.* Mais c'est particulièrement *Deben,* cité par *Pontoppidan.* (*Hist. Nat. de la Norwege,* II, p. 241), qui dit, que les phoques aiment à se tenir dans de telles cavernes inaccessibles, dont l'entrée se trouve sous l'eau, et qu'on appelle kauge-later sur l'île de Feroë. Le hurlement des phoques, qu'on entendoit sortir la nuit de ces cavernes, a causé une grande frayeur à Tournefort (*Voyage au Levant,* t. II, lettre VIII, p. 28, édit. in-8°). Les matelots ont assuré que les phoques faisoient entendre ces hurlemens pendant leurs amours et leur acouchement ; et Tournefort observe, à cette occasion, que les commentateurs de Pline ne sont pas d'accord sur ce passage,

L. 9, cap. 18, s'ils le faisoient en dormant ou en veillant. Hermolaus Barbarus est de la dernière opinion.

Ce phoque appartient à une espèce non déterminée ; Hermann la distingue sous le nom et par les caractères suivans :

Phoca (Monachus), *capite inauriculato , dentibus incisoribus utriusque maxillæ quatuor; palmis indivisis , plantis exunguiculatis ; pilis nigricantibus siccitate surrectis molliusculis.*

Dimensions du Phoque moine.

	pieds	p.	lig.
Longueur totale de l'animal, prise de l'extrémité du museau jusqu'à l'extrémité de la queue,	8	»	»
Longueur de la partie des pieds de derrière, au-delà de l'extrémité de la queue,	»	8	»
Distance de l'extrémité du museau au milieu du sommet de la tête,	1	1	6
Distance de l'extrémité du museau à l'angle postérieur de la jointure des pieds de devant,	2	7	»
Distance de l'extrémité des pieds de devant appliqués sur le corps, à la jointure des pieds de derrière où on commence à distinguer la cuisse cachée sous la peau,	2	»	»
Distance du grand angle latéral de la tache du ventre au milieu du dos,	1	2	6
Circonférence du corps à sa partie la plus grosse, c'est-à-dire, derrière les épaules,	5	2	»
—— de la tête mesurée par-dessus les deux oreilles,	2	6	»
—— du cou contracté,	3	»	»
—— du corps au commencement de la queue,	2	1	»
—— du pied de devant à la jointure,	1	2	6
—— du pied de derrière à la jointure,	1	1	»
Distance de la jointure d'un pied à l'autre, mesurée de l'angle postérieur de la jointure par dessus le dos,	2	»	»
Distance de l'angle de la bouche à l'angle antérieur de l'œil,	»	4	»
Largeur du museau derrière les narines ,	»	7	»
—— des narines ouvertes ,	»	1	»
Longueur des narines ouvertes,	»	2	»
Distance des deux narines,	»	»	10
—— d'un angle intérieur de l'œil à l'autre,	»	4	»
—— des angles extérieurs ,	»	7	6
—— d'une oreille à l'autre,	»	11	»
—— de l'angle postérieur de l'œil à l'oreille ,	»	5	»
Longueur de l'ouverture de l'œil de l'angle antérieur au postérieur,	»	2	4
Distance des narines à l'angle antérieur de l'œil ,	»	2	6
—— de l'extrémité du museau à l'angle antérieur de l'œil,	»	6	6
—— des soies au-dessus des yeux, d'un côté à l'autre,	»	3	»
—— de l'extrémité du museau au pli du cou ,	»	4	»

Hauteur ou diamètre de l'animal du haut en bas, à la partie la plus épaisse, derrière les épaules, pendant qu'il est couché,	1	3	»
(Ce diamètre vertical est moindre qu'il ne devroit être, d'après la plus grande circonférence donnée ci-dessus ; mais il faut considérer qu'étant couché, le corps est aplati.)			
Longueur du pied de devant, prise du côté antérieur et depuis la jointure supérieure,	1	5	»
—— du même pied, du côté postérieur et depuis l'angle postérieur de la jointure,	»	7	5
Distance de la jointure de la main à l'extrémité du doigt antérieur du pied de devant,	»	7	9
—— du premier ongle au cinquième,	»	5	9
Longueur des articulations troisièmes des doigts,	»	2	»
Largeur du dos à la jointure de la queue,	»	11	6
Longueur de l'articulation de la cuisse,	»	9	»
Distance de la jointure de la cuisse au commencement de la première cannelure du pied de derrière,	»	6	9
Longueur du pied de derrière du côté antérieur,	»	11	6
—— du côté postérieur,	1	»	6
Dans le pied de derrière étendu, on a les dimensions suivantes :			
Distance de l'extrémité du premier doigt du pied de derrière à l'extrémité du dernier doigt, dans le pied étendu,	1	4	6
Largeur (plus grande) du premier doigt,	»	4	4
—— du second doigt,	»	3	3
—— du doigt du milieu, en y comprenant la peau qui le réunit au second et au quatrième,	»	4	3
—— du quatrième doigt,	»	3	5
—— du cinquième doigt,	»	4	»
Longueur du cinquième doigt,	»	5	5
Dans le pied plissé ou les doigts joints, on trouve			
Largeur du même doigt à sa base,	»	3	»
—— du même doigt à son extrémité,	»	4	»
Distance de l'extrémité de la première rainure qui sépare le premier doigt du second obliquement vers le devant, à l'extrémité de la seconde rainure qui monte plus haut que la première,	»	3	9
—— de l'extrémité de la seconde rainure à l'extrémité de la troisième qui monte aussi haut que la seconde, mesure prise en ligne droite à travers le doigt du milieu,	»	1	6
—— de la troisième rainure à la quatrième, qui est encore plus courte, ainsi que la première, mesurée par conséquent obliquement en arrière,	»	3	»
(Dans les doigts des pieds de derrière ainsi joints, les plis ou rainures entre les doigts ont à peine la largeur de 2 a 3 lignes.)			
—— de l'extrémité de la première rainure, à l'extrémité de la quatrième, mesurée en ligne droite à travers les trois doigts du milieu,	»	5	2

Largeur commune du second et du quatrième doigts, mesurée
    à la surface intérieure du pied, se joignant à l'exclusion
    du doigt du milieu,   » » 5
Longueur de la queue,   » 5 6
Largeur de la queue,   » 4 3
Distance de l'anus à l'ouverture par laquelle sort la verge,   1 5 6
—— de cette ouverture au nombril,   1 » »
—— de la même ouverture au mamelon,   » 5
—— d'un mamelon à l'autre,   » 7 »

A cette description complète du phoque moine mâle, donnée par Hermann, nous ajouterons les différences principales observées par M. Frédéric Cuvier, sur la femelle qui vivoit à Paris, il y a quelque temps, et dont les habitudes, dans son état d'esclavage, étoient absolument les mêmes que celles du phoque mâle que nous venons de décrire d'après Hermann. La longueur de cette femelle est de sept à huit pieds, depuis le bout du museau jusqu'à l'extrémité des pieds de derrière. Ses formes sont absolument semblables à celles du veau marin. Sa couleur, dans l'eau, est noire sur le dos, sur la tête, sur la queue et sur la partie supérieure des pattes; le ventre, la poitrine, le dessous du cou, de la queue et des pattes, le museau et les côtés de la tête et le dessus des yeux, sont d'un blanc gris jaunâtre. Lorsque l'animal est à sec, les parties noires sont beaucoup moins foncées, et les parties blanches plus jaunâtres. Les pieds de derrière ont cinq doigts armés d'ongles, etc.

Les organes de la génération paroissent très-peu développés ; la vulve ne consiste que dans une ouverture longitudinale, et les mamelles, au nombre de quatre, sont disposées autour du nombril, à peu près à égale distance l'une de l'autre, et elles sont cachées dans de légers enfoncemens dégarnis de poil.

Sa voix est un cri aigu et fort, qui sort du fond du gosier et qui ne varié que par le ton. Elle a, au contraire du mâle, une grande propension au sommeil, et durant son sommeil on la voit souvent rester dans l'eau au fond de sa caisse, et par conséquent sans respirer, pendant une heure entière. Elle a beaucoup d'attachement pour son maître.

* * *Quatrième Espèce.* — PHOQUE A CROISSANT, *Phoca groenlandica*, Egede, *Groënl*, fig. A, page 62. — Linnæus, *Syst. nat.* 71, page 64, sp. 6. — Erxleb., *Syst. mam.*, 588, sp. 5. — *Phoca oceanica*, Lepechin, *Act. petrop.* tom. 1, tab. VII et VIII. — *Journ. de phys.*, t. XXVII. — *Harp-seal*, Penn., Shaw., *Gen. Zool*, tom. I, part. 2, pl. 71.

Ce phoque est très-semblable, pour ses formes, au phoque veau marin ; mais il en diffère notablement, lorsqu'il est adulte , par ses dimensions beaucoup plus considérables, puisqu'il atteint à neuf pieds de longueur, et par la couleur de ses poils.

Selon les auteurs qui l'ont observé au Groënland, ce phoque est très-variable dans ses couleurs , selon son âge. Il change de nom dans ce pays , à mesure que son poil prend des teintes différentes : le fœtus, qui est tout blanc , et couvert d'un poil laineux, se nomme *iblau* ; dans la première année de son âge, le poil est un peu moins blanc et l'animal s'appelle *attarak* ; il devient gris dans la seconde année, et il porte le nom d'*atteilsiak.* Il varie encore plus dans la troisième , et on l'appelle *aglektok*. Il est tacheté dans la quatrième , ce qui lui fait donner le nom de *milektok* ; et ce n'est qu'à la cinquième année que le poil est d'un beau gris-blanc, et qu'il a sur le dos deux croissans bruns , dont les pointes se regardent ; ce *phoque* est alors dans toute sa force, et il porte le nom d'*atarsoak.*

Le poil dont la peau de ce *phoque* est revêtue , est reide et fort ; il y a sous la peau une couche épaisse de graisse, dont on tire une huile qui , pour le goût, l'odeur et la couleur , ressemble assez à de vieille huile d'olive.

Le *phoque à croissant* se trouve non-seulement au détroit de Davis et aux environs du Groënland, mais encore sur les côtes de la Sibérie, et jusqu'au Kamtschatka. A en juger par un passage de Charlevoix, cette espèce doit se rencontrer aussi près des côtes orientales de l'Amérique du Nord.

Lepechin a décrit, sous le nom de *phoca oceanica*, un phoque qui, par ses dimensions et ses couleurs , ne nous paroît pas différer du *phoca groenlandica* d'Egède et de Fabricius, et que M. Frédéric Cuvier rapporte à l'espèce du veau marin , bien que Lepechin distingue positivement ces deux animaux. Les Russes lui donnent le nom de *krylatca*. Il se trouve dans la Mer Blanche , mais seulement en hiver , tandis que le phoque commun y réside toute l'année. Il a seulement quatre incisives à chacune des mâchoires : à la supérieure, celles du milieu sont plus petites, et celles des côtés sont plus fortes que les canines; à l'inférieure , elles sont moins aiguës; les canines sont médiocres ; les molaires sont au nombre de six de chaque côté , à trois pointes, la pointe du milieu étant la plus forte; les poils des narines sont placés sur dix rangs différens ; les postérieurs et les inférieurs, plus longs que les autres, sont blanchâtres, serrés ; les antérieurs et les supérieurs, beaucoup plus courts et plus tendres, sont très-noirs ; les yeux ont l'iris noir ; il n'y a point d'oreilles externes; les extrémités des cinq doigts sont armées d'ongles noirs dont l'intérieur est le plus large; le second est plus long, et les autres vont en diminuant. Les pieds postérieurs ont, comme dans le veau marin, les ongles plus aigus qu'aux mains.

La première année ces phoques ont le dos de couleur cendrée et brillante ; le ventre plus blanc, marqué partout de petites taches dispersées, noirâtres, tantôt rondes, tantôt oblongues ; et alors les habitans les appellent improprement *phoques blancs.* La seconde année, cette couleur cendrée blanchit, les taches s'agrandissent et paroissent davantage, et alors on les appelle *phoques tigrés.* Les femelles conservent toujours cette même couleur : seulement le nombre et la forme des taches changent ; mais les mâles, en avançant en âge, changent de couleur ; et lorsqu'ils ont toute leur croissance, ils ont une peau dure, épaisse, couverte de poils courts et très-serrés ; la couleur de la tête est d'un marron obscur, et tirant sur le noir ; elle est plus pâle au-dessus de l'ouverture des oreilles, et plus foncée au-dessous ; le reste du corps est d'un blanc sale, mais le ventre plus blanc. Sur le dos, vers les épaules, on aperçoit une tache de la même couleur de la tête, qui se sépare bientôt et forme une bifurcation qui s'étend sur les deux flancs jusqu'à la région où est placé le pénis, formant une espèce de croissant. En général, la forme de cette tache est toujours la même. On remarque encore quelques autres petites taches de la même couleur semées irrégulièrement. L'espèce de croissant brun que portent ces phoques, leur a fait donner le nom de *phoques ailés* (*krylatca*).

- Voici les dimensions principales de ce phoque, en mesures anglaises.

	pieds	p.	lig.
Du bout du museau à la naissance des pieds de devant	2	1	»
jusqu'à l'extrémité des pieds de derrière	6	7	6
—— jusqu'à la naissance de la queue,	5	7	».
La queue longue de	»	5	3
—— large de	»	2	»
Les pattes de derrière longues de	1	3	6
La nageoire postérieure, large à sa naissance, de	»	7	2
—— depuis la naissance du pied jusqu'à la racine des ongles,	1	1	»
L'ongle du premier doigt long de	»	1	7
—— large de	»	»	5
La même nageoire, lorsque les extrémités sont étendues, large de	1	2	5
Les pieds antérieurs longs de	»	8	3
—— à la naissance de la nageoire, larges de	»	4	3
La nageoire des pieds antérieurs, étendue,	»	7	8
—— à la racine des ongles, large de	»	6	8
Le plus grand ongle pris extérieurement,	»	1	8
La distance depuis le bout de la lèvre supérieure jusques aux narines, large de	»	1	5

	pieds	p.	lig.
Ouverture des narines,	»	1	4
De l'extrémité de la lèvre supérieure jusqu'au grand coin de l'œil,	»	4	8
Du grand coin de l'œil au petit,	»	1	2
De l'extrémité de la lèvre supérieure jusques aux oreilles,	»	8	4
Les soies des moustaches, longues de	»	3	»
La grosseur de la tête jusqu'aux yeux,	1	8	4
—— derrière les oreilles,	2	»	5
—— du milieu de son cou,	2	5	3
—— de son corps, avant les pieds antérieurs,	4	1	5
—— après les pieds antérieurs,	4	8	6
—— à la naissance des nageoires postérieures,	1	9	»

Un mâle de cette espèce existe dans la collection du Muséum d'Histoire Naturelle de Paris, et nous croyons qu'il seroit possible aussi de lui rapporter comme individus femelles deux grands phoques de la même collection, dont la tête et les pieds manquent, et dont le pelage est d'un blanc sale jaunâtre, parsemé de taches, irrégulières brunes.

M. de Blainville (article DENTS de ce Dictionnaire) fait mention d'un phoque à quatre incisives à chaque mâchoire, dont il possède la tête osseuse. Peut-être cette tête est-elle celle d'un individu de cette espèce; car elle se rapproche de celle des phoques de nos mers, par la forme et le nombre des dents molaires, et par les canines extrêmement fortes, comme dans les grandes espèces. Les incisives supérieures internes sont coniques, aiguës, et un peu plus hautes que les externes, qui sont fort épaisses, à peu près rondes et plates par l'usure, comme si elles avoient été coupées carrément, en sorte qu'elles semblent être des espèces de molaires. Les inférieures sont toutes les quatre coniques et canines, surtout les externes. Les molaires sont remarquables par la hauteur de trois pointes fort aiguës dont elles sont formées.

Le rapport principal que nous trouvons entre cette tête et celle du phoque à croissant, consiste dans le nombre des incisives en général, ainsi que dans la grosseur et la forme canine des deux extérieures, tant en haut qu'en bas.

Le phoque décrit par Lepechin recherche les plages de la mer les plus froides; aussi ne vient-il dans la Mer Blanche que lorsqu'elle est couverte de glaçons; et à la fin d'avril, après avoir mis bas et nourri son petit, il retourne dans l'Océan Glacial. Les petits restent jusqu'à ce que la glace se détache des bords; alors ils vont rejoindre leur famille. On en trouve toute l'année, selon les pêcheurs, autour de la Nouvelle-Zemble et au Groënland.

On le pêche pour en avoir la graisse et la peau. Celle des adultes sert à faire des couvertures; celle des jeunes, dans l'île de Solowki, sert à faire des bottes.

* *Cinquième Espèce.* —PHOQUE A CAPUCHON, *Phoca cristata,* Gmel. — LION-MARIN, *Phoca leonina ,* Fab. — *Klap-Myssen,* Egède, Groënland, p. 62. — *Klap-Mütz,* Ejusd., fig. p. 62. —*Neitsersoak* des Groënlandais.

Péron , dans son Mémoire sur *l'habitation des phoques,* inséré dans les Annales du Muséum et dans le second volume du *Voyage aux Terres Australes,* fait voir que, sous le nom de *lion-marin,* on a confondu trois grandes espèces de phoques des mers du Sud, savoir : 1.º le phoque à trompe ; 2.º le phoque de l'île Saint-Paul ; 3.º le lion-marin, de Pernetty et de Forster; et deux autres espèces du Nord , savoir : 4.º le lion-marin du Groënland , de Fabricius ; et 5.º le lion-marin des îles du détroit de Béring, décrit par Steller. Il s'attache surtout à comparer entre elles les deux espèces du Nord , et il s'étonne de ce que les nomenclateurs les ont pu confondre, attendu que, selon lui, elles appartiennent, l'une au sous-genre des phoques , l'autre à celui des otaries.

Le lion-marin de Fabricius n'a que sept à huit pieds de longueur. Son front porte une sorte de gros tubercule susceptible de se gonfler comme une vessie et cariné dans sa partie moyenne. Outre les véritables narines , il y en a de fausses dans le même tubercule dont il vient d'être fait mention , et le nombre de ces fausses narines varie d'une à deux, suivant l'âge. L'iris est brun. Les nageoires antérieures ont la forme d'un pied humain, et le pouce en est le plus long doigt. Ces animaux s'accouplent debout , et les femelles mettent bas en avril. Les poils sont doux et longs , avec un fond laineux très-profond. A douze mois, le pelage est blanc, avec le sommet du dos d'un gris livide ; à la seconde année , il est d'un blanc de neige, avec une raie étroite et brunâtre sur le dos. Dans les plus vieux , la tête et les pieds sont noirs; le reste du corps, également noir, est parsemé de taches grises , le dos restant toujours plus obscur. Le dessus de la tête et du cou, dans les mâles, ne présente point de poils plus longs et plus soyeux que ceux qui recouvrent le reste du corps. Le nombre total des dents est de trente-deux. Les oreilles manquent tout-à-fait d'auricule externe ; ce qui porte Péron à placer cette espèce dans la division des phoques proprement dits.

Tous les caractères du lion-marin de Steller sont contradictoires à ceux que nous venons d'observer dans le lion-marin de Fabricius. Nous renvoyons, pour les exposer , à l'article de l'Otarie lion-marin, qui forme la douzième espèce de notre grand genre des phoques.

L'espèce que nous décrivons ici a été observée, pendant plusieurs années, au Groënland, par Fabricius ; comme l'autre l'a été, dans l'île Béring, pendant un temps fort long, par Steller. Erxleben met en doute si cet animal n'est pas le même que le phoque à trompe (*phoca leonina*, Linn.) des mers australes. Les différences dans la taille, la nature et la couleur du poil, suffisent pour ne pas admettre ce rapprochement.

Selon Crantzius (*Hist. gén. des Voy.*, tome XIX, p. 61), ce *phoque* se trouve très-abondamment au détroit de Davis ; il y fait régulièrement deux voyages par an, et y réside depuis le mois de septembre jusqu'au mois de mars ; il en sort alors pour aller faire ses petits à terre, et revient avec eux au mois de juin, fort maigre et fort épuisé. Il en part une seconde fois en juillet, pour aller plus au nord, où il trouve probablement une nourriture plus abondante ; car il revient fort gras en septembre. Sa maigreur, dans les mois de mai et juin, semble indiquer que c'est alors pour lui la saison des amours, et que dans ce temps il oublie de manger, comme les *ours* et les *lions-marins*.

*Sixième Espèce. —Phoque lièvre, *Phoca leporina*, Gm.— Bodd., Shaw.; — *Phoque lièvre*, Lepechin, *Act. Acad. petrop.*, tom. 1, part. 1, tab. VIII et IX. —*Journ. de Phys.*, tom. 26.

Ce phoque, dont la taille est de six pieds environ, est des mers d'Islande, et se trouve fréquemment entre le Spitzberg et le pays des Tchutkis. Dans les mois d'été, il se trouve dans la mer Blanche, où il a été observé par Lepechin, qui nous en a donné la description suivante.

Il ressemble beaucoup, pour la forme et la grandeur, au *phoque à croissant;* mais il a sur tout son corps un blanc sale, mêlé d'un peu de jaune, et il n'est jamais moucheté. Ses poils sont plus longs; ils ne sont point serrés et se tiennent droits. Le poil des jeunes surtout, par sa longueur, sa flexibilité et sa blancheur, ressemble à celui des lièvres (*lepus variabilis*) : de là leur dénomination. La tête n'est pas aussi grande que celle du *phoque à croissant*, mais elle est allongée ; la lèvre supérieure est plus grosse et aussi épaisse que celle d'un veau; les yeux ont la prunelle noire; les dents sont semblables, pour le nombre, à celles du *phoque à croissant;* mais elles sont beaucoup plus fortes; les poils des moustaches sont différemment distribués ; ils sont placés sur quinze rangs, épais et forts. Les bras sont beaucoup plus foibles; les mains petites, serrées et comme coupées; la membrane qui unit les doigts ne forme point une demi-lune ; elle est égale partout ; la queue est plus courte et plus épaisse ; la peau est d'une épaisseur remarquable, ayant jusqu'à quatre lignes sur un animal qui vient d'être tué.

Quant aux dimensions de ses diverses parties, voici les principales, en mesures anglaises :

	pieds	p.	lig.
Longueur de l'animal, depuis le bout du museau jusqu'à l'extrémité de la queue,	6	6	«
—— jusqu'à la naissance des pieds de derrière,	6	2	«
—— jusqu'aux bras,	2	0	«
Du bord de la lèvre supérieure jusqu'au grand coin de l'œil,	«	5	2
Du grand coin au petit,	«	1	2
Du bord de la lèvre supérieure à la racine des oreilles,	«	8	6
—— jusqu'aux narines,	«	1	8
La queue est longue de	«	4	2
—— large à sa naissance de	«	2	1
Les nageoires postérieures, longues de	«	11	4
—— à leur naissance, larges de	«	6	«
De la naissance des pieds postérieurs à la racine des ongles,	«	8	10
Le grand ongle du premier doigt, long de	«	«	9
—— Le même, large de	«	«	5
La nageoire des pieds postérieurs, dans toute son étendue, large de	1	1	«
Les pieds antérieurs, longs de	«	6	3
—— jusqu'à la naissance des ongles,	«	4	«
Le grand ongle (partie apparente), long de	«	1	2
—— large de	«	«	6
Les soies les plus longues des moustaches,	«	5	«
L'ouverture de la bouche, mesurée de la lèvre supérieure,	«	9	5
—— de la lèvre inférieure,	«	7	11
L'épaisseur du museau,	1	«	5
—— de la tête, en la prenant des yeux,	1	4	5
—— en la prenant des oreilles,	1	7	6
—— du corps, avant les bras,	4	2	«
—— derrière les bras,	5	1	«
—— jusqu'a la naissance des pieds postérieurs,	2	1	«

Pendant son séjour sur les bords de la mer Blanche, ce phoque se tient à l'embouchure des fleuves qui se rendent dans cette mer, les monte avec le flux, et les redescend avec le reflux pour s'engraisser plus aisément. On le tue pour en avoir la graisse et la peau. Son cuir est surtout estimé à cause de son épaisseur. On le coupe en ligne spirale, pour en fabriquer des traits ou des harnois d'une certaine longueur, que l'on rend droits en les suspendant et en attachant une pierre au bout libre. On travaille la peau des plus jeunes. Les poils portent une couleur noire ; on en fait

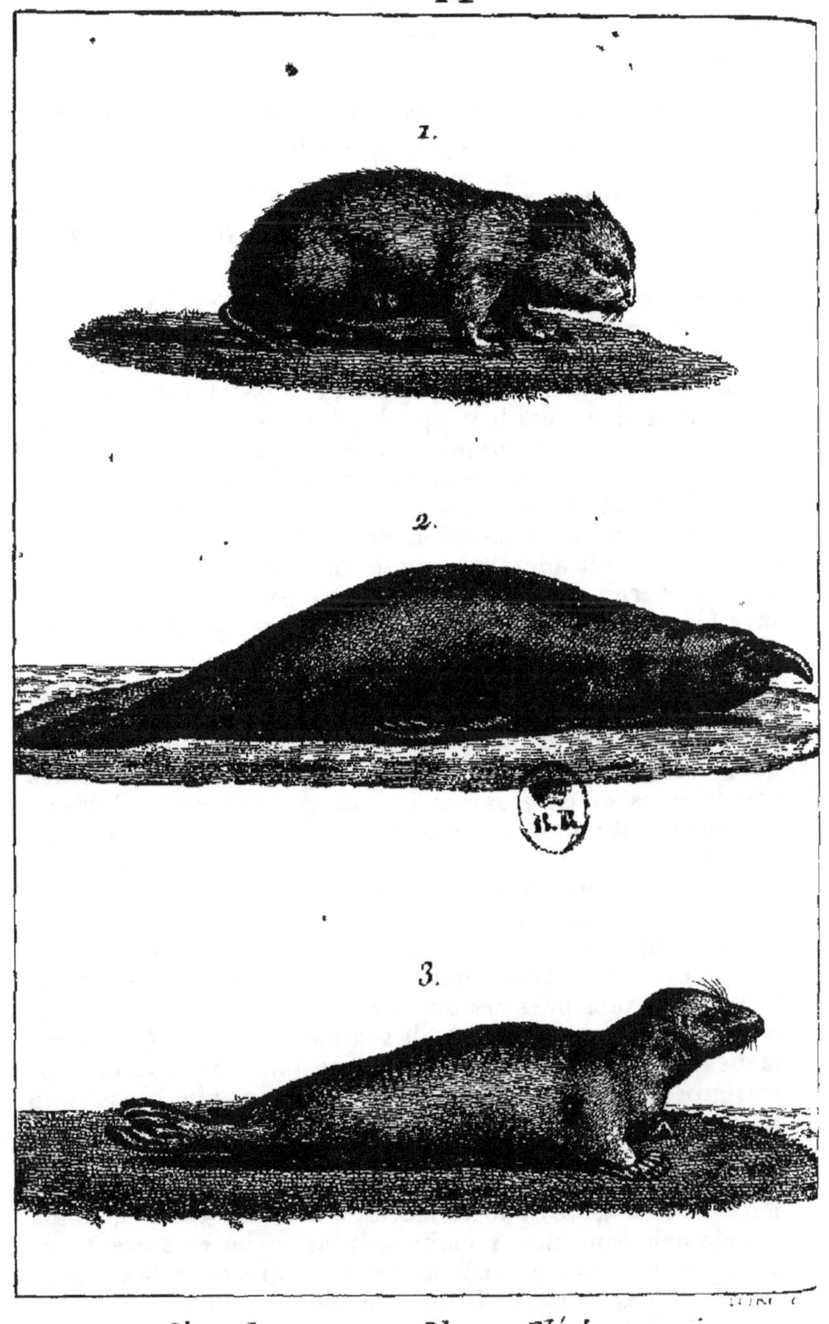

1 *Phascolome*   2. *Phoque Eléphant marin.*
3 *Phoque vulgaire ou Veau marin.*

des chapeaux qui imitent le castor, mais qui sont rudes au toucher.

* *Septième Espèce.* — Phoque veau marin ou commun, *Phoca vitulina*, Linn ; Phoque commun, Buff., tom. XIII, pl. 45, et suppl. VI, pl. 46.—*Chien de mer, loup marin et veau marin* des voyageurs et des marins. — Fréd. Cuv., *Ann. du Mus.*, tom. 17, pag. 377, *Obs. zool. sur les facult. intellect. du phoque commun. V.* pl. G. 44. 3. de ce Dictionnaire.

C'est l'espèce de phoque la plus répandue : elle se trouve surtout dans la mer Baltique et dans tout l'Océan Atlantique, depuis le Groënland jusqu'aux rivages de la mer du Nord ; mais on l'a rencontrée plus au sud, et il paroît même qu'elle se porte jusque vers le Cap de Bonne-Espérance, d'une part, et, de l'autre, jusqu'aux Terres Magellaniques et aux îles jetées au large de cette partie méridionale de l'Amérique ; elle habite dit-on encore dans la Méditerranée et la mer Noire ; et, suivant l'assertion de plusieurs voyageurs, mais qu'on ne sauroit admettre sans de nouveaux renseignemens, il se trouveroit même des animaux de cette espèce dans la mer Caspienne et dans le lac Baïkal, ainsi que dans les lacs Onega et Ladoga, en Russie.

Le *phoque commun* a quatre ou cinq pieds de longueur ; la partie antérieure de sa tête a beaucoup de rapports avec celle de la *loutre* ; le museau est large, plat et comme tronqué ; la lèvre supérieure très-mobile, pourvue de moustaches très-longues et de grosseur inégale, et comme ondulées ; la bouche est munie de six dents incisives supérieures, de quatre inférieures, de deux canines moyennes à chaque mâchoire, et de cinq molaires tranchantes et lobées de chaque côté, tant en haut qu'en bas ; le nez est peu saillant ; les oreilles ne sont marquées que par un très-petit tubercule, qui s'élève sur le bord antérieur de leur orifice ; les yeux sont placés plus près des oreilles que du bout du nez, et ont pour sourcils sept ou huit poils semblables à ceux des moustaches, mais plus petits ; la partie postérieure de la tête est très-grosse, le cou est très-court ; la poitrine plus grosse que le ventre ; le corps d'une figure conique, diminuant de grosseur depuis la poitrine jusqu'à la queue. Les pieds de devant ou les nageoires antérieures, ainsi que les pieds de derrière ou nageoires postérieures, sont courts et à cinq doigts enveloppés dans une membrane ; les ongles en sortent, et sont plus grands aux pieds de derrière qu'à ceux de devant ; ils sont épais, longs, libres et de couleur noire.

Le poil de tout le corps est très-court, serré, non couché en arrière, comme dans la plupart des quadrupèdes, mais dirigé de façon à présenter des sortes de bandes, comme les soies d'une vergette; il a au plus huit lignes de longueur. Chaque poil à part est plat, pointu, dur, sec, roide, et néanmoins fin et luisant; il est brun ou noirâtre jusqu'à la pointe, qui est d'un gris jaunâtre. La couleur générale du corps est d'un gris jaunâtre, plus ou moins ondé ou tacheté de brun, selon l'âge; ordinairement plus foncé sur la tête et sur le dos que sur les flancs; le ventre est pâle. Tout le pelage devient blanchâtre dans la vieillesse. La peau secrète une matière grasse, surtout vers la tête.

Voici les dimensions d'un phoque de cette espèce décrit par Daubenton :

	pieds	p.	lig.
Longueur du corps entier, depuis le bout du museau jusqu'à l'anus,	2	8	»
—— jusqu'au bout des pieds de derrière,	3	3	6
—— de la tête, depuis le bout du museau jusqu'à l'occiput,	»	6	6
Circonférence du bout du museau,	»	6	»
—— du museau, prise au-dessous des yeux,	»	9	»
Contour de l'ouverture de la bouche,	»	5	8
Distance entre les deux naseaux,	»	»	3.½
—— entre le bout du museau et l'angle de l'œil,	»	2	3
—— entre l'angle postérieur et l'oreille,	»	»	11
Longueur de l'œil, d'un angle à l'autre,	»	»	9
Ouverture de l'œil,	»	»	5
Distance entre les angles antérieurs des yeux, mesurée en ligne droite,	»	1	7
Circonférence de la tête, prise au-dessus des oreilles à l'endroit le plus gros,	1	1	3
Longueur du rebord de l'oreille,	»	»	3
Largeur de la base, mesurée sur la courbure extérieure,	»	»	7
Distance entre les deux oreilles,	»	3	5
Longueur du cou,	»	4	»
Circonférence du cou,	1	»	6
—— du corps, derrière les jambes de devant,	1	6	»
—— à l'endroit le plus gros,	1	9	»
—— devant les jambes de derrière,	1	4	»
Longueur du tronçon de la queue,	»	3	4
Circonférence de la queue à l'origine du tronçon,	»	3	4
—— du poignet,	»	5	6
—— du métacarpe,	»	5	6
Longueur depuis le poigne jusqu'au bout des ongles,	»	4	1
Circonférence du métatarse,	»	6	»
Longueur depuis le talon jusqu'au bout des ongles,	»	9	»
Largeur du pied de devant,	»	2	8
—— du pied de derrière,	»	3	»
Longueur des plus grands ongles,	»	»	10
Largeur à la base,	»	»	2

C'est à cette espèce, la plus connue des marins, que
presque toutes les autres du même genre ont été rapportées
sous la dénomination générale de *veaux* ou de *chiens marins;*
et il paroît, d'une autre part, que sous celle de *phoca vitulina*, les naturalistes en confondent plusieurs, qui sont éminemment différentes par leurs caractères anatomiques; du
moins c'est ce qui nous a été appris par M. Otto, professeur
d'anatomie comparée, à Breslaw, qui nous a assuré avoir
disséqué deux phoques de la Baltique, très-semblables par
les caractères extérieurs, mais dont les têtes osseuses of-
froient des dissemblances remarquables dans l'écartement
des orbites et dans l'allongement du crâne.

Les ouvrages des naturalistes offrent des variétés assez
nombreuses de l'espèce du phoque commun, dont nous
nous abstiendrons de faire connoître les caractères. Nous
ne ferons qu'indiquer en passant, 1.º celle du golfe de
Bothnie (*Ph. vitul. Bothnica*, Linn., Faun. succ.), qui a
le nez plus large, les ongles plus longs et le pelage plus
obscur ; 2.º celle des lacs Orom et Baïkal (*Ph. vitul. Sibi-
rica*, Gmel.), qu'on dit argentée, et qui, selon Péron,
pourroit bien n'être qu'une loutre ; et 3.º celle de la Caspienne (*Ph. vitul. Caspica*, de Pallas, Krachenninikow et
Gmel.), qu'on dit être de la taille du *phoque commun* ou plus
petite, et variée de noir, de jaune, de cendré, de blanchâtre.

C'est avec plus de certitude que nous rapporterons à cette
espèce le phoque dont parle Olafsen dans son Voyage en
Islande, sous le nom de *landselur*. Il est, dit-il, de l'espèce
de ceux qu'on trouve dans la Baltique. On le prend au
printemps ; il fait et nourrit ses petits à cette époque, sur
les anses qui sont basses, et conséquemment sous eau,
lorsque la marée est haute. Les femelles tiennent ces petits
à terre jusqu'à ce qu'ils aient changé leur premier poil. Ce
poil est blanc, et quelquefois d'un jaune clair; il devient ensuite d'une couleur foncée et mouchetée de gris un peu plus
clair sous le ventre qu'ailleurs, marqué de taches blanches
et rondes sur les côtés. A mesure qu'il vieillit, la couleur
s'éclaircit encore, et, à la fin, il est d'un blanc tirant sur
le gris. La taille de ce phoque se rapporte d'ailleurs assez à
celle de l'espèce commune.

L'histoire du *veau marin* est peu différente de celle des
autres animaux du même genre à l'état de nature. Les récits
qu'on en possède sont le plus souvent remplis de traits qui
appartiennent aux autres espèces, que les marins ont confondues avec la sienne. Nous n'avons de renseignemens positifs que ceux qui résultent de l'étude de plusieurs de ces
animaux échoués sur les côtes. M. Frédéric Cuvier a suivi

notamment quelques individus qui ont vécu au Muséum
d'Histoire naturelle ; il a publié un Mémoire plein d'intérêt
sur leurs facultés intellectuelles. Il les considère comme
des êtres plus intelligens, dans l'état de nature, à cause de
leur sociabilité, que les chiens sauvages, qui vivent isolés ;
il les présente comme étant susceptibles de s'attacher à
l'homme qui en a soin, et d'exécuter, à son commandement,
différentes actions, même peu en rapport avec leurs habitudes naturelles. Il explique cette confiance aveugle, et qui
leur est presque toujours funeste, que les phoques habitans
des plages désertes ont pour les voyageurs qui y abordent.
C'est, dit-il, qu'ils sont habitués à jouir d'une paix profonde,
et l'on auroit tort, de conclure de là que ces animaux manquent du jugement nécessaire pour apprécier le danger ; car
ceux qui ont des petits à défendre, ou qui se trouvent dans
des parages souvent fréquentés par les hommes, n'ont plus
cette ignorance et cette apathie qui exposoient leur vie ; ils
ont appris à reconnoître leur ennemi, à le fuir, et quelquefois même à l'attaquer.

Les phoques de la Ménagerie étoient nourris avec du poisson, et, ce qui est fort remarquable dans des animaux aussi
voraces, c'est qu'ils n'étoient pas indifférens sur le choix de
la nourriture. On n'a jamais pu faire manger à chacun d'eux
que l'espèce de poisson à laquelle il avoit d'abord été accoutumé ; l'un ne vouloit manger que des harengs, même salés,
et l'autre que des limandes. Ils avoient d'ailleurs contracté des
habitudes diverses ; ainsi, l'un ne saisissoit et ne mangeoit
son poisson qu'au fond de l'eau, tandis que l'autre, au contraire, ne vouloit manger que sur terre. Ils n'étoient point
craintifs, et se laissoient retirer de la gueule leur nourriture, sans témoigner de mécontentement, pourvu toutefois
que ce ne fût pas par un autre individu de leur espèce.
Entre eux ils se battoient pour saisir une proie qu'on leur
abandonnoit. Ils avaloient le poisson après l'avoir réduit,
avec leurs dents, à la proportion convenable, et le humoient
en quelque sorte, en n'ouvrant la bouche que ce qu'il falloit
pour le laisser passer. Leur voix étoit une sorte d'aboiement
un peu plus foible que celui du chien : c'étoit le soir, et
lorsque le temps se disposoit à changer, qu'ils aboyoient.
Quand ils étoient en colère, ils ne le témoignoient que par
une sorte de sifflement assez semblable à celui d'un chat qui
menace. L'un d'eux vivoit dans la meilleure intelligence avec
deux jeunes chiens, qui le harceloient quelquefois en jouant,
et il sembloit les exciter à continuer leurs agaceries, en leur
donnant de légers coups avec sa patte.

Huitième Espèce. — **Phoque gassigiak**, *Phoca maculata*, Bodd., *El. anim.*, p. 171, sp. 7 —*Kassigiak*, Crantz., Groënl., 1, p. 163. — *Phoca vitulina*, Erxleb., Gmel. — **Gassigiak**, Buff., Suppl., tom. VI.

Buffon regarde cette espèce comme distincte de celle du phoque commun, avec laquelle les nomenclateurs la confondent. Elle porte au Groënland le nom de kassigiak ou gassigiak : la peau des jeunes est noire sur le dos, et blanche sous le ventre, et celle des vieux est ordinairement tigrée. Ce phoque n'est pas vigoureux, et se trouve toute l'année à Balsrivier.

C'est peut-être à cette espèce, qu'il faut rapporter le *vade-sael* ou *hav-sael* des Islandais, qui, suivant Olafsen, est presque aussi fort que l'*utselur* (*Voy.* ci - après *phoque lakhtak*), et même plus gros et plus gras que lui ; qui a la peau très-épaisse, et le pelage noir et plein de grosses taches rondes, plus petites sur le dos que sur les flancs. Ces phoques nagent en ligne droite par fortes troupes serrées et avec ordre, d'où leur vient le nom de vade-sael, puis que *vada* signifie *tas flottant.* Un d'eux, qui est ordinairement le plus fort de tous, nage à la tête de la troupe, et est appelé à cause de cela *sacle kouge* (roi des chiens de mer). On ne voit jamais ce phoque en terre-ferme, mais seulement sur les glaçons, où les habitans, principalement ceux qui occupent les côtes septentrionales d'Islande, lui font la chasse. Il vient cependant dans quelque golfe, comme par exemple dans ceux d'Iso et d'Arnar, où on le prend au harpon ; à Patrixfiord, on le tue au fusil. Il dépose ses petits en avril, sur des anses très-éloignées et dans des îles, car il disparoît de ces parages en mars ; et lorsqu'il revient au mois de mai, il ramène ses petits avec lui. (Voyage en Islande, traduction française, tome 3, page 213.)

Neuvième Espèce. — **Phoque neit-soak**, *Phoca hispida*, Gmel., Erxl. —Schreb., *Saeugthière*, tab. 86. —Buff., Suppl., tome VI. — *Phoca fœtida*, Mull., Dan., Prodr., p. 8. — **Phoque puant**, *Encyclop.*, pl. 110, fig. 2.

Cette espèce, peu connue, est, selon Erxleben, de la taille du phoque à croissant, c'est-à-dire que sa longueur totale est d'environ neuf pieds; son poil est hérissé, mêlé de soies aussi rudes que celles du cochon, brun clair, et varié de grandes taches d'une teinte plus rembrunie ; le tour des yeux est noirâtre.

C'est un des nombreux amphibies qui vivent sur les côtes glacées du Groënland et du Labrador.

Dixième Espèce. — PHOQUE LAKHTAK, *Phoca lakhtak*, Nob. — Krachenninikow , Hist. nat. des Voyages , tome XIX , p. 260. — Description du Kamtschatka , tome 3 , page 240. — *Great seal* , Parsons, *Phil. Trans.* ? GRAND PHOQUE ? Buff. , tom. VI , pl. 45. ? — *Phoca barbata* , Gmel.? — *Phoca utjuk* , Crantzius, Groënl. ? — *Phoque utselur* ? Olafsen.

Selon Krachenninikow , ce phoque ne diffère du phoque veau marin, que par la grosseur seulement, puisque sa taille égale celle du plus gros bœuf. On le prend depuis le 56.ᵉᵐᵉ jusqu'au 64.ᵉᵐᵉ degré de latitude septentrionale, et dans la mer orientale. Cette espèce est, pour le nord du globe, ce que le phoque de l'île Saint-Paul est pour l'hémisphère antarctique.

Pennant et Buffon , dépourvus de renseignemens sur les caractères de ce phoque , lui réunissent l'espèce décrite et figurée par Parsons, dans les *Transactions philosophiques*, tome XI, pl. 5. (*V.* Buff. suppl., t. 6, pl. 45), sur un individu femelle non adulte , mais déjà long de sept pieds , que l'on faisoit voir à Londres en 1742. Le rapport seul de la taille (car cet animal, quoique jeune , étoit deux fois plus long que les phoques veaux-marins ordinaires) , peut seul autoriser le rapprochement qu'on en a fait avec le lakhtak du Kamtschatka. Il différoit notamment du phoque à ventre blanc ou du phoque moine , avec lequel Buffon étoit tenté de le réunir, par les ongles grands et larges , dont ses pieds de devant étoient armés; et il se rapprochoit, au contraire , du phoque commun par ce caractère.

Buffon rapporte aussi le phoque *utsuk* ou *urksuk* du Groënland , à cette espèce , à cause de ses grandes dimensions. Tout ce que Crantz nous apprend à l'occasion de ce phoque , c'est que certains individus atteignent jusqu'à douze pieds de longueur, et pèsent jusqu'à huit cents livres.

C'est encore à la même espèce , et toujours sur la simple indication de la taille , que le même naturaliste croit qu'on pourroit rapporter les phoques d'Acadie dont parle le Père Charlevoix (Nouv. Franc. , tome 3 , page 143) , quoique ce voyageur dise qu'ils ont le nez plus pointu que les autres. Les jeunes de cette espèce , peu de temps après leur naissance , sont déjà aussi forts que les plus grands porcs.

Enfin , nous trouvons dans le *Voyage en Islande* d'Olafsen , des notions assez peu précises sur de grands phoques appelés dans ce pays *utselur* ou *vetrar - selur* (*chiens de mer d'hiver* , parce qu'ils font leurs petits dans cette saison), et dont nous ferons mention ici provisoirement. Ils ont jusqu'à deux aunes et demie de longueur ; leur pelage , lorsqu'ils sont adultes , est foncé et moucheté de gris : en vieillissant, ils deviennent tout blancs , à commencer par la tête et le cou. Ils passent ensuite plusieurs années avant que le reste du corps ne blanchisse tout-à-fait; cela arrive même rarement, à moins qu'ils ne deviennent très-vieux. Ces animaux sont méchans , et il est dangereux de les irriter. On les chasse pour s'en procurer la graisse , et surtout la peau. En Islande , le prix moyen d'un utselur de grande taille, est de quatre marcs de Danemarck. Le nom d'*utselur* se rapprochant un peu de ceux d'*utsuk* et d'*urksuk* que les Groënlandais donnent au phoque dont parle Crantzius, il y a quelques raisons de croire qu'ils désignent tous le même animal.

Selon les vues de Péron , il nous paroît très-vraisemblable que ces différens phoques appartiennent à plusieurs espèces distinctes , surtout si l'on considère leur différence d'habitation; mais nous nous abstiendrons de les séparer, jusqu'à ce que des voyageurs nous aient transmis des notions précises sur leurs caractères extérieurs et sur leurs mœurs (1).

Onzième Espèce. — PHOQUE URIGNE, *Phoca lupina*, Molina, Hist. nat. du Chili , édit. franc. , page 255. — Sonnini, édit. de Buff. , tome 34 , page 89.

Cette espèce , décrite par Molina , malgré le peu de confiance que cet auteur mérite , a été considérée , par feu Sonnini, comme une espèce distincte de toutes celles des phoques sans oreilles externes , mentionnées par Buffon.

Ce *phoque* se trouve sur toute la côte et aux environs des îles du Chili ; les Français et les Espagnols le nomment *loup-marin*. Sa forme est celle de tous les *phoques ;* sa lèvre supérieure est un peu cannelée, comme celle du *lion marin ;* sa gueule est si grande d'ouverture , qu'une boule d'un pied de diamètre pourroit y entrer; ses extrémités sont comme celles du *phoque commun* , à l'exception qu'il n'y a que quatre doigts aux pieds de devant. Les dents sont , comme dans le *phoque commun* , au nombre de trente — quatre en tout; savoir : six incisives supérieures , quatre inférieures , deux canines à chaque mâchoire , et cinq molaires de chaque côté, en haut et en bas.

Ces *phoques* sont d'un naturel assez farouche , et se défendent avec courage contre l'homme qui les attaque. Ils

---

(1) M. Cuvier, dans ses recherches sur les ossemens fossiles, a fait assez souvent usage de la différence de taille pour rétablir des espèces perdues. Nous pensons qu'on peut, d'après un tel exemple, se servir aussi de cette distinction, lorsqu'elle est constante, pour isoler les espèces vivantes ; mais toutefois on doit la subordonner à des caractères précis, autant qu'il est possible de le faire.

s'accouplent à la fin de l'automne. La femelle met bas au printemps ; elle fait un ou deux, rarement trois petits. Elle est plus belle que le mâle ; sa taille est plus svelte , et son cou plus long.

L'*urigne* marche très-mal , et nage avec une extrême rapidité. La voix des vieux peut être comparée au mugissement du *taureau*, ou au grognement du *cochon*. Celle des jeunes ressemble plutôt au bêlement des agneaux.

On tue chaque année une quantité prodigieuse de ces animaux sur les côtes du Chili. Leur peau sert à faire des outres pour soutenir des radeaux : on en fait aussi des souliers et des bottes imperméables. Lorsqu'elle est bien apprêtée , elle ressemble à du maroquin à gros grain.

Leur graisse sert à préparer les cuirs , et même à brûler ; les matelots s'en servent pour la friture , et lorsqu'elle est fraîche, elle n'a rien de désagréable. Les insulaires de l'Archipel de Chiloë en font un commerce considérable.

SECOND SOUS-GENRE. —**OTARIES** , *Otaria*, Péron. Caractères : *de petites oreilles externes ; les quatre incisives supérieures mitoyennes, à double tranchant ; les externes simples et plus petites ; les quatre inférieures fourchues ; toutes les molaires simplement coniques ; les doigts des nageoires antérieures presque immobiles ; la membrane des pieds de derrière se prolongeant plus ou moins en une lanière au-delà de chaque doigt ; ongles plats et menus ; poil moins ras que dans les phoques ordinaires.* (Cuv. , *Règ. anim.*)

Douzième Espèce. — OTARIE A CRINIÈRE, *Otaria leonina.* — PHOQUE A CRINIÈRE, Forster, *deuxième Voyage de Cook*, tom. 4. — LION-MARIN , Pernetty, *Voyage aux îles Malouines*, tome 2 , pl. 10. — Le LION-MARIN , Buff. , suppl. 7, pl. 48, d'après Forster. — LION-MARIN, Stell., Nov. Com. Act. petrop. 11 , p. 418. Krachenninikow, Hist. du Kamtschatka. — *Phoca sconi*, Bodd., *Elench anim.*, p. 172, sp. 10.

En annonçant que trois phoques des mers du Sud ont reçu le nom de *lion-marin*, Péron ne distingue pas les espèces ; mais il est facile de faire connoître que l'un est le phoque à trompe ; le second, le phoque de l'île Saint-Paul , et le troisième, le lion-marin de Pernetty et de Forster.

Celui-ci est-il le même que le lion-marin du Nord de Steller , que Péron démontre être différent de celui de Fabricius (phoque à capuchon) ? il ne le croit pas. Cependant M. Cuvier (*Règne animal*) paroît se déterminer à penser que le lion-marin du détroit de Magellan (celui de Forster et de Pernetty) , ne diffère pas de celui des îles Aleutiennes

(le lion-marin de Steller). Suivant lui, l'espèce existeroit dans toute la mer Pacifique.

On peut concevoir, à la vérité, que les phoques du détroit de Magellan, suivant successivement les côtes occidentales de l'Amérique, ont pu se porter du Sud au Nord, ou bien que l'espèce de ce phoque, existant primordialement vers la côte nord-ouest de l'Amérique et la côte orientale du nord de l'Asie, a pu, suivant la route contraire, se porter de ces régions glacées jusque vers la pointe méridionale du nouveau continent, et, remontant ensuite un peu le long de la côte sud-est, se porter jusqu'aux îles Falkland ou Malouines, où, en effet, on trouve des lions-marins, mêles, sur les rivages, avec diverses autres espèces de ce genre, et particulièrement avec celle du phoque à trompe.

C'est d'après Forster que nous décrirons d'abord les phoques, appelés lions-marins, qui habitent la pointe sud de l'Amérique, c'est-à-dire les îles Falkland, le détroit de Magellan et la Terre des Etats. Ensuite, nous rapporterons la description donnée par Steller de ses lions-marins, et nous examinerons s'il nous est permis de décider l'identité ou la non-identité d'espèce de ces animaux.

Selon Forster, le lion-marin est le phoque à oreilles externes (ou *otarie*) de la plus grande espèce : sa longueur est de dix à douze pieds anglais, lorsqu'il a pris tout son accroissement : les femelles, qui sont beaucoup plus minces, sont aussi plus petites, et n'ont communément que sept ou huit pieds ; les plus gros mâles pèsent de douze à quinze cents livres (anglaises), et un moyen, cinq cent cinquante, après qu'on en a ôté la peau, les entrailles et la graisse : le diamètre du corps, dans les individus des deux sexes, est à peu près égal au tiers de la longueur ; l'épaisseur est presque la même partout, et l'animal se présente aux yeux comme un gros cylindre, plutôt fait pour rouler que pour marcher sur la terre ; aussi le corps trop arrondi n'y trouve d'assiette que parce qu'étant recouvert partout d'une graisse excessive, il prête aux inégalités du terrain et aux pierres sur lesquelles l'animal se couche pour se reposer. La tête paroît être trop petite à proportion d'un corps aussi gros ; le museau est assez semblable à celui d'un gros dogue, étant un peu relevé et comme tronqué à son extrémité ; la lèvre supérieure déborde sur l'inférieure, et toutes deux sont garnies de cinq rangs de soies rudes, en forme de moustaches, qui sont longues, noires et s'étendent le long de l'ouverture de la gueule ; ces soies sont des tuyaux dont on peut faire des cure-dents ; elles deviennent blanches dans la vieillesse. Les oreilles sont coniques, longues seulement de six à sept lignes ; leur cartilage est ferme

et roide, et néanmoins elles sont repliées vers l'extrémité ;
la partie intérieure en est lisse et la surface extérieure est
garnie de poils. Les yeux sont grands et proéminens. . . .
L'iris est vert, et le reste de l'œil est blanc, varié de petits
filets sanguins. Il y a une membrane clignotante à l'intérieur.
Les sourcils, composés de crins noirs, surmontent les yeux.
Les dents sont au nombre de trente-six ; les incisives supérieures ont deux pointes, au lieu que les inférieures n'en ont
qu'une; il y en a quatre. tant en haut qu'en bas;les dents canines sont bien plus longues que les incisives, et de forme conique, un peu crochues à leur extrémité, avec une cannelure
au côté intérieur. Les pieds du devant ou les mains, qui
partent de la poitrine, sont de grandes bandes plates, d'une
membrane noire et dure, lisse et sans poil ; et dans le
milieu, se trouvent quelques vestiges d'ongles qu'à peine l'on
distingue. Les nageoires de derrière, lisses et sans poils, comme
celles de devant, sont divisées en cinq longs doigts, aplatis
et enveloppés dans une peau mince, laquelle se prolonge et
s'étend au-delà des ongles, qui sont fort petits. La queue, de
forme conique et couverte de petits poils, est extrêmement
courte.

La tête du mâle et la partie supérieure de son corps, sont
recouvertes de poils épais ondoyans, longs de deux à trois
pouces, et de couleur jaune foncée ou tannée, qui flottent
sur le front et sur les joues, et forment une crinière sur le cou
et sur la poitrine de l'animal. Cette crinière se hérisse lorsqu'il est irrité. Sur tout le reste du corps, des poils courts,
lisses, fauves brunâtres et comme collés à la peau, l'enveloppent dans une robe satinée et luisante. La femelle n'a pas
le moindre vestige de crinière, à quelque âge qu'elle soit par-
venue ; tout son poil est court, lisse et luisant, comme celui
de la robe du mâle ; mais il est d'une couleur jaunâtre assez
claire.

Une femelle, probablement jeune, mesurée par Forster,
avoit les dimensions suivantes :

	pieds	p.	lig.
Du bout du nez à l'extrémité des doigts du milieu de la na- geoire de derrière,	6	6	3
——— jusqu'à l'extrémité de la queue,	5	6	»
——— jusqu'à l'origine de la queue,	5	3	»
Circonférence du corps, aux épaules,	3	11	»
——— de la tête, derrière les oreilles,	2	1	3
Longueur des nageoires de devant,	1	9	»
——— des nageoires de derrière jusqu'à l'extrémité du pouce,	1	5	»
Depuis l'extrémité de la lèvre supérieure jusqu'à l'angle de la bouche,	»	3	8

Depuis l'extrémité de la lèvre supérieure jusqu'à la base des oreilles, » 8 »

Longueur des moustaches, » 5

—— de la queue, » 2 10

——— de l'ongle du doigt du milieu de la nageoire postérieure, » » 11

Hauteur des oreilles, » » 7

Suivant Steller (*Nov. Comment. Acad. Petrop.*, t. 11, année 1751), et Krachenninikow (*Hist. du Kamtschatka*), le lion-marin du Nord seroit plus petit que celui du Sud, puisque sa taille ne surpasseroit guère celle de l'otarie ours-marin; sa peau sur tout le corps seroit brune ; sa tête de moyenne grosseur; ses oreilles courtes; le bout de son museau court et relevé, comme celui du chien doguin; son cou seroit nu, avec une petite crinière d'un poil rude et frisé.

Ces caractères ne sont certainement pas suffisans pour affirmer que l'espèce de Steller est différente de celle de Forster; aussi nous abstiendrons-nous de les séparer, quelque penchant que nous ayons à adopter la manière de voir de Péron, sur la distribution des animaux marins, cétacés et amphibies, en trois régions distinctes, deux septentrionales (l'une dépendant de la mer Atlantique, et l'autre de l'océan Pacifique), et une australe, unique, attendu qu'il est facile de reconnoître que toutes les espèces bien observées de ces trois régions sont propres exclusivement à chacune, et ne se trouvent point dans les autres.

Les *otaries lions-marins*, qui ont beaucoup de rapports avec les *ours-marins* (*V.* l'espèce suivante), présentent cependant avec ces animaux quelques différences dans les habitudes. Ils sont indolens et fort lourds, et ne marquent que peu d'attachement pour leurs petits ; au contraire, les *ours-marins* sont très-vifs, et donnent les preuves d'un grand amour pour leur progéniture ; et quoique ces animaux soient souvent sur les mêmes terrains et dans les mêmes eaux, cependant ils y vivent toujours en troupes séparées et éloignées les unes des autres. Dans l'article suivant, on verra quels sont les caractères de forme qui différencient cet amphibie du *lion-marin*.

Le Père Labbé fait mention du *lion-marin* des côtes du Brésil, lieu où cet animal est assez commun. Lemaire l'observa à l'île du Roi, sur la côte des Patagons ; mais cet auteur dit qu'on ne le rencontre pas au-delà du 56.e degré de latitude septentrionale. Bougainville a trouvé le lion-marin aux îles Malouines, se partageant le terrain avec les *phoques à trompe* et d'autres espèces. Cook l'a également vu sur les îles du Nouvel-An, situées à la côte du nord de la Terre des

Etats, etc. Il est remarquable qu'on n'ait point signalé cet animal dans l'immense intervalle qui sépare les deux régions qu'il habite (1). D'autres voyageurs l'ont reconnu dans le grand Océan boréal, dans les îles Kouriles et au Kamtschatka. Steller, qui s'étoit embarqué sur le vaisseau de Béring, en qualité de naturaliste, dans le voyage où ce navigateur découvrit, pour les Russes, l'Amérique du nord-ouest par les latitudes élevées, vécut pour ainsi dire avec ces amphibies pendant plusieurs mois, dans l'île sur laquelle le vaisseau de Béring fit naufrage.

Les *lions-marins* marchent de la même manière que les autres phoques, c'est-à-dire, en se traînant avec leurs pieds de devant, mais encore plus pesamment ; il y en a même qui sont si lourds, et ce sont probablement les vieux, qu'ils ne quittent pas le rocher sur lequel ils se sont établis et sur lequel ils passent le jour entier à dormir et à ronfler. Mais si ces animaux sont si pesans sur terre, quand ils sont à l'eau, ils déploient, vieux ou jeunes, aux yeux de l'observateur, une étonnante vitesse et une légèreté sans exemple dans l'action de nager, qui leur est, pour ainsi dire, seule familière.

« Les *lions-marins*, dit Buffon d'après les voyageurs, vont et se tiennent par grandes familles ; chaque famille est ordinairement composée d'un mâle adulte, de dix à douze femelles et de quinze à vingt jeunes des deux sexes ; tous nagent ainsi dans la mer, et demeurent ainsi réunis lorsqu'ils se reposent à terre. . . . . »

« La présence ou la voix de l'homme les fait fuir ou se jeter à l'eau ; car quoique ces animaux soient bien plus grands et plus forts que les *ours-marins*, ils sont néanmoins plus timides. Lorsqu'un homme les attaque avec un simple bâton, ils se défendent rarement et fuient en gémissant ; jamais ils n'attaquent ni n'offensent, et l'on peut se trouver au milieu d'eux sans avoir rien à craindre ; ils ne deviennent dangereux que lorsqu'on les blesse grièvement ou qu'on les met aux abois ; la nécessité leur donne alors de la fureur ; ils font face à l'ennemi, et combattent avec d'autant plus de courage qu'ils sont plus maltraités. Les chasseurs cherchent à les surprendre sur la terre plutôt que dans la mer, parce qu'ils renversent souvent les barques lorsqu'ils se sentent blessés. Comme ces animaux sont puissans, massifs et très-forts, c'est une espèce de gloire parmi les Kamtschadales, que de tuer un *lion-marin* mâle. . . . . »

« Les mâles se livrent souvent entre eux des combats longs

---

(1) Ce fait tendroit fortement à appuyer la distinction de l'espèce de Steller, de celle de Forster.

et sanglans. On en a vu qui avoient le corps entamé et couvert de grandes cicatrices. Ils se battent pour défendre leurs femelles contre un rival qui vient s'en saisir et les enlever ; après le combat, le vainqueur devient le chef et le maître de la famille entière du vaincu. Ils se battent aussi pour conserver la place que chaque mâle occupe toujours sur une grosse pierre qu'il a choisie pour domicile ; et lorsqu'un autre mâle vient pour l'en chasser, le combat commence, et ne finit que par la fuite ou par la mort du plus foible. »

L'accouplement est précedé, dans cette espèce, de plusieurs caresses étranges : c'est le sexe le plus foible qui fait les avances, c'est ainsi que le décrit Georges Forster : « La femelle se tapit aux pieds du mâle, rampant cent fois autour de lui, et de temps à autre rapprochant son museau du sien comme pour le baiser : le mâle, pendant cette cérémonie, sembloit avoir de l'humeur ; il grondoit et montroit les dents à la femelle, comme s'il eût voulu la mordre : à ce signal, la souple femelle se retira et vint ensuite recommencer ses caresses et lécher les pieds du mâle. Après un long préambule de cette sorte, ils se jetèrent tous les deux à la mer, et y firent plusieurs tours en se poursuivant l'un et l'autre ; enfin, la femelle sortit la première sur le rivage, où elle se renversa sur son dos ; le mâle, qui la suivoit de près, la couvrit dans cette situation, et l'accouplement dura huit à dix minutes. » Selon Forster, l'accouplement des lions-marins a lieu en décembre et janvier, aux Terres Magellaniques, et, suivant Steller, en août et en septembre, sur les côtes du Kamtschatka.

Ces animaux choisissent toujours les côtes desertes pour y faire leurs petits et s'y livrer au plaisir de l'amour. Leur voix différé selon l'âge et le sexe. Les vieux mâles mugissent comme des taureaux ; les femelles font entendre un cri comparable au beuglement des veaux, et les jeunes bêlent presque comme les agneaux. Il paroît qu'ils ne prennent aucune nourriture pendant leur séjour à terre, qui dure quelquefois plus d'un mois ; aussi deviennent-ils maigres. Ils ont l'habitude alors d'avaler un certain nombre de grosses pierres qui tiennent leur estomac tendu. Le temps de la gestation est d'environ onze mois ; les voyageurs ne s'accordent pas sur le nombre de petits que la femelle produit à chaque portée. Selon Steller, elle n'en fait qu'un ; suivant Forster, elle en fait deux. L'odeur de ces animaux est forte.

Les voyageurs ne sont point d'accord sur la bonté de leur chair ; les uns disent qu'elle est noire et mauvaise, et d'autres qu'elle est, ainsi que la graisse, d'un goût très-agréable.

* *Douzième Espèce.* — OTARIE OURS-MARIN, *Otaria ursina*, Péron — *Phoca ursina*, Linn. — Schreb., *Saeugth.*, tab. 82.—

Ours-marin, Buff., *Suppl.*, tom. VII, pl. 47 ; — *Ursus marinus*, Steller, *Nov. Com. Petrop.*, 11, p. 331, tab. 15 ; — Chat-marin, Krachenninikow, *Hist. du Kamtschatka*.

Le phoque ours-marin est, après le *lion-marin*, la seule espèce connue dans l'hémisphère boréal, qui ait des oreilles externes, et qui appartienne conséquemment au sous-genre *otarie*. On l'a confondu avec plusieurs espèces des mers australes, pourvues également de petites oreilles, et sans crinière, dans le mâle ; mais ces espèces doivent en être distinguées, ainsi que l'a établi Péron. Dampier est le premier qui ait parlé des phoques qui présentent ces caractères, sous le nom d'*ours-marins*; quelques autres navigateurs les ont appelés *phoques communs*, parce qu'on les trouve, en effet, très-communément dans toutes les mers australes ; mais ce dernier nom est mal appliqué, puisqu'il appartient spécifiquement au phoque qui se trouve sur les côtes d'Europe, lequel n'a pas d'oreilles externes.

L'ours-marin, qu'il ne faut pas confondre avec l'*ours blanc de mer* qui est un carnassier plantigrade, ressemble beaucoup, par ses formes extérieures, au lion-marin ; il en a la tête, les oreilles externes ; son corps a la même proportion ; ses membres sont conformés de la même manière. Les doigts de ses nageoires postérieures sont également dépassés par des lanières de peau fort allongées et linéaires ; sa queue est aussi courte, etc. ; mais il en diffère par la taille et par le pelage.

Le poids des plus grands ours marins des mers du Kamtschatka, est d'environ vingt puds de Russie, c'est-à-dire, huit cents de nos livres, et leur longueur n'excède pas huit à neuf pieds. Leur poil est hérissé, épais et long ; il est de couleur noirâtre et tacheté de gris sur le corps, et jaunâtre ou roussâtre sur les pieds et les flancs ; il y a, sous ce long poil, une espèce de feutre, c'est-à-dire, un second poil plus court et fort doux, qui est aussi de couleur roussâtre ; mais dans la vieillesse, les plus longs poils deviennent gris ou blancs à la pointe, ce qui les fait paroître d'une couleur grise un peu sombre. Ils n'ont pas, autour du cou, de longs poils en forme de crinière, comme les lions-marins. Les femelles diffèrent si fort des mâles par la couleur ainsi que par la grandeur, qu'on seroit tenté de les prendre pour des animaux d'une autre espèce. Leurs plus longs poils varient ; ils sont tantôt cendrés et tantôt mêlés de roussâtre. Les petits sont du plus beau noir en naissant ; on fait de leur peau des fourrures qui sont très-estimées ; mais dès le quatrième jour après leur naissance, il y a du roussâtre sur les pieds et sur les côtés du corps : c'est pour cette raison que l'on tue souvent les femelles qui sont pleines, pour avoir la peau des fœtus qu'elles portent, parce que cette fourrure des fœtus est encore plus soyeuse que celle des nouveau-nés.

Les habitudes de l'ours-marin diffèrent peu, quant au fond, de celles du lion-marin, mais bien par les détails. Ils vivent en familles : chaque chef se tient à la tête de la sienne, composée de ses femmes, au nombre de huit, jusqu'à quinze et cinquante, et de tous leurs petits des deux sexes : chaque famille se tient séparée, et quoique ces animaux soient en certains endroits par milliers, les familles ne se mêlent jamais. Les mâles se battent entre eux pour se disputer la possession des familles ; et après un combat cruel, le vainqueur s'empare de la famille du vaincu, qu'il réunit à la sienne.

L'ours-marin craint seulement le lion-marin ; du reste, il fait une guerre cruelle à tous les autres animaux de mer, et notamment aux loutres marines. Il n'est ni dangereux ni redoutable pour l'homme ; il ne cherche même pas à se défendre contre lui, et il n'est à craindre que lorsqu'on le réduit au désespoir, et qu'on le serre de si près qu'il ne peut fuir. L'ourse-marine n'a pas l'indifférence qu'on reproche à la lionne-marine pour son petit ; elle lui témoigne un attachement si vif et si tendre, que, même dans le plus pressant danger pour sa propre personne, elle n'abandonne jamais son *ourson* ; elle emploie tout ce qu'elle a de force et de courage pour le défendre et le conserver, et souvent, quoique blessée elle-même, elle l'emporte dans sa gueule pour le sauver.

Le cri des ours-marins est plaintif, mais il varie selon les circonstances. En général, le bêlement d'un troupeau entier de ces animaux, ressemble de loin à celui d'un troupeau composé de *moutons* et de *veaux*.

Les femelles mettent bas, au mois de juin, sur les rives désertes de la mer du Nord ; et comme elles entrent en chaleur dans le mois de juillet suivant, on peut en conclure que le temps de la gestation est au moins de dix mois ; les portées sont ordinairement d'un seul, rarement de deux petits ; les mères les allaitent jusqu'à la fin d'août. Ces petits, déjà très-forts, jouent souvent ensemble ; et lorsqu'ils viennent à se battre, celui qui est vainqueur est caressé par le père, et le vaincu est protégé et secouru par la mère.

Le *phoque ursin* de Forster, trouvé par ce voyageur aux Terres Magellaniques, et rapporté par lui à l'espèce de l'ours-marin de Steller, lui appartient-il en effet ? C'est ce que

nous ne saurions affirmer ni infirmer, attendu le peu de renseignemens que nous avons sur ce phoque ursin ; mais, en
adoptant les idées de Péron sur la distribution des espèces
de phoques sur le globe, ces deux animaux seroient différens,
comme, selon le même naturaliste, le lion-marin des mers
du Nord, le seroit du lion-marin des mers Australes. Relativement à ces derniers, quelques variétés dans la taille, dans
les habitudes, dans la disposition des poils de la criniere des
mâles, semblent confirmer l'opinion de Péron ; mais quant à
ce qui concerne les ours-marins, nous ne possédons pas
même de données aussi foibles, pour décider la question,
et nous pensons qu'elle ne sera résolue que quand on aura
pu confronter, dans tous leurs détails, les squelettes et les
dépouilles de ces animaux, provenans, les uns du Nord, les
autres du Sud.

Le phoque ursin de Forster, trouvé sur une petite île, près
de la Terre des Etats, abondoit sur la plage avec les lions-
marins ; mais ces deux espèces se tenoient toujours éloignées
l'une de l'autre. Les lions de mer occupoient la plus grande
partie de la côte ; les ours habitoient l'intérieur de l'île. Le
même voyageur a aussi rapporté à l'espèce de l'ours-marin,
les phoques qu'il a rencontrés sur les îles de la mer du Sud,
et notamment, la Nouvelle-Zélande et la terre de Diemen.

*** *Treizième Espèce*. — OTARIE DE L'ILE ROTTNEST, *Otaria
Peronii*, Nob.**

Dans le *Voyage aux Terres australes* de Péron, tom. 1,
pag. 189, nous trouvons que M. Bailly, l'un des naturalistes
de l'expédition, accompagné de plusieurs personnes, étant
descendu sur la petite île Rottnest, située près de la côte
occidentale de la Nouvelle-Hollande, qui a reçu le nom de
terre de Lewin, par le 32.ᵉ degr. de lat. mér. et le 113.ᵉ degré
de longit. orient., y trouva une assez grande quantité d'animaux, parmi lesquels il distingua des phoques nombreux qui
se montroient sur les diverses plages de la côte de cette île,
et qui s'avançoient quelquefois dans l'intérieur des forêts, à
d'assez grandes distances. Il y en avoit de très-gros ; ils
étoient communément gris.... quelques-uns étoient noirs :
ces derniers étoient les petits et les plus jeunes ; car M. Bailly
vit une femelle, d'un gris cendre, allaitant un de ses petits
qui, lui même, étoit noir (1).

Nous avons pensé que des dépouilles de ce phoque pourroient se retrouver dans la collection du Muséum, qui ren-

---

(1) Il y avoit aussi, sur cette île, des phoques de couleur rougeâtre,
et desquels nous n'avons aucun autre renseignement.

ferme celles de tous les animaux recueillis dans l'expédition aux Terres Australes; et en effet, nous avons vu dans cette collection deux individus qui nous paroissent appartenir à cette espèce, et qui ont été montrés dans les cours publics de M. le professeur Geoffroy, sous la dénomination d'*ours-marins antarctiques*. Le plus grand peut avoir deux pieds et demi de longueur, depuis le bout du museau jusqu'à l'origine de la queue, qui n'a pas plus d'un pouce; les pattes postérieures, qui s'étendent dans la direction du corps, ont environ un demi pied; les oreilles ont treize lignes de longueur. Ce sont de jeunes individus dont les dents ne sont pas encore entièrement sorties. Dans le plus grand de ces phoques, les dents incisives supérieures sont au nombre de quatre; mais il y a un espace entre les plus extérieures et les canines, où peut en venir une; ce qui porte le nombre total des dents de cette mâchoire, à dix; l'inférieure n'a que quatre incisives plus grosses que celles d'en haut, et se plaçant par leur pointe dans une rainure transverse qu'on voit sur le tranchant de celles-ci. Dans le même individu, tout le dessus du corps est gris, et le dessous est d'un blanc plus pur sur le poitrail que sur le ventre; les pattes sont brunâtres; celles de devant ont les doigts très-enveloppés par la peau et inermes; celles de derrière ont seulement leurs trois doigts du milieu garnis d'ongles très-allongés, aplatis et étroits; la membrane qui les dépasse paroît nue et présente cinq découpures ou lobes, dont l'extérieur est le plus long; mais cette membrane n'est pas découpée en lanières allongées et linéaires, comme dans l'*ours-marin* du Nord.

L'autre individu n'a guère que les deux tiers de la longueur du premier, et est d'une couleur obscure, assez uniforme, plus claire néanmoins en dessous qu'en dessus.

Ces animaux n'ont point la rudesse du poil annoncée par Péron, pour son otarie cendrée; et c'est ce qui nous a engagé à les en séparer. Si, comme nous le croyons, ils appartiennent à l'espèce de l'île Rottnest, il y a encore une probabilité de plus qu'ils diffèrent de l'*otarie cendrée*; car s'il y avoit eu identité, Péron n'eût pas manqué de la faire connoître.

Cette espèce, ainsi que les trois ou quatre suivantes, et probablement quelques autres que l'on connoîtra par la suite, sont sans doute celles que les voyageurs dans les mers australes ont désignées par le nom général d'*ours-marins*, parce qu'ils n'ont fait attention qu'aux caractères de ces animaux qui leur sont communs avec les *ours-marins* du Nord, de Steller, et qu'ils ont négligé de tenir compte des différences.

* *Quatorzième Espèce.* — OTARIE CENDRÉE , *Otaria cinerea*, Péron et Lesueur , *Voyage au Terres Australes* , tom. 2 , pag. 75.

L'*otarie cendrée* est encore une nouvelle espèce dont la découverte est due aux naturalistes français de l'expédition commandée par le capitaine Baudin. Elle a été rencontrée sur les rivages de l'île Decrès, qui est située par le 36.e degré de latitude méridionale, et le 135.e degré de longitude orientale, en face des golfes Bonaparte et Joséphine, de la Terre Napoléon. Ces phoques parviennent à neuf à dix pieds de longueur. Leur poil est très-court, de couleur grise cendrée, très-dur et très-grossier ; mais leur cuir est épais et fort, et l'huile qu'on prépare avec leur graisse est aussi bonne qu'abondante. « Sous l'un et l'autre rapports, dit Péron, la pêche de ces amphibies offriroit de nombreux avantages ; il en est de même de quelques autres espèces de phocacées plus petites, qu'on trouve également en très-grand nombre sur ces bords, et qui portent des fourrures de bonne qualité. Dans le cas d'une spéculation de ce genre, l'*anse des sources* procureroit aux pêcheurs assez d'eau pour leur consommation , tandis que les kanguroos et les casoars leur fourniroient une nourriture salubre et inépuisable. »

Forster, en parlant des *lions-marins* , avoit reconnu avec surprise que les estomacs de ces animaux étoient remplis de dix ou douze pierres rondes et pesantes, chacune de la grosseur des deux poings. Péron avoit fait la même observation sur le grand phoque à trompe ; mais relativement au volume de l'animal , il n'a jamais trouvé autant de pierres à la fois, que dans l'estomac d'une otarie cendrée, qui en renfermoit trente-trois de différentes grosseurs.

* *Quinzième Espèce.* — OTARIE ALBICOLLE, *Otaria albicollis* , Péron et Lesueur, *Voyage aux Terres Australes* , tom. 2, page 118.

Ce phoque abonde sur les plages de l'île Eugène , l'une de celles qui avoisinent la Terre Napoléon de la Nouvelle-Hollande , et qui est située par le 32.e degré de latitude méridionale et le 131.e de longitude orientale. Sa longueur moyenne est de huit à neuf pieds. Il est particulièrement caractérisé par une grande tache blanche à la partie moyenne et supérieure du cou, qui lui a valu le nom qu'il porte. Les pieds antérieurs sont moins éloignés de la poitrine que ceux de la plupart des autres amphibies du même genre.

Péron, qui annonce cette nouvelle espèce de phoques, dans la relation de son voyage , dit que leur chasse, exécutée dans une saison convenable, seroit aussi facile que lucrative sur toutes les îles qui sont situées près de la Terre Napoléon. La baie Murat entre autres, peu éloignée de l'île Eugène, offriroit un abri suffisant aux petits navires qu'on emploieroit à ces sortes d'entreprises, et leur provision d'eau douce pourroit être facilement renouvelée au port du roi Georges.

Seizième Espèce. — OTARIE JAUNÂTRE, *Otaria flavescens*, Nob.; *Phoca flavescens*, Shaw., Gen. Zool., tom. 1, part. 2, pag. 260. — *Eared seal*, Pennant, Quadr., p. 278.

Ce phoque à oreilles, est une espèce assez rare, et l'une des plus petites du genre. Sa longueur totale est tout au plus de deux pieds anglais, depuis le nez jusqu'au bout de la queue ; et du même point, jusqu'à l'extrémité des nageoires postérieures, de deux pieds et demi. Sa couleur est un jaune pâle uniforme, ou couleur de crème foncée, sans mélange. La tête est petite, le nez un peu pointu. Les oreilles sont longues d'un pouce (ce qui est considérable pour un si petit animal; le lion-marin, qui est vingt fois plus pesant, ne les ayant longues que de sept lignes) ; elles sont très-étroites, pointues et en forme de feuille. Les moustaches sont longues et blanchâtres; les dents plutôt émoussées que pointues. Les pieds de devant sont en forme de nageoire, sans aucune apparence d'ongles. Ceux de derrière sont fortement palmés et ont de véritables ongles, longs et distincts, desquels les trois intermédiaires sont plus larges que les autres; la queue a environ un pouce de long.

Ce phoque, qui a été pris dans le détroit de Magellan, faisoit partie du Musée de Lever, à Londres. Il n'a jamais été figuré, si ce n'est dans la planche du vautour magellanique (condor), du premier volume du *Museum Leverianum ;* mais cette figure n'est qu'un accessoire à la planche citée, et ne donne guère que le port de l'animal, sans aucun caractere arrêté.

Shaw a copié cette même figure dans sa Zoologie générale, pl. 73.

Dix-septième Espèce. — OTARIE DES ÎLES FALKLAND, *Otaria falklandica*, Nob. — *Falkland-isle seal.* Penn. Quadr., p. 275. — *Phoca falklandica*, Shaw., Gen. Zool., tom. 1, part. 11, pag. 256.

Ce phoque, qui a quatre pieds de longueur, a le poil court, cendré, nuancé de blanc terne; son nez est court et garni de moustaches noires; ses oreilles sont courtes, velues et pointues; ses incisives supérieures sont marquées d'un sillon transversal comme dans les autres otaries; mais les inférieures ont

un caractère particulier, en ce qu'elles ont aussi un sillon, mais
dans une direction opposée ; les molaires sont très-fortes,
avec un petit appendice sur chaque côté près de leur base ;
les pieds de devant sont sans ongles, et le bout de la nageoire
est terminé en palmures qui s'étendent au-delà des extrémités
des doigts qui ne sont pas séparés ; les pieds de derrière n'ont
que quatre doigts pourvus d'ongles longs et aigus ; les membranes les enveloppent. Ce caractère est encore particulier à
cette espèce, s'il a été bien observé.

On a trouvé ce phoque dans les mers aux environs des
îles Malouines ou Falkland.

En parlant de cet animal, c'est l'occasion de rappeler ici
que M. de Blainville décrit, dans l'article DENT (*V.* ce mot.)
les mâchoires d'une tête de phoque des mêmes îles, remarquables par le nombre des incisives inférieures qui n'est que de
deux : elles sont très-fortes, dirigées en avant et tronquées au
bout ; les supérieures sont au nombre de six ; il y a deux énormes
canines à chaque mâchoire, et six molaires de chaque côté,
irrégulières en haut et presque simples en bas. Cette tête, à
n'en pas douter, appartient à une espèce non encore admise
dans nos méthodes.

Dix-huitième Espèce. — OTARIE COCHON-DE-MER, *Otaria
porcina*, Nob. — COCHON DE MER, *Phoca porcina*, Molina,
Hist. nat. du Chili, pag. 260.

La connoissance de ce phoque est due à Molina, qui,
comme on sait, n'inspire pas une grande confiance aux naturalistes. Aussi Gmelin a-t-il considéré ce *cochon-marin*
comme ne différant pas du lion-marin de Pernetty. Néanmoins Pennant, Shaw et Sonnini continuent à le distinguer.
Ce dernier particulièrement, pense que le peu que l'on sait
de ce phoque, que Molina a pu comparer sur les lieux au
lion-marin, l'en éloigne suffisamment. Il ressemble à l'*urigne*
pour la figure, le poil et la manière de vivre, et cet *urigne*
ressemble lui-même beaucoup au phoque commun ; mais il
en diffère en ce que son museau est plus allongé, et se rapproche
du groin d'un cochon, et en ce que ses oreilles sont plus relevées ; ses pieds antérieurs sont recouverts par une membrane.

On le rencontre rarement sur les côtes du Chili.

Dix-neuvième Espèce. — OTARIE NOIRE, *Otaria pusilla*, Nob.
—*Phoca pusilla*, Linn., Gmel ; le PETIT PHOQUE NOIR, Buff,
tome XIII, pl. 53. — φακη, Arist. — Ælien, — *vitulus
marinus*, Pline.

Les descriptions de phoques données par Aristote, Pline

et Ælien, se rapportent assez bien à une petite espèce d'otarie de la Méditerranée, qui a été figurée par Belon, sous le nom de *phoca vitulus marinus*, *vecchio marino* (*de la Nature des poissons*, pag. 16).

Il y a aussi apparence, dit Buffon, que c'est celui que Rondelet (*de Piscibus*, lib. XVI) a appelé *phoca* de la Méditerranée, lequel, selon lui, a le corps plus long et moins gros que le phoque de l'Océan.

Ce phoque est long de deux ou trois pieds ; sa forme est celle de l'ours-marin ; son poil est noir en dessus, blanc en dessous, ondoyant et long.

Buffon et Erxleben paroissent avoir confondu, avec ce phoque, de jeunes individus d'autres espèces particulières aux Terres Australes, et particulièrement à l'ours-marin de l'île de Juan-Fernandez. Quant à lui, il semble propre à la Méditerranée.

Ici se termine l'énumération des phoques et des otaries qui peuvent prendre place dans les systèmes d'histoire naturelle ; mais il est encore, comme nous l'avons dit, quelques espèces admises assez légèrement par les auteurs, et que nous avons cru devoir laisser hors de rang, jusqu'à ce que des observations nouvelles établissent leurs caractères d'une manière bien positive. A ce sujet, nous recommanderons aux navigateurs et aux naturalistes, qui s'occuperont par la suite de ce genre de recherches, de détailler avec soin les proportions du corps des phoques qu'ils décriront, de recueillir des renseignemens précis sur les différences des mâles, des femelles, ainsi que des jeunes individus et des adultes. Ils s'attacheront également à recueillir des notes sur la manière de vivre de ces animaux, sur le nombre des petits, l'époque de l'accouplement, celle de la mise bas des femelles, la durée de l'allaitement, etc., etc.

Quant aux caractères les plus importans ; ceux qu'il conviendra de vérifier avec soin, seront particulièrement tirés du nombre et de la forme des dents chez les individus adultes, de la forme des nageoires antérieures et postérieures ; du nombre des ongles existans sur chacune ; de la force relative de ces ongles ; de l'étendue plus ou moins considérable et de la forme des membranes qui unissent les doigts ; de la présence ou de l'absence d'oreilles externes ; de la distance respective des yeux et des oreilles, entre eux, et avec l'extrémité du museau, etc.

Enfin, nous croyons devoir inviter les voyageurs à réunir dans une collection unique (et nous proposons le Muséum d'Histoire naturelle de Paris) les dépouilles des phoques qu'ils rencontreront, telles que peaux entières, têtes osseuses, nageoires, etc., parce que ce sera le seul moyen d'établir des comparaisons exactes entre les diverses espèces de ces animaux, qui paroissent beaucoup plus nombreuses qu'on ne l'a cru jusqu'à ce jour.

Des dessins soignés, faits sur le vivant, ajouteroient encore au mérite des descriptions détaillées que nous réclamons; ils donneroient une idée bien autrement exacte des poses de ces animaux, que ceux qui ont été publiés jusqu'à ce jour, et notamment ceux du commodore Anson, de Pernetty et de Parsons. (DESM.)

PHOQUE AILÉ. *V.* PHOQUE DU GROÉNLAND.

PHOQUE DES ANCIENS. *V.* OTARIE NOIRE, à l'article PHOQUE.

PHOQUE BLANC. *Voy.* PHOQUE A CROISSANT.

PHOQUE CACHE-MUSEAU. *V.* PHOQUE A CAPUCHON.

PHOQUE CASSIGIAK. *V.* PHOQUE GASSIGIAK.

PHOQUE CHAT-MARIN. *V.* OTARIE OURS-MARIN.

PHOQUE CHIEN-MARIN. *V.* PHOQUE COMMUN.

PHOQUE CLAPMATCH. Nom donné par les Anglais à une espèce de phoque, des îles Schetland, qui paroît être celle du phoque commun.

PHOQUE COCHON-MARIN. *V.* OTARIE COCHON-MARIN, dans l'article PHOQUE.

PHOQUE A CRINIÈRE. *V.* OTARIE LION-MARIN.

PHOQUE KASSIGIAK. *V.* PHOQUE CASSIGIAK.

PHOQUE KRYLATCA. *V.* PHOQUE DU GROÉNLAND.

PHOQUE LANDSELUR. *V.* PHOQUE COMMUN.

PHOQUE LION-MARIN. *V.* PHOQUE A TROMPE, PHOQUE A CAPUCHON, PHOQUE DE L'ÎLE SAINT-PAUL et OTARIE LION-MARIN.

PHOQUE LOUP-MARIN. *Voy.* PHOQUE COMMUN et PHOQUE URIGNE.

PHOQUE DE LA MÉDITERRANÉE. *V.* OTARIE NOIRE, à l'article PHOQUE.

PHOQUE A MUSEAU RIDÉ. *V.* PHOQUE A TROMPE.

PHOQUE NOIR (PETIT). *V.* OTARIE NOIRE, à l'article PHOQUE.

PHOQUE DE L'OCÉAN. *V.* PHOQUE DU GROÉNLAND.

PHOQUE OURS-MARIN. *V.* OTARIE OURS-MARIN, à l'article PHOQUE.

PHOQUE SCONT. *Voy.* OTARIE A CRINIÈRE.

PHOQUE TIGRÉ. *V.* PHOQUE DU GROÉNLAND.

PHOQUE URSIN. *Voy.* OTARIE OURS-MARIN.

PHOQUE VADE SAEL. *V.* PHOQUE GASSIGIAK.

PHOQUE VETRAR SELUR. *V.* PHOQUE LAKHIAK.

PHOQUE UTSELUR. *V.* Phoque Lathkak.
PHOQUE UTSUK. *V.* Phoque Lathkak.
PHOQUE VEAU-MARIN. *V.* Phoque commun.
PHOQUE A VENTRE BLANC. *V.* Phoque moine.
PHOQUES FOSSILES. M. Cuvier est le seul auteur qui ait fait mention de véritables ossemens de phoques enfouis dans les couches de la terre. Ceux dont Esper a donné la description comme tels, et qu'il avoit retirés des cavernes de la Franconie, appartiennent tous à des carnassiers terrestres.

Le savant naturaliste français mentionne, dans ses Mémoires sur les *animaux fossiles*, deux os de phoques, qui consistent dans la partie superieure d'un humérus et dans la partie inférieure d'un autre plus petit. Le premier venoit d'un phoque à-peu près deux fois et demi aussi grand que notre phoque commun, et le second, d'un phoque un peu plus petit que le premier.

Ils ont été trouvés l'un et l'autre dans des couches marines et coquillières, avec des débris de lamantins et de dauphins, aux environs d'Angers, par M. le professeur Renou. *Voyez* Lamantin fossile. (DESM.)

PHORACIS, *Phoracis.* Genre de Varecs formé par Rafinesque-Smaltz, et qui a pour caractères : corps coriacé ou membraneux, rameux ou de forme variée ; fructifications en forme de petits grains attachés extérieurement à la tige ou aux rameaux, d'abord charnus en dedans, ensuite granuleux, polyspermes et perforés dans sa maturité. Il diffère du genre Physotris par les fructifications qui, dans ce dernier, sont d'abord vésiculeuses et remplies d'eau.

Beaucoup de *varecs* devront se rattacher au genre *phoracis*. Rafinesque n'en décrit qu'une seule espèce : la *phoracis filicina* qu'il soupçonne être le *fucus filicinus* de Jacquin et de Gmelin. Elle est très-rameuse, comprimée, à rameaux épars, distiques, pinnés ou dentelés, aigus ; sa couleur est verte ou brune, et ses fructifications sont toujours de cette dernière couleur. (DESM.)

PHORBION de Galien. C'est la Sclarée, espèce de Sauge. (LN.)

PHORCYNIE, *Phorcynia.* Genre de la famille des Méduses, établi par Péron. Ses caractères sont : corps transparent, orbiculaire, convexe, rétus et comme tronqué en dessus, concave en dessous, à bord ou limbe large, obtus, et entier ; point de pédoncule, ni de bras, ni de tentacules.

Lamarck réunit à ce genre les Eulimènes du même Péron, à l'effet de quoi il se trouve composé de cinq espèces, toutes figurées pl. 5 et 6 du Voyage de Péron et Lesueur. (B.)

PHORE, *Phora*, Latr. ; *Trineura*, Meig. ; *Tephritis*, Fab. ; *Noda*, Schellenb. Genre d'insectes de l'ordre des diptères, famille des athericères, tribu des mouscides, ayant pour caractères : palpes extérieurs et point rétractiles ; antennes insérées près de la bouche , ne paroissant composées que d'un seul article épais , presque globuleux , avec une soie très-longue ; ailes n'offrant que trois nervures longitudinales , et fermées simplement par le bord postérieur de ces ailes.

Les *phores* ont le corps arqué , la tête petite et basse ; le corselet grand , les ailes couchées l'une sur l'autre horizontalement ; l'abdomen conique ; les pattes et les cuisses grandes , les postérieures surtout, et les jambes hérissées de piquans.

Je rapporte à ce genre, l'insecte que Fabricius avoit décrit dans la collection de M. Bosc, sous le nom de *musca aterrima*, et qu'il a ensuite placé dans le genre *tephritis*. Il est long d'environ deux lignes, et d'un noir mat ; les ailes sont blanches, avec la côte à moitié noire , et une nervure plus distincte , noire , se réunissant à cette côte près du bout.

Cet insecte se tient sur les feuilles des plantes, des arbres, dans les bois spécialement. Il est vif et s'arrête peu. On en connoît trois autres espèces qui se trouvent , ainsi que la précédente, aux environs de Paris. *Voy.* le tom. 4.e , pag. 360 de mon *Genera crust. et insect.* , et l'ouvrage de M. Meigen sur les diptères, genre *trineura*. (L.)

PHORENIA des Grecs. C'est la même plante que le Myagrum ou Myagron. *V.* ces mots. (LN.)

PHORIME, *Phorima*. Genre de plantes établi par Rafinesque, dans la famille des champignons, pour placer les Bolets qui ont en dessous des fossettes au lieu de pores. (B.)

PHORIMON. Les Grecs appeloient *phorimon* une substance liquide , blanche comme du lait, d'une saveur stiptique et astringente. Pline la désigne comme une espèce d'alumen , nom qui n'indique pas notre alun , mais des sulfates de fer plus ou moins mélangés d'alumine sulfatée, qu'on recueilloit dans beaucoup d'endroits , et qu'on employoit en médecine et dans les arts pour teindre la laine et apprêter les cuirs. (LN.)

PHORMION , *Phormium*. Plante que Cook a fait connoître sous le nom de *lin de la Nouvelle-Zélande* , parce que les habitans de cette île tirent de sa feuille une filasse qui leur sert à fabriquer des étoffes, des filets de pêche , des cordes et autres objets auxquels on emploie le chanvre ou le lin en Europe.

Cette plante a plusieurs feuilles radicales , hautes de près de deux pieds et larges de trois à quatre pouces ; une tige rameuse, deux ou trois fois plus haute que les feuilles, et garnie d'un petit nombre de fleurs composées d'une corolle de six pétales, dont les trois extérieurs sont plus longs; point de calice, à moins qu'avec Jussieu, on ne regarde comme tel la corolle; six étamines saillantes et relevées à leur extrémité; un ovaire supérieur trièdre, qui s'amincit en un style terminé par un stigmate en tête; une capsule oblongue, à trois côtes, à trois loges, contenant un grand nombre de semences allongées et membraneuses sur leurs bords.

Cette plante, qui a été appelée CHLAMIDIE par Gærtner, se rapproche beaucoup des JACINTHES, et encore plus des LACHENALES. Elle est vivace, et présente des avantages inappréciables. La filasse que fournissent ses feuilles macérées dans l'eau est très-abondante, plus longue, plus forte et aussi fine que celle du lin. Le climat où elle se trouve, donne lieu de croire qu'elle viendroit en pleine terre dans une partie de l'Europe.

La France et l'Angleterre ont fait chacune des expéditions pour rapporter cette plante. Aujourd'hui elle est très-commune dans les orangeries de Paris et de Londres, et commence à fleurir en pleine terre dans le midi de la France. On la multiplie par la séparation des rejetons qui poussent abondamment du collet de ses racines. Il flue, des blessures faites à ses feuilles, une gomme fort peu différente de la gomme arabique, et qui pourra probablement être un jour utilisée. Les belles expériences faites par Labillardière sur la force de ses filamens, ont offert la confirmation des éloges de Cook. Faujas de Saint—Fond nous a appris qu'on séparoit très-aisément ces filamens de la pulpe qui les unit, en faisant bouillir les feuilles dans l'eau et en les raclant ensuite.

- Tout doit engager à continuer de prendre soin de cette plante, qui est destinée à augmenter la richesse territoriale du midi de la France, et à fournir exclusivement des cordages à notre marine et à nos arts. *Voy.* pl. M 30 où elle est figurée. (B.)

PHORMIUM. Les Grecs, selon Aristote, donnoient ce nom à une plante dont ils se servoient pour faire des nattes. Maintenant, ce nom est celui d'une plante originaire de la Nouvelle-Zélande. *V.* ci-dessus PHORMION. (LN.)

PHORULITHE. Denys-de-Montfort appelle ainsi une coquille fossile de Grignon et d'Angleterre, laquelle appartient à son genre *phorus*. (DESM.)

PHORUS. Le même naturaliste donne ce nom latin au genre FRIPPIER qu'il institue, et auquel il donne pour type la *toupie frippière* des conchyliologistes, ou *trochus agglutinans*.
(DESM.)

PHOS, *Phos*. Genre de COQUILLES établi par Denys-de-Montfort pour placer le ROCHER CHARDON de Linnæus. Ses caractères sont : coquille libre, univalve, turriculée, à spire régulière et aiguë ; ouverture, arrondie, ayant un seul pli dans le bas ; lèvre extérieure bordée, et garnie intérieurement de sillons ; base ombiliquée, échancrée.

L'espece qui sert de type à ce genre est connue des marchands sous le nom de *buccin chardon*, de *buccin épineux*, de *petit chardon*, parce que ses côtes sont épineuses ; sa couleur est blanche avec quelques lignes orangées ; sa longueur est quelquefois de deux pouces. La mer des Indes est son pays natal. (E.)

PHOSPHATES. On donne ce nom aux substances qui résultent de la combinaison de l'acide *phosphorique* avec une base alcaline, terreuse ou métallique.

On avoit cru, jusque vers les dernières années du dix-huitième siècle, que le *phosphore* ne se trouvoit jamais ailleurs que dans les corps vivans ; et on le regardoit comme absolument étranger au règne minéral : on avoit eu la même opinion à l'égard de la *potasse* et de l'*ammoniuque*.

La première substance minérale dans laquelle on ait reconnu l'existence de l'acide phosphorique, paroît être le *plomb vert* des mines de Fribourg en Brisgau. Klaproth, ayant fait l'analyse de ce minéral (en 1785), trouva qu'il contenoit 73 parties de *plomb* ; 18 ½ d'*acide phosphorique*, et 4 de *fer* ; c'est probablement ce métal qui le colore en vert. *V.* PLOMB PHOSPHATÉ.

Le plomb n'est pas le seul métal qui soit susceptible de cette combinaison : Proust a reconnu que le *platine* étoit quelquefois combiné avec le *phosphore*. (*Journ. de Phys.*, prairial an 9, ou juin 1801, p. 428.) *V.* PLATINE.

Klaproth a trouvé du *phosphaté de cuivre* en très-petits cristaux dans des cavités des minerais de Rhein-Breit-Bach, dans le ci-devant département de la Roër. (*J. de Phys.*, brumaire an 10, ou novembre 1801, p. 350.) *V.* CUIVRE PHOSPHATÉ.

Enfin, l'on a trouvé le *fer* et le *manganèse* combinés ensemble avec l'*acide phosphorique :* cette découverte fut faite en 1801 par Allnaud et Lelièvre, dans le même gîte où se trouve la matière de l'*émeraude*, qu'on emploie à ferrer le grand chemin près du bourg de Bessine, à six lieues au nord de Limoges. *V.* MANGANÈSE PHOSPHATÉ.

Voilà donc cinq métaux, le *plomb*, le *cuivre*, le *platine*, le *fer*, le *manganèse*, avec lesquels le *phosphore* se trouve combiné. Il faut y ajouter la CHAUX PHOSPHATÉE, qui se trouve dans la nature en abondance, dans des contrées fort éloignées les unes des autres, et dans divers états fort différens : tantôt en grandes masses de rochers ; tantôt enfin, sous des

formes cristallines très-régulières, et parées d'assez belles
couleurs. Elle abonde aussi dans les ossemens, fossiles et notamment dans ceux des grands quadrupèdes. *Voyez* CHAUX
PHOSPHATÉE. (PAT.)

PHOSPHORBLEI de Karsten. *V.* PLOMB PHOSPHATÉ.
                                              (LN.)

PHOSPHORE. Corps simple très-combustible, presque aussi ductile que de la cire, plus ou moins transparent,
fusible à environ 40 degrés centigr., lumineux dans l'obscurité,
susceptible d'absorber l'oxygène à la température ordinaire,
et de répandre des vapeurs blanches dans l'air en produisant de l'acide phosphoreux, et de s'enflammer par le contact d'un corps en combustion.

Le *phosphore* a une odeur très-sensible d'hydrogène et
d'arsenic; il est tantôt transparent, tantôt semblable à de la
corne, et quelquefois noir et opaque; états qui tiennent à la
rapidité ou à la lenteur avec laquelle on le laisse refroidir
lorsqu'on l'expose à une chaleur de 60 d.; alors de liquide et
incolore qu'il est, il devient noir et opaque, si le refroidissement est rapide; demi-transparent et couleur de corne, si
le refroidissement est lent; et transparent, s'il est fort lent.
Ces états ne sont dus qu'aux dispositions diverses que prennent les molécules du phosphore, et qui dénotent une véritable cristallisation. Sa pesanteur spécifique est de 1,770.

Le *phosphore* bout et se volatilise à un degré supérieur à
celui de l'eau bouillante; à l'état solide il ne se combine point
avec l'oxygène, à moins qu'il n'ait été chauffé; mais à l'état liquide il se combine rapidement avec ce gaz, en répandant
une lumière extrêmement vive et produisant l'acide *phosphorique*. Ce corps ne peut être conservé, à cause de son action
sur l'air, que dans l'eau privée d'air; et pour obtenir cet
état, on fait bouillir l'eau et on la laisse refroidir hors du contact de l'air. Le *phosphore* se combine avec le soufre et les
métaux.

Le *phosphore* doit son nom à la lumière qu'il répand dans
l'obscurité. On ne le trouve dans la nature qu'à l'état d'acide, et combiné avec d'autres corps. Ses composés minéralogiques sont peu nombreux, mais son acide uni à la chaux,
est la base solide des animaux : on le trouve dans les nerfs,
dans la matière cérébrale, la laitance des poissons, et combiné avec l'oxygène, l'azote et le carbone. C'est par la calcination des matières animales et surtout de celles des os des
quadrupèdes, qu'on obtient le *phosphore*.

Il y a maintenant cent cinquante ans environ que la découverte du *phosphore* a été faite par Brandt, chimiste de
Hambourg (1669) en cherchant, dans l'urine humaine un li-

quide susceptible de changer l'argent en or. Ce chimiste vendit son procédé à Kraft de Dresde, qui le tint secret. Kuntel ne pouvant en obtenir la connoissance, parvint, en 1674, à le découvrir par la voie de l'expérience; toutefois il demeura inconnu jusqu'en 1737, qu'un étranger le fit connoître à l'académie des sciences, qui le rendit public. Gahn ayant découvert en 1769, cent ans après, l'existence du *phosphore* dans les os, il publia avec Schèele son procédé pour l'extraire, qui est encore celui employé de nos jours. Les travaux de Pelletier et de Lavoisier ont mieux fait connoître ce corps merveilleux, qui probablement fera encore l'objet des expériences des chimistes, à présent que la chimie est portée à regarder la plupart des corps simples, comme autant de métaux particuliers.

C'est avec le *phosphore* qu'on analyse l'air; c'est un puissant aphrodisiaque dont on fait usage en médecine, etc. *V.* Phosphates. (LN.)

PHOSPHORE DE BAUDOUIN. *V.* Chaux nitratée.
(LN.)

PHOSPHORE DE BOLOGNE ou PIERRE DE BOLOGNE, *spath pesant* ou *sulfate de baryte*, qu'on trouve en boules, dont l'intérieur est strié du centre à la circonférence. Cette substance a la propriété d'être phosphorique pendant assez long-temps, après qu'elle a été calcinée. *V.* Baryte.
(PAT.)

FIN DU VINGT-CINQUIÈME VOLUME.